华南陆块陆内成矿作用

胡瑞忠　毛景文　华仁民　范蔚茗 等　著

科学出版社

北京

内 容 简 介

本书主要是国家 973 项目"华南陆块陆内成矿作用:背景与过程"(2007~2011)的研究成果。重点论述了由华夏地块和扬子地块组成的华南陆块内三个成矿系统——古生代峨眉地幔柱成矿系统、中生代大花岗岩省成矿系统和中生代大面积低温成矿系统的成矿年代格架及其与主要地质事件的关系;大面积低温成矿系统与大花岗岩省成矿系统在成矿动力学背景上的可能联系;这些成矿系统中一些主要矿种 U、Au-Sb、Pb-Zn、V-Ti-Te、Cu-Ni、W、Sn 等典型矿床的成矿过程和主要控制因素,以及覆盖区战略靶区预测和矿床深部找矿预测理论和方法。

本书可供从事矿床学、矿床地球化学、找矿勘查研究和应用的科研人员和学生参考。

图书在版编目(CIP)数据

华南陆块陆内成矿作用/胡瑞忠等著. —北京:科学出版社,2015.3
ISBN 978-7-03-042984-1

Ⅰ.①华… Ⅱ.①胡… Ⅲ.①成矿区-成矿作用-研究-中国 Ⅳ.①P617.2

中国版本图书馆 CIP 数据核字(2014)第 310259 号

责任编辑:王 运 韩 鹏 李 静/责任校对:赵桂芬 张小霞 韩 杨
责任印制:肖 兴/封面设计:黄华斌 陈 敬

科学出版社 出版
北京东黄城根北街 16 号
邮政编码:100717
http://www.sciencep.com
中国科学院印刷厂 印刷
科学出版社发行 各地新华书店经销
*
2015 年 3 月第 一 版 开本:889×1194 1/16
2015 年 3 月第一次印刷 印张:57
字数:1 756 000
定价:548.00 元
(如有印装质量问题,我社负责调换)

前　言

　　针对我国矿产资源严重短缺的严峻形势，国务院 2006 年颁发了《关于加强地质工作的决定》，强调要 "突出重点矿种和重点成矿区带的地质问题研究，大力推进成矿理论、找矿方法和勘查开发关键技术的自主创新"。因此，通过成矿理论和找矿技术方法的创新，为发现新的矿产资源基地提供科学依据，是我国地学工作者一项迫在眉睫的重大任务。

　　陆内成矿作用指发生在大陆板块内部而非大陆板块边缘、由大陆板块内部动力学过程（地幔柱活动、陆内造山、陆内岩石圈伸展等）而诱导的成矿作用，是当今成矿学研究的热点问题。华南陆块由扬子地块和华夏地块组成，是全球罕见的世界级多金属成矿省，找矿潜力巨大。截至目前，在华南陆块探明的钨、锡、锑、铋储量居世界第一，铜、钒、钛、汞以及铌、钽等稀有金属储量居全国第一，铀、铅、锌、金、银、铂族元素等矿种的储量也名列全国前茅。与大陆板块边缘发生的成矿作用不同，华南陆块经历了很有特色的陆内大陆动力学过程，先后发生了多期次陆内大规模成矿作用，包括晚古生代地幔柱成矿系统、中生代大花岗岩省成矿系统、中生代大面积低温成矿系统等，在全球极具特色，是开展陆内成矿作用研究的理想场所。建立该区陆内演化阶段的成矿理论，发展适合该区景观和地质条件的找矿技术方法，不仅对丰富和发展大陆动力学与成矿关系的理论体系具有重要意义，同时也是该区实现找矿新突破的重要基础。

　　基于这种背景，在国家科技部的支持下，我们于 2007～2011 年实施了题为 "华南陆块陆内成矿作用：背景与过程" 的国家 973 项目（2007CB411400），项目依托部门为中国科学院和国土资源部，主持单位为中国科学院地球化学研究所，胡瑞忠担任项目首席科学家，主要承担单位包括中国科学院地球化学研究所、中国地质科学院矿产资源研究所、中国科学院广州地球化学研究所、南京大学、中国地质科学院地球物理地球化学勘查研究所、中国科学院地质与地球物理研究所、中国地质科学院地质研究所、江西有色地质勘查局和中山大学。项目以上述三个成矿系统为研究对象，以华南陆块具有巨大资源潜力的 W、Sn、Sb、Cu、Ni、贵金属、U、Pb、Zn、V、Ti、Fe 等为主要研究矿种，项目设置 8 个课题，希望解决陆内成矿作用对壳幔相互作用的响应机制、各成矿系统巨量金属聚集过程和主要控制因素、成矿模式支持的找矿模型及深部矿化信息识别等关键问题。

　　项目执行期间先后有 100 多位科技人员参与研究工作，其中 54 位科研骨干承担科研任务。这部专著是该项目的综合研究成果，全书包括绪论、正文以及问题与展望三个部分，正文共 4 篇 22 章。其中，绪论由胡瑞忠执笔，第一章由王岳军、范蔚茗执笔，第二章由李献华、范蔚茗、王岳军、李武显执笔，第三章由谢桂青、周涛发、段超、毛景文执笔，第四章由周涛发、范裕、谢桂青、袁峰、段超、毛景文执笔，第五章由华仁民、韦星林、毕献武、李光来、王定生、张文兰、翟伟、郭家松执笔，第六章由毕献武、尚林波、双燕、胡晓燕、李鸿莉、胡瑞忠执笔，第七章由胡瑞忠、陈培荣、陈卫锋、陈佑纬执笔，第八章由胡瑞忠、黄智龙、苏文超、温汉捷、符亚洲、刘燊、梁华英、陈广浩执笔，第九章由黄智龙、周家喜、金中国、陈进、王锋、韩润生、苏文超、温汉捷、罗大锋、李晓彪、冯志宏、张伦尉、曾道国、陈大执笔，第十章由苏文超、胡瑞忠、沈能平、张兴春、张弘弢、夏勇、刘玉平、刘建中、刘燊、黄智龙执笔，第十一章由黄智龙、肖宪国、丁伟、苏文超、金中国、彭建堂、温汉捷、符亚洲、王加昇、沈能平、周家喜执笔，第十二章由何斌、徐义刚执笔，第十三章由钟宏、周美夫、宋谢炎、漆亮执笔，第十四章由宋谢炎、陶琰、官建祥执笔，第十五章由钟宏、周美夫、宋谢炎、柏中杰、彭君能执笔，第十六章由钟宏、朱维光、柏中杰执笔，第十七章由朱笑青、张正伟执笔，第十八章由陈懋宏、章伟、刘珺、

· i ·

叶会寿执笔，第十九章由姚佛军、杨建民、耿新霞执笔，第二十章由王学求、张必敏、姚文生执笔，第二十一章由王学求、徐善法执笔，第二十二章由邵拥军、彭省临、谢桂青、赵海杰执笔，问题与展望由胡瑞忠执笔。全部内容最后由胡瑞忠、毕献武和华仁民统编定稿。在本项目立项、实施过程中，曾得到涂光炽、陈毓川、翟裕生、裴荣富、李廷栋、孙鸿烈、欧阳自远、刘丛强、莫宣学、李曙光、翟明国、郑永飞、王德滋、常印佛、汤中立等院士和马福臣、赵振华、许东禹、顾连兴、郭进义等先生的指导、支持和帮助；项目的野外考察工作得到相关地勘单位领导和许多地质同行的支持和配合；科技部基础司、科技部基础研究管理中心、中国科学院资环局和基础局、国土资源部国际合作与科技司、中国科学院地球化学研究所等部门和单位的领导对项目的立项和实施给予了鼎力支持和帮助；项目组成员密切合作为本项任务的完成做出了重要贡献。在此，一并向他们表示衷心的感谢！

值得指出的是，虽然华南陆块的上述三个成矿系统总体具有陆内成矿特征，但对大花岗岩省和大面积低温成矿系统而言，则很难完全排除其未受大陆边缘过程的影响，它们最可能是陆内为主共同作用的结果。此外，由于华南陆块成矿作用的复杂性，很多问题很难在短时期内得到解决。加之作者水平有限，文中不妥之处在所难免，一些提法和观点可能还需要进一步推敲和完善。敬请读者批评指正。

胡瑞忠

2014 年 11 月 16 日

目 录

前言

绪论 ⋯⋯⋯⋯⋯⋯⋯⋯⋯⋯⋯⋯⋯⋯⋯⋯⋯⋯⋯⋯⋯⋯⋯⋯⋯⋯⋯⋯⋯⋯ 1
  第一节　为什么要开展华南陆块陆内成矿作用研究 ⋯⋯⋯⋯⋯⋯⋯⋯⋯ 1
  第二节　立项时成矿作用的国内外研究现状 ⋯⋯⋯⋯⋯⋯⋯⋯⋯⋯⋯ 2
  第三节　主要研究进展 ⋯⋯⋯⋯⋯⋯⋯⋯⋯⋯⋯⋯⋯⋯⋯⋯⋯⋯⋯ 13

参考文献 ⋯⋯⋯⋯⋯⋯⋯⋯⋯⋯⋯⋯⋯⋯⋯⋯⋯⋯⋯⋯⋯⋯⋯⋯⋯⋯⋯ 21

第一篇　花岗岩成矿系统

第一章　华南印支期变形样式及其时序 ⋯⋯⋯⋯⋯⋯⋯⋯⋯⋯⋯⋯⋯⋯⋯ 31
  第一节　华南内部主要断裂及沉积记录 ⋯⋯⋯⋯⋯⋯⋯⋯⋯⋯⋯⋯ 32
  第二节　北缘江南隆起及两侧的结构构造 ⋯⋯⋯⋯⋯⋯⋯⋯⋯⋯⋯ 33
  第三节　中部雪峰构造带的推覆构造 ⋯⋯⋯⋯⋯⋯⋯⋯⋯⋯⋯⋯⋯ 39
  第四节　南缘云开-海南变形样式及热年代学结构 ⋯⋯⋯⋯⋯⋯⋯⋯ 46

第二章　中生代岩浆作用时空格局与岩石成因 ⋯⋯⋯⋯⋯⋯⋯⋯⋯⋯⋯⋯ 66
  第一节　印支期花岗岩时空格局与岩石成因 ⋯⋯⋯⋯⋯⋯⋯⋯⋯⋯ 66
  第二节　燕山期花岗岩浆成因与成矿年代学 ⋯⋯⋯⋯⋯⋯⋯⋯⋯⋯ 76
  第三节　基性岩浆源区的时空演化 ⋯⋯⋯⋯⋯⋯⋯⋯⋯⋯⋯⋯⋯⋯ 100
  第四节　中生代动力学模式的思考 ⋯⋯⋯⋯⋯⋯⋯⋯⋯⋯⋯⋯⋯⋯ 112

第三章　长江中下游隆起区斑岩-夕卡岩铜多金属成矿系统 ⋯⋯⋯⋯⋯⋯⋯ 117
  第一节　区域地质背景 ⋯⋯⋯⋯⋯⋯⋯⋯⋯⋯⋯⋯⋯⋯⋯⋯⋯⋯⋯ 118
  第二节　成岩成矿时代 ⋯⋯⋯⋯⋯⋯⋯⋯⋯⋯⋯⋯⋯⋯⋯⋯⋯⋯⋯ 119
  第三节　铜陵矿集区的区域成矿模型 ⋯⋯⋯⋯⋯⋯⋯⋯⋯⋯⋯⋯⋯ 121
  第四节　鄂东南矿集区的区域成矿模型 ⋯⋯⋯⋯⋯⋯⋯⋯⋯⋯⋯⋯ 135

第四章　长江中下游凹陷区与火山-侵入岩有关的铁多金属成矿系统 ⋯⋯⋯ 171
  第一节　火山岩盆地岩浆岩年代学 ⋯⋯⋯⋯⋯⋯⋯⋯⋯⋯⋯⋯⋯⋯ 171
  第二节　次火山岩年代学 ⋯⋯⋯⋯⋯⋯⋯⋯⋯⋯⋯⋯⋯⋯⋯⋯⋯⋯ 185
  第三节　成矿年代学 ⋯⋯⋯⋯⋯⋯⋯⋯⋯⋯⋯⋯⋯⋯⋯⋯⋯⋯⋯⋯ 190
  第四节　区域成矿模型 ⋯⋯⋯⋯⋯⋯⋯⋯⋯⋯⋯⋯⋯⋯⋯⋯⋯⋯⋯ 197
  第五节　长江中下游成矿动力学模型 ⋯⋯⋯⋯⋯⋯⋯⋯⋯⋯⋯⋯⋯ 223

第五章　与改造型花岗岩有关的钨多金属成矿系统 ⋯⋯⋯⋯⋯⋯⋯⋯⋯⋯ 230
  第一节　华南改造型含钨花岗岩特征 ⋯⋯⋯⋯⋯⋯⋯⋯⋯⋯⋯⋯⋯ 230
  第二节　赣南钨矿若干新矿化类型研究 ⋯⋯⋯⋯⋯⋯⋯⋯⋯⋯⋯⋯ 251
  第三节　南岭与花岗岩有关的钨、锡、稀土成矿作用差异 ⋯⋯⋯⋯⋯ 268

第六章　华南与 A 型花岗岩有关的锡多金属成矿系统 ⋯⋯⋯⋯⋯⋯⋯⋯⋯ 281
  第一节　与锡成矿有关的 A 型花岗岩——以骑田岭花岗岩为例 ⋯⋯⋯ 281

第二节　芙蓉锡矿成矿作用 ·· 292

第三节　岩浆演化过程中锡和挥发组分的地球化学行为 ·················· 307

第七章　华南热液铀成矿系统 ·· 317

第一节　华南印支期产铀花岗岩 ·· 317

第二节　印支期产铀与非产铀花岗岩的黑云母矿物化学差异 ·············· 327

第三节　华南白垩纪—古近纪铀成矿作用 ···································· 334

参考文献 ·· 356

第二篇　华南大面积低温成矿系统

第八章　研究背景及主要进展 ·· 387

第一节　研究背景 ·· 387

第二节　主要进展 ·· 388

第九章　川滇黔相邻铅锌矿集区典型矿床成矿作用 ························ 400

第一节　区域地质 ·· 400

第二节　矿床地质 ·· 407

第三节　矿床地球化学 ·· 428

第四节　成矿背景及过程 ·· 455

第十章　黔西南卡林型金矿热液化学及其成矿作用 ························ 474

第一节　区域地质背景 ·· 474

第二节　典型矿床地质特征 ·· 484

第三节　含金硫化物矿物学与地球化学 ······································ 494

第四节　热液化学及其演化规律 ·· 506

第五节　成矿过程和预测标志 ·· 520

第十一章　华南锑矿带半坡锑矿床成矿作用 ······························ 529

第一节　成矿地质背景 ·· 529

第二节　矿床地质 ·· 539

第三节　矿床地球化学 ·· 551

第四节　成矿过程及成矿模式 ·· 579

参考文献 ·· 592

第三篇　峨眉地幔柱成矿系统

第十二章　峨眉大火成岩省概况 ·· 607

第一节　峨眉大火成岩省空间位置及构成 ···································· 607

第二节　峨眉地幔柱活动的证据及构造环境效应 ······························ 607

第十三章　地幔柱时限，岩浆起源、演化及成矿系列 ······················ 615

第一节　峨眉地幔柱岩浆活动的时限 ·· 615

第二节　峨眉山玄武岩岩浆系列、起源及其地幔源区特点 ···················· 615

第三节　成矿序列及其与岩浆系列的关系 ······································ 622

第十四章　岩浆硫化物矿床类型及成因 ······································ 625

第一节　峨眉大火成岩省岩浆硫化物矿床类型及典型矿床 ···················· 625

第二节　不同类型岩浆硫化物矿床特征的地球化学特征·············· 629

第三节　矿床成因模式及成矿的关键因素·················· 632

第四节　找矿标志·········· 636

第十五章　钒钛磁铁矿矿床及相关矿床成因·················· 646

第一节　峨眉大火成岩省钒钛磁铁矿矿床的分布及研究现状·········· 646

第二节　典型矿床成因：攀枝花、红格、新街············· 648

第三节　钒钛磁铁矿矿床的岩浆来源和岩浆通道模型············ 681

第十六章　花岗岩及 Nb-Ta-Zr-（REE）矿床·················· 685

第一节　花岗岩的成因·········· 685

第二节　镁铁质和长英质岩体的成因联系·············· 689

第三节　热传递及大陆地壳增生或重建的指示··········· 693

第四节　Nb-Ta-Zr-（REE）矿床（点）的基本特征及其成因············ 694

第十七章　找矿潜力评价·················· 696

第一节　自然铜矿化及找矿潜力··········· 696

第二节　宣威组 REE、Y 和 Ga 富集········ 707

参考文献·················· 716

第四篇　找矿预测技术和战略靶区预测

第十八章　矿床构造与找矿预测·················· 733

第一节　石英脉型钨矿——以江西省浒坑钨矿为例··········· 733

第二节　卡林型金矿——以广西林旺金矿为例············· 750

第十九章　植被覆盖区含矿信息遥感识别技术研究············ 762

第一节　植被覆盖区采用的植被抑制方法············· 762

第二节　蚀变遥感异常提取方法··········· 770

第三节　植被覆盖区矿产资源遥感预测············· 781

第二十章　深穿透地球化学机理与技术·················· 787

第一节　深穿透地球化学机理研究··········· 787

第二节　深穿透地球化学方法技术研究············· 794

第二十一章　覆盖区找矿战略靶区预测·················· 811

第一节　大型矿床地球化学标志··········· 811

第二节　大型矿预测··········· 823

第二十二章　地球物理探测·················· 838

第一节　深部矿体地球物理方法对比——以铜山为例············ 838

第二节　夕卡岩铜铁矿深部地球物理方法——以湖北铜绿山为例········· 870

第三节　石英型钨矿地球物理方法——以江西省浒坑钨矿为例·········· 888

参考文献·················· 896

问题与展望·················· 902

绪　　论

我国经济的高速发展对矿产资源的需求与日俱增，但是我国矿产资源的供给形势十分严峻，Fe、Cu、Al等主要矿产非常紧缺，对外依存度高达50%以上。矿产资源短缺不仅已成为制约我国经济发展的大瓶颈，而且严重影响到国家安全和社会稳定。面对严峻的矿产资源形势，国务院于2006年颁布了《关于加强地质工作的决定》，强调要"积极开展重大地质问题科技攻关，突出重点矿种和重点成矿区带的地质问题研究，大力推进成矿理论、找矿方法和勘查开发关键技术的自主创新"。因此，通过成矿理论和找矿技术的创新，为发现一批新的矿产资源基地提供坚实依据，是我国地学工作者一项迫在眉睫的重大任务。基于这种形势，我们于2007~2011年实施了名为"华南陆块陆内成矿作用：背景与过程"的国家973项目。

陆内成矿作用指的是发生在大陆板块内部而非大陆板块边缘，主要由陆内大陆动力学过程诱导的成矿作用，包括地幔柱活动、陆内造山、陆内岩石圈大规模伸展、陆内岩石圈拆层和幔源岩浆底侵等地质事件导致的成矿作用。相对于大陆板块边缘的成矿作用，对陆内成矿作用发生机制的认识还较模糊。本书主要是对这一阶段研究成果的总结和提升。在论述我们取得的主要进展前，先回顾一下当时我们为什么要做这样一件事情以及当时该方向的研究现状。

第一节　为什么要开展华南陆块陆内成矿作用研究

华南陆块地处欧亚大陆东南部，濒临西太平洋，由扬子地块和华夏地块在新元古代时期碰撞拼贴而形成，其北面和西面分别与秦岭-大别造山带和青藏高原接壤。华南陆块是全球罕见的世界级多金属成矿省，其中探明的钨、锡、锑、铋储量居世界第一，铜、铀、钒、钛、汞以及铌、钽等稀有金属储量居全国第一，铅、锌、金、银、铂族元素等矿种的储量也名列全国前茅。全球的找矿实践一再证明，矿产资源在地球上的分布极不均一，在矿产集中的成矿省找矿往往事半功倍。虽然在华南陆块以往已发现上述大量矿床，但是由于华南陆块红土和植被覆盖区广泛分布，还存在较多找矿盲区；此外，华南陆块已有矿床的勘探深度（通常在500m以内）远小于国外矿业大国，在深部"第二找矿空间"应大有作为。因此，华南陆块仍有巨大找矿潜力。加上华南陆块总体地处我国经济发达区，资源利用价值远高于相对落后的西部地区。因此，华南陆块的找矿勘查工作一直受到国家的高度重视。基于华南陆块矿产资源找矿勘查工作实际，该区进一步找矿主要应表现为两个层次：其一是未知区新的找矿战略靶区的圈定，其二是在已知大型矿集区尤其是资源危机矿山的深部和外围发现新的矿床。为降低找矿成本，提高找矿效率，这两种层次的找矿勘查工作都急需新的成矿理论和找矿技术方法的指导。

与大陆板块边缘碰撞造山带发生的成矿作用有所不同，华南陆块的形成和演化，受到了很有特色的陆内大陆动力学过程的影响，大陆板块内部发生了强烈的壳幔相互作用，陆内大规模成矿作用较为明显，表现为：①华南陆块西部发育由玄武岩及镁铁-超镁铁质侵入岩组成的峨眉山大火成岩省，是晚古生代大陆地幔柱活动的产物，面积约50万km^2，其成矿作用的多样性在全球的大火成岩省中独一无二；②华南陆块的东部发育东西宽约1000km、面积约100万km^2的大花岗岩省，它们主要是中生代陆内强烈壳幔相互作用的产物并伴随多金属的爆发式成矿，如此大面积的花岗岩省和相应的多金属爆发式成矿全球罕见；③华南陆块西南部发育有中生代大面积低温成矿域，其面积之大、包含的矿种之多、矿床组成和组合之复杂，在全球十分鲜见。这些陆内大规模成矿作用，形成了华南陆块内的绝大多数矿床，分别构成了在全球背景中很具特色的晚古生代地幔柱成矿系统、中生代大花岗岩省成矿系统和中生代大面积低温成矿系统等三大陆内成矿系统，从而奠定了华南陆块作为全球从事陆内成矿作用研究理想基地的重要地位。

第二节 立项时成矿作用的国内外研究现状

1. 大陆动力学与成矿关系的研究成为新的研究热点

20 世纪 70 年代以来，主要基于对洋壳的研究而建立的板块构造理论，引发了地球科学的一场革命，导致洋壳以及洋-陆相互作用的动力学研究取得了长足进展。但由于板块构造学说强调水平运动忽视了垂直运动，强调地幔对流忽视了地球不同层圈之间的相互作用，强调板块边缘忽视了板块内部，所以当它面临除了古洋陆转化以外的其他与大陆形成演化有关的问题时，也与以前其他地学假说一样显得无能为力。所以，探索大陆内部非威尔逊板块构造旋回的地质作用特征和成因机制，使地球科学更好地为人类社会的发展服务，也就成为地质学家们当今面临的巨大挑战和机遇（肖庆辉，1996；李锦轶和肖序常，1998；丁国瑜，1999；刘宝珺和李廷栋，2001；张国伟等，2002；滕吉文，2002）。为此，美国制订了自1990 年起历时 30 年的"大陆动力学计划"，试图解决板块构造在大陆的局限性，以进一步补充、完善和发展板块构造学说，建立大陆动力学理论体系。

板块构造理论的诞生导致了成矿理论研究的一次重大飞跃，促进了对板块边缘成矿体系和成矿机制认识的深刻变革。基于威尔逊板块构造演化旋回，20 世纪 80 年代初 Mitchell 和 Garson（1981）和 Sawkins（1984）分别出版了《矿床与全球构造环境》和《金属矿床与板块构造》两部专著，较全面地论述了板块构造与成矿的关系，奠定了现代地球动力学演化与成矿关系的基础。然而，与用板块构造理论解释大陆形成与演化的一些复杂性和特殊性问题时所面临的局限性一样，板块构造理论在解释大陆成矿现象方面也遇到了一系列重大难题和挑战，该理论提供了解释大陆古板块边缘演化过程中成矿问题的理论框架，但对解释板块碰撞后陆内演化阶段的成矿作用，尤其是成矿作用的动力来源、不同类型矿床在成因机制上的关联性等问题则尚无现成答案。在这种背景下，大陆动力学与成矿关系的研究也就成了当今地学和成矿学研究的前沿，引起了国际上的极大关注。为此，澳大利亚于 1993 年成立了地球动力学研究中心，实施了地球动力学与成矿作用研究计划；欧盟科学基金会 1998～2003 年设立了由 14 个国家参与的地球动力学与矿床演化重大项目；国际矿床学界开展了岩石圈过程与巨量金属堆积的对比研究；美国地质调查局则把地壳结构与成矿的关系列为重大研究计划予以重点支持。这些研究计划或项目的设立，大都旨在理解大陆演化的动力学及其与成矿元素巨量富集形成矿床的关系，从而为新一轮矿产资源勘查和评价提供理论基础。纵观大陆动力学与成矿关系的相关研究，可以发现以下主要发展趋势：

1）在成矿机制上，将成矿作用研究与壳幔相互作用研究密切结合

地球各圈层相互作用尤其是壳幔相互作用，是大陆动力学研究的核心之一。研究表明，地壳与地幔之间存在强烈而多样的物质和能量交换形式，而且这种交换是双向的，即不仅有地幔部分熔融物质通过底侵作用和地幔柱活动等方式加入地壳，而且地壳物质可以在汇聚板块边缘通过俯冲作用，以及在岩石圈增厚区域通过拆沉作用返回地幔，结果引起大陆增生和地幔的不均一性。上述各种形式的壳幔相互作用，导致不同圈层的物质和能量发生跨圈层的迁移和再分配，从而从宏观上控制了一个大区域优势矿种和矿床类型的形成与分布。

国内外学者对壳幔相互作用与成矿的关系进行了有益的探讨，发现壳幔相互作用在许多大型-超大型矿床和矿集区的形成中具有重要意义，认为壳幔相互作用是诱发成矿系统中各种地质作用的主要原因之一，是决定成矿系统物质组成、时空结构和各类矿床有序组合的重要因素。

A. 洋壳俯冲过程的壳幔相互作用与成矿

大陆边缘板块俯冲带或碰撞造山带是壳幔相互作用最复杂的地区之一。俯冲带复杂的、丰富多彩的壳幔相互作用产生了多种岩浆岩和不同的岩浆岩组合，也带来了丰富的成矿物质并形成了众多大型-超大型矿床。Sillitoe（1972）首先提出斑岩铜矿形成于板块俯冲带的大陆边缘，Mitchell（1973）提出大洋板块

俯冲的角度对斑岩铜矿的形成及其物质组成具有明显的制约。更多的研究进一步表明，大洋板块以正常速度和中等角度俯冲时，由板片脱水诱导上覆地幔楔部分熔融而形成的钙碱性岩浆系统，只能产生小规模的斑岩铜矿化和浅成低温热液金矿化（Sillitoe，1988）；大洋板块以低角度斜向快速俯冲时，将导致俯冲洋壳板片部分熔融形成埃达克质熔体，这些熔体在相对封闭的系统中演化可发育成规模巨大的斑岩铜矿成矿系统（Oyarzun et al.，2001）；而大洋板块在俯冲过程中一旦被撕裂或断离，软流圈物质将直接进入上覆楔形区，导致地幔（含洋壳）和下地壳物质同熔成花岗质岩浆，然后上侵到地壳浅层形成岩浆岩及其有关的斑岩铜矿和浅成低温热液铜金矿床，甚至在剪切带中形成中温石英脉型金矿床（Corbett and Leach，1998；Kerrich et al.，2000；Sillitoe et al.，2003）。

B. 岩石圈拆沉和幔源岩浆底侵过程的壳幔相互作用与成矿

幔源岩浆底侵作用是指高温（1200～1300℃）幔源玄武质岩浆侵位于地壳底部，并使局部上覆地壳物质发生部分熔融而产生花岗质岩浆的地质作用（章邦桐等，2005）。有人认为，幔源岩浆底侵作用是除板块作用引起的大陆岛弧侧向增生以外的另外一种重要的陆壳生长方式——陆壳从下部生长，使陆壳加厚，引起陆壳的垂向增生（Rudinck，1990）。拆沉作用与底侵作用相反，指的是大陆下地壳或岩石圈上地幔的物质在一定条件下"下沉"从而通常使岩石圈减薄的过程。底侵作用引起陆壳不断加厚会导致拆沉作用的发生，而拆沉作用引起岩石圈减薄会导致软流圈上涌（路凤香等，2006），软流圈上涌造成减压熔融又会导致底侵作用的发生。因此，底侵和拆沉作用具有一定的相互联系，它们一起构成了壳幔的物质循环，导致了壳幔的物质能量交换和结构特征的变化。

已有一些研究表明，底侵和拆沉作用作为壳幔相互作用的重要方式和大陆动力学演化的主要动力之一，对诱发成矿作用可能起到了重要作用。Sazonov 等（2001）对俄罗斯乌拉尔山脉大量脉型金矿床时空分布特征及其与岩石圈演化的关系进行了系统研究，发现这些金矿床主要形成于二叠纪—三叠纪早期的伸展背景，晚于造山期，它们的形成可能与造山带下部大范围的岩石圈拆沉、软流圈上涌、玄武质岩浆底侵而派生的花岗质岩浆活动有关。我国华北克拉通周缘的胶东金矿区（Chen et al.，1999）、东坪金矿区（Miao et al.，2002）以及长江中下游的铜陵矿集区（Du et al.，2004）和沙溪矿集区（王强等，2001）的成矿时代约为120～140Ma，被分别认为是幔源岩浆底侵产生的花岗岩浆活动控制了这些矿床的形成。而中国东部晚中生代的岩石圈拆沉、减薄则可能控制了底侵作用以及相应的花岗质岩浆活动和成矿作用的发生（吴福元等，2003；Gao et al.，2004；毛景文等，2005a）。

C. 地幔柱活动过程的壳幔相互作用与成矿

地幔柱沟通了地核、地幔、地壳各个圈层之间的物质与能量交换，是板内构造岩浆活动及成矿作用的一种重要动力学机制。地幔柱活动作为板内演化的一种重要的地球动力学机制，得到了地质、地球化学、地球物理等众多证据的支持。

地幔柱以大规模幔源岩浆活动为突出表现，成矿作用也以幔源岩浆矿床为主，成矿元素主要包括 Cu、Ni、PGE、Fe、Ti、V、Cr 等，可形成具有重大经济价值的岩浆 Cu–Ni–PGE 硫化物矿床和 V–Ti 磁铁矿矿床等。这些矿床的形成与壳幔相互作用具有极大的关系。已有研究表明，来源于地壳的硫大量进入地幔柱岩浆系统是形成 Cu–Ni–PGE 矿床的重要条件（Naldrett，2004）；地幔熔融程度和幔源岩浆对地壳物质的同化混染程度，可能在一定程度上控制了产 Cu–Ni–PGE 矿床之岩浆系统中 Cu、Ni、PGE 的分配，以及 V–Ti 磁铁矿矿床的形成（Cawthorn，1996）。此外，地幔柱活动还可通过地幔热流的上升诱发地壳重熔以及各种地壳浅部的地质响应，形成热液矿床。一些研究人员认为，像 Kidd Creek 块状硫化物矿床、甚至 Olympic Dam 矿床等世界级超大型矿床的形成，可能与地幔柱活动的这种热效应有关（Ernst and Buchan，2003）。

2）在成矿时代上，成矿作用与重大地质事件的内在关联受到高度重视

成矿作用需要驱动力。大量研究证明许多大规模的成矿作用往往与全球或区域性重大地质事件密切相关。例如，晚震旦—早寒武纪的生物大爆发与世界范围大量磷块岩的形成存在耦合关系，暗色岩的成矿与地幔柱事件关系密切（Lightfoot et al.，1993，1994；Naldrett，2004；Song et al.，2006a，b），斑岩型铜

矿的形成与板块俯冲派生的岩浆活动有关（Cooke et al., 2005；Blundell et al., 2005；Singer et al., 2005），加拿大 Sudbury 铜镍大规模富集成矿可能与陨石撞击有联系（Therriault et al., 2002；Keays and Lightfoot, 2004；Giroux et al., 2005；Lightfoot and Zotov, 2005；Zieg and Marsh, 2005；Elsila et al., 2005）。重大地质事件，包括板块的俯冲碰撞或裂解、地幔柱活动、岩石圈拆沉和幔源岩浆底侵、岩石圈伸展、大型陨石撞击等。不同的重大地质事件导致不同性质的沉积作用、变质作用、岩浆活动和热液循环，引起元素在地壳，甚至壳幔圈层间发生大规模的运移、分异和重新分配，从而导致一些有用元素局部富集并形成矿床。与板块俯冲和洋中脊扩张有关矿床的研究，不但成为长达近半个世纪的研究热点，也成为成矿新理论的"孵化器"和找矿突破的原始推动力；我国青藏高原新生代包括斑岩铜矿在内的有关矿床的发现和研究，以及秦岭造山带和中亚造山带相关成矿作用的研究，正推动着造山带成矿理论研究的进步（Chen et al., 2000, 2004；Chung et al., 2003；Hou et al., 2004, 2006a, b；Gao et al., 2007；张国伟等，2001；陈衍景，2006；王京彬等，2006）；通过对地幔柱大规模玄武岩浆起源—演化—硫化物熔离的研究，初步揭示了俄罗斯 Nioril'sk 铜、镍、铂族元素超常富集之谜，认为是在岩浆通道内岩浆不断地留下硫化物熔体使硫化物富集而形成超大型矿床，为这类矿床的寻找指明了方向（Lightfoot et al., 1993；Naldrett, 1999）；中国东部中生代岩石圈拆沉减薄和幔源岩浆底侵作用及其与大规模花岗岩浆活动和成矿作用相互关系的研究，掀开了中国东部地质矿产研究的新篇章（毛景文等，2003, 2005；胡瑞忠等，2004a, 2007）。随着高精度定年技术的不断进步，一些准确的成矿年龄数据表明，特定成矿域或成矿系统大规模的成矿作用往往发生在相对短的时间而具有"爆发性"，并与区域重大地质事件具有密切的时空耦合关系（毛景文等，2000, 2003；胡瑞忠等，2004a, 2007）。深入剖析这种内在联系，精细刻画重大地质事件如何促使成矿物质大规模活化—迁移—聚集—成矿，准确认识区域成矿规律，从而为找矿预测提供理论依据，已成为矿床学研究的重要发展方向。

3）在成矿区域上，除继续重视板块边缘成矿作用的研究外，大陆内部的成矿作用成了新的研究热点

大量研究证明，板块边界是成矿作用异常活跃的区域；板块的扩张-离散边界和汇聚-消减边界具有完全不同的构造环境和动力学特征，所导致的成岩和成矿作用也各具鲜明的"专属性"。例如，在板块的扩张-离散边界（洋中脊）主要形成块状硫化物矿床等（Degens and Ross, 1969；Shanks and Bischoff, 1977），而在板块的汇聚-消减边界（俯冲大陆边缘和造山带）则主要形成斑岩铜矿、浅成低温热液型铜金矿、造山型金矿和其他与花岗岩浆活动有关的矿床等（Sillitoe, 1972；Groves et al., 1998；James and Sacks, 1999；Goldfarb et al., 1998, 2001；Kerrich et al., 2000；Sillitoe et al., 2003；Behn et al., 2001；Hou et al., 2004, 2006a, b）。毫无疑问，板块构造理论极大地推动了矿床学理论和找矿工作模式的深刻变革。

20 世纪 90 年代以来，随着板块构造"登陆"，碰撞造山后的大规模伸展、岩石圈拆沉和幔源岩浆底侵作用、地幔柱活动等大陆板块内部演化阶段的地质过程对成矿的重要意义逐渐被认识。

A. 陆内伸展体制成矿作用

从已有研究来看，陆内伸展体制（包括碰撞造山后的大规模伸展）是形成大型矿集区和大型-超大型矿床的有利环境。北美科第勒拉造山带东侧发育世界级的卡林型金矿、MVT 型铅锌矿和浅成低温热液金-银矿，其成矿环境过去一直争论不休。后来的同位素精确测年证明这些矿床均形成于 30~42Ma，对应的成矿环境为造山后伸展盆地（Hofstra and Cline, 2000；Howard, 2001；Bettles, 2002）。通过对西澳大利亚地盾中一系列世界级金矿的研究发现，这些太古宙金矿是后造山伸展环境的产物（Qiu and Groves, 1999）。对我国西南大面积低温成矿域和华南铀矿的研究也证明，大陆板块内部大规模伸展对成矿物质的活化、迁移、聚集具有重要意义（胡瑞忠等，2004a, b, 2007）。Garza 等（2001）的研究发现，即使在大陆边缘造山带中，大型矿集区的形成并不主要出现在岩石圈挤压时期而是在其后的伸展阶段。

B. 与幔源岩浆底侵和地幔柱活动有关的成矿作用

幔源岩浆底侵和地幔柱活动是最重要的板内地质事件之一。它们不但是大陆地壳垂向增生的重要机制，还直接导致了一系列大型-超大型矿床的形成。由于底侵作用，大量幔源岩浆囤积在下地壳底部形成岩浆池，这种囤积作用又诱发大规模变质作用、花岗岩浆活动和相应的成矿作用（肖庆辉，1997）。地幔

柱活动可以在短时间内引发大规模的玄武岩浆活动，形成大火成岩省，同时导致岩石圈大规模隆升、伸展（徐义刚，2002；He et al.，2003），是壳幔物质和能量交换的重要方式，具有非常重要的成矿效应。俄罗斯西伯利亚的 Noril'sk-Talnakh 超大型 Ni-Cu-PGE 硫化物矿床、美国 Keweenawa 裂谷带与 Duluth 杂岩体有关的硫化物矿床、南非 Karoo 火成岩省的 Insizwa 硫化物矿床，以及与我国峨眉山大火成岩省有关的矿床等，大都认为是与地幔柱活动有关的重要矿床实例（Naldrett and Lightfoot，1993；Lightfoot and Hawkesworth，1997；Song et al.，2003；胡瑞忠等，2005；宋谢炎等，2005）。

总之，人们对成矿作用与板块边界动力学过程的内在联系，已获得越来越深刻的认识。同时，20 世纪 90 年代以来随着对地幔柱和碰撞造山后大陆内部地质演化过程研究的不断深入，有关陆内成矿作用及其与陆内地质演化过程内在联系的动力学研究，已逐渐成为成矿学研究取得重大突破的新生长点。但是，相对于包括碰撞造山带在内的大陆板块边缘的成矿作用，大陆内部的成矿作用还是一个相对薄弱的研究领域。对这一薄弱领域的积极探索必将极大地丰富大陆动力学与成矿关系的理论体系。

2. 成矿作用研究不断深入，新技术和新方法的应用、成矿过程的精细刻画以及区域成矿模式的建立引起了充分重视

1）学科交叉不断深入，新技术和新方法的引进日益受到重视

随着科学的进步和成矿作用研究的日益深入，要揭示复杂的成矿现象，成矿作用的研究对学科的交叉渗透提出了新的要求。当今的成矿作用研究，除与地球科学其他分支学科（如岩石学、大陆动力学、地球物理等）的渗透之外，已大量用到化学热力学、化学动力学、物理化学、数学和计算机科学等学科的理论基础。同时，新技术和新方法的引进日益受到研究人员的重视。如激光熔样-等离子质谱（LA-ICP-MS）分析方法的建立与完善，已使成矿流体的研究，从通过流体包裹体群体成分的测定来大致了解成矿流体的组成，发展到对单个流体包裹体中元素含量的直接测定而较准确地确定成矿流体的组成，这已成为深入研究成矿元素在不同流体相中的分配、精细刻画成岩成矿作用过程等方面的重要支撑（Audetat et al.，1998；Ulrich et al.，1999，2001；Heinrich et al.，1999，2003，2004）；高精度 Re-Os、Lu-Hf、Cu、Fe、W、Se、B、N 等非传统同位素分析测试技术的完善，拓展了同位素定年和同位素示踪研究的新领域（Shirey and Walker，1998；Zhu et al.，2000；Johnson et al.，2004）；二次离子质谱（SIMS）对矿物轻同位素比值的微区-原位分析，已成为成矿流体研究的重要技术手段（Kesler et al.，2005）；阴极射线激发荧光（CL、SEM-CL）技术的应用，可以快速、准确地确定矿物的精细结构、成分变化特征以及流体（熔体）包裹体的相对时间-空间关系（Rusk and Reed，2002；Landtwing and Pettke，2005）。因此，学科的交叉渗透和新的分析测试方法与实验技术的进步，不仅为成矿作用的深入研究提供了新的平台，同时也为成矿作用研究领域重大创新成果的产出，提供了新的重要机遇。

2）在重视成矿作用始终态研究的基础上，更加重视成矿过程的精细刻画

受科学发展水平的限制，以往成矿学关注的焦点是成矿作用的始、终态，对成矿过程及其驱动力的研究一直较为薄弱。过去一段时间以来，由于非线性科学和实验模拟技术的进步，以及分析测试条件的进一步完善，为这些薄弱领域的深入研究提供了可能。主要进展和趋势包括：①以实验为手段，研究各种地质作用过程中元素活化、迁移和沉淀的物理化学条件，注重模拟实验研究与热力学和计算地球化学研究的结合，力求定量表达各种成矿地球化学过程（Frank，2002；Hack and Mavrogenes，2006）；②将非线性科学和化学动力学理论引入成矿过程的研究之中，力求定量表达成矿系统的结构特征和与成矿作用有关的各种化学反应的机制和速率（Faure，1998；Henley et al.，2000）；③微区微量分析测试技术的进步，使得对整个成矿过程不同阶段产物的元素和同位素组成的原位测定成为可能，这为我们较精细地了解成矿流体组成和成矿过程不同演化阶段的特征提供了前提，同时也就为"精细"刻画成矿过程、更加合理地建立成矿模式提供了条件（Henrich et al.，2004；Kesler et al.，2005）。因此，通过运用各种新理论和新方法，更加精细定量地了解成矿作用的历史进程，也就成了成矿作用研究的重要发展趋势之一。

3）成矿模式研究呈现出由定性向定量化和由矿床个体模型向区域时空四维模型演化的趋势

成矿模式是成矿环境、成矿过程、成矿物质来源，以及矿床几何形态和分布规律的高度理性概括，是迄今成矿学中研究时间颇长，但仍然最具生命力的科学问题之一。历史上斑岩铜矿成矿模式（Titley，1982）、块状硫化物矿床成矿模式（Franklin et al.，1981）、卡林型金矿成矿模式（Hausen and Kerr，1968）等成矿模式的提出，曾在全球找矿勘查活动中起到了重大推动作用。我国科学家提出的玢岩铁矿成矿模式和"五层楼"钨矿模式久经实践考验，实用性强，有力地推动了矿产资源的勘查。但是，目前对成矿模式的研究已不仅仅局限于对典型矿床的精细刻画，而是在向区域化和多参量化方向发展。基于区域构造演化和矿床成矿系列研究，建立成矿区带尺度和矿集区尺度（翟裕生等，1996，1999；陈毓川等，1998，2006）的成矿模式已成为新的研究热点；以地质、地球化学、地球物理、遥感地质的多元信息为依据，建立不同尺度的找矿模型也受到广泛关注。进一步深入研究和提出符合客观实际的成矿-找矿模式，必能更好地架起成矿与找矿之间的桥梁，为找矿预测奠定良好的基础。

3. 华南陆块——陆内成矿作用研究的理想基地

我国地处欧亚、印度和太平洋三大板块的拼接部位。因此，中国大陆是一个拼合大陆，其地质构造演化远比非洲、北美洲（主要是加拿大）、澳大利亚和俄罗斯中东部等区域复杂。以秦岭-大别造山带为界，南北两地前寒武纪基底和显生宙盖层差别很大。中国大陆自显生宙以来地壳运动非常强烈，加里东、海西、印支、燕山和喜马拉雅运动都对我国大陆产生了强烈影响，而且对不同地区的影响强度亦有明显差别，致使前寒武纪基底支离破碎；显生宙盖层分布区的构造-岩浆活动活跃，以致"稳定区"（地台）不稳定，从而造成成矿作用的多样性与复杂性，显示我国大陆的地质构造、演化特征和成矿作用相对全球来说具有与众不同的特色。不难看出，要解决我国矿产资源的紧缺和寻找重要矿产资源新远景，就必须从我国特有的地质构造演化入手，加强大陆动力学演化与成矿关系的深入研究。

如前所述，华南陆块是全球罕见的世界级多金属成矿省，其形成和演化，受到了在全球背景中很有特色的陆内大陆动力学过程的影响，主要在大陆内部先后发生了多期次的大规模成矿作用，是全球研究陆内成矿作用的典型地区之一，是我国从事大陆动力学演化与成矿关系研究的理想基地。建立该区大陆成矿理论体系，研发适合于该区景观条件的找矿新技术和深部隐伏大矿的探测技术，既是瞄准国际前沿的重大科学问题，也是该区找矿预测和实现进一步找矿突破的重要基础。

由于华南陆块独特的大地构造位置、丰富的矿产资源，以及相对方便的交通条件和较高的资源利用价值，因而该区域的地质矿产问题历来为地质学家们所关注，以往在华南陆块的基础地质、成岩成矿作用和构造演化等方面取得了一大批重要成果：一方面，初步揭示了该区岩石圈构造演化的许多特殊过程，勾画出了不同构造单元形成演化的轮廓框架；基本确定了已有矿床的类型，解剖了一批典型矿床，加深了对成矿过程的认识，并且已开始探索某些重要过程或重要地质事件对成矿作用的制约关系。另一方面，随着地质研究和找矿工作的深入，制约着该区进一步找矿评价的重大科学问题也在日益显现。正如在我们主持的上一轮（1999~2004）国家973项目"大规模成矿作用与大型矿集区预测"的结题报告中所指出：虽然对华南地区（华南陆块）地质矿产问题的研究已取得重要进展，但是通过这一轮研究发现华南有很多有关大陆动力学演化与成矿关系的重大科学问题没有解决。例如，华南陆块东部中生代的地球动力学过程仍很模糊，制约着对大花岗岩省中生代大爆发成矿的全面认识；华南陆块西部峨眉山地幔柱的成矿效应研究还较滞后；华南陆块西南部大面积低温成矿的动力学背景、确切时限和不同类型矿床的相互关系没有得到清楚地把握。这些问题的存在严重地制约着华南陆块大陆成矿理论的建立和找矿预测的新突破。

1）晚古生代峨眉山地幔柱活动与成矿作用的多样性

晚二叠世峨眉山玄武岩及共生的镁铁-超镁铁质侵入岩、花岗岩和碱性岩广泛分布于华南陆块西部三省（云南、四川和贵州），构成了主要为陆相的峨眉山大火成岩省，面积约50万 km^2。岩石学、地球物理、地球化学、同位素年代学等各方面的综合研究证实，这一大火成岩省的形成是晚古生代峨眉山地幔柱活动的产物（Xu et al.，2001；Song et al.，2001；He et al.，2003；张招崇等，2004；Zhang et al.，

2006），与地幔柱活动有关的岩浆活动主要发生于距今 260 Ma 左右（Zhou et al.，2002，2005，2006；Guo et al.，2004；Zhong et al.，2006，2007；罗震宇等，2006；He et al.，2007）。峨眉山玄武岩主要可分为低钛和高钛两类。一般认为，低钛玄武岩起源于岩石圈地幔，其地幔部分熔融程度较高且经历了较强的地壳混染；而高钛玄武岩则可能起源于软流圈，其地幔部分熔融和地壳混染程度均较低（Xu et al.，2001；Xiao et al.，2004）。大型镁铁-超镁铁质层状岩体分布于攀西地区的区域性深大断裂附近，其韵律层理的形成受多次岩浆的注入及岩浆混合、结晶分异作用或液态不混溶作用的控制（Zhong et al.，2002，2004；Zhou et al.，2005）。花岗岩体及碱性杂岩的形成，则由玄武质岩浆的高度分异或底侵玄武质岩浆对下地壳的部分熔融作用所致（罗震宇等，2006；Zhong et al.，2007）。

　　地幔柱上升是地球各圈层进行物质和能量交换的一种重要方式，巨量玄武质岩浆活动可导致大规模成矿作用的发生。已有研究表明，世界上很多超大型矿床都形成于地幔柱背景下，典型范例如俄罗斯西伯利亚的 Noril'sk-Talnakh 超大型 Ni-Cu-PGE 硫化物矿床（Lightfoot and Hawkesworth，1997）、南非与 Bushveld 杂岩体有关的 PGE-Cu-Ni 硫化物矿床（Ernst and Buchan，2003）、美国 Duluth 杂岩体中的超大型 Cu-Ni-PGE 硫化物矿床（Ripley，1990）、加拿大 Coppermine River 大火成岩省中的大型 Ni-Cu-PGE 硫化物矿床（Irvine，1975）、北大西洋火成岩省 Skaergaard 岩体中的 Pd-Au 矿床（Nielsen and Brooks，1995）以及我国峨眉山大火成岩省中的相关矿床（Cu-Ni-PGE、V-Ti 磁铁矿、Nb-Ta-Zr）等。其中，Noril'sk-Talnakh 超大型 Ni-Cu-PGE 矿床的 Ni 储量位居世界第一、PGE 储量位居世界第二（Ni 2000 万 t，Cu 3000 万 t，PGE 5000t）（Naldrett，1999）。值得关注的是，近来有研究者提出塔里木板块晚古生代大量火山岩喷发也可能与地幔柱活动有关（罗志立等，2004；夏林圻等，2004）。天山-阿尔泰东部地区众多赋存铜镍硫化物矿床（喀拉通克、黄山、黄山东、香山、白石泉等）和钒钛磁铁矿矿床（尾亚、香山西）的早二叠世（298～270Ma）镁铁-超镁铁质岩体被认为是该地幔柱活动的产物（Zhou et al.，2004；夏林圻等，2004；毛景文等，2006）。

　　从矿床类型上看，全球其他大火成岩省中产出的矿床类型相对较为单一，大多为 Cu-Ni-（PGE）硫化物矿床及少数自然 Cu 矿床。而且，巴西 Paraná、美国 Columbia River、印度 Deccan 等大火成岩省中目前尚未见有经济意义的矿床报道。极具意义的是，与世界其他大火成岩省相比，虽然我国峨眉山大火成岩省的面积（50 万 km²）较小，但其成矿作用类型的多样性及成矿系统的完整性，在世界其他大火成岩省中则极为罕见（胡瑞忠等，2005；宋谢炎等，2005）。与峨眉山地幔柱活动相关的典型矿床主要有：与镁铁-超镁铁质层状岩体有关的超大型 V-Ti 磁铁矿矿床（攀枝花、红格、白马、太和）；与镁铁-超镁铁质岩体有关的 Cu-Ni-PGE 硫化物矿床（力马河、金宝山、杨柳坪、白马寨）；与溢流玄武岩有关的 Cu、Fe 矿床（鲁甸、黑山坡），以及与碱性花岗岩有关的 Nb-Ta-Zr 矿床（茨达、红格）。在全球背景中，由于峨眉山大火成岩省成矿作用类型的多样性及成矿系统的完整性，为我国学者开展地幔柱与成矿关系这一前沿领域的创新研究提供了极好的基地。21 世纪初以来，与上述矿床有关的研究工作已在一些方面取得较大进展。研究表明，地壳混染和结晶分离对硫化物熔离及 Cu-Ni-PGE 矿床的形成起到了至关重要的作用（Song et al.，2003，2006a，b；Wang and Zhou，2006；Tao et al.，2007），而岩浆的多期次注入、岩浆混合作用（Zhong et al.，2002，2004）或铁钛氧化物与硅酸盐熔浆的不混溶作用（Zhou et al.，2005）对于超大型 V-Ti 磁铁矿矿床的形成有重要影响。不过，虽然对某些矿床的研究取得了上述重要进展，但总体来看对峨眉山地幔柱及其与成矿关系的整体性认识目前还较为模糊。主要表现为：①未能将地幔柱活动导致的构造-岩浆活动有机地统一起来，从而未能清楚认识峨眉山大火成岩省中低钛和高钛玄武岩与各类含矿镁铁-超镁铁质岩体和碱性花岗岩体的分异演化关系；②对成矿元素在不同岩体或岩相中差异性富集的主要控制因素是什么、不同矿床类型在统一的地幔柱成矿系统中有何本质联系、全球背景中峨眉山大火成岩省成矿作用类型多样性的原因这样一些重要问题更是缺乏系统研究；③更重要的是根据地幔柱活动及其岩浆分异演化规律，来客观判断各类可能的隐伏矿床空间分布的研究则几乎还是空白（世界上一些大火成岩省中常有超大型 Cu-Ni-PGE 矿床产出。峨眉山大火成岩省中这类矿床星罗棋布，但主要为中小型矿床，该区超大型 Cu-Ni-PGE 矿床是否存在）。这些问题的存在，制约着对地幔柱成矿理论的深入认识和相应的找矿预测工作。因此，在已有基础上，只有将峨眉山大火成岩省各类岩石的岩浆源区、演化过程等方面的研究与地幔柱动力学过程密切结合，并通过对各类矿床的成矿过程及其共性、特殊性、相关性和时空分布规律的系统研究，才有可能建立起科学的地幔柱成矿理论和相应的找矿模型，从而对其成矿潜力作出正确评估。

2）中生代大面积低温成矿的时空分布和动力学

低温成矿域是与低温热液矿床（200～250℃以下形成的热液矿床）相对应的一个概念，指低温热液矿床密集成群产出的区域。虽然低温热液矿床在世界各地都有分布，但低温成矿域尤其是大面积低温成矿域在世界上的分布则很局限。

华南陆块西南部地区矿产资源非常丰富，在面积约 50 万 km^2 的广大范围内，金、汞、锑、砷、铀、银、铅、锌以及萤石、冰洲石和水晶等低温热液矿床广泛发育，且其中的不少矿床是大型-超大型矿床；在美国中西部，MVT 型铅锌矿床、卡林型金矿和砂岩型铀矿等低温热液矿床也非常发育，不仅分布广，而且产出较多超大型矿床，是美国的主要矿产资源基地之一。这种大面积产出不同矿种的低温热液矿床的现象，在国内外目前仅见于上述两个区域。因此，即使就全球而言，在什么条件下才能形成大面积低温成矿域，也是一个很具特色的重要科学问题。

20 世纪 80 年代以来，随着滇黔桂地区卡林型金矿的逐渐发现，华南陆块西南部一个以金、铅、锌、砷、锑、汞为主的大面积低温成矿域的形成背景和过程，已成为一个突出的科学问题而引起学界的高度重视。基于以往的研究基础，在国家自然科学基金重点项目"低温地球化学"（涂光炽院士负责，1992～1995 年）和国家 973 项目"大规模成矿作用与大型矿集区预测"中的低温成矿作用课题（胡瑞忠研究员负责，1999～2004 年）支持下，该方面的研究取得了明显进展（涂光炽等，1998；Hu et al.，2002；胡瑞忠等，2004b）。研究表明：①大面积低温成矿作用的成矿流体为大规模运移的盆地流体；②低温矿床中的成矿物质主要来自于基底和周围地层；③大面积低温成矿作用大约发生在 150～80Ma，与区内燕山中晚期形成的幔源基性脉岩的时代相当；④区内各低温矿种之间在形成机制上具有相似性；⑤该区富成矿元素的新元古代地层和早古生代黑色岩系的广泛发育，以及长时间大面积缺少明显的花岗质岩浆活动，是该区大面积低温成矿的重要前提条件。通过对该低温成矿域的研究，初步提出了大面积盆地流体对流循环从围岩中萃取成矿组分，然后在合适的构造部位卸载成矿的成矿模式（Hu et al.，2002；Wang et al.，2003；胡瑞忠等，2004b）。

值得指出的是，对华南陆块西南部地区大面积低温成矿作用的研究虽已取得重要进展，但仍存在下列重要科学问题亟待解决：①大多数矿床缺少精确的成矿年龄资料，妨碍了对成矿作用时空分布规律的全面认识；②以往的研究基本上是按矿种进行的，低温成矿域中的各低温矿种为何分区产出以及它们的成矿之间究竟有何联系，目前知道的不多；③已有少量研究表明，该区晚中生代大面积低温成矿发生在大陆板内的伸展背景，主要表现为研究区一些同时期地堑式断陷盆地和幔源基性脉岩的发育等（Hu et al.，2002；胡瑞忠等，2004a，b；毛景文等，2005）。过去有研究认为，美国西部以内华达为中心的新生代（30～42Ma）大面积低温成矿，也发生在陆内伸展背景下（Hofstra and Cline，2000；Howard，2001；Bettles，2002）。但是，启动岩石圈伸展的深部动力学过程是什么？岩石圈伸展又是如何控制盆地流体大规模运移而大面积低温成矿的？这些重要的问题在以往的研究中基本未曾涉足；再者，对多矿种的低温热液矿床为什么只大面积地出现在美国中西部和华南陆块的西南部地区，它们的成矿条件有何异同等方面的研究则更差。由于缺乏对这些方面的系统研究，制约了全面客观地认识大面积低温成矿的过程和规律，制约了对大面积低温成矿动力学模型的合理总结，制约了大面积低温成矿域中有利找矿地段的选择，从而也制约了人们对大面积低温成矿作用这一具有全球特色科学问题的深入认识。因此，以我国华南陆块西南部大面积低温成矿域为对象开展上述研究，不仅具有十分重要的意义，同时也反映了国内外低温成矿作用研究的发展趋势。

3）华南中生代大面积花岗岩浆活动及成矿大爆发

印支期是中国东部大地构造演化的重要转折阶段，此时，华南陆块与其西南缘的印支陆块和北缘的华北陆块碰撞拼合（张国伟等，1996；任纪舜等，1999），形成了华南陆块复杂而独具特色的地质构造，以挤压构造为其主要背景，表现为以湘赣古裂陷带为中心的巨型花状构造（Chen，2001；Wang et al.，2005），其变形时限大致在245～190Ma（Wang et al.，2005）；与此相对应的是，地壳叠置加厚和深熔作用形成了一套面型展布于湘桂粤赣闽诸省的强过铝质-准铝质花岗岩（约243～220Ma，Wang et al.，2005，2007）。但是，这一时期该陆块的成矿作用相对不明显。

侏罗纪以来，华南陆块经历了构造格局的重大调整、复杂的壳幔相互作用与巨量花岗质岩石的生成，并伴随大爆发成矿，是中国乃至全球极富特色的构造-岩浆活动与成矿作用分布区。

A. 构造格局重大调整

已有资料表明华南陆块协调于中国东部，在中生代发生了构造体制的重大调整，即主构造格局由近EW向转变为NE—NNE向。在华北地块，任纪舜等（1998）发现冀北和内蒙古南部EW向中晚侏罗世髫髻山组火山岩和土城子组红色地层被NE—NNE向分布的白垩纪张家口组火山岩和义县组火山岩覆盖，表明侏罗纪与白垩纪之间为构造体制调整的时间，但一些学者则通过SHRIMP锆石U-Pb法和含钾矿物^{40}Ar-^{39}Ar法年代学研究认为这一转折时限应为166～135Ma（Zheng et al.，1996；李锦轶等，1999；牛宝贵等，2003）。在华南，陈培荣（2003）认为侏罗纪花岗岩和火山盆地呈近东西向分布，而白垩纪花岗岩带和火山盆地以NE—NNE向叠加其上，提出华南构造体制的调整应在侏罗纪与白垩纪之交；但周新民等（2006）则认为三叠纪与侏罗纪之间存在约10Ma的岩浆活动间歇期，代表了华南构造体制的调整时期。由此可见，尽管中国东部构造格局于中生代时期发生重大调整的事实已为学界所认同，但调整的确切时限和阶段性，仍有待深入探讨，该问题在华南地区尤其突出。

B. 复杂的壳幔相互作用与大花岗岩省的形成

中国东部中生代的岩石圈大减薄事件在华北地区表现最为显著，华北东部古老岩石圈地幔自古生代以来发生了重大地质改造，造成了>120km厚的岩石圈地幔消失。自20世纪90年代以来，这一重要事件开始引起国内外学者的广泛关注，并开展了大量研究（Fan and Menziesm，1992；Fan et al.，2000；Menziesm et al.，1992；Zhang et al.，2002；邓晋福等，1996；路凤香等，2006），其机制被认为是机械热侵蚀或置换作用所致（Xu，2001；Zheng et al.，2001）、或与岩石圈拆沉（Gao et al.，1998）或岩石圈去根（邓晋福等，1996）有关。岩石圈减薄可能始于145Ma，而快速减薄发生在130～110Ma（毛景文等，2003；吴福元等，1999，2000，2003），与华北地区大范围的岩浆作用和大规模成矿作用集中在130～110Ma的事实相吻合。不过，亦有研究者认为岩石圈减薄开始发生在100Ma左右（邵济安等，2004；路凤香等，2005）。

自20世纪90年代以来，不少研究（Gilder et al.，1991，1996；Chung et al.，1997；Xu et al.，2000；邹和平，2001；孙涛等，2002；谢桂青，2003；贾大成等，2003）表明，中国东部华南大花岗岩省所在区域晚中生代以来也同样存在分区性的岩石圈减薄事件，但比华北更为复杂（李廷栋，2006）。与华北不同的是，中生代时期在华南自西向东由老变新发育了上千千米宽的中酸性岩浆岩带。这些岩石的成因及其与壳幔相互作用的关系自70年代以来即有广泛研究，较早的研究认为它们的形成可能与太平洋板块的西向俯冲密切相关。但相较于其他汇聚板块边缘，由于华南中生代岩浆作用有着宽得多的活动范围，后来越来越多的研究者认为，除武夷山一线以东靠近华南大陆边缘的燕山期岩浆活动（K$_1$-K$_2$）具有陆缘弧岩浆性质，而可能与太平洋板块的西向俯冲有关（周新民等，2006）外，华南内陆地区的燕山期岩浆活动可能受控于其他大陆动力学过程（如Li et al.，2007）。一些对华南内陆燕山期花岗质岩石、富碱侵入岩带、玄武岩和基性脉岩、双峰式火山岩等的研究表明，中侏罗世以来华南花岗质岩石及其他岩石主要形成于岩石圈伸展的构造背景，中侏罗世以来华南已发生大范围的岩石圈伸展作用并形成很具特色的盆岭系统（Gilder et al.，1996；Chen et al.，1998；Hong et al.，1998；Li，2000；Li et al.，2007；李献华等，1997；范蔚茗等，2003；胡瑞忠等，2004a；周新民等，2006）；Gilder等（1996）、Chen等（1998）和Hong等（1998）的研究表明，华南存在几条低T_{DM}和高ε_{Nd}花岗岩带，这种低T_{DM}和高ε_{Nd}带被认为是岩石圈伸展和壳幔强烈相互作用的证据。陆内岩石圈伸展—减薄造成的减压熔融和玄武质岩浆底侵引起的复杂壳幔相互作用，可能是华南内陆燕山期大规模花岗质岩浆活动的主要机制（周新民等，2006），这一动力学背景也响应于华南内部晚中生代一系列断陷盆地及星子、武功山、幕阜山等变质核杂岩的形成（Faure et al.，1996，1998；舒良树等，1998；李武显等，2001；Lin et al.，2000；Wang et al.，2001；胡瑞忠等，2004a）。Li（2000）等学者总结了华南内陆燕山期花岗岩浆活动与岩石圈伸展的密切联系，并初步划分出164～153Ma、146～136Ma、129～122Ma、109～101Ma和97～87Ma五次岩石圈伸展期的花岗岩侵位事件。

通过对比可以看出，不像华北地区在130～110Ma出现了一个快速岩石圈减薄的重大事件，多阶段的岩石圈伸展—减薄、玄武质岩浆底侵和大规模花岗质岩浆活动，可能是华南内陆地区侏罗纪以来标志性的大陆动力学事件。但是，这些标志性事件的启动机制也是地学界学术争鸣最为激烈的内容之一。如有的研究者认为华南腹地导致燕山期大规模花岗岩岩浆活动的伸展作用和玄武质岩浆底侵作用是地壳拆沉作用的结果（Wang et al.，2005），亦有研究者归结为陆内伸展造山的结果（如周新民等，2006），也有研究者相信陆内加厚地壳造山后垮塌所致（Wang et al.，2007），还有研究者认为是太平洋平俯冲板片断离的产物（如 Li et al.，2007）。可见，要确定这些"标志性的"大陆动力学事件及其相互关系还有更多工作要做，对华南大花岗岩省的形成过程和机制还亟待深入研究。

C. 成矿大爆发

华南以中生代成矿大爆发著称于世。在该区针对矿产资源的大规模科学研究始于新中国成立后的第五个五年计划，尤其是对长江中下游宁芜地区与陆相火山岩有关的铁矿的研究，提出了具有重要影响的宁芜玢岩铁矿成矿模式；与此同时，从事钨矿地质勘查的地质工作者总结出了著名的赣南钨矿矿化蚀变五层楼模式；"六五"期间实施的国家科技攻关计划，对南岭地区的有色和稀有金属矿床进行了全面研究，提出并划分出了5个矿床成矿系列、6个矿床成矿亚系列和21个矿床成矿模式（陈毓川等，1989）。常印佛等（1991）和翟裕生等（1992）对长江中下游地区铜铁矿床的长期深入研究，提出了两大成矿系列的概念。由于超大型矿床的巨大经济效益，20世纪80年代末至90年代初以来，超大型矿床形成过程及其背景一直是重要的科学研究目标，涂光炽（1992～2001年）和裴荣富（1994～1998年）领导的科研集体对华南超大型矿床进行了深入的解剖，提出了超大型矿床与深部过程的耦合性、超大型矿床对矿床类型的选择性和超大型矿床的时空偏在性等重要认识（裴荣富等，1998；涂光炽等，2000；赵振华等，2003）。在我们完成的国家973项目"大规模成矿作用与大型矿集区预测"（1999～2004年）的研究中，对与华南地区花岗岩有关的成矿作用进行了总结研究（华仁民等，2005），还提出和论述了埃达克岩与斑岩铜矿的关系（张旗等，2001）。华南陆块与花岗岩类有关的矿床主要包括 W、Sn、Nb、Ta、Li、Be、Cu、Fe、Pb、Zn、Au、Ag 和 U 等。华仁民等（2003）的研究指出，要想把如此丰富多彩的矿床非常恰当地归纳到几个界线分明的成矿子系统中几乎不太可能。但是，以下趋势或轮廓是基本明确的：①该区中生代成矿大爆发主要与当时广泛而强烈的花岗质岩浆活动有关（如毛景文等，1999；华仁民等，1999）；②W、Sn、Nb、Ta、Li、Be 和 Cu、Fe、Pb、Zn、Au、Ag 大致分别与传统意义上的 S 型花岗岩和 I 型花岗岩相联系（如中国科学院地球化学研究所，1979；南京大学地质系，1981；莫柱荪等，1980；Ye et al.，1998；华仁民等，2003）；③成矿作用可能是分期进行的，毛景文等（2004）通过对该区已有成矿年龄数据的综合研究，初步提出了170～150Ma、140～125Ma 和110～80Ma 三次爆发式成矿作用；④这些矿床矿岩时差很小，尽管成矿过程中不可避免地有大气降水的参与，但成矿流体与花岗岩浆的分异作用都具有不同程度的关系（中国科学院地球化学研究所，1979；南京大学地质系，1981；Mckee et al.，1987；Giuliani et al.，1988；Liu et al.，1999；Pan et al.，1999；Yin et al.，2002；Zhang et al.，2003；Lu et al.，2003；华仁民等，2005）。

综上所述，华南陆块东部大花岗岩省所在区域，由于中生代构造体制的重大变革、强烈的壳幔相互作用、大范围的花岗岩浆活动和大规模的爆发式成矿作用，奠定了全球背景中该区作为理解陆内动力学过程与多金属成矿关系不可多得的天然实验室的重要地位。以往的研究虽然取得了上述重要进展，但还有较多重要科学问题有待解决：①华南陆块东部晚中生代以来伸展背景下形成的"盆岭系统"这种独具特色的地质构造现象及其动力学机制，还是地学界学术争鸣最为激烈的问题之一，这直接影响了对与其有关的华南大花岗岩省形成过程和机制的正确认识；②反映该区中生代构造体制重大变革、岩石圈伸展减薄及其壳幔相互作用、大花岗岩省形成和成矿大爆发的精确年代学数据还较缺乏，从而还未能很好地揭示这些事件的精确时限、阶段性和相互之间的关联性；③大花岗岩省内中生代的大规模成矿具有明显的分区特点，南岭地区主要是钨、锡、铀、稀土、铌、钽、铍、铅锌、铜和钼的大规模成矿，长江中下游地区主要是铜、铁、金、钼的大规模成矿，控制这种分区的地球化学和深部动力学条件究竟有些什么重大差异目前知道的不多；④华南陆块亦深受印支运动的影响，形成了较大规模的强过铝质-准铝质花岗岩浆活动，但华南陆块内部的大爆发成矿发生在中晚中生代的燕山期，而早中生代的印支期则少有重要矿床的形成，这种巨大差异反映着什么重要信息？⑤不同的壳幔相互作用过程控制着不同类型的花岗岩浆活动，不同类型的花岗岩浆活动则控制了不同类型的成矿作用。但是，对壳幔相互作用—花岗岩浆活动—成矿作用整个演化过程中，导致成矿元素超常富集而大爆发成矿的各种耦合机制尚缺乏完整的理解。这些问题的解决必将导致对华南大花岗岩省形成演化和成矿作用认识的重大突破。

4. 矿产资源的发现，越来越依赖于探测技术的创新

找矿工作经历了由经验找矿向理论和技术找矿的转变。理论找矿就是用地学理论作指导，确定矿是怎么形成的和在哪里形成，并据此进行找矿。20 世纪 60～70 年代人们通过研究已知矿床，提出找矿模型，然后利用这些模型寻找类似的矿床，这是理论找矿的第一阶段；之后人们又开始用板块构造理论做指导，从构造环境入手解决板块边缘的成矿找矿问题，这是理论找矿的第二阶段；90 年代以来，人们试图通过大陆动力学过程对成矿制约关系的研究为寻找陆内演化阶段形成的矿床提供科学支撑，从此进入了理论找矿的第三阶段。一方面，成矿理论研究的创新可为进一步找矿提出新思维和新方向；另一方面，矿产资源的评价和寻找也依赖于探测技术的创新。从某种程度上讲，探测技术是成矿理论与找矿评价之间的纽带。只有在成矿理论的指导下，通过成矿规律的正确把握和不同景观区找矿技术方法的实验研究，才能推动找矿工作的重大突破。

随着勘查工作的不断深入，找矿工作的难度越来越大，隐伏矿寻找成为找矿突破的新方向和重点。例如，澳大利亚提出了"玻璃地球计划"，其目标是在地质研究的基础上，通过当代高新技术的应用，使大陆表层 1000m 以内能够像"玻璃一样透明"，以便发现下一代的重要矿床。加拿大也提出了类似的计划，并力争将矿产探测深度延伸到地下 3000m。在隐伏矿寻找和找矿靶区圈定工作中，地球物理勘查技术、遥感技术、深穿透地球化学技术、地球化学填图和 GIS 技术等新技术新方法起着越来越重要的作用。这些新技术新方法的应用和相关计划的实施，有力地促进了矿产勘查的发展。

华南陆块是全球背景中罕见的世界级多金属成矿省。虽然在其中已发现大量矿床，但由于其红土和植被覆盖区广泛分布，矿床的勘探深度相对于矿业大国普遍偏浅（通常小于 500m），在覆盖区和深部"第二找矿空间"应大有作为。可以相信，华南陆块仍有巨大找矿潜力。

1）高精度遥感探测技术

20 世纪 90 年代以来，随着航天技术和计算机技术的飞速发展，量化遥感异常在区域找矿预测和矿产资源潜力评价中的应用，开启了遥感找矿应用的新时代。多光谱（ETM+和 Aster）数据对金属矿产勘查和预测受到各国关注，欧洲、亚洲、北美、南美、非洲、澳大利亚都有成功应用的实例。涉及的矿种以斑岩铜矿最多，其次为铅锌等多金属矿床和金银贵金属矿床。世界各国应用遥感技术进行金属矿产勘查和预测的工作区主要是针对戈壁荒漠区和基岩裸露区。我们在执行上一轮 973 项目期间，在东天山开展了这方面的研究并取得成功，研制出了一套适合于戈壁区的高精度找矿技术并圈定出几个铜镍硫化物矿、铜矿和铅锌矿的战略靶区。这项技术正在进一步推广之中，应用效果良好。

20 世纪初新公布的 Aster 数据的应用前景看好，包括了从可见光到热红外共 14 个光谱通道。由于 Aster 在近红外区有 5 个谱段代替 ETM+的第 7 波段，在热红外区也有 5 个波段代替 ETM+的第 6 波段，这就弥补了 ETM+的不足，从而扩大了分辨矿物和岩性的能力。例如，巴西坎皮纳斯大学的研究发现，可根

据伊利石、明矾石和白云母的波谱特征，用红外光谱和 Aster 数据对斑岩铜矿热液蚀变晕的形成温度进行评估。张玉君等（2006）利用 Aster 遥感数据，根据不同蚀变矿物波谱特征的差异性，分类提取了铜镍硫化物矿床、斑岩铜矿和夕卡岩型铅锌矿的蚀变遥感信息，找矿效果显著。2004 年 7 月 Aster 数据才面向中国市场开放，各国都在尝试运用 Aster 数据和相应技术开展覆盖区金属矿产勘查评价方面的探索。华南陆块主要以红土和植被覆盖为特征。以华南陆块为研究区，在成矿理论指导下，发展覆盖区矿产资源遥感探测评价新技术，并结合基于 GIS 平台的多元信息集成技术，相信能够为实现华南陆块金属矿产找矿评价的突破做出新贡献。

2）深穿透地球化学方法

随着找矿工作的逐步深入，当今寻找大型-超大型矿床的最大机遇是在隐伏区。但如何获取大面积隐伏区的直接含矿信息，一直是勘查地球化学家的难题。针对上述难题，国际找矿界都在致力于探索能探测更大深度的地球化学找矿方法。近些年，国内外发展的直接信息勘查地球化学方法包括电化学方法（CHIM）、元素有机质结合形式法（MPF）、地气（Geogas）方法、酶提取方法（Enzyme leach）、活动金属离子法（MMI）等。目前，国际勘查地球化学家协会组织 26 家国际著名矿业公司参加的"深穿透地球化学方法对比计划"（Cameron, 2004），其目的就是为了完善各种方法，为寻找隐伏大型-超大型矿床服务。

我国科学家在国家攀登计划项目和我们上一个 973 项目以及地质大调查计划的持续支持下，提出了"深穿透地球化学"的概念（谢学锦和王学求，2003），发展了以金属活动态测量方法（MOMEO）为主体的战略性深穿透地球化学方法（Wang et al., 1997）。这一系列概念和方法，由我国谢学锦院士和王学求研究员的课题组在乌兹别克斯坦的穆龙套超大型金矿床外围、澳大利亚奥林匹克坝超大型 Cu-U-Au-Ag 矿床外围以及我国山东省试验得到了验证，并已在东天山、皖北、川西北等不同景观区进行了广泛的应用（Wang et al., 2000, 2003），总共覆盖面积 30 万 km^2。华南陆块以红土和植被发育为特征。以华南陆块为对象，将以往在其他景观区适用的深穿透地球化学方法通过实验、改进，使之也适合于红土和植被覆盖区，可望对华南陆块大面积覆盖区的地球化学调查和隐伏矿产勘查提供强有力的技术支撑。

3）隐伏大矿定位技术

随着地表矿、浅部矿、易识别矿的日益减少，找矿工作正朝着寻找隐伏矿、深部矿、难识别矿的方向转变。世界各国尤其是矿业大国正积极探索隐伏矿体的定位预测技术。在隐伏矿体定位预测中，尽管有各种各样的新思路、新方法，但在具体指导找矿的实践过程中都或多或少地受到了"模型思想"的影响，模型找矿仍是当今寻找隐伏矿的主要方法。

独联体国家主要侧重地质、地球物理、地球化学模型的研究，通过在乌拉尔和阿尔泰地区所做的大量工作，先后提出了铁矿床、内生稀有金属矿床、含铜黄铁矿矿床、铜镍硫化物矿床、斑岩铜矿床，以及铅锌矿床的地质、地球物理、地球化学模型。西方国家则侧重于矿床理想成因模型和次生环境地球化学异常模型的研究，最成功的应用实例是美国地质调查局（1996）对美国境内距地表 1km 范围内金、银、铜、铅-锌等矿产资源的预测（彭省临和邵拥军，2001）。我国的地质学家自 20 世纪 80 年代以来，也开始探索模型找矿。从早期的地质—地球物理模型、地质—地球化学模型，发展到现在的地质—地球物理—地球化学—遥感综合地学找矿模型，进行多元信息综合找矿预测（赵鹏大等，2003；王世称等，1999；彭省临等，2004；刘亮明等，2004；邵拥军等，2005）。所有这些工作都强调要对多元找矿信息进行综合研究，并最终建立多元信息综合找矿模型，来提高预测的精度和有效性。从中不难看出，有效的新技术、新方法组合和多元找矿信息的有效提取、筛分及非线性集成是隐伏矿定位预测成功与否的关键，同时也是当前隐伏矿定位预测研究领域中面临的最大难点和问题。以华南陆块成矿理论和成矿规律的研究成果为指导，在华南陆块已知大型矿集区尤其是不同类型大型-超大型危机矿山的深部和外围，深入开展找矿模型的研究，必将推动隐伏大矿找矿预测的重大突破。

第三节　主要研究进展

基于以上研究背景，我们以华南陆块晚古生代地幔柱成矿系统、中生代大花岗岩省成矿系统和中生代大面积低温成矿系统为研究对象，针对成矿作用对壳幔相互作用的响应机制、巨量金属聚集过程和主要控制因素、成矿模式支持的找矿模型这三个主要科学问题，分 8 个课题对与成矿有关重大地质事件及其动力学、不同成矿系统的时空结构和成矿过程、不同成矿系统的找矿预测方法进行了系统研究。通过 5 年的研究，我们明确了三大成矿系统的成矿年代学格架及其与主要地质事件的关系，发现南岭地区与钨成矿有关的 S 型花岗岩是壳幔相互作用的结果；揭示了三个成矿系统中热液铀矿床、卡林型金矿床、钒钛磁铁矿矿床、铜镍硫化物矿床等主要矿床类型的成矿过程；初步揭示了大面积低温成矿系统与大花岗岩成矿系统可能具有一定的联系并具有相似的成矿动力学背景；发展了覆盖区战略靶区预测及矿床深部找矿预测理论和方法；在成矿理论指导下，通过与产业部门合作，金、钨、铅、锌等矿床的找矿勘查取得重要突破。截至 2011 年年底，研究成果发表 SCI 论文 107 篇，EI 论文 6 篇，CSCD 论文 142 篇。系统总结该项研究工作，主要取得以下研究进展。

一、峨眉地幔柱成矿系统

1. 建立了地幔柱源区及动力学机制新模型

1）更精确地限定了峨眉山大火成岩省的形成时代

对镁铁质侵入岩、长英质熔结凝灰岩、与镁铁质岩体共生的长英质侵入岩中的锆石进行了系统的精确年代学研究。研究表明，在现有定年方法的误差范围内，镁铁质岩石和长英质岩石的形成时代相当，为 258～260Ma。这一方面限定了峨眉山大火成岩省是在很短的时间段（约 2Ma）内形成的，同时也为峨眉山大火成岩省的成岩成矿动力学研究提供了精确的年代格架。进一步的研究表明，峨眉山大火成岩省的岩浆活动顺序为：低钛玄武岩（相关侵入岩）→高钛玄武岩（相关侵入岩）→花岗岩。

2）建立了峨眉山地幔柱源区和动力学过程新模式

以往的研究非常注重地幔柱本身，通常忽视地幔柱与上覆岩石圈的相互作用。其结果是难以解释不同地区大火成岩省在物质组成和成矿作用方面的差异性。

峨眉山大火成岩省定位于三江地区松马缝合带东侧的晚二叠世—早三叠世古特提斯洋壳俯冲带之上。同位素和元素地球化学证据显示，峨眉山大火成岩省可能主要有三类源区物质：垂直上升的地幔柱炽热物质流、岩石圈（软流圈）物质、俯冲进入地幔的古特提斯蚀变洋壳。其发生过程大致是，258～260Ma，上升的地幔柱炽热物质流与岩石圈（软流圈）物质和古特提斯俯冲洋壳相互作用形成巨量岩浆，这些岩浆在地幔柱核部（内带）侵入形成镁铁-超镁铁质岩体，喷发则形成大面积分布的峨眉山玄武岩。

3）确定了地幔柱成因花岗岩的形成机制

峨眉山大火成岩省中分布较多花岗岩，包括正长岩、碱性花岗岩、黑云母钾长花岗岩。这些花岗岩在全球其他地幔柱成因的大火成岩省中较为少见。以往通常认为花岗岩的形成与板块活动有关。研究表明，这些花岗岩与周围的地幔柱成因镁铁-超镁铁岩石的成岩时代一致；同位素和元素地球化学证据显示，这些花岗岩可分为 I 型花岗岩（黑云母钾长花岗岩）和 A 型花岗岩（正长岩、碱性花岗岩）两类；A 型花岗岩为地幔柱成因玄武岩浆分异的产物，高度分异形成的 A 型花岗岩可以形成铌钽稀土矿床（化），I 型花岗岩则由地幔柱成因玄武岩浆底侵到中、下地壳并导致其熔融而形成。因此，地幔柱活动也可以形成花岗岩。

2. 进一步明确了峨眉大火成岩省的岩浆成矿机制

一般认为，峨眉山地幔柱活动分别形成了低钛和高钛两类玄武岩和相关侵入岩，导致了 V-Ti-Fe 氧化物矿床、Cu-Ni-PGE 硫化物矿床和 Nb-Ta-REE 矿床三类主要矿床的形成。研究表明，V-Ti-Fe 氧化物矿床的形成与高钛玄武岩浆有关，Cu-Ni-PGE 硫化物矿床的形成与低钛玄武岩浆有关，Nb-Ta-REE 矿床与高钛玄武岩浆结晶分异形成的 A 型花岗岩有关。以下分别就 V-Ti-Fe 氧化物矿床和 Ni-Cu-PGE 硫化物矿床成矿机制的研究进展做一简述。

1）V-Ti-Fe 氧化物矿床成矿机制

峨眉山大火成岩省中的 V-Ti-Fe 氧化物矿床通称钒钛磁铁矿矿床，主要包括攀枝花、红格、白马和太和等超大型矿床，是世界上最大的钒钛磁铁矿矿集区。这些矿床主要产于大型层状岩体中，根据岩石组合特征可以将钒钛磁铁矿矿床含矿岩体分为镁铁-超镁铁层状岩体（如红格和新街）和镁铁层状岩体（如攀枝花、白马和太和），这些岩体均分布在大火成岩省的内带。

这些矿床的一个共同特征是 V-Ti 磁铁矿矿层都主要产于岩体底部或下部，这些岩体或侵位于元古代灯影组白云质大理岩和板岩中，或被碱性岩体所环绕。个别镁铁-超镁铁岩体（如新街岩体）的底部出现 PGE 硫化物矿化。尽管著名的 Bushveld 和 Skeargarrd 等岩体也有大规模的 V-Ti 磁铁矿化，但其 V-Ti 磁铁矿层均产于岩体的上部，因此，峨眉山大火成岩省中的 V-Ti 磁铁矿矿床具有独特的成因。

20 世纪 80 年代以来，许多学者对攀西地区层状岩体中钒钛磁铁矿矿床的成因进行了大量研究，多数学者认为成矿与分离结晶作用有关，氧逸度增高是导致磁铁矿较早析出成矿的主导因素。但是，以前的研究并没能很好解释巨厚钒钛磁铁矿矿层的形成机制。例如，为什么相对其他大火成岩省该区钒钛磁铁矿如此超常聚集？为什么巨厚的钒钛磁铁矿层形成于岩体下部？巨量钒钛磁铁矿的堆积机制及控制因素是什么？

研究表明，该区母岩浆较富铁和钛，这是成矿的基本条件。除其他有利因素（如较高程度部分熔融等）外，地幔柱与富铁钛洋壳的相互作用可能对较富铁钛母岩浆的形成也有重要贡献；产钒钛磁铁矿层状岩体的 Sr-Nd 同位素组成与高钛玄武岩基本一致，说明没有经历强烈的地壳混染，每一个韵律层从下至上钒钛氧化物含量逐渐降低，其 Fe/Ti 值也逐渐降低；层状岩体中橄榄石的 Fo 牌号均低于 82，说明在岩浆侵入之前就经历过一定程度的分离结晶；钒钛磁铁矿层的形成分别受高钛玄武岩浆在深、浅两个岩浆房中的分离结晶过程控制。

在此基础上，建立了钒钛磁铁矿矿床的岩浆通道成矿模式。该模式认为，峨眉山大火成岩省中之所以能形成产于层状岩体底部的超大型巨厚钒钛磁铁矿矿床，可能经历了以下过程：①地幔柱与富铁钛洋壳相互作用（或较高程度部分熔融等）形成高铁钛母岩浆；②在深部岩浆房橄榄石等矿物分离结晶形成富铁钛残余岩浆；③在构造运动影响下富铁钛残余岩浆沿岩浆通道上侵，在压力减低条件下（或高 f_{O_2} 下）钒钛磁铁矿结晶并下沉堆积而形成单层矿；④沿岩浆通道富铁钛残余岩浆多次补充，钒钛磁铁矿多次下沉堆积，从而在层状岩体底部形成由多层钒钛磁铁矿层组成的超大型巨厚钒钛磁铁矿矿床。

2）硫化物矿床成矿机制

峨眉山大火成岩省中的岩浆硫化物矿床包括大中型矿床近 10 处（力马河、杨柳坪、金宝山、白马寨、越南 Ban Phuc 等），小型矿床和矿点 30 余处，是我国仅次于金川和新疆的第三大岩浆硫化物矿床矿集区。这些硫化物矿床可划分为 Cu-Ni-PGE 硫化物矿床、Cu-Ni 硫化物矿床和 PGE 矿床三种主要类型。这些矿床主要分布在大火成岩省内带的小型镁铁-超镁铁岩体中，少数分布在大火成岩省的外带。内带和外带岩浆活动强度的差异，是导致岩浆矿床这种空间分带的根本原因之一。

研究表明，三类岩浆硫化物矿床都形成于岩浆通道系统中，这为大量岩浆携带成矿物质在较小的含矿岩体中集中成矿创造了有利条件。这三类岩浆硫化物矿床不是相互分离的，它们之间具有密切的联系。三种类型岩浆硫化物矿床的形成，主要受由 PGE 地球化学性质控制的玄武岩浆演化过程中硫化物的熔离强度和期次控制。相对于铜和镍，PGE 具有更亲硫化物的倾向（PGE 在硫化物熔体/硅酸盐熔浆中的分配系数比铜镍高很多），受这种性质所支配，少量硫化物自富 PGE 的低钛玄武岩浆中熔离聚集将形成铜镍含量很低的 PGE 硫化物矿床，大量硫化物从已熔离出 PGE、从而 PGE 强烈亏损的残余玄武岩浆中熔离将形成 PGE 含量很低的 Cu-Ni 硫化物矿床，大量硫化物从富 PGE 的低钛玄武岩浆中熔离则形成铜、镍、PGE 同时富集的 Cu-Ni-PGE 硫化物矿床。

研究表明，控制岩浆硫化物成矿的关键因素是：①原始玄武岩浆中 S 不饱和；②地壳物质同化混染和分离结晶作用，特别是地壳 S 加入导致岩浆 S 饱和使硫化物能够熔离；③岩浆通道中有大量玄武岩浆参与；④岩浆通道系统中硫化物熔离—运移—聚集对成矿具有主要意义。

3. 发现岩体中岩浆硫化物成矿与玄武岩中铂族元素亏损存在对应关系

地质样品铂族元素含量极低（pg/g ~ ng/g），分布极不均匀，具有强烈的块金效应。因此，以往很难准确分析地质样品中低含量的铂族元素，前人对峨眉山大火成岩省铂族元素地球化学的研究很少。本次研究首先改进了铂族元素分析方法，大幅提高了分析精度。在此基础上，对峨眉山大火成岩省的典型地区，进行了系统的铂族元素地球化学研究。研究发现，铂族元素在镁铁-超镁铁岩体内岩浆硫化物矿石中的富集，与成矿区域上地表低钛玄武岩中铂族元素的亏损存在很好对应关系。这一发现，为玄武岩铂族元素亏损地区岩浆硫化物矿床的找矿勘查提供了重要的理论基础。例如，通过研究发现，在四川竹子沟地区地表近 300m 厚的低钛玄武岩中存在 PGE 明显亏损现象，近年来四川地质公司进行了钻孔和其他工程勘查，在附近的镁铁-超镁铁小岩体中实现了 15 万 t 镍、17.5t 铂的重大找矿突破。这也是近年来峨眉大火成岩省的最大找矿突破。

二、大花岗岩省成矿系统

1. 中生代岩石圈演化的动力学背景

对华南陆块变形构造样式及时序格局、华南中生代花岗岩的空间分布及时序格局进行了深入研究，进一步明确了中生代构造-岩浆演化的时序和动力学背景。研究发现，中国东部挤压变形和岩石圈伸展是交替进行的（图 0.1）。190 ~ 245Ma 主要为挤压背景，145 ~ 190Ma 主要为伸展背景，135 ~ 145Ma 主要为挤压背景，<135Ma 主要为伸展背景。对这一时期的构造-岩浆事件，以往多认为与太平洋板块俯冲有关。本次研究发现，本区中生代的构造-岩浆驱动机制可能更为复杂多样，并非一种机制能够解释，可能有三种情况。其中，燕山晚期（<145Ma 期间）华南陆块东侧主要受太平洋板块俯冲影响，南盘江一带与特提斯关系密切；燕山早期主要为软流圈上涌的陆内构造格局；而印支期则与特提斯多陆块相互作用有关。

图 0.1 华南陆块中生代岩石圈演化阶段及动力学背景

2. 主要矿床类型成矿作用及其动力学

1）长江中下游地区的成矿作用

（1）明确了长江中下游主要有斑岩-夕卡岩 Cu-Au-Mo-Fe 矿床和磷灰石-磁铁矿矿床两种类型的矿床。

（2）确定了两类矿床的年龄和相关岩石的年龄：磷灰石-磁铁矿矿床和相关花岗岩类<135Ma，斑岩-夕卡岩 Cu-Au-Mo-Fe 矿床和相关花岗岩类>135Ma。前者形成于伸展环境，后者形成于挤压环境。

（3）确定了斑岩-夕卡岩 Cu-Au-Mo-Fe 矿床主要与产于台地上的高钾钙碱性花岗岩类有关，磷灰石-磁铁矿矿床则主要与侵位于断陷盆地中的富钠钙碱性花岗岩类有关。

（4）初步认为与斑岩-夕卡岩 Cu-Au-Mo-Fe 矿床有关的高钾钙碱性花岗岩类是 Izanagi 板块向华北板块俯冲诱导的产物，而与磷灰石-磁铁矿矿床有关的富钠钙碱性花岗岩类，则是由于 Izanagi 板块平移导致在大陆一侧形成伸展盆地过程中衍生出的产物。

2）南岭及邻区存在4个花岗岩成矿系统

南岭及邻区是我国重要的有色、稀有和贵金属矿产资源产地，拥有许多大型、超大型矿床，是中国东部中生代大规模成矿作用或"成矿大爆发"的重要组成部分。大量研究表明，该区中生代的大规模金属成矿作用，很大一部分与该地区广泛而强烈的花岗质岩浆活动有密切的成因关系。在归纳大量研究成果和最新认识的基础上，将南岭及邻区中生代与不同构造环境、不同来源花岗岩类有关的成矿作用及其产物划分为4个主要的成矿系统，分别是：①与壳幔混源型（I型）花岗岩有关的铜铅锌多金属成矿系统；②与陆壳重熔型（S型）花岗岩有关的钨多金属成矿系统；③与A型花岗岩有关的锡多金属成矿系统；④与花岗岩和其他铀源岩石有关的热液铀成矿系统。

3）南岭及邻区中生代钨、锡多金属成矿作用

（1）研究确定南岭及邻区中生代钨锡多金属成矿表现为3个成矿高峰期，分别为200～230Ma、150～160Ma 和85～100Ma。200～230Ma 的成矿与印支期多陆块相互作用的挤压背景下形成的花岗岩有关；150～160Ma 的成矿集中发生于南岭中段，与燕山早期华南内陆软流圈上涌诱导的陆内伸展构造格局有关，85～100Ma 的成矿集中发生于南岭西段，靠近特提斯构造域，是燕山晚期岩石圈伸展背景下的产物，可能与特提斯域构造演化的关系更为密切。

（2）研究发现，该区众多脉钨矿床中，存在非常普遍的"上钨下钼、上脉下体"垂向矿化分带现象，据此建立了"上钨下钼、上脉下体"矿化新模式。根据这一模式与产业部门合作进行矿床勘查，取得了重要找矿突破。

（3）在南岭地区及邻区众多与花岗岩有关的钨锡稀有金属矿床中，钨和锡这两种金属关系非常密切、经常相互共生，而真正单独以钨或锡为唯一有用元素的情况反而较少。

因此，长期以来地学界都将该地区的钨、锡成矿作用相提并论，或作为一个成矿系列看待。但是，研究发现华南尤其是南岭地区钨、锡成矿作用在区域分布、成矿作用时间、矿化类型、岩浆岩专属性等方面存在着较明显的差异，这种差异主要与锡、钨元素地球化学性质的差异以及华南地区不同构造单元之间在性质和演化上的差异有关。

4）华南中-新生代铀成矿作用

华南是我国最主要的铀矿产区之一。过去人们习惯以赋矿围岩的岩性为基础，把该区的主要工业铀矿床划分为三大类型，即花岗岩型、火山岩型和碳硅泥岩型。以往对这三类铀矿床的研究往往过分强调它们之间的差异性。我们的研究表明，赋存在不同围岩中的这些铀矿床，是一个具有密切联系的有机整体：①该区广泛分布包括印支期花岗岩在内的各类相对富铀的岩石（5～30ppm），是铀成矿的重要基础；②铀矿床在空间上与白垩—古近纪陆内岩石圈伸展背景下形成的断陷盆地和幔源基性脉岩密切伴生，铀矿床的成矿时代与围岩时代无关，而与白垩—古近纪岩石伸展（幔源基性脉岩）的时代高度一致，主要集中在135～50Ma；③这些矿床都为热液铀矿床，成矿温度集中在150～250℃。成矿流体中的水主要为

大气降水，成矿流体中的铀主要来自周围富铀的各类地壳岩石；④铀在成矿流体中主要以$UO_2(CO_3)_2^{2-}$和$UO_2(CO_3)_3^{4-}$络离子形式进行迁移，铀成矿需要CO_2的参与，成矿流体的碳同位素组成集中在$-8‰\sim$$-4‰$，$^3He/^4He$为$0.1\sim2Ra$，成矿流体中的$CO_2$主要来自地幔，幔源$CO_2$加入大气成因贫$CO_2$热液的时间受陆内岩石圈伸展控制；⑤白垩—古近纪的陆内岩石圈伸展通过控制向大气成因的贫CO_2热液提供铀成矿必需的CO_2而与铀成矿发生联系；⑥同一机制形成的富CO_2热液浸取同一或不同铀源岩石中的铀并在不同围岩中成矿，形成了按赋矿围岩划分的各种铀矿床类型。

5）与钨成矿有关的"S型花岗岩"是壳幔相互作用的产物

稀有气体，尤其He同位素是壳幔相互作用极灵敏的示踪剂，由于地壳和地幔的$^3He/^4He$存在高达近1000倍的差异，地壳流体中只要有少量地幔He的加入，用He同位素亦可以方便地判别出来。对瑶岗仙钨矿、西华山钨矿、淘锡坑钨矿等典型钨矿床的成矿流体进行了系统的He、Ar同位素地球化学研究。结果显示，这些矿床的成矿流体中存在大量幔源He和Ar（图0.2）。进一步研究表明，这些钨矿床与周围的花岗岩时代上一致，上述含幔源组分的初始成矿流体是这些花岗岩成岩过程中分异出来的岩浆流体。南岭地区广泛发育的与钨矿化有关的花岗岩，一直被认为是"地壳物质重熔"而形成的S型花岗岩。这些花岗岩（钨矿成矿流体）中大量地幔氦的存在表明，原被认为"地壳物质重熔"形成的S型花岗岩，实际上也是壳幔相互作用的产物，至少地幔提供了"地壳物质重熔"所需的热源。

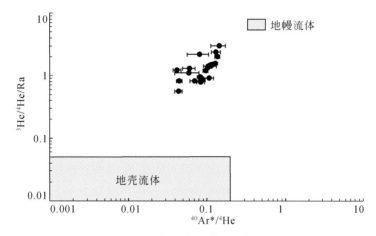

图0.2　瑶岗仙钨矿床成矿流体的$^3He/^4He-^{40}Ar^*/^4He$图解（Hu et al., 2012a）

三、大面积低温成矿系统

1. 大面积低温成矿时代和动力学背景

最新的研究发现，如果从以往的测年数据中，去除非理想方法的测年结果，一些基本可信的年龄数据似乎表明，川滇黔接壤区Pb-Zn-Ag矿集区的成矿时代为$200\sim225Ma$，湘中盆地Sb-Au矿集区约为155Ma，右江盆地Au-Sb-As-Hg矿集区小于140Ma，集中在$80\sim100Ma$。可见，华南低温成矿域各矿集区的成矿时代分别与其东侧南岭地区钨锡大规模成矿的三个时期吻合（图0.3）说明它们具有相似的动力学背景：周缘印支期的挤压造山驱动了川滇黔接壤区Pb-Zn-Ag矿集区的形成，而燕山早、晚期岩石圈伸展背景下的两次（隐伏）花岗岩浆活动，则分别驱动了湘中盆地Sb-Au矿集区和右江盆地Au-Sb-As-Hg矿集区的形成。因此，华南中生代大面积低温成矿作用与其东侧南岭地区中生代的大规模成矿，在驱动机制上可能具有某些联系。

2. 卡林型金矿成矿过程

在国际上率先开展了卡林型金矿单个流体包裹体组成的LA-ICP-MS研究，获得了卡林型金矿成矿流

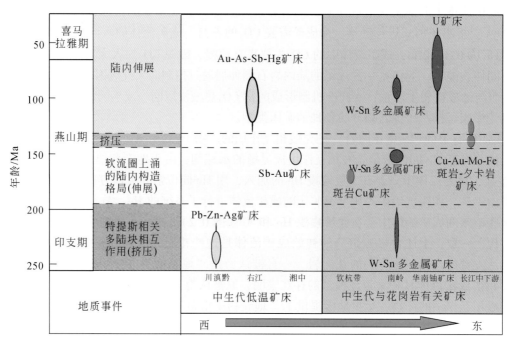

图 0.3 华南低温成矿和南岭地区钨锡大规模成矿时代和背景（Hu et al.，2012b）

体元素组成及其演化特征的重要数据。结合含金硫化物矿物学、稳定同位素地球化学以及同位素年代学等方面的研究，初步揭示了卡林型金矿的形成演化过程。研究表明：①该类型金矿床成矿流体富含 CO_2、Au、As、Sb 等成矿元素而不含 Fe，直接证实了国际上一直认为该类金矿的成矿流体不含 Fe 的间接推论；②从成矿前—成矿—成矿后，成矿流体中 Au、As、Sb 含量与 Sr 含量具有协同变化的特点，表明 Au、As、Sb 以硫化物形式沉淀的同时，伴随有碳酸盐矿物（含大量 Sr）的沉淀；③金赋存在含砷黄铁矿中，形成含砷黄铁矿需要 Fe，成矿所需要的 Fe 主要来自赋矿围岩中含 Fe 碳酸盐矿物的溶解（去碳酸盐化）；④卡林型金矿的成矿过程经历了三个阶段：含铁方解石溶解（去碳酸盐化）释放 Fe，释放的 Fe^{2+} 硫化物化与 Au 共沉淀形成富金的含砷黄铁矿，残留的 CO_2 在近地表形成方解石脉；⑤Au、As、Sb、Hg 等矿床的成矿流体具有相似的成因，主要为大气成因的盆地流体，这些流体在区域伸展减压背景下，由盆地向台地或由台间盆地向孤立台地的大规模流动导致了盆地及其周缘的大面积成矿；⑥Au、As、Sb、Hg 常共生产出，一个具体矿床究竟以何种元素为主，主要取决于元素沉淀所需的条件。

3. 低温矿床找矿预测

1）Au、As、Sb、Hg 等低温矿床区域找矿预测

研究表明，成矿流体是在区域伸展减压背景下，由盆地向台地或由台间盆地向孤立台地大规模流动而导致盆地及其周缘大面积成矿的。因此，古潜山（孤立台地）及台地—盆地过渡区附近的断裂、不整合面、古岩溶面，将是区域成矿和找矿的有利部位。

2）卡林型金矿深部矿体预测

确定了卡林型金矿成矿模式与找矿模式的关系。研究表明，含 Fe 碳酸盐岩是形成高品位、大型金矿床最重要的赋矿围岩，成矿过程中由深部去碳酸盐化在近地表断裂中形成的方解石脉是寻找深部隐伏卡林型金矿最重要的找矿标志之一。进一步研究发现，与金矿化有关的热液碳酸盐脉具有中稀土富集型的稀土配分模式，而区域上与金矿成矿无关的碳酸盐脉则以轻稀土（LREE）富集和 Eu 负异常为特征，两者具有明显差异。因此，地表具有中稀土富集型的热液碳酸盐脉是该类型金矿深部矿体的直接指示标志。

通过对水银洞金矿区外围热液碳酸盐脉野外地质填图及其稀土元素地球化学分析，发现簸箕田背阴坡—瓦厂一带地表出露的热液碳酸盐脉具有中稀土富集的特征，从而认为该区深部可能存在隐伏金矿体。

经与产业部门合作进行钻孔验证，发现了深部矿体，见矿深度距地表800m以下，预测区新增探明储量约50t金，从而实现了水银洞金矿深部找矿的重大突破。

3）川滇黔接壤区Pb-Zn-Ag矿床成矿模型与找矿预测

通过总结黔西北地区地层、岩性、构造、沉积环境、岩浆岩、物化探异常、遥感影像异常，结合区域成矿地质背景、物化遥异常展布态势，对该区Pb-Zn成矿区进行了找矿预测，确定了有利的找矿靶区和重要找矿方向：①威宁-水城铅锌成矿亚带的青山矿区深部及外围、杉树林矿区深部；②垭都-蟒硐成矿亚带的猫猫厂-榨子厂矿区深部、垭都和筲箕湾矿区深部及外围；③银厂坡-云炉河成矿亚带的银厂坡矿区深部。该区浅表以寻找陡脉状断裂型为主，深部（大于500m）以寻找似层状层间断裂型为主。同时在垭都-蟒硐成矿亚带预测出七个找矿远景区，其中A类四个，B类三个。其中，部分找矿靶区和远景区得到了钻探工程的初步验证，实现了找矿突破。

四、覆盖区战略靶区预测

1. 深穿透地球化学与战略靶区预测

覆盖区蕴藏着重要的矿产资源，是我国新一轮矿产资源勘查最有可能取得重大发现和重大突破的地区。因此，着手研究适合该类型区域有效的地球化学勘查技术方法，对于在这些地区发现大型-超大型矿床具有重要意义。针对深穿透地球化学机理和技术方法两方面，开展了一系列研究。深穿透地球化学机理方面选择河南南阳盆地边缘400m盖层的隐伏铜镍矿，同时采集地气和土壤样品，使用透射电子显微镜（TEM），对地气、土壤微粒物质的粒径、形貌、成分、结构进行了观测，发现在地气和土壤颗粒中同时存在纳米级金属微粒，这是首次同时观测到气体和固体介质中纳米级金属微粒的存在。这为利用土壤作为采样介质，分离提取活动态成分用于寻找深部隐伏矿的深穿透地球化学方法提供了直接证据。在深穿透地球化学方法技术方面，研发了微粒分离技术和活动态提取技术，应用这两种技术在福建紫金山铜金矿床外围覆盖区开展了应用试验，取得了理想的试验结果。以上成果对我国覆盖区化探扫面和深部矿产资源调查提供了有力的理论和技术支撑。

战略靶区预测是迅速有效开展找矿工作的一种前期手段。在发展深穿透地球化学理论和提取技术方法的基础上，开展了两个层次的预测研究。第一层次，覆盖整个华南陆块，开展了三大成矿系统找矿战略靶区预测；第二层次，选择典型大型矿集区，进行了矿集区尺度找矿战略靶区预测。

1）华南陆块巨量元素聚集的空间分布特征

利用1∶20万区域化探扫面39种元素数据，76种元素地球化学编图数据，圈定了华南三大陆内成矿系统巨量元素聚集区，发现三大陆内成矿系统巨量元素的聚集各有特色。

地幔柱成矿系统以Cu、Ni、Cr、Co、PGE富集为主要特征；大面积低温成矿系统以Au、As、Sb、Hg、Pb、Zn、Ag富集为主要特征；大花岗岩省成矿系统以W、Sn、U、Au、Cu、Pb、Zn、Ag富集为主要特征。

2）大型矿集区与地球化学块体的套合关系

对长江中下游成矿区、黔西南低温成矿区和南岭钨锡成矿区进行了系统研究。在黔西南低温成矿区共圈出以金为主的多元素地球化学块体11处，其中3处与大型金矿相对应（紫木凼、烂泥沟、丫他-板其）；在长江中下游成矿区共圈出以Cu为主的多元素地球化学块体7处，其中3处分别与已知大型矿集区相对应（铜陵、德兴、大冶-瑞昌）；在南岭钨锡成矿区共圈定钨锡地球化学块体14处，其中有4处与已知大型矿集区相对应。

研究发现大型矿集区与地球化学块体的关系是：有已知矿集区存在，一定有地球化学块体存在；有地球化学块体存在，不一定有已知矿集区存在，这种关系可能预示两种结果，一是无矿集区存在，二是目前尚未找到矿集区，有进一步的找矿前景。研究表明，预测大型矿集区有3种主要标志，分别是成矿元素异常至少具有3层套合结构；具有多元素组合；空间分布一致，浓集中心与大型矿床存在对应关系。这些规律的发现，为在各成矿区预测新的大型矿床或大型矿集区提供了重要的地球化学标志。

2. 植被覆盖区遥感预测

植被覆盖区的遥感找矿工作，在利用遥感信息识别遥感异常时，首先要解决植被的影响，以增强遥感数据信号。根据植被覆盖区植被的特征，主要进行了三方面研究，包括植被抑制方法、蚀变遥感异常提取技术和矿产资源遥感预测。在华南陆块利用所研发的技术对黔西南、黔西北、长江中下游、卡林型金矿区和郴州钨锡多金属等五大区域开展了遥感预测工作，共涉及 ETM+遥感数据 6 景，ASTER 遥感数据 29 景，总的工作面积约 300000km²。

（1）建立了植被抑制方法：根据植被特征，利用光的传输模式，建立了植被抑制的四分量模型，提高了遥感预测解译的精度。根据该模型，可以去除噪声层的遥感影像图，从而能更好地反映出噪声层掩盖下有用信息的特征。

（2）蚀变遥感异常提取技术：选择江西德兴斑岩铜矿、湖北大冶铁矿、福建紫金山铜金矿、郴州柿竹园钨锡多金属矿和黔西南烂泥沟金矿作为典型矿床进行了蚀变遥感异常提取，通过蚀变岩石光谱分析和特征导向主成分分析，成功提取出了相关异常。

（3）矿产资源遥感预测：根据地球化学、地质和蚀变遥感异常特征等，共选出 1∶20 万靶区 48 个；1∶5 万靶区 39 个。

参 考 文 献

常印佛，刘湘培，吴迎昌．1991．长江中下游铜铁矿成矿带．北京：地质出版社．

陈培荣．2003．国家重点基础规划发展研究项目（G1999043200）课题汇报材料．

陈衍景．2006．造山型矿床、成矿模式及找矿潜力．中国地质，33（6）：1181-1196.

陈毓川，裴荣富，张宏良，等．1989．南岭地区与中生代花岗岩类有关的有色及稀有金属矿床地质．北京：地质出版社，1-506.

陈毓川，裴荣富，宋天锐，等．1998．中国矿床成矿系列初论．北京：地质出版社．

陈毓川，裴荣富，王登红，等．2006．三论矿床的成矿系列问题．地质学报，80（10）：1501-1508.

邓晋福，赵海玲，莫宣学，等．1996．中国大陆根-柱构造——大陆动力学的钥匙．北京：地质出版社．

丁国瑜．1999．大陆动力学地学研究的新方向．内陆地震，13（4）：289-290.

范蔚茗，王岳军，郭锋，等．2003．湘赣地区中生代镁铁质岩浆作用与岩石圈伸展．地学前缘，10（3）：159-179.

胡瑞忠，毕献武，苏文超，等．2004a．华南白垩—第三纪地壳拉张与铀成矿的关系．地学前缘，11（1）：153-160.

胡瑞忠等．2004b．国家973项目"大规模成矿作用与大型矿集区预测"课题结题报告．中国科学院地球化学研究所．

胡瑞忠，陶琰，钟宏，等．2005．地幔柱成矿系统．地学前缘，12（1）：42-54.

胡瑞忠，毕献武，彭建堂，等．2007．华南地区中生代以来岩石圈伸展及其与铀成矿关系研究的若干问题．矿床地质，26（2）：139-152.

华仁民，毛景文．1999．试论中国东部中生代成矿大爆发．矿床地质，18（4）：300-307.

华仁民，陈培荣，张文兰，等．2003．华南中、新生代与花岗岩类有关的成矿系统．中国科学（D辑），33（4）：335-343.

华仁民，陈培荣，张文兰，等．2005．南岭与中生代花岗岩类有关的成矿作用及其大地构造背景．高校地质学报，11（3）：291-304.

贾大成，胡瑞忠，赵军红，等．2003．湘东北中生代望湘花岗岩体岩石地球化学特征及其构造环境．地质学报，77（1）：98-103.

李锦轶，牛宝贵，宋彪，等．1999．长白山北段地壳的形成与演化．北京：地质出版社．

李锦轶，肖序常．1998．板块构造学说与大陆动力学．地质论评，44（4）：337-338.

李廷栋．2006．中国岩石圈构造单元．中国地质，33（4）：700-710.

李献华，胡瑞忠，饶冰．1997．粤北白垩纪基性脉岩的年代学和地球化学．地球化学，26（2）：14-31.

李武显，周新民，李献华，等．2001．庐山星子变质核杂岩中伟晶岩石年龄及其地质意义．地球科学，26：491-495.

刘宝珺，李廷栋．2001．地质学的若干问题．地球科学进展，16（5）：607-616.

刘亮明，彭省临，疏志明，等．2004．促进老矿区内预测性找矿发现的知识创新．矿产与地质，（4）：300-303.

路凤香，郑建平．2006．中国东部壳-幔、岩石圈-软流圈之间的相互作用带：特征及转换时限．中国地质，33（4）：773-781.

路凤香，郑建平，张瑞生，等．2005．华北克拉通东部显生宙地幔演化．地学前缘，12（1）：61-67.

路凤香，郑建平，张瑞生，等．2006．地壳与弱化岩石圈地幔的相互作用——以燕山造山带为例．地球科学，31（1）：1-7.

路凤香，郑建平，邵济安，等．2006．华北东部中生代晚期-新生代软流圈上涌与岩石圈减薄．地学前缘，13（2）：86-92.

罗志立，刘顺，刘树根，等．2004．"峨眉山地幔柱"对扬子板块和塔里木板块离散的作用及其找矿意义．地球学报，25：515-522.

罗震宇，徐义刚，何斌，等．2006．论攀西猫猫沟霞石正长岩与峨眉山大火成岩省的成因联系：年代学和岩石地球化学证据．科学通报，51：1802-1810.

毛景文，华仁民，李晓波．1999．浅议大规模成矿作用与大型矿集区．矿床地质，18（4）：291-299.

毛景文，王志良．2000．中国东部大规模成矿时限及其动力学背景的初步探讨．矿床地质，19（4）：289-296.

毛景文，张作衡，余金杰，等．2003．华北中生代大规模成矿的地球动力学背景：从金属矿床年龄的精确测定得到启示．中国科学（D辑），33（4）：289-300.

毛景文，谢桂青，李晓峰，等．2004．华南地区中生代大规模成矿作用与岩石圈多阶段伸展．地学前缘，11（1）：45-55.

毛景文，谢桂青，李晓峰，等．2005．大陆动力学演化与成矿研究：历史与现状-兼论华南地区在地质历史演化期间大陆增生与成矿作用．矿床地质，24（3）：193-205．

毛景文，Pirajno，F，张作衡，等．2006．天山-阿尔泰东部地区海西晚期后碰撞铜镍硫化物矿床：主要特点及可能与地幔柱的关系．地质学报，80：925-942．

莫柱荪，叶伯丹．1980．南岭花岗岩地质学．北京：地质出版社．

南京大学地质系．1981．华南不同时代花岗岩类及其与成矿关系．北京：科学出版社．

牛宝贵，和政军，宋彪，等．2003．张家口群火山岩SHRIMP定年及其重大意义．地质通报，22（2），140-141．

裴荣富等．1998．中国特大型矿床成矿偏在性与异常成矿构造聚敛场．北京：地质出版社．

彭省临，邵拥军．2001．隐伏矿体定位预测研究现状及发展趋势．大地构造与成矿学，25（3）：329-334．

彭省临，杨中宝，李朝艳，等．2004．基于GIS确定地球化学异常下限的新方法．地球科学与环境学报，（3）：28-31．

任纪舜，牛宝贵，和政军，等．1998．中国东部的构造格局和动力演化．见：任纪舜，畅巍然主编：中国东部岩石圈结构与构造岩浆演化 北京：原子能出版社．

任纪舜，王作勋，陈炳蔚，等．1999．从全球构造看中国大地构造——中国及邻区大地构造图简要说明．北京：地质出版社．

邵济安，李之彤，张履桥．2004．辽西及邻区中-新生代火山岩的时空对称分布及其启示．地质科学，39（1）：98-106．

邵拥军，彭省临，吴淦国．2005．大型矿山接替资源定位预测的途径及其研究意义．矿产与地质，15（1）：16-18．

宋谢炎，张成江，胡瑞忠．2005．峨眉火成岩省岩浆矿床成矿作用与地幔柱动力学过程的耦合关系．矿物岩石，25（4）：35-44．

舒良树，孙岩，王德滋，等．1998．华南武功山中生代伸展构造．中国科学（D辑），28（5）：431-438．

孙涛，周新民．2002．中国东南部晚中生代伸展应力体制的岩石学标志．南京大学学报（自然科学版），38：737-746．

滕吉文．2002．中国地球深部结构和深层动力过程与主体发展方向．地质论评，48（3）：125-139．

涂光炽等．1998．低温地球化学．北京：科学出版社．

涂光炽等．2000．中国超大型矿床（I）．北京：科学出版社．

王京彬，徐新．2006．新疆北部后碰撞构造演化与成块．地质学报．80（1）：23-31．

王强，赵振华，熊小林，等．2001．底侵玄武质下地壳的熔融：来自安徽沙溪adakite质富钠闪长玢岩的证据，地球化学，30（4）：353-362．

王世称，陈永良．1999．大型、超大型金矿床综合信息成矿预测标志．黄金地质，（1）：1-5．

吴福元，孙德有．1999．中国东部中生代岩浆作用与岩石圈减薄．长春科技大学学报，29（4）：313-31．

吴福元，孙德有，张广良，等．2000．论燕山运动的深部地球动力学本质．高校地质学报，6：379-388．

吴福元，葛文春，孙德有，等．2003．中国东部岩石圈减薄研究中的几个问题．地学前缘，10（3）：51-60．

肖庆辉．1996．大陆动力学的科学目标和前缘．地质科技管理，（3）：34-37．

肖庆辉．1997．大陆动力学研究中值得注意的几个重大科学前沿．陕西地矿信息，22（2）：1-12．

夏林圻，夏祖春，徐学义，等．2004．天山石炭纪大火成岩省与地幔柱．地质通报，23：903-910．

谢桂青．2003．中国东南部晚中生代以来的基性岩脉（体）的地质地球化学特征及其地球动力学意义初探—以江西省为例．中国科学院地球化学研究所博士论文．

谢学锦，王学求．2003．深穿透地球化学新进展．地学前缘，10（1）：225-238．

徐义刚．2002．地幔柱构造，大火成岩省及其地质效应．地学前缘，9（4）：341-353．

翟裕生，姚书振，林新多，等．1992．长江中下游铁铜（金）成矿规律．北京：地质出版社．

翟裕生，姚书振，崔彬．1996．成矿系列研究．武汉：中国地质大学出版社．

翟裕生等．1999．区域成矿学．北京：地质出版社．

张国伟，张本仁，袁学诚．1996．秦岭造山带造山过程与岩石圈三维结构图丛．北京：科学出版社．

张国伟，张本仁，袁学诚，等．2001．秦岭造山带与大陆动力学．北京：科学出版社．

张国伟，董云鹏，姚安平．2002．关于中国大陆动力学与造山带研究的几点思考．中国地质，29（1）：7-13．

张旗，王焰，钱青，等．2001．中国东部燕山期埃达克岩的特征及其构造—成矿意义．岩石学报，17（2）：236-244．

张玉君，杨建民，姚佛军．2006．用ASTE数据进行不同类型矿床蚀变异常提取．矿床地质，增刊：507-510．

张招崇，王福生，郝艳丽，等．2004．峨眉山大火成岩省中苦橄岩与其共生岩石的地球化学特征及其对源区的约束．地质学报，78：171-180．

章邦桐，凌洪飞，陈培荣，等．2005．论玄武岩底侵作用与长英质火成岩形成的关系．地质论评，51（4）：393-400．

赵鹏大, 陈建平, 张寿庭. 2003. "三联式"成矿预测新进展. 地学前缘, 10 (2): 455-463.

赵振华, 涂光炽等. 2003. 中国超大型矿床 (II). 北京: 科学出版社.

中国科学院地球化学研究所. 1979. 华南花岗岩类地球化学及其成矿作用. 北京: 科学出版社.

周新民, 孙涛, 沈渭洲. 2006. 华南中生代花岗岩-火山岩时空格局与成因模式, 地质与地球化学研究进展. 南京: 南京大学出版社, 25-40.

邹和平. 2004. 南海北部陆缘张裂——岩石圈拆沉的地壳响应. 海洋地质与第四纪地质, 21 (1): 39-44.

Audetat A, Gunther D, Heinrich C A. 1998. Formation of a Magmatic-Hydrothermal Ore Deposit: Insights with LA-ICP-MS Analysis of Fluid inclusions. Science, 279 (27): 2091-2094.

Behn G, Camus F, Carrasco P, et al. 2001. Aeromagnetic signature of porphyry copper systems in northern Chile and its geologic implications. Economic Geology, 96: 239 – 248.

Bettles K. 2002. Exploration andgeology, 1962-2002, at the Gold strike property, Carlin Trend, Nevada. In: Goldfarb RJ and Nielsen RL, eds. Integrated methods for discovery: Global exploration in the twenty-first century. USGS Special Publication, 9: 275-298.

Blundell D, Arndt N, Cobbold P R, et al. 2005. Processes of tectonism, magmatism and mineralization: Lessons from Europe. Ore Geology Reviews, 27 (1-4): 333-349.

Cameron E M, Hamilton S M H, Leybourne M I L et al. 2004. Finding deeply-buried deposits using geochemistry. Geochemistry-exploration, environment, analysis, 4 (1): 7-32.

Cawthorn, RG. 1996. Layered Intrusions. Elsevier Science Ltd.

Chen A. 2001. Mirror-image thrusting in the South china orogenic belt: tectonic evidence from western Fujian, Southeastern China. Tectonophysics, 305: 497-519.

Chen J F, Jahn B M. 1998. Crustal evolution of southeastern China: Nd and Sr isotopic evidence. Tectonophysics, 284 (1-2): 101-133.

Chen Y, Fyfe W S, Zhang W S, et al. 1999. Thoughts on the Jiaodong gold province of China: Towards a tectonic model. Acta Geologica Sinica, 73 (1): 1-7.

Chen Y J, Chen H y, Liu Y L, et al. 2000. Progress and records in the stydy of endogenetic mineralization during collisional orogenesis. Chinese Science Bulletin, 45 (1): 1-10.

Chen Y J, Pirajno T, Sui Y H. 2004. Isotope geochemistry of the Tieluping silver-lead deposit, Henan, China: A case study of orogenic silver-dominated deposits and related tectonic setting. Mineralium Deposita, 39 (5-6): 560-575.

Chung S L, Cheng H, Jahn B M, et al. 1997. Major and trace element, and Sr-Nd isotope constraints on the origin of Paleocene volcanism in South China prior to the South China Sea opening. Lithos, 40: 203-220.

Chung S L, Liu D, Ji D, et al. 2003. Adakites from continental collision zones: Melting of thickened lower crust beneath southern Tibet. Geology, 31: 1021-1024.

Cooke D R, Hollings P, Walsh J L. 2005. Giant porphyry deposits: Characteristics, distribution, and tectonic controls. Economic Geology, 100 (5): 801-818.

Corbett G J, Leach T M. 1998. Southwest Pacific Rim gold-copper systems: structure, alteration and mineralization. Economic Geology Special Publication, 6: 236.

Degens E T, Ross D A. 1969. Hot Brines and Recent Heavy Metal Deposits of the Red Sea. New York: Springer-Verlag.

Du Y S, Hyunkoo L, Qin X L. 2004. Underplating of Mesozoic mantle-derived magma in Tongling, Anhui Province: evidence from megacrysts and xenoliths. Acta Geologica Sinica, 78 (1): 131-136.

Elsila J E, de Leon N P, Plows F L, et al. 2005. Extracts of impact breccia samples from Sudbury, Gardnos, and Ries impact craters and the effects of aggregation on C-60 detection. Geochimica et Cosmochimica Acta, 69 (11): 2891-2899.

Ernst R E, Buchan K L. 2003. Recognizing mantle plume in the geological record. Ann. Rev. Earth and Planetary Science Letters, 31: 469-523.

Fan W M, Menziesm A. 1992. Destruction of aged lower lithosphere and accretion of asthenosphere mantle beneath eastern China. Geotectonic et Metallogenia, 16 (3-4): 171- 180.

Fan W M, Zhang H F, Baker J, et al. 2000. On and off the North China Craton: where is the Archaean keel? Journal of Petrology, 41 (7): 933-950.

Faure M, Sun Y, Shu L, et al. 1996. Extensional tectonics within a subduction-type orogen, the case study of the Wugongshan dome (Jiangxi Province, southeastern China). Tectonophysics, 263: 77–106.

Faure M, Lin W, Sun Y. 1998. Doming in the southern foreland of the Dabieshan (Yangtse block, China). Terra Nova, 18: 307–311.

Faure G. 1998. Principles and applications of geochemistry. Prentice-Hall, Inc., New Jersey.

Frank M R. 2002. Gold solubility, speciation, and partitioning as a function of HCl in the brine-silicate melt-metallic gold system at 800℃ and 100MPa. Geochimica et Cosmochimica Acta, 66: 3719–3723.

Franklin J M, Lydon J W, Sangster D F. 1981. Volcanic-associated massive sulfide deposits. Economic Geology, 75th Anniversary Volume: 485–627.

Gao S, Luo T C, Zhang B R, et al. 1998. Chemical composition of the continental crust as revealed by studies in East China. Geochimica et Cosmochimica Acta, 62: 1959–1975.

Gao S, Rudnick R L, Yuan H L, et al. 2004. Recycling lower continental crust in the North China craton. Nature, 432 (7019): 892–897.

Gao Y F, Hou Z, Balz S K, et al. 2007. Adakite-like porphyries from the southern Tibetan continental collision zones: evidence for slab melt metasomatism. Contributions to Mineralogy and Petrology, 153: 105–120.

Garza R A P, Titley S R, Pimentel F B. 2001. Geology of the Escodida porphyry copper deposit. Economic Geology, 96: 307–324.

Gilder S A, Keller G R, Luo M, et al. 1991. Eastern Asia and the western Pacific timing and spatial distribution of rifting in China. Tectonophysics, 197 (2): 225–243.

Gilder S A, Gill J, Coe R S, et al. 1996. Isotopic and paleomagnetic constraints on the Mesozoic tectonic evolution of south China. Journal of Geophysical Research-Solid Earth, 101 (B7): 16137–16154.

Giroux L A, Benn K. 2005. Emplacement of the Whistle dike, the Whistle embayment and hosted sulfides, Sudbury impact structure, based on anisotropies of magnetic susceptibility and magnetic remanence. Economic Geology, 100 (6): 1207–1227.

Giuliani G, Li D Y, Sheng T F. 1988. Fluid inclusion stydy of Xihuashan tungster deposit in the southern Jiangxi province, China. Mineralium Deposita, 23: 24–33.

Goldfarb R J, Phillips G N, Nokleberg W J. 1998. Tectonic setting of synorogenic gold deposits of the Pacific Rim. Ore Geology Reviews, 13: 185–218.

Goldfarb R J, Groves D I, Cardoll S. 2001. Orogenic gold and geologic time: a global synthesis. Ore Geology Reviews, 18: 1–75.

Groves D I, Goldfarb R J, Gebre-Mariam M, et al. 1998. Orogenic gold deposits: A proposed classification in the context of their crustal distribution and relationship to other gold deposit types. Ore Geology Reviews, 13 (1–5): 7–27.

Guo F, Fan W M, Wang Y J, et al. 2004. When did the Emeishan mantle plume activity start? Geochronological and geochemical evidence from ultrmafic-mafic dikes in southwestern China. International Geology Review, 46: 226–234.

Hack A C, Mavrogenes J A. 2006. A synthetic fluid inclusion study of copper solubility in hydrothermal brines from 525 to 725℃ and 0.3 to 1.7GPa. Geochimica et Cosmochimica Acta, 70: 3970–3985.

Hausen D F, Kerr P F. 1968. Fine gold occurrence at Carlin, Nevada. In: Ridge J D (ed.). Ore Deposits of the United States. 1933–1967. Vol. 1, AIME, New York: 908–940.

He B, Xu Y G, Chung S L. 2003. Sedimentary evidence for a rapid crustal doming prior to the eruption of the Emeishan flood basalts. Earth and Planetary Science Letters, 213: 389–405.

He B, Xu Y G, Huang X L, et al. 2007. Age and duration of the Emeishan flood volcanism, SW China: geochemistry and SHRIMP zircon U–Pb dating of silicic ignimbrites, post-volcanic Xuanwei Formation and clay tuff at the Chaotian section. Earth and Planetary Science Letters, 255 (3): 306–323.

Heinrich C A, Gunther D, Audetat A, et al. 1999. Metal fractionation between magmatic brine and vapor determined by microanalysis of fluid inclusions. Geology, 27 (8): 755–758.

Heinrich C A, Pettke T, Halter W E, et al. 2003. Quantitative multi-element analysis of minerals, fluid and melt inclusions by laser-ablation inductively-coupled-plasma mass spectrometry. Geochimica et Cosmochimica Acta, 67 (18): 3473–3496.

Heinrich C A, Driesner T, Stefansson A, et al. 2004. Magmatic vapor contraction and the transport of gold from the porphyry environment to epithermal ore deposits. Geology, 32 (9): 761–764.

Henley R W, Berger B R. 2000. Self-ordering and complexity in epizonal mineral deposits. Annual Review of Earth and Planetary

Sciences，28：669-719.

Hofstra A H，Cline J S. 2000. Characteristics and models for Carlin-type gold deposits. Reviews in Economic Geology，13：163-220.

Hong D W，Xie X L，Zhang J S. 1998. Isotope geochemistry of granitoids in South China and their metallogeny. Resource Geology，48：251-263.

Hou Z Q，Gao Y F，Qu X M，et al. 2004. Origin of adakitic intrusives generated during mid-Miocene east-west extension in southern Tibet. Earth and Planetary Science Letters，220（1-2）：139-155.

Hou Z Q，Zeng P S，Gao Y F，et al. 2006a. Himalayan Cu-Mo-Au mineralization in the eastern Indo-Asian collision zone：constraints from Re-Os dating of molybdenite. Mineralium Deposita，41（1）：33-45.

Hou Z Q，Tian S H，Yuan Z X，et al. 2006b. The Himalayan collision zone carbonatites in western Sichuan，SW China：Petrogenesis，mantle source and tectonic implication. Earth and Planetary Science Letters，244（1-2）：234-250.

Howard K A. 2003. Crustal structure in the Elko-Carlin region，Nevada，during Eocene gold mineralization：Ruby-East Humboldt metamorphic core complex as a guide to the deep crust. Economic Geology，98（2）：249-268.

Hu R Z，Su W C，Bi X W et al. 2002. Geology and geochemistry of Carlin-type gold deposits in China. Mineralium Deposita，37：378-392.

Hu R Z，Bi X W，Jiang G H，et al. 2012a. Mantle-derived noble gases in ore-forming fluids of the granite-related Yaogangxian tungsten deposit，Southeastern China. Mineralium Deposita，47（6）：623-632

Hu R Z，Zhou M F. 2012b. Multiple Mesozoic mineralization events in South China-an introduction to the thematic issue. Mineralium Deposita，47（6）：579-588

Irvine T N. 1975. Crystallization sequences in the Muskox intrusion and other layered intrusions - II. Origin of chromitite layers and similar deposits of other magmatic ores. Geochimica et Cosmochimica Acta，39：991-1020.

James D E，Sack I S. 1999. Cenozoic formation of the central Andes：a geophyscial perspective. In：Skinner B J ed. Geology and ore deposits of the central Andes. Soc. Econ. Geol. Spec. Pub. 7：1-25.

Johnson C M，Beard B L，Albarede F. 2004. Geochemistry of non-traditional stable isotopes. Mineralogical Society of America，Washington，1-434.

Keays R R，Lightfoot P C. 2004. Formation of Ni-Cu-Platinum Group Element sulfide mineralization in the sudbury Impact Melt Sheet. Mineralogy and Petrology，82（3-4）：217-258.

Kerrich R，Goldfarb R，Groves D，et al. 2000. The characteristics，origins and geodynamic settings of supergiant gold metallogenic provinces. Science in China（Series D，supp.），43：1-68.

Kesler S E，Riciputi L C，Ye Z J. 2005. Evidence for a magmatic origin for Carlin-type gold deposits：isotopic composition of sulfur in the Betze-Post-Screamer deposit，Nevada，USA. Mineralium Deposita，40：127-136.

Landtwing M R，Pettke T. 2005. Relationships between SEM-cathodoluminescence response and trace-element composition of hydrothermal vein quartz. American Mineralogist，90：122-131.

Li X H. 2000. Cretaceous magmatism and lithospheric extension in Southeast China. Journal of Asian Earth Sciences，18：293-305.

Li Z X，Li X H. 2007. Formation of the 1300-km-wide intracontinent orogen and postorogenic magmatic province in Mesozoic South China. Geology，35（2）：179-182.

Lightfoot P C，Hawkesworth C J，Hergt J，et al. 1993. Remobilisation of the continental lithosphere by a mantle plume：major-，trace-element & Sr-，Nd-，& Pb-isotope evidence from picritic & tholeiitic lavas of the Noril'sk District，Siberian Trap，Russia. Contributions to Mineralogy and Petrology，114：171-188.

Lightfoot P C，Naldrett A J，Gorbachev N S，et al. 1994. Chemostratigraphy of Siberian Flood Basalts lavas，Noril'sk district，Russia：Implication & source of flood basalt magmas ad their associated Ni-Cu mineralisation. In：Lightfoot PC，Naldrett AJ（eds）Proceedings of the Sudbury-Noril'sk symposium. Ontario Geological Survey Special Publication No. 5，pp 283-312

Lightfoot P C，Hawkesworth C J. 1997. Flood basalts and magmatic Ni，Cu，and PGE sulfide mineralization：Comparative geochemistry of the Noril'sk（Siberian traps）and West Greenland sequences，In：J. Mahoney，M. F. Coffin（Eds），Large igneous provinces：continental，oceanic，and planetary flood volcanism，Washington，D. C.，USA. AGU Geophysical Monograph，100：357-380.

Lightfoot P C，Zotov I A. 2005. Geology and geochemistry of the sudbury igneous complex，Ontario，Canada：Origin of nickel sulfide mineralization associated with an impact-generated melt sheet. Geology of Ore Deposits，47（5）：349-381.

Lin W, Faure M, Monie P, et al. 2000. Tectonics of SE China: New insights from the Lushan massif (Jiangxi province). Tectonics, 19 (5): 852−871.

Liu C S, Ling H F, Xiong X L, et al. 1999. An F−rich, Sn−bearing volcanic−intrusive complex in Yanbei, south China. Economic Geology, 94 (3): 325−342.

Lu H Z, Liu Y M, Wang C L et al. 2003. Mineralization and fluid inclusion study of the Shizhuyuan W−Sn−Bi−Mo−F skarn deposit, Hunan province, China. Economic Geology, 98: 955−974.

Mckee E H, Rytuba J J, Xu K. 1987. Geochronology of Xihuashan composite granitic body and tungster mineralization, Jiangxi province, South China. Economic Geology, 82: 218−223.

Menziesm A, Fan W M, Zhang M. 1992. Paleozoic and Cenozoic lithosphere and loss of <120 km of Achaean lithosphere, Sino−Korean craton, China, Prichard H M, Alabaster T, Harris N B W, et al. Magmatic Processes and Plate Tectonics. Geol Soc Spec Pub, 76: 71−81.

Mitchell A H G. 1973. Metallogenic belts and angle of dip of Benioff zones. Nature, 245: 49−52.

Mitchell A H G, Garson M S. 1981. Mineral deposits and global tectonic settings. London Academic Press.

Miao L C, Qiu Y M, McNaughton N, et al. 2002. SHRIMP U−Pb zircon geochronology of granitoids from Dongping area, Hebei Province, China: constraints on tectonic evolution and geodynamic setting for gold metallogeny. Ore Geology Reviews, 19: 187−204.

Naldrett A J, Lightfoot P C, Fedorenko V A, et al. 1993. Geology and geochemistry of intrusions and flood basalts of the Noril'sk Region, USSR, with implications for origin of the Ni−Cu ores. Economic Geology, 87: 975−1004.

Naldrett A J. 1999. World−class Ni−Cu− (PGE) deposits: key factors in their genesis. Mineralium Deposita, 34: 227−240.

Naldrett A J. 2004. Magmatic Sulfide Deposits: Geology, Geochemistry And Exploration. Springer Verlag, 1−725.

Nielsen T F D, Brooks C K. 1995. Precious metals in magmas of East Greenland: factors important to the mineralization in the Skaergaard intrusion. Economic Geology, 90: 1911−1917.

Oyarzun R, Márquez A, Lillo J, et al. 2001. Giant versus small porphyry copper deposits of Cenozoic age in northern Chile: adakitic versus normal calc−alkaline magmatism. Mineralium Deposita, 36: 794−798.

Pan Y M, Dong P. 1999. The lower Changjiang (Yangzi/Yangtze River) metallogenic belt, east central China: intrusion− and wall rock−hosted Cu−Fe−Au, Mo, Zn, Pb, Ag deposits. Ore Geology Reviews, 15 (4): 177−241.

Qiu Y M, Groves D I. 1999. Late Archaean collision and delamination in the Southwest Yilgarn Craton: the driving force for Archaean orogenic lode gold mineralization? Economic Geology, 94 (1): 115−122.

Ripley E M. 1990. Platinum−group element geochemistry of Cu−Ni mineralization in the Basal Zone of the Babbitt deposit, Duluth Complex. Minnesota, Economic Geology, 85: 830−841.

Rudinck R L. 1990. Continental crust: Growth from below. Nature, 347: 711−712.

Rusk B, Reed M. 2002. Scanning electron microscope − cathodoluminescence analysis of quartz reveals complex growth histories in veins from the Butte porphyry copper deposit, Montana. Geology, 30 (8): 727−730.

Shirey S B, Walker R J. 1998. The Re−Os isotope system in Cosmochemistry and high−temperature geochemistry. Annu. Rev. Earth. Sci. , 26: 423−500.

Sawkins F G. 1984. Metal deposits in relation to plate tectonic. Springer Verlag.

Sazonov V N, Van Herk A H, Hugo de Boorder. 2001. Spatial and Temporal Distribution of Gold Deposits in the Urals. Economic Geology, 96: 685−703.

Shanks W C and Bischoff J L. 1977. Ore transport and deposition in the Red Sea geothermal system: a geochemical model. Geochimica et Cosmochimica Acta, 41: 1507−1519

Sillitoe R H. 1972. A plate tectonic model for the origin of porphyry copper deposits. Economic Geology, 67: 184−197.

Sillitoe R H. 1988. Gold and silver deposits in porphyry systems, In: Schafer R W, Cooper J J, Vikre P G (eds) Bulk mineable precious metal deposits of the western United States, 233−257.

Sillitoe R H, Hedenquist J W. 2003. Linkages between volcanotectonic settings, ore−fluid compositions, and epithermal precious−metal deposits, In: Simmons S F, ed. , Understanding crustal fluids: Roles and witnesses of processes deep within the earth, Giggenbach memorial volume: Society of Economic Geologists and Geochemical Society, Special Publication.

Singer D A, Berger V I, Menzie W D, et al. 2005. Porphyry copper deposit density. Economic Geology, 100 (3): 491−514.

Song X Y, Zhou M F, Hou Z Q, et al. 2001. Geochemical constraints on the mantle source of the Upper Permian Emeishan continental flood basalts, southwestern China. International Geology Review, 43: 213-225.

Song X Y, Zhou M F, Cao Z M. 2003. Ni-Cu- (PGE) magmatic sulfide deposits in the Yangliuping area, Permian Emeishan igneous province, SW China. Mineralium Deposita, 38 : 831-843.

Song X Y, Zhou M F, Wang C Y, et al. 2006a. Role of crustal contamination in formation of the Jinchuan intrusion and its world-class Ni-Cu- (PGE) sulfide deposit, northwest China. International Geology Review, 48 (12): 1113-1132.

Song X Y, Zhou M F, Keays R R, et al. 2006b. Geochemistry of the Emeishan flood basalts at Yangliuping, Sichuan, SW China: implications for sulfide segregation. Contributions to Mineralogy and Petrology, 152 (1): 53-74.

Tao Y, Li C, Hu R Z, et al. 2007. Petrogenesis of the Pt-Pd mineralized Jinbaoshan ultramafic intrusion in the Permian Emeishan large igneous province, SW China. Contributions to Mineralogy and Petrology, 153: 321-337.

Therriault A M, Fowler A D, Grieve R A. 2002. The Sudbury Igneous Complex: A Differentiated Impact Melt Sheet. Economic Geology, 97: 1521 - 1540.

Titley S R. 1982. The style and progress of mineralization and alteration in porphyry copper systems, In: Titley S. R. , ed. , Advances in geology of the porphyry copper deposits: Tucson, University of Arizona Press, 93-116.

Ulrich T, Gunther D, Heinrich C A. 1999. Gold concentrations of magmatic brines and the metal budget of porphyry copper deposits. Nature, 399: 676-679.

Ulrich T, Gunther D, Heinrich C A. 2001. The evolution of a porphyry Cu-Au deposit, based on LA-ICP-MS analysis of fluid inclusions: Bajo de la albumbrera, Argentina. Economic Geology, 96: 1743-1774.

Wang C Y, Zhou M F. 2006. Genesis of the Permian Baimazhai magmatic Ni - Cu - (PGE) sulfide deposit, Yunnan, SW China. Mineralium Deposita, 41: 771-783.

Wang D Z, Shu L S, Faure M, et al. 2001. Mesozoic magmatism and granitic dome in the Wugongshan Massif, Jiangxi Province and their genetical relationship to the tectonic events in Southeast China. Tectonophysics, 339: 259-277.

Wang G Z, Hu R Z, Su W C, et al. 2003. Fluid flow and mineralization of Youjiang Basin in the Yunnan-Guizhou-Guangxi area, China. Science in China (D), 46 (Suppl) : 99-109.

Wang Q, Li J W, Jian P, et al. 2005. Alkaline syenites in eastern Cathaysia (South China): link to Permian-Triassic transtension. Earth and Planetary Science Letters, 230 (3-4): 339-354.

Wang X Q, Cheng Z Z, Liu D W, et al. 1997. Nanoscale metals in earthgas and mobile forms of metals in overburden in wide-spaced regional exploration for giant ore deposits in overburden terrains. Journal of Geochemical Exploration, 58 (1): 63-72.

Wang X Q, Xie X J, Cheng Z Z, et al. 2000. Delineation of regional geochemical anomalies penetrating through thick covers in concealed terrians - a case history from the Olympic Dam deposit. Journal of Geochemical Exploration, 66: 85-97.

Wang X Q. 2003. Delineation of geochemical blocks for undiscovered large ore deposits using deep-penetrating methods in alluvial terrains of eastern China. Journal of Geochemical Exploration, 77 (1): 15-24.

Wang Y J, Zhang Y H, Fan W M, et al. 2005. Structural signatures and $^{40}Ar/^{39}Ar$ geochronology of the Indosinian Xuefengshan transpressive belt, South China Interior. Journal of Structural Geology, 27: 985-998.

Wang Y J, Fan W M, Sun M, et al. 2007. Geochronological, geochemical and geothermal constraints on petrogenesis of the Indosinian peraluminous granites in the South China Block: A case study in the Hunan Province. Lithos, 96 (3): 475 - 502.

Xiao L, Xu Y G, Mei H J, et al. 2004. Distinct mantle sources of low-Ti and high-Ti basalts from the western Emeishan large igneous province, SW China: implications for plume-lithosphere interaction. Earth and Planetary Science Letters, 228: 525-546.

Xu X S, Oreilly S Y, Griffin W L, et a1. 2000. Genesis of young lithospheric mantle in Southeastern China: An LAM-ICP-MS trace element study. Journal of Petrology, 41: 111-148.

Xu Y G. 2001. Thermo-tectonic destruction of the Archaean lithospheric keel beneath the Sino-Korean Craton in China: Evidence, timing and mechanism. Physics and Chemistry of the Earth, Part A: Solid Earth and Geodesy, 26 (9): 747-757.

Xu Y G, Chung S L, Jahn B M, et al. 2001. Petrologic and geochemical constraints on the petrogenesis of Permian-Triassic Emeishan flood basalts in southwestern China. Lithos, 58: 145-168.

Ye Y, Shimazaki H, Shimizu M, et al. , Tectono-magmatic evolution and metallogenesis along the Northeast Jiangxi deep fault, China. Resource Geology, 1998, 48 (1): 43-50.

Yin J W, Kim S J, Lee H K, et al. 2002. K-Ar ages of plutonism and mineralization at the Shizhuyuan W-Sn-Bi-Mo deposit, Hunan province China. Journal of Asian Earth Sciences, 20: 151-155.

Zhang H F, Sun M, Zhou X H, et al. 2002. Mesozoic lithospheric destruction beneath the north china craton: evidence from major-, trace-element and Sr-Nd-Pb isotope studies of Fangcheng basalts. Contributions to Mineralogy and Petrology, 144: 241-253.

Zhang Z C, Mahoney J J, Mao J W, et al. 2006. Geochemistry of picritic and associated basalt flows of the western Emeishan flood basalt province. China, Journal of Petrology, 47: 1997-2019.

Zhang W H, Zhang D H, Liu M. 2003. Study on ore-forming fliuds and the ore-forming mechanisms of the Yinshan Cu-Pb_ Zn-Au-Ag deposits Jiangxi province. Acta Geologica Sinica, 19 (2): 242-250.

Zheng Y, Zhang Q, Wang Y, et al. 1996. Great Jurassic thrust sheets in Beishan (North Mountains) —Gobi areas of China and southern Mongolia. Journal of Structural Geology, 18 (9): 1111-1126.

Zheng J P, O' Reilly S Y, Griffin W L, et al. 2001. Relict refractory mantle beneath the eastern North China Block: significance for lithospheric evolution. Lithos, 57: 43 - 66.

Zhong H, Zhou X H, Zhou M F, et al. 2002. Platinum-group element geochemistry of the Hongge Fe-V-Ti deposit in the Pan-Xi area, southwestern China. Miner. Deposita, 37: 226-239.

Zhong H, Yao Y, Prevec S A, et al. 2004. Trace-element and Sr-Nd isotopic geochemistry of the PGE-bearing Xinjie layered intrusion in SW China. Chemical Geology, 203: 237-252.

Zhong H, Zhu W G. 2006. Geochronology of layered mafic intrusions from the Pan-Xi area in the Emeishan large igneous province, SW China. Mineralium Deposita, 41: 599-606.

Zhong H, Zhu W G, Chu Z Y, et al. 2007. SHRIMP U-Pb zircon geochronology, geochemistry, and Nd-Sr isotopic study of contrasting granites in the Emeishan large igneous province, SW China. Chemical Geology, 236: 112-133.

Zhou M F, Malpas J, Song X Y, et al. 2002. A temporal link between the Emeishan large igneous province (SW China) and the end -Guadalupian mass extinction. Earth and Planetary Science Letters, 196: 113-122.

Zhou M F, Lesher C M, Yang Z X, et al. 2004. Geochemistry and petrogenesis of 270Ma Ni-Cu- (PGE) sulfide-bearing mafic intrusions in the Huangshan district, Eastern Xinjiang, Northwest China: implications for the tectonic evolution of the Central Asian orogenic belt. Chemical Geology, 209: 233-257.

Zhou M F, Robinson P T, Lesher C M, et al. 2005. Geochemistry, petrogenesis and metallogenesis of the Panzhihua gabbroic layered intrusion and associated Fe-Ti-V oxide deposits, Sichuan province, SW China. Journal of Petrology, 46: 2253-2280.

Zhou M F, Zhao J H, Qi L, et al. 2006. Zircon U-Pb geochronology and elemental and Sr -Nd isotopic geochemistry of Permian mafic rocks in the Funing area, SW China. Contributions to Mineralogy and Petrology, 151: 1-19.

Zhu X K, O' Nions R K, Guo Y et al. 2000. Determination of natural Cu-isotope variation by plasma-source mass spectrometry: implications for use as geochemical tracers. Chemical Geology, 163: 139-149.

Zieg M J, Marsh B D. 2005. The Sudbury Igneous Complex: Viscous emulsion differentiation of a superheated impact melt sheet. Geological Society of America Bulletin, 117 (11-12): 1427-1450.

第一篇

花岗岩成矿系统

华南地区是我国重要的有色、稀有和贵金属矿产资源产地，拥有许多大型、超大型矿床，是中国东部中生代大规模成矿作用或"成矿大爆发"的重要组成部分。大量研究表明，华南中生代的大规模金属成矿作用，很大一部分与该地区广泛而强烈的花岗质岩浆活动有密切的成因关系。众所周知，华南广泛发育不同时代、不同类型的花岗岩类，历来受到我国地质学界的高度重视。20 世纪中期以来，南京大学、中国科学院、中国地质科学院及其他许多单位的科研人员，对以南岭为主体的华南花岗岩及其成矿作用进行了大规模的研究，取得了丰硕成果，并为后来持续不断的深入研究奠定了基础（徐克勤等，1963；贵阳地球化学研究所，1979；莫柱孙和叶伯丹，1980；南京大学地质学系，1981；徐克勤和涂光炽，1984；地矿部南岭项目花岗岩专题组，1989；王德滋等，2002；华仁民等，2003；胡瑞忠等，2010）。

王德滋和周金城（2005）把中国东南部的晚中生代中-酸性火山岩及相关的花岗岩称为长英质大火成岩省，肯定了它的全球意义。可见，华南花岗岩研究历史久远，积累深厚。近10年来，我国科研人员在"大规模成矿与大型矿集区研究"及"华南陆块陆内成矿作用"这两个973项目中，又相继承担了华南花岗岩类及其成矿作用的课题，并取得了许多新的成果和认识。

地质学上所统称的花岗岩是指广义的花岗岩，又叫花岗质岩石（granitic rock）或花岗岩类（granitoid），是一套包含多种岩石类型的中酸性火成岩。一般来说，它包括偏中性端元的英云闪长岩、石英闪长岩，中酸性的花岗闪长岩、石英二长岩，酸性的花岗岩，以及偏碱性的碱性花岗岩、石英正长岩、正长岩等。本篇所涉及的花岗岩，就是指广义的花岗岩。

成矿系统是当前矿床学研究的重要领域之一。根据翟裕生（1999）的定义，成矿系统是指在一定的地质时空域中，控制矿床形成、变化和保存的全部地质要素和成矿作用动力过程，以及所产生的矿床系列、异常系列构成的整体，它是具有成矿功能的一个自然系统。本书在归纳大量研究成果和最新认识的基础上，将华南地区中生代与不同构造环境、不同来源花岗岩类有关的成矿作用及其产物划分为4个主要的成矿系统，它们分别是：①与壳幔混源同熔型花岗岩有关的铜（铁）多金属成矿系统；②与改造型花岗岩有关的钨多金属成矿系统；③与A型花岗岩有关的锡多金属成矿系统；④与花岗岩有关的热液铀成矿系统。

需要指出的是，华南的地质构造相当复杂，花岗岩的类型、形成背景和演化特征各不相同，与花岗岩有关的成矿作用也十分丰富，因此，用简单的几个成矿系统显然不可能包罗或概括华南所有的成矿作用。而且，限于研究程度，本书所划分的成矿系统主要考虑了花岗岩的成因类型、控制矿床形成的地质要素和动力过程，而未涉及矿床形成后的变化和保存。

花岗岩类是大陆地壳发育、演化的产物，它的地质地球化学特征与其所处的地壳深部结构、构造变形及动力学环境密切相关。因此，本篇内容始于华南中生代变形样式及其时序，继而阐述中生代岩浆作用时空格局与岩石成因；接着则以典型岩体和矿床为例，分别对4个主要的成矿系统进行阐述。

第一章　华南印支期变形样式及其时序

华南陆块向北以襄樊–广济断裂同秦岭–大别造山带相连，向南以哀牢山–松马缝合带与印支地块相接，向西以龙门山断裂与松潘–甘孜地块连接，向东与太平洋板块搭界（图1.1），被认为是罗迪尼亚超大陆形成期间由扬子与华夏陆块汇聚而成，期后经历了显生宙三期（广西、印支和燕山运动）构造热事件的强烈叠加。过去20年中，对华南陆块中生代构造演化的解释一直存在着不同观点。有研究者认为，华南中生代构造体制为太平洋板块俯冲，或华南内部存在洋壳消减。也有研究者相信，陆内伸展是华南中生代构造演化的主要原因。然而，如何从华南中生代变形样式来理解其中生代大地构造则一直是研究的薄弱环节。在此，选择雪峰、江南、云开–海南等关键地区的中生代构造样式、变形序次及变形年代学等开展研究，以期为剖析华南内陆主要变革事件变形构造的时空组合规律、认知华南东部中生代整体结构构造及其动力学模型提供基础。

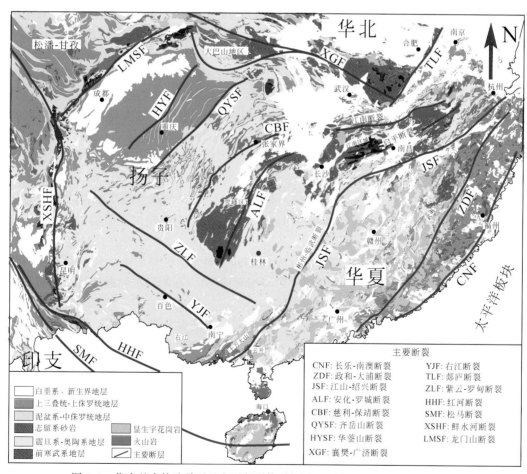

图 1.1　华南基本构造单元及主要断裂体系概图（引自 Wang et al., 2013）

第一节　华南内部主要断裂及沉积记录

一、主要断裂

在华南内陆主要发育七条北东向断裂，由东至西分别为长乐–南澳断裂、政和–大浦断裂、江山–绍兴断裂（南段也被称之为郴州–临武断裂）、安化–罗城断裂、慈利–保靖断裂、齐岳山断裂和华蓥山断裂（图1.1）。

长乐–南澳断裂是白垩纪火成岩与平潭–东山高温低压变质杂岩体的分界断裂，它被一些地质学者认为是晚中生代东南亚与华南陆块碰撞的缝合带。但亦有研究者认为其是发育于华南活动大陆边缘之上的白垩纪左旋走滑剪切带。

政和–大浦断裂被认为是一条形成于早古生代、并经历了后期强烈活化的逆冲断层。该断裂分割了中国东南沿海中生代火山带与西侧武夷山元古代变质基底，沿政和–大浦断裂出露有新元古代基性–超基性岩。

江山–绍兴断裂从江山经绍兴延至江西萍乡，曾被认为是显生宙古华南洋消亡的缝合带。然而，时至今日，沿断裂带尚未识别出古生代与俯冲作用有关的岩石组合。关于该断裂的西南延伸则存在两种不同的观点，一种观点认为它沿江南–雪峰古陆东缘向西南延伸。另一种观点则相信它的西南段经郴州–临武断裂由湖南永兴延到郴州，经广西岑溪进入印支陆块。最近的地球物理数据显示，横跨江山–绍兴断裂西部莫霍面深度34~36km，而其东部仅30~32km。Wang等（2003，2005，2008）依据断裂两侧中生代基性岩的Sr-Nd-Pb同位素组成，提出该断裂带为扬子与华夏陆块中生代岩石圈边界的观点。

安化–罗城断裂向北与江南古陆棋坪–靖县断裂相连，向南隐伏于右江盆地之下。这条断裂以前被当作是分开扬子和华夏块体的三叠纪蛇绿混杂岩带。然而，越来越多的证据显示沿该断裂带出露的基性–超基性岩是新元古代产物。该断裂以东，显生宙火成岩和变质岩广泛出露，而在其以西，显生宙沉积岩占主体地位，火成岩和变质岩极少出露。

慈利–保靖断裂从贵州东部的三都经施洞口，延至湘西保靖和慈利，经江南古陆北缘与江南断层相接。慈利–保靖断裂由一系列印支期压扭性断层组成，并在侏罗—白垩纪多次活动，它分割了东部武陵厚皮和西部鄂渝川薄皮构造带。

齐岳山断裂沿齐岳山延伸，由一系列沿北北东向延伸、向北西陡倾的中生代逆冲断层所构成。断裂西部主要为侏罗山式褶皱（宽阔的向斜与紧闭的背斜相间排列），而断裂东部则为箱状褶皱（宽阔的背斜和紧闭的向斜）。

华蓥山断裂为一走向北东、倾向北西的逆冲推覆断层，该断裂分割以小型短轴褶皱为主的四川盆地和东部线状拆离冲褶带。其向北与南大别构造带相连，向南演变为一系列次级断层。地球物理上显示华蓥山断裂向深部归并于震旦系顶面和寒武系底面，构成一拆离断裂带。

二、沉积记录

华南最老的地层是代表扬子结晶基底的太古代崆岭群，而华夏陆块的结晶基底被认为主要由下元古界的片麻岩、角闪岩和混合岩组成。新元古代晚期和震旦纪地层主要由砾岩、砂岩、灰岩、粉砂岩和页岩组成，通常被当做代表了安化–罗城断裂和江山–绍兴断裂间深海相沉积的华南裂谷系产物。下古生界地层主要分布在政和–大浦断裂和齐岳山断裂之间（图1.1）。

政和–大浦断裂和江山–绍兴断裂之间的华夏陆块缺失上奥陶统和志留系，其寒武纪地层（厚4350~5850m）主要由砂岩、粉砂岩和含灰岩夹层的泥质岩组成，中–下奥陶统由千枚岩、板岩、砂岩和含少量灰岩夹层的泥质岩组成，这套寒武—奥陶系地层以往被归入深水浊积岩，但最近在这套地层中识别出浅水沉积构造（Wang et al.，2010；舒良树等，2012）。在江山-绍兴断裂（或之南延的郴州-临武断裂）与安化-罗城断裂之间的扬子陆块东部，寒武系和奥陶系以碳酸岩夹硅质碎屑岩为特征，具有由非补偿性向补偿性盆地过渡性质，赣北-湘中地区下志留统由厚达 723~4000m 的页岩和砂岩组成。而在安化-罗城断裂和齐岳山断裂之间的中上扬子地区，寒武系和奥陶系为碳酸盐台地相沉积，志留系以中-下志留统浅海相砂岩为主。

在华南内陆除在广西南部钦州-防城地区出露有少量下泥盆统砂岩以外，区内普遍缺失下泥盆统。沿华南陆块南缘（如右江盆地），上古生界为与裂谷有关的、局部含放射虫硅质岩的深水沉积。中晚泥盆世，海水由两个方向向内陆海进超覆，一个是从钦防海槽向北海进，另一个则从湘西向南海进，直到早-中二叠世，整个江南-雪峰地区为海相地层所覆盖，其中泥盆纪—中三叠世地层主要由中-上泥盆统砾岩和砂岩、石炭系和下二叠统灰岩、上二叠统砂岩和页岩及下三叠统薄层灰岩组成，以浅水沉积广布于华南地区。中三叠统则主要出露于慈利-保靖断裂以西，由灰岩或红色页岩和砂岩组成。在江山-绍兴断裂以东上古生界地层角度不整合于前志留系砂岩之上，在江山-绍兴和慈利-保靖断裂之间，上古生界地层则与前泥盆系呈角度不整合接触，在慈利-保靖断裂以西，上、下古生界之间为平行不整合和假整合接触关系（Wang et al.，2010）。

华南上三叠统—下侏罗统主要由河-湖相砾岩、夹含煤粉砂岩和砂岩组成。仅在广东东部梅州地区保存有下侏罗统残留海相沉积。在慈利-保靖断裂以东，上三叠统—下侏罗统与下伏地层呈高角度不整合接触，而在慈利-保靖断裂以西，上三叠统—下侏罗统与下伏地层平行或呈微角度不整合。中侏罗统主要为陆源碎屑岩，然而，沿东西向延伸的南岭山脉一带，包括福建西部、江西南部和湖南东部地区发育有中侏罗世双峰式火山岩（Wang et al.，2003，2005）。上侏罗统砂岩和粉砂岩广泛分布于华南西部，而在华南东部仅见于永定-梅州盆地。下白垩统在沿海地区为流纹岩、安山岩和含玄武岩夹层的凝灰质岩石为主体，在武夷-云开地区以西则为红色砂岩建造。上白垩统—老新近系主要为红色砂岩和带玄武岩夹层的粉砂岩。在华南内陆，白垩系与前白垩系之间为角度不整合接触。

第二节　北缘江南隆起及两侧的结构构造

江南隆起及其两侧自南而北包括萍乐凹陷、九岭山和修水-幕阜山，以其现今结构构造特征及其异同可描述为萍乐凹陷构造带（Ⅰ）、九岭基底隆升构造带（Ⅱ）和幕阜山厚皮冲断滑脱褶皱构造带（Ⅲ）（图1.2）。

一、萍乐凹陷构造带

萍乐凹陷指沿萍乡-乐平一带呈北东东向展布的主要出露上古生界和三叠系地层的狭长地带，是一个发育在扬子陆块之上、由泥盆系—中三叠统海相碳酸岩-碎屑岩系和中生代陆相红层所构成的上叠盆地。盆地两侧出露的主要地层为前寒武系—震旦系变质岩，盆地内古生界至下三叠统与"板溪群"或角度不整合接触或断层接触，其南北两侧均为断层所围限。南侧通过武功山北缘拆离断裂与武功山变质岩系相连，北部以南昌-宜丰-万载断裂与九岭山相接。野外观察表明，凹陷南部于杨歧山处见上三叠统角度不整合于前三叠系地层之上，下三叠统呈飞来峰逆冲于上三叠统之上。在分宜城北和水北村采石场的下二叠统茅口灰岩中均可见断层倾向南东、指向北北西的逆冲推覆和顺层推滑，这些顺层推滑导致了局部岩层的强烈劈理化和剪切透镜化。盆地南侧沿萍乡-宜春-分宜-丰城一带的一系列上古生界煤田地质勘探剖面（图1.3、图1.4）揭示出萍乐凹陷并不是如以往研究所认为的指向北西的下滑型伸展构造，而主要为一套由南向北的逆掩双重构造，且该滑覆构造主要影响到晚古生代煤系地层，而终止于白垩纪地层。结合野外地质观察、煤田地质资料及重力资料综合解译也推断出武功山与萍乐凹陷交汇部位的构造样式是

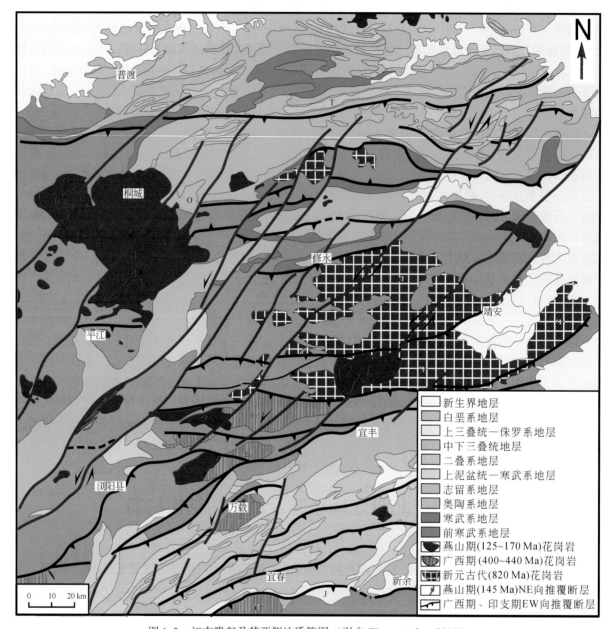

图 1.2　江南隆起及其两侧地质简图（引自 Wang et al.，2013）

一沿主滑脱面向北或北北西逆冲的叠瓦状逆冲推覆构造系，并在其远离根带部位发育反冲构造。这些断层或向深部归并至同一滑脱面、或以二叠系底面或泥盆系地层与变质基底不整合接触面作为滑脱面，由南东而北西被切的层位由下石炭统依次向上至上三叠统。上述构造被后期走向为北北东、向南东逆冲推覆的叠瓦状断层所改造。

　　萍乐凹陷北缘中泥盆统至中三叠统间常呈假整合或微不整合接触。在萍乐凹陷北部的万载一带，上古生界地层普遍向南或南南东倒转，形成了一系列指向南或南南东的冲褶构造系，该构造系切割了早期指向北西的韧性构造，并为倾向北西的高角度正断层所切割。萍乐凹陷南北两侧的冲断构造在上高-万载一带对接，形成类似三角带的构造样式。沿万载往东至社江背、清水塘、上高查山村一带发育一系列北东向褶皱构造，向斜南翼岩层倾向 320°~340°，倾角 20°~30°，层位正常；北翼岩层层位倒转（倾向 310°~345°），倾角陡立（倾角 35°~65°），并有同性质的次一级同斜背向斜组合成复杂同斜褶曲，向斜轴面北西倾，倾角 65°左右。该背向斜在其西翼伴生与轴向一致的强劈理化带和挤压型逆冲断裂，形成宽

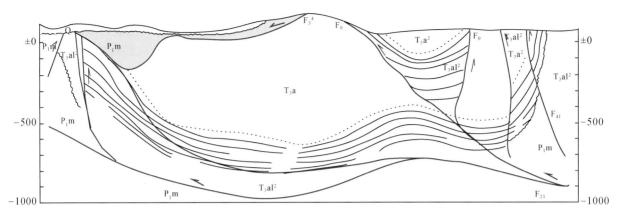

图 1.3　萍乐凹陷南缘萍乡西青山–巨源推覆构造及飞来峰构造

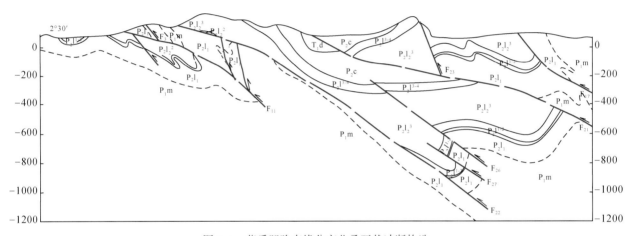

图 1.4　萍乐凹陷南缘分宜北叠瓦状冲断构造

约 50~300m 的硅化破碎带及角砾岩带或糜棱岩带，其卷入最新地层为上三叠统安源组地层。上述构造特征表明，萍乐凹陷南部以武功山为逆冲推覆带根带，由南而北逆冲推覆，而在萍乐凹陷北部则由以南昌–宜丰–万载逆冲推覆断裂为边界断裂、以九岭山为根带、由北北西向南南东逆冲的冲断冲褶，两者的前锋带在萍乐凹陷的中央凹陷对接，表现为一对冲构造样式。

对萍乐凹陷的变形期次解析发现，萍乐地区能识别的主要构造期次至少有四期，一期以逆冲或逆掩推覆为特征，该构造事件在萍乐凹陷南侧主要表现为指向北或北北西的顺层逆掩推覆或滑覆作用，而在萍乐凹陷北部则为由北向南的逆掩推覆构造，该期构造影响到的最新地层为下三叠统大冶组，但其终止时间难以判断。考虑到研究区安源组地层角度不整合于下三叠统之上，以及武功山地区的热年代学资料，其时间应介于早三叠世中期到晚三叠世早中期。该事件的持续演变与发展，导致在凹陷南部发育了一系列由南北或北北西的冲断冲褶和逆掩推覆构造，而在凹陷北部则发育了一系列由北而南的冲断冲褶或飞来峰构造，该幕事件切割了早期构造，并卷入了上三叠统安源组，推测其为前一幕事件递进发展的结果。上述两幕变形奠定了萍乐凹陷的基本格架，形成时间大致相当于印支期（早三叠世中期—早侏罗世早中期）。第三期变形以北北东向左旋压扭性构造为特征，且不同地区表现互有差异，其形成时间可能在晚侏罗世，最后一期构造事件则导致萍乐凹陷古生代盆地之上叠加白垩纪断陷盆地。

二、九岭基底隆起带

九岭基底隆起带位于新元古代江南造山带中段，区内广泛分布被认为属华南古老基底的元古代地层。

九岭地区出露的地层主要是新元古代浅变质的双桥山群和侵入其中的花岗岩。九岭地区的褶皱样式表现为近东西向紧闭同斜复式褶皱基础上叠加北西西向圆柱状、箱状褶皱（图1.5），上述褶皱轴面总体南南东倾，背斜南翼正常、北翼倒转，而向斜则是南翼倒转、北翼正常的复式倒转背向斜构造。

图1.5　九岭核部地区褶皱样式

在九岭南缘由铜鼓-靖安断裂、仙源-西山断裂、黄茅-宜丰-高邮断裂构成向南的逆冲推覆构造，该推覆构造导致九岭南缘双桥山群变质岩上叠于古生界沉积盖层之上，形成构造窗和飞来峰，在九岭北坡构成自南而北的叠瓦状逆冲推覆岩片，从而在九岭地区构成南部向南逆冲而北部向北逆冲的正花状构造型式。区域上在芳溪北-铜鼓棋坪一带发育一系列向南逆冲的冲褶构造岩片，其中铜鼓温泉一带见双桥山群向南（产状350°∠40°）逆冲于温泉加里东期花岗岩之上，且该花岗岩被卷入逆冲带内。而铜鼓棋坪向北至修水一带以向北逆冲推覆为主，在山口西、修水城北和修水大桥等地所见。

在九岭南缘发育有三条糜棱岩带，分别为宜丰-浏阳、菱湖和靖安-棋坪韧性剪切带。主要由糜棱岩化绿片岩、片麻状糜棱岩和糜棱岩化花岗岩所组成，韧性变形，挤压面理、拉伸线理发育，远离断裂带，糜棱岩化减弱。根据岩层中密集破劈理与片理的交角关系，以及糜棱面理与矿物拉伸线理的空间产出规律判断，上述剪切带倾向南南东，为一推覆剪切带。在双桥山群中不对称长石残斑系、黄铁矿压力影及书斜构造、石香肠构造等判断，该期构造为一期自北向南的逆冲剪切变形，且在多处见到其被第二期构造强烈置换。第二期糜棱岩化岩石主要由糜棱岩化片岩、糜棱片麻岩和糜棱花岗岩组成，其变形宽度在2~5km，其糜棱岩带内糜棱岩化片岩由石英、长石、绢云母和少量黑云母、黄铁矿构成，原岩为火山碎屑杂砂岩和凝灰质千枚岩。糜棱片麻岩位于韧剪带中心，由石英、钾长石、斜长石、黑云母、白云母和绢云母、绿泥石鳞片状集合体组成。剪切带内矿物拉伸线理发育，其倾伏角一般小于30°，其糜棱面理为25°~50°，在南昌湾里、万载仙源、浏阳文市可观察到早晚两期糜棱面理的叠加。相关的运动学标志指示其为由北北西向南南东逆冲并具左旋走滑性质（图1.6），石英C轴结构也揭示其具左旋走滑特征（图1.6）。

从研究区褶皱特征分析，九岭地区主要发育三期褶皱构造：第一期褶皱为复式紧闭线型褶皱，褶皱轴向近东西或北东，轴面倾向北北西。第二期褶皱以千枚理S1为变形面，褶皱轴面近直立的宽缓型桶状

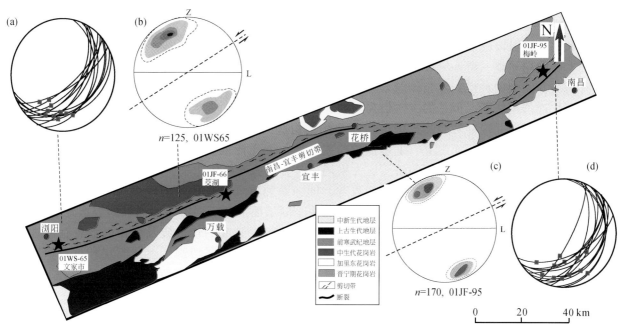

图 1.6 南昌-宜丰-万载-文家剪切带地质特征及相关构造要素

褶皱；第三期褶皱伴随韧性剪切带而产生，轴向北北东，轴面倾向南南东，显示由南向北的推覆剪切作用，所发育的剪切带主要分布于南坡，剪切带走向北东东，倾向南南西，倾角 25°～55°，自南而北倾角变陡，变形减弱，剪切面理夹角变陡。从已有的观察点资料至少可识别出五期变形：其中第一期变形以顺层劈理和褶皱构造为特征，这在石桥北、棋坪南和山口西表现清晰，并顺层发生了明显的剪切变形，从褶皱轴面特征和一系列剪切标志判断该期变形在区域上为由南—南东指向北—北西。其影响范围至少自芳溪北到达修水以北一线，结合该区震旦纪地层角度不整合于新元古代浅变质岩系之上，推断该事件应该是晋宁事件的产物。第二期变形以区域内韧性剪切带发育为标志，该期构造可能仅影响到靖安-山口-棋坪-梅仙岭一带，因此第二期变形主要发育在九岭南侧，而北侧可能缺失加里东期变形形迹。第三期和第四期变形事件为该区的主体构造，在区域上第三期变形多以向南的顺层下滑型褶皱或第一期冲断构造的反转为特征。第四期变形表现为芳溪北-铜鼓一带向北的正向或左旋伸展，而铜鼓-修水一带变形表现为向北伸展，代表了第三期加厚变形后的伸展垮塌，推断第三期和第四期变形代表了印支早晚两期的构造产物，其中第三期变形反映其向北逆冲推覆加厚，而第四期变形为加厚后山带伸展垮塌或持续的挤压应力格局，代表了印支期碰撞造山连续演变的两个阶段。第三幕和第四幕变形在九岭南部表现为一系列由北向南的叠瓦状冲断构造，而在九岭北部则为一系列由南向北的逆冲推覆，从而构成一个巨型的以双桥山群和九岭花岗岩为主体的基底扇形隆升构造带，该构造带样式与雪峰-苗岭地区同期构造样式相类似（Wang et al.，2005）。该扇形构造切割了早期褶皱构造和韧性剪切带，并在深部 20～22km 归并，是九岭地区的定型构造。在该构造样式定型以后又记录了两种不同型式的变形构造，一类是沿先存断裂构造正向伸展；另一类是一系列左旋压扭性构造，上述构造在九岭山核部尤为发育。考虑到九岭东西两侧白垩纪盆地角度不整合于前白垩纪地层之上，且上述断裂不切割白垩系红层，推断该幕事件应该发生在晚侏罗世—早白垩世早期之间。

三、幕阜山厚皮冲滑构造带

通过详细的野外地质观察，幕阜山厚皮冲滑构造带以冲断滑脱褶皱构造带为特征，由修水复式向斜构造带、幕阜山复式背斜构造带及其北的大磨山弓式冲断褶皱带组成。其构造样式可类比于雪峰西北侧的赣鄂湘黔穹隆群弧形厚皮冲断褶皱构造带和鄂渝湘黔弧形隔槽式冲断滑脱褶皱构造带，也分别代表了雪峰西北侧穹隆群构造带和隔槽式冲滑构造带的北延。

修水复式向斜构造带由新元古界双桥山群浅变质岩组成褶皱基底，震旦系—三叠系组成褶皱盖层，并上叠晚白垩世—新近纪红色陆相盆地，其东西向构造是该复式向斜构造带的重要构造形式，主要有褶皱和断裂两种样式及相伴的派生构造，尽管受到了北东向构造的走滑叠加而导致东西向构造走向变化或切割错断，但总的方向仍为东西，在修水地区东西向构造尤为明显。在该构造带北部地区发育一系列向北逆冲的叠瓦式构造，该叠瓦式构造向下归并于以震旦系—寒武系不整合面、下寒武统和下志留统主滑脱面之上。上述推滑断裂、低角度逆掩推覆构造和叠瓦状逆冲推覆构造均指示为由南或南南东向北或北北西的挤压应力格局，其叠瓦状冲褶构造主要发育于该复式向斜带北翼，很可能是同一应力格局下不同层次的构造表现，即一系列卷入基底地层的厚皮构造，其向下归并入以岩石力学行为相对薄弱的软弱岩层为滑脱层的主干断层面上，不同滑脱面通过断坡形式加以连接，并在滑脱层后缘发育正常褶皱，而在其前锋发育同斜紧闭褶皱或倒转褶皱及一系列的叠瓦状冲褶构造，其后又受到了后期北东向压扭性断裂的改造，带内北东向断层切割了上述断层和近东西向褶皱构造。修水辽山地区在新元古代浅变质岩系之上残留了震旦系—中下志留统和上泥盆统—下三叠统海相地层，上、下古生界海相地层整体上表现为一相对宽缓的向斜构造，层间滑脱明显。通常情况下向斜南翼地层内以向南东斜向推滑为特征，而向斜北翼地层内以向北西斜向推滑为特征。在辽山南可观察到下二叠统灰岩平行不整合于中上志留统之上，并在其不整合面上保留了清晰的左旋走滑构造标志，同时考虑到向斜带内二叠系地层与中下志留统之间的平行不整合接触关系，据此推测其与印支早期构造事件有关。

幕阜山厚皮冲断滑脱褶皱构造带夹持于古市-德安深断裂与江南断裂之间。古市-德安深断裂处于九宫山复背斜和修水-武宁拗褶带的交接部位，断裂略呈舒缓弧形弯曲，总体呈东西向延伸，该断裂倾向北西-北北西，倾角在60°左右，燕山期幕阜山-九宫山花岗岩发育其上盘，沿该断裂带断续存在近东西向分布的重力梯度带，其性质以压扭性为特征。幕阜山为一卷入基底的复式背斜冲滑构造带，其根带为幕阜山-九宫山复背斜核部隆起带，而前锋为以不同滑脱层为滑脱面的冲褶构造带，并向下归并入基底滑脱面，其现今结构构造特征很可能与常德-沅陵-吉首断裂与慈利-保靖断裂之间的冲滑构造相对应。从褶皱紧闭程度及其所发育的地层以及断裂构造的交切关系分析，幕阜山构造带经历了三期四幕以上的变形。其中第一期构造发育于幕阜山-九宫山一带新元古代地层内，以倒向北的紧闭线性褶皱为特征，上述褶皱未影响到板溪群或震旦系地层。第二期构造为该区定型构造，表现为一系列指向北或北北西的冲断冲褶构造，卷入最新地层为志留系，但考虑到构造带两侧上下古生界地层的平行不整合属性，以及强劈理化构造带内194Ma的Ar-Ar年龄，推断其形成于印支期，其印支事件的影响向北可能依次减弱，在上述冲断构造的基础上，在幕阜山北缘发育了下滑型伸展构造，推断其可能是印支叠置推覆事件之后重力垮塌作用的结果。该背斜带以北上三叠—下侏罗统地层与前三叠系地层之间的微角度不整合接触，以及中下侏罗统地层被卷入褶皱变形，推测这一向北逆冲的冲断推覆构造系在晚侏罗世（145～130Ma）得到了进一步的叠加改造。而上述褶皱被北东向断裂所切割，表明北东向断裂的形成晚于前述定型构造，同时考虑到北东向构造与九岭北东向断裂及郯庐断裂的相似性，推断其为早白垩世早期产物。

大磨山穹式冲断褶皱带夹持于幕阜山北缘断裂与阳新断裂之间，相当于雪峰山西北侧慈利-保靖断裂与龙山-鹤峰断裂之间的穹隆群冲断滑脱褶皱构造带。该构造带主要由通山复向斜、大磨山倒转背斜和阳新断裂组成。该复式背斜在剖面上构成卷入前寒武纪变质基底的厚皮叠瓦状冲断构造，并最终可能与崇阳-通山断裂相归并（图1.7）。在洪下-丁家山一带则由六个卷入中上志留统-中下三叠统地层的背向斜及四条冲断层组成叠瓦状冲滑褶皱构造带。该构造带向南延伸为赤壁地区基底出露之鹿山复背斜，继续向南可能与雪峰山西北侧的泥市、梵净山等串珠状变质基底出露区构成江南-雪峰北侧之穹隆群背斜冲滑构造带，是在印支期宽缓褶皱基础上的强烈叠加中晚侏罗世变形，并于中晚侏罗世定型而成。

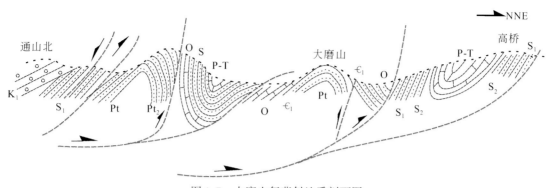

图 1.7　大磨山复背斜地质剖面图

第三节　中部雪峰构造带的推覆构造

雪峰构造带为一北东向构造带，长约 200km，宽约 80～120km，从西而东，包括怀化–沅陵、靖县–溆浦、通道–安化和城步–新化等区域性剪切带和祁阳弧状构造，这些断裂组成华南北东向断裂系的一部分（图 1.8）。怀化–沅陵、靖县–溆浦、通道–安化和城步–新化断裂以前被认为是早古生代形成的断裂构造，在印支期受到改造，而祁阳弧状构造则被认为是印支运动的产物。雪峰构造带主要由绿片岩相变质岩组成。其地层主要包括新元古代板溪群，古生代浅海相沉积建造和中生代陆相沉积建造。板溪群传统上被当做扬子陆块的褶皱基底。虽然 Hsu 等（1988，1990）认为板溪群为中生代混杂岩，但最新的研究已表明，板溪群为一套层层有序的新元古代硬砂岩–页岩–片岩组合。震旦系主要由冰碛岩和石灰岩组成，下古生界主要为寒武系板状页岩、砂岩和灰岩，奥陶系灰岩和黏土质砂泥岩，志留系页岩和砂岩。下古生界与上古生界之间为角度不整合接触，并已变质为绿片岩相。上古生界包括中–上泥盆统砂岩和砂泥岩、石炭系和二叠系灰岩以及下三叠统富碳酸盐岩石，与上三叠—下侏罗统间呈角度不整合接触。中侏罗统之上为陆相建造的上侏罗—下白垩统沉积，两者亦呈角度不整合接触。

一、构造特征

雪峰构造带的构造叠加关系至少可以识别出三期变形事件。第一期变形（D_1）主要表现为无根褶皱和钩状褶皱，总体以向北/北北东和南/南南西向陡倾面理为特征，后期变形对第一期变形构造叠加强烈。第二期变形（D_2）为挤压构造，以褶皱、区域性剪切带、面理和线理等为特征。虽然在 D_2 构造上可发现第三期（D_3）褶皱和小型韧性剪切带，但第三期及其后的变形事件以脆性变形为主。其中第二期变形为雪峰地区主体变形构造，发育一系列不同规模褶皱、透入性劈理、糜棱面理、拉伸线理等。

第二期变形构造的显著特征是普遍发育劈理构造，在板岩、千枚岩和片岩中内透入性劈理发育。在砂泥岩和薄层状砂岩中密集劈理由线状不透明矿物，定向排列的白云母、绿泥石和石英颗粒构成。而在厚层砂岩和灰岩中，劈理发育不连续。在板溪群和下古生界岩石中劈理密集，向上至泥盆系—下三叠统岩石中劈理发育程度降低，且主要为不连续破劈理。上述劈理常平行褶皱轴面，走向北东或北北东，向东或向西倾斜，倾角中等–直立。区内五个剖面的劈理测量如图 1.9 所示。在靖县–溆浦剪切带以西地区，劈理表现为离怀化–阮陵和靖县–溆浦剪切带越远，其劈理发育程度降低，劈理走向 15°～45°，倾向南东、倾角 40°～80°（图 1.9）。在雪峰构造带中部的靖县–溆浦和通道–安化剪切带之间，劈理发育程度急剧增加，面理倾角向两侧靖县–溆浦或通道–安化和城步–新化剪切带明显变小。透入性劈理倾向从雪峰构造带东南的北西/北西西向转换为雪峰构造带西北方的南东/南东东向（图 1.9），且陡倾的面理发育于雪峰构

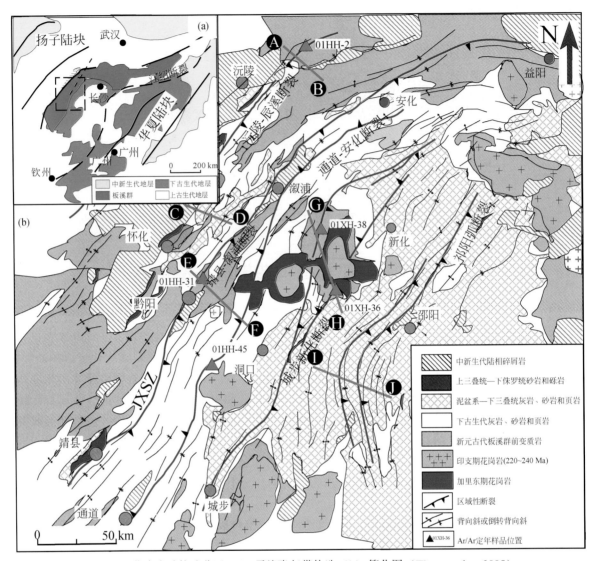

图 1.8 华南大陆构造分区 (a) 雪峰隆起带构造 (b) 简化图 (Wang et al., 2005)

造带中部逆冲断层与背冲断层间的结合部位。在城步－新化剪切带以东（图 1.9（e）），在逆冲断层和背冲断层之间的连接部位发育由不同倾向劈理组成的扇形结构。

雪峰构造带前三叠系内褶皱的波长从几十厘米至几米，大部分为倒转褶皱、平卧褶皱、紧闭褶皱、同斜褶皱，以及 M 形和 Z 形褶皱等，褶皱两翼常发育断层。在板溪群和古生界地层中褶皱通常为顶厚褶皱，有显著的转折端和变薄的两翼，次生褶皱一般发育于较大型褶皱的转折端，并与主褶皱有着近平行的轴面。雪峰构造带的宏观褶皱波长达几十千米，这些褶皱常表现出显著的不对称形态，大部分向北西—北西西或南东—南东东倒转，褶皱轴面走向北北东—北东，褶皱轴面常平行于区域韧性剪切带和断层。在雪峰构造带东西两侧褶皱轴面分别向南东—南东东和北西—北西西倾斜，但在雪峰构造带中部，向南东—南东东和北西—北西西两种倾向的轴面都有发育（图 1.9）。这些褶皱形态显示雪峰山构造带经历了近北西—南东向缩短变形，主体以向北西逆冲为特征。

韧性剪切带和断层：雪峰山断裂系主要由北北东向区域性韧性剪切带和北东向断层组成。区域性北北东向韧性剪切带从西向南包括怀化-沅陵韧性剪切带、靖县-溆浦韧性剪切带、通道-安化韧性剪切带和城步-新化韧性剪切带。这些韧性剪切带展布约 200km，出露宽度 50～2000m。韧性剪切带内变形岩石常发育由斜长石、石英、绿帘石、绢云母、白云母+黑云母+绿泥石+不透明矿物等变质矿物集

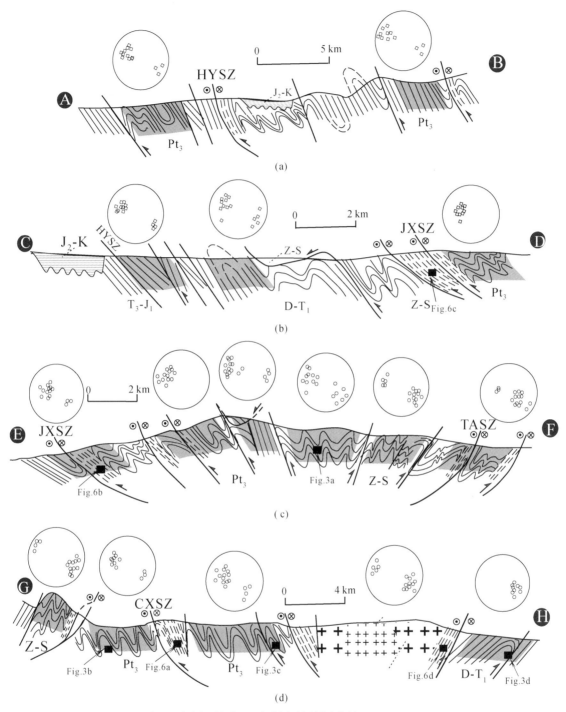

图 1.9　雪峰山五条剖面的劈理、褶皱和断裂特征图解（Wang et al.，2005）

合体组成的 S 和 S-L 组构。S 构造的糜棱面理由定向排列的白云母、黑云母、绿泥石、板状石英颗粒、压力影和线状不透明矿物组成。S-L 构造岩中的拉伸线理由拉长的定向排列石英和长石棒，以及条带状斜长石和黑云母组成。韧性剪切带中构造要素如图 1.10 和图 1.11 所示。在向南东或南东东倾向的怀化–沅陵韧性剪切带、靖县–溆浦韧性剪切带和城步–新化韧性剪切带内糜棱面理一般向南东和南东东倾，线理向南东和南南东（大部分南南东向）小角度至中等角度倾伏（图 1.10（a）~（c），图 1.11）。然而，在通道–安化韧性剪切带和城步–新化韧性剪切带东部另一剪切带中糜棱岩里发育有倾向北西西和北西的糜棱面理，大部分拉伸线理倾伏向为 335°~355°，倾伏角为 25°~60°。在向南东和南东东陡倾的糜棱面理中也发现有向南西（210°~240°）倾伏，倾角为25°~34°的拉伸线理（图1.10（d）~（e））。剪切内剪切标志包括构造透镜体、S-C组构、σ和δ旋转碎斑，云母鱼和不对称压力影等。这些动力学指示标志表明这些韧性剪切带为左行剪切。北东向脆性断层走向为30°~60°，与北北东向韧性剪切带相差10°~20°（图1.11）。这些断层通常发育在褶皱的变薄翼，与褶皱轴面平行或垂直。在雪峰构造带西部，断层倾向南东，而在东部主要倾向北西，在构造带中部脆性断层既有向南东陡倾也有向北西陡倾。这些北东向断层可能在深部与怀化-沅陵韧性剪切带、靖县-溆浦韧性剪切带、通道-安化韧性剪切带和城步-新化韧性剪切带合并。

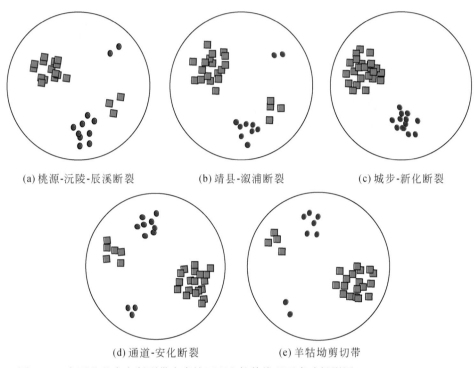

(a) 桃源-沅陵-辰溪断裂   (b) 靖县-溆浦断裂   (c) 城步-新化断裂

(d) 通道-安化断裂   (e) 羊牯坳剪切带

图1.10　主要北北东向断裂带内糜棱面理和拉伸线理下半球投影图（Wang et al.，2005）

其中圆圈为拉伸线理，正方形为糜棱面理

采自倾向北西西韧性剪切带（如通道-安化韧性剪切带）的样品01HH-10、01HH-38、01HH-45、01HH-58和样品01XH-36、01XH-42、01XH-51的石英C轴组构特征为集密相对地靠近Z轴，可能指示主要为<a>底面滑移系，代表低温变形或高变形率变形。石英颗粒强波状消光和长石颗粒的轻微韧性变形也支持推测的变形为低温变形。采自南东东倾向韧性剪切带（如怀化-沅陵韧性剪切带、靖县-溆浦韧性剪切带和城步-新化韧性剪切带）的样品01HH-2、01HH-12、01HH-31、01HH-52和01XH-19、01XH-38的石英C轴组构特征为主集密相对靠近Z轴，次级集密介于Z轴和Y轴之间。这种样式可能暗示存在棱面滑移和<a>底面滑移两种情况，变形温度相对较高。假定南东东倾向韧性剪切带和南西西倾向韧性剪切带的地温梯度相似，那么这种石英组构上的不同表明（图1.11），相对于北西西倾向韧性剪切带，南东东倾向韧性剪切带经历了相对低温的韧性变形。所有石英C轴构造均指示北东向韧性剪切带为左行剪切，与以上描述的中-微观构造运动学指示相一致，剪切带变形温度为300~450℃。

二、变形年龄的云母 Ar-Ar 限定

对从五个糜棱岩样品挑选的绢云母、黑云母和白云母进行了逐步加热法^{40}Ar/^{39}Ar年代学测定，其测定结果见图1.12和表1.1。取自怀化-沅陵韧性剪切带（沅陵官庄）的01HH-2号糜棱岩样品可见明显的

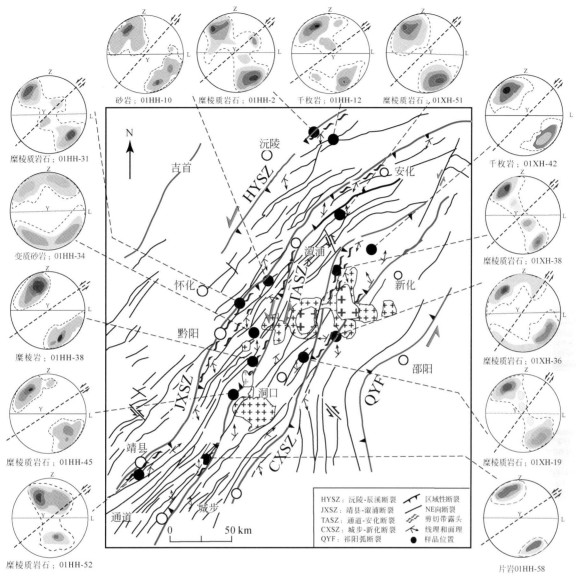

图 1.11 北北东向断裂带内变形变质岩石的石英 C 轴组构特征（Wang et al.，2005）

石英颗粒拉长现象，其在中–高温阶段给出了较为一致的 $^{40}Ar/^{39}Ar$ 表观年龄，其坪年龄为 194.7±0.3Ma，^{39}Ar 释出量约占总释出量的 78%（图 1.12（a））。靖县–溆浦韧性剪切带（黔阳铲子坪）糜棱片麻岩（01HH-31）中分选出的黑云母在中–高温阶段给出了 216.9±0.3Ma 的 $^{40}Ar/^{39}Ar$ 坪年龄，其 ^{39}Ar 释出量>89%（图 1.12（b））。通道–安化韧性剪切带（洞口挪溪）糜棱片岩中绢云母 $^{40}Ar/^{39}Ar$ 坪年龄为 207.2±0.2Ma，其 ^{39}Ar 释出量>85%（图 1.12（c））。选自城步–新化韧性剪切带（新化姑娘桥，01XH-38）和城步–新化韧性剪切带以东韧性剪切带（隆回羊牯坳，01XH-36）分别给出了 215.3±0.8Ma 和 213.5±0.2Ma 的 $^{40}Ar/^{39}Ar$ 坪年龄（图 1.12（d）、（e））。这些 $^{40}Ar/^{39}Ar$ 坪年龄均与其对应的等时线年龄在误差范围内一致，$^{40}Ar/^{36}Ar$ 初始值为 289.3～306.6，与大气 Ar 值（295.5）基本一致。前述石英 C 轴组构显示石英晶体主要为<a>底面滑移，其变形温度为 300～450℃。通常白云母和绢云母的封闭温度为 350～400℃，黑云母的封闭温度为 300～350℃，与糜棱岩样品的变形温度基本一致。因此，195～216Ma 的 $^{40}Ar/^{39}Ar$ 坪年龄可解释为雪峰构造带 D_2 期构造热事件的最小年龄。华南 172～182Ma 的花岗岩没有经历变形构造事件的影响也支持这一观点。在靖县–溆浦韧性剪切带以东发现有同构造期过铝质花岗岩体，被认为是在地壳加厚环境下深熔作用的产物，这些岩体的 U-Pb 锆石年龄为 220～244Ma。在华南内陆南岭地区同构

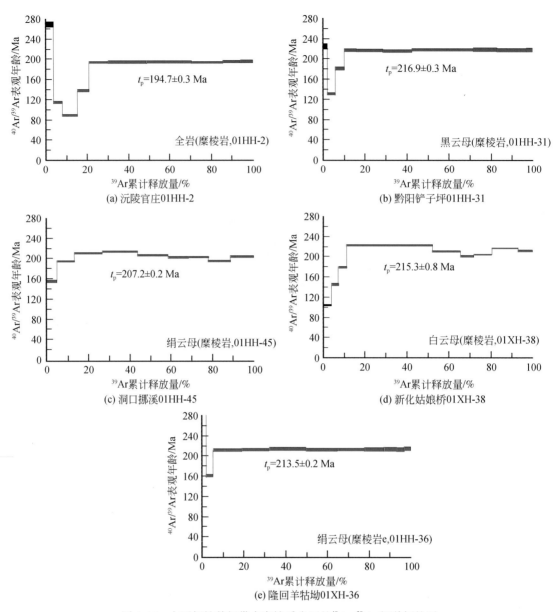

图 1.12　主要韧性剪切带内糜棱质岩石的^{40}Ar/^{39}Ar 频谱年龄图

造期过铝质花岗岩的 SHRIMP 锆石 U-Pb 年龄为 230～239Ma。这暗示雪峰山构造带 D$_2$ 期构造变形事件可能始于中三叠世（约 244Ma）。上三叠—下侏罗统角度不整合覆于泥盆系—下三叠统之上，且与上覆未变形中侏罗统—白垩系陆相碎屑岩角度不整合接触，表明雪峰构造带 D$_2$ 期构造变形事件主要发生在印支期（195～245Ma）。

表 1.1　雪峰隆起带糜棱质岩石的云母^{40}Ar/^{39}Ar 逐步加热分析结果

温度/℃	(^{40}Ar/^{39}Ar)$_m$	(^{36}Ar/^{39}Ar)$_m$	(^{37}Ar/^{39}Ar)$_m$	(^{38}Ar/^{39}Ar)$_m$	^{39}Ar$_k$/10^{-12} mol	(^{40}Ar/^{39}Ar)$_k$ (±1 σ)	^{39}Ar$_k$/%	表观年龄 (t ±1 σMa)
糜棱岩（01HH-2），重量 0.1615 g，J = 0.01088，坪年龄：194.7±0.3Ma								
420	25.336	0.0358	0.4197	0.0645	5.172	14.79±0.020	3.03	269.25±5.85
550	10.027	0.0136	0.2673	0.0444	8.512	6.014±0.004	5.00	114.34±1.43
650	9.011	0.0149	0.2230	0.0406	12.430	4.610±0.003	7.30	88.31±1.09

续表

温度/℃	$(^{40}Ar/^{39}Ar)_m$	$(^{36}Ar/^{39}Ar)_m$	$(^{37}Ar/^{39}Ar)_m$	$(^{38}Ar/^{39}Ar)_m$	$^{39}Ar_k/10^{-12}mol$	$(^{40}Ar/^{39}Ar_k)$ $(\pm1\ \sigma)$	$^{39}Ar_k/\%$	表观年龄 $(t\pm1\ \sigma Ma)$
糜棱岩（01HH-2），重量0.1615 g，$J=0.01088$，坪年龄：194.7±0.3Ma								
750	11.609	0.0015	0.3933	0.0646	9.509	7.312±0.006	5.58	138.10±1.84
850	12.992	0.0087	0.2600	0.0398	15.880	10.41±0.005	9.33	193.57±2.46
950	12.666	0.0074	0.1378	0.0218	31.310	10.46±0.004	18.30	194.62±2.40
1050	12.303	0.0060	0.1264	0.0203	38.270	10.50±0.004	22.40	195.18±2.38
1150	12.666	0.0076	0.1643	0.0299	24.350	10.41±0.005	14.60	193.58±2.40
1300	13.281	0.0093	0.2167	0.0332	14.840	10.51±0.005	8.72	195.39±2.47
1450	14.004	0.0117	0.2456	0.0437	9.904	10.55±0.006	5.81	196.10±2.57

反等时线年龄：193.1±0.3Ma，$^{40}Ar/^{36}Ar$值306.6

糜棱岩内变形黑云母（01HH-31），重量0.1037 g，$J=0.01257$，坪年龄：216.9±0.3Ma

温度/℃	$(^{40}Ar/^{39}Ar)_m$	$(^{36}Ar/^{39}Ar)_m$	$(^{37}Ar/^{39}Ar)_m$	$(^{38}Ar/^{39}Ar)_m$	$^{39}Ar_k/10^{-12}mol$	$(^{40}Ar/^{39}Ar_k)$	$^{39}Ar_k/\%$	表观年龄
420	18.406	0.0268	0.1613	0.0724	6.912	10.52±0.021	2.21	224.13±5.16
550	10.743	0.0161	0.0966	0.0394	14.350	5.998±0.007	4.59	131.12±1.79
660	13.306	0.0168	0.1434	0.0620	11.060	8.388±0.011	3.54	180.82±2.91
760	12.287	0.0073	0.1012	0.0437	18.860	10.12±0.009	6.04	216.11±3.14
840	11.204	0.0036	0.0753	0.0261	38.510	10.14±0.007	12.30	216.53±2.91
920	11.005	0.0031	0.0887	0.0345	43.840	10.07±0.007	14.00	215.16±2.89
1040	11.099	0.0030	0.0954	0.0362	45.930	10.20±0.008	29.30	217.68±2.94
1160	11.418	0.0040	0.1018	0.0395	34.330	10.23±0.008	10.90	218.30±3.01
1280	12.109	0.0066	0.1199	0.0499	21.755	10.17±0.009	13.93	216.91±3.16
1420	14.739	0.0156	0.1948	0.0807	8.910	10.16±0.014	2.85	216.87±3.91

反等时线年龄：216.7±0.4Ma，$^{40}Ar/^{36}Ar$值291.9

糜棱岩内绢云母（01HH-45），重量0.1183 g，$J=0.00964$，坪年龄：207.2±0.2Ma

温度/℃	$(^{40}Ar/^{39}Ar)_m$	$(^{36}Ar/^{39}Ar)_m$	$(^{37}Ar/^{39}Ar)_m$	$(^{38}Ar/^{39}Ar)_m$	$^{39}Ar_k/10^{-12}mol$	$(^{40}Ar/^{39}Ar_k)$	$^{39}Ar_k/\%$	表观年龄
360	16.960	0.0244	0.0121	0.0371	4.557	9.809±0.104	4.52	157.17±1.68
520	14.425	0.0072	0.0067	0.0233	8.875	12.35±0.075	8.80	195.82±1.59
680	14.384	0.0027	0.0048	0.0208	30.065	13.62±0.033	13.64	214.88±0.52
750	14.096	0.0026	0.0057	0.0220	14.890	13.07±0.053	16.74	210.76±0.87
810	13.807	0.0026	0.0067	0.0231	9.968	12.86±0.076	14.76	206.63±1.21
870	13.602	0.0027	0.0111	0.0287	9.655	12.90±0.066	9.88	203.44±1.21
980	13.613	0.0026	0.0093	0.0260	10.571	12.41±0.053	9.57	204.03±1.06
1030	13.107	0.0025	0.0081	0.0249	10.938	12.68±0.060	10.48	196.69±0.84
1340	13.645	0.0026	0.0091	0.0241	11.727	12.92±0.064	11.62	204.44±1.01

反等时线年龄：206.1±0.2Ma，$^{40}Ar/^{36}Ar$值289.3

糜棱岩内白云母（01XH-38），重量=0.1167 g，$J=0.00938$，坪年龄：215.3±0.8Ma

温度/℃	$(^{40}Ar/^{39}Ar)_m$	$(^{36}Ar/^{39}Ar)_m$	$(^{37}Ar/^{39}Ar)_m$	$(^{38}Ar/^{39}Ar)_m$	$^{39}Ar_k/10^{-12}mol$	$(^{40}Ar/^{39}Ar_k)$	$^{39}Ar_k/\%$	表观年龄
360	7.631	0.0047	0.0080	0.0277	6.990	6.269±0.085	4.51	103.37±1.41
520	9.714	0.0030	0.0149	0.0619	5.068	8.910±0.134	3.27	144.61±2.20
680	11.585	0.0021	0.0107	0.0310	6.418	11.04±0.100	4.14	177.58±1.62
750	14.034	0.0004	0.0016	0.0155	63.537	13.93±0.041	41.02	221.62±0.66
810	13.318	0.0004	0.0037	0.0188	20.938	13.21±0.041	13.52	210.69±0.66
870	12.535	0.0002	0.0092	0.0315	9.357	12.49±0.111	6.04	200.55±1.78
980	12.747	0.0002	0.0085	0.0257	12.672	12.28±0.047	8.18	203.35±0.75
1030	13.810	0.0007	0.0032	0.0185	19.230	13.60±0.031	12.41	216.68±0.50
1340	2.3958	0.0017	0.0291	0.0163	10.690	13.26±0.064	6.90	211.49±1.03

温度 /℃	$(^{40}Ar/^{39}Ar)_m$	$(^{36}Ar/^{39}Ar)_m$	$(^{37}Ar/^{39}Ar)_m$	$(^{38}Ar/^{39}Ar)_m$	$^{39}Ar_k/10^{-12}$ mol	$(^{40}Ar/^{39}Ar_k)$ $(\pm1\,\sigma)$	$^{39}Ar_k/\%$	表观年龄 $(t\pm1\,\sigma$Ma)
			反等时线年龄：204.7±1.2Ma，$^{40}Ar/^{36}Ar$ 值296.5					
			糜棱岩内白云母（01XH-36），重量 0.0914 g，J=0.01725，坪年龄：213.5±0.2Ma					
420	22.802	0.0171	0.0627	0.0653	6.10	17.77±0.041	2.10	367.90±14.53
540	11.579	0.0141	0.0650	0.0508	9.81	7.421±0.011	3.38	162.62±2.59
640	12.155	0.0077	0.0404	0.0367	17.86	9.866±0.012	6.15	213.37±3.43
720	11.958	0.0072	0.0493	0.0345	22.50	9.839±0.011	7.75	212.82±3.37
800	11.280	0.0048	0.0420	0.0218	38.04	9.847±0.010	13.10	212.98±3.17
880	11.302	0.0046	0.0348	0.0185	49.87	9.934±0.010	17.10	214.76±3.20
960	10.645	0.0026	0.0375	0.0202	43.15	9.855±0.009	14.80	213.15±3.03
1040	10.915	0.0036	0.0339	0.0207	38.51	9.853±0.009	13.20	213.10±3.09
1120	11.596	0.0058	0.0366	0.0262	27.60	9.867±0.010	9.51	213.40±3.26
1200	12.361	0.0083	0.0482	0.0341	16.70	9.912±0.012	5.75	214.32±3.50
1300	13.275	0.0116	0.0607	0.0374	11.97	9.859±0.014	4.12	213.22±3.77
1400	15.117	0.0176	0.0697	0.0420	7.89	9.932±0.018	2.71	214.71±4.48
			反等时线年龄：213.1±0.4Ma，$^{40}Ar/^{36}Ar$ 值297.4					

注：$\lambda=5.543e^{-10}/a$；$(^{40}Ar/^{39}Ar)_m$ 为 $^{40}Ar/^{39}Ar$ 测量值；$^{39}Ar_k$ 为 $^{39}Ar_k$ 测量值。

以上构造要素和年代学约束表明雪峰构造带：①D$_2$构造变形事件发生于中三叠世至早侏罗世间（244～195Ma）；②大部分韧性剪切带、断层、劈理、面理和褶皱轴面互相平行或近平行；③韧性剪切带和断层可能在深部归并；④南东和南东东向韧性剪切带和断层主要表示为逆冲构造，而北西和北西西倾向韧性剪切带和断层则表现为反冲构造；⑤倾向相反的韧性剪切带和断层可能形成不对称正花状构造；⑥韧性剪切带存在左行走滑分量。由此得出雪峰构造带印支期构造以北西向逆冲为主、向南东反冲为辅并伴左行分量的北西—南东向斜向会聚，在剖面上呈现反 Y 形构造样式，上述构造向下归并于中地壳之拆离断层。另外地球物理资料也反映在雪峰山构造带下 12～20km 深处存在一个低角度、南东倾向的低速区，该低速带亦被解释为拆离剪切带。雪峰构造带是在沿深部拆离断裂带向北西斜向运动导致向北西—北西西逆冲和南东—南东东向背冲而形成的反 Y 形构造系统，是印支期扬子与华夏陆内汇聚的产物。

第四节 南缘云开-海南变形样式及热年代学结构

一、云开大山印支期变形样式及变形时序

云开构造带是华南一条重要的高应变带，宽达 150km，长达 300km 以上，向东北延伸与白云山和武夷山变质岩带相连，由一系列韧性剪切带和冲褶带构成（图1.13）。带内出露大片被认为代表了华南变质基底及盖层的岩石类型，经历了强烈的韧性、脆韧性变形和晋宁、加里东、印支和燕山等多期变形构造叠加，有着复杂的构造演化史。

云开大山西邻广泛发育印支期过铝质花岗岩和上二叠—中三叠统地层的十万大山盆地，东接晚中生代和新生代断陷拉分盆地。传统上云开构造带被认为是由前寒武变质基底（如云开群）、古生代、中生代沉积盖层和大量早古生代末期花岗岩组成。前寒武纪岩石被认为是云开构造带的主要岩石类型，由高级变质结晶基底和绿片岩相褶皱基底组成。在云开构造带的边缘（如阳春和罗定），出露有绿片岩相上泥盆

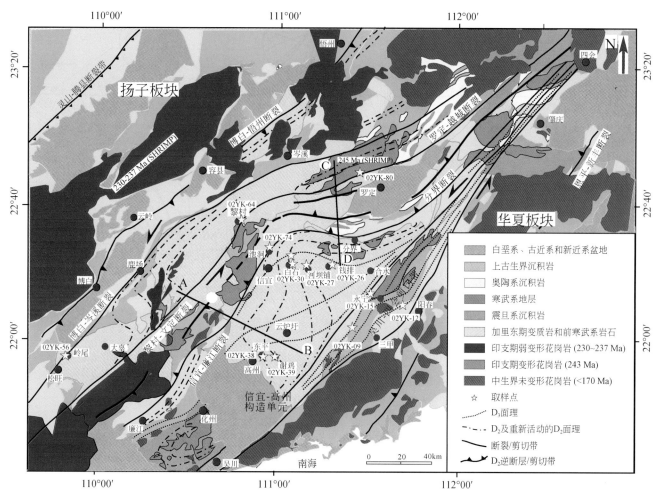

图1.13　云开大山构造分区（博白–岑溪、信宜–高州和吴川–四会构造带，引自Wang et al.，2007）

统页岩、砂岩和砾岩，石炭系和二叠系灰岩和泥岩。这些地层与加里东期变质岩为不整合接触，其接触带通常被断层和韧性剪切带所改造，其褶皱的上古生界地层与上覆上三叠—下侏罗统砂岩和砾岩呈角度不整合接触。白垩系红色盆地沉积主要分布在罗定和化州盆地，与前白垩系不整合接触。早古生代花岗岩（467～413Ma）广泛分布于云开构造带中，而243～230Ma的印支早期过铝质花岗岩（如那蓬、十万大山）大面积分布于信宜和分界断层以西，并被不同程度地劈理和糜棱岩化，印支晚期和燕山期花岗岩主要出露于罗定–越城断裂以西，变形微弱。

　　结合前人研究工作，从东到西云开构造带能被划分出吴川–四会韧性剪切带、信宜–高州构造带和博白–岑溪韧性剪切带（图1.13）。其岑溪–泗沦–分界–合水–大王山和博白–陆川–隆盛–云炉–三甲剖面的变形样式与相关线理和面理测量结果如图1.14所示。

　　吴川–四会韧性剪切带：该剪切带为北东走向，宽约10～30km，长达上百千米，北接河源–广丰断裂（图1.15）。该带主要沿云开构造带东缘发育，由一系列宽可达1km以上、长达上百千米的韧性（如大王山）和脆韧性剪切带（如西山）构成。这些应变带走向北东，倾角中等–陡倾，构成不均匀的网状剪切变形格局（图1.15）。吴川–四会韧性剪切带也被认为是一分割东侧上古生界灰岩和碎屑岩，以及西侧变质基底的分界断裂。野外观察表明，位于剪切带内的加里东期花岗岩和元古代—古生代变质岩被普遍劈理化和糜棱岩化，并形成一系列高绿片岩相–角闪岩相剪切透镜体（图1.15）。

　　信宜–高州构造带：该带呈北东向夹持于吴川–四会和博白–岑溪韧性剪切带之间（图1.13）。信宜和分界断裂以西主要包括前寒武—上古生界片麻岩、片岩、板岩和弱变形印支早期花岗岩，而信宜和分界

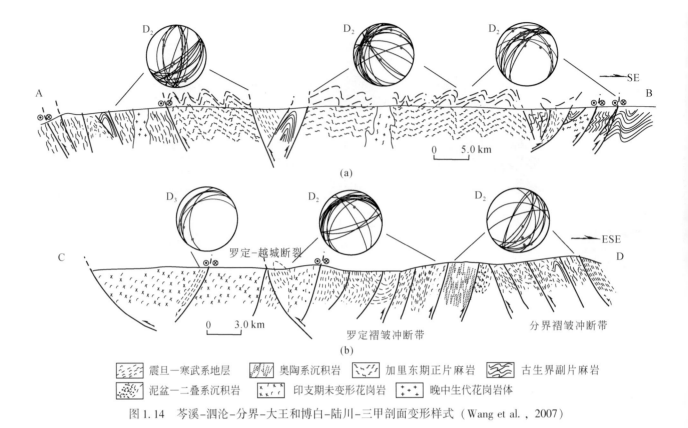

图 1.14　岑溪-泗沦-分界-大王和博白-陆川-三甲剖面变形样式（Wang et al., 2007）

断裂以东则为加里东期混合岩、片麻状花岗岩和古生界片岩等。在信宜-高州的谢鸡-云炉圩地区斜长角闪岩呈构造透镜体存在于片麻岩中，而麻粒岩见于劈理化紫苏花岗岩内。该构造带中部变质基底经历了角闪岩相变质作用，而在其东部和西部边缘仅见绿片岩相变质，主要的构造以逆冲褶皱构造为主，主要有直立或平卧背斜、逆冲推覆体和复合褶皱。

博白-岑溪韧性剪切带：北东向博白-岑溪韧性剪切带位于云开构造带西缘，该带南至北部湾、北至岑溪，与北东东向罗定剪切带相接，两侧边界分别为陆川-博白和黎村-文地剪切带（图 1.16）。该剪切带长达 100km，宽为 200～500m。在加里东期糜棱岩化花岗岩和古生界变质岩或沿其与晚古生代地层之间的不整合面上发育强烈变形的韧性剪切带。带内印支期花岗岩体发育，并与其西侧的十万大山印支期（237～230Ma）含董青石过铝质花岗岩岩性类似。

构造叠加关系表明在云开大山构造带至少可识别出 4 期构造变形。最早期构造变形（D_1）可能与加里东期构造热事件相关。该期构造主要发育于副片麻岩中，以缓倾斜的 S_1 面理为特征。D_1 中包含无根褶皱、钩状褶皱和构造残留体。在 467～413Ma 的加里东期花岗岩中缺乏该期变形。D_4 以走滑断层和拖曳褶皱为特征，它仅影响着三叠纪地层和早燕山期花岗岩，被认为是晚燕山或更晚期构造事件的产物。其中，D_2 和 D_3 变形主要发育于加里东期片麻状花岗岩体和晚古生代地层中，被认为是由印支运动的产物。

D_2 期变形：以褶皱、褶皱-逆冲岩片和 S_2 面理及 L_2 线理为特征，该期构造遍布于云开构造带，尤以信宜-高州地区最为发育。D_2 期褶皱波长从数十厘米至数米不等，有的甚至达几千米，主要有倒转褶皱、平卧褶皱和紧闭褶皱，且多为不对称 Z 形褶皱，该期褶皱构造在云开西部轴面向南东-南南东倾斜，而在东部则向北西-北西西倾斜，其轴迹平行于信宜-岑溪断层（图 1.13）。与 D_2 相关的断层走向 30°～60°，倾角中等、乃至直立。在信宜-高州的北部地区，与逆冲相关的褶皱也大量存在，主要包括罗定和分界冲褶带，断层的相关褶皱轴面倾角中等至陡倾。倾向分别向北西和南东，向南东-南东东倾的逆冲断层发育于罗定逆冲推覆体的北东侧，而北西倾向逆冲断层牌封界推覆体的东南侧。D_2 褶皱和相关断层一起构成一个类似花状的构造样式。S_2 面理发育于整个变质岩中，走向北东、倾角 35°～65°，相关的 L_2 为线状矿物

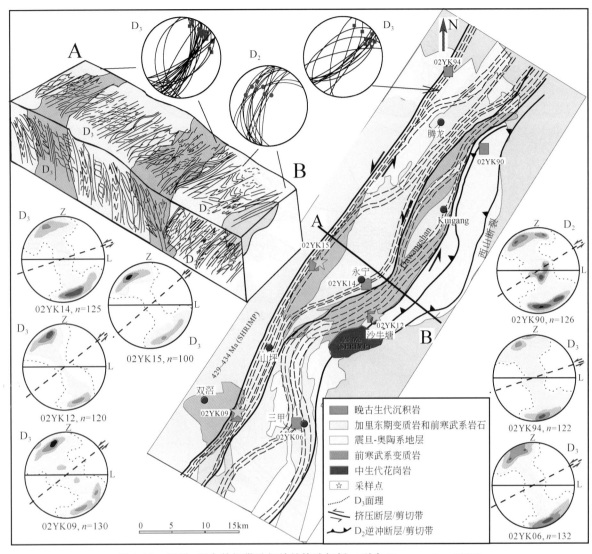

图 1.15　吴川–四会剪切带及相关的构造解析（引自 Wang et al., 2007）

集合体或线状矿物颗粒，其在东部向北西—北西西倾伏，而在其西部向南东—南东东倾伏，侧伏角20°～45°（图 1.13、图 1.17）。D_2 长英质糜棱岩的运动学指示标志，如斜列石英脉、不对称褶皱、S-C 组构、云母鱼、拉长的石英颗粒、不对称碎斑和斜长石书斜构造等（图 1.17），均指示其为左行剪切。与 D_2 变形相关的糜棱样品（02YK-90、02YK-50、02YK-59、02YK-69、02YK-104）石英 C 轴方位的最大集密靠近 Y 轴，次级靠近 Z 轴。这说明 D_2 变形是在角闪岩相-绿片岩相变质条件下，以北西—南东向缩短并伴有左行走滑的变形事件，其变形主要以柱面滑移和底面滑移为主，其变形温度约 550～300℃。

　　D_3 变形主要保存在吴川–四会和博白–岑溪韧性剪切带，野外测量表明 D_3 期变形主要包括 S_3 面理、L_3 拉伸线理和低角度正断层。D_3 褶皱为开阔-紧闭褶皱，轴面直立，S_2 面理被褶皱。与 D_2 褶皱相比，D_3 褶皱通常只有米级规模。在变沉积岩中可见膝折带。在吴川–四会和博白–岑溪韧性剪切带中可见鞘褶皱和小型倒转褶皱的轴面平行的 S_3 面理。褶皱轴平行近水平或稍微向南南东或北北西倾伏的 L_3 线理。S_3 面理由白云母、黑云母和拉长石的石英颗粒定向排列而成。L_3 线理则由拉长的、定向较好的石英和长石颗粒构成。S_3 面理叠加于 S_2 面理之上，且 S_3 面理倾角较缓，变质程度较低；相对于 L_2 线理，L_3 线理则近水平或稍微倾伏。吴川–四会和博白–岑溪韧性剪切带中的 S_3 面理和 L_3 线理的几何形态有明显的区别。在吴川–四会韧性剪切带中，S_3 向南东–南东东中等角度倾斜，其线理 L_3 近水平或向北东—北北东向倾伏。而博白–

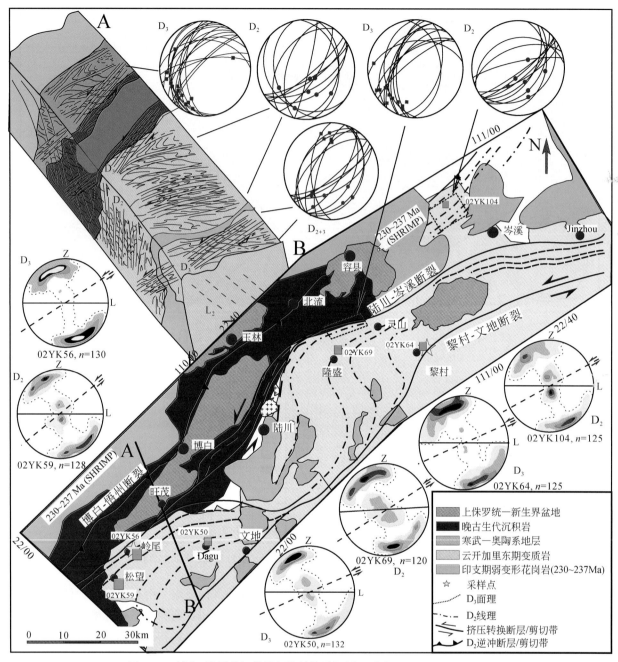

图 1.16　博白–岑溪剪切带及相关的构造解析（引自 Wang et al.，2007）

岑溪韧性剪切带中的 S_3 面理一般呈北东走向，倾向北西—北西西，倾角小至中等，其上的 L_3 线理以 0°～15°向南西—南南西倾伏（图 1.16 和图 1.18）。在信宜–高州构造单元，沿吴川–四会和博白–岑溪韧性剪切带发育有因左行剪切形成的北东向 S_3 面理和叠加褶皱。与 D_3 变形相关的运动学标志（如云母鱼、S-C组构、不对称布丁、σ 和 δ 碎斑）指示为左行剪切。相应地，吴川–四会韧性带中糜棱岩样品（02YK-06、02YK-09、02YK-12、02YK-14、02YK-15、02YK-94）和博白–岑溪韧性剪切带中糜棱岩样品（02YK-56、02YK-64）的石英 C 轴组构图也给出了以底面滑移、约 350～450℃ 变形条件下的左行剪切组构特征（图 1.15 和图 1.16）。这些标志表明 D_3 变形为拉伸体制下的左行剪切变形（图 1.18）。

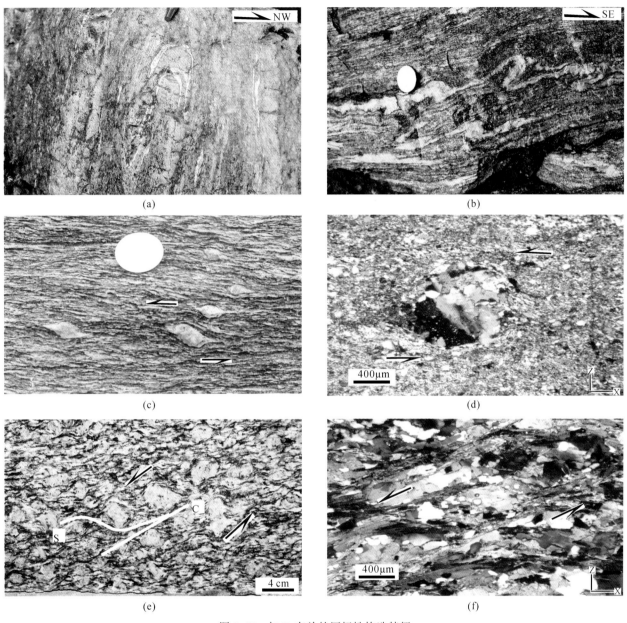

图 1.17　与 D_2 有关的压扭性构造特征

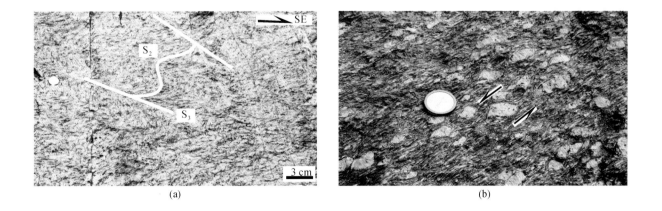

图1.18　与 D_3 有关的左旋伸展走滑特征

对代表性糜棱岩样品的绢云母、黑云母和白云母进行了逐步加热法$^{40}Ar/^{39}Ar$年代学测定，其测定结果见表1.2，其坪年龄见图1.19和图1.20。

表1.2　云开构造带糜棱质岩石的云母$^{40}Ar/^{39}Ar$逐步加热分析结果（Wang et al.，2007）

与 D_2 变形有关的糜棱岩：信宜–高州带
02YK-27，坪年龄：229.9±0.5Ma，反等时线年龄：229.8±0.4Ma，$^{40}Ar/^{36}Ar$值=292.4，MSWD=1.82
02YK-30，坪年龄：225.4±0.3Ma，反等时线年龄：225.5±0.4Ma，$^{40}Ar/^{36}Ar$值=292.2，MSWD=1.76
02YK-74，坪年龄：227.9±0.3Ma，反等时线年龄228.4±0.4Ma，$^{40}Ar/^{36}Ar$值=290.6，MSWD=1.24
02YK-38，坪年龄：221.8±0.4Ma，反等时线年龄：220.6±0.4Ma，$^{40}Ar/^{36}Ar$值=303.5，MSWD=4.06
02YK-39，坪年龄：224.7±0.4Ma，反等时线年龄：224.5±0.4Ma，$^{40}Ar/^{36}Ar$值=294.6，MSWD=1.27
与 D_3 变形有关的剪切带：吴川–四会剪切带
02YK-09，坪年龄：207.8±0.2Ma，反等时线年龄：207.7±0.3Ma，$^{40}Ar/^{36}Ar$值=293.3，MSWD=0.66
02YK-12，坪年龄：209.0±0.2Ma，反等时线年龄：208.7±0.3Ma，$^{40}Ar/^{36}Ar$值=295.6，MSWD=0.71
02YK-15，坪年龄：211.5±0.5Ma，反等时线年龄：209.5±0.4Ma，$^{40}Ar/^{36}Ar$值=309.4，MSWD=5.77
与 D_3 变形有关的剪切带：信宜–高州带
02YK-26，坪年龄：214.2±0.4Ma，反等时线年龄：215.2±0.4Ma，$^{40}Ar/^{36}Ar$值=283.6，MSWD=2.03
02YK-31，坪年龄：216.9±0.3Ma，反等时线年龄：217.0±0.4Ma，$^{40}Ar/^{36}Ar$值=291.9，MSWD=0.89
与 D_3 变形有关的剪切带：博白–岑溪剪切带
02YK-56，坪年龄：218.4±0.3Ma，反等时线年龄：218.2±0.4Ma，$^{40}Ar/^{36}Ar$值=290.4，MSWD=1.26
02YK-64，坪年龄：211.1±0.2Ma，反等时线年龄：211.4±0.4Ma，$^{40}Ar/^{36}Ar$值=291.2，MSWD=0.61
04YK-80，坪年龄：208.9±1.4Ma，反等时线年龄：208.8±1.2Ma，$^{40}Ar/^{36}Ar$值=298.4，MSWD=2.31

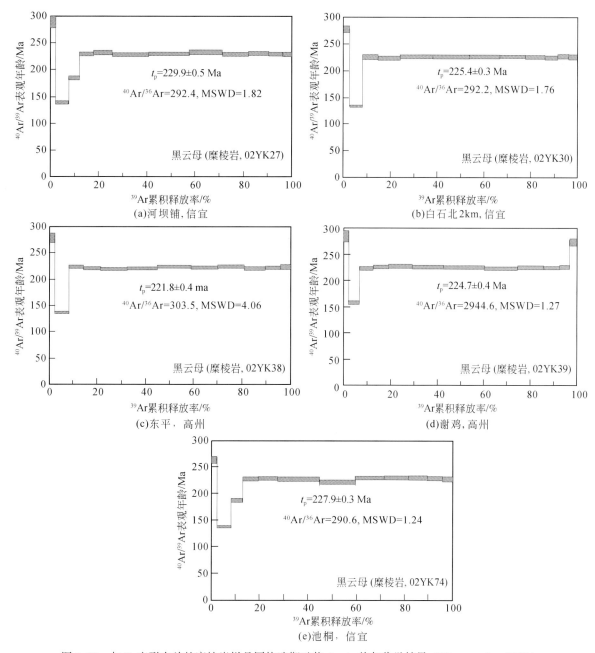

图 1.19　与 D₂ 变形有关的糜棱岩样品同构造期矿物 Ar-Ar 热年代学结果（Wang et al.，2007）

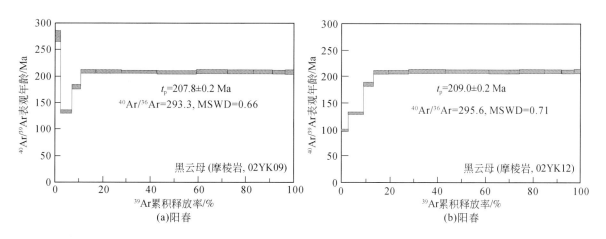

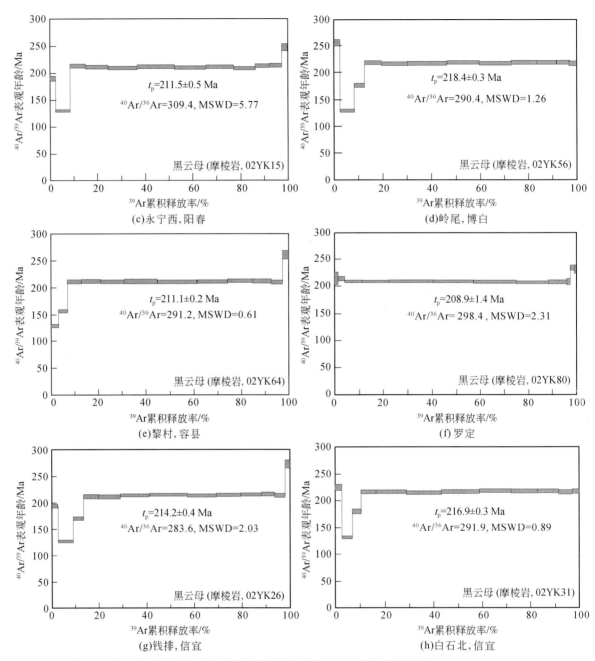

图1.20　与D_3变形有关的糜棱岩样品同构造期刊物Ar-Ar热年代学结果（Wang et al.，2007）

　　与D_2变形相关的糜棱岩样品（02YK-27、02YK-30、02YK-38）分别取自河坝铺（信宜）、白石（信宜）和东平（高州）。上述薄片中可见拉长的石英棒和定向排列的白云母和黑云母，其显微构造、糜棱面理和线理指示为绿片岩相-低角闪岩相条件下伴有左行走滑分量的逆冲推覆，黑云母沿着面理重结晶并定向排列。来自样品02YK-27、02YK-30、02YK-38中黑云母的$^{40}Ar/^{39}Ar$坪年龄分别为229.9±0.5Ma、225.4±0.3Ma和221.8±0.4Ma，其对应的等时线年龄为229.8±0.4Ma、225.5±0.4Ma和220.6±0.4Ma，^{39}Ar占释出量的85%以上（图1.19（a）～（c）），$^{40}Ar/^{36}Ar$的初始值为292.2～303.5，与现在大气中值295.5相近。糜棱质混合岩02YK-39采自谢鸡（高州），糜棱岩化副片麻岩02YK-74采自信宜城北2km处，样品显示为D_2构造产物。两个样品在中-高温熔融阶段分别给出了227.9±0.3Ma和224.7±0.4Ma年龄（图1.19（d）～（e））。

　　与D_3变形相关的糜棱岩样品分别取自吴川-四会韧性剪切带的阳春（02YK-9和02YK-12）和永宁（02YK-15）。02YK-56、02YK-64和02YK-80分别采自博白-岑溪韧性剪切带的岭尾（博白）、黎村（容县）和罗定，上述糜棱岩面理走向北东/北东东、倾角中等–陡倾、线理近水平，其斜长石集合体、残斑和云母鱼等指示为左行剪切。所有样品中黑云母在中–高温熔融阶段均获得较好的坪年龄，分别为207.8±0.2Ma（02YK-9）、209.0±0.2Ma（02YK-12）、211.5±0.5Ma（02YK-15）、218.4±0.3Ma（02YK-56）、211.1±0.2Ma（02YK-64）和218.9±1.4Ma（02YK-80）。与D_3变形相关的另两个糜棱岩样品采自信宜–高州的钱排（信宜，02YK-26）和白石北7km处（信宜，02YK-31）分别给出了214.2±0.4Ma和216.9±0.3Ma（图1.20）的坪年龄，其^{39}Ar占释出量83%以上，^{40}Ar/^{36}Ar初始值为283~309，其反等时线年龄与坪年龄在误差范围内一致。

黑云母氩保持的封闭温度一般为300~350℃，与D_2变形相关的构造经历了低角闪岩相–绿片岩相的变质作用，这表明D_2变形的温度可能与同构造黑云母氩封闭温度相近，云开构造带中与D_2相关的同构造黑云母230~220Ma的^{40}Ar/^{39}Ar年龄可作为D_2剪切变形的最小年龄。事实上罗定冲褶片不整合于上三叠统砂岩和砾岩之上，也表明逆冲推覆可能发生在约220Ma。晚二叠—中三叠世十万大山盆地被认为是云开构造带的前陆盆地，其中震旦—早三叠系（~245Ma）被卷入变形，且上三叠统中段与前三叠系呈不整合接触。地壳加厚深熔而成的十万大山和云开构造带含堇青石过铝质花岗岩的SHRIMP锆石U-Pb年龄变化在237~230Ma。经历了D_3绿片岩相变形的那蓬岩体SHRIMP锆石U-Pb年龄在243Ma，而未变形花岗岩体激光锆石U-Pb年龄为208Ma。十万大山中212~235Ma的紫苏花岗岩中麻粒岩变质锆石U-Pb年龄为248Ma，可能代表D_2变形地壳加厚的最大年龄。分界断层同构造云母^{40}Ar/^{39}Ar坪年龄为247~235Ma。以上资料表明D_2变形始于约248Ma，并持续至220Ma左右（早三叠—晚三叠世早期）。

与D_3变形有关的绿片岩相糜棱岩石英C轴组构指示为底面滑移，其变形温度为300~400℃。这暗示D_3的变形温度与同构造黑云母的封闭温度相近。因此218~208Ma的黑云母^{40}Ar/^{39}Ar年龄可解释为D_3伸展变形事件的年龄（晚三叠世）。事实上华南与伸展环境相关的道县辉长岩形成于224Ma，被解释为与岩浆底侵有关的印支期过铝质花岗岩形成年龄变化于220~208Ma。十万大山上三叠—下侏罗统角度不整合于前三叠系前陆盆地磨拉石沉积建造之上，D_3变形发生在晚三叠世。

在以往的研究中云开构造带被认为是一个简单逆冲岩片，D_2和D_3变形样式及其年代学的厘定表明：D_2为一系列伴有左行剪切的不对称冲褶带，在云开构造带下部存在缓倾斜的基底拆离断层。结合印支期变质作用的空间分布，表明云开构造带西部较东部经历了更明显的构造加厚，扬子陆块可能向下插入50km。随之加厚地壳通过均衡调整导致该构造带崩塌并形成张剪性韧性剪切带，构造体制由D_2的斜向逆冲转换为D_3的左行张剪。因此，云开构造带存在早中三叠世（248~220Ma）左行压剪和随之的晚三叠世（220~200Ma）左行张剪。

二、海南岛早中生代构造变形与时序

海南岛以琼州海峡与华南大陆相隔，大地构造上位于华南南缘，紧邻印支陆块北部，一些研究者认为海南是华夏陆块的一部分，而其他研究者则认为隶属于印支陆块，也有人建议海南北部与海南南部以九所–陵水断裂为界或以昌江–琼海断裂为界分属华夏和印支陆块。岛内保存有北西西和北东向剪切带，其运动学和地质年代学属性还不清楚，这些构造可能是联系华南南部与印支北部的重要桥梁。

海南岛自北而南分别发育了王五–文教、昌江–琼海、尖峰–吊罗和九所–陵水四条北西西向脆性断层，在其西部发育有北东向的戈枕–临高和白沙断层（图1.21）。海南的地层序列包括中元古界抱板群和石碌群，古生代浅海相地层和中生代陆地相地层。抱板群（也叫抱板杂岩）主要分布于海南中部，由高绿片岩相–角闪岩相变质岩组成，该岩群被1.43Ga的花岗质岩体所侵入，被认为是海南最古老的基底地层。由富铁火山岩和具浊流特征硅质岩组成的石碌群仅出露于海南西北部，其不整合于震旦系浅海相硅质岩之下。寒武–奥陶系低变质地层主要分布于昌江–琼海断层以南地区（图1.21），由页岩、砂岩、粉砂岩和带少量石灰岩夹层的板岩组成。岛内仅发现有少量下志留统浅海相砂岩。上古生界地层主要为泥盆系砂岩、石炭系页岩和变火山岩、下二叠统灰岩和中二叠统砂岩，这些岩石主要出露在九所-陵水断层以北。海南中部可见中二叠统砾岩不整合于下二叠统灰岩之上。下-中三叠统砂岩仅出露于海南中-北部的安定和琼海地区，与下伏前三叠系和上覆下侏罗统陆相硅质岩均为不整合接触。

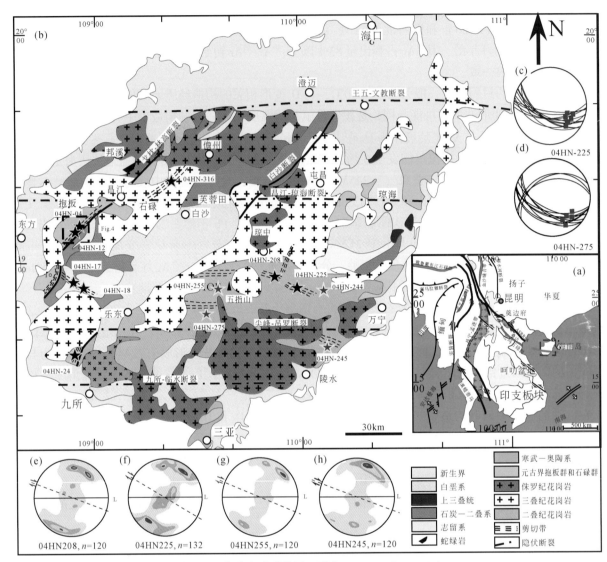

图1.21　海南岛地质简图（引自 Zhang et al.，2011）

大量变基性岩呈透镜状出现在昌江-琼海断裂的晨星（屯昌）和邦溪（昌江）地区变沉积岩中，这些岩石经历了角闪岩相变质作用，传统上认为其形成于有限洋盆、弧后盆地或裂谷环境，被认为形成于代表了古特提斯洋东延的残余。Li 等（2002）给出了邦溪变基性岩的 Sm-Nd 等时线年龄为 333±12Ma，Xu 等（2007）报道其 SHRIMP 锆石 U-Pb 年龄为 269±4Ma。花岗岩（变形或未变形）在海南广泛出露，占海南陆地面积的 37%（图1.21）。其中，强变形花岗岩分布约 800km²，大部分分布于海南中部乐东-五指山-万宁地区。这些岩石中含有丰富的大小不等的基性岩和副片麻岩捕虏体，前人认为这些岩石是中元古界抱板群的组成部分或是不知年龄的"混合岩"。然而，最近的地球化学和年代学数据显示大部分强变形花岗岩为中二叠世（SHRIMP 锆石 U-Pb 年龄为 260~272Ma）同构造黑云母花岗岩和花岗闪长岩而被命名为五指山片麻岩。针对上述海南岛四个不同地区"五指山混合岩"经激光锆石 U-Pb 定年，得到了 259~268Ma 的锆石协和年龄（图1.22），属于海西期年龄。这些片麻岩被 SHRIMP 锆石 U-Pb 年龄为 230~237Ma 的琼中岩体所侵入。少量强变形花岗岩可能形成于格林威尔期，但其空间分布仍不清楚。未变形花岗岩主要包括中三叠世琼中花岗岩基（如琼中和尖峰岭地区）和早侏罗世儋县花岗岩基（SHRIMP 锆石 U-Pb 年龄为 186Ma）和中侏罗世—白垩纪（锆石 U-Pb 年龄 150～80Ma）中–粗粒二云母花岗岩（如屯昌、千家和保亭侵入体）。

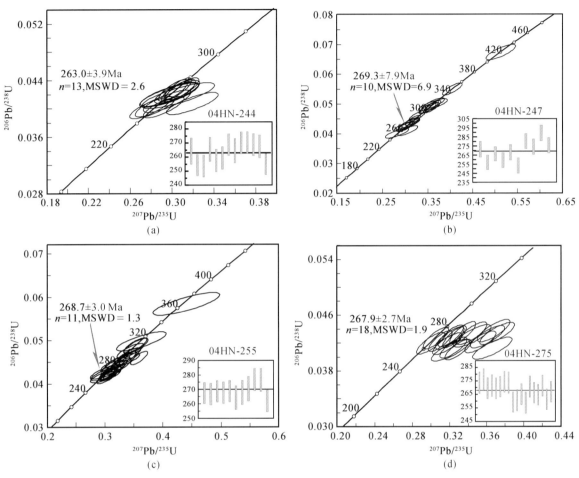

图 1.22　海南岛五指山同碰撞花岗岩的 LA-ICPMS 锆石 U-Pb 年龄

　　野外构造解析和显微构造分析表明，海南前寒武纪至早三叠世岩石主要保留了两组明显的韧性变形构造形迹。北西—北西西向一组显示右行走滑逆冲型，而北东向一组显示左行走滑逆冲性质，切割早期北西向构造形迹。海南海西—印支期韧性剪切带按其构造走向可分为北西/北西西向韧性剪切带和北东/北北东向韧性剪切带。北西/北西西向韧性剪切带出露于琼西南公爱地区和琼中地区，而北东/北北东向韧性剪切带主要有戈枕韧性剪切带和冲卒岭韧性剪切带。这些剪切带在几何形态上和时限上分别与印支北部剪切带和华南内部剪切带一致（图 1.21）。

　　北西西向剪切带：海南北西西向剪切带的基础地质和构造特征目前甚至没有出现在已出版的地质图及相关文献上。北西西向剪切带主要出现在中元古界抱板群和石碌群、下古生界地层和海南中部乐东–五指山–万宁地区中二叠世片麻岩中，由一系列宽 100～1500m、长达几千米的一系列剪切带组成（图 1.23），在公爱（东方）、五指山、长征（琼中）、红庙（琼中）和万宁等地区不连续出露。在五指山–万宁地区，单个剪切带的糜棱面理倾向南南西，倾角 15°～35°（图 1.23）。在这些北西西向剪切带中，最典型的是位于东方公爱农场的北西西向公爱剪切带。公爱剪切带出现在中元古抱板群、下古生界千枚岩、板岩和砂岩及中二叠统片麻岩中（如五指山），被北东向剪切带截断且被弱变形 SHRIMP 锆石 U-Pb 年龄为 230～237Ma 的琼中岩体侵入。剪切带中部的面理和线理比其边部更多、更强烈，面理由条带状和定向排列的白云母、黑云母、绿泥石、板状石英及由不透明矿物组成，在有些地方与线理构成 S-L 构造，线理由拉长的、较好定向和石英、长石棒和定向排列的斜长石、黑云母条带组成。剪切带中糜棱岩理倾向南南西，倾角20°～60°，拉伸线理一般向南东—南东东倾伏，倾伏角为15°～30°。剪切带内见露头规模的构造透镜和不对称布丁（图1.24），暗示以逆冲运动为主。相关的褶皱构造包括石碌和抱板复向斜和芙蓉田复背斜，卷入地层为抱板群、石碌群、震旦系、寒武系和下二叠统。石碌复向斜展示为不对称几何形态，南翼倾角中等（30°～50°），北翼倾角较陡（40°～70°），表现为向北逆冲的构造样式。抱板复向斜以南翼倾角中等、北翼倒转为特征。芙蓉田复背斜由大量紧闭和倒转褶皱组成，轴面倾向南南西，沿褶皱翼发育伴生断层（图1.23）。上述不对称褶皱的几何形态明显表示存在顶部向北北东的逆冲推覆。在昌江-琼海断层以北的昌江和儋县地区，发现倒转褶皱，其轴面向南南西中等-陡倾。冲褶岩片（昌江-邦溪地区）通常由一系列褶皱和逆冲断层组成，其主要的轴面/断面向南南西中等-陡倾。这导致前二叠系变质岩逆冲推覆于下二叠统之上。显微不对称布丁、S-C组构、云母鱼和带尾状不对称碎斑等运动学标志指示为顺时针旋转，表明存在右旋剪切分量（图1.23）。这与糜棱岩样品（04HN-16、04HN-17、04HN-18、04HN-225、04HN-245、04HN-255）AC面石英C轴组构样式（用费氏台测得）所反映的剪切方向一致（图1.23）。同样的运动学标志也大量出现在五指山-万宁地区其他单个的北西西向剪切带中。这些运动学标志清楚地表明北西西向剪切带顶部向北北东向逆冲，伴有右旋剪切分量。

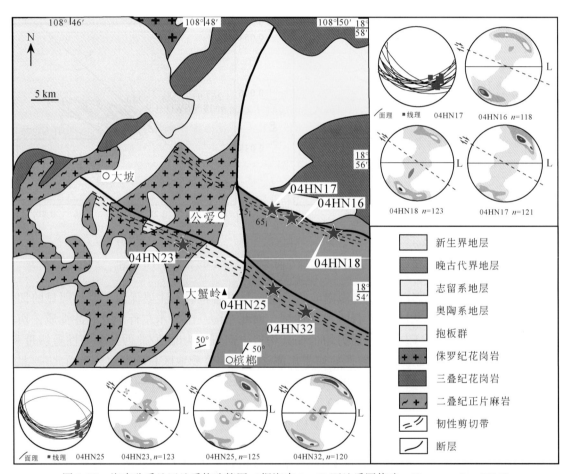

图1.23 海南公爱地区地质构造简图（据海南1∶50万地质图修改，Zhang et al.，2011）

北东向剪切带：单个的北东向剪切带（如戈枕、冲卒岭、白沙、何茶岭和石碌）主要出现在海南中部和西部地区。典型的北东向剪切带包括戈枕和冲卒岭剪切带，分别为戈枕-临高和白沙断层的组成部分。戈枕剪切带（昌江和戈枕地区）长达150km以上，宽1.2～2.5km（图1.25）。冲卒岭韧性剪切带出露于冲坡镇排三、冲卒岭至红五一带，呈北北西向，长约6km，糜棱岩及片理化带宽为100～2000m（图1.25）。这些剪切带以出现糜棱质花岗岩、片麻岩和片岩为特征，将戈枕和冲卒岭地区中元古代抱板群和

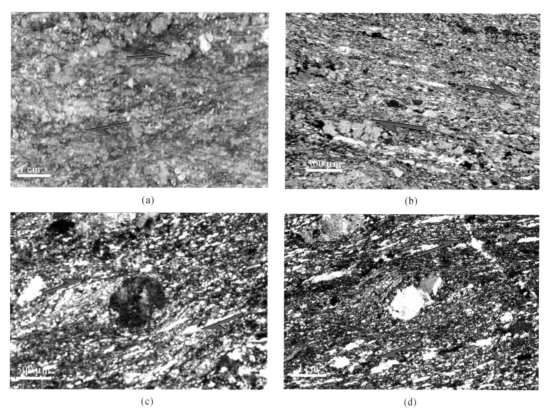

图 1.24　海南北西—北西西向韧性剪切带样品的显微照片

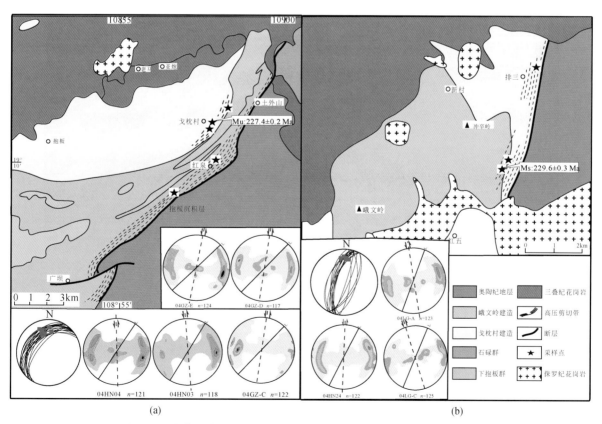

图 1.25　海南北东向戈枕和冲卒岭韧性带地质图（Zhang et al.，2011）

石碌群（西北部）与下古生代岩石（东南部）分开（图1.26）。这些剪切带通常表现出中部为超糜棱岩、糜棱岩，边缘为初糜棱岩（如糜棱状花岗岩和糜棱状砂岩）的结构。戈枕剪切带糜棱面理倾向北西，倾角中等（25°~50°），其上拉伸线理倾伏向北北西，倾伏角中等（15°~30°）（图1.25）。冲卒岭主要的糜棱面理倾向北西，倾角较大（40°~68°），其上的线理倾伏向北—北北西，倾伏角中等（12°~20°）（图1.25）。北东向剪切带糜棱岩中可发现大量的运动学标志（如雁列状石英脉、S形不对称褶皱、S-C组构、云母鱼、拉长的石英布丁和长石书斜构造等）。XZ面和YZ面上的运动学标志指示左旋剪切（图1.26）。糜棱岩样品（04HN-01、04HN-04、04HN-24、04GZ-C、04GZ-D、04GZ-E、04LG-A、04LG-C）AC面石英C轴组构也支持左旋剪切。所有的构造元素均指示北东向剪切带存在向南东逆冲。事实上南好和东林复背斜显示为一不对称样式，其北西翼中等程度倾斜，南东翼倒转；三亚和南坤园复向斜为轴面倾向北西、倾角60°~75°的倒转不对称几何形态；在昌江-琼海地区下古生界沿北东向断层/剪切带（向北西陡倾）覆于上古生界之上；在昌江地区，褶皱轴面倾向北西，且这些褶皱表现出不同的几何样式，由西至东表现为从紧闭到开阔，从倒转至正常。如上所提到的构造和运动学证据均暗示北东向剪切带为伴向南东的左旋压扭性的推覆构造。

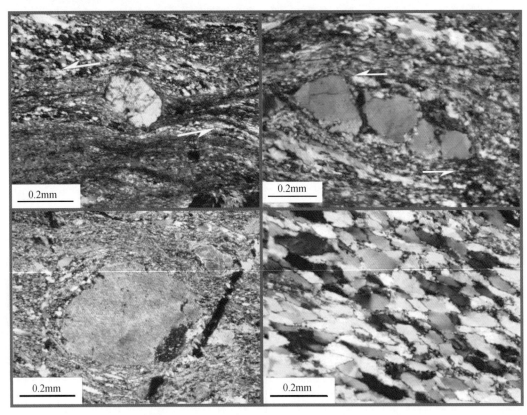

图1.26 海南NE向戈枕和冲卒岭韧性剪切带显微照片

剪切带变形环境：显微构造观察表明，北西西向和北东向剪切带糜棱岩样品中石英颗粒显示塑性变形构造，包括棱角状-拉长的石英、重结晶和亚颗粒。大多数样品中的长石颗粒显示出脆性变形特征，包括微破裂、不连续波状消光、双晶面折皱和膝折。北西西向公爱剪切带糜棱岩样品中偶见斜长石重结晶颗粒，这些显微构造特征显示剪切变形的温度为300~600℃。

北西西向剪切带中糜棱岩样品（04HN-208、04HN-255、04HN-245、04HN-16、04HN-17）和北东向剪切带糜棱岩样品（04HN-03、04HN-24、04GZ-C）石英C轴组构显示最大集密分布于Z轴附近，表示主变形为300~400℃的低温底面<a>滑移系（图1.23）。而北西西向剪切带糜棱岩样品（04HN-18、04HN-23、04HN-25、04HN-32、04HN-255）和北东向剪切带糜棱岩样品（04HN-04、04GZ-D、04GZ-

E、04LG-A、04LG–C）石英 C 轴组构最大集密沿斜向大圆靠近 Y 轴，表示主变形为菱面滑移（图1.25）。石英组构样式暗示北西西向和北东向剪切变形发生时变形温度为 300～500℃，与它们的显微构造和高绿片岩相–低角闪岩相变质条件相一致。

代表性糜棱岩样品的绢云母、黑云母和白云母进行了逐步加热法 $^{40}Ar/^{39}Ar$ 年代学测定，其测定结果见表1.3，其坪年龄见图1.27和图1.28。样品 04HN17 和 04HN18 糜棱岩采自公爱剪切带（东方），分别为奥陶系片岩和中元古界抱板群片麻岩。样品 04HN208 和 04HN225 糜棱岩为五指山正片麻岩，分别采自琼中长征和和平（图1.21），它们为北西西向剪切带中的典型代表，其中 04HN208 样品糜棱面理产状 35°～45°/30°～40°北西，拉伸线理产状 269°～272°/25°～35°，定年矿物为白云母，原岩为花岗糜棱岩，主要矿物组成为斜长石+白云母+石英。04HN225 样品为花岗糜棱岩，主要矿物组成为斜长石+白云母+石英，他们的显微构造指示伴有右旋剪切分量的向北北东逆冲。04HN17 糜棱岩样品中的白云母 $^{40}Ar/^{39}Ar$ 表观年龄为 247.7～252.7Ma，第 4～15 个坪表观年龄相近，坪年龄为 249.7±1.0Ma，^{39}Ar 占释出量的 87%（图1.27）。04HN18 糜棱岩样品中的白云母表现为阶梯状坪年龄，如此坪年龄样式反映在重结晶白云母中存在一些早期白云母残晶。连续 12 个坪的 $^{40}Ar/^{39}Ar$ 表观年龄落入 1σ 误差范围之内，给出的坪年龄为 247.6±1.4Ma，^{39}Ar 占释出量的 68%（图1.27），与 04HN17 样品相似。样品 04HN208 和 04HN225 中白云母的 $^{40}Ar/^{39}Ar$ 坪年龄分别为 242.6±1.7Ma 和 242.0±1.7Ma，^{39}Ar 占释出量超过 70%（图1.27）。海南公爱北西向韧性剪切带构造线走向和变形时序与印支北部 Song Ma、Da Nang-Khe Sanh、Song Ca-Rao Nay 等地区北西/北西西向右旋剪切作用时序（250～248Ma，糜棱岩内白云母 $^{40}Ar/^{39}Ar$ 坪年龄）一致，而相对华南内部变形年龄略早，且构造线走向和构造指向均明显有别。

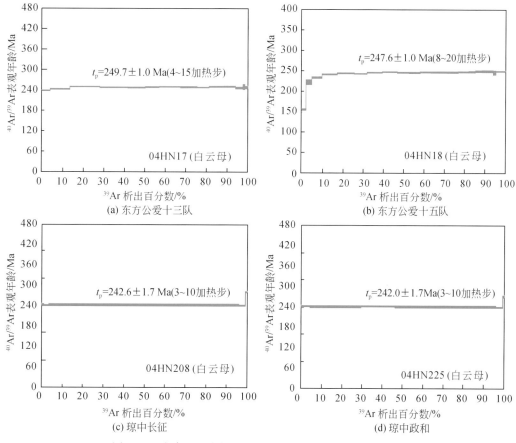

图 1.27　海南 NW 向韧性剪切带样品的 Ar-Ar 年龄谱特征

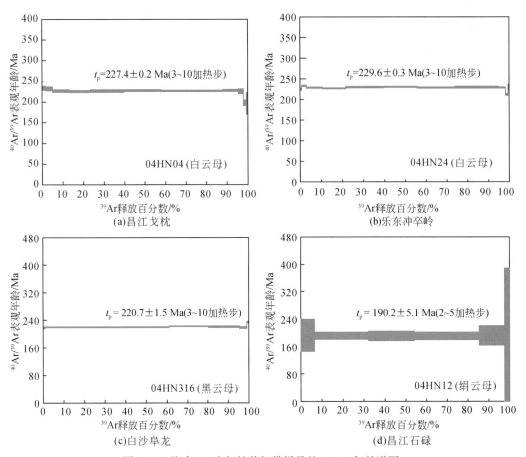

图1.28 海南NE向韧性剪切带样品的Ar-Ar年龄谱图

表1.3 海南岛北西/北西西、北东向韧性剪切带糜棱岩Ar-Ar定年样品位置及分析结果

样品号	位置	岩石名称	年龄 （Ma ±1σ）
04HN17 （白云母）	东方公爱 (108°49′49″, 18°55′09″)	奥陶统糜棱片岩	坪年龄245.2±1.0Ma, 等时线年龄245.8±2.1Ma
04HN18 （白云母）	东方公爱 (108°49′00″, 18°55′46″)	抱板群糜棱岩化花岗岩	坪年龄241.8±1.4Ma, 等时线年龄245.0±2.0Ma
04HN208 （白云母）	琼中长征 (109°53′39″, 18°57′06″)	二叠纪五指山糜棱岩	坪年龄242.6±1.7Ma, 等时线年龄243.2±3.9Ma
04HN225 （白云母）	琼中和平 (109°58′11″, 18°54′98″)	二叠纪五指山花岗糜棱岩	坪年龄242.0±1.7Ma, 等时线年龄240.3±4.8Ma
04HN04 （白云母）	昌江戈枕 (108°57′90″, 19°11′28″)	戈枕村组糜棱岩化片麻岩	坪年龄227.4±0.2Ma, 等时线年龄227.7±0.6Ma
04HN24 （白云母）	乐东冲萃岭 (108°56′08″, 18°35′46″)	蛾文岭组糜棱片岩	坪年龄229.6±0.3Ma, 等时线年龄230.4±1.1Ma
04HN316 （黑云母）	白沙阜龙 (109°27′70″, 19°25′53″)	琼中岩体花岗糜棱岩	坪年龄220.7±1.5Ma, 等时线年龄223.9±4.5Ma
04HN12 （绢云母）	昌江石绿 (109°02′45″, 19°14′40″)	石绿群糜棱片岩	坪年龄190.2±5.1Ma, 等时线年龄186.9±3.7Ma

样品 04HN04 采自戈枕村（昌江）为中元古界戈枕村组糜棱岩化片麻岩，糜棱面理为 57°/27°北西，矿物拉伸线理为 350°/28°北西，主要矿物组成为斜长石+黑云母+石英。样品 04HN24 糜棱岩化云母片岩采自冲卒岭（乐东）中元古界峨文岭组，其糜棱面理为 30°/50°北西，矿物拉伸线理为 13°/15°北东，主要矿物组成为白云母+长石+石英。样品 04HN316 花岗质糜棱岩，主要矿物组成为斜长石+黑云母+石英。04HN12 样品采自昌江石碌铁矿矿区石碌群第五岩性层强劈理化带，定年矿物为绢云母，原岩为绢云母石英片岩，主要矿物为绢云母+石英+长石。这些样品均采自北东向剪切带（图 1.21、表 1.3）。样品 04HN04 和 04HN24 中白云母获得相似的 $^{40}Ar/^{39}Ar$ 坪年龄，分别为 227.4±0.2Ma 和 229.1±0.3Ma，^{39}Ar 占释出量超过 90%（图 1.28）。样品 04HN316 的 $^{40}Ar/^{39}Ar$ 坪年龄为 220.7±1.5 Ma，^{39}Ar 占释出量超过 90%（图 1.28）。样品 04HN12 中分离出的绢云母颗粒大小为 150~180 目，给出 $^{40}Ar/^{39}Ar$ 表观年龄为 189.3~192.0 Ma，获得 $^{40}Ar/^{39}Ar$ 坪年龄为 190.2±5.1Ma，^{39}Ar 占释出量超过 90%（图 1.28），这个年龄（190Ma）可能代表北东向剪切带的最小变形年龄。

同构造白云母、黑云母和绢云母对 Ar 保持力的封闭温度一般认为是 350~450℃、325~400℃ 和 300~350℃。白云母 242~250Ma 的 $^{40}Ar/^{39}Ar$ 坪年龄最可能代表经历白云母 Ar 封闭温度时的冷却年龄。这个年龄能够解释为海南北西西向剪切带的剪切年龄。以下事实也支持如此变形年龄：①北西西向剪切带的变形出现在中元古界—志留系和二叠纪五指山片麻状花岗岩中；②向北北东的逆冲断层在邦溪和芙蓉田地区卷入了石炭系和下二叠统地层；③在石碌和公爱地区（昌江），北西西向剪切带被变形年龄为 190~229Ma 的北东向剪切带截断；④在五指山西部和琼中南部可以发现北西西向剪切带被尖峰岭和琼中岩基侵入。对北东向剪切带，同构造定年矿物（白云母、黑云母）Ar 封闭温度与前述石英 C 轴组构显示的变形温度一致。两个白云母（样品 04HN04 和 04HN24）给出了 227~229Ma 的 $^{40}Ar/^{39}Ar$ 坪年龄，稍老于 04HN316 黑云母年龄（221Ma）。而 04HN04 给出的 196~198Ma 热事件叠加，以及北东向剪切带被侏罗纪（SHRIMP 锆石 U-Pb 年龄为 186Ma）儋县花岗岩基所侵入，190~229Ma（晚三叠世—早侏罗世）的 $^{40}Ar/^{39}Ar$ 坪年龄能够解释为北东向剪切带的剪切年龄。这进一步得到了以下资料的证实：①戈枕剪切带糜棱岩绢云母的 K-Ar 年龄给出了 191~197Ma；②戈枕剪切带糜棱岩给出了 228Ma 的黑云母 $^{40}Ar/^{39}Ar$ 坪年龄；③在白沙和琼中地区，北东向剪切带被 230~237Ma 的琼中花岗岩基所侵入。

综上所述，华南南缘海南三叠纪韧性剪切带包括绿片岩相—角闪岩相变质的北西西和北东向韧性剪切带。运动标志指示北西西向剪切带为向北北东的右旋逆冲剪切，而北东向剪切带为向南东的左旋剪切。糜棱岩石英 C 轴优选方位显示主要为底面滑移系和部分菱面滑移系。在北西西向韧性剪切带和北东向韧性剪切带分别获得中三叠世（242~250Ma）和晚三叠—早侏罗世（190~230Ma）年龄。海南岛构造包括印支早期（240~250Ma）向北北东斜向逆冲和随后印支晚期（190~230Ma）向南东的斜向逆冲推覆。综合华南和印支陆块的现有资料，可以推断海南南部和海南北部分属印支和华南陆块，海南南部和海南北部之间的构造边界大致位于北西西向的昌江-琼海构造带，向西与 Song Ma 和哀牢山构造带相连。海南中三叠世的构造样式在时空上与华南和印支陆块相耦合。综合已发表的中生代变质作用锆石 U-Pb 年代学和同构造期矿物 Ar-Ar 年代学数据如图 1.29 所示。

总体而言，华南已发表的与挤压构造有关的构造年代学数据给出了 200~250Ma、130~145Ma 和 95~112Ma 等年龄集中区（图 1.29），这些年龄集中区能被解释为华南显生宙构造事件的变质/变形年龄，对应于国际地层年表上的三叠纪（印支期）、早白垩世和早白垩世晚期—晚白垩世早期（燕山期）。华南内陆东部的构造体系在印支期基本形成，在慈利-保靖断裂以东的扬子东部和华夏陆块印支期变形是主要的，也是最明显的，这些构造以北东向褶皱和断层为代表。在浙江北部地区，发现一系列指向北西的印支期背冲褶皱和逆冲推覆构造。在雪峰和江南地区展现出向北西西斜向逆冲，并伴随向南东东的背冲之构造样式（Wang et al.，2005），对应的同构造矿物 Ar-Ar 年龄为 195~217Ma。在华夏内部的福建西部地区，中生代逆冲以向南东（Chen，1999）或北西（Hou et al.，1995）为特征。但是目前的研究普遍对华南东部东西向印支期构造未给予足够关注。事实上，在沿华南南缘的红河-右江-云开地区可清楚地识别出北东向或北西西向的断层和相关褶皱构造（Zhang et al.，2011；Carter et al.，2001；Carter and Cliff，

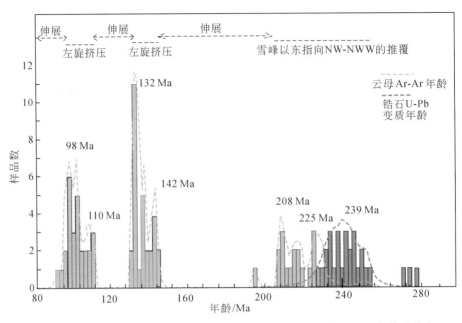

图1.29 华南内陆东部中生代变质锆石U-Pb和同构造期矿物Ar-Ar年代学分布

2008；Lepvrier et al.，2008，2011）。在华南内部的湖南中部地区，东西向褶皱卷入下三叠统薄层灰岩，被北东向紧闭褶皱叠加（图1.30），整个构造层角度不整合下伏于下侏罗统砂岩/砾岩之下。华南南缘的

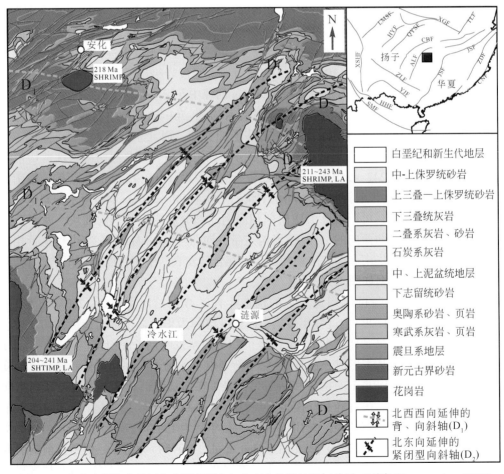

白垩纪和新生代地层

中-上侏罗统砂岩

上三叠—上侏罗统砂岩

下三叠统灰岩

二叠系灰岩、砂岩

石炭系灰岩

中、上泥盆统地层

下志留统砂岩

奥陶系砂岩、页岩

寒武系灰岩、页岩

震旦系地层

新元古界砂岩

花岗岩

北西西向延伸的背、向斜轴（D₁）

北东向延伸的紧闭型向斜轴（D₂）

图1.30 华南内部湘中地区印支期东西向与北东向构造的叠加关系（引自Wang et al.，2013）

海南地区三叠纪构造样式为 240～250Ma 以向北北东斜向逆冲和随后 190～230Ma 向南东的斜向逆冲为主（Zhang et al.，2011）。在云开地区识别有斜向逆冲和随后左旋张剪两期变形（Wang et al.，2007），这两期变形的时间分别为早–中三叠世（约 250～220Ma）和晚三叠世（约 220～195Ma）。武功山地区在早三叠世逆冲推覆，而晚三叠世为非共轴伸展（Faure et al.，1996），在幕阜山由挤压到伸展发生在中三叠世末期（Lin et al.，2001；Wang et al.，2007）。

在华南内陆，前白垩纪地层通常被早白垩世红层呈角度不整合覆盖，显示燕山期构造事件的强烈叠加。这期事件不仅导致先存断层的再活化，而且还导致雪峰–江南地区明显的构造变形。在雪峰–江南的西部，晚燕山期指向北西的多层滑脱发育较好。在这个滑脱构造系中，从雪峰厚皮构造样式到四川盆地薄皮式构造，显示变形强度向北西方向降低，主要表现为在主要软弱层（如寒武系底部和下志留系）作用下形成的指向北西的递进推覆。在雪峰–江南地区以东，褶皱–逆冲构造卷入了下–中侏罗统。在江西南部、广东北部和福建西部还可见一些逆冲岩片逆冲于古生界甚至早中生代地层之上，但没有影响到下白垩统红层。在华南东部晚侏罗世晚期—早白垩世早期（约 140Ma），经历了从压剪至伸展的构造转换。在福建沿海地区，长乐–南澳剪切带发生于 82～132Ma，空间上与推覆于早白垩世火山岩之上的平潭–东山变质带相连。必须强调的是有关燕山运动的详细构造数据较少，其构造样式的时空关系尚不清晰。

第二章 中生代岩浆作用时空格局与岩石成因

花岗岩是大陆地壳的重要组成部分，组成矿物相对简单（石英、长石和少量暗色矿物），但其成因，特别是幔源基性岩浆在花岗岩形成中的作用却是地学界长期研究和争论的问题（吴福元等，2007）。幔源基性岩浆在花岗岩形成中的作用主要表现在"热"和"物质"两方面。通常认为幔源岩浆活动（特别是基性岩浆的底侵和侵入）提供的热是导致地壳物质重熔形成花岗岩的重要因素，但是对幔源岩浆是否直接参与了花岗岩的形成却非常有争议。根据花岗岩的物质来源分类原则，大陆地壳中广泛分布的 I 型花岗岩（由壳内火成岩重熔形成）和 S 型花岗岩（由表壳沉积岩重熔形成）都是由地壳物质重熔形成的，花岗岩的成分变化主要是残留体或矿物结晶分异的结果，没有地幔物质的加入。

第一节 印支期花岗岩时空格局与岩石成因

华南内陆东部印支期以花岗岩浆作用为特征，传统上将这些花岗岩划为海西–印支期过铝质 S 型花岗岩。然而，现在的数据表明，在华南陆块东部存在大量过铝质块状花岗岩和片麻状和碱性花岗岩。主要的花岗片麻岩和碱性花岗岩包括：①海南中部片麻状花岗岩，年龄为 259～267Ma，显示出大陆弧环境钙碱性 I 型花岗岩特征；②华南陆块武夷–云开大山一带的变形花岗岩，年龄为 243～258Ma；③在海南琼中和云开地区最近识别有 SHRIMP 锆石 U-Pb 年龄为 265～272Ma 的粗玄岩侵入体；④武夷山和海南地区242～254Ma 的碱性正长岩，地球化学属性为 EM II 型。20 世纪 70 年代南京大学和贵阳地球化学研究所针对华南印支期花岗岩开展了大量工作，印支期过铝质花岗岩呈面状分布于安化–罗城断裂以东地区（图 2.1），它们沿断裂带或在断层交汇处呈岩盘和岩基状分布。这些岩石由一套强过铝质–准铝质高钾花岗岩、二长花岗岩及花岗闪长岩组成，被认为是俯冲碰撞环境由中上地壳物质重熔的结果。但 80 年代后期以来，华南印支期花岗岩的研究一度低迷而停滞不前。近期的研究发现，过去被认为属海西–印支期的过铝质花岗岩可能有着更局限的形成时代（集中在 220～240Ma），主体分布于以河源–广丰断裂和溆浦–靖县断裂为限的江南–雪峰与武夷–白云–云开大山之间的湘桂粤赣琼等地区，构造上大致对应于江南–雪峰东缘板溪裂谷发育区（图 2.1），以面状展布为特征。主要岩性包括中细粒斑状（角闪石）黑云母二长花岗岩、（斑状）黑云母花岗岩、二云母花岗岩、中细粒（角闪）黑云母花岗岩、（石榴子石）白云母花岗岩，个别岩体发育中细粒斑状黑云母花岗闪长岩。以中细粒–中粒似斑状结构和中细粒花岗结构为特征，斑晶矿物主要有半自形–自形板状钾长石（微斜长石和少量条纹长石）。选择黄茅园、峡江、南塘、桃江、阳明山、五峰仙、白马山、瓦屋塘、唐市、关帝庙、歇马、巷子口、那蓬代表性花岗岩体的样品开展了元素–同位素地球化学研究。

一、元素–同位素地球化学特征

对上述典型印支期花岗岩代表性样品进行的主微量元素含量列于表 2.1 中。来自于五峰仙、塔山、阳明山、紫云山和桃江岩体的样品为强过铝质花岗岩，其 A/CNK（摩尔 $Al_2O_3/CaO+ Na_2O+K_2O$）大于 1.1（图 2.2（a）），$100Fe^{3+}/(Fe^{2+}+Fe^{3+})$ 小于 20。来自这些岩体的样品 SiO_2=73.3%～76.5%，K_2O+Na_2O=7.24%～8.01%，FeOt = 0.70%～1.66%，MgO = 0.29%～0.70%，TiO_2 = 0.09%～0.25%，P_2O_5 = 0.08%～0.20%。$K_2O>Na_2O$，$TiO_2+FeOt+MgO <2.5$ wt%（图 2.2（b）），上述特征与喜马拉雅浅色花岗

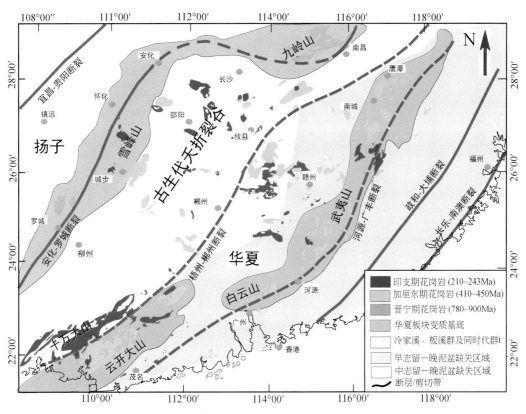

图 2.1　华南内陆地区印支期花岗岩的空间分布略图（引自 Wang et al., 2007）

岩类似。标准矿物计算显示上述岩石样品石英含量 33.2% ~ 44.1%，Or 含量 22.4% ~ 29.2%，Ab 含量 22.1% ~ 30.8%，An 含量 1.1% ~ 8.6%，刚玉分子大于 1.0%，类似于典型 S 型花岗岩，在 An-Or-Ab 图解中落于花岗岩区域，上述样品所表现出相对一致的地球化学特征，应为相似源区的产物，为便于讨论，在此将上述岩体的样品命名为组 1。而来自白马山、瓦屋塘、崇阳坪、关帝庙、巷子口、唐市、歇马及峡江岩体的样品 $SiO_2 = 68.3\% ~ 72.0\%$，$A/CNK = 1.0 ~ 1.1$，$TiO_2+FeOt+MgO = 2.5\% ~ 8.0\%$（图 2.2）。较来自于五峰仙等的组 1 样品而言，上述样品称之为组 2，其相应的 FeOt、Al_2O_3、MgO、CaO 和 TiO_2 总体上较组 1 为高，而 K_2O+Na_2O 含量偏低（表 2.1）。

表 2.1　典型印支期花岗岩代表性样品的主微量元素分析测试结果

样品	组 1 样品													
	五峰仙				塔山		阳明山		紫云山		丁字湾		桃江	
	01WF03	01WF05	01WF07	01WF09	02TSH01	02TSH5	01YM06	01YM09	01ZY02	01ZY07	01DZ04	01DZ11	01WS02	01WS06
SiO_2	75.72	75.50	75.32	75.17	73.34	73.71	74.30	76.49	74.19	74.13	74.31	73.39	73.61	73.58
Al_2O_3	13.33	13.61	13.50	13.70	13.88	13.70	13.18	12.89	13.67	13.44	14.25	14.43	14.30	14.29
Fe_2O_3	0.08	0.10	0.04	0.05	0.11	0.14	0.34	0.38	0.05	0.01	0.02	0.05	0.05	0.07
FeO	0.82	0.97	0.85	0.65	1.55	1.60	1.27	0.60	1.40	1.65	0.92	1.20	1.30	1.18
MgO	0.41	0.34	0.36	0.33	0.70	0.72	0.57	0.29	0.46	0.58	0.34	0.55	0.51	0.55
CaO	0.72	0.78	0.82	0.85	1.82	1.45	0.87	0.45	1.20	1.35	1.20	1.84	1.53	1.61
Na_2O	3.39	3.32	3.13	3.31	2.77	2.94	3.00	3.94	2.59	2.88	3.62	3.20	3.28	3.28
K_2O	3.90	4.10	4.55	4.70	4.38	4.38	4.46	3.74	5.08	4.55	4.14	4.04	4.19	4.20
MnO	0.04	0.04	0.04	0.03	0.03	0.04	0.05	0.05	0.03	0.04	0.04	0.02	0.03	0.04

续表

样品	组1样品													
	五峰仙				塔山		阳明山		紫云山		丁字湾		桃江	
	01WF03	01WF05	01WF07	01WF09	02TSH01	02TSH5	01YM06	01YM09	01ZY02	01ZY07	01DZ04	01DZ11	01WS02	01WS06
TiO_2	0.14	0.11	0.10	0.09	0.24	0.24	0.25	0.13	0.19	0.22	0.12	0.25	0.21	0.21
P_2O_5	0.18	0.17	0.16	0.16	0.09	0.08	0.20	0.20	0.10	0.09	0.15	0.11	0.10	0.10
LOI	1.00	0.91	0.98	0.82	1.09	0.99	1.39	0.78	0.88	0.90	0.72	0.73	0.74	0.71
Total	99.73	99.95	99.85	99.86	100.0	99.99	99.88	99.89	99.84	99.84	99.83	99.81	99.85	99.82
A/NK	1.36	1.37	1.34	1.30	1.49	1.43	1.35	1.22	1.40	1.39	1.36	1.50	1.44	1.44
A/CNK	1.20	1.20	1.17	1.13	1.10	1.12	1.16	1.13	1.14	1.11	1.13	1.11	1.12	1.11
Sc	2.70	2.85	2.30	2.29	4.82	5.26	3.75	4.35	3.90	4.67	3.12	3.40	3.72	3.79
V	6.49	6.99	5.88	5.16	15.16	18.86	13.23	13.43	11.72	13.83	6.73	13.41	14.18	13.74
Cr	6.64	6.41	4.83	7.97	11.85	15.01	8.35	13.74	10.34	9.32	3.78	6.15	12.78	12.89
Co	1.17	1.18	1.07	0.91	2.93	3.37	2.38	2.58	2.08	2.54	1.26	2.27	2.28	2.34
Ni	2.98	2.83	3.24	3.73	5.96	7.15	4.37	11.64	6.02	18.88	3.04	3.19	6.30	18.18
Ga	18.6	17.6	17.0	15.8	21.0	20.2	21.0	18.3	17.9	18.3	18.5	20.0	21.1	21.5
Rb	305	318	274	264	357	341	317	234	324	301	305	245	271	268
Sr	51.2	56.4	61.3	58.8	43.4	45.6	43.8	39.5	76.1	70.4	115.2	186.8	143	149
Y	10.54	11.05	11.04	9.59	15.27	16.23	13.02	13.07	17.69	15.03	9.31	5.58	7.86	7.51
Zr	58.8	66.4	65.4	63.5	111.5	108.6	115.6	94.0	107.1	116.1	65.3	116.1	102	102
Nb	15.43	14.79	12.41	11.13	14.03	13.45	14.42	16.59	13.71	16.32	9.47	6.99	8.09	7.94
Cs	38.14	39.62	42.02	41.06	53.18	69.84	19.19	12.38	24.74	29.82	48.35	39.70	34.73	34.00
Ba	126	144	196	191	184	261	182	171	319	259	263	495	344	346
La	21.10	22.26	21.19	19.89	24.99	24.59	28.41	15.86	32.63	38.84	16.05	31.32	32.52	31.91
Ce	40.70	43.04	42.64	39.56	53.41	50.08	61.56	54.05	63.06	74.62	28.58	54.15	55.86	55.53
Pr	4.79	5.00	4.78	4.45	6.48	6.10	7.64	4.10	7.16	8.32	2.94	5.60	5.92	5.82
Nd	16.38	17.59	16.16	15.70	24.10	22.31	27.66	14.99	24.12	28.29	9.75	18.47	19.10	18.64
Sm	3.26	3.36	3.26	3.11	4.95	4.80	5.22	3.33	4.84	5.45	2.11	3.22	3.01	2.89
Eu	0.34	0.35	0.36	0.37	0.40	0.48	0.31	0.21	0.49	0.46	0.32	0.57	0.50	0.47
Gd	2.77	2.84	2.74	2.45	4.05	3.99	4.22	2.82	4.15	4.64	2.00	2.32	2.28	2.24
Tb	0.41	0.39	0.40	0.36	0.59	0.59	0.56	0.45	0.62	0.62	0.30	0.26	0.31	0.30
Dy	1.90	1.98	2.04	1.79	3.13	3.03	2.62	2.47	3.30	3.09	1.68	1.16	1.45	1.43
Ho	0.33	0.37	0.35	0.32	0.59	0.60	0.47	0.50	0.62	0.52	0.29	0.17	0.27	0.26
Er	0.86	0.93	0.94	0.81	1.63	1.63	1.16	1.19	1.64	1.40	0.74	0.47	0.71	0.64
Tm	0.14	0.14	0.15	0.13	0.23	0.25	0.15	0.17	0.23	0.19	0.11	0.05	0.09	0.09
Yb	0.79	0.89	0.90	0.76	1.52	1.58	1.01	1.20	1.36	1.30	0.60	0.38	0.62	0.57
Lu	0.12	0.13	0.14	0.11	0.23	0.25	0.14	0.18	0.21	0.18	0.09	0.05	0.07	0.09
Hf	2.10	2.32	2.21	2.12	3.46	3.15	3.51	3.03	3.47	3.71	2.14	3.30	3.03	3.19
Ta	3.12	3.21	2.68	2.35	3.11	2.99	2.84	3.23	2.05	2.61	2.43	1.25	1.63	1.75
Pb	34.9	37.9	41.8	82.4	36.1	35.6	30.3	30.2	51.3	52.5	48.5	96.6	39.4	112.0
Th	16.2	17.7	18.1	15.6	21.4	16.9	27.0	23.3	27.9	32.5	9.5	18.8	18.8	18.9
U	6.58	6.57	5.94	3.87	9.05	6.07	11.17	6.92	4.17	4.35	3.69	4.42	7.24	5.63

续表

样品	组2样品													
	白马山			崇阳坪		巷子口		关帝庙		歇马		唐市	瓦屋塘	
	02JSH3	02GP06	02XY03	02JW01	02JW04	02LSH1	02LSH5	01GD01	01GD20	01XM01	01XM04	02QSH6	02DM2	02DM5
SiO_2	69.96	70.05	71.55	69.97	70.48	71.80	71.79	71.59	70.70	68.25	68.34	70.61	70.78	72.04
Al_2O_3	14.36	14.85	14.07	14.45	14.23	14.44	14.30	14.04	14.52	14.70	14.72	14.03	14.22	13.67
Fe_2O_3	0.28	0.28	0.21	0.04	0.16	0.24	0.24	0.26	0.58	0.60	0.80	0.44	0.01	0.08
FeO	2.33	2.30	1.98	2.80	2.67	1.70	1.83	2.13	1.95	3.20	2.95	2.37	2.47	2.45
MgO	1.56	1.33	1.21	1.24	1.19	0.86	0.86	1.33	1.44	2.04	1.97	1.21	1.03	1.06
CaO	2.92	3.25	2.50	2.31	2.31	2.00	2.00	2.27	2.46	3.26	3.37	2.06	2.36	2.35
Na_2O	2.82	3.19	2.95	2.72	2.80	2.97	2.96	2.71	2.73	2.38	2.22	2.59	3.04	2.92
K_2O	3.14	3.08	3.95	4.37	4.30	4.52	4.50	4.04	4.03	3.58	3.86	4.72	4.49	3.91
MnO	0.05	0.05	0.05	0.06	0.06	0.04	0.04	0.04	0.05	0.07	0.06	0.06	0.06	0.06
TiO_2	0.39	0.35	0.32	0.48	0.50	0.28	0.29	0.34	0.38	0.57	0.57	0.40	0.42	0.42
P_2O_5	0.12	0.13	0.09	0.16	0.16	0.12	0.12	0.14	0.11	0.16	0.16	0.12	0.13	0.12
LOI	0.88	0.95	0.96	1.23	0.97	0.87	0.94	1.04	0.87	0.88	0.68	1.21	0.84	0.78
Total	98.81	99.81	99.84	99.83	99.83	99.84	99.87	99.93	99.82	99.69	99.70	99.82	99.85	99.86
A/NK	1.78	1.73	1.54	1.57	1.53	1.47	1.47	1.59	1.59	1.88	1.88	1.50	1.44	1.51
A/CNK	1.07	1.02	1.03	1.08	1.06	1.07	1.07	1.08	1.09	1.07	1.05	1.07	1.00	1.03
Sc	6.66	7.07	6.95	6.11	6.33	5.78	5.55	6.72	7.64	12.16	10.39	7.82	7.01	7.73
V	41.66	35.92	37.46	41.48	41.77	22.80	25.17	37.57	44.59	64.45	62.61	35.14	35.93	38.14
Cr	41.23	34.28	30.19	19.14	20.56	15.89	17.61	36.02	34.47	51.49	46.90	26.24	15.92	13.29
Co	8.32	6.82	6.15	7.26	6.66	4.25	4.54	6.41	7.36	10.80	10.44	6.79	5.79	5.98
Ni	22.64	19.47	14.97	9.53	10.93	7.17	8.26	22.64	19.58	23.43	23.50	13.55	7.80	5.96
Ga	17.7	18.4	16.7	17.6	17.7	17.4	18.6	17.9	16.7	18.6	18.5	17.3	16.5	16.4
Rb	231	191	210	175	188	258	264	259	255	167	178	254	261	253
Sr	142	135	140	96.3	101	103	103	122	139	206	213	120	108	101
Y	13.67	11.17	14.45	14.04	15.04	12.84	14.04	13.86	14.89	18.07	16.08	21.07	25.05	28.14
Zr	160	188	157	187	183	135	144	143	162	209	196	182	176	158
Nb	9.36	10.21	8.40	13.32	13.49	10.97	11.85	10.99	10.02	9.42	9.22	11.88	12.37	12.80
Cs	22.84	25.98	17.16	17.53	19.35	30.51	30.78	21.63	24.88	13.80	13.55	31.53	38.81	42.29
Ba	481	380	475	417	479	369	379	455	466	600	798	489	377	287
La	34.36	24.93	43.55	23.18	25.25	37.43	41.33	36.93	38.63	39.68	34.72	38.69	26.44	32.29
Ce	65.11	56.92	77.98	46.04	51.93	71.38	80.49	69.41	71.55	70.43	61.98	73.00	51.32	64.10
Pr	7.17	5.37	8.26	5.62	6.15	7.88	8.84	7.67	7.98	7.71	6.74	7.94	5.86	7.42
Nd	24.54	18.33	27.52	19.94	21.27	27.89	31.62	26.11	26.46	27.06	24.05	27.67	21.28	26.10
Sm	4.14	3.65	4.52	4.17	4.34	5.51	5.94	4.54	4.54	5.04	4.42	5.08	4.91	5.70
Eu	0.77	0.70	0.66	0.65	0.67	0.68	0.66	0.69	0.75	1.03	0.97	0.78	0.76	0.76
Gd	3.60	3.15	3.66	3.66	3.88	4.67	5.09	4.15	3.95	4.71	3.94	4.93	4.83	5.41
Tb	0.48	0.42	0.51	0.51	0.55	0.55	0.61	0.51	0.49	0.66	0.56	0.73	0.78	0.91
Dy	2.45	2.18	2.69	2.87	3.07	2.65	2.86	2.65	2.62	3.48	3.12	4.03	4.45	5.19

样品	组2样品													
	白马山			崇阳坪		巷子口		关帝庙		歇马		唐市	瓦屋塘	
	02JSH3	02GP06	02XY03	02JW01	02JW04	02LSH1	02LSH5	01GD01	01GD20	01XM01	01XM04	02QSH6	02DM2	02DM5
Ho	0.51	0.41	0.54	0.57	0.59	0.51	0.49	0.52	0.52	0.69	0.58	0.81	0.92	1.07
Er	1.40	1.17	1.50	1.51	1.61	1.31	1.49	1.28	1.50	1.82	1.64	2.16	2.61	2.99
Tm	0.20	0.17	0.21	0.22	0.22	0.20	0.22	0.18	0.20	0.25	0.24	0.33	0.41	0.48
Yb	1.23	1.06	1.44	1.40	1.47	1.17	1.29	1.16	1.43	1.62	1.50	2.02	2.38	2.90
Lu	0.18	0.16	0.23	0.20	0.21	0.19	0.19	0.17	0.21	0.24	0.22	0.30	0.37	0.46
Hf	4.42	5.15	4.32	5.17	5.07	3.92	4.29	3.88	4.48	5.37	4.91	4.88	4.29	4.04
Ta	1.29	1.20	0.91	1.40	1.42	1.59	1.74	1.66	1.36	0.88	0.86	1.51	1.72	2.05
Pb	45.9	39.6	56.4	30.7	30.9	47.5	73.2	40.5	48.3	32.0	32.7	44.4	37.6	135
Th	24.3	27.1	24.2	17.6	18.7	26.2	30.0	27.5	47.9	19.9	17.0	27.8	20.1	29.3
U	4.08	5.66	6.82	6.90	4.83	9.13	8.55	4.71	5.96	3.75	3.00	10.02	5.88	8.01

注：LOI：烧失量；A/CNK：摩尔 $Al_2O_3/(CaO+Na_2O+K_2O)$；A/NK：摩尔 $Al_2O_3/(Na_2O+K_2O)$。

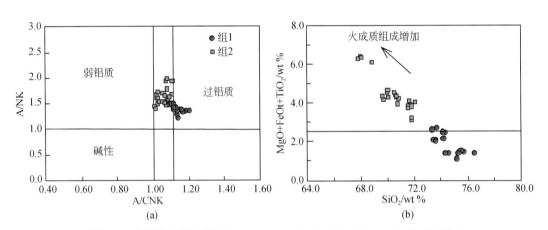

图 2.2 典型印支期花岗岩的 A/NK-A/CNK 和 SiO_2-TiO_2+FeOt+MgO 图解

组 2 样品在 An-Or-Ab 图解中落于花岗岩和花岗闪长岩区域，$Qz=23.7\%\sim33.2\%$，$Or=18.4\%\sim28.3\%$，$Ab=19.0\%\sim27.6\%$ 和 $An=9.3\%\sim18.2\%$，刚玉分子小于 1.0%，如此特征表明组 2 样品更类似于我们通常所说的 I 型花岗岩。在 Harker 图解中，所有这些样品 SiO_2 与 Al_2O_3、MgO、CaO、TiO_2 和 FeOt 负相关，而与 K_2O+Na_2O 正相关。组 1 样品 SiO_2 与 P_2O_5 正相关而组 2 样品 SiO_2 与 P_2O_5 负相关。组 1 和组 2 样品 Rb、Zr、Sr、Ba 和 Eu 随 SiO_2 增加而增加，而 Yb 随 SiO_2 增加而呈现不规则性变化。其中，Rb 和 Ba 较 Sr 含量更高，且组 1 样品的 Rb/Sr 和 Rb/Ba 值分别为 1.81～5.96 和 0.70～2.42，较组 2 样品的 Rb/Sr 和 Rb/Ba 值（0.81～2.52 和 0.35～0.89）高。

组 1 和组 2 样品的稀土元素球粒陨石标准化图如图 2.3（a）所示。样品 REE 元素含量变化于 66～181ppm（10^{-6}），LREE 富集，其 $(La/Yb)_N=3.9\sim58.2$，$(Gd/Yb)_N=1.0\sim4.9$，样品显示出明显的 Eu 负异常，$Eu/Eu^*=0.17\sim0.69$。其中组 1 样品较组 2 样品有着更高的 LREE/HREE 值和更明显的 HREE 分异。在原始地幔标准化蛛网图（图 2.3（b））中，样品显示出明显的 Ba、Sr、Nb、P 和 Ti 负异常和 Pb 正异常，其蛛网图特征类似华南陆块沉积岩分布型式。

代表性花岗岩样品的同位素组成测试结果见表 2.2，回算到 220Ma 时的初始 Sr 和 $\varepsilon_{Nd}(t)$ 特征如图 2.4 所示。其中组 1 样品初始 $^{87}Sr/^{86}Sr$ 值变化为 0.7190～0.7325，$\varepsilon_{Nd}(t)$ 值变化为 −9.2～−10.8，与华南

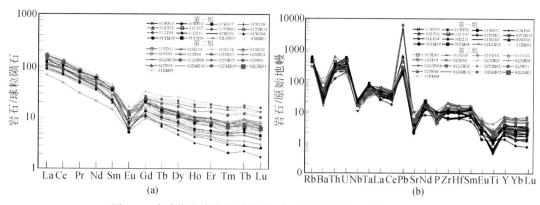

图 2.3　印支期花岗岩的球粒陨石标准化和微量元素标准化图解

内陆地区前寒武纪变沉积岩和 Lachlan 褶皱带奥陶纪沉积岩 Sr-Nd 同位素组成类似。T_{DM} 模式年龄变化为 1.74~1.98Ga。与组 1 样品相比较，组 2 样品有着相对较低的初始 $^{87}Sr/^{86}Sr$ 值（0.7101~0.7170）和高的 $\varepsilon_{Nd}(t)$ 值（-6.4~-9.4），类似于 Lachlan 褶皱带 S 型花岗岩，除了 02DM02 样品的 T_{DM} = 模式年龄为 1.97Ga 以外，其他组 2 样品的 T_{DM} 模式年龄变化为 1.76~1.46Ga。

表 2.2　印支期花岗岩的代表性样品进行的 **Sr-Nd** 同位素组成分析测试结果

样品	Sm	Nd	Rb	Sr	$^{147}Sm/^{144}Nd$	$^{87}Rb/^{86}Sr$	$^{143}Nd/^{144}Nd$ (2σ)	$^{87}Sr/^{86}Sr$ (2σ)	$^{87}Sr/^{86}Sr$ (t, Ma)	ε_{Nd} (t, Ma)	T_{DM} /Ga
组 1 样品											
01WF03	3.26	16.38	305.18	51.23	0.120	17.27	0.512049（6）	0.790183（13）	0.733684	-9.25	1.80
01WF07	3.26	16.16	274.47	61.34	0.122	12.97	0.511998（6）	0.766289（14）	0.723852	-10.30	1.92
01ZY02	4.84	24.12	323.62	76.10	0.121	12.33	0.512015（5）	0.760191（17）	0.719858	-9.95	1.88
01ZY07	5.45	28.29	301.28	70.42	0.117	12.40	0.511964（6）	0.761760（14）	0.721183	-10.81	1.87
01TSH1	4.95	24.10	256.84	43.41	0.124	17.15	0.512020（6）	0.786803（13）	0.7306841	-9.93	1.93
01TSH13	4.80	22.31	340.60	85.60	0.130	11.54	0.512066（7）	0.767008（20）	0.729269	-9.21	1.98
01YM06	5.22	27.66	317.45	83.81	0.114	10.98	0.512015（13）	0.763518（18）	0.727594	-9.74	1.74
组 2 样品											
01XM01	5.04	27.06	166.57	206.14	0.113	2.34	0.512089（5）	0.721414（12）	0.713751	-8.25	1.61
01XM04	4.42	24.05	177.76	212.77	0.111	2.42	0.512113（5）	0.721681（10）	0.713758	-7.74	1.55
02JSH3	4.14	24.54	231.32	141.50	0.102	4.74	0.512083（7）	0.730854（18）	0.715349	-8.06	1.46
02QSH2	5.33	27.21	236.12	114.91	0.119	5.96	0.512107（7）	0.731357（16）	0.711870	-8.07	1.68
02QSH6	5.08	27.67	254.50	120.30	0.111	6.13	0.512083（6）	0.732028（13）	0.711964	-8.31	1.59
02DM02	4.91	21.28	261.21	107.71	0.140	7.03	0.512195（5）	0.733638（16）	0.710639	-6.96	1.97
02DM05	5.70	26.10	252.95	128.58	0.132	5.71	0.512211（6）	0.731422（22）	0.712763	-6.43	1.76
01GD01	4.54	26.11	259.03	121.65	0.105	6.17	0.511980（5）	0.737591（13）	0.717397	-10.16	1.65
01GD20	4.54	26.46	254.99	138.75	0.104	5.33	0.512012（5）	0.732624（13）	0.715194	-9.49	1.58

二、岩石成因与构造属性

在 CIPW 标准化 Qz-Ab-Or 图解（图 2.5（a））中，大部分样品落于约 5kbar 的低温区域，表明上述岩浆侵位深度不大。另外 Watson 和 Harrison（1983）认为岩浆温度能够通过锆饱和温度计算方法得到。以此方法计算得到组 1 样品 Zr 含量小于 120ppm，其温度为 734~786℃（图 2.5（b）），略高于喜马拉雅浅色花岗岩岩浆结晶温度，组 1 样品中残留有较多继承锆石也表明组 1 样品有着低的岩浆结晶温度，上述花

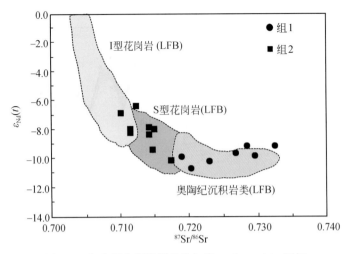

图 2.4　印支期花岗岩样品的初始 Sr 和 $\varepsilon_{Nd}(t)$ 图解

岗岩体边缘很少有接触变质作用也表明其温度较低。相反，组 2 样品的 Zr 含量为 135 ~ 210ppm，其相应的岩浆结晶温度为 791 ~ 827℃，略高于组 1。

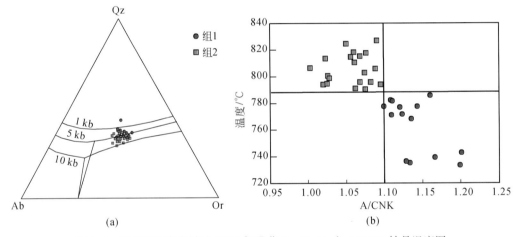

图 2.5　印支期花岗岩样品 CIPW 标准化 Qz-Ab-Or 和 A/CNK-结晶温度图

随 SiO_2 含量的增加，CaO、FeOt、MgO、TiO_2、Na_2O+K_2O、Al_2O_3、Zr、Sr 和 Ba 含量减少，表明岩浆演化过程中斜长石、黑云母、钾长石和锆石的分异作用明显，同时 Rb-Ba 和 Ba-Sr 之间的变化（图 2.6(a)　~ (b)），SiO_2 与 Sr、Eu、Eu/Eu* 相关关系，以及明显的 Ba、Sr、P 和 Ti 负异常也表明岩浆演化过程中斜长石和碱性长石的分异结晶作用。但是组 1 和组 2 样品随 SiO_2 含量的增加而 Zr/Hf 和 Nb/Ta 值减少（图 2.6 (c)　~ (d)），表明这些样品的 Sr-Nd 同位素组成差异不可能是结晶分异作用导致的，应该是岩浆源区的不均一性所造成的。

如前所述，所有分析样品均为过铝质岩石，表明上述岩石的源区主要是变沉积岩或变火成岩。组 1 样品具有强过铝质富硅特征，表明其形成很可能是以下原因：①白云母-黑云母片岩和片麻质类富铝变质岩（如片岩和片麻岩）的部分熔融；②含水条件下角闪岩-麻粒岩类岩石的部分熔融；③贫铝质岩浆的分异。但是第二和第三种情况下形成的岩浆通常是不以过铝质为特征的，相反是以弱铝质、富钠和富锶为特征。而且，弱铝质岩浆的分异作用和斜长角闪岩、基性麻粒岩等下地壳岩石在 0.1 ~ 1.0GPa 下熔融形成富 Na、富 Sr、偏铝质长英质熔体，不大可能产生过铝质高钾熔体。同时，许多实例表明大陆下地壳即使含水达 0.4wt%，其深熔作用仅产生 2% ~ 5% 的熔体体积，难以形成大体积的过铝质富钾花岗岩基。因此角闪石矿物的脱水熔融不是印支期花岗岩形成的主要途径，该区印支期花岗岩的形成主要受中地壳中-低级变质

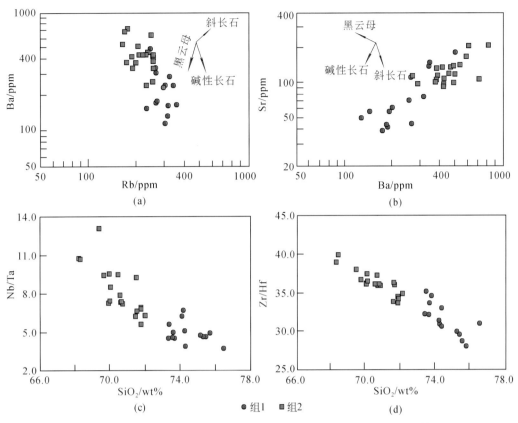

图 2.6　印支期花岗岩 Rb-Ba、Ba-Sr、SiO_2-Nb/Ta 和 SiO_2-Zr/Hf 图解

岩白云母–黑云母含水矿物的脱水熔融所控制。因此组 1 样品更可能是中上地壳变沉积岩熔融而成的结果。其中在组 1 样品中见到大量古生代和元古代继承锆石，以及 1.74～1.98Ga 的 T_{DM} 模式年龄，以及样品高 Rb 含量也表明组 1 样品源区很可能是一富云母的古生代—元古代变沉积地层。

组 1 样品较组 2 样品相对 CaO/Na_2O 值低。在图 2.7（a）中，组 1 样品落于造山带强过铝质花岗岩，大部分组 1 样品落于喜马拉雅浅色花岗岩区域，而组 2 样品落在泥质岩和玄武质岩石派生熔体的混合线上。这些特征表明组 1 样品派生于贫斜长石而富黏土质岩石源区，而组 2 样品很可能派生于富斜长石而贫黏土质岩石源区。组 1 样品较组 2 样品具有更高的 Al_2O_3/TiO_2 值则表明组 2 样品的形成有着更高的形成温度和生成压力。通常情况下变泥质岩派生而成的熔体较变火成岩岩石熔融而来的岩石明显高 $Al_2O_3/$（$MgO+FeOt$）值而低 $CaO/$（$MgO+FeOt$）值，对组 1 和组 2 样品的对比发现，组 1 样品较变沉积岩熔融而成的熔体有着相似的 $Al_2O_3/$（$MgO+FeOt$）值，而组 2 样品的 $Al_2O_3/$（$MgO+FeOt$）小于 2，与典型变玄武质和变花岗闪长岩熔融而成的岩浆 $Al_2O_3/$（$MgO+FeOt$）值相似。与组 1 样品相比较，组 2 样品相对高 MgO、FeOt 和 TiO_2 含量，而低 SiO_2 和 Al_2O_3/CaO 值也说明组 2 样品源区相对火成质组分更为丰富。

在球粒陨石标准化图解中，组 1 大多数样品 REE 配分曲线陡立，（La/Yb）$_N$ 值为 9.3～58.2，而（Gd/Yb）$_N$ 值为 1.9～3.0，表明组 1 样品源区可能存在石榴子石组分，上述组 1 样品 Nb/Ta 值为 4.0～7.0，与我们通常所认为的 Nb/Ta 值在 15 左右差别明显，所有这些样品高碱、过铝质、锶和磷、钛具明显负异常、$\varepsilon_{Nd}(t)$ 值为 -9.2～-10.8，上述特征与起源于变沉积岩的新生代 Colorado Minerla 构造带花岗岩地球化学特征极为类似。而组 2 样品相对富镁、弱铝质，具有相对平坦的 REE 配分形式，（Gd/Yb）$_N$ = 1.5～2.5，且 Ti 异常不明显，$\varepsilon_{Nd}(t)$ 值为 -6.4～-9.4，Nb/Ta 值为 6.0～11.0，上述特征类似于派生于变玄武质组分源区的 Laramide 带内花岗岩（Stein and Crock，1990）。图 2.7（b）中 Rb-Sr-Ba 变化特征显示组 1 和组 2 样品的 Rb/Sr 和 Rb/Ba 呈现线性变化。因此上述研究表明，组 1 样品起源于富黏土质岩石源区，而组 2 样品有着更高的 Sr/Ba 值和低的 Rb/Sr 值，其源区有着更多的火成岩组分，应起源于有着更高斜长石/黏土质组分的变火成岩+变泥质岩源区。

在不相容元素与同位素组成图解（图 2.7(c) ~ (e)）中，组 1 和组 2 样品构成明显的线性关系，上述关系表明其源区为两组分混合，其中一个端元组分为强过铝质变泥质岩源区派生熔体（相当于组 1 样品的岩浆源区 1），而另一个端元组分则以低 SiO$_2$、^{87}Sr/^{86}Sr 和 Rb/Sr，而高 Ba 和 FeO+MgO+TiO$_2$ 含量的变玄武质组分为特征。在图 2.7(f) 中，上述组 1 和组 2 样品显示出负相关关系，与喜马拉雅花岗岩和高喜马拉雅浅色花岗岩有着相似的变化范围和成分趋势（如 Zhang et al.，2004）。其中组 1 较组 2 样品 Rb/Sr 值更高（组 1 样品大于 4.2，而组 2 样品小于 2.5），而 Ba 含量更低。因此组 1 样品的源区可能相对贫水而组 2 样品源区相对富水。通常在贫水条件下，白云母矿物熔融初始温度约 700℃，而黑云母矿物脱水熔

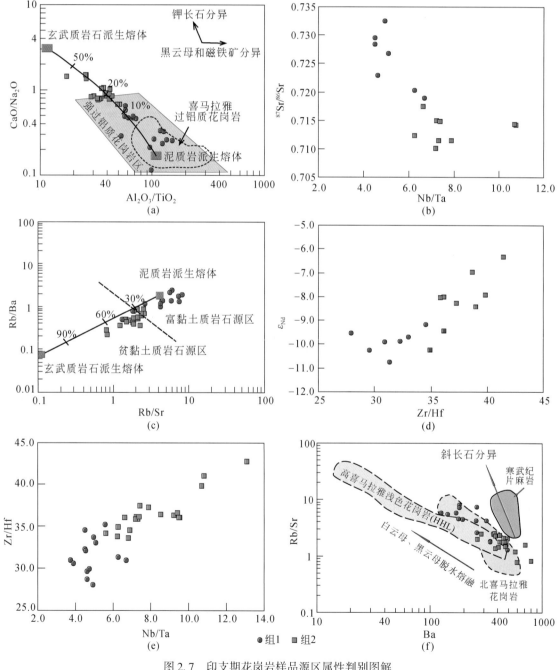

图 2.7 印支期花岗岩样品源区属性判别图解

融温度约850℃（～5kbar），而在富水条件下透闪石类矿物在约10kbar下降为750～800℃开始熔融，较角闪石矿物的初始熔融温度（约920℃）低150～200℃。从现有的研究来看，组1和组2样品的地球化学特征可能与两种成因模式有关：一种是新近底侵的基性岩浆底侵于地壳中而与变泥质岩形成混合源区，另一种则可能是原沉积地层中变泥质组分和变玄武质组分构成的混合源区。但是上述花岗岩主要形成在印支期，如果新近底侵岩浆作用模式成立的话，则基性岩浆的底侵作用应该发生在印支期，但是现有的地质资料表明目前在华南内部除湖南道县发育极少量的225Ma的OIB型基性岩石以外，在华南内陆地区目前没有观察到印支期（200～245Ma）基性岩石的存在。另外通常情况下陆内背景基性岩浆的底侵发生在伸展构造背景下，但是目前在华南内陆雪峰山以东区域广泛发育印支期逆冲推覆构造，相反伸展构造不发育，区域上华南花岗岩分布区以挤压构造体制为特征，如此特征似乎不支持华南内陆雪峰山以东地区印支期大范围底侵基性岩浆事件的发生。另外组1和组2样品的T_{DM}模式年龄集中在元古代，而没有印支期模式年龄的表现。而如前所述上述样品所估算的岩浆形成温度多小于830℃，与我们期待的底侵岩浆温度相差明显。因此如果基性岩浆底侵模式是导致印支期花岗岩形成的主要因素的话，除非底侵到中下地壳的基性岩浆全部被围限在下地壳，否则我们很难相信在华南印支期花岗岩发育的广泛区域完全没有同期基性岩的出露。因此变沉积地层中泥质组分和玄武质组分构成的混合源区是华南内陆印支期花岗岩的主要源区，只是其中组2样品源区更富云母和透闪石类矿物的变火山碎屑组分，而组1样品源区为变泥质组分，而同组样品地球化学的差异可能与源区长石、云母、透闪石和石榴子石类矿物所占比例的差异所致。这与通常所看到的在0.1～1.0GPa下贫铝质含长石石英组分的火山碎屑组分源区部分熔融长生成弱铝质、相对富碱、富锶组分岩浆而富铝质源区熔融则主要生成过铝质富钾花岗岩浆的认识相一致。

对华南现有发表的高精度印支期花岗岩年代学数据的统计如图2.8所示，这些数据表明华南内陆地区印支期花岗岩年龄集中在243～206Ma，且表现出两个年龄集中区，一个是243～228Ma（峰值年龄在约236Ma），另一个在220～206Ma（峰值年龄在218～214Ma），也就是说华南印支期花岗岩的形成有印支早期和印支晚期两个年龄峰值，在华南内陆在印支早期（230～244Ma）和印支晚期（220～200Ma）各有一次重要的构造-岩浆作用，而不是我们通常所说的海西-印支期，这也表明华南内陆地区传统上被认为属印支早期或海西-印支期的过铝质花岗岩有着局限的形成时代，是同一次构造热事件的产物，尽管南岭地区的印支期花岗岩总体上呈东西向展布，但就华南内陆而言印支期花岗岩的空间分布很可能并不是传统上所认为的呈北东向展布于湘桂地区，相反其范围涉及湘桂粤赣琼等省份，整体上似面状展布。

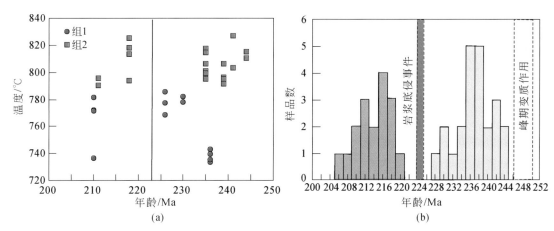

图2.8　印支期花岗岩样品的年龄-温度图解和精细年代学统计结果图解

打开华南地质图，最醒目的标志是广泛分布的花岗岩。这些原侵位深度在3～10km的印支期花岗岩已普遍出露地表，表明自印支早期以来至少有3～10km曾上覆于花岗岩之上的陆壳物质被剥露去顶，地球物理资料显示研究区地壳厚度总体在35～40km。结合数值模拟结果推断印支早期华南陆壳很可能被叠置加厚到45km以上。以往在武夷山地区斜长角闪岩变质锆石中获得过242～252Ma的变质年龄，而十万大山麻粒岩给出的 SHRIMP 锆石 U-Pb 年龄为 236~248Ma，以上年龄表明华南印支期花岗岩分布区域经历了很重要的一次变质事件，该事件的发生时间在 236~252Ma，最早的变质作用开始时间在 248~252Ma。这一变质事件应该与华南内陆发生的地壳叠置加厚过程发生时间是一致的。目前区内唯一发现的印支期基性岩浆作用只有湘南道县辉长岩包体及虎子岩基性岩，其形成时间在 204~224Ma，该基性岩的发育暗示在 204~224Ma 该区可能存在着诱发印支期过铝质花岗岩形成的岩浆底侵作用，但数值模拟研究已表明底侵基性岩浆通过热传导效应与围岩达到温度稳态平衡的时间尺度为 5~20Ma，也就是说由上述岩浆底侵作用诱发过铝质花岗岩形成的时间应小于 224Ma（更可能在 210~224Ma）。但区内印支早期花岗岩所给出的精细年代学数据变化于 230~244Ma，即道县辉长岩底侵作用发生之前。因此很可能 248~252Ma 的地壳加厚以后由于加厚地壳的重力调整而发生应力重新分配与调整，导致了印支早期花岗岩的形成。目前的研究表明，华南内陆地区强过铝质-弱过铝质（A/CNK>1.00）的花岗岩，具华南片麻岩类岩石类似的同位素组成，其形成与中上地壳中低级变质岩中白云母-黑云母矿物的脱水熔融有关。事实上除钦防海槽一带中二叠-早三叠世发育浅海-半深海碎屑岩建造以外，其他赣湘桂粤地区以浅海相台地沉积为特征，缺失中三叠统。华南内陆地区早三叠世以前的地层普遍褶皱变形并伴随一系列逆冲推覆构造，而上三叠统-下侏罗统地层与前中生代地层之间角度不整合接触，这些资料也支持印支早期华南内陆地区陆壳叠置作用强烈。加厚地壳的应力调整，其内部放射性生热可能是导致中下地壳云母类矿物脱水熔融而形成印支早期花岗岩途径之一。

如图 2.8 所示，在印支早期 243~228Ma 的花岗岩中其岩浆温度随年龄的减小而总体降低，这表明加厚地壳放射性生热随时间的演变至 228Ma 时已不足以导致过铝质花岗岩浆的生成。因此对于印支晚期（200~225Ma）花岗岩的形成必然与印支早期加厚地壳的放射性生热无关，其热源的提供可能由两种方式，即再次地壳叠置加厚或新近岩浆底侵入地壳。但是对雪峰山和云开大山的研究显示印支晚期更可能是以压扭性或张扭性构造为特征，特别是考虑到印支早、晚期之交的 225Ma。在湖南道县所发育的 OIB 型碱性基性岩浆作用，似乎更支持 225Ma 左右存在基性岩浆的底侵事件以提供新的热源贡献。热动力学数值研究表明，加厚地壳的应力释放在地壳加厚峰值后的 5~20Ma 内完成，而应力的释放是有利于岩浆底侵事件的发生，而岩浆底侵之后的 5~20Ma 底侵岩浆热能将迅速降低并与围岩达到热动力学平衡，这一过程与华南内陆印支晚期花岗岩的时间尺度（200~220Ma）相吻合。两次不同性质的热源贡献可能是导致印支早、晚期变泥质岩和变火山碎屑岩源区熔融形成组 1 和组 2 岩浆的基础。

对华南印支期大地构造演化及印支期花岗岩的形成机制长期以来有着不同的理解。有人认为与早中生代碰撞造山作用有关，即印支期花岗岩为岛弧环境的产物。也有人认为与太平洋板块的俯冲作用有关，其俯冲距离可达 1400 多千米，即印支期花岗岩是太平洋板块俯冲碰撞作用的结果，但现今对印支期华南地区是否受到古太平洋板块的俯冲作用仍并不清楚。但从华南印支期花岗岩的面状分布及区内同期火山作用缺乏的特征，与经典洋-陆俯冲碰撞造山作用下岩浆作用的带状分布及以钙碱性岩浆作用为主的地质特征有着明显差别。另外经典洋-陆俯冲碰撞造山作用下形成的花岗质岩石不仅包括地壳重熔型花岗岩，也常同期产出有以幔源岩浆分异或幔源组分贡献明显的幔-壳混合型花岗岩，这与华南印支期花岗岩所表现的地球化学特征差异明显。

第二节　燕山期花岗岩浆成因与成矿年代学

华南广泛分布晚中生代火山岩，面积达 218090km²，占华南五省（福建、浙江、江西、广东、湖南）总面积的 28.3%。时代上分为侏罗纪岩浆岩（180~155Ma，燕山早期）和白垩纪岩浆岩（145~80Ma，燕山晚期）。其中侏罗纪岩浆岩集中在 165~155Ma 很短时间范围内形成的，主要分布在武夷山以西的南岭地区，以花岗岩基为主，岩性主要为黑云母花岗岩，以及少量花岗闪长岩和含白云母花岗岩（统称为花岗岩），而白垩纪岩浆岩主要分布在武夷山以东的浙江、福建沿海地区，主要为酸性火山岩（>95%）和少量基性岩浆岩。关于华南中生代岩浆岩的成因，一直以来存在广泛的争论，国内外学者提出的关于华南中生代构造岩浆演化的模式多达20余种，几乎涵盖了所有已知的各种地球动力学过程。概括起来它们包括：古太平洋板块对欧亚板块俯冲模式、微古陆与华南大陆碰撞模式、走滑断层驱动的地壳熔融模式、岩石圈伸展与软流圈地幔上涌模式、裂谷导致的大规模岩石圈拆沉-减薄模式、活动大陆边缘裂谷模式，以及地幔柱模式和板内A型俯冲模式等。

一、燕山早期清湖、佛冈和姑婆山的 Hf-O 同位素成因示踪

清湖岩体位于南岭西南部，岩体呈北西—南东向的椭圆形，出露面积约105km² （图2.9），侵入于寒武系及加里东期花岗岩中，外接触带有明显的热变质迹象。清湖岩体中心相主要为粗粒角闪二长岩，向边部过渡为中粒（石英）角闪二长岩，到边缘相主要为细粒石英二长岩。早期的常规锆石 U-Pb 和 LA-ICPMS 锆石 U-Pb 年龄测定分别获得该岩体的侵入年龄为158Ma 和 156 ± 6Ma。姑婆山岩体位于南岭西部，总出露面积约700km² （图2.9），岩体的边缘相为细粒黑云母（斑状）花岗岩；过渡相为岩体主体，岩性主要为粗粒（斑状）黑云母花岗岩，主要由25%～30%石英、40%～50%钾长石、20%～25%斜长石（An 10～25）和4%～7%黑云母组成，副矿物主要有锆石、磷灰石、榍石、褐帘石、钛铁氧化物等；中心相（即里松岩体）为中粒斑状角闪石黑云母二长花岗岩，出露面积约65km²，斑晶约占全岩的15%～40%，主要为钾长石，其次为微斜长石，具定向排列；基质由18%～32%石英、25%～50%斜长石

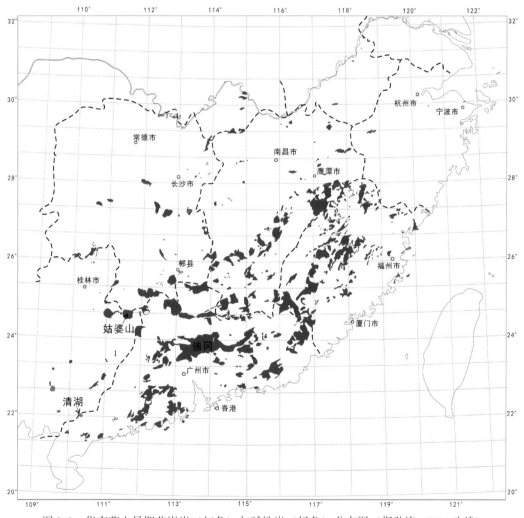

图 2.9 华南燕山早期花岗岩（红色）与碱性岩（绿色）分布图（据孙涛，2006 改编）

（An16～30）、4%～12% 黑云母、0～4% 角闪石和0～4% 钾长石，以及锆石、榍石、磷灰石和钛铁氧化物等副矿物组成（朱金初等，2006a）。里松岩体中富含形态多样的 MME，常见细粒淬冷边和细小的花岗质反向脉，并含有大小和数量不等的钾长石斑晶，表明 MME 是偏基性的岩浆与寄主花岗质岩浆发生混合时快速冷凝结晶的产物。年代学测试结果如图 2.10 所示，其中清湖二长岩对应的 $^{206}Pb/^{238}U$ 年龄为 $160 \pm 1Ma$，里松二长花岗岩对应的 $^{206}Pb/^{238}U$ 年龄为 $160 \pm 1Ma$（图 2.10），分别代表了各自岩体的形成时代。以上年龄结果与朱金初等（2006b）报道的在误差范围内一致。

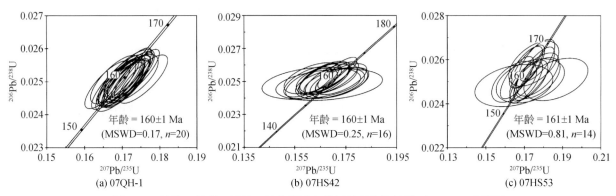

图 2.10　清湖二长岩、里松二长花岗岩和其闪长质包体的锆石 U-Pb 一致图解

　　锆石 Hf-O 同位素组成分析结果参见李献华等（2009），其结果表明，清湖岩体的锆石由非常均匀的 Hf-O 同位素组成：$^{176}Hf/^{177}Hf = 0.282989 \sim 0.283024$，对应的 $\varepsilon_{Hf}(t) = 11.1 \sim 12.4$，$\delta^{18}O = 5.0‰ \sim 5.7‰$。测定的 Hf 和 O 同位素组成均呈正态分布（图 2.11），$^{176}Hf/^{177}Hf$ 平均值为 0.283003 ± 0.000018（2σ），对应的 $\varepsilon_{Hf}(t)$ 平均值为 11.6 ± 0.3（2σ），$\delta^{18}O$ 平均值为 $5.4‰ \pm 0.3‰$（2σ）。清湖锆石的氧同位素组成与地幔锆石 $\delta^{18}O$ 平均值（$5.3‰ \pm 0.3‰$）非常一致，是幔源岩浆结晶的产物；高的 $\varepsilon_{Hf}(t)$ 正值表明清湖岩体的母岩浆起源于 REE 长期亏损的地幔源区。

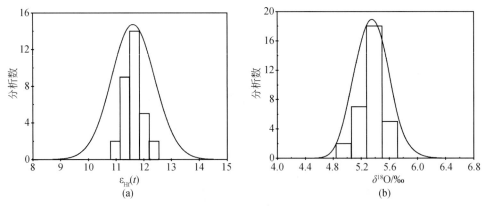

图 2.11　清湖岩体锆石的 Hf 同位素和氧同位素组成柱状图

　　里松花岗岩样品锆石的 Hf-O 同位素组成变化范围相对较小：$^{176}Hf/^{177}Hf = 0.282604 \sim 0.282722$，$\varepsilon_{Hf}(t) = -2.5 \sim 1.6$；$\delta^{18}O = 6.2‰ \sim 8.1‰$；而 MME 样品锆石的 Hf 和 O 组成变化较大：$^{176}Hf/^{177}Hf = 0.282594 \sim 0.282920$，$\varepsilon_{Hf}(t) = -2.9 \sim 8.0$；$\delta^{18}O = 5.1‰ \sim 7.6‰$。该 MME 样品的锆石 Hf-O 同位素组成明显分成两组（图 2.12），一组锆石 $\varepsilon_{Hf}(t)$ 较高（$3.1 \sim 8.0$）、$\delta^{18}O$ 较低（$5.1 \sim 6.4$）其中最高的 $\varepsilon_{Hf}(t)$ 值和最低 $\delta^{18}O$ 值表明部分锆石是幔源岩浆结晶的产物；另一组 Hf-O 同位素组成与寄主花岗岩重叠，表明是花岗质岩浆结晶的产物，与该 MME 含有较多钾长石斑晶一致。总体上里松岩体 MME 和寄主花岗岩的锆石 Hf-O 同位素组成呈明显的负相关关系（图 2.12），显示出幔壳源的岩浆混合。

　　佛冈花岗岩 Hf-O 同位素分析结果参见 Li 等（2007）和李献华等（2009），总体上佛冈花岗岩的锆石

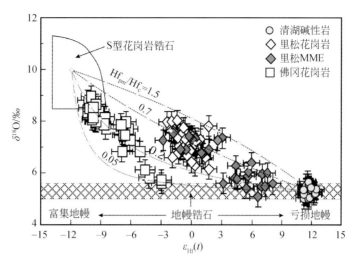

图2.12　清湖、里松和佛冈岩体的锆石 Hf-O 同位素相关关系图

Hf-O 同位素构成明显的负相关关系（图2.12），其中最低的 $\delta^{18}O = 5.6‰$，接近地幔锆石的氧同位素组成上限，最高的 $\varepsilon_{Hf}(t) = -3.1$，与里松花岗岩最低 $\varepsilon_{Hf}(t)$ 值相近。

华南燕山早期大规模的侵入岩在很短的时间（160±5Ma）内形成，被称之为中侏罗世"大火成岩事件"（Li et al.，2007），岩石类型以黑云母二长花岗岩和钾长花岗岩为主，以及少量的花岗闪长岩、二（白）云母花岗岩、碱性（A型）花岗岩和碱性岩，并伴随爆发式金属成矿作用（李献华等，2007）。佛冈和姑婆山–里松花岗岩代表性样品的地球化学分析数据参见李献华等（2009），上述样品以高硅（大多数样品 $SiO_2 \geqslant 70\%$）、高碱（大多数样品 $K_2O + Na_2O > 7.5\%$）和富钾（$K_2O/Na_2O = 1 \sim 2$）为特征（图2.13），K_2O 与 Na_2O 呈正相关关系（图2.13），与澳大利亚 Lachlan 褶皱带部分富钾 I 型花岗岩类似（King et al.，1997），但明显不同于北美 Cordilleran 中生代岩浆弧花岗岩（Frost et al.，2001）。值得注意的是里松花岗岩中的 MME 具有高碱（$K_2O + Na_2O = 7.1\% \sim 10.3\%$）和富钾（$K_2O/Na_2O = 0.6 \sim 1.7$）的特征，类似于清湖二长岩及同安和牛庙钾质碱性岩。

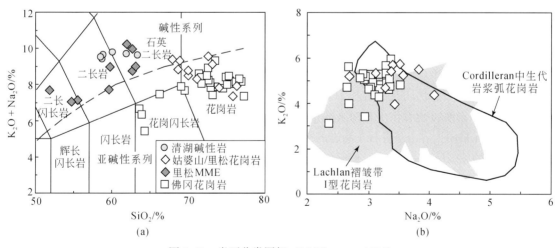

图2.13　岩石分类图解（Middlemost，1994）

在 Sr-Nd 同位素相关图上，清湖二长岩、姑婆山–里松 MME 和寄主花岗岩，以及佛冈花岗岩的样品构成明显的负相关关系（图2.14），其中清湖二长岩具有低放射成因 Sr 和高放射成因 Nd 同位素组成（$I_{Sr} = 0.703 \sim 0.704$、$\varepsilon_{Nd}(t) = 4 \sim 5$）以及高 Nb/La 值（>1.3），与湘南约175Ma 碱性玄武岩一致（Li et al.，2004），锆石 Hf-O 同位素组成与典型的地幔组成一致。这些同位素和元素地球化学组成特征指示

清湖岩体的母岩浆来自于长期亏损大离子亲石元素和 REE 的地幔，没有受到地壳物质的混染，其全岩 Sr-Nd 和锆石 Hf-O 同位素组成可以代表华南陆内燕山早期幔源岩浆的端元组成。清湖二长岩明显富钾，指示其地幔源区可能为受到近期地幔交代作用的含金云母岩石圈地幔（Li et al., 2004；Furman and Graham, 1999），或者是软流圈来源的熔体与富集岩石圈地幔熔体混合岩浆结晶形成。

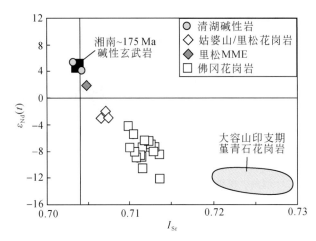

图 2.14　清湖、姑婆山–里松和佛冈岩体 Sr-Nd 同位素相关图

数据引自 Li 等（2004，2007）、朱金初等（2006c）；祁昌实等（2007）

里松 MME 在成分上与清湖二长岩相似，其 Sr-Nd-Hf-O 同位素组成介于清湖和里松二长花岗岩之间，推测这些 MME 的母岩浆与清湖二长岩具有相似的地幔源区，其同位素组成的变化是这些幔源岩浆与共生花岗质岩浆相互作用的结果，与岩相学和元素地球化学的结论一致。里松花岗岩样品 08HS42 锆石 $\delta^{18}O$ 值（6.2‰~8.1‰）的上、下限均超出了太古宙岩浆锆石 $\delta^{18}O$ 值范围 6.5‰~7.5‰，表明其岩浆可能含有幔源和表壳来源两种岩浆组分。佛冈花岗岩锆石的 $\delta^{18}O$ 值变化范围很大（5.6‰~9.0‰），跨越了从接近幔源岩浆到沉积岩的氧同位素范围。根据相应全岩的 SiO_2 含量可以估算出其全岩 $\delta^{18}O$ 值范围为 7.7‰~11.2‰，涵盖了全球典型 I 型花岗岩（$\delta^{18}O=6‰~10‰$）和 S 型花岗岩（10‰~14‰）的全岩氧同位素组成变化范围。

锆石 Hf-O 同位素分析结果表明：幔源岩浆均不同程度地参与了佛冈和姑婆山–里松花岗岩的形成。里松花岗岩中含有大量的 MME，为基性岩浆参与花岗岩的形成提供了直接的岩相学证据。根据里松岩体 MME 和寄主花岗岩锆石 Hf-O 同位素相关关系，推测参与里松花岗岩的基性岩浆很可能和清湖二长岩来自相同或相似的岩石圈地幔。佛冈花岗岩基 MME 很少，且以强分异的高硅花岗岩为主，但其锆石 Hf-O 同位素结果仍显示幔源岩浆可能参与了花岗岩的形成。

地壳沉积物端元采用大容山堇青石花岗岩的平均同位素组成，大容山花岗岩是华南印支期典型的 S 型花岗岩，大多数锆石的 $\varepsilon_{Hf}(t) = -12~-8$（换算到 160Ma 时 $\varepsilon_{Hf}(t) = -14~-10$）；全岩 $\delta^{18}O = 10.2‰~13.1‰$，相当于锆石 $\delta^{18}O = 8.5‰~11.3‰$。地幔端元的同位素组成为 $\varepsilon_{Hf}(t) = 12$、$\delta^{18}O= 5.3‰$，类似于清湖二长岩的组成。锆石 Hf-O 同位素混合模式计算结果表明，里松 MME 锆石含亏损地幔来源的岩浆比例为 70%~90%，而寄主花岗岩锆石所含的壳、幔源物质比例大约为 1:1。佛冈花岗岩锆石的 $\varepsilon_{Hf}(t)$ 值明显低于清湖二长岩和里松花岗岩，花岗岩锆石中幔源岩浆的比例为 10%~30%。幔源岩浆和沉积岩重熔的酸性岩浆之间的不均匀混合很可能是这些花岗岩的主要成因。这个混合模式有利于解释上述一些介于 I 型、A 型和 S 型花岗岩之间的 "过渡性" 特征。当沉积岩重熔岩浆比例较高时，岩浆显示出较为明显的 S 型特征；板内幔源岩浆在热和物质（含较高的高场强元素）两个方面的贡献使得岩浆或多或少地显示出一些 A 型特征；表壳沉积岩和地幔来源岩浆的混合使岩浆总体上呈准铝质–弱过铝质成分，与 I 型花岗岩类似。

值得注意的是华南燕山早期花岗岩活动非常广泛和强烈，如果幔源岩浆参与花岗岩的形成是一个普遍现象，则要求同时代有大规模的基性岩活动。但是，除了里松花岗岩等少数岩体具有较多的 MME 外，目前还较少有直接的基性–酸性岩浆混合，以及大规模基性岩出露的地质记录。最近，Zhang 等（2005，2008）通过综合地球物理资料解译了华夏块体的地壳结构，发现华夏中地壳下部（约 20 km）存在一个厚约 5km 的辉长岩–玄武岩层，在下地壳底部存在一个厚 2 ~ 3km，P 波速度从 7.4km/s 增加到 8.0 ~ 8.2km/s 的过渡层，表明华夏地块有可能存在时代较新的大规模基性岩的底侵和侵入，华南燕山早期大范围花岗岩的形成很可能与这个时期幔源岩浆侵入提供的巨大热源和部分岩浆物质的参与密切相关。

二、湘东南燕山早期含铁橄榄石高 $\delta^{18}O$ A 型花岗岩成因

含铁橄榄石花岗岩是一类典型的 A 型花岗岩，以低的氧逸度（f_{O_2}）和低的水活度系数（f_{H_2O}）为特征。先前的研究认为该类岩石主要起源于拉斑质岩石在高温条件下的部分熔融（Frost and Frost，1997）。因为拉斑质岩石源于地幔，其氧同位素特征应与地幔岩石相似（$\delta^{18}O$ = ~ 5.3‰）。

九嶷山花岗岩于晚侏罗纪时期侵入古生代地层，局部地区被白垩纪地层覆盖。该岩体出露面积大约为 1200km² （图 2.15）。九嶷山花岗岩体具有类似 A 型花岗岩的地球化学特征，野外和薄片镜下观察发现，该岩体花岗岩为斑状结构、新鲜未变形。石英和长石为主要斑晶。黑云母和角闪石则常以填隙矿物出现，包含有无水镁铁质矿物橄榄石和斜方辉石（图 2.15），镜下检查显示橄榄石是最早结晶的镁铁质矿物，其后是斜方辉石、黑云母和角闪石。橄榄石有时被斜方辉石包裹（图 2.15（c））。矿物电子探针化学分析表明橄榄石和斜方辉石分别为铁橄榄石和铁辉石。其铁指数分别为 0.88 ~ 0.92 和 0.73 ~ 0.77。

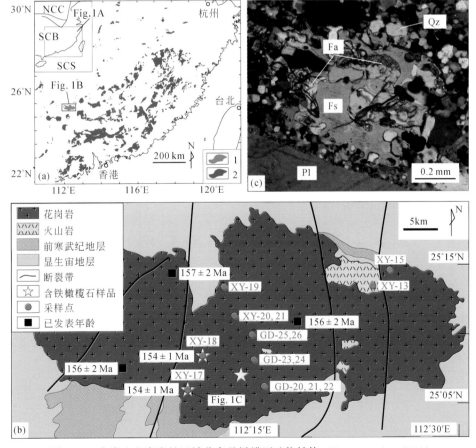

图 2.15 九嶷山花岗岩的区域分布及橄榄石矿物结构（Huang et al.，2011）

该岩体代表性样品的全岩地球化学和微量元素结果显示见表 2.3，该岩体 SiO₂ 由 64.1% 变化至 76.5%。

表 2.3　九嶷山花岗岩代表性样品的全岩地球化学和微量元素结果

样品	XY13-1	XY13-4	XY13-6	XY15-1	XY15-2	XY15-4	XY17-4	XY17-5	XY17-6	XY15-6	XY19-1	XY19-2	XY20-1	XY21-1	XY21-2	GD23-2	GD20-3	GD21-2	GD24-2
SiO_2	69.75	69.10	69.45	75.31	75.88	76.47	65.94	64.07	64.85	74.53	75.12	74.17	73.96	66.85	74.93	75.03	75.49	74.73	66.99
TiO_2	0.49	0.52	0.51	0.16	0.15	0.15	0.96	1.14	0.98	0.21	0.20	0.16	0.31	0.90	0.18	0.21	0.19	0.20	0.71
Al_2O_3	13.57	13.43	13.49	12.59	12.78	12.64	14.01	13.76	14.24	12.61	13.34	13.31	12.77	13.25	12.30	12.55	12.43	12.52	14.62
Fe_2O_3t	4.66	5.31	4.55	1.72	1.36	1.52	6.93	7.05	6.08	2.18	2.17	1.98	2.82	6.01	1.82	2.16	2.37	2.70	6.32
MnO	0.06	0.06	0.06	0.03	0.02	0.02	0.09	0.08	0.07	0.03	0.03	0.03	0.03	0.08	0.03	0.03	0.01	0.03	0.08
MgO	0.53	0.70	0.60	0.16	0.14	0.16	1.31	1.54	1.25	0.21	0.25	0.20	0.30	1.26	0.21	0.20	0.25	0.31	0.74
CaO	1.03	1.19	1.74	0.92	0.82	0.76	2.88	3.02	3.21	1.18	1.91	0.93	1.53	1.96	0.97	1.09	0.16	0.58	3.01
Na_2O	2.59	2.37	1.42	2.57	2.64	2.48	2.78	2.43	2.69	2.51	3.23	2.85	2.50	2.60	3.14	2.50	2.65	2.24	3.01
K_2O	5.48	4.96	5.25	5.58	5.72	5.34	4.21	3.78	4.18	5.69	3.25	5.50	5.07	4.40	5.04	5.48	5.57	5.29	4.08
P_2O_5	0.20	0.20	0.20	0.05	0.05	0.05	0.28	0.35	0.30	0.07	0.06	0.07	0.09	0.25	0.06	0.07	0.06	0.06	0.25
LOI	1.24	1.77	2.69	0.58	0.39	0.39	0.61	2.21	1.68	0.56	0.88	0.57	0.64	2.29	1.22	0.56	0.69	1.20	0.07
Total	99.62	99.61	99.94	99.66	99.94	99.98	100.01	99.43	99.52	99.79	100.43	99.78	100.01	99.85	99.90	99.88	99.88	99.87	99.89
A/CNK	1.12	1.17	1.21	1.05	1.06	1.12	0.97	1.00	0.97	1.01	1.09	1.08	1.03	1.05	0.99	1.04	1.16	1.20	0.98
Ga	20.9	22.3	22.0	21.0	21.4	20.5	21.3	22.5	22.1	20.1	24.4	24.0	20.1	20.5	18.8	19.7	18.1	21.5	22.3
Rb	203	196	225	288	289	273	176	180	170	249	317	403	187	212	248	245	242	279	160
Sr	147	125	74.8	48.0	51.6	53.9	163	163	187	86.0	84.6	71.2	93.6	131	48.3	72.0	51.3	51.1	174
Y	54.3	53.4	56.1	66.3	68.7	69.5	44.8	44.7	43.0	55.2	64.8	64.6	45.1	48.7	26.5	53.6	48.8	51.9	42.7
Zr	505	569	556	159	175	166	321	399	378	214	185	204	290	338	145	226	189	207	505
Nb	30.8	31.8	31.7	22.8	20.2	21.3	27.0	31.9	28.4	21.4	28.3	27.2	22.2	26.4	13.3	21.6	21.2	24.4	30.2
Ba	1424	1357	1297	432	478	474	985	784	1170	648	450	529	777	869	529	619	556	483	1290
La	75.3	77.1	79.4	53.3	55.3	55.2	44.7	73.6	63.3	70.7	50.2	52.9	82.7	95.9	54.3	71.2	66.4	72.1	72.2
Ce	151	156	161	112	115	117	90.7	152	131	146	101	106	168	191	108	147	138	150	143
Pr	19.1	19.5	20.0	14.1	14.6	14.8	11.6	19.0	16.5	18.1	13.4	14.0	20.6	22.8	13.0	18.2	16.8	18.6	17.7
Nd	70.4	71.0	73.8	50.8	53.3	54.5	43.0	67.7	58.4	65.4	48.0	51.2	73.6	78.4	46.1	64.5	59.7	66.5	63.0
Sm	13.3	13.4	13.8	11.1	11.3	11.6	9.25	12.6	11.2	12.9	11.1	11.3	13.5	13.4	9.03	12.9	11.8	13.0	12.1

续表

样品	XY13-1	XY13-4	XY13-6	XY15-1	XY15-2	XY15-4	XY17-4	XY17-5	XY17-6	XY15-6	XY19-1	XY19-2	XY20-1	XY21-1	XY21-2	GD23-2	GD20-3	GD21-2	GD24-2
Eu	2.59	2.55	2.60	0.84	0.94	0.87	2.29	2.23	2.51	1.15	0.85	0.96	1.53	1.93	0.85	1.13	0.95	0.92	2.78
Gd	11.4	11.5	11.8	10.6	10.8	11.0	8.73	10.7	9.68	11.2	9.96	10.3	11.2	11.3	7.46	10.9	9.99	11.0	10.3
Tb	1.62	1.63	1.68	1.76	1.81	1.86	1.31	1.48	1.39	1.67	1.78	1.78	1.51	1.55	0.99	1.65	1.51	1.67	1.40
Dy	9.62	9.32	9.87	11.5	11.9	12.4	7.71	8.49	7.95	9.99	11.2	11.4	8.53	8.90	5.27	9.63	8.76	9.60	7.50
Ho	2.10	2.07	2.17	2.47	2.54	2.63	1.68	1.75	1.68	2.09	2.38	2.40	1.72	1.85	1.00	2.01	1.84	2.02	1.63
Er	5.59	5.48	5.80	6.63	6.80	7.00	4.40	4.53	4.39	5.40	6.35	6.33	4.29	4.73	2.39	5.11	4.67	4.95	4.09
Tm	0.87	0.86	0.91	1.02	1.03	1.07	0.68	0.68	0.66	0.81	1.03	1.00	0.62	0.70	0.34	0.74	0.68	0.73	0.61
Yb	5.52	5.23	5.74	6.32	6.44	6.76	4.18	4.39	4.22	4.87	6.89	6.67	3.82	4.48	2.15	4.46	4.06	4.62	3.65
Lu	0.86	0.85	0.93	0.89	0.91	0.93	0.65	0.66	0.65	0.71	0.97	0.93	0.56	0.66	0.32	0.67	0.60	0.66	0.59
Hf	12.4	13.7	13.6	5.17	5.58	5.31	8.23	10.1	9.52	6.39	5.85	6.13	7.95	8.72	4.41	6.52	5.52	6.29	12.1
Ta	2.35	2.28	2.36	2.16	2.07	2.02	2.28	2.44	2.27	1.97	4.46	3.85	1.77	2.26	1.42	1.94	1.75	2.10	1.85
Th	26.5	26.6	27.4	30.5	31.1	31.8	19.5	30.4	26.4	36.2	28.3	29.0	37.7	38.2	34.1	36.6	34.1	38.7	24.7
U	4.56	5.03	5.29	8.85	8.58	8.51	4.85	5.30	4.34	6.90	11.4	9.56	4.36	5.62	3.53	6.44	9.46	8.84	2.29
T_{Zr}	903	922	924	791	801	802	832	858	845	813	807	814	843	850	777	821	817	828	879
M	1.32	1.27	1.21	1.32	1.31	1.23	1.62	1.57	1.65	1.39	1.29	1.32	1.37	1.46	1.41	1.34	1.19	1.16	1.59
Ga/Al* ×10000	2.9	3.1	3.1	3.2	3.2	3.1	2.9	3.1	2.9	3.0	3.5	3.4	3.0	2.9	2.9	3.0	2.7	3.2	2.9
$^{87}Sr/^{86}Sr$	0.72606	0.72669					0.72404	0.72434	0.72296					0.72577					0.72275
(2σ)	±10	±7					±9	±9	±11					±11					±8
I_{Sr}	0.7170	0.7164					0.717	0.7171	0.717					0.7151					0.7167
$^{143}Nd/^{144}Nd$	0.512175	0.512176					0.512212	0.512211	0.512207					0.512200					0.512205
(2σ)	±6	±6					±7	±7	±7					±6					±6
$\varepsilon_{Nd}(t)$	-7.36	-7.33					-6.95	-6.61	-6.77					-6.65					-6.81

注：A/CNK：摩尔（Al_2O_3）/（$CaO+K_2O+Na_2O$）；T_{Zr}：$12\,900/（2.95+0.85M+\ln（496\,000/Zr））$；M：（$Na + K + 2Ca$）/（$Al \cdot Si$）。

岩石样品具有高 K_2O（当 SiO_2 = 70% 时，K_2O = ~5%）、FeOt 和 P_2O_5 含量；相反，Al_2O_3、MgO 和 CaO 等的含量则较低。在微量元素含量方面，岩石样品以富集 Ga，Zr，Y 和稀土元素为特征。样品总体具有高 K_2O/Na_2O、FeOt/MgO 和 Ga/Al 值，为一典型的 A 型花岗岩体（图 2.16）。样品初始 $^{87}Sr/^{86}Sr$ 值变化范围为 0.715 ~ 0.718，初始 Nd 同位素为 –7.4 ~ –6.6。代表性样品的锆石 U = 100 ~ 745ppm，Th = 61 ~ 271ppm，Th/U = 0.31 ~ 0.99，锆石 U-Pb 年龄为 154 ± 1Ma（图 2.17）。锆石 Hf 同位素比值具有较小的变化范围（$^{176}Hf/^{177}Hf$ = 0.282505 ~ 0.282569），对应的 ε_{Hf}(154Ma) 值为 –6.2 ~ –2.3。

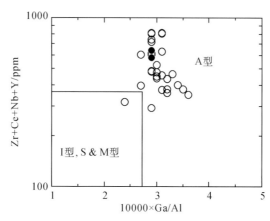

图 2.16　九嶷山花岗质岩石地球化学判别图

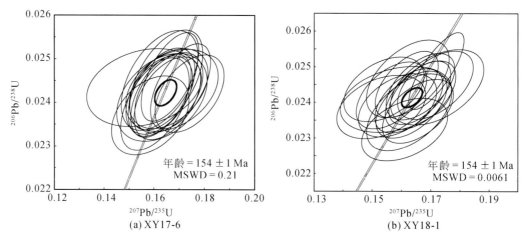

图 2.17　离子探针锆石 U-Pb 一致曲线谐和年龄图

九嶷山岩体确实具有很高的锆石氧同位素值（$\delta^{18}O_{Zrn}$ = 8.0‰ ~ 9.8‰；图 2.18）。氧在锆石中具有很小的扩散速率，因此原生的岩浆锆石不容易受后期蚀变和变质的影响，可以很好地保存岩浆的初始氧同位素纪录。据此可以根据公式 D^{18}(Zrn-WR) = $d^{18}O_{Zrn} - d^{18}O_{WR} \approx -0.0612 \cdot$（wt% SiO_2）+ 2.5 计算全岩样品的初始氧同位数值，计算结果为 $\delta^{18}O_{WR}$ = 9.5‰ ~ 11.6‰。形成具有如此高氧同位素值的岩浆必须要有表壳物质组分的贡献。负的锆石 $\varepsilon_{Hf}(t)$ 值（–2.3 ~ –6.2）和演化的全岩 Sr-Nd 同位素（I_{Sr} = 0.715 ~ 0.718，$\varepsilon_{Nd}(t)$ = –7.4 ~ –6.6）突出了此岩浆作用对古老地壳组分的改造重熔。

九嶷山岩体样品都具有很小的 $\varepsilon_{Hf}(t)$ 变化范围（Huang et al.，2011），它们的正态分布形式及 Hf-O 同位素之间微弱的相关性不支持岩浆混合成因说（图 2.18）。全岩样品初始 $^{87}Sr/^{86}Sr$ = 0.7155 ~ 0.718，$\varepsilon_{Nd}(t)$ = –7.4 ~ –6.6，同位素变化与 SiO_2 含量无明显相关关系，另外，大多数主量和微量元素随 SiO_2 的增长都表现出线性变化的特征时，Zr 和 Ba 的含量却是先增加，随后在约 70% SiO_2 处发生转折，并开始降低（图 2.19）。这些特征表明九嶷山岩体的地球化学演化很可能主要受矿物分离结晶所控制，而不是岩浆混合成因。高的岩浆温度获得了锆石（约 920 ℃；图 2.19(a)）和磷灰石饱和温度计（约 960 ℃；图 2.19(c)）计算结果的支持。

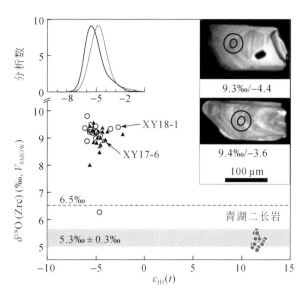

图2.18　锆石 Hf 和 O 同位素组成原位分析结果

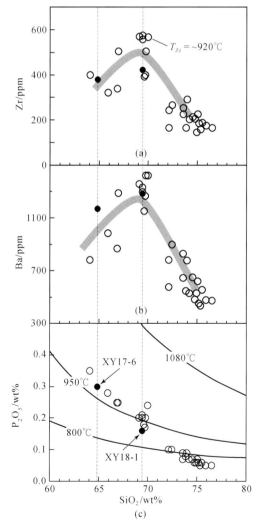

图2.19　（a）Zr 对 SiO_2 的二元地球化学图解显示随着 SiO_2 的升高 Zr 含量变化发生转折。锆石饱和温度计(T_{Zr})
给出 Zr 含量最高的几个样品锆石饱和温度约为 920℃；（b）Ba 与 SiO_2 的化学变化图解显示 Ba 含量变化在 SiO_2 发生转折；
（c）P_2O_5 和 SiO_2 的变化图解

低的水活度系数和高温的特性表明源于表壳的源区岩石必须经过脱水和/或熔体亏损的过程。因此，源区的岩石很可能是麻粒岩相的变质火山岩或者变质沉积岩。因此，九嶷山岩体的同位素和岩石地球化学组成与同期地幔来源的岩浆成分相差极大（图2.16～图2.18），高的全岩初始氧同位素（$\delta^{18}O_{WR}$）和演化的放射性同位素组成很可能直接继承了源区岩石的特征，表明该岩体岩石本质上来源于表壳岩石。

尽管变沉积岩含有适合于A型花岗岩浆形成的矿物和地球化学组成，但出露于阿尔卑斯山南部的Ivrea带的麻粒岩相变泥岩含有石英、钾长石、斜长石和少量的黑云母（Bea and Montero，1999），为麻粒岩相变火成岩形成A型花岗岩提供了一个很好的例子。发现于阿根廷中部的混合岩-杂砂岩经过20%熔体抽离之后的残留物也具有类似的矿物组合。此类麻粒岩相的变泥质岩在华南东南部可能有较为广泛的分布。沉积岩石在早古生代的武夷-云开陆内造山活动中被带到中下地壳，并且因为地壳的加厚导致在440～420Ma发生了部分熔融形成花岗岩和残留的变质沉积岩。推测九嶷山A型花岗岩的源岩与此相似。

三、燕山早期南岭陂头和大东山岩体的时代与成因

陂头岩体位于华南腹地，属南岭花岗岩带的组成部分。陂头岩体分为东体和西体（图2.20），也有学者仅将陂头东体称为陂头岩体（范春芳等，2000），而将陂头西体称为龙源坝岩体。陂头岩体位于赣南全南县北，其西部（体）主要由二云母花岗岩、黑云母花岗岩和正长花岗岩构成，并有细粒含白云母/黑云母花岗岩。其东部（体）由粗粒黑云母花岗岩（A型）构成。已有的研究表明，陂头东体主要是燕山早期岩浆活动，陂头西体则比较复杂，既有印支期岩浆活动也有燕山期岩浆活动，而且岩石结构构造和化学成分变化较大，反映了西体是一个经历多期次多阶段岩浆活动的复式岩体。

大东山花岗岩体位于粤北湘南交界处，横跨广东连县、乳源、韶关、英德及湖南临武五县。区域构造位置上，大东山岩体位于狭义南岭的中心，出露面积1400km²，是南岭构造-岩浆作用带的重要组成部分（图2.20）。大东山岩基分东、西两个岩体，东体主要为粗粒黑云母花岗岩，西体为粗粒黑云母钾长花岗岩，两者矿物组成没有明显差别。目前的认识是两个岩体都由主体和补体两阶段侵入体构成，主体为燕山早期的中粗粒-粗粒斑状黑云母钾长花岗岩，约占整个岩基的85%，其矿物成分为条纹长石和微纹长石（40%～45%）、斜长石（An 8～25，20%～25%）、石英（28%～30%）和黑云母（3%～4%），少数样品含少量的普通角闪石，副矿物有锆石、磷灰石、萤石、榍石和其他铁钛氧化物。晚期的补体呈岩株和岩枝产出，形态不规则，约占整个复式岩体的15%，岩性主要为细粒黑云母花岗岩和二云母花岗岩。岩体与古生代地层和早中生代地层呈侵入接触，被侵入的最新地层为中三叠统。

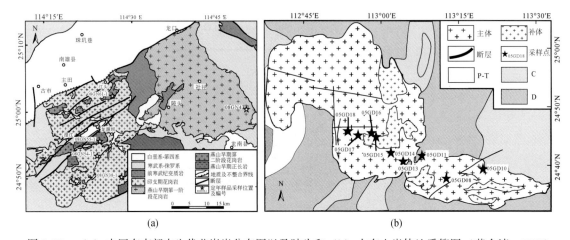

图2.20　（a）中国东南部中生代花岗岩分布图以及陂头和（b）大东山岩体地质简图（黄会清，2008）

年代学测试结果如图2.21所示，结果表明陂头西体印支期花岗岩年龄为238.8±1.7Ma和236.2±2.3Ma，与邻近贵东岩体（238±3Ma，Li and Li，2007）和蒙洞岩体（231±3Ma，Li and Li，2007）年龄

相当（图 2.21）。陂头岩体东体年龄为 190.7±2.3Ma（图 2.21），比范春芳等（2000）报道的陂头东体全岩–矿物 Rb-Sr 等时线年龄（178.2±0.84Ma）老大约 10Ma。燕山期正长岩和花岗岩年龄分别为156.6±1.5Ma 和 156.5±1.4Ma（图 2.21），略年轻于粤中地区佛冈杂岩体的年龄（158～165Ma，Li et al.，2007）。大东山岩体东体花岗岩 14 个点的$^{206}Pb/^{238}U$ 年龄加权平均值为 165±2Ma（图 2.22）。西体花岗岩 13 个点的$^{206}Pb/^{238}U$ 年龄加权平均值为 159±2Ma（图 2.22），与张敏等（2003）获得的单颗粒锆石 U-Pb 年龄（156±1Ma）在误差范围内一致。大东山岩体形成于约 160Ma，与南岭大规模花岗岩的形成时代基本一致。

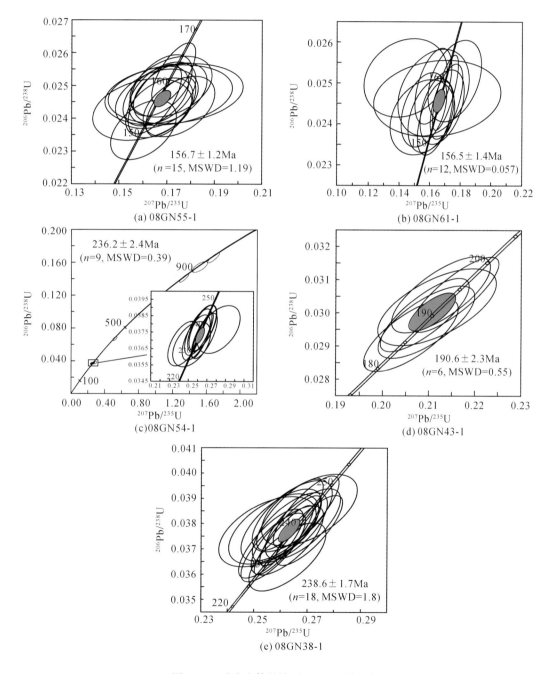

图 2.21　陂头岩体的锆石 U-Pb 一致图解

代表性样品的地球化学数据参见黄会清等（2008）。在硅碱图上（图 2.23），除部分印支期花岗岩落入石英二长岩范围内，大多数印支期花岗岩和燕山期花岗岩都落在花岗岩的范围内，并且它们基本都属

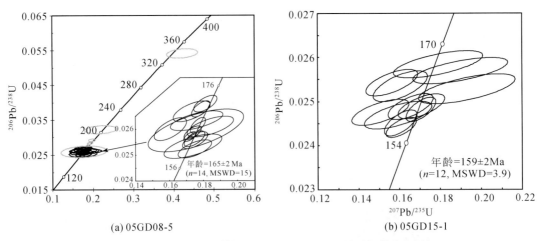

图 2.22　大东山花岗岩体样品的 SHRIMP U-Pb 锆石年龄谐和图解

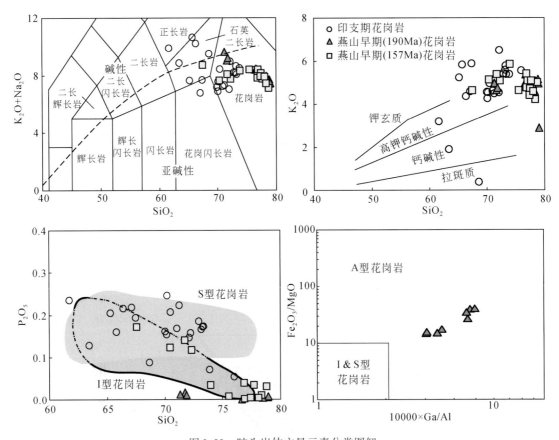

图 2.23　陂头岩体主量元素分类图解

于高钾钙碱性到钾玄质系列。与燕山期花岗岩完全不同，大多数印支期花岗岩的 P_2O_5 含量大于 0.1%，并且随 SiO_2 增高基本保持含量稳定，显示 S 型花岗岩的演化特征（图 2.22）。燕山期花岗岩中陂头东体 180Ma 的粗粒黑云母花岗岩有着异常高的 Fe_2O_3/MgO 值（>10）和 Ga/Al 值（>2.6），为 A 型花岗岩。球粒陨石标准化的稀土元素特征上，印支期花岗岩具有明显轻稀土富集，重稀土亏损的右倾图形（$(La/Yb)_N = 20.12 \sim 46.33$），伴随较明显的 Eu 负异常（$Eu/Eu^* = 0.13 \sim 0.64$）（图 2.24）。燕山早期 A 型花岗岩也显示轻稀土富集，重稀土亏损的右倾图形（$(La/Yb)_N = 2.54 \sim 13.89$），以及异常明显的 Eu 负异常（$Eu/Eu^* = 0.01 \sim 0.19$）。燕山早期黑云母/二云母花岗岩同样具有轻稀土富集，重稀土亏损的右倾图形（$(La/Yb)_N = 0.67 \sim 14.91$）和明显的 Eu 负异常（$Eu/Eu^* = 0.02 \sim 0.41$）。原始地幔标准化的微量元素特征上，陂头岩体不同期次的花岗岩都表现为不同程度地亏损 Ba、Nb、Sr、P、Eu 和 Ti，显示钾长石、斜长石、磷灰石，以及铁钛氧化物的结晶分异影响。明显富集 Th、U、Pb 等元素，反映与俯冲作用或地壳源区或混染作用影响有关。

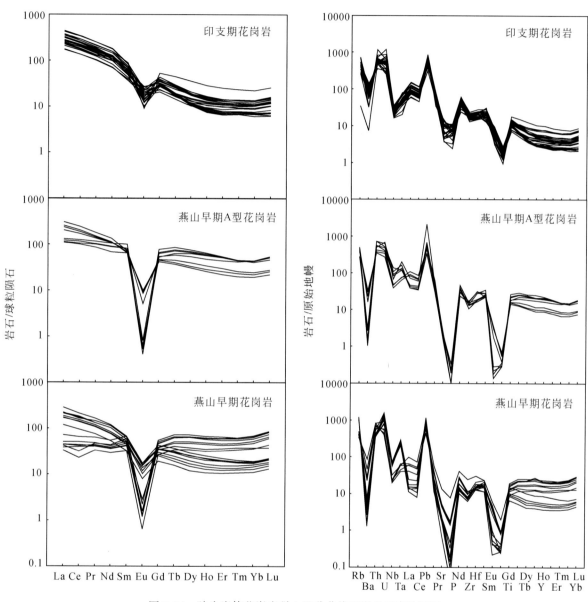

图 2.24　陂头岩体花岗岩稀土配分曲线和微量元素蛛网图

陂头岩体印支期花岗岩的 I_{Sr} 为 0.716448 ~ 0.728058，$\varepsilon_{Nd}(t)$ 变化较小，为 -10.64 ~ -13.04（表 2.6）。燕山早期 A 型花岗岩 I_{Sr} 为 0.706431 ~ 0.711591，$\varepsilon_{Nd}(t)$ 变化较小，为 -4.64 ~ -5.65。燕山早期黑云母/二云母花岗岩 I_{Sr} 变化非常大，为 0.7159 ~ 0.8166，而 $\varepsilon_{Nd}(t)$ 变化相对较小，为 -7.69 ~ -12.99，这是因为部分二云母花岗岩具有异常高的 Rb/Sr 值造成测试不准或者是晚期流体交代的影响。在 Sr-Nd 同位素相关图上（图 2.25），陂头岩体所有样品都落在地幔和以大容山和湖南过铝质花岗岩为代表的地壳端元的混合线上，其中印支期花岗岩和燕山早期黑云母/二云母花岗岩主要靠近地壳端元，表明物质主要来自地壳或有大比例地壳物质的同化混染。而燕山早期 A 型花岗岩界于地幔和地壳之间，反映有较多的地幔物质的加入或混染。

该岩体印支期花岗岩随 SiO$_2$ 增高，P$_2$O$_5$ 含量基本保持稳定，反映 S 型花岗岩的演化特征，结合它们具

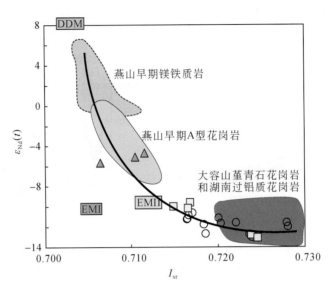

图 2.25　陂头岩体花岗岩的 Sr-Nd 同位素相关图

有地壳的 Sr-Nd 同位素，表明陂头岩体的印支期花岗岩主要为地壳物质部分熔融形成。在 $Fe_2O_3/(Fe_2O_3+MgO)-SiO_2$ 图上，它们落在 Frost 等（2001）分类的镁质花岗岩区，类似于活动大陆边缘的北美科第勒拉造山带花岗质岩石。在 Rb-（Y+Nb）图上，它们则落在板内（WPG），火山弧（VAG）和同碰撞（Syn-COLC）花岗岩交界区，并偏火山弧和同碰撞花岗岩区，结合上述两个图，反映陂头岩体印支期花岗岩更可能形成于与造山有关的活动大陆边缘。但是它们明显多的地壳组分和位置上远离大陆边缘的特点，类似于北美科第勒拉带内的花岗岩特点。陂头岩体燕山早期 A 型花岗岩尽管没有典型的碱性暗色矿物，但是它们具有明显高的 Fe_2O_3/MgO 值（>10）和 Ga/Al 值（>2.6），属于 A 型花岗岩。它们在 $Fe_2O_3/(Fe_2O_3+MgO)-SiO_2$ 图上落在铁质花岗岩区，反映板内成因的特点，陂头岩体燕山早期 A 型花岗岩为非造山板内伸展环境下形成的。

燕山早期黑云母/二云母花岗岩高硅（>70%），以及明显的 Eu 异常（0.02~0.41），表明岩石经历了强烈的结晶分异作用。其中的黑云母花岗岩没有特征的碱性暗色矿物，且它们的 Ga/Al 值小于 2.6，排除了 A 型花岗岩的可能性，它们的 P_2O_5 含量低（<0.14%），与 SiO_2 含量呈明显负相关，显示了分异的 I 型花岗岩的特点。在 $Fe_2O_3/(Fe_2O_3+MgO)-SiO_2$ 图上它们也主要落入铁质花岗岩区。结合同时代广泛分布的燕山早期花岗岩作用，推测陂头燕山早期黑云母/二云母花岗岩是造山后环境形成的。

大东山岩体代表性样品高 SiO_2（72%~77%）和 K_2O（>5%），低 Na_2O（2.14%~3.18%），全碱含量中等（7.36%~9.31%），低 TiO_2、Fe_2O_3、MgO、CaO 和 P_2O_5。在 Q'-ANOR 分类图上大东山花岗岩主要落在正长花岗岩和碱长花岗岩范围内（图 2.26）。Al_2O_3、Sr、Zr 和 Ba 亦表现为相同的演化趋势，其中 Rb 随着 SiO_2 的增大而明显升高，Na_2O 和 MnO 随 SiO_2 增大没有明显的变化。在碱铝指数图解（图 2.27）中，大多数样品在 A/CNK=1.00~1.11 内变化，投入过铝质花岗岩区域；AKI 值<0.85，低于 A 型花岗岩的平均值。总体上看，大东山花岗岩的矿物和岩石地球化学组成与佛冈岩基的高硅花岗岩十分相似（图 2.27）。

样品含有较高的稀土含量（160~328ppm），且随 SiO_2 含量的增大而降低。在球粒陨石标准化图解中，大东山岩体样品都表现为轻稀土富集，δEu=0.06~0.32（图 2.28），且 Eu 负异常与 SiO_2 含量呈显著正相关关系。所有的样品在蛛网图上都表现为显著的 Ba、Nb、Sr、P、Eu 和 Ti 负异常（图 2.28）。Rb/Sr 值大部分低于 12，个别样品高达 38；K/Rb 值较小（<163）Nb/Ta（2.6~8.1）和 Zr/Hf（22.0~33.5）值都显著低于球粒陨石值（分别为 17.5 和 36）。

全岩样品的 Sr-Nd 同位素结果表明，样品的 $^{87}Rb/^{86}Sr$（11.2~39.9）和 $^{87}Sr/^{86}Sr$（0.7404~0.8053）

较高，初始值为 0.7123 ~ 0.7193。全岩 Nd 同位素组成相对均一，$^{147}Sm/^{144}Nd$ 变化小，$\varepsilon_{Nd}(t)$ 值也仅有微小变化（−9.3 ~ −11.5），对应的两阶段模式年龄为 1700 ~ 1890Ma。I_{Sr} 与 $\varepsilon_{Nd}(t)$ 之间呈现弱的负相关关系（图 2.29），可能指示了源区物质的不均一性或者不同源区物质的混合。

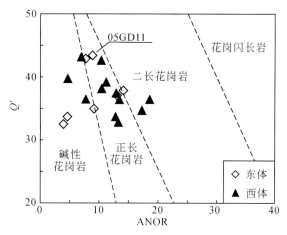

图 2.26　Q'-ANOR 标准化矿物图解

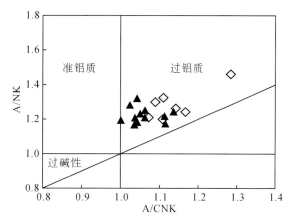

图 2.27　A/NK-A/CNK 图解（Maniar 和 Piccoli，1989）

Hf 同位素分析结果如图 2.26 所示，$\varepsilon_{Hf}(t)$ 有较大的变化范围（−3.5 ~ −11.8），以 $t = 165Ma$ 进行计算，对应的 T_{2DM} 模式年龄为 1.43 ~ 1.96 Ga。$\varepsilon_{Hf}(t)$ 和 T_{DM2} 在高斯积分频谱图上表现为一个主峰，多个次峰的分布形式（图 2.30）。主峰峰值为 −7.9Ga 和 1.75Ga，次峰峰值为 −3.8Ga 和 1.45Ga。西体样品锆石 Hf 同位素的分析结果表明，$\varepsilon_{Hf}(t)$ 值为 −10.2 ~ −4.9，频谱图上构成了一个主峰，一个次峰。$\varepsilon_{Hf}(t)$ 峰值分别为 −9 和 −5，对应着 1.80Ga 和 1.55Ga 的地壳存留时间。

大东山岩体岩石以长英质为主，目前尚未识别出偏基性组分，起源于地幔岩浆的可能性较小。大东山花岗岩体具有高 I_{Sr}（0.7123 ~ 0.7193）和低 $\varepsilon_{Nd}(t)$（−9.3 ~ −11.5）特征。Sr-Nd-Hf 同位素表明大东山岩体主要来源于古元古代晚期（约 1.8Ga）的地壳物质。简单的计算显示，要得到约 1.8Ga 的 Nd 和 Hf 模式年龄，若有显著地幔组分的加入，则源区大量太古代物质的加入是必需的。可是，如此老的源区物质在华夏地块尚未被大量发现。

大东山岩体花岗岩具有强演化的元素与同位素地球化学特征，包括高的 SiO_2 含量及其显著的 Ba、Nb、Sr、P、Eu 和 Ti 负异常。一般认为元素的亏损是由某种富集该元素的矿物的分离结晶而引起：如长石的分离可导致 Sr-Ba-Eu 的负异常，Nb、Ti 和 P 的亏损则分别与富 Ti 和富 P 矿物的结晶分离相关。这些矿物的结晶分离导致各种类型花岗岩的形成。虽然大东山岩体 SiO_2 的变化范围不大，但随着 SiO_2 增大，Ti、

Fe、Mg、P 和 Sr 含量呈线性下降，Rb 含量则明显升高（图 2.31），表明岩体经历了显著的结晶分异作用。强烈的 Eu 负异常要求大量钾长石/斜长石的分离结晶，这一结论在 Ba-Sr 和 Rb-Sr 图解得到了印证（图 2.31）。结合 K_2O 的演化趋势，认为钾长石的分离结晶起到了主导作用。高分异演化的特性及其基性成分的缺失使得对大东山岩体初始岩浆成分的限定变得困难。

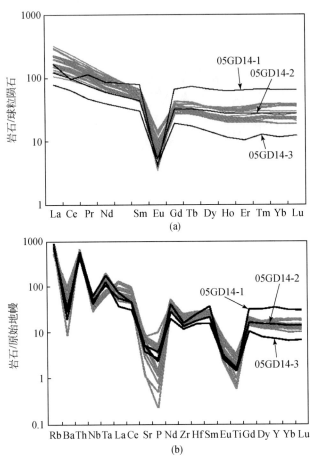

图 2.28　球粒陨石标准化稀土元素模式图解（a）和微量元素蛛网图（b）

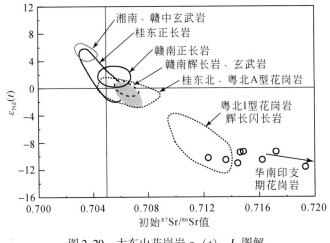

图 2.29　大东山花岗岩 $\varepsilon_{Hf}(t)$-I_{Sr} 图解

大东山岩基花岗岩的另一显著特点是具有低的 Nb/Ta 值（2.6～8.1）和 Zr/Hf 值（22.0～33.5）。正常情况下，在硅酸岩岩浆系统中，元素的行为主要受控于元素的电荷和离子半径。由于 Nb 和 Ta，Zr 和

Hf 具有相同的元素地球化学性质，它们在岩浆系统中一般不会发生分馏。通常认为它们的分馏与热液流体的作用相关，然而大东山岩体低的 Nb/Ta 和 Zr/Hf 值不可能是由成岩过程中热液流体的作用引起，因为计算结果表明样品的四组分效应由热液作用引起，但并不明显。最近实验研究结果也表明，熔体的铌锰矿、钽锰矿及其副矿物的分离结晶就可能导致 Nb 和 Ta 的分馏，流体相的加入并不是必须的。

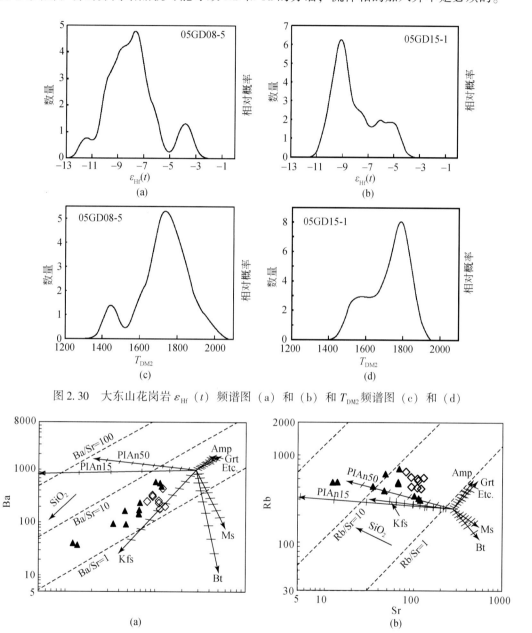

图 2.30　大东山花岗岩 $\varepsilon_{\mathrm{Hf}}(t)$ 频谱图（a）和（b）和 T_{DM2} 频谱图（c）和（d）

图 2.31　大东山花岗岩造岩矿物分离结晶判别图解

从锆石 U-Pb 年龄、元素与同位素地球化学特征上看，大东山岩体与佛冈岩体非常相似，表明两者很可能具有共同的起源。对桂东南、赣南具有 OIB 特征的正长岩和南昆山、花山–姑婆山 A1 型花岗岩的研究表明南岭地区在侏罗纪处于岩石圈伸展的构造背景。近年来对南岭地区岩浆作用的研究表明，许多出露面积>500km² 花岗岩基形成于 165～150Ma（Li et al.，2007b）。面状分布的广泛而规模巨大的花岗质岩浆的形成要求有大规模基性岩浆的底侵提供热源。虽然没有大规模基性岩石的出露，但是锆石 Hf 同位素的研究指示了地幔物质的参与，表明大规模基性岩浆的底侵是可能的。

综上所述：陂头岩体是一个印支期和燕山早期花岗岩构成的复式杂岩体。印支期花岗岩主要形成于

236～239Ma，燕山早期 A 型花岗岩形成于190Ma，燕山早期黑云母/二云母花岗岩形成于156Ma。印支期花岗岩为 S 型花岗岩，主要来自地壳沉积岩为主的源区，它们的形成与活动大陆边缘的造山活动有关；190Ma 的 A 型花岗岩来自壳幔混合源区，是典型的板内环境下形成的岩石，反映造山后伸展的构造环境；燕山早期黑云母/二云母花岗岩为高分异的花岗岩，它们的大多数来自地壳沉积岩为主的源区，但是最基性的岩石反映有较多的地幔物质的加入，它们与同时代广泛分布的燕山早期花岗岩一样是岩石圈拆沉、基性岩浆底侵导致大规模地壳部分熔融形成。陂头印支期花岗岩杂岩体的系统岩石学、地球化学研究，可以揭示华南内陆的南岭地区经历了早中生代（约240Ma）的造山作用，约190Ma 最初板内伸展，再到约160Ma 的广泛岩石圈拆沉的连续的构造作用过程。大东山岩体是一个高演化的 I 型花岗岩体，形成于约160Ma，与区内大规模岩浆作用的同时性和地球化学特征的相似性，反映了它们在构造背景，物质来源和成岩机制上的联系。Sr-Nd-Hf 同位素的研究说明大东山岩体岩浆主要来源于古元古代中基性火成岩石的部分熔融，并有少量地幔年轻组分的加入，该时期的岩浆作用形成于岩石圈伸展的构造背景。

四、燕山晚期北武夷碱性岩研究

华南白垩纪岩浆岩主要分布在武夷山以东的浙江、福建沿海地区，主要为酸性火山岩（>95％）和少量基性岩浆岩。另外在江绍断裂带以南的北武夷山地区，分布一系列小的浅成相到次火山相的富钾岩体（图2.32），这些岩体除洪公岩体较大（约450km²），其余的面积都<100km²。选择其中四个岩体–应城岩体、洪公岩体、大安岩体和资溪岩体进行了高精度 SHRIMP 锆石 U-Pb 定年和系统的地球化学和锆石 Hf 同位素分析研究，探讨了它们的成因及其岩石大地构造意义。

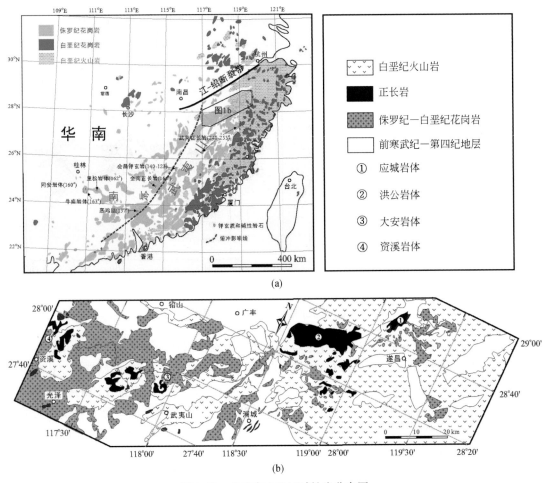

图2.32　北武夷山地区碱性岩分布图

应城岩体出露面积约60km²，主要岩性为含角闪石和黑云母的石英二长岩（图4.40（a））。野外可见一些直径10~15cm的暗色包体。应城主要矿物组成为钾长石（35%~40%）、斜长石（40%~45%，An=30~35）、石英（5%~8%）和暗色矿物角闪石和黑云母（5%~15%）。副矿物有锆石、磷灰石和铁钛氧化物。

洪公岩体呈北东东走向，面积约470 km²。岩体侵入早白垩世磨石山群火山岩，并被晚白垩世红层不整合覆盖。岩体主要岩性为含黑云母和角闪石的正长岩和石英闪长岩，主要矿物成分为钾长石（55%~65%）、斜长石（8%~20%、An=25~30）、石英（6%~20%），以及角闪石和黑云母（5%~15%）。副矿物为锆石、磷灰石和铁钛氧化物。

大安岩体是一个环状的岩体，面积约80km²，主要由石英二长岩和少量正长岩构成，主要矿物成分为钾长石（40%~50%）、斜长石（40%~50%）、石英（5%~10%）。副矿物为锆石、磷灰石和铁钛氧化物。大多数长石发生了泥化和绢云母化。

资溪岩体是一个不规则的岩体，面积约90km²，侵入震旦−寒武纪的变质岩石和早白垩纪火山岩。主要岩石类型为石英正长岩，钾长石（55%~60%），斜长石（30%~35%），石英（10%~15%）。副矿物为锆石、磷灰石和铁钛氧化物。岩石发生不同程度的泥化和绢云母化蚀变。

研究显示（表2.5），应城岩体的锆石$^{206}Pb/^{238}U$年龄为134.4±2.3Ma，洪公岩体的年龄为125.7±2.7Ma，大安岩体的年龄为139.3±3.9Ma，资溪岩体的年龄为136.6±1.8Ma（图2.33），代表了它们的形成年龄。这些年代学结果表明，北武夷山地区富钾碱性岩石的形成年龄在126~139Ma，属白垩纪。

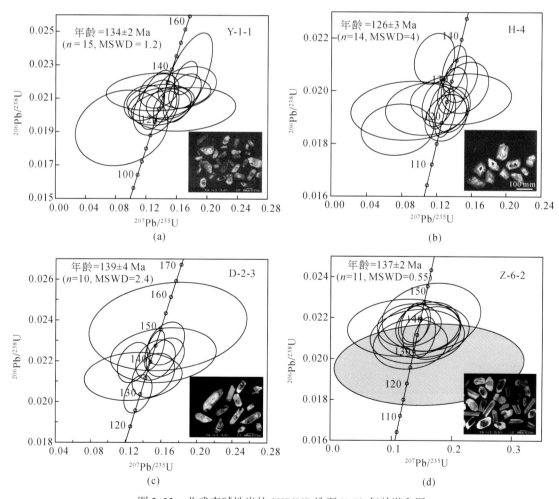

图2.33　北武夷碱性岩的SHRIMP锆石U-Pb年龄谐和图

所有岩石 SiO_2 含量为 60% ~73%，属中性到酸性岩石，基本上为准铝质（ACNK<1）。这些岩石在硅碱图上主要落入正长岩和石英二长岩区，少量落入二长岩（包体）和花岗岩区（图 2.34（a））。在 SiO_2-K_2O 图上所有的样品都落在高钾的钾玄岩范围（图 2.34（b）），并且属于钾玄岩系列（图 2.34（c））。在主、微量元素对 SiO_2 的哈克图解上（图 2.35），除包体外，主量元素都显示规则的变化，随 SiO_2 含量增加，TiO_2、Al_2O_3、FeOt、CaO、P_2O_5 含量逐渐降低，显示负相关关系，但是 K_2O 和 Na_2O 含量基本稳定。这种演化趋势与北美富钾碱性火山岩的演化趋势一致。包体不同，随 SiO_2 含量增加，Al_2O_3 和 CaO 含量基本稳定，K_2O 增加，而 TiO_2、FeOt、MgO 和 P_2O_5 含量急剧降低，反映了基性岩浆与演化的富钾岩石混合的趋势。微量元素上，随 SiO_2 增加，Zr、Cr、V、Ba、Sr 含量降低而 Nb、Rb、U 含量增加。球粒陨石标准化的稀土配分曲线，所有岩石样品都表现为不同程度的轻稀土元素富集，重稀土元素亏损的右倾图形，并伴随有不同程度的 Eu 负异常。所有岩体样品都存在明显的 Nb-Ta、Sr-P 和 Ti 亏损，但是 Zr-Hf 并不存在明显的亏损，反映涉及斜长石、磷灰石和铁钛氧化物的结晶分异。包体具有相似的特征，只是 Eu 负异常相对较小。全岩 Sr-Nd 同位素方面，所有样品的 Sr 同位素为 $^{87}Rb/^{86}Sr$ = 0.69 ~11.90，$^{87}Rb/^{86}Sr$ = 0.709672 ~0.734770，对应的初始值 I_{Sr} = 0.70772 ~0.71619。所有样品的 Nd 同位素为 $^{147}Sm/^{144}Nd$ = 0.067 ~0.113，$^{143}Nd/^{144}Nd$ = 0.511983 ~0.512273，对应的 $\varepsilon_{Nd}(t)$ = -5.63 ~-10.52，Nd 模式年龄为 T_{DM} = 1.12 ~1.50Ga。在 Sr-Nd 同位素相关图上（图 2.36（a）），所有样品的 Sr-Nd 同位素都落在地幔到 EMII 的混合线上，反映很可能存在俯冲带流体/熔体的交代作用。

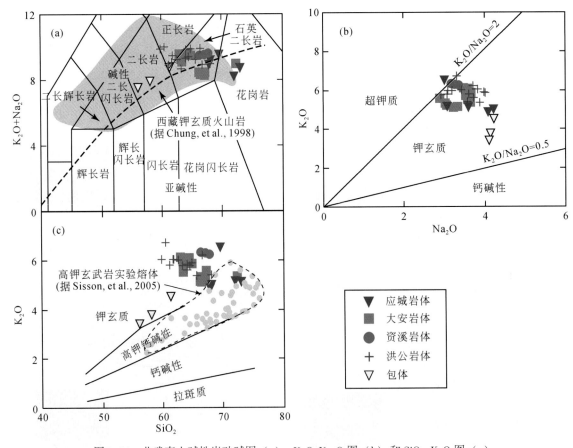

图 2.34　北武夷山碱性岩硅碱图（a）、K_2O-Na_2O 图（b）和 SiO_2-K_2O 图（c）

锆石 Hf 同位素组成上，所有样品的 $\varepsilon_{Hf}(t)$ = 2.3 ~-13.1，$\varepsilon_{Hf}(t)$ = -8.4 ~-11.5，对应的 Hf 模式年龄为 1126 ~1267Ma。其中资溪和应城岩体的锆石 Hf 同位素显示主要单峰，大安岩体除出现一个主峰外，还存在几个小峰，而最年轻的洪公岩体则为多峰分布特征（图 2.37），保留了两端元岩浆混合的记录。

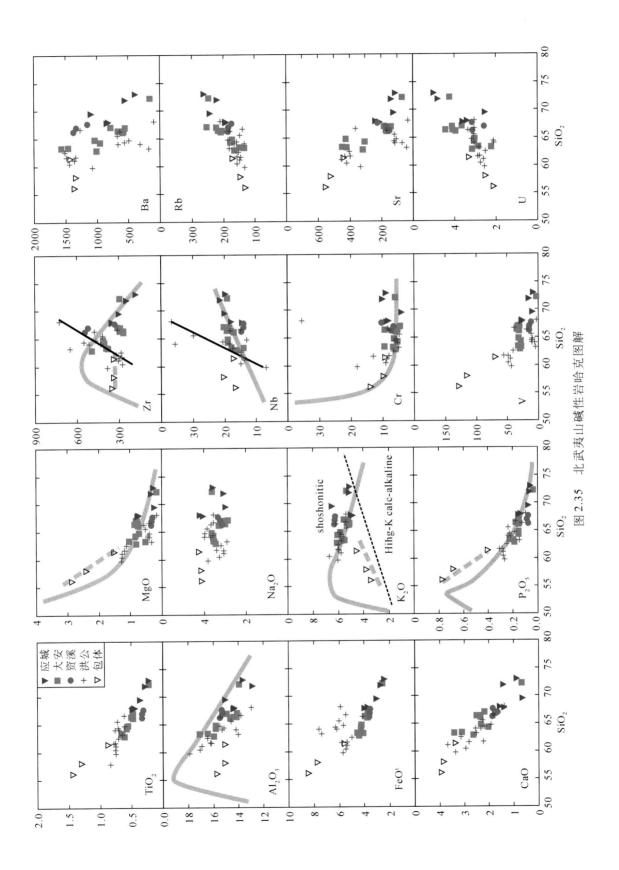

图 2.35　北武夷山碱性岩哈克图解

　　北武夷山富钾碱性岩较高的 SiO_2（60% ~73%）和 K_2O（3.42% ~6.74%），准铝质，属于钾玄质岩石，这种岩石不可能由地壳的变沉积岩和/或变火成岩部分熔融形成，因为前者通常形成的是过铝质的岩石，而后者通常是钙碱性到高钾钙碱性的。最近，Pepiper（2009）认为钾玄质岩石可以由富钾玄武岩在高压条件下部分熔融形成，但是这种岩石通常显示埃达克岩的地球化学性质，即具有异常分异的轻重稀土(La/Yb>20)和低的 Y（≤18ppm）和 Yb（≤1.9ppm），以及异常高的 Sr/Y 值（>20 ~40），但是北武夷山富钾碱性岩的 Y>22ppm，Yb>2.2ppm，Sr/Y 值小于20。因此，这些岩石不可能是富钾玄武岩在高压条件下部分熔融形成。北武夷山的富钾碱性岩和世界上大多数钾玄岩的 Sr-Nd 同位素相似（图2.36（a）），表明它们很可能一样都来自于俯冲带流体/熔体交代的地幔源区。但是，地幔部分熔融形成的岩石通常具有较低的 SiO_2 含量，北武夷山富钾碱性岩高的 SiO_2 含量很可能由强烈的结晶造成，并没有强烈的地壳物质的混染。证据如下：①单个岩体随 SiO_2 含量增加，具有稳定的 I_{Sr} 和 $\varepsilon_{Nd}(t)$ 值（图2.36（b）~（c）），表明没有强烈的地壳物质的混染；②主量元素哈克图解上（图2.35），北武夷山富钾碱性岩的演化趋势与来自交代岩石圈地幔部分熔融形成，并经历了分离结晶作用形成的北美 Eocene Sunling 富钾碱性火山岩的演化趋势一致）；③在 Zr-V 和 Zr-Ni 图解上（图2.38（a）~（b）），样品落在分离结晶演化线上，而明显偏离部分熔融演化线，也支持分离结晶成因，分离结晶涉及的矿物主要为钾长石和斜长石。

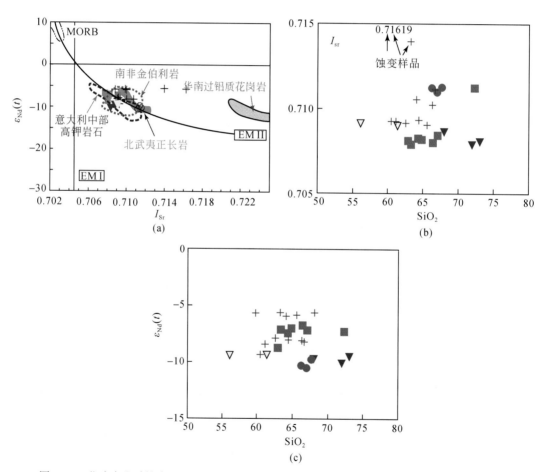

图2.36　北武夷山碱性岩 I_{Sr}-$\varepsilon_{Nd}(t)$ 相关图（a）I_{Sr}- SiO_2（b）和 $\varepsilon_{Nd}(t)$ - SiO_2（c）相关图

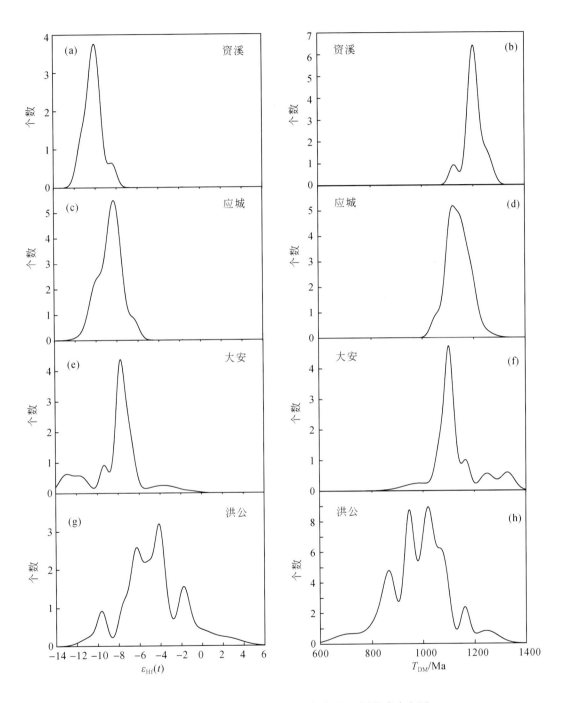

图 2.37 北武夷山燕山晚期碱性岩锆石 Hf 同位素直方图

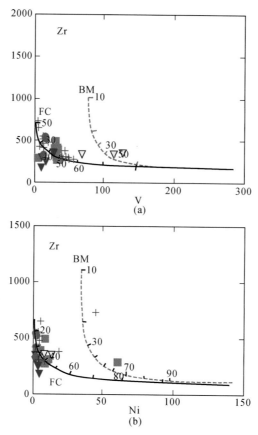

图2.38　北武夷山燕山晚期碱性岩 Zr-V（a）和 Zr-Ni（b）图解

第三节　基性岩浆源区的时空演化

已有的研究表明扬子和华夏陆块经历过不同的地壳演化和构造历史，它们具有不同的岩石圈地幔属性。近年的研究主要集中于华南内陆中生代花岗质岩浆和沿海地区新生代基性岩石的研究，这些研究一定程度上为探讨华南中生代岩石圈属性提供了重要的信息。然而，由于缺乏对华南内部中生代基性岩浆作用或与基性岩浆作用相伴生的中酸性岩石的系统研究，对华南内陆岩石圈地幔属性及华南中生代基性岩石的岩石成因和构造意义仍了解不足。基于此，针对与地幔岩浆作用有关的中生代岩石进行了系统的年代学、岩石学和元素–同位素地球化学的研究，以确立中生代华南内陆地幔岩浆活动的时空分布格局，明确不同时期地幔源区的组成特征，由此建立了中生代地幔组成与结构，划定了中生代时期华南扬子和华夏陆块的岩石圈边界。

一、早侏罗世基性岩

中国东南部广泛发育中生代岩浆活动（图2.39）。其中早侏罗世（约190Ma）花岗质岩石主要呈东西走向分布于南岭地区以及呈北东向分布于武夷及其邻近地区，然而同时期的镁铁质–超镁铁质岩石仅见于粤北兴宁地区的霞岚岩体和赣南的车步岩体。霞岚镁铁质–超镁铁质岩体由下部中–粗粒辉长岩和含石英辉长岩，中部中粒辉长岩，上部含单斜辉石的细粒闪长岩组成。

选择四个霞岚辉长岩（CQ0702，CQ0706，LGXL0701，LGXL-01）进行了高精度年代学研究，测试结果见图2.40。其结果显示辉长岩年龄为193～194Ma。

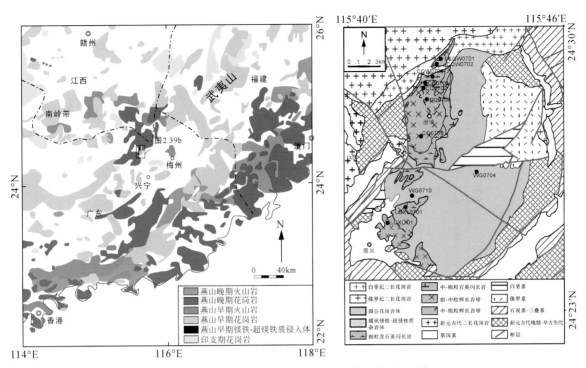

图 2.39　闽粤赣交界地区中生代岩浆岩分布图及霞岚岩体地质图（引自 Zhu et al.，2010）

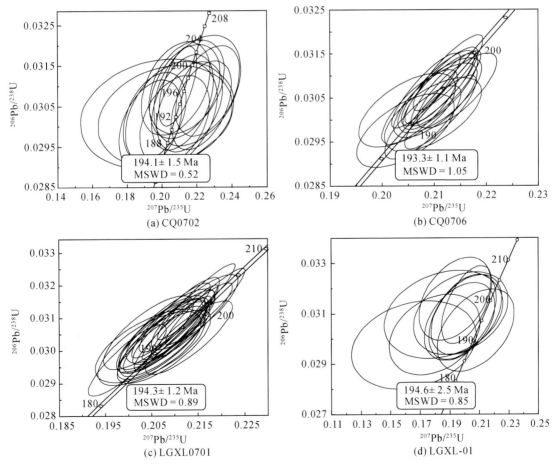

图 2.40　霞岚辉长岩 SHRIMP 和 SIMS 锆石 U-Pb 谐和图

表 2.4　霞岚镁铁-超镁铁质岩体的主、微量元素含量

样品号	CQ0701	CQ0702	CQ0703	CQ0704	CQ0705	CQ0706	CQ0707	CQ0708	CQ0709	LGX10701	LGX10702	LGX10703	LGX10704	LGX10705	LGX10706	LGX10707	LGX10708	LGX10709	LGX10710
SiO$_2$	48.44	50.87	47.61	45.96	43.67	43.89	43.15	42.96	52.71	46.89	46.52	49.30	46.76	49.36	46.85	46.57	48.61	46.84	48.86
TiO$_2$	2.06	2.33	2.10	1.17	3.88	3.42	5.32	5.08	1.48	1.22	1.24	1.40	1.08	1.72	1.41	1.22	1.36	1.53	1.10
Al$_2$O$_3$	13.73	14.41	14.04	16.52	13.12	13.94	14.27	14.75	14.80	16.39	16.46	16.10	16.93	15.32	17.15	16.59	16.04	16.30	14.37
Fe$_2$O$_3$	13.18	15.91	14.05	12.30	17.31	17.80	17.53	16.49	9.89	10.31	10.10	10.39	9.80	11.27	10.48	10.95	10.14	10.83	9.22
MnO	0.20	0.33	0.23	0.18	0.20	0.21	0.20	0.18	0.15	0.14	0.14	0.14	0.13	0.16	0.14	0.16	0.15	0.15	0.14
MgO	6.24	2.75	6.21	8.22	6.62	6.72	6.46	6.80	5.24	9.12	8.61	7.43	9.24	6.66	7.85	8.23	7.09	7.95	9.31
CaO	10.60	7.52	10.66	11.41	11.75	10.94	10.41	10.65	8.75	11.28	11.47	10.54	12.05	11.30	11.38	10.92	11.36	11.28	12.64
Na$_2$O	3.13	3.96	2.72	2.12	2.45	2.70	2.48	2.45	3.14	2.25	2.42	2.51	2.03	2.83	2.69	2.67	2.81	2.60	2.15
K$_2$O	0.86	0.84	0.86	0.27	0.27	0.26	0.26	0.24	0.69	0.35	0.61	0.74	0.23	0.65	0.31	0.44	0.64	0.54	0.45
P$_2$O$_5$	0.19	0.94	0.38	0.13	0.13	0.12	0.11	0.10	0.18	0.12	0.12	0.11	0.09	0.16	0.13	0.13	0.15	0.13	0.08
LOI	1.35	0.35	1.48	1.60	0.66	0.83	0.64	0.83	1.70	2.27	2.51	2.13	2.46	1.61	2.38	3.27	1.71	2.52	1.81
Total	99.98	100.2	100.3	99.87	100.0	100.8	100.83	100.5	98.74	100.3	100.20	100.8	100.80	101.0	100.7	101.1	100.0	100.6	100.1
Mg$^{\#}$	48.4	25.5	46.7	57.0	43.1	42.8	42.2	45.0	51.2	63.7	62.8	58.6	65.1	53.9	59.7	59.8	58.1	59.2	66.7
Sc	42.0	25.5	36.8	29.4	42.3	39.2	38.9	35.7	22.6	25.9	29.2	28.1	29.7	34.6	26.1	25.3	30.3	28.1	23.9
V	354	45.3	272	207	658	583	528	561	189	203	218	258	186	261	231	173	220	246	199
Cr	61.2	21.5	200	218	44.4	65.8	13.0	29.4	68.5	171	185	175	291	88.1	215	210	316	163	688
Co	45.8	16.2	37.8	48.8	59.9	61.5	56.6	62.8	32.9	49.8	48.9	43.5	49.5	41.3	44.5	48.5	41.4	46.5	39.6
Ni	44.0	9.70	76.6	101	75.1	84.5	10.8	20.6	56.3	136	107	99.8	131	52.0	103	123	93.2	103	144
Ga	18.5	22.7	17.5	16.4	20.3	20.1	19.2	18.9	16.7	16.6	17.1	18.4	14.9	19.6	17.7	17.0	18.1	17.8	15.6
Rb	40.5	31.2	47.7	11.8	6.43	5.73	6.32	6.02	24.0	9.75	23.5	21.3	6.21	19.6	8.58	15.1	18.3	22.1	10.3
Sr	267	373	304	265	280	321	327	312	216	253	279	262	243	257	277	287	269	279	209
Y	26.4	49.6	27.3	10.9	17.5	13.9	13.4	12.2	22.8	17.4	17.1	23.2	14.7	28.2	17.2	18.3	22.9	19.2	18.9
Zr	96.4	66.8	79.9	35.8	80.2	51.3	60.3	47.7	60.2	79.3	83.8	115	71.0	97.4	75.5	80.6	67.5	82.0	75.3

续表

样品号	CQ0701	CQ0702	CQ0703	CQ0704	CQ0705	CQ0706	CQ0707	CQ0708	CQ0709	LGX10701	LGX10702	LGX10703	LGX10704	LGX10705	LGX10706	LGX10707	LGX10708	LGX10709	LGX10710
Nb	9.76	31.7	10.1	3.11	7.39	4.65	8.86	5.90	12.1	7.10	6.74	10.4	5.03	9.21	6.64	8.14	8.44	7.49	5.71
Cs	2.32	2.30	3.16	1.51	0.75	1.94	1.91	1.44	3.17	2.29	2.65	1.89	1.21	1.52	1.53	1.36	1.54	2.43	1.99
Ba	135	239	123	37.8	58.9	59.1	56.7	52.2	139	62.3	81.3	153	50.6	104	43.7	49.9	92.1	68.2	100
La	11.3	30.9	11.9	4.00	6.36	5.29	5.00	4.68	15.4	8.01	7.18	14.9	5.80	11.4	6.95	8.47	10.8	7.87	8.62
Ce	26.4	72.4	28.4	9.59	15.3	12.3	11.7	10.9	32.4	18.4	16.9	32.5	12.7	25.7	16.4	19.5	24.1	19.1	20.3
Pr	3.70	9.95	4.14	1.40	2.26	1.82	1.71	1.60	4.14	2.51	2.35	4.26	1.84	3.72	2.42	2.83	3.34	2.70	2.80
Nd	16.5	44.8	19.1	6.89	11.0	8.76	8.69	7.81	16.5	11.1	10.9	18.1	8.28	17.1	11.0	12.6	14.9	12.6	12.8
Sm	4.34	10.9	4.98	1.80	3.02	2.36	2.26	2.07	4.02	2.82	2.84	4.39	2.26	4.60	3.03	3.22	3.87	3.20	3.34
Eu	1.42	3.78	1.95	0.977	1.15	1.24	1.24	1.03	1.14	1.07	1.03	1.25	0.869	1.50	1.10	1.21	1.34	1.17	1.05
Gd	4.87	11.5	5.78	2.09	3.50	2.76	2.66	2.46	4.18	3.22	3.34	4.64	2.69	5.34	3.42	3.47	4.38	3.71	3.82
Tb	0.802	1.68	0.897	0.353	0.590	0.471	0.443	0.403	0.664	0.553	0.524	0.756	0.415	0.876	0.588	0.589	0.719	0.623	0.644
Dy	4.81	9.48	5.09	2.05	3.47	2.73	2.61	2.32	4.03	3.18	3.09	4.49	2.49	5.26	3.41	3.53	4.03	3.60	3.79
Ho	1.04	1.96	1.09	0.448	0.708	0.607	0.556	0.492	0.847	0.704	0.658	0.935	0.519	1.11	0.720	0.765	0.896	0.791	0.809
Er	2.71	4.83	2.74	1.15	1.79	1.43	1.42	1.26	2.21	1.74	1.80	2.41	1.32	2.91	1.87	1.97	2.42	2.03	2.11
Tm	0.394	0.632	0.377	0.152	0.253	0.190	0.186	0.165	0.333	0.240	0.239	0.326	0.191	0.419	0.247	0.263	0.302	0.273	0.284
Yb	2.35	3.78	2.18	0.925	1.55	1.21	1.17	1.05	2.02	1.57	1.53	2.19	1.10	2.42	1.62	1.72	1.97	1.72	1.77
Lu	0.313	0.541	0.286	0.146	0.207	0.172	0.169	0.148	0.275	0.225	0.208	0.294	0.163	0.344	0.232	0.238	0.285	0.258	0.250
Hf	2.35	1.91	2.07	0.929	2.08	1.37	1.61	1.28	1.77	2.04	2.19	3.06	1.57	2.73	1.96	2.04	1.85	2.00	1.95
Ta	0.620	1.93	0.651	0.241	0.508	0.337	0.749	0.502	0.894	0.471	0.472	0.676	0.301	0.651	0.428	0.539	0.571	0.469	0.385
Pb	3.39	9.74	3.11	1.08	1.95	1.57	0.987	1.66	4.66	1.43	1.70	2.33	1.38	1.35	0.815	0.892	1.84	0.711	1.76
Th	1.74	3.64	1.47	0.688	0.904	0.815	0.752	0.792	4.39	1.25	1.01	3.17	0.784	2.05	0.922	1.14	1.54	1.05	1.12
U	0.315	0.629	0.318	0.139	0.206	0.165	0.171	0.171	0.883	0.250	0.248	0.634	0.200	0.426	0.225	0.249	0.358	0.249	0.299

不含矿的霞岚辉长岩样品具高 Fe_2O_3（9.4%～16.2%），CaO（7.7%～12.9%），Al_2O_3（14%～17.5%）含量和变化的 SiO_2（46.9%～53.8%），TiO_2（1.1%～2.4%），MgO（2.8%～9.5%），V（45～354ppm）和全碱（$Na_2O+K_2O=2.3$%～4.9%）含量（表2.4）；相反，含矿的辉长岩具有高 Fe_2O_3（16.8%～18.2%），TiO_2（3.5%～5.4%），V（528～658ppm），以及低 SiO_2（43.8%～44.8%）和全碱（$Na_2O+K_2O=2.7$%～3.0%）含量（表2.4）。在哈克图解上不含矿辉长岩的 MgO，CaO 和 Al_2O_3 与 SiO_2 呈负相关，而 TiO_2、Fe_2O_3、Na_2O、K_2O 和 P_2O_5 呈正相关。不含矿的辉长岩高 Ti/Y 值（287～657），类似于高 Ti 玄武岩。在 TAS 图上，这些不含矿的样品都投影在辉长岩上，属于亚碱性系列岩石（图2.41）。

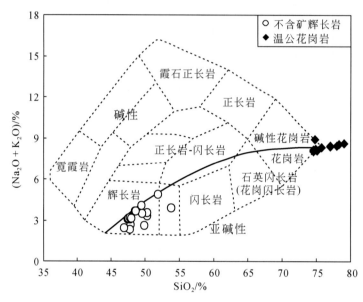

图2.41　霞岚辉长岩和温公花岗岩 TAS 图

微量元素组成特征表现为，辉长岩显示出轻稀土富集，重稀土亏损的特征，其中含矿的辉长岩具有正 Eu 异常。在原始地幔标准化的微量元素蛛网图上，所有的霞岚辉长岩富集 La 和 Th 等不相容元素；而不含矿的辉长岩具弱的 Nb-Ta 负异常（Nb/La=0.66～1.03）和相对高的 Th 含量。相反，含矿的辉长岩显示明显的正 Ti 和 Sr 异常。同位素组成上，霞岚辉长岩具有变化较大的 $^{143}Nd/^{144}Nd$ 值（0.512663～0.512908），对应的 $\varepsilon_{Nd}(t)$ 值为1.7～6.2。其 $^{87}Sr/^{86}Sr$ 为0.7043～0.7069，I_{Sr} 为0.7041～0.7060，表明岩浆来自于亏损地幔源区。

不含矿的辉长岩 MgO、Fe_2O_3、CaO、Al_2O_3 与 SiO_2 呈负相关，表明岩浆经历了结晶分异作用，涉及的主要矿物为斜长石、橄榄石/单斜辉石。而含矿辉长岩具有高的 Fe_2O_3 和 TiO_2 含量，以及明显的正 Eu 和 Sr 异常，表明主要受斜长石和铁钛氧化物堆晶的控制。所有的霞岚辉长岩具有弱的 Nb-Ta 亏损，表明受到陆壳物质的混染。在 Hf/Sm-Ta/La 图上表明混染不是由于源区混染造成。岩石在 Nb/Th-Nb/La 图上显示正相关，在 $\varepsilon_{Nd}(t)$-La/Sm 图上显示负相关，表明混染主要是地壳结晶分异过程中混染地壳围岩所致。尽管岩石受到不同程度的地壳物质的混染，但是霞岚辉长岩的成分与大陆溢流玄武岩和洋岛玄武岩（OIB）相似，同时也类似于与紧邻地区的燕山早期非造山伸展有关的玄武岩（Zhou et al.，2006），结合霞岚辉长岩正的 $\varepsilon_{Nd}(t)$ 值（1.7～6.2），霞岚辉长岩是亏损的软流圈地幔部分熔融的产物。

二、中侏罗世基性岩年代学与岩浆源区

通过对华南内陆（指江南-雪峰与武夷山之间），特别是郴州-临武断裂两侧中生代基性岩的研究发

现，中侏罗世基性岩石主要零星地分布在郴州–临武断裂的两侧，包括断裂西侧的湘东北–湘南等地（如湘东北的春华山和春江铺及湘南的宁远和道县及焦溪岭、枳村和回龙圩等），以及断裂东侧的赣西北–赣中和赣南的盆地中（如赣中吉安盆地、赣南的长城岭、菖蒲–白面山盆地和东坑–临江盆地等）（图2.42）。岩性主要包括玄武质熔岩和少量的基性侵入岩，总体上其出露面积都相对较小。

郴州–临武断裂西侧：来自湘东北回龙圩的煌斑岩和黑云母堆晶岩给出了172Ma和169Ma的K-Ar年龄（表2.5）。郴州–临武断裂东侧：对华南衡阳盆地、赣中吉安盆地和赣南的长城岭、菖蒲–白面山盆地和东坑–临江盆地中玄武质岩石和基性侵入岩的K-Ar和Ar-Ar年代学的研究分别给出了173Ma和178Ma的结果。综合前人的研究资料显示，两侧基性岩浆作用的时间相似（表2.5）。

表2.5　华南内陆中生代基性岩石的K-Ar年代学结果（引自Wang et al., 2003）

组		方法	年龄/Ma	位置	岩性	样品号	文献
郴州–临武断裂以西（组1）	组1A	^{40}Ar-^{39}Ar	173.8±0.9	宁远，图2.42中位置3	玄武岩	PA-03	Li等（2003）
		^{40}Ar-^{39}Ar	171.8±0.8	宁远，图2.42中位置3	玄武岩	XPA-1	Li等（2003）
		^{40}Ar-^{39}Ar	170.3±0.9	宁远，图2.42中位置3	玄武岩	XTB-3	Li等（2003）
		K-Ar	169.1±2.7	回龙圩，图2.42中位置3	基性岩脉	JYH-4	Wang等（2003）
		K-Ar	172.2±2.7	回龙圩，图2.42中位置3	基性岩脉	JYH-2*	Wang等（2003）
	组1B	^{40}Ar-^{39}Ar	151.6±1.0	道县，图2.42中位置3	玄武岩	HTY-1	Li等（2003）
		^{40}Ar-^{39}Ar	147.3±0.3	道县，图2.42中位置3	玄武岩	DXB-1	Li等（2003）
		K-Ar	146.2±2.3	枳村，图2.42中位置3	基性岩脉	ZHC-10	Wang等（2003）
	组1C	K-Ar	93.4±1.5	焦溪岭，图2.42中位置1	基性岩脉	20LY-5	Wang等（2003）
		K-Ar	83.3±1.0	春华山，图2.42中位置2	玄武岩	20LY-2	Wang等（2003）
		K-Ar	83.1±1.3	焦溪岭，图2.42中位置1	基性岩脉	20LY-4	Wang等（2003）
		K-Ar	81	春江铺，图2.42中位置2	玄武岩	CJP-1	Zhao等（1998）
郴州–临武断裂以东（组2）	组2A	K-Ar	172.7±3.3	白面山，图2.42中位置6	玄武岩	20GN-7	Wang等（2005）
		Rb-Sr	173±5.5	白面山，图2.42中位置6	玄武岩		Chen等（1998）
		Rb-Sr	178±7.2	东坑，图2.42中位置6	玄武岩		Chen等（1998）
		^{40}Ar-^{39}Ar	178.0±3.6	长城岭，图2.42中位置6	玄武岩	YTK-1	Zhao等（1998）
	组2B	K-Ar	139.0±2.8	诸广山	基性岩脉	BD-29*	Li等（1997）
		K-Ar	142.6±2.8	诸广山	基性岩脉	BD-24*	Li等（1997）
		K-Ar	127.6±1.9	横县，图2.42中位置5	玄武岩	20YZH	Wang等（2003）
		K-Ar	124.5±2.5	横县，图2.42中位置5	玄武岩	20YZH	Wang等（2003）
	组2C	^{40}Ar-^{39}Ar	90.2±0.3	螺丝山，图2.42中位置4	玄武岩	20JF-16	Wang等（2003）

断裂带两侧中侏罗世基性岩地球化学数据参见Wang等（2003，2005a，2008），断裂带西侧中侏罗世基性岩石具有高K_2O和K_2O+Na_2O含量，属于高钾系列（图2.43），岩性主要有碱性碧玄岩/玄武岩/粗面玄武岩和玄武质安山岩。此外，西侧的样品具有比东侧样品更高的$Mg^{\#}$值、K_2O、P_2O_5、Ni、Cr和Sr含

量，以及更低的 Al_2O_3 的含量（图 2.44）。不相容元素组成上，西侧样品具有比东侧样品更高的 Rb、Ba、Nb、La、Nd 的含量（图 2.44），所有样品都具有明显的轻稀土 LREE 的富集、轻微的重稀土的分异，以及无明显的 Eu 异常的特征（图 2.45）。在微量元素蛛网图上，所有基性岩都展示出具有相似的微量元素模式，无明显的 Nb-Tb 和 Ti 的异常（图 2.45）。

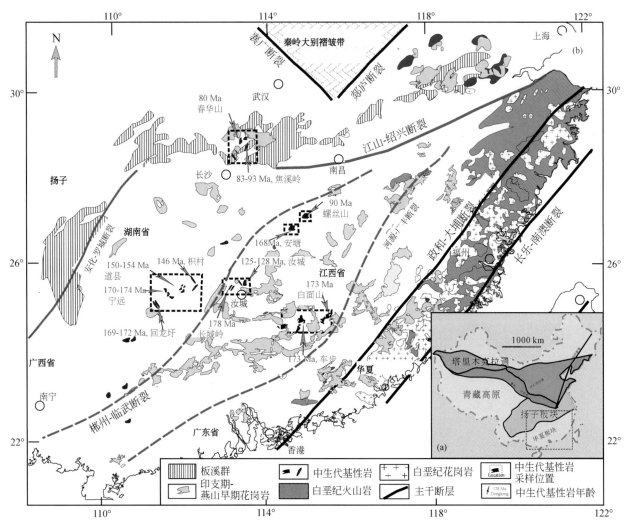

图 2.42　华南内陆中生代基性岩石的分布简图（b）及华南大地构造格架图（a）（引自 Wang et al.，2003，2008）

Sr-Nd 同位素组成上，华南内陆郴州–临武断裂两侧约 170Ma 的基性岩石显示出明显不同的组成。其中西侧扬子陆块的基性岩初始 $^{87}Sr/^{86}Sr$ 值为 0.70317 ~ 0.70494，$\varepsilon_{Nd}(t)$ 值为 –1.32 ~ 6.10，具有 OIB 与 EMI 混合端元成分特征。东侧华夏内部基性岩对应的初始 $^{87}Sr/^{86}Sr$ 值为 0.706403 ~ 0.708663，$\varepsilon_{Nd}(t)$ 值为 –2.04 ~ 1.05，显示出明显的 EMII 型富集地幔特征（图 2.46）。而两侧基性岩样品的 Pb 同位素组成上，西侧 $\Delta 8/4 = 70.8 ~ 100.0$、$\Delta 7/4 = 11.2 ~ 79.8$，$(^{206}Pb/^{204}Pb)_i = 18.704 ~ 19.049$，$(^{207}Pb/^{204}Pb)_i$ = 15.668 ~ 15.743、$(^{208}Pb/^{204}Pb)_i = 39.025 ~ 39.496$；东侧 $\Delta 8/4 = -3.8 ~ 14.0$、$\Delta 7/4 = 34.4 ~ 53.6$，$(^{206}Pb/^{204}Pb)_i = 19.06 ~ 19.33$、$(^{207}Pb/^{204}Pb)_i = 15.522 ~ 15.702$ 和 $(^{208}Pb/^{204}Pb)_i = 39.108 ~ 39.409$，两者存在明显的差别（图 2.47）。

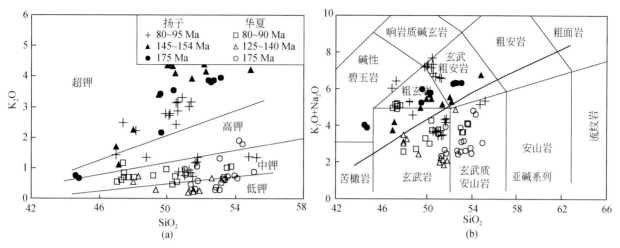

图 2.43　华南内陆中生代基性岩石分类图解

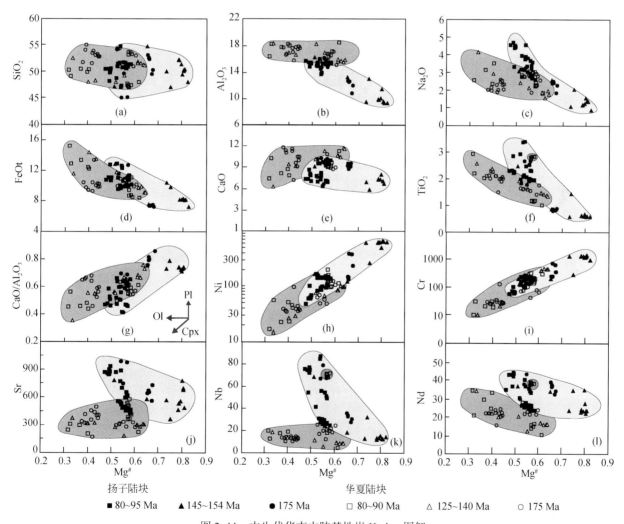

图 2.44　中生代华南内陆基性岩 Harker 图解

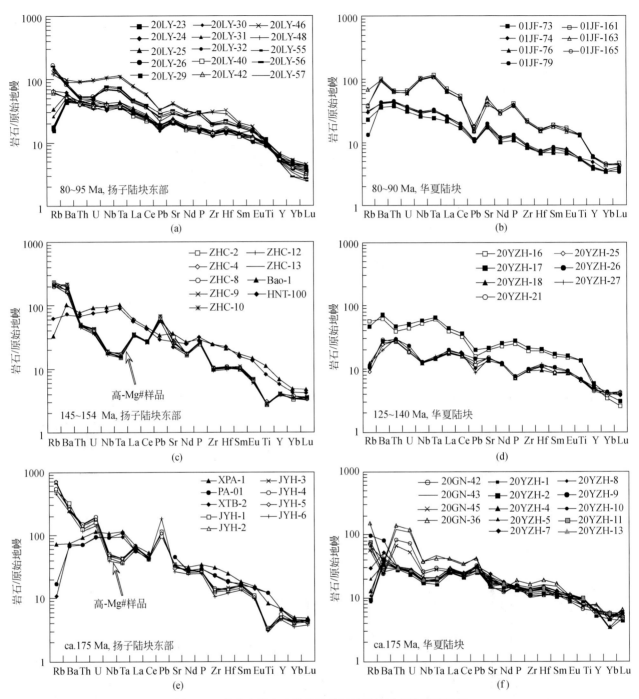

图2.45　华南内陆中生代基性岩石的微量元素蛛网图图解

　　总体上，170Ma 的样品显示出低 Nd（Lo-Nd）特征。其中西侧样品具有比东侧样品明显变化小、低的初始 $^{87}Sr/^{86}Sr$，以及更大的变化范围的 Nd 同位素组成。东侧相同时代的基性岩则具有比西侧基性岩更高的 $^{87}Sr/^{86}Sr$ （t）值（0.7061～0.7087）和更低的 $\varepsilon_{Nd}(t)$ 值（−2.04～1.05），具有相对单一的 EMII 型富集地幔属性（图2.46）。总体上西侧岩石展示出 Hawaii-OIB 玄武岩与来源于 EMI 型地幔熔融的 Kenya、Patagonia、Walvis Ridge、Kerguelen 和 Northern Karoo 玄武岩相似的同位素组成特征；东侧岩石 EMII 型地幔类似于 Afar 和 Etendeka 玄武岩的特征（图2.45）。Pb 同位素组成上，170Ma 样品都落在了北半球参考线之下（NHRL）。所有样品的 $^{208}Pb/^{204}Pb$ 值都高于印度洋、大西洋和太平洋地幔的值，而显示出 Dupal-OIB 属性（图2.47）。

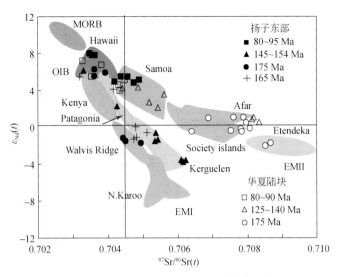

图 2.46　中生代基性岩 Sr-Nd 同位素图解

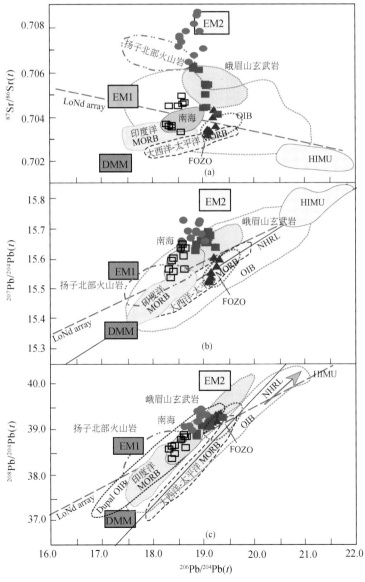

图 2.47　华南中生代 Sr-Pb 同位素图解

三、白垩纪基性岩地幔源区属性

与中侏罗世基性岩火成岩展布相似，华南内部白垩纪基性岩石也主要零星地分布于郴州-临武断裂两侧，如断裂西侧的江汉盆地、湘东北的浏阳盆地，以及湘南的衡阳盆地等，断裂东侧的赣中吉安盆地和赣西的萍乡盆地等（图2.42）。岩性主要包括玄武质熔岩和少量的基性侵入岩，总体上其出露面积都相对较小。在空间展布上与中侏罗世基性火成岩基本重叠。

郴州-临武断裂西侧：来自积村的基性岩脉和道县的玄武岩分别获得了146Ma（K-Ar年龄）和150Ma的年龄（Ar-Ar年龄），来自春华山的玄武岩和基性侵入岩分别获得了83Ma和93Ma的年龄。结合前人的研究结果（表2.5），表明郴州-临武断裂西侧白垩纪发生了两次主要的基性岩浆作用，即125~150Ma和80~95Ma岩浆事件（图2.48）。

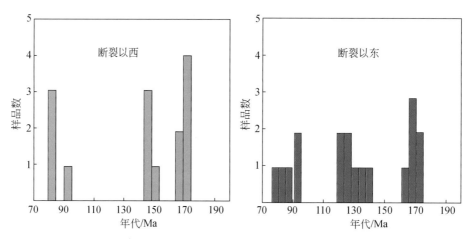

图2.48 郴州-临武断裂两侧中生代基性岩石的年代学频谱图

与中侏罗世基性岩石相似，断裂西侧白垩纪基性岩石具有明显不同的特征，参见 Wang 等（2003，2008），其西侧的样品 K_2O 的含量变化较大，显示出中钾至高钾钙碱性属性。相反，东侧的基性岩石普遍具有低到中钾的特征，属于亚碱性系列，岩性主要有亚碱性玄武岩和玄武质安山岩。此外，西侧的样品具有比东侧样品更高的 $Mg^\#$ 值、K_2O、P_2O_5、Ni、Cr 和 Sr 含量，以及更低的 Al_2O_3 含量，不相容元素组成上，西侧样品具有比东侧样品更高的 Rb、Ba、Nb、La 和 Nd 含量（图2.45）。所有样品都具有明显的轻稀土 LREE 的富集、轻微的重稀土分异，以及无明显 Eu 异常（0.75~1.13）。>80Ma 的样品西侧比东侧具有更高的 $(La/Yb)_N$ 值，西侧 $(La/Yb)_N = (9.1~21.1)$，东侧 $(La/Yb)_N = 2.5~6.9$，以及相似的 $(Gd/Yb)_N$ 值，西侧 $(Gd/Yb)_N = 1.6~2.9$ 和东侧 $(Gd/Yb)_N = 1.6~2.5$（图4.45）。在微量元素蛛网图上，高 $Mg^\#$ 值的岩石展示出明显的负 Nb-Ta-Ti 的异常和正的 Pb 异常，以及明显的富集 Rb、Ba 和 LREE 的特征。相反，低 $Mg^\#$ 值的样品展示出相对富集 Nb-Ta 的特征，相似于洋岛玄武岩（OIB）的特征（图2.45）。

早白垩世（125~145Ma）：断裂以西的样品 $\varepsilon_{Nd}(t)$ 为 -0.75~-3.75、初始 $^{87}Sr/^{86}Sr$ 值为 0.70434~0.70624，相似于 EMI 型地幔的 Sr-Nd 同位素组成特征（图2.46）。它们的 $(^{206}Pb/^{204}Pb)_i = 18.85~19.25$，$(^{207}Pb/^{204}Pb)_i = 15.64~15.70$ 和 $(^{208}Pb/^{204}Pb)_i = 38.91~39.30$，高 Th/U 和 U/Pb 值（$\Delta 8/4 = 34.4~58.9$ 和 $\Delta 7/4 = 6.9~12.6$）。断裂以东的基性岩石 $\varepsilon_{Nd}(t)$ 为 -2.04~1.05、初始 $^{87}Sr/^{86}Sr$ 值 0.70601~0.70851，相似于 EMII 型地幔的 Sr-Nd 同位素组成特征（图2.46）。与西侧的基性岩石相比，它们具有更高 $(^{206}Pb/^{204}Pb)_i$（18.85~19.25）、$(^{207}Pb/^{204}Pb)_i$（15.64~15.70）和 $(^{208}Pb/^{204}Pb)_i$（38.91~39.30）值（图2.47）。

晚白垩世（80~95Ma）：与中侏罗和早白垩世的基性岩样品相比，华南内陆郴州-临武断裂两侧80~95Ma的基性岩石具有相似的 Sr-Nd 同位素组成，但是它们的 Pb 同位素组成存在明显的差别。在 Sr-Nd 同位素图解上，投影于亏损岩石圈地幔（DMM）和富集 II 型地幔（EM II）之间。其 Pb 同位素组成为 $(^{206}\text{Pb}/^{204}\text{Pb})_i = 18.32 \sim 18.65$、$(^{207}\text{Pb}/^{204}\text{Pb})_i = 15.54 \sim 15.66$ 和 $(^{208}\text{Pb}/^{204}\text{Pb})_i = 38.41 \sim 38.94$。$\Delta 8/4$ 和 $\Delta 7/4$ 值分别为 $50.2 \sim 84.4$ 和 $5.3 \sim 14.9$，明显低于 $125 \sim 145\text{Ma}$ 的基性岩石（图 2.47）。总体上，早白垩世 $125 \sim 145\text{Ma}$ 的基性岩石投在 Lo-Nd 区域之上（图 2.47），而晚白垩世的 $80 \sim 95\text{Ma}$ 的样品则显示出低 Nd（Lo-Nd）特征。Sr-Nd 同位素组成上，早期的基性岩石表现出西侧比东侧更高的 $^{87}\text{Sr}/^{86}\text{Sr}(t)$（西侧 $0.7032 \sim 0.7062$，东侧 $0.7053 \sim 0.7083$），以及变化较大的 $\varepsilon_{Nd}(t)$（西侧为 $-3.75 \sim 5.35$ 和东侧为 $0.48 \sim 4.93$）；而晚期的基性岩石具有相似的同位素特征（$\varepsilon_{Nd}(t) = 3.99 \sim 8.00$ 和 $^{87}\text{Sr}/^{86}\text{Sr}(t) = 0.7033 \sim 0.7052$）。Pb 同位素组成上，所有白垩纪的样品都落在 NHRL 之上。而且它们的 $^{208}\text{Pb}/^{204}\text{Pb}$ 值都高于印度洋、大西洋和太平洋地幔的值，而显示出 Dupal-OIB 属性（图 2.47）。

华南内陆中生代基性岩石元素和 Sr-Nd 同位素组成的差别，可能反映了其岩浆源区存在不均一性。所有早白垩世的基性岩石展示出 Nb-Ta 和 Pb 异常及具有高的 $^{87}\text{Sr}/^{86}\text{Sr}$ 和低 $\varepsilon_{Nd}(t)$ 值的特征，暗示这些岩石来源于大陆岩石圈地幔的熔融。Sr-Nd 同位素组成上，华南内陆中生代基性岩石对应的地幔源区包括 OIB、EM I 和 EM II 型地幔。从微量元素和同位素比值图解上可见（图 2.49），郴州-临武断裂两侧中生代基性岩石展示两个不同的演化趋势，而它们的共同点特征是，$80 \sim 95\text{Ma}$ 的样品均展示出相似的 OIB 地幔源区特征。所有早白垩世岩石的 La/Nb、Ba/Nb、Rb/Nb、Th/Nb 和 Ba/La 值明显高于 OIB 地幔源区值。其中郴州-临武断裂西侧的岩石比东侧的样品有着明显高的 Ba/Nb、Rb/Nb、Ba/Th 和 Ba/La 值及更低的 Th/Nb、Th/La 和 Zr/Nb 值（图 2.49）。如此的微量元素比值特征表明西侧早白垩世的岩浆源区与 EM I 型地幔相似，而东侧相同时代的地幔源区与 EM II 型地幔相似。

在 $\varepsilon_{Nd}(t)$ 和 $^{87}\text{Sr}/^{86}\text{Sr}(t)$ 对 Ba/Nb 和 La/Nb 图解上，断裂西侧中生代的岩石展示出 EM I 型地幔到 OIB 的演化趋势，而东侧的岩石则展示出 EM II 型地幔到 OIB 的演化趋势。因此，以上特征表明，华南内陆中生代基性岩浆可能来源于三个不同的地幔源区，即 EM I 型、EM II 型和 OIB 型地幔。时空上，西侧基性岩的源区经历了从 170Ma 的 EM I 型地幔至 80Ma 的 OIB 型地幔源区的转变；而东侧基性岩的源区经历了 170Ma 的 EM II 型地幔至 80Ma 的 OIB 型地幔源区的演化。$80 \sim 95\text{Ma}$，断裂两侧的基性岩石共同展示出 OIB 型地幔源区特征。

Pb 同位素的结果显示，其岩浆源区的地幔不仅包括 EM I 型和 EM II 型和 OIB 型地幔，也包括了 FOZO 型和 DMM 型的地幔源区。即郴州-临武断裂以西的 $175 \sim 145\text{Ma}$ 的基性岩浆可能来源于 EM I 型岩石圈地幔和 FOZO 型的软流圈地幔相互作用的结果；而断裂以东 $170 \sim 125\text{Ma}$ 的基性岩浆可能是 EM II 型和少量的 DMM 作用结果。这表明郴州-临武断裂可能代表了扬子和华夏地块中生代岩石圈地幔的边界。地球物理的数据也显示以郴州-临武断裂为界，两侧的重力异常存在一个明显的变化，断裂以西的莫霍面深度为 $34 \sim 36\text{km}$，而以东的莫霍面深度为 $30 \sim 32\text{km}$。然而，地表上郴州-临武断裂和安化-罗城断裂之间的块体应该属于华夏地块。而前人也一直认为安化-罗城断裂代表了扬子和华夏的边界，这种地表和深部岩石圈地幔边界的解耦可能与印支期地壳的西向逆冲推覆有关。

此外，华南内陆中生代大地构造演化的动力学机制一直存在争议。一部分人认为华南内陆中生代的构造岩浆作用是太平洋向西俯冲作用的结果，或者是华南内陆洋盆闭合的结果。但是华南内陆地区缺乏中生代蛇绿岩组合、洋盆和岛弧岩浆作用，而古地磁资料表明太平洋板块的西向俯冲可能晚于 125Ma。有学者则认为可能与早中生代甚至古生代的大陆裂谷和岩石圈伸展作用有关。在郴州-临武断裂以东的东坑-白面山盆地中，中侏罗世玄武岩和流纹岩不整合上覆于前侏罗纪地层之上；具有典型裂谷岩浆作用有关的基性侵入岩、煌斑岩和典型双峰式火山岩组合在该区的出现，表明中侏罗世岩浆作用是大陆裂谷作用岩石圈伸展减薄的结果。软流圈地幔上涌取代丢失的岩石圈根并与下沉的岩石圈地块相互作用可能产生了约 170Ma 的 FOZO 型的基性岩浆。软流圈的上涌提供了大量热能进一步引发陆下岩石圈地幔熔融。因此，具有 EM I 型地幔特征的扬子岩石圈地幔熔融产生的熔体与 FOZO 型软流圈来源的熔体相互作用形成了郴州-临武断裂以西 $140 \sim 155\text{Ma}$ 的基性岩浆；而具有 EM II 型地幔的华夏

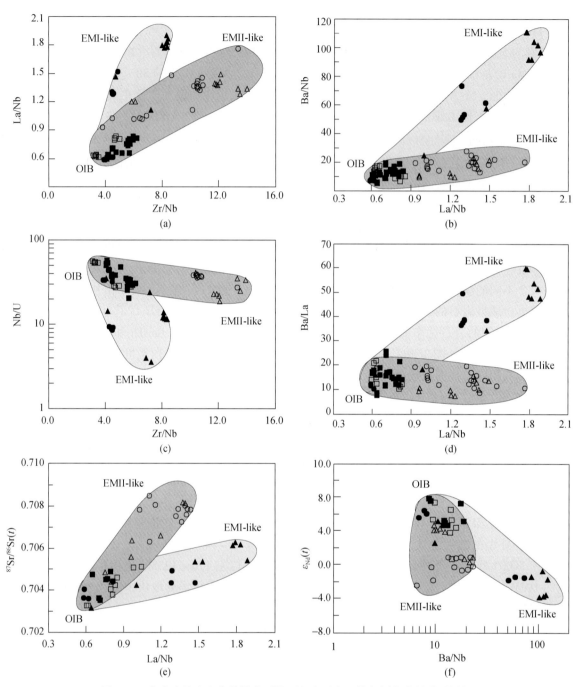

图 2.49   华南内陆中生代基性岩石的不相容元素比值与同位素的关系图解

岩石圈地幔熔融产生的熔体与 FOZO 型软流圈来源的熔体相互作用则产生了临武断裂以东 140～155Ma 的基性岩浆。由于岩石圈地幔不断熔融，从而导致亏损软流圈的上涌并减压熔融，形成 80～90Ma 的基性岩浆。因此，陆内裂谷作用背景下软流圈物质的上涌为解释华南内陆中生代基性岩浆作用提供了一种可能途径。

第四节   中生代动力学模式的思考

华南陆块广泛发育了晚二叠—三叠纪的印支期构造与岩浆作用，与印支陆块的构造活动基本同期，有关华南印支期构造机制从 20 世纪 80 年代就开始了激烈讨论，就华南印支运动的驱动机制一直存在争论（Hsü et al.，1990；Zhou and Li，2000；Li and Li，2007；Wang et al.，2005，2007）。Hsü 等（1990）在假设存在板溪洋和板溪蛇绿岩带的基础上提出了华南内陆早中生代阿尔卑斯型碰撞模式。然而，越来越多的数据显示板溪群为新元古代连续沉积地层，地质事实与这种模式相矛盾。根据二叠纪放射虫硅质岩、燧石岩和岑溪地区二叠纪玄武岩的存在又提出沿广西东部、湖南东部、江西北部和安徽西南部边界存在古特提斯洋壳。然而，Li（2000）在研究江西东北部混杂岩中放射虫硅质岩的基础上认为其形成于大陆边缘，而不是开阔洋盆，赣东北地区的硅质岩与蛇绿岩套没有成因联系。

一、印支期动力学机制的思考

目前关于华南印支期构造动力学机制主要有两种学术观点。一种观点认为华南印支运动是 Pangea 超大陆向北汇聚时由于能干性差的华南软弱带受到能干性强的华北和印支块体挤压碰撞而导致的，是古特提斯关闭时印支-华南-华北相互作用的结果（Wang et al.，2005，2007）。另一种观点认为华南印支期的构造运动与古太平洋板块于二叠纪开始向华南的平俯冲有关（Li et al.，2006），向北西迁移的造山运动是大洋岩石圈水平俯冲作用的结果（Li 和 Li，2007）。这两种观点的核心问题在于华南印支期构造运动是和古特提斯洋关闭有关还是和古太平洋水平俯冲有关。

（一）与特提斯有关的多陆块相互作用模型

研究表明，印支期（上三叠—下侏罗统与前三叠系地层间）安源运动的不整合分布具一定的规律性。慈利-保靖断裂以东的华南东部构造体系在印支期定型，早中生代以发育脆性/脆韧性逆冲推覆构造或发育多重冲褶构造为特征，局部可能发育有伸展变质穹隆。在浙江北部地区，发育一系列印支期向北西背冲褶皱和逆冲构造，其根部向南东下冲于陈蔡变质杂岩之下（Xiao and He，2007）。雪峰和江南地区印支期（195～217Ma）由向北西西斜向逆冲和向南东东背冲而形成反 Y 形构造样式（Wang et al.，2005）。在闽西北地区中生代逆冲体系的逆冲方向指向南东（Chen，1999）或北西（Hou et al.，1995）。总体上表现为 248～220Ma 华南腹地为一以湘赣古裂陷带为中心，湘赣至雪峰山地区向北西，而赣闽武夷山地区向南东推覆的巨型花状构造，且在不同地区走滑和推覆分量各有差别。在雪峰-云开-武夷区域表现为正花状构造格局，类似于袁学成等（1989）地球物理数据显示的镜像几何形态。区内峰期变形变质作用发生在 242～252Ma，与此相对应的是 243～228Ma（峰值为 236Ma）期间由中上地壳变泥质、变火成质岩石深熔而成的 S 型或 I 型过铝质花岗岩；在陆壳叠置加厚模型中，地壳的叠置加厚可导致中下地壳界面温度升高达 700℃以上，引起片麻岩类岩石熔融。随之加厚地壳由于重力不稳定而伸展垮塌，其对应的挤压-伸展转换时间发生在约 224Ma，一致于该时期局部地区的岩浆底侵作用。印支晚期华南腹地以压扭性或局部伸展构造为主（变形年龄被限制在 220～200Ma），对应于 220～208Ma 由底侵岩浆热传导作用所致的花岗岩浆生成。

东西向印支期构造在以往的研究中很少被关注，事实上，在沿华南南缘的红河-右江-云开地区可清楚地识别出东西向的断层和相关褶皱构造。在华南南缘的云开地体和越北的 Song Chay 地体发育了早中生代东西走向向北逆冲推覆的韧性变形。在海南地区三叠纪构造样式由 240～250Ma 指向北北东斜向逆冲转变为 190～230Ma 指向南东的斜向逆冲。海南中部近东西向五指山片麻状花岗岩年龄为 260～272Ma，以及海南中部中二叠统砾岩不整合覆于下二叠统灰岩之上，表明印支与华南陆块的会聚作用始于中二叠世（约 272Ma）。在越南北部，Song Chay 地体的岩石和构造特征与云开地体极为相似：平缓的面理，北东—南西向的矿物拉伸线理和上部指向北东的剪切变形，这些构造特征均表现为向北东的逆冲推覆，变形时间从晚三叠世至早侏罗世。另外在印支块体内部发现有一系列伴有右旋走滑或压剪切作用的北西/北西西向剪切带，这些剪切带中同构造矿物（角闪石、黑云母和白云母）给出了 240～250Ma 的 $^{40}Ar/^{39}Ar$ 坪年龄。越南北部深变质岩中锆石的变质年龄为 247～253Ma。越南北部泥质岩和基性岩包裹体的 Sm-Nd 等时线年龄为240~247Ma。这表明华南南缘北西西向剪切带与印支北部北西西向剪切带在时间上一致、空间上相连。华南板块南缘云开地体和Song Chay地体被一同卷入与印支板块的碰撞造山体系之中。因此海南岛所发育的北西向韧性变形与越南北部所发育的北西向右行剪切带在时间、空间及构造性质方面具有一致性，它可能是印支板块北部北西向构造体系的东延部分。这期构造事件的动力学机制被认为同印支板块与华南板块早中生代的构造拼合密切相关。

海南昌江-万宁一线北侧沿邦溪-晨星出露具N-MORB、E-MORB或T-MORB及OIB地球化学特征的变质基性岩。沿邦溪-晨星构造带以西的松马和哀牢山构造带，基性和超基性岩石大量出现。松马复背斜中的变质杂砂岩、变基性岩、大理岩、超基性岩和斜长花岗岩组合，被解释为变质的弧前和岛弧混杂体的残片。其中，由于存在MORB型辉长岩和斜方橄榄岩而被认为是古特提斯洋的残余或被解释为松马带弧后盆地产物（Metcalfe，1996，2010）。沿哀牢山构造带的基性和超基性岩形成于268~287Ma，传统上或被认为是东特提斯洋的碎片，或是弧-弧后盆地的产物。其与海南邦溪-晨星蛇绿岩带构成印支与华南陆块之间的一条近东西向会聚边界，现有岩石类型足可与甘孜-理塘带和三江带的岩石类型进行对比。华南晚古生代—早中生代构造演化可能与古特提斯洋从南到北的剪刀式扩张与俯冲所导致的印支与华南板块的剪刀式碰撞有关。与华南南缘印支期构造-岩浆作用同时，在北缘扬子陆块与秦岭-大别-苏鲁造山带于印支期（约240Ma）发生深俯冲/碰撞作用或顺时针旋转俯冲/碰撞，在西南缘劳务-文冬缝合带、昌宁-孟连一带和泰国北部蓝片岩中蓝闪石$^{40}Ar/^{39}Ar$年龄在270Ma、暗示古特提斯洋沿昌宁-孟连一带于海西期（晚二叠世左右）俯冲消减，景洪-临沧-白马雪山碰撞后花岗岩和忙怀组火山岩250~229Ma的SHRIMP锆石U-Pb年龄也表明在印支期该地区有着强烈的碰撞造山作用。这些资料证实了印支陆块于258~240Ma在越南北部与华南陆块首先拼合，并顺时针旋转碰撞，这表明华南内陆由于陆壳物质叠置加厚作用形成的印支早期花岗岩（230~244Ma）与华南周缘造山作用具有很好的时序耦合。华南腹地早中生代构造-岩浆作用与周缘造山作用间具协调一致的时空耦合关系，华南腹地印支期构造格局是Pengea大陆聚合期间古特提斯洋向北/北西俯冲导致夹持于相对刚性的华北与印支陆块间的华南陆内造山作用的结果（图2.50）。

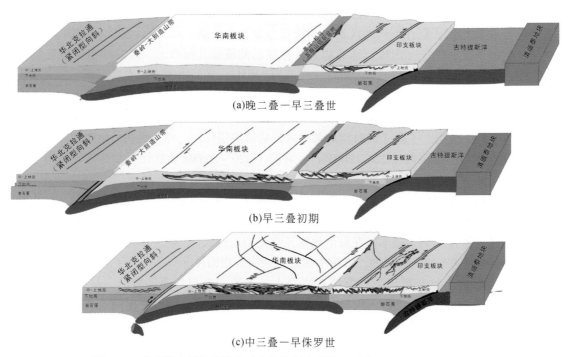

(a)晚二叠—早三叠世

(b)早三叠初期

(c)中三叠—早侏罗世

图2.50　华南印支期构造演变动力学机制卡通图（引自Wang et al.，2007）

（二）印支期板片平俯冲模式

针对第二种观点，Li 等（2006），Li Z X 和 Li X H（2007）等开展了丰富研究，提出了华南印支构造运动与古太平洋板块于二叠纪开始向华南俯冲有关的动力学模型。针对印支期动力学模式与古特提斯洋闭合有关的观点，Li 等（2010）认为古特提斯洋沿松马带闭合的时间尚不确定（Carter and Clift，2008）。越南中部的非海相鱼化石显示在泥盆纪时，印支与华夏陆块已为一体，因此，印支–华南陆块聚合应是前泥盆纪，虽然不排除随后又经历扩展形成弧后盆地–再聚合的可能性。另外尽管印支陆块经历了强烈的印支期构造–热事件，但是目前并没有证据显示该地区存在有与碰撞造山有关的加厚地壳残余。华南约1300km 宽的印支期褶皱带伴随着沿海地区的造山运动和前陆盆地的发展迁移（Wang et al.，2005；Li and Li，2007），发育了北东—北北东构造和盆地。华南二叠—三叠纪盆地没有显示有来源于松马带（推测的印支–华南碰撞造山带）的碎屑沉积（Li and Li，2007）。因此，印支陆块的印支期构造–热事件很可能与二叠纪古太平洋西向俯冲导致东南沿海地区由被动陆缘转变成活动陆缘（Li et al.，2006）。大约在250Ma时，大洋岩石圈的正常的俯冲转变为水平俯冲，可能与大洋高原俯冲有关（Li and Li，2007）。东南沿海晚二叠砂岩碎屑锆石 U-Pb 年龄揭示了东南地区前中生代可能至少存有六次岩浆活动，时代为1870Ma、1160～940Ma、800Ma、445Ma、370Ma，结合中–晚二叠世的岩相古地理特征，认为华南晚二叠沉积岩很可能来源于东侧的武夷山及沿海地区，二叠纪古太平洋西向水平俯冲模式可以很好地解释280～250Ma 时期的沿海地区岩浆弧的形成（图2.51）、向内陆迁移的1300km 造山运动、紧随造山迁移形成的陆内盆地和造山后的盆–岭式岩浆岩省。约280Ma 岩浆弧最初是根据在海南岛发现二叠纪弧岩浆所推测的（Li et al.，2006），并得到菲律宾 Mindoro 岛发现二叠纪弧岩浆岩的支持。虽然在东南沿海至今尚无类似的岩浆岩报道，但碎屑锆石年龄分析表明该地区很可能曾经存在约280Ma 的岩浆岩（沉积物源区）。锆石 Hf-O 同位素分析结果进一步指示约280Ma 的岩浆岩是由幔源岩浆和古老地壳来源岩浆混合形成的，与很多活动大陆边缘岩浆岩类似。约280Ma 锆石广泛存在于晚二叠沉积岩中，Hf-O 同位素表明这个时期的岩浆岩类似形成于活动大陆边缘的岩浆弧，因此表明东南大陆边缘可能曾经有一个二叠纪岩浆岩弧。推测约280Ma，大陆岩浆弧与东南沿海早二叠世抬升与造山带平行的前陆盆地发育一致，岩浆弧（包括基底）的抬升剥蚀为武夷山西侧的弧后盆地提供了沉积物源（图2.51）。支持东南地区的印支期造山运动很可能与古太平洋在二叠纪开始向华南大陆俯冲有关。

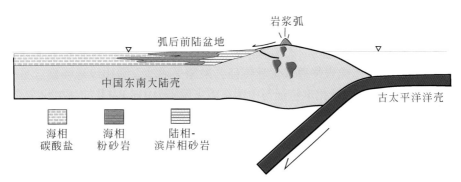

图2.51　华南东南部二叠纪活动大陆边缘岩浆弧及弧后盆地模式图

二、燕山期动力学模式的思考

在华南内部，前白垩系地层通常被微微倾斜的早白垩世红层呈角度不整合覆盖，由此认为存在燕山期构造事件的强烈叠加。这期事件不仅导致先存断层的再活化，而且还导致华南内陆燕山期的弥散性构造，燕山期（上三叠—下侏罗统与前三叠系地层间）的角度不整合广布于整个华南地区，主要表现为上、下白垩统地层与下伏地层呈角度不整合接触。

　　华南东部最显著的地质特征是安化-罗城断裂以东广泛分布的燕山期岩浆岩，总出露面积达200000km²。在中国东南部这些岩浆岩与大量有色金属和稀有金属矿床密切相关，自20世纪40年代起就吸引了广泛关注。这些岩浆岩主要分为两群，内陆侏罗纪岩浆岩和沿海白垩纪岩浆岩，虽然许多侵入体的年代学数据还有待重查。但现有年龄数据统计显示除少数几个侵入体给出了190~195Ma的年龄以外，绝大多数集中在152~180Ma、120~130Ma和87~107Ma三个年龄群，其年龄峰分别为158Ma、125Ma和93Ma。华南东部燕山期A型花岗岩和正长岩也给出了相似的年龄模式，集中于152~180Ma（峰为158Ma）、120~130Ma（峰为125Ma）和87~107Ma（峰为93Ma）。伴随燕山期岩浆作用的是年龄132~142Ma和95~112Ma的压剪环境，燕山期岩浆作用与挤压变形在时间上相间发育。

　　华南东部侏罗纪花岗岩包括钙碱性I型花岗岩（A/CNK<1.1）和正长岩、A型和S型花岗岩，它们主要形成于165~155Ma时间段，呈北东和北西两个方向分布。值得注意的是，在南岭形成三条东西向的花岗岩带，包括骑田岭-九峰、大东山-桂东和佛冈-信丰带。在南岭花岗岩区和赣杭带南段还报道有少量侏罗纪正长岩，峰期年龄为160Ma。华南东部白垩纪花岗岩出露面积约139920km²，代表中国东部重要的晚中生代北东向岩浆岩带（长3500km，宽约800km），它们主要为高钾I和A花岗岩，伴有少量S型花岗岩和碱性岩，它们的来源被认为是与弧后拉张或弧内裂谷环境相关的元古代变质基底部分熔融而来，伴有或没有初生幔源岩浆的注入。以前的研究认为这些花岗岩从内陆向东南趋于年轻，然而，最新的数据显示白垩纪花岗岩主要结晶于2个时间段，即120~130Ma和87~107Ma，没有明显由内陆向东南变年轻的趋势。主要分布于恩平-绍兴带、中国东南沿海地区和长江下游地区的A型花岗岩和碱性岩峰期年龄为125Ma和92Ma。燕山期火山岩的分布也显示两个系列，分别与中国东南沿海斜交和平行。一条是大致沿华夏内部南岭山脉东西向外延的火山岩带，从湖南南部（道县、宁远和长城岭）通过江西南部（临江、东坑和会昌）直至福建南部地区（潘坑）。这些岩石形成于早-中侏罗世（主要为170~185Ma），由45%的玄武岩和55%的流纹岩加少量安山岩组成，在空间上与钙碱性花岗岩、A型花岗岩和正长岩相关，沿安塘、宁远、车步和潘坑的玄武质岩石显示类OIB型地球化学特征。余心起等（2009，2010）报道广东东北霞岚地区早侏罗世（192~194Ma）基性-超基性侵入体来源于类OIB亏损岩浆，另外，沿这条带的一些晚中生代基性岩显示出富岩石圈源属性。Wang等（2008）在元素和Sr-Nd-Pb同位素特征的基础上推断，江山-绍兴断裂以西，从汝城到桂阳地区的晚中生代基性岩主要来源于EMⅠ和类FOZO组分的混合，而江山-绍兴断裂以东，从临江到东坑地区的晚中生代基性岩则来源于EMⅡ和少量DMM组分。另一系列为沿中国东南沿海北东向火山岩带，主要为流纹带带少量玄武岩夹层（<10%）。这个区域内的火山岩通常和钙碱性花岗岩共生，构成一条宽阔的火山岩-次火山岩-侵入岩组合，大多数研究认为这些火山岩形成于白垩纪（130~85Ma），显示弧岩浆地球化学特征，来源于活动大陆边缘地幔楔。另外，拉斑玄武岩通常出现在上白垩统红层中，其地球化学特征与中国东南来源于DMM-EMⅡ的新生代玄武岩相似。

　　对于华南侏罗纪以来的动力学机制，在过去的30年，提出了大量的模式，包括中生代平移断层、中国东南盆岭省、岩石圈伸展、中国东部沿海裂谷系、地幔柱、太平洋板块俯冲和下地壳拆沉作用等。尽管对太平洋板块俯冲样式和方式提出了众多不同的观点，但太平洋板块斜向俯冲模式到目前为止仍是流行的华南燕山期构造模型。例如，牛保贵（1988）和任纪舜（1990）认为太平洋板块的向西俯冲奠定了华南中生代大地构造的基本格架，华南中生代构造是太平洋板块俯冲作用的直接结果。Zhou和Li（2000）提出太平洋板块俯冲后撤和岩浆底侵模式来理解华南东部侏罗纪以来的构造岩浆作用，侏罗纪时以微小角度俯冲，在白垩纪时以中等角度向中国东南俯冲。Li和Li（2007）将燕山期广泛的岩浆作用归功于太平洋平板俯冲作用。尽管太平洋板块俯冲为解释东南沿海乃至华夏晚中生代构造格架与岩浆作用地球化学特征提供了可能机制，但是太平洋板块俯冲的直接效应能否越过雪峰到达华蓥山的近2000km尺度仍值得商榷。

第三章　长江中下游隆起区斑岩-夕卡岩铜多金属成矿系统

同熔型花岗岩是我国学者徐克勤等在 20 世纪 80 年代提出的花岗岩成因类型之一（南京大学地质学系，1981；徐克勤等，1982），与同熔型花等岗岩有关的铜（铁）多金属成矿系统是华南与花岗岩有关的成矿系统中非常重要的一个系统，它主要包含了与中-浅成的中酸性花岗岩类（石英闪长岩、花岗闪长岩、石英二长岩、花岗岩、碱性岩及相应的斑岩）有成因关系的斑岩型、夕卡岩型、中浅成热液型的铜、铁、金（银）、铅锌、钼等金属矿床。华南与中生代同熔型花岗岩有关的矿床主要分布于长江中下游、赣东北、湘东南等成矿区带，以及粤西、桂东南、闽西北等矿集区。在本篇中，以长江中下游成矿带作为与同熔型花岗岩有关的铜（铁）多金属成矿系统的典型代表进行阐述。

长江中下游地区是我国重要的铜铁金成矿带，开发时间早，科研成果积累深厚。我国许多著名科学家曾经在此做过调查研究，如翁文灏、谢家荣、徐克勤、郭文魁、涂光炽、陈毓川、翟裕生、常印佛、裴荣富、李文达、赵一鸣等。我国夕卡岩成矿理论的引进、消化和提升始于此地，具有广泛影响力的"宁芜玢岩铁矿模型"发祥于该成矿带的宁芜陆相火山盆地（宁芜研究项目编写小组，1978），不少典型矿床和矿集区的深入研究为形成具我国特色的"矿床成矿系列"成矿理论（程裕淇等，1979；翟裕生等，1992）和"矿床成矿系统"理论（翟裕生等，1999）提供了典例。在该带鉴别出我国典型矿浆成因的矿床（于景林和赵云佳，1977）。常印佛和刘学圭（1983）针对沿层交代形成的夕卡岩，提出了层控夕卡岩新认识。在常印佛倡导下，立体填图和找矿工作也率先在铜陵和庐枞矿集区深入展开，最近五年开展了深部探测工作（Lü et al.，2013）。

作为一个基地，新中国成立以来在长江中下游地区的科学技术研究和找矿勘查从未间断过。在 20 世纪 50~60 年代，针对国家对铁和铜的需求，以古找矿遗迹为线索，开展系统勘查，取得找矿的巨大成果，70 年代开展宁芜-庐枞地区铁矿找矿大会战，探明一批铁矿和硫铁矿；"八五"期间进一步开展成矿规律研究。这一时期的巨大进展和成就具体反映在《宁芜玢岩铁矿》（宁芜研究项目编写小组，1978）、《长江中下游铜铁成矿带》（常印佛等，1991）、《长江中下游地区铁铜（金）成矿规律》（翟裕生等，1992）、《安徽沿江地区铜多金属矿床地质》（唐永成等，1998）等专著中。进入 21 世纪后，先后有多个国家 973 等课题将长江中下游成矿带列为重点区，有关国家支撑计划项目也先后实施，还有不少国家自然科学基金和地方政府及企业资助项目连续执行，取得了一系列新进展。例如，目前在我国流行的埃达克岩与成矿就始于此地，并相对于国际上的大洋岛弧型的 O 型埃达克岩，提出具有我国特色的 C 型埃达克岩新概念（张旗等，2001），在国际上异军突起。Pan 和 Dong（1999）首次将长江中下游地区斑岩-夕卡岩铜铁金成矿带系统介绍到国际社会，引起广泛关注。Mao 等（2006），周涛发等（2008a）基于带内主要矿床的高精度测年成果，提出斑岩-夕卡岩铜金铁和玢岩铁矿分别形成于 143~135Ma 和 135~123Ma，为两次不同构造-成矿事件的产物。最近常印佛等（2012）以长江中下游成矿带为例，提出复合成矿与构造。与此同时，找矿勘查也获得新进展，不仅在老矿山深部探明了新资源，而且还发现和探明了泥河大型铁矿床、杨庄大型铁矿床、姚家岭铜金铅锌多金属矿床（蒋其胜等，2008），开拓了找矿新视野。最近，在梅山铁矿北部边缘发现和探明了具有工业价值的 Au-Mo-Cu 矿（陈华明等，2011），为进一步发展玢岩铁矿成矿模式提供了一个重要的突破口。因此，长江中下游成矿带一直是国内研究热点，据统计，1990~2012 年公开发表的 SCI 论文高达 185 篇，近年来在地球动力学背景、岩浆作用与深部过程、成矿系统及其演化和成矿潜力方面均取得了重要进展（周涛发等，2012）。

第一节　区域地质背景

长江中下游多金属成矿带位于扬子板块北缘，华北板块和秦岭-大别造山带南侧，该区内地层演化经历了三个不同的阶段：①前震旦纪变质基底发育阶段；②震旦纪—早三叠世海相沉积阶段；③中晚三叠世—白垩纪陆源碎屑岩和火山岩阶段（常印佛等，1991）。

前震旦纪基底分为南北两个部分：北部出露于大别山地区，主要为晚元古代—早太古代大别山群角闪岩相黑云斜长片麻岩、黑云角闪斜长片麻岩夹斜长角闪岩、大理岩，晚元古代绿片岩相海底碎屑岩和碳酸盐岩夹长英质火山岩、白云石英片岩、黑云钠长片岩、绿帘钠长片岩、白云钠长石英片岩、含磷锰碳酸盐岩夹角闪岩；南部出露于幕阜山-怀玉山一带，主要为中元古代绿片岩相千枚岩和板岩夹细碧角斑岩（常印佛等，1991）。

震旦纪砾岩、千枚岩、白云岩和燧石岩覆盖于前震旦纪变质岩之上。在寒武纪—早三叠纪长江中下游地区处于一个稳定的海槽环境，沉积了一套浅海相碳酸盐岩和碎屑岩。寒武纪—奥陶纪砂岩和页岩夹白云灰岩和泥灰岩发育于震旦纪地层之上。志留纪主要发育厚层石英砂岩、长石石英砂岩、页岩、泥灰岩和白云岩，与下伏奥陶纪地层假整合接触。从晚志留世—泥盆纪，长江中下游地区抬升为陆相环境。晚泥盆世发育的陆相碎屑岩主要为厚层石英砂岩、砂岩和底砾岩，煤层和富赤铁矿地层发育。石炭纪滨海相碳酸盐岩整合发育于晚泥盆世碎屑岩之上。二叠纪沉积岩分布很广，在整个长江中下游地区均有出露。二叠纪地层上部由滨海相-浅海相碳酸盐岩夹碳质页岩组成，下部由海陆互层碳酸盐岩夹硅质泥灰岩、富钙质页岩、砂岩、粉砂岩和夹煤层沉积岩组成（翟裕生等，1992）。早三叠世地层中主要为浅海相-滨海相白云岩、灰岩和少量的石膏，中三叠世主要发育海相灰岩、泥灰岩、白云岩和陆相泥灰岩、粉砂岩互层，晚三叠世主要发育陆相泥质粉砂岩、砂岩夹煤层，部分地区砂岩中发育有铜矿化。从侏罗纪—白垩纪，一系列陆相断陷火山沉积盆地沿长江中下游地区发育。侏罗纪主要为湖湘-沼泽相砂岩、粉砂岩、页岩上覆火山岩、火山碎屑岩。白垩纪主要由火山岩和火山碎屑岩组成，包括安山岩、粗面岩、粗安岩、玄武安山岩、流纹岩、熔结角砾岩和凝灰岩，火山岩锆石 SHRIMP 和 LA-ICP-MS U-Pb 年代学研究结果为 135 ~ 127Ma（张旗等，2003；周涛发等，2008b）。晚白垩世主要发育一套红色碎屑岩：砾岩、砂砾岩、砂岩和粉砂岩夹少量的安山岩、玄武岩和薄层石膏。古近纪地层主要为砾岩、砂岩、玄武凝灰角砾岩、熔岩和集块岩。

断裂活动在长江中下游多金属成矿带的演化过程中较为发育，其中成矿带的边界是由三条断裂组成，即位于西南部的襄樊-广济断裂带（XGF）、西北部的郯城-庐江断裂带（TLF）和南部-东部的阳兴-常州断裂带（YCF）（图 3.1）。通过古地磁和年代学的研究，Lin 等（1985），Zhao 和 Coe（1987）认为在中三叠世扬子板块与中朝板块发生了碰撞。这次碰撞形成了大别山超高压变质带（Eide，1995）。此外，地球物理的资料证实了长江断裂带的存在，其从西部的湖北大冶一直延伸到东部的江苏镇江，总长近 450km（常印佛等，1991，Zhai et al.，1996）。断裂带最初形成于新元古代，在印支期（二叠纪—三叠纪）和燕山期（侏罗纪—白垩纪）重新活化。重复进行的构造作用使得该地区发育有大量的网脉状断裂和褶皱。在长江断裂带附近发育的主要的断裂和褶皱均形成于印支期，作用于寒武纪—三叠纪沉积岩和少量的前寒武纪基底。形成于印支期的 S 型褶皱的构造轴在西部的武汉到九江地区为西北西方向，在九瑞地区转为东西和东北东方向，九江到南京为北东方向，宁镇地区为东西方向（常印佛等，1991；翟裕生等，1992）。印支期的构造活动在长江中下游地区形成了众多的隆起区和洼陷盆地。由于受太平洋板块俯冲作用的影响，侏罗纪—早白垩世发育了大量的北东—北北东向断裂和褶皱，这种后期的构造作用叠加在早期的地质作用上，使得在长江中下游地区形成了许多继承式白垩纪火山断陷盆地，如宁芜盆地、庐枞盆地等（图 3.1）。

中生代时长江中下游多金属成矿带内岩浆作用和成矿作用强烈，岩浆岩广泛分布并伴随有大量的 Cu-Fe-Au 矿床的发育，其形成主要分为三个阶段（周涛发等，2008a）：①高钾钙碱性中酸性花岗质岩，包括辉长岩、闪长岩、石英闪长岩和花岗质闪长岩（145 ~ 137Ma），属于 I 型花岗岩（Pei and Hong，1995，

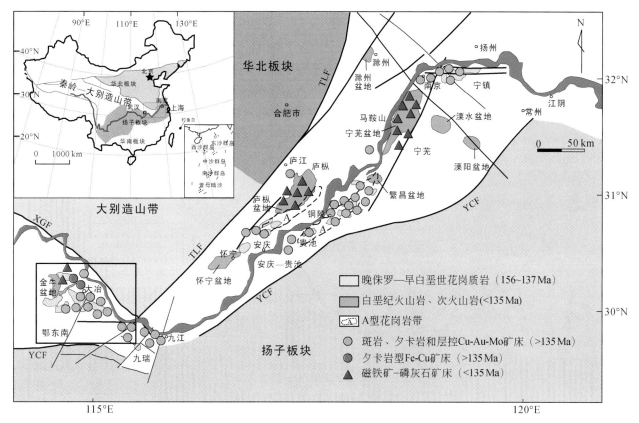

图3.1 长江中下游成矿带主要矿集区和矿床分布略图（据 Mao et al.，2011）

Zhou et al.，2007；Xie et al.，2008）或者为磁铁矿型花岗质岩（Ishihara，1977）。近些年，张旗等（2001，2004），Xu 等（2002），Wang 等（2004a，2004b，2006，2007），王强等（2001）和 Ling 等（2009）将这类岩浆岩归类为埃达克岩。与之伴随发育的矿产主要为夕卡岩–斑岩–层控型 Cu-Au-Mo-Fe 矿床（148~135Ma）。②发育于火山沉积盆地中的白垩纪次火山岩（130~123Ma），包括辉石闪长玢岩、闪长玢岩、正长花岗斑岩及与次火山岩产出相关的喷出岩。王德滋等（1996）认为它们应划分为橄榄粗玄岩。主要发育有玢岩型铁矿床（约130Ma），后来认为它们为磁铁矿–磷灰石矿床（Mao et al.，2011）。③A 型花岗岩（126.5~124.8Ma），这类岩石分布于长江中部两侧北东向带内，两条 A 型花岗岩带展布长约100km，与金矿化有关，包括石英正长岩、正长岩、石英二长岩、碱性花岗岩及与其产出有关的响岩质火山岩（唐永成等，1998；倪若水等，1998；范裕等，2008）。

第二节 成岩成矿时代

为了建立长江中下游成矿带成矿年代学格架，本次研究对鄂东南、安庆–贵池、庐枞、铜陵、宁芜矿集区的典型矿床开展了详细的野外调查，收集整理了已有成矿年代学研究数据，补充研究了重点矿床的成矿年龄（图3.2）。新获得宁芜矿集区白象山、和睦山和陶村玢岩型铁矿床矿石中金云母^{40}Ar-^{39}Ar 年龄分别为134.9±1.1Ma，132.9±1.1Ma 和128±14Ma；获得庐枞火山岩盆地中龙桥铁矿床矿石中金云母 Ar-Ar 年龄为130.5±1.0Ma；获得了鄂东南铜绿山夕卡岩铜（铁）金矿和鸡冠嘴夕卡岩金（铜）矿的辉钼金（铜）Re-Os 年龄分别为136.3±1.9~138.1±1.8 Ma 和137.1±1.9~138.8±1.9Ma，程潮和金山店大型铁矿夕卡岩中与磁铁矿密切共生的金云母^{40}Ar-^{39}Ar 坪年龄分别为132.6±1.4Ma 和131.6±1.2Ma；安庆–贵池矿集区的铜山辉钼矿 Re-Os 年龄为147.5±2.3Ma；获得长江中下游地区首例低温独立铊矿床的 Sm-Nd 等时线年龄为131.7±2.7Ma。

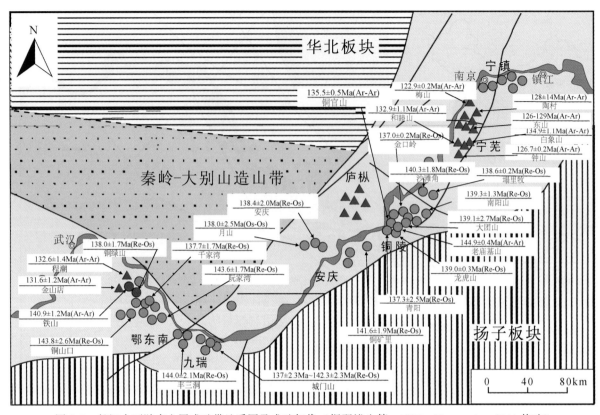

图 3.2　长江中下游多金属成矿带地质图及成矿年代（据翟裕生等，1992；Mao et al.，2011 修改）

在本次研究的基础上，收集整理分析了区域侵入–火山岩的年代学和相应的矿床特征。结果表明，长江中下游地区火山岩均形成于早白垩世，不存在侏罗纪火山活动。存在两期重要的侵入岩事件，分别为晚侏罗世末至早白垩世（151～135Ma）中酸性侵入岩和白垩纪中期（135～124Ma）中基性侵入岩、A 型花岗岩和火山岩（图 3.3）。前者的岩浆活动主要发生在断隆区（如铜陵地区等），是斑岩–夕卡岩型铜多金属矿床的主要时期（145～135Ma）；而 135～127Ma 的岩浆活动主要发生在断陷区（如庐枞盆地、宁芜盆地等），是玢岩型铁多金属矿床的主要时期（约 130Ma）。因此，长江中下游的成矿作用分隆起区（断隆区）和凹陷区（断陷区）进行论述。本章主要讨论隆起区的斑岩–夕卡岩铜多金属成矿系统。

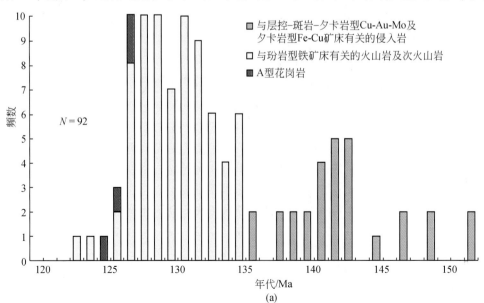

(a)

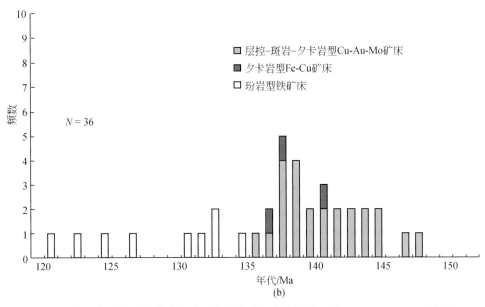

图 3.3　长江中下游成矿带成岩成矿作用地质年代统计图（据 Mao et al.，2011 修改）

第三节　铜陵矿集区的区域成矿模型

铜陵地区位于长江中下游铁铜金成矿带中部（图 3.4），处于扬子板块的东北缘，大别造山带的前陆褶皱带上。经历了活动—稳定—再活动的漫长构造演变。前震旦纪以砂泥质复理石建造为主的沉积物经受区域变质和构造变形后构成褶皱基底。晋宁运动后处于相对稳定时期，以升降振荡运动为主，形成了巨厚的海相（间夹海陆交互相）沉积，为本区矿化奠定了沉积基础。印支末期，扬子板块和华北板块发生碰撞，大别地块向南仰冲。本区盖层受到强烈侧向挤压，形成弧形褶皱系统，使华北板块和扬子板块联合成统一板块。其后本区在太平洋板块向欧亚板块俯冲作用下转入强烈的板内变形阶段。燕山期，构造和岩浆活动活跃，带来了丰富的成矿物质，提供了有利的成矿空间。使本区受到了岩浆–热液的叠加改造作用。由于本区地壳运动发展的特殊性，形成了既有外生又有内生铁铜硫金等矿产产出的成矿区域。

值得指出的是对于长江中下游铜铁矿的成因争议始终存在，孟宪民等（1963）提出同生沉积成矿认识，徐克勤和朱金初（1978）、顾连兴和徐克勤（1986）进一步论述为海底喷流沉积和燕山期热液叠加成矿认识。蒙义峰等（2004）和曾普胜等（2004）在铜陵矿集区开展了流体填图，尝试探讨两次成矿作用的先后叠加。到目前为止，对于是否存在同生喷流沉积成矿，仍然是一个颇受关注的科学问题。本次研究工作通过对长江中下游成矿带的系统考察和对前人资料的阅读和研究，聚焦铜陵矿集区，提出了一个可以涵盖不同类型矿床的矿床模型。

一、矿集区地质特征

铜陵矿集区，出露的地层主要为志留系至第四系，累计厚度大于 4500m。区内志留系主要为深海–浅海相的页岩和砂岩；中下泥盆统缺失，上泥盆统五通组砂岩、细砂岩和粉砂岩；石炭系黄龙组和船山组碳酸盐岩；二叠系至下三叠统发育比较齐全，除下二叠统栖霞组下部及上二叠统龙潭组为海陆交互相含煤砂页岩外，其余都为海相灰岩、泥质灰岩和硅质岩等；中三叠统下部马鞍山组主要为泻湖相的含膏盐白云岩、白云质灰岩夹少量灰岩等；上三叠统范家塘组至第三系大通组，均为陆相的砾岩、砂岩、细砂岩和粉砂质页岩（常印佛等，1991；翟裕生等，1992；唐永成等，1998）。

在燕山期，铜陵地区岩浆活动强烈，地表出露的小岩体约有 74 个，多呈中–浅成相的小岩株、岩枝或岩墙产出，出露面积 111km²。主要为辉石二长闪长岩、石英二长岩和花岗闪长岩等，以铜官山、狮子山、舒家店、新桥头、凤凰山、沙滩角为中心组成几个岩体群。LA-ICP-MS 和 SHRIMP 锆石 U-Pb 定年，表明这些岩体的形成时代为 144.9±2.3Ma ~ 137.5±1.1Ma（王彦斌等，2004a，b，c；徐夕生等，2004；吴淦国等，2008）。

铜陵矿集区内铜矿床（点）众多，主要集中于四大矿田：铜官山矿田、狮子山矿田、新桥矿田、凤凰山矿田（图 3.4），在沙滩角岩体周围也有一系列小型矿床。主要矿床类型有夕卡岩型、斑岩型、沿层交代的 Manto 型和热液脉状。按照主要成矿元素，还可以分为铜矿、金矿、硫铁矿和铅锌矿。区内多数矿床受北北东向与北东向、东西向等构造的复合部位所控制。但单个矿床均分布于北北东向与其他多组方向构造叠加的复合部位，如铜官山矿田受北北东向构造与北东向褶皱和东西向叠加褶皱、断裂的共同控制；狮子山矿田则位于北北东向构造与北东向背斜、东西向叠加褶皱、断裂及南北向挤压构造的复合部位；新桥矿田受北北东向构造与北东向褶皱、东西向绕曲构造的共同控制（刘文灿等，1996；藏文拴等，2007）。

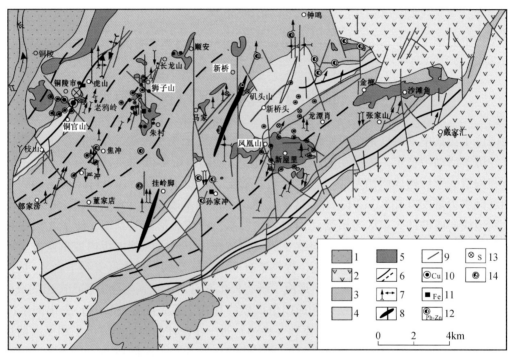

图 3.4 铜陵矿集区地质和矿产分布略图（据毛景文等，2006b）

1. 古近纪泥岩、砾岩夹玄武岩；2. 侏罗—白垩纪凝灰质砂砾岩，英安质火山岩；3. 泥盆—三叠纪碳酸盐岩；4. 志留纪砂岩、粉砂岩；5. 中生代石英二长闪长岩、花岗闪长岩；6. 印支期复式向斜、复式背斜；7. 燕山早期中小型褶皱；8. 燕山晚期复式褶皱；9. 断裂；10. 铜矿；11. 多金属矿；12. 黄铁矿；13. 铁矿；14. 铅锌矿

（一）铜官山矿田

铜官山铜矿田地处铜陵–戴家汇东西向构造岩浆岩带西端南侧，北东向与东西向构造交汇处，与矿化关系密切的有铜官山和金口岭 2 个小岩体。矿田内以铜官山铜矿床为代表，8 个矿段（松树山、老庙基山、小铜官山、老山、宝山、白家山、笔山和罗家村矿段）沿铜官山岩体接触带分布（图 3.5），围岩为石炭系—二叠系碳酸盐岩。依据矿体产状、矿化特征、蚀变类型等，矿体分为夕卡岩型矿体、层状矿体及细脉浸染型矿体（袁小明，2002）。

铜官山铜铁金矿床位于铜官山矿田的中部，铜官山倒转短轴背斜之北西翼，处于铜陵–戴汇东西向构造岩浆带西端南侧，北东向与东西向构造交汇处，西邻长江破碎带。矿区内出露志留系至三叠系的海相碎屑岩、碳酸盐岩，总厚可达3000~4000m。区内主要构造为近东西向、北东向、北北东向以及北西向，主要岩浆岩岩石类型有石英二长闪长岩、花岗闪长岩、石英闪长岩等，其中与成矿关系密切的岩体为铜官山石英二长闪长岩体。铜官山铜铁金矿区石炭系黄龙组、船山组及二叠系栖霞组、孤峰组与石英二长闪长岩体接触带为该矿床重要的成矿与赋矿部位（图3.5）。铜矿石储量约2000万t，平均品位1.06%，铜金属量约21万t。

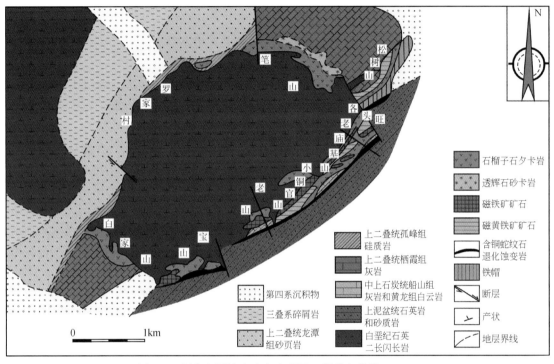

图3.5　铜官山铜铁金矿床地质图（据常印佛等，1991）

铜官山夕卡岩型矿体主要产于石炭—二叠系与石英闪长岩的接触带及其附近，受接触带构造控制，为典型的接触交代型夕卡岩型矿化，如老庙基、笔山和小铜官山矿段的上部矿体。矿体呈透镜状或不规则状，规模一般较小。围岩蚀变以石榴子石、透辉石夕卡岩化为特征。金属矿物主要有磁铁矿、黄铜矿、磁黄铁矿、黄铁矿等；非金属矿物有石榴子石、钙铁辉石、透辉石、阳起石、绿泥石、石英、方解石等。矿石常见交代溶蚀、交代充填、交代残余结构，主要有块状、脉状构造等。

主矿体产于五通组上段与黄龙组白云岩段之间，严格受白云岩段控制；矿体呈层状、似层状，延伸稳定。局部矿体延伸与夕卡岩型矿体连接时则构成"L"状矿体。金属矿物主要有磁铁矿、磁黄铁矿、黄铁矿、黄铜矿，次要有较多的胶状黄铁矿；脉石矿物除石榴子石、透辉石外，还出现蛇纹石、滑石、金云母、镁橄榄石、绿泥石、石英、方解石等。从远离岩体的外接触带至岩体，金属矿物变化为：胶状黄铁矿→黄铁矿→磁黄铁矿→磁铁矿；结构上由莓球状、胶状为主→以变晶为主→交代残余和自形、半自形晶为主；矿石构造由层纹状→条纹状→块状；铜矿化强度由弱变强；均显示了岩浆热液叠加的特征。矿石中还具有大量的原始沉积构造，反映可能有早期同生成矿作用的存在，而后期夕卡岩化、热液成矿作用的叠加使矿体进一步富集。细脉浸染状矿体见于石英二长闪长岩与五通组上段的石英砂岩接触带部位，矿体形态不规则，主要受构造裂隙控制，以细脉浸染状铜矿为主，规模很小。矿化可分为含铜蚀变闪长岩和含铜石英脉两类。主要金属矿物有黄铜矿、黄铁矿，少量闪锌矿、辉钼矿和白钨矿；非金属矿物主要为石英、黑云母、绢云母、长石和少量白云母（周涛发等，2009）。

矿区内主要蚀变类型有：夕卡岩化（石榴子石夕卡岩和钙铁辉石-透辉石夕卡岩）、蛇纹石化（叶蛇纹石和利蛇纹石）、云母化（金云母、黑云母和绢云母）、滑石化、硅化等。同时，在石炭系与石英二长闪长岩的接触带及其附近有如下分带特征：

（1）石英二长闪长岩：斜长石+角闪石+石英+钾长石。

（2）蚀变石英二长闪长岩：（方柱石+）黑云母+绿泥石+斜长石+石英，见有钙铝榴石（含钙铝榴石分子 70.30%）夕卡岩脉。

（3）夕卡岩带：①钙铁榴石（含钙铁榴石分子 67.29% ~ 99.59%）+次透辉石+方解石，一般宽几米至几十米；②磁铁矿+硫化物十方解石，磁铁矿呈粗粒状，局部具石榴子石假象和环带；③透辉石+钙铁辉石+方解石，一般宽几米至几十米。

（4）大理岩带：硅灰石+透闪石+方解石，一般宽几米至几十米不等。

（5）角岩带：石英+黑云母+少量红柱石。

铜官山岩体中角闪石的 $\delta^{18}O_{H_2O}$ 为 7.0‰，δD_{H_2O} 为 - 51.9‰；从岩体→蚀变矿物→金属矿物（磁铁矿）→石英，其 $\delta^{18}O_{H_2O}$ 值随温度的降低而增加，如夕卡岩（上部）中石榴子石为 3.92‰，磁铁矿为 3.84‰，石英为 15.4‰，而含矿流体 $\delta^{18}O_{H_2O}$ 值则从 7.92%→9.94‰→10.66‰，呈逐渐增加趋势；石英中 δD_{H_2O} 值变化为-87.7‰ ~ -62.0‰；这些均显示出成矿热液主要为岩浆水，有部分大气降水的加入（田世洪等，2005）。指示热液主要来源于闪长质熔体的熔-流分离，随着成矿作用过程的进行，成矿热液水中有大气降水的加入。硫化物的 $\delta^{34}S$ 值范围为-9.9‰ ~ 6.0‰，主要集中于零值附近，具岩浆来源的特征；地层中黄铁矿的 $\delta^{34}S$ 值为-4.4‰ ~ 2.5‰，矿石中黄铁矿的 $\delta^{34}S$ 也有部分为负值，表明在岩浆演化和成矿过程中有部分地层硫的混入（田世洪等，2005）。常印佛等（1991）和唐永成等（1998）研究表明铜官山铜矿金矿床成矿物质主要来自于深部，与闪长岩-石英闪长岩-二长岩岩浆系列同源，部分硫、铁及少量铜可能来源于黄龙组下部胶黄铁矿层。

铜官山铜矿金矿床属于层控型、接触交代型和斑岩型等多类型的复合矿床，是我国典型的夕卡岩型铜矿床之一，具有"三位一体"的模式（常印佛等，1991）：从岩体向围岩方向，出现石英闪长岩中铜矿体→接触带铜（铁、金）矿体→外接触带似层状铜、金（铁）矿体的三元组合；从深部向浅部，随着围岩层位及岩性的差异，则表现为石英闪长岩中及其与五通组接触带上的铜矿体（化）→铜、金（铁）矿体→二叠系中铜（铁、金）矿体的三元组合。

（二）狮子山矿田

在狮子山矿田内发育众多铜矿床，主要有东狮子山，西狮子山、大团山、老鸦岭、冬瓜山和花树坡铜矿床（图 3.6）。矿床主矿体多呈似层状产出。矿体沿接触带自下而上呈阶梯状排列，深部为冬瓜山斑岩型和层控式夕卡岩型矿床（常印佛等，1991），中部为花树坡、大团山层间交代式夕卡岩型矿床，上部为老鸦岭、西狮子山等层间交代式夕卡岩型矿床，浅部有东狮子山隐爆角砾岩型矿床。在成矿过程中，气液高度聚集，可以见到早期夕卡岩角砾被晚期夕卡岩胶结的现象，表明经历了多次高温成矿作用。在冬瓜山斑岩-夕卡岩型铜矿中，于不整合界面处夕卡岩退化蚀变作用强烈，由镁质夕卡岩（主要由石榴子石、透辉石、硅镁石、粒硅镁石、镁橄榄石和金云母组成）退化蚀变形成透闪石集合体或透闪石及少量蛇纹石和绿帘石组合，金属矿物为黄铁矿、磁黄铁矿和黄铜矿，进一步退化蚀变为滑石、蛇纹石、黄铁矿、磁铁矿和黄铜矿组合，并具有经过自组织作用形成的纹层状和曲卷状构造（wrigglite），是一种常见的夕卡岩退化蚀变现象（Kwak et al.，1981）。在通常情况下，在这种纹层状和曲卷状退化蚀变型矿石中的不透明矿物是磁铁矿，但是在铜陵地区，成矿过程中硫逸度异乎寻常地高，因此，更多发育黄铁矿、磁黄铁矿和黄铜矿组合。

1. 西狮子山铜金矿床

西狮子山铜金矿床处于近东西向的铜陵-代江基底断裂与顺安北东向复式向斜中的青山次级背斜相交

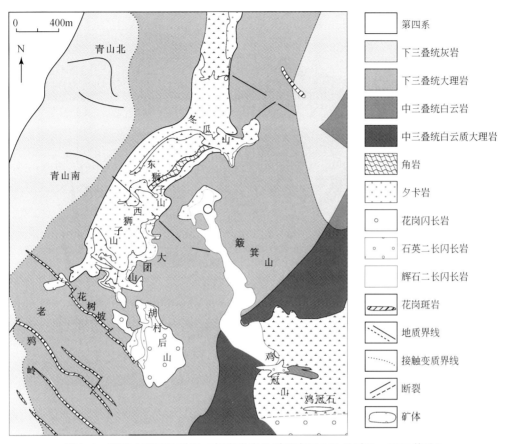

图 3.6 狮子山矿田地质图（据安徽省地质矿产局 321 地质队，1990 修改）

汇的部位。主要出露下、中三叠统，钻孔中见上泥盆统—上二叠统。矿区内的褶皱、断裂均较发育，其中，印支期形成的北东向青山不对称背斜是主要构造，矿化主要发育于该背斜的南东翼近轴部。自上泥盆统至中三叠统，在原生沉积间断面和岩性相对强度差异较大（如碳酸盐岩与碎屑岩）的界面处，形成了一系列层间裂隙及顺层滑脱构造，在垂向上构成多层顺层滑脱构造，是控制多层矿化的重要构造。形成于岩浆作用期后的近东西向断裂和北北东向断裂构造，分别成为热液脉型矿床（体）的主要和次要容矿构造。矿区内侵入岩非常发育，岩性以石英二长闪长岩和花岗闪长岩为主，其次为辉石二长闪长岩。这些岩体多呈岩墙、岩枝状等小侵入体产出，并在不同深度上相互沟通，构成广泛的浅成–超浅成相侵入岩系（图 3.7）。

矿床赋矿层位为下三叠统龙山组（T_1h）及殷坑组（T_1y）条带状大理岩（图 3.7）。石英二长闪长岩岩枝多呈顺层贯入，形成巨厚的夕卡岩带，主要是层间反应交代夕卡岩，成分简单，由石榴子石、透辉石等矿物组成。矿床即产于夕卡岩中，地表仅有次要矿体出露，主矿体为埋深于 100m 以下的盲矿体。浅部矿体受北北东向断裂及其旁侧羽毛状裂隙和接触带控制，主矿体共 4 层，平行产出，向东侧伏，最大者长 300 余米，宽 200 余米，厚 17m。矿石主要为含铜夕卡岩，其次为含铜磁黄铁矿、含铜大理岩及含铜石英二长闪长岩。金属矿物主要为黄铜矿、磁黄铁矿，其次有黄铁矿及少量闪锌矿、方铅矿、方黄铜矿、自然金。非金属矿物主要为石榴子石、透辉石，其次为石英、方解石、绿帘石、绿泥石、硅灰石等。铜平均品位为 1.19%、金为 $0.95×10^{-6}$，铜金属量 14.7 万 t。矿床围岩蚀变发育，主要有钾化、夕卡岩化、蛇纹石化、碳酸盐化、滑石化、绿帘石化、绢云母化和高岭石化等（周涛发等，2009）。

西狮子山铜金矿床成矿可分为 3 个主要阶段：①夕卡岩阶段，主要发育于中酸性侵入体（石英二长闪长岩）与下三叠统龙山组（T_1h）及殷坑组（T_1y）条带状大理岩的接触部位，以透辉石夕卡岩为主，有少量石榴子石夕卡岩，主要矿物组合为透辉石、石榴子石、方解石、石英和硫化物，硫化物以黄铜矿和

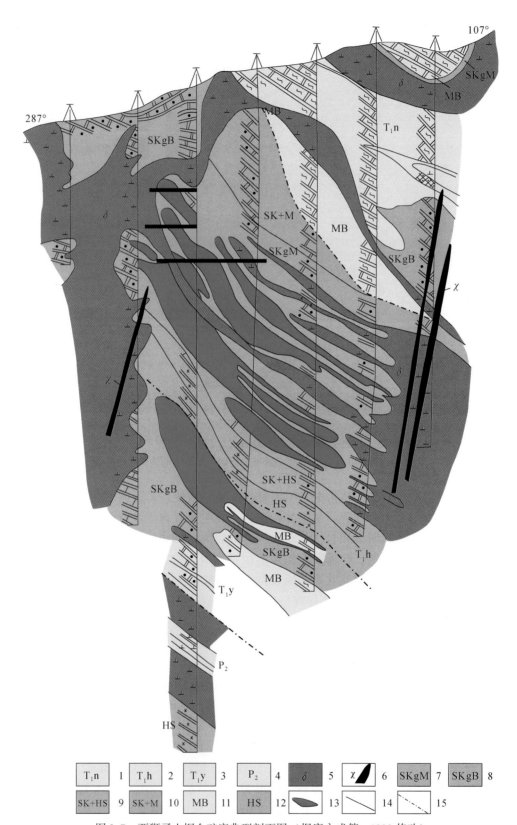

图 3.7　西狮子山铜金矿床典型剖面图（据唐永成等，1998 修改）

1. 南陵湖组；2. 和龙山组；3. 殷坑组；4. 上二叠统；5. 闪长岩；6. 拉辉煌斑岩；7. 块状石榴子石夕卡岩；8. 条带状石榴子石夕卡岩；
9. 夕卡岩夹角岩；10. 夕卡岩夹大理岩；11. 条带状大理岩；12. 角岩；13. 矿体；14. 地质界线；15. 地层界线

黄铁矿为主，并含少量磁黄铁矿、闪锌矿、方黄铁矿和辉钼矿等；② 石英-硫化物阶段，主要产于石英二长闪长岩体与大理岩的接触带上，金属硫化物主要为黄铁矿、磁黄铁矿、黄铜矿和少量闪锌矿，常与石英和少量碳酸盐相伴，在夕卡岩中构成较大的交代团块，或呈细脉穿插，是主要矿化阶段，硫化物生成顺序大致为：辉钼矿→磁黄铁矿→黄铁矿→黄铜矿→闪锌矿→方铅矿；③ 石英-碳酸盐阶段，主要为穿插于夕卡岩中的硫化物-石英-碳酸盐脉，脉宽数毫米至数厘米，脉内硫化物主要为黄铁矿、黄铜矿、闪锌矿等，多呈斑点或团块状嵌于粗晶石英和碳酸盐矿物中（周涛发等，2009）。

西狮子山矿床成矿流体源自岩浆流体，为 $NaCl-H_2O$ 体系，属 $NaCl$ 不饱和型，成矿流体演化经历了从高温、高盐度向中温、中低盐度的持续演化过程，与成矿作用阶段基本对应。初始阶段的成矿流体呈超临界态，演化过程中有一定比例的大气降水或地下水的参与，降温、减压、流体沸腾是导致流体中巨量铜（金）元素卸载的主要因素（李进文等，2006；陆三明等，2007）。西狮子山铜金矿床不同矿石类型和单矿物中微量元素含量特征反映其成矿物质既有岩浆来源又有沉积来源（储国正，2003）。块状黄铜矿矿石中稀土元素总量偏低，Eu 异常明显亏损，δCe 也偏低；而夕卡岩中的稀土总量较高，Eu 异常更接近于岩浆岩稀土分布特征；矿石铅同位素组成表明西狮子山铜金矿床的铅主要来自于侵入岩，硫同位素分布比较集中，接近于零，参与成矿作用的硫主要来自岩浆，而其碳、氧同位素特征则显示了岩浆源及叠加改造特征。

西狮子山铜金矿床广泛发育的夕卡岩，主要为规模宏大的层间反应交代夕卡岩，是由青山背斜构造上部和龙山组殷坑组等适合于形成层间反应交代夕卡岩的岩层，经热液交代作用形成，在这一过程中，以铜为主的金属硫化物发生富集，形成了多层次、主要由稠密浸染-块状硫化物矿石组成的矿体。西狮子山铜金矿床主要为与石英二长闪长岩有关的层间夕卡岩型铜金矿床。

2. 冬瓜山铜金矿床

冬瓜山铜金矿床是狮子山矿田内规模最大、埋藏最深的铜矿床（730～1100m），单个矿体的铜金属量近 100 万 t，铜平均品位为 1.01%；硫（黄铁矿）也达大型规模，硫平均品位为 19.43%。矿床包括夕卡岩型和斑岩型两类矿体。

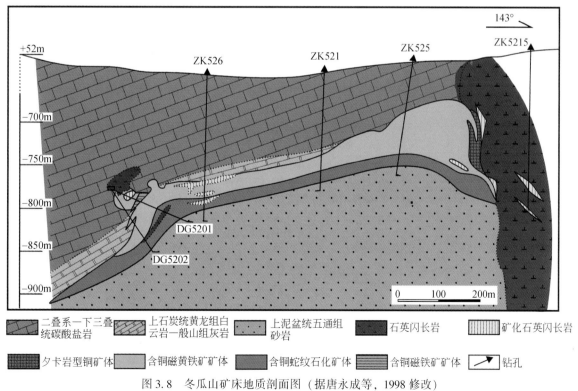

图 3.8　冬瓜山矿床地质剖面图（据唐永成等，1998 修改）

夕卡岩型矿体沿走向长达 3000m，水平投影最大宽度为 882m，平均厚度 32.24m，最大厚度为 84.29m，主矿体发育在上泥盆统五通组至上石炭统黄龙组之间的层间滑脱构造带内，赋矿地层主要为上石炭统黄龙组白云岩、灰岩及船山组灰岩，矿体呈缓倾层状稳定伸展，矿体顶板局部可延至二叠系栖霞组灰岩中，矿体底界与上泥盆统五通组石英砂岩顶界近于整合接触。矿体形态简单，在剖面上为一略向上凸的弯月形（图 3.8）。矿体南东侧和底部与青山脚岩体接触，岩浆在上升侵位过程中，沿层间滑脱构造空间顺层贯入，形成贯入–交代夕卡岩矿化。矿石类型主要为含铜磁铁矿型、含铜蛇纹岩型，其次为含铜夕卡岩型，最后为含铜夕卡岩型、含铜石英闪长岩型、含铜硬石膏型等。矿石结构主要为自形晶粒状结构、半自形–他形粒状结构、交代结构；矿石主要呈块状构造、浸染状构造、脉状构造、条带状构造与条纹状构造。金属矿物主要为磁黄铁矿、黄铁矿、黄铜矿、磁铁矿、银金矿、自然金等，其次为方黄铜矿、闪锌矿、菱铁矿、白铁矿等，微量矿物为自然铋、辉钼矿等；脉石矿物主要是石榴子石、透辉石、蛇纹石、滑石、硬石膏、石英及方解石等，其次为金云母、黑云母（周涛发等，2009）。主要成矿元素为铜、金，伴有硫、铁、银等。夕卡岩型矿体的围岩蚀变主要有钾化、夕卡岩化、蛇纹石化、碳酸盐化、滑石化、绿帘石化、绢云母化、水云母化、高岭石化及石膏化等。

斑岩型矿体位于层控夕卡岩型矿体下部岩体一侧（图 3.9），含矿岩体主要有北部的包村岩体和南部的青山脚岩体，其主要岩石类型为石英二长闪长（斑）岩。主矿体有 2 个，深埋在地表下 890～1010m，分别赋存在北部的包村岩体和南部的青山脚岩体中。北部矿体长约 800m，宽约 300m，厚 25～97m，铜平均品位 0.4%；南部矿体长约 840m，宽约 300m，厚 18～71m，铜平均品位 0.58%。主要矿石为含铜蚀变

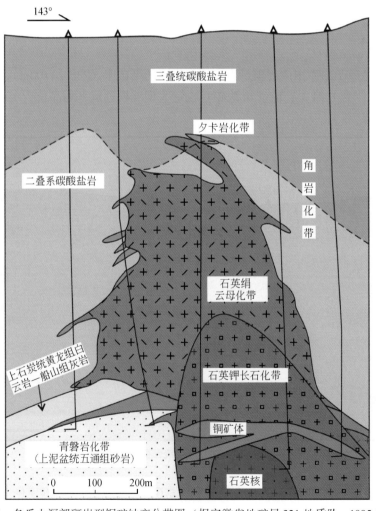

图 3.9 冬瓜山深部斑岩型铜矿蚀变分带图（据安徽省地矿局 321 地质队，1995 修改）

石英二长闪长（斑）岩。北部矿体中以含铜石英–绿泥石–钾长石化石英二长闪长（斑）岩为主，金属矿物以黄铁矿为主，其次为黄铜矿，少量磁黄铁矿、辉钼矿、磁铁矿、方黄铜矿，偶见银金矿及自然金包裹于黄铁矿和石英脉中。南部矿体中以含铜钼石英–黑云母（–钾长石）化石英二长闪长（斑）岩为主，金属矿物以磁黄铁矿为主，其次为黄铜矿、黄铁矿、辉钼矿，少量方铅矿、闪锌矿、褐碲铋矿，偶见自然金包裹于磁黄铁矿晶体中。此外，还有含铜角岩（粉砂岩）和含铜夕卡岩化石英二长闪长（斑）岩。斑岩型矿体成矿岩体中矿化蚀变作用强烈发育，形成了共轴环（带）状矿化蚀变带（图3.9），由围岩→岩体边部→岩体中心，依次出现：①大理岩、角岩化带；②夕卡岩化带；③青磐岩化带；④石英绢云母化带；⑤石英钾长石化带；⑥石英核。在这些变质蚀变带中，青磐岩化带往往与夕卡岩化带重叠而不清楚，青磐岩化带和石英绢云母化带之间有时有不太明显或仅零星发育的泥化带，最发育的是石英绢云母化带和石英钾长石化带。南北两个矿化带内的石英钾长石化的发育特点不尽相同，北部以绿泥石–钾长石组合为特征，南部则以黑云母–钾长石组合。南北两个矿化富集部位均发生在石英–钾长石化带内，而石英绢云母化带基本上无矿化富集带形成（周涛发等，2009）。

冬瓜山铜金矿床成矿期可分为3个主要成矿阶段：①夕卡岩阶段，主要发育于中酸性侵入体（花岗闪长岩及石英闪长岩）与石炭系黄龙船山组碳酸盐岩的接触部位，以石榴子石夕卡岩为主（位于上部），有少量透辉石夕卡岩（位于下部），其主要矿物组合为石榴子石、透辉石、方解石、石英和硫化物（黄铜矿、闪锌矿、黄铁矿）；②石英–硫化物阶段，主要矿物组合为石英、黄铜矿、闪锌矿、辉钼矿等，是主要矿化阶段；③石英–方解石阶段，主要矿物组合为石英、方解石，石英常呈粗晶脉状，或呈自形晶晶簇状分布于晶洞中，矿化微弱（周涛发等，2009）。

徐兆文等（2005，2007）对冬瓜山铜金矿床的成矿流体研究得出，成矿流体的沸腾作用对成矿起到了至关重要的作用，早期夕卡岩的形成可能涉及高温岩浆流体过程，而在成矿过程中，以热液流体为主，至少发生了两次构造减压沸腾作用，在成矿近于结束时，有少量大气降水混入，形成了少量低温、低盐度流体。矿床中不同矿石类型和单矿物中微量元素含量特征反映成矿物质既有岩浆来源又有沉积来源；矿石铅同位素组成表明冬瓜山铜金矿床的铅为壳、幔混源铅（储国正，2003；徐兆文等，2007）。矿床中碳酸盐矿物的碳、氧同位素特征指示了岩浆叠加改造特征（储国正，2003；徐兆文等，2007）。黄顺生等（2003）分析了不同类型矿石黄铜矿的铜同位素为 $\delta^{65}Cu = 0.314 \times 10^{-4} \sim 0.78 \times 10^{-4}$，平均为 0.51×10^{-4}，认为黄铜矿具有的这种铜同位素特征是岩浆来源的铜在地层中得以富集的结果。因此，冬瓜山铜金矿床成矿物质具有岩浆岩、地层混合来源，但前者为主。

冬瓜山铜金矿床中夕卡岩型矿体是沉积黄铁矿的矿胚层经燕山期岩浆热液叠加改造而成矿，成矿作用经历了石炭纪沉积成矿作用和起主导作用的燕山期岩浆热液叠加改造成矿作用，成矿流体的沸腾作用、与地层水的混合及矿胚层的地球化学障效应导致了铜、金等成矿物质的沉淀，形成了层控夕卡岩型铜金矿床。而冬瓜山深部的斑岩型矿体与夕卡岩型矿体具有密切共生关系，它们都是含矿熔体–夕卡岩质熔流体–热液系列成矿演变过程中，于不同阶段和不同的构造–围岩条件下发生矿化富集的产物，组成了统一的夕卡岩型–斑岩型铜金矿床组合（周涛发等，2009）。

（三）新桥矿田

新桥铜矿田位于舒家店背斜与大成山背斜、盛冲向斜的交汇处。矿体主要赋存在泥盆系五通组石英砂岩、砂页岩及石英岩与石炭系黄龙组和船山组碳酸盐岩不整合界面及与二叠系栖霞组厚层灰岩之间的层间滑脱面中。出露的岩浆岩多为中酸性岩株、岩枝及岩墙，其中规模较大的为矶头岩株和牛山岩株。新桥矿床是由产状和矿化类型不尽相同的矿体及矿石组成，一类是赋存在二叠系栖霞组底部，可能由沉积作用形成的菱铁矿矿体和石炭系黄龙组底部少量的胶黄铁矿和纹层状矿石组成；另一类是与矶头岩体有关的层状、似层状硫化物矿体、夕卡岩型和热液脉型含铜硫化物矿体。似层状、层状硫化物矿体是新桥矿床的主矿体，约占总储量的90%（臧文拴等，2004；2007）。

新桥铜金硫矿床位于舒家店背斜与大成山背斜、盛冲向斜的交汇处。矿区地层主要有上泥盆统五通组石英砂岩和砂页岩、上石炭统黄龙组白云岩和灰岩、船山组灰岩和下二叠统栖霞组灰岩、孤峰组硅质岩。其中，上石炭统黄龙组白云岩段是最主要的含矿和赋矿层位，上石炭统船山组灰岩和下二叠统栖霞组灰岩也是重要赋矿层位。在矿区北西部还有上二叠统龙潭组含煤砂页岩，大隆组硅质灰岩和硅质岩，以及下三叠统钙质页岩和灰岩分布。沿上泥盆统五通组砂页岩和上石炭统黄龙族白云岩之间发育的层间滑脱构造，是矿区发育的最主要的构造。这一构造始于印支期褶皱变动时期，其后在燕山期强烈的块断–褶皱变动中受到活化和改造，特别是近盛冲向斜核部，该滑脱构造带范围扩大，向上可波及下二叠统栖霞组，从而构成了巨大的层间（滑脱）破碎带，成为控制矿区内石英二长闪长岩体侵位及与之有关的热（气）液成矿活动的主要构造（周涛发等，2009）。此外，新桥石英二长闪长岩体（叽头岩体）与围岩接触构造带也是矿区内重要控矿构造。矿区内与成矿有关的侵入岩为叽头石英二长闪长岩岩株，其主体沿盛冲向斜核部侵入于上古生代地层中，形态为不规则椭圆形，长轴呈北东向，方向角约30°，面积约0.5km²；主岩体近侧还有不规则岩墙和岩枝穿插于围岩中（周涛发等，2009）。

新桥铜金硫矿床包括主矿体1个及数个小矿体。主矿体呈似层状–层状，沿五通组（D_3w）与黄龙组（C_2h）之间的层间滑脱构造带稳定延伸，主要赋存黄龙组白云岩段内，规模大。沿走向长达2560m，倾斜方向最宽亦达1810m，平均厚度21m（图3.10）。矿体顶板围岩主要是船山组（C_2ch）灰岩和栖霞组

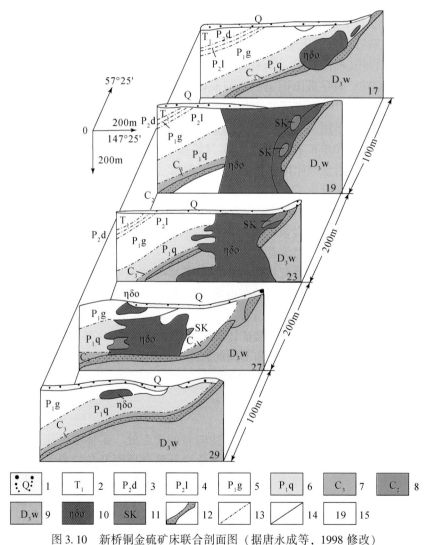

图 3.10 新桥铜金硫矿床联合剖面图（据唐永成等，1998 修改）

1. 第四系；2. 下三叠统；3、4. 上二叠统大隆组、龙潭组；5、6. 下二叠统孤峰组、栖霞组；7、8. 上、中碳组；9. 上泥盆统五通组；
10. 石英二长闪长岩；11. 夕卡岩；12. 矿体；13. 地层界线；14. 层间滑脱面；15 剖面线

（P_1q）灰岩。主矿体的厚度沿走向和倾斜方向常有变化；由于岩体侵位穿切了含矿围岩，主矿体沿走向部分被切断而不连续；岩体的侵入虽部分破坏和吞噬了同生沉积矿胚层，但与之有关的热液成矿作用常使矿体在近接触带处变为厚大矿体。主矿体的矿石量约占矿床总矿石量的88%，铜金属量的98%，主要由含铜黄铁矿石和黄铁矿石组成，其中也包含了部分磁铁矿石和富（铅）锌矿石以及富金的矿石；按 Fe、Zn、Pb 和 Au 的品位，亦可圈出各自的矿体。小矿体主要呈透镜状、脉状和不规则状，产于岩体与石炭—二叠纪灰岩的接触带极其富金，或者产于主矿体近侧的灰岩中。矿石结构在层状矿体中有重结晶作用形成的粒状镶嵌结构、交代残余结构、变余胶状结构，以及球粒–似球粒状结构和破碎结构等；在岩体接触带附近的小矿体中，主要有填隙结构、交代结构、变晶结构等。矿石构造在层状矿体中主要有层纹状构造、揉皱构造、胶状构造和块状构造等；在接触带附近的小矿体中，主要有脉状、网脉状构造、浸染状构造和块状构造等（周涛发等，2009）。

蚀变作用主要是伴随与岩浆热液成矿活动而产生的夕卡岩化、硅化、绿泥石化、碳酸盐化等。夕卡岩化主要发育在岩体与栖霞组灰岩的接触带内外的透辉石–石榴子石夕卡岩、透辉石–硅灰石–石榴子石夕卡岩化大理岩等；部分夕卡岩中有浸染状黄铁矿、黄铜矿，构成夕卡岩型铜矿石；硅化、绿泥石化主要伴随热液硫化物沉淀而发育，分布广泛。

（四）凤凰山矿田

凤凰山铜矿田内出露的地层主要为下三叠统龙山组灰岩、南陵湖组灰岩以及中三叠统月山组白云质灰岩和白云岩。岩浆岩以白垩纪花岗闪长岩、石英二长闪长斑岩为主，出露有新屋里岩体及一些小型岩脉。新屋里岩体沿北东向复式向斜的核部侵位，呈近等轴状，出露面积约 $10km^2$，围绕岩体分布有凤凰山、江家冲、清水塘、仙人冲、铁山头和宝山陶等铜矿床，构成凤凰山矿田。这些矿床都是夕卡岩型，也可见晚阶段的浸染状黄铜矿、石英–黄铁矿脉及多金属硫化物–石英–方解石脉叠加在夕卡岩及其矿体之上（邵拥军等，2003）。

凤凰山铜铁金矿床位于新屋里岩体（凤凰山岩体）的西部，新屋里复式向斜的中段靠近轴部之西北翼。矿区内出露的地层主要为三叠系下统龙山组的条带状灰岩、南陵湖组的灰岩、砾状灰岩、白云质灰岩以及三叠系上统东马鞍山组的白云质灰岩和白云岩，靠近岩体者经热变质为大理岩。矿区内岩浆岩发育，主要为新屋里岩体，该岩体为花岗质岩浆多次涌动侵入形成的复式岩体，在平面上呈椭圆形，面积近 $10km^2$，呈岩株状产于新屋里向斜核部，岩性以花岗闪长岩为主，边缘为石英二长闪长岩。矿区断裂构造比较复杂，主要为 NE 向（与褶皱的轴向平行）的逆冲断层。

矿床共有大小矿体80余个（翟裕生等，1992；张达等，2001；陈毓川等，2001），其中主矿体4个，均位于凤凰山岩体西接触带的药园山。在4个主矿体中，Ⅱ号主矿体长 321～986m，最大厚度 21～88m，最大斜深 330～435m。Ⅰ、Ⅲ、Ⅳ号主矿体呈似板状，断续相连，与岩体接触带的产状基本一致。小矿体长度不超过200m，平均厚度小于20m。矿体多为透镜状、脉状、囊状，并于相邻的主矿体产状接近。主矿体产于岩体与围岩的接触带内，而小矿体产于大理岩、夕卡岩及石英闪长岩体内，部分产于角砾状花岗闪长岩中。矿床累计探明铜金属量为中型，铁、金主要以伴生形式出现，其中金主要富集于黄铁矿、黄铜矿和斑铜矿中，尤其在黄铁矿中金含量最高（$4.10×10^{-6}$），金主要以银金矿、自然金等独立矿物充填于黄铁矿的裂隙中或呈细微的包裹体在黄铁矿、黄铜矿和磁铁矿等矿物的晶体中，伴生金储量为中–大型（陈毓川等，2001）。

矿石类型分为氧化矿石和硫化矿石两大类。硫化矿石按其自然类型又分为7个亚类：①块状含铜磁铁矿、赤铁矿；②块状含铜菱铁矿；③含铜角砾状矿石；④浸染状含铜石榴子石夕卡岩；⑤块状含铜黄铁矿；⑥浸染状含铜花岗闪长岩；⑦浸染状含铜大理岩。主要金属矿物有黄铜矿、斑铜矿、磁铁矿、黄铁矿等，次要金属矿物有胶黄铁矿、闪锌矿、方铅矿、辉铜矿等，并含有少量的磁黄铁矿、毒砂、辉铋矿等。主要的脉石矿物有方解石、石英和石榴子石，次要的脉石矿物有透辉石、绿泥石、斜长石等，含有少量的磷灰石、菱铁矿、石膏等。矿石结构主要有浸染状结构、网格状结构、固溶体分离结构、交代结构等。矿石构造包括角砾状构造、块状构造、条带状构造、皮壳状构造等（周涛发等，2009）。

围岩蚀变发育，分带清楚，主要有钾长石化、绢云母化、黄铁矿化、碳酸盐化、绿泥石化、黝帘石化-绿帘石化。局部出现强烈绢云母化带，并形成石英-绢云母岩，同时在近矿部位，绢云母化带与碳酸盐化伴生，成为钾长石化的外带。由岩体中心向外，可分为夕卡岩化闪长岩-夕卡岩化二长闪长岩→夕卡岩化大理岩→角岩-大理岩，其中夕卡岩带宽 0~30m，常伴有铜矿化。与金矿化富集密切相关的蚀变作用主要是黄铁矿化。黄铁矿石是矿石中金的主要载体，特别是矿化过程中晚期生成的黄铁矿，常含有裂隙-晶隙金和包裹体金，广泛发育，呈块产出，构成了重要的金矿石类型（周涛发等，2009）。

凤凰山矿床中的流体包裹体测试结果显示（邵拥军等，2003；毛政利等，2004），气液包裹体中气相成分除 H_2O 外，还富含 CO_2 以及少量的 CO、CH_4 和 H_2；液相成分主要有 K^+、Na^+、Ca^+、Mg^{2+}、SO_4^{2-}、F^-、Cl^-，以及少量的 Li^+；$Na^+/K^+>1$，与岩体中 $Na_2O>K_2O$ 的特征一致，揭示了成矿流体与岩浆的内在联系，$Na^+/(Ca^{2+}+Mg^{2+})$ <<1，反映成矿流体不但富碱，更富碱土元素，并且后者在成矿流体的阳离子中占主导地位；流体中 SO_4^{2-}>>Cl^-，表明成矿流体明显经受了围岩的钙质混染；K^+、Na^+、Ca^{2+}、Mg^{2+} 的整体含量较高，显示成矿流体具有较高盐度；块状黄铜矿显示出异常高的 K^+ 和 CO_2，说明富铜的成矿流体以富含钾质和 CO_2 为特征；pH 为 6.8（早期磁铁矿）~6.1（晚期黄铁矿、石英脉），显示出从早到晚成矿流体的 pH 下降的趋势；包裹体测温显示石英-硫化物阶段流体的成矿温度范围大致为 185~243℃。因此，凤凰山矿床的成矿流体主要来源于岩浆流体，成矿物质具有岩浆和围岩混合来源特征（周涛发等，2009）。

在上述 4 个矿田及沙角滩矿田，都显示出在岩体接触带为夕卡岩±斑岩型铜矿，向外存在一系列脉状金银矿（图 3.4）。正如储国正等（2000）指出：在接触带主要为黄铁矿-磁黄铁矿-黄铜矿-辉铋矿的中高温矿物组合，远离接触带发育黄铁矿-自然金-石英的低温矿物组合。在接触带外面的脉状金银矿床有天马山金矿、包村金矿、许桥银矿、白芒山金矿等，最近在铜陵矿集区外围还探明到姚家岭铅锌银矿（蒋其胜等，2008）。通过对铜陵矿集区典型矿床的辉钼矿 Re-Os 和云母类的 ^{40}Ar-^{39}Ar 系统测年，获得成矿时代为 141.7±2.5~136.9±2.2Ma（图 3.1），其中，Sun 等（2003）对龙虎山闪长岩中的辉钼矿、青阳夕卡岩和石英脉中辉钼矿进行 Os-Os 同位素年龄测定，得到 139.02±0.34Ma 和 136.4±2.5~138.1±2.5Ma 的数据；毛景文等（2004）和梅燕雄等（2005）对大团山、南阳山和沙滩角 3 个夕卡岩型铜矿的 Re-Os 同位素测年，获得 136.9±2.2~142.8±1.6Ma 的年龄数据；蒙义峰等（2004）测得冬瓜山和金口岭矿床中辉钼矿的 Re-Os 同位素年龄分别为 137.4Ma 和 136.8~137.4Ma；蒙义峰（2004）和曾普胜等（2004）获得铜官山、老庙基山和小铜官山矿区的 ^{40}Ar-^{39}Ar 年龄分别为 144.9±0.4Ma，150.25±3.00Ma 和 137.68±2.75Ma。这些数据与区内花岗质岩体的成岩时代相吻合。在夕卡岩阶段成矿温度和盐度都比较高，脉状矿体的成矿温度和盐度属于中高温和中低盐度（唐永成等，1998；Pan and Dong，1999；肖新建等，2002；徐兆文等，2005）。硫、氢、氧和铅同位素比较一致地反映出，无论是夕卡岩型还是层状矿体以及有关的脉状矿体，其成矿流体与高钾钙碱性花岗质岩浆密切相关，早阶段的成矿流体主要来自岩浆，晚阶段的流体来自岩浆流体与大气降水的混合（唐永成等，1998；Pan and Dong，1999；陈邦国等，2002；黄顺生等，2003）。铜同位素研究表明，冬瓜山层状铜矿体中的铜来自岩浆，而非海底喷流沉积的产物（黄顺生等，2003）。

二、成矿作用与矿床模型

铜陵矿集区是长江中下游成矿带 140Ma 左右时限成矿的代表性地区，以 Cu-Fe-Mo-Au 矿化组合为特点，有关的岩浆岩是具有埃达克岩石性质的花岗闪长岩等（张旗等，2001），明显来自于深源，为壳幔相互作用的产物。其成岩成矿环境可能是古太平洋板块或 Izanagi 板块向欧亚大陆俯冲过程由于俯冲板片撕裂，导致软流圈沿裂开处上涌，以至于发生壳幔相互作用，因而从西向东出现 5 个（鄂东南、九瑞、安庆-贵池、铜陵和宁镇）高钾钙碱性花岗岩区和与之有关的成矿集中区。

来自深源的 I 型花岗岩或埃达克质花岗岩由俯冲板片重熔而成，因而富含铜和铁等元素。在含矿岩浆上侵到浅部定位过程中，如果围岩是泥盆系五通组和志留系碎屑岩时，由于含矿气液较难逸散，在岩体隆起部位发育斑岩型矿床。大多数岩体侵位于二叠纪和三叠纪碳酸盐岩中，因此钙质夕卡岩矿化最为普遍；当石炭纪黄龙组白云岩为围岩时，形成镁质夕卡岩。作为长江中下游成矿带的一个组成部分，铜陵地区位于大别–苏鲁造山带的南缘，在造山过程及造山后伸展期沿地层间，尤其是不整合面之间广泛出现构造滑脱面。因此，当岩浆侵位时大量成矿流体迅速堆积在有利的空间，以至于形成新桥和冬瓜山这样大规模层状矿体，同时，流体沿层间裂隙更加广泛发育交代形成层状夕卡岩型矿体或层控夕卡岩矿体（常印佛等，1991）。由于这种层控夕卡岩矿体出现在石炭纪、二叠纪和三叠纪碳酸盐岩层内，翟裕生等（1992）称之为多层楼成矿。成矿不仅发育于夕卡岩阶段，而且更加广泛出现在退化蚀变阶段，常见铜多金属与阳起石–透闪石、绿泥石和绿帘石（由钙质夕卡岩蚀变而成）或透闪石–镁绿泥石–滑石–蛇纹石（由镁质夕卡岩蚀变而成）共生。

值得指出的是对于这些层状矿体的成因有不同的认识，如海底喷流沉积成矿（或 SEDEX 型）。这一认识虽然比较有利于解释层状矿体的形成，但层状矿体均位于不整合界面使人们很难理解在陆表或极度浅海环境能够出现海底喷流作用，以及各类同位素特点集中指向岩浆流体成矿。研究表明，若没有足够的静水压力，从海底喷气口喷出的气体将直接逸散，无法形成矿产。到目前为止，在全球已经发现正在活动和已经死亡的海底喷流成矿系统达 350 多处（Scott，2008），绝大多数位于海沟、深海槽和洋中脊，距海平面 1500～3500m，如冲绳海槽，东太平洋中脊北纬 21° 和巴布亚新几内亚的 Manus 盆地等。但鉴于在石炭纪与泥盆纪地层不整合界面之间广泛发育黄铁矿层及菱铁矿层，不排除这些矿层，至少一部分属于正常沉积形成（常印佛等，1991），但由于广泛遭受燕山期岩浆流体的强烈改造作用而难于识别。

此外，还必须指出的是，正确识别古代同生成矿的典型标志是合理建立矿床模型的基础。在新桥矿区主矿体是巨厚层的 S-Au-Cu 矿体，其下伏围岩上泥盆统五通组砂岩中有细脉和细网脉状硫化物脉（图 3.11（c）），这些脉旁侧没有明显蚀变，与海底喷流矿床下部补给带大面积硅化和角砾岩化，以及远补给带的绿泥石化截然不同。在新桥矿体内部沿不整合界面附近广泛出现遭受风化的矿石，形似铁帽（图 3.11（d）），部分学者疑为海底热液喷流口，但是这种现象与乌拉尔志留纪块状硫化物矿体中发现的古喷流口（图 3.11（e））完全不同，后者的外形为一簇柱子集合体，类似岩溶洞内的石笋，横截面呈环带构造，核心是重晶石、闪锌矿或黄铁矿–黄铜矿，向外是其他硫化物。在新桥矿区矿体内部还见有大量角砾（图 3.11（f）），角砾主要为碳酸盐岩，可能来自上部围岩中石炭统黄龙组白云岩，它们没有明显蚀变。将这一特点与微细粒黄铁矿集合体放在一起思考，不能不考虑到这很可能是成矿气流迅速进入一个大空间，立即减压沉淀成矿所致，以至于气流与崩塌的角砾来不及发生水岩反应就快速凝固。这些显然是后生成矿的基本特征。从新桥矿区考察可以看出，与夕卡岩有关的磁铁矿明显早于胶状黄铁矿，并且可以看到磁铁矿残留于胶状黄铁矿中，而黄铁矿收到期后热过程而重结晶为粗晶黄铁矿集合体。Wang 等（2011）和王跃（2011）通过铁同位素研究发现新桥矿区的磁铁矿、黄铁矿和胶状黄铁矿主要来自于岩浆流体。时间上成矿流体早期以相对富 ^{54}Fe 为特征，晚期 ^{56}Fe 和 ^{57}Fe 增加；在空间上从侵入体向外成矿流体的 ^{56}Fe 和 ^{57}Fe 逐渐增高。胶状黄铁矿比粗晶黄铁矿相对富集轻铁。

至于不整合界面之间广泛发育的黄铁矿层及菱铁矿层，可能属于正常沉积形成（常印佛等，1991；藏文拴等，2007），但由于广泛遭受燕山期岩浆流体的强烈改造作用而难于识别。就现有测试资料来看，这些矿层中的硫、氢氧和铅同位素组分曾经过均一化过程（Pan and Dong，1999），主要表现为岩浆热液的产物，但周涛发等（2007）进一步深入研究指出，这是由于后生的岩浆热液与同生沉积矿石发生了同位素交换作用的结果。

综上所述，在长江中下游地区，尽管在泥盆系五通组与石炭系之间出现同生沉积的黄铁矿层及菱铁矿层，但广泛发育的铜多金属矿床形成于早白垩世，与高钾钙碱性花岗质岩石有密切的成因联系，属于比较典型的斑岩–夕卡岩型成矿系统。由于大量碳酸盐岩发育，夕卡岩型矿床比斑岩型矿床更加发育，而

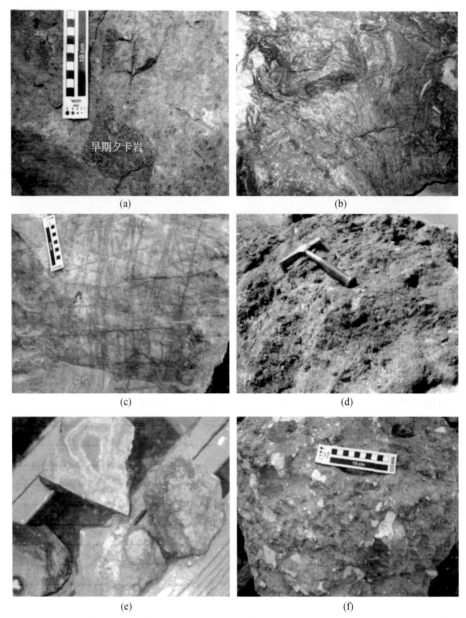

图 3.11　冬瓜山-新桥矿床中地质现象照片及俄罗斯乌拉尔地区志留纪喷流口照片（据毛景文等，2009 修改）

且具有通常可见的矿化分带特征，即斑岩型矿床出现在岩体隆起部位，而接触带为夕卡岩型矿床，向外有夕卡岩-热液型金矿和铅锌矿。长江中下游地区在三叠纪曾作为大别-苏鲁造山带的前陆盆地，在后碰撞期间出现了大量滑覆构造和扩容空间，它们在不整合界面尤其发育。因此，在成矿过程中不仅形成了像新桥那样的厚大矿体，而且位于不整合界面附近的夕卡岩往往退化蚀变成为具有典型层纹状和曲卷状构造的退化蚀变岩和矿石，甚至沿一些层位交代形成了层控夕卡岩型或 Manto 型矿体。以上述特点为基础，建立了铜陵矿集区尺度的矿床模型（图 3.12）。

三、矿床模型与找矿评价

以铜陵矿集区内主要矿床的特点为基础建立的矿床模型，可以用于在类似的地质环境中开展找矿评价工作。在应用过程中应考虑以下因素：

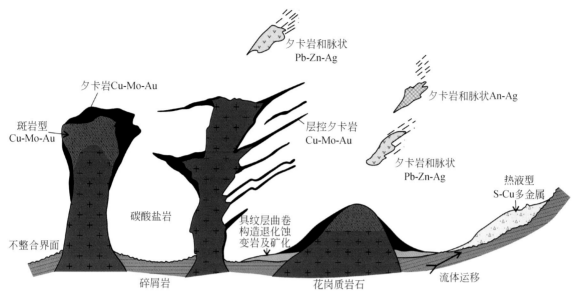

图 3.12　铜陵矿集区矿床模型示意图（据毛景文等，2009 修改）

（1）铜多金属矿集区出现于壳幔强烈作用地带，可能为俯冲板块撕裂带（在原来三叠纪造山带前陆盆地基础上发育而成）与北东向断裂的交汇部位，与高钾钙碱性花岗岩有密切的关系，成岩成矿时代为144～136Ma，岩浆岩集中区就是找矿的中心部位。

（2）矿化集中出现在岩体的内外接触带，矿体形态受控于接触构造、成矿前的滑脱构造（包括层间破碎带），石炭系与泥盆系之间的不整合界面及层间构造应力薄弱带，尤其是具有滑脱性质的扩容构造。

（3）矿化类型与围岩关系密切，以碎屑岩为围岩，形成斑岩型矿床；以灰岩为围岩，形成钙质夕卡岩或斑岩夕卡岩型矿床；以白云岩为围岩，形成镁质夕卡岩型矿床或斑岩夕卡岩型矿床。

（4）以含矿岩体为核心，具有 Cu、Mo、Au 或 Cu、Mo、Pb、Zn、Au 的分带现象，各类矿床互为找矿标志。

（5）重力、磁、激电等方法是寻找该类型矿床的有效方法。

第四节　鄂东南矿集区的区域成矿模型

一、区域地质特征

鄂东地区地层以青峰–襄广断裂为界，以北为秦岭区，总厚度达 60000 余米，断裂以南为扬子区，地层总厚 30000 余米，扬子区地层齐全。长江中下游成矿带位于扬子板块东北缘，区域构造演化大致可以划分为三个构造阶段，即前震旦纪基底形成阶段、震旦纪—三叠纪盖层沉积阶段和中新生代碰撞造山及造山后板内活动（变形）阶段（常印佛等，1991）。到 1993 年年底，鄂东南地区石炭系、二叠系、三叠系是最主要的容矿岩石，根据已探明的储量作为容矿岩石的比例分别为：铁矿 99.25%，铜矿 97.11%，金矿 99.16%，铅锌矿 84.92%，银矿 90.2%，集中了全区大多数金属矿床。最近研究表明，鄂东南地区包含了成铜和成铁岩体以及相对应的矿床，不仅成岩成矿与全球夕卡岩铜铁矿明显不同，而且是长江中下游成矿带岩浆岩和矿床类型缩影，是破解长江中下游成矿带的理想对象（Xie et al.，2015）。因此，鄂东南地区成岩成矿规律值得深入探讨。

通过对研究区内各地层的成矿元素与全球地壳相应元素丰度对比可知，铅在各地层高于地壳丰度，铜仅在泥盆系和二叠系略显富集，锌在志留系和泥盆系富集，钼在泥盆系和二叠系地层富集，金和铁在

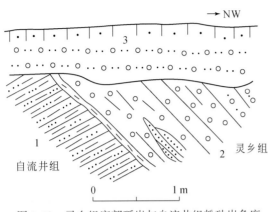

图 3.13　灵乡组底部砾岩与自流井组粉砂岩角度
不整合（据舒全安等，1992 修改）

各地层较低，金主要富集在三叠系第一和五段，铁在下侏罗统富集（舒全安等，1992）。由此可见，成矿元素在石炭系、二叠系和三叠系并不高，暗示成矿元素直接源于地层可能性不大。研究表明，鄂东南地区的寒武系白云岩、奥陶系龟裂状灰岩、志留系砂页岩、五通组砂砾岩、上二叠统含碳页岩、硅质岩和大冶组角砾状白云岩、蒲圻组砂页岩、底部白云质灰岩具有较高的有效孔隙度，高孔隙度对于矿位定位具有明显控制作用。石炭系和三叠系具有有利地层结构系列，上部为砂页岩（蒲圻组），常为矿体的顶板，石炭系—二叠系地层多富含有机质，构成矿体的底板，而大冶组白云岩和白云质灰岩为铜金多金属矿体的主要赋存层位（薛迪康等，1997）。

总之，石炭系—三叠系作为重要的成矿围岩，控制了鄂东南地区大部分铜金多金属矿床，对成矿作用有很显著的贡献。

包括鄂东南地区的长江中下游地区位于扬子板块和华北板块之间，印支运动使长江中下游地区全面海退，由于受到华北、华南板块碰撞、大别山地体向南运动，以及后来太平洋板块向华南板块俯冲对本区的影响，造成白垩纪火山岩沉积地层与下伏地层的角度不整合，如早白垩世灵乡组与中侏罗世自流井组角度不整合（图 3.13）（舒全安等，1992）。燕山运动以形成大量的断裂构造和频繁的岩浆活动为特征，褶皱主要表现为印支褶皱之上形成区域性宽缓的北北东向叠加褶皱，以在鄂州–大磨山表现最为典型（图 3.14），暗示印支—燕山期过渡时期区域存在构造体制转换断裂带表现为沿近东西（或北西西向）和北东（或北东东）两组方向断裂的巨型锯齿状断裂带，并与其他不同方向、不同级次的断裂组成带状网络

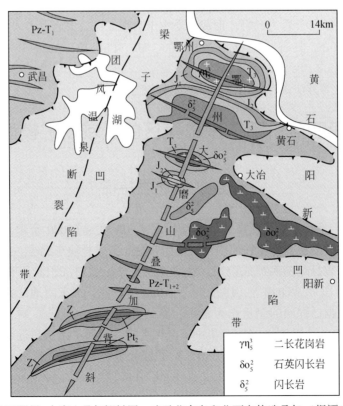

图 3.14　鄂东南地区鄂州–大磨山叠加褶皱图，暗示北东向和北西向构造叠加（据谭忠福等，1980 修改）

断裂系统，在断裂带的拉张部位发育一系列串珠状断陷火山岩盆地。从航磁和标志性矿物的研究，认为长江中下江断裂具有切割岩石圈的深断裂性质。

北东东向断裂经历了三期，如姜桥–下陆断裂，早期岩浆侵入之前，表现为北北东向小型褶皱和断裂，可见岩脉或岩枝充填现象；第二期左行压性兼扭性运动，可见矿化、片理化和糜棱岩化；第三期发生成矿之后，强烈左行剪切。北西西向断裂，一部分是压性断裂燕山期扭性并张性改造作用而成，另一部分为燕山期张扭性断裂，前者燕山期岩浆侵入活动所利用，如鄂城、铁山和金山店岩体，后者主要存在岩体接触带上，部分发展控矿构造，如张福山和程潮铁矿床。北西向断裂为右行剪切断裂。鄂东南地区的东西向断裂与北北东向断裂汇交矿体（舒全安等，1992）。

1996 年提交了长江中下游地区物化遥综合解释成果报告，鄂东南地区位于武昌–九江布格重力异常带，呈北西向和东西向，磁异常强度大（极值达 500nT），集中分布鄂城–黄石和大冶–阳新一带，环形构造发育，主要矿床均分布于大型环形构造的边缘（丁鹏飞，2001），北东、北西向线构造复合部位均发育小岩体，是成矿有利部位。

通过大地电磁测深剖面、地震剖面、层析成像速度结构资料、重磁场等地球物理资料进行综合对比研究，认为长江中下游地区深部具有上地幔隆起（岩石圈地幔减薄带）、上地幔异常区（相对低速区）、壳内高导层隆起带、深断裂（岩石圈剪切带）、地壳上地幔不均匀性块体的边缘、重力高反映的基底隆起区、跳跃磁场反映的岩浆岩带和构造交汇处等诸多因素的共同作用控制着夕卡岩矿床的分布（彭聪等，1998）。长江中下游地区最主要的铁铜矿田（床）均位于莫霍面鼻状幔隆部位（图3.15），暗示本区在燕山期地幔上隆，并有大量岩浆上侵并成矿（丁鹏飞，2001）。

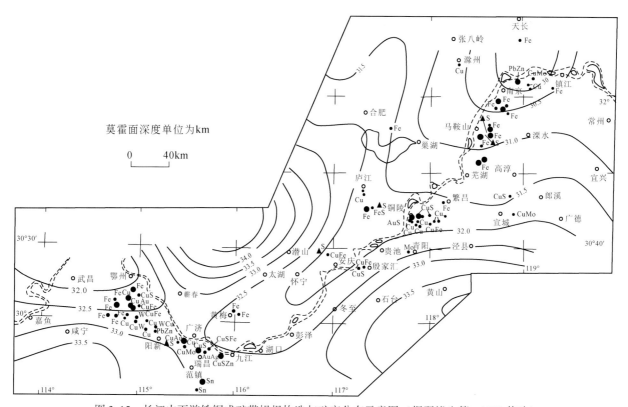

图 3.15　长江中下游铁铜成矿带幔根构造与矿产分布示意图（据翟裕生等，1992 修改）

鄂东地区的重力和磁异常等值线反演岩体的形态和产状，如鄂东成矿重力等值线可见两个明显的局部异常（图3.16），对应主要的岩体，如鄂城–铁山局部重力高异常与鄂城和铁山岩基本对应的，异常呈等轴状，最高峰值为 25mGal，阳新–大冶局部重力负异常呈北西西向分布，异常峰值为 –15mGal，大致与阳新岩体相对应（舒全安等，1992）。鄂东南地区磁异常与岩体具有较好的对应（图3.16），可分为南北两个北西西向的磁场子区，北区为鄂城和铁山岩体的综合反映，当化极上延至 5km 时，铁山和鄂城岩体连成一片。南区为金山店、殷祖、灵乡、阳新岩体和陈家湾和吴伯浩隐伏岩体的综合反映，当化极上延至 5km 时，形成 3 个磁异常中心，分别为阳新岩体磁异常中心和灵乡、姜桥、殷祖岩体磁异常中心及金山店、陈家湾和吴伯浩岩体磁异常中心（舒全安等，1992）。

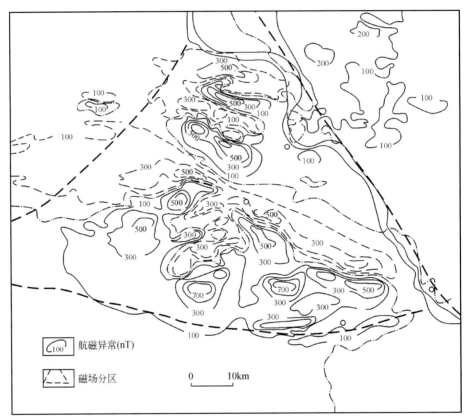

图 3.16　鄂东南地区磁异常（据舒全安等，1992 修改）

研究表明，鄂东南地区矿床多数为夕卡岩铜铁金多金属矿床与中酸性侵入岩密切相关。因此，开展重力和磁异常特征，反演鄂东地南区的莫霍面和居里面深度变化及其与成矿关系显得重要。通过鄂东南地区重力异常反演莫霍面可知，该区莫霍面形态呈北西向中间隆起两侧拗陷的幔隆形态，幔隆北坡带较陡，拗陷中心位于鄂皖交界的大别山主峰东侧，埋深为 34.4km；幔隆南坡带较缓，拗陷中心在通城南东侧湘鄂交界处，最深 33.4km（薛迪康等，1997）。该区矿床均位于幔隆中心，深度为 32.5km，暗示成矿位于地幔隆起地区。通过磁异常反演居里面形态变化特征，可以看出，鄂东南地区矿床位于居里面的 32km，与莫霍面深度基本一致（孙文珂等，2001）。

通过已有的地物化遥资料，针对隐伏中酸性岩体的地质、地球物理、遥感影像标志和地球化学特征，开展鄂东南地区隐伏中酸性岩体的圈定工作，将有助于开展深部找矿评价工作。根据圈定的鄂东南地区存在 12 个隐伏中酸性岩体，均为壳幔同熔型中酸性岩石，与区域成矿岩石类型相似，顶部深度多数小于 5km（图 3.17）。

地矿部第一综合物探大队 1987 年完成的湖北省麻城—九宫山剖面大地电磁测深成果反演鄂东南地区的深部壳幔结构（图 3.18），鄂城、铁山和金山店岩体之下为中-古生代地层，灵乡和殷祖岩体向南倾，深部相连。深部存在低阻高导层，位于地下 12～23km，表明存在岩浆房（薛迪康等，1997）。

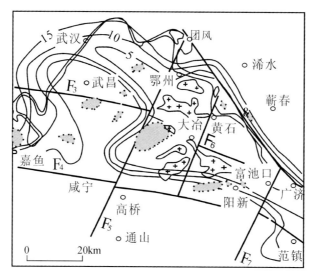

图 3.17 鄂东南地区岩浆岩与断裂及隐伏岩体关系（据丁鹏飞，2001）

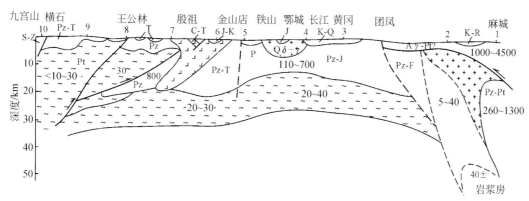

图 3.18 麻城九宫山大地电磁测深剖面地质解释图（据薛迪康等，1997）

二、典型夕卡岩型矿床特征和采样描述

1. 夕卡岩铁矿床

程潮铁矿是鄂东南地区最大的隐伏大型夕卡岩型铁矿床，铁矿储量占全区储量的 28.2%，伴生的钴、硫和石膏均为大型规模（舒全安等，1992），没有伴生铜矿化。1952 年矿床普查时发现，通过成矿模式和次级磁异常特征的研究和验证而发现深部的隐伏矿体，已探明的铁矿储量已达 2.8 亿 t（王永基，2007）。矿区出露的岩石主要有花岗斑岩、石英闪长岩、早三叠世大冶组碳酸盐岩和晚三叠世蒲圻组砂页岩，矿体产于花岗岩与碳酸盐岩接触带附近（图 3.19），呈北西西向分布，长 2300m，宽 800m，主要由 7 个主矿体和 51 个小矿体组成，矿体呈透镜状产于接触带的由陡变缓部位，平面投影呈北西西向分布，倾向南和南南西，倾角 0~57°，向北西侧伏，侧伏角 4°~18°，工程探制深度达 1000m 以下（舒全安等，1992）。金属矿物有磁铁矿、黄铁矿、少量的赤铁矿、黄铜矿等，脉石矿物主要包括方解石、白云石、石榴子石、绿泥石、绿帘石、透辉石、石英和金云母等。存在块状磁铁矿矿石、浸染状磁铁矿矿石、斑块状磁铁矿矿石、角砾状磁铁矿矿石、夕卡岩–磁铁矿矿石、硬石膏–磁铁矿矿石、大理岩–磁铁矿矿石和石英长石斑岩–磁铁矿矿石（姚培慧等，1993）。围岩的热液蚀变有绿泥石化、金云母化、碳酸盐化、硬石膏化和黄铁矿化，其中金云母化与磁铁矿密切相关。根据矿物组合和共生关系，可将成矿阶段分为无矿夕卡岩阶段、主夕卡岩阶段、磁铁矿阶段、类夕卡岩阶段和碳酸盐阶段（翟裕生等，1992），其中磁铁矿主要产于磁铁矿和类夕卡岩阶段，为主要成矿阶段，金云母与其共生。本书采集程潮铁矿地下 375 中段含金云母块状磁铁矿矿石（CC-375-19），为磁铁矿阶段的产物，磁铁矿含量达 60%。经过详细的显微镜的观察，金云母呈条带状产于磁铁矿中，单偏光呈褐黄色，一组完全解理，平行消光，粒度为 0.22 ~ 0.62mm，金云母与磁铁矿密切共生。

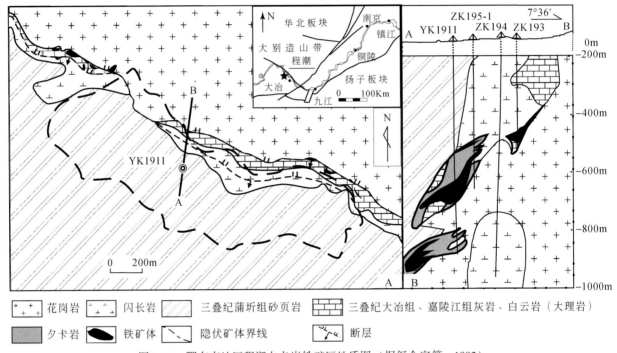

图例：

| + + 花岗岩 | ⊥ 闪长岩 | ⫽ 三叠纪蒲圻组砂页岩 | ▦ 三叠纪大冶组、嘉陵江组灰岩、白云岩（大理岩） |

| ▨ 夕卡岩 | ● 铁矿体 | ＼ 隐伏矿体界线 | ＞ 断层 |

图 3.19 鄂东南地区程潮夕卡岩铁矿区地质图（据舒全安等，1992）

金山店夕卡岩型铁矿床位于金山店岩体南缘中段，包括张福山和余华寺两个矿区。1923 ~ 1924 年通过 1：20 万的地质调查发现的，1986 年提交张福山铁矿区东部详细勘查报告，1988 年经储量认证铁矿石储量 8664.86 万 t，查明大小矿体 100 个，其中 6 个主矿体规模较大（姚培慧等，1993）。加上余华寺矿区储量，金山店夕卡岩型铁矿床的储量约为 1.33 亿 t，为大型铁矿床，储量占全区储量的 14%，伴生钴和硫达中型规模（舒全安等，1992）。矿区出露的岩石主要有石英闪长岩、闪长玢岩、二长花岗岩、早三叠世大冶组碳酸盐岩和中晚三叠世蒲圻组砂页岩（图 3.20），早三叠世大冶组碳酸盐岩与成矿有关的岩浆岩为石英闪长岩和花岗岩，构成矿体的下盘围岩。矿体产于二长花岗岩与蒲圻组砂页岩夹碳酸盐岩接触带附近，呈北西西向长带状分布（长达 3km），矿体呈脉状、透镜状产出，长 329 ~ 380m，厚度 3.17 ~ 6.57m，倾向南西或南东，倾角 48° ~ 86°（舒全安等，1992）。金属矿物组合有磁铁矿，其次为少量的赤铁矿、黄铁矿，以及微量的菱铁矿、黄铜矿、硬锰矿和闪锌矿等，脉石矿物主要为方解石、透辉石、金云母等。存在块状磁铁矿矿石、粉状磁铁矿矿石、浸染状磁铁矿矿石、斑块状磁铁矿矿石、条带状磁铁矿矿石、菱铁矿-磁铁矿石、大理岩磁铁矿矿石和夕卡岩磁铁矿矿石，其中块状磁铁矿矿石多分布于矿体厚大富集地段，粉状磁铁矿矿石分布于矿体上部和下部靠近接触带附近（姚培慧等，1993）。围岩蚀变有透辉石化、金云母化、绿泥石化、碳酸盐化、硬石膏化和黄铁矿化，其中透辉石化和金云母化与磁铁矿密切相关。根据矿物组合和共生关系，可将成矿阶段分为无矿夕卡岩阶段、主夕卡岩阶段、磁铁矿阶段、类夕卡岩阶段和碳酸盐阶段，其中磁铁矿产要产于磁铁矿和类夕卡岩阶段，为主要成矿阶段，金云母与此共生。本书采集金山店铁矿第Ⅲ采区 -20m 中段块状磁铁矿岩（JSD270-3），为磁铁矿阶段的产物，磁铁矿含量约占 50%。经过详细的镜下观察金云母呈板状产于磁铁矿中，一组完全解理，平行消光，粒度为 0.40 ~ 0.50mm，磁铁矿与金云母密切共生。

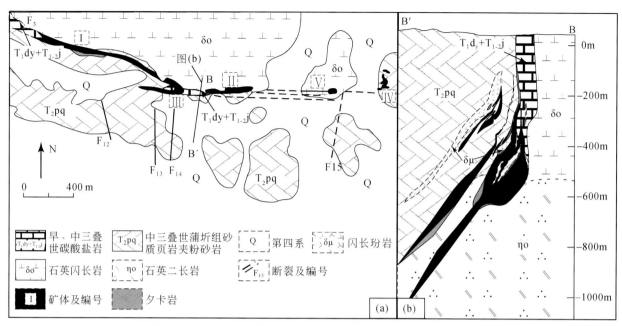

图 3.20 金山店铁矿矿区地质图和 39 线勘探线剖面图（据姚培慧等，1993 修改）

2. 夕卡岩铁铜矿床

铁山矿是鄂东南地区最典型的大型夕卡岩型铁铜矿床，铁、铜及伴生钴、硫、金矿储量都达到大型规模，其中，铁和铜矿储量分别占全区储量的 22.1% 和 17.4%，伴生钴矿储量占全区储量的 76.3%，是本区最大的一个伴生钴矿床（舒全安等，1992）。20 世纪 90 年代末储量表显示：铁矿储量为 1.64 亿 t，平均品位为 52.1%；铜金属量为 67 万 t，平均品位为 0.57%；钴金属量为 3.1 万 t，平均品位为 0.024%。若加上 2007 年结束的危机矿山的储量，大冶铁矿的铁矿储量达 1.85 亿 t，铜金属量为 74.5 万 t。矿区出露的岩石主要有辉长岩、石英闪长岩和早三叠世大冶组碳酸盐岩，辉长岩过渡辉石闪长岩，主要发育尖山矿段局部地段，矿体受北西向断裂叠加接触带控制，呈北西向展布，矿体产于岩体花岗岩与碳酸盐岩接触带附近，长 4.9km，矿床由六个矿体组成，自西向东依次为铁门坎矿体、龙洞矿体、尖林山矿体、象鼻山矿体、狮子山矿体、尖山矿体（图 3.21），矿体产于闪长岩与碳酸盐岩的接触部位。除尖林山矿体为隐伏矿体外，其他矿体都有出露，矿体呈透镜状、似层状、囊状和不规状，走向延长一般为 360 ~ 872m，厚度 10 ~ 180m，赋存标高 −430 ~ 216m，铁品位以铁门坎矿体最高，尖林山矿体最低，铜矿品位以龙洞矿体最高，狮子山矿体最低。热液蚀变包括金云母化、绿帘石化、钠化、绿泥石化，叠加早期的夕卡岩化和钾化，与成矿密切相关的蚀变为金云母化和钠化。主要金属矿物为磁铁矿、赤铁矿、菱铁矿、黄铁矿、黄铜矿等，脉石矿物为含铁金云母、石榴子石、透辉石、硅灰石。根据矿物组合、结构构造，可将本区矿石分为：含铜磁铁矿夕卡岩矿石、高温热液磁铁矿矿石、高中温含铜磁铁矿–菱铁矿矿石、中低温热液菱铁矿矿石和表生含铜的褐铁矿石，其中含铜磁铁矿夕卡岩矿石和高中温含铜磁铁矿–菱铁矿矿石为最主要类型。本书采集程铁山夕卡岩铁矿的尖山矿段露天采场含金云母致密块状磁铁矿矿石（TSFe3），磁铁矿含量达 65%。经过详细的显微镜的观察金云母呈片状产于磁铁矿中，部分呈港湾状已交代成磁铁矿，单偏光呈褐黄色，一组完全解理，平行消光，粒度为 0.2 ~ 0.3mm，金云母与磁铁矿密切共生。

3. 夕卡岩铜铁矿床

铜绿山夕卡岩铜铁金矿床为全国最大的夕卡岩铜矿床，储量表的铜金属储量可达 109.67 万 t，平均品位 1.71%，铁矿石储量 0.4 亿 t，平均品位 43.70%。矿区出露岩石主要包括石英闪长岩、花岗闪长斑岩

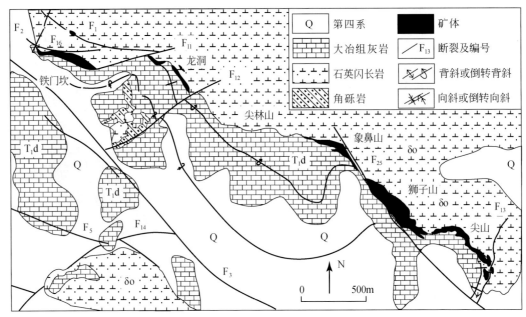

图 3.21 鄂东南地区铁山夕卡岩铁（铜）矿区地质图（据常印佛等，1991）

及早三叠世大理岩和白云质大理岩，矿体呈北东向展布（详细图解见后文），呈透镜状产于岩体与大理岩的接触带或大理岩捕房体中，由夕卡岩型矿体组成，发育非常完整夕卡岩矿物组合，磁铁矿与金云母密切共生，铜矿与透辉石夕卡岩相关。根据矿物组合和穿插关系，可以分为四个成矿阶段，分别为夕卡岩阶段（以石榴子石和透辉石为主）、退化蚀变阶段（以绿帘石和金云母为主）、氧化物阶段（以磁铁矿与金云母为主）和硫化物阶段（主要为黄铁矿和黄铜矿）阶段，其中硫化物阶段黄铜矿主要呈浸染状和细脉状，与石英共生的硫化物规模较小，构成不了工业品位，可见多处高品位的黄铜矿与方解石共生。辉钼矿主要为硫化物阶段的产物，呈两种产状产出，一种呈浸染状产于含铜石榴子石透辉石夕卡岩中，与黄铜矿共生，矿区南部构成小钼矿体；另一种与石英、钾长石共生呈脉状产于夕卡岩化岩体中，规模较小。蚀变类型主要包括夕卡岩化、磁铁矿化、硫化物化和碳酸盐化，对应于四个阶段的热液蚀变，温度分别 400～740℃、340～500℃、240～360℃ 和 150～250℃（赵一鸣等，1990）。金属矿物组合主要为黄铜矿、斑铜矿、黄铁矿、磁铁矿、辉铜矿、辉钼矿等。本书采集了铜绿山南采坑西侧产于含铜夕卡岩化花岗闪长岩浸染状辉钼矿（TLS3 和 TLS4）、南采坑东侧的弱夕卡岩化石英钾长石脉中辉钼矿脉（TLSB7）和北采坑中部的含铜石榴子石透辉石夕卡岩中浸染状辉钼矿（TLSB16），辉钼矿与黄铜矿密切共生。

4. 与斑岩有关的夕卡岩铜钼矿床

铜山口是鄂东南矿集区典型的大型斑岩铜钼矿。矿区主要出露岩石主要包括花岗闪长斑岩、下三叠统白云岩和灰岩等。矿体主要分布于接触带和花岗闪长斑岩中，主要由接触交代铜钼矿体和斑岩型铜钼矿体组成。蚀变类型主要包括钾长石化、绢云母化、硅化和夕卡岩化等。金属矿物组合主要有黄铁矿、黄铜矿、辉钼矿等。主成矿期的石英氢同位素（57.1‰～74.0‰）和氧同位素（3.5‰～6.2‰）表明岩浆水在成矿阶段起主导作用（周涛发等，2000）。本书测年所研究的样品 TSK5、TSK10 和 TSK12 采集于铜山口矿区的绢云母化蚀变带中，TSK11-1 采集于钾化带。辉钼矿主要呈脉状和浸染状分布于斑岩型矿石中，与黄铜矿、黄铁矿等硫化物共生。

丰山洞矿床位于九江–瑞昌矿集区的西侧。矿区出露岩石主要包括燕山期花岗闪长斑岩和三叠纪沉积碳酸盐岩，矿体主要产于花岗闪长斑岩内部和接触带附近（图 3.22），由斑岩、夕卡岩和层控型矿体组成，以夕卡岩矿化为主，蚀变类型主要包括钾化、硅化、绢云母化和夕卡岩化。金属矿物组合主要为黄铜矿、黄铁矿、辉钼矿、磁铁矿、斑铜矿，另外还有少量的方铅矿、闪锌矿、赤铁矿等。本书测年所研究的样品 FSD4 采集于丰山洞矿床的北采石场斑岩型矿体中，辉钼矿主要呈细脉浸染状与黄铜矿、黄铁矿等硫化物共生，产于花岗闪长斑岩型矿石。

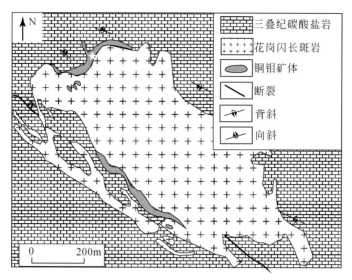

图 3.22　鄂东南地区丰山洞与夕卡岩有关的斑岩铜（钼）矿区地质图（据舒全安等，1992 修改）

三、成矿时代

鄂东南地区铜金钼多金属矿床 Re-Os 同位素测试结果列于表 3.1。由表 3.1 可知，各个矿床中辉钼矿 Re 含量变化较大，且相对较高，为 24.80 ~ 1152μg/g，与同类型矿床的 Re 含量相当（Stein et al.，2001），不同矿床之间的 Re 含量差异与幔源物质参与成矿（Mao et al.，1999；Stein et al.，2001）和/或岩浆系统的物理化学条件（Berzina et al.，2005）有关。这些辉钼矿样品给出了近似的 Re-Os 模式年龄，为 137.1±1.7Ma ~ 144.0±2.1Ma（表 3.1）。其中铜山口不同类型矿石中辉钼矿的同一样品（不同称样重量）、铜绿山的同一样品（类似重量）的样品的重现性很好，表明本次测试结果非常可靠。

由测试结果可知，铜绿山中辉钼矿 Re 含量很高，变化范围为 261.4±2.2 ~ 665.4±5.2μg/g，辉钼矿 Re-Os 模式年龄变化较小，范围为 136.3±1.9 ~ 138.1±1.8Ma，其中三个夕卡岩中辉钼矿 Re-Os 模式年龄为 136.3±1.9 ~ 138.1±1.8Ma，与石英、钾长石和硫化物共生的辉钼矿两次分析结果的辉钼矿 Re-Os 模式年龄分别为 136.8±1.9Ma 和 137.8±2.0Ma，两者在误差范围内完全一致。采用 ISOPLOT 软件对获得的 5 个数据进行等时线处理，获得 Re-Os 等时线年龄为 137.1±1.9Ma，MSWD = 1.3（图 3.23）。

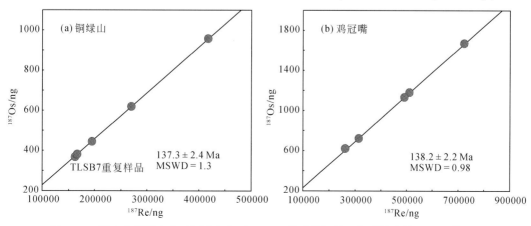

图 3.23　鄂东南铜绿山和鸡冠嘴辉钼矿 Re-Os 等时线年龄（据谢桂青等，2009 修改）

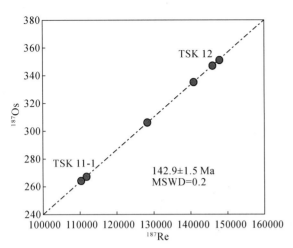

图 3.24　鄂东南铜山口辉钼矿 Re-Os 等时线年龄
（据 Xie et al.，2007 修改）

鸡冠嘴夕卡岩铜金矿床中辉钼矿的 Re 含量更高，变化范围为 425.7±3.2 ~ 1152±10μg/g，5 个辉钼矿 Re-Os 模式年龄变化范围较窄，为 137.1±1.9 ~ 138.8±1.9Ma，采用 ISOPLOT 软件对获得的 5 个数据进行等时线处理，Re-Os 等时线年龄为 138.2±2.2Ma，MSWD = 0.98（图 3.23）。

铜山口与夕卡岩有关的斑岩铜（钼）矿床中辉钼矿的 Re 含量相对较高，变化范围为 175.7±1.4 ~ 235.2±1.8μg/g，6 个辉钼矿 Re-Os 模式年龄变化范围较窄，为 142.3±1.8 ~ 143.7±1.8Ma，平均为 142.8±1.9Ma，不同类型矿石中辉钼矿 Re-Os 模式年龄基本一致，如绢云母化带的 TSK5、TSK10、TSK12 的辉钼矿 Re-Os 模式年龄为 142.3±1.8 ~ 143.5±1.7Ma，钾化带的 TSK11-1 的辉钼矿 Re-Os 模式年龄为 142.3±2.0 ~ 143.7±1.8Ma，采用 ISOPLOT 软件对获得的 6 个数据进行等时线处理，Re-Os 等时线年龄为 142.9±1.5Ma，MSWD = 0.2（图 3.24）。

除了上述三个主要的矿床外，阮家湾、千家湾和丰三洞的辉钼矿的 Re 含量分别为 24.80±0.20μg/g、334.9±2.7μg/g 和 436.5±3.6μg/g，其中阮家湾的 Re 含量较低，千家湾和丰三洞的 Re 含量与鸡冠嘴和铜山口类似，阮家湾、千家湾和丰三洞的辉钼矿模式年龄分别为 143.6±1.7Ma、137.7±1.7Ma、144.0±2.1Ma。

与铁山、程潮和金山店矿床中磁铁矿密切共生的金云母（CC375-19 和 JSD270-3）的阶段加热 ^{40}Ar-^{39}Ar 年龄的数据见表 3.1，共有 12 阶段，温度变化为 500 ~ 1400℃，阶段升温年龄图谱及坪年龄见图 3.25，所有构成坪年龄的数据点均进行了相应的 ^{40}Ar/^{36}Ar-^{39}Ar/^{36}Ar 等时线图见图 3.25。坪年龄计算据 Dalrymple 和 Lamphere（1971）提出的标准（存在不少于三个加热阶段且释放 ^{39}Ar 达 50% 以上）加以计算。程潮夕卡岩磁铁矿矿石中的金云母低温释放阶段（500 ~ 1050℃）视年龄变化较大，变化范围为 41.5±2.6 ~ 112±3.7Ma，^{39}Ar 仅占总析出量 16.10%，可能由矿物晶格缺陷或矿物边部少量的氩丢失造成（邱华宁和彭良，1997）。6 个高温释放阶段（1050 ~ 1400℃）形成了 132.6±1.4Ma（2σ）年龄坪（^{39}Ar 占总析出量 83.90%）（图 3.25（a）），等时线年龄为 136.0±4.0Ma（图 3.25（b）），初始值 ^{40}Ar/^{36}Ar 为 253±42，MSWD = 0.57，等时线年龄与坪年龄在误差范围内完全一致，样品初始值误差相对较大，绝对值略低于尼尔值（295.5±5），但两者在误差范围内基本一致，表明本书所测的数据是可靠的。因此，CC-375-19 金云母 132.6±1.4Ma 的坪年龄具有地质意义，可以代表了金云母形成的冷却年龄。

金山店夕卡岩磁铁矿矿石中的金云母低温释放阶段（500 ~ 1000℃）视年龄变化较大，变化范围为 26.1±6.1 ~ 143.6±1.7Ma，^{39}Ar 仅占总析出量 4.30%，可能由于矿物晶格缺陷或矿物边部少量的氩丢失所造成（邱华宁和彭良，1997）。6 个高温释放阶段（1100 ~ 1400℃）形成了 131.6±1.2Ma（2σ）年龄坪（^{39}Ar 占总析出量 95.70%）（图 3.25（c）），等时线年龄为 132.0±2.8Ma（图 3.25（d）），初始值 ^{40}Ar/^{36}Ar 为 295±68，MSWD = 0.65，等时线年龄与坪年龄在误差范围内完全一致，样品初始值与尼尔值（295.5±5）在误差范围内一致，表明本书所测的数据可靠性较高。因此，JSD270-3 金云母 131.6±1.2Ma 的坪年龄具有地质意义，可以代表了金云母形成的冷却年龄。

表 3.1　鄂东南地区典型斑岩–夕卡岩矿床的辉钼矿 Re-Os 测试结果（据 Xie et al., 2007）

序号	矿床	样号	样重/g	Re μg/g	普 Os/ (ng/g)	^{187}Re/ (μg/g)	^{187}Os/ (ng/g)	模式年龄/Ma
1	铜绿山	TLS3	0.00151	665.4±5.2	0.529±0.219	418.2±3.3	961.39±7.96	137.8±1.7
2	铜绿山	TLS4	0.00235	305.7±2.5	0.268±0.210	192.1±1.6	442.69±3.9	138.1±1.8
3	铜绿山	TLSB7	0.00589	261.4±2.2	0.0388±0.0869	164.3±1.4	377.6±3.3	137.8±2.0
4	铜绿山	TLSB7	0.00502	263.7±2.2	0.0421±0.0000	165.7±1.4	378.1±3.1	136.8±1.9
5	铜绿山	TLSB16	0.00497	432.5±3.7	0.2009±0.0000	271.8±2.3	617.9±5.0	136.3±1.9
6	鸡冠嘴	JGZB96	0.00371	425.7±3.2	0.1289±0.0009	267.5±2.0	619.3±4.9	138.8±1.9
7	鸡冠嘴	JGZB97	0.00379	500.4±3.8	0.4154±0.0000	314.5±2.4	718.9±6.0	137.1±1.9
8	鸡冠嘴	JGZB100	0.00416	1152±10	0.8888±0.0000	724.0±6.5	1673.5±14.8	138.6±2.1
9	鸡冠嘴	ZK2412-7	0.00333	810.8±6.8	0.1437±0.0000	509.6±4.3	1173±10	138.0±2.0
10	鸡冠嘴	ZK2412-9	0.00338	785.9±6.0	0.1414±0.0000	494.0±3.8	1138±9	138.1±1.9
11	阮家湾	YJW4	0.01804	24.80±0.20	0.053±0.018	15.59±0.13	37.34±0.28	143.6±1.7
12	丰山洞	FSD4	0.00151	436.5±3.6	0.640±0.220	274.4±2.2	659.2±7.4	144.0±2.1
13	千家湾	QJW1	0.00165	334.9±2.7	0.586±0.201	210.5±1.7	483.3±4.3	137.7±1.7
14	铜山口	TSK10	0.00303	203.6±1.7	0.211±0.110	128.0±1.1	306.3±2.3	143.5±1.7
15	铜山口	TSK5	0.00317	224.3±1.7	0.304±0.104	141.0±1.1	334.6±3.1	142.3±1.8
16	铜山口	TKS11-1	0.00313	178.3±1.6	0.0907±0.0661	112.1±1.0	266.0±2.3	142.3±2.0
17	铜山口	TKS11-1	0.02013	175.7±1.4	0.2968±0.1323	110.4±0.9	264.6±2.0	143.7±1.9
18	铜山口	TKS12	0.00315	232.3±1.9	0.5575±0.1936	146.0±1.2	347.7±2.8	142.8±1.9
19	铜山口	TKS12	0.02009	235.2±1.8	0.5774±0.2005	147.8±1.1	351.0±2.8	142.4±1.9

注：Re, Os 含量的不确定度包括样品和稀释剂的称量误差, 待分析样品同位素比值测量误差, 质谱测量的分馏校正误差, 稀释剂的标定误差, 置信水平 95%, 模式年龄的不确定度还包括 ^{187}Re 衰变常数的不确定度（1.02%），置信水平 95%。λ（^{187}Re 衰变常数）= 1.666×10^{-11} a^{-1}（Smoliar et al., 1996），Re-Os 模式年龄按下列公式计算：$t = [\ln (1+{}^{187}\text{Os}/{}^{187}\text{Re})] / \lambda$。3 和 4，16 和 17，18 和 19 为同一个样品重复测试结果。

表 3.2　鄂东南矿集区金山店、程潮和铁山大型夕卡岩型矿床中与磁铁矿共生的金云母 ^{40}Ar-^{39}Ar 年龄测定结果（据 Xie et al，2007，2012 修改）

金山店夕卡岩型铁矿床中与磁铁矿共生的金云母　样号：JSD20-3　测试参数：W=53.35mg　J=0.011536

加热阶段	加热温度/℃	$(^{40}\mathrm{Ar}/^{39}\mathrm{Ar})_\mathrm{m}$	$(^{36}\mathrm{Ar}/^{39}\mathrm{Ar})_\mathrm{m}$	$(^{37}\mathrm{Ar}/^{39}\mathrm{Ar})_\mathrm{m}$	$(^{38}\mathrm{Ar}/^{39}\mathrm{Ar})_\mathrm{m}$	$^{40}\mathrm{Ar}^*/^{39}\mathrm{Ar}$	$^{39}\mathrm{Ar}/10^{-14}\,\mathrm{mol}$	$^{39}\mathrm{Ar}$（Cum.）/%	视年龄/Ma（±1σ）
1	500	20.9692	0.0696	2.1408	0.0461	0.5509	12.81	0.09	11.4±4.8
2	600	8.7410	0.0246	0.8926	0.0356	1.5202	31.45	0.32	31.4±8.3
3	700	10.5355	0.0319	2.0251	0.0473	1.2630	18.20	0.45	26.1±6.1
4	800	11.1402	0.0230	0.4606	0.0210	4.3793	67.26	0.94	88.9±6.2
5	900	9.4861	0.0105	0.2501	0.0169	6.4044	107.55	1.73	128.6±2.5
6	1000	8.8235	0.0056	0.0692	0.0148	7.1834	346.97	4.26	143.6±1.7
7	1100	7.1932	0.0019	0.2129	0.0153	6.6293	3280.51	28.15	132.9±1.4
8	1150	6.6638	0.0005	0.0105	0.0128	6.5220	5231.46	66.26	130.9±1.3
9	1200	6.9322	0.0013	0.0151	0.0127	6.5530	2075.87	81.38	131.5±1.3
10	1250	7.0788	0.0015	0.0276	0.0128	6.6344	1320.83	91.00	133.0±1.5
11	1300	7.0028	0.0017	0.1086	0.0133	6.5183	797.38	96.81	130.8±1.6
12	1400	8.0560	0.0055	0.2122	0.0139	6.4562	438.33	100.00	129.6±2.1

程潮夕卡岩型铁矿床中与磁铁矿共生的金云母　样号：CC375-19　测试参数：W=50.50mg　J=0.011536

加热阶段	加热温度/℃	$(^{40}\mathrm{Ar}/^{39}\mathrm{Ar})_\mathrm{m}$	$(^{36}\mathrm{Ar}/^{39}\mathrm{Ar})_\mathrm{m}$	$(^{37}\mathrm{Ar}/^{39}\mathrm{Ar})_\mathrm{m}$	$(^{38}\mathrm{Ar}/^{39}\mathrm{Ar})_\mathrm{m}$	$^{40}\mathrm{Ar}^*/^{39}\mathrm{Ar}$	$^{39}\mathrm{Ar}/10^{-14}\,\mathrm{mol}$	$^{39}\mathrm{Ar}$（Cum.）/%	视年龄/Ma（±1σ）
1	500	13.3341	0.0328	0.3066	0.0224	3.6647	85.49	1.16	74.7±2.8
2	600	8.4184	0.0208	0.3289	0.0208	2.3034	337.51	5.74	47.3±1.7
3	700	9.6891	0.0261	0.6755	0.0254	2.0191	162.67	7.95	41.5±2.6
4	800	8.4932	0.0153	0.7937	0.0222	4.0121	158.36	10.10	81.6±2.8
5	900	11.2934	0.0215	0.8575	0.0205	4.9973	163.43	12.32	101.1±2.3
6	1000	16.0528	0.0356	0.4349	0.0233	5.5549	278.69	16.10	112.0±3.7
7	1050	8.5996	0.0068	0.1819	0.0154	6.6001	433.99	21.99	132.4±1.9

续表

程潮夕卡岩型铁矿床中与磁铁矿共生的金云母　样号：CC375-19　测试参数：　W=50.50mg　J=0.011536

加热阶段	加热温度/℃	$(^{40}Ar/^{39}Ar)_m$	$(^{36}Ar/^{39}Ar)_m$	$(^{37}Ar/^{39}Ar)_m$	$(^{38}Ar/^{39}Ar)_m$	$^{40}Ar^*/^{39}Ar$	$^{39}Ar/10^{-14}$ mol	^{39}Ar (Cum.) /%	视年龄/Ma (±1σ)
8	1100	7.1904	0.0017	0.0511	0.0134	6.6874	2132.57	50.93	134.1±1.8
9	1150	7.2422	0.0017	0.0519	0.0135	6.7291	865.31	62.68	134.9±1.5
10	1220	8.0005	0.0045	0.0623	0.0139	6.6706	781.11	73.28	133.7±1.9
11	1300	8.2268	0.0060	0.0568	0.0139	6.4612	999.69	86.85	129.7±1.6
12	1400	7.9274	0.0049	0.0938	0.0142	6.4946	969.25	100.00	130.3±1.8

铁山夕卡岩型铁矿床中与磁铁矿共生的金云母　样号：TsFe3　测试参数：　W=40.00mg　J=0.011639

加热阶段	加热温度/℃	$(^{40}Ar/^{39}Ar)_m$	$(^{36}Ar/^{39}Ar)_m$	$(^{37}Ar/^{39}Ar)_m$	$(^{38}Ar/^{39}Ar)_m$	$^{40}Ar^*/^{39}Ar$	$^{39}Ar/10^{-14}$ mol	^{39}Ar (Cum.) /%	视年龄/Ma (±1σ)
1	500	7.9297	0.0208	0.0486	0.0319	1.7859	20.16	0.17	37±17
2	600	21.6221	0.0659	0.3372	0.0385	2.1672	2.33	0.19	45±27
3	700	10.3361	0.0332	0.1092	0.0349	0.5273	9.41	0.27	11±10
4	800	22.5987	0.0665	0.2858	0.0312	2.9654	11.53	0.37	61±37
5	900	15.7047	0.0305	0.3019	0.0282	6.6959	20.05	0.53	135.4±5.5
6	1000	10.4337	0.0113	0.0245	0.0181	7.1039	68.94	1.11	143.3±5.0
7	1100	7.9526	0.0029	0.0043	0.0147	7.0975	549.83	5.73	143.2±1.5
8	1150	7.4001	0.0012	0.0032	0.0141	7.0428	1411.62	17.60	142.1±1.5
9	1200	7.2548	0.0009	0.0025	0.0143	6.9925	1626.06	31.26	141.2±1.5
10	1250	7.2635	0.0011	0.0008	0.0141	6.9204	3575.79	61.32	139.8±1.6
11	1300	7.2247	0.0011	0.0010	0.0143	6.9053	3669.59	92.16	139.5±1.6
12	1350	7.4247	0.0017	0.0019	0.0141	6.9085	932.93	100.00	139.5±1.6

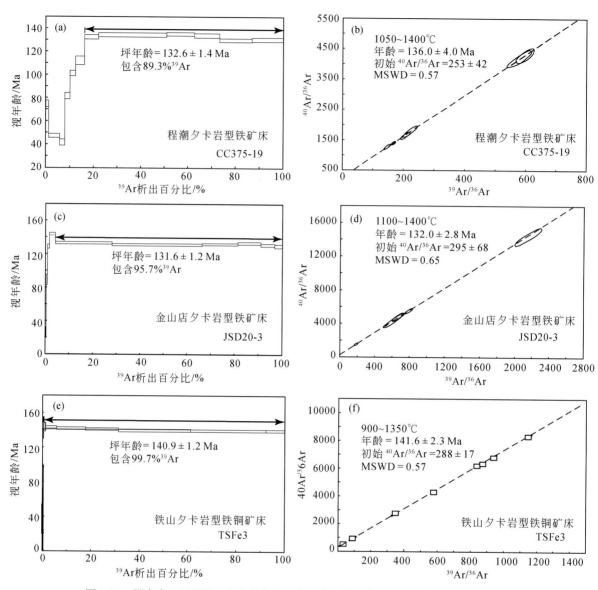

图3.25　鄂东南地区程潮、金山店和铁山夕卡岩型铁矿床中金云母^{40}Ar-^{39}Ar坪年龄和
等时线年龄图（据Xie et al.，2007，2012修改）

　　铁山夕卡岩磁铁矿矿石中的金云母低温释放阶段（500~800℃）视年龄变化较大，变化范围为37±17~61±37Ma，^{39}Ar仅占总析出量0.37%，可能由于矿物边部少量的氩丢失所造成年龄较小（邱华宁和彭良，1997）。8个高温释放阶段（900~1350℃）形成了140.9±1.2Ma（2σ）年龄坪（^{39}Ar占总析出量99.63%）（图3.25（e）），等时线年龄为141.6±2.3Ma（图3.25（f）），初始值^{40}Ar/^{36}Ar为288±17，MSWD=0.57，等时线年龄与坪年龄在误差范围内完全一致，样品初始值与尼尔值（288±17）在误差范围内完全一致，表明本书所测的数据可靠性较高。因此，TSFe3金云母140.9±1.2Ma的坪年龄具有地质意义，可能代表了金云母形成的冷却年龄。

　　矿床的精确测年是建立矿床模型和反演成矿地球动力学背景的重要基础资料。翟裕生等（1992）系统总结了长江中下游地区的成矿作用和成矿系列，提出区域成矿时代主要集中于燕山期（170~90Ma），其中，夕卡岩型-斑岩型Cu-Mo-Au成矿亚系列为170~130Ma，夕卡岩型铁矿Fe和Fe-Cu成矿亚系列为160~120Ma。如前文所述，以往确定鄂东南地区金属矿床的成矿时代均是利用岩体的K-Ar和Rb-Sr等时线年龄来间接推定的，但全岩K-Ar和Rb-Sr等时线法存在范围太宽且存在很大不确定性（周珣若和任进，

1994），另外，由于中深成相侵入体埋藏深度较大和蚀变作用的影响，岩体的 K-Ar 和 Rb-Sr 等时线年龄的结果存在很大的误差，如鄂城花岗岩的 K-Ar 法年龄为 114Ma，Rb-Sr 年龄为 125Ma，铁山石英二长岩的 K-Ar 法年龄为 132Ma，Rb-Sr 年龄为 117Ma（周珣若和任进，1994）。

　　Suzuki 等（1996）对比性研究了 18 个日本矿床的辉钼矿 Re-Os 同位素年龄和其他方法的年龄，结果表明脉状型矿床中辉钼矿 Re-Os 同位素年龄均比蚀变矿物 K-Ar 年龄大 3～12Ma，可能与后期蚀变事件或较慢冷却速度有关。这是因为辉钼矿 Re-Os 同位素体系封闭温度相对较高（约 500℃），而 K-Ar 同位素体系相对较低。尽管部分学者认为辉钼矿中 Re 和 Os 可能在低温成矿溶液中能够发生活化（Suzuki et al.，2000），但大量的辉钼矿 Re-Os 年龄和与成矿密切相关侵入岩的锆石 SHRIMP 年龄和地质特征的研究均表明辉钼矿 Re-Os 同位素体系不易受到后期热液、变质和构造事件的影响（Stein et al.，2001）。因此，辉钼矿 Re-Os 年龄能精确地代表硫化物的形成时代（Mao et al.，2008a），大多数情况下硅酸盐蚀变矿物的 K-Ar 年龄不能反映硫化物矿化的时间（Selby et al.，2002）。

　　最近研究表明辉钼矿的 Re-Os 同位素体系容易发生失耦作用，造成同一样品的多次测试重见性较差，影响其结果（Stein et al.，2001）。Selby 和 Creaser（2004）对不同时代和颗粒大小的辉钼矿进行多次平行样品的测试结果表明，年龄较新（显生宙）和颗粒较细（＜2mm）的辉钼矿的 Re-Os 同位素体系不存在的失耦作用。杜安道等（2007）得出类似的结论，并指出等时线年龄可以消除辉钼矿的 Re-Os 同位素体系失耦作用。区域地质对比显示，鄂东南地区夕卡岩型铜铁金均形成于中生代（翟裕生等，1992），而且铜绿山、鸡冠嘴、铜山口、阮家湾、千家湾和丰山洞铜铁金矿床辉钼矿颗粒较细（粒度为 0.2～1.0 mm），另外本次对铜绿山与石英、钾长石和硫化物共生的辉钼矿（TLSB7）进行了两次重复的测试，两次模式年龄（136.8±1.9Ma 和 137.8±2.0Ma）在误差范围内完全一致，对铜山口钾化带的 TSK12 的不同称样重量的两次结果分别为 142.8±1.9Ma 和 142.4±1.9Ma，绢云化母化带 TSK11-1 的不同称样重量的两次结果分别为 143.7±1.8Ma 和 142.3±2.0Ma，两者在误差范围内完全一致。本书获得的铜山口辉钼矿等时线年龄（142.9±1.5Ma）与前人获得的铜山口斑岩矿化带中 6 个辉钼矿等时线年龄为 143.8±2.6Ma（2σ）和夕卡岩矿化蚀变带金云母激光阶段加热 ^{40}Ar-^{39}Ar 坪年龄为 143.0±0.3Ma（Li et al.，2008）在误差范围内完全一致。

　　因此，本次获得的铜绿山辉钼矿等时线年龄（137.1±1.9Ma）、鸡冠嘴辉钼矿等时线年龄（138.2±2.2Ma）、铜山口辉钼矿等时线年龄（142.9±1.5Ma）、阮家湾辉钼矿模式年龄（143.6±1.7Ma）、千家湾辉钼矿模式年龄（137.7±1.7Ma）和丰山洞辉钼矿模式年龄（144.0±2.1 Ma）未受到失耦作用的影响，辉钼矿与黄铁矿、黄铜矿密切共生，因此，辉钼矿的 Re-Os 年龄分别代表相应的铜铁金矿床的成矿时代。

　　通过对鄂东南地区夕卡岩和矿石中石英、石榴子石、透辉石、方解石的流体包裹体系统研究，含矿夕卡岩中石榴子石代表接触交代作用阶段的原生包裹体温度变化范围为 510～680℃，代表夕卡岩的形成温度（舒全安等，1992）。实验和计算表明金云母的 ^{40}Ar-^{39}Ar 封闭温度约 400～480℃（Dodson，1973；Giletti and Tullis，1977），硅酸盐蚀矿物的 ^{40}Ar-^{39}Ar 年龄记录着成矿末期的同位素封闭时间（Selby et al.，2002）。这些均表明本书所获得的金云母的冷却年龄略晚于夕卡岩矿物（金云母）的结晶年龄。如前文所述，磁铁矿与金云母密切共生，磁铁矿交代早期形成的金云母，流体包裹体测温显示磁铁矿的温度略低于夕卡岩（舒全安等，1992）。因此，金云母 ^{40}Ar-^{39}Ar 表面年龄可以近似地解释为成矿年龄。本文所测程潮、金山店和铁山夕卡岩磁铁矿矿石中的金云母的坪年龄 132.6±1.4Ma、131.6±1.2Ma 和 140.9±1.2Ma 分别代表的程潮和金山店夕卡岩型铁矿床及铁山夕卡岩（铜）铁的成矿时代，指示程潮和金山店夕卡岩型铁矿床及铁山夕卡岩（铜）铁矿床形成于早白垩世早期，同时暗示夕卡岩（铜）铁矿床形成早于夕卡岩铁矿床。将所有的辉钼矿 Re-Os 年龄和金云母的 ^{40}Ar-^{39}Ar 年龄标于鄂东南地区矿床分布图（图 3.26），由图可知，夕卡岩（铜）铁矿床、夕卡岩铜（铁）矿床、夕卡岩铜（金）矿床、与夕卡岩有关的斑岩铜（钼）矿床和夕卡岩钨（铜钼）矿床的成矿时代集中于 144.0±2.1～137.7±1.7Ma，夕卡岩铁矿床的成矿时代集中于 144.0±2.1～137.7±1.7Ma，暗示夕卡岩铁矿床形成较晚，可从后文的与成矿有关的侵入岩的锆石 U-Pb 年龄得到体现。

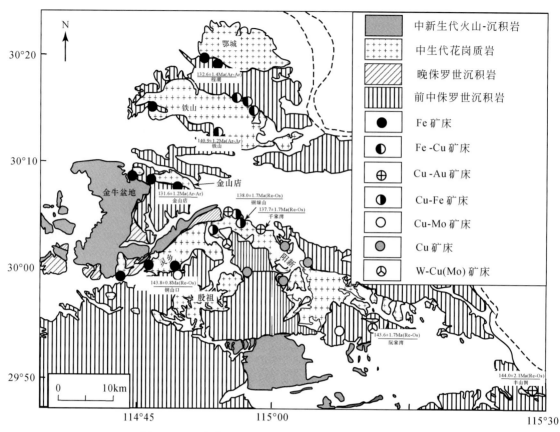

图 3.26 鄂东南地区地质图，显示矿床类型和成矿时代

四、含矿岩体的年代学和成因

1. 岩相学特征

鄂东南地区侵入岩占全区面积的 17%，高达 600 多平方千米，主要包括 6 个大岩体和若干个小岩体，分别为鄂城、铁山、阳新、殷祖、灵乡、金山店大岩体和铜山口、阮家湾、鸡笼山和丰山洞等花岗闪长斑岩体，其中金山店地表被地层分成两个部分，部分学者认为金山店和王豹山，地球物理证据暗示两者深部相，且两者的岩性基本一致，认为两者合并称为金山店较妥。除了殷祖岩体未发现矿体以外，各岩体的岩性较为复杂，本次在 1:20 万和 1:5 万的基础上，选择了含矿岩体（图 3.27），在研究岩石学基础上，进行了年代学和地球化学特征的研究。

鄂城岩体位于鄂东南地区最北端，呈北西向展布，长 14km，宽 8km，主体为中粗粒花岗岩组成，少量石英闪长岩、石英二长岩和花岗斑岩，花岗岩侵入体构成杂岩体的主要部分，花岗斑岩侵入体位于杂岩体的西北角，为花岗岩的边缘相，石英二长岩侵入体分布于杂岩体的东南部和西部两处，石英闪长岩位于西部。在夫子岭水库风到石英二长岩侵入于花岗岩，在接触处花岗岩受强烈的蚀变，呈砖红色、质地坚硬、边缘约有 5cm 的烘烤边，在马鞍山和严家湾可见花岗岩呈细脉穿插闪长岩或花岗岩有闪长岩的捕获体，在莲花山和孟家畈南可见花岗斑岩侵入闪长岩体中。结合区域地质特征和野外穿插关系，岩浆从早到晚分别为（石英）闪长岩、石英二长岩和花岗岩。本书所研究的花岗岩（QC2，QC5，QC9，QC10，QC11）以中粗粒花岗结构和块状构造为特征，主要由钾长石（45%~55%）、斜长石（13%~18%）、石英（30%~35%）和少量黑云母组成，QC2、QC5 为中粒花岗岩，QC9、QC10、QC11 为粗粒花岗岩，虽然 QC10 和 QC9 均为粗粒花岗岩，相比而言，QC10 颗粒较细且斜长石有所减少。中粗花岗岩

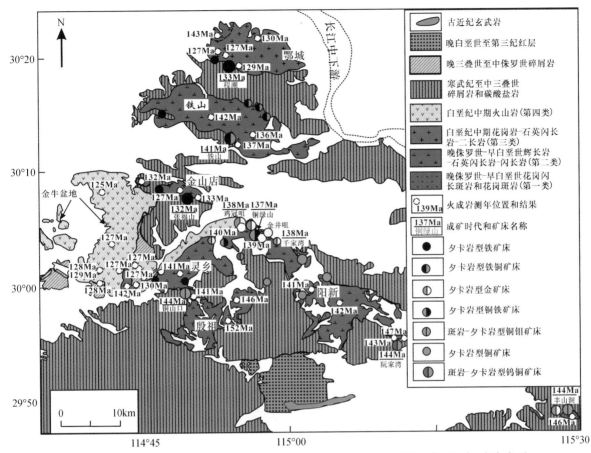

图3.27　鄂东南地区侵入岩和典型矿床分布图，显示中生代岩浆岩和典型斑岩-夕卡岩型
铜铁多金属矿床分布和时代（据谢桂青等，2013修改）

的副矿物为锆石、榍石和磷灰石。石英二长岩（QC1）和石英闪长岩（QC6、QC7、QC8）主要由钾长石（20%～40%）、斜长石（30%～50%）、石英（10%～15%）、角闪石（10%～20%）和黑云母（5%）组成。花岗岩和石英二长岩的斜长石多发生不同程度的绢云母化，但聚片双晶依然清楚可见，钾长石有少量的泥化。鄂城杂岩体代表性的样品的显微特征见图3.28。

图3.28　鄂城岩体中代表性岩性的显微特征（正交，4×10）
Kfs. 钾长石；Pl. 斜长石；Q. 石英；Bi. 黑云母；Hr. 角闪石

　　程潮大型夕卡岩铁矿床位于鄂城岩体南缘，与成矿密切相关的岩石主要为石英闪长斑岩和花岗岩，石英闪长斑岩（CC15-6取于15线ZK1506钻孔靠近矿体上盘和CC375-16取自375m中段16穿脉矿体上

盘，与矿体直接接触，在矿体中可见石英闪长斑岩的捕房体）呈斑状结构和块状构造，斑晶主要为斜长石，有少量角闪石，基质为石英、斜长石和钾长石等矿物，由斜长石（50%~55%），钾长石（10%~15%），石英（15%~20%）、角闪石（10%~15%）和磁铁矿等副矿物组成，斜长石斑晶强环带构造，个别聚片双晶，黝帘石化强，角闪石呈板柱状且多色性，部分绿泥石化；花岗岩（CC375-25，取自375m中段25穿脉矿体下盘，）主要由斜长石（30%）、钾长石（30%）和石英（35%）、角闪石（5%）和磁铁矿等副矿物（1%）组成，角闪石碳酸盐化，保角闪石假象。

铁山岩体发育于大冶县城西北约12km，岩体平面出露呈不规则椭圆状，长轴走向为北西西290°，西部风化强烈且覆盖严重，东部露头较好，南缘与早三叠世大冶组呈侵入接触，北缘与中晚三叠世蒲圻组长砂岩呈侵入接触，据物探资料推测铁山岩体有向下扩大趋势，下延深度5~8km。岩体岩性包括石英闪长岩和辉长岩组成，石英闪长岩构成杂岩体的主要部分，辉长岩主要分布于岩体南部，岩体中部部分地段可见煌斑岩脉。本书所研究的石英闪长岩（TS1，3，4，5）呈中粒结构和块状构造，主要由斜长石（50%~60%）、钾长石（15%~20%）、石英（5%~15%）、角闪石（5%~15%）和黑云母（5%）组成，斜长石多数呈环带结构，钾长石多数呈泥化现象，部分可见卡式双晶。煌斑岩（TS2）呈斑状结构，斑晶为斜长石、黑云母和角闪石，斜长石半自形板状，个别见聚片双晶，多数碳酸盐化；斑晶与基质成分相同，副矿物包括磁铁矿等。根据矿物组合和含量，它为闪斜煌斑岩。辉长岩（TSFe4）呈不等粒结构和块状构造，主要由斜长石（50%~55%）、普通辉石（40%~45%）、黑云母（5%）较少，辉石呈浅绿色，半自形他形粒状，粒度大小为0.3~1mm，斜长石具环带构造，粒度大小为0.3~0.5mm，部分具聚片双晶。铁山杂岩体代表性的样品的显微特征见图3.29。

图3.29 铁山杂岩体中代表性岩性的显微特征（左单偏光，右正交，4×10）

Kfs. 钾长石；Pl. 斜长石；Q. 石英；Bi. 黑云母；Hr. 角闪石

阳新杂岩体是鄂东南地区最大的岩基，面积高达215km²，地表被第四系分成若干部分，长轴呈北西向展布，侵位于石炭纪至晚三叠世地层。岩性包括石英闪长岩、花岗斑岩，其中以石英闪长岩为主体。本书所研究的石英闪长岩（YX 2，3，TLS 2）具有细中粒结构和块状构造，主要由斜长石（50%~60%）、钾长石（8%~15%）、石英（5%~14%）、角闪石（10%~15%）和黑云母（5%），斜长石呈弱环带构造，部分可见聚片双晶，角闪石碳酸盐化，部分保有两组解理。在石英闪长岩偶见辉长质和闪长质暗色包体。花岗斑岩（YX 1）呈斑状结构和块状构造，斑晶主要由石英、钾长石、斜长石、黑云母组成，部分斜长石具有聚片双晶，多数绢云母化，石英呈双锥形态产出。阳新杂岩体代表性的样品的显微特征见图3.30。

金山店杂岩体平面呈纺锤状，长13km，宽1.5~2.5km，出露面积为25km²，侵位于二叠系蒲圻群砂岩和大冶组灰岩，岩性主体为石英闪长岩，少量花岗岩。石英闪长岩（JSD1 和 JSD3）主要由石英、斜长石、钾长石和角闪石组成。与金山店夕卡岩型铁矿床密切共生的岩性主要为花岗岩（JSD270，采取270m中段坑道4穿至3穿脉的中间），由石英（25%）、斜长石（40%）、钾长石（25%）、角闪石（5%）和

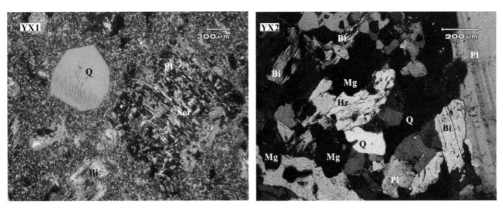

图 3.30　阳新杂岩体中代表性岩性的显微特征（正交，左 4×10，右 10×10）
Kfs. 钾长石；Pl. 斜长石；Q. 石英；Bi. 黑云母；Hr. 角闪石；Mg. 磁铁矿；Ser. 绢云母

副矿物（1%）组成。

殷祖杂岩体呈北东向展布，是鄂东南地区唯一没有发育夕卡岩化的大岩基（毛建仁等，1990；舒全安等，1992），长约 17km，宽约 9km，除北部与石炭—三叠纪地层接触外，其余均与志留纪地层接触，岩性包括石英闪长岩、辉长岩和闪长岩，西南缘发育北西向花岗闪长斑岩脉和辉绿玢岩脉，花岗闪长斑岩脉主要发育岩体中，辉绿玢岩脉穿插岩体和志留纪地层。前人对殷祖杂岩体做过年代学和地球化学特征的研究工作（Wang et al.，2004a；Li et al.，2009），本书为了不重复且岩体边缘没有夕卡岩矿床，没有开展此岩体的相关工作。近年来在岩体西南缘多处发现徐家山矿化点，且矿区可见明显的辉绿玢岩。

灵乡岩体呈北东向展布，岩性主要为闪长岩和闪长玢岩，上部被马架山组火山砾岩掩盖，马架山组底部砾岩发育灵乡岩体的角砾。前人对灵乡杂岩体做过详细地年代学和地球化学特征的研究工作（Li et al.，2009），本书研究为了不重复，没有开展此岩体的相关工作。针对与马架山组火山岩底部相邻的灵乡岩体（LX11）进行年代学的研究，来制约金牛盆地火山岩的下限。本次所研究的灵乡岩体的斑状闪长岩，斑状结构和块状构造，斑晶主要为斜长石、钾长石和角闪石，以斜长石为主，且部分呈现环带，偶见聚片双晶，存在暗化边，钾长石发生泥化，角闪石发生暗化蚀变作用。灵乡岩体代表性的样品的显微特征见图 3.31。

图 3.31　灵乡杂岩体中代表性岩性的显微特征（左单偏，右正交，4×10）
Kfs. 钾长石；Pl. 斜长石；Hr. 角闪石

除了上述六大岩体外，鄂东南地区发育多个小岩体，部分小岩体发育斑岩-夕卡岩矿体，如铜山口花岗闪长斑岩外围发育中型铜山口斑岩铜钼矿床（Li et al.，2008）。因此，鄂东南地区小岩体的成因研究一直引起较大的关注。本次在前人的工作基础上，重点研究了阳新岩体的南侧几个与成矿密切相关的花岗闪长斑岩，鸡笼山（JLS1）和丰山洞（FSD1、FDS1-1 和 FSD6）岩体主要由花岗闪长斑岩组成，侵入三叠纪大冶组灰岩，呈块状构造和斑状结构，斑晶主要由斜长石、黑云母、角闪石和石英，石英呈港湾状，斜长石呈环带或聚片双晶，黑云母边缘发生绿泥石化。阮家湾夕卡岩钨铜矿床位于阳新岩体东南缘，与成矿密切相关的岩性（YJW6、YJW7 和 YJW8）主要为花岗闪长岩，侵位于奥陶系碳酸盐岩和志留系页岩和砂岩，呈块状构造和似斑状结构，主要由斜长石、钾长石、角闪石组成，多数斜长石呈环带结构，钾长石有泥化蚀变作用，基质为斜长石、石英、钾长石和角闪石。丰山洞和阮家湾小岩体的代表性样品的显微特征见图 3.32。

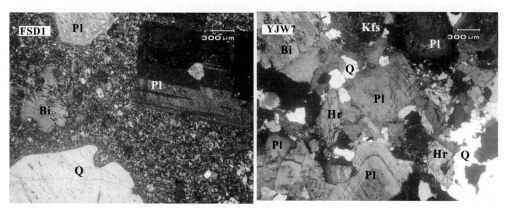

图 3.32　丰山洞和阮家湾小岩体代表性样品的显微特征（正交，4×10）
Kfs. 钾长石；Pl. 斜长石；Hr. 角闪石；Q. 石英；Bi. 黑云母

2. 同位素年代学

本次研究对鄂城岩体的早期石英闪长岩 QC7、主体相中粒花岗岩 QC2、晚期粗粒花岗岩 QC9 和 QC10 开展 LA-ICP-MS 锆石 U-Pb 测年工作。石英闪长岩 QC7 中锆石多数呈半自形短柱状，部分锆石呈长自形长柱状，长 80~120μm，宽 50~70μm，长宽比为 1:1~1:3，部分锆石具有扇形环带，暗示它们为岩浆成因锆石。本次研究对 22 个锆石进行了 22 次测试，Th/U 值为 2.1~6.5，均明显大 0.5，暗示它们为岩浆成因锆石。QC7-4 的测试信号不稳未列出测试结果，QC7-11、QC7-14 和 QC7-17 的 ^{206}Pb/^{238}U 年龄相对偏大，分别为 165±18Ma、156±5Ma 和 155±6Ma，其中 QC7-11 误差偏大，这些年龄与殷祖杂岩体的 SHRIMP 锆石 U-Pb 年龄（152±3Ma）（Li et al.，2009）在误差范围内一致，暗示鄂东南地区晚侏罗世的岩浆活动，除了 3 个测点外，其余 18 个测点均位于谐和图解（图 3.33），^{206}Pb/^{238}U 加权平均年龄为 143±2Ma，代表石英闪长岩的结晶年龄。中粒花岗岩 QC2 中锆石呈自形短柱状，部分呈长柱状，长 80~120μm，宽 40~60μm，长宽比为 1:1~1:2，多数锆石具有振荡环带，暗示它们为岩浆成因锆石。本次研究对 18 个锆石进行了 18 次测试，QC2-12 和 QC2-13 的测试信号不稳未列出测试结果，Th/U 值为 1.7~9.4，大于 0.5，暗示它们为岩浆成因锆石。QC2-10 的 ^{206}Pb/^{238}U 年龄（118±2Ma）相对偏小，由于该锆石具有较高的 Th 和 U 含量，分别为 10738ppm 和 1141ppm，分析精度较差。除此以外，其余 15 个测点均位于谐和图解（图 3.33），^{206}Pb/^{238}U 加权平均年龄为 130±2Ma，代表中粒花岗岩的结晶年龄。

粗粒花岗岩 QC9 中多数锆石呈自形长柱状，部分锆石呈短柱状，长 150~400μm，宽 100~120μm，长宽比为 1:1~1:4，多数锆石具有振荡环带，暗示它们为岩浆成因锆石。本次研究对 QC9 中 17 个锆石进行了 17 次测试，Th/U 值为 1.7~4.5，均明显大于 0.5，暗示它们为岩浆成因锆石。QC9-1 和 QC9-16 的 ^{206}Pb/^{238}U 年龄分别为 122±5Ma 和 121±2Ma，相对偏小，测点未分布谐和图解。除此测点以外，其余 15 个测点均位于谐和图解（图 3.33），^{206}Pb/^{238}U 加权平均年龄为 127±1Ma，代表粗粒花岗岩 QC9 的结晶年龄。粗粒花岗岩 QC10 中多数锆石呈自形长柱状，部分锆石呈短柱状，长 120~300μm，宽 100~120μm，长宽比为 1:1~1:3，多数锆石具有振荡环带，暗示它们为岩浆成因锆石。本次研究对 QC10 中 21 个锆石进行了 21 次测试，QC10-12 锆石相对较小，QC10-1 和 QC10-14 的测试信号不稳未列出测试结果，Th/U 值为 0.8~7.9，大于 0.5，暗示它们为岩浆成因锆石。其余 18 个测点均位于谐和图解（图 3.33），

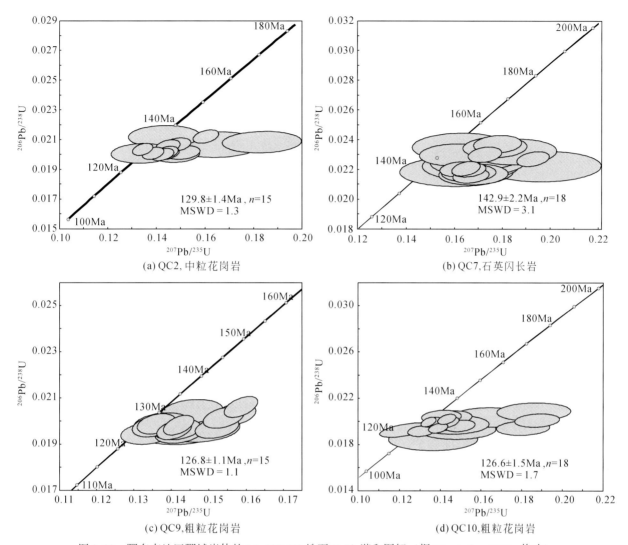

(a) QC2,中粒花岗岩　(b) QC7,石英闪长岩
(c) QC9,粗粒花岗岩　(d) QC10,粗粒花岗岩

图 3.33　鄂东南地区鄂城岩体的 LA-ICP-MS 锆石 U-Pb 谐和图解（据 Xie et al.，2011a 修改）

$^{206}Pb/^{238}U$ 加权平均年龄为 127±2 Ma，代表粗粒花岗岩 QC10 的结晶年龄。

本次研究对铁山岩体主体相的石英闪长岩（TS3）开展 LA-ICP-MS 锆石 U-Pb 测年工作，TS3 中多数锆石呈自形长柱状，长 80~160μm，宽 40~60μm，长宽比为 1∶1~1∶4，多数锆石具有振荡环带，暗示它们为岩浆成因锆石。本次研究对 TS3 中 20 个锆石进行了 20 次测试，TS3-3、TS3-13 和 TS3-17 的测试信号不稳未列出测试结果，Th/U 值为 0.7~9.7，大于 0.5，暗示它们为岩浆成因锆石。TS3-4、TS3-9 和 TS3-16 测点 $^{206}Pb/^{238}U$ 年龄分别为 154±7Ma、154±3Ma 和 172±5Ma，明显偏大，其中 TS3-4 和 TS3-9 的年龄与殷祖杂岩体的 SHRIMP 锆石 U-Pb 年龄（152±3Ma）（Li et al.，2009）在误差范围一致，暗示鄂东南地区存在侏罗纪的岩浆活动。TS3-7 和 TS3-15 测点 $^{206}Pb/^{238}U$ 年龄分别为 1788±21Ma 和 2072±26Ma，其中 TS3-7 为锆石核部，暗示鄂东南地区存在元古代的岩浆活动，类似铜陵地区（吴淦国等，2008）。除了以上测试点，其余 11 个测点均位于谐和图解（图 3.34），$^{206}Pb/^{238}U$ 加权平均年龄为 142±3Ma，代表铁山岩体主体相的石英闪长岩的结晶年龄。

本次研究对阳新岩体主体相的石英闪长岩（YX2）和补给相花岗斑岩（YX1）开展 LA-ICP-MS 锆石 U-Pb 测年工作，YX2 中多数锆石呈自形长柱状，长 100~200μm，宽 40~100μm，长宽比为 1∶1~1∶4，多数锆石具有振荡环带，暗示它们为岩浆成因锆石。本次研究对 YX2 中 20 个锆石进行了 20 次测试，Th/U 值为 1.1~2.6，大于 0.5，暗示它们为岩浆成因锆石。YX2-5 和 YX2-6 的 $^{206}Pb/^{238}U$ 年龄分别为 133±2Ma 和

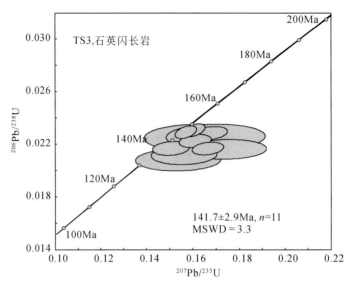

图 3.34　鄂东南地区铁山岩体的 LA-ICPMS 锆石 U-Pb 谐和图解（据 Xie et al.，2011a 修改）

131 ± 2Ma，年龄明显偏小，YX2-7 的 ^{206}Pb/^{238}U 年龄为 1071 ± 14Ma，暗示鄂东南地区存在元古代的岩浆活动，类似铜陵地区（吴淦国等，2008）。除了 3 个测点外，其余 17 点均位于谐和图解（图 3.35），^{206}Pb/^{238}U 加权平均年龄为 142 ± 2Ma，代表阳新岩体主体相的石英闪长岩的结晶年龄。花岗斑岩（YX1）中锆石呈半自形长柱状，长 $80\sim120\mu$m，宽 $20\sim60\mu$m，长宽比为 1:1$\sim$1:3，多数锆石具有振荡环带，暗示它们为岩浆成因锆石。本次研究对 YX2 中 17 个锆石进行了 17 次测试，Th/U 值为 $0.6\sim2.7$，大于 0.5，暗示它们为岩浆成因锆石。YX1-9、YX1-10、YX1-11 和 YX1-17 测点 ^{206}Pb/^{238}U 年龄分别为 157 ± 3Ma、156 ± 3Ma、157 ± 3Ma 和 157 ± 7Ma，这些年龄与殷祖杂岩体的 SHRIMP 锆石 U-Pb 年龄（152 ± 3Ma）（Li et al.，2009）在误差范围内一致，暗示鄂东南地区存在侏罗纪的岩浆活动。除了 4 个测点以外，其余 13 点均位于谐和图解（图 3.35），^{206}Pb/^{238}U 加权平均年龄为 141 ± 2Ma，代表阳新岩体补给相的花岗斑岩的结晶年龄。

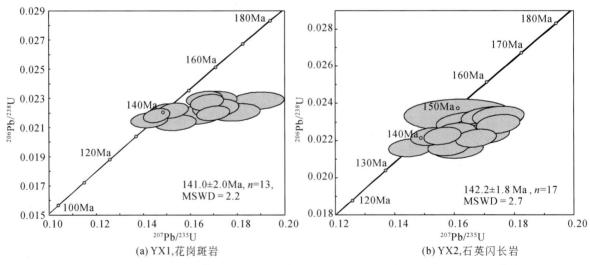

图 3.35　鄂东南地区阳新岩体的 LA-ICPMS 锆石 U-Pb 谐和图解（据 Xie et al.，2011a 修改）

　　本次研究对金山店岩体主体相的石英闪长岩（JSD3）和花岗岩（JSD270，采取 270m 中段坑道 4 穿至 3 穿脉的中间）开展 LA-ICP-MS 锆石 U-Pb 测年工作，石英闪长岩（JSD3）中多数锆石呈半自形短柱状，大小为 $50\sim80\mu$m，多数锆石不具有振荡环带。本次研究对 JSD3 中 20 个锆石进行了 20 次测试，Th/U 值为2.9~6.4，大于0.5，暗示它们为岩浆成因锆石。JSD3-1测点^{206}Pb/^{238}U年龄为136±7 Ma，误差较大，测试信号不稳，除此测点以外，其余19点均位于谐和图解（图3.36），^{206}Pb/^{238}U加权平均年龄为127±2 Ma，代表金山店岩体主体相的石英闪长岩的结晶年龄。

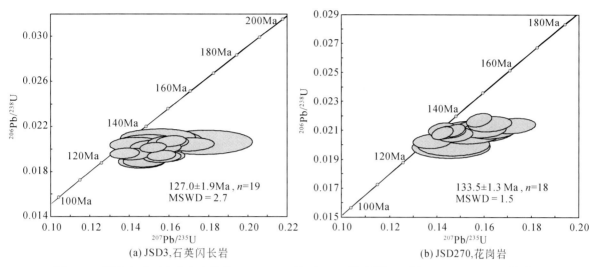

(a) JSD3，石英闪长岩　　　　　　　　(b) JSD270，花岗岩

图3.36　鄂东南地区金山店岩体的LA-ICP-MS锆石U-Pb谐和图解（据Xie et al.，2012a修改）

花岗岩（JSD270）中锆石呈自形长柱状，长120~300μm，宽60~80μm，长宽比为1：2~1：4，多数锆石具有振荡环带，暗示它们为岩浆成因锆石。本次研究对JSD270中20个锆石进行了20次测试，Th/U值为0.7~2.1，大于0.5，暗示它们为岩浆成因锆石。JSD270-5测点^{206}Pb/^{238}U年龄分别为140±2Ma，测试信号不稳，未分布谐和图解，JSD270-9测点^{206}Pb/^{238}U年龄分别为2502±27Ma，暗示鄂东南地区存在元古代的岩浆活动，类似铜陵地区（吴淦国等，2008）。除了以上2个测点，其余18点均位于谐和图解（图3.36），^{206}Pb/^{238}U加权平均年龄为134±1Ma，代表金山店的花岗岩相的结晶年龄。

前人对鄂东南地区侵入岩的年龄进行了广泛的年代学研究，包括K-Ar法、^{40}Ar-^{39}Ar法、Rb-Sr法和传统锆石U-Pb法，所得年龄很不一致，侵入岩K-Ar法年龄为94~189Ma，相差近100Ma（舒全安等，1992），舒全安（1992）总结资料得出鄂东南侵入岩的K-Ar和Rb-Sr法年龄为205~64Ma，范围太宽。由于K-Ar法存在过剩Ar或者Ar丢失的问题，不宜采用这些年龄结果作为岩浆的成岩时代。铁山石英二长岩和阳新英云闪长岩中角闪石^{40}Ar-^{39}Ar坪年龄分别为133.4±0.4Ma（^{39}Ar析出量占总量的73%）和135.9±0.5Ma（^{39}Ar析出量占总量的88%）（周珣若和任进，1994），铁山岩体南缘的铁山铁矿中与磁铁矿密切共生的金云母^{40}Ar-^{39}Ar坪年龄为140.9±1.2Ma（^{39}Ar析出量占总量的99.63%）（前文讨论），阳新岩体周围的夕卡岩铜铁矿床的辉钼矿年龄为137.1±1.9~138.2±2.2Ma（前文讨论），成矿年龄略大于岩体的^{40}Ar-^{39}Ar法年龄，无法解释。鄂东南地区侵入岩的年代学研究现状类似于长江中下游铜陵地区侵入岩的年代学研究现状（吴淦国等，2008）。已有的1：20万和1：5万的区域调查资料显示：岩体多为复式杂岩体，存在不同期次的岩体或不同岩相。因此，很有必要选择典型岩体，在大量的野外地质观察基础上，对成矿密切相关的岩体开展SHRIMP的测年工作，并对岩体的主体相、早晚岩相进行了LA-ICP-MS锆石U-Pb测年工作。

鄂东南地区发育大量的斑岩-夕卡岩铜铁矿床，与相邻的侵入岩存在时空和成因的联系。虽然花岗质岩与相关的成矿作用的时差存在一定争论，大部分学者认为成岩时代与成矿的时代在误差范围内基本一致，前者比后者略早（两者不超过1~2Ma），如通过大量的斑岩铜钼矿床的高精度辉钼矿Re-Os等时线年龄和与成矿有关的高精度SHRIMP锆石U-Pb测年结果对比研究表明：两者在误差范围内基本一致，不存在明显的成岩成矿时差（Stein et al.，2001）。部分学者认为成岩成矿存在一定的时差，如对南岭地区大面积花岗质岩和相关的钨锡矿床的时代统计后，认为花岗岩类与相关成矿作用之间存在10~20Ma的时间差（华仁民，2005）。近年来通过对长江中下游地区侵入岩和成矿时代的研究暗示：成岩成矿为同一地质事件（Sun et al.，2003；Mao et al.，2006），两者不存在明显的时差，通过含矿岩浆岩锆石 U-Pb 年龄对成矿时限进行精细约束。若此说法正确，由以上可知，与斑岩-夕卡岩铜铁矿床密切相关的侵入岩早于与夕卡岩铁矿相关的侵入岩，前者包括铜绿山、丰山洞和铁山的花岗质岩的 SHRIMP 锆石 U-Pb 年龄分别为 140±2Ma、146±2Ma 和 137±2Ma，后者为程潮的花岗质岩的 SHRIMP 锆石 U-Pb 年龄为 129±2Ma，由野外观察可知，夕卡岩铁矿的成矿时代肯定晚于 129±2Ma，因此，斑岩-夕卡岩铜铁矿床的形成早于夕卡岩铁矿，此结论与我们对这些矿床进行成矿时代的研究结果一致。

由前文所知，鄂东南地区侵入岩的侵入最晚地层为三叠系，表明侵入岩晚于三叠纪。金牛幅 1∶5 万区域调查显示金牛火山岩盆地底部可见灵乡杂岩体的闪长岩和金山店杂岩体的西部王豹山闪长岩的角砾，表明鄂东南地区闪长岩的时代早于金牛盆地火山岩。但金牛盆地底部火山岩（以前称为"下火山岩系"）存在它们为晚侏罗世和早白垩世的时代之争（关劲曾等，1984）。本书所测得鄂城杂岩体的主体相中粒花岗岩锆石年龄为 130±1Ma，早期石英闪长岩锆石年龄为 143±2Ma，晚期粗粒花岗岩锆石年龄为 127±2 ~ 127±1Ma，表明岩浆从早到晚存在中性向酸性演化，与前文的野外地质穿插关系一致。铁山杂岩体主体岩相的石英闪长岩锆石年龄为 142±3Ma，阳新杂岩体主体岩相的石英闪长岩锆石年龄为 142±2Ma，补给相花岗斑岩锆石年龄为 141±2Ma，金山店杂岩体主体岩相的石英闪长岩锆石年龄为 127±2Ma，补给相花岗岩锆石年龄为 134±1Ma。区域填图和野外地质关系显示：美人尖矿区辉绿玢岩脉穿插殷祖杂岩体，表明辉绿玢岩脉的时代晚于殷祖杂岩体。殷祖闪长岩的 SHRIMP 锆石 U-Pb 年龄为 152±3Ma（Li et al.，2009），本书测得辉绿玢岩脉 SHRIMP 锆石 U-Pb 年龄为 148±2Ma，年龄数据表明基性脉岩晚于殷祖杂岩体，与野外地质穿插的关系，暗示了鄂东南地区存在晚侏罗世基性脉岩浆活动。

Li 等（2008，2009）报道了殷祖闪长岩的 SHRIMP 锆石 U-Pb 年龄为 152±3Ma（原始数据为 151.8±2.8Ma），阳新杂岩体北缘石英闪长岩的 SHRIMP 锆石 U-Pb 年龄为 139±3Ma，铁山闪长岩的 SHRIMP 锆石 U-Pb 年龄为 136±3Ma，铜山口花岗闪长斑岩的 SHRIMP 锆石 U-Pb 年龄为 141±2Ma，灵乡岩体闪长岩的 LA-ICP-MS 锆石 U-Pb 年龄为 141±1Ma，金山店杂岩体的王豹山闪长岩的 LA-ICP-MS 锆石 U-Pb 年龄为 132±1Ma，王豹山二长岩和闪长玢岩脉的 LA-ICP-MS 锆石 U-Pb 年龄分别为 128±2Ma 和 122±1Ma。由此可见，铁山和阳新的主体岩相的锆石年龄两者在误差范围内基本一致，另外对阳新的补给相进行精确测年。除此以外，本书测试对象与李健威课题组的研究成果互为补充。结合本书的研究成果和李健威课题组的成果，表明鄂东南地区侵入岩起于晚侏罗世，结束于早白垩世，区域上存在岩浆从早到晚存在中基性向中酸性演化。

3. 地球化学特征

鄂东南地区晚中生代侵入岩具有较高碱（$K_2O + Na_2O = 4.74\% ~ 9.55\%$），大多数样品位于 SiO_2-K_2O 图解的中钾和高钾钙碱性（图 3.37），与华北克拉通高 Ba-Sr 花岗岩类似（Qian et al.，2003）。以 K_2O/Na_2O 值分富钠和富钾区，多数样品位于 $Na_2O/K_2O = 1$ 的线以上（图 3.38），暗示这些侵入岩富钠质。因此，鄂东南地区晚中生代侵入岩属于富钠的钙碱性系列。

鄂东南地区晚中生代侵入岩具有较低 MnO（$0.01\% ~ 0.17\%$）、MgO（$0.17\% ~ 4.84\%$）、TiO_2（$0.17\% ~ 2.08\%$）和 P_2O_5（$0.03\% ~ 1.11\%$），其中辉长岩和煌斑岩具有相对较高 MgO（$3.36\% ~ 4.84\%$），FeOt（$0.98\% ~ 6.99\%$）和 Al_2O_3 变化较大（$12.45\% ~ 18.40\%$）。鄂东南侵入岩体 SiO_2 与 MgO、CaO、TiO_2、FeOt、Al_2O_3、P_2O_5 和 MnO 呈现负相关，主量元素总体的特征接近高硅埃达克质岩（图 3.39）（Martin et al.，2005）。

鄂东南晚中生代侵入岩的稀土元素球粒陨石标准化配分见图 3.40，由图 3.40 可知，样品具有轻稀土富集（$(La/Yb)_N = 2.3 ~ 50.9$）和重稀土变化较大（HREE = 8.5 ~ 405 ppm）的特征，铕异常变化较大（$Eu/Eu^* = 0.22 ~ 1.3$），鄂城杂岩体和金山店岩体具有明显的负铕异常（$Eu/Eu^* = 0.22 ~ 0.73$），不同于阳新、铁山、阮家湾、鸡笼山岩体和丰山洞的花岗闪长斑岩和石英闪长岩（$Eu/Eu^* = 0.84 ~ 1.2$），后者

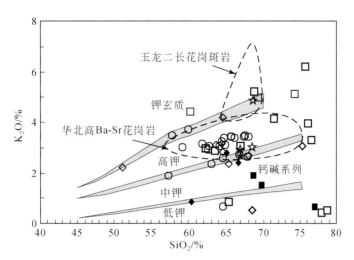

图 3.37　鄂东南地区晚中生代侵入岩的 SiO_2-K_2O 图解（底图据 Rollinson，1993 和 Xie et al.，2008 修改）

华北高 Ba-Sr 花岗岩和玉龙二长花岗斑岩分别据（Qian et al.，2003）和（Jiang et al.，2006），□：鄂城（本书；周珣若和任进，1994；Li et al.，2009），◇：阳新（本书；周珣若和任进，1994；Li et al.，2009），○：铁山（本书；马昌前等，1994；周珣若和任进，1994；Li et al.，2009）；■：金山店（本书；Li et al.，2009）；◆：阮家湾（本书）；★：鸡笼山（本书）；☆：丰山洞（本书）；

●：灵乡（本书；Li et al.，2009）；–：殷祖（Li et al.，2009）

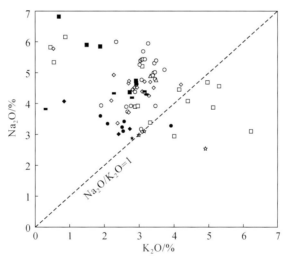

图 3.38　鄂东南地区晚中生代侵入岩的 Na_2O-K_2O 图解，图例与图 3.37 相同（据 Xie et al.，2008 修改）

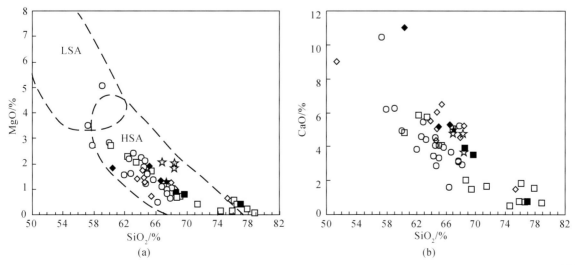

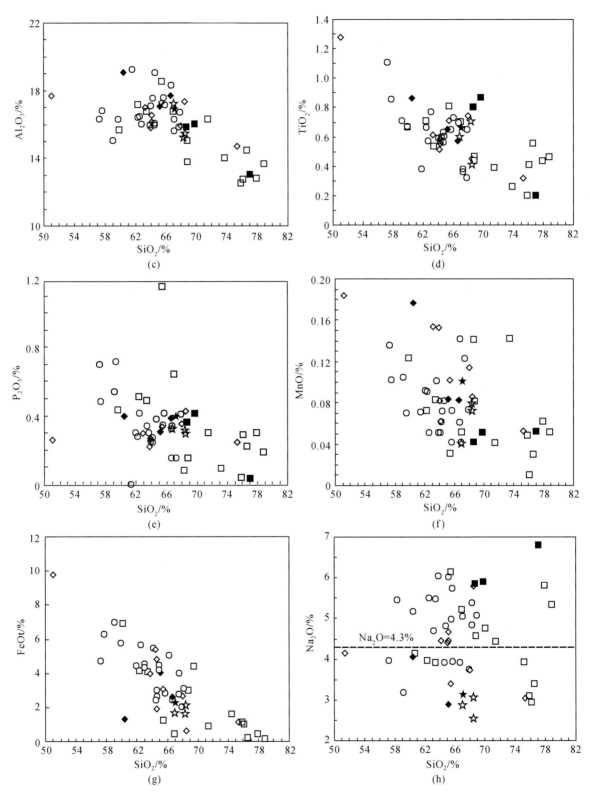

图 3.39　鄂东南地区晚中生代侵入岩的 Harker 图解，据（Xie et al.，2008）修改，HAS 和
LAS 范围（据 Martin et al.，2005），图例与图 3.37 相同

与铁山岩体所发育的基性包体（SiO₂<55%）（马昌前等，1994）和煌斑岩的稀土元素特征类似。

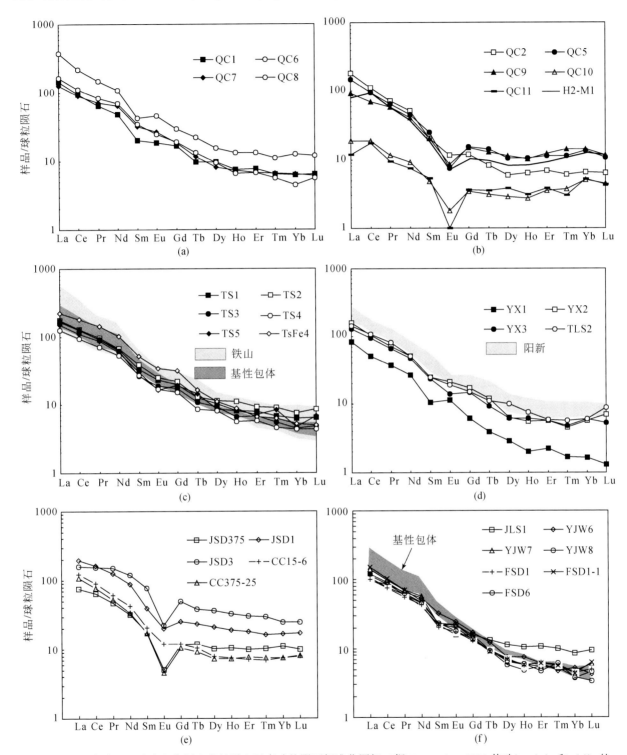

图3.40　鄂东南地区晚中生代侵入岩的稀土元素球粒陨石标准化图解（据 Xie et al.，2008 修改），（c）和（d）的
铁山和阳新的阴极部分据（周珣若和任进，1994；马昌前等，1994；Wang et al.，2003）

鄂东南晚中生代侵入岩的原始地幔标准化蛛网见图3.41，铁山和阳新杂岩体及阮家湾、鸡笼山和丰
山洞的花岗闪长斑岩具有类似的微量元素特征，具有富集 Rb、Th、U、Pb 和亏损 Nb、Ta 和 Ti 的特征，
类似煌斑岩和基性（SiO₂<55%）包体（马昌前等，1994）的微量元素特征，而鄂城杂岩体的石英闪长岩

和二长岩具有类似的特征，而鄂城杂岩体的花岗岩和金山店岩体以富集 Th 和 Pb，亏损 Ba 和 Sr，无明显的 Nb 和 Ta 负异常。

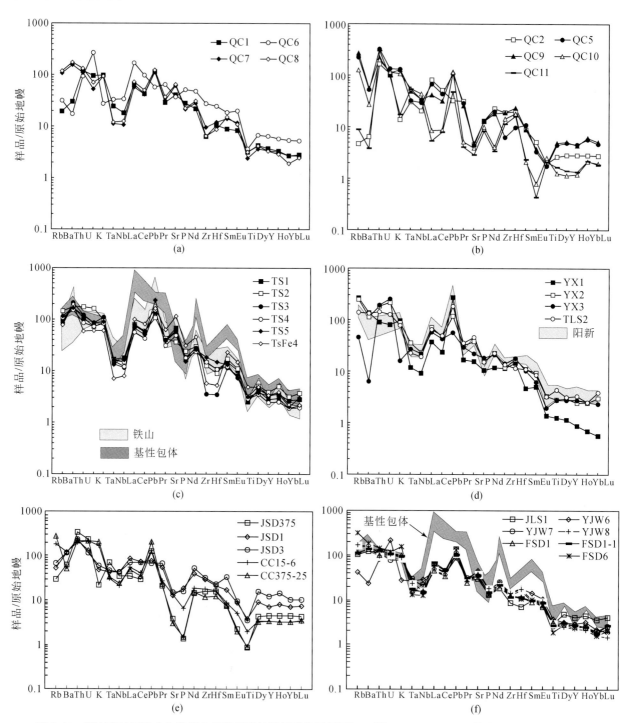

图3.41　鄂东南地区晚中生代侵入岩的原始地幔标准化蛛网图解（据 Xie et al.，2008 修改），（c）和（d）的阴影部分据（周珣若和任进，1994；马昌前等，1994；Wang et al.，2003），铁山岩体中基性包体据（马昌前等，1994），原始地幔据（Sun and McDonough，1989）

铁山的石英闪长岩和煌斑岩具有中度的 Sr 初始值（$^{87}Sr/^{86}Sr)_i = 0.7054 \sim 0.7072$）和低 Nd 初始值（$\varepsilon_{Nd} = -10.0 \sim -8.8$）。阳新石英闪长岩和花岗斑岩具有类似的 Sr 同位素值，Sr 初始值（$^{87}Sr/^{86}Sr)_i$ 为 $0.7058 \sim 0.7069$，Nd 初始值较大，ε_{Nd} 为 $-8.5 \sim -6.1$。鄂城杂岩体的 Sr-Nd 同位素值变化较大，（$^{87}Sr/$

^{86}Sr)$_i$为 0.7057 ~ 0.7085，ε_{Nd}为−12.5 ~ −8.3。金山店的花岗岩具较高 Sr 同位素初始值，(^{87}Sr/^{86}Sr)$_i$为 0.7080，较低的 ε_{Nd}为−12.4。灵乡闪长玢岩具有较低的 Sr 同位素初始值，(^{87}Sr/^{86}Sr)$_i$为 0.7064，较高的 ε_{Nd}为−6.1。

自 Defant 和 Drummond（1990）研究阿拉斯加阿留群岛火山岩时提出，具有富 Al$_2$O$_3$ 和 Sr，贫 Y 和 Yb，LREE 富集和无 Eu 异常（或者正异常或轻微的负铕异常）的岩石为埃达克岩（adakite）以来，埃达克岩的成因一直是岩石学界研究的热点（张旗等，2004）。张旗等（2001）根据毛建仁等（1990）的数据认为鄂城、铁山和丰山洞岩体为埃达克岩，Wang 等（2003）分析了铁山石英闪长岩（1 个样品）、铜绿山石英闪长岩（1 个样品）和丰三洞花岗闪长斑岩（2 个样品）代表性样品的主量、微量和稀土元素成分后，认为它们为埃达克质岩。对比研究了铜山口花岗闪长斑岩（发育斑岩−夕卡岩铜钼矿）和殷祖花岗闪长岩（与成矿无关）的地球化学特征，认为它们两者均为埃克质岩（Wang et al.，2004a）。如前文所述，鄂东南地区不仅存在辉长岩、石英闪长岩、花岗闪长岩和花岗闪长斑岩，而且发育石英二长岩、花岗岩和花岗斑岩等，岩体存在持续时间长且由基性到酸性演化的特征（毛建仁等，1990；Xie et al.，2005）。全面分析鄂东南地区侵入岩的地球化学特征，讨论它们是否为埃达克岩显得非常重要。

由图 3.42 可知，大多数数据位于埃达克岩范围内，与前人的结论一致（张旗等，2001；Wang et al.，2003；2004a），但有部分数据位于正常岛弧岩浆岩外围，如鄂城和金山店的花岗岩、石英闪长岩等，表明偏酸性成分岩石不具有埃达克岩地球化学特征，这可从稀土（明显负铕异常）（图 3.40）和微量元素（具有负 Sr 异常）（图 3.41）等地球化学特征得到体现。同时，注意到鄂城和阳新岩体早期的石英闪长岩具有埃达克岩特征，但晚期花岗岩与埃达克岩地球化学特征明显不同（图 3.42）。因此，就目前的资料分析来看，鄂东南地区中生代侵入岩不能完全归为埃达克岩，早期中酸性岩具有埃达克岩类似的地球化学特征，晚期酸性岩明显不同于埃达克岩。

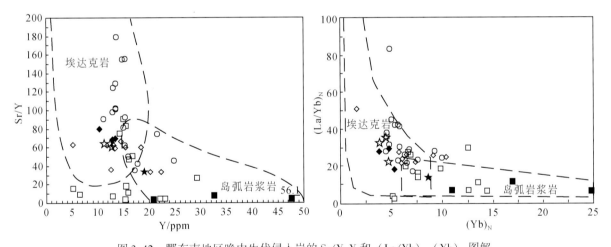

图 3.42　鄂东南地区晚中生代侵入岩的 Sr/Y-Y 和（La/Yb）$_N$-（Yb）$_N$ 图解，

（据 Xie et al.，2008）修改底图据（Defant and Drummond）1990，图例和参考文献同图 3.37

目前埃达克（质）岩的成因存在很多的争论，主要的形成方式包括：①俯冲大洋板片的部分熔融（Defant and Drummond，1990）；②拆沉下地壳（Wang et al.，2003；2004a）或底侵玄武质地壳（Atherton and Petford，1993）；③玄武质岩浆的分离结晶作用（Castillo et al.，1999；Macpherson et al.，2006）；④富集地幔的部分熔融（Jiang et al.，2006；Li et al.，2008）。鄂东南地区侵入岩的源区性质和成岩方式如何？

包括长江中下游在内的中国东部晚中生代的岩浆岩带是否与古太平洋俯冲有关存在很多的争论（Li，2000；Zhou et al.，2006）。但已有的 Sr-Nd 同位素资料表明，鄂东南地区侵入岩的同位素明显不同于大洋中脊玄武岩（MORB），如铁山、殷祖、金山店、阳新和鄂城大岩体具有较低 ε_{Nd}（−12.5 ~ −4.85）和中度（^{87}Sr/^{86}Sr）$_i$（0.7053~0.7084）（Chen et al.，2001；Wang et al.，2003；2004a），铜山口、丰山洞的花岗闪长斑岩体的ε_{Nd}和（^{87}Sr/^{86}Sr）$_i$分别为-5.78~-4.37和0.7060~0.7069（Wang et al.，2003；2004a；Li et al.，2008），与MORB（ε_{Nd}>+5；（^{87}Sr/^{86}Sr）$_i$<0.7045）明显不同。这些均表明鄂东南侵入岩不可能由大洋俯冲直接部分熔融所形成。

包括长江中下游在内的中国东部多数晚中生代侵入岩具有埃达克岩类似的地球化学特征，但其成因和构造背景一直无法用经典的埃达克岩成因模式——年轻大洋俯冲板片部分熔融来解释，有学者称之为"C型埃达克岩"（张旗等，2001），岩石明显富钾（K$_2$O/Na$_2$O=1），是拆沉下地壳熔融的产物（Xiao and Clemens，2007），鄂东南地区铁山、铜绿山和丰三洞的埃达克质岩可能是地壳加厚（>40km）的玄武质下地壳部分熔融的产物（Wang et al.，2003），拆沉下地壳熔融后与地幔橄榄岩交代反应可能是形成铜山口花岗闪长斑岩的重要原因（Wang et al.，2004a）。最近，系统的元素和Sr-Nd-Hf的数据表明，铜山口花岗闪长斑岩不可能是拆沉下地壳的部分熔融的产物，而是源于富集地幔（Li et al.，2008）。以下地质和地球化学方面证据显示鄂东南地区侵入岩直接由拆沉下地壳的部分熔融所形成的可能性不大：

（1）张旗等（2006）论述了大陆下地壳拆沉模式，认为下地壳加厚到榴辉岩相，且岩石圈转化为软流圈地幔是大陆下地壳的必要和充分条件。就目前的资料来看，长江中下游地区未见榴辉岩且火山岩未见榴辉岩包体的报道，鄂东南西部金牛盆地白垩纪火山岩以富集轻稀土元素和大离子亲石元素、高Sr和低Nd为特征（见后面讨论）。因此，包括长江中下游地区在内的华南地区不存在下地壳拆沉问题（张旗等，2006）。

（2）本书研究的鄂东南地区晚中生代侵入岩的K$_2$O/Na$_2$O变化较大（0.08~1.99），大多数属于富钠质（见图3.38），明显不同于拆沉下地壳熔融所形成的C型埃达克岩（K$_2$O/Na$_2$O大于1）（Xiao and Clemens，2007）。实验岩石学表明玄武质下地壳部分熔融形成的岩浆通常具有高Na$_2$O（>4.3wt%）（Rapp and Watson，1995），本书研究的侵入岩有变化较大的Na$_2$O（2.50%~6.53%），均以高Ba-Sr为特征（图3.43），类似于富集地幔部分熔融形成的华北高Ba-Sr花岗岩和玉龙二长斑岩的地球化学特征（Qian et al.，2003；Jiang et al.，2006）。地球化学剖面研究表明中国东部整体下地壳的SiO$_2$约57%，并非基性（Gao et al.，1998）。

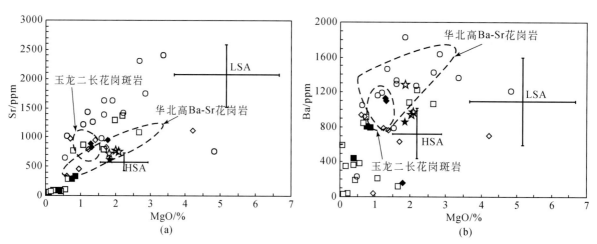

图3.43　鄂东南地区晚中生代侵入岩的MgO-Sr和MgO-Ba图解（据Xie et al.，2008）
低硅埃达克岩（LSA）和高硅埃达克岩（HAS）据（Martin et al.，2005），图例同图3.37

（3）拆沉下地壳上升过程中与地幔橄榄岩交代所产生的埃达克岩均具有较高MgO、Cr和Ni，如华北板块源于拆沉下地壳的埃达克岩具有高MgO（平均3.7%，可高达5.7%）、Cr（127~402ppm）和Ni（82~311ppm）（Gao et al.，2004）。除了辉长岩和煌斑岩外，鄂东南地区晚中生代侵入岩MgO

（0.09%～2.08%）、Cr（2.93～87.8ppm）和 Ni（2.47～52.5ppm）（Xie et al.，2008），明显不同于拆沉下地壳形成的埃达克岩。

（4）由图 3.44 可知，鄂东南地区侵入岩的 Sr- Nd（ε_{Nd} = -12.5～-6.1，$(^{87}Sr/^{86}Sr)_i$ = 0.7054～0.7084）明显不同于扬子下地壳的 Sr- Nd（ε_{Nd} = -33～-20，$(^{87}Sr/^{86}Sr)_i$ = 0.7010～0.7120）（Jahn et al.，1999），暗示直接由下地壳的部分熔融形成鄂东南地区晚中生代侵入岩的可能性不大。

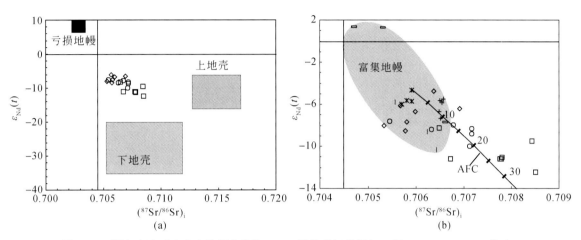

图 3.44　鄂东南地区晚中生代侵入岩的 Sr- Nd 同位素相关图解（据 Xie et al.，2008 修改）

□：鄂城，◇：阳新，○：铁山；亏损地幔、上下地壳值据（Jahn et al.，1999）。-：广山二长辉长岩（125Ma）（Chen et al.，2001）. ｜：九瑞地区基性脉岩（ca.140Ma）（Xie et al.，2005）.＊：基质钾玄质岩石（SiO₂<55%）（140～125Ma）（Wang et al.，2006）.＋：玄武岩（115Ma）（Yan et al.，2008）。模拟计算参数：Sr（KD$_{Sr}$）和 Nd（KD$_{Nd}$）分配系数分别为 0.5 和 0.8，r=0.75，下地壳的 Sr、$(^{87}Sr/^{86}Sr)_i$、Nd 和 $\varepsilon_{Nd}(t)$ 分别为 320ppm、0.7120ppm、20ppm 和-28，长江中下游地区富集地幔端元的 Sr、$(^{87}Sr/^{86}Sr)_i$、Nd 和 $\varepsilon_{Nd}(t)$ 分别为 899ppm、0.7059ppm、59.22ppm 和-4.66（Wang et al.，2006）

由图 3.44 可知，鄂东南地区中酸性的岩石（石英闪长岩和花岗闪长斑岩）的 Sr- Nd 同位素（Chen et al.，2001；Wang et al.，2003；2004a）与长江中下游晚中生代的玄武岩、辉长岩、基性橄榄玄粗岩和煌斑岩类似，后者地球化学特征显示它们主要源于富集岩石圈（Chen et al.，2001；Wang et al.，2004a，2006；闫峻等，2005）。另外，由图 3.40 和图 3.41 可知，鄂东南地区石英闪长岩和花岗闪长斑岩的微量和稀土元素特征类似于铁山岩体所发育的基性包体和煌斑岩，具有较低的全岩氧同位素（$\delta^{18}O$ = 8‰～10‰），指示地幔物质参与岩浆活动（Pei and Hong，1995）。

最后，与鄂东南侵入岩时空密切相关的夕卡岩型铜钼多金属矿床的辉钼矿中含有较高 Re，表明地幔流体参与成矿的活动（见前文）。这些证据均显示鄂东南地区侵入岩浆与富集岩石圈地幔参与有关。

本书研究的侵入岩的 MgO 变化较大，为 0.17%～4.84%，显示鄂东南侵入岩经历了镁铁质矿物的分离结晶，这可从 SiO₂ 与 MgO、CaO、TiO₂ 和 FeOt 呈现负相关（图 3.39）得到体现。斜长石是花岗质岩浆演化过程中分离结晶的重要产物，铕异常指示斜长石分离结晶程度（Rollinson，1993），程潮和金山店岩体明显的负铕异常指示存在斜长石的分离结晶。通过对鄂东南地区侵入岩的元素和 Sr- Nd 同位素模拟计算暗示：岩浆起源于富集地幔的部分熔融，后期 5%～30%下地壳物质参与岩浆形成（图 3.44），这亦可从鄂东南地区侵入岩的 Eu/Eu* 和 Th、SiO₂ 图解（图 3.45）得到很好的体现。因此，鄂东南地区侵入岩可能是富集地幔部分熔融形成的岩浆同化混染了下地壳物质并发生分离结晶作用的产物，可从 Sr- Nd 同位素与 SiO₂ 图解得到很好的体现，特别是 ε_{Nd} 与 SiO₂ 图解（图 3.46）。

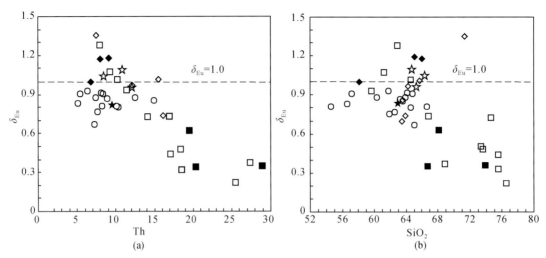

图 3.45　鄂东南地区侵入岩的 δ_{Eu}-Th 和 δ_{Eu}-SiO$_2$ 图解，图例同图 3.37（据 Xie et al.，2008 修改）

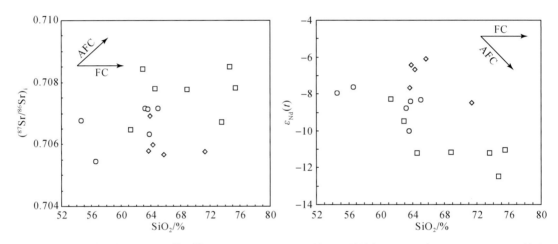

图 3.46　鄂东南地区侵入岩的（^{87}Sr/^{86}Sr）$_i$-SiO$_2$ 和 ε_{Nd}-SiO$_2$ 图解，图例同图 3.37（据 Xie et al.，2008 修改）

五、区域矿床模型和成矿潜力预测

除了上述研究的含矿岩体，鄂东南矿集区西侧发育金牛盆地（以前称为金保盆地），相比于长江中下游其他盆地来说，该盆地目前仅在地表发现一些铜铅锌矿化和小型火山热液型矿床。前者主要包括发育盆地北东部的叶家垅，东南部的排头柯、吴伯浩、上杨、袁大等地发现了多处金、铜、铅锌多金属的地表矿化。其中叶家垅次生石英岩带出露于地表，发现有金、铜、铅锌矿化。吴伯浩硅化重晶石化破碎带中发现铜矿化，兼有铅锌矿化，铜矿化呈浸染状、细脉浸染状分布于重晶石或安玄岩质角砾中，铜矿化体呈脉状、透镜体状赋存于硅化重晶石化破碎带中，但浩地表矿化极不均匀，Cu 品位 0.1% ~ 0.7%，总体矿化较弱，无明显工业矿体。排头柯和袁大地区均圈出小型铅矿体，呈脉状、透镜状产出，矿石具自形粒状、角砾状、细脉状、团块状构造。排头柯已知铅矿体长约 130m，厚 2.54m，Pb 品位 1.56% ~ 10.84%，平均 6.57%；袁大地区北西向破碎带中圈出铅矿的主矿体 1 个和 8 个子矿体，主矿体长约 200m，厚 10.27m，Pb 品位 0.16% ~ 6.96%，平均 1.04%。

自周圣生在金牛盆地建立起下火山岩组、灵乡组和上火山岩组以来，对这些地层的形成时代和定名一直未能得到统一的认识，对其形成时代主要存在晚白垩世、晚侏罗世—早白垩世和早白垩世三种认识

（关绍曾等，1984）。金牛盆地火山岩铅锌矿床前景及它与区域铜铁矿化关系一直是国内外地质学者关注的热点。最近，获得马架山组流纹岩和灵乡组玄武岩的 SHRIMP 锆石 U-Pb 年龄分别为 130±2Ma 和 128±1Ma，大寺组第一段流纹岩、第二段流纹岩、第三段流纹岩和第四段玄武岩的 SHRIMP 年龄分别为 127±2Ma、127±1Ma、127±2Ma 和 124±2Ma，第二段的玄武岩的 LA-MC-ICP-MS 锆石 U-Pb 年龄为 127±1Ma，这些锆石 U-Pb 年龄分别代表相应组的火山岩的形成年龄，表明金牛盆地火山岩形成于 130±2 ~ 124±2Ma，相当于早白垩世，与长江中下游地区宁芜、庐枞和繁昌盆地火山岩的时代一致（Xie et al.，2011b）。2010 年湖北省地质四队在金牛盆地中部实施钻孔，深部存在花岗斑岩和流纹斑岩，且存在黄铁矿矿化和金矿化（图 3.47），花岗斑岩和流纹斑岩的 LA-MC-ICP-MS 锆石 U-Pb 年龄分别为 129±1Ma 和 128±1Ma，与程潮和金山店矿区花岗岩和石英闪长岩的时代类似，明显晚于与区域斑岩–夕卡岩铜铁矿床有关的石英闪长岩和花岗闪长斑岩（Xie et al.，2011a）。

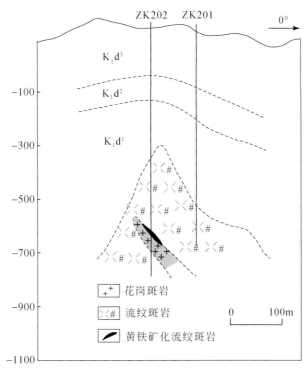

图 3.47　鄂东南矿集区金牛盆地吴伯浩 2 线地质剖面示意图（据湖北地质四队的资料）

综上前文所提到的岩相学和成岩测年和含矿岩浆岩的地球化学特征，认为鄂东南矿集区存在四类不同成因的岩石组合（图 3.27），分别为：

（1）早白垩早期（141 ~ 146Ma）花岗闪长斑岩和花岗斑岩（第 1 类岩石组合）；

（2）早白垩世（136 ~ 143Ma）辉长岩–闪长岩–石英闪长岩（第 2 类岩石组合）；

（3）白垩纪中期（127 ~ 133Ma）闪长岩–石英闪长岩–花岗岩（第 3 类岩石组合）；

（4）白垩纪中期（124 ~ 130Ma）玄武岩–安山岩–英安岩–流纹岩组合（第 4 类岩石组合）。

它们具有不同的地球化学和锆石 Hf 同位素特征（图 3.48）。锆石的 Hf 同位素与前文测年的位置类同，Hf 同位素测试的激光束一般约为 55μm，锆石测年的激光束为 25 ~ 30μm。第四类火山岩仅列出大寺组第二段玄武安山岩（DSZ39）中锆石的 Hf 同位素，对应的测年数据见第四章。初步研究表明金牛盆地的基性与酸性端元具有类似的地球化学、Sr-Nd-Pb 同位素和锆石的 Hf 同位素特征，具体的数据见第四章，初步研究暗示基性端元是富集地幔部分熔融，在上升过程中受到地壳的不同程度混染，且发生镁铁质矿物的分离结晶作用；酸性端元是富集地幔部分熔融且发生了镁铁质矿物分离结晶的演化岩浆（SiO_2 =55%），在上升过程中受到下地壳混染同时发生不同程度的长石的分离结晶作用（Xie et al.，2011a）。

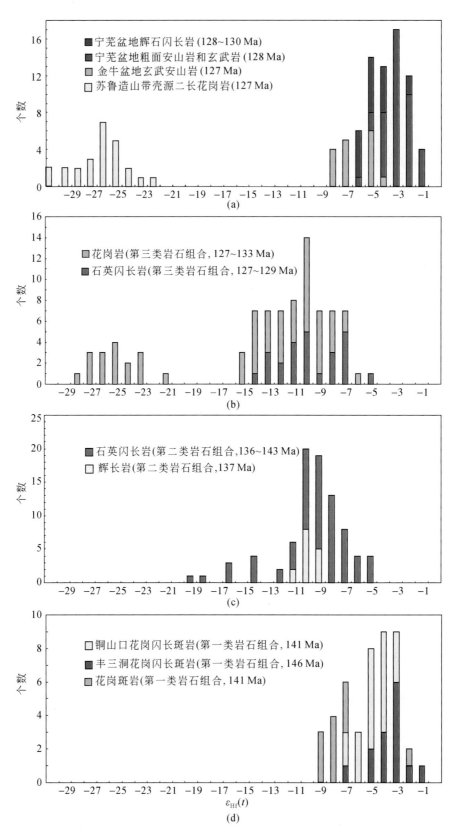

图3.48 鄂东南地区四类含矿的岩石组合Hf同位素直方图，苏鲁造山带二长花岗岩（据Yang et al.，2005），
宁芜盆地辉石闪长岩、粗面安山岩和玄武岩（据侯可军和袁顺达，2010）

由图 3.48 可知，第 1 类岩石组合，与区域斑岩–夕卡岩铜钼矿密切相关，具有相对均一且中度富集的锆石 Hf 同位素（$\varepsilon_{Hf}(t)$ = −9.5 ~ −1.6），与长江中下游源于富集地幔的早白垩世基性岩（$\varepsilon_{Hf}(t)$ = −8.9 ~ −1.3）（侯可军和袁顺达，2010；Xie et al.，2011a）类似；第 2 类岩石组合是鄂东南矿集区最主要的岩石，周围发育大量的夕卡岩铜铁矿、铁铜矿、铜矿和铜金矿，是区域最主要且规模最大的含矿岩体，如铁山和阳新岩体，该类型锆石 Hf 同位素组成具有中度富集但有较宽的范围（$\varepsilon_{Hf}(t)$ = −19.1 ~ −5.4）；第 3 类岩石组合具有很宽的锆石 Hf 同位素（$\varepsilon_{Hf}(t)$ = −28.2 ~ −6.4），低值部分类似于苏鲁造山带白垩纪壳源二长花岗岩（Yang et al.，2005）。这三类岩石组合具有不同的地球化学和同位素特征，第 1 类和第 2 类岩石组合具有高锶（329 ~ 2087ppm）、Sr/Yb（36 ~ 1710）和轻重稀土分异比值（$(La/Yb)_N$ = 17.6 ~ 172），且低钇含量（0.45 ~ 1.82ppm）（图 3.49，图 3.50），类似于埃达克质岩石，形成于加厚地壳，且具有富集的 Sr-Nd 同位素（$\varepsilon_{Nd}(t)$ = −10.0 ~ −3.4；$(^{87}Sr/^{86}Sr)_i$ = 0.7054 ~ 0.7084）。结合锶铷同位素模拟计算，第 1 类岩石组合是富集地幔部分熔融，在上升过程少量下地壳（5%）混染的产物（Xie et al.，2011a），第 2 类岩石组合可能混染了不同比例的地壳（5% ~ 20%）混染和分离结晶所形成（Xie et al.，2011a）。相对第 1 类和第 2 类岩石组合，第 3 类岩石组合主要与夕卡岩铁矿有关，此类夕卡岩铁矿不含铜金矿化，它们含有明显较低的锶含量（60.5 ~ 327ppm）、Sr/Yb（33.0 ~ 315）和轻重稀土分异比值（$(La/Yb)_N$ = 2.28 ~ 30.0），且高钇含量（1.04 ~ 5.17ppm）和明显的负铕异常（图 3.49、图 3.50），不同于埃达克质岩石，形成于正常地壳厚度。结合锶铷同位素模拟计算，认为第 3 类岩石组合是富集地幔和更大比例（5% ~ 35%）的下地壳混染所形成（Xie et al.，2011a）。结合区域地质特征和各期岩体的成矿特征，构筑起鄂东南矿集区的区域成矿模型（图 3.51）。

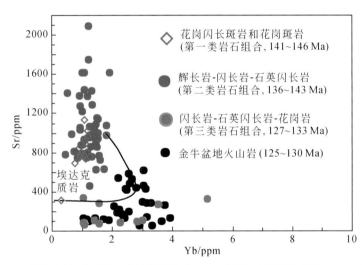

图 3.49　鄂东南地区四类含矿的岩石组合 Sr-Yb 图解（据谢桂青等，2013 修改）

（1）早白垩早期（141 ~ 146Ma）花岗闪长斑岩和花岗斑岩的岩石组合，与其共生主要为斑岩–夕卡岩型铜钼矿床，该期岩体形成于加厚地壳环境，为富集地幔的部分熔融和分离结晶的产物。该区存在 100 多个类似的小岩体（刘晓妮等，2009），具有很大的成矿潜力。

（2）早白垩世（136 ~ 143Ma）辉长岩、闪长岩和石英闪长岩的岩石组合，与其共生主要为夕卡岩铜铁矿床、铁铜矿床、金铜矿床和铜矿床。该期岩体形成于加厚地壳环境，为富集地幔的部分熔融和分离结晶后发生一定比例的下地壳混染（高达 20%）的产物，该期夕卡岩铜铁矿床深部具有形成斑岩铜矿床的潜力，且多数具有夕卡岩矿床均含金，据保守统计鄂东南地区金储量达 200t 以上。结合相关的资料认为铁山岩体西侧具有形成隐伏夕卡岩铜铁矿床的潜力。另外，已有部分现象揭示，此类岩石组合且夕卡岩矿床深部发育此类型矿体。

（3）白垩纪中期（127 ~ 133Ma）闪长岩–石英闪长岩–花岗岩的岩石组合，与其伴生为夕卡岩铁矿

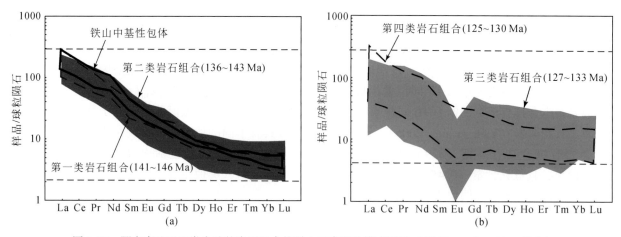

图 3.50　鄂东南地区四类含矿的岩石组合的稀土元素配分模式图解（据 Xie et al.，2011 修改）

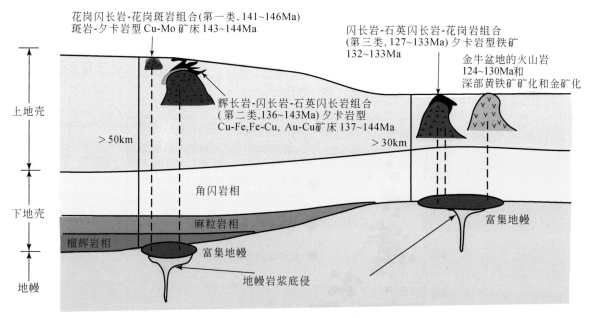

图 3.51　鄂东南地区区域成矿模型图，显示四类含矿的岩石组合和矿化组合（据 Xie et al.，2011；谢桂青等，2013 修改）

床，此期铁矿床基本不含铜金。该期岩体形成于正常地壳环境，为富集地幔的部分熔融和分离结晶后发生较大比例的下地壳混染（高达 35%）的产物，该期夕卡岩铁矿床深部具有形成斑岩铜矿床和夕卡岩铜铁矿床的潜力，如物探资料显示与程潮夕卡岩铁矿与铁山夕卡岩铜铁床的岩体在深部相连，因此，这两个矿床的连接部位形成隐伏大矿体的可能性。

（4）白垩纪中期（124～130Ma）玄武岩–安山岩–英安岩–流纹岩组合，地表可见铜铅锌矿化，深部钻孔可见与流纹斑岩有关的黄铁矿化和金矿化。此期具有一定隐伏大矿的潜力。

第四章 长江中下游凹陷区与火山-侵入岩有关的 铁多金属成矿系统

按照矿床产出的构造单元，长江中下游多金属成矿带可分为隆起区和凹陷区两大类。隆起区已经在第三章中详细叙述。本章主要讨论凹陷区或断陷火山盆地内的成矿作用。

已有资料显示中生代火山盆地在长江中下游地区广泛发育，自西向东依次分布有金牛、怀宁、庐枞、繁昌、宁芜、溧水、溧阳等盆地（见第三章图3.1）。本次研究工作重点剖析了庐枞、金牛、宁芜、繁昌等盆地中火山岩和侵入岩（次火山岩）的成岩成矿作用。

在这些盆地内，依据矿化作用特点可将矿床分为7个类型：①磷灰石-磁铁矿型铁矿（凹山、陶村、南山、和尚桥、泥河、罗河）；②类夕卡岩型铁矿（梅山、吉山、太山、钟九、白象山、油坊村及和睦山）；③矿浆型铁矿（姑山和太平山）；④夕卡岩型铁矿（龙桥）；⑤热液型硫-铜-金矿（何家大岭、何家小岭、向山、向山南、大鲍庄、梅山、井边、巴家滩和拔茅山）；⑥热液型铜金矿（铜井、天头山和王庄）；⑦热液型铅锌矿（岳山）。

第一节 火山岩盆地岩浆岩年代学

一、庐枞盆地

庐枞火山岩盆地位于庐江县（庐）和枞阳县（枞）之间，受4组深大断裂控制，盆地基底西深东浅，属于继承式的中生代陆相盆地（任启江等，1991），火山岩出露面积约800km²。出露的沉积地层主要为中侏罗统罗岭组（J_2l）陆相碎屑沉积岩，与火山岩系呈不整合接触，中生代燕山期岩浆活动在盆地内形成了大量橄榄安粗岩系火山岩组合，火山岩由老至新分为龙门院组、砖桥组、双庙组和浮山组，4组火山岩在空间上大致呈同心环状分布，自盆地边缘至盆地中心依次出露龙门院组、砖桥组、双庙组和浮山组，各组之间均为喷发不整合接触（任启江等，1991），构成4个旋回。各旋回的火山活动均由爆发相开始，此后溢流相逐渐增多，最后以火山沉积相结束，喷发方式由裂隙-中心式向典型的中心式喷发演化。火山岩类由熔岩、碎屑熔岩、火山碎屑岩及次火山岩组成，火山碎屑岩的总量高于熔岩类。龙门院组主要分布在盆地边缘（图4.1），以角闪粗安岩为特征岩性标志。砖桥组主要分布在庐枞火山岩盆地中部（图4.1），以辉石粗安岩为特征岩性标志，构成了庐枞盆地火山岩的主体部分。双庙组主要分布在庐枞盆地中部和南部（图4.1），以粗面玄武岩为特征岩性标志。浮山组仅在庐枞盆地中部仅零星分布，出露面积较小（图4.1），以粗面质火山岩为主。4组火山岩分层、厚度及岩性特征见图4.2。

前人在20世纪70~80年代对庐枞盆地内的火山岩进行了较多的同位素测年工作，但由于早期测年方法多为传统的K-Ar和Rb-Sr方法（任启江等，1991；倪若水等，1998；邢凤鸣和徐祥，1998），所得年龄的误差值很大，据此不同学者对庐枞盆地4组火山岩的时限得出了明显不同的认识，对火山岩的分期意见主要有：①龙门院组167~155Ma、砖桥155~135Ma、双庙135~115Ma、浮山组115~100Ma（任启江等，1991）；②龙门院组125~136Ma、砖桥组125~134.9Ma、双庙组115~125Ma、浮山组108~114Ma（倪若水等，1998）。由此可见，上述K-Ar和Rb-Sr同位素年龄测定值极不统一，变化范围极大，且许多年龄值和地质事实相矛盾。刘洪等（2002）通过用^{40}Ar-^{39}Ar法获得了庐枞盆地内的龙门院组火山岩的龄为335.1±2.1Ma，砖桥组火山岩的年龄为140.1±0.8Ma，双庙组为125.5±0.8Ma，浮山组为126.0±

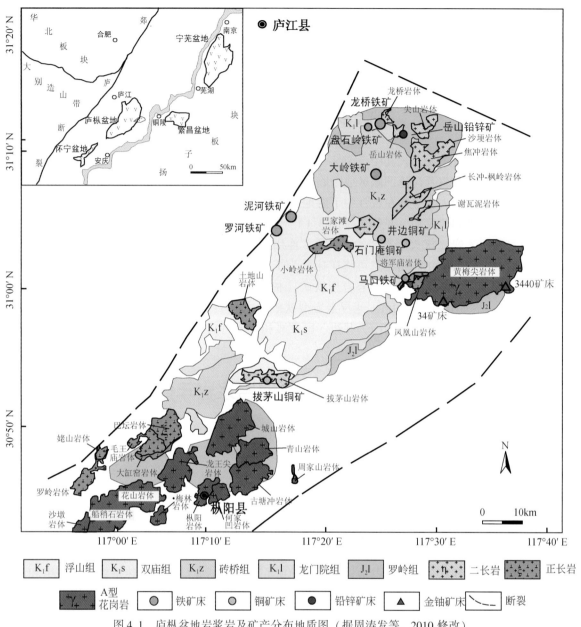

图 4.1　庐枞盆地岩浆岩及矿产分布地质图（据周涛发等，2010 修改）

3.4Ma，对庐枞盆地火山岩的年龄进行了一定的限定，但砖桥组和双庙组火山岩的年龄跨度明显过大，部分年龄数据与火山岩地质特征矛盾，且未能确定龙门院组火山岩的年龄，其年龄值具有参考价值。本次工作分别采集了 4 组火山岩的 5 件代表性火山岩样品进行其中的锆石 U-Pb 定年。

LLMY-01 采自龙门院组下段角闪粗安岩。岩石呈灰绿色，斑状结构，块状构造。斑晶由斜长石、角闪石组成，偶见钾长石斑晶，斑晶含量达 30%。斜长石呈板状，粒径 0.5～3mm，具环带构造。角闪石多具暗化边，遭受蚀变后常被碳酸盐、绿泥石、褐铁矿和少量石英交代。基质呈交织结构或微晶结构，由细小的板条状或粒状斜长石、钾长石和磁铁矿组成，粒径 0.05～0.2mm。

LZQ-03 采自砖桥组下段辉石粗安岩。岩石呈紫灰色至深灰色，块状构造，斑状结构，基质为交织结构。主要由斜长石、普通辉石组成；斜长石斑晶较自形，边缘有时具熔蚀现象，粒径 0.5～2mm，正突起低，双晶发育，环带清楚，属于中长石，斜长石边缘常见正长石反应边并发育绢云母化。普通辉石呈淡黄绿色，多色性微弱，粒径 0.5～1mm，部分辉石包裹磷灰石，边缘时有碳酸盐化、磁铁矿化和硅化。基质为半自形条状斜长石，其中充填他形正长石，粒径为 0.001～0.5mm，略具定向排列。副矿物主要为磷

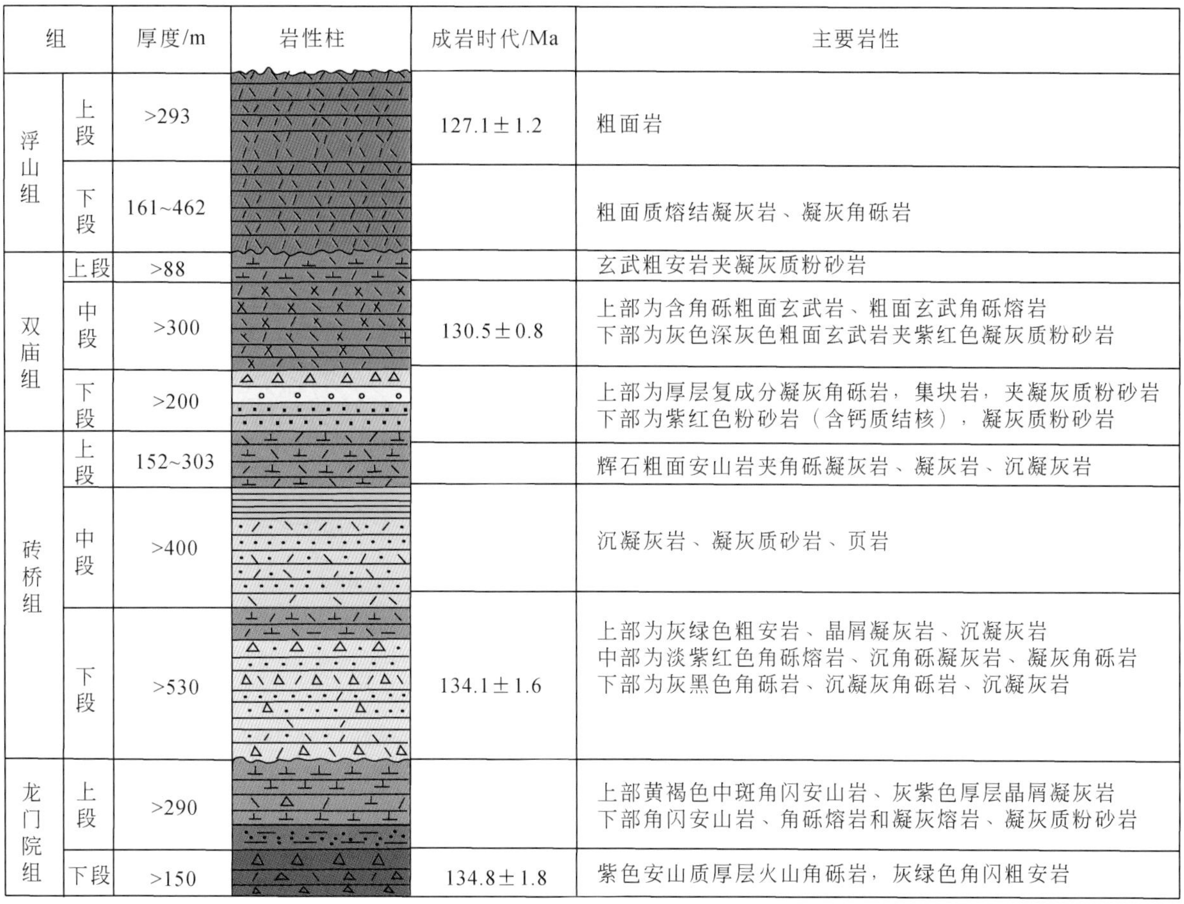

组		厚度/m	岩性柱	成岩时代/Ma	主要岩性
浮山组	上段	>293		127.1±1.2	粗面岩
	下段	161~462			粗面质熔结凝灰岩、凝灰角砾岩
双庙组	上段	>88			玄武粗安岩夹凝灰质粉砂岩
	中段	>300		130.5±0.8	上部为含角砾粗面玄武岩、粗面玄武角砾熔岩 下部为灰色深灰色粗面玄武岩夹紫红色凝灰质粉砂岩
	下段	>200			上部为厚层复成分凝灰角砾岩，集块岩，夹凝灰质粉砂岩 下部为紫红色粉砂岩（含钙质结核），凝灰质粉砂岩
砖桥组	上段	152~303			辉石粗面安山岩夹角砾凝灰岩、凝灰岩、沉凝灰岩
	中段	>400			沉凝灰岩、凝灰质砂岩、页岩
	下段	>530		134.1±1.6	上部为灰绿色粗安岩、晶屑凝灰岩、沉凝灰岩 中部为淡紫红色角砾熔岩、沉角砾凝灰岩、凝灰角砾岩 下部为灰黑色角砾岩、沉凝灰角砾岩、沉凝灰岩
龙门院组	上段	>290			上部黄褐色中斑角闪安山岩、灰紫色厚层晶屑凝灰岩 下部角闪安山岩、角砾熔岩和凝灰熔岩、凝灰质粉砂岩
	下段	>150		134.8±1.8	紫色安山质厚层火山角砾岩，灰绿色角闪粗安岩

图 4.2　庐枞火山岩盆地柱状图（据周涛发等，2008b 修改）

灰石和磁铁矿，磷灰石呈自形短柱状，粒径 0.1mm 左右；磁铁矿呈自形或他形细粒结构。

WJP-04 采自双庙组中段粗面玄武岩。岩石呈灰黑色，块状构造，交织结构。主要矿物为斜长石和辉石。斜长石属中长石，少数为拉长石，呈半自形，粒径粒大小不一，为 0.5 ~ 3.5mm，具暗化边，可见碳酸盐化和绢云母化。辉石为普通辉石，他形，粒径为 0.05 ~ 0.1mm，略带褐色，具解理，充填于斜长石颗粒之间。基质占 70%，主要为长石微晶，具有较弱的定向性，另有少量的火山玻璃和一些隐晶质。

WJP-05 采自双庙组中段粗面玄武岩，与 WJP-04 样品相距约 150m。其岩石学特征与 WJP-04 样品相似。

LFP-01 采自浮山组上段粗面岩。岩石呈灰黑色，块状构造，斑晶由斜长石、普通辉石和角闪石组成；斜长石斑晶粒径为 3 ~ 0.5mm，绢云母化强烈，并见绿泥石化和碳酸盐化。辉石斑晶多为等轴状，角闪石多已蚀变成绿泥石及绢云母，仍呈长柱状假象。基质主要为隐晶质，可见钾长石微晶，似平行排列呈粗面结构。

本次研究工作测得样品 LLMY-01、LZQ-03、WJP-04、WJP-05 和 LFP-01 的锆石 U-Pb 年龄值分别为 134.8±1.8Ma、134.1±1.6Ma、130.5±0.8Ma、130.4±0.9Ma 和 127.1±1.2Ma（图 4.3），代表庐枞盆地龙门院组、砖桥组、双庙组和浮山组火山岩的形成的主体时代分别为 134.8Ma、134.1Ma、130.5Ma 和 127.1Ma，属早白垩世。其中，双庙组两个样品（WJP-04 和 WJP-05）的测试点均在 20 点以上，所有测试点的年龄值的离散度小，年龄测定结果分别为 130.5±0.8Ma 和 130.4±0.9Ma，两个年龄值高度吻合；另外，位于庐枞盆地中部砖桥镇附近的巴家滩岩体（图 4.1）侵入于砖桥组上段辉石粗安岩，且被双庙组下段火山角砾岩覆盖（周涛发等，2007），双庙组和砖桥组之间可见一套厚 50 余米的河湖相沉积岩，岩石为砾岩、粉砂岩和泥岩，其中砾岩中的角砾来自砖桥组粗安岩和巴家滩辉石二长岩，反映双庙旋回和砖桥旋回之间为明显的火山活动宁静期，巴家滩岩体侵入时间晚于砖桥旋回而早于双庙旋回，对应砖桥旋回晚期。巴家滩岩体的锆石 U-Pb SHRIMP 年龄为 133.5±0.5Ma（周涛发等，2007），正好介于本次测得的砖桥组火山岩年龄 134.1±1.6Ma 与双庙组中段的火山岩年龄 130.5±0.8Ma 之间。因此，本次研究的年代学结果与观察到的地质证据完全吻合，具有较高的数据精确度和可信度。

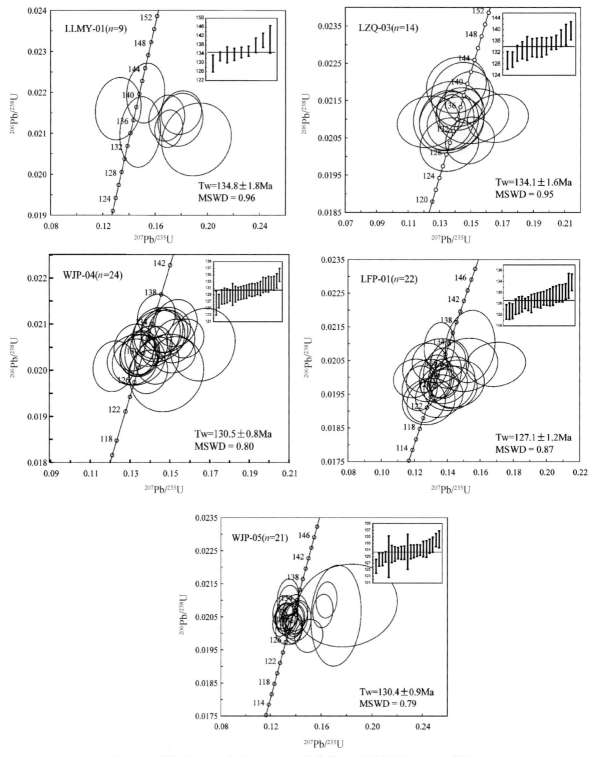

图 4.3　庐枞盆地火山岩锆石 U-Pb 一致曲线图（据周涛发，2008b 修改）

二、宁芜盆地

宁芜火山岩盆地位于长江东侧（图3.1），以方山–小丹山断裂、长江断裂带、芜湖断裂和南京–湖熟断裂为边界断裂，从南京至芜湖呈北东—南西向展布，长约60km，宽约20km，总面积约1200km^2，以中生代火山岩和铁矿床的广泛发育为特征（图4.4）。矿集区内基底地层主要有三叠纪青龙群（T_1q）海相碳酸盐建造、周冲村组（T_2z）白云质灰岩和膏岩层、黄马青组（T_2h）砂页岩，侏罗纪象山群（$J_{1-2}x$）陆相碎屑岩建造、西横山组（J_3x）类磨拉石建造；白垩纪早期火山岩–次火山岩在宁芜盆地广泛发育，此后浦口组（K_2p）砂岩、砾岩，赤山组（K_2c）细砂岩、粉砂岩，以及第三纪砂砾岩覆盖于火山岩之上（宁芜研究项目编写小组，1978；中国科学院地球化学研究所，1987）。盆地中火山岩划分为四个火山喷发喷溢旋回从早到晚依次

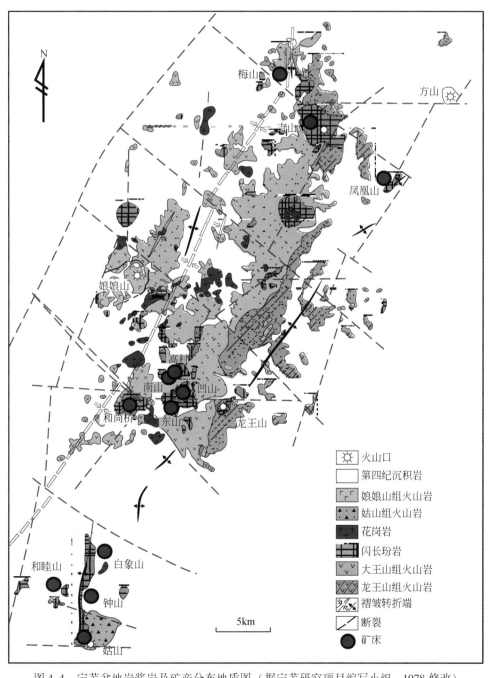

图4.4　宁芜盆地岩浆岩及矿产分布地质图（据宁芜研究项目编写小组，1978修改）

为龙王山组、大王山组、姑山组和娘娘山组，各火山岩旋回以爆发相开始，此后溢流相增多，最后以火山沉积相结束。其中，龙王山组（约占20%）主要分布于盆地的东部和北部，由下部沉凝灰岩、粉砂质泥岩、火山集块岩和上部粗面岩、橄榄玄粗岩、角闪石玄粗岩组成；大王山组是盆地火山岩的主体（占75%），下部以辉石玄粗岩为主，中部为紫红色安山岩，上部为灰红色、浅灰色粗面岩、粗面质熔结凝灰岩；姑山组和娘娘山组分布范围较少（5%），姑山组火山岩仅见于盆地南部和北部，主要为安山岩、英安岩、火山碎屑岩和沉积岩；娘娘山组火山岩仅见于盆地西部娘娘山一带，以白榴石响岩和蓝方石响岩为主的碱性火山岩组成，其火山活动方式及岩石成分均与其他火山岩旋回不同（王元龙等，2001）（图4.5）。

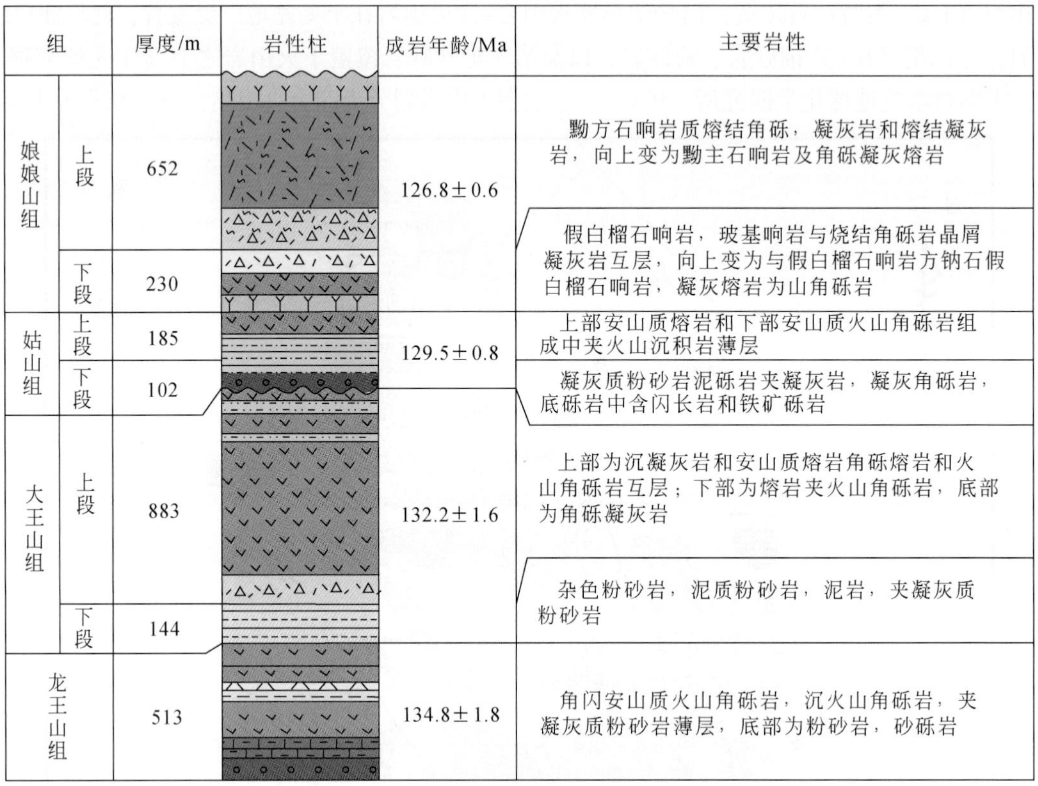

组		厚度/m	岩性柱	成岩年龄/Ma	主要岩性
娘娘山组	上段	652		126.8±0.6	黝方石响岩质熔结角砾，凝灰岩和熔结凝灰岩，向上变为黝主石响岩及角砾凝灰熔岩
	下段	230			假白榴石响岩，玻基响岩与烧结角砾岩晶屑凝灰岩互层，向上变为与假白榴石响岩方钠石假白榴石响岩，凝灰熔岩为山角砾岩
姑山组	上段	185		129.5±0.8	上部安山质熔岩和下部安山质火山角砾岩组成中夹火山沉积岩薄层
	下段	102			凝灰质粉砂岩泥砾岩夹凝灰岩，凝灰角砾岩，底砾岩中含闪长岩和铁矿砾岩
大王山组	上段	883		132.2±1.6	上部为沉凝灰岩和安山质熔岩角砾熔岩和火山角砾岩互层；下部为熔岩夹火山角砾岩，底部为角砾凝灰岩
	下段	144			杂色粉砂岩，泥质粉砂岩，泥岩，夹凝灰质粉砂岩
龙王山组		513		134.8±1.8	角闪安山质火山角砾岩，沉火山角砾岩，夹凝灰质粉砂岩薄层，底部为粉砂岩，砂砾岩

图4.5 庐枞火山岩盆地柱状图（据 Zhou et al.，2011 修改）

本次工作分别采集了典型代表性火山岩样品 LWS-03、DWS-05、DWS-3、SGS-01、YXS-1、GSZ-1 和 NNS-02 等7件样品，进行其中的锆石 U-Pb 年代学测定：

LWS-03 采自龙王山组上段角闪安山岩。岩石呈灰黑色，斑状结构，基质具交织结构，块状构造。主要矿物为斜长石和角闪石。斜长石属中–拉长石，斑晶呈板柱状，粒径为 0.2~2.0mm，表面具绢云母化。角闪石斑晶呈柱状，切面呈六边形，暗化边发育，粒径为 0.2~1.0mm，常沿一定方向排列。基质由针状斜长石微晶和玻璃质组成，斜长石微晶呈半平行排列于玻璃质之中，呈典型的玻晶交织结构。

DWS-05 采自大王山组上段角闪安山岩。岩石呈灰黑色，少斑结构，块状构造。主要矿物为斜长石和角闪石。仅见稀疏几粒斜长石及角闪石斑晶，粒径为 0.5~2mm，分布在密集排列的斜长石小板条构成的似粗面结构的基质中，角闪石已全部暗化，仅保存其柱状外形。

DWS-3 采自大王山组底部粗面安山岩，标本为褐红色，斑状结构。呈灰白色，斑晶主要为斜长石，可达 35%，斜长石为板状，粒径为 0.5~5mm。基质交织结构，由玻璃质和细小板条状斜长石构成，沿裂隙有碳酸盐充填。

YXS-1 采自姑山组粗安岩，标本灰褐色，斑状结构。斑晶灰白色，斑晶为斜长石，存在部分钠黝帘石化，可达 30%，部分斜长石见钠长聚片双晶，粒度为 0.5~1mm，常见斑晶聚集呈聚斑状，基质为细条状微晶斜长石和玻璃质，微晶斜长石杂乱分布，局部微晶斜长石平行排列。

GSZ-1 采自姑山组粗安岩，标本灰色，斑状构造显著。斑晶为斜长石，可达35%，斜长石为中长石，具明显环带构造，双晶发育，钠长聚片双晶卡斯巴双晶卡钠复合双晶普遍发育，斜长石内外成分不同，显环带构造，蚀变程度不同，中心部位往往黝帘石化，基质为柱粒状中斜长石。

SGS-01 采自姑山组上段角闪辉石安山岩。岩石呈灰白色，块状构造，斑状结构。主要矿物为斜长石、角闪石和辉石。斜长石属中–拉长石，斑晶呈半自形，粒径为0.5~3.5mm。辉石为普通辉石，他形，粒径为0.05~0.1mm，略带褐色，具解理，角闪石斑晶呈柱状，切面呈六边形，均已暗化。基质主要为斜长石微晶，具有较弱的定向性，具交织结构。

NNS-02 采自娘娘山上段黝方石响岩。岩石呈灰黑色，块状构造，斑状结构，基质具微晶结构。主要矿物为钾长石、霓辉石和黝方石。黝方石斑晶切面呈六方形，粒径为0.05~0.10mm，多熔成港湾状；钾长石斑晶呈板状或熔蚀成圆形，粒径为0.3~3.0mm，数个钾长石斑晶常聚集在一起，构成聚斑结构；霓辉石斑晶呈柱状，具环带结构，粒径为0.05~0.10mm。基质具微晶结构，主要由钾长石和霓辉石组成，钾长石呈细小的板条状。

对4组火山岩中锆石的 LA-ICP-MS 定年，得到各组火山岩形成的时间分别为：龙王山组 134.8 ± 1.8Ma，大王山组 132.2 ± 1.6Ma、130.3 ± 0.9Ma，姑山组 129.5 ± 0.8Ma、128.2 ± 1.3Ma、128.5 ± 1.8Ma 和娘娘山组 126.8 ± 0.6Ma（图4.6）。火山岩浆活动发生的起止时间为135~127Ma，持续时间为8~10Ma。对样品 DWS-3、YXS-1 和 GSZ-1 进行 Hf 同位素测试研究得到 $\varepsilon_{Hf}(t)$ 平均值为 $-2.3~-5.0$。在 $\varepsilon_{Hf}(t)-t$ 图解上数据点大多落在球粒陨石演化线之下，而且相对集中，呈弱富集的特点，显示本区岩浆岩的岩浆源区来自岩石圈地幔的部分熔融，并在上升过程中受到地壳物质混染。其形成受中国东部燕山期的地球动力学背景制约，处于快速伸展的构造环境中。

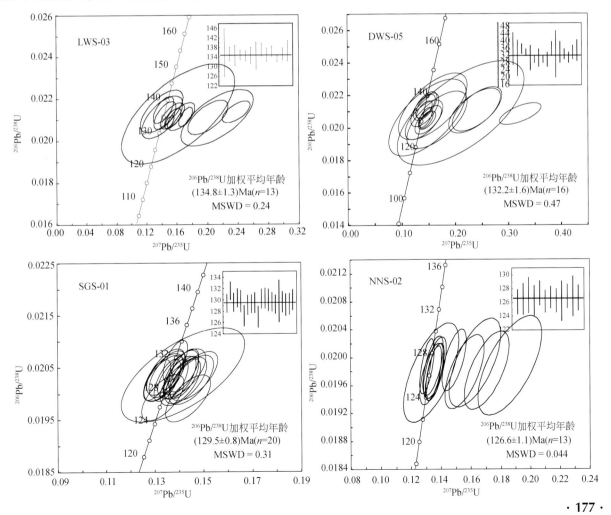

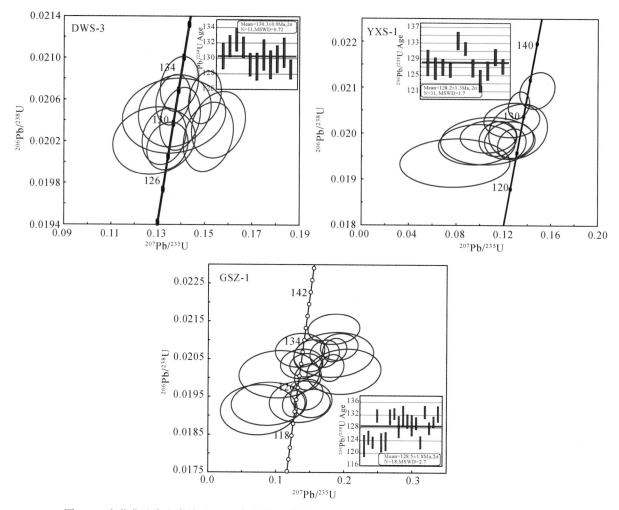

图 4.6　宁芜盆地火山岩锆石 U-Pb 年龄协和曲线图，样品 LWS-03、DWS-05、SGS-01 和 NNS-02
据（Zhou et al.，2011 修改）；DWS-3，YXS-1 和 GSZ-1 据（侯可军和袁顺达，2010 修改）

三、金牛盆地

金牛盆地位于长江中下游成矿带最西端（图 3.1），位于鄂东南地区保安和金牛、灵乡镇之间，近南北向，为继承式火山岩盆地，由下向上依次发育马架山组、灵乡组和大寺组（图 4.7）。马架山组发育的面积较小，约 0.5 km²，下部为 137m 厚流纹质角砾岩和集块岩，中间夹有粉砂岩，角砾成分主要为大理岩和闪长岩，上部发育 215m 厚流纹岩、霏细岩夹有火山凝灰岩，不整合于侏罗纪武昌群地层之上。与湖北省区域调查院野外工作时，金牛盆地南部发现附近马架山组与灵乡铁矿区的斑状闪长岩接触关系，马架山组的砾岩中砾石有灵乡岩体的斑状闪长岩。

灵乡组剖面厚度 761m，最底部发育角砾岩，角砾主要为大理岩，大小 2~5cm，个别 30cm，次滚圆状，半定向排列，中下部砾石为斑状闪长岩，含量约 95%，大小 2~40cm，分选差，泥质铁质胶结，底部见一层厚约 2m 沿走向不稳定的紫红色含砾粉砂岩。如在灵乡镇纪家凉亭–三角山下白垩统灵乡组剖面中灵乡组底部与灵乡岩体斑状闪长岩接触，砾岩含有闪长岩砾石，暗示灵乡组底部砾岩的砾石为灵乡岩体的斑状闪长岩。向上为粉砂岩、泥岩，顶部粉砂岩夹有玄武岩和安玄岩（厚度约 110m）。

大寺组分布于整个盆地内，面积最大，约 180km²，1∶50000 金牛幅矿产普查报告中将大寺组分为九

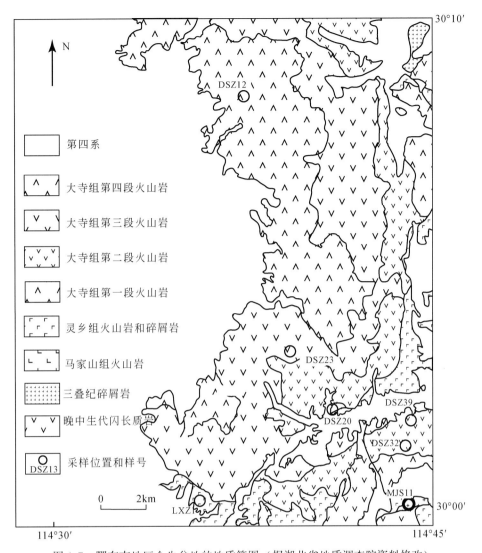

图4.7　鄂东南地区金牛盆地的地质简图（据湖北省地质调查院资料修改）

个亚旋回，总厚度达 6107m[1]，除第 9 亚旋回由英安岩和流纹岩组成外，其他 8 个亚旋回上段以流纹岩、英安岩和粗面岩为主，下段以玄武岩、玄武安山岩和粗玄岩为主。2006 ~ 2008 年湖北省地质调查院根据新的 1：5 万区调规范，编制了新的 1：5 万金牛幅地质图，实测了 5 条剖面，将大寺组分为四个段，每段之间以粉砂岩和砂岩为标志层，第三段与第四段的标志层不明显。本次与该图幅负责人多次开展典型剖面联合观察，认为大寺组分为 4 个段比 9 个亚旋回更有野外地质证据。此次工作以最新 4 个段为基础，开展相关的年代学研究。火山岩南部马架山组或灵乡组与灵乡岩体接触，东北部马架山组或灵乡组与王豹山岩体接触，同时发育小型火山热液型铁矿床，如王豹山矿床，矿体产于马架山组砾岩中，以高中温充填方式成矿方式为主，呈透镜状或不规则状。区域调查资料表明马架山组和灵乡组的砾岩中含有灵乡岩体和王豹山岩体的角砾。

　　根据区域对比，金牛火山岩盆地向东呈北东向展布，与阳新岩体西北缘相接触（舒全安等，1992），鸡冠嘴矿体发育金牛盆地火山岩之下，最近在鸡冠嘴−180m 中段观察到岩体与马架山组的接触关系，可见马架山组底部的砾岩中砾石为阳新鸡冠嘴岩体（图4.8）。

① 湖北省地质矿局地质四队 . 1977 . 1：50000 金牛镇幅矿产普查报告 . 7-40.

该区研究的火山岩多呈斑状结构，块状构造玄武岩的斑晶为斜长石，基质为细粒斜长石，流纹岩斑晶为石英和钾长石，基质较细。英安岩斑晶以斜长石为主，基质为交织结构，斜长石呈微晶针状，其间充填辉石颗粒。

图 4.8　鸡冠嘴–180m 中段可见马架山组底部发育含有岩体的角砾岩（据 Xie et al.，2011b 修改）

鄂东南地区金牛盆地的马架山组、灵乡组和大寺组的 SHRIMP 锆石 U-Pb 测年结果见图 4.9。马架山组的流纹岩 MJS11 中多数锆石呈自形长柱状，长 60~100μm，宽 20~60μm，长宽比为 1∶1~1∶2，具有条板状。本次研究对 MJS11 的 19 个锆石进行了 19 次测试，其中 MJS11-3 和 MJS11-13 测点的锆石具有较高的 U 和 Th 含量，未位于谐和图解；由于 MJS11-10、MJS11-15 和 MJS11-18 的颗粒大小，^{204}Pb 较高，分别为 1.45%、2.29% 和 1.55%，造成误差较大未位于谐和图解。MJS11-9 测点的 ^{206}Pb/^{238}U 年龄为 157.3±3.7Ma，与殷祖杂岩体的 SHRIMP 锆石 U-Pb 年龄 152±3Ma（Li et al.，2009）在误差范围一致，暗示鄂东南地区晚侏罗世的岩浆活动。除了以上点，其他 13 个测点的 Th/U 值为 0.4~1.6，多数大于 0.5，暗示它们为岩浆成因锆石，且位于谐和图解（图 4.9），^{206}Pb/^{238}U 加权平均年龄为 130±2Ma（$n=13$），代表马架山组火山岩的形成年龄。

灵乡组的流纹岩 LXZ1 中多数锆石呈自形短柱状，为 60~100μm，多数锆石具有振荡环带，暗示它为岩浆成因锆石。本次研究对 LXZ1 的 14 个锆石进行了 14 次测试，其中 LXZ1-9 中间出现包体，因锆石较小，测点的 ^{207}Pb/^{235}U 的误差较大，偏离了谐和曲线。除了此点，其他 13 个测点的 Th/U 值为 0.8~4.1，大于 0.5，暗示它们为岩浆成因锆石，且均位于谐和图解（图 4.9），^{206}Pb/^{238}U 加权平均年龄为 128±1Ma（$n=13$），代表灵乡组火山岩的形成年龄。

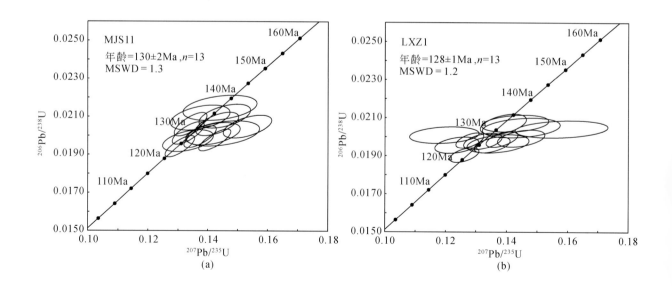

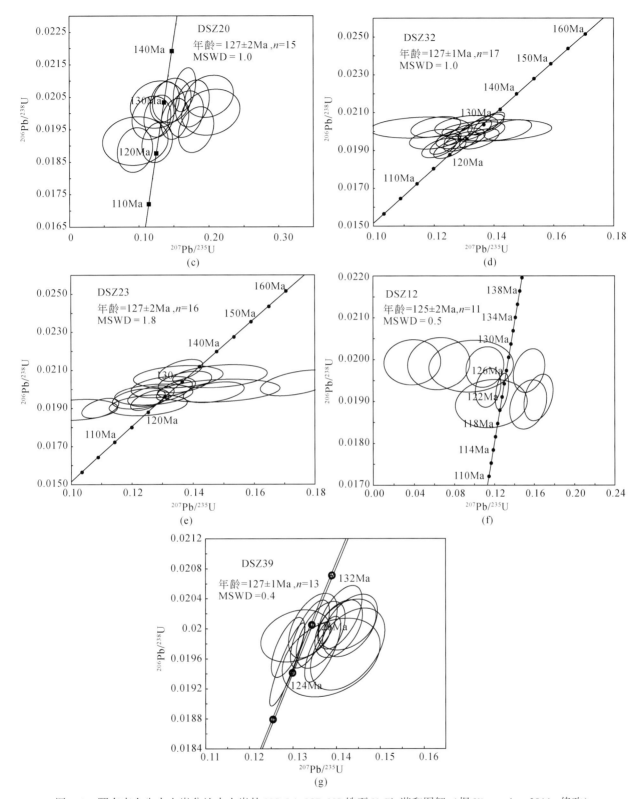

图 4.9　鄂东南金牛火山岩盆地火山岩的 MC-LA-ICP-MS 锆石 U-Pb 谐和图解（据 Xie et al.，2011a 修改）

大寺组第一段的英安岩 DSZ20 中多数锆石呈短不规则形态，为 60～100μm，部分锆石具有振荡环带，多数锆石阴极发光呈现不均一特征。本次研究对 LXZ1 的 17 个锆石进行了 17 次测试，其中 DSZ20-8 和 DSZ20-10 测点的 $^{206}Pb/^{238}U$ 年龄分别为 144.9±5.6Ma 和 147.2±4.8Ma，年龄明显偏大，与鄂东南地区侵入岩的时代相近（见第三章），除了此 2 个点，其他 15 个测点的 Th/U 值为 0.8~4.1，大于 0.5，暗示它们为岩浆成因锆石，且均位于谐和图解（图 4.9），$^{206}Pb/^{238}U$ 加权平均年龄为 127±2Ma（$n=15$），代表大寺组第一段火山岩的形成年龄。

大寺组第二段的流纹岩 DSZ32 中锆石呈短柱状，为 60~120μm，长宽比为 1:1~1:2，多数锆石具有振荡环带，暗示这些锆石为岩浆成因。本次研究对 DSZ32 的 17 个锆石进行了 17 次测试，所有 17 个测点的 Th/U 值为 1.6~3.8，均大于 0.5，暗示它们为岩浆成因锆石，均位于谐和图解（图 4.9），$^{206}Pb/^{238}U$ 加权平均年龄为 127±1Ma（$n=17$），代表大寺组第二段火山岩的形成年龄。

大寺组第三段的流纹岩 DSZ23 中锆石呈长柱状，长 100~150μm，宽 40~100μm，长宽比为 1:1~1:4，多数锆石具有振荡环带，暗示这些锆石为岩浆成因。本次研究对 DSZ23 的 17 个锆石进行了 17 次测试，其中 DSZ23-2 的 $^{206}Pb/^{238}U$ 年龄为 776±16Ma，其他 16 个测点的 Th/U 值为 1.3~3.2，大于 0.5，暗示它们为岩浆成因锆石，且均位于谐和图解（图 4.9），$^{206}Pb/^{238}U$ 加权平均年龄为 127±2Ma（$n=16$），代表大寺组第三段火山岩的形成年龄。

大寺组第四段的玄武岩 DSZ12 多数锆石颗粒较小，为 50~80μm，DSZ12-1 锆石呈长柱状，为 80μm×180μm，部分锆石具有振荡环带。本次研究对 DSZ12 的 13 个锆石进行了 13 次测试，其中 DSZ12-6 和 DSZ12-14 的 $^{206}Pb/^{238}U$ 年龄分别为 153.1±3.7Ma 和 141.1±4.2Ma，年龄相对较大，与鄂东南地区侵入岩的时代相近（见第三章）。其他 11 个测点的 Th/U 值为 0.8~2.4，大于 0.5，暗示它们为岩浆成因锆石，且均位于谐和图解（图 4.9），$^{206}Pb/^{238}U$ 加权平均年龄为 124±2Ma（$n=11$），代表大寺组第四段火山岩的形成年龄。

由图 4.7 可知，大寺组以第二段的出露面积最大，对大寺组第二段的玄武岩 DSZ39 进行 LA-MC-ICPMS 锆石 U-Pb 测年工作，相关的测试结果，锆石呈短柱状，为 80~120μm，多数锆石具有振荡环带，暗示它们为岩浆成因。本次研究对 DSZ39 的 13 个锆石进行了 13 次测试，Th/U 值为 1.3~3.7，大于 0.5，暗示它们为岩浆成因锆石，且均位于谐和图解（图 4.9），$^{206}Pb/^{238}U$ 加权平均年龄为 127±1Ma（$n=13$），代表大寺组第二段玄武岩的形成年龄，与上述大寺组第二段流纹岩岩 DSZ32 的 SHRIMP 锆石 U-Pb 年龄为 127±1Ma（$n=17$）完全一致。因此，双峰式火山岩的基性端元与酸性端元形成时代基本一致，同时表明，本次研究的测年数据可靠且有效。

自周圣生（1956）在金牛盆地建立起下火山岩组、灵乡组和上火山岩组以来，对这些地层的形成时代和定名一直未能得到统一的认识，对其形成时代主要存在晚白垩世、晚侏罗世—早白垩世和早白垩世三种认识。早年金牛幅 1:50000 地质填图报告中指出，金牛盆地中马架山组、灵乡组、大寺组地层应属于同一时代的产物①。马架山组和灵乡组地层中含有大量早白垩世的古生物，地层对比显示该区的马架山组地层与宁芜地区龙王山组类似（陈公信和金经炜，1996），龙王山组安粗岩锆石 SHRIMP 年龄形成于早白垩世（131±4Ma）（张旗等，2003）。本次研究获得马架山组和灵乡组的火山岩的 SHRIMP 锆石 U-Pb 年龄分别为 130±2Ma 和 128±1Ma，其中马架山组的火山岩年代与龙王山组的年代完全类似。大寺组第一段流纹岩、第二段流纹岩、第三段流纹岩和第四段玄武岩岩的 SHRIMP 年龄分别为 127±2Ma、127±1Ma、127±2Ma 和 124±2Ma，第二段的玄武岩的 LA-MC-ICPMS 锆石 U-Pb 年龄为 127±1Ma，这些锆石 U-Pb 年龄分别代表相应组火山岩的形成年龄，表明金牛盆地火山岩形成于 130±2~124±2Ma，虽然大寺组四段火山岩的面积为 180km²，但形成时代非常短，约 3Ma。因此，若以最新地层年代表，白垩纪和侏罗纪以 145.5±4.0Ma 为分界线（Gradstein et al.，2004），则金牛盆地火山岩形成时代均为早白垩世，与长江中下游地区宁芜和庐枞盆地火山岩的时代一致，且受相同的动力学背景控制。

---

① 湖北省地质矿局地质四队.1977.1:50000 金牛镇幅矿产普查报告.7-40.

四、繁 昌 盆 地

繁昌盆地位于扬子板块北缘的下扬子褶皱逆冲带（图3.1），自震旦纪到三叠纪长期处于拗陷带环境，盆地内沉积地层主要为早–中三叠世碳酸盐地层，燕山期岩浆活动在盆地内形成了大量中–酸性为主的喷出–侵入岩。繁昌盆地广泛发育中生代火山岩和火山碎屑岩，出露面积约62km²，按野外地质关系由老至新划分为中分村组、赤沙组、蝌蚪山组和三梁山组（图4.10）。中分村组主要出露于火山岩盆地边缘的繁昌县白儿岭–柯家冲、三梁山等地，分为上下两段，下段主要为粉砂岩、沉凝灰岩；上段主要为粗安岩和流纹岩，不整合上覆于侏罗纪地层之上（图4.11）。赤沙组主要出露于繁昌县石塘、陡山–黄浒等地，主要为粗面质和流纹质熔岩、熔火山碎屑岩及火山碎屑岩，喷发不整合上覆于早白垩世早期中分村组之上、下伏于早白垩世蝌蚪山组之下。蝌蚪山组出露于繁昌县黄浒、九龙山、三梁山、沙园一带，可分为上、中、下个岩性段，下段主要为沉火山碎屑岩、火山碎屑沉积岩和正常沉积岩；中段主要为玄武岩和安山岩；上段主要为流纹岩，与下伏赤沙组呈沉积不整合接触（图4.11）。三梁山组出露于繁昌县三梁山顶及其周围。可分为上下两部分，下部为紫红色凝灰质粉砂岩、灰紫色粗面质凝灰角砾岩；上部为黑云母粗面岩、粗面质熔角砾岩，与蝌蚪山组为沉积不整合接触（图4.11）。对繁昌火山岩盆地中分村组粗安岩、赤沙组黑云母粗安斑岩、蝌蚪山组流纹岩、三梁山组黑云母粗面岩进行了 LA-ICP-MS 锆石 U-Pb 测年，获得其年龄分别为 134.4±2.9Ma、131.3±1.8Ma、130.8±2.2Ma、128.1±3.1Ma（图4.12），显示盆地内火山岩浆活动的时限为 135~128Ma，火山岩均为早白垩世岩浆活动的产物。

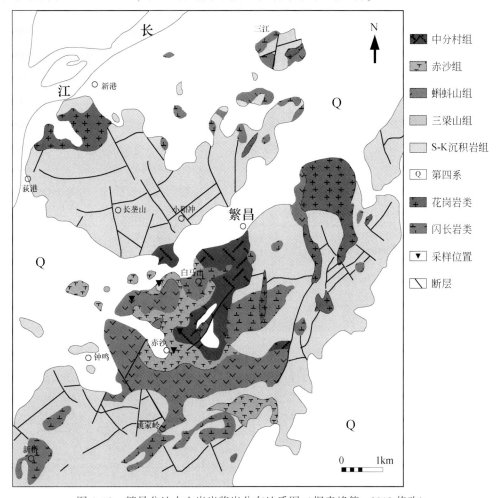

图 4.10　繁昌盆地火山岩岩浆岩分布地质图（据袁峰等，2010 修改）

组		厚度/m	岩性柱	成岩时代/Ma	主要岩性
三梁山组		258.9	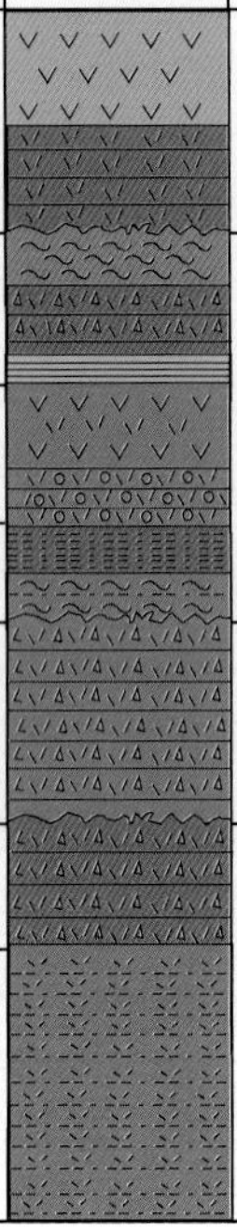	128.1±3.1	上部：黑云母粗面岩和粗面质熔角砾岩 下部：凝灰质粉砂岩，粗面质凝灰角砾岩
蝌蚪山组	上段	128.2			上部：肉红色流纹岩;中部：流纹质凝灰角砾岩夹细凝灰岩和流纹质凝灰岩 与肉红色流纹质凝灰角砾岩互层;下部：泥质粉砂岩，含角砾泥质粉砂岩
	中段	123.6		130.8±2.2	上部：安山岩、安山质凝灰角砾岩夹凝灰质粉砂岩 下部：玄武岩夹流纹质凝灰角砾岩和流纹质沉角砾凝灰岩及泥质粉砂岩
	下段	70.9			上部：流纹质凝灰角砾岩，泥质粉砂岩和凝灰质粉砂岩 下部：泥质粉砂岩，流纹质沉角砾凝灰岩，流纹质凝灰角砾岩
赤沙组		>160.3		131.3±1.8	上部：粗面质熔岩、熔角砾岩、集块熔岩 下部：粗面质熔角砾岩及熔岩，流纹质熔角砾岩及熔集块岩
中分村组	上段	83.8			流纹岩，流纹质角砾熔岩，流纹质角砾岩，流纹质凝灰角砾岩
	下段	236		134.4±2.9	含砾沉凝灰岩，凝灰质粉砂岩，流纹质角砾凝灰岩， 含砾凝灰质粉砂岩，粗面质凝灰角砾岩

图 4.11　繁昌盆地火山岩柱状图（据袁锋等，2010 修改）

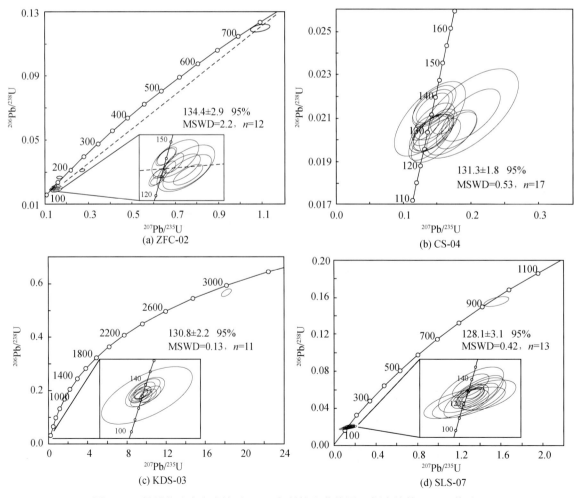

图 4.12　繁昌盆地火山岩锆石 U-Pb 年龄协和曲线图（据袁峰等，2010 修改）

第二节　次火山岩年代学

一、庐枞盆地

庐枞盆地内部有 34 个侵入岩岩体分布（图 4.1），侵入岩体的形成与区域火山活动有着极为密切的关系。这些岩体可主要分为 3 种。第一种为二长岩体，主要分布在盆地的北部，出露面积较大岩体有巴家滩岩体、龙桥岩体和罗岭岩体等。第二种为正长岩体，出露面积较大岩体有土地山岩体、凤凰山岩体等。第三种为 A 型花岗岩，出露面积较大岩体有城山岩体、花山岩体、黄梅尖岩体等。庐枞盆地内主要侵入岩的形成时代见表 4.1。结合岩体野外地质特征，将庐枞盆地侵入岩划分为两期三个阶段，具体划分结果见表 4.1，侵入岩浆活动时间为 135 ～ 124Ma。因此，庐枞盆地的火山–侵入岩浆活动均发生于早白垩世，持续时间为 10Ma 左右，不存在侏罗纪岩浆活动。得出庐枞盆地内侵入岩浆活动有如下特点和规律：

（1）庐枞盆地内侵入岩划分成早晚两期，早期侵入岩主要为二长岩和闪长岩类，以黄屯岩体、巴家滩岩体、焦冲岩体、龙桥岩体、谢瓦泥岩体、尖山岩体和拔茅山岩体为代表，成岩时代为 134 ～ 130Ma；晚期侵入岩分为两类，第一类主要为正长岩类，以巴坛岩体、大缸窑岩体、罗岭岩体、龙王尖岩体和凤凰山岩体等为代表，成岩时代为 129 ～ 123Ma；第二类主要为 A 型花岗岩，以枞阳岩体、花山岩体、城山岩体和黄梅尖岩体为代表，A 型花岗岩的成岩时代 126 ～ 123Ma。

（2）早期侵入岩体主要分布在庐枞盆地北部，侵入的围岩主要为砖桥组火山岩，侵入岩与砖桥旋回火山岩浆活动关系最为密切，岩体侵位受火山结构和北东向构造联合控制。早期岩体的成岩时代（134 ～ 130Ma）与早期火山岩浆活动（砖桥旋回和龙门院旋回）的时间（134 ～ 130Ma）一致或相近，说明早期侵入岩浆活动与龙王门院和砖桥旋回火山岩浆活动基本对应，二者应为同一岩浆活动不同形式的产物。

（3）晚期侵入岩主要分布在庐枞盆地南部和东南部，侵入的围岩主要为罗岭组沉积岩地层，大部分岩体与同期火山岩在空间上分离（仅个别岩体受火山机构控制），岩体的排列及长轴均为北东向者居多，尤其受盆地内黄屯–巴家滩–柳峰山–枞阳基底断裂控制，而受火山机构因素影响较小。晚期侵入岩体的成岩时代（129 ～ 123Ma）与晚期的双庙旋回和浮山旋回火山岩浆活动的时间（130 ～ 127Ma）相近，该阶段岩浆侵入活动可能与庐枞盆地晚期火山岩浆活动相对应。

（4）晚期侵入岩中部分岩体属 A 型花岗岩，均产于庐枞盆地东南缘，成岩时代 123 ～ 126Ma，以枞阳岩体，黄梅尖岩体等为代表，其形成时代稍晚于庐枞火山岩盆地最晚喷发的浮山组火山岩（127.1 ± 1.2Ma），而明显晚于庐枞盆地内龙门院组、砖桥组和双庙组火山岩以及早期二长岩侵入体的形成时代（134 ～ 130Ma），这类 A 型花岗岩的分布主要受区域北北东向长江深大断裂系控制，而与庐枞盆地的火山机构无关。因此，该阶段岩浆侵入活动可能与盆地内火山岩浆活动无直接成因联系。

通过对两个阶段的侵入岩进行了矿物学、岩石学、岩石化学特征研究，提出侵入岩在岩浆起源、岩浆演化和岩石成因等方面一致，均为富集地幔的结晶分异和地壳混染的产物，构造背景早期岩浆岩形成于挤压–拉张过渡的构造背景，晚期岩浆岩则形成于典型的拉张构造背景。

对安徽庐江–枞阳地区产出的城山岩体、花山岩体、黄梅尖岩体和枞阳岩体进行了系统的岩石地球化学特征研究，确定它们均为 A 型花岗岩，并通过 LA-ICP-MS 锆石 U-Pb 同位素定年，确定它们的形成时代为早白垩世。

表4.1　庐枞盆地岩浆岩期次划分表（周涛发等，2010）

侵入岩期次	岩体（火山岩）名称及主要岩性	年龄/Ma	划分依据	参考文献
晚期A型花岗岩	枞阳岩体（钾长花岗岩）	124.1±2.0		范裕等，2008
	梅林岩体（钾长花岗岩）		与枞阳岩体成岩时代相近	
	古塘冲岩体（钾长花岗岩）			
	周家山岩体（钾长花岗岩）			
	黄梅尖岩体（石英正长岩）	125.4±1.7		范裕等，2008
	花山岩体（石英正长岩）	126.2±0.8		范裕等，2008
	城山岩体（石英正长岩）	126.5±2.1		范裕等，2008
	何家凹岩体（石英正长岩）		产在大龙山岩体-城山岩体-黄梅尖岩体之岩带上，与花山岩体、城山岩体、黄梅尖岩体成岩时代相近	
	船稍石岩体（石英正长岩）			
	青山岩体（石英正长岩）			
	沙墩岩体（黑云母石英正长岩）			
	范庄岩体（正长斑岩）			
晚期正长岩	毛王庙岩体（石英正长岩）	123.9±1.9		周涛发等，2010
	巴坛岩体（石英正长岩）	125.4±1.1		周涛发等，2010
	大缸窑岩体（正长岩）	125.9±1.3		周涛发等，2010
	龙王尖岩体（石英正长岩）	126.5±1.5		周涛发等，2010
	罗岭岩体（石英正长岩）	126.3±2.0		周涛发等，2010
	小岭岩体（正长岩）	126.2±1.8		周涛发等，2010
	土地山岩体（石英正长斑岩）	127.4±2.8		周涛发等，2010
	凤凰山岩体（石英正长斑岩）	128.4±0.9		周涛发等，2010
	将军庙岩体（含黑云母石英正长岩）		与凤凰山岩体成岩时代相近	
	官山岭岩体（正长岩）			
	金鸡山岩体（石英正长斑岩）			
	严河庄岩体（石英正长斑岩）			
晚期火山岩	浮山组	127.1±1.2		周涛发等，2008b
	双庙组	130.5±0.8		周涛发等，2008b
早期二长岩（闪长岩）侵入岩	焦冲岩体（石英正长岩）	129.6±1.3		周涛发等，2010
	沙埂岩体（石英正长斑岩）		与焦冲岩体成岩时代相近	
	长冲-枫岭岩体（石英正长斑岩）			
	龙桥岩体（正长岩）	131.5±1.5		周涛发等，2010
	谢瓦泥岩体（辉石二长岩）	131.6±1.1		周涛发等，2010
	尖山岩体（黑云母二长岩）	132.0±1.3		周涛发等，2010
	拔茅山岩体（二长岩）	132.7±1.9		周涛发等，2010
	巴家滩岩体（辉石二长岩体）	133.6±0.5		周涛发等，2007
	岳山岩体（二长岩）	132.7±1.5		周涛发等，2010
	黄屯岩体（闪长玢岩）	134.4±2.2		周涛发等，2010
早期火山岩	砖桥组火山岩	134.1±1.6		周涛发等，2008b
	龙门院组火山岩	134.8±1.8Ma		周涛发等，2008b

　　城山岩体、花山岩体、黄梅尖岩体和枞阳岩体的硅含量和全碱含量均较高，准铝质，SiO_2 含量为 71.92% ~ 73.95%，K_2O 含量为 4.95% ~ 6.12%，Na_2O 含量为 2.57% ~ 4.77%，ALK（K_2O+Na_2O）总量为 8.69% ~ 10.73%。四个岩体的 Fe_2O_3（0.78% ~ 2.59%）、FeO（0.48% ~ 0.72%）、MnO（0.02% ~ 0.15%）、MgO（0.17% ~ 0.75%）、CaO（0.03% ~ 0.65%）、TiO_2（0.15% ~ 0.36%）和 P_2O_5（0.03% ~ 0.16%）含量均较低。四个岩体的 Al_2O_3 含量为 11.43% ~ 14.85%，碱铝比（NK/A =（K_2O+Na_2O）/ Al_2O_3，mol）为 0.94 ~ 0.96，铝过饱和度 A/CNK 值（Al_2O_3/（CaO+K_2O+Na_2O），mol）为 0.96 ~ 1.03，为准铝质。由此可见四个岩体的常量元素特征均满足 Whalen 等（1987）提出的以 NK/A = 0.85 和 ALK = 8.5% 作为判别 A 型花岗岩套下限值的条件。岩体的微量元素特征是判别花岗岩类型的有效手段，A 型花岗岩判别图解（图 4.13）显示，城山岩体、花山岩体、黄梅尖岩体和枞阳岩体均属于 A 型花岗岩，进一步判别显示其均属于 A_1 型花岗岩。四个岩体的 $\sum$ REE 范围在 168.42×10^{-6} ~ 316.22×10^{-6}；δEu 范围 0.26 ~ 0.38，LREE/HREE 值范围为 8.99 ~ 11.70，表现为强 Eu 亏损，分配图呈略右倾的海鸥型，与 A_1 型 A 型花岗岩的稀土元素特征类似（刘昌实等，2003）。

　　城山岩体、花山岩体、黄梅尖岩体和枞阳岩体锆石 LA-ICP-MS U-Pb 同位素年龄分别为 126.5±2.1Ma（1σ，MSWD = 1.3）；126.2±0.8Ma（1σ，MSWD = 0.54）；125.4±1.7Ma（1σ，MSWD = 0.94）和 124.8± 2.2Ma（1σ，MSWD = 0.8），均形成于早白垩世 126 ~ 124Ma（范裕等，2008）。锆石 LA-ICP-MSU-Pb 年

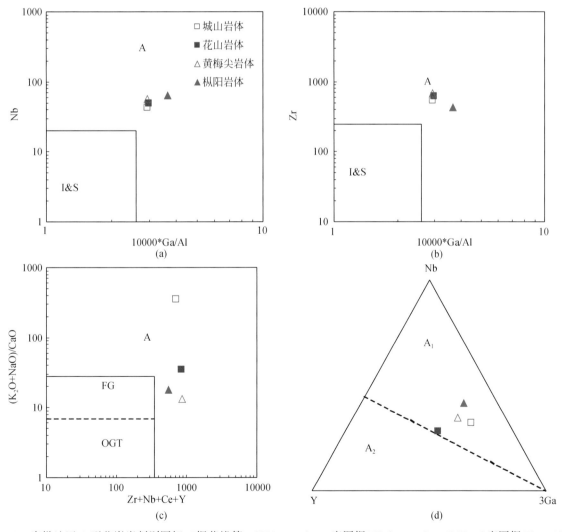

图 4.13　庐枞地区 A 型花岗岩判别图解（据范裕等，2008，a、b、c 底图据 Whalen et al.，1987；d 底图据 Eby，1992）

A. A 型花岗岩；FG. M+I+S 型分异花岗岩；OGT. 未分异 M+I+S 型花岗岩；I&S. I 型和 S 型花岗岩；A_1. A_1 型花岗岩；A_2. A_2 型花岗岩

龄谐和图见图4.14。结合长江中下游地区 A 型花岗岩带的前人研究成果，初步认为126～124Ma 是长江中下游地区地壳伸展最强烈的阶段。

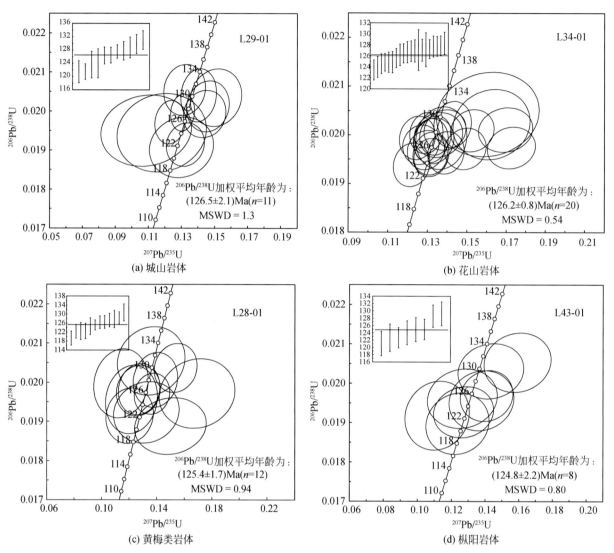

图 4.14　庐枞地区 A 型花岗岩 LA-ICP-MS 锆石 U-Pb 谐和图（据范裕等，2008）

二、宁芜盆地

宁芜矿集区中铁矿床是玢岩型铁矿模型建立的发祥地（宁芜研究项目编写小组，1978），它的形成与次火山岩紧密联系。目前，尽管对玢岩型铁矿床形成机制仍存在争议，但其与次火山岩的密切关系从地质特征（宁芜研究项目编写小组，1978），岩石学和物理化学（邢凤鸣，1996；唐永成等，1998；涂伟等，2010），地球化学（Yu et al.，2007，2008；余金杰和毛景文，2002），实验地球化学（Philpotts，1967），成岩成矿模拟计算（侯通等，2010）等领域均得到了证实。成矿物质来自岩浆演化晚期铁质的富集，铁矿化发生稍晚于次火山岩（闪长玢岩）的形成（宁芜研究项目编写小组，1978；中国科学院地球化学研究所，1987；毛建仁等，1990；邢凤鸣，1996）。前人对宁芜盆地中与铁矿床有关的闪长玢岩体虽进行了一些 K-Ar 和 Rb-Sr 等实线法的年代学研究（宁芜研究项目编写小组，1978），但由于选择的测试对象和当时的测试方法的限制，未能得到精确的同位素年代制约，这严重影响了人们对宁芜盆地程岩成矿作用和动力学背景的深入研究和认识。

　　本次研究选择盆地内与铁矿床有关的 8 个闪长玢岩体进行了年代学研究，通过对闪长玢岩锆石 LA-ICP-MS 同位素定年方法，确定了盆地内主要闪长玢岩体，如吉山岩体、凹山岩体、陶村岩体、和尚桥岩体、东山岩体、白象山岩体、和睦山岩体和姑山岩体的成岩时代分别为：128.2±1.0Ma、130.2±2.0Ma 及 131.7±0.7Ma、130.7±1.8Ma、131.1±1.5Ma、131.1±3.1Ma、130.0±1.4Ma、131.1±1.9Ma 和 129.2±1.7Ma（图 4.15）。与次火山岩密切相关的玢岩铁矿成矿年龄应与之相近但略晚。

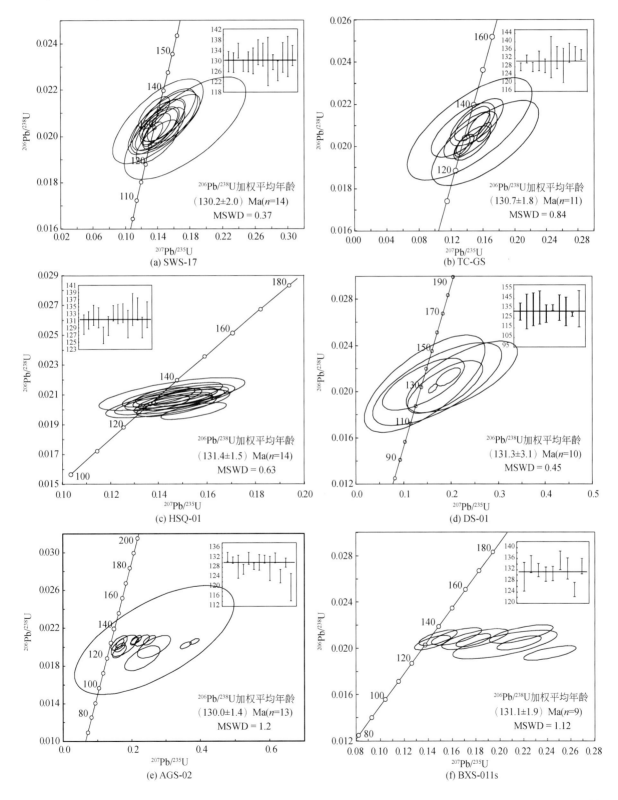

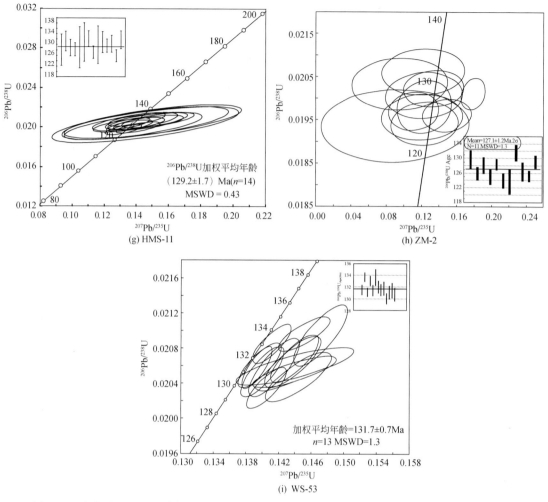

图 4.15　宁芜盆地中闪长玢岩锆石谐和图（样品 SWS-17、TC-GS、HSQ-01、DS-01、AGS-02、
BXS-01、HMS-11 据范裕等，2010 修改；ZM-2 据侯可军和袁顺达，2010 修改；WS-53 据段超等，2011 修改）

此外，宁芜盆地中部发育有花岗质岩石，部分穿切矿体，是宁芜盆地岩浆岩形成演化的重要组成部分，对成岩成矿作用研究具有重要的意义。但至今仍未有精确的年代学研究成果。这严重影响了宁芜盆地成岩成矿作用研究的系统性和完整性，对铁矿床的形成后期岩浆作用和矿化作用研究出现了空白。本次研究对盆地中部矿区内发育的花岗岩枝及盆地南部出露的花岗岩体进行了锆石 LA-MC-ICP-MS U-Pb 同位素年代学研究。得到朱门岩体和石山岩体的成岩时代分别为 127.1±1.2Ma 和 128.3±0.6Ma；发育于凹山、东山、和尚桥和南山铁矿区穿切矿体的花岗类岩石的成岩年代分别为 126.1±0.5Ma、127.3±0.5Ma、126.3±0.4Ma 和 126.8±0.5Ma。总体来说，成岩时代集中于 128～126Ma（图 4.15）。

通过对以上侵入岩 Lu-Hf 同位素的研究，得出他们具有一致的源区特征，其成分接近 EMI 富集地幔。表明本区岩浆岩岩浆源区来自岩石圈伸展环境下，岩石圈地幔部分熔融，并在上升过程中受地壳物质混染。

第三节　成矿年代学

一、宁芜盆地

宁芜矿集区位于长江中下游多金属成矿带东北部，是著名的玢岩铁矿成矿理论、成矿模型的发祥地。

矿集区重要由北部梅山矿田、中部凹山矿田和南部钟姑矿田组成。本次工作选择钟姑矿田中的白象山、和睦山铁矿床和凹山矿田中的陶村铁矿床开展成矿年代学研究。

白象山矿床是钟–姑矿田内一个大型铁矿床，主要赋存在大王山组闪长岩与三叠系中统黄马青组、周冲村组的砂页岩或碳酸盐的接触带（图4.16）。矿体多呈似层状、连续透镜状。围岩蚀变强烈，并具有明显的分带性，底部发育强烈的以钠长石化为主的浅色蚀变带，中间近主矿体范围为金云母、磷灰石、透辉石和磁铁矿等组成的深色蚀变带，上部发育以高岭石化为主的浅色蚀变带。矿石主要呈浸染状、层纹状、块状及角砾状。矿石的矿物组成较为简单，其中铁氧化物主要为磁铁矿、假象赤铁矿及镜铁矿，偶见少量穆磁铁矿，少量硫化物为黄铁矿；非金属矿物主要为磷灰石、透辉石、石英、高岭石、方解石、钠长石、石膏和金云母等。已探明铁矿石储量约1.5亿t，品位约39%。和睦山铁矿为宁芜盆地南部钟–姑矿田内一中型铁矿，位于钟–姑矿田的西北部，其矿床地质特征及矿石的矿物组合与白象山矿床极为相似，铁矿石储量约为4000万t，品位约40%。

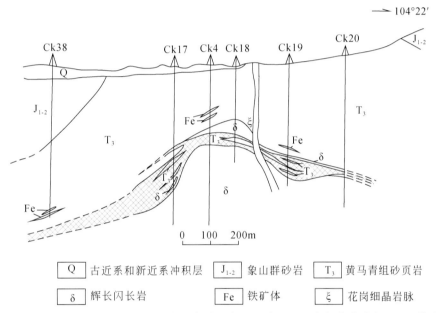

图4.16　白象山铁矿地质剖面图（据宁芜铁（铜）矿床项目研究报告编委会，1976修改）

陶村铁矿位于宁芜矿集区的中部凹山矿田，是玢岩铁矿中以发育浸染状或细脉浸染状铁矿为特征的铁矿床中的典型代表，区内主要发育大王山组安山岩质角砾凝灰岩、安山岩及辉石闪长玢岩，其中辉石闪长玢岩是主要的容矿母岩。矿床内矿化蚀变分带明显，自下而上依次发育有透辉石–钠长石化带、阳起石–钠长石化带、磷灰石–透辉石–方柱石化带，顶部发育高岭石化和赤铁矿化，成矿作用与阳起石–透辉石–方柱石化密切相关。矿体主要分布于岩体内西侧，呈似层状、透镜状产出（图4.17）。矿石类型主要为浸染状、细网脉状，其次为致密块状、假角砾状。主要的金属矿物为磁铁矿，其次为黄铁矿、穆磁铁矿、赤铁矿和菱铁矿；脉石矿物有钠长石、透辉石、阳起石、磷灰石及石英等。本次野外工作期间，恰逢陶村铁矿开始施工，在磷灰石–透辉石–方柱石化带顶部采集到含少量金云母的磁铁矿矿石，其形成年龄可以用来指示陶村铁最小的矿化年龄。

本次研究工作运用Ar/Ar同位素方法测定了三件铁矿石中金云母（BXS-1、HMS-1及GC-2）的年龄，样品分别采自白象山铁矿钻孔（BXS-1）、和睦山铁矿钻孔（HMS-1）和陶村铁矿采场的顶部（GC-2）。分析结果显示（图4.18~图4.20），白象山铁矿和和睦山铁矿成矿期金云母的Ar-Ar坪年龄分别为134.9 ± 1.1Ma和132.9 ± 1.1Ma，陶村铁矿上部含金云母磁铁矿矿石内金云母的反等时线年龄为128 ± 14Ma。因此，本次分析的上述三个矿床的Ar-Ar年龄与钟九铁矿金云母的Ar-Ar年龄（126.7 ± 0.17Ma，Yu and

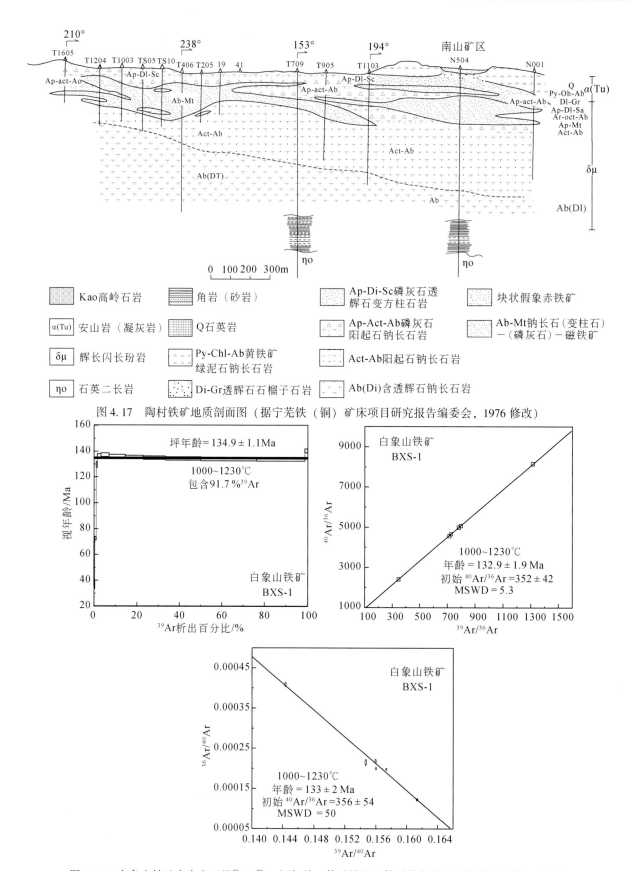

图 4.17　陶村铁矿地质剖面图（据宁芜铁（铜）矿床项目研究报告编委会，1976 修改）

图 4.18　白象山铁矿床中金云母^{40}Ar-^{39}Ar 坪年龄、等时线和反等时线年龄图（据袁顺达等，2010）

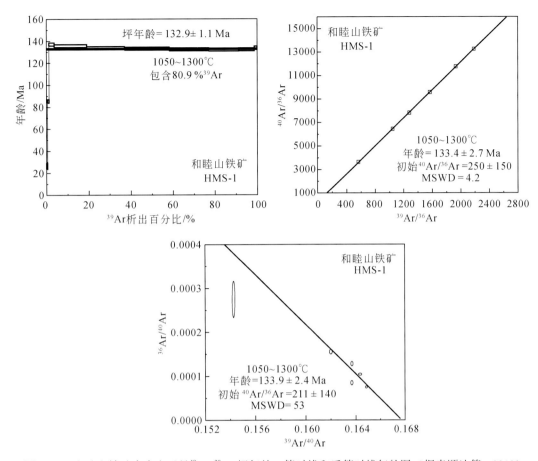

图 4.19　和睦山铁矿床中金云母 ^{40}Ar-^{39}Ar 坪年龄、等时线和反等时线年龄图（据袁顺达等，2010）

Mao，2004）接近，但明显要老于陶村和梅山铁矿钠长石的 Ar-Ar 年龄（陶村：124.89 ± 0.30Ma；梅山：122.90 ± 0.16 Ma，Yu and Mao，2004）。由于同位素年龄记录的是矿物低于封闭温度之后的冷却年龄，考虑到斜长石系列 Ar 同位素体系的封闭温度较低（225～300℃，Cassata et al.，2009），而该区的铁矿床的形成温度较高（马芳等，2006b），因此钠长石的 Ar-Ar 年龄可能比铁矿化的真实年龄要小。从野外地质特征和最近对该区最晚一期娘娘山组火山岩的同位素测年结果也可以看出，该区铁氧化物–磷灰石型矿床在空间上与大王山组火山–次火山岩密切相关，其形成时代应早于之后的姑山组和娘娘山组火山岩。然而，钠长石的 Ar-Ar 年龄比该区最晚一期的娘娘山组火山还要小，因此钠长石的 Ar-Ar 可能仅指示铁矿化末期同位素封闭的时间。相比之下，金云母的 K-Ar 同位素体系具有较高的封闭温度（400～480℃，Dodson，1973；Giletti and Tullis，1977），其 Ar-Ar 年龄可以更好地代表铁矿化的时限。如果将该区金云母的 Ar-Ar 年龄用来代表铁矿化的年龄，根据本次测定的和已经发表的年龄数据，该区的铁矿化时限为134.9 ± 1.1～126 ± 1.2Ma，与该区火山–次火山岩的锆石 U-Pb 年龄（131 ± 4～127.1 ± 1.2Ma，张旗等，2003；Yan et al.，2009；侯可军和袁顺达，2010）在误差范围内一致，指示了该区的成岩成矿作用发生于早白垩世。

二、庐枞盆地

庐枞矿集区是长江中下游多金属成矿带中的一个重要的成矿床，区内及周围地区发育有矿床、矿点244 处（任启江等，1991），已查明有铁、铜、金、锰、明矾石、重晶石、铅、锌、硫、煤、石膏、萤石、石灰等矿种。铁、铜、金矿床是区内的主要矿种。主要矿产有泥河、罗河、龙桥玢岩型铁矿床，小岭、大包庄硫铁矿床，沙溪斑岩型铜矿床，岳山斑岩型铅锌银矿床，矾山明矾石矿床，石门庵、天头山、拔

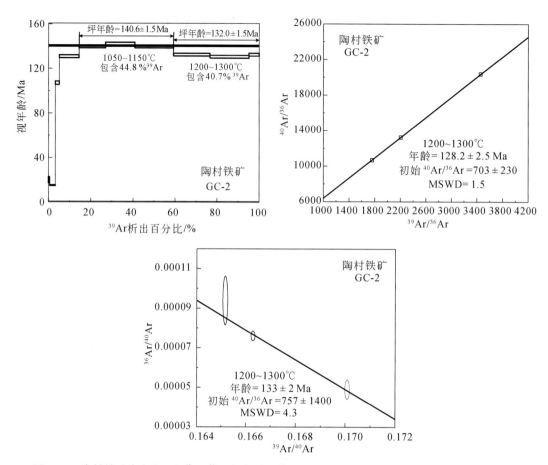

图4.20 陶村铁矿床中金云母^{40}Ar-^{39}Ar坪年龄、等时线和反等时线年龄图（据袁顺达等，2010）

茅山脉状铜金矿床等（吴明安等，2007）。本次研究选择勘探开采程度较高的龙桥玢岩型铁矿床进行年代学研究工作。

龙桥铁矿床位于庐枞盆地北部，1985年通过矿区验证化探异常被发现。龙桥铁矿床矿种较为单一，以磁铁矿为主，局部有少量的铜矿化和零星分布的铅锌矿化，为一大型磁铁矿床（据安徽省327地质队资料）。矿体呈透镜状，似层状，赋存在于东马鞍山组粉砂岩、泥质粉砂岩中（图4.21）。

矿体顶板主要为东马鞍山组泥质粉砂岩，部分为龙门院组火山岩；底板为东马鞍山组泥质粉砂岩，在2线、3~5线接触正长岩体。矿床矿石的构造主要为块状构造、浸染状构造和层纹状构造，局部发育有团块状构造、角砾状构造、网脉状构造和花斑状构造等；主要结构为半自形-他形粒状结构；次要结构有自形粒状结构、他形粒状结构、交代边缘结构、残余骸晶结构、包裹结构、交代假象结构和叶片状结构等。其中，块状磁铁矿石多分布于矿体厚大富集地段，构成了矿床的主体；浸染状矿石分布于富集矿体边部；层纹状矿石位于矿体的上部，含量较少，多被块状矿石包裹。金属矿物磁铁矿为主，次为黄铁矿、菱铁矿、黄铜矿等；脉石矿物主要为透辉石、石榴子石、金云母、绿泥石、方解石、高岭石等。龙桥铁矿床的形成经历多期多阶段的成矿作用，其中成矿后期中低温热液活动强烈，围岩蚀变广泛发育。矿床的围岩蚀变自上而下可分为六个蚀变（变质）带（吴明安等，1996）：钾化-高岭石化-绿泥石化蚀变带、钾化-电气石化蚀变带、夕卡岩化带、大理岩变质岩化带、碱性长石化蚀变-角岩化变质岩带、角岩变质岩化带。根据矿床中矿石结构构造特征和各类矿石的产出关系、各类矿物的共生组合和穿切关系将矿床的成矿期次进行划分为沉积期和热液期，其中热液期又分为四个阶段：含磁铁矿夕卡岩阶段；磁铁矿阶段；石英-硫化物阶段；镜铁矿-方解石阶段。磁铁矿主要发育在热液期中的磁铁矿阶段，金云母与其共生（图4.22）。

本次研究采集龙桥铁矿床井下-342.5m中段热液期磁铁矿阶段形成的块状磁铁矿石（FLQ-16）进行

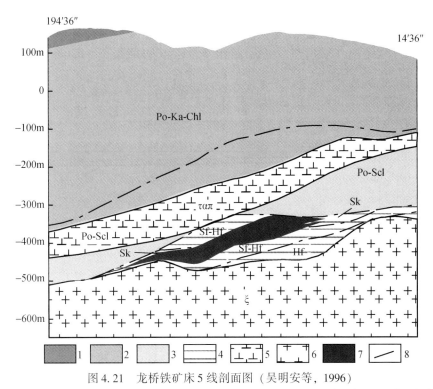

图 4.21　龙桥铁矿床 5 线剖面图（吴明安等，1996）

1. 砖桥组下段；2. 龙门院组上段；3. 龙门院组下段；4. 三叠系东马鞍山组；5. 粗安斑岩；6. 石英正长岩；7. 矿体；
8. 蚀变分带界线；ταπ. 粗安斑岩；ξ. 正长岩；Po. 钾化蚀变；Ka. 高岭石化蚀变；Chl. 绿泥石化蚀变；Sf. 电气石化蚀变；
Scl. 碱性长石化蚀变；Sk. 夕卡岩化蚀变；Hf. 角岩化变质

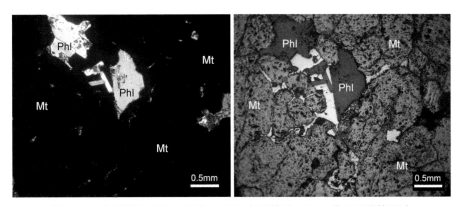

图 4.22　龙桥铁矿床中金云母（Phl）与磁铁矿（Mt）共生显微镜照片

测试，采自 -342.5m 中段 2 线矿体中。灰黑色，块状构造。主要矿物组合为磁铁矿、黄铁矿、黄铜矿、金云母、透辉石等。磁铁矿含量 70%，中粗粒结构，粒径 0.5mm 左右；黄铁矿含量 5%，他形-半自形粒状结构，包裹磁铁矿发育；黄铜矿含量较少，多与黄铁矿伴生，包裹黄铁矿、磁铁矿发育；透辉石含量较少，短柱状结构，粒径 0.3~0.8mm，干涉色较高；金云母含量 10%，呈叶片状，他形-半自形结构，粒径 0.5mm 左右，极完全解理，多色性较弱，干涉色较高，与磁铁矿共生（图 4.22）；矿石后期发育有绿泥石化和碳酸盐化。

与龙桥铁矿床中与磁铁矿共生的金云母（FLQ-16）的阶段加热 $^{40}Ar/^{39}Ar$ 年龄图谱见图 4.23，共有 10 个阶段，温度变化为 600~1400℃，构成坪年龄的数据点相应的 $^{40}Ar/^{36}Ar$-$^{39}Ar/^{36}Ar$ 等时线图见图 4.24。龙桥铁矿床磁铁矿石中的金云母低温释放阶段（600~800℃）视年龄变化较大，变化范围为 64.0±9.7~133.5±1.3Ma，^{39}Ar 仅占总析出量 7.62%，可能由于矿物晶格缺陷或者矿物边部的少量氩丢失造成（邱华宁和彭良 1997）。6 个高温释放阶段（900~1200℃）形成了 130.5 ± 1.1Ma（2σ）年龄坪（^{39}Ar 占总析出量91.99%）（图4.23），等时线年龄为131.9± 2.7Ma（图4.24），MSWD=0.21，等时线和坪年龄基本一致。等时线的截距（^{40}Ar/^{36}Ar)$_0$ 为 173，说明在金云母晶格中可能存在一定的 Ar 丢失，但是，在坪年龄拟合中有达到92%的^{39}Ar 符合成坪条件，并采用等时线对年龄值进行对比判断，可以有效地校正这些丢失 Ar 的影响。因而，FLQ-16 的坪年龄具有地质意义，可以代表金云母形成的冷却年龄。

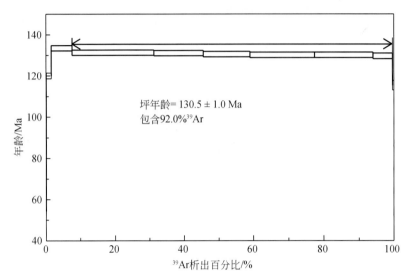

图4.23　龙桥铁矿金云母^{40}Ar/^{39}Ar 坪年龄图（据 Zhou et al.，2011）

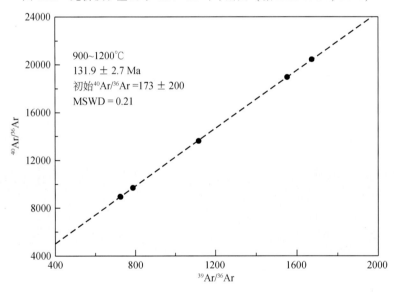

图4.24　龙桥铁矿金云母^{40}Ar/^{39}Ar 等时线图（据 Zhou et al.，2011）

本次工作测试的金云母样品年龄图谱，没有出现较大异常的坪台阶，加热析出的92%的^{39}Ar 符合成坪条件，因而矿物只经历了一次热液事件。测得的坪年龄为130.5±1.1Ma，等时线年龄131.9±2.7Ma，等时线和坪年龄基本一致，因而金云母的冷却年龄为 130.5 ± 1.1Ma。金云母的^{40}Ar-39Ar 封闭温度为400~480℃（Dodson 1973；Giletti and Tullis 1977），龙桥铁矿床磁铁矿的形成温度为360~450℃（吴明安等，1996），两者相近，由矿物共生组合分析可知金云母与磁铁矿密切共生，所以金云母形成的冷却年龄也代表了磁铁矿的成矿时代。龙桥铁矿床中热液期的成矿年龄为130.5±1.1Ma，属早白垩世。

第四节　区域成矿模型

一、主要矿床类型概述

（一）磷灰石–磁铁矿型铁矿

磷灰石–磁铁矿型铁矿是火山盆地或凹陷区最发育的矿床类型，是玢岩铁矿成矿模式的核心部分，矿化发育于辉石闪长岩或辉石闪长玢岩的隆起部位，以细脉浸染状铁矿化为特点，主要矿物组合有：钠长石–绿泥石–磁铁矿，钠长石–绿帘石（绿泥石）–磁铁矿–黄铁矿，阳起石–钠长石–磁铁矿–黄铁矿；在浸染状矿化之上沿裂隙发育脉状粗晶矿物组成的网状细脉，主要矿物组合为磁铁矿–阳起石–磷灰石，磁铁矿–磷灰石或磁铁矿集合体，在局部有绿泥石–磁铁矿–黄铁矿团块或球体，也有沿隐爆角砾岩呈填隙形式产出。在以磁铁矿为代表的矿化完成之后，黄铁矿细脉，石英细脉及石英–碳酸盐岩脉和碳酸盐岩脉的先后叠加形成。这类矿石往往构成较贫的矿石，以陶村或高村、南山及和尚桥为代表。当成矿温度较高，气液充足且在岩体隆起部位有较大裂隙时，出现粗晶、甚至巨晶阳起石（或透辉石）–磷灰石–磁铁矿–（±金云母）或钠长石–阳起石（或透辉石）–磷灰石–磁铁矿，叠加在细脉浸染状的矿石之上，通常构成高品位矿石，如凹山。在这类矿床中普遍见到规模较大的隐爆岩筒，角砾岩为强蚀变的辉石闪长岩类，填隙物质为磁铁矿–透辉石（阳起石）–磷灰石–绿泥石–黄铁矿集合体。从中心向外，由杂乱无章的强钠长石化角砾岩，到只有破裂没有位移的可拼接且蚀变程度弱的角砾岩，相应铁矿化也减弱。前人（宁芜研究项目编写小组，1978；常印佛等，1991；翟裕生等，1992）已经总结指出，这类矿化具有明显的围岩蚀变分带，从下向上为碱质蚀变带，以钠长石及钾长石发育为特征，还可见到退化蚀变的方沸石，葡萄石和水云母；中部深色蚀变带，以阳起石（或透辉石）–磁铁矿–磷灰石–（±方柱石或钠柱石）为特征，还有含水矿物绿泥石、绿帘石等，该带通常就是铁矿体；上部浅色蚀变带，以泥化和硅化为特点，广泛发育高岭石–黄铁矿–石英为特点，也有大量的硬石膏层或硬石膏化。在有些矿区该带就是硫矿体和/或石膏矿体，例如在泥河矿区，该带中的硫铁矿和硬石膏分别构成大型和中型规模（吴明安等，2011）。总体来看，前两个蚀变带出现在辉石闪长玢岩的隆起部位，而浅色蚀变带在围岩中。

（二）类夕卡岩型铁矿

类夕卡岩型铁矿发育于宁芜火山盆地北部边缘的梅山矿田和南部边缘的钟九–姑山矿田。尽管这些矿区发育有以石榴子石、透辉石、阳起石和金云母为代表的夕卡岩矿化，甚至有些矿体发育于辉石闪长玢岩与辉石安山岩的接触带或附近，但它们与通常认识的夕卡岩不同，这些夕卡岩并非由岩浆分异出流体与围岩相互作用的结果，而是由岩浆分异出流体对本身已凝固岩体交代的产物，因此称之为类夕卡岩。在梅山矿田，蚀变分带表现出从下向上为钠长石化（少量钾长石化）→钠柱石岩或透辉石钠长石岩→透辉石钙铁榴石岩→硅化→高岭石化（陈毓川等，1981）。后两种蚀变发育在接触带之上或之外的辉石安山岩中，其余在辉石闪长玢岩内。透辉石钙铁榴石岩与磁铁矿化密切相关，从下部向上，由浸染状磁铁矿，到在透辉石钙铁榴石填隙状磁铁矿，到块状磁铁矿。块状磁铁矿矿体的顶板为辉石安山岩，向下逐渐变成填隙状矿石和浸染状矿石。在块状磁铁矿矿石中也可以见到夕卡岩矿物的残留体，与其他两类所不同的是磁铁矿大量堆积，相应夕卡岩矿物明显变少。在块状矿体中有诸多角砾，这些角砾明显比磁铁矿集合体早形成，但角砾本身也已经被交代成细粒磁铁矿集合体。在铁矿形成之后有石英黄铁矿细网脉的穿插，接着出现钾长石化和碳酸盐化。在吉山和太山矿区，富铁矿石很少，主要是填隙状和浸染状铁矿石，脉石矿物以透辉石和钙铁榴石为主，向深部出现大量钠柱石岩和钠长石岩。无论是上述三类矿石还是钠柱石岩，磷灰石都是一种重要的组成矿物。在钟山–姑山矿田的白象山、和睦山等矿区，侵入体仍然是大王山旋回的辉石闪长玢岩，但围岩以上三叠统黄马青页岩为主。铁矿体主要发育于辉石闪长玢岩体与上三叠统黄马青组页岩的接触带，或沿裂隙产于接触带下部附近的岩体内部或延伸到岩体外部黄马青页岩中。在钟九矿区，可以见到矿体位于岩体下部与上三叠统周冲村组碳酸盐岩的接触带。无论围岩是哪一种岩石，矿石矿物的组合基本相同，即金云母–磷灰石–阳起石–磁铁矿或钠长石–金云母（或白云母）–磁铁矿，类似于大冶地区的夕卡岩型铁矿（常印佛等，1991）。矿体下盘通常是钠长石化，上盘为由页岩受热变质形成的角岩，再向上出现高岭石化。即使在钟九矿区，上三叠统碳酸盐岩为围岩，也仅出现大理岩化。

（三）矿浆型铁矿

姑山铁矿是矿浆型矿床的代表，铁矿体分布于辉石闪长玢岩体的上部隆起与上三叠统黄马青页岩的接触带，姑山组火山岩沉积覆盖其上（翟裕生等，1992），形态似钟状。矿石具有一系列典型矿浆成矿特点，如流动构造、气孔构造、淬火构造、角砾构造、熔渣构造、菊花构造、条带构造和致密块状构造。其中角砾构造是由蚀变辉石闪长玢岩为角砾，隐晶质铁矿物为胶结物；菊花构造为自形斜长石沿矿浆流动方向分布于隐晶质铁矿石中。在镜下观察，矿石主要矿物为赤铁矿（少量磁铁矿）–斜长石–磷灰石。尽管在矿浆灌入之后，也有明显的热液活动，如硅化、高岭石化、绿泥石化和碧玉化，但与成矿关系不密切。

（四）夕卡岩型铁矿

到目前为止，已知夕卡岩型铁矿仅有 3 处，在隆起区有程潮和金山店，其形成时代为 $132.6\pm1.2Ma$ 和 $131.6\pm1.2Ma$（Xie et al.，2012），在庐枞盆地的龙桥，其形成时代为 $130.5\pm1.1Ma$（Zhou et al.，2011）。这表明夕卡岩型矿床无论是在隆起区还是在火山盆地基本上是同时形成，而且与砖桥或大王山岩浆活动具有同时性。但是，夕卡岩铁矿有关的侵入岩不是辉石闪长玢岩，而是偏酸性和碱性岩石，如在龙桥铁矿区是正长岩（唐永成等，1998），在程潮和金山店矿区是石英闪长岩、闪长玢岩和二长花岗岩（Xie et al.，2011）。在龙桥矿区，早白垩世的正长岩侵位于上三叠统东马鞍山组钙质粉砂岩、灰质白云岩、白云岩夹碎屑岩和早白垩世龙门院组火山岩。沿东马鞍山组碳酸盐岩和钙质粉砂岩交代形成夕卡岩，主要由石榴子石、透辉石–钙铁辉石、金云母、镁橄榄石和尖晶石组成，退化蚀变矿物有透闪石–阳起石、绿帘石和绿泥石。与侵入体接触的龙门院火山岩和东马鞍山组的碎屑岩遭受强烈的角岩化。矿石主要矿物组合为绿泥石–磁铁矿、透辉石–磁铁矿和金云母–磁铁矿。在磁铁矿形成之后，普遍发育黄铁矿或石英–黄铁矿–黄铜矿，局部铜可以达到工业品位。程潮和金山店铁矿位于鄂城和金山店岩体南部边缘，与下三叠统碳酸盐岩的接触带，岩体主要由石英闪长岩、闪长玢岩和二长花岗岩组成。这两个矿床是经典夕卡岩矿床，金属矿物以磁铁矿为主，还有少量赤铁矿、黄铁矿和黄铜矿，脉石矿物透辉石、石榴子石、金云母、绿帘石、绿泥石等。矿石有块状和浸染状，取决于磁铁矿与夕卡岩矿物及退化蚀变矿物含量的比例。三个矿床在夕卡岩化之后，都有碳酸盐化等变化。

（五）热液型硫–铜–金矿

这类矿床可以分为热液型硫铁矿和热液型金铜（钼）矿，通常位于磷灰石–磁铁矿型和类夕卡岩型铁矿上部的浅色蚀变带中。越来越多证据表明热液型硫铁矿也含金和铜，所以两者趋同。

热液型硫铁矿包括何家大岭和何家小岭，在大鲍庄、和尚桥、罗河和泥河等铁矿床中，磁铁矿矿体上部也有规模较大的硫铁矿，构成大中型矿体。在何家大岭和何家小岭以硫铁矿为主，磁铁矿矿体规模相对较小。与成矿有关的侵入体为辉石粗安玢岩或辉石闪长玢岩，围岩为龙门院组和砖桥组火山岩，成矿与次火山岩及火山机构关系密切（刘昌涛，1994），何家大岭硫铁矿赋存于爆破角砾岩中，呈蘑菇状和囊状，而何家小岭硫铁矿体呈似层状出现在次火山岩体的隆起部位的内外接触带。和尚桥、向山、向山南、罗河和泥河矿区的硫铁矿体均在外接触带的火山岩中，有时与硬石膏矿层密切相关，伴随有硅化和高岭石化，其下部通常为磁铁矿矿体，相伴的围岩蚀变为磷灰石-阳起石化（胡文瑄，1990）。刘湘培（1989）、张少斌和范永香（1992）总结提出这些矿产在剖面上分布特点是，从下向上为磁铁矿矿体→硫铁矿→铜矿体或硬石膏矿体。

热液型铜金矿化在宁芜和庐枞火山盆地广泛分布，但成型矿床较少，以最近发现和探明的梅山 Au-Cu-Mo 矿为代表。该矿位于梅山铁矿的北东端，埋深 400m 以下，发育于辉石闪长岩体顶部接触带，向外为火山角砾岩（大王山组），通常在梅山铁矿体的边部。Au-Cu-Mo 矿体厚度 3~13m，平均 6~7m，具有强硅化，石英与浸染状黄铁矿共生，品位一般较低，1~2g/t。其中有一层胶状黄铁矿层，微细粒和胶状构造，含许多黄铁矿砾，但没有棱角，似乎有很好的磨圆度，也是高品位矿石，组成矿物有黄铁矿、黄铜矿、辉钼矿、方铅矿，更多是胶状黄铁矿，最高品位可达 8g/t。阶段性勘查报告（陈华明等，2011）表明初步探明金 5.7t，平均品位 2.5g/t，铜 4.7t，平均品位 0.35%，钼 1.05t，平均品位 0.078%。在庐枞火山盆地砖桥组火山中发育有井边、拔茅山和石门庵等小型铜金矿，过去曾推测为浮山火山旋回有关的成矿作用（翟裕生等，1992）。最近，张乐骏等（2010）对井边矿床中的安山斑岩和主成矿阶段石英中流体包裹体开展了 LA-ICP-MS 锆石 U-Pb 同位素定年和 Ar-Ar 同位素定年，获得了安山斑岩 LA-ICP-MS 锆石 U-Pb 年龄为 133.2±1.7Ma，石英流体包裹体 Ar-Ar 等时线年龄为 133.3±8.3Ma。表明这些铜金矿化仍然与砖桥旋回岩浆活动有关。

（六）热液型铜金矿

这类矿化在时空上与娘娘山-浮山旋回碱性火山-岩浆活动有关，以铜井金铜矿为代表。该矿床位于江苏省与安徽省交界处的娘娘山古火山口附近，为一个中型金矿床和小型铜矿床。矿区内主要出露有娘娘山旋回的碱性火山岩，包括响岩、火山集块岩、熔结角砾岩和熔结凝灰岩，侵入岩有霓辉正长岩、白榴石斑岩和粗面斑岩。矿化呈含铜金石英脉和含铜金菱铁矿脉以及成矿期后的重晶石脉和石英脉方解石脉。矿脉受构造控制，成雁行状排列。富矿围岩除了娘娘山组的碱性火山岩外，还有大王山辉石安山岩。除了铜井金铜矿外，最近在庐枞盆地探明的天头山和王庄铜金矿也属此类，具有类似的地质特征和成矿过程。

（七）热液型铅锌矿

迄今为止，在火山盆地中仅见岳山铅锌矿一处，该矿床位于庐枞盆地庐江县黄屯镇，探明铅锌储量约 50 万 t。矿体呈似层状和脉状，产于粗安斑岩的内外接触带，赋矿围岩是粗安斑岩和中上三叠统和下侏罗统碎屑岩，矿化受接触带构造和一组张性断裂控制。矿石呈浸染状及细脉浸染状，主要由方铅矿、闪锌矿、黄铁矿、白铁矿和自然银组成，主要脉石矿物为石英、绢云母、绿泥石、绿帘石、铁白云石和方解石（唐永成等，1998）。与成矿有关的围岩蚀变主要是硅化和黏土化。

除此之外，还有一些小型金铀矿，如 3440 和 34，被认为与浮山或娘娘山旋回火山活动有关。

二、典型矿床

（一）凹山铁矿床

凹山铁矿床位于宁芜矿集区中部凹山矿田，为一大型铁矿床（图 4.25）。凹山铁矿床主要赋存于凹山辉长闪长玢岩岩体隆起部位与大王山组火山岩接触带附近的辉长闪长玢岩岩体之中（图 4.26），受岩体冷凝收缩时的原生节理中的层节理和"隐爆角砾岩筒"控制（向缉熙，1959，常印佛等，1991），矿区内发育的侵入岩主要有辉长闪长玢岩和花岗闪长斑岩，前者为凹山铁矿床的赋矿岩石，后者在成矿期后侵入破坏矿体。

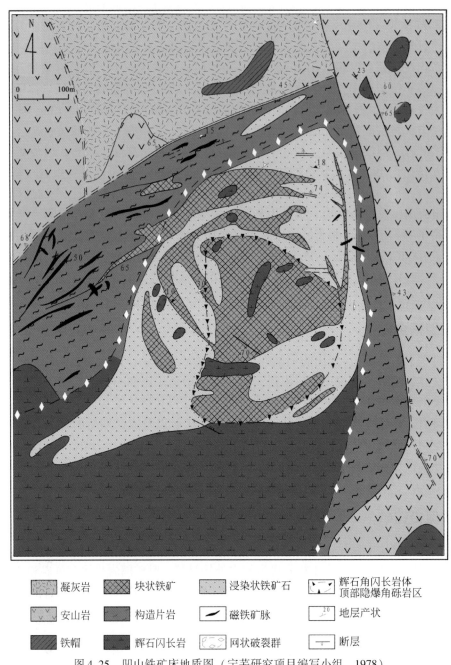

图 4.25　凹山铁矿床地质图（宁芜研究项目编写小组，1978）

图例：凝灰岩　块状铁矿　浸染状铁矿石　辉石角闪长岩体顶部隐爆角砾岩区　安山岩　构造片岩　磁铁矿脉　地层产状　铁帽　辉石闪长岩　网状破裂群　断层

　　矿床中共发育有 61 个铁矿体，其中 I 号矿体规模最大，占矿床总储量的 95% 以上。I 号矿体呈囊状，走向 45°，倾向北西，北西侧倾角平均为 65°，走向长度 1020m，沿倾向延伸 280~720m，赋存标高 −226~173m，沿垂直方向延伸 400m（马钢集团南山矿业有限责任公司，2009a）。

　　矿石矿物种类较为单一，主要为磁铁矿，根据结构构造和产出位置可将矿石分为四种类型：浸染状磁铁矿矿石（图 4.27(a)）、角砾状磁铁矿矿石（图 4.27(b)）、网脉状磁铁矿矿石和伟晶状磁铁矿矿石（图 4.27(c)~(d)）。其中，浸染状磁铁矿矿石分布于矿体的下部，磁铁矿呈浸染状发育于辉长闪长玢岩中；角砾状矿石分布于矿体的中下部，磁铁矿胶结辉长闪长玢岩或含浸染状磁铁矿辉长闪长玢岩，角砾多发育绿泥石化、阳起石化和钠长石化；网脉状磁铁矿矿石分布于矿体的中部，矿物组合主要为阳起石−磁铁矿−磷灰石，阳起石含量较多，呈纤维状集合体，磁铁矿中−粗粒自形发育，磷灰石含量较少，脉体围岩多

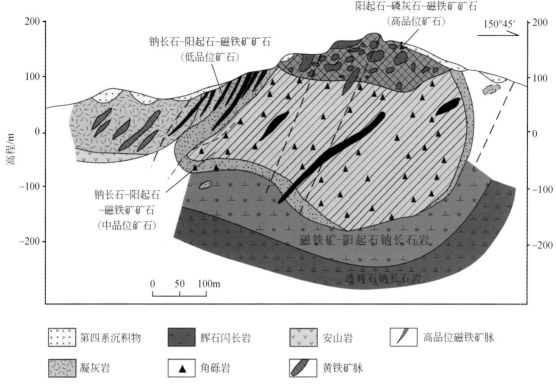

图 4.26　凹山铁矿床剖面图（宁芜项目研究编写小组，1978）

发育钠长石化；伟晶状磁铁矿矿石分布于矿体的上部，矿物组合主要为磷灰石-磁铁矿-（阳起石），磷灰石与磁铁矿含量为70%～90%，呈伟晶状，自形-半自形发育，阳起石含量较少。不同种类的矿石间的穿切关系明显，由早到晚分别为浸染状矿石、角砾状矿石、网脉状矿石、伟晶状矿石。在近地表氧化带中，磁铁矿多被氧化为赤铁矿。后期发育有黄铁矿、赤铁矿、菱铁矿、镜铁矿、石英脉、方解石脉等（图4.27（e）～（f））。成矿过程具有多阶段性的特征。

黄铁矿体主要形成于铁矿成矿后期或期后，大部分为含矿气液交代铁矿体而成，故主要分布在铁矿体的边缘，多呈透镜状或不规则脉状。分布于中部铁矿体的边沿和外侧，或穿插于铁矿体之中，矿体数量多，单个规模小，产状与相邻的铁矿体大致相同，多呈不规则脉状或透镜状。

区内围岩蚀变强烈。沿垂直方向，围岩蚀变自上而下大致可分三带：上部浅色蚀变带：蚀变矿物组合主要为高岭石、绢云母、石英、少量叶腊石、明矾石，主要分布于大王山组火山岩和闪长玢岩岩体上部；中部深色蚀变带：蚀变矿物组合主要为钠长石、阳起石、磁铁矿、磷灰石，其次为绿泥石、绿帘石、石英及少量高岭土、绢云母、碳酸盐。磁铁矿工业矿体主要产于此深色蚀变带之中。下部浅色蚀变：蚀变矿物绝大部分为钠长石，其次为少量绿泥石、黄铁矿、碳酸盐、石英。

凹山铁矿床矿石中 Pb 同位素（马芳等，2006a）和磷灰石 C、Sr 同位素（Yu et al.，2008）的特征表明成矿流体来自岩浆热液，与辉长闪长玢岩同源。对磁铁矿、阳起石、石英的 H、O 同位素特征（马芳等，2006b）研究得出成矿流体早期为演化的初始岩浆（水），晚期大气降水加入。早期研究学者们对成矿温度的测定多采用破裂法，得到凹山铁矿床块状矿石、角砾状矿石和磁铁矿-磷灰石-阳起石三组合矿石中磁铁矿的形成温度为 300～500℃（卢冰等，1990；李萌清等，1979）；马芳等（2006b）通过对伟晶状矿石中磷灰石流体包裹体显微测温，得出伟晶状矿石中磷灰石、磁铁矿的形成温度约为 800℃；矿化晚期阶段出现的石英等矿物的形成温度为 260～290℃（马芳等，2006b；李萌清等，1979）。

综合研究认为，凹山铁矿床为一高温热液（交代充填）矿床，成矿流体来自岩浆热液，成矿过程由早期次火山岩的侵入开始，在岩体冷却过程中其顶部形成张性裂隙，裂隙的发育为深部流体向上运移和存储提供了有利条件的同时，也使得流体减压沸腾，挥发分大量溢出并发生隐爆作用，形成隐爆角砾岩筒，成矿热液交代充填围岩成矿（宁芜研究项目编写小组，1978；常印佛等，1991；翟裕生等，1992）。近年来，成岩成矿年代学的研究得到了快速发展并日渐成熟，众多学者对宁芜地区玢岩型铁矿床进行了年代学研究，余金杰和毛景文（2002）、Yu 和 Mao（2004）、马芳等（2006a，2010），袁顺达等（2010）测得玢岩铁矿床成矿年龄为 123~135Ma，与成矿具有密切的关系的辉石闪长（玢）岩及火山岩的成岩年龄为 127~135Ma（张旗等，2003；Yan et al.，2009；侯可军和袁顺达，2010），受区域拉张构造环境背景的制约。

图 4.27　凹山铁矿床矿石类型照片（据段超等，2012）

（二）高村（陶村）铁矿床

高村铁矿床位于凹山矿田，为一大型磁铁矿床，铁矿体主要赋存于陶村闪长玢岩岩体隆起部位的闪长玢岩岩体之中（图 4.28），铁矿体的顶底板围岩与夹石均为磁铁矿化闪长玢岩，与矿体呈渐变关系。后期侵入的花岗闪长斑岩脉破坏矿体。

矿床由 13 个铁矿体组成，其中 I 号矿体规模最大，占总储量的 99.87%。矿体呈似层状，大致平行于岩体顶面，走向为北东 28°。矿石主要为浸染状磁铁矿矿石（图 4.29（a））。此外，发育有少量为细脉-网脉状磁铁矿矿石，偶见粗粒-伟晶状磷灰石阳起石磁铁矿矿石，后两种类型不均匀分布于浸染

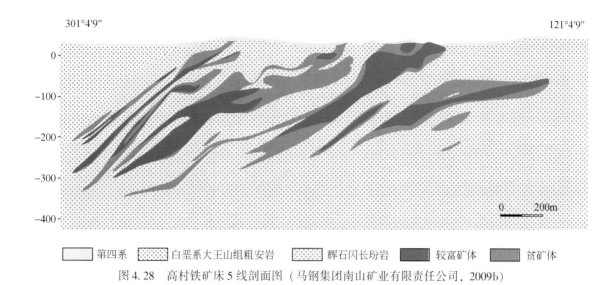

301°4′9″　　　　　　　　　　　　　　　　　　　　　　121°4′9″

0　　　200m

▢ 第四系　▨ 白垩系大王山组粗安岩　▨ 辉石闪长玢岩　■ 较富矿体　▨ 贫矿体

图4.28　高村铁矿床5线剖面图（马钢集团南山矿业有限责任公司，2009b）

状磁铁矿矿石中（图4.29（b））。矿石矿物主要为磁铁矿，脉石矿物主要为钠–更长石、中–拉长石，其次为绿泥石、阳起石、绿帘石及微量磷灰石等，部分被后期蚀变叠加的地段则含部分高岭石、绢云母、水云母、石英等。

矿床内矿化蚀变分带明显，自下而上依次发育有透辉石–钠长石化带、阳起石–钠长石化带、磷灰石–透辉石–方柱石化带，顶部发育高岭石化和赤铁矿化，成矿作用与阳起石–透辉石–方柱石化密切相关。

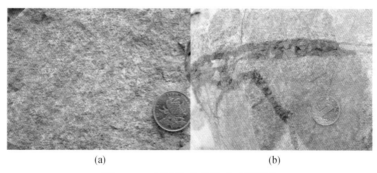

(a)　　　　　　　　　　(b)

图4.29　高村铁矿床典型矿石照片

成矿作用始于岩浆晚期而止于气成–高温热液阶段，以后者为主。成矿年代学研究得出矿床形成于128±14Ma，处于岩石圈大规模快速减薄的地球动力学背景（袁顺达等，2010）。

（三）罗河铁矿床

罗河铁矿床位于庐枞火山岩盆地西侧，为一大型铁、硫矿床。铁矿石以含钒高磷高硫磁铁矿为主，储量为铁矿47567万t、黄铁矿3021万t、伴生铜矿1.82万t、硬石膏矿4119万t，铁平均品位34.8%，硫平均品位19.35%，铜平均品位0.29%，硬石膏平均品位硫酸钙91.05%（安徽省地质局庐枞地区铁矿会战指挥部，1980）。

矿体赋存于白垩系砖桥组火山岩与辉石粗安玢岩接触带内侧，主要受呈多层次产出的似层状构造控制（图4.30、图4.31）。主要矿体除磁铁矿矿体外，还伴生有黄铁矿（黄铜矿）矿体和硬石膏矿体。在垂直方向上，磁铁矿矿体位于下部，埋深–400m以下；黄铁矿（黄铜矿）矿体位于中部，在矿体纵投影图上，主要套叠于磁铁矿矿体中；硬石膏矿体位于上部。

磁铁矿矿体呈似层状、平缓透镜状产出（图4.31），共8个矿体，以Ⅰ、Ⅱ号铁矿体为主，其中Ⅰ号

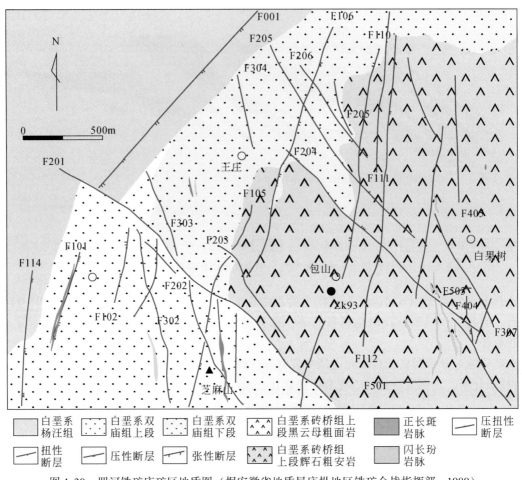

图4.30 罗河铁矿床矿区地质图（据安徽省地质局庐枞地区铁矿会战指挥部，1980）

铁矿体最大，占矿床中铁矿中储量的78.21%。Ⅰ号铁矿体平面呈椭圆形，中心部位呈穹状上隆，垂直断面呈拱桥状，长轴呈北东东向延伸，平均长1911m，短轴平均长1099m，矿体最大厚度141.68m，平均厚度59.66m，矿体东部埋深较浅，西部较深，倾伏角10°，赋存标高-780～-402m。Ⅱ号矿体是矿床中最下部的一个矿体，占总储量的14.99%，长轴1163m、短轴511m，平均厚度21.61m，赋存标高-847～-533m，倾伏角10°。黄铁矿矿体共有13个，其中5个伴生铜矿体，呈透镜状、似层状产出。硬石膏矿体是矿床中最浅部的一个矿体（图4.31），呈似层状，矿体平面形态为不规则椭圆形，投影于主铁矿体的中部（安徽省地质局庐枞地区铁矿会战指挥部，1980）。

铁矿石的矿物组成主要为两类：一类为磁铁矿-硬石膏-黄铁矿-磷灰石，呈块状、脉状-网脉状及角砾状，其中脉状、网脉状和角砾状矿石主要分布在矿体的上部和边部；另一类为辉石-磁铁矿-硬石膏-黄铁矿-磷灰石，呈块状、浸染状，部分具脉状、网脉状构造并过渡为浸染状，主要分布于矿体的下部。

黄铁矿矿石的自然类型较多，矿物组合有水云母-黄铁矿、石英-黄铁矿、硬石膏-黄铁矿、磁铁矿-黄铁矿、硬石膏-辉石-黄铁矿和块状黄铁矿等，主要呈脉状、浸染状。黄铁矿矿石的种类的多样性与黄铁矿化分别叠加在不同的矿石和蚀变岩石中有关。

硬石膏在空间上广泛发育，贯穿整个成矿作用的始末，主要为细粒白色硬石膏矿石，此构成硬石膏矿体的主体；其次为板状粗晶灰紫色硬石膏矿石，多发育在磁铁矿化阶段；矿化晚期发育脉状白色细粒硬石膏。

矿床中蚀变作用强烈，从上到下可分为三带：上部浅色蚀变带、中部叠加蚀变-矿化带、深部碱性蚀变带（常印佛等，1991；唐永成等，1998；安徽省地质局庐枞地区铁矿会战指挥部，1980）（图4.31）。

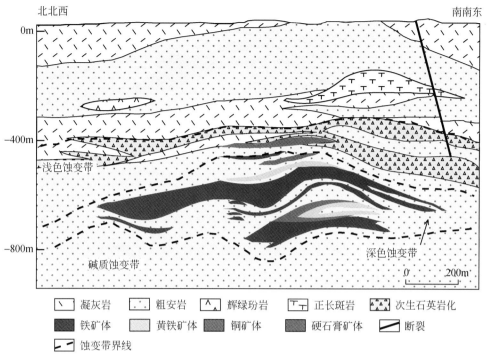

图4.31 罗河铁矿床剖面图（据常印佛等，1991）

图例：凝灰岩　粗安岩　辉绿玢岩　正长斑岩　次生石英岩化　铁矿体　黄铁矿体　铜矿体　硬石膏矿体　断裂　蚀变带界线

根据蚀变–矿化作用的演化关系，从早到晚矿化作用分为早期低温无矿蚀变阶段、早期高温无矿蚀变阶段、硬石膏–辉石–磁铁矿化阶段、黄铁矿–硅化阶段、白色硬石膏阶段和晚期无矿蚀变阶段（唐永成等，1998）。黄清涛（1984）对成矿流体中热力学参数进行估算，得出磁铁矿和硬石膏–辉石是在高氧高硫和酸性环境中形成的，可能为同一成矿时期的产物，硬石膏–辉石稍早，磁铁矿稍晚。此外，硬石膏–黄铁矿的硫同位素特征、磁铁矿的铅同位素特征表明，成矿热液来自深部岩浆流体，后期受到沉积地层的影响，铁质主要来自地幔。

（四）姑山铁矿床

姑山铁矿床位于宁芜火山岩盆地南段的钟姑矿田的南部，矿床位于北北东向姑山–钟山断裂与北西西向姑山–向阳断裂的交汇部位。出露地层有三叠纪黄马青组、侏罗纪象山群、白垩纪龙王山组火山岩、大王山组火山灰质砂页岩和姑山组火山岩。姑山铁矿床储量12816万t，为一大型铁矿床。矿体产于辉石闪长岩玢岩岩钟顶部接触带，矿体的直接围岩为黄马青组中上段泥质粉砂岩和页岩及象山群石英砂岩和长石石英砂岩（翟裕生等，1992）。姑山铁矿床的高炉富矿多分布在地表及近地表的特征，深部资料显示矿石品位有向深部变贫的趋势，矿石类型也由块状向网脉浸染或角砾状过渡，矿石工业类型在东北部和西南部深部有可能出现磁铁矿或混合矿类型。

矿体平面呈半环状，此环在南面被中心相岩体断开，在剖面上矿体呈似穹隆状（或呈几字形）（图4.32）。北、东、西方向矿体向外倾，产状较陡，倾角40°~60°，南部产状较缓在10°之内，在剖面上总体呈古钟状。姑山铁矿床矿体主要赋存在侵入体与围岩接触带附近，以内带为主，以第3勘探线为界，其东侧以接触带附近矿体为主，其西侧主要分布在内带。容矿构造为侵入体边部的裂隙–角砾岩带。矿体长轴方向北东70°，长1100m，短轴宽880m，矿体厚度10~140m，平均厚60.6m，垂直延深不均，西北部及东北部有较大延深。

矿床主要赋存于辉石闪长岩体和黄马青组砂页等的接触带部位。矿体产状和形态复杂反映出他们受辉长闪长玢岩次火山岩岩钟的原生构造和断裂构造的双重控制。容矿构造为与辉石闪长岩浅成侵入体有

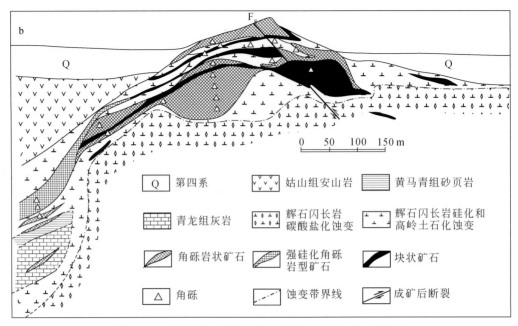

图4.32　姑山铁矿地质剖面图（据翟裕生等，1992修改）

关的隐爆角砾岩筒。矿体顶板有高岭土化辉石闪长岩、火山岩、页岩等，矿体底板主要为辉石闪长岩。主要矿石矿物有假象赤铁矿、半假象赤铁矿、磁铁矿、赤铁矿。脉石矿物主要为石英，其次为磷灰石、高岭石、方解石、白云石、玉髓、蛋白石。深部可见少量透辉石，浅部有些地段铁碧玉较多。矿石原生结构有自形、半自形结晶粒状、叶片状、板条状、蒿束状、显微斑状和交织状等（常印佛，1991）。最常见的构造为块状、角砾状构造，还有网脉状构造，浸染状构造，条纹状构造，骨架状构造，斑状构造，局部见菊花状构造、气孔-晶洞构造（图4.33）。蚀变均属成矿晚期或后期的蚀变，近矿辉石闪长岩中常见硅化、高岭土化、碳酸盐化和绿泥石化。

与矿田内其他矿床相比，姑山矿床的围岩蚀变未见到大量金云母、阳起石、透辉石、方柱石等蚀变矿物。本区主要蚀变有硅化、高岭土化、碳酸盐化、绿泥石化和碧玉化等，钠长石化和绢云母化很弱，蚀变的强度因原岩成分而异，也与距矿化的远近有关。辉石闪长玢岩蚀变较强，宏观上可分浅色蚀变带和深色蚀变带。浅色蚀变为近矿蚀变，主要是硅化和高岭土化。深色蚀变带呈绿色、暗绿色，主要蚀变为绿泥石化。碳酸盐化在深、浅蚀变带中均有分布，蚀变强烈的岩石全由斜长石和碳酸盐组成（翟裕生等，1992）。

矿床成因被认为与辉石闪长岩有关，为矿浆贯入充填成因（宁芜研究项目编写小组，1978），成矿晚期有向伟晶气液充填（交代）成矿的演化趋势（唐永成等，1998）。

（五）梅山铁矿床

梅山铁矿床位于宁芜矿集区北部，梅山-凤凰山构造岩浆成矿带与滨江构造岩浆带的交叉部位，储量3.38亿t，为一大型铁矿床。矿区地层主要有白垩系龙王山组辉石安山岩、大王山组辉石黑云母安山岩、娘娘山组凝灰角砾岩。其中，龙王山组辉石安山岩为主要的赋矿围岩。主要断裂以302°～336°方向的张性断裂和26°～48°方向的压性断裂为主，这两组断裂交叉部位控制成矿，北西西向压扭性断裂为控岩构造（江苏省地质调查院，2010）。矿区内与成矿有关的侵入岩为辉长闪长玢岩，侵入于辉石安山岩及其夹层沉凝灰岩中，岩性特征为深灰、灰绿色，蚀变后为灰色，风化成褐黄色，多半为全晶质到半晶质连续不等粒斑状结构，斑晶可达65%～90%，组成矿物主要为拉长石、中长石、普通辉石。

矿体平面投影呈椭圆形，长轴方向为北东20°左右，在剖面上呈凸透镜体状（图4.34），向四周倾伏，向北东倾伏角20°左右，向北西侧伏。主矿体空间上呈单一巨型透镜体状，铁矿体西南部埋藏较浅，西北

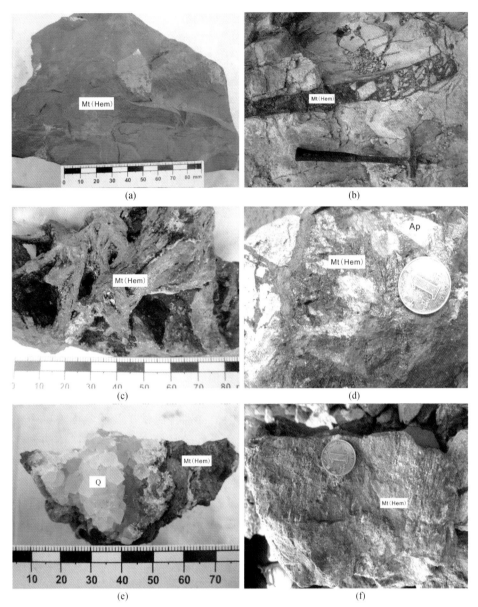

图 4.33 姑山铁矿床典型矿石照片

部埋藏较深；富矿埋藏深度为 50 ~ 350m，贫矿分布在富矿的下部及边部。矿体中心部厚度大且富，向边部穿插分枝变薄变贫，富矿与贫矿为连续过渡关系，呈互层状产出（江苏省地质调查院，2010）。

矿床中的矿石类型主要有：块状矿石、角砾状矿石、网脉状矿石、浸染状矿石、竹叶状矿石、斑点状矿石等。块状磁铁矿石多发育于矿体中部，为致密块状构造、晶洞构造（图 4.35（a））。角砾状矿石中磁铁矿为胶结物、围岩为角砾，角砾含量在 40% 左右，粒径为 1 ~ 4mm，分布于矿体边缘接触带附近（图 4.35（b））。竹叶状矿石中竹叶为透辉石自形晶，具有定向生长现象（图 4.35（c））。网脉状矿石是下部和边部贫矿体的主要部分（图 4.35（d））。斑点状矿石通常指的是黄白色浑圆状碳酸盐斑点的矿石，内有少量晶洞，斑点是钙铁榴石碳酸盐化的产物（图 4.35（e））。浸染状矿石主要以假象、半假象赤铁矿为主，主要分布于矿体上部（图 4.35（f））。矿石结构主要有中–细粒结构、交代残余结构。矿石构造有致密块状、斑点状、网脉–浸染状、角砾状、竹叶状构造等。

梅山铁矿床矿石矿物主要有磁铁矿、半假象赤铁矿、假象赤铁矿、褐铁矿、菱铁矿，次为镜铁矿、针铁矿、含钒磁铁矿及赤铁矿等。硫化物主要为黄铁矿，亦有少量黄铜矿、斑铜矿、辉铜矿和方铅矿等。

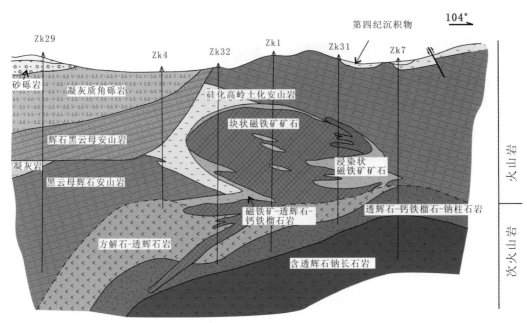

图 4.34　梅山铁矿床剖面图（宁芜地区铁（铜）矿床项目研究报告编委会，1976）

脉石矿物有铁白云石、白云石、方解石、方柱石、钙铁榴石、透辉石、阳起石、绿泥石、绿帘石、磷灰石、石英、蛋白石、玉髓及黏土矿物。铁矿石中矿石矿物含量最多者为磁铁矿及假象赤铁矿，其次是菱铁矿，少量的黄铁矿。钒呈分散状态赋存于氧化铁矿中，特别是磁铁矿及假象赤铁矿中，磷灰石含钒也较高。硫绝大部分含在黄铁矿中，铁矿石中含铁品位富，且硫品位亦高，在铁矿体的上部和边部，局部形成黄铁矿体。

梅山铁矿床成矿期次可分为 3 个主要成矿期次：①成矿早期表现为闪长玢岩侵位并发生热液交代形成钠柱石岩蚀变带，早期蚀变作用伴随有网脉浸染状磁铁矿矿化，早期蚀变末阶段富矿流体与围岩接触发生夕卡岩化，形成含大量钙铁榴石及透辉石的主矿体；②成矿中期叠加改造阶段：由于早期气液温度、压力随流体运移而降低及气流成分的改变，使早期形成的磁铁矿石发生假象赤铁矿化，形成假象赤铁矿。闪长玢岩表现为绿泥石化、绿帘石化；③成矿晚期残余交代阶段：随着气液温度进一步降低，并有后期碳酸盐、硫化物的混入，矿石发生碳酸盐化、硫矿化形成菱铁矿、铁白云石及黄铁矿体，并充填入早期矿体冷凝收缩所形成的晶洞中。

矿床中围岩蚀变依原岩类型的不同而异。辉石安山岩的蚀变有硅化、高岭土化、碳酸盐化、绢云母化、叶蜡石化、绿泥石化和黄铁矿化等，以高岭土化、碳酸盐化、硅化最为明显。辉石闪长玢岩的蚀变有钠柱石化、钙铁榴石化、透辉石化、钾钠长石化、绿泥石化、磷灰石化和碳酸盐化等，以钙铁榴石化、透辉石化和碳酸盐化较为明显。其中，钾钠长石化作用发生在主矿体成矿稍晚的阶段，手标本为肉红色，镜下为他形粒状镶嵌或细板状自形镶嵌、双晶发育，应为从高温阶段向低温演化所形成；石榴子石主要为钙铁榴石，发育于钠柱石岩带及与磁铁矿共生构成斑点状矿石，手标本为深棕色，镜下为黄色-暗棕色，环带较为发育，形成于主成矿期夕卡岩阶段（图 4.36（a）～（b）），经后期碳酸盐已大部分转化为菱铁矿及白云石；辉石以透辉石为主，发育于含透辉石钾钠长石岩及与磁铁矿共生构成竹叶状矿石，手标本为深绿色，形成于主成矿期夕卡岩阶段，经后期蚀变转化为白云石（图 4.36（c））；磷灰石主要发育于主矿体中，含量较少，呈短柱状聚集，手标本中呈无色、淡红色、淡绿色（图 4.36（d））；矿床中主要含硫矿物为黄铁矿和石膏，黄铁矿为成矿后期产物，石膏主要以脉状分布于矿体边部闪长玢岩中；碳酸盐化蚀变主要由前期脉石矿物钙铁榴石与透辉石经后期热液作用所形成，蚀变带几乎遍布整个矿床。

图 4.35　梅山矿床主要矿石类型

图 4.36　梅山铁矿床主要蚀变矿物

梅山铁矿床的形成是岩浆活动到一定演化阶段的产物。矿床下部的网脉浸染状贫矿是高温气液交代形成的，上部以致密块状矿石为主的富矿体是富铁流体充填并与围岩发生夕卡岩化形成的，富矿体上部含大量黄铁矿的浸染状矿化则是残余气液交代形成的。余金杰和毛景文（2002）对梅山铁矿主矿体下部钠长石岩带进行 $^{40}Ar-^{39}Ar$ 研究，获得成矿年龄为 $122.90\pm0.16Ma$。

（六）龙桥铁矿床

龙桥铁矿床位于庐枞盆地的北部，发现于 20 世纪 80 年代中期，矿床储量约 1.24 亿 t。矿体呈层状–似层状赋存于三叠纪东马鞍山组中（图 4.37、图 4.38），矿体顶板主要为东马鞍山组泥质粉砂岩，部分为龙门院组火山岩；底板为东马鞍山组泥质粉砂岩，在 2 线、3~5 线接触正长岩体。当矿石为块状、稠密浸染状时较顶底板与矿体的界线较为清楚，为稀疏浸染状时与围岩多呈逐渐过渡关系。顶底板主要发育夕卡岩化、电气石化、绿泥石化蚀变和角岩化变质。

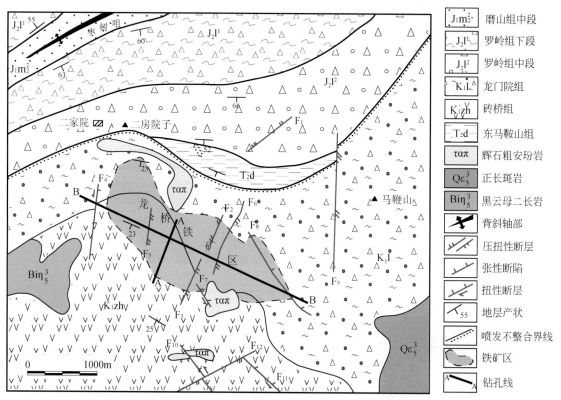

图 4.37 龙桥矿区地质图（据 Zhou et al.，2011 修改）

主要产出的矿石有块状矿石、浸染状矿石（贫矿石）和层纹状矿石。矿石构造主要为块状构造、浸染状构造和层纹状构造，局部发育有团块状构造、角砾状构造、网脉状构造和花斑状构造等；结构主要为半自形–他形粒状结构，其次为自形粒状结构、他形粒状结构、交代边缘结构、残余骸晶结构、包裹结构、交代假象结构和叶片状结构等。

不同类型的矿石所含有的矿物组分存在的较大的差异。其中，块状矿石是矿体的主要组成部分，主要的矿物组合为磁铁矿、黄铁矿、黄铜矿、透辉石、石榴子石、金云母、绿泥石、方解石等（图 4.39）。浸染状矿石中的主要矿物组合以夕卡岩矿物为主，为透辉石、石榴子石、金云母等。磁铁矿在浸染状矿石中的含量较矿状矿石低，稀疏–稠密浸染状发育（图 4.40）。黄铁矿、黄铜矿及绿泥石、高岭石、绢云母等蚀变矿物发育。层纹状矿石中的黑色条带的主要矿物组合为磁铁矿、菱铁矿、石英、金云母、黄铁矿、透辉石等（图 4.41）；白色条带中的主要矿物组合为菱铁矿、磁铁矿、石英、金云母、透辉石和黄铁矿等（图 4.41）。层纹状矿石中的矿物间具有明显的先后关系，部分菱铁矿分解成磁铁矿，磁铁矿交代菱铁矿，透辉石、金云母等在块状、层纹状矿石中常见的夕卡岩型热液矿物发育并穿切菱铁矿。矿石中发育的菱铁矿，通过地球化学分析研究确定为沉积成因，表明层纹状矿石的形成经历了后期热液活动改造的影响。

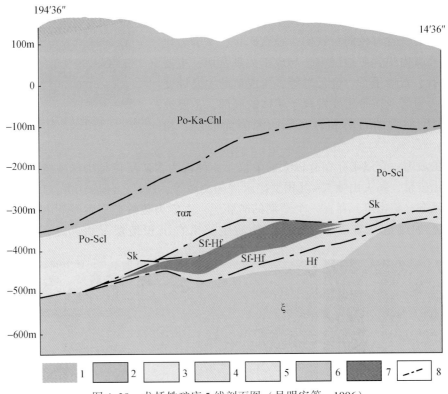

图4.38　龙桥铁矿床5线剖面图（吴明安等，1996）

1. 砖桥组下段；2. 龙门院组上段；3. 龙门院组下段；4. 三叠纪东马鞍山组；5. 粗安斑岩；6. 石英正长岩；7. 矿体；
8. 蚀变分带界线；τατπ. 粗安斑岩；ξ. 正长岩；Po. 钾化蚀变；Ka. 高岭石化蚀变；Chl. 绿泥石化蚀变；Sf. 电气石化；
Scl. 碱性长石化；Sk. 夕卡岩化蚀变；Hf. 角岩化变质

本次工作详细研究了矿石的结构构造，划分了矿床的矿化期次，将矿床的成矿期次划分为沉积成岩成矿期和热液成矿期，其中热液期又分为四个阶段：夕卡岩阶段、磁铁矿阶段、石英-硫化物阶段和氧化物-碳酸盐阶段。

图4.39　龙桥铁矿中块状铁矿石

龙桥铁矿床的形成经历多期多阶段的成矿作用，其中成矿后期中低温热液活动强烈，围岩蚀变广泛发育。矿床的围岩蚀变自上而下可分为六个蚀变（变质）带（吴明安等，1996；魏燕平和张冠华，1999），即钾化–高岭石化–绿泥石化蚀变带、钾化–电气石化蚀变带、夕卡岩化带、大理岩变质岩化带、碱性长石化蚀变–角岩化变质岩带、角岩变质岩化带。其中，钾化、高岭石化、绿泥石化主要发育于龙门院组和砖桥组的火山岩中，它们是火山岩浆期后热液蚀变所形成，与成矿无直接关系，主要蚀变矿物为钾长石、绿泥石和高岭石，含有较弱黄铁矿、镜铁矿化；夕卡岩化带主要发育在东马鞍山组含矿地层中，与成矿关系密切，主要矿物组成为透辉石、石榴子石、金云母等，是成矿的主要蚀变带；碱性长石化、角岩变质带主要发育于矿体的底部，主要蚀变矿物组合为次生加大的石英和钾长石，源岩为砂岩、粉砂岩。

图 4.40　浸染状矿石（据 Zhou et al. , 2011）

龙桥铁矿床的成因一直以来存在有较大的争议：一种认为含矿层位是中侏罗统罗岭组，矿床的形成源于中侏罗世火山岩浆，属火山喷气–沉积型矿床（胡文瑄等，1991；任启江等，1991）；另一种认为含矿地层位于三叠系东马鞍山组，存在一个早期的矿胚层，主要为菱铁矿，后经燕山期岩浆侵入的热变质分解，通过热液叠加改造富集成矿，其成矿物质主要来自沉积地层（倪若水等，1994；吴明安等，

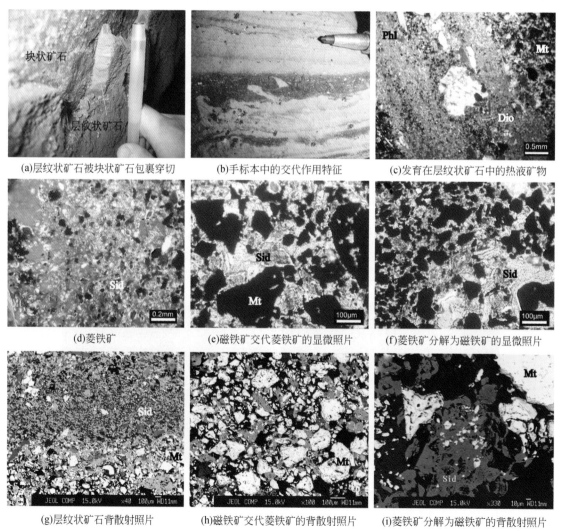

(a)层纹状矿石被块状矿石包裹穿切　　(b)手标本中的交代作用特征　　(c)发育在层纹状矿石中的热液矿物

(d)菱铁矿　　(e)磁铁矿交代菱铁矿的显微照片　　(f)菱铁矿分解为磁铁矿的显微照片

(g)层纹状矿石背散射照片　　(h)磁铁矿交代菱铁矿的背散射照片　　(i)菱铁矿分解为磁铁矿的背散射照片

图 4.41　层纹状矿石及其中的菱铁矿照片（据段超等，2009）

1996）；此外，另有学者认为矿床成因为火山-次火山热液成因（张少斌，1992）。

对层纹状矿石中菱铁矿的地质特征以及电子探针测试得出的成分特征表明，层纹状矿石中的菱铁矿其为沉积成因。部分菱铁矿分解为磁铁矿，形成了残余骸晶结构；大量发育的磁铁矿交代早期形成的沉积菱铁矿，形成交代残余结构。与热液成因磁铁矿共生的金云母、透辉石穿切菱铁矿。与层纹状矿石的矿物共生组合不同，块状矿石中未见沉积成因的菱铁矿，多见有磁铁矿与金云母共生。因而，层纹状矿石中菱铁矿的地质特征既具有沉积特征也具有后期热液交代的特征。指示矿石的形成经历了沉积作用和热液作用的影响。

龙桥铁矿石的氢、氧同位素研究表明，成矿流体来自岩浆流体，矿体中黄铁矿和黄铜矿单矿物及正长岩铅同位素特征具有相似性，为上地壳与地幔混合的普通铅中的岩浆作用成因，成矿物质与深部岩浆岩有着密切的关系。正长岩锆石 LA-ICP-MS 测试年龄为 $131.1 \pm 1.5 Ma$（Zhou et al.，2011），与成矿年龄（130.5Ma；Zhou et al.，2011）相近，这也与区域上中生代大规模岩浆活动和成矿作用的年代相一致（Mao et al.，2011）。

龙桥铁矿床赋存的地层主要为钙泥质粉砂岩、铁钙质泥质粉砂岩等。含矿地层中的 $\delta^{18}O_{PDB}$、$\delta^{13}C_{PDB}$、$\delta^{13}C_{PDB}$ 值为 $-3.84‰ \sim 3.77‰$（吴明安等，1996），变化范围较大。通过 $\delta^{18}O$ 不同标准变化公式：$\delta^{18}O_{SMOW} = 1.03091 \delta^{18}O_{PDB} + 30.91$，对前人研究数据进行换算，并在 $\delta^{13}C_{PDB}$-$\delta^{18}O_{SMOW}$ 成因图解中投图（图 4.42），可以看出碳氧同位素可分为两种成因，一类为正常海相沉积成因；另一类为叠加改造成因。这表明含矿地层为海相沉积成因，后期受到了后期岩浆岩热液的影响。

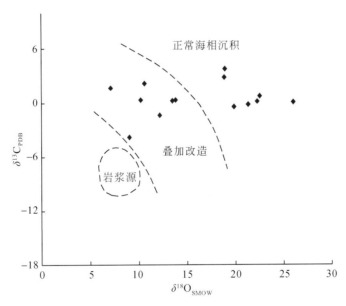

图 4.42　龙桥铁矿床赋矿围岩 $\delta^{13}C_{PDB}$-$\delta^{18}O_{SMOW}$ 成因图解（据段超等，2009）

矿床在形成的过程中经历了沉积作用和热液交代作用的两个成矿时期。在早三叠世沉积了一套富含菱铁矿的沉积岩层，白垩纪时区域岩浆活动，正长岩体的侵入带来了大量的热液和铁质，使得早期形成的沉积菱铁矿分解成磁铁矿，并被后期热液成因的大量磁铁矿交代，最终富集成矿。

（七）程潮铁矿床

程潮铁矿床位于鄂东南矿集区北部，由百余个铁矿体和硬石膏矿体组成。铁矿体最大者长约1700m，宽350m，厚达100多米，而众多的小矿体一般仅有数十米长，一般为透镜状、囊团状和不规则状，并常见膨大、缩小、分枝和尖灭再现的现象；矿体倾向南或南南西，倾角30°～47°。矿体向北西西侧伏，侧伏角4°～12°，各矿体的赋存标高，从 Ⅰ～Ⅶ号矿体依次加深。硬石膏矿体一般叠加在铁矿体之上，或与铁矿体组成统一矿体。

矿区内地层主要有三叠系和侏罗系，多分布在矿区南部（图4.43（a））。其中，与成矿有关的围岩主要是三叠系大冶组的灰岩及白云质灰岩（姚培慧等，1993；Pan and Dong，1999）。与成岩成矿有关的构造是北西西向褶皱和断裂构造。矿体的空间分布、产状和形态主要受北西西向主干逆断层-接触构造及其派生的张性断裂破碎带控制。区内与成矿有关的岩体为燕山晚期生成的鄂城岩体，其由不同期次侵入的黑云母辉石闪长岩、闪长岩、石英二长岩和花岗岩组成，属深源同熔型钙碱性花岗岩类岩石系列，与成矿关系密切的是肉红色中细粒花岗岩和/或少量闪长岩（姚培慧等，1993）。主要矿体均产于花岗岩与大理岩的接触带或闪长岩与花岗岩接触带靠近花岗岩一侧（陈洪新，1993；王磊等，2009；图4.43（b）～（c））。

矿石的矿物成分较复杂，金属矿物主要有磁铁矿，另有少量黄铁矿、黄铜矿、赤铁矿等；非金属矿物有石榴子石、透辉石、金云母、韭闪石、浅闪石、透闪石、阳起石、绿泥石、绿帘石、蛇纹石、石英、方解石、硬石膏、石膏、高岭土等。矿石矿物结构主要为中-细粒结构、自形-半自形结构、交代残余结构和假象结构等；矿石构造主要有块状构造、浸染状构造等。根据矿石中的矿物组合特点可将矿石分为：磁铁矿矿石、石榴子石透辉石磁铁矿矿石、角闪石磁铁矿矿石、金云母磁铁矿矿石和硬石膏磁铁矿矿石（图4.44）。磁铁矿矿石（图4.44（a））主要为磁铁矿，少量角闪石、金云母、黄铁矿、石英和碳酸盐等；石榴石透辉石磁铁矿矿石（图4.44（b））主要由磁铁矿、透辉石和少量石榴石、角闪石等组成；角闪石磁铁矿矿石（图4.44（e））主要是磁铁矿、角闪石，以及少量黄铁矿和绿泥石等；金云母磁铁矿矿石（图4.44（c））主要由磁铁矿、金云母，以及石英、黄铁矿等组成；硬石膏磁铁矿矿石（图4.44（d））主要由磁铁矿、硬石膏和少量黄铁矿、石英等组成。

根据野外、手标本和镜下观察，可将程潮铁矿的蚀变矿化阶段划分为：夕卡岩阶段、退化蚀变阶段、类夕卡岩阶段和碳酸盐阶段（翟裕生等，1992）。

夕卡岩阶段：该阶段夕卡岩形成于成矿前，主要由石榴子石、透辉石等组成。石榴子石多呈褐色，单偏光下常为浅褐色，极高正突起，正交偏光下有异常干涉色，可达I级灰，以钙铁榴石为主；粒径一般为0.1～0.28mm，他形-半自形中-细粒结构，环带结构发育，多与透辉石等夕卡岩矿物共生。本阶段石榴子石多被后期的磁铁矿、黄铁矿、黄铜矿、角闪石、绿泥石、绿帘石、碳酸盐和钾长石等交代。透辉石为绿色或暗绿色，高正突起，有弱多色性；正交偏光下可见鲜艳的II级蓝、绿、紫等干涉色；粒径一般为0.045～0.25mm，多呈短柱状、自形-半自形结构，具典型的辉石式解理，横断面对称消光。本阶段透辉石常与磁铁矿共生或被磁铁矿交代。

退化蚀变阶段：主要形成角闪石、金云母、绿帘石、蛇纹石、绿泥石、磁铁矿，以及赤铁矿等矿物。本阶段含水夕卡岩矿物明显交代早期夕卡岩矿物，且磁铁矿大量出现。角闪石呈墨绿-黑色，自形-半自形、中-粗粒至伟晶结构，多呈长柱状，粒度一般为0.08～1.4mm，可见明显的两组解理。程潮铁矿角闪石多与磁铁矿共生，其产出位置靠近花岗岩岩体。金云母呈深绿、黑褐色，薄片中无色至浅褐色，平行消光。绝大多数金云母与磁铁矿共生，时间上与磁铁矿近于同时形成。磁铁矿常部分交代石榴子石、透辉石等早期夕卡岩矿物，甚至还可见磁铁矿交代夕卡岩阶段的石榴子石所形成的假象。绿帘石发育广泛，往往交代早期夕卡岩矿物，多呈自形-半自形结构，可见与赤铁矿共生的现象。本阶段绿泥石多交代早期夕卡岩矿物或与磁铁矿共生。蛇纹石半自形-他形结构，多与金云母、磁铁矿等矿物共生。

类夕卡岩阶段：本阶段夕卡岩主要由石榴子石、透辉石、角闪石、金云母、绿泥石和绿帘石等组成，一般呈脉状分布在远离矿体的夕卡岩、岩体或角岩中；该阶段夕卡岩矿物普遍具中-细粒，自形-半自形结构，它们往往单独成脉或以矿物组合的形式以脉状产出（图4.45）。往往可以见到本阶段石榴子石切穿夕卡岩阶段石榴子石的现象。

碳酸盐阶段：主要生成方解石、硬石膏、石英、赤铁矿、黄铁矿和黄铜矿等，这些矿物多为交代早期夕卡岩矿物的产物。方解石多呈脉状分布于夕卡岩及矿体中，脉体大小不一，一般宽度为3mm左右。本阶段金属硫化物主要是黄铁矿和少量黄铜矿。黄铁矿分布广泛，多呈自形结构，一般与黄铜矿共生。

程潮铁矿是典型的夕卡岩型铁矿床，在岩体与围岩的接触带附近发育有大量的夕卡岩矿物。通过电

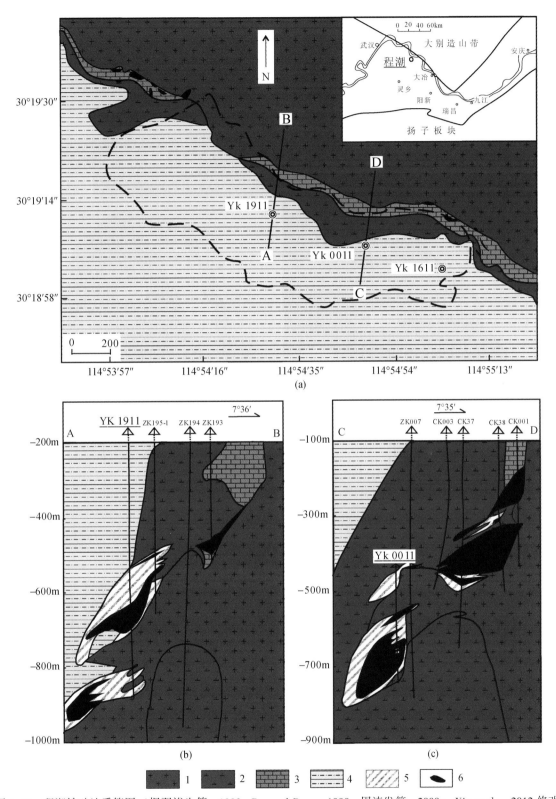

图 4.43　程潮铁矿地质简图（据翟裕生等，1992；Pan and Dong，1999；周涛发等，2008a；Xie et al.，2012 修改）

(a) 程潮铁矿地质简图及隐伏矿体；(b) 程潮铁矿 W19 勘探线剖面图；(c) 程潮铁矿 E0 勘探线剖面图及其蚀变分带；1. 花岗岩；2. 闪长岩；3. 三叠系大冶组大理岩、白云质大理岩；4. 三叠系蒲圻组粉砂岩；5. 夕卡岩；6. 铁矿体

子探针分析发现，不同期次和结构的夕卡岩矿物往往在化学成分上存在着一定的差异。

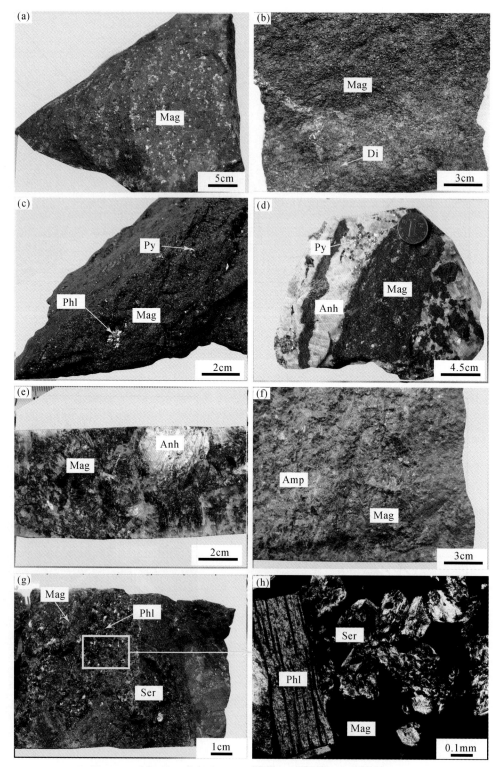

图4.44　程潮铁矿典型矿石类型及金属矿物（据姚磊等，2012）

Mag. 磁铁矿；Di. 透辉石；Phl. 金云母；Anh. 硬石膏；Amp. 角闪石；Py. 黄铁矿；Ser. 蛇纹石

程潮铁矿石榴子石总体以钙铁榴石为主，其次为钙铝榴石，属钙铁榴石-钙铝榴石系列（$Ad_{37 \sim 98}$ $Gr_{2 \sim 61} Prp + Sps_{0.33 \sim 2.28}$）。夕卡岩阶段石榴子石主要是钙铁榴石（$Ad_{49 \sim 98} Gr_{2 \sim 49}$），其钙铁榴石平均含量（$Ad_{73} Gr_{25}$）高于总体水平（$Ad_{65} Gr_{34}$），自形-半自形结构石榴子石的钙铁榴石端元含量（$Ad_{79 \sim 91}$）略低

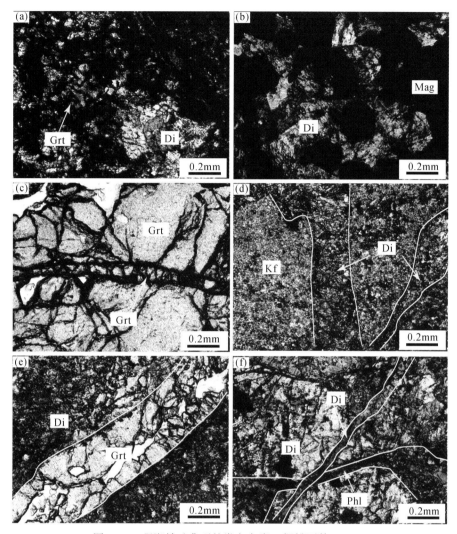

图 4.45　程潮铁矿典型的类夕卡岩（据姚磊等，2012）

Grt. 石榴子石；Ep. 绿帘石；Di. 透辉石；Phl. 金云母；Kf. 钾长石

于他形结构石榴子石（$Ad_{73~95}$）；类夕卡岩阶段石榴子石（$Ad_{37~67}Gr_{31~61}$）较夕卡岩阶段石榴子石明显偏向于钙铝榴石端元，介于钙铁榴石和钙铝榴石端元之间。辉石主要以透辉石为主，其次为钙铁辉石和少量的锰钙辉石，属于典型的透辉石-钙铁榴石固溶体系列（$Di_{61~95}Hd_{5~37}Jo_{0.01~3}$），其中透辉石端元组分含量略高于国内夕卡岩型铁矿的透辉石含量范围（$Di_{50~90}$）和世界上其他夕卡岩型铁矿辉石的透辉石含量范围（$Di_{20~80}$）（Einaudi et al.，1981；Meinert，1989，1992）。夕卡岩阶段辉石（$Di_{74~95}Hd_{5~37}$）的透辉石平均含量（$Di_{86.7}$）最高，其中与磁铁矿共生的辉石（$Di_{82~93}Hd_{7~18}$）相对于与石榴子石共生的辉石（$Di_{79~89}Hd_{5~21}$）更偏向于透辉石端元；自形–半自形结构辉石的透辉石平均含量（$Di_{85.6}$）略低于他形结构的辉石（$Di_{86.7}$）。类夕卡岩阶段辉石仍以透辉石为主（$Di_{61~84}Hd_{11~20}$），但该阶段透辉石含量低于夕卡岩阶段，且端元组分相对更趋近于钙铁辉石端元。角闪石主要是钙角闪石，为交代早期夕卡岩的产物。本区角闪石主要有韭闪石、铁韭闪石、透闪石、阳起石和浅闪石等。退化蚀变阶段与磁铁矿共生的角闪石大部分落在韭闪石区域，少部分落在铁韭闪石内；类夕卡岩阶段角闪石多数落在透闪石区域内，个别落在阳起石区域内。此外，矿区还发育有金云母、绿泥石等退化蚀变夕卡岩矿物。退化蚀变阶段与磁铁矿共生的金云母镁值（0.90）高于类夕卡岩阶段的脉状金云母镁值（0.82）。绿泥石方面，退化蚀变阶段与磁铁矿共生和蚀变早期石榴子石的绿泥石 TFeO 含量明显高于类夕卡岩阶段绿泥石的 TFeO 含量，而MgO 含量低于类夕卡岩阶段绿泥石的 MgO 含量。

夕卡岩矿物的组成与岩浆化学成分、围岩组分、形成深度和氧化条件有着密切的关系（Burton et al.，1982；Meinert，1997）。研究表明，夕卡岩阶段的流体具超临界性，但水解作用微弱。因此，在与围岩发生交代作用的过程中往往形成石榴子石、透辉石，以及硅灰石等无水夕卡岩矿物。程潮铁矿的透辉石与钙铁榴石共生的现象表明，夕卡岩阶段流体呈低酸度和高氧逸度的特点（梁祥济，1994；赵一鸣等，1997；Oyman，2010）。

退化蚀变阶段是主要的成矿阶段。该阶段的流体温度开始降低，水解作用逐渐增强，溶液中开始富集大量的 H_2S 和 CO_2 等挥发分。早期无水夕卡岩矿物开始被含水夕卡岩矿物和氧化物等交代。矿区绿帘石发育广泛且可见绿帘石交代石榴子石和与赤铁矿共生的现象，表明退化蚀变阶段的流体具有较高的氧逸度（Berman et al.，1985；Perkins et al.，1986）。通过对各类型矿石的矿物组成，结构构造特征的观察可知，磁铁矿的形成可能主要有以下两种途径：①通过交代夕卡岩阶段矿物以及围岩中的硬石膏等形成磁铁矿；②由于溶液物理化学条件的变化使铁的络合物发生沉积作用而形成磁铁矿。类夕卡岩阶段的夕卡岩矿物相对于夕卡岩阶段和退化蚀变阶段的夕卡岩矿物表现出更贫 Fe、Mg 的特点。研究表明，偏向钙铁榴石端元的石榴子石相比于中间成分的石榴子石形成于更加氧化的条件下（赵斌等，1982）。程潮铁矿脉状夕卡岩中的石榴子石端元组分介于钙铁榴石和钙铝榴石之间，表明该石榴子石生成环境的氧逸度低于夕卡岩期石榴子石，从而说明该阶段流体相较夕卡岩期流体具有较低的氧逸度特点。碳酸盐阶段，溶液中开始出现一系列中低温热液矿物，包括碳酸盐矿物、硬石膏、石英、黄铁矿、赤铁矿、黄铜矿等。这些矿物往往是交代早期夕卡岩矿物和金属矿物而成，并代表了流体的低温、低酸度和低氧逸度特点。

三、成矿作用与矿床模型

在长江中下游地区，135Ma 之后的成矿作用与陆相火山岩–次火山岩有关，我国地质学家已经建立了颇具影响力的宁芜玢岩铁矿成矿模式（宁芜研究项目编写小组，1978）。但是，该模式仅考虑了宁芜盆地中的矿床，主要针对磷灰石–磁铁矿型矿床。对于成矿过程铁的来源，主导认识是辉石闪长岩经过钠长石化、钠柱石化和方柱石化，原岩中的铁被淋滤出来并进入流体系统在上部的暗色岩带（透辉石+阳起石–磷灰石–磁铁矿带）沉淀成矿。而对于硫的来源，大多数意见为海底喷流成因（胡文瑄，1990；赵玉琛，1993；张少斌和范永香，1992；刘昌涛，1994），吴长年等（1993）将何家小岭等硫铁矿论证为火山沉积–热液叠加改造型。

（一）铁来源探讨

铁矿床中铁的来源始终是矿床成因首先需要考虑的问题，在 20 世纪 70 年代，我国学者曾做过实验研究（宁芜研究项目编写小组，1978）。在宁芜火山盆地北部太山铁矿区未蚀变辉石闪长玢岩的全铁是每立方米 158.6kg，含透辉石钠长石岩全铁降到每立方米 69.8kg，每立方米岩石中迁出铁 89.6kg；中部南山–陶村矿区未蚀变辉石闪长玢岩的全铁是每立方米 196.2kg，含透辉石钠长石岩全铁降到每立方米 64.5kg，每立方米岩石中迁出铁 132kg。该粗略计算表明细脉浸染状铁矿石的铁总量与原岩被交代带出铁总量基本相当。这样就被认为较好地解释了像陶村、太山和吉山这样贫矿，但对于梅山、姑山、凹山等富矿，仍然需要岩体以外的铁加入。

上述计算仅仅考虑到同样体积铁元素全部从辉石闪长玢岩淋滤出，又全部进入到上部的暗色岩带，两者必须是同体积，而且不考虑磁铁矿体上部硫铁矿形成对于铁的需求和在搬运过程铁的流失。因此，该计算仅仅是一种推测，但的确能够说明辉石闪长玢岩经过蚀变作用，部分铁可能进入系统，为形成铁矿提供物质。但更多铁可能是外来加入，其来源仍然是一个未解决的科学问题。

尽管上述提出四种类型铁矿床，其中磷灰石–磁铁矿型、类夕卡岩型和矿浆型在物质来源上具有类似性和同源性，均以磷灰石–磁铁矿发育为特征。从成矿方式角度考虑，一种是热液型矿床，而另一种是矿浆型矿床。

本次研究认为可能来自深部的基性岩浆。区内含矿岩体具有类似的元素和同位素地球化学的特点，例如富集轻稀土元素（LREE）、P、Th 和 U 等不相容元素的特点以及相对较低的钕同位素组成和较高的锶同位素比值（邢凤鸣，1996）。通过对钟姑矿田三个岩体的稀土元素模拟推断出其岩浆源区应为富集的岩石圈地幔，其较高的重稀土（HREE）含量和较低 LREE/HREE 值说明源区为尖晶石相的二辉橄榄岩。考虑到本区含矿岩体普遍富钠的特征，可以认为其可能来自于受地幔交代富集事件影响的含角闪石的尖晶石相二辉橄榄岩的部分熔融（Edgar et al.，1976；Mengel and Green，1989）。含矿岩浆在上升的过程中，发生 AFC 过程（徐祥和邢凤鸣，1999），即以单斜辉石和斜长石主要的分离结晶作用，并受到地壳的少量混染（Hou et al.，2010）。

Hou 等（2011）对与铁矿密切相关的闪长玢岩进行了详细的岩相学观察和电子探针分析，发现其中的单斜辉石在结晶过程中存在着周围熔体中铁的含量突然降低的现象，为铁矿浆的熔离提供了重要的岩相学证据（Streck，2008）。而块状矿石中含有较高含量的 P、Ti、REE 和高场强元素同样可以证明这些矿石是通过液态不混溶作用形成的（Veksler et al.，2006）。此外，在对钻孔的详细观察过程中发现，闪长玢岩的深部存在辉长岩，而且闪长玢岩的斜长石斑晶均为拉长石，与辉长岩中的斜长石成分一致，而不是通常的中长石（Garavaglia et al.，2002）。根据单斜辉石温压计的估算（Putirka et al.，2003），辉石斑晶结晶温度在 1200℃左右，高于闪长质岩浆的温度范围。因此，可以推断其原始岩浆是基性的辉长质岩浆（Hou et al.，2010），其在深部发生大量的分离结晶作用后形成闪长质岩浆，这一点已得到地球物理资料的证实。闪长质岩体和矿体应为辉长质岩浆发生分离结晶作用后的产物，根据岩体和矿体质量之和的估算，可以得出产物应为富铁的闪长质岩浆。这富铁的闪长质岩浆随后发生液态不混溶作用形成闪长质岩体和矿体（块状矿石和角砾状矿石）。所以，研究提出原始岩浆起源于富集岩石圈地幔形成基性的辉长质岩浆，其在深部发生相对贫铁的单斜辉石和基性斜长石的分离结晶作用形成富铁的闪长质岩浆，这和低氧逸度下的岩浆拉斑演化趋势是一致的（Fenner，1929）。这样的推测也同样得到了主量元素模拟（Stormer and Nicolls，1978）和岩浆热力学软件- MELTS（Ghiorso and Sack，1995；Ghiorso et al.，2002）模拟结果的支持，即通过大约 42% 的矿物分离结晶，辉长岩可以演化到富铁的闪长质岩浆。考虑到长江中下游地区广泛出露的富磷地层（常印佛等，1991），考虑到其较低的熔沸点和活泼的化学性质，有理由相信这种富铁的闪长质岩浆在上升过程中会与其发生反应，含矿岩浆混染了少量壳源的磷。结合实验岩石学的研究，磷的加入会对硅酸盐的结构造成不可忽视的影响，从而导致富铁岩浆发生液态不混溶作用（苏良赫，1984；Thompson et al.，2007），随后两相分离形成富铁的矿浆和贫铁的闪长质岩浆。这一模式已被广泛应用于全球其他 Kiruna 型铁矿的成因研究（Kolker，1982）。值得一提的是，在液态不混溶作用过程中，挥发分（P，F，Cl，H_2O 等）优先进入铁矿浆中（Webster et al.，2009），从而使密度较大本应沉入岩浆房底部的铁矿浆密度大大减小而上侵至岩体和围岩的裂隙中成为顶垂体。这一点可以通过大量角砾状铁矿石的出现得到印证。不过，依然无法排除 CO_2 流体的加入也可以造成液态不混溶作用的发生（Zhou et al.，2005），这种加入完全可以通过岩体和围岩（灰岩）的反应来实现。

与铁矿浆成因相比，关于热液型铁矿的形成机制，前人已经完成了大量研究，无需赘述。如果假定富铁的辉石闪长岩浆来自于含角闪石的尖晶石相二辉橄榄岩的部分熔融，那么岩浆本身就是高度富集铁元素，正如高钛基性岩浆可以形成钒钛磁铁矿那样令人信服。在长江中下游地区，存在大量蒸发岩层，常印佛等（1991）指出，沿江地带已发现石膏及硬石膏矿床 20 余处，均在三叠纪周冲村期沉积区内，属于潮间盐湖环境产物。蔡本俊（1980）发现膏岩层最大厚度可达 300～400m。在辉石闪长玢岩岩浆侵位过程中，岩浆同化了蒸发岩层，大量的挥发组分（Cl、S、P 等）进入熔浆，不仅导致岩浆结晶固结温度降低，而且在岩浆结晶晚期及期后大量挥发组分携带铁元素，以流体及气体形式向上运移，随之发生交代沉淀成矿作用。

（二）硫铁矿的成因

尽管前人研究指出，在磁铁矿体之上的硫铁矿，包括马山、向山、云台山、大鲍庄、罗河等，均为海底喷流成因，但国内外大量研究表明在海底喷流系统出现在深海区，不可能在陆相火山地区存在。在长江中下游地区白垩纪硫铁矿几乎毫无例外地发育于玢岩式铁矿体之上（刘昌涛，1994），多出现在不同岩性界面，如在马山地区，在角砾熔岩与粗安岩的界面（赵玉琛，1993），铁矿床与硫铁矿属于同一成矿系统的产物。正如前述，在磷灰石-磁铁矿型和类夕卡岩型铁矿区，具有明显的蚀变三分带，下部碱质交代带，中部暗色岩带和上部浅色岩带。硫铁矿，抑或伴随着硬石膏层和铜矿层，普遍出现在上部的浅色岩带，以强烈的硅化、明矾石-蒙脱石-水云母化（高岭石化）和石英绢云母化为特征。最近在泥河找矿勘查实践表明，在发现上部浅色岩带有关的硫铁矿和硬石膏矿后，进而在深部发现暗色岩带，探明了泥河大型磁铁矿矿床（吴明安等，2011）。在该带中的金矿化也有明显异常。

在硫铁矿浅色岩带中不仅有硫、铜和石膏，金也是一种重要的成矿元素，赵玉琛（1994）曾指出宁芜地区铜矿有三种类型，火山岩中含铜黄铁矿型，称为"马山式"，属于玢岩铁矿的"卫星矿带"，是金铜的找矿方向。吴长年等（1993）报道在何家小岭硫铁矿层中，硫铁矿石的金含量为 0.35 ~ 4.55g/t，7 个样品平均 1.6g/t。最近，正在勘查之中的梅山金矿为在浅色岩带中找金提供了一个范例（陈华明等，2011）。

（三）硫同位素对成矿物质来源的指示

关于硫铁矿中硫的来源，前人已经完成了数以千计硫同位素数据测试，结果表明 $\delta^{34}S$ 值有宽广的范围，从 -25‰ ~ 15‰，表明硫为多来源。具体到每个矿床，情况有所不同，如大鲍庄-罗河 79 件硫同位素资料显示出硫主要来源有两种，一种为地壳深源硫或地幔硫，另一种是来自于三叠纪海相沉积硬石膏硫（巫全淮等，1983）。前人（中国科学院华东富铁科研队和华东地质科学研究所同位素地质室钾氩组，1977）在庐枞地区开展工作时，计算矿床中成矿热液的总硫同位素组成为 14.1‰，估算出成矿溶液中的硫有 33% ~ 56% 来自地层中的沉积硫，44% ~ 67% 来自岩浆中所携带的地幔硫，成矿溶液的硫源可能为深部岩浆硫与周冲村组海相沉积硬石膏硫发生同位素交换形成的混合硫。在矿化过程中从早到晚成矿流体中总硫同位素组成 $\delta^{34}S$ 总是逐渐降低的。通过对庐枞盆地铁多金属矿床已有 206 件硫同位素的统计，其直方图显示出明显的塔式形态（图 4.46），预示着硫同位素曾经历过一个均一化过程，很可能是在岩浆侵位时同化了三叠纪周冲村组的膏岩层，并不是在成矿过程流体与膏岩层相互作用的产物。这一结论与地质现象基本符合，由于铁多金属矿发育于白垩纪火山岩与次火山岩的接触带附近，未见与膏岩层的直接或近距离接触。

与碱性岩有关的石英黄铜矿脉型铜金矿的硫同位素组成与铁多金属矿床不同，如庐枞火山盆地中的王庄铜矿硫化物的硫同位素 $\delta^{34}S$ 为 0.9‰ ~ 6.3‰，具典型岩浆硫特点（卫成治和何定国，2009）。

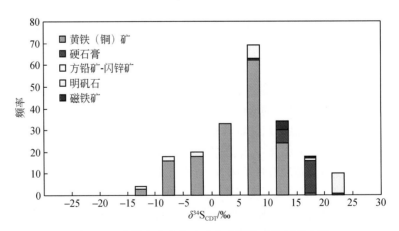

图 4.46　庐枞火山岩盆地矿床硫同位素特征直方图

（四）铁多金属矿床模型

长江中下游地区与白垩纪陆相火山-侵入岩有关的铁多金属矿床在空间上基本上发育于白垩纪火山盆地，极个别在隆起区；成矿时间上可以分为两个时代，即 133 ~ 130Ma 和 125 ~ 127Ma。尽管从矿床特征和产出环境入手在前文将其分为 8 个自然矿床类型，但从成因上可以归为 4 类成矿系统，即与辉石闪长玢岩有关的磷灰石–磁铁矿型铁多金属矿床（包括前述的磷灰石–磁铁矿型铁矿、矿浆型铁矿、类夕卡岩型铁矿、热液型硫–铜–金矿床和热液型铅锌矿），与二长–正长斑岩有关的龙桥式夕卡岩型铁矿和与石英闪长岩有关的程潮式夕卡岩型铁矿，虽然这三个系统矿床形成时代大致在龙王山–砖桥火山–岩浆活动旋回，但后两者比前者形成时间上稍微晚一点，与之有关岩浆岩的酸性和碱性程度增强。还有一个系统就是与娘娘山–浮山碱性火山–岩浆活动有关的铜金矿床。

上述 4 个矿床系统及 8 类型矿床在时空上具有密切联系，是同一构造–热–成矿时间的产物，因此它们之间可以互为找矿的指示。图 4.47 是本次研究的一个矿床模型。

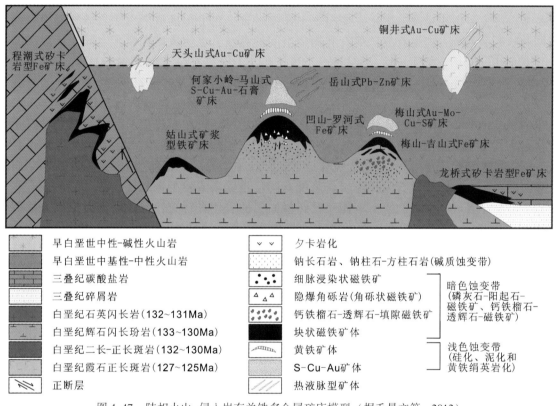

图 4.47　陆相火山–侵入岩有关铁多金属矿床模型（据毛景文等，2012）

限于目前的研究程度，对于成矿过程的刻画尚处于初级阶段。原始岩浆起源于富集岩石圈地幔形成基性的辉长质岩浆，其在深部发生过相对贫铁的单斜辉石和基性斜长石的分离结晶作用而形成富铁的闪长质岩浆。这种岩浆喷发形成辉石安山岩，高侵位形成辉石闪长玢岩。其成矿有两种途径：其一，以矿浆方式成矿。姑山矿区块状矿石的高含量 P、Ti、REE 和高场强元素表明其是通过液态不混溶作用形成（Hou et al.，2010，2011），也就是说通过液态不混溶作用形成铁矿浆。在辉石闪长玢岩岩体凝固晚期和期后，于上隆接触带由于凝固冷缩出现裂隙带，紧接着铁矿浆贯入，因而矿浆型铁矿石具有流动构造、空洞构造、井绳构造、气孔构造、纹层构造、角砾构造、淬火构造、炉渣构造和致密块状构造，矿石中的主要脉石矿物是斜长石及磷灰石，部分具有定向排列，指示出流动方向。尽管在矿浆贯入成矿之后，也有高温到中低温热液活动，如少见的金云母–透辉石夕卡岩化、硅化、高岭石化、绿泥石化和碳酸盐岩化，但与主体成矿关系不密切。其二，以流体形式成矿。一旦辉石闪长玢岩岩浆在上移过程同化三叠系周冲村组膏岩层，岩浆中的 Na、S、Cl、P 和 Ca 等组分急剧增加，不仅导致岩浆固结熔点大幅度下降，而且形成大量富含挥发组分的气体和液体，并且大大提升了对铁等金属元素的搬运能力。这些含矿气液形成之后开始对已经凝固的辉石闪长玢岩进行交代，其交代按照温度和浓度递减原理，在深部形成高温的钠长石、钠柱石和方柱石（消耗 Na 和 Ca），原岩中的辉石和闪石被交代，甚至消失，铁镁质进入流体系统。随着温度降低，在岩体隆起部位开始大规模成矿，由于岩体与围岩之间是一个重要界面，大量流体在岩体中交代沉淀成矿。如果岩体在结晶过程中由于冷凝产生的裂隙系统不发育，则形成细脉浸染状灰石-阳起石-磁铁矿矿石（如陶村、泥河）；如果裂隙系统发育不仅形成细脉浸染状磷灰石-阳起石-磁铁矿矿石，而且在裂隙较宽大的裂隙交代沉淀出粗晶，甚至巨晶磷灰石-阳起石-磁铁矿或磷灰石-阳起石-磁铁矿-金云母矿石（如凹山、罗河）。尽管网脉状裂隙是良好的控矿构造，接触界面及其在岩体内平行的引张裂面是最有利的成矿空间（如钟九、白象山）。该成矿作用一般经过这次高温成矿作用后，流体中铁、镁、磷和硼在流体中减少，硫、铜、金、钙、氯和水相对增高，因此在岩体隆起部位的接触带发生中低温成矿作用，可见石英黄铁矿细网脉通常叠加在磁铁矿矿石之上。但更重要的矿化主要出现于外接触带，在平行接触带由于岩体冷凝引发的层间断裂或细网脉状断裂系统，如果有成矿前有利构造空间的存在，也为成矿提供了空间。所形成的矿体有硫铁矿（如向山、马山、何家小岭、和尚桥）、硫铁矿与石膏矿互层（如大鲍庄、罗河和泥河），甚至铜矿（如罗河和何家小岭），在一些矿体中金可能是一种潜在资源（如何家小岭），有待于查证。在成矿的同时伴随有强烈的硅化、黄铁绢英岩化、泥化等。在宁芜与庐枞盆地热液型硫-铜-金成矿强度不同，似乎庐枞盆地的辉石闪长玢岩岩浆更大程度与膏岩层进行过相互作用，因而硫铁矿和石膏矿及铜金矿规模更大，有些矿床中暗色岩带磷灰石-磁铁矿矿体规模较小，而硫-铜-金矿及石膏矿更大（如大鲍庄、何家大岭和何家小岭）。上述为流体成矿在长江中下游白垩纪陆相火山-侵入活动期间的最普遍形式和可能过程，但如果辉石闪长玢岩岩浆没有同化足够多或较少膏岩层，将可能出现有些不同的成矿特点。岩浆结晶晚期形成的含矿流体对已经凝固了的岩体进行交代，在高温时形成方柱石化及钠长石化（如梅山和吉山）（主要消耗钙元素，其次为钠元素），原岩中的含铁镁矿物消失，而铁和镁进入流体系统，形成一种高浓度含铁流体（陈毓川等，1982）。这种流体向运移辉石闪长玢岩体隆起部位运移，并开始对已凝固岩石进行交代作用，形成以钙铁辉石-透辉石为代表的类夕卡岩，磁铁矿集合体填隙于钙铁榴石-透辉石之间，在接触界面大规模卸载成矿，构成富矿体（如梅山）。值得指出的是形成磷灰石-磁铁矿的流体成矿温度高，因而隐爆现象普遍，相应角砾状矿石不同程度在暗色岩带存在，个别甚至延伸到浅色蚀变带（如凹山）。此外，正是由于岩浆在侵位过程与膏岩层的相互作用，硫同位素值既呈现出宽广的变化范围，也经历过一定程度的均一化过程。

龙桥和程潮两个夕卡岩铁矿被称之为两个成矿系统，是由于一个在火山盆地，另一个在隆起台地，与之有关的岩浆岩分别是二长正长岩和石英闪长岩，成矿物质来源有一定差别。但它们的共同之处是岩浆岩流体与三叠纪碳酸盐岩的相互作用的产物，几乎经历了相同的成矿过程，在成矿时间上也相近，其成岩成矿时代分别为 132.6±1.2 ~ 131.6±1.2Ma（Xie et al.，2012）和 130.5±1.1Ma（Zhou et al.，2001），略晚于辉石闪长玢岩浆的侵位。从含矿岩浆岩的组分来看，从辉石闪长玢岩，到石英闪长岩和二长正长岩，是一个硅质和碱质增高和铁镁质降低过程。由于同属于夕卡岩型铁矿，其成矿过程都是经历了以形成石榴子石-辉石（透辉石-钙铁辉石过渡系列）-金云母（局部少量镁橄榄石和尖晶石）矿物组合为特点的水/岩反应过程，随之是发生夕卡岩的退化蚀变作用，形成透闪石-阳起石-绿泥石-绿帘石组合，在夕卡岩阶段和退化蚀变阶段都有铁沉淀成矿，形成铁矿石。之后，出现以黄铁矿为主的硫化物阶段。相对于程潮和金山店，位于火山盆地中的龙桥铁矿，可能曾出现过侵位岩浆与三叠纪周冲村组膏岩层的相互作用，硫化物含量远远高于前两者。在龙桥矿区，沿夹于三叠纪碎屑岩之间的碳酸盐岩和钙质砂岩-粉砂岩层位交代形成，钙镁质碳酸盐矿物被交代后，形成一系列层纹状构造的夕卡岩和矿层，通常被误认为是同生沉积和热液叠加的结果。在龙桥矿区也存在菱铁矿层，段超等（2009）认为其为同生沉积的产物。事实上，与新桥和大宝山斑岩-夕卡岩-Manto 型矿床相同，广泛发育的菱铁矿的形成机制已经成为合理认识成矿作用的瓶颈问题。

铜井、天头山和王庄热液脉型铜金矿成矿系统的成矿物质来自于地幔，与西南太平洋岛弧型斑岩铜金矿具有一定类似性，来自地幔的岩浆在侵位时没有经历过明显地壳物质的混染作用。事实上，这些矿化与娘娘山（浮山）旋回的碱性岩浆活动有密切关系，成矿流体来自于碱性岩浆的结晶分异作用，成矿晚阶段有大气降水的参与。

（五）矿床模型的找矿意义

上述 4 个系统 8 类矿床是同一成矿事件的产物，在成因上有着密切联系，不同成矿系统之间互为找矿的指示，即发现一种，就可能找到另一种。

同一成矿系统，不同矿化蚀变分带也互为找矿的标志，如与辉石闪长玢岩有关的暗色岩带所赋存的铁矿与其上部浅色岩带有关的硫铜金–石膏矿相互之间有着密切的关系，互为找矿的指示。在以往找矿评价期间对于浅色岩带内硫铁矿中金没有给予关注，是一个亟待找矿评价的新方向。

在白垩纪火山盆地中，无论是大王山（砖桥）岩浆活动旋回还是娘娘山（浮山）岩浆活动有关的成矿作用，都是发生在火山口附近，并与下伏次火山岩有成因联系。在地表利用遥感确定破火山口，是找矿评价的有效方法。

针对磁铁矿找矿方法已经成熟，低缓弱异常可能是深部矿体的反映。

铜、金、钼地球化学异常是进一步评价浅色蚀变带的有效标志。

第五节　长江中下游成矿动力学模型

前面已经述及在长江中下游成矿带成岩成矿主要具有两个期次，分别发育于隆起区和凹陷区，是两次动力学事件的结果。张旗等（2001）提出与斑岩–夕卡岩铜金钼有关的花岗质岩石是 C 型埃达克岩，可能是在高温高压条件下，下地壳的中基性麻粒岩部分熔融的产物。Wang 等（2004a，2004b，2006）亦认为鄂东、安庆–贵池及庐枞矿集区内与层控斑岩–夕卡岩型 Cu- Au- Mo-Fe 矿床有关的高钾钙碱性花岗质岩石为下地壳来源的埃达克岩。侯增谦等（2007）建立一个模型来解释该区 150～100Ma 的岩浆活动及相关的矿床应为拆沉的加厚下地壳部分熔融的结果。而 Ling 等（2009）则用白垩纪洋脊俯冲模式来解释该区的岩浆作用（140～125Ma）及相关矿床的成因。然而，Xie 等（2008）通过对鄂东矿集区内的几个闪长岩及石英闪长岩详细的岩石学、地球化学及 Sr- Nd 同位素研究提出，中生代花岗质岩石的母岩浆可能来源于富集的岩石圈地幔而并非以往认为的下地壳的部分熔融。Li 等（2010）进一步证实了幔源岩浆的结晶分异可能是长江中下游地区花岗质岩石的主要成因机制。

由于该区岩浆活动及成矿过程在时间上存在明显的不连续性，为探讨该区高钾钙碱性花岗岩、钾玄岩及 A 型花岗岩的特征及其构造意义提供了极佳的条件。在 Sr/Y-Y（Defant and Drummond，1990）图上（图4.48），该区的高钾钙碱性花岗岩落入埃达克岩与正常的安山岩和英安岩的过渡区，而钾玄岩和 A 型花岗岩则落入安山岩和英安岩的范围内。基于此原因，前者可能与后二者的来源并不相同。高钾钙碱性花岗岩为高分异的花岗质岩石，具有弱的埃达克岩的特征，而钾玄岩、闪长岩和 A 型花岗岩不属于埃达克岩。

这些花岗岩及相关火山岩的来源可能有以下几种：①底侵的地幔物质和具有高氧逸度的下地壳的部分熔融（Xu et al.，1982；Ishihara et al.，1986；Pei and Hong，1995）；②加厚的拆沉下地壳的部分熔融（张旗等，2001；Xu et al.，2002；Wang Q. et al.，2004a，2004b，2006；侯增谦等，2007；蒋少涌等，2008）；③富集地幔的部分熔融，并伴有明显的下地壳物质的加入（Xie et al.，2008）；④俯冲板片的部分熔融（戚建中，1990；Li et al.，2009）。这些岩石系列的 Sr-Nd 同位素组成显示其明显不同于扬子和华北板块的下地壳（Jahn et al.，1999），因而可以排除他们是这些壳源物质直接熔融形成的可能性（Li et al.，2009）。

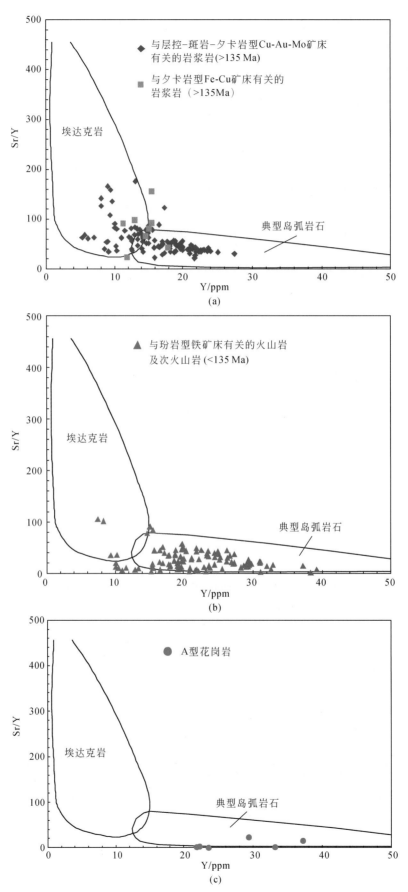

图 4.48 岩浆岩 Sr/Y-Y 构造环境判别图解（据 Mao et al.，2011a）

　　侯增谦等（2007）认为，长江中下游地区埃达克岩具有高 MgO 含量和高的 Mg 指数，指示埃达克岩浆与地幔橄榄岩发生了相互作用，然而这并不支持他们提出的下地壳拆沉模式，因为高镁安山岩被认为是软流圈来源的橄榄岩部分熔融形成的埃达克岩（Richards and Kerrich，2007）。Xu 等（2002）发现长江中下游最东

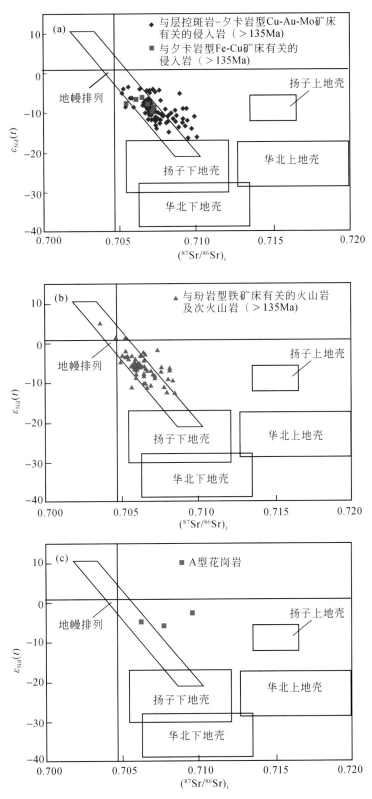

图 4.49　岩浆岩 Nd-Sr 同位素图解（据 Mao et al.，2011a）

部的宁镇矿集区的高钾钙碱性花岗岩有相对较高的MgO含量（1.52wt%~3.99wt%）和高的镁指数（Mg#为1.52~3.99），与板片熔融的埃达克岩相似。长江中下游地区与层控–斑岩–夕卡岩型Cu-Au-Mo-Fe矿床有关的高钾钙碱性花岗岩的MgO含量可以与典型的安第斯型大陆边缘及西南太平洋岛弧背景下形成的花岗质岩石进行对比（Mueller and Groves，2000；Holings et al.，2005）。这三个系列的岩浆岩具有相似的Sr-Nd同位素特征（图4.49）。正如Xie等（2008）、Ling等（2009）和Li等（2009）提出的，这些岩石很可能形成于富集地幔的部分熔融，并在岩浆上升的过程中经历了明显的下地壳物质的混染和结晶分异作用。

已有的研究（Wang et al.，2006；Xie et al.，2008；Ling et al.，2009；Li et al.，2009）提到，一方面，长江中下游地区135Ma之前形成的高钾钙碱性花岗岩及135Ma之后形成的钾玄岩均有明显的Nb-Ta负异常，属于典型的与俯冲有关的岩浆活动（Sajona et al.，1996）。另一方面，A型花岗岩具有微弱的Nb-Ta负异常。Ling等（2009）认为，这些岩石可以很好地解释为俯冲洋壳在角闪岩相向榴辉岩相过渡期间脱水熔融形成（Xiong，2006），这一过程可以很好地解释这些岩石高的Sr/Y值、负Nb-Ta异常及HREE亏损。事实上，Ba、Nb、Ta、Sr和Ti的亏损通常为大陆弧背景下与斑岩型Cu-Au矿床有关的岩浆岩的普遍特征（Mueller and Groves，2000）。Brenan等（1994）和Foley等（2000）提出，某些高场强元素如Ti、Nb和Ta在板片熔融过程中不活动，而可能富集在俯冲板片的矿物如榍石中。Ba和Sr的亏损可能与岩浆房中斜长石的分离结晶有关。长江中下游地区三个岩石系列Pb的富集可能反映了岩浆上升过程中与上地壳发生了混合。为了识别长江中下游地区花岗岩和火山岩形成的构造背景，我们将花岗岩和火山岩的地球化学数据分别作Nb-Y图（图4.50（a））（Pearce，1984）和4Zr-2Nb-Y图（图4.50（b））。在Nb-Y图中，几乎所有的135Ma之前的高钾钙碱性花岗岩落入VAG和Syn-COLG范围。由于中国东部156~137Ma不可能与任何碰撞和后碰撞事件相联系，唯一可能的解释是这些岩石为与火山弧有关的花岗岩。135Ma之后的花岗岩落入VAG与WPG的结合部位，而A型花岗岩则落入WPG范围。根据上述研究可以得出，长江中下游地区的构造背景从135Ma由火山弧背景向板内过渡。这一认识也得到火山岩4Zr-2Nb-Y图的支持。

李锦轶（2001）经过详细的地层学研究认为，长江中下游地区从震旦纪（新元古代）到早三叠世期间为扬子板块北缘的被动大陆边缘，此后于中三叠世至中侏罗世期间为大别造山带的前陆盆地。从寒武到早三叠世，长江中下游为一稳定海槽，充填浅海相的碳酸盐岩和碎屑岩（徐志刚，1985）。中三叠世的岩石沿着长江分布于断陷盆地中，下部为白云岩、含石膏的白云质灰岩；中段为碎屑岩、灰岩和白云岩互层；上段为碎屑岩，指示为海陆交互相岩石（常印佛等，1991）。晚三叠世和早–中侏罗世的陆源碎屑岩沿着长江分布于几个断陷盆地内，仅仅在该区最东部与太平洋相连的地区小范围发育晚三叠世的浅海相碳酸盐岩。以往被认为是晚侏罗世的陆相火山岩，经过系统的锆石U-Pb年代学研究，精确厘定其为白垩纪（<135Ma），这意味着长江中下游地区缺失了晚侏罗世的地层。

Menzies等（1993）、邓晋福等（1996）和Deng等（2004）根据胶东地区和辽东半岛发育的古生代的金伯利岩筒提出，华北克拉通从古生代到中生代存在150~200km的岩石圈。从上述中生代的岩石地层学分析，我们认为华北地区远古的高原（董树文等，2000）并不包含长江中下游地区。伴随着华北与扬子板块于中三叠世（240~220Ma）碰撞对接之后，长江中下游地区开始隆起（e.g. Li et al.，1993；Ames et al.，1993）。由于斜向俯冲及紧接着的碰撞作用，沿长江发育一条走滑断裂带（Wang，2006）（图4.51（a））。东秦岭–大别造山带于220~200Ma广泛发育的岩浆作用及热液活动，有正长岩和辉绿岩脉（Yang et al.，2005）、煌斑岩脉（Wang et al.，2007）、环斑花岗岩（卢欣祥等，1999；张宗清等，1999）和脉状钼矿（Mao et al.，2008a，2011b及文中参考文献），暗示该区处于后碰撞的伸展体制。然而，长江中下游地区最强的隆起可能出现在晚侏罗世，此时郯–庐区域走滑断裂从长江中下游地区到俄罗斯远东地区重新活动。Wang（2006）对长江中下游郯庐左行走滑断裂带内糜棱岩中白云母进行了Ar-Ar定年，获得Ar-Ar坪年龄为162±1~156±2Ma。孙晓猛等（2008）也获得东北地区白云母的Ar-Ar年龄为161±3Ma，指示郯庐断裂的北段可能在晚侏罗世已经活动。这两个新的年龄与古太平洋或Izanagi板块向欧亚大陆之下斜俯冲的年龄几乎一致（任纪舜等，1997，1999；Mao et al.，2003，2006；毛景文等，2005；董树文等，2007）。

由于Izanagi板块垂直向欧亚大陆俯冲，中国东部从约180Ma（Hilde et al.，1977；Maruyama et al.，

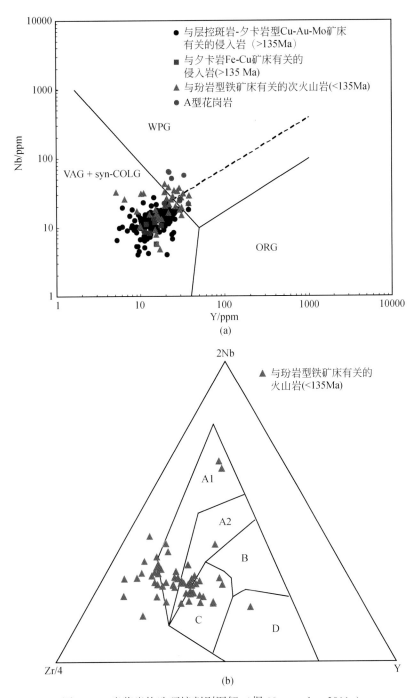

图 4.50　岩浆岩构造环境判别图解（据 Mao et al.，2011a）

ORG. 洋脊花岗岩；VAG. 火山岛弧花岗岩；WPG. 板内花岗岩；COLG. 碰撞花岗岩；A1+A2. 板内碱性玄武岩；
A2+C. 板内拉斑玄武岩；B. 地幔柱影响的洋中脊玄武岩；C+D. 火山岛弧玄武岩；D. 正常洋中脊环境的玄武岩

1997；戚建中等，2000）或之前（Zhou and Li，2000；Li and Li，2007）成为了活动大陆边缘。与这一俯冲体系有关的火山岩包括粤东地区的安山岩–英安岩–流纹岩（戚建中，1990），以及华夏地块内从赣东北–粤西南长达 1000 多千米的北东向的与斑岩–夕卡岩型 Cu-Au-Mo 矿床有关的高钾钙碱性花岗岩，与 Ag-Pb-Zn 矿床有关的钙碱性花岗岩（毛景文等，2008；Mao et al.，2011b）。这些花岗岩的锆石 U-Pb 年龄分布于 183～171Ma（Li et al.，2007；王强等，2001；郭春丽等，2010）。根据海底磁异常及古地磁数据，Maruyama 等（1997）认为 Izanagi 板块于约 140Ma 改变了俯冲的速率，为 30.0cm/a，并伴随有向北逆时针的旋转，因而

Izanagi 板块向东亚大陆的俯冲变为斜向俯冲。在华夏板块，大规模与 W-Sn 矿床有关的 S 型花岗岩、A 型花岗岩及高分异的 I 型花岗岩集中形成于 160～150 Ma（Li et al.，2007；毛景文等，2007，2008；徐先兵等，2009），而秦岭–大别造山带与世界级斑岩–夕卡岩型 Mo 矿有关的 I 型花岗岩形成于 158±3～136±2Ma（Mao et al.，2011a 及文中参考文献）。Ratschbacher 等（2003）认为这些花岗岩属于弧后岩浆带的部分，而华夏板块大规模的花岗岩省可能与俯冲板片开天窗有关（Li and Li，2007；毛景文等，2008）。所有这些花岗岩受中国东部大陆边缘区域上北东向的走滑断裂的控制，支持斜俯冲开始于约 160Ma 的观点（图 4.51（b））。长江中下游地区高钾钙碱性花岗岩及有关的层控–斑岩–夕卡岩型 Cu-Au-Mo-Fe 矿床形成于这一时间范围内，并如前所述其岩浆来源于岩石圈地幔，但有下地壳物质的加入。Ling 等（2009）提出的洋脊俯冲模式可以很好的解释花岗质岩及相关矿床的物质来源。然而，很难区分它们源于板片熔融还是洋脊熔融。Izanagi 板块和太平洋板块间的洋脊走向为南东向（Maruyama et al.，1997），几乎与北东向的长江中下游地区垂直。从另外一方面，鉴于现有数据一致表明，郯庐区域断裂带形成于 233±6～225±6Ma，约 160Ma 活化（Wang，2006），由于其两侧两个板块的不协调运动，触发了俯冲板块及上覆地壳的撕裂。部分熔融形成的熔体在上升过程中不同程度混染了地壳物质，产生的花岗质岩浆于 156～137Ma 沿着北东向和先存的东西向断裂的交汇部位侵位，形成了鄂东、九瑞、安庆–贵池、铜陵及宁镇矿集区（图 4.51（b））。

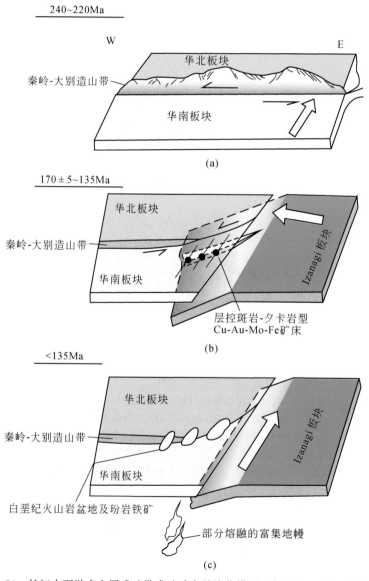

图 4.51　长江中下游多金属成矿带成矿动力学演化模型（据 Mao et al.，2011a）

正如上述讨论，135Ma 是中国东部大陆边缘晚中生代地质过程的一个重要分界。135Ma 之后，板块平行于大陆边缘运动诱发了区域地质事件（Hilde et al.，1977；Engebretson et al.，1985；Maruyama et al.，1997），导致了沿东亚大陆东缘发生伸展作用。矿床系列的发育与区域上的地壳热减薄一致，在地壳减薄处侏罗纪褶皱冲断带经历了重力垮塌，发育 A 型花岗岩和基性脉岩（孙丰月等，1995；孙景贵等，2000，2001；Davis et al.，2002；Wu et al.，2005；Xie et al.，2006；Goldfarb et al.，2007；Mao et al.，2008b；王团华等，2008）。钾玄岩系列及随后的 A 型花岗岩主要于 135～124Ma 沿着长江中下游几个平行的北东向盆地喷发或侵位（图 4.51（c））。这些岩石形成于板内环境或大陆边缘弧向板内的过渡环境（戚建中等，1990，2000）。最近研究表明宁芜盆地磁铁矿–磷灰岩型铁矿形成于岩石圈减薄和伸展环境（Zhou et al.，2013）。在此期间的岩浆及相关的矿床可能源于富集的岩石圈地幔，并有大量的下地壳物质的加入（图 4.51（c））。事实上，东亚大陆广泛发育的与钙碱性花岗岩有关的夕卡岩型铁矿、与钾玄岩有关的磁铁矿–磷灰石矿床、热液脉型金矿、壳源斑岩型 Mo 矿、浅成低温热液型 Au-Ag 矿及热液 U 矿主要出现在拉分盆地和变质核杂岩内。这些地质体的时代在华北主要为 135～115Ma，在华南为 125～85Ma。局部地区地幔物质可能参与了成矿作用过程（Mao et al.，2008b）。

第五章 与改造型花岗岩有关的钨多金属成矿系统

华南尤其是南岭地区发育大量的中生代陆壳重熔型花岗岩类，徐克勤等（1984）称之为陆壳"改造型"花岗岩，它们与 W、Sn、Bi、Mo、Li、Be、Nb、Ta、REE 以及 U 等金属的大规模成矿作用有密切的成因关系，前人在这方面已经有大量的研究成果。一般来说，改造型花岗岩类是多阶段的复式岩体，而与成矿作用有关的通常是演化到晚阶段的小岩体。当岩体主侵入相的二长花岗岩或黑云母花岗岩中的一部分经过结晶分异作用而形成晚阶段过铝质的小岩体（如与典型 S 型花岗岩较一致的白云母花岗岩）时，就往往与钨多金属矿化有关，前人曾称之为含钨花岗岩；例如，赣南西华山、漂塘、湘南瑶岗仙、粤北红岭等矿床就属于这种情况。虽然由于构造背景不同（基底性质、隆起或拗陷、深断裂的影响等）、形成深度及幔源物质参与程度不同，以及其他成岩条件的差异，改造型花岗岩类及其成矿作用表现出多样化的特征，但是从总体上来说，可以把与改造型花岗岩类有关的矿床归结为一个成矿系统。

我国是世界上钨矿储量、产量都最丰富的国家，而以南岭为中心的华南又是我国钨矿最集中分布的地区。长期的勘查、生产和科学研究成果均已显示，南岭及其邻近地区的钨矿床不仅规模巨大、储量丰富、类型齐全，而且除了钨以外，还有丰富的共生或伴生金属作为有用组分产出，使南岭钨矿床成为多种有色、稀有金属的重要来源（徐克勤等，1959；康永孚等，1991；王秋衡，1991；华仁民等，2008）。因此，本书把它们统称为钨多金属矿床。研究显示，南岭及其邻近地区的钨多金属矿床与改造型花岗岩的成因联系最为密切。因此，本次研究把与改造型花岗岩有关的钨多金属成矿系统作为华南花岗岩有关的主要成矿系统之一。

关于华南钨矿及相关花岗岩的研究历史悠久，成果丰硕。本章除了以实例进一步阐述这类花岗岩的特征之外，还着重提出钨矿与锡矿在成矿作用多方面的差异，包括它们不同的岩浆岩专属性，为深入研究不同类型花岗岩成矿作用、划分花岗岩成矿系统奠定基础。此外，本章还对华南分布广泛的风化壳型稀土成矿作用及相关的花岗岩类型进行了讨论。

第一节 华南改造型含钨花岗岩特征

一、华南中生代花岗岩地质背景概述

本章所指的华南，是以南岭所在的赣南、湘南、粤北、桂东北为中心，包括赣、粤、桂、闽西、滇东南等广大地区。但不包括长江中下游和东南沿海。

众所周知，华南地区在我国矿产资源及地质科学研究这两方面都具有重要的地位和意义。南岭地区是我国重要的金属矿产资源产地，矿种多，储量大，其中尤其以与中生代花岗岩类有关的钨、锡、锂、铍、铌、钽、铋、钼、金、银、铅、锌、锑、铜、稀土、铀等金属的大规模成矿作用具有重要的意义，不仅在我国的矿业经济中占有重要地位，而且充分体现了我国大陆成矿作用的特色，因而长期受到国内外地学界的广泛关注。

华南地区中生代花岗岩类及有关的大规模成矿作用都是该地区岩石圈演化的产物。因此，搞清南岭地区中生代的大地构造背景与岩石圈演化过程，是正确认识该时期南岭花岗岩类产出和成矿作用特征的关键所在。

　　华南陆块由西北侧的扬子地块和东南侧的华夏地块组成（图5.1）。扬子地块与华夏地块有着不同的前寒武纪地质演化历史，它们之间的界线一般认为是在江南造山带的南侧，其东段为江绍断裂，中段基本沿东乡–萍乡–广丰断裂，而西段的界线不太明确，一般认为就相当于"十杭带"的西南段（如茶陵–郴州–临武断裂带）。

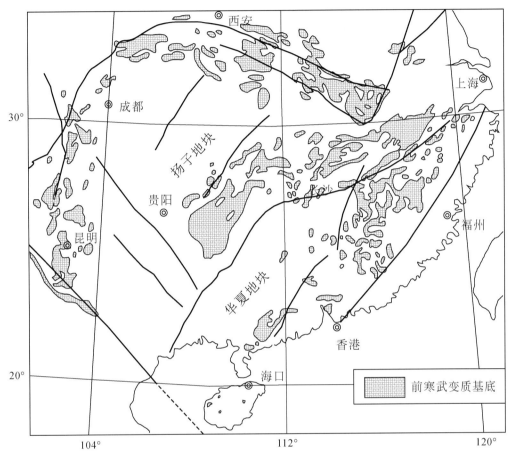

图 5.1　华南大地构造框架和前寒武纪基底岩石分布

　　南岭及其邻区主要位于华夏地块。最新研究显示华夏地块至少可以分成两个前寒武纪地体——武夷地体和南岭–云开地体，它们具有不同的物质组成和前寒武纪地壳演化。虽然在南岭中部发现了3.76Ga的碎屑锆石（是迄今为止华夏地块最古老的物质）（于津海等，2007a），但在南岭及邻区出露的最老地层可能多为（中—）新元古代，这些地层与早古生代（寒武系—奥陶系）的沉积岩在加里东期的板内造山作用中发生了不同程度的变质作用，构成了华夏西部的结晶基底。华夏地块的新元古代地层的沉积学和地球化学特征显示它们是以浅海–次深海砂泥质复理石沉积为主，形成于被动大陆边缘（舒良树等，2006）；魏震洋等（2009）研究认为南岭基底组成物质主要来自石英岩沉积岩区，部分来自中性岩区和长英质火成岩区，与扬子东南缘有所不同。而这也可能是造成两个地块成矿作用差异的原因之一。

　　早古生代，扬子地块东南缘的江南区寒武系为黑色页岩、灰岩，奥陶系为笔石页岩相，晚奥陶世晚期部分为复理石沉积，早志留世后褶皱上升。而华夏沉积区的寒武—奥陶系均为较厚的复理石沉积，近年来对华夏地块震旦系—奥陶系碎屑沉积物的粒度及其中碎屑锆石组成的分析，都表明碎屑物质来自其东南侧的一个蚀源区（Wu et al.，2010；王丽娟等，2008；广东省地质矿产局，1988）。

　　早古生代晚期的加里东期造山作用不仅造成了华南大陆的隆升和海退，还在华夏地块范围内发生了强烈的褶皱变形、变质作用和岩浆活动，构成了所谓的华南加里东造山带（或华南加里东褶皱系）。这期造山作用造成的变形作用非常强烈，表现为大范围的同斜紧闭褶皱、韧性变形及地层片理化，也造成了地层巨厚的假象。但是大多数地区的变质作用不强，为低绿片岩相–低角闪岩相，仅有局部可达麻粒岩相（Wang et al.，2007；陈斌等，1994）。岩浆活动以发育S型花岗岩为特征，缺失基性岩和火山活动。变质作用和岩浆活动几乎是同时发生，主要发生在460~390Ma，峰期为440~420Ma。值得重视的是，加里东期的变形变质作用和岩浆活动似乎主要发生在华夏陆块内部。

加里东期造山作用后整个华南为一个相对稳定的地台区，只是在局部仍发育断陷盆地。总体上是以台地相碳酸盐沉积为主，一些地区存在陆源细碎屑岩和火山岩或火山碎屑岩。泥盆系地层主要出现在滇、黔、桂地区。从早石炭世到晚石炭世，海水面积从西南到东北不断扩大，形成了浅海碳酸盐相为主的沉积，东部地区为海陆交互相。早二叠世时海侵达到鼎盛期，形成南方地史上最广泛的浅海灰岩。到晚二叠世，受东吴运动影响，华南发生了海退。在一些地区可见上下二叠统为角度不整合或平行不整合。

这个时期的岩浆活动的最主要表现是发生在扬子地块西缘的大规模玄武岩喷发作用（峨眉山大火成岩省），研究显示这期岩浆活动很可能是地幔柱作用的产物（He et al.，2003；Xu et al.，2001，2004）。另外，在海南岛存在有少量267~262 Ma的I型花岗岩（Li et al.，2006；Li and Li，2007c）。Li和Li（2007c）认为这是板片俯冲的最初响应。这个时期的变质作用在整个华南都不发育，只有少量记录在南岭东部（于津海等，2007a，2007b）。

中晚三叠世之间，华南地区受到了印支造山运动的巨大影响，其南部受Sibumasu地体与印支地块碰撞的影响（Carter et al.，2001），而北部边缘则发生与华北地块的碰撞而形成了著名的大别–苏鲁超高压变质带。印支运动造成了华南大陆整体地壳的隆升。晚三叠世—早侏罗世，华南都以陆相–浅海相碎屑沉积岩为主，岩石类型包括砂岩、粉砂岩和泥岩等，一些地区常有砾岩或含煤层。

受印支运动的影响，华南的基底发育韧性剪切变形，沉积盖层发生广泛的褶皱和冲断变形，发育推覆构造，地壳发生不同程度增厚。岩浆活动主要发生在中晚三叠世，以S型强过铝质花岗岩为主，少量I型花岗岩，是古老陆壳改造（再循环）的产物，没有明显的新生地壳物质的加入。近年来的年代学研究显示印支期花岗岩遍布整个华夏地块，甚至到沿海地区。与早古生代的加里东期岩浆活动相似，华南印支期的岩浆活动也主要分布于华夏地块（部分在湘西北），并且也缺失基性岩浆和火山活动。因此，印支期造山作用的性质与加里东期相似，都属于板内造山。

需要指出的是，虽然华夏地块经历了加里东期造山运动、印支期造山运动的强烈影响，但是华夏地块在加里东期和印支期构造热事件影响下形成的花岗质岩浆活动和变质作用都主要表现为对前寒武纪基底的改造或物质再循环，而较少明显的新生地壳物质的形成。对华夏内部古生代沉积物中碎屑物质组成的研究显示了它们具有与新元古代沉积岩完全相似的年龄谱（Wu et al.，2010；向磊等，2010）。因此，扬子和华夏地块的地壳物质组成主要是在前寒武纪就形成了，或者说华南陆壳的主要组成是受前寒武纪基底岩石控制。但是在华南沿海地区，即受燕山期岩浆活动强烈影响的地区，存在新的地壳物质的生长。从内陆向沿海花岗岩等岩石的Sr同位素初始比降低而$\varepsilon_{Nd}(t)$增加，表明往沿海地区新生地壳物质的加入明显增多。这种不同地区地壳组成和形成历史的差异直接影响或控制了华南显生宙以来的花岗岩及其相关的矿产的形成。

本章作者从花岗岩类的成矿学特征及其大地构造背景出发，把燕山期划分为早、中、晚三期，分别为185~170Ma、170~140Ma和140~80Ma。燕山早期（早中侏罗世）在华南内部南岭北侧发育了一条近东西向的岩浆活动带，产生了玄武岩（或双峰式火山岩）、辉长岩、正长岩、A型花岗岩等，指示了强烈的伸展构造背景。陈培荣等（2002）认为这是软流圈上升、岩石圈减薄、大陆地壳开始拉张的最直接证据。对于这种伸展构造背景产生的机制，一些人认为是印支造山运动后的局部"伸展–裂解"，它们大致上呈近东西的展布方向，很可能反映了在印支运动南北向挤压应力消失后，岩石圈发生了同一（南北）方向的伸展–拉张作用（华仁民等，2006）；也有人认为是由太平洋板块俯冲而引起（Chen et al.，2005；Sun et al.，2005；Xie et al.，2006；贺振宇等，2007）。该阶段发育的板内高钾钙碱性岩浆活动伴随较大规模的Cu、Pb、Zn、Au-Ag成矿作用。

燕山中期（170~140Ma）华南地区岩石圈全面拉张-减薄，地幔上涌-玄武质岩浆底侵引发大规模的地壳熔融，导致以南岭为代表的大范围陆壳重熔型花岗岩的生成，并在160Ma前后形成高潮。与此伴随的是发生了W、Sn等稀有金属的大规模成矿作用。毛景文等（2007）以及Mao等（2011，2013）提出南岭地区165~150Ma的构造背景是古太平洋板块向大陆俯冲，在大陆边缘弧后地区出现一系列北东向壳幔相互作用强烈的伸展带，这些伸展带与东西向古断裂的交汇部位是岩浆活动和成矿作用的中心区。

燕山晚期（140~80Ma）虽然是华南地区岩石圈全面发生裂解的时期，但由于受太平洋构造体系的影响，因此在南岭东端至东南沿海广大地区，曾出现了挤压-拉张共存的动力学背景，形成钙碱性和橄榄安粗两个系列的岩浆活动，与此有关的是Au、Ag、Pb-Zn、Cu、（Mo、Sn）等成矿作用；而在南岭地区，该时期与花岗岩类有关的成矿作用则以火山岩型U矿、花岗岩型U矿、斑岩型Sn矿等成矿作用为特征。

因此，华南燕山期大规模花岗质岩浆活动及其成矿作用的主导性构造背景应该是陆内的伸展环境（胡瑞忠等，2010），这基本上已经成为广大研究者的共识。

二、华南典型含钨花岗岩的主要特征

关于华南与钨多金属矿床有关的花岗岩研究，早在20世纪30年代就开始了（徐克勤和丁毅，1934），数十年来的研究工作已经积累了大量成果和资料。近十年来本书作者的研究显示：赣南、粤北和部分湘南与钨多金属矿床相关的花岗岩（如大吉山、西华山、瑶岗仙、漂塘、木梓园、茅坪等）在岩石化学上具有高硅（SiO_2一般>72%）、低钙（$CaO/(K_2O+Na_2O)$一般<0.1）、低钛（TiO_2一般<0.12%）、较低稀土总含量（ΣREE一般为（100~180）$\times 10^{-6}$）、明显铕亏损（δEu一般<0.2）的特点。而（包括前人的）大量岩石学、矿物学、同位素地球化学研究均显示出含钨花岗岩的壳源及高分异特征，包括不含暗色包体、较少同期伴生的镁铁质脉岩，以及高的Sr同位素初始比等，因此，可以把它们归入高分异的陆壳重熔型——改造型或S型花岗岩类。

本次研究以赣南铁山垅和湘南瑶岗仙这两个典型钨矿的相关花岗岩为实例，详细阐述华南含钨的改造型花岗岩的主要地质地球化学特征及其成因和物质来源。

（一）赣南于都铁山垅岩体

1. 野外地质特征

铁山垅复式岩体，分布在禾丰断裂的南端，北东向断层和北西向断裂交接复合处。平面上呈椭圆形，长轴为南北向，出露面积约$24km^2$。北、东、西三面与石炭系、二叠系呈侵入接触关系，南面与寒武系断层接触（图5.2）。该复式岩体主体为中粗粒似斑状黑云母花岗岩；在牛角山、铜岭、杨坑山等地也发育有细粒二云母花岗岩以及白云母花岗岩呈岩滴、岩瘤状产出于主岩体之中，本书且称之为补体花岗岩。

2. 岩相学及蚀变特征

主体似斑状黑云母花岗岩，中粗粒似斑状结构，块状构造，斑晶一般为微斜长石，含量在5%左右，偶见少量斜长石斑晶，主要造岩矿物：石英25%~30%，微斜长石25%~30%，斜长石25%~30%，其中斜长石的牌号普遍比较低，以钠长石为主。另外还含有白云母5%~10%，黑云母0~3%。副矿物主要有锆石、榍石等。发生主要蚀变有：钾长石化、钠长石化、云英岩化、高岭石化、白云母化等。次生矿物主要有：白云母、绢云母、石英、绿泥石、萤石、电气石等。早期的黑云母多已被蚀变，形成了次生白云母。该期岩体在地表有大量的人工露头，从规模上看应该为该复式岩体的主要部分，文中以主体花岗岩称之。

补体花岗岩以中细粒白云母花岗岩为主，辅以少量细粒二云母花岗岩，细粒花岗结构，块状构造。主要造岩矿物：石英，他形粒状，含量30%左右；钾长石（以微斜长石为主），半自形粒状，30%左右；

斜长石，半自形粒状，含量 30% 左右；白云母，自形片状，含量在 10% 左右，黑云母含量极少。前人的研究表明补体花岗岩顶部发育有似伟晶岩壳和云英岩化蚀变，似伟晶岩自围岩到内接触带完整的发育系列为：围岩（变质岩或者主体花岗岩）—突变的侵入界线—石英壳—似伟晶岩带—富云母云英岩带—富石英云英岩—云英岩化花岗岩—花岗岩。似伟晶岩主要由微斜长石和石英巨斑晶镶嵌构成。副矿物主要有锆石、榍石等。蚀变作用主要有：似伟晶岩化、云英岩化等。次生矿物主要有：白云母、绢云母、石英、绿泥石、萤石、电气石等。前人认为钨矿化主要与补体岩浆活动关系密切。

晚期花岗斑岩，斑状结构、块状构造，斑晶主要为微斜长石，含量约 10%，粒度可达 5cm，斑晶中常发育有钾长石、斜长石、石英、白云母等捕房晶。主要造岩矿物为：石英，他形粒状，含量约 30%；微斜长石，半自形粒状，含量约 25%；斜长石，半自形粒状，以酸性斜长石为主，含量约 25%，另外含有大量白云母。副矿物主要有：锆石、榍石等（未做细致研究）。发育的蚀变作用主要有：钠长石化、碳酸盐化、云英岩化等。主要次生矿物有：白云母、绢云母、石英、黄铁矿、方解石等。在 14 中段见该期花岗斑岩捕获早期花岗岩，早期花岗岩碎块以捕房体的形式赋存于该期花岗斑岩之中。该期花岗斑岩主要沿断层发育。在矿区中段主要沿 F_{3B} 断层发育，资料显示 F_{3B} 长约 4km，贯通整个矿区，由地表延伸至深部花岗岩，延深 1000 多米，北段走向 30°~40°，南段走向 330°~340°，倾向东 60°~75°，总体上近南北走向向西弯曲成弧形。

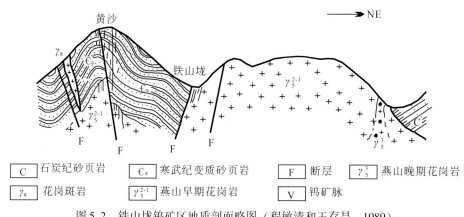

图 5.2　铁山垅钨矿区地质剖面略图（程敏清和王存昌，1989）

3. 主量元素特征

总体来说铁山垅复式岩体以富硅（SiO_2 = 73.14%~77.08%）、富碱（ALK = 5.3%~8.32%）、贫镁（0.09%~0.44%）、贫钙（0.29%~1.42%）、高分异指数（84.9~93.7）、铝过饱和（ACNK 均大于 1.1）为特征（表 5.1）。作为主体的似斑状黑云母花岗岩的 SiO_2 含量为 73.39%~76.05%（平均为 75.44%，n=6），ACNK 值为 1.13~1.89（平均 1.36，n=6），通过 CIPW 标准矿物计算出的分异指数为 84.9~93.7（平均为 90.9），TFeO/MgO 除去一个异常值基本为 6.41~12.86。作为补体的二云母花岗岩与白云母花岗岩，SiO_2 含量为 75.48%~77.08%（平均为 76.42%，n=4），ACNK 值为 1.24~1.70（平均 1.38，n=4），通过 CIPW 标准矿物计算出的分异指数为 90~93（平均为 91.74），TFeO/MgO：2.33~15.11。与主体似斑状黑云母花岗岩相比，补体花岗岩有着更高的硅含量和更高的分异指数 DI。这也一定程度上说明花岗岩在向着酸性更强，演化程度更高的方向发展。

花岗斑岩为更晚阶段的产物，SiO_2 含量平均 74.21%，ACNK 值平均 1.43，通过 CIPW 标准矿物计算出的分异指数 DI 为平均 87.62，TFeO/MgO 为 2.33~15.11。与主体似斑状黑云母花岗岩、补体花岗岩相比，明显具有低硅、低分异指数的特点。这可能说明花岗斑岩与主体黑云母花岗岩、补体二云母花岗岩及白云母花岗岩并非同源岩浆演化的产物。

在 Middlemost（1994）的花岗岩类 TAS 分类图解中，所有样品点均落在花岗岩区域（图 5.3）。在

ACNK-ANK 图解中，样品点均落在过铝区域。

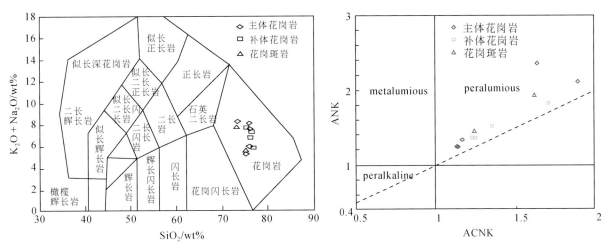

图 5.3　铁山垅复式岩体的 TAS 图解及 ACNK-ANK 投影图

在 A. R. -SiO$_2$ 图解（图 5.4）中，主体花岗岩、补体花岗岩、花岗斑岩样品点主要落在钙碱性区域，仅有两样品点落在碱性区域，总体上仍属于广义的钙碱性花岗岩。在亚碱性花岗岩分类常用的 K$_2$O-SiO$_2$ 图解上（据 Rickwood，1989），样品点大多落在高钾钙碱性区域，少量样品落在钾玄质和高钾钙碱性的过渡区域。

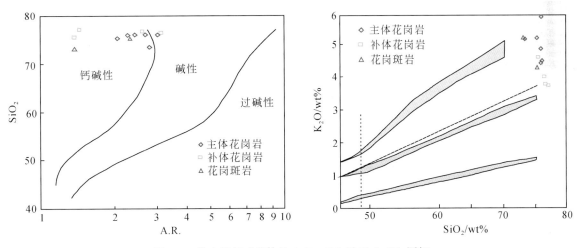

图 5.4　铁山垅复式岩体的 A. R. -SiO$_2$ 及 K$_2$O-SiO$_2$ 图解

在以 SiO$_2$ 为横坐标的哈克图解上（图 5.5），CaO、FeO、MgO、K$_2$O、MnO 和 SiO$_2$ 在含量变化上呈现出一定程度的负相关关系，表现出某些相关矿物（磷灰石、钛铁矿、钾长石、斜长石）分离结晶作用的特点。SiO$_2$ 与 Na$_2$O 以及 Al$_2$O$_3$ 的相关关系不明显。补体花岗岩在主体花岗岩演化趋势的前端，其样品点多落在主体花岗岩样品点的右下方，这也表明了主体花岗岩与补体花岗岩可能为同源岩浆演化不同阶段的产物。而花岗斑岩样品点整体上位于其他样品点的左上方，作为晚期就位的浅成侵入岩，却有着更低的演化程度，这也说明花岗斑岩与先期侵入岩并非由同源岩浆演化形成。

表5.1 铁山垅复式岩体的主量元素含量及相关参数

（单位：%）

岩性 样品号	主体：中粗粒斑状黑云母花岗岩						补体：细粒白云母花岗岩与细粒二云母花岗岩				花岗斑岩	
	TS-5	TS9-1	TS9-3	TS9-4	TS-24	TS9-5	TS-7	TS-26	TSY-1	TSY-7	TS-8	07TS-9
SiO_2	75.29	75.98	75.9	76.04	73.39	76.05	75.48	77.08	76.67	76.45	73.14	75.28
TiO_2	0.03	0.04	0.04	0.04	0.13	0.06	0.04	0.03	0.02	0.01	0.13	0.12
Al_2O_3	13.74	13.33	13.54	13.5	14.42	13.81	13.69	13.71	13.43	13.5	14.39	13.36
Fe_2O_3	0.09	0.02	0.15	0.27	0.38	0.16	0.06	0.15	0.12	0.14	0.29	0.23
FeO	0.47	0.88	0.75	0.75	1.03	1.23	0.61	1.21	0.69	0.63	1.23	1.78
MnO	0.12	0.11	0.09	0.12	0.11	0.17	0.09	0.18	0.16	0.17	0.15	0.35
MgO	0.47	0.07	0.07	0.12	0.22	0.17	0.33	0.09	0.17	0.16	0.44	0.34
CaO	1.42	0.55	0.61	0.5	0.88	0.43	0.6	0.29	0.48	0.57	0.94	0.76
Na_2O	0.13	3.32	3.69	3.14	3.16	0.13	3.08	2.11	3.57	2.81	2.6	1.34
K_2O	5.17	4.86	4.43	4.48	5.16	5.82	4.6	3.73	3.75	3.99	5.2	4.31
P_2O_5	0.04	0.05	0.05	0.08	0.19	0.05	0.05	0.07	0.06	0.06	0.19	0.26
灼失	3.01	0.56	0.57	0.93	0.95	1.68	1.03	1.16	0.99	1.32	1.43	1.76
Total	99.98	99.77	99.89	99.97	100.02	99.76	99.66	99.81	100.11	99.82	100.13	99.89
AR	2.08	2.7	2.28	3.05	2.8	2.44	1.37	1.44	2.63	3.14	1.37	2.33
DI	84.9	93.7	92.9	88.1	90.9	93	92.3	90	93	91.65	88.9	86.34
OX	0.62	0.54	0.54	0.55	0.54	0.6	0.55	0.6	0.56	0.57	0.55	0.61
K_2O/Na_2O	39.77	1.46	1.2	1.43	1.63	44.77	1.49	1.77	1.05	1.42	2	3.22
ALK	5.3	8.18	8.12	7.62	8.32	5.95	7.68	5.84	7.32	6.8	7.8	5.65
δ	0.87	2.03	2	1.76	2.28	1.07	1.82	1	1.59	1.38	2.02	0.99
A/CNK	1.63	1.14	1.13	1.23	1.16	1.89	1.23	1.7	1.24	1.35	1.24	1.62
$TFeO/MgO$	1.19	12.86	12.86	8.5	6.41	8.18	2.03	15.11	4.76	4.81	3.45	5.91

注：数据由南京大学内生金属矿床成矿机制研究国家重点实验室 ICP-AES 分室裴丽测定。

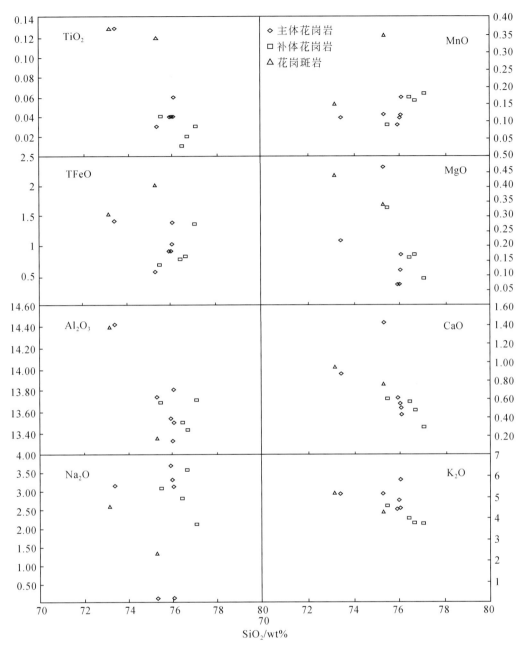

图 5.5　铁山垅复式岩体的哈克图解

4. 微量元素特征

　　铁山垅花岗岩的微量元素含量见表 5.2。在原始地幔标准化微量元素蛛网图上（图 5.6），主体花岗岩与补体花岗岩有着相似的配分形式，与相邻元素比较，Ba、Sr 和 Ti 表现为强烈亏损；相反，Rb、U、Zr 和 Y 等显著富集，结合低 P 的特点，显示它们可能经历了斜长石、磷灰石和钛铁矿等矿物的强烈分离结晶作用，与主体花岗岩相比，补体花岗岩 Ba、Sr 和 Ti 更加亏损，说明补体花岗岩经历了比主体花岗岩更大程度的分离结晶作用，从黑云母花岗岩到二云母花岗岩再到白云母花岗岩，岩石的演化程度不断增高。再次暗示了早期的粗粒似斑状黑云母花岗岩，与作为"体中体"的细粒二云母花岗岩和细粒白云母花岗岩为同源岩浆演化不同阶段的产物。而更晚就位的花岗斑岩同样表现为 Ba、Sr 和 Ti 亏损，Rb、U、Zr 和 Y 富集，但是 Ba、Sr 和 Ti 的亏损程度远没有主体花岗岩和补体花岗岩强烈。这也暗示它们并非同源岩浆演化的产物。

表 5.2 铁山垅复式岩体的微量元素含量（10^{-6}）及相关参数

岩性	主体：中粗粒斑状黑云母花岗岩						补体：细粒白云母花岗岩与细粒二云母花岗岩				花岗斑岩	
样品号	TS-5	TS9-1	TS9-3	TS9-4	TS-24	TS9-5	TS-7	TS-26	TS-y-1	TS-y-7	TS-8	07TS-9
Li	225.5	298.84	201.37	393.65	250.61	475.78	167.56	313.53	303.79	277.11	521.44	938.36
Be	3.8	59.87	14.25	13.27	26.99	21.42	12.59	20.48	27.26	8.58	24.87	5.49
Sc	5.33	2.96	0.75	2.84	1.61	2.95	4.36	0.4	6.91	4.15	3.71	2.61
Ti	216.52	292.27	241.23	259.11	853.19	406.48	275.5	224.03	148.59	117.87	885.69	1003.59
V	3.83	3.25	2.7	2.62	9.87	4.01	4.47	2.68	2.05	2.5	9.95	9.69
Cr	11.44	18.63	14.3	10.44	18.88	24.44	27.11	19.77	21.37	14.4	57.2	35.72
Mn	1014.5	802.2	699.68	1061.03	1042.13	1285.57	793.02	1598.27	1274.67	1525.94	1244.82	2446.46
Co	0.56	0.67	0.63	0.5	1.86	1.01	0.76	1.19	0.51	0.6	1.72	2.21
Ni	2.01	3.62	3.31	1.49	4.4	7.97	11.7	10.49	7.51	4.7	23.17	16.1
Cu	16.8	4.65	37.02	497.42	5.22	41.36	10.99	358.68	6.54	49.15	12.13	97.71
Zn	54.2	65.5	268.6	210.79	38.63	766.62	22.47	116.04	59.73	110.81	76.67	306.31
Ga	27.38	24.7	20.79	27.21	22.89	25.83	28.02	27.26	37.39	34.78	28.67	28.14
Rb	908.21	915.77	813.1	984.86	643.21	1190.34	939.54	909.27	942.65	899.31	795.67	941.66
Sr	17.32	9.55	6.24	11.44	44.09	7.84	11.54	4.36	7.89	12.53	37.99	24.07
Zr	56.57	62.84	64.42	47.27	100.03	64.84	49.05	24.14	37.05	43.67	109.35	117.14
Nb	62.46	66.11	58.78	63.24	41.43	61.15	63.79	103.64	85.64	61.39	39.98	36.46
Mo	3.83	3.06	2.26	3.08	55.06	3.51	4.21	3.39	7.22	432.62	156.21	502.79
Sn	41.26	60.72	53.65	76.35	39.22	90.34	48.8	130.58	72.63	62.31	56.42	111.53
Cs	44.37	65.87	58.41	74.46	54.57	76.98	44.43	52.38	60.02	51.76	80.28	113.51
Ba	74.82	26.1	9.32	27.8	157.53	20.56	58.01	7.09	23.8	76.53	281.82	135.2
Hf	4.16	3.86	4.44	3.02	3.49	3.56	3.71	1.82	3.97	4.87	3.46	4.06
Ta	20.45	26.72	17.46	25.57	14.07	20.16	23.61	19.33	42.17	30.62	14.6	11.5
W	17.32	21.97	17.57	27.21	14.29	18.4	13.28	75.44	18.94	113.99	19.5	243.4
Pb	110	38.69	39.43	17.78	32.91	26.21	42.12	72.46	36.16	121.9	33.97	42.76
Bi	2.84	15.32	29.44	25	2.37	32.7	1.49	70.9	9.98	301.54	24.41	23.19
Th	14.91	23.09	17.07	15.55	17.89	28.38	13.61	6.01	14.19	11.24	18.09	23.88
U	25.26	34.5	30.21	21.68	19.58	25.88	21.56	25.81	22.41	16.72	19.27	23.38
Rb/Ti	5.06	3.82	3.39	4.11	0.83	3.31	3.92	5.06	7.87	15.02	1.02	1.31
k/Rb	47.05	43.86	45.03	37.59	66.3	40.41	40.46	33.9	32.88	36.67	54.01	37.82
Zr/Hf	13.6	16.28	14.5	15.65	28.64	18.2	13.24	13.28	9.33	8.96	31.56	28.84
Nb/Ta	3.05	2.47	3.37	2.47	2.94	3.03	2.7	5.36	2.03	2	2.74	3.17
Rb/Sr	52.43	95.91	130.36	86.12	14.59	151.79	81.44	208.35	119.41	71.77	20.94	39.12

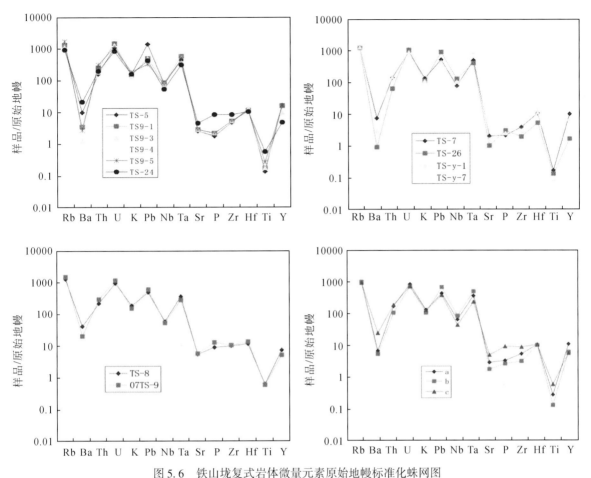

图 5.6　铁山垅复式岩体微量元素原始地幔标准化蛛网图

左上，主体花岗岩；右上，补体花岗岩；左下，花岗斑岩；右下，三者对比 a、b、c 分别代表主体花岗岩、补体花岗岩、
花岗斑岩微量元素的平均值原始地幔标准化蛛网图

K/Rb 值是用来表征岩浆系统演化程度的重要参数（Irber，1999），铁山垅复式岩体的 K/Rb 值普遍较低，为 32.88~66.3，多低于 50，分离结晶的过程中 Rb 优先进入熔体相，随着结晶分异程度的增加 K/Rb 值不断降低，所以低 K/Rb 值通常是高演化岩浆体系的特征之一（Shaw，1968）；另一种解释是低 K/Rb 值是含水流体相参与岩浆体系的结果（Clarke，1992）。

Zr/Hf 值是用来表征岩浆体系演化程度以及是否发生流体交代作用的又一重要参数。一般花岗岩的这一比值为 39，随着演化程度的增加而变小（Erlank et al.，1978）；流体交代作用是导致这一比值变小的又一原因（Bau，1996），而铁山垅复式岩体 Zr/Hf 值为 8.96~28.64，普遍比较低，说明该复式岩体发生了高度的演化抑或发生了流体交代作用。补体花岗岩有着更低的 Zr/Hf 值。代表具有更高的演化程度，可能也说明补体花岗岩发生了更大规模的流体交代作用。

铁山垅复式岩体具有比较低的 Nb/Ta 值（2~5.36），通常花岗岩中这一比值为 12，壳源花岗岩该比值则约为 9，在演化的花岗或者低共熔花岗岩中该比值则可以远低于 12（Dostal et al.，2000），铁山垅复式岩体补体花岗岩与主体花岗岩相比这一比值有所降低，而 Nb、Ta 总量却有所增加，说明补体花岗岩有着更高的演化程度，或者发生了更大规模的流体交代作用。

5. 稀土元素特征

稀土元素多以正三价出现，它们之间离子半径相当，物理化学性质相似，但是由于镧系收缩，它们的化学性质又具有某些差异性。反映在成岩成矿过程中，就会有不同的表现形式。铁山垅复式岩体的稀土元素含量见表5.3，其稀土配分曲线（图5.7）成"海鸥"型，表现为LR/HR普遍较低，集中在2左右，重稀土相对富集；稀土总量ΣREE比较低，主体花岗岩ΣREE为$84.52×10^{-6}～184.58×10^{-6}$，而补体花岗岩则更低，ΣREE为$22.09×10^{-6}～89.81×10^{-6}$，补体花岗岩重稀土（L/H=2.17）相对主体花岗岩（L/H=2.94）更加富集；都表现出Eu的负亏损（δEu=0.02～0.24），补体花岗岩则表现出Eu更加强烈的亏损（δEu=0.02～0.05）。轻稀土的分馏程度大于重稀土，$(La/Sm)_N > (Gd/Yb)_N$。补体花岗岩的轻稀土、重稀土分馏程度都明显低于主体花岗岩。

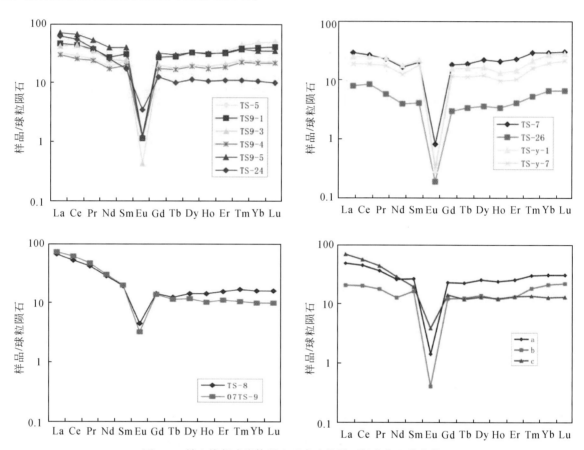

图5.7 铁山垅复式岩体稀土元素球粒陨石标准化配分曲线

左上，主体花岗岩；右上，补体花岗岩；左下，花岗斑岩；右下，三者对比，a、b、c分别代表主体花岗岩、补体花岗岩、花岗斑岩稀土元素平均值的球粒陨石标准化配分曲线

6. Sr-Nb同位素特征

铁山垅复式岩体主体花岗岩的年龄为154.9Ma，补体花岗岩年龄为154.6Ma，花岗斑岩的年龄为151.2Ma（据张文兰未发表离子探针数据）。Sr-Nd同位素的测试及根据岩体年龄的计算结果如表5.4所列。无论是主体花岗岩、补体花岗岩还是花岗斑岩都没有获得可以信任的I_{Sr}，高Rb/Sr的样品似乎都存在该问题。铁山垅复式岩体具有非常低的$\varepsilon_{Nd}(t)$值，主体花岗岩的$\varepsilon_{Nd}(t)$为-12.2～-11.8，补体花岗岩$\varepsilon_{Nd}(t)$为-15.5～-9.9，花岗斑岩的$\varepsilon_{Nd}(t)$为-13.8，$\varepsilon_{Nd}(t)$极低的负值主要反映了源区物质的高成熟度。两阶段模式年龄为1.67～2.07Ga，其中主体花岗岩：1.78～1.81Ga，补体花岗岩：1.63～2.07Ga，花岗斑岩1.94Ga，基本上记载了早元古代的地壳生长事件。在沈渭洲等（1993）$\varepsilon_{Nd}(t)$-t(Ma)图解上（图5.8）所有样品基本都落入华南元古代地壳演化区域，说明形成岩浆的主要物质来自元古宙地壳。

表 5.3　铁山垅复式岩体的稀土元素含量（10⁻⁶）及相关参数

岩性 样品号	主体：中粗粒似斑状黑云母花岗岩						朴体：细粒白云母花岗岩与细粒二云母花岗岩				花岗斑岩	
	TS-5	TS9-1	TS9-3	TS9-4	TS-24	TS9-5	TS-7	TS-26	TS-y-1	TS-y-7	TS-8	07TS-9
La	12.13	17.85	15.81	11.35	23.16	26.75	10.87	3.03	9.29	7.13	24.2	26.57
Ce	28.34	42.56	43.34	25.36	54.11	64.22	26.03	8.37	24.48	18.19	49.88	58.05
Pr	3.57	5.23	4.92	3.32	5.47	7.54	3.21	0.83	3.29	2.47	5.65	6.37
Nd	13.78	20.04	18.19	12.52	18.49	29.02	12.11	2.86	12.76	9.11	20	21.32
Sm	5.65	7.19	5.63	4.62	4.09	9.38	4.73	0.96	5.21	4.25	4.48	4.59
Eu	0.1	0.1	0.04	0.1	0.32	0.11	0.07	0.02	0.03	0.03	0.4	0.29
Gd	8.01	8.52	6.15	5.37	3.92	10.1	5.73	0.93	4.95	3.61	4.43	4.34
Tb	1.7	1.67	1.07	0.99	0.6	1.78	1.12	0.2	0.95	0.68	0.74	0.67
Dy	13.2	12.88	7.9	7.35	4.44	12.95	8.65	1.42	6.46	4.73	5.49	4.51
Ho	2.78	2.69	1.69	1.51	0.93	2.75	1.8	0.3	1.17	0.84	1.23	0.88
Er	8.95	8.32	5.29	4.78	2.87	8.22	5.72	1.04	3.77	2.64	3.87	2.8
Tm	1.58	1.43	0.87	0.82	0.41	1.35	1.05	0.19	0.79	0.58	0.6	0.38
Yb	12.15	10.1	5.88	5.57	2.75	9.01	7.52	1.67	6.88	4.99	3.93	2.5
Lu	1.96	1.59	0.88	0.84	0.4	1.39	1.2	0.26	1.1	0.84	0.61	0.38
Y	80.86	77.28	47.54	42.84	23.48	79.52	50.6	8.54	36.7	29.02	33.35	23.55
SUM（REE）	113.91	140.8	117.65	84.52	121.95	184.58	89.81	22.09	81.12	60.09	125.51	133.65
LR/HR	1.26	1.97	2.96	2.1	6.47	2.88	1.74	2.67	2.11	2.18	5.01	7.12
La/Sm（N）	1.35	1.56	1.77	1.55	3.57	1.79	1.45	1.98	1.12	1.06	3.4	3.64
Gd/Yb（N）	0.53	0.68	0.85	0.78	1.15	0.91	0.62	0.45	0.58	0.59	0.91	1.41
σEu	0.05	0.04	0.02	0.06	0.24	0.04	0.04	0.05	0.02	0.02	0.27	0.19
σCe	1.001483038	1.024451072	1.147103405	0.961232158	1.097740341	1.049001642	1.0257745	1.22390764	1.037664583	1.015355947	0.972177595	1.020251935

注：稀土元素与微量元素数据由南京大学内生金属矿床成矿机制研究国家重点实验室 ICP-MS 分室杨涛测定。

表 5.4　铁山垅复式岩体 Sr-Nd 同位素组成

样品号	t/Ma	Rb/10^{-6}	Sr/10^{-6}	^{87}Rb/^{86}Sr	^{87}Sr/^{86}Sr	2σ	ISr	Sm/10^{-6}	Nd/10^{-6}	^{147}Sm/^{144}Nd	^{143}Nd/^{144}Nd	2σ	I_{Nd}	$\varepsilon_{Nd}(t)$	T_{2DM}/Ga
TS-24	154.9	643	44.09	42.6	0.80356	4	0.71	4.09	18.49	0.134	0.512033	3	0.512	−11.8	1.78
TS-9-5	154.9	1190	7.84	470.6	1.43441	5	0.398	9.38	29	0.195	0.512012	5	0.512	−12.2	1.81
TSY-1	154.6	943	7.89	370.4	1.43077	7	0.617	5.15	25.3	0.123	0.512099	8	0.5121	−10.5	1.67
TSY-7	154.6	899	12.53	217.4	1.18533	6	0.708	4.59	21.32	0.13	0.512128	5	0.5121	−9.9	1.63
TS-26	154.6	909	4.36	649.5	1.48586	7	0.058	0.96	2.86	0.203	0.512088	13	0.5121	−10.7	1.69
TS-7	154.6	940	11.54	246.8	1.18533	6	0.643	4.73	12.11	0.236	0.511846	3	0.5118	−15.5	2.07
TS-8	151.2	796	37.99	61.5	0.86208	4	0.73	4.48	20	0.135	0.511932	3	0.5119	−13.8	1.94

注：数据由南京大学内生金属矿床成矿机制研究国家重点实验室测试，计算 $\varepsilon_{Nd(t)}$ 及 T_{DM} 时采用的参数值为：$(^{147}Sm/^{144}Nd)_{CHUR}=$ 1967，$(^{143}Nd)/^{144}Nd)_{CHUR}=0.512638$，$(^{147}Sm/^{144}Nd)_{DM}=0.2136$，$(^{143}Nd/^{144}Nd)_{DM}=0.513151$；计算过程中所用常数为：$\lambda_{sm}=6.54\times10^{-12}$，$\lambda_{Rb}=1.42\times10^{-11}$。

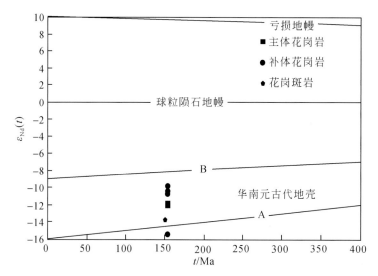

图 5.8　铁山垅复式岩体 $\varepsilon_{Nd}(t)$ -t(Ma) 图解（据沈渭洲等，1993）

7. 结论与讨论

铁山垅花岗岩为超酸性、富碱（特别是富钾）、贫镁、贫钙、高分异指数、铝过饱和（ACNK 均大于 1.1，CIPW 标准矿物计算中普遍含有刚玉分子）花岗岩，与前人研究总结的含钨花岗岩在主量元素特征上表现出高度的一致性（华仁民等，2003a；陈骏等，2008；肖剑等，2009）。

稀土元素特征上，配分曲线成"海鸥"型，表现为 LR/HR 普遍较低，集中在 2 左右，重稀土相对富集；稀土总量也比较低，主体花岗岩为 $84.52\times10^{-6}\sim184.58\times10^{-6}$，而补体花岗岩则更低，为 $22.09\times10^{-6}\sim89.81\times10^{-6}$，稀土总量有所减少，重稀土更加富集；都表现出 Eu 的亏损，补体花岗岩则表现出更加强烈的亏损。

微量元素特征上 Ba、Sr 和 Ti 表现为强烈亏损；相反，Rb、U、Zr 和 Y 等显著富集，结合低 P 的特点，显示它们可能经历了斜长石、磷灰石和钛铁矿等矿物的强烈分离结晶作用。补体花岗岩与主体花岗岩相比，原本富集的元素则表现为更加富集，而亏损的元素则表现为更加亏损，补体花岗岩更富 Ga，而 Ga 元素也是表征花岗岩演化程度的一个主要参数，随着演化程度的增强而增加（赵振华，1997）。

Nd 同位素示踪的结果显示成岩物质主要来自古元古代基底。中粗粒似斑状黑云母花岗岩、细粒二云母花岗岩、细粒白云母花岗岩是同源岩浆演化不同阶段的产物，表现在花岗岩浆就位的过程中在局部的圈闭中富集挥发分，这种局部圈闭对流体挥发分的围限，可以促成圈闭中岩浆熔点的降低，进而保持更长时间的熔体状态，使其得到更充分的演化。这可能是促成同期岩浆差异演化的原因之一。某种极端的情况下可能会出现矿物相、熔体相、流体相三相共存的状态（华仁民和王登红，2012），否则很难解释在演化程度较高的晚阶段补体花岗岩中却发育着自形程度较高的热液矿物（如萤石）这一地质事实。

花岗斑岩与主体花岗岩、补体花岗岩并非同源岩浆演化的产物，但是却同样有着较高的 W 含量，可能为晚期的构造热事件改造早期矿体的结果，事实上对原有矿体起到的是贫化作用。花岗斑岩 W 含量变化范围较大，TS-8 = 19.5×10^{-6}、07TS-9 = 243.43×10^{-6}，但仍不失为一个有利的找矿方向，因为通过萃取早期矿体中的 W 仍可以在斑岩体内局部富集成矿。

花岗岩的分异演化可能是成矿元素 W 预富集的重要方式，稍晚的补体花岗岩（平均 55.41×10^{-6}）具有比主体花岗岩（19.46×10^{-6}）更高的 W 含量。事实上无论是早期的主体花岗岩还是稍晚的补体花岗岩，W 的总分配系数最终将由具体的造岩矿物的分配系数来决定。

（二）湘南瑶岗仙花岗岩体

瑶岗仙是湘南著名的钨矿，同时产出石英脉型黑钨矿和夕卡岩型白钨矿。矿床赋存于瑶岗仙花岗岩体内外接触带，以外带为主，尤以岩体隆起部位的中心地带最为发育。瑶岗仙岩体沿老虎垄背斜的走向转折端侵入，岩体较小，出露面积约 $1.2km^2$，呈复式岩株产出（图5.9）。经野外观察，与石英脉型黑钨矿有关的瑶岗仙复式花岗岩主体主要有三种岩石类型：中粗粒二云母花岗岩、中细粒似斑状二云母花岗岩、细粒白云母花岗岩。岩石呈灰白色，似斑状结构，块状构造；斑晶为石英、钾长石、斜长石、少量白云母和黑云母，钾长石为微斜长石和条纹长石，板状他形晶体，斜长石为板状他形，石英多为他形小颗粒，白云母多呈片状原生白云母，黑云母呈片状、黑褐色且多发生蚀变；副矿物主要有磷灰石、石榴子石、锆石、磁铁矿、黄铁矿等。岩体较多发生钾长石化、白云母化、高岭土化蚀变。

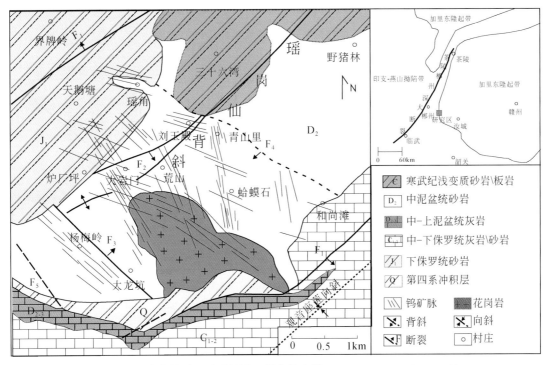

图5.9　瑶岗仙钨矿区地质简图（据车勤建等，2005；Peng et al.，2006）

1. 成岩年代学

对瑶岗仙复式花岗岩主体三种岩石类型的 LA-MC-ICPMS 定年研究表明，中粗粒二云母花岗岩中两个锆石样品的 U-Pb 定年数据大部分位于谐和曲线上（图 5.10），YGX23-16 的 20 个数据点的^{206}Pb/^{238}U 年龄加权平均计算为 169.5±0.9Ma（MSWD=1.5），YGX21-7 的 18 个数据点的^{206}Pb/^{238}U 年龄加权平均计算为 170.7±1.5Ma（MSWD=5.2）。中细粒二云母花岗岩中的自形锆石 U-Pb 定年数据显示（图 5.11），YGX23-21 的 20 个数据点的^{206}Pb/^{238}U 年龄加权平均计算为 161.6±0.7Ma（MSWD=0.5），YGX19-2 的 20 个数据点的^{206}Pb/^{238}U 年龄加权平均计算为 162.6±0.6Ma（MSWD=0.95）。细粒白云母花岗岩中的自形锆石 U-Pb 定年数据表明（图 5.12），YGX16-7 的 20 个数据点的^{206}Pb/^{238}U 年龄加权平均计算为 156.9±0.7Ma（MSWD=1.1），YGX1-3 的 20 个数据点的^{206}Pb/^{238}U 年龄加权平均计算为 157.1±0.7Ma（MSWD=0.95）。上述 U-Pb 定年结果表明，瑶岗仙花岗岩岩浆经历了多期脉动侵位。第一期中粗粒二云母花岗岩形成年龄为 170Ma；第二期中细粒二云母花岗岩形成年龄为 162Ma；第三期以细粒白云母花岗岩为主，形成年龄为 157Ma。

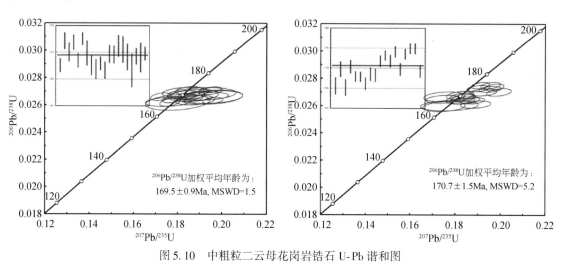

图 5.10 中粗粒二云母花岗岩锆石 U-Pb 谐和图

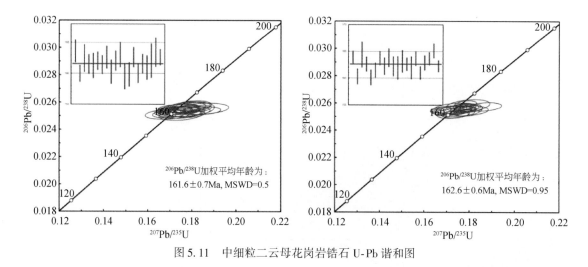

图 5.11 中细粒二云母花岗岩锆石 U-Pb 谐和图

2. 岩石地球化学特征和岩石类型

瑶岗仙花岗岩的主量元素分析结果主要表现为以下特征：花岗岩具有相对较高硅（SiO_2=74.34%~77.04%）、富碱（Na_2O+K_2O=7.491%~9.076%）、高钾（K_2O=4.028%~6.32%），弱过铝质（ACNK=0.99~1.21），低磷（P_2O_5=0.005%~0.025%），铁高而镁低（Fe_2O_3=0.68%~1.23%，多数样品 MgO 含量低于 XRF 检测限）（图 5.13、图 5.14）。三种类型的岩石均为弱过铝质、高钾钙碱性系列，从

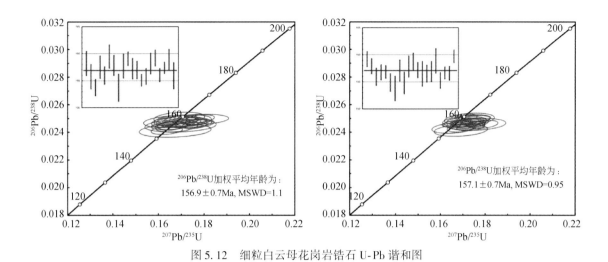

图5.12　细粒白云母花岗岩锆石 U-Pb 谐和图

中粗粒二云母花岗岩到中细粒二云母花岗岩再到细粒白云母花岗岩，花岗岩 SiO_2 含量增加，演化程度增高。在主要氧化物的 Harker 图解上（图5.15），岩石的 SiO_2 与 TiO_2、P_2O_5、CaO、TFeO 有较好的负相关趋势，说明磷灰石、钛铁矿、斜长石等矿物的分离结晶作用明显。

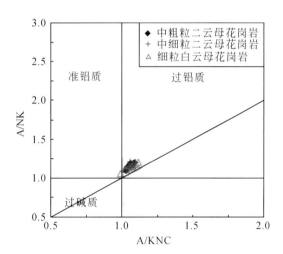

图5.13　瑶岗仙花岗岩全岩 A/KNC-A/NK 图解

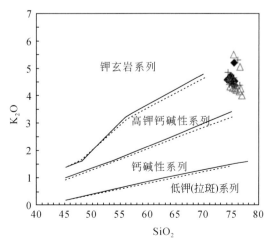

图5.14　全岩 SiO_2-K_2O 图解（图例同5.13）

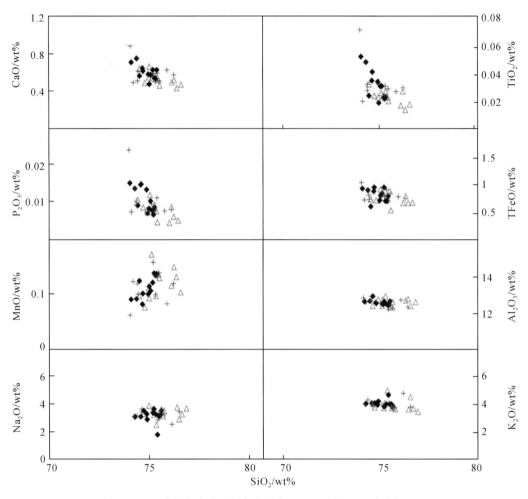

图 5.15　瑶岗仙花岗岩主要氧化物的 Harker 图解（图例同 5.13）

　　瑶岗仙花岗岩的微量元素分析结果主要表现为以下特征：在原始地幔标准化蛛网图（图 5.16）上可以看出三种类型花岗岩的微量元素变化特征类似，均以富含 Rb、Th、U、K、Y、Hf 等大离子亲石元素，亏损 Ba、Nb、Sr、P、Ti 等为特征，表明它们可能来自同一岩浆源。瑶岗仙花岗岩的稀土元素（图 5.17）分析结果表明，稀土元素总量偏低、轻重稀土分异不明显、稍微富极重稀土、具有强烈的负 Eu 异常，表明花岗岩体经历了高度演化，岩体具有典型的四分组效应，说明其为高程度演化的晚阶段花岗岩。

　　瑶岗仙花岗岩具有明显的富碱、贫钙、高铁镁比等特征，但是 10000Ga/Al 大部分要小于典型 A 型花岗岩的界限 2.6，且 Zr+Nb+Ce+Y 也小于典型 A 型花岗岩的明显界限 350ppm，根据 Whalen（1987）A 型花岗岩判别图解可以看出大多数样品落入分异的 I 型或 S 型花岗岩范围（图 5.18、图 5.19）。

　　A′=（Al-Na-K-2Ca）×1000（原子数）是用来判别 I 型、S 型花岗岩的参数，刘昌实（1989）利用 SiO_2-A′ 的关系图判别华南改造型（S 型）和同熔型（I 型）花岗岩时（图 5.20），通过 SiO_2 = 69.09 ~ 0.06819A′ 的直线作为两者的分界，线的上部为改造型花岗岩（S 型），线的下部为同熔型花岗岩（I 型）；瑶岗仙花岗岩属于改造型花岗岩。

　　岩体白云母多为原生白云母，CIPW 标准矿物中大多数样品含有大量的刚玉（含量>0.6%）而不含透辉石，应属于 S 型花岗岩。研究表明 S 型花岗岩岩石化学特征上表现为 K_2O 与 SiO_2 呈非线性相关关系，瑶岗仙岩体的 K_2O 与 SiO_2 均不具明显的相关性，进一步说明岩体具有 S 型花岗岩的特征。

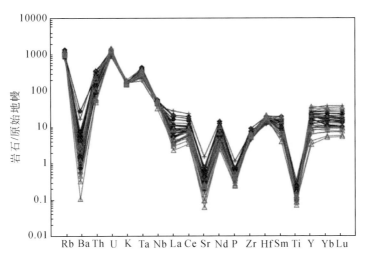

图 5.16　瑶岗仙花岗岩微量元素原始地幔标准化蛛网图（图例同 5.13）

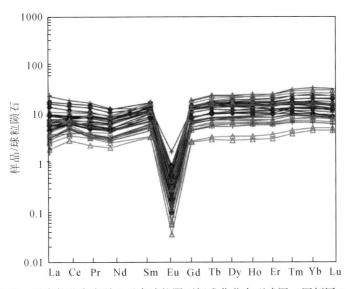

图 5.17　瑶岗仙花岗岩稀土元素球粒陨石标准化分布型式图（图例同 5.13）

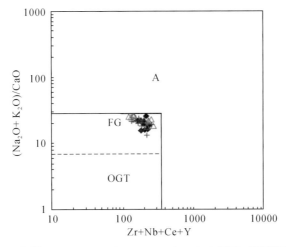

图 5.18　全岩 Zr+Nb+Ce+Y-（K₂O+Na₂O）／CaO 图解（图例同 5.13）

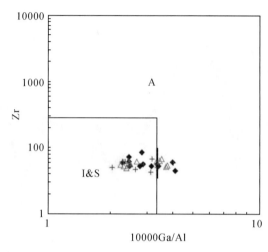

图 5.19　全岩 10000Ga/Al-Zr 图解（据 Whalen et al.，1987）（图例同 5.13）

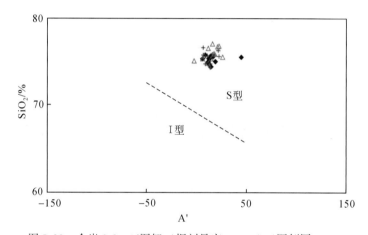

图 5.20　全岩 SiO₂-A′图解（据刘昌实，1989）（图例同 5.13）

3. 成岩条件和岩浆演化

　　锆石是最早结晶的副矿物之一，对温度极为敏感且不易遭到后期流体蚀变，其结晶温度可近似代表花岗质岩浆的近液相线温度。运用 Watson 和 Harrison 从高温试验（700～1300℃）得出的锆石饱和温度计计算温度，从而估算瑶岗仙花岗岩结晶时的温度

$$\ln D_{\mathrm{Zr}}^{\mathrm{zircon/melt}} = -3.80 - 0.85 \times (M-1) + 12900/T$$

式中，$D_{\mathrm{Zr}}^{\mathrm{zircon/melt}}$ 为 Zr 在锆石中分配系数，用锆石 Zr 含量与全岩测定 Zr 含量的比值来近似计算。令 Si+Al+Fe+Mg+Ca+Na+K+P=1（原子数），则全岩主成分参数 M =（2Ca+Na+K）/（Si × Al）。若假设不作锆石矿物的 Zr、Hf 校正，则纯锆石中 Zr 含量为 497646 × 10⁻⁶。实验样品同样选择较为新鲜的岩心样，运用全岩主量元素和 Zr 的含量分析数据进行计算，得到成岩温度范围为 697～732℃。

　　由微量元素及 Sr-Nd 同位素特征均可以看出，瑶岗仙各期花岗岩有相同的源区。在主要氧化物的 Harker 图解上，各期花岗岩的 SiO₂ 与 TiO₂、P₂O₅、CaO、TFeO 有较好的负相关趋势，说明磷灰石、钛铁矿、斜长石等矿物的分离结晶作用明显。在微量元素图解上，各期花岗岩明显亏损 Ba、Sr、P、Ti、Nb 和 Eu 等元素，暗示了花岗岩在形成过程中经历了强烈的结晶分离作用。Nb-Ti 的亏损可能由于含 Ti 矿物相（钛铁矿，角闪石，榍石等）的分离结晶作用所致，而 P 的亏损应该是磷灰石的分离结晶作用造成的。强烈的 Eu 亏损必须有大量的斜长石和/或者钾长石的分异。同时，斜长石的分离会导致 Sr-Eu 异常，钾长石的分离会造成 Ba-Eu 异常，从 Sr-Rb 图解（图 5.21（a））、Sr-Ba 图解（图 5.21（b））和 Sr/Ba-Rb/Sr 图解（图 5.21（c））中可以看出，在岩浆演化过程中，Sr 和 Ba 的含量迅速下降，这应该是斜长石和黑云母的分离结晶作用所致，而不应该是钾长石的分离造成的，因为从中粗粒二云母花岗岩到中细粒二云母花岗岩再到细粒白云母花岗岩中钾长石斑晶含量较高，钾长石的总体含量也有所增加。

从判别图解上可以看出，各期花岗岩主量、微量元素具有相同的演化趋势且演化趋势线没有明显的界线，推测各期花岗岩为同源岩浆，经过了多次脉侵，依次形成中粗粒二云母花岗岩、中细粒二云母花岗岩、细粒白云母花岗岩，各期花岗岩在形成过程中经历了高度结晶分异作用。

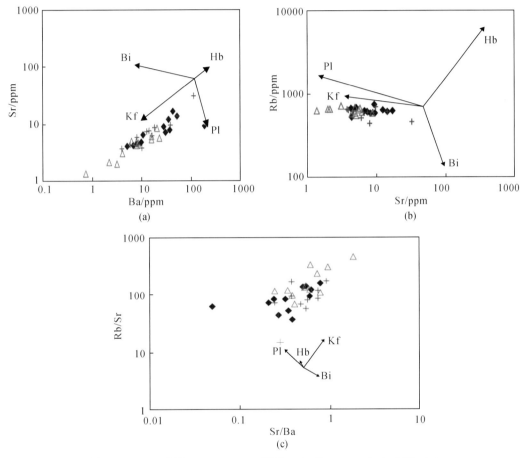

图 5.21　Sr-Ba 图解（a）、Rb-Sr 图解（b）和 Sr/Ba-Rb/Sr 图解（c）
Pl. 斜长石；Kf. 钾长石；Bi. 黑云母；Hb. 角闪石；Sr、Ba 分配系数来自 Hanson（1978）

4. 源区性质和岩石成因

瑶岗仙花岗岩为弱过铝质花岗岩，过铝质花岗岩可以由准铝的花岗质岩浆通过贫铝矿物（如角闪石等）的分离结晶演化而形成，也可以由富铝的地壳部分熔融形成。但是，准铝的花岗质岩浆的分异作用常形成富 Na 和 Sr 的过铝的长英质熔体，与本岩体贫 Sr 的特征显然不一致，故它不可能是准铝的花岗质岩浆分异演化的产物。

瑶岗仙各期花岗岩都强烈亏损 Ba、Sr、Ti，而 Nb、Ta 略亏损，$n(Nb)/n(Ta)$ 低于正常花岗岩和大陆地壳的平均值（约 11；Green，1995），在 $n(Nb)/n(Ta)$-Nb 图解（图 5.22）上，数据位于上地壳平均值右下方，说明花岗岩原始岩浆来源于地壳物质的熔融。

对全岩 10 个样品进行了全岩 Rb-Sr 同位素测定，由于某些花岗岩样品 Rb/Sr 值较高，对其 Sr 初始值的校正影响较大，导致全岩的 Sr 同位素组成变化较大，因此仅选择样品 $^{87}Rb/^{86}Sr$ 值较小的样品进行 Sr 初

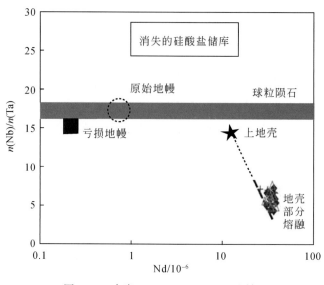

图 5.22　全岩 Nb-n(Nb)/n(Ta) 图解

始值的计算及分析。4 个样品的 Rb-Sr 等时线年龄为 168.2±4.1Ma（图 5.23），$(^{87}Sr/^{86}Sr)_i = 0.7176 \pm 0.0069$，MSWD=1.0。

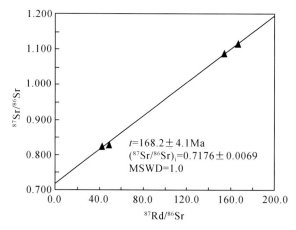

图 5.23　瑶岗仙花岗岩全岩 Rb-Sr 等时线图解

　　Sm-Nd 同位素体系具有极强的抗扰动性，Nd 模式年龄通常代表源区物质从地幔储库中分异出来的时间。由于本区花岗岩经历强烈的分异演化过程，为了减少地壳阶段 $^{147}Sm/^{144}Nd$ 值变化对模式年龄计算的影响，我们采用两阶段模式（陈江峰等，1999a）计算 Nd 模式年龄。全岩 Nd 同位素特征均一，$(^{143}Nd/^{144}Nd)_i$ 为 0.511829～0.512036，$\varepsilon_{Nd}(t)$ 为-8.2～-11.5，两阶段模式年龄 T_{2DM} 为 1.603～1.893Ga。

　　Sr-Nd 同位素研究表明，全岩 Sr、Nd 同位素特征均一，岩体具有较高的 $(^{87}Sr/^{86}Sr)_i$ 0.71107～0.72353，较低的 $(^{143}Nd/^{144}Nd)_i$ 0.511829～0.512036，$\varepsilon_{Nd}(t)$ -8.5～-11.5，高 $(^{87}Sr/^{86}Sr)_i$、低 $\varepsilon_{Nd}(t)$ 的同位素组成显示出壳源花岗岩的 Sr-Nd 同位素特点，两阶段 Nd 模式年龄在 16 亿～19 亿年，表明花岗岩体可能来源于古元古代变质沉积岩（图 5.24）。我们在一颗锆石的核部发现明显的继承锆石，$^{206}Pb/^{238}U$ 年龄为 1946±9Ma，表明花岗岩源岩年龄可能在 1.95Ga 左右，为古元古代华夏地块的存在提供了直接的证据，也证实该地区中生代岩浆作用有古老下地壳物质的参与。

　　瑶岗仙花岗岩的岩石地球化学和同位素特征显示，花岗岩具壳源型花岗岩的特征，是由古元古代地壳衍生的。因此，很可能是像 Harris 和 Inger（1992）对泥质岩石起源花岗岩提出的模式那样，是壳源物

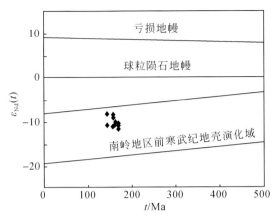

图5.24　全岩$\varepsilon_{Nd}(t)$ -t图解（底图据孙涛，2003）

质低程度部分熔融的产物。瑶岗仙花岗岩古老的Nd模式年龄及继承锆石U-Pb年龄与华南地区基底变质岩的原岩年龄资料相吻合，因此，瑶岗仙花岗岩的源岩应为古元古代变质沉积岩。

综合上述研究，瑶岗仙花岗岩体以高硅、富碱、过铝等为主要特征，属于改造型或S型花岗岩，微量元素以富含Rb、Th、U、Y、Hf等大离子亲石元素，亏损Ba、Nb、Sr等为特征。稀土元素总量偏低、轻重稀土分异不明显、稍微富极重稀土、具有强烈的负Eu异常，岩体具有典型的四分组效应，源区物质来源于古元古代变质沉积岩，是燕山中期华南大规模陆壳重熔型（改造型）花岗岩浆活动的产物。

第二节　赣南钨矿若干新矿化类型研究

一、脉钨矿床深部花岗岩型浸染状钼矿化——以樟东坑为例

（一）矿区地质概况

樟东坑钨钼矿床地处江西省大余县城北西16km处，行政区划隶属大余县浮江乡。矿区中心地理坐标：114°12′00″E，25°27′49″N。截至2008年12月，累计探明WO_3 = 1.5万t，已构成一个中型规模的钨（钼）矿床。

该矿床发现于1928年，先后开展4次地质勘查工作。其中在1957年，冶金部地质局江西分局201队作过较详细的地质预查；1959～1960年，江西省地质局钨矿普查勘探大队二分队进行了勘探工作；1964～1967年，江西有色冶金勘探公司614队对本区进行详细勘探，提交了《江西省大余县樟东坑钨矿床地质勘探总结报告书》。矿床开采方式为地下开采，开采深度700～290m标高，现采矿最大深度410m。设计生产能力和实际生产能力均为年处理原矿10.5万t。截至2008年12月，矿山保有矿石量28.40万t、WO_3 = 3722t，属资源危机矿山。

2006～2009年，江西有色地质勘查二队受江西荡坪钨业有限公司的委托，开展樟东坑矿区深部接替资源勘查工作，本次研究与找矿实践相结合，在充分分析研究前人工作成果的基础上，对矿区矿化特征提出"上钨下钼、上脉下体"新认识，指导矿区"探边、摸底、攻新、找盲"，取得了重要的找矿效果，对缓解矿山资源危机、延长矿山生产服务年限发挥了重要作用。

1. 地层

樟东坑矿床区域构造位置处于南岭东西构造带东段，位于燕山早期洪水寨-圆洞花岗岩与寒武纪浅变

质岩系的外接触带内,属黑钨矿石英大脉型矿床。

矿区出露的地层主要为寒武系中统高滩群浅变质岩系,具有复理石建造特征。岩层走向北东-南西、倾向北西或南东、倾角21°~47°。据岩性组合高滩群可分为三个岩性层:上部由绢云母千枚岩、绢云母绿泥石板岩、绢云母板岩、砂质板岩和碳质板岩组成,碳质板岩层厚4~8m,为上部层的底部层,上部层主要分布在660m中段的以上地段。中部由砂质板岩和浅变质砂岩互层组成,主要分布在577~660m中段之间地段。下部由浅变质砂岩、浅变质长石石英砂岩、浅变质含砾砂岩和浅变质粉砂岩组成,主要分布在500m中段以下地段。下部变质砂岩是矿区外接触带石英单脉型矿床主要赋矿围岩。

2. 岩浆岩

矿区地表未见岩浆岩出露,往北约1.5km处是园洞花岗岩基南界接触带。园洞花岗岩为燕山早、晚两期多阶段花岗岩组成的复式岩基。位居岩基中部的九龙脑岩株属燕山早期第二阶段第一次侵入产物,为中细粒似斑状黑云母花岗岩,自变质作用较强,有钾长石化、云英岩化、硅化、白云母化、绿泥石化和叶腊石化等,花岗岩的主量和微量元素分析结果见表5.5。

表5.5 樟东坑矿区黑云二长花岗岩的主量元素(%)微量元素(10^{-6})及相关参数

送样号	ZYW5	ZYW7	ZYW12	ZYW14	送样号	ZYW5	ZYW7	ZYW12	ZYW14
SiO_2	68.05	65.73	74.31	77.30	Nb	11.25	13.41	27.03	20.99
TiO_2	0.01	0.01	0.01	0.05	Mo	1410.01	539.59	264.35	33.23
Al_2O_3	17.27	18.84	14.85	13.08	Cd	2.03	0.77	0.43	0.16
Fe_2O_3	0.34	0.24	0.15	0.08	Sn	4.33	2.92	4.93	8.03
FeO	0.19	0.22	0.80	0.73	Cs	15.51	11.32	10.91	13.10
MnO	0.08	0.08	0.68	0.06	Ba	694.27	1242.53	58.72	104.86
MgO	0.08	0.14	0.03	0.09	Hf	4.65	4.45	3.31	1.51
CaO	1.73	1.93	0.54	0.70	Ta	17.86	20.56	22.53	6.66
Na_2O	4.11	5.97	3.50	2.25	W	21.10	2.54	5.83	4.04
K_2O	6.46	5.23	4.65	4.21	Pb	92.53	54.56	55.65	54.66
P_2O_5	0.04	0.05	0.04	0.04	Bi	93.97	76.12	3.58	12.72
LOI	1.52	1.57	0.50	1.08	Th	14.87	10.96	17.16	21.35
Σ	99.88	100.01	100.06	99.67	U	19.07	15.51	32.41	19.06
ACNK	1.02	0.99	1.26	1.37	Zr/Hf	45.50	56.62	58.44	101.48
AR	1.98	1.95	2.18	2.49	Nb/Ta	0.63	0.65	1.20	3.15
Alk	10.57	11.20	8.15	6.46	Rb/Sr	4.81	2.57	31.68	19.04
SI	1.02	0.99	1.26	1.37	La	19.91	18.46	16.93	17.86
DI	89.98	89.48	91.39	91.19	Ce	44.39	49.16	40.92	28.46
Na_2O/K_2O	0.64	1.14	0.75	0.53	Pr	5.61	6.08	5.21	3.27
Li	14.99	5.76	9.76	8.95	Nd	21.59	24.69	21.35	12.63

送样号	ZYW5	ZYW7	ZYW12	ZYW14	送样号	ZYW5	ZYW7	ZYW12	ZYW14
Be	16.55	14.35	3.92	4.42	Sm	7.79	9.82	8.61	4.11
Sc	3.16	1.91	6.68	3.05	Eu	0.36	0.82	0.08	0.16
Ti	157.59	105.77	101.14	319.58	Gd	6.09	7.18	9.52	3.77
V	5.87	5.43	2.05	4.26	Tb	1.06	1.12	2.35	0.68
Cr	13.71	10.14	5.74	11.81	Dy	7.23	6.67	20.47	5.00
Mn	703.33	459.03	3728.14	483.95	Ho	1.32	1.23	5.09	1.07
Co	0.86	0.77	0.37	0.67	Er	4.01	3.52	17.25	3.26
Ni	2.10	2.23	0.45	0.88	Tm	0.74	0.61	3.14	0.53
Cu	13.40	12.76	6.23	11.46	Yb	5.10	4.20	21.66	3.31
Zn	82.70	85.50	34.24	55.68	Lu	0.85	0.65	3.54	0.53
Ga	23.80	17.60	21.40	14.61	δ_{Ce}	1.00	1.11	1.04	0.83
Rb	753.70	532.76	493.49	514.77	δ_{Eu}	0.15	0.29	0.03	0.12
Sr	156.82	207.47	15.58	27.03	Σ（REE）	176.55	169.70	361.33	119.81
Y	50.48	35.51	185.21	35.18	LR/HR	3.77	4.33	1.12	3.66
Zr	211.57	251.73	193.55	153.72	$(La/Yb)_N$	2.63	2.97	0.53	3.64

矿区隐伏花岗岩顶界面在海拔 126～276m 标高起伏变化，岩性为中细粒似斑状黑云二长花岗岩、中细-中粒黑云母花岗岩、细粒-中粒白云母花岗岩。通过岩石成分、地质条件等分析对比，樟东坑隐伏岩体应为九龙脑花岗岩株的一个小岩突，属燕山早期第二阶段第一次侵入产物，是成矿母岩。隐伏岩体由下往上出现分异，粒度由中粒渐变为细粒，自蚀变增强，Al_2O_3、K_2O、Na_2O 及 W、Mo、Sn、Bi、Be、Pb、Zn 等含量大幅增高（表5.5、表5.6），成矿元素明显高于普通花岗岩的克拉克值。其中呈"火焰状"沿构造裂隙灌入的细晶岩、细粒花岗岩、石英二长岩等小岩脉不同程度云英岩化、钾长石化、钠长石化，伴有钼（钨）矿化，部分构成工业矿体；矿区深部火焰状蚀变岩脉群侵位锋线高度在370m 标高附近起伏变化。

表 5.6　樟东坑矿区花岗岩微量元素分析结果　　　　　　　　（单位：10^{-6}）

岩性	W	Mo	Sn	Bi	Be	Cu	Pb	Zn
细粒二长花岗岩	178.96	355.54	12.90	70.65	16.07	4.96	73.62	10.81
中细粒黑云母花岗岩	29.85	149.34	27.82	35.65	11.30	9.54	67.17	34.38
中粒黑云母花岗岩	7.27	53.10	20.67	47.36	7.87	8.73	55.00	23.47
细粒白云母花岗岩	4.08	63.98	18.95	38.48	25.18	12.87	94.43	24.90
中粒白云母花岗岩	32.55	20.81	59.67	254.48	9.57	20.00	223.80	67.54

含钨钼细粒黑云二长花岗岩：主要造岩矿物为石英、钾长石、斜长石和黑云母，石英含量30%、斜长石33%、钾长石30%、黑云母2%～5%。斜长石为中更长石，星点状绢云母浸染，板状半自形，长0.2～1.8mm；钾长石为微斜隐微纹长石，微泥化，粒度0.2～2mm。石英他形，粒度0.1～1mm，部分交代溶蚀长石。黑云母片径0.2mm，已变为绿泥石和白云母。副矿物锰铝榴石0.3%，偶见锆石。锰铝榴石粒度0.05～0.4mm。岩石蚀变微弱，见白云母稀疏散片状产出，片径0.05～1mm，碳酸盐（方解石）稀疏浸染，部分呈微脉，脉宽0.02～0.1mm。岩石中见辉钼矿和白钨矿，不均匀稀疏浸染状产出，二者经常共生呈连晶，产于白云母和碳酸盐中或其边缘，个别白钨矿产于碳酸盐、白云母和石英粒间，粒度普遍较小，白钨矿0.02～0.3mm，辉钼矿0.03～0.36mm。岩石具变余细粒花岗结构，块状构造；金属矿物

为自形-半自形晶粒结构，不均匀稀疏浸染状构造；热液蚀变：绢云母+绿泥石+高岭石0.3%、白云母3%、碳酸盐2%。

3. 构造

矿区发育轴向北东40°褶皱群，并伴随有北东东、北东两组断裂破碎带和北西—南东向容矿裂隙带（图5.25）。

（1）北东东向断裂。走向北东东70°，倾向南南东，倾角65°~85°，以F_1规模最大，为右旋斜冲断层，延长数千米，破碎带最大宽27m，成矿前后均有活动，将容矿裂隙带分隔为东、西两个矿化强度显著差异的矿段。位于F_1上盘东矿段的Ⅰ号脉组，延长、延深大，是主要工业矿脉分布地段；位于F_1下盘西矿段为Ⅱ、Ⅲ号脉组，延长小，延深浅，工业矿脉少见。

（2）北东向断裂。走向北东40°，总体倾向北西，倾角65°~75°，形成略晚于北东东组，成矿前后有活动，如F_3，破碎带宽达10余米，左旋错动。

（3）北西向裂隙带。为矿区容矿裂隙带，走向北西—南东，宽约560m，长约1440m，总体倾向北东，陡倾斜。充填裂隙的石英脉单脉体无论在平面上还是在剖面上，均表现为中间大、两头小，膨缩现象明显，多数较短小，一般为30~60m，脉壁多呈锯齿状，脉尾呈撕裂状，脉体侧现相接，属典型的张剪裂隙特征。北西向裂隙带发育大于10cm石英脉200余条，分为Ⅰ和Ⅱ、Ⅲ脉组，由浅入深略显扇形收缩，延深450~500m，大部分脉体在隐伏花岗体顶界面以上50m左右尖灭。

（二）矿床地质特征

樟东坑是一个伴生钼较富的脉钨矿床，矿区产出石英脉型和花岗岩型两种钨钼矿化类型，以"上脉下体"产出。在垂直方向上，钨、钼具有分带现象，由浅入深，石英脉有用矿物组合可以分成黑钨矿带→黑钨矿和辉钼矿带→辉钼矿带三个带，370中段以下（黑钨矿和辉钼矿带）蚀变花岗岩脉普遍钨钼矿化，呈现"上钨下钼、上脉下体"矿化规律及变化（图5.25、图5.26）。

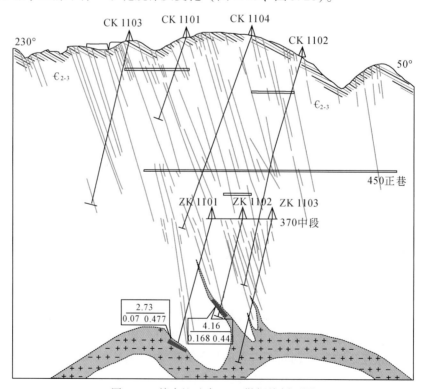

图5.25　樟东坑矿床A-A'勘探线剖面图

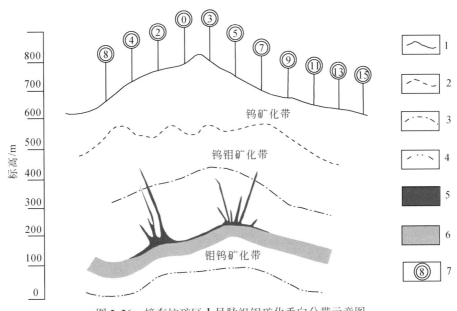

图 5.26　樟东坑矿区Ⅰ号脉组钼矿化垂向分带示意图

1. 地形线；2. 钨矿化带下界；3. 钨钼矿化带下界；4. 钼钨矿化带下界；5. 蚀变花岗岩型钼钨矿体；6. 细粒花岗岩；7. 勘探线号

1. 石英脉型钨钼矿

1）矿化带特征

前已述及，矿区主矿带受北西向裂隙带控制，呈北西—南东走向展布，宽 560m，长 1440m，F_1 把矿带分隔成东、西两个矿化单元。

Ⅰ号脉组：位于 F_1 上盘，即矿床东矿段，含矿石英脉成组成带分布，脉组宽 120~240m，长 700m，延深达隐伏花岗岩顶部，工业矿化最深达 100m 标高，是樟东坑矿床主要工业矿段。据矿脉的产出位置和密集度又分为北组、中组和南组，北组与中组间距 95m，中组与南组间距 110m，各组之间，时有稀疏小脉出现。中组是主干脉组，宽度大，走向延长及倾斜延深亦大，工业矿脉多。

Ⅱ、Ⅲ号脉组：位于 F_1 下盘，即西矿段。Ⅱ号脉组宽 130~340m，延长 480m。Ⅲ号脉组位于Ⅱ号脉组南西相距约 150m，脉组延长 300m，宽约 100m。单脉长 30~100m，脉幅 0.03~0.45m，成组成带分布。大量探采工程证实，西矿段脉体短小，延深浅，少有工业矿脉。

2）矿脉特征

樟东坑钨钼矿属外接触带石英脉型钨钼矿床。工业矿脉受北西向裂隙带控制，集中于Ⅰ号脉组，工业矿脉出露最高标高 700m，最低下限标高 230m，向下延深至隐伏花岗岩体顶面附近自然变小至尖灭，只有少数矿脉能延伸至岩体内。

所谓工业矿脉往往是由许多单脉组成的复脉。单脉主要呈扁透镜体状，沿走向倾向均表现为中间大两头小、膨缩现象明显的特征，在平面剖面上呈 S 形扭动，脉体边缘多呈锯齿状、羽毛状等形态。单脉一般延长 30~60m，倾向延深大于走向延长，脉幅一般 0.10~0.25m，大于 0.30m 者少见，按脉幅划分，应属薄脉型钨钼矿。矿脉总体走向北西，倾向北东，倾角 75°~85°。单脉组成复脉的方式有侧幕式、分支复合式、间断式等多种。

矿石矿物成分简单，主要金属矿物为黑钨矿，次为辉钼矿、辉铋矿、白钨矿、自然铋及绿柱石等，脉石矿物有石英、长石、云母、绿泥石等。矿脉上部辉钼矿多作鳞片集合体呈星点分散于块状石英中，往深部辉钼矿多沿脉壁呈对称镶边产出（图 5.27）。矿石以块状构造、对称条带状构造为主，矿物多为自形、半自形粒状结构。

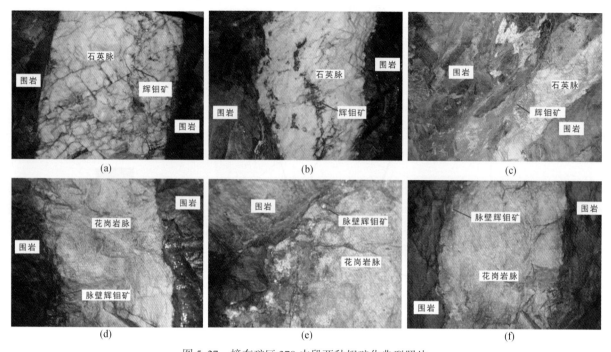

图 5.27　樟东矿区 370 中段两种钼矿化典型照片

（a），（b），（c）为石英脉型钼矿化；（d），（e），（f）为花岗岩脉壁钼矿化

3）矿化富集规律

从 I 号脉组北、中、南三个矿脉组不同中段有益组分 WO_3、Mo、BeO、Bi、Nb_2O_5、Ta_2O_5、Sc_2O_3 平均品位变化（表 5.7）对比不难看出，不同的矿脉组其矿化富集区域有所差异。北组矿化富集中心在 577m 标高附近，钨钼共生；中组矿化富集中心在 500m 标高附近，伴生钼含量低；南组矿化富集中心在 420m 标高附近。三个矿脉组钨矿化中心北高南低，共、伴生钼亦表现出北高南低规律；就单组脉而言，共、伴生钼含量同样显示出由上往下逐渐增高趋势。

表 5.7　樟东坑矿脉有益组分含量垂向位变化表　　　　　　　（单位:%）

中段 \ 元素组别		WO_3	Mo	BeO	Bi	Nb_2O_5	Ta_2O_5	Sc_2O_3
660	中	1.693	0.009	0.025	0.050	0.0597	0.0011	0.0044
	南	0.879	0.009	0.006	0.047	0.067	0.0011	0.0107
577	北	2.476	0.321	0.056	0.198	0.0753	0.0011	0.0124
	中	1.916	0.027	0.144	0.090	0.0485	0.0048	0.0129
	南	1.406	0.020	0.014	0.050	0.0393	0.0021	0.0140
500	北	2.409	0.369	0.042	0.143	0.2228	0.0155	0.0189
	中	2.500	0.068	0.149	0.094	0.0961	0.0032	0.0141
	南	2.235	0.047	0.008	0.106	0.030	0.001	0.0160
450		1.758	0.261					
410		1.543	0.596					
370		1.260	0.576					

矿脉中钨、钼矿化在垂向上具有明显的互为消长变化特征，钨矿化在垂向上呈弱→强→弱变化格局，即由地表向下，钨品位逐渐增高，500～570m 标高区间是钨富集区，WO_3 平均品位 2.163%，从 500m 标高向下矿脉中钨品位明显开始变低。钼的矿化在垂向上总体呈弱→强变化趋势，在 500m 标高以上 Mo 含量总体上还是较低的，到了 370～450m 标高矿脉钼含量呈上升趋势，Mo 平均品位为 0.477%，是钼工业品位近 8 倍。因此在垂向上可分成钨矿化带、钨-钼矿化带、钼-钨矿化带（图 5.26）。

钨矿化带：分布于矿床最上部 577～700m 标高区间，对主干脉组 660m 中段的矿脉样品统计，平均品位 WO_3 1.693%，Mo 0.009%，钨高伴生钼低。

钨-钼矿化带：分布于 350～577m 标高区间，是矿床工业矿量产出地段，对 370～577m 标高之间共五个中段的样品统计：平均品位 WO_3 1.795%，Mo 0.306%，形成钨、钼共生矿。

钼-钨矿化带：出现在矿床下部 0～350m 标高区间，跨隐伏花岗岩体接触带上下，钼的品位最高达 Mo 12%，一般 Mo 为 0.2%～0.8%，WO_3 含量不稳定而且大多低于工业品位，多构成含钼石英脉矿体。

从图 5.26 可看出，三个矿化带的下界线在一定的标高区间内有一定的起伏变化。钨矿化带下界线一般是在上下几十米呈波浪曲线变化，而钨-钼矿化带、钼-钨矿化带的下界线则呈平滑曲线变化。总体来看，矿化带标高由北西向南东整体逐渐降低，这可能与隐伏岩体顶面侵位标高有关。

2. 花岗岩型钼（钨）矿

前已述及，矿区深部呈火焰状沿构造裂隙贯入的细粒花岗岩、石英二长岩等小岩脉及隐伏花岗岩顶部内接触带不同程度云英岩化、钾长石化、钠长石化，伴有钼（钨）矿化，部分构成矿体。

矿区深部花岗岩型钼（钨）矿化类型有两种。一是蚀变脉岩的辉钼矿化，辉钼矿以沿脉壁呈对称镶边产出为主，内有浸染状矿化，以 370 中段揭露现象较为典型（图 5.26）；二是隐伏花岗岩内接触带弱云英岩化、钾长石化，辉钼矿呈细粒浸染状产出。

前期勘探工作中，深部钻孔见含钼矿化蚀变花岗岩脉：0 号勘探线 CK003 孔 200～400m 标高间有 6 条花岗岩脉：厚度 0.08～2.22m，最大 9.80m，品位 WO_3 0.004%～0.012%、Mo 0.018%～0.85%；7 号勘探线 CK704 孔 202～234m 标高间有 2 条花岗岩脉：厚度 0.59～2.60m，品位 WO_3 = 0.01%～0.028%、Mo = 0.023%～0.235%。

近年矿区接替资源勘查部分钻探工程在矿区深部揭露到蚀变花岗岩钼（钨）矿（化）体，如图 5.25 中 ZK1102 揭到蚀变细粒花岗岩厚 4.10m，Mo 品位 0.34%、WO_3 品位 0.14%；ZK1101 揭到隐伏花岗岩顶面，由接触界面往下云英岩化花岗岩取样厚度 2.73m（矿体未采穿），平均品位 WO_3 = 0.07%、Mo = 0.447%。隐伏岩体内部分云英岩脉钨钼矿化较强，如 ZK702 揭到 3 条云英岩脉，厚度分别为 0.15m、0.21m、1.08m；WO_3 品位分别为 14.30%、0.250%、0.31%；Mo 品位分别 0.32%、0.48%、0.04%。

坑钻工程证实矿区深部出现了岩体型的钨钼矿化，为矿区深部找矿提供了新的方向和新的矿化类型。由于对钼（钨）矿化岩脉、隐伏岩体工程揭露较少，取样不系统，目前未能圈定矿体，其资源远景及利用价值有待进一步工作。

3. 围岩蚀变

矿区发育三种蚀变类型。一是面型角岩化，是隐伏花岗岩接触热蚀变产物，由浅入深，角岩化总体趋强。二是线型蚀变，指石英脉围岩蚀变，蚀变组合随矿脉延深变化，矿脉上部围岩云英岩化、黑云母化、电气石化、绢云母化，与钨矿化关系密切；中部突出表现为云英岩化，与钨钼矿化关系密切；下部靠近岩体附近石英脉围岩蚀变以云英岩化、硅化为主，与钼矿化关系密切。三是岩体自蚀变，主要表现为云英岩化、钾长石化、钠长石化及硅化，随蚀变增强，钼（钨）矿化增强。应指出，隐伏花岗岩主体蚀变微弱，而"火焰状"岩脉蚀变较强。

4. 成矿阶段

成矿作用可分为 4 个脉动阶段：①黑云母、绿柱石、辉钼矿、黑钨矿石英脉，围岩蚀变有黑云母化、电气石化和云英岩化；②绿柱石、辉钼矿、辉铋矿、黑钨矿石英脉，是主要的矿化阶段，形成了本区的主要工业矿脉，围岩蚀变以云英岩化、绿泥石化、白云母化、硅化为主；③硫化物石英脉，围岩蚀变有硅化、黄铁矿化；④后期石英脉和方解石脉。

（三）矿床成因和成矿模式

樟东坑钨钼矿床呈现"上脉下体、上钨下钼"成矿模式，是区域构造应力与成矿花岗岩演化耦合的结果。

矿区早期遭受北西—南东水平挤压，在形成北东向紧闭褶皱的同时，产生北东东、北东共轭断裂，并奠定了北西—南东东向裂隙带雏形。九龙脑燕山早期第二阶段第一次花岗岩株的侵入产生由北向南的侧向应力，F_1强烈活动，早期产生的北西—南东向裂隙串联、扩大，隐伏花岗岩侵入顶托又使裂隙进一步扩张，构造与岩浆联合作用，为矿液灌入充填成矿提供了有利空间。

矿区深部隐伏中细粒似斑状黑云二长花岗岩是矿床成矿母岩，推断其应属九龙脑花岗岩株分异的岩枝，岩石与邻近洪水寨矿床成矿母岩相同，侵入时间为175Ma（地矿部南岭项目花岗岩专题组，1989）。本课题利用Re-Os等时线法对樟东坑矿床进行了年龄测定，结果显示辉钼矿的Re-Os模式年龄为154.2～175.8Ma，其上限与似斑状黑云二长花岗岩的形成时代一致。

隐伏岩体侵位过程产生分异并脉动上侵，其前锋呈火焰状产出的细粒花岗岩、细粒石英二长岩、细粒黑云二长花岗岩脉被富碱、高挥发分和成矿元素的晚期残余岩浆或岩浆期后气液交代，产生云英岩化、钠长石化和钾长石化，伴有钼钨矿化。由表5.5可以看出，矿区4件测试样品中ZYW5、ZYW7高钼蚀变花岗岩样品常量组分含量SiO_2低、K_2O高，组合特征与南岭钼成矿花岗岩相近，这可能是赣南外接触带型脉钨矿床中樟东坑矿区深部出现钨钼共生、独立钼矿的原因。

隐伏花岗岩上侵分异带来的含矿气液灌入张裂的北西—南东向裂隙组，由隐伏岩体顶面向上，随着温度、压力逐渐下降、氧逸度升高等物理化学条件的变化，矿液物质组分分带结晶沉淀。矿液上部氧逸度高，有利于黑钨矿的沉淀；深部靠近隐伏岩体，成矿温度高但氧逸度低，更有利于辉钼矿等硫化矿物的沉淀，这可作为赣南脉钨矿床"上钨下钼"垂向矿化分带规律的简单解析。

矿区深部370m标高以下至隐伏岩体顶界是矿化花岗岩脉与含矿石英脉相伴产出区间，石英脉矿化从上往下由钨钼共生渐变为单钼矿，蚀变岩脉矿化以钼为主钨为次，穿入岩脉和隐伏岩体的石英脉侧有云英岩化并有钼（钨）矿化。含矿石英脉与矿化花岗岩的穿插关系及辉钼矿测年数据表明，花岗岩蚀变矿化略早，含矿石英脉形成稍晚，为同期不同阶段成矿产物。

表5.5、表5.6列出的矿区部分蚀变花岗岩样品分析测试参数，从隐伏花岗岩到小岩脉，侵入标高由深到浅，蚀变由弱渐强，其岩石化学成分、稀土元素含量、微量元素组合也随之规律性变化，W、Mo、Bi逐渐矿化富集。宏观地质特征与微观分析测试结果表明，矿区隐伏黑云母二长花岗岩的侵入、分异演化为容矿裂隙扩容提供动力，为成矿提供物质来源，为矿液沉淀提供温压条件，"上脉下体、上钨下钼"成矿构式是隐伏花岗岩侵入分异演化的结果。

综上所述，樟东坑隐伏花岗岩侵位过程发生分异并脉动上侵，其前锋火焰状花岗岩脉被岩浆期后含矿气液交代蚀变，W、Mo等随之沉淀晶出，形成蚀变花岗岩型钼钨矿化；与此同时，含矿气液向上沿引张的裂隙组灌入，由隐伏岩体顶面向上，随着温度、压力逐渐下降，氧逸度升高等物理化学条件的变化，矿液物质组分分带结晶沉淀。矿液上部氧逸度高，有利于黑钨矿的沉淀；深部靠近隐伏岩体，成矿温度高但氧逸度低，更有利于辉钼矿等硫化矿物的沉淀，从而形成石英脉矿化上钨下钼分异富集，矿床类型出现上部含矿石英脉下部含矿岩脉的垂向矿化分带，简称"上脉下体、上钨下钼"矿化模式。

（四）勘查效果

在赣南众多脉钨矿床中，"上钨下钼、上脉下体"垂向矿化分带普遍出现，因此，樟东坑"上钨下钼、上脉下体"矿化规律得到矿区坑钻工程证实，不仅为该矿区深部找矿提供了新的方向，也对赣南崇—

犹-余矿集区老矿山深部找矿有现实指导意义。近年来，在危机矿山接替资源勘查和矿山地质工作过程中，根据"上钨下钼、上脉下体"矿化规律，在西华山、荡坪坳、左拔、木梓园等矿区指导工程验证，获较好的找矿效果。

西华山：西部隐伏花岗岩中发现三条含钼硅化花岗质碎斑岩，脉幅分别为 1.30m、3.40m、3.87m，Mo 平均品位：0.195%、0.105%、0.133%，最高 0.55%。圈出独立钼矿体 5 条，估算钼资源量（333）220 余吨。另外，勘查区内少量的钻孔在深部见硅化较强的中粒黑云母花岗岩有钼矿化，其找矿远景有待进一步工作。

左拔：矿区亦有樟东坑矿床类似矿化规律，矿区探矿方案已采纳本研究专题组建议，兼探火焰状岩脉钨钼矿体。

如果上述矿山脉钨矿床深部细粒花岗质脉岩中钼矿化或（可能存在的）云英岩型钨钼矿床新类型的规律得以证实，将是赣南地区找矿突破的新方向。

（五）湘南瑶岗仙成矿花岗岩中的浸染状辉钼矿化

除了上述赣南樟东坑及西华山、荡坪坳、左拔等矿床具有"上钨下钼"垂向矿化分带规律外，我们在湘南瑶岗仙钨矿的成矿花岗岩中也发现了浸染状辉钼矿化。这类钼矿化的成矿母岩为最晚期细粒铁白云母二长花岗岩（矿区地质报告称之为细粒黑云母花岗岩），呈岩墙穿插在早期花岗岩中。辉钼矿浸染体呈透镜状、团块状、条带状、半圆弧等形态复杂、大小不等的"矿囊"。这种辉钼矿化的主要特点如下：①花岗岩本身就是矿体（图5.28）。电子探针背散射图像分析发现，辉钼矿呈浸染状分布在原生造岩矿物中或矿物颗粒间，与之伴生的还有浸染状黑钨矿和毒砂，表现出一种岩浆期结晶的特点。当辉钼矿以集合体的形式产出时，花岗岩本身有微弱的云英岩化。背散射图像下观察，辉钼矿赋存状态的最大特点是交代原始的铁白云母，呈切割铁白云母的形状产出，显示出辉钼矿形成于造岩矿物之后。②成矿作用发生在复式花岗岩体的最晚期补充侵入体中。③在瑶岗仙矿区，与晚期辉钼矿化花岗岩伴生在一起的有花岗斑岩和石英斑岩，但二者未见矿化。

我们认为，这种（与钨矿床相关的）深部浸染状花岗岩型钼矿化有可能成为一种新的钼矿化类型（既不同于斑岩型钼矿化，又不同于石英脉型钨钼矿化），应该引起高度重视；而它在成因上是岩浆期后的热液成矿，还是在花岗岩浆演化晚期残余熔体中就发生的成矿作用的产物？尚有待进一步深入研究。

图 5.28　湘南瑶岗仙晚期细粒铁白云母二长花岗岩中的浸染状辉钼矿化

钨矿床中共（伴）生的钼数量是非常可观的。据吕莹等（2005）的资料，我国钨矿山的高钼钨精矿约占全国钨储量近半数，所以钨矿床中的伴生钼也越来越受到地质界和矿业界的重视。在这种形势下，加强对崇-余-犹地区钨矿床深部花岗岩中浸染型钼矿化的研究和勘查，不仅具有矿床学的理论意义，更具有拓展找矿空间、发现更多钼矿资源、延长老矿山寿命等经济和社会意义。

二、茅坪钨矿床"上脉下体"矿化共生模式研究

（一）矿床概述

茅坪钨锡矿床地处江西省崇义县城东南100°直距13km处，行政区划隶属崇义县长龙镇管辖。地理极值坐标：东经114°24′54″~114°26′13″、北纬25°39′37″~25°40′35″，面积4.153km²。茅坪矿床大地构造位置位于南岭近东西向构造岩浆带次级构造大余-会昌东西向断裂构造亚带与诸广山北东、北北东向断裂构造带交汇处，属崇（义）-（上）犹-（大）余钨锡矿集区，该矿集区是赣南乃至整个南岭地区钨矿床产出最为集中的地区。

矿床发现于1918年，1935年丁毅等老一辈地质学家对矿区作过调查工作。1955~1960年先后有重工业部地质局江西分局220队、赣南钨矿大队、下垅勘探队、908地质大队在矿区做过概查、查评等地质工作；1965~1969年江西冶金地质勘探公司616队对上茅坪区段进行了深部评价；1980~1988年江西有色地质勘探二队对矿区开展详查工作，提交了《江西省崇义县茅坪矿区钨锡矿详查地质报告》；2003年江西有色地质勘查二队根据"详查报告"分别重新编制了《江西省崇义县茅坪矿区茅坪坑口钨锡矿储量报告》、《江西省崇义县茅坪矿区高桥下脉组长龙钨矿储量报告》；2006年江西有色地质勘查二队对矿区坑道进行编录工作，编制提交了《江西省崇义县茅坪钨锡矿区资源储量地质报告》；2009年江西有色地质勘查二队在收集前人资料的基础上，利用矿山已开拓的坑道所获得的地质资料，编制完成了《江西省崇义县茅坪钨锡矿资源储量核实报告》。茅坪矿床地表矿脉平均品位 $WO_3=0.399\%$、$Sn=0.259\%$；下茅坪区段坑道平均品位 $WO_3=5.982\%$、$Sn=0.691\%$；上茅坪区段坑道平均品位 $WO_3=5.448\%$、$Sn=0.453\%$，高桥下区段坑道平均品位 $WO_3=5.215\%$、$Sn=0.555\%$、$Mo=0.189\%$。截至2009年年底，累计查明资源储量：WO_3 达到十几万吨，此外还有可观的 Sn 和 Mo，已构成一个大型的钨多金属矿床。

近几年来的找矿实践表明，茅坪钨锡矿区深部及外围仍有巨大的找矿潜力。

（二）矿区地质

1. 地层

茅坪钨锡矿区出露地层由寒武系下统牛角河组和中统高滩组构成。牛角河组分为上下两个岩性段，下岩段：下部为硅质板岩、硅质岩夹变质长石石英砂岩和碳质板岩互层，上部为变质长石石英砂岩夹绢云母板岩、硅质板岩；上岩段：下部为绢云母板岩、硅质岩和碳质板岩夹变质粉砂岩、长石石英砂岩，上部为石英砂岩夹粉砂质板岩、绢云母板岩、含碳质板岩和硅质板岩。高滩组分为上下两个岩性段：下岩段为变质石英（长石）砂岩夹绢云母板岩、粉砂质板岩；上岩段为变质石英（长石）砂岩、粉砂岩与绢云母板岩互层，下部夹有硅质板岩。矿区地层走向近南北，倾向以东为主，局部倾向近西，倾角35°~75°。岩性单一，岩相变化不稳定，难以确定标志层。地层岩石受区域变质和热液蚀变影响，发生硅化、角岩化、电气石化。茅坪矿区钨锡矿体产于寒武系中下统浅变质岩及深部隐伏花岗岩体中。

2. 岩浆岩

矿区地表闪长岩脉等脉岩较为发育，但未见花岗岩出露。经详查工作深部钻探工程验证，揭示深部

发育有隐伏花岗岩体。

隐伏花岗岩顶板标高 5～300m，岩体呈北西–南东向的短轴椭球状岩钟产出，侵位最高部位处于矿区中部上茅坪区段近东西向和北西向脉组交叉部位的下部，顶峰标高 5～22m，岩体顶部产状平缓，向四周倾斜，西部、西南部和南部较缓，倾角 30°～35°；西北部、东部较陡，倾角 50°～55°。隐伏花岗岩体岩性主要为斑状花岗岩和细粒白云母花岗岩，斑状花岗岩分布在岩体边缘部位，细粒白云母花岗岩则分布在岩体中部。岩体中云英岩化普遍较强，部分岩石已蚀变为云英岩化花岗岩，云英岩化更强烈的岩石则为云英岩，并有钨锡矿化，其富集地段则形成云英岩化花岗岩浸染型钨锡矿体。

花岗岩主要矿物有石英、斜长石、钾长石、白云母，副矿物有萤石、碳酸盐、独居石、石榴子石、锆石、黄玉等，金属矿物有黑钨矿、锡石、辉钼矿、黄铜矿、闪锌矿、褐铁矿等。

花岗岩岩石化学特征见表5.8。

表5.8　茅坪钨锡矿区岩浆岩化学成分一览表　　　　　（单位:%）

岩性	SiO_2	TiO_2	Al_2O_3	Fe_2O_3	FeO	MnO	CaO	MgO	K_2O
斑状黑云母花岗岩	75.86	0.09	12.61	0.14	1.72	0.12	0.72	0.10	4.40
斑状花岗岩	75.57	0.018	12.16	0.17	1.09	0.16	0.31	0.02	4.36
细粒花岗岩	75.06	0.01	12.72	0.33	1.82	0.226	0.334	0.35	4.26
云英岩化花岗岩	73.12	0.20	13.26	0.97	1.64	0.27	0.55	0.52	6.65
云英岩	43.48	0.02	21.95	0.06	5.11	1.40	0.32	0.04	7.00
闪长岩	48.92	1.55	16.28	0.66	7.85	0.24	9.30	8.62	2.25
细晶岩	62.83	0.62	16.80	0.40	4.72	0.09	0.65	1.92	4.15
西华山花岗岩	75.28	0.05	12.57	0.26	1.19	0.11	0.91	0.10	4.50
中国黑云母花岗岩	71.99	0.21	13.81	1.37	1.72	0.12	1.55	0.81	3.81
岩性	Na_2O	P_2O_5	H_2O^+	S	烧失	Fx2S8	总和	数据来源	
斑状黑云母花岗岩	3.26	0.024	0.03	0.025	0.37	0.05	99.46	桂林有色院	
斑状花岗岩	3.66	0.011	0.44	0.012	1.06	0.32	98.97	桂林有色院	
细粒花岗岩	2.88	0.234			1.10		99.68	江西有色二队	
云英岩化花岗岩	痕	0.003	1.77		0.20		98.55	616队	
云英岩	0.37	0.008	1.83	0.28	4.53	1.10	85.39	桂林有色院	
闪长岩	1.84	0.005	1.30		0.30		99.12	616队	
细晶岩	0.19	0.14			6.98		99.49	南京大学	
西华山花岗岩	3.97	0.043					99.30	黎彤	
中国黑云母花岗岩	3.42	0.20	0.11		0.57		99.01	戴里	

一般认为，本区隐伏的茅坪花岗岩属天门山花岗岩体北延的一个小突起，有较高的钨、锡成矿元素丰度，是含矿花岗岩体，成矿元素随岩浆演化逐步富集，晚期含矿性更好，矿化主要与晚期细粒花岗岩关系更为密切。前人研究表明，茅坪隐伏花岗岩是以高硅，铝过饱和，富碱、贫铁、镁、钙，富挥发分及钨、锡等成矿元素为特征的陆壳改造型花岗岩（李毅和杨佑，1991），单矿物 Ar^{40}/Ar^{39} 年龄为 167Ma（曾庆涛，2007），属燕山中期花岗岩。

3. 构造

矿区位于西华山–杨眉寺隆起的北段，天门山断块北缘，本区构造复杂，褶皱、断裂及节理均较发育。

褶皱构造以背斜为主，轴向近于南北和北东向，由①沈埠西–高桥下背斜、②下茅坪–上茅坪背斜、③大摆口–下泌水背斜、④大摆口–下泌水向斜、⑤沈埠西–上茅坪向斜构成。

断裂构造主要发育有北东向、近东西向断裂，在成矿前、成矿期、成矿后都有活动。按产状和特征大致可分为2组：①北东向断裂构造，为矿区主干断裂构造，力学性质主要表现为张扭、压扭性。如矿区规模最大的F_{17}断裂破碎带贯穿矿区东西，延长1600m以上，宽5~15m，产状320°~340°∠60°~70°，延深500m以上，向下稳定延伸切穿隐伏花岗岩体；②近东西向断裂构造，是近东西向基底构造的反映，有11条；倾向175°~200°、倾角50°~65°，一般延长300~650m、宽几厘米至2m不等；常切错矿脉，力学性质表现为压扭、张扭性，并以张扭性为主。

矿区内成矿裂隙按其产状划分为五组：

（1）近东西向陡倾斜裂隙：属隐伏花岗岩侵入-冷凝收缩产生的横节理（Q节理）并追踪东西向基底构造裂隙发展而成。该组裂隙地表延伸稳定，规模较大，一般延长100~300m，最大延长500m，其倾向北、南均有，倾角55°~70°。该组裂隙主要分布在下茅坪、高桥下区段，由岩体顶部延伸进入围岩，是矿区主要容矿裂隙。

（2）近东西向缓倾斜裂隙：属隐伏花岗岩侵入-冷凝收缩产生的斜节理（STR节理）发展而成。该组裂隙地表延伸稳定，规模较大，一般延长200~500m，最大延长达1600m，其倾向北、南均有，倾角40°~50°。该组裂隙主要分布在下茅坪、高桥下区段，由围岩延入岩体顶部，穿入云英岩体，是矿区主要工业矿脉的容矿裂隙。

（3）北西—北西西向裂隙：属隐伏花岗岩侵入-冷凝收缩产生的纵节理（S节理）发展而成。规模相对于近东西向裂隙小，延伸呈断续状，一般延长100~300m，最大可达500余米。其倾向以北东向为主，少数南倾，倾角55°~70°。该组裂隙全区均见及，但主要分布在上茅坪区段，为矿区矿脉的容矿裂隙，部分裂隙形成工业矿脉。

（4）北北东向、北北西向裂隙：属隐伏花岗岩侵入-冷凝收缩产生的纵节理（S节理）发展而成。该两组裂隙发育程度相对较差，规模也相对更小，地表延长100余米；倾向东，倾角60°~70°；个别裂隙形成工业矿脉，且集中分布于上茅坪区段。矿脉脉壁一般光滑平整，可见擦痕；矿脉形态、脉幅、产状沿走向、倾向变化稳定。

（5）层状裂隙：为隐伏花岗岩冷缩作用形成的层节理（L节理），平行接触面，呈弧面状，从岩体顶面向下由强变弱，控制岩体顶部似层状云英岩钨锡矿体的产出。

据矿区构造现象分析，以基底东西向构造为基础，深部花岗岩体由南向北侵入顶托产生了张力，使岩体顶部围岩的裂隙追踪发展，随着岩浆冷凝收缩，由岩体向外产生的纵节理（S）、横节理（Q）、斜节理（STR）和层节理（L）追踪基底构造裂隙系统，从而形成矿区特有的东西向陡倾斜裂隙、北西—北西西向陡倾斜裂隙、东西向缓倾斜裂隙、北北东向和北北西向陡倾斜裂隙、岩体顶层裂隙。五组裂隙的发育，造成矿区矿脉产状较为复杂，出现多组矿脉网状交叉现象。在南北向剖面图上可见四矿脉组在倾向上交叉呈"X"形，呈共轭形式出现，单脉分支复合、尖灭侧现、拐弯、膨大缩小等现象较为常见。

可以认为，茅坪成矿裂隙系统是隐伏花岗岩侵入-冷凝作用和区域东西向基底构造耦合的结果。

（三）矿床地质特征

1. 围岩蚀变

矿体围岩岩性主要为石英细砂岩、粉砂岩和绢云母板岩，并互相构成夹层、互层形式，其中以石英细砂岩为主。围岩蚀变种类较多，以硅化、云英岩化为主，其次有夕卡岩化、电气石化、绢云母化、黄玉化、绿泥石化、黄铁矿化、钠长石化、伊利石化等。

（1）硅化：普遍发育且分布广泛，各类围岩均可见及，但以变质砂岩最为发育，蚀变宽度为几至几十厘米，一般上盘宽，近矿脉强，远离矿脉弱。

（2）云英岩化：在花岗岩中普遍发育且分布广泛。石英交代长石，呈他形不规则粒状；白云母交代石英和长石，呈鳞片状变晶；黄玉交代长石，呈不规则短柱状。共生矿物有长石、萤石（含量8%）、锡石、黑钨矿、辉钼矿、闪锌矿、黄铜矿、黄铁矿等。

（3）黄玉化：主要发育于花岗岩中，与云英岩化关系密切，云英岩化强烈的地方，黄玉化程度高；黄玉呈他形、半自形粒状，常包裹石英、云母等；黄玉化与钨锡矿化关系密切。

除上述几种蚀变外，区内尚可见到变质砂、板岩中的绿泥石化、黄铁矿化，花岗岩中的钠长石化、伊利石化等蚀变现象，但不甚发育，分布也不广泛。

2. 矿体类型

茅坪钨锡矿区矿化面积2km²，是一个以石英脉型钨锡矿床和云英岩化花岗岩浸染型钨锡矿床两种类型共存的矿床。石英脉型钨锡矿床位于上部，云英岩化花岗岩浸染型钨锡矿床隐伏于脉状矿床的下部，构成所谓"上脉下体"的钨锡矿化（图5.29）。

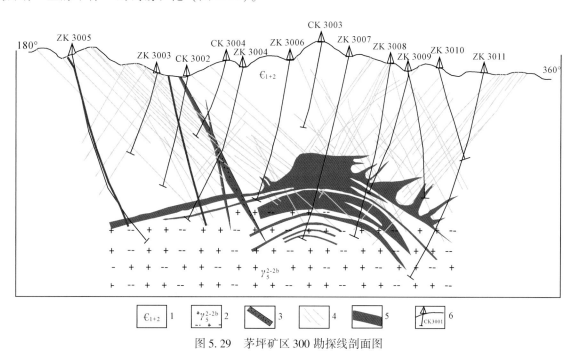

图5.29　茅坪矿区300勘探线剖面图

据江西有色地质勘查二队详查报告，1989修编；1. 寒武系浅变质岩；2. 弱云英岩化花岗岩；3. 断层；
4. 含钨石英脉；5. 云英岩化花岗岩钨锡矿体；6. 钻孔及编号

1）石英脉型钨锡矿床

茅坪钨锡矿区含钨石英脉分布广、脉组多、矿脉多，发育8个不同走向倾向倾角的脉组，数百条矿脉交织成网格状产出。依其空间分布和产状等特征，自北往南分为下茅坪、上茅坪、高桥下三个矿段（表5.9）。下茅坪区段位于隐伏花岗岩顶部北侧，发育1个脉组，呈东西走向南倾；上茅坪区段位于隐伏花岗岩顶部上方，有北西西走向北北东倾、近东西走向南倾、北西走向北东倾、东西走向南倾4个脉组，各脉组倾角中等偏陡，走向相互交叉出现；高桥下区段位于隐伏花岗岩顶部南侧，有东西走向向北陡倾、东西走向向北缓倾、东西走向向南倾3个脉组。全区浅部矿脉以陡倾矿脉为主，深部以缓倾斜盲脉为主，多为单脉产出，脉幅以薄脉为主。不同产状矿脉在平面、剖面上互相交叉，构成网格状格局，总体上向着隐伏花岗岩倾斜下插，在上茅坪区段20m标高附近汇集，部分矿脉插入云英岩化花岗岩钨锡矿体中，出现"脉+体"共生现象。

表5.9 茅坪矿区各区段矿脉分布、产状及规模一览表

区段	脉号	编号脉条数	工业脉条数	产状/(°)		规模/m		
				倾向	倾角	厚度	延长	延深
下茅坪	V1~39	93	22	160~210	30~55	0.08~0.20	100~500	100~300
上茅坪	V40~42、V64~99	52	8	350~30	55~70	0.10~0.65	300~500	100~400
	V43~46、V60~63	11	6	180~205	40~70	0.10~0.30	100~400	100~250
	V54~58	4	4	40~50	55~70	0.15~0.30	500~700	250~350
	V47~53、V59	6	4	170~200	45~62	0.10~0.25	300~500	70~200
	零星脉（V330~350）	22	14	南东、北北东、北北西	41~75	0.05~0.20	160~260	120~200
高桥下	V100~255	153	25	330~10	25~40	0.20~0.60	200~800	300~500
	V261~284	25	4	340~10	60~70	0.10~0.30	100~200	100~200
	V292~329	40	0	170~190	40~50	0.05~0.25	160~250	160~250
	零星脉（盲1~4）	4	4	180或360	85	0.12~0.50	250	100
全区		410	91					

全区共有编号石英脉404条，脉宽一般0.05~0.20m，部分达0.30m以上；其中大于0.10m的258条。单脉沿走向延伸或沿倾向延深100~1000m不等，一般长、深均达300~400m，少数达800m以上。工业矿脉69条，平均延长331m，最大1132m；平均延深235m，最大730m；平均脉宽0.13m，最大1.00m。

A. 矿脉形态及其分带

单体矿脉形态常见波状弯曲、膨大缩小、分支尖灭、分支复合、交替分支再现、尖灭侧现、折曲状弯曲、树枝状分支、侧羽状分支。矿脉组合形态：矿脉相互平行排列和交叉排列，有尖灭侧现、有交叉呈"十"字形或呈"X"字形、有互相穿插呈网格状等。下茅坪区段脉组平面上呈右侧排列；上茅坪段各脉组在平面、剖面上呈互相交叉的网格状；高桥下区段脉组在平面上呈左侧排列，在剖面上呈前侧排列。各矿脉形态变化受成矿裂隙的控制，矿脉的构式复杂。

茅坪矿区含矿石英脉具有南岭外接触带脉钨矿床垂向分带的共性：地表出露宽1至数厘米的细小石英脉，一般不具工业价值；工业矿脉绝大多数赋存于地表以下30~100m至200~-200m标高之间，大多脉幅为0.10~0.20m，在隐伏花岗岩接触带附近主矿脉脉幅变大，成为0.30~0.60m的薄–大脉，矿脉插入花岗岩150m深左右趋于尖灭消失。含石英脉带从地表石英云母细脉带至深部尖灭带，垂向延深700余米。

以高桥下区段矿脉形态分带规律较明显，垂直分带与水平分带特征相似，整个脉组在空间上构成一个环状分带整体。由脉组中心部位的薄脉带，往上往下和两端，逐渐变为细脉带和线脉带，矿脉总厚度最厚的位于304~307线间的100~150m标高处，总脉幅最大为7.77m，自最厚处往外逐渐变小，递减率为每100m 25%~30%。在平面上，从矿脉组中心部位（308~307线）往东西两端，矿脉从密集、条数多、总脉幅大逐渐变为稀疏、条数少、总脉幅小到尖灭消失；在垂直方向，地表大多为1~3mm密集石英小脉，往深部渐次变成细脉及薄脉，大多数脉幅为0.1~0.2m，进入花岗岩体后矿脉逐渐减少，总脉幅变小，延伸至岩体内-150~100m标高矿脉趋于尖灭消失。

B. 各区段各脉组矿脉特征

a. 高桥下区段

高桥下区段位于矿区南部312~323线之间，含矿石英脉发育三条脉组，分布范围自地表至−300m标高，脉组长1100m、宽600m。脉组总体走向近东西，倾向北或南，北倾脉的倾角有缓有陡，以缓倾角为主，向北延入上茅坪区段深部。北倾脉陡倾角及南倾脉仅有零星几条。脉组在平面上呈左侧排列，剖面上呈前侧平行叠置。按矿脉倾向及倾角陡缓差异分为东西走向北缓倾、东西走向北倾陡、东西走向南倾三条脉组，有编号矿脉219条，工业矿脉20条。

（1）东西走向−北倾缓倾斜脉组：是矿区的主要脉组，矿脉走向东西，倾向北，倾角25°~50°，平均倾角40°，呈叠瓦状向北缓倾插向隐伏花岗岩。共有编号脉153条，其中主脉105条，工业矿脉94条。缓倾斜矿脉多为盲脉，代表性矿脉主要有V_{181}、V_{185}、V_{193}、V_{196}、V_{220}等，其中：V_{196}矿脉倾向北，倾角25°，走向控制长800余米，倾向控制斜深330m，脉幅（脉厚）一般0.30~0.60m，最大0.91m，平均0.47m，WO_3品位一般1.00%~5.00%，WO_3占高桥下区段3个脉组估算资源储量的24.6%；V_{193}矿脉走向控制长710m，倾向控制斜深175m，脉幅（脉厚）一般0.20~0.40m，最大0.61m，平均0.35m，WO_3品位一般1.500%~9.00%，WO_3占高桥下区段3个脉组估算资源储量的19.5%。

（2）东西走向−北倾陡倾斜组脉组：矿脉走向东西、倾向北、倾角60°~70°。共有编号脉25条，其中主脉16条，工业矿脉16条。单脉沿走向延伸或沿倾向延深100~300m，少数达500m，脉宽一般0.05~0.15m。工业矿脉平均延长210m、最大400m；平均延深247m、最大480m；平均脉宽0.12m、最大0.26m。

（3）东西走向−南倾脉组：矿脉走向东西、倾向南、倾角55°~65°。共有编号脉40条，其中主脉28条，工业矿脉28条。单脉延长或沿倾向延深160~250m，平均延长180m、最大560m（V_{321}）；平均延深178m、最大400m；脉宽0.05~0.15m、最大0.50m。

b. 下茅坪区段

分布于矿区北部308~319线之间，标高自地表至−300m，脉组呈东西向展布，长1000余米、宽400m，脉组呈右侧排列，剖面上呈前侧排列。

c. 上茅坪区段

分布于矿区中部208~209线之间，自地表至−300m标高，按矿脉产状分为4个脉组：①北西西向、北倾脉组，②近东西向、南倾脉组，③北西向、北东倾脉组，④东西向、南倾脉组。

2）云英岩化花岗岩型钨锡矿床

云英化花岗岩钨锡矿体隐伏于上茅坪深部，产于网格状石英脉群扇状收缩下方，赋存于隐伏花岗岩突起的部位内带垂深100~200m，矿化面积约0.72km²。含矿岩石为云英岩化花岗岩及云英岩，矿体呈似层状、透镜状，沿花岗岩顶部呈面型分布，矿体连续性好、厚度大，产出标高0~−300m，多数赋存于标高−100~−200m。云英岩化花岗岩中钨锡矿物呈浸染状分布，矿体与围岩无自然边界，矿体界线靠样品分析结果圈定。矿化总体上较均匀，变化不大，平均品位WO_3为0.109%，最高为0.46%，Sn为0.12%，最高为0.812%，品位变化系数WO_3为64%~89%，Sn为64%~92%。伴生有益组分Mo、Cu、Pb、Zn、Bi含量较低，无综合利用价值。

在岩体顶部共圈连工业矿体9层（表5.10），自上而下呈叠层状分布，平均长299m，平均宽189m，平均厚度7.17m，产状与隐伏花岗岩体顶面产状基本一致。其中，V号矿体规模最大，平均长660m，最长880m，平均宽488m，最宽585m，平均厚度20.57m，最大厚度97.74m，矿体平均品位WO_3=0.117%，Sn=0.1%。

3. 矿石特征

1）黑钨矿−锡石石英脉型矿石

矿区已发现矿物近30种，其中主要金属矿物以黑钨矿、锡石、辉钼矿、黄铜矿、闪锌矿为主，次为

表 5.10　云英岩化花岗岩浸染型钨锡矿床矿体规模品位一览表

矿体编号	分布范围		厚度/m		宽度/m		长度/m		WO₃/%		Sn 品位/%		WO₃ + Sn
	水平	标高/m	平均	最大	平均	最大	平均	最大	平均	最高	平均	最高	
Ⅲ	304	−80.15 ~ −153.21	1.00		180		100		0.132	0.248	0.812	1.617	0.944
Ⅳ	312	−218.34 ~ −219.23	1.00		90		100		0.071		0.071		0.142
Ⅴ	312 ~ 307	−16.93 ~ −302.04	20.54	97.74	488	585	660	880	0.117	0.216	0.097	1.975	0.214
Ⅵ	312 ~ 303	−120.57 ~ −349.20	15.37	44.26	328	414	519	720	0.083	0.399	0.092	0.329	0.175
Ⅶ	308 ~ 303	−182.67 ~ −346.78	11.09	31.92	296	425	411	560	0.133	0.460	0.160	0.589	0.293
Ⅷ	304 ~ 303	−213.24 ~ −293.76	5.31	10.55	203	330	400	400	0.069	0.087	0.061	0.102	0.130
Ⅳ	304 ~ 303	−238.15 ~ −315.58	6.76	8.89	173	200	400	400	0.055	0.066	0.070	0.126	0.125
Ⅹ	304 ~ 303	−258.15 ~ −333.95	2.46	4.93	113	120	400	400	0.075	0.160	0.077	0.104	0.152
Ⅸ	304	−310.74 ~ 311.73	1.00		80		100		0.036		0.133		0.169

少量黄铁矿、辉铋矿、毒砂、方铅矿、自然铋、白钨矿等；非金属矿物以石英、黄玉、铁锂云母、白云母、萤石为主，少量黑云母、钾微斜长石、绿泥石、方解石、电气石、氟磷酸铁锰矿等。

本区矿石结构类型有自形-半自形粒状结构、他形粒状结构、交代溶蚀结构、交代残余结构、乳浊状结构、压碎结构等；构造类型主要有脉状穿插构造、块状构造、浸染状构造、晶洞构造、梳状构造、细脉状-树枝状构造等。

矿区自北往南三个区段在水平方向上存在三种不同的矿物组合，下茅坪区段以黑钨矿、锡石为主；上茅坪区段以黑钨矿、辉钼矿为主，锡石次之；高桥下区段以黑钨矿、锡石、黄铜矿、闪锌矿为主。在垂直方向上，黄铜矿、闪锌矿等中温矿物多分布在矿床中上部，黑钨矿、锡石、辉钼矿、辉铋矿等高温矿物多分布在矿床中下部。自上而下，黑钨矿晶体由小→大→小，由自形到他形，赋存部位由脉壁逐渐移至脉中。

有用矿物富集规律：在矿脉分支复合、弯曲、膨大缩小部位，尖灭侧现部位，黄玉或铁锂云母大量出现地段，往往钨、锡、钼矿化强烈、富集；另外，有用组分呈现出远离花岗岩体矿化以钨、锡、铜、锌为主，靠近岩体矿化以钨、钼为主等特征。

本区矿物生成顺序：根据矿物形态、分布特征，矿石结构、构造，矿物相互包裹、穿插、交代溶蚀、充填关系等，推断各类矿物生成顺序：硅酸盐→氧化物→钨酸盐→硫化物→碳酸盐。锡石、黄玉早于黑钨矿、辉钼矿、毒砂；黑钨矿、辉钼矿、毒砂早于硫化物；而闪锌矿、黄铜矿等硫化物紧密共生。

2）云英岩型矿石

赋存于隐伏花岗岩体突起部位内带 5 ~ 200m，矿化范围在 312 ~ 307 线之间，矿化面积约 0.72km²，含矿岩石为云英岩、云英岩化花岗岩，矿体连续性好、厚度大、品位低但均匀，可单独构成大型规模的钨锡矿床，是矿区另一种重要类型的工业矿床。

矿石的矿物成分：金属矿物有黑钨矿、锡石、辉钼矿、辉铋矿、闪锌矿、黄铜矿、黄铁矿等，主要工业矿物是黑钨矿、锡石。非金属矿物为石英（35%）、白云母（18%）、钾长石（17%）、斜长石（25%）、黄玉（5%）等。

矿物空间分布规律：锡石、黑钨矿、辉钼矿、辉铋矿、黄铁矿等高中温矿物分布于矿床中上部，往下逐渐减少，一般工业矿体在岩体内带 16 ~ 200m 高标内出现，超过此范围则极少。黄铜矿、闪锌矿等中低温矿物多分布在矿床中下部。钨锡品位的高低与云英岩化、黄玉化的强弱程度关系密切，在云英岩化强烈、黄玉化程度高的部位，锡石、黑钨矿富集。在脉旁和细小石英脉、云母脉发育部位锡石、黑钨矿富集。

据对主要矿体单个工程质量点统计，品位变化系数 WO₃ 为 64% ~ 89%，Sn 为 64% ~ 92%，属较均匀较稳定，连续性分布。

矿石结构主要有变余花岗结构、鳞片花岗变晶结构、自形晶粒状结构、半自形晶粒状结构、他形晶粒结构、交代溶蚀结构、交代残余结构。矿石构造包括浸染状构造和细脉浸染状构造。

（四）矿床成因和成矿模式

据勘查报告，茅坪钨锡矿区由于受多阶段构造、岩浆、矿液活动的影响，形成了不同类型矿床和不同阶段的矿脉。根据矿体和矿脉的空间分布、产状形态、矿物组合、化学成分、成矿温度、围岩蚀变、矿物标形特征等方面的特点，划分出 4 个成矿期、6 个阶段（表 5.11）。

表 5.11　茅坪钨锡矿床成矿期和成矿阶段划分

成矿期	成矿阶段
Ⅰ．钨锡云英岩成矿期	1．钨锡云英岩阶段
Ⅱ．钨钼石英脉期	2．钨钼石英脉阶段
	3．钨–石英脉阶段
Ⅲ．钨锡多金属硫化物石英脉期	4．钨锡石英脉阶段
	5．钨多金属硫化物石英脉阶段
Ⅳ．萤石、方解石–石英脉期	6．萤石、方解石–石英脉阶段

成矿过程的演变规律表现为：自早到晚，矿物的形成温度逐渐降低，高温矿物逐渐减少，低温矿物逐渐增多；黑钨矿中的 MnO 逐渐增高，FeO 逐渐减少；锡石中的 Si、Al 含量逐渐增高，Fe、In 含量逐渐降低；石英中的流体包裹体体积逐渐增大，气相比逐渐增加。物质组分演变由硅酸盐→氧化物→硫化物→碳酸盐。1、2、4、5 阶段形成的矿体和矿脉为本区主要工业矿体和工业矿脉。上茅坪各脉组和云英岩化花岗岩浸染型矿体以 1、2 阶段为主，3 阶段为次；高桥下和下茅坪脉组以 4、5 阶段为主。

据曾载淋等（2009）用 Re-Os 同位素测年方法对茅坪矿区云英岩中 5 件辉钼矿进行年龄测定，辉钼矿的模式年龄变化于 150.7±2.2～158.2±2.2Ma，其等时线年龄为 156.8±3.9Ma，等时线年龄与模式年龄很接近，说明测试结果是可信的，可作为茅坪矿区的云英岩钨锡矿成矿年龄。而石英脉型矿体中辉钼矿的模式年龄变化于 141.4±2.2～151.0±2.4Ma；由于样品数只有 2 件，代表性不足，但从其模式年龄变化区间及平均模式年龄（146Ma）大致可推断：石英脉型矿体成矿年龄略晚于云英岩钨锡矿体。

上述 Re-Os 同位素年龄与赣南及南岭其他地区许多钨矿床的成矿时代是一致的，它们都是燕山中期钨的大规模成矿作用的产物（华仁民等，2010）。

茅坪矿区出露地层为寒武系浅变质岩，岩性为变质砂岩和板岩，岩石刚柔适中，有利于成矿裂隙的形成，且含高丰度的成矿元素，是矿区钨锡的重要矿源层，也是本矿床形成的先决条件；"矿源层"在强烈的多阶段的构造岩浆作用下，形成由北北西、北北东两组断裂构成的菱形断块，在这种适宜的构造环境下，随着岩浆热液的侵入、演化，使地层中的钨锡成矿元素得到活化、转移、富集，形成钨锡矿床（图 5.30）。

据此认为：茅坪钨锡矿床的矿体围岩为寒武系浅变质岩及燕山早期花岗岩，寒武系浅变质岩含有较高的成矿元素，是区域内重要的矿源层，而隐伏在矿区深部的燕山早期花岗岩与矿脉是同源产物，是钨、锡矿的成矿母岩；变质岩和花岗岩刚脆易裂，有利于裂隙的发育，成为矿液的良好赋存场所，形成石英脉型矿床。隐伏岩体突起部位的蚀变花岗岩正处于两组倾斜相反的裂隙深部交叉部位，因此随着花岗岩浆分异演化程度的提高，矿化加强，形成云英岩化花岗岩浸染型钨锡矿床。

根据石英脉型与云英岩型两种矿化的关系分析，岩浆冷凝晚期，大量的汽水溶液集中在岩体顶部交代蚀变，形成云英岩化花岗岩型钨锡矿体；由于汽水溶液不断地聚集，压力不断增大，封闭的体系被打开，矿液进入外接触带围岩，沿裂隙充填形成石英脉型钨锡矿体，从而形成网格状脉群以及下伏面型蚀

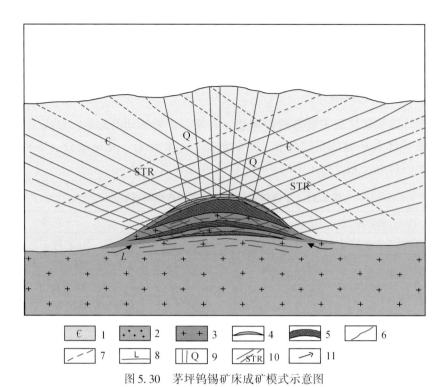

图 5.30　茅坪钨锡矿床成矿模式示意图

1. 寒武系；2. 燕山早期第二阶段斑状花岗岩；3. 云英岩、云英岩化花岗岩；4. 伟晶岩壳；
5. 云英岩化花岗岩钨锡矿体；6. 含钨石英脉；7. 石英线脉标志带；8. 层节理；9. 陡倾斜节理；10. 缓倾斜节理；
11. 含矿流体运动方向

变花岗岩矿体的钨锡矿床组合新类型，构成以隐伏花岗岩侵入演化为主导的"上脉下体"钨锡成矿模式。

通过对茅坪钨锡矿床的成功勘查和对其地质特征的深入研究，尤其是"上脉下体"成矿模式的建立，使南岭钨矿"五层楼+地下室"矿化分带模式进一步完善。"脉下找体"，对江西南部广泛分布的外接触带石英脉型钨矿区深部寻找隐伏花岗岩浸染型钨锡矿床具有现实意义。

第三节　南岭与花岗岩有关的钨、锡、稀土成矿作用差异

一、钨、锡成矿作用的差异及其原因分析

在南岭地区及邻区众多与花岗岩有关的钨锡稀有金属矿床中，钨和锡这两种金属关系非常密切、经常相互共生，而真正单独以钨或锡为唯一有用元素的情况反而较少（华仁民等，2008）。因此，长期以来国内地质学界都将该地区的钨、锡成矿作用相提并论，或作为一个成矿系列看待，故在文献中经常出现有"南岭钨锡矿床"、"南岭钨–锡多金属成矿带"等名称（华仁民等，2003，2007；毛景文等，2007a，2009）。

但是，钨、锡二者之间仍然存在着很明显的差异，这种差异及其原因也正在越来越受到关注。作者对该地区钨、锡在成矿作用、共生关系及其他相关特征方面的差异进行了一系列广泛、深入的调研，发现华南尤其是南岭地区钨、锡成矿作用在区域分布、成矿作用时间、矿床（矿化）类型、岩浆岩专属性等几个方面存在着差异；而造成这些差异的根本原因，可能是锡与钨在元素地球化学特征上的差异，以及华南地区不同构造单元之间在性质和演化上的差异。

（一）钨矿与锡矿在华南地区空间分布的差异

钨矿床和锡矿床在华南地区的空间分布存在着差异。徐克勤等（1987）很早就发现华南钨锡矿床在

区域分布上具有"东钨西锡"、"隆钨拗锡"的特征。现以钨、锡矿床最发育的南岭及其邻近地区为例作进一步阐述。

1. 南岭东段以钨矿的密集产出为特征

南岭东段主要指的是赣南和粤北地区，并向东延伸至闽西；该区段明显以钨矿床的密集产出为特征。在赣南地区有三个重要的钨的矿集区：① "崇-余-犹"矿集区，汇集了185处钨矿床和矿化点，堪称世界上密度最大的钨矿汇集区（康永孚等，1991），它包含大余的西华山、漂塘、石雷、荡坪、樟斗、左拔，崇义的茅坪、淘锡坑、宝山、八仙脑，上犹的焦里等矿床；②于都矿集区，包括于都的盘古山、黄沙、安前滩、上坪，兴国的画眉坳等；③ "三南"矿集区，包括全南的大吉山、定南的岿美山等。在粤北地区则有九连山矿集区，包括连平的锯板坑，翁源的红岭，始兴的梅子窝、石人嶂、师姑山，曲江的瑶岭等，它们实际上与赣南的"三南"矿集区几乎连成一片。在南岭东段最东端的闽西南地区，有由浸染状-网脉状白钨矿和石英大脉黑钨矿组成的规模巨大的行洛坑钨矿床（张玉学等，1993；张家菁等，2008）。

在南岭东段的邻近地区也有不少钨矿床，如赣中的下桐岭、浒坑、徐山等。而赣北的香炉山、阳储岭等大型钨矿床，以及近年来发现的大湖塘、朱溪等钨多金属矿床，虽然其所在的大地构造位置已经是江南造山带而不是南岭，但仍可归入华南地区。

相比之下，南岭东段及其邻近地区的锡矿资源就远不如钨矿丰富。尽管赣南、粤北的大部分钨矿床都有锡的共生或伴生，有些矿床的伴生锡还相当重要（如漂塘、锯板坑）；但独立的锡矿床或以锡为主的矿床则相对较少。在南岭东段的赣南东部，目前只有会昌的岩背斑岩型锡矿是规模较大的独立锡矿床；但是正如后文将要说到，它与赣南粤北主要钨矿床在成矿时代和背景等方面有较大差异。此外，在赣北还有德安的曾家垄锡矿，但其位置应属于长江中下游成矿带的范畴；而且其锡矿物组合以含马来亚石为特色，有别于华南（南岭）锡成矿带的其他锡矿床（曹汉生等，1994）。

在南岭东段更东南面的广东沿海地区，也发育一些钨、锡矿床，如澄海的莲花山钨矿床，潮州的厚婆坳、海丰的长埔、紫金的铁嶂等锡矿床。莲花山钨矿是与燕山晚期石英正长斑岩有关的斑岩型钨-金矿床（满发胜等，1983；柳少波等，1998）。厚婆坳是一个由地层、构造、岩浆岩三位一体形成的复合型热液脉状锡-银-铅锌矿床（罗庆超，1993）。长埔锡矿床是与次火山有关的浅成中高温热液矿床（马秀娟，1995），伴生大量的铅锌硫化物。而铁嶂锡矿与岩浆活动的关系不清楚，高凤颖（2004）认为它是一个与构造破碎有关并受岩石性质和地层产状控制的热液矿床。由于这些矿床位于政和-大埔断裂带以东，属于东南沿海成矿带，所以无论在构造背景、岩浆活动等方面都与南岭地区不同，在成矿作用上也有区别于南岭地区钨、锡矿床的特色，如它们的主要共（伴）生金属不是锡或钨，而是金、银、铅锌等东南沿海成矿带的特征元素了。

2. 南岭中段以钨、锡并重为特征

南岭中段一般指的是湘南（或湘东南）和桂东北一带，作为南岭主体的越城岭、都庞岭、萌渚岭、骑田岭、大庾岭这五个山岭中，前4个都位于这一区段。

与南岭东段赣南粤北的钨多锡少相比，该区段以钨、锡并重为特征，而且锡的矿化已明显增强。本区段既有湘南的瑶岗仙、新田岭、川口、黄沙坪，桂东北的珊瑚、水岩坝（烂头山）、牛塘界等钨矿床，又有如柿竹园、红旗岭、野鸡尾、姑婆山等钨、锡共生的矿床，更有不少以锡为主的矿床，如金船塘、香花铺、栗木、新路（六合坳）、长营岭等。

位于粤西信宜的银岩锡矿是一个浅成的云英斑岩矿床（沈敢富，1992），地理位置上似乎也可归入南岭中段的临近地区。

南岭中段尤其是湘南地区的锡矿资源在国内已占有重要地位（蒋希伟等，2003）。据网站上的2007年全国锡矿资源统计显示，湖南的锡矿储量（91.78万t）居全国第3位，超过广东（56.01万t）和江西

（24.99 万 t）两省的总和①；而湖南的锡矿主要分布在湘南地区。

近年来中国地质调查局部署了"南岭地区锡多金属矿评价"的专题找矿研究项目，至 2004 年年底已取得了一系列找矿突破，其中最重要的当然是在骑田岭发现了芙蓉超大型锡矿田（陈民苏等，2000；黄革非等，2001；魏绍六等，2002）；此外在大义山（刘铁生，2002；伍光英等，2005）、香花岭（钟江临等，2006）、荷花坪（吴寿宁，2006）、锡田（蔡新华等，2006；伍式崇等，2009）、大坳（刘树生等，2007）等处都有锡多金属找矿的新发现或新进展（蔡明海等，2005）。值得注意的是，所有这些新发现、新突破的锡矿床或锡多金属矿床都位于南岭中段，而且基本上都在湘南及邻近地区；而在南岭东段的赣南、粤北等地区，却并没有什么锡多金属找矿的新发现。

因此，杨合群（2007）将我国华南钨锡成矿带分成"粤赣湘钨成矿带"和"湘桂锡成矿带"两大部分，伍光英等（2008）将湘南地区称为"锡多金属矿集区"，都是非常恰当的。

3. 南岭西段及其邻区锡成矿作用进一步增强

此处所谓"南岭西段"，主要指广西中北部的九万大山-元宝山和丹池地区，广西西部的"右江褶皱带"，以及云南东南部的个旧-文山地区，该区段在地理意义上已经位于南岭以西了，但是在大地构造上仍属于华南加里东褶皱系的西端，因此地质界一般仍将它归属于南岭有色金属成矿带的一部分（罗君烈，1995；华仁民等，1997；陈毓川，1999）。

这一地区锡的成矿作用明显进一步增强，锡矿不仅格外丰富并且意义十分重要，个旧和大厂这两个我国最大的锡矿田都在本地区，此外还有广西的五地一洞、九毛、德保，云南的都龙、白牛厂、新寨等。至于滇西三江地区的小龙河、来利山、石缸河等锡矿，则已经完全不属于南岭或华南地区的范围，就不在本书讨论了。

正是南岭西段大规模的锡成矿作用，使得云南、广西成为我国锡矿查明资源储量最丰富的两个省份。截至 2007 年年底，我国锡矿查明资源储量 483.66 万 t，其中云南 124.99 万 t、广西 97.55 万 t，二者之和占全国锡矿总储量的 46%。

南岭西段的钨矿化则继续减弱，唯一稍有规模的是广西中南部的武鸣大明山钨矿床，位于"右江褶皱带"东缘与丹池成矿带的南延之交。到了滇东南，钨矿已很少，而且大多是锡矿床（田）或锡多金属矿田的共（伴）生产物，如与都龙老君山岩体相关的南秧田白钨矿床等（罗君烈，1995）。不过，近年来在麻栗坡地区已发现超大型钨矿床，有可能改变华南钨矿分布的格局。

（二）钨矿与锡矿在成矿时间上的差异

华南地区钨和锡的成矿作用在时间上也存在着一定差异。总体上来说，中生代（尤其燕山期）是南岭及邻区最重要的钨锡成矿期（华仁民等，1999，2003，2005a；毛景文等，1999，2007）。钨和锡的大规模成矿作用都始于 160Ma 左右。从近年来发表的众多成矿年龄数据来看，钨的成矿高峰期相对较短，几乎都集中在 160～150Ma，少数延续到 140Ma 左右，属于燕山中期（华仁民等，2005b）。除了这一个时间段，其他地质时期在华南地区几乎没有什么重要的（与花岗岩有关的）钨矿化。

本次研究对赣南地区的漂塘、茅坪、铁山垅、焦里、宝山、西华山、石雷、樟东坑、安前滩、小东坑等钨矿床，对赣中地区的徐山、下桐岭等钨矿床，对粤北地区的瑶岭梅子窝钨矿带主要矿床及相关的花岗岩进行成岩成矿年龄的测定，获得的年龄都在 163～146Ma 之间。

上述成岩成矿年龄的测试结果显示，花岗岩成岩年龄集中于 163～153Ma，而成矿年龄为 160～146Ma；成矿年龄与成岩年龄基本一致或稍晚。可以认为，南岭地区及邻区钨多金属成矿与花岗岩成岩存在明显的耦合关系，二者形成于同一构造背景条件并具有密切的成因联系。结合本课题对骑田岭花岗岩

---

① 我国锡矿资源利用现状与存在问题。据 2009 年 1 月 15 日《中国经济网》。

及芙蓉锡矿的成岩成矿年代学研究，结果进一步证实了燕山中期（160～140Ma）是南岭地区及邻区大规模钨成矿作用的高峰期或爆发期。

南岭地区属于燕山晚期的钨矿极少。李水如等（2008）测定了大明山钨矿区含矿石英脉中的辉钼矿Re-Os等时线年龄为95.40Ma，与大厂锡多金属矿床的主要成矿时代一致，并认为大明山矿田和大厂矿田的成矿作用是在燕山晚期几乎同时发生的。此外，有前面提到的广东莲花山斑岩型钨矿，它的形成显然是与燕山晚期东南沿海的火山-岩浆活动密切相关的。

相比之下，锡的成矿作用时间跨度明显地大得多，前人在总结华南花岗岩地质与成矿时就指出"Sn成矿花岗岩可形成于各个地质时期"（地矿部南岭项目花岗岩专题组，1989）。以南岭及邻区与花岗岩类相关的锡的成矿作用来说，早在雪峰期就有重要的锡矿形成，如桂北地区与雪峰期元宝山花岗岩有关的九毛锡矿（朱征和唐嗣俊，1991）以及五地一洞锡矿等（陈毓川等，1995）。与印支期花岗岩有关的锡矿有湘南的荷花坪（224Ma）等。赣南崇-余-犹钨矿集区内的崇义仙鹅塘矿床是一个以锡矿化为主的锡钨矿床，刘善宝等（2008）给出它的成矿年龄为231.4±2.4Ma，属印支期。最近杨峰等（2009）测定了栗木锡矿云英岩化花岗岩中白云母的Ar/Ar年龄，认为栗木锡矿床成矿作用主要发生在214Ma左右，属印支期。赵蕾等（2006）研究了闽西南印支期红山花岗岩的形成时代（226Ma）、特征及其含矿性，认为它的演化晚期产物有可能形成锡矿。看来，印支期也可能成为华南锡的主要成矿期之一。

与钨成矿相同的是，燕山中期160～150Ma也是一个锡的成矿高峰期。但在140Ma以后的燕山晚期（尤其是120～80Ma）华南出现了锡的另一个成矿高峰期，南岭及邻区几个超大型锡矿，如桂北的大厂、滇东南的个旧等，都是燕山晚期锡多金属大规模成矿作用的产物。而粤东沿海地区的厚婆坳、长埔、铁嶂等锡矿床，虽然目前缺乏可靠的成矿年龄数据，但是从现有资料分析，也是燕山晚期成矿作用的产物。因此，毛景文等（2009）最近在总结华南地区中生代主要金属矿床模型时，分别建立了晚侏罗世160～150Ma与花岗岩有关的钨锡矿床模型和白垩纪锡钨多金属矿床模型。

值得注意的是，燕山晚期是华南地区陆内的强烈拉张时期，与地幔上涌相关的岩浆活动也远比燕山中期强烈，锡的又一次大规模成矿作用正是在这样的背景下形成的。例如，在南岭西缘的滇东南个旧锡矿区，杨宗喜等（2008）用辉钼矿Re-Os定年法获得卡房矿体的成矿年龄为83Ma，不仅揭示其与老卡岩体的关系密切，而且辉钼矿的Re含量显示成矿过程有地幔的参与。程彦博等（2008）用LA-ICP-MS锆石U-Pb法测得个旧地区碱性岩和煌斑岩的侵入年龄在77Ma左右，而它们都形成于岩石圈伸展的动力学环境。

综合华南地区钨矿床和锡矿床在空间和时间分布上存在的异同，可以用图5.31来显示。钨矿床（图中红色点）基本上集中形成于燕山中期的160～150Ma，此时虽然也是锡的集中成矿高峰之一，但此时形成的锡矿（图中黄色点）主要分布在湘南-桂北一带；而燕山晚期是锡的另一个成矿高峰，此时形成的锡矿（图中黑色点）则分布在南岭及邻区的广大地区。之所以出现这种差异的原因，将在下面的文字中得到进一步的分析和阐述。

（三）钨与锡的地球化学性质对其成矿差异的影响

锡是否能在钨矿床中大量共生，似乎与钨矿床的（矿化）类型有一定的关系。总体上说，各种石英脉型（尤其是大脉型）黑钨矿床最易伴生锡的富集；而其他类型的钨矿床如夕卡岩型（白）钨矿床、斑岩型或细脉浸染型钨矿床所伴生的锡矿化则相对较弱。例如，湘东南的新田岭夕卡岩型钨矿基本上没有锡矿化；赣北的阳储岭斑岩钨（钼）矿床、广东的莲花山斑岩钨矿床、福建的行洛坑细脉浸染型钨矿床等，锡都成为很次要的伴生组分，而代之以钨与钼的伴生为特征。

从钨和锡在矿床中共生的主客关系来看，二者也存在着一定的差异。南岭地区大部分以钨为主的矿床都有锡伴生；即使如前文所述的夕卡岩型、斑岩型或细脉浸染型钨矿床，尽管伴生的锡矿化较弱，但还是或多或少地存在。这可能与南岭地区的区域构造地球化学背景有关，因为南岭地区无论地层还是花岗岩都有较高的钨锡背景值；而在南岭地区之外的一些钨矿却没有锡伴生，如江西中部武功山地区的下

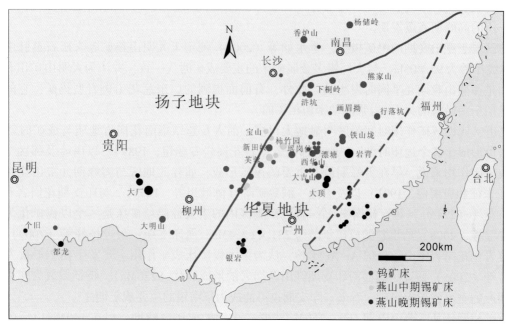

图 5.31 南岭及邻区主要钨锡矿床的时空分布示意图

桐岭钨矿床就没有锡伴生而有钼、铋、铍伴生（汪帮勤等，2004）；我国另一个重要钨矿资源产地——河南栾川三道庄斑岩钼钨矿床也没有锡的共生。

在南岭及邻区那些以锡为主的矿床中，钨可能并不是最重要的共生或伴生金属；有的甚至基本上没有钨的共生或伴生，而是与银、铅锌等共生，如江西的德安曾家垅锡矿、石城松岭锡矿、会昌岩背锡矿等；湖南的宜章界牌岭隐伏锡矿的共生金属不是钨而是铜和铅锌（侯建强，1999）。而且，似乎锡的矿化规模越大，其共（伴）生的钨越不重要。例如，桂东北的栗木矿田，原来是以锡为主的锡–钨共生矿床，但是从20世纪60年代起矿山就转为主要开采花岗岩型钽铌锡矿，并建立了老虎头、水溪庙和金竹源3处花岗岩型钽（铌）–锡矿床，钨已经变得很不重要。又如在广西大厂和云南个旧这两个超大型锡多金属矿床中，钨也不是重要的伴生组分。

即使在钨锡密切共（伴）生的矿床或矿田中，钨与锡也有各自的产出特征和富集规律。例如，著名的湘东南柿竹园矿床，其钨、锡储量均达到了超大型矿床的规模（陈毓川等，1993；毛景文等，1998；刘义茂等，2000）。柿竹园矿床产于千里山花岗岩体东南内弯处与泥盆系佘田桥组泥质灰岩的内外接触带，复杂的成矿作用形成了4种成因类型的矿体，并呈现出明显的垂直分带，自上而下为：①大理岩细网脉型 Sn、（Be）矿体；②夕卡岩型 W、Bi 矿体；③网脉状云英岩–夕卡岩型 W、（Sn）、Mo、Bi 矿体；④云英岩型 W、Sn、Mo、Bi 矿体。可见，钨与锡既有密切的共生，又有各自的富集规律，钨矿化在空间上与夕卡岩体分布基本一致，主要产于中部的夕卡岩型矿体中，而锡在网脉型和云英岩型矿体中较集中。

锡与钨在元素地球化学性质上的差异可能是二者在成矿作用中行为及共生关系差异的原因之一。

从元素本身的地球化学性质上来看，锡与钨的关系其实并不十分密切。锡与钨既非同一周期又非同一族，二者的电子构型、原子和离子半径、氧化还原电位等地球化学参数均有一定差异（刘英俊等，1984）。钨属于典型的亲氧元素，它在自然界中以 W^{6+} 的氧化态形式与 O^{2-} 结合形成 WO_4^{2-} 络阴离子，并再与 Fe、Mn、Ca 等元素结合形成钨酸盐类，因此，钨的天然矿物均以钨酸盐为主。

与钨相比，锡虽然也属于亲氧元素（戚长谋，1991），但是锡不仅具有亲氧性，还具有亲铁性、亲硫性，因此可以在更多的地质条件下形成多种锡的独立矿物，如锡的氧化物、氢氧化物、硫化物、硫盐、铌钽酸盐、硅酸盐和硼酸盐等。

在自然界，锡容易与钛、铁、铌钽、铝等发生类质同象置换，但却很少与钨形成类质同象；锡的最重要矿物锡石中所包含的主要微量金属也是钛、铁、铌钽等，而钨在锡石中的含量普遍很低。在目前已知的锡的六大类 50 多种矿物中，钨没有进入任何一种锡矿物的化学式（陈骏等，2000）。这或许可以用来解释为什么许多大型锡矿床中钨并不一定是重要的共生或伴生金属。

前人研究成果显示，锡石在含氟水溶液中溶解度随氟浓度的增加而升高，锡在成矿热液中主要以羟基氟络合物的形式迁移（刘玉山等，1986；陈骏等，2000）。因此，与钨相比，锡与氟的关系更加密切。宋慈安（1996）对广西珊瑚矿田的研究表明：从浅部到深部，矿床的石英、黑钨矿等矿物中的 W-Sb-Cu-Pb-Zn-Mo-Ag 含量增多，而 Sn-Cl-F 含量有减少的趋势。这一现象似乎揭示了 Sn 与 F 之间更具相关性。徐敏林等综合赣南若干钨锡矿床的特征（2006），也发现富锡石的黑钨矿石英脉常含较多的萤石和黄玉（尤其是萤石），显示出成矿流体既富锡、又富氟的特征。覃宗光等（2008）的研究显示，栗木花岗岩中 F 含量可以作为寻找盲矿体的指示元素之一。苏咏梅（2008）的研究发现，野鸡尾锡多金属矿床中萤石化很发育，尤其是网脉状大理岩型矿体中的锡矿化往往产在白云母–萤石脉中。笔者等近年来在考察赣南若干钨矿床时，也发现富锡的矿石常有萤石出现，如漂塘钨锡矿床、石雷钨锡矿床中常可见到含锡石的石英脉中有萤石发育。而事实上，与赣南的岩背、粤西的银岩等斑岩锡矿有关的花岗岩就是非常富氟的黄玉花岗岩（王德滋等，1993）或云英斑岩（沈敢富，1992）。

（四）华南内部区域地质构造背景的差异分析

为什么钨矿床和锡矿床在华南地区空间分布上有这样的差异？这是矿床地质工作者共同关心的问题，对此尚未有专门的研究成果发表。现在看来，华南（或南岭）东西部在地质构造背景上的差异可能是重要的因素之一。

关于华南大地构造格架及其演化，虽然至今仍未获得统一的认识，但是如前所述，地质学界较为普遍认同的是华南地区主要包括两大块体：即华夏地块（或华夏陆块）和扬子地块（或扬子陆块）（Shui et al.，1986；杨森楠，1989；任纪舜，1990；马振东等，2000；舒良树，2006），现今的扬子陆块包括其主体扬子古陆（或扬子克拉通）及其东缘的江南造山带，现今的华夏陆块则包括葛利普所谓的"华夏古陆"（卢华复，2006）及其以西的华南褶皱系。因此，本书所述的华南实质上主要包括了江南造山带的一部分和几乎整个华南（加里东）褶皱系。

尽管对于华夏和扬子陆块的碰撞时间和机制还有不同认识（Li Z X et al.，2002；周金城等，2008），但是本书关心的是：①这两大陆块的碰撞–对接位置基本上被确认为是从东北部的绍兴–江山断裂带，基本上沿浙赣线向西，至萍乡（或宜春）一带转向南而进入湖南，在湖南境内大致沿茶陵（或酃县）–郴州–临武这一条断裂带向南，经广西东部进入北部湾；②该对接带两侧的构造背景、沉积作用、岩浆活动都存在着一定差异（杨明桂等，1998；童潜明等，2000；任纪舜等，2001）。

自从 Gilder 等（1996）在华南识别出一条具有较高 Sm-Nd 含量和 $\varepsilon_{Nd}(t)$ 值、较低 Sr 同位素初始比值和 Nd 模式年龄的花岗岩带——"十杭带"以来，已经有许多相关的研究工作给予了肯定、支持，并得到了发展（陈江峰等，1999；洪大卫等，2002）。目前地质学界基本上认可这条"十杭带"的位置相当于上述华夏和扬子两大陆块的碰撞对接带；而"十杭带"在南岭中段的具体表现就是湘南的酃县–郴州–临武断裂带及沿此带分布的一系列花岗岩体。

谢窦克等（2006）根据地球物理的研究认为扬子和华夏两大陆块基底岩石的物质组成和地壳结构完全不同，扬子克拉通具有由来自原始地幔岩石组成的具多层结构的结晶基底，而华夏陆块缺乏结晶基底。马振东等（2000）对华夏和扬子陆块的古–中元古代基底陆源碎屑岩、晋宁期花岗岩类的不相容元素进行了对比，根据大离子亲石元素含量及比值所反映的信息，认为该两大陆块在中元古代处于各自不同的构造位置，而华夏陆块比扬子陆块经历了更为强烈的后期叠加改造作用。

具体来说，"十杭带"北西侧（湖南大部及赣北等地）是属于扬子陆块的江南造山带及其东南缘，它以一套浅变质的中–上元古界火山–陆源碎屑沉积岩（四堡群、板溪群及相应层位）为褶皱基底；上覆泥盆系等地台型沉积的陆源碎屑–浅海相碳酸盐建造，构成南北向褶皱盖层构造，属相对凹陷区。南东侧是华南加里东褶皱带，基本上没有中元古界的地层出露，除了少数地区有青白口系至震旦系外，主要是以寒武-奥陶系陆源碎屑（-火山）沉积为主体的早古生代浅变质岩系等组成的东西向紧密褶皱为特征（杨明桂等，1998），构成本区褶皱基底，为相对隆起区，岩浆活动比北西侧更强烈。

前人研究表明，华南震旦系和古生界的某些层位，存在钨矿源层（徐克勤等，1981）或含钨建造。刘英俊等（1982）确定华南有元古界（+震旦系）、寒武系、泥盆系和石炭系4个时代的含钨建造。

总体来看，"十杭带"两侧地层的钨背景值都比较高，而其南东侧更是钨的地球化学高背景区。已知的超大型钨矿的围岩大多是震旦系、寒武系和泥盆系，其中石英脉型和蚀变花岗岩型矿床产于震旦系、寒武系硅铝质砂岩、板岩或凝灰岩、凝灰质砂岩中，夕卡岩型与层控角岩型矿床的围岩则为古生界（中寒武统、中-上泥盆统）的泥质灰岩和砂页岩。因此，大型-超大型钨矿的形成，与这些矿源层密切相关。本次研究对粤北瑶岭钨矿区主要地层（寒武系、泥盆系）的地球化学分析显示（表5.12），W及相关的Sn、Bi、Mo、As等元素均有不同程度的富集，尤其是W在寒武系、泥盆系中的富集系数达40.7、202.4；Bi的富集系数分别为49.4和310；W、Bi在泥盆系地层中的含量都超过了相关的花岗岩，而瑶岭及邻近的石人嶂、梅子窝等钨矿都有丰富的Bi共生。

表5.12　瑶岭钨矿区主要地层及花岗岩体成矿相关元素分析结果　　（单位：10^{-6}）

地层及侵入体	样品数	As	Pb	Sn	Ag	Zn	Cu	Li	Be	Mo	W	Bi
寒武系	133	170.8	57.6	31.2	0.7	133.5	64.5	120.9	7.4	3.9	44.8	8.4
泥盆系	170	28.1	142.1	14.5	0.4	165.0	37.9	75.1	10.9	9.3	222.6	52.7
黑钨矿石脉下部隐伏花岗岩	32	49.5	70.0	39.2	1.4	321.1	79.1	49.1	18.5	38.8	29.6	17.5
白基寨花岗岩	19			6.7							37.0	
地壳平均值		2.2	12.0	1.7	0.1	94.0	63.0	21.0	1.3	1.3	1.1	0.004

相对而言，"十杭带"的北西侧是锡的地球化学高背景区。尤其是在湘南-桂北地区广泛发育的泥盆系地层中锡的含量很高。庄锦良等（1993）提供的湘南地区泥盆系碳酸盐岩石的锡丰度为11.81×10^{-6}，砂页岩的锡丰度高达39.05×10^{-6}；尤以中泥盆统的跳马涧组、棋梓桥组含锡最丰。而史明魁等（1993）提供的湘桂粤赣四省不同时代地层中的锡平均含量显示，湖南的寒武系、泥盆系、石炭系地层中的锡平均含量（分别为5.3×10^{-6}、27.0×10^{-6}、2.6×10^{-6}）均高于江西相应地层中的含量（分别为4.0×10^{-6}、4.5×10^{-6}、1.6×10^{-6}）。

迟清华等（2007）汇编的中国东部元素丰度数据也能反映出这种差异。在他们统计的内蒙古兴安-吉黑造山带、华北地台、秦岭-大别造山带、扬子地台（东）、华南褶皱系5个中国东部主要构造单元中，属于华南地区的扬子地台（东）和华南褶皱系这两个单元无论是基底或盖层都是SiO_2和K_2O含量最高，说明其地壳最为成熟；而且无论在沉积岩、浅变质岩、花岗岩中都有最高的钨锡等有色及稀有金属成矿元素的丰度。可见，华南是一个成矿元素的高丰度区，该地区特殊的地质背景及其演化历史为钨锡等金属的富集成矿提供了物质基础。而从扬子地台（东）、华南褶皱系这两个单元的钨锡丰度情况来看，虽然在大多数统计项目中华南褶皱系含量略高，或二者不分伯仲，但值得一提的是在"花岗岩"和"片岩"这两种岩石的统计中，都显示出扬子地台（东）的Sn丰度（分别为3.0和3.6，单位为10^{-6}，下同）高于华南褶皱系（均为2.7和2.7），而华南褶皱系的W丰度（分别为1.7和2.7）高于扬子地台（东）（分别为1.6和1.84）的特征。

上述关于"十杭带"两侧地层的含矿性的差异或许也能为华南地区"东钨西锡"的空间分布特点提供一些注解。

（五）钨与锡在岩浆岩专属性方面的差异

由于钨与锡在华南地区共生的普遍性及其与花岗岩密切的成因关系，所以长期以来人们习惯于将与钨锡有关的花岗岩作为一类，称之为"钨锡花岗岩"或"含钨锡花岗岩"。但是，从锡与钨在全球范围内的成矿作用、矿床类型及分布情况来看，二者在岩浆岩专属性方面的差异也比较明显。

钨的主要矿床均与分异程度高的酸性岩密切相关，而锡矿的形成在岩浆岩专属性方面的选择余地显然要比钨矿床宽得多，除了与分异程度高的酸性岩有关外，还可以与富钙酸性岩、碱性岩、A 型花岗岩、中酸性花岗闪长岩、基性岩等多种岩石类型有关。

本章第一节以赣南铁山垅和湘南瑶岗仙为例，阐述了华南含钨的改造型花岗岩的主要特征。与它们相比，南岭地区与锡矿有关的花岗岩如骑田岭、千里山、王仙岭、花山–姑婆山等的特征明显不同。岩石化学成分上，它们比含钨花岗岩有更宽的 SiO_2 含量（66%～78%），较高的钛、钙和稀土含量，较明显的轻稀土富集。以与芙蓉超大型锡矿有关的骑田岭花岗岩为例，研究显示其在 SiO_2- A. R. 图上属于碱性系列岩石，在 K_2O-Na_2O 图上多落入 A 型花岗岩范围；微量–稀土元素特征（Y、Zr、Nb、Ce 与 10000Ga/Al 图解）也显示其为 A 型花岗岩，而且属于 A_2 型。

近年来有一些研究者试图找出华南地区与钨相关和与锡相关的花岗岩之间的差异并将它们区分开，这虽然是很有意义的工作，但是难度较大，因为在许多情况下可能是花岗岩的分异演化程度而并非成因类型决定它是与钨相关还是与锡相关的。本课题曾经在上一轮 973 项目研究中在华南与陆壳重熔型花岗岩类有关的成矿系统中划分出"主体（S 型）花岗岩"、"Li- F 花岗岩"和"火山–侵入杂岩"三种类型（华仁民等，2003），其中第一类与钨矿化密切相关，而第三类则与燕山晚期的浅成或次火山–斑岩型锡矿相关。最近，陈骏等（2008）将南岭地区含钨锡铌钽花岗岩划分为含钨花岗岩、含锡钨花岗岩和含铌钽花岗岩三个类型，三者在 TiO_2 含量、ACNK 值、Rb/Sr 及稀土元素等地球化学特征方面显示出一定差异；其中的含钨花岗岩和含铌钽花岗岩与华仁民等（2003）划分的第一、二种类型较为类似。伍光英等（2008）则将湘南的花岗岩类分为 MC 型、CM 型和 C 型铝质三类，认为骑田岭、大义山、千里山和锡田等花岗岩属于壳幔混合的 CM 型花岗岩，而瑶岗仙、香花岭、宝峰仙等花岗岩属于壳源铝质的 C 型花岗岩；CM 型和 C 型花岗岩的重要差别之一是前者岩体中常有大量的暗色包体，并伴生基性岩墙岩脉。

如果说这种分类的尝试还存在不少问题、还有许多工作要做的话，那么在与华南钨锡有关的花岗岩及其成矿作用特征研究上有两方面的成果是值得肯定的：一是，A 型花岗岩与锡矿的关系密切，这将在第六章中予以详细阐述。二是，锡的成岩成矿有更明显的地幔物质参与。与钨、锡成矿有关的花岗岩的最明显的一个差异就是是否含暗色包体。在赣南、粤北等地区，几乎所有与钨矿化相关的陆壳重熔型（改造型）花岗岩都非常"干净"，既没有暗色包体的发育，也没有同期的镁铁质岩墙岩脉相伴随，反映其形成和演化过程中很少或几乎没有地幔物质的参与；而在湘南、桂北、滇东南等地与锡矿相关的花岗岩中，暗色包体广泛发育。

综合以上对钨、锡成矿作用的差异原因的分析研究，可以在一定程度上解释：为什么南岭地区钨、锡成矿作用在区域分布、成矿时间等方面存在差异？为什么锡在 160～150Ma 期间主要产在壳幔相互作用强烈的"十杭带"附近，而在相对稳定的隆起区（赣南）不发育。也可以解释：到了燕山晚期的 120～80Ma，由于华南陆壳处在大规模的伸展阶段，强烈拉张及地幔物质上涌导致了壳幔混源花岗岩类的生成，从而在南岭及邻区又一次发生了锡的大规模成矿作用。

二、南岭地区与稀土成矿作用有关的花岗岩

（一）南岭地区稀土成矿作用概述

稀土也是我国优势矿产之一。南岭地区的稀土成矿作用，除了少数原生岩浆型矿化（如西华山）以及砂矿（如姑婆山）外，真正具有工业意义的主要是由花岗岩风化后形成的风化壳型（或称离子吸附型）稀土矿床。20 世纪 60 年代末，在江西省龙南地区的足洞和关西首次发现了风化壳型稀土矿床；很快，这类矿床在南岭及其邻近地区的许多地方被大量发现，范围包括南方 7 省，尤以赣南和广东最为丰富。由于

我国最大的稀土矿床白云鄂博是以轻稀土为主的，所以，风化壳型稀土矿床不仅迅速成为我国重要的稀土资源，而且更是重稀土的主要来源之一。风化壳型稀土矿床基本上只在我国产出，在世界其他地方很少有这类稀土矿床的报道。Lottermoster（1990）和 Morteani 等（1996）曾报道过在南半球发现的由富稀土碱性杂岩风化而成的红土型稀土矿床，可能与风化壳型类似。近年来在日本 Ashizuri-Misaki 地区发现了类似的表生富集型稀土矿床，产在古近纪花岗岩之上的富埃洛石的表生沉积物中（Murakami and Ishihara，2005）。

稀土花岗岩虽然有时与钨锡花岗岩为同一个复式岩体，如西华山（吴永乐等，1987），但是由于风化壳型稀土矿床与热液型钨锡矿床的形成环境、条件、时间空间等相差悬殊，所以二者实际上并不共生。风化壳型稀土矿床，是由于稀土花岗岩在地表遭受强烈风化，释放出来的稀土元素被以高岭石为主的黏土矿物所吸附而在风化壳中富集成矿。风化壳型稀土矿床形成于地表的外动力环境，湿热的气候条件，低矮平缓、植被发育的丘陵地区；虽然也经历了较长时间的风化作用，但成矿年代很新（通常为古近纪—第四纪）。风化壳型稀土矿床的风化壳厚数米至数十米，一般有明显的分层，自上而下可分为表土层、全风化层、半风化层、微风化层（或破碎基岩）及基岩等，其中全风化层往往是稀土元素最富集的层位，但各个具体矿床的情况不尽相同。

（二）稀土元素在南岭花岗岩演化过程中的表现

作者曾把南岭地区与 W、Sn、Nb、Ta、REE 以及 U 等金属的大规模成矿作用及其矿床归结为一个与陆壳重熔型花岗岩类有关的钨锡铌钽稀有金属成矿系统（华仁民等，2003）。大量研究表明，华南中生代花岗岩类，尤其是印支期和燕山早–中期（约 240～140Ma）的花岗岩类大多具有较高的 I_{sr} 值、较低的 ε_{Nd}、较古老的 Nd 模式年龄（黄萱等，1986，1989；袁宗信等，1992；陈江峰和江博明，1999；Shen et al.，2000），它们的成岩物质主要都来源于该地区的中元古代基底岩石（凌洪飞等，1992；谢窦克等，1996；王德滋等，2003），因此可以称为"壳源花岗岩"，大致相当于徐克勤等（Xu et al.，1984）提出的"改造型"花岗岩、莫柱孙（1985）归纳的"转化型"花岗岩、王联魁等（2000）提出的"Li-F 花岗岩"中的系列 I 花岗岩等；这些花岗岩所含有的 W、Sn、Bi、Be、Nb、Ta、REE、U 等成矿元素，主要也是来源于基底岩石。

这类陆壳重熔型花岗岩，尤其是与钨锡等稀有金属有关的花岗岩体大多是多阶段的复式岩体。南京大学地质系（1981）等早在 20 世纪 70～80 年代就总结出华南花岗岩的多时代、多旋回特征，以及随着岩石年代逐渐变新、岩浆不断演化而在岩石学和地球化学方面的一系列变化规律。对那些与钨锡等金属成矿有关的多阶段复式岩体来说，从早阶段到晚阶段，一般是岩体规模变小，岩石结构变细，岩石类型由黑云母花岗岩变为二云母花岗岩，到只有浅色云母的花岗岩，而岩石中的 W、Sn 等成矿元素含量则逐渐增加（Xu et al.，1984）。因此南岭地区与钨锡等稀有金属矿床有关的主要是高度分异演化的晚阶段的小岩体，它们的主要特征是高硅富碱，富含 F、B 等挥发组分。

然而，稀土元素与 W、Sn 等成矿元素在岩浆演化过程中的行为是不同的。对于一个特定的花岗岩体来说，随着岩浆演化过程中 W、Sn 等成矿元素含量的逐渐增加，其稀土含量却不断减少。早阶段的黑云母花岗岩往往比晚阶段浅色云母花岗岩含有更多的稀土元素，这一方面是因为黑云母的稀土元素占有率在花岗岩主要造岩矿物中是比较高的；另一方面则可能是由于某些副矿物的结晶分离，这些副矿物，如锆石、独居石、褐帘石、磷钇矿、氟碳钙铈矿等，都是稀土元素的主要载体。例如，在广东来石黑云母花岗岩的矿物组成中，主要造岩矿物黑云母占有全岩稀土元素总量的 28.8%，而副矿物褐帘石则占有全岩稀土元素总量的 50.5%（地矿部南岭项目花岗岩专题组，1989）。它们的结晶分离，必定使残余岩浆中的稀土含量大大减少。

赣南大吉山地区的花岗岩提供了一个很好的实例。该地区的花岗岩主要包括了三个岩体：一是被称为五里亭花岗岩体的中粗粒黑云母二长花岗岩，其他两个则分别是中细粒白云母碱长花岗岩（大吉山花岗岩主体）和细粒白云母花岗岩（大吉山花岗岩补体，也称 69 号岩体），前人曾认为三者都属于燕山早期的产物，构成了同源、同时代、不同阶段的复式岩体（孙恭安等，1989）。但是近年来的研究，尤其是锆石年代学研究结果表明，五里亭花岗岩的侵位年龄为 237.5 ± 4.8 Ma（邱检生等，2004）、238.4 ± 1 Ma（张文兰等，2004），属于印支期；而与铌钽矿化密切相关的大吉山花岗岩补体 151.7 ± 1.6 Ma（张文兰等，2006）则是燕山期的产物。

五里亭岩体与大吉山岩体（包括主体和补体，下同）的副矿物组合及含量有明显的差异。锆石虽然是它们所共有的主要副矿物，但五里亭岩体中的锆石以量多、细长柱状、晶形完好、全部赋存在黑云母矿物之中为特征。而大吉山主体中的锆石含量降低，呈短柱状，晶形差；大吉山补体中的锆石含量更低，颗粒细小、呈细长柱状。除了丰富的锆石外，五里亭岩体还含有榍石和褐帘石，而这两种副矿物在大吉山岩体未被发现。众所周知，锆石、榍石和褐帘石都是稀土元素的主要载体，这些矿物在五里亭岩体中的大量存在，使得五里亭岩体的稀土元素含量远远高于大吉山岩体，它们的稀土元素配分型式也有很大差别。综合笔者与前人的数据可以发现（表5.13），五里亭岩体的稀土元素总量较高，$\Sigma REE = 305 \sim 431 \times 10^{-6}$，平均 352.98×10^{-6}，稀土配分型式以 LREE 强烈富集、曲线右倾、Eu 弱亏损为特征；大吉山主体的稀土元素总量明显减少，ΣREE 平均 131.25×10^{-6}，稀土配分型式则以 LREE 略微富集、曲线稍向右倾、Eu 中等亏损（$\delta Eu = 0.20 \sim 0.27$，平均 0.24）为特征；大吉山补体的稀土元素总量更低，ΣREE 平均值仅为 32.83×10^{-6}；其中 HREE（Er、Tm、Yb、Lu）严重亏损，MREE（Sm、Gd、Tb）相对强烈富集，平均 $\delta Eu = 0.023$，属 Eu 严重亏损型（华仁民等，2007）。

五里亭岩体较高的稀土元素含量为产于其上的风化壳型稀土矿床提供了物质条件；而高度演化的大吉山岩体则成为钨-铌钽矿床的成矿母岩。

表 5.13　赣南大吉山地区主要花岗岩体若干地球化学特征对比

项目	五里亭岩体（4）	大吉山主体（3）	大吉山补体（4）
$SiO_2/\%$	66.57	74.88	74.1
A/CNK	0.99	1.22	1.15
K/Rb	179.57	78.7	35.78
Nb/Ta	9.47	2.48	0.45
Zr/Hf	37	16.51	2.82
$\Sigma REE/10^{-6}$	352.98	131.25	32.83
LREE/HREE	10.43	8.47	7.95
δEu	0.62	0.24	0.023
成矿作用	风化壳型稀土矿	黑钨矿石英脉	浸染状铌钽矿

注：根据孙恭安等（1989）和华仁民等（2007）的数据综合；括号内为样品数。

桂东北的花山-姑婆山复式花岗岩也是南岭地区的典型中生代花岗岩体之一，并伴随钨锡等稀有金属矿化。花山-姑婆山复式花岗岩包含了同安、牛庙等偏中性的闪长质岩体，里松角闪石黑云母二长花岗岩体，以中粗粒黑云母花岗岩为主的花山主体、姑婆山东体，以及颗粒较细的姑婆山西体、美华岩体等，大部分岩体的侵位年龄都在 $160 \sim 165$ Ma（朱金初等，2006；顾晟彦等，2006a）。与钨锡矿化有关的主要是细粒的姑婆山西体、美华岩体及时间上更晚、演化程度更高的小岩体。

根据我们对花山-姑婆山岩体的地球化学特征研究（顾晟彦等，2006b），从表5.14列出的某些化学成分特征可见，各主要岩体的主量元素尤其是 SiO_2 和 Na_2O+K_2O 含量基本相似，都是高硅富碱，但是它们的微量元素特征则有明显差异。从 K/Rb、Nb/Ta、Zr/Hf 这些反映花岗质岩体分异演化程度的参数来看，里松岩体和花山主体、姑婆山东体等中粗粒黑云母花岗岩的数值较高，而颗粒较细的美华和姑婆山西体等花岗岩的这些数值较低，反映出后者的演化程度显然要高于前者。与前文所述的大吉山花岗岩情况相似，里松岩体、花山主体、姑婆山东体具有较高的稀土含量，$\Sigma REE = 278\times10^{-6} \sim 528\times10^{-6}$（平均 $393\times$

10^{-6}），稀土分配模式向右倾，LREE/HREE = 5.50 ~ 15.25（平均 9.37），有明显的 Eu 负异常，平均 δ Eu = 0.31，LREE 的分馏程度大于 HREE；$(La/Sm)_N$ = 2.97 ~ 5.56（平均 4.56），$(Gd/Yb)_N$ = 1.25 ~ 1.84（平均 1.49）。而颗粒较细、分异程度较高的美华和姑婆山西体花岗岩的稀土总量较低，$\sum REE$ 平均 201×10^{-6}，LREE 分馏程度降低，HREE 略有富集，稀土元素分配模式近于"海鸥形"（图 5.32），LREE/HREE = 1.78 ~ 6.97（平均 2.99），Eu 的负异常更明显，平均 δ Eu = 0.09；$(La/Sm)_N$ = 1.26 ~ 3.38（平均 1.97），$(Gd/Yb)_N$ = 0.45 ~ 1.20（平均 0.81），均明显低于花山主体、姑婆山东体、里松花岗岩。

表 5.14　花山–姑婆山复式花岗岩主要岩体的某些化学成分特征

项目	花山 (9)	里松 (6)	姑婆东 (3)	姑婆西 (6)	美华 (6)
SiO_2/%	73.03	72.03	74.08	75.77	76.63
$Na_2O + K_2O$/%	8.73	8.91	7.79	8.43	8.53
A/CNK	0.97	0.96	0.96	0.98	1.01
K/Rb	80.97	96.22	86.80	63.54	56.79
Nb/Ta	8.72	7.70	7.58	4.08	6.09
Zr/Hf	31.82	33.26	30.89	18.44	21.48
$\sum REE/10^{-6}$	409.6	358.2	411.3	254.5	171.3
LREE/HREE	10.43	8.47	7.95	2.41	3.62
δ Eu	0.303	0.345	0.25	0.07	0.115
$(La/Sm)_N$	5.19	4.57	3.55	1.89	2.13
$(Gd/Yb)_N$	1.57	1.44	1.40	0.798	0.898

注：主量元素分析由南京大学现代分析中心完成（X 荧光光谱），微量元素分析由内生金属矿床成矿机制研究国家重点实验室完成（ICP-MS）；括号内为样品数。

杨学明等（1991）、陈春等（1992）的研究表明，姑婆山燕山早期花岗岩中姑婆山东体、里松花岗岩的稀土元素总量的 64% ~ 80% 主要分布在褐帘石、褐钇铌矿和独居石等矿物中，主要造岩矿物（长石、石英和黑云母）中的稀土元素为 21.47% ~ 36%。陈春等（1992）的研究还表明，钾长石和斜长石是 Eu 的主要载体，两者中的 Eu 含量分别约占全岩 Eu 含量的 67% 和 26%；褐帘石中 LREE 约占全岩 LREE 总量的 55% ~ 84%。

因此，相对于花山主体、姑婆山东体、里松花岗岩而言，美华和姑婆山西体花岗岩中 LREE 总量的降低，以及更明显的 Eu 的负异常，说明后者经历了长石和褐帘石等矿物更大比例的分离结晶；δ Eu 与 LREE/HREE 呈正相关，表明长石、褐帘石的分离结晶可能同时发生在岩浆演化过程中（图 5.32）。

从上述五里亭–大吉山和花山–姑婆山这两个例子可见，随着花岗岩分异演化程度增高，K/Rb、Nb/Ta、Zr/Hf 等值降低，稀土元素的含量也不断减少，并伴随 δ Eu 与 LREE/HREE 的明显降低；与此相反的则是 W、Sn 等元素含量不断增加，并最终发生矿化。

位于五里亭–大吉山以西的粤北贵东岩体也是一个由印支期花岗岩和燕山期花岗岩组成的复式杂岩体，虽然没有钨锡矿化，但却是华南重要的花岗岩型铀矿产地。张展适等（2005）的研究显示，与铀矿化无关的印支期鲁溪斑状黑云母二长花岗岩，平均稀土元素含量为 305.85×10^{-6}；而与铀矿化密切相关的帽峰中细粒二云母花岗岩的平均稀土元素含量仅为 77.82×10^{-6}。

（三）南岭与稀土成矿有关的花岗岩主要类型

在南岭花岗岩中，哪些类型的岩石与稀土矿化有关？或者说可能成为风化壳型稀土矿床的成矿母岩呢？

应当指出的是：①南岭地区陆壳重熔型花岗岩的稀土元素含量普遍较高，除了那些高度分异、与钨锡铌钽矿化直接相关的晚阶段小岩体的稀土元素含量很低外，南岭花岗岩的稀土元素含量一般为 200×10^{-6} ~ 500×10^{-6}，有些岩体的稀土元素含量达到 500×10^{-6} ~ 800×10^{-6}；②风化壳型稀土矿床的形成并不仅仅取决于花岗

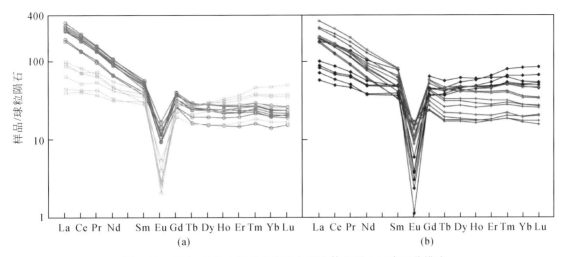

图 5.32 花山-姑婆山复式花岗岩主要岩体的稀土元素配分模式
（a）中 绿色=花山，橙色=美华；（b）中 紫色=里松，红色=姑婆东，蓝色=姑婆西

岩的稀土元素含量高低，更需要有气候、地形等多种因素的综合。

综合已有的文献资料，笔者提出南岭地区作为风化壳型稀土矿床成矿母岩的花岗岩类岩石主要有以下几种类型：印支期改造型准铝质花岗岩、燕山期 A 型花岗岩，以及燕山中-晚期改造型黑云母二长花岗岩等。

1. 印支期准铝质花岗岩

这类岩石以上述赣南五里亭岩体为代表。大量研究表明，华南地区的印支期准铝质花岗岩主要是在印支造山运动后陆壳加厚的背景下地壳物质的部分熔融产物，是"壳源"的"改造型"花岗岩（舒良树等，2000；Wang Y J et al.，2002；周新民，2003）。虽然许多印支期花岗岩是铝过饱和的（尤其是那些由加里东期或更老花岗岩重熔再生形成的），但是仍有不少是准铝质的。现今出露的印支期准铝质花岗岩普遍没有发生分异，它们与钨锡等金属成矿作用没有什么关系，也较少经受流体的作用，因此保存着大量富含稀土元素的副矿物。在有利的气候、地形等条件下，它们就可以成为风化壳型稀土矿床良好的成矿母岩。

除了赣南形成大吉山稀土矿床的五里亭花岗岩外，广东江门地区的共和、杨梅、鹤城等风化壳型稀土矿床的成矿母岩都是印支期（年龄为 233Ma）的粗中粒斑状黑云母二长花岗岩，其中共和、杨梅岩体的稀土元素平均含量分别为 318.4×10^{-6} 和 241.9×10^{-6}（庄文明等，2000；李杰维等，2005），以 LREE 为主。

2. 燕山期（铝质）A 型花岗岩

近年来在南岭地区发现或鉴别出不少 A 型花岗岩，其中既有燕山早-中期的，如赣南的关西岩体（黄典豪等，1993）、寨背岩体（陈培荣等，1998）、陂头岩体（范春方和陈培荣，2000）、广东的佛冈岩体（包志伟和赵振华，2003）、湘东南的骑田岭岩体（柏道远等，2005）等，也有燕山晚期的，如足洞岩体（黄典豪等，1993）、恶鸡脑岩体等（包志伟等，2000；王强等，2005）；它们中的许多岩体过去一直被认为是"壳源"花岗岩、甚至是典型的 S 型花岗岩。对于它们中有些岩石类型归属的认定，目前还有不少争议；事实上，它们的主要岩石化学特征与上述陆壳重熔型花岗岩类的确基本相似，尤其是 SiO_2、Na_2O+K_2O、CaO、MgO 等主量元素含量特征与 S 型花岗岩非常接近。本书不讨论这些被称为 A 型花岗岩的岩体的具体特征，但是根据统计资料，南岭地区这些 A 型花岗岩的稀土元素含量要远高于 I 型或 S 型花岗岩（吴锁平等，2007），因此可以成为风化壳型稀土矿床有利的成矿母岩。

例如，佛冈岩体的稀土元素含量较高，而且有意思的是，由中心相到边缘相，随着岩石分异程度的提高，稀土元素含量减少、Eu 负异常增大、轻重稀土比值减小（包志伟和赵振华，2003），完全符合本书所述的多阶段复式花岗岩体的稀土元素演化规律。

赣南一些准铝质的 A 型花岗岩体一般富含 REE，平均在 $500×10^{-6}$ 以上。赣南地区不仅存在 A 型花岗岩，而且存在双峰式火山岩，其中的酸性端元流纹岩和 A 型花岗岩一样具有板内花岗质岩石的地球化学特征。足洞、关西、陂头等岩体具有较高的 ε_{Nd} 值（$-1.0 \sim -6.4$）和较年轻的模式年龄（1043 ～ 1525Ma），反映了这些花岗岩源区中有较多的地幔成分。赣南地区广泛分布的大规模风化壳型稀土矿床常与这些 A 型花岗质岩石关系密切。

3. 燕山中-晚期黑云母二长花岗岩

除了上述两类岩石外，南岭地区广泛分布的燕山中-晚期黑云母二长或碱性长石花岗岩都有可能成为风化壳型稀土矿床的成矿母岩。它们的分异程度较低，富含黑云母及稀土副矿物；岩石的稀土元素含量较高，而且都是 LREE 富集、Eu 亏损不明显，显示出 I 型或同熔型花岗岩类的特征。例如，广东清远龙颈稀土矿床的母岩中粗粒斑状黑云母二长花岗岩（156.4 ～ 153Ma）（庄文明等，2000），广东平远仁居稀土矿床的母岩燕山晚期中粒黑云母花岗岩（REE = $771.91×10^{-6}$）、花岗斑岩（REE = $447.84×10^{-6}$）（陈炳辉和俞受鋆，1994）等。

此外，一些浅成斑岩-次火山相的花岗质岩石，乃至火山岩也可能在有利的条件下形成风化壳型稀土矿床，如江西河岭的小岔村流纹质凝灰熔岩、麻风村花岗斑岩等（宋云华和沈丽璞，1986；张祖海，1989）。

从以上论述可见，南岭地区的钨锡和稀土矿床虽然都与花岗岩类有直接成因联系，但二者的成矿作用有很大差异。钨锡成矿作用是钨锡花岗岩高度分异演化、成矿元素和碱质、挥发组分高度富集的结果，应归入典型的热液矿床范畴；而稀土成矿作用是由花岗岩风化后形成的风化壳型稀土矿床。

钨锡和稀土在南岭花岗岩类分异演化过程中的表现很不相同，随着花岗岩分异程度的提高，岩石中的 W、Sn 等元素含量逐渐增加，因此钨锡等矿床主要与高度分异演化的晚阶段小岩体有关；但是对于稀土元素来说，由于花岗岩类的分异演化导致稀土主要载体的黑云母及许多副矿物的减少，因此稀土元素含量在晚阶段岩体中反而降低。赣南的五里亭-大吉山岩体、桂东北的花山-姑婆山岩体等提供了很好的范例。

因此，南岭地区与风化壳型稀土矿床有关的岩石主要是演化程度较低的弱分异花岗岩类，如印支期准铝质花岗岩、燕山期 A 型花岗岩、燕山中-晚期黑云母二长花岗岩等。

第六章　华南与A型花岗岩有关的锡多金属成矿系统

南岭地区是我国最重要的有色、稀有金属矿产资源产地，尤以中生代钨、锡等金属的大规模爆发式成矿而闻名。南岭及其邻区的钨锡成矿作用与中生代大规模花岗质岩浆活动有密切的时间、空间及成因联系，又存在明显的钨锡共生和分异，二者表现出多方面的差异。我们在上一章叙述与钨多金属矿床相关的改造型花岗岩（相当于S型）特征的同时，已经对钨锡成矿花岗岩的差异做了阐述。本章将进一步详述华南锡多金属成矿系统与A型花岗岩之间的密切关系。

传统观点认为，南岭地区与锡矿床有关的花岗岩和含钨花岗岩一样，也主要为陆壳改造型花岗岩类（徐克勤等，1984；陈毓川等，1989）。但是实际情况显示，与钨矿相比，南岭地区与锡矿有关的花岗岩如骑田岭、千里山、王仙岭、花山-姑婆山等的特征明显不同。岩石化学成分上，它们比含钨花岗岩有更宽的 SiO_2 含量（66%～78%），较高的钛、钙和稀土含量，较明显的轻稀土富集。近年来，随着A型花岗岩的提出以及研究的深入，南岭及邻区一批A型花岗岩的确认（陈培荣等，1998；包志伟等，2000）大大拓宽了人们的思路。原来一直以为华南与钨锡成矿有关的都是壳源的、改造型或S型的花岗岩类，在后来的研究中却发现了有些岩体可以归入A型花岗岩的范畴。例如，柏道远等（2005）研究了骑田岭岩体主体的地球化学特征，认为骑田岭岩体属于A型花岗岩，形成于后造山拉张构造环境。付建明等（2005）研究认为与大坳等锡多金属矿床有关的九嶷山金鸡岭花岗岩属铝质A型花岗岩，形成于大陆边缘裂谷环境。王强等（2005）将华南晚中生代的A型花岗岩类或碱性侵入岩大致分成三期，其中第一期侏罗纪（184～152Ma）的动力学背景可能是走滑或岩石圈伸展，A型花岗岩类或碱性侵入岩主要沿"十-杭裂谷带"南段分布。朱金初等（2006c）研究了与锡多金属矿化有关的花山-姑婆山花岗质杂岩的岩石学、地球化学和岩石成因，认为这是一个以地幔物质略占优势的 A_1 亚型花岗质杂岩带，其源区物质可能主要是经过交代和富集的具有OIB型微量元素特征的岩石圈地幔和下地壳。

近年来有更多学者认为南岭中西段沿北东向郴州-临武断裂带分布的含锡矿化的花岗岩应属于A型花岗岩（Li et al.，2007；蒋少涌，2006；朱金初，2008）。我们的研究也显示，与芙蓉超大型锡矿有关的骑田岭花岗岩为A型花岗岩，而且属于 A_2 型。

湘南桂北地区沿"十杭带"分布着千里山、骑田岭、九嶷山（金鸡岭）、花山-姑婆山等被认为属于A型的花岗岩体；而相应地也分布着东坡、芙蓉、香花岭、大坳、新路等一系列重要的锡多金属矿床和矿田。目前看来，二者之间在时空和成因上密切相关已经成为许多人的共识（朱金初等，2008；蒋少涌等，2008）。而正因为"十杭带"是扬子板块和华夏板块在新元古代的碰撞对接带，并且此后多次沿该带开合，它就成为地幔物质上涌加入地壳的一条重要通道（洪大卫等，2002），因此该地区形成于拉张动力学环境的A型花岗岩或多或少有幔源岩浆的参与。

南岭地区与锡矿化相关的A型花岗岩带的厘定，对传统的S型花岗岩与锡矿化亲缘性提出了挑战。A型花岗岩与锡矿的关系也是近年来花岗岩与成矿关系研究的重要进展之一。

第一节　与锡成矿有关的A型花岗岩——以骑田岭花岗岩为例

锡的分布和成矿作用在时间上和空间上与花岗岩密切相关，花岗岩不仅是锡成矿的最重要的成矿物质来源之一，也是重要的锡成矿场所之一（陈骏等，2000）。20世纪是花岗岩与锡矿成因关系研究的全盛时期（Groves，1972；Groves and McCarthy，1978；Lehmann，1990；Štemprok，1990），由于花岗岩成因研究方面取得了重大的进展（Chappell and White，1974），花岗岩与锡矿关系研究也转为重点研究判别花岗岩类型、探讨成矿物质来源和岩浆作用中锡的地球化学行为等方面（Heinrich，1990；Linnen et al.，1995；徐克勤等，1987）。

Chappell 和 White（1974）将花岗岩分成了 I 型（源岩为火成岩）和 S 型（源岩为沉积岩），其中 S 型相当于徐克勤提出的陆源改造型花岗岩（Xu，1984）；I 型花岗岩包括由再循环和脱水的大陆地壳产生的和直接从俯冲洋壳或上覆地幔熔融派生出来的花岗岩（Loiselle and Wones，1979；Pitcher，1982；White，1979）。大量研究显示，世界上大多数原生锡矿化都与黑云母花岗岩密切相关（Heinrich，1990，1995；Kwak，1987；Plimer，1987；Taylor，1979）。这类花岗岩通常是高度分异的 S 型花岗岩或者钛铁矿系列或者陆壳改造型的花岗岩，富含 W、Sn 成矿元素以及 F、Li、B 等挥发分（Heinrich，1990），具有过铝质、富水和低氧逸度的特征。在低氧逸度的条件下，过铝质岩浆有利于 SnO_2 的溶解，锡主要以 Sn^{2+} 的形式存在，这些花岗岩通过结晶分异作用，能够分异出富锡的岩浆热液流体，进而形成与花岗岩有关的锡矿化（Linnen et al.，1995，1996）。

但近年来，随着研究工作的不断深入，发现了大量与 A 型花岗岩有关的锡矿床，如与澳大利亚的 Mole 花岗岩 Sn-W 矿床（Audétat，1999）、尼日利亚 Jos 高原 Sn-Nb-W-Zn 矿床和巴西的朗多尼亚锡矿床（Nilson and Márcia，1998；Sawkins，1984），南非的 Bushveld 杂岩体分布区、美国的密苏里州、原苏联的 Salma 地区的锡矿床（Mitchell and Carson，1981；Sawkins，1984）；我国新疆北部卡拉麦里的贝勒库都克锡矿带（刘家远等，1997；吴郭泉，1994；毕承思等，1992，1993）、川西连龙锡矿（曲晓明等，2002）以及近年来新发现的具有巨大找矿潜力的芙蓉锡多金属矿床（李兆丽，2006；李晓敏，2005；蒋少涌等，2006）等均为与 A 型花岗岩有关的锡矿床。由于这些与 A 型花岗岩有关的锡矿床的发现，与 A 型花岗岩有关的锡成矿作用研究成为地质学家们关注的热点问题。

传统观念认为，A 型花岗岩浆是在相对无水的条件下以干熔为主形成的，在其结晶分异过程中很难分异出流体相（Clemens，1986；Collins et al.，1982；Loiselle and Wones，1979）。但近年来研究显示，A 型花岗岩类并不一定真正"无水"，含水的 A 型花岗岩类在一定条件下也能够分异出具有重要成矿意义的成矿流体（毕献武，1999；Hu et al.，1998，2004；Jorge et al.，2005；Bonin，2007；Li et al.，2007；毕献武等，2008；Shuang et al.，2010；Neto et al.，2009；Konopelko et al.，2009）。目前有关 A 型花岗岩与锡成矿关系的研究主要集中于探讨花岗岩体的地球化学性质、形成的构造环境，以及成岩与成矿的时空关系等方面。研究表明，与锡矿有关的 A 型花岗岩大多形成于非造山的构造环境下，成岩过程中有地幔物质的加入，花岗岩体是成矿物质的重要来源之一，矿体分布在岩体与围岩（主要是碳酸盐岩）内外接触带上，矿化类型复杂，普遍发生热液蚀变。

因此，尽管 A 型花岗与锡成矿关系的问题已经引起人们的重视，但相对于与 S 型花岗岩有关的锡矿床来说，与 A 型花岗岩有关的锡矿床成矿理论研究起步较晚，研究积累较少，缺乏对这类锡矿床成矿流体来源和性质、成矿机制以及 A 型花岗岩与锡成矿成因联系的深入研究，从而制约了对这类矿床成矿过程和成矿规律的认识，因而也制约了在这类岩石中的进一步找矿工作。

研究表明，南岭中西段发育着一条北东向的燕山早期含锡（钨）A 型花岗岩带，该带主要由花山、姑婆山、九嶷山、骑田岭等花岗质岩基和周边岩株群所组成（朱金初等，2008），而芙蓉超大型锡多金属矿床就赋存在这个 A 型花岗岩带内。芙蓉超大型锡多金属矿床位于湘南骑田岭岩体的南部，是新近发现的与 A 型花岗岩具有成因联系的超大型锡矿床。矿床位于骑田岭花岗岩体与围岩（石炭纪的石磴子组和二叠纪的栖霞组）的接触带和岩体内部，锡成矿与岩体具有密切的时空联系（图6.1）。

一、骑田岭花岗岩的地质地球化学特征

骑田岭复式岩体位于扬子地块与华夏地块结合带，处于炎陵-郴州-蓝山北东向基底构造岩浆岩带和郴州-邵阳北西向构造岩浆岩带的交汇部位，出露面积约520km²。岩体周围出露地层主要有石炭系、二叠系和下三叠统浅海相碳酸盐岩和砂页岩组合，夹少量硅质岩（图6.1（a）），主要岩性为角闪石黑云母花

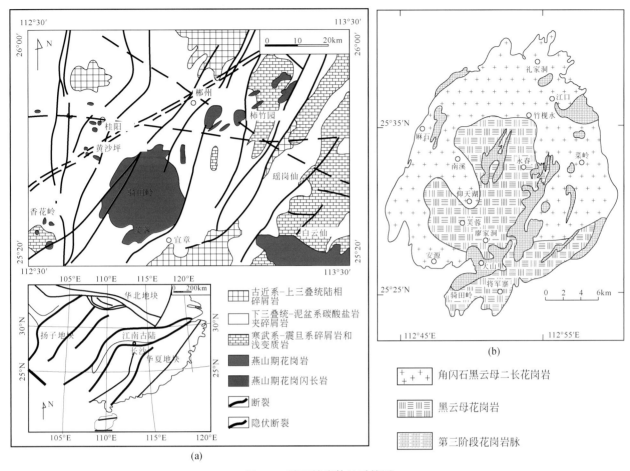

图 6.1　骑田岭岩体地质简图

（a）据彭建堂等，2007 修改；（b）据朱金初等，2003 修改

岗岩和黑云母花岗岩（图 6.1（b））。

中粒斑状角闪石黑云母二长花岗岩，具斑状结构，斑晶有石英、钾长石、斜长石（更/中长石）、黑云母、角闪石，副矿物主要有榍石、锆石、磁铁矿、稀土矿物等，岩体的分异指数 DI 为 81.16 ～ 93.96，标准矿物中出现刚玉。

中粒斑状黑云母花岗岩，斑状结构，斑晶和基质成分相同。主要矿物为石英、钾长石、斜长石、黑云母，副矿物主要有磁铁矿、钛铁矿、稀土矿物等，岩石分异指数 DI 为 84.53 ～ 95.42，标准矿物中出现刚玉。

（一）成岩年代学

5 组锆石 U-Pb 年龄样品分别选自骑田岭岩体将军寨、南溪、五里桥和麻子坪单元，其中，南溪和五里桥单元的岩性分别为角闪石黑云母二长花岗岩，将军寨和麻子坪单元岩性为黑云母花岗岩。结果表明，角闪石黑云母二长花岗岩的 U-Pb 年龄为 162.9 ±0.4 ～ 158.6 ±0.4Ma，黑云母花岗岩锆石的 U-Pb 年龄为 156.7 ±0.4 ～ 153.5 ±0.4Ma，与近年来所测定的结果一致。因此，根据年代学数据可将本区主要花岗岩岩浆活动划分为 2 期，早期的角闪石黑云母二长花岗岩和晚期的黑云母花岗岩。

（二）岩石地球化学特征和岩石类型

从图 6.2 ～ 图 6.4 中可以看出，骑田岭花岗岩体总体具有高硅富碱高钾的地球化学特征。其中，早期侵入的角闪石黑云母二长花岗岩 SiO_2 含量多在 69% 左右，Al_2O_3 的含量为 11.76% ~ 15.20%，P_2O_5 含量为 0.04% ~ 0.25%，平均 0.18%。A/CNK（= Al_2O_3/（Na_2O+CaO+K_2O），分子数比）在 0.83 ~ 1.22，大部分小于 1，为偏铝质–弱过铝质。岩石明显富碱，尤其是富钾，K_2O+Na_2O 为 7.32 ~ 9.24，平均 8.04，K_2O/Na_2O 值普遍大于 1，平均为 1.78。碱度率为 2.64 ~ 5.09，属于碱性岩系列（图 6.2）。花岗岩具有高硅高 K 的特征，在 Na_2O-K_2O 图解上显示为 A 型花岗岩特征（图 6.3）。

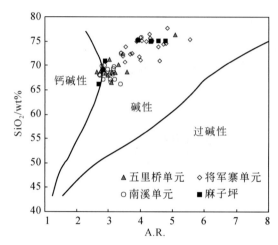

图 6.2　花岗岩 SiO_2-A. R. 图（本次工作未发表数据）

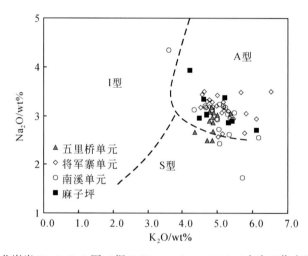

图 6.3　花岗岩 Na_2O-K_2O 图（据 Collins et al.，1982）（本次工作未发表数据）

相比之下，晚期的黑云母花岗岩 SiO_2 含量平均为 73.50%，明显高于早期的角闪石黑云母二长花岗岩。Al_2O_3 的含量为 11.23% ~ 14.63%，P_2O_5 含量为 0.01% ~ 0.35%，平均 0.07%。A/CNK 为 0.90 ~ 1.11，为偏铝质–弱过铝质。岩石明显富钾，K_2O+Na_2O 为 7.43 ~ 10.01，平均 8.28，K_2O/Na_2O 值普遍大于 1，平均为 1.78。碱度率为 2.68 ~ 5.56，属于碱性岩系列，在 Na_2O-K_2O 图解上显示为 A 型花岗岩特征（图 6.2、图 6.3）。

对比两种花岗岩的岩石化学特征可以看出，骑田岭花岗岩体总体具有向酸性演化的趋势。相对于早期侵入的角闪石黑云母二长花岗岩，晚期黑云母花岗岩的 SiO_2、K_2O+Na_2O 含量明显增加，在 Harker 图解上（图 6.4），花岗岩体总体表现了随 SiO_2 增加，铁镁质（TiO_2、Fe_2O_3、MgO）降低，Al_2O_3、CaO 以及 P_2O_5 下降的趋势，表现出同源岩浆的演化性。

骑田岭花岗岩体具有较高的稀土含量，显示出轻稀土富集的右倾型稀土模式（图 6.5），中等–强烈 Eu

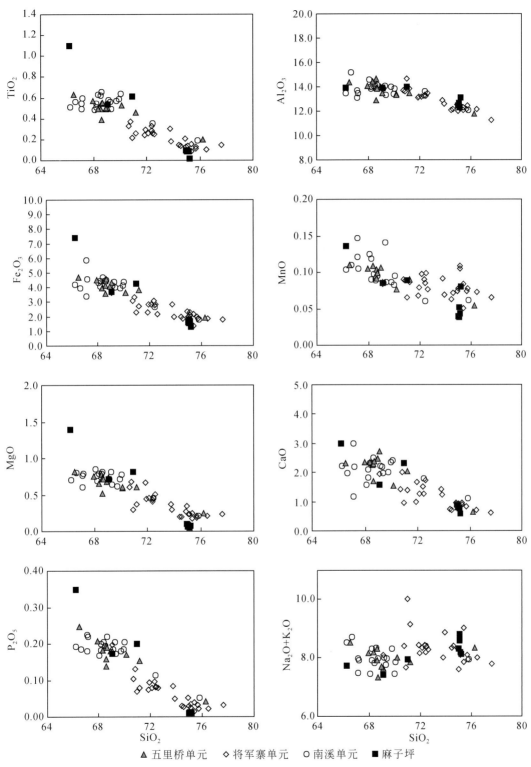

图 6.4　骑田岭花岗岩体 Harker 图解（本次工作未发表数据）

▲ 五里桥单元　◇ 将军寨单元　○ 南溪单元　■ 麻子坪

负异常。角闪石黑云母二长花岗岩稀土总量为 $225.3 \times 10^{-6} \sim 1267.8 \times 10^{-6}$，稀土配分模式为轻稀土强烈富集型，$(La/Yb)_N$ 为 $7.02 \sim 110.37$，中等负销异常（δEu 为 $0.258 \sim 0.610$），轻重稀土分异强烈，$(La/Sm)_N$ 为 $3.00 \sim 12.10$，$(Gd/Yb)_N$ 为 $1.45 \sim 5.28$。相对于早期侵入的角闪石黑云母二长花岗岩，黑云母花岗岩的稀土总量略有降低，为 $42.6 \times 10^{-6} \sim 570.2 \times 10^{-6}$，明显富集轻稀土，$(La/Yb)_N$ 为 $1.83 \sim 15.48$，稀土配分模式基

本相似,但显示出更强烈的负铕异常,δEu为0.005～0.591,表明斜长石的强烈分异结晶作用,岩体结晶分异程度较高。轻稀土强烈分异而重稀土分异不明显,(La/Sm)$_N$为1.95～6.99,(Gd/Yb)$_N$为0.60～1.81。

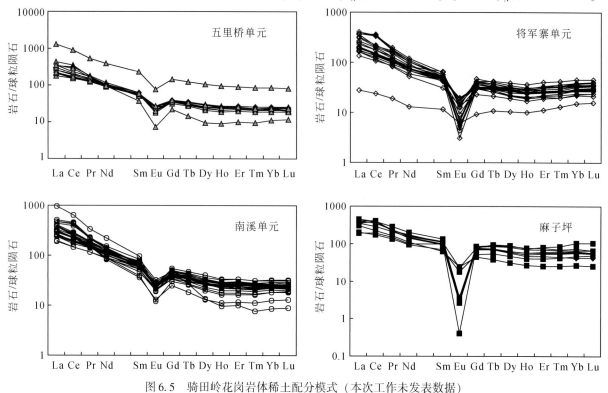

图6.5 骑田岭花岗岩体稀土配分模式(本次工作未发表数据)

在微量元素蛛网图上可见(图6.6),与原始地幔相比,骑田岭岩体各单位花岗岩明显富集不相容元素,同时表现出Rb、Th、U、La、Ce、Nd、Zr、Hf的正异常和Ba、Nb、Sr、P、Ti亏损,暗示岩浆经历了较强的分异演化。Ba、Sr、P、Ti的强烈亏损可能与原始岩浆房中斜长石、磷灰石和钛铁氧化物的结晶分离作用有关。Ga/Al×10^{4}明显高于I型和S型花岗岩(Whalen et al.,1987),表现出较明显的A型花岗岩特征(图6.7)。

根据Eby(1992)提出A型花岗岩的A$_1$、A$_2$分类方法(图6.8),骑田岭花岗岩体显示为A$_2$型。在花岗岩形成构造环境的微量元素判别图解上(图6.9),骑田岭花岗岩样品均落入板内花岗岩区,岩体侵入构造环境为后造山构造环境(Pearce et al.,1984;Pearce,1996)。已有资料表明,180Ma以来华南地区已属于陆内造山作用阶段(王岳军等,2001),燕山晚期华南地区构造体制发生了根本性的改变,具有陆内裂谷环境特征。燕山早期的侏罗纪,时代上处于印支期碰撞造山阶段与燕山晚期白垩纪陆内裂谷之间,其构造性质为经典的陆-陆碰撞造山之后的后造山拉张构造环境(柏道远等,2005;邓晋福等,1999a;1999b)。因此,燕山期侵入的骑田岭岩体形成于陆-陆碰撞之后的后造山拉张环境。

二、骑田岭花岗岩的成因和动力学背景

(一)成岩条件和岩浆演化

1.成岩条件

岩浆结晶过程中热化学参数的研究对了解岩浆演化、岩浆成因、岩浆岩的侵位深度和形成环境等具有重要意义。矿物化学是目前运用较为普遍和有效的计算岩浆结晶过程中热化学参数(温度、压力、氧逸度等)的方法(Brent et al.,1998;Christopher et al.,2002;Helmy et al.,2004;Zhao et al.,2005;毕

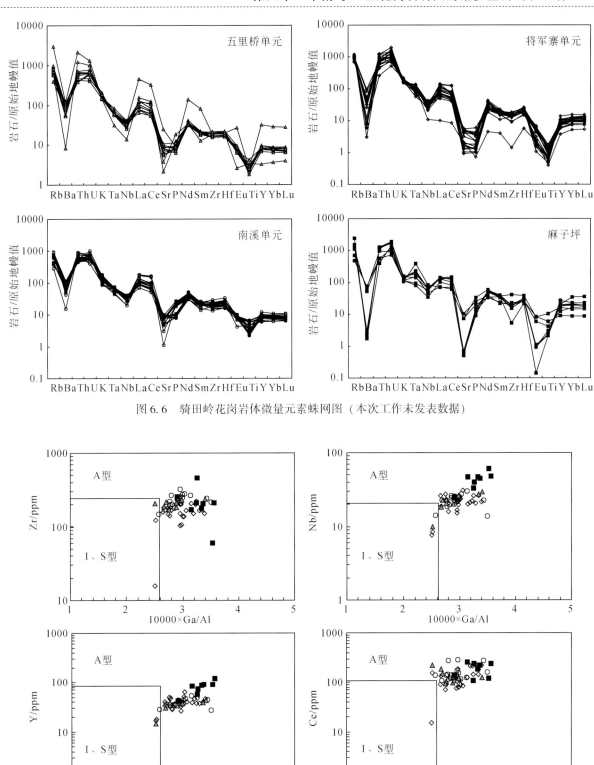

图 6.6　骑田岭花岗岩体微量元素蛛网图（本次工作未发表数据）

▲ 五里桥单元　◇ 将军寨单元　○ 南溪单元　■ 麻子坪

图 6.7　花岗岩微量元素判别图（底图据 Whalen et al.，1987；本次工作未发表数据）

献武等，2006；李鸿莉等，2007）。

应用二长石地质温度计计算骑田岭岩体成岩温度，获得角闪石黑云母二长花岗岩温度为 690～750℃，

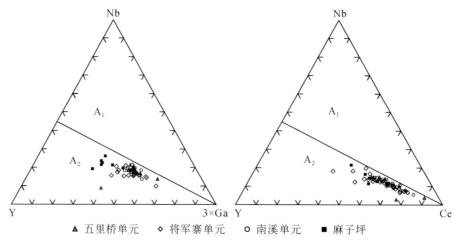

▲ 五里桥单元　◇ 将军寨单元　○ 南溪单元　■ 麻子坪

图 6.8　Nb-Y-3×Ga 以及 Nb-Y-Ce 判别图（底图据 Eby，1992；本次工作未发表数据）

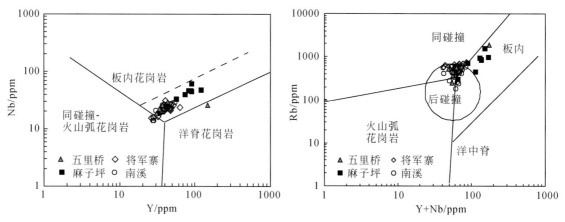

图 6.9　骑田岭花岗岩体构造环境判别图（底图据 Pearce，1996；本次工作未发表数据）

黑云母花岗岩成岩温度为 530～680℃。这种方法确定的温度一般偏低，只能代表二长石结晶的温度。研究表明，用全岩锆石饱和温度计（Watson et al.，1983；邱家骧和林景仟，1991；King et al.，1997；Calvin et al.，2003）和标准矿物计算得到的温度，通常可以代表成岩温度。据此确定角闪石黑云母二长花岗岩的成岩温度为 774～796℃，黑云母花岗岩成岩温度为 714～784℃，角闪石黑云母花岗岩成岩温度高于黑云母二长花岗岩，指示随着岩浆的不断分异演化成岩温度降低的趋势。

在铁镁硅酸盐矿物中氧化铁的比率是反应结晶过程中氧化还原状态的关键因素（Wones and Eugster，1965；Wones，1981；Speer，1984；Hoshino，1986；Borodina et al.，1999），不同价态的铁氧化物可以概略地指示氧逸度的相对大小，由 Fe^0- Fe^{2+}- Fe^{2+} + Fe^{3+}- Fe^{3+}，反映其结晶时的氧逸度依次增高（马鸿文，2001）。由于矿物中的 Fe^{3+} 对四面体中的 Si^{4+} 过于敏感，应用电子探针分析结果计算 $Fe^{3+}/(Fe^{2+}+Fe^{3+})$ 值，在很大程度上将受 SiO_2 的分析精度的影响。目前一般认为应用穆斯堡尔谱研究黑云母的 Fe^{2+} 和 Fe^{3+} 是较为准确的方法。

Wones 和 Eugster（1965）通过研究与磁铁矿和钾长石共生的黑云母的 Fe^{3+}、Fe^{2+} 和 Mg 原子百分数确定了岩浆的氧逸度。本次应用黑云母穆斯堡尔谱分析结果并结合电子探针分析结果较精确地确定了 FeO 和 Fe_2O_3。黑云母的 Fe^{2+} 和 Fe^{3+} 值用穆斯堡尔谱分析，FeO（wt%）= wt% FeO^T/[1.08 * （Fe^{3+}/Fe^{2+}）+ 1]；Fe_2O_3（wt%）= wt% FeO^T- wt% FeO，其中 wt% FeO^T 为电子探针分析结果。从岩体黑云母的 Fe^{3+}- Fe^{2+}- Mg 图解（图 6.10）可以看出，两类花岗岩中黑云母样品点均落 Fe_2O_3-Fe_3O_4（HM）缓冲线附近。

Wones（1965）的 $\log f_{O_2}$-T 图解也可以用来估算氧逸度。本次研究用黑云母穆斯堡尔谱结果结合黑云

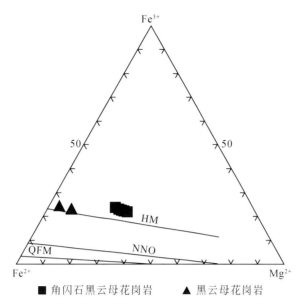

图 6.10　芙蓉花岗岩黑云母 Fe^{3+}-Fe^{2+}-Mg 图解（底图据 Wones，1965；原始数据据李鸿莉等，2007）

母电子探针结果计算 Fe/Fe+Mg，结合锆石饱和温度计求得的成岩温度（T）来估算成岩氧逸度。角闪石黑云母花岗岩、黑云母花岗岩氧逸度（$\log f_{O_2}$）分别为 –15.00 ~ –15.5、–17.5 ~ –20。可见，从角闪石黑云母花岗岩到黑云母花岗岩随着结晶温度的降低氧逸度也随之减小，成岩条件由相对氧化向相对还原的方向变化。

2. 岩浆演化

骑田岭花岗岩中黑云母单矿物球粒陨石标准化图解见图 6.11（a）。总体上可见黑云母稀土元素特征与全岩稀土元素特征相似（图 6.11（b）），表现为中等–强烈的负 Eu 异常，稀土总量（ΣREE）变化范围为 28.72 ~ 338.79，明显低于全岩稀土总量，这可能是由于稀土元素除在黑云母中富集外，也存在于其他副矿物中引起的。

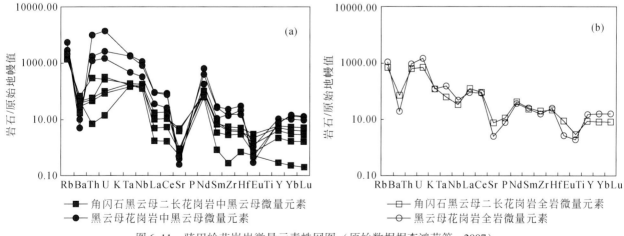

图 6.11　骑田岭花岗岩微量元素蛛网图（原始数据据李鸿莉等，2007）
（a）黑云母单矿物微量元素蛛网图；（b）骑田岭岩体全岩平均微量元素蛛网图

在微量元素组成上，骑田岭花岗岩中的黑云母明显富集 Rb、Ta、Nb 等，说明黑云母可能是 Rb、Ta、Nb 等富集元素的载体，这和全岩微量元素特征（图 6.11）相似，说明黑云母单矿物的成分受寄主岩石的制约。

黑云母的成分特征可作为岩浆分异演化程度的良好示踪剂。研究表明，花岗质岩浆中 Rb、Ba 主要以类质同象形式赋存在黑云母和钾长石中（Bea et al.，1994），其中 Rb 主要与 K 发生类质同象置换，其含量随着岩浆分异演化程度的增高而增高，而 Ba 既可与 K 置换，也可与 Ca 置换，在岩浆演化早期，黑云母是 Ba 的主要载体，而到岩浆演化晚期，Ba 则主要赋存于钾长石中。因此，随着岩浆分异演化程度的增高，黑云母的 Rb 含量依次增高，而 Ba 含量则渐次降低，Rb/Ba 值显著增大。将黑云母的成分投影在 Rb-Ba 关系图上（图 6.12），可以看出角闪石黑云母二长花岗岩中的黑云母成分点落在中等到高的演化区域，而黑云母花岗岩中的黑云母成分点则落在高分异演化区，黑云母花岗岩演化程度明显高于角闪石黑云母二长花岗岩。

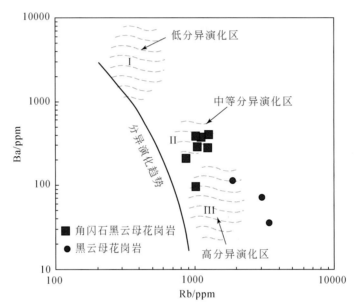

图 6.12　骑田岭花岗岩体黑云母 Rb-Ba 图解（底图据胡建等，2006；原始数据据李鸿莉等，2007）

Ⅰ.据西藏羌塘北部安山岩中黑云母圈定（赖绍聪等，2002）；Ⅱ和Ⅲ.据葡萄牙中部 Viseu 地区

斑状黑云母花岗岩和二云母花岗岩圈定（Neves，1997）

（二）源区性质和岩石成因

岩浆演化过程中一般都能继承其源岩的同位素成分，并且在岩浆形成之后的封闭体系内发生分异的过程中基本保持不变，因此，同位素组成被广泛应用到岩浆岩的源区示踪以及研究地幔和地壳之间的相互作用。

根据 $(^{87}Sr/^{86}Sr)_i$ 值大小，可将花岗岩分为低 Sr、高 Sr 和中 Sr 三组，$(^{87}Sr/^{86}Sr)_i$ 值小于 0.706 的花岗岩是由地幔形成的玄武质岩浆分异而成，$(^{87}Sr/^{86}Sr)_i$ 值大于 0.718 的花岗岩是由陆壳部分熔融形成的，而介于两者之间的可能由三部分组成：①下地壳源岩部分熔融；②地幔和地壳混合作用形成；③下地壳形成的岩浆侵位过程中遭到上地壳的混染（Faure，1972；Faure and Mensing，2005）。

骑田岭岩体五里桥单元、南溪单元的角闪石黑云母二长花岗岩的 $(^{87}Sr/^{86}Sr)_i$ 为 0.7074～0.7137，将军寨单元和麻子坪单元的黑云母花岗岩的 $(^{87}Sr/^{86}Sr)_i$ 为 0.7047～0.7187，与中国东部中生代岩浆岩具有相似的 Sr 同位素组成特征（李兆鼐等，2003），说明岩浆可能具有壳幔混染的性质。两种花岗岩体具有基本一致的 Sr 同位素组成，揭示其相同的物质来源。

骑田岭岩体黑云母花岗岩的 $\varepsilon_{Nd}(t)=-7.3964～-6.7496$，黑云母花岗岩的 $\varepsilon_{Nd}(t)=-7.8285～-6.6699$，与华南中生代时期侵入的壳-幔混源型花岗岩具有相似的 Nd 同位素组成特征（沈渭洲等，

1993），显示出源区物质为壳–幔组分混合的产物。研究表明，华南基底岩石 $\varepsilon_{Nd}(t) \leqslant -12$（李献华，1990；胡恭任等，1998），因此，通过单纯地壳深融作用产生高钾碱性岩浆的可能性不大，如果没有地幔物质的加入也难以为下地壳深熔作用产生高钾碱性岩浆提供足够热能（Miller et al.，1999）。

花岗岩体的 $^{147}Sm/^{144}Nd$ 值为 0.0850～0.1641，超出地壳从地幔中分异出来时地壳的 $^{147}Sm/^{144}Nd$ 值（0.10～0.14）（朱炳泉，1998），说明该岩体的 Sm-Nd 体系没有封闭，因此对于骑田岭花岗岩体的模式年龄应采用二阶段 Nd 模式年龄 T_{2DM}，减少岩浆岩形成过程中 Sm/Nd 分异导致模式年龄的畸变（Liew and Hofmann，1988；朱炳泉，1998；陈江峰等，1999a；1999b）。根据分析数据经计算获得芙蓉矿田角闪石黑云母二长花岗岩的二阶段 Nd 模式年龄为 1.50～1.56Ga，黑云母花岗岩的 Nd 模式年龄为 1.50～1.59Ga，明显低于湘桂内陆带花岗岩的背景值 1.8～2.4Ga 和华南地壳基底的 Nd 模式年龄（1.8～2.2Ga）（Pei and Hong，1995；Hong et al.，1998；朱炳泉，1998；陈江峰等，1999a；1999b），低 Nd 模式年龄说明骑田岭花岗岩体在形成过程中有明显的地幔物质加入。

在 $\varepsilon_{Nd}(t)$ –$(^{87}Sr/^{86}Sr)_i$ 图解上，角闪石黑云母花岗岩和黑云母花岗岩均显示了富集地幔的特征，靠近 EM Ⅱ 型富集地幔范围，与华南 A 型花岗岩具有相似的 Sr-Nd 同位素组成特征，反映源区受到 EM Ⅱ 型富集地幔的影响（图 6.13）。

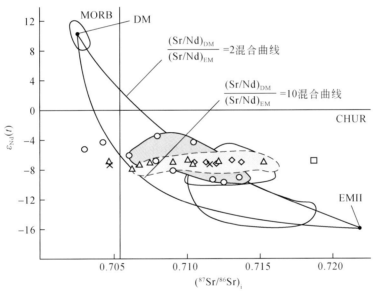

图 6.13　$\varepsilon_{Nd}(t)$ –$(^{87}Sr/^{86}Sr)_i$ 图（本次工作未发表数据）

EM Ⅱ 型为富集地幔；DM 为亏损地幔；MORB 为洋中脊玄武岩

骑田岭花岗岩体主要于燕山早期侵位于炎陵–郴州–蓝山深大断裂中，岩石总体呈块状构造，未见同侵位挤压剪切构造形迹，显示出岩体侵入时张性构造环境（柏道远等，2005）。近年来大量研究表明华南地区在燕山早期岩石圈便发生了伸展减薄作用（王岳军等，2001，2002，2004；李献华等，1999，2000，2001；范蔚茗等，2003；赵振华等，1998，2000；陈培荣，1998；陈培荣等，2004），湘南地区存在幔源物质在中下地壳底侵和强烈的岩石圈减薄和软流圈物质的上涌（郭锋等，1997）。我国华南地区分布的多条中生代侵入的北东向低 T_{DM} 和高 $\varepsilon_{Nd}(t)$ 花岗岩带，是中生代岩石圈伸展与壳、幔相互作用的产物（Gilder et al.，1996；Chen and John，1998；Hong et al.，1998）。骑田岭花岗岩的 $(^{87}Sr/^{86}Sr)_i$ 为 0.7047～0.7187，说明岩浆来源主要为壳源，但受到地幔物质混染（White and Chappell，1983），如前所述，Nd 同位素组成以及低 Nd 模式年龄也表明岩浆成岩过程中有明显的地幔物质加入。骑田岭黑云母花岗岩的 Hf 同位素组成测定结果显示其具有高的 Hf 同位素组成，$\varepsilon_{Hf}(t) = -7.8～-2.7$ 并出现少量正值（$\varepsilon_{Hf}(t) = 2.7～2.8$）。

因此，骑田岭花岗岩体形成于华南中生代岩石圈伸展–减薄的构造环境，成岩过程中有地幔物质加入。

综上所述，骑田岭花岗岩体总体具有高硅富碱高钾的地球化学特征，偏铝质–弱过铝质，富集大离子亲石元素和高场强元素，属于 A_2 型花岗岩。这些花岗岩形成于华南大陆内部地壳拉张减薄的构造环境，岩浆来源主要为壳源，在岩浆成岩过程中有明显的地幔物质加入。在伸展构造背景下，玄武岩浆底侵导致地壳物质融熔可能是原始岩浆形成的重要机制。

第二节　芙蓉锡矿成矿作用

湖南芙蓉锡多金属矿床是我国近年发现的超大型锡多金属矿床。据有关专家预测，芙蓉锡多金属矿床的锡资源量在 200 万 t 以上，可望成为世界级的锡矿资源基地（黄革非等，2001）。芙蓉锡矿床位于骑田岭复式岩体南部岩体内部和岩体与地层接触带。成岩成矿年代学研究表明，成岩与成矿具有密切的时间关系。岩石成因研究显示骑田岭花岗岩具有 A 型花岗岩的特征，那么这类花岗岩与芙蓉锡矿成矿是否具有成因联系？本书从骑田岭 A 型花岗岩岩浆演化及其对锡成矿的制约和芙蓉锡矿成矿流体的特征和来源两个方面对此进行了研究。

一、矿　床　地　质

芙蓉锡矿位于华夏地块、扬子地块碰撞拼贴带与郴州–邵阳构造岩浆带的交汇部位，骑田岭复式岩体南部岩体与地层接触带（图6.14）。骑田岭岩体总体呈北东–南西稍长的椭圆状，出露面积约 $520km^2$，为燕山期多阶段侵入的复式岩体。花岗岩具有偏铝质–弱过铝质、高硅富碱高钾的地球化学特征，显示 A 型花岗岩的特征，形成于华南大陆地壳拉张减薄的构造环境，成岩过程中有地幔物质加入。如前所述，本区花岗岩浆活动主要划分为 2 期，早期的角闪石黑云母二长花岗岩和晚期的黑云母花岗岩锆石 U-Pb 年龄分别为 $162.9\pm0.4 \sim 158.6\pm0.4Ma$。黑云母花岗岩的 U-Pb 年龄为 $156.7\pm0.4 \sim 153.5\pm0.4Ma$。其中，晚期的黑云母花岗岩被认为与芙蓉锡矿的成矿关系较为密切。

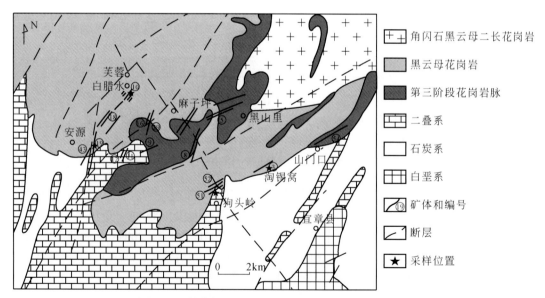

图 6.14　芙蓉锡矿地质图（据黄革非等，2003 修改）

矿区出露地层简单，主要是石炭系的碳酸盐岩间夹粉砂岩、砂岩和二叠系的碳酸盐岩及砂泥质、硅质岩石。矿体产于花岗岩体内部及其内外接触带。在外接触带，石炭纪的石磴子组（C_1s）、二叠纪的栖霞组（P_1q）是主要赋矿层位。矿区褶皱断裂发育，构造形迹以北北东–北东向为主（图6.14），次为北西向。区域性北东向断裂控制了锡矿带的分布，形成了白腊水–安源、黑山里–麻子坪、山门口–狗头岭三个北东向锡矿带，次级断裂控制了矿体的形态、产状和规模。

矿区锡矿化类型复杂，已鉴定的矿化类型达 7～8 种，具有经济意义的原生矿化类型主要是夕卡岩型、蚀变花岗岩型、云英岩型和石英硫化物脉型，其中夕卡岩型和蚀变花岗岩型矿石主要集中在白腊水–安源矿化带内，而云英岩型矿石则主要集中分布在黑山里–麻子坪和山门口–狗头岭矿化带内，脉状石英硫化物型矿石在各矿化带内均有分布。

夕卡岩型矿化是芙蓉矿床最主要的矿化类型，以芙蓉矿床最大的 19 号矿体为代表，产于花岗岩与二叠系栖霞组碳酸盐岩接触部位。原生夕卡岩矿物组成简单，主要是石榴子石和辉石，含少量符山石、硅灰石和马来亚石。原生夕卡岩通常遭受强烈的退蚀变作用，主要有角闪石化、透闪石化、金云母化、绿泥石化等，并有石英、萤石、方解石脉穿插于夕卡岩中。锡石主要呈浸染状分布于金云母、绿泥石与磁铁矿周围的空隙中，伴生大量的磁铁矿、黄铁矿、黄铜矿和少量的方铅矿、闪锌矿。原生夕卡岩基本不成矿，大规模的锡矿化主要出现于原生夕卡岩的退蚀变阶段。

云英岩型矿化主要产于黑云母花岗岩顶部和岩体内构造裂隙中，是芙蓉锡矿较普遍的矿化蚀变类型，矿石矿物主要为锡石、金红石、黄铁矿、黄铜矿、毒砂和少量的方铅矿、闪锌矿、白钨矿、黑钨矿。锡石呈浸染状分布于白云母中。云母是云英岩中的重要组成矿物，含量一般在 50% 左右。

蚀变花岗岩型矿化分布于黑云母花岗岩体内裂隙或岩体顶部，其显著特征是黑云母花岗岩普遍发生强烈的绢云母化、绿泥石化。锡石与金红石、绿泥石关系密切，呈浸染状与金红石、磷灰石一起分布于绿泥石中或者绿泥石周围的空隙中。

锡石–硫化物型矿化主要呈脉状穿插于强烈蚀变的夕卡岩、花岗岩以及云英岩中，矿石矿物主要为锡石、黄铁矿、黄铜矿、方铅矿和闪锌矿，锡石呈细小颗粒状分布于黄铜矿与石英、萤石周围的裂隙中。

二、成矿年代学研究

在南岭中段湘南郴州的千里山–骑田岭一带，分布有许多大型–超大型钨锡多金属矿床，如柿竹园 W-Sn-Mo-Bi-F 矿床、芙蓉 Sn 矿床、瑶岗仙 W 矿床、新田岭 W（白钨矿）矿床、香花岭 Sn-W-Pb-Zn 多金属矿床、黄沙坪 Pb-Zn 多金属矿床、宝山 Pb-Zn-Ag 多金属矿床等，构成了一个著名的湘南有色金属矿化集中区。近年来，已有不少学者对该区的多金属矿床矿石矿物进行了高精度的同位素年代学研究，如李红艳等（1996）利用 Re-Os 同位素测年方法，得到柿竹园 W-Sn-Mo-Bi-F 矿床辉钼矿 Re-Os 等时线年龄为 151.0±3.5Ma；Peng 等（2006）对瑶岗仙脉型钨矿进行了辉钼矿 Re-Os 同位素测年，其 Re-Os 等时线年龄为 154.9±2.6Ma；Yuan 等（2007）得到香花岭尖峰岭矿区云英岩型锡矿床锡石 U-Pb 年龄为 154～157Ma。Yao 等（2007）和 Lu 等（2006）获得黄沙坪 Pb-Zn 多金属矿床和宝山 Pb-Zn-Ag 多金属矿床辉钼矿 Re-Os 等时线年龄分别为 154.8±1.9Ma 和 160±2Ma，Hu 等（2012）获得西华山钨多金属矿床辉钼矿 Re-Os 等时线年龄为 157.8±0.9Ma，等等。本研究运用 TIMS 和 LA-MC-ICP-MS 方法对芙蓉锡矿主要矿石类型夕卡岩型矿石中的锡石进行了成矿年代学研究。LA-MC-ICP-MS 方法测定 U-Pb 等时线年龄为 155.8±1.6Ma（MSWD=20）（图 6.15）；TIMS 方法测定结果表明，锡石的 $^{38}U/^{204}Pb-^{206}Pb/^{204}Pb$ 等时线年龄为 160.0±5.5Ma（MSWD=1.74）（图 6.16），误差范围内两种方法测定的年龄结果是一致的。这些年代学结果揭示出，芙蓉锡矿的成矿时代与该区大规模的 W-Sn 多金属成矿作用时代是一致的。结合前述花岗岩的年代学研究结果，可以认为南岭中段 W-Sn 多金属成矿与花岗岩成岩存在明显的耦合关系，暗示二者具有密切的成因联系。

三、芙蓉锡矿成矿流体特征和来源

许多学者已经对该矿床的地质特征、找矿勘探前景，以及成矿母岩的地球化学特征和成矿年龄进行

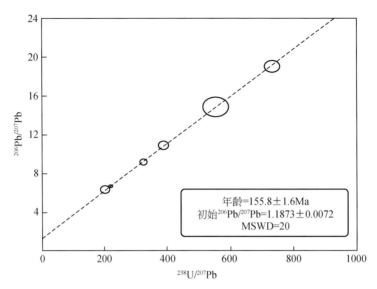

图 6.15 芙蓉锡矿锡石 LA-MC-ICPMS $^{238}U/^{207}Pb$-$^{206}Pb/^{207}Pb$ 等时线图（据本次工作未发表数据）

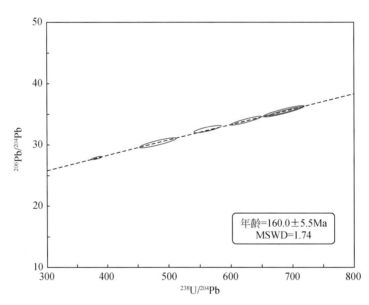

图 6.16 芙蓉锡矿锡石 TIMS $^{238}U/^{207}Pb$-$^{206}Pb/^{207}Pb$ 等时线图（据本次工作未发表数据）

了详细的研究，结果表明，芙蓉锡矿床与骑田岭岩体具有密切的时空关系。在成矿流体性质和来源研究方面，Li 等（2006，2007）等报道了芙蓉锡矿稀有气体同位素组成具有壳幔混合的特征；双燕等（2006）研究显示方解石稀土元素继承了岩浆期后热液的特征；蒋少涌等（2006）和 Zhao 等（2005）通过矿物化学和同位素研究认为骑田岭岩体成岩过程中不能分异出富含成矿物质的热液流体，成矿流体以经过水-岩反应后的大气降水为主。因此，在骑田岭岩体成岩过程中能否分异出成矿所需的流体，以及芙蓉锡矿床成矿流体的演化和成矿机制等问题上尚存在较大的分歧。本研究对芙蓉锡矿主要矿石类型开展了系统的流体包裹体和同位素地球化学研究，探讨了该矿床成矿流体的性质、演化及其成矿机制。

（一）流体包裹体地球化学

在芙蓉锡矿中原生包裹体主要呈孤立状分布，负晶形，一般大小为 3～120μm，主要为 6～15μm；次生流体包裹体形态不规则或负晶形，可见卡脖子现象，一般沿裂隙或者愈合裂隙分布，大部分小于8μm，个别萤石中可见 50μm 甚至 100μm 以上的包裹体。根据室温下包裹体特征和冷冻过程中的相态变化特征可划分为四种主要类型（图 6.17）：CO_2 包裹体（Ⅰ型）、气液包裹体（Ⅱ型）、含子晶包裹体（Ⅲ型）和气相包裹体（Ⅳ型）。

　　Ⅰ型包裹体根据 CO_2 相产状可分为 Ⅰa 型和 Ⅰb 型，Ⅰa 型指室温下含液相 CO_2（LCO_2）、气相 CO_2（VCO_2）和液相水溶液（L）的三相包裹体，而 Ⅰb 型包裹体在室温下含气相 CO_2（VCO_2）和液相水（L）的两相包裹体，包裹体气相比例通常较高。降温到 -90℃ 以下可观察到固态 CO_2 结晶。包裹体一般呈孤立分布，形态规则，负晶形，是原生包裹体，一般大小为 4~25μm，气液比为 20%~90%，集中在 0.2~0.35。Ⅰ型包裹体主要分布于云英岩型矿石中，在锡石硫化物矿石中少有分布，蚀变花岗岩型矿石中有较多的 Ⅰb 型包裹体。

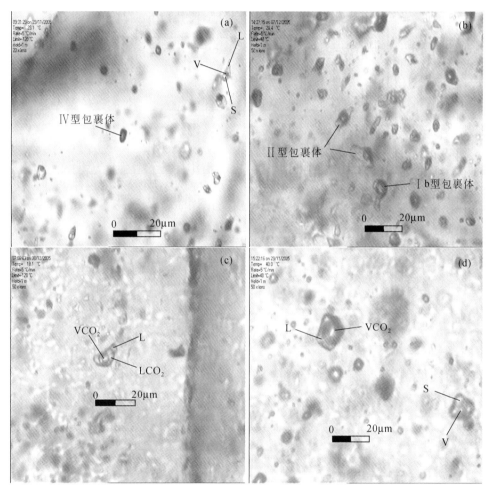

图 6.17　不同矿化类型中包裹体照片

（a）夕卡岩型矿石中Ⅳ型和Ⅲ型包裹体密切共生；（b）云英岩型矿石中早期捕获的 Ⅰb 型和Ⅱ型包裹体；
（c）云英岩型矿石中 Ⅰa 型包裹体；（d）蚀变花岗岩型矿石中 Ⅰa 型和Ⅲ型包裹体共生于同一矿物颗粒上

　　Ⅱ型包裹体是最主要的包裹体类型，可分为原生和次生包裹体，前者大部分呈孤立分布或无规律分布，负晶形，大小 8~20μm。后者主要沿裂隙或愈合裂隙分布，形态规则-不规则，可见卡脖子现象，加热过程中易发生爆裂，Ⅱ型包裹体广泛分布于各个成矿阶段。

　　Ⅲ型包裹体：室温下可见三相或多相，即气相（V）、液相（L）、一种或多种子晶（S），气液比小于15%。子晶类型主要为 NaCl（立方体形），少量 KCl（立方体形、浑圆形）和 $CaCl_2$ 或 $MgCl_2$（他形）。包裹体较小，大部分为 6~10μm，少量达 13~18μm，负晶形或不规则状，孤立分布，属于原生包裹体。Ⅲ型包裹体主要分布于夕卡岩型和蚀变花岗岩型矿石中，在云英岩型矿石、锡石硫化物型矿石和无矿萤石脉中分布较少。

　　Ⅳ型包裹体：含量比较少，室温可见气液两相，气液比通常大于60%，孤立分布，负晶形。主要分布于夕卡岩型和蚀变花岗岩型矿石中。

　　从主要矿石类型流体包裹体的显微测温结果（表6.1和图6.18）可见：

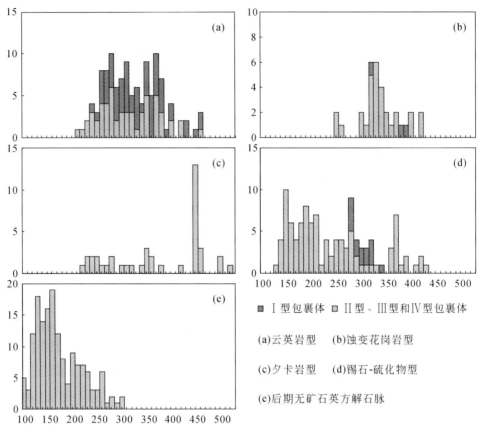

图6.18　芙蓉锡矿流体包裹体均一温度直方图

　　夕卡岩型矿石中Ⅲ型包裹体在测温过程中在220~320℃左右气泡开始消失，逐渐升温，子晶开始熔化，一般在204~417℃ NaCl熔化，接着是KCl、CaCl$_2$或MgCl$_2$最后熔化。大部分含子晶包裹体在子晶完全熔化前爆裂。根据NaCl熔化温度计算获得盐度为34.4wt% ~49.4wt% NaCl，包裹体的均一温度为219~463℃。气相包裹体均一温度为453~520℃，与其相邻的含子晶包裹体均一温度为461~463℃，最低均一温度范围比较接近，表明沸腾现象的存在。气液两相包裹体的初熔温度为−57.6 ~ −46.0℃，远低于NaCl-KCl-H$_2$O体系的低共熔温度，而接近CaCl$_2$-H$_2$O体系，指示Ca^{2+}的存在。根据上述Ⅱ型和Ⅲ型包裹体测温结果经计算获得成矿流体密度为0.3~1.1g/cm^3。

表6.1　芙蓉锡矿不同矿化类型中流体包裹体显微测温结果

成矿阶段	包裹体类型	$T_{m,CO_2}/T_{fm}$ /℃	T_{h,CO_2} /℃	$T_{m,cla}/T_M/$ $T_{m,NaCl}$/℃	T_h/℃	T_d/℃	盐度 /wt% NaCl
云英岩型	Ⅰa	−59.8 ~ −56.6	10.5~31.3（V）；13.4~31.3	2.6~10.5	252~376；257~429（V）		0~12.5
	Ⅰb	−63.0 ~ −57.6		2.1~11.7	354~463；351~398（V）		0~13.1
	Ⅱ	−54.0 ~ −25.8		−19.5 ~ −0.1	209~455		0.2~22.0
	Ⅲ			271~347	271~347		36.1~42.2
	Ⅳ				400		

续表

成矿阶段	包裹体类型	$T_{m,CO_2}/T_{fm}$ /℃	T_{h,CO_2} /℃	$T_{m,cla}/T_M/T_{m,NaCl}$ /℃	T_h/℃	T_d/℃	盐度 /wt% NaCl
蚀变花岗岩型	Ⅰb	-57.0 ~ -56.8		-0.8 ~ 1.6	350 ~ 390		13.7 ~ 16.5
	Ⅱ	-44.0 ~ -32.9		-3.8 ~ -0.2	245 ~ 371	329	0.3 ~ 6.1
	Ⅲ			241 ~ 347	260 ~ 424	300 ~ 400	34.2 ~ 42.2
夕卡岩型	Ⅱ	-57.6 ~ -46.0		-25.5 ~ -9.5	260 ~ 500	424	13.4 ~ 25.8
	Ⅲ			204 ~ 417	219 ~ 463	344 ~ 450	34.4 ~ 49.442
	Ⅳ	-44.0		-0.6	453 ~ 520		1.0
锡石硫化物型	Ⅰa	-57.6 ~ -56.0		8.3 ~ 10.4	280 ~ 345	280 ~ 300	0 ~ 3.2
	Ⅱ	-46.4 ~ -25.0		-8.6 ~ -0.2	157 ~ 392		0.3 ~ 12.4
	Ⅲ			207 ~ 428	207 ~ 428		32.2 ~ 50.6
	Ⅳ	-41.7		-8.1 ~ -1.3	355 ~ 384		2.1 ~ 11.8
成矿期后	Ⅱ	-27.2 ~ -18.9		-12.4 ~ -0.2	100 ~ 304		0.3 ~ 16.3

注：T_{m,CO_2}/T_{fm} 为 Ⅰ 型包裹体 CO_2 熔化温度或 Ⅱ 型、Ⅲ 型和 Ⅳ 型包裹体的初熔温度；T_{h,CO_2} 为 Ⅰa 型包裹体 CO_2 相部分均一温度；$T_{m,cla}$/T_M/$T_{m,NaCl}$ 为 Ⅰ 型包裹体 CO_2 水合物熔解温度、Ⅱ 型包裹体冰点温度或 Ⅲ 型包裹体 NaCl 熔解温度；T_h 为包裹体完全均一温度；T_d 为包裹体爆裂温度；V 为均一到气相。

云英岩型矿石 Ⅲ 型包裹体在测温过程中气泡首先消失，包裹体以 NaCl 或不明子晶矿物熔化的方式均一。NaCl 子晶的熔化温度为 271 ~ 347℃，根据 NaCl 子晶的熔化温度计算得盐度为 36.1wt% ~ 42.2wt% NaCl。CO_2 包裹体均一温度为 252 ~ 463℃，可见清晰的 CO_2 三相（气相 CO_2、液相 CO_2、水溶液相），含碳相熔化温度为 -63.0 ~ -56.6℃，明显低于 CO_2 三相点（-56.6℃），说明其含碳相除了 CO_2 外，还含有其他挥发分，激光拉曼光谱分析证实为 CH_4（图 6.19）。含碳相密度为 0.1 ~ 0.8g/cm^3。根据上述测温数据经计算获得成矿流体总密度分别为 0.6 ~ 1.0g/cm^3（图 6.20）。结合 Schwartz（1989）计算获得云英岩中 CO_2 的摩尔分数（X_{CO_2}）为 0.04 ~ 0.6，成矿流体压力为 500 ~ 1800bar（图 6.21）。气液包裹体的均一温度为 209 ~ 455℃，具有较低的初熔温度（-59.8 ~ -56.6℃），指示 Ca^{2+} 的存在（Shepherd et al.，1985）。流体包裹体的冰点温度为 -19.5 ~ -0.1℃，根据冰点温度计算获得成矿流体盐度为 0.2wt% ~ 22.0wt% NaCl。

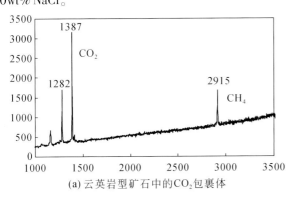

(a) 云英岩型矿石中的 CO_2 包裹体

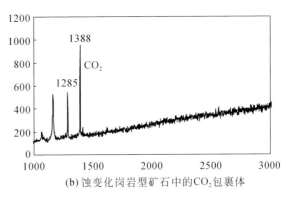

(b) 蚀变化岗岩型矿石中的 CO_2 包裹体

图 6.19　云英岩型矿石和蚀变花岗岩型矿石石英中 CO_2 包裹体气相成分的拉曼光谱图

蚀变花岗岩矿石中 Ⅰb 型包裹体降温过程中未观察到液相 CO_2，但能清晰观察到 CO_2 的熔化，表明其中 CO_2 的含量较低（Reilly et al.，1997）。CO_2 相的熔化温度为 -57.0 ~ -56.8℃，接近 CO_2 的三相点，对蚀变花岗岩矿石中 Ⅰ 型包裹体激光拉曼分析也只显示了 CO_2 的峰值（图 6.19），因此蚀变花岗岩型矿石中

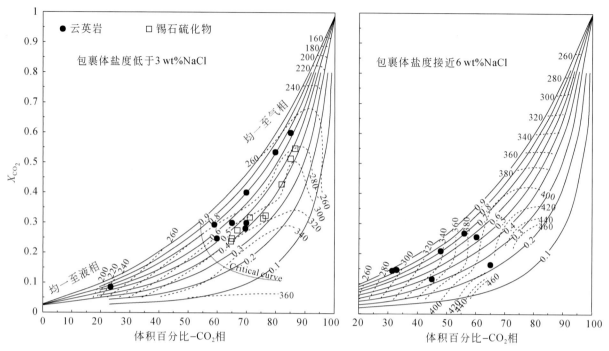

图 6.20　CO_2-H_2O 体系 T-V-X 相图，底图据 Schwartz（1989）

实线表示 CO_2 相密度；虚线表示均一温度

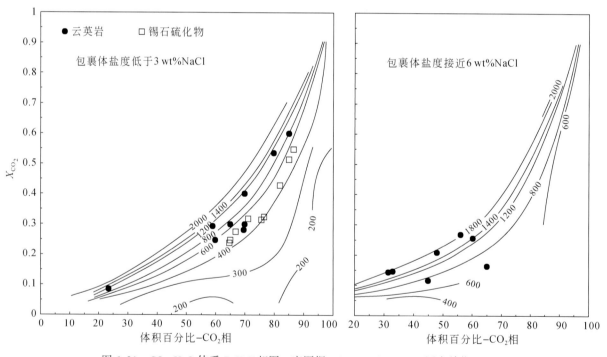

图 6.21　CO_2-H_2O 体系 P-V-X 相图，底图据 Schwartz（1989）（压力单位：bar）

流体包裹体含碳相主要是 CO_2，包裹体的均一温度为 350~390℃。Ⅲ型包裹体测温过程中，200~400℃气泡消失，在 240~350℃ NaCl 熔化，接着是 KCl、$CaCl_2$ 或 $MgCl_2$ 最后熔化，大部分含子晶包裹体在子晶完全熔化前爆裂。NaCl 熔化温度（241~347℃）指示流体的盐度为 34.2wt%~42.2wt% NaCl，均一温度为 260~424℃。其中与 Ib 型包裹体共生于同一矿物颗粒上的 Ⅲ 型包裹体均一温度主要集中于 400℃ 左右，暗示沸腾现象的存在。气液包裹体测温结果显示具有较低的初熔温度（−44.0～−32.9℃），包裹体冰点温度为−3.8～−0.2℃，指示流体的盐度为 0.3wt%～6.1wt% NaCl。

锡石硫化物型矿石中 CO_2 包裹体均一温度（至气相）区间为 280～345℃，含碳相密度和包裹体总密度分别为 0.4～0.6g/cm³ 和 0.5～0.7g/cm³，CO_2 的摩尔分数为 0.2～0.5。结合 Schwartz（1989）相图计算成矿流体压力为 400～600bar（图 6.20、图 6.21）。从测温数据来看，气液包裹体具有较宽的均一温度区间（157～392℃），流体密度为 0.6～0.9g/cm³，具有较宽的盐度变化区间为 0.3wt%～12.4wt% NaCl，含子晶包裹体子晶为 NaCl 和 KCl，均一温度为 207～428℃，流体密度为 1.0～1.1g/cm³，盐度范围为 32.2wt%～50.6wt% NaCl；少量的气相包裹体测温数据显示了其具有相对偏高均一温度（355～384℃），盐度变化范围为 2.1wt%～11.8wt% NaCl。

后期无矿脉石矿物气液包裹体初熔温度为−27.2～−18.9℃，接近 NaCl-KCl-H_2O 体系低共熔温度，其均一温度为 95～304℃，主要集中于 100～160℃，盐度相对于各类矿石呈现明显的降低趋势（图 6.18）。

综合上述显微测温结果可以看出，夕卡岩中流体包裹体均一温度主要集中在 400～450℃，云英岩和蚀变花岗岩的均一温度相对下降，主要分布于 250～350℃，锡石硫化物中包裹体温度进一步下降。夕卡岩型矿石中存在大量的 III 型包裹体，子晶类型为 NaCl、KCl、$CaCl_2$ 或 $MgCl_2$，表明产生夕卡岩矿化的热液是高盐度（34wt%～50wt% NaCl）的流体，可近似用 $CaCl_2$（$MgCl_2$）-NaCl-KCl-H_2O 体系来表征。除夕卡岩型矿石中仅观察到高温高盐度流体体系外，云英岩型矿石、蚀变花岗岩和锡石硫化物型矿石中均观察到高盐度热流体和低盐度热流体共存现象。其中高盐度热流体体系为 $CaCl_2$（$MgCl_2$）-NaCl-KCl-H_2O 体系（盐度多集中在 32.2wt%～50.6wt% NaCl），低盐度热流体体系为 CO_2-CH_4-NaCl-H_2O 体系（盐度多集中在 0.2wt%～12.4wt% NaCl）。从成矿阶段至后期非成矿阶段，成矿流体总体具有向低温度、低盐度方向演化的趋势。

（二）稳定同位素地球化学

1. 氢、氧同位素地球化学

表 6.2 列出了芙蓉锡矿云英岩型矿石和锡石-硫化物型矿石中石英氢、氧同位素组成。图 6.22 显示了与石英达到同位素平衡时，H_2O 的 δD 和 $δ^{18}O$ 的分布范围。可以看出，云英岩型石英流体包裹体中 H_2O 的 $δ^{18}O$ 主要为−5.7‰～7.6‰，高于华南地区中生代大气降水的氧同位素组成（约为−9%）（蒋少涌等，2006）。锡石硫化物型石英流体包裹体中 H_2O 的 $δ^{18}O$ 分布范围为−5.1‰～−1.3‰，接近中生代大气降水的 $δ^{18}O$。不同矿化类型中石英流体包裹体中 H_2O 的 δD 组成比较集中，为−88‰～−62‰，与该区大气降水的 δD 变化范围（−50‰～−60‰）（张理刚，1987；蒋少涌等，2006）存在明显差异。芙蓉锡矿云英岩型矿石样品点主要分布在岩浆水范围或靠近岩浆水，而锡石硫化物型矿石样品点则落在岩浆水与大气降水之间靠近大气降水范围内。因此，芙蓉锡矿云英岩矿化阶段成矿流体中的水应以岩浆水为主，锡石硫化物阶段成矿流体中的水具有岩浆水和大气降水混合的特征。

表 6.2　不同矿石类型石英、方解石稳定同位素组成

样品号	矿化类型	矿物	$δ^{13}C$/‰	$δ^{18}O$/‰	δD/‰	$δ^{18}O_{H_2O}$/‰	计算温度/℃
WCP-1-1			−1.8	6.6		4.2	450
WCP-29（1）			−2.9	7.5		5.1	450
WCP-29（2）			−0.9	7.8		5.4	450
WCP3-10	夕卡岩型矿石	方解石	−1.5	2.8		0.4	450
WJT-4			−3.3	4.7		2.3	450
TPK			−1.5	4.4		2.0	450
WCP-2-2			−0.4	7.3		4.9	450
WCP-2-3			−1.7	5.2		2.8	450

样品号	矿化类型	矿物	$\delta^{13}C$/‰	$\delta^{18}O$/‰	δD/‰	$\delta^{18}O_{H_2O}$/‰	计算温度/℃
GTL-23	云英岩型矿石	方解石	-0.7	3.3		-1.0	350
GTL-25			-1.0	3.2		-1.1	350
GTL-28-2			-6.1	9.8		5.5	350
S-10-4			-11.7	16.4		12.1	350
GTL-55-6		石英		10.8	-62	5.5	350
GTL-15				5.4	-88	0.1	350
GTL-19-3				-0.4	-74	-5.7	350
GTL-9-2				11.6	-89	6.3	350
TXW-20-1				12.9	-63	7.6	350
TXW-28-2				11.6	-68	6.3	350
TXW-3-6				12.2	-66	6.9	350
TXW-27-2				11.9	-72	6.6	350
FL-1	蚀变花岗岩矿石	方解石	-2.4	9.6		4.8	330
GTL-26			-3.4	7.9		3.1	330
S-10-2			-12.7	15.0		10.2	330
S-10-10			-2.1	9.0		4.2	330
WCP-26	锡石硫化物矿石	石英		3.3	-67	-4.3	280
WCP-2-4				6.3	-62	-1.3	280
WCP2-18				2.5	-67	-5.1	280
LJD-1	围岩		0.64	18.83			
LJD-2			1.83	19.39			
LJD-3			2.56	20.25			

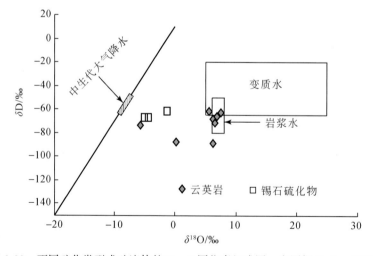

图6.22 不同矿化类型成矿流体的H、O同位素组成图,底图据Taylor(1974)

2. 碳、氧同位素地球化学

由表6.2可知,夕卡岩型矿石中方解石C、O同位素组成相对均一,$\delta^{13}C$为-3.3‰~-0.4‰,$\delta^{18}O$值为 2.8‰ ~ 7.8‰，与方解石平衡时流体的 $\delta^{18}O_{H_2O}$ 为 0.4‰ ~ 5.4‰。蚀变花岗岩型和云英岩型中方解石的 C、O 同位素组成变化范围较大，其中云英岩型中方解石的 $\delta^{13}C$、$\delta^{18}O$ 分别为 –11.7‰ ~ –0.7‰ 和 3.2‰ ~ 16.4‰，与方解石平衡时流体的 $\delta^{18}O_{H_2O}$ 为 –1.1‰ ~ 12.1‰，而蚀变花岗岩型中 $\delta^{13}C$、$\delta^{18}O$ 值为 –12.7‰ ~ –2.1‰、7.9‰ ~ 15.0‰，与方解石平衡时流体的 $\delta^{18}O_{H_2O}$ 为 3.1‰ ~ 10.2‰。围岩海相碳酸盐岩的 $\delta^{13}C$、$\delta^{18}O$ 组成为 0.64‰ ~ 2.5‰ 和 18.8‰ ~ 20.3‰。

从上述结果可见，芙蓉锡矿不同矿化类型中方解石的 C、O 同位素组成介于幔源碳（或岩浆碳）（–3‰ ~ –9‰）（Ohmoto，1972）与海相碳酸盐岩之间。毛景文等（2003）对华南地区热液型锡矿床总结研究发现所有矿床中的碳同位素组成大多为 –8‰ ~ 2‰，是岩浆碳与沉积碳酸盐不同比例混合的结果。

从图 6.23 可见，芙蓉锡矿云英岩型和蚀变花岗岩型矿石中方解石的 $\delta^{13}C$-$\delta^{18}O$ 组成呈现负相关关系，分布于岩体与围岩接触带的夕卡岩型方解石 $\delta^{13}C$ 值较高，从岩体向围岩方向，方解石的 $\delta^{13}C$ 值呈逐渐升高的趋势，暗示热液流体体系中碳从以深部来源的碳为主转化为以沉积碳酸盐地层提供的碳为主（彭建堂等，2001）。

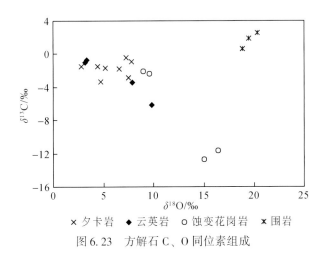

图 6.23　方解石 C、O 同位素组成

四、骑田岭 A 型花岗岩岩浆演化过程中流体分异–聚集机制

锡的成矿作用通常与花岗岩浆作用具有十分密切的联系。花岗岩不仅是锡成矿的最重要的成矿物质来源之一，也是重要的锡成矿场所（Lehmann，1990；陈骏等，2000）。传统观点认为，与锡成矿有关的花岗岩主要为 S 型花岗岩。实验岩石学、热力学和流体包裹体地球化学以及相关矿床成矿机理的大量研究成果均揭示出，与锡成矿有关的 S 型花岗岩成岩过程中能够分异出富锡的成矿流体（Heinrich，1990）。近年来在国内外相继发现了一些与 A 型花岗岩具有密切的成因联系的锡矿床，如尼日利亚、巴西、美国、我国新疆及南岭地区（Taylor，1979；Sawkins，1984；毕承思等，1993；刘家远等，1997；Botelho and Moura，1998；赵振华等，2000；郑基俭等，2001；Haapala and Lukkari，2005；李兆丽等，2006）。但是相对于 S 型花岗岩与锡成矿的关系的研究，A 型花岗岩与锡成矿的关系研究起步较晚、积累较少，缺乏对这类花岗岩岩浆演化过程中流体分异–聚集机制及其对成矿制约等方面的研究。

如前所述，骑田岭花岗岩体形成于伸展构造环境，具有 A 型花岗岩的特征。骑田岭岩体主体岩石角闪石黑云母二长花岗岩和黑云母花岗岩为同源岩浆演化的产物（毕献武等，2008）。芙蓉锡矿床的形成时间与骑田岭 A 型花岗岩体的形成时限（约 155Ma ~ 160Ma）相吻合。近年来，芙蓉锡矿床的成因引起了广泛关注，研究表明，芙蓉锡矿床属中–高温热液矿床，但对于该矿床成矿流体的成因存在较多争议，争议的焦点主要在于它们究竟是岩浆流体还是大气成因流体（汪雄武等，2004；Zhao et al.，2005；李桃叶和刘家齐，2005；蒋少涌等，2006；双燕等，2006；Li et al.，2007）。为此，本研究在前面芙蓉锡矿流体包裹体和同位素地球化学研究的基础上，进一步对骑田岭 A 型花岗岩体本身矿物内的流体包裹体进行了深入研究，并与芙蓉锡矿成矿流体的特征进行对比，以探讨骑田岭 A 型花岗岩成岩过程中分异出芙蓉锡成矿所需成矿流体的可能性。

（一）研究方法

主要研究对象为骑田岭黑云母花岗岩石英斑晶中的流体包裹体。流体熔体包裹体的显微测温分析和激光拉曼光谱分析在中国科学院地球化学研究所矿床地球化学国家重点实验室完成。流体包裹体研究使用仪器为英国 Linkam THMSG600 冷热台，配备德国 ZEISS 集团公司 Axiolab Pol 显微镜。采用标准物质（KNO_3、K_2CrO_4、CCl_4 以及人工配制的 NaCl 标准溶液）对仪器进行温度标定：400℃时，相对标准物质误差为±2℃，－22℃时误差为±1℃。流体包裹体测试过程中升温速率一般为 0.2 ~ 5℃/min，CO_2 包裹体 CO_2 的相变点和盐水包裹体的初熔温度和冰点温度附近升温速率为 0.2 ~ 0.5℃/min。利用 Linkam THMSG600 冷热台配带的 PVT 计算软件对流体包裹体进行了盐度以及密度的计算，含子晶包裹体根据 NaCl 子晶融化的温度计算盐度。熔融包裹体测温使用英国 LinkamTS1500 型高温热台（最高可达 1500℃），测温过程中，低于 600℃时，以 15℃/min 速度升温，600 ~ 800℃开始，以 5℃/min 速度升温，每 5℃平衡 2h。从 800℃开始，以 1℃/min 速度升温，每 5℃平衡 4h，误差为±1℃。选取了代表性的流体包裹体和流体熔融包裹体在英国 Renishaw in Via Reflex 型激光拉曼光谱仪上进行了气液相及部分子晶的成分分析。仪器采用的光源为 Spectra-Physics 氩离子激光器，波长 514.5nm，激光功率 20mW，空间分辨率为 1 ~ 2μm，积分时间一般为 30 ~ 60s，100 ~ 4000cm^{-1} 全波段一次取峰。激光束斑大小约为 1μm，光谱分辨率 2cm^{-1}。

（二）流体包裹体地球化学

1. 流体包裹体显微岩相学特征

黑云母花岗岩石英斑晶中发育的包裹体类型主要有流体包裹体、流体-熔融包裹体和熔融包裹体。

（1）流体包裹体：根据室温下包裹体的相态种类和充填度特征，流体包裹体可进一步分为富液相包裹体、含 CO_2 三相/两相包裹体、含子晶多相包裹体和富气相包裹体（图 6.24（a） ~ （d））。其中富液相流体包裹体主要呈椭圆、不规则状，孤立分布或者沿裂隙分布，大小 3 ~ 20μm，充填度＜30%。含 CO_2 三相/两相包裹体主要呈椭圆、三角形、不规则状，孤立分布，大小为 5 ~ 20μm，与富液相包裹体共生。含子晶多相包裹体呈不规则状，孤立分布，大小为 4 ~ 20μm，子晶种类主要为石盐、钾盐、方解石、未知矿物等。其中石盐颗粒较大，晶形完好，呈立方体状；钾盐子晶颗粒较小，呈椭圆状，颜色较暗；方解石颗粒较小，呈暗色浑圆状。富气相包裹体呈黑色孤立分布，大小为 2 ~ 18μm，充填度＞90%。

（2）流体-熔融包裹体：流体-熔融包裹体呈不规则状，孤立分布，大小为 4 ~ 10μm，以出现气相-流体-子矿物-玻璃质为特征，气相比例较小（图 6.24（e））。

（3）熔融包裹体：石英斑晶中熔融包裹体发育，多呈椭圆、不规则状，孤立分布，大小为 4 ~ 30μm，以出现玻璃质+硅酸盐+（气泡）为特征，有时可见硅酸盐熔融包裹体（图 6.24（f））。可见熔融包裹体与含 CO_2 三相/两相包裹体和含子晶多相包裹体共生的现象。

2. 流体包裹体显微测温学

1）温度和盐度

对骑田岭黑云母二长花岗岩石英斑晶中的流体包裹体和熔融包裹体进行显微测温学研究，其流体温度和盐度主要表现为以下特征：

流体包裹体：富液相包裹体的均一温度范围为 106 ~ 398.5℃，冰点范围为－15.8 ~ －3.4℃、盐度为 5.56wt% ~ 19.29wt% NaCl；含 CO_2 三相或者两相包裹体中 CO_2 三相点均集中在－56℃左右，范围为－56.9 ~ －56℃，表明包裹体的气相为纯 CO_2 相，部分含极为少量的其他气体。含 CO_2 相包裹体的完全均一温度范围为 236 ~ 368℃；含子晶多相包裹体均一温度范围为 221.0 ~ 440℃，盐度范围为 32.98wt% ~

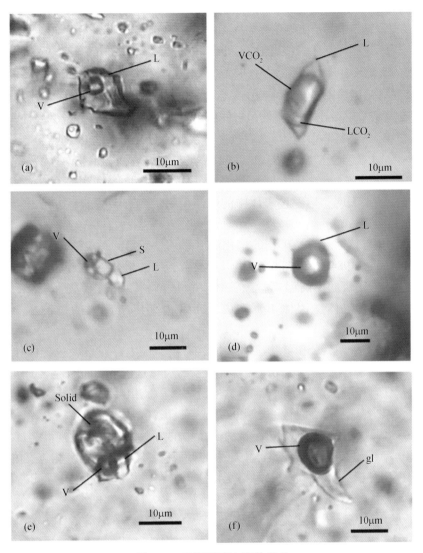

图 6.24　不同类型包裹体照片

V. 气相；L. 液相；VCO₂. CO₂气相；LCO₂. CO₂液相；S. 子矿物；gl. 玻璃质；Solid. 硅酸盐固体

（a）富液相流体包裹体；（b）富 CO₂ 三相流体包裹体；（c）含多子晶流体包裹体；（d）富气相流体包裹体；

（e）流体-熔融包裹体；（f）熔融包裹体

52.04wt% NaCl；富气相包裹体的均一温度范围>330℃，大部分均一温度>500℃，有部分富气相包裹体含有子晶，此类包裹体应是在高温岩浆阶段捕获的。

　　流体熔融包裹体和熔融包裹体：流体–熔融包裹体主要成分是子矿物+气泡+流体+（玻璃）+（硅酸盐），其中的气泡含少量 CO₂，均一温度范围为 700～940℃。熔融包裹体主要成分为玻璃质+气泡+硅酸盐，均一温度为 790～1160℃。熔融包裹体测定的均一温度上限（1160℃）明显高于花岗质岩浆结晶温度，可能是由于测样品的热台存在着热梯度，或者 H₂ 或 H₂O 的扩散逸失，或者较快的升温速率引起硅酸盐熔体中挥发分不完全扩散平衡，导致比熔融包裹体实际捕获时高的均一温度（Saito et al.，2001；Lowenstern，2003）。熔融包裹体测温过程中的相变特征显示，熔融包裹体在升温过程中一般在 600℃后有相变发生，晶体在 600℃后开始溶解，大约在 800℃完全溶解，出现两相不混溶，再继续升温，在高于 1000℃后，部分包裹体达到均一。

　　2）流体体系

　　激光拉曼探针分析结果表明，骑田岭黑云母花岗岩石英斑晶中各类流体包裹体的液相成分主要为水溶液（图 6.25（a）），富液相包裹体的气相成分主要为水蒸气（图 6.25（b）），含 CO₂ 三相/两相包裹体的 CO₂ 相成分相同，主要为 CO_2，含有少量水蒸气（图 6.25(c) ~ (d)），富气相包裹体中气相成分主要为 CO_2（图 6.25(e)）。含子晶多相包裹体中的子矿物主要为 NaCl、KCl、$CaCl_2$、方解石和未知矿物。其中含石盐或者钾盐的多相包裹体其气相成分主要为 H_2O 或者 H_2O 和 CO_2 的混合物（图 6.25(f)）。含方解石子晶的多相包裹体，其气相成分主要为水蒸气（图 6.25(g) ~ (h)），没有出现 CO_2 气体组分，这是由于含方解石子晶的包裹体被捕获后，在降温演化过程中，Ca^{2+} 和 CO_3^{2-} 结合形成方解石子晶，从而导致包裹体的气相成分中缺乏 CO_2。根据方解石的化学成分（$CaCO_3$），推测包裹体所代表的成岩流体富含 Ca^{2+}，并且溶解了大量的 CO_2。

骑田岭黑云母花岗岩石英斑晶中流体–熔融包裹体主要成分是子矿物+气泡+流体+（玻璃）+（硅酸盐），其中的气泡含少量 CO_2，子矿物为 NaCl、KCl、黑云母、金红石、白钨矿、方解石等。熔融包裹体主要以玻璃质+硅酸盐+（气泡）为特征，由于岩浆在捕获熔融包裹体后发生脱玻化，形成不同的子晶矿物。激光拉曼光谱分析结果表明，熔融包裹体中的子晶矿物主要有碳酸盐、方解石、金红石、榍石、萤石、锐钛矿、白钨矿等。

根据包裹体类型、相态特征、子晶矿物的熔化温度、子晶矿物的种类来确定流体体系类型，是一种行之有效的方法（Roedder，1984）。由图 6.26 可以看出，骑田岭黑云母花岗岩石英斑晶中存在 3 种流体体系：含子晶多相包裹体反映的中高温高盐度流体（流体 A）、富液相包裹体反映的中低温中低盐度（3.7wt% ~ 22.2wt% NaCl）流体（流体 B）和由含 CO_2 包裹体所反映的中高温低盐度（2.0wt% ~ 11.9wt% NaCl）流体（流体 C）。

前述包裹体岩相学研究表明，骑田岭黑云母花岗岩石英斑晶中存在熔融包裹体和流体包裹体，同时也存在过渡的熔融–流体包裹体，这表明骑田岭岩浆体系的演化是一个不间断连续的过程，早期岩浆的演化历史与晚期岩浆过渡阶段热液过程之间没有截然的分界线。骑田岭黑云母花岗岩石英斑晶中熔融包裹体中普遍存在盐类，加热到岩浆温度时盐类熔化，形成与硅酸盐熔体共存的高盐度流体，这和 Roedder 和 Coombs（1967）、Roedder（1972）在研究花岗岩捕房体中的熔融包裹体时发现高盐度岩浆流体存在的结论一致。因此，骑田岭黑云母花岗岩石英斑晶中原生的 CO_2 包裹体、含子晶多相包裹体与硅酸盐熔融包裹体共存的事实，以及熔融包裹体测温过程中的相变特征，为在岩浆演化过程中可分异高盐度流体提供了有力证据。

以上事实表明，骑田岭花岗岩浆在侵位和成岩过程中，由于物理化学条件的改变，导致了岩浆流体的出溶，从熔体中分离出 CO_2 和高盐度的卤水相等。因此，石英斑晶在结晶过程中在捕获硅酸盐熔体相形成熔融包裹体的同时，还捕获了富液相、富含 CO_2 气相、卤水相（后成为含子晶多相包裹体）以及流体–熔熔包裹体。因此，图 6.26 中含子晶多相包裹体反映的高盐度流体 A 和含 CO_2 包裹体反映的流体 C 和部分富液相包裹体（图 6.26 中流体 B 中高温部分），应可代表骑田岭花岗岩成岩过程中分异出的岩浆流体的特征。这种高盐度岩浆流体为 H_2O-NaCl-KCl-$CaCl_2$ 体系，富含 CO_2、Cl 等挥发性组分。

（三）骑田岭 A 型花岗岩分异成矿流体可能性讨论

芙蓉锡矿床成矿流体的 H、O 同位素组成显示，其中的水主要分布在岩浆水范围或靠近岩浆水；C、O 同位素组成主要位于幔源碳（或岩浆碳）与海相碳酸盐岩之间；He 同位素数据显示成矿流体具壳幔混合的特征（李晓敏，2005；双燕等，2006；Li et al.，2006，2007）。矿床流体包裹体地球化学研究结果表明，该矿床中流体包裹体主要包括富含 CO_2 包裹体、气液包裹体、含子晶包裹体和气相包裹体。成矿流体主要由两种流体体系组成，即富含 CO_2 的 CO_2-CH_4-NaCl-H_2O 低盐度体系（盐度主要集中在 0 ~ 6wt% NaCl）和高盐度 $CaCl_2$-NaCl-KCl-H_2O 体系（盐度多集中在 13wt% ~ 50wt% NaCl）。夕卡岩矿石类型中流体包裹体均一温度主要集中在 400 ~ 450℃，云英岩和蚀变花岗岩矿石类型中流体包裹体的均一温度相对下降，主要分布于 250 ~ 350℃，锡石硫化物矿石类型中流体包裹体温度进一步下降。夕卡岩型矿体主要受高盐度流体的影响，云英岩和蚀变花岗岩体型矿体同时受到高盐度流体和低盐度流体的控制。成矿作用过程中由于压力的释放和低温流体的加入，热液流体普遍发生过沸腾作用，减压沸腾和低温流体与高温

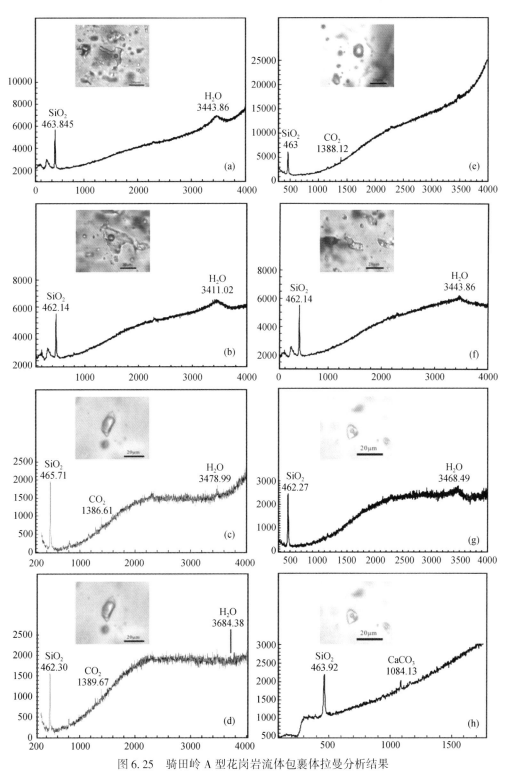

图 6.25 骑田岭 A 型花岗岩流体包裹体拉曼分析结果

（a）包裹体液相包裹体中液相成分；（b）富液相包裹体中气相成分；（c）CO_2 三相包裹体中 CO_2 液相成分；

（d）CO_2 三相包裹体气相成分；（e）纯气相包裹体成分；（f）含 NaCl 多相包裹体中气相成分；（g）含方解石包裹体中气相成分；

（h）方解石拉曼分析

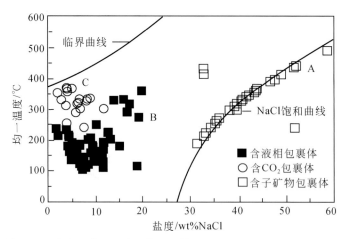

图 6.26　骑田岭 A 型花岗岩石英斑晶中流体包裹体均一温度–盐度分布图（据毕献武等，2008）

流体混合造成的沸腾是导致芙蓉锡矿锡沉淀的主要机制（双燕，2009）。由此可见，芙蓉超大型锡多金属矿床成矿流体中的高盐度 $CaCl_2$-$NaCl$-KCl-H_2O 体系（盐度多集中在 13wt% ~50wt% NaCl），与骑田岭黑云母花岗岩成岩过程中分异出的富 Cl 高盐度流体（H_2O-$NaCl$-KCl-$CaCl_2$ 体系，均一温度范围为 221 ~440℃，盐度范围为 33.0wt% ~52.0wt% NaCl）具有非常类似的特征。

骑田岭花岗岩体 Sn 含量分析结果表明，角闪石黑云母二长花岗岩的 Sn 含量变化范围为 14.90 ~95.80ppm，黑云母花岗岩的 Sn 含量为 5.7 ~12.8ppm，且花岗岩体中的 Sn 含量随着分异指数的增加而减少。矿物学和矿物化学特征研究表明，角闪石黑云母二长花岗岩的氧逸度（$\log f_{O_2}$）为 -15.30 ~-15.0，黑云母花岗岩的氧逸度（$\log f_{O_2}$）为 -20.0 ~-17.5。骑田岭岩体从角闪石黑云母二长花岗岩到黑云母花岗岩，岩体中 Cl 含量不断降低，而 F 含量则不断增加，黑云母中 F/Cl 值从 0.21 ~0.22 升高到 1.11 ~8.47。结合 Sn 含量分析结果，可以发现随着岩浆的演化，从角闪石黑云母二长花岗岩到黑云母花岗岩，氧逸度呈降低趋势，岩体中 Cl、Sn 含量不断减少，而 F 含量有所增加，Cl 和 Sn 趋向分配进入流体相。

有证据表明，①高氧逸度条件下 Sn 以 Sn^{4+} 形式进入磁铁矿和角闪石中，进而使锡分散在矿物中，在低氧逸度条件下，Sn 以 Sn^{2+} 形式在残余流体中聚集（Linnen et al.，1995，1996）；②熔体中 SnO_2 浓度与温度呈正相关关系，随温度升高，熔体中 SnO_2 浓度也随之增高；③熔体组成对锡的分配行为有明显的影响，熔体过铝、相对富钾是锡分配进入流体相的两个有利因素（Hu et al.，2008），熔体–流体体系中的 $D_{Sn,流体/熔体}$ 随着流体中 Cl 含量的增加而呈现明显增加的趋势（Lehmann，1990；Keppler and Wyllie，1991；Halter et al.，1998；Audétat et al.，2000）。根据这些事实，结合上述骑田岭花岗岩成岩过程中分异出的流体特征及其与芙蓉锡成矿流体特征的对比研究结果，可以认为芙蓉锡多金属矿床的成矿流体中的高盐度流体应主要来源于黑云母花岗岩岩浆结晶期后分异出的富 Cl 的岩浆流体。

五、芙蓉锡矿成矿流体演化与成矿机制

流体沸腾是重要的成矿机制，沸腾作用可由多种原因产生：①高温高压流体由于遭受构造断裂，压力突然释放，造成原始均匀流体减压沸腾，形成大量气体溢出；②高温高压流体与低温流体相遇，使温度降低造成沸腾；③流体成分的变化，某些组分的增加或减少造成原始流体不混溶分离（卢焕章等，2004）。

芙蓉锡矿床夕卡岩型矿石中早期密切共生的 IV 型和 III 型包裹体具有相似的均一温度，表明流体发生过沸腾（卢焕章等，1990）。产于花岗岩体内部的云英岩矿石中同时存在早期捕获的 Ia 型和 Ib 型包裹体，且具有相似的均一温度，可以认为流体发生过不混溶（Ramboz et al.，1982；Craw et al.，1993；Evandro et al.，2006）。蚀变花岗岩型矿石中早期共生的 Ib 和 III 型包裹体具有相似的均一温度，也可以解释为流体发生过沸腾。根据 CO_2 包裹体的测温结果可知该矿区成矿作用过程中流体压力变化较大，为 500~1800bar，矿区广泛发育的断裂构造可能是导致流体压力突然释放的原因。如上所述，骑田岭花岗岩岩浆分异结晶过程中能够分异出富含 CO_2 的高盐度岩浆流体。结合上述主要矿化类型矿石流体包裹体和稳定同位素地球化学特征，可以推测芙蓉锡矿成矿流体的可能演化途径为：富含 CO_2 的高盐度 $CaCl_2$-$NaCl$-KCl-H_2O 岩浆流体在成矿过程中遭遇矿区构造断裂造成流体减压沸腾，形成大量 CO_2 气体溢出和富 CO_2 相流体的分离，同时经过地表循环的低温大气降水的加入导致流体温度降低造成沸腾，从而形成富含 CO_2 的 CO_2-CH_4-$NaCl$-H_2O 低盐度热液流体和 $CaCl_2$-$NaCl$-KCl-H_2O 高盐度热液流体的不混溶体系。热流体沿岩体周围裂隙对围岩和原生夕卡岩进行热液交代，在造成绢云母化、白云母化、绿泥石化等热液蚀变现象的同时，导致了大规模的锡矿化。流体的沸腾作用能够改变成矿流体温度、盐度、pH 以及氧化还原状态，从而降低锡在热液体系中的稳定性和溶解度，最终导致锡石沉淀（Heinrich，1990；Müller et al.，2001）。因此，减压沸腾和低温流体与高温流体混合造成的沸腾作用是导致芙蓉锡矿锡沉淀的主要机制。

第三节　岩浆演化过程中锡和挥发组分的地球化学行为

研究表明，岩浆热液成矿与岩浆演化过程中成矿元素在流体–熔体相之间的分配行为有着密切的关系。成矿元素在流体–熔体相间的分配行为除受到温度、压力及氧逸度等物理化学条件的制约外，还受到岩浆熔体成分及岩浆分异出来的流体化学组成的影响（Holland，1972；Feiss，1978；Candela and Holland，1984；Urabe，1985；Candela，1989；Keppler and Wyllie，1991；Lowenstern et al.，1993，1995；Candela and Piccoli，1995；Chantal et al.，1996；Webster，1992，1997；Bai et al.，1998；Ulrich et al.，1999；Halter et al.，2002；唐群力，2003；Simon et al.，2006）。以往有关锡在流体–熔体相间分配行为的实验研究主要侧重于改变流体相来观测锡的分配系数（Candela and Holland，1984；Urabe，1985；Candela，1989；Keppler and Wyllie，1991；王玉荣等，1986；陈子龙和彭省临，1994；Williams et al.，1995，1997），且多为单一的含氯或含氟岩浆体系，这制约了对岩浆演化过程中元素在流体–熔体相间分配行为的深入认识。本研究通过改变流体相、熔体相的化学组成，开展了一系列锡在流体和花岗质熔体相间分配行为的实验研究。综合分析了锡在熔体–流体间的分配行为，并结合南岭地区花岗岩与成矿的地质实际，探讨了锡成矿的物理化学条件和成矿机理。

一、研究内容及方案

以合成凝胶作为固相初始物与用分析纯配制的液相在一定的温度压力条件下开展流体–熔体共存的高温高压实验，待反应达到平衡后取出实验固液相产物，分析固液相产物中锡及其他各组分含量，计算出锡的分配系数 $D_{Sn}=$ Caq. fl/Cmelt（其中 Caq. fl 表示液相中锡含量，Cmelt 表示固相中锡含量），观察改变流体组分（不同浓度的盐酸、氢氟酸、氯化钠、氯化钾及水溶液）、熔体化学组成（熔体铝饱和指数 ASI、碱质含量、钠钾摩尔比）、反应体系中挥发分氟氯的相对含量变化对锡在流体–熔体间分配行为的影响。通过对这些分配实验结果的分析总结，结合地质实际探讨锡在岩浆演化过程中的富集、迁移和沉淀机制，进一步揭示锡成矿规律、了解与富碱侵入岩有关锡矿的形成机制。

实验在中国科学院地球化学研究所矿床地球化学国家重点实验室开展，主要设备为快速内冷淬火（RQV）高温高压实验装置。实验的温度为 850℃，压力 100MPa、氧逸度接近 NNO。实验首先采用人工合成凝胶的方法制成具有不同化学组成的花岗质熔体，液相使用分析纯配制不同成分和不同浓度的溶液，它们分别作为实验初始固、液相。主要开展了以下三方面的实验研究：① 熔体相不变，改变流体相观测锡的分配行为。这组实验固相初始物为同一过碱质富钾的凝胶，初始液相分别为 HCl、去离子水溶液等。② 流体相不变，改变熔体化学组成观察锡分配行为的变化。初始液相选用低浓度的 0.1mol/L HCl 溶液，熔体相为具不同化学组成的凝胶（改变熔体碱质含量和铝饱和指数 ASI、改变熔体 Na/K 摩尔值和改变 SiO_2 的百分含量）。③ 氟氯共存花岗质岩浆体系中氟氯含量相对变化时锡分配行为的变化。实验通过改变熔体相中氟含量和液相盐酸溶液的浓度来观察锡在含氟硅酸盐熔体和不同浓度盐酸溶液间的分配行为。氟主要以（NaF+KF）混合物的形式加入初始固相中。

具体实验步骤如下：①用电子天秤准确称取凝胶150mg（氟氯共存体系实验需加入拟定量的 NaF、KF 固相混合物）置入长 5cm，内外径分别为 4.6mm 和 5.0mm 的金管或铂金管中；液样的加入用微量进样器将相应的初始液缓缓加入管内底端；②加样完毕后立即将管口焊封。将焊封前后重量差小于±0.5mg 的金管放入烘箱在 110℃ 条件下恒温两小时，取出称重，重量变化小于±0.5mg 为合格样；再将合格样装入高压釜中；③将高压釜内的温压升至 850℃、100MPa，恒温恒压待反应达到平衡后快速淬火取出金管称重检测；④用稀盐酸擦洗干净从釜内取出的金管，用钢针刺破后，由微量移液器抽取液相至 10mL 离心管中；固相和剖开的金管内壁用 10% 稀硝酸溶液清洗，洗液转入 50mL 离心管，一并为液相产物。然后测出固、液相中铜、锡的含量求出它们的分配系数。其中凝胶主量元素化学成分 SiO_2、K_2O、Na_2O、Al_2O_3 的含量在中科院地化所矿床地球化学国家重点实验室用 X-荧光光谱仪分析。凝胶及液样中微量元素 Sn 含量的测定使用 ICP-MS 测定。

二、实验结果

成功合成的凝胶主量元素化学组分含量和微量元素锡含量如表 6.3 所示。凝胶主要分为 A、B 两组，A 组凝胶固定 SiO_2 摩尔含量（84%）和 Na/K 摩尔值（0.84～0.86）基本不变，改变铝饱和指数 ASI（ASI 变化范围为 0.66～1.37）；B 组 SiO_2 摩尔含量（84%）和（Na_2O+K_2O）摩尔含量（7.46%～7.85%）基本不变，Na/K 摩尔值变化（Na/K 摩尔值变化范围 0.43～1.57）。

表 6.3 合成凝胶主量元素和锡含量

Gel	SiO_2	Al_2O_3	Na_2O	K_2O	Fe_2O_3	MgO	CaO	MnO	P_2O_5	TiO_2	Sn	ASI
A 组												
J10	78.05	14.44	2.95	5.29	0.03	trace	trace	0.0005	0.0054	trace	453±24	1.37
S10	76.05	13.80	2.77	5.04	0.05	0.01	0.010	0.0013	0.0064	trace	290±16	1.37
S11	77.99	11.59	3.67	6.54	0.82	0.01	0.014	0.0289	0.0075	trace	462±25	0.88
S12-1	78.92	10.78	3.91	7.03	0.11	0.02	0.020	0.0018	0.0087	0.002	440±24	0.77
J12	78.38	10.41	3.87	6.83	0.03	trace	0.008	0.0013	0.0065	trace	561±30	0.76
S13	78.39	9.82	4.15	7.36	0.02	0.04	0.068	0.0007	0.0073	trace	432±23	0.66
B 组												
J7	77.15	12.34	2.11	7.46	0.03	trace	0.004	0.0012	0.0061	trace	546±29	1.06
J6	77.02	12.79	2.81	6.70	0.01	0.01	trace	0.0010	0.0067	trace	534±29	1.08

续表

Gel	SiO2	Al2O3	Na2O	K2O	Fe2O3	MgO	CaO	MnO	P2O5	TiO2	Sn	ASI
J5	77.65	13.09	3.33	5.98	0.03	trace	0.006	0.0007	0.0057	trace	545±29	1.10
S	76.06	12.60	4.11	4.91	0.02	0.01	0.032	0.0030	0.0156	trace	362±20	1.04
J8	77.25	12.32	4.41	4.28	0.03	0.01	0.004	0.0017	0.0057	trace	615±33	1.04

注：主量元素单位为 wt%，锡含量单位为 10^{-6}；ASI= $Al_2O_3/(Na_2O+K_2O)$，Al_2O_3、Na_2O、K_2O 皆为该化合物的分子数。

1. 熔体碱质含量和铝饱和指数 ASI 的影响

以 A 组凝胶作为固相初始物，0.1mol/L 的 HCl 作为初始液相的实验结果显示，当熔体 SiO_2 摩尔含量（84%）和 Na/K 摩尔值（0.84~0.86）基本不变，碱质（Na_2O+K_2O）摩尔含量由 6.55% 增至 9.39%、铝饱和指数 ASI 由 1.37 降至 0.66 时，D_{Sn} 从 0.130±0.090~0.137±0.016 迅速降至（4.22±0.47）× 10^{-3}。D_{Sn} 与熔体（Na_2O+K_2O）摩尔含量和铝饱和指数关系如图 6.27（a）~（b）所示，其关系式分别为：D_{Sn} = $-0.0489 \times M_{Alk}+0.4516$，$R^2$ = 0.98（M_{Alk} 为碱质（Na_2O+K_2O）摩尔含量），D_{Sn} = $0.1886 \times ASI-0.1256$，R^2 = 0.99。D_{Sn} 与熔体（Na_2O+K_2O）摩尔含量具有负相关的趋势，而 D_{Sn} 与熔体铝饱和指数 ASI 具有正相关关系。实验结果表明锡分配行为明显受到熔体碱质含量和熔体铝饱和指数的制约，熔体碱质含量增高锡的分配系数减小，锡倾向于分配进入熔体相中并在熔体相中富集；而过铝质熔体却相对有利于锡分配进入液相中。

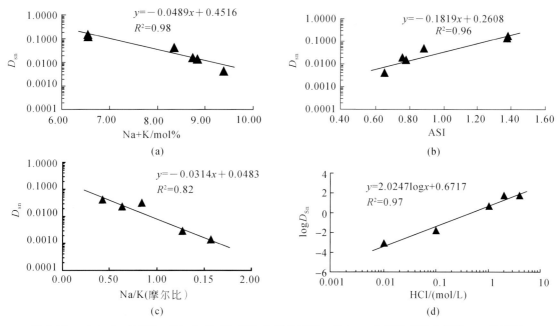

图 6.27 （a）D_{Sn} 与熔体（Na_2O+K_2O）摩尔含量关系图；（b）D_{Sn} 与熔体铝饱和指数 ASI 关系图；（c）D_{Sn} 与熔体中 Na/K 摩尔值的关系图；（d）$logD_{Sn}$ 与流体相中 HCl 摩尔浓度关系图（据胡晓燕等，2008）

2. 熔体中 Na/K 摩尔比值的影响

以 B 组凝胶作为固相初始物，0.1mol/L 的 HCl 作为初始液相的实验结果显示，当固相初始物的 SiO_2 摩尔含量（84%）和（Na_2O+K_2O）摩尔含量（7.46%~7.85%）基本不变，熔体 Na/K 摩尔值由 0.43 增至 1.57 时，锡在流体相中的浓度从（9.26±0.56）× 10^{-6} 降至（0.220±0.013）× 10^{-6}，D_{Sn} 从（3.70±

0.42）×10^{-2}降至（1.29±0.15）×10^{-3}；可见 D_{Sn} 随熔体中 Na/K 摩尔值的增大而减小，$D_{Sn}=-0.0314\times R_{Na/K}+0.0483$，$R^2=0.82$（$R_{Na/K}$ 为 Na/K 摩尔值）（图6.27（c））。熔体中碱质总量及其他组分相对不变的前提下，富钠的熔体有利于锡分配进入熔体相，而富钾的熔体却有利于锡分配进入流体相中。

3. 初始液相化学组成的影响

由表6.4中第二系列的实验结果可见，当液相为去离子水时，锡的分配系数很小 $D_{Sn}=0.0001$，而初始流体相为 HF、HCl、NaCl、KCl 溶液的实验液相产物中的锡含量和 D_{Sn} 均比液相为去离子水的高。说明液相中络阴离子 Cl$^-$、F$^-$ 的存在可使 D_{Sn} 增大。

分别以 pH=4、浓度都为 2mol/L 的 NaCl 和 KCl 溶液作为初始液相，测得的实验 NJ121 和 KJ121 的分配系数分别为（2.02±0.24）×10^{-3} 和（2.23±0.25）×10^{-3}，二者非常相近。NJ121 和 KJ121 实验固相产物中的碱质总量与原固相初始物碱质总量相当，但是在实验 NJ121 固相产物中的 Na$_2$O 含量升高为（5.09±0.26）wt%，K$_2$O 含量降低为（4.75±0.25）wt%；而 KJ121 固相产物中的 K$_2$O 含量升高为（8.05±0.42）wt%，Na$_2$O 含量降低为（2.50±0.13）wt%。NJ121 的 Na/K 摩尔值明显大于 KJ121 的 Na/K 摩尔值，而二者的分配系数却很相近，表明在过碱性的花岗质熔体（J12 的 ASI=0.76）中 Na/K 摩尔值对锡在流熔体间的分配影响不及在过铝质熔体的影响明显。

在过碱富钾熔体和含氟溶液体系中，液相中 HF 浓度的变化对 D_{Sn} 的影响不大，当液相中 HF 从 0.01mol/L 增至 1mol/L（根据 F 在流熔体相间的分配系数小于 1 来估算熔体产物中氟含量低于（0.95±0.02）wt%，该体系为低氟体系），D_{Sn} 变化范围为（8.03±0.92）×10^{-4} ～（5.70±0.64）×10^{-4}，且实验固相产物中锡含量都较高为（490±25）×10^{-6} ～（520±27）×10^{-6}，而液相产物锡含量极低（均低于 1×10^{-6}）。与含氟体系相比较，在含氯体系中，当液相中 Cl$^-$ 浓度大于 0.1mol/L 时，液相产物中锡含量大于 1×10^{-6}，锡在流熔体间的分配系数也明显大于含氟系中的分配系数，表明氯的存在有利于锡进入液相迁移富集。而当岩浆体系中仅含氟时，锡却倾向于分配进入熔体相中，从而在熔体相中富集。

4. 初始液相 Cl$^-$ 浓度及溶液 pH 的影响

以 J12 作为初始固相，改变液相 HCl 溶液浓度的实验中，当初始液 HCl 浓度从 0.01mol/L 增至 4mol/L，D_{Sn} 从（7.36±0.85）×10^{-4} 急剧增至 49.8±5.9，logD_{Sn} 与 log[HCl] 相关趋势见图6.27（d），二者关系式为 log$D_{Sn}=2.0247\times$log[HCl]+0.6717（[HCl] 的单位为 mol/L），锡在流体中主要以二价锡氯络合物的形式存在。前人有关锡的溶解度实验研究（Kovalenko et al.，1986；Wilson and Eugster，1990；Duc-Tin et al.，2007）也表明，在温压为 700～800℃，100～140MPa，氧逸度接近 NNO 的条件下，锡在含氯溶液中主要以络合物 SnCl$_2$ 的形式存在。当初始液相 HCl 浓度小于 0.1mol/L 时，固相实验产物玻璃中碱质含量基本不变。而随着初始液相 HCl 浓度的增大（大于 1mol/L）后，初始固相中钠钾大量进入了液相，固相实验产物玻璃中碱质含量急剧减小，由于熔体 SiO$_2$ 和 Al$_2$O$_3$ 含量基本不受 HCl 浓度的影响（Frank et al.，2003），因此熔体相的铝饱和指数会迅速增大，这也是导致锡在流熔体相间的分配系数急剧增大的一个重要因素。以 2mol/L HCl 作为初始液相所得的液相产物中的锡的浓度为（536±54）×10^{-6} 比以 pH=4、浓度 2mol/L 的 NaCl 和 KCl 溶液作为初始液相测得的液相中的锡的浓度（1.05±0.07）×10^{-6} ～（1.16±0.06）×10^{-6} 大两个数量级；初始液相为 HCl 溶液的实验所测得的分配系数比 NJ121 和 KJ121 的高，这主要是因为反应过程中 HCl 溶液使得熔体 ASI 增大所致。可见锡在流熔体间的分配行为明显受液相 Cl$^-$ 浓度、pH 双重因素的控制，结果显示，液相中 HCl 浓度的增大非常有利于锡分配进入流体相中，当液相酸度和氯离子浓增大后与此液相反应的熔体的铝饱和指数会增大。

表 6.4 在 850℃、1kbar 条件下锡在不同流体、熔体间的分配系数

实验编号	初始固相	初始液相	初始固相钠钾比 Na/K（摩尔比值）	碱质含量 Na₂O+K₂O /mol%	铝饱和指数 ASI	反应时间/h	实验固相产物中 Na₂O/wt%	K₂O/wt%	$C_{Sn}^{aq.fl.}/10^{-6}$	$C_{Sn}^{melt}/10^{-6}$	D_{Sn}
系列一											
S102	S10		0.84	6.55	1.37	96	3.11±0.16	4.99±0.26	23.3±0.7	180±9	0.130±0.090
S1011	S10		0.84	6.55	1.37	144	2.92±0.15	5.56±0.29	18.3±1.2	133±7	0.137±0.016
S112	S11		0.85	8.36	0.88	144	3.28±0.17	6.34±0.33	16.0±1.1	368±19	4.43（±0.51）×10⁻²
S12-11	S12-1	0.1M HCl	0.85	8.84	0.77	144	3.87±0.20	6.95±0.36	5.44±0.35	401±19	1.36（±0.16）×10⁻²
CJ121	J12		0.86	8.75	0.76	96	4.06±0.21	7.08±0.37	8.25±0.55	550±29	1.50（±0.18）×10⁻²
S132	S13		0.86	9.39	0.66	144	3.79±0.20	6.73±0.35	1.33±0.08	316±16	4.22（±0.47）×10⁻³
J073	J7		0.43	7.46	1.06	84	2.17±0.11	6.88±0.36	9.26±0.56	250±13	3.70（±0.42）×10⁻²
J061	J6		0.64	7.64	1.08	120	2.69±0.14	6.26±0.33	5.89±0.37	290±15	2.03（±0.23）×10⁻²
J051	J5		0.85	7.62	1.10	122	3.43±0.18	5.95±0.31	6.14±0.37	200±10	3.07（±0.34）×10⁻²
S004	S		1.27	7.85	1.04	96	3.92±0.20	4.97±0.26	0.468±0.028	170±9	2.76（±0.31）×10⁻³
J081	J8		1.57	7.65	1.04	96	4.11±0.21	4.21±0.22	0.220±0.013	170±9	1.29（±0.15）×10⁻³
系列二											
CJ125		0.01M HCl				96	3.94±0.20	6.73±0.35	0.390±0.024	530±28	7.36（±0.85）×10⁻⁴
CJ121		0.1M HCl				96	4.06±0.21	7.08±0.37	8.25±0.55	550±29	1.50（±0.18）×10⁻²
CJ124		1M HCl				96	2.60±0.14	5.41±0.28	335±21	76.0±4.4	4.40±0.53
CJ123		2M HCl				96	2.61±0.14	5.62±0.29	536±54	10.0±0.5	53.6±6.4
CJ122	J12	4M HCl	0.86	8.75	0.76	96	2.18±0.11	4.19±0.22	462±31	9.28±0.48	49.8±5.9
FJ121		0.01M HF				96	3.69±0.19	6.40±0.33	0.393±0.024	490±25	8.03（±0.92）×10⁻⁴
FJ122		0.1M HF				96	3.53±0.18	6.25±0.33	0.380±0.064	520±27	7.32（±0.85）×10⁻⁴
FJ129		1M HF				96	3.73±0.19	6.56±0.34	0.285±0.017	500±26	5.70（±0.64）×10⁻⁴
NJ121		NaCl（2M，pH=4）				96	5.09±0.26	4.75±0.25	1.05±0.07	520±27	2.02（±0.24）×10⁻³
KJ121		KCl（2M，pH=4）				96	2.50±0.13	8.05±0.42	1.16±0.06	520±27	2.23（±0.25）×10⁻³
WJ12		H₂O（去离子水）				96	3.83±0.20	6.68±0.35	0.0686±0.005	550±29	1.25（±0.15）×10⁻⁴

通过实验研究发现熔体组成对锡的分配行为有着明显的影响，当熔体中碱质（Na_2O+K_2O）含量增大或熔体铝饱和指数减小时，锡在流熔体间的分配系数 D_{Sn} 皆有变小的趋势，表明富碱质熔体有利于锡分配进入熔体相中富集，从而可能为锡矿形成提供矿质来源，而过铝质熔体却有利于锡分配进入流体相中。熔体中碱质总量及其他组分相对不变的前提下，富钠的熔体有利于锡分配进入熔体相，而富钾的熔体却有利于锡分配进入流体相中。在过碱质富钾花岗岩体系中改变液相组分的实验结果表明：液相中含有 Cl^-、F^- 时，锡在流熔体间的分配系数 D_{Sn} 增大，但初始液相 F^- 浓度变化对分配系数 D_{Sn} 的影响不大；锡的分配系数 D_{Sn} 随液相 HCl 浓度的增大而增大，即锡倾向于分配进入富氯的酸性流体中。

5. 氟氯共存体系中锡在流体–熔体间分配系数

氟氯共存体系锡在流体–熔体间分配实验的实验固液相初始物的加入量、反应固液相产物中锡的含量和锡的分配系数如表 6.5 所示。A 组以 J10 和不同量的（NaF+KF）作为初始固相，初始液相为 0.001mol/L 稀盐酸溶液。当 F 在初始固相中的含量为 1.47wt% ~ 4.55wt%，锡的分配系数 D_{Sn} 值的变化范围为（1.26 ± 0.20）$\times10^{-2}$ ~（3.92 ± 0.46）$\times10^{-2}$，D_{Sn} 值变化不大且皆小于 0.1。B 组用 J5 和不同量的（NaF+KF）作为初始固相，初始液相为 0.1mol/L 盐酸溶液，当 F 在 B 组初始固相中的含量从 0 增至 4.43wt% 时，锡的分配系数 D_{Sn} 仍小于 0.1。这意味着当流体相中 HCl 浓度较低时锡倾向于分配进入熔体相中。A、B 两组测得的锡分配系数进行对比发现，虽然 A 组初始液相 HCl 浓度小于 B 组初始液相 HCl 浓度，但 A 组测得的分配系数却比对应的 B 组测得的分配系数高，这可能是由于 A 组初始熔体 J10 的铝饱和指数（ASI = 1.37）比 B 组初始熔体 J5（ASI = 1.10）大的缘故，表明在 F、Cl 共存体系中，熔体 ASI 值增大相对有利于使锡在流熔体相间的分配系数增大。B、C 两组实验的初始固相均为 J5 凝胶，初始液相分别为 0.1mol/L 和 1mol/L 的盐酸溶液，两组锡的分配系数 D_{Sn} 与初始固相中 F 含量的关系如图 6.28 所示。B 组实验当初始固相中 F 含量为 4.43wt% ~ 1.25wt% 时，D_{Sn} 变化较小为 3.39×10^{-3} ~ 6.58×10^{-3}，但当 F 含量从 1.25wt% 减少至 0 时，D_{Sn} 和液相产物中锡含量分别增至 3.07×10^{-2} 和 6.14×10^{-6}。C 组中当初始固相 F 含量为 3.10wt% ~ 2.37wt% 时，D_{Sn} 变化较小为 3.66×10^{-3} ~ 5.57×10^{-2}，然而当初始固相中 F 含量从 1.34wt% 减至 0 后，D_{Sn} 和液相产物中锡含量分别迅速增加至 2.22×10^{-6} 和 88.6×10^{-6}。这两组实验结果对比可见流体 HCl 浓度越大，相应的 D_{Sn} 越大。此外，当熔体相中 F 含量从某一个值减小至 0 的过程中，D_{Sn} 具有逐渐增大的趋势，如图 6.28 所示流体相中 HCl 含量越高，这种增涨幅度越大越明显。

表 6.5　A、B、C 三组实验中初始固液加入量及实验固液相产物中锡含量和锡分配系数

实验编号	实验初始物				实验产物		锡在流熔体相间的分配系数 D_{Sn}
	凝胶质量/mg	加入的 NaF 和 KF 混合物质量/mg	流体质量/mg	F 在初始固相中含量/wt%	流体中锡浓度 $C_{Sn}^{aq.\,fl.}/10^{-6}$	熔体中锡浓度 $C_{Sn}^{melt}/10^{-6}$	
A 组（J10 凝胶作为初始熔体，0.001mol/L HCl 作为初始液相）							
FJ10-4	148.5	6.0	148.5	1.47	3.05±0.32	242±13	1.26（±0.20）$\times10^{-2}$
FJ10-3	148.0	10.4	148.0	2.48	2.89±0.22	88.8±4.6	3.26（±0.43）$\times10^{-2}$
FJ10-2	148.1	14.8	148.1	3.43	2.02±0.16	75.8±3.9	2.66（±0.35）$\times10^{-2}$
FJ10-1	148.3	20.3	148.3	4.55	4.40±0.28	112±6	3.92（±0.46）$\times10^{-2}$
B 组（J5 凝胶作为初始熔体，0.01mol/L HCl 作为初始液相）							
CFJ506[a]	148.4	0.0	140.6	0.00	6.14±0.37	200±10	3.07（±0.34）$\times10^{-2}$
CFJ502	150.2	2.2	150.1	0.55	3.30±0.25	311±16	1.06（±0.14）$\times10^{-2}$
CFJ501	150.3	5.1	148.4	1.25	0.57±0.03	108±6	5.27（±0.54）$\times10^{-3}$
CFJ503	150.2	10.4	149.3	2.46	1.04±0.07	158±8	6.58（±0.76）$\times10^{-3}$
CFJ504	150.0	15.0	144.2	3.45	0.840±0.043	227±12	3.70（±0.38）$\times10^{-3}$
CFJ505	150.3	19.6	147.6	4.43	0.770±0.059	227±12	3.39（±0.43）$\times10^{-3}$

续表

实验编号	实验初始物				实验产物		锡在流熔体相间的分配系数 D_{Sn}
	凝胶质量/mg	加入的 NaF 和 KF 混合物质量/mg	流体质量/mg	F 在初始固相中含量/wt%	流体中锡浓度 $C_{Sn}^{aq.\,fl.}/10^{-6}$	熔体中锡浓度 $C_{Sn}^{melt}/10^{-6}$	
C 组（J5 凝胶作为初始熔体，1mol/L HCl 作为初始液相）							
CFJ5-6	151.9	0.0	151.9	0.00	251±14	39.6±2.1	6.33（±0.69）
CFJ5-5	149.4	3.0	149.4	0.75	245±16	37.2±1.9	6.58（±0.78）
CFJ5-4	150.3	5.5	150.3	1.34	88.6±6.2	39.9±2.1	2.22（±0.27）
CFJ5-2	151.8	10.1	151.8	2.37	4.38±0.29	78.6±4.1	5.57（±0.66）×10⁻²
CFJ5-7	151.0	13.4	151.0	3.10	5.18±0.33	142±7	3.66（±0.44）×10⁻²
CFJ5-3	146.5	18.4	146.5	4.24	5.73±0.40	107±6	5.36（±0.65）×10⁻²

实验反应固相产物的化学组成和液相产物中 Na^+、K^+ 含量如表6.6所示。A、B、C 三组实验中液相产物的 Na^+、K^+ 总量分别为 $6.02\times10^2 \sim 2.15\times10^3\,\mu g/g$、$2.14\times10^3 \sim 4.13\times10^3\,\mu g/g$、$4.99\times10^3 \sim 2.74\times10^4\,\mu g/g$，流体相中 Na^+、K^+ 含量随液相 HCl 浓度增大和（NaF+KF）混合物加入量的增大而增大。

表 6.6　实验固相产物化学组成和液相产物中钠、钾含量

实验编号	实验固相产物化学组成/wt%							液相钠、钾含量/(μg/g)	
	SiO_2	Al_2O_3	Na_2O	K_2O	H_2O	F	Cl	Na^+	K^+
A 组实验									
FJ10-4	70.40±2.22	12.91±0.26	3.14±0.35	4.81±0.32	7.55±2.69	1.088±0.130	0.015±0.007	3.67（±0.20）×10²	2.35（±0.08）×10²
FJ10-3	70.63±0.60	12.59±0.63	4.65±0.33	5.42±0.20	5.33±1.14	1.328±0.118	0.002±0.002	6.77（±0.22）×10²	4.42（±0.15）×10²
FJ10-2	67.33±0.40	12.87±0.28	6.55±0.46	6.05±0.10	4.61±0.83	2.551±0.194	0.007±0.006	9.39（±0.30）×10²	9.81（±0.32）×10²
FJ10-1	67.12±0.36	11.71±0.59	6.49±0.65	8.10±0.48	3.32±0.92	2.835±0.230	0.040±0.008	9.69（±0.31）×10³	1.18（±0.04）×10³
B 组实验									
CFJ506	75.12±2.63	11.79±0.65	3.06±0.20	5.50±0.10	4.25±0.63	0	0.037±0.003	1.95（±0.06）×10³	1.86（±0.06）×10³
CFJ502	71.30±3.34	13.35±2.65	3.61±0.48	5.03±0.34	4.54±0.96	0.329±0.237	0.043±0.024	1.63（±0.06）×10³	1.51（±0.05）×10³
CFJ501	72.29±0.59	11.90±0.16	4.64±0.15	5.21±0.07	5.06±0.65	0.911±0.155	0.059±0.014	1.45（±0.05）×10³	1.15（±0.04）×10³
CFJ503	67.27±0.61	11.72±0.63	6.06±0.86	4.95±0.54	4.64±0.87	2.845±0.150	0.202±0.036	1.26（±0.05）×10³	8.82（±0.29）×10²
CFJ504	71.10±0.76	11.06±0.53	6.67±0.66	4.56±0.21	4.35±0.84	1.997±0.159	0.191±0.011	1.16（±0.04）×10³	8.44（±0.27）×10²
CFJ505	67.31±0.72	11.47±0.13	8.45±0.20	4.71±0.12	3.50±0.24	4.035±0.242	0.283±0.005	2.47（±0.08）×10³	1.66（±0.06）×10³

续表

实验编号	实验固相产物化学组成/wt%							液相钠、钾含量/(μg/g)	
	SiO_2	Al_2O_3	Na_2O	K_2O	H_2O	F	Cl	Na^+	K^+
C组实验									
CFJ5-6	73.87±2.03	12.23±0.37	2.46±0.21	4.94±0.22	6.11±2.44	0	0.314±0.024	2.22（±0.08）×10³	2.77（±0.9）×10³
CFJ5-5	73.47±0.83	12.11±0.54	2.40±0.17	4.55±0.17	6.71±0.48	0.497±0.068	0.241±0.032	3.69（±0.12）×10³	3.77（±0.13）×10³
CFJ5-4	73.78±1.41	11.33±0.25	2.07±0.27	4.00±0.28	5.98±2.01	0.688±0.153	0.232±0.016	7.28（±0.24）×10³	8.33（±0.27）×10³
CFJ5-2	72.01±0.76	12.02±0.76	3.43±0.26	4.66±0.09	6.30±0.76	1.259±0.092	0.285±0.011	1.11（±0.04）×10⁴	1.18（±0.04）×10⁴
CFJ5-7	70.98±1.57	11.14±0.35	5.64±0.11	3.69±0.24	5.21±1.21	2.147±0.107	0.495±0.046	9.43（±0.31）×10³	8.41（±0.27）×10³
CFJ5-3	69.93±0.35	11.50±0.12	5.14±0.18	5.34±0.14	4.83±0.52	2.571±0.241	0.626±0.019	1.06（±0.04）×10⁴	1.68（±0.06）×10⁴

在800℃、100MPa温压条件下，水在合成花岗岩中的溶解度一般为4wt%~5wt%（Holtz et al.，1992，1995；Yamashita，1999），而我们实验固相产物中水含量范围为（3.32±0.92）wt%~（7.55±2.69）wt%，这与前人关于水溶解度的实验结果基本一致。随着初始物中（NaF+KF）混合物加入量的增大，熔体相中 Na_2O、K_2O 含量增大，此外实验固相产物中含有水，这两方面的原因使熔体产物中 SiO_2、Al_2O_3 含量与初始固相相比略有下降。与熔体 K_2O 摩尔含量的变化相比较，熔体中 Na_2O 摩尔含量随熔体中氟含量的增加而明显增大。实验固相产物含 F 为0~4.25wt%，与实验固相初始物中氟的加入量具有较好的对应关系，通过观察初始固相和实验固相产物中氟含量，可见氟倾向于分配进入熔体相中。B、C 两组实验中，D_{Sn} 与熔体相中氟含量的关系如图6.28所示，A、B 两组实验中当熔体相中氟含量从约1wt%降低至0后 D_{Sn} 都具有增大的趋势。

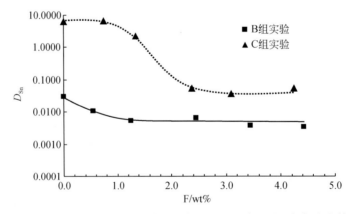

图6.28　B组和C组实验中 D_{Sn} 与初始固相中F含量的关系图（据胡晓燕等，2009）

A、B 两组实验中当熔体相中氟含量从约1wt%降低至0后 D_{Sn} 都具有增大的趋势，其中 C 组实验中的增长幅度更大更明显，表明含氟岩浆中锡的分配行为明显受到液相 HCl 浓度的影响，液相 HCl 浓度越高越有利于锡分配进入液相。A、B、C 三组的实验固相产物中 Cl 含量分别为（0.002±0.002）wt%~（0.015±0.007）wt%、（0.037±0.003）wt%~（0.283±0.005）wt%、（0.232±0.016）wt%~（0.626±

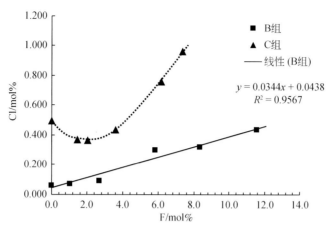

图 6.29　B、C 组实验产物中氟氯摩尔含量关系图（据胡晓燕等，2009）

0.019）wt%。氯明显地倾向于进入流体相中，且随着初始液相氯含量的增加熔体产物中氯含量增大。固相产物中氟、氯摩尔含量（M_F、M_{Cl}）的关系如图 6.29 所示，其中 B 组实验固相产物中 F、Cl 含量还存在较好的线性关系 $M_{Cl} = 0.0344 \times M_F + 0.0438$（$R^2 = 0.96$）。可见熔体中氯含量随熔体相中氟含量的增大而增大，当熔体中氟含量增大后可导致氯在熔体相的含量增大，从而能使锡在流熔体相间的分配系数减小。

　　总之，在氟氯共存岩浆体系中熔体铝饱和指数 ASI、流体相中 HCl 浓度增大时，锡分配系数 D_{Sn} 随之增大，表明当熔体为过铝质的花岗质熔体、流体为富含 HCl 流体时，锡易于分配进入流体相从而有利于热液型锡矿床的形成。实验固相产物中氯含量随着熔体中氟含量和碱质含量的增加而增大，这一实验结果与前人的实验结果一致。此外，当熔体相中氟含量大于约 1wt% 后，D_{Sn} 小于 0.1 且变化不大，当液相富含 HCl 且熔体中氟含量从 1wt% 降低至 0 时，D_{Sn} 迅速增大。这些研究结果表明，含氟高的和富碱质（尤其富钠）熔体有利于锡在熔体相中富集，这种富氟或富碱的熔体可直接形成锡矿也可作为锡矿的物质来源地。当大量的含氟矿物如黄玉、白云母、黑云母、萤石从富锡的岩浆晶出或岩浆围压降低后可能会使熔体相中氟含量降低，这样有可能使锡在熔体中的饱和溶解度降低而直接从熔体中结晶产出，此外也可使氯的分配系数增大进入流体相从而有助于锡分配进入富氯流体相中形成热液型锡矿床。

三、结　　论

　　通过开展锡在流体–熔体相间分配行为的实验研究得到以下初步认识：

　　（1）流体相阴离子种类及含量对锡在流体–熔体相间的分配行为有着明显的影响。流体相中络阴离子 Cl^-、F^- 含量增大时，有利于增大锡在流体-熔体相间的分配系数；尤其当流体为富氯的酸性流体时，锡在流体–熔体相间的分配系数随液相中 HCl 浓度的增大而增大并存在关系式 $logD_{Sn} = 2.0247 \times log[HCl] + 0.6717$（[HCl] 的单位为 mol/L），锡在流体相中主要以二价锡氯配合物的形式迁移，锡倾向于分配进入富氯的酸性流体中。此外，富氯酸性流体与共存的熔体反应后，熔体中的碱质含量降低，铝饱和指数增大。

　　（2）熔体化学组成对锡在熔体相/流体相的分配行为有着明显的影响。D_{Sn} 随着熔体中碱质含量增大而减小：$D_{Sn} = -0.0489 \times M_{Alk} + 0.4516$，$R^2 = 0.98$（$M_{Alk}$ 为熔体中 $Na_2O + K_2O$ 摩尔含量），表明富碱质熔体有利于锡在熔体相中富集，从而可能为锡矿形成提供矿质来源。D_{Sn} 随熔体 ASI 值的增大而增大：$D_{Sn} = 0.1886 \times ASI - 0.1256$，$R^2 = 0.99$，即过铝质熔体相对有利于锡分配进入流体相中。过铝质熔体中碱质总量及其他组分相对不变的前提下，熔体钠钾摩尔值越高 D_{Sn} 越小：$D_{Sn} = -0.0314 \times R_{Na/K} + 0.0483$，$R^2 = 0.82$（$R_{Na/K}$ 为 Na/K 摩尔值），富钠的熔体有利于锡分配进入熔体相，而富钾的熔体却相对有利于锡分配进入流体相中。

（3）在氟氯共存花岗质岩浆体系中：①熔体相中氟含量对氯在流体–熔体相间的分配有着明显影响，熔体中氟含量降低有利于氯分配进入流体相；②熔体中氟含量大于约 1wt% 后，D_{Sn} 小于 0.1 且变化不大，当液相富含 HCl 且熔体中氟含量从约 1wt% 降低后，D_{Sn} 迅速增大，即熔体中氟含量小于约 1wt% 后有利于锡分配进入富氯的酸性流体中。而富氟（F 含量大于约 1wt%）的熔体有利于萃取锡并使锡在熔体相中富集；③熔体铝饱和指数 ASI 值越大，相应锡的分配系数越大；流体相中氯浓度增大时，锡分配系数随之增大；当熔体为过铝质的花岗质熔体、流体富含氯时有利于锡分配进入流体相。

（4）壳源铝质、富碱、富挥发分、贫钙铁镁的岩浆在结晶分异演化过程中相对有利于锡在残余熔流体相中富集。因此，具有这些特征的岩浆结晶分异演化产生的晚期岩浆可富含锡，能为后期锡矿床的形成提供矿质来源。这种富锡富挥发分的岩浆在上侵过程中，当温度压力降低、岩浆水饱和度增大、硅含量增大、熔体相氟含量降低时，可分异出含氯富锡的成矿流体。骑田岭花岗岩的岩石化学特征、成岩成矿物理化学条件，表明芙蓉锡矿床的成矿流体可由骑田岭花岗岩晚期岩浆分异产生。

第七章　华南热液铀成矿系统

华南地区不仅有举世瞩目的钨、锡、铋、钼、锂、铍、铌、钽等有色、稀有金属及稀土元素矿产资源，而且也有丰富的铀矿资源。华南地区的铀矿主要有三种类型：花岗岩型、火山岩型和碳硅泥岩型，其中尤其以花岗岩型热液铀矿床的广泛发育为特色，成为南方"硬岩"型铀矿的代表，与北方俗称"软岩"型的砂岩铀矿一起，成为我国最重要的铀矿资源。华南花岗岩型铀矿是一种后生（epigenetic）的热液矿床，即铀矿的形成时代要明显晚于、甚至远远晚于围岩的形成时代。总体上看，华南包括花岗岩型铀矿床在内的热液铀矿床主要形成于晚中生代的白垩纪至新生代的古近纪；而作为铀矿围岩或者母岩之一的花岗岩则主要形成于侏罗纪、三叠纪或更早的时代。近年来本书作者及其他研究者的大量研究成果表明，印支期花岗岩是华南花岗岩型铀矿床最重要的成矿母岩之一。

与铀成矿密切相关的印支期花岗岩的地球化学特征表明它们基本上都是过铝质花岗岩，大部分样品的铝饱和指数大于1.1，而且具有较高的 SiO_2 含量，部分花岗岩还有大量原生白云母。它们具有较高的 $({}^{87}Sr/{}^{86}Sr)_i$ 值和较低的 $\varepsilon_{Nd}(t)$ 值。因此，无论是岩相学还是地球化学，都是典型的 S 型花岗岩的特点。它们形成于印支造山运动的同碰撞或后碰撞期，是地壳加厚熔融的产物，很少新鲜地幔物质加入。

因此，在华南与花岗岩有关的成矿系统中，有必要划分出以印支期花岗岩为主的陆壳重熔型（改造型或 S 型）花岗岩类及相关的（晚期）热液铀成矿系统。

本章通过单颗粒锆石的 LA-ICP-MS U-Pb 同位素定年，甄别出了一批印支期花岗岩，以江西白面石岩体为典型实例，阐述了它们的主要地质地球化学特征。在定年的基础上，选择湖南及桂北地区有代表性的印支期产铀花岗岩、非产铀花岗岩、蚀变花岗岩及相关矿床开展全面的主量元素、微量元素、稀土元素以及 Rb-Sr、Sm-Nd 和 Hf 同位素及精细矿物学方面的分析测试工作，探讨岩石成因和源区性质，并在此基础上初步建立了产铀和非产铀花岗岩体的元素地球化学、矿物学等判别标志。

值得指出的是，虽然华南花岗岩铀矿的成矿母岩（铀源）可能主要是印支期花岗岩，但是这些铀矿床几乎都是在白垩纪—古近纪才形成的。本章详细论述了白垩纪—古近纪发生的华南大陆岩石圈伸展及由此引起的断陷盆地和幔源基性岩脉发育特征，揭示了这一构造背景与铀的活化迁移-富集成矿之间的密切成因联系，强调了幔源流体尤其是幔源 CO_2 在铀成矿中的意义，建立了华南岩石圈伸展与铀成矿关系模式。

第一节　华南印支期产铀花岗岩

一、印支期 S 型产铀花岗岩概况

本章作者的前期研究成果表明：华南许多花岗岩型（热液）铀矿床都以印支期花岗岩作为围岩或基底。新一轮研究试图进一步查明：华南还有哪些岩体是印支期花岗岩？产铀与非产铀花岗岩有什么差别？

本次研究是与核工业"华南印支期花岗岩与铀成矿关系研究"课题（2008～2010）的有关研究工作相结合完成的。作者对南岭及其邻区（包括闽、赣、粤、湘、桂五省区）的主要印支期花岗岩、相关的燕山期花岗岩，以及主要铀矿床开展了较为系统的野外调查和采样。考察研究的区域和主要花岗岩体、铀矿区包括：赣南-赣中地区的陇高（包括陇高、龙州、寨背）、白面石、富城（大富足）、草桃背、桃山

（蔡江、黄陂、打鼓寨）等产铀岩体；诸广山复式花岗岩体中的龙华山、江南、塘洞岩体和 302 矿床的赋矿围岩长江岩体；诸广山岩体东南部粤北地区出露的花岗岩如青嶂山、油山、坪田、棉土窝、灵溪和帽峰岩体；湖南及桂北的苗儿山地区（包括苗儿山北部、苗儿山中部、猫儿山主峰、豆乍山、香草坪、茶坪、小木楠、杨桥岭、张家），九嶷山复式岩体（金鸡岭、螃蟹木、雪花顶、砂子岭、西山），大义山岩体、五峰仙岩体、丫江桥–明月峰岩体、歇马–紫云山岩体以及桃江岩体等。

共对 35 个岩体的 55 个样品进行单颗粒锆石的 LA–ICP–MS U–Pb 同位素定年，甄别出了一批印支期花岗岩，使原来一些曾经定为燕山期或加里东期的有争议的产铀岩体有了精确的同位素年龄。印支期花岗岩年龄的厘定，为铀矿找矿勘探提供了重要参考。与此同时，我们也重新厘定了一批燕山期花岗岩，并获得了几个加里东期的年龄。

对若干典型花岗岩体进行了岩石地球化学以及 Sr、Nd 和 Hf 同位素地球化学研究，探讨了岩石成因和源区性质，提出产铀和非产铀岩体地球化学判别标志。对主要产铀岩体开展了精细的矿物学研究，发现了原生晶质铀矿、蚀变成因的铀钍石，以及绿泥石化过程中含铀副矿物锆石、独居石等结构铀的释放特征；初步建立了产铀和非产铀花岗岩的矿物学标志。

研究认为：①印支期产铀花岗岩多数形成于印支早期，主要分布在华夏地块上，岩石成因类型通常为 S 型即陆壳改造型花岗岩类，原岩主要为富黏土的泥质岩，岩石中的黑云母为铁叶云母，绿泥石化强烈，含有原生（岩浆成因）晶质铀矿。②产铀花岗岩相对富 SiO_2、K_2O、Rb、Ba、Nb、Hf、Th 和 U 等，而贫 CaO、Al_2O_3、FeOt、MgO、TiO_2、Sr、Zr 等，具有由弱过铝质向强过铝质、由镁质向铁质花岗岩演化的特征，属于碱钙性花岗岩；应用 CaO、K_2O、P_2O_5、Zr、Sr、Ba、Rb、Nb 等元素的含量及其比值的相关图解能很好地区分印支期产铀和非产铀花岗岩类。③本项目首次在武夷山以东地区，厘定出印支期的铝质 A 型花岗岩类，如高溪岩体、大银厂岩体，其中高溪岩体控制了毛洋头铀矿床的形成。通常认为 S 型花岗岩与铀成矿关系密切，A 型花岗岩的厘定，使我们感到有必要加强武夷山以东浙闽沿海地区铀成矿前景的基础地质研究。

本次研究选择江西省的 6 个主要花岗岩型和火山岩型铀矿区的产铀和非产铀花岗岩体（白面石矿田中白面石花岗岩体、富城矿田中的富城花岗岩体、桃山矿田中打鼓寨花岗岩体和黄陂花岗岩体、隘高矿床中隘高花岗岩体、峡江矿床中金滩花岗岩体、营前铀矿区于山花岗岩体等）（图 7.1），系统研究了印支期花岗岩的锆石 U–Pb 年代学、主量元素、微量元素、Sr–Nd–Hf 同位素地球化学特征，确定它们属于 S 型花岗岩；在此基础上，比较了矿区内同时代的产铀花岗岩和非产铀花岗岩的地球化学差异以及成因差异，探讨了产铀花岗岩的成因机制。

定年结果表明，江西省产铀花岗岩主要形成于印支期和燕山早期两期岩浆活动中，其中白面石岩体、隘高岩体、金滩岩体中二云母花岗岩为印支期花岗岩，形成时代集中在 234～241Ma；富城岩体主体黑云母花岗岩和补体二云母花岗岩的成岩年龄为 218～229Ma，也形成于印支期；而打鼓寨岩体和于山岩体中二云母花岗岩则形成于燕山期，主要形成时代为 154～163Ma。

下面以白面石花岗岩为例，阐述江西省主要产铀花岗岩的年代学、地球化学以及成因等特征。

二、印支期白面石产铀花岗岩特征

1. 白面石花岗岩

白面石铀矿区位于江西南部龙南县和寻乌县之间，南岭构造–岩浆带东段的白面石火山–沉积盆地中，主要由四个铀矿床和一个铀矿点组成。铀矿体主要产出在火山盆地中的中侏罗世火山–沉积地层（菖蒲组）底部的长石石英砂岩和玄武岩中。白面石盆地基底具有二元结构特征，即由二云母花岗岩（白面石岩体）和前震旦纪寻乌组变质岩组成。通过对矿区内火山岩、花岗岩以及变质岩的活动性 U、Th 的水–岩溶浸实验研究表明，火山岩的活动铀浸出率非常低，而白面石花岗岩则具有较高的铀浸出率，以及 Pb 同

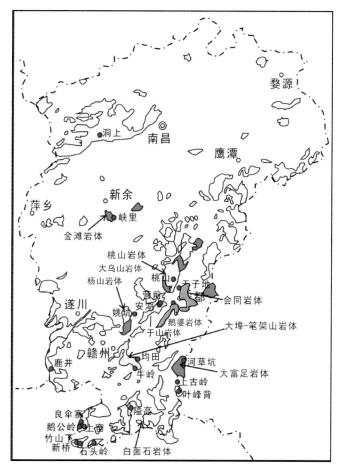

图 7.1　江西省主要产铀花岗岩体

位素以及微量元素特征表明铀矿床的主要成矿物质可能来自白面石花岗岩（章邦桐等，2003）。因此，白面石花岗岩作为该火山岩型铀矿区的铀源，其年代学和成因研究对于理解该铀矿的成因以及指导进一步找矿都具有重要的意义。

2. 锆石年龄测定

本次研究进行了白面石花岗岩的锆石 U–Pb 同位素定年，并进一步详细研究了该岩体的岩石地球化学和 Sr–Nd–Hf 同位素地球化学，所获得的数据和分析结果对于探讨白面石花岗岩的成因以及华南产铀花岗岩的成因都具有重要的意义。

样品中锆石自形，多为长柱状–短柱状，长约 100~200μm，宽约 50~100μm，长宽比为 2∶1 左右。阴极发光图像下大多数锆石边部具有良好的韵律环带，表明为岩浆结晶锆石（Hoskin et al.，2003；Wu et al.，2004），一些锆石颗粒中间能看到明显的核部（图 7.2）。一共 23 个分析点，锆石点的 $^{206}Pb/^{238}U$ 年龄除了几个点较分散外（如 13 号点 891Ma、11 号点 341Ma、7 号点 480Ma 等），其他点年龄主要集中在两个范围内（图 7.3），其中 9 个数据是在 441~456Ma 这一个范围内，其加权平均值为 448±4Ma（MSWD=0.56），属加里东期；另外 11 个数据点则变化在 212~247Ma 之间，加权平均值为 231±9Ma（MSWD=15），属印支期。这 11 个数据点年龄值较分散，导致 MSWD 值偏大。这 11 个数据点（年龄）又可分成两组，位于 231~247Ma 的 6 个数据点的加权平均值为 241±7Ma（MSWD=3.6），而位于 212~224Ma 的 5 个数据点的加权平均值为 217±7Ma（MSWD=2.2）。上述三组年龄段的锆石在阴极发光图像上并无明显可分性。加里东期年龄点的 U 含量变化在 $114×10^{-6}~4960×10^{-6}$ 范围内，Th/U 值变化在 0.15~0.88。印支期平均年龄为241Ma的锆石点的U含量变化在$274\times10^{-6} \sim 3676\times10^{-6}$（平均$1824\times10^{-6}$），Th/U值除一个偏离谐和线的点（10号点）具有较低的Th/U外（0.04），其余变化在$0.16 \sim 1.29$（平均0.53）。而平均年龄为217Ma的锆石点则具有更高的U含量（$1678\times10^{-6} \sim 4960\times10^{-6}$，平均$3640\times10^{-6}$）和更低的Th/U值（$0.05 \sim 0.19$，平均0.11）。

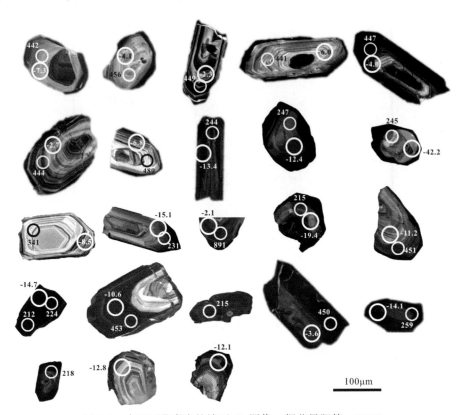

图7.2　白面石花岗岩的锆石CL图像（据董晨阳等，2010）

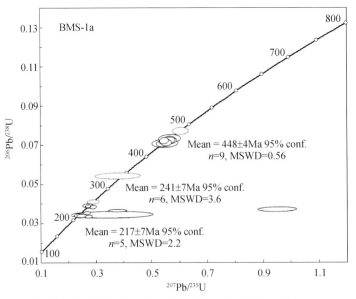

图7.3　白面石花岗岩锆石U-Pb同位素年龄谐和图（据董晨阳等，2010）

加里东期年龄的锆石可作为残留或捕获成因，反映了加里东期构造运动在赣南地区的影响。印支期的两组年龄，正好与华南印支期花岗岩形成年龄的两个峰值相吻合（Wang et al.，2007c）。对华南印支期花岗岩年代学数据的统计发现，华南的印支期变质-岩浆活动具有双峰式的特征，即花岗岩主要形成于249~225Ma 和 225~207Ma 两个阶段，第一个阶段可能形成于同碰撞背景，而第二个阶段则可能是晚碰撞或后碰撞的产物（于津海等，2007c）。考虑到年龄值平均为 217Ma 的锆石点普遍具有较高的 U 含量和较低的 Th/U 值，5 个点中有 3 个点的 Th/U 值都小于 0.1。因此，我们建议 241±7Ma 可作为白面石花岗岩的形成年龄，而 217Ma 左右的年龄则是部分高 U 含量的锆石受到第二阶段岩浆热事件或矿化时热液活动的影响而发生铅丢失造成的。总体来说，白面石花岗岩为印支期花岗岩。

3. 岩石地球化学特征

白面石花岗岩在主量元素组成上具有高 SiO_2（71.99%~73.82%）、高 Al_2O_3（13.26%~14.57%）、低 CaO（0.29%~0.97%）、低 MgO（0.20%~0.30%）的特点，铝饱和指数 A/CNK 在 1.15~1.28 之间，为强过铝花岗岩，与花岗岩中含大量白云母矿物一致。P_2O_5 含量为 0.17%~0.26%，K_2O 含量为 5.41%~6.76%，Na_2O 含量为 2.15%~2.87%。

微量元素方面，白面石花岗岩富集 Rb、Th、U、Ta 等元素，明显亏损 Ba、Sr、Nb、Ti、Eu 等，为低 Ba-Sr 花岗岩。全岩稀土总量变化在 $96.59×10^{-6}$ ~ $359.11×10^{-6}$，球粒陨石均一化图上显示为轻/重稀土分异、负的 Eu 异常的右倾模式（图 7.4）。

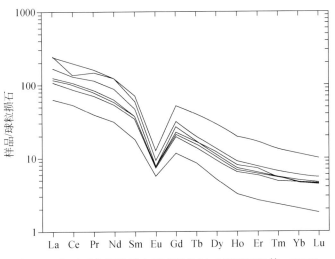

图 7.4　白面石花岗岩稀土元素配分图（据董晨阳等，2010）

球粒陨石稀土元素含量数据采用 Boynton，1984

白面石花岗岩的 U 含量变化在 $3.67×10^{-6}$ ~ $7.89×10^{-6}$，平均为 $6.25×10^{-6}$，约为地壳平均 U 含量的 2~3 倍。铀含量跟华南其他的产铀花岗岩相比，并不算高，这可能与该花岗岩普遍存在一定程度的蚀变，铀已经在蚀变过程中转移成矿有关（章邦桐等，2003）。

4. Sr-Nd-Hf 同位素组成特征

白面石花岗岩的 Sr 同位素初始比值（$^{87}Sr/^{86}Sr$）$_i$ 变化范围为 0.71162~0.71613。全岩样品具有非常低的 $\varepsilon_{Nd}(t)$ 值，变化在 -13.9~-12.2 之间，两阶段 Nd 模式年龄 T_{DM2} 为 2.01~2.15Ga。高的（$^{87}Sr/^{86}Sr$）$_i$ 值和低的 $\varepsilon_{Nd}(t)$ 值表明，白面石花岗岩的源岩是具古元古代模式年龄的壳源物质，几乎无新生地幔物质的混入。

锆石选点和 Hf 同位素分析结果显示，年龄平均值为 448Ma 的锆石计算的（$^{176}Hf/^{177}Hf$）$_i$ 值变化为 0.282174~0.282427，$\varepsilon_{Hf}(t)$ 值计算为 -11.2~-2.3。印支期年龄的锆石点中，从 CL 图像看，有两个点

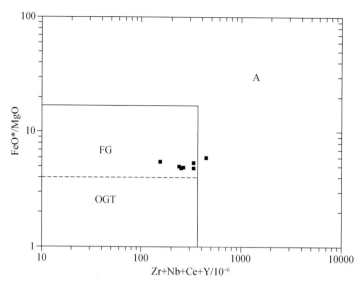

图 7.5 白面石花岗岩 Zr+Nb+Ce+Y–FeO＊/MgO 分类图解 （据董晨阳等，2010）

底图据 Whalen et al., 1987；FG：分异的长英质花岗岩区；OGT：没分异的 M，I 和 S 型花岗岩区

（10 号点和 14 号点）可能打到锆石内部的核（图 7.2），从而具有非常低的 $(^{176}Hf/^{177}Hf)_i$ 值；除此之外，其他点的 $(^{176}Hf/^{177}Hf)_i$ 值变化在 0.282202 ~ 0.282287，计算的 $\varepsilon_{Hf}(t)$ 值为 –15.1 ~ –11.9，两阶段 Hf 模式年龄计算为 2.01 ~ 2.21Ga。Hf 模式年龄与 Nd 模式年龄十分吻合。

5. 花岗岩类型判别及源区讨论

白面石花岗岩中含有大量白云母矿物，铝饱和指数大于 1.1，属于强过铝花岗岩。白面石花岗岩也具有较高的 $(^{87}Sr/^{86}Sr)_i$ 值和较低的 $\varepsilon_{Nd}(t)$ 值，指示其源区物质主要为壳源沉积物。白面石花岗岩不具备一般 A 型花岗岩的特征，如含有碱性铁镁矿物，明显富集 Na_2O 和 Ga、Zr、Nb、Y 和 REE 等高场强元素，并且具有较高的 Ga/Al 值等（Eby，1990；Whalen et al.，1987）。通过分类图解，排除其 A 型花岗岩的可能性（图 7.5）。另外，白面石花岗岩还具有相对高的 P_2O_5 含量（0.17% ~ 0.26%），表明其初始岩浆也为强过铝质，以此排除其为 I 型花岗岩的可能（李献华等，2007）。因此，无论是岩相学，还是地球化学特征，都表明白面石花岗岩为典型的强过铝 S 型花岗岩，或改造型花岗岩。

特别低的 $\varepsilon_{Nd}(t)$ 值表明白面石花岗岩的源区应主要为壳源沉积物。Sylvester（1998）曾根据 Al_2O_3/TiO_2 和 CaO/Na_2O 值将强过铝花岗岩分成四种类型，分别对应于澳大利亚拉克兰褶皱带、欧洲阿尔卑斯造山带、喜马拉雅造山带和欧洲海西褶皱带中的强过铝花岗岩，其源岩成分主要为砂屑岩或泥质岩。白面石花岗岩以较低的 Al_2O_3/TiO_2 值和 CaO/Na_2O 值为特征，类似于欧洲海西褶皱带中的强过铝花岗岩（图 7.6）。

白面石花岗岩的两阶段 Nd 模式年龄计算在 2.01 ~ 2.15Ga，表明其源岩是具古元古代模式年龄的陆壳物质。白面石花岗岩周围基底变质岩主要包括赣南地区的寻乌岩群和闽西南地区的桃溪群。寻乌岩群为一套中深变质岩，被归属于早元古代（罗春林等，2003）。但目前对寻乌岩群还缺乏 Sm-Nd 或 Lu-Hf 同位素的研究，对其原岩和变质历史还缺乏限制。最近对上犹陡水煌斑岩中捕掳锆石的研究表明在赣南地区确实存在古元古代的基底，但其锆石主要形成于古元古代晚期，Hf 模式年龄主要为新太古代（于津海等，2009）。桃溪群主要为麻粒岩相变质岩，原岩是一种低成熟度的碎屑沉积岩，主要来源于新元古代中期的花岗质岩石，在 443Ma 左右发生了麻粒岩相变质作用。新元古代的花岗质岩石则主要是古元古代幔源地壳物质（Hf 模式年龄为 2.31 ~ 2.41Ga 和 2.04 ~ 2.07Ga）再循环的产物（于津海等，2005）。白面石花岗岩的全岩 Nd 模式年龄和岩浆期锆石的 Hf 模式年龄与桃溪群中锆石的一组 Hf 模式年龄一致。同时在

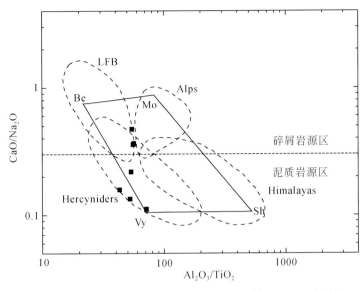

图 7.6　白面石花岗岩 Al_2O_3/TiO_2–CaO/Na_2O 图解（据董晨阳等，2010；底图据 Sylvester.，1998）

白面石花岗岩中的锆石存在新元古代的年龄，也存在一组 $448\pm4Ma$ 的年龄，与桃溪群麻粒岩相变质事件十分吻合。桃溪群中 443Ma 的锆石的 $\varepsilon_{Hf}(t)$ 值变化在 $-13.2 \sim +2.4$（于津海等，2005），本次研究中白面石花岗岩中 448Ma 的锆石的 $\varepsilon_{Hf}(t)$ 值变化在 $-11.2 \sim -2.3$，两者也比较吻合。在全岩 Nd 同位素演化图上，白面石花岗岩也掉在桃溪群的演化线上（图 7.7）。综合判断，白面石花岗岩的源岩很可能是赣南地区类似于桃溪群的变质岩。这也间接地表明，赣南地区很可能具有跟闽西南地区相似的变质基底。

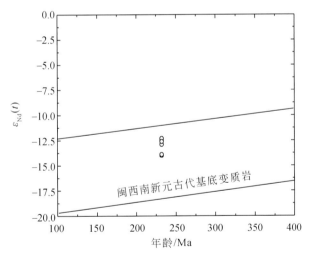

图 7.7　白面石花岗岩和周围基底变质岩的 $\varepsilon_{Nd}(t)$ –年龄投图（据董晨阳等，2010）

6. 对华南产铀花岗岩成因的指示

近年来，越来越多的印支期花岗岩在华南被发现，特别是许多与铀矿化密切相关的产铀花岗岩被重新确定为印支期花岗岩。如粤北下庄铀矿区的贵东复式岩体中的下庄岩体，桂北苗儿山铀矿区的产铀花岗岩豆乍山花岗岩，赣南隘高铀矿区的隘高花岗岩，等等。同时，华南部分火山岩型热液铀矿床的基底或围岩也往往由印支期花岗岩组成。如福建毛洋头火山岩型铀矿床，盖层火山岩为南园组（K）的英安质至流纹质火山岩，基底则是印支期高溪黑云母花岗岩。江西猫尖洞铀矿床（火山岩型），矿化发生在火山管道的周围，管道相火山岩为白垩纪粗安岩，其基底富城岩体为印支期二云母花岗岩。本次研究的白面石火山岩型铀矿床基底的白面石花岗岩也为印支期，这些研究都表明华南印支期花岗岩在华南热液铀成矿中的作用是非常重要的，可能作为铀源体提供成矿所需的铀（陈培荣，2004）。

从岩石学和岩石成因上看，这些印支期的产铀花岗岩都具有较为类似的特点，如大多都为含白云母的黑云母花岗岩或者二云母花岗岩，具有较高的 $(^{87}Sr/^{86}Sr)_i$ 值和较低的 $\varepsilon_{Nd}(t)$ 值，为强过铝质S型花岗岩，源岩是具古元古代模式年龄的陆壳物质（张祖还和章邦桐，1991）。从本次对白面石花岗岩的研究看，如果其源岩为类似桃溪群的变质岩，则是古元古代幔源地壳物质，在新元古代重熔形成花岗质岩石，经风化形成碎屑沉积岩，在加里东时期发生麻粒岩相变质作用，后又在印支期部分熔融形成过铝质的白面石花岗岩。这种多期重熔和变质事件可能是形成富铀花岗岩的一个重要原因。随后在白垩-古近纪华南内陆大规模地壳拉张背景下，循环的大气降水从这些富铀花岗岩中淋滤提取铀，在合适的条件下沉淀形成华南大量的花岗岩型和火山岩型热液铀矿床（Hu et al.，2008）。

三、江西其他印支期S型产铀花岗岩

1. 隘高花岗岩

隘高花岗岩型铀矿区的主要产铀花岗岩隘高花岗岩为中粗粒二云母花岗岩，含有大量白云母。LA-ICP-MS 锆石 U-Pb 年代学研究表明隘高花岗岩的结晶年龄为约 234±2Ma，为印支期花岗岩。在主量元素组成上，隘高花岗岩具有高 SiO_2（73.55%～75.65%）、Al_2O_3（12.26%～13.99%）含量，低 CaO（0.11%～0.72%）、MgO（0.15%～0.42%）的特点，铝饱和指数 A/CNK 在 1.15～1.48 之间（>1.1），属于强过铝花岗岩，与花岗岩中含大量白云母矿物一致。P_2O_5 含量变化在 0.08%～0.20%，K_2O 含量变化在 4.91%～5.96%，Na_2O 含量变化在 1.67%～2.58%。

微量元素方面，隘高花岗岩富集 Rb、Th、U、Ta 等元素，明显亏损 Ba、Sr、Nb、Ti、Eu 等，为低 Ba-Sr 花岗岩。全岩稀土总量变化在 $78.58×10^{-6}$～$150.22×10^{-6}$，球粒陨石均一化图上显示为轻/重稀土分异、负的 Eu 异常的右倾模式。

隘高花岗岩由于具有很高的 Rb/Sr 值，因此难以计算得到可靠的 $(^{87}Sr/^{86}Sr)_i$。隘高花岗岩具有非常低的 $\varepsilon_{Nd}(t)$ 值（-11.5～-10.3）和较低的 $\varepsilon_{Hf}(t)$ 值（-9.0～-7.0），两阶段 Nd 模式年龄 T_{DM2} 变化在 1.84～1.94Ga。低的 $\varepsilon_{Nd}(t)$ 值表明隘高花岗岩的源岩是具古元古代模式年龄的壳源物质，几乎无新生地幔物质混入。

隘高花岗岩中含有大量白云母矿物，铝饱和指数大于 1.1，属于强过铝花岗岩。隘高花岗岩也具有较低的 $\varepsilon_{Nd}(t)$ 值和较低的 $\varepsilon_{Hf}(t)$ 值，指示其源区物质主要为壳源沉积物。隘高花岗岩并不具备一般 A 型花岗岩的特征，通过分类图解，排除其 A 型花岗岩的可能性。因此，无论是岩相学，还是地球化学特征，都表明隘高花岗岩为典型的强过铝S型花岗岩，可能起源于具古元古代模式年龄的泥质沉积物的重熔。

2. 富城岩体

富城花岗岩体（大富足岩体）分布于赣南会昌县境内，为一复式花岗岩侵入体，在空间上呈似肾状产出，近 NW 向展布，地表出露面积约 $850km^2$。主体为中粗粒似斑状黑云母花岗岩，出露面积大，约占整个岩体的 87%，Rb-Sr 等时线年龄为 203～226Ma（江西省地质矿产局，1989）。补体为一系列形态不规则的小岩体，分布零散，出露面积小，岩性主要为细粒二云母花岗岩，约占整个复式岩体的 13%，同位素年龄为 141～169Ma（江西省地质矿产局，1989），为燕山早期岩浆活动的产物。

富城花岗岩体北部侵入震旦系坝里组和寒武系牛角河组地层中，与围岩呈明显的侵入接触关系，沿接触带发育热变质角岩；其东南及南部呈半环状侵入震旦系下坊组浅变质岩地层中，东侧与闽西南红山花岗岩体相连，西侧为由晚白垩世红层（赣州组）组成的断陷盆地，并与赣州组底部的橄榄玄粗岩系列火山岩直接接触。

富城花岗岩体是赣南地区最重要的铀矿化区。现已发现的铀矿床和铀矿化主要集中分布在岩体西北部，铀成矿类型多，不仅产有花岗岩型铀矿床，而且还有受隐爆角砾岩筒控制的火山岩型铀矿床，与基性脉岩有关的铀矿床和产于花岗岩外接触带震旦系—寒武系浅变质岩中的铀矿床。因此，有关富城花岗岩体的年龄、成因和成矿关系等方面的问题，早就引起了广大地质工作人员的密切关注。

为了精确厘定富城西部主体花岗岩的年龄，我们精选了 3 个具有代表性的花岗岩样品，共 47 颗锆石进行定年研究。3 个花岗岩样品分别采自富城岩体西北部的坳子背铀矿床（AO01，岩性为中粗粒似斑状黑云母花岗岩），河草坑铀矿床地表（He25，岩性为中粗粒似斑状黑云母花岗岩），以及富城乡桂村排采石坑（GCP03，岩性为粗粒巨斑状黑云母花岗岩）。3 个岩石样品均新鲜无蚀变，所获得的富城主体花岗岩的年龄分别为 227.1Ma、228.5Ma 和 227.3Ma，平均 227.6Ma，明显高于前人的 203～214Ma（K–Ar法）和 208～216Ma（Rb–Sr 等时线）定年结果，而且具有较一致的 $^{206}Pb/^{238}U$ 年龄，说明本次定年具有较高的准确度和可信度，可以较精确地代表富城主体花岗岩形成的年龄，证实其属于印支晚期岩浆活动的产物。

富城西部补体花岗岩大多呈小岩体零星分布，其中石教坪单元出露相对较多，见于富城岩体西部的石教坪、古坊店、坳子背和三洋以及草桃背等地区，岩性主要为细粒含斑二云母花岗岩及细粒二云母花岗岩。本次定年研究重点解决前人厘定的石教坪单元（141Ma）的时代归属。为此，我们重点选择了上述地区出露的细粒二云母花岗岩进行系统的研究，定年结果表明：四个补体花岗岩的年龄在 217.9～224.6Ma 之间，平均 220.8Ma。与主体花岗岩的年龄相比，大约滞后 3.9～9.2Ma，均属印支晚期岩浆作用的产物，这充分说明富城岩体西部不存在燕山期花岗岩。值得提出的是，在补体花岗岩中测到古老的残留锆石年龄，年龄值在 623～2385Ma 之间，反映本区可能存在前寒武纪变质结晶基底，这对深入研究富城花岗岩的物质来源具有重要意义。

富城复式花岗岩主体岩石为中粗粒斑状黑云母花岗岩，长石斑晶粒径较大，矿物成分主要为石英（20%～32%）、钾长石（28%～40%）和斜长石（26%～35%），其次为黑云母（4%～8%）和白云母（1%～2%），副矿物有锆石、磷灰石、黄玉、电气石等。富城花岗岩补体岩石为浅肉色中细粒二云母花岗岩，呈小岩株产出，主要造岩矿物为石英、钾长石、斜长石、白云母和黑云母。

总体上看，富城岩体的主体中粗黑云母花岗岩与补体细粒二云母花岗岩在主量元素上的特征十分相近，都具有超酸性、高钾、富碱、强过铝质、贫钙低镁和较高铁镁比的特征，明显地反映出富城岩体属典型的 S 型花岗岩。30 个代表性岩石样品的稀土元素分析结果及特点为：稀土总量偏低且变化幅度大，ΣREE 为 $40.04×10^{-6}$～$300.04×10^{-6}$，平均 $147.47×10^{-6}$；轻稀土明显富集，LREE/HREE 为 2.80～9.12，平均 5.24；$LREE/\Sigma REE = 0.74～0.9$，普遍在 0.8 以上；$(La/Yb)_N$ 为 1.73～10.26，平均 4.61，属于轻稀土富集型。反映轻稀土元素分馏程度的 $(La/Sm)_N$ 和重稀土元素分馏程度的 $(Gd/Yb)_N$ 值分别为 2.07～3.67（平均 2.82）和 0.59～1.71（平均 1.11）；说明轻稀土的分馏较重稀土显著。存在明显的铕负异常，δEu 值介于 0.07～0.43，平均 0.19；属于强铕负异常，随着分异指数的增大，轻、重稀土比值及 δEu 值具有明显降低的演变趋势，指示成岩过程中存在富轻稀土矿物（如磷灰石、褐帘石、独居石等）和斜长石的分离结晶作用。岩石的稀土元素球粒陨石标准化配分型式呈明显的 "V" 型右倾稀土配分型式。主体花岗岩与补体花岗岩在稀土元素特征上明显不同，主体稀土平均总量高于补体，两者在轻、重稀土分馏程度上也存在一定的差异，可能反映了演化程度上的差别。

微量元素分析结果和原始地幔标准化蛛网图上显示，富城岩体以富集 Rb、K、Th、U 等大离子亲石元素，亏损 Ba、Nb、Sr、P 和 Ti 为特点；从 Nb/Ta 值低，Rb/Sr 和 Rb/Nb 值高的特征，在同位素方面，岩石表现为高的 I_{Sr}，低的 $\varepsilon_{Nd}(t)$ 值，根据上述特征推断，富城花岗岩的源区为成熟度较高的陆壳物质，属于典型的壳源成因类型。

3. 金滩复式花岗岩

峡江铀矿区位于江西省中部新余县西南面，为一花岗岩型铀矿床，铀矿化主要产于金滩复式花岗岩体中。金滩岩体是一个多期次侵入的花岗岩体，出露面积约 164km²，岩体北部出露加里东期黑云母斜长花岗岩，岩体主体主要由印支期斑状粗粒黑云母二长花岗岩和中细粒二云母花岗岩两种岩性组成。斑状黑云母二长花岗岩中斑晶主要由钾长石和斜长石组成，基质主要由斜长石、钾长石、石英、黑云母组成，斜长石以奥-中长石为主，部分为纳-奥长石，而钾长石以微斜长石为主，少数为正长石和条纹长石。中细粒二云母花岗岩（和含石榴子石二云母花岗岩）呈岩株产出在金滩岩体边缘，出露面积约 $1.4km^2$，主要矿物组合包括黑云母、白云母、钾长石、斜长石、石英以及少量石榴子石。

二云母花岗岩具有较高的 SiO_2 含量和 Al_2O_3 含量，SiO_2 含量变化为 74.09% ~ 74.53%，Al_2O_3 含量变化为 13.54% ~ 14.27%；同时岩石具有较低的 TiO_2、CaO 和 MgO 含量；该花岗岩铝碱指数 A/CNK 值变化在 1.20 ~ 1.46 之间，属于强过铝花岗岩，且含有白云母、石榴子石等强过铝的矿物，应为典型的强过铝S型花岗岩。同时，地球化学特征，如高 Rb/Sr 值，较低的 $\varepsilon_{Nd}(t)$ 值也支持其为地壳物质重熔而来。

而斑状黑云母二长花岗岩则具有相对低的 SiO_2 含量（69.14% ~ 73.77%），同时具有更高的 TiO_2、CaO 和 MgO 含量；A/CNK 值除一个样品的为 1.13 外，其余 5 件样品均为 1.05 ~ 1.08，属弱过铝花岗岩。在微量元素组成特征上，相对富集高场强元素和稀土元素。在 SiO_2-P_2O_5 图上，两者显示一定的负相关性。黑云母二长花岗岩在地球化学组成上更加类似于 Wang Y J 等（2007c）研究的湖南印支期花岗岩中的 Group 2 型花岗岩，具有介于 I 型和 S 型过渡段花岗岩的特征。其源区物质中可能混入了基性组分。

斑状黑云母二长花岗岩的一个新鲜样品挑选 20 个锆石进行了 20 个点的同位素定年分析。16 个点的 $^{206}Pb/^{238}U$ 年龄变化在 215 ~ 230Ma 间。在谐和图上，部分点偏离谐和线，取在谐和线上的 13 个点的加权平均年龄为 226±2Ma（MSWD=2.1），代表斑状黑云母二长花岗岩的结晶年龄。在新鲜的中粗粒二云母花岗岩样品中挑选 20 颗晶形较完好的锆石，进行了 20 个点的激光剥蚀 U-Pb 同位素定年分析。其中 $^{206}Pb/^{238}U$ 年龄较集中的 17 个点的年龄变化在 235 ~ 245Ma 之间，给出加权平均年龄 239±1Ma（MSWD=1.6），可以代表二云母花岗岩的结晶年龄。两种岩性的花岗岩均为印支期花岗岩。

对华南印支期花岗岩年代学数据的统计发现，华南的印支期变质-岩浆活动具有双峰式的特征，即花岗岩主要形成于 249 ~ 225Ma 和 225 ~ 207Ma 两个阶段，第一个阶段可能形成于同碰撞背景，而第二个阶段则是可能是晚碰撞或后碰撞的产物（于津海等，2007c）。本次研究证实，金滩岩体也正好存在两期的印支期岩浆活动，第一期岩浆活动约为 239Ma，以具古元古代的泥质沉积地层重熔为主，形成强过铝的 S 型二云母花岗岩。该期岩浆活动可能为印支运动同碰撞期地壳重叠增厚，导致白云母脱水，地壳熔融而成（Wang Y J et al.，2007c）。第二期岩浆活动则在 226Ma 左右，属于晚碰撞或碰撞后岩浆活动，在后碰撞伸展过程中，玄武岩浆底侵，导致基底岩石发生部分熔融，形成黑云母二长花岗岩。

本次研究将金滩花岗岩体中的两期印支期花岗岩区分开来，第一期二云母花岗岩形成于约 239±1Ma，为具元古代模式年龄的泥质沉积岩部分熔融而形成的强过铝 S 型花岗岩，第二期黑云母二长花岗岩形成于约 226±2Ma，具有 S 型和 I 型混合的特征，其源区可能混有基性组分。两期岩浆作用正好对应于印支运动同碰撞挤压到后碰撞伸展的构造转换。

对江西省主要印支期产铀花岗岩的年代学研究表明，白面石花岗岩形成于约 241Ma，隘高花岗岩形成于约 234Ma，金滩岩体中二云母花岗岩形成于约 239Ma。因此，可以判断主要产铀花岗岩都形成于印支期第一期岩浆活动中。这些产铀花岗岩都属于强过铝 S 型花岗岩，主要源区为具古元古代模式年龄的泥质沉积地层。这些产铀花岗岩主要形成于印支运动同碰撞期地壳增厚导致的部分熔融。因此，特定构造背景下（同碰撞期地壳增厚）特定层位（泥质地层）的部分熔融可能是控制产铀花岗岩形成的关键。

研究表明，华南大部分产铀花岗岩主要为印支期花岗岩（陈培荣，2004）。它们在岩石类型、矿物组合以及地球化学和同位素组成上与印支期产铀花岗岩具有相同的特征（表 7.1）。这些产铀花岗岩基本上均为二云母花岗岩或含白云母的黑云母花岗岩，多为强过铝质花岗岩（A/CNK>1.1），显示为典型的 S 型花岗岩的特点。花岗岩中一般能找到富铀的副矿物，如晶质铀矿、铀钍石等，另外，锆石、独居石等副矿物也一般具有非常高的 U 含量。这些产铀花岗岩通常具有较高的 $^{87}Sr/^{86}Sr$ 同位素初始比值（>0.710）和较低的 $\varepsilon_{Nd}(t)$ 值（<-10.0），为古元古代沉积地层重熔的产物，其源区物质主要为泥质沉积岩。把握住产铀花岗岩的这些岩石学和地球化学特征，进一步在华南寻找这一类产铀花岗岩，对于发现花岗岩型

铀矿床具有重要的指导意义。

表7.1　江西主要印支期产铀花岗岩特征对比

岩体		年代	名称	主要矿物组成	U/16^{-6}	地球化学特点	Sr-Nd-Hf 特征	类型和源区
白面石花岗岩		241±7Ma	中细粒二云母花岗岩	黑云母、白云母、斜长石、钾长石、石英	4～8	高 SiO_2，强过铝，A/CNK=1.15～1.28	$I_{Sr}=0.7116～0.7161$；$\varepsilon_{Nd}(t)=-13.9～-12.2$；$\varepsilon_{Hf}(t)=-15.1～-11.9$；$T_{DM}(Nd)^2=2.01～2.15Ga$	强过铝 S 型，具古元古代模式年龄的地壳沉积物
隘高花岗岩		234±2Ma	中粗粒二云母花岗岩	黑云母、白云母、斜长石、钾长石、石英	6～10	高 SiO_2，强过铝，A/CNK=1.15～1.48	$\varepsilon_{Nd}(t)=-11.5～-10.3$；$\varepsilon_{Hf}(t)=-9.0～-7.0$；$T_{DM}(Nd)^2=1.84～1.94Ga$	强过铝 S 型，具古元古代模式年龄的地壳沉积物
金滩岩体中产铀花岗岩		239±1Ma	中细粒二云母花岗岩	黑云母、白云母、石榴子石、斜长石、钾长石、石英	11～14	高 SiO_2，强过铝，A/CNK=1.20～1.46	$\varepsilon_{Nd}(t)=-8.4$；$T_{DM}(Nd)^2=1.70Ga$	强过铝 S 型，具古元古代模式年龄的地壳沉积物
富城产铀花岗岩体	主体	227～229Ma	中粗粒似斑状黑云母花岗岩	黑云母、白云母、斜长石、钾长石、石英	5.6～38	高 SiO_2，强过铝，A/CNK=1.05～1.34	$I_{Sr}=0.7146～0.7194$；$\varepsilon_{Nd}(t)=-9.33～-12.48$	强过铝 S 型，可能来自新-中元古代的地壳沉积物
	补体	218～225Ma	细粒二云母花岗岩	黑云母、白云母、斜长石、钾长石、石英	3.3～29	高 SiO_2，强过铝，A/CNK=1.10～1.46		强过铝 S 型，可能来自新-中元古代的地壳沉积物

通过对金滩岩体中两期印支期花岗岩的对比研究，表明印支期产铀花岗岩主要形成于同碰撞时期泥质沉积源区的部分熔融，而后碰撞伸展阶段形成的花岗岩则 U 含量要低。因此，特定构造背景下特定沉积地层的部分熔融是形成华南印支期产铀花岗岩的关键因素。

第二节　印支期产铀与非产铀花岗岩的黑云母矿物化学差异

在花岗岩定年的基础上，选择湖南及桂北地区有代表性的印支期产铀花岗岩、非产铀花岗岩、蚀变花岗岩及相关矿床开展全面的主量元素、微量元素、稀土元素以及 Rb-Sr、Sm-Nd 和 Hf 同位素及精细矿物学方面的分析测试工作。本书总结了产铀与非产铀花岗岩在黑云母矿物化学上的差异。

本书所说的"非产铀花岗岩"主要是指那些迄今为止尚未发现有价值铀矿资源的花岗岩，它们主要分布在湖南省的中北部地区，如白马山、瓦屋塘、紫云山、歇马、沩山、桃江等岩体。而"产铀花岗岩"则是指那些聚集大型铀矿床的印支期花岗岩，它们主要分布在南岭地区，包括桂北、湘南、粤北、赣南等地，包括苗儿山中段、贵东、诸广山、白面石、隘高、富城（大富足）、高溪及丫江桥等。所谓"过渡型花岗岩"指存在一些铀矿化点带或小型铀矿床、但目前开采价值不大的花岗岩，如关帝庙、阳明山、五峰仙、龙源坝、油山、坪田等岩体。

一、黑云母的化学成分和类型

黑云母是花岗岩中最为常见的铁镁质矿物之一，其矿物化学组成蕴含着丰富的有关岩石成因的重要信息（Dodge et al.，1969；Barrière and Cotton，1979；Neiva，1981；Speer，1984；Ague and Brimhall，1988；Finch et al.，1995）和成矿潜力（Lyakhovich，1987；赵希林等，2009）。为此，我们对印支期产铀、过渡

和非产铀花岗岩的黑云母做了系统的对比研究。

印支期产铀花岗岩中黑云母的含量约为3%～6%，黑云母呈他形，普遍发生了绿泥石化和白云母化蚀变，其中包裹多种副矿物如锆石、磷灰石、黄玉、钛铁矿及晶质铀矿和独居石等（图7.8（a）和（b））；而非产铀花岗的黑云母含量相对较高，约为5%～10%，黑云母的蚀变程度弱且自形，其中不含或少含副矿物包裹体，副矿物以磷灰石和锆石为主（图7.8（c）和（d））。

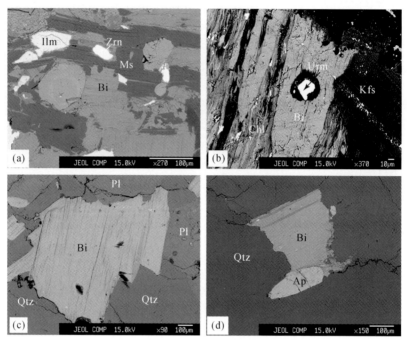

图7.8　华南印支期花岗岩样品中黑云母及其共生矿物的电子探针背散射图像（据章建等，2011）
（a）诸广山、（b）大富足、（c）白马山和（d）瓦屋塘岩体（Urm：晶质铀矿；Zrn：锆石；Ilm：钛铁矿；Ap：磷灰石；Ms：白云母；Bi：黑云母；Kfs：钾长石；Pl：斜长石；Qtz：石英；Chl：绿泥石）

产铀花岗岩和非产铀花岗岩中黑云母的电子探针成分分析结果见表7.2。表中Fe_2O_3和FeO的含量采用林文蔚和彭丽君（1994）的方法计算得到，黑云母的结构式以（O，OH，F/2，Cl/2）为12计算的阳离子数。

对比表7.2中的数据可以看出，产铀花岗岩与非产铀花岗岩中黑云母在化学成分上存在着巨大的差异，与非产铀花岗岩相比，产铀花岗岩中黑云母的TiO_2、Fe_2O_3、MgO的含量相对较低，而Al_2O_3、FeO的含量相对较高。随SiO_2含量的增加，非产铀花岗岩呈MgO含量增加，FeO和Fe_2O_3（>3%）降低的演化趋势，产铀花岗岩，则呈MgO含量降低，FeO降低，Fe_2O_3在低值区（<3%）保持不变的演化趋势。过渡型花岗岩中黑云母的成分特征介于二者之间。上述差异也对应了产铀花岗岩的全岩地球化学研究所反映的产铀花岗岩较非产铀花岗岩贫Fe、Mg、Ti的特征。

表7.2　华南印支期花岗岩中黑云母的化学组成

岩体类型	产铀型			过渡型			非产铀型		
测点数	11件样品，55个测点			8件样品，67个测点			12件样品，95个测点		
Element	最小值	最大值	平均值	最小值	最大值	平均值	最小值	最大值	平均值
SiO_2	33.27	36.89	34.88	33.38	37.22	35.30	34.68	37.20	35.89
TiO_2	1.05	3.02	2.17	2.16	3.70	2.93	1.97	3.98	3.02

续表

岩体类型	产铀型			过渡型			非产铀型		
测点数	11 件样品，55 个测点			8 件样品，67 个测点			12 件样品，95 个测点		
Element	最小值	最大值	平均值	最小值	最大值	平均值	最小值	最大值	平均值
Al_2O_3	18.66	22.57	20.45	14.51	21.78	17.90	15.07	16.53	16.00
FeO*	20.52	27.97	23.80	19.14	26.41	22.05	18.26	23.13	20.53
MnO	0.03	1.27	0.55	0.02	1.60	0.49	0.28	0.42	0.34
MgO	1.96	6.15	4.19	4.19	12.28	7.44	8.20	12.73	10.42
CaO	0.00	0.10	0.04	0.01	0.08	0.05	0.00	0.15	0.05
Na_2O	0.04	0.21	0.11	0.03	0.12	0.08	0.02	0.13	0.07
K_2O	8.26	9.30	8.78	8.26	9.26	8.90	7.61	9.42	9.01
F	0.47	4.05	1.71	0.53	3.27	1.36	0.35	2.75	1.17
Cl	0.00	0.09	0.02	0.01	0.05	0.02	0.00	0.04	0.01
$Fe_2O_{3(cal)}$	2.59	4.46	3.01	2.83	5.36	4.15	3.81	4.73	4.11
$FeO_{(cal)}$	0.77	25.4	18.19	0.82	23.86	14.1	0.48	18.21	8.4
$H_2O_{(cal)}$	0	4.29	3.38	0	4.21	3.02	0	4.05	2.01
total	99.16	105.3	101.07	99.06	103.42	100.98	99.46	102.55	101.05
Si^{4+}	2.51	2.71	2.63	2.5	2.74	2.65	2.56	2.78	2.68
^{IV}Al	1.29	1.49	1.37	1.26	1.5	1.35	1.22	1.43	1.32
T-site	4	4	4	4	4	4	3.98	4	4
^{VI}Al	0.33	0.67	0.45	0.03	0.41	0.24	0.01	0.22	0.09
Ti^{4+}	0.06	0.17	0.12	0.12	0.21	0.17	0.11	0.23	0.17
Fe^{3+}	0.14	0.17	0.16	0.14	0.31	0.21	0.21	0.28	0.25
Fe^{2+}	1.12	1.66	1.35	0.94	1.56	1.18	0.92	1.2	1.04
Mn^{2+}	0	0.08	0.04	0	0.1	0.03	0.02	0.03	0.02
Mg^{2+}	0.21	0.71	0.47	0.48	1.37	0.83	1	1.4	1.16
Y-site	2.35	2.79	2.59	2.51	2.81	2.66	2.58	2.82	2.73
Ca^{2+}	0	0.01	0	0	0.01	0	0	0.01	0
Na^+	0.01	0.03	0.02	0	0.02	0.01	0	0.02	0.01
K^+	0.81	0.91	0.85	0.81	0.87	0.85	0.72	0.91	0.86
X-site	0.83	0.94	0.87	0.82	0.89	0.87	0.73	0.91	0.87
Cautions	7.2	7.62	7.46	7.38	7.69	7.53	7.47	7.67	7.6
CF	0.12	0.91	0.4	0.13	0.75	0.32	0.08	0.64	0.28
CCl	0	0.01	0	0	0.01	0	0	0	0
COH	1.01	1.06	1.03	1.01	1.05	1.02	1.01	1.04	1.02
$Fe^{2+}\#$	0.65	0.85	0.75	0.42	0.73	0.59	0.42	0.55	0.47
$Mg^{2+}\#$	0.15	0.35	0.26	0.27	0.58	0.41	0.45	0.58	0.53
$100Fe^{2+}\#$	65.19	85.06	74.54	41.66	72.56	59.2	42.37	55.48	47.34

注：FeO* 表示全铁；下标（cal）表示计算得到数据（据林文蔚和彭丽君，1994）；H_2O 含量计算以 O 原子数为 12 计算。$Fe^{2+}\#$ 表示 $Fe^{2+}/(Fe^{2+}+Mg^{2+})$，$Mg^{2+}\#$ 表示 $Mg^{2+}/(Fe^{2+}+Mg^{2+})$。主量元素含量单位为%，数据据章建等，2001。

黑云母按其成分的不同，可以分为镁质黑云母、铁质黑云母和铁叶云母等，利用 Foster（1965）的分类方法，将华南印支期花岗岩中的黑云母进行分类（图 7.9）。产铀花岗岩中黑云母大部分为铁叶云母

$KFe_3^{2+}AlAl_2Si_2O_{10}(OH)_2$；非产铀花岗岩均为铁质黑云母 $K(Mg，Fe^{2+})_3AlSi_3O_{10}(OH)_2$，说明产铀花岗岩中黑云母的 Mg 含量相对低。在过渡型花岗岩中上述两种黑云母兼而有之。

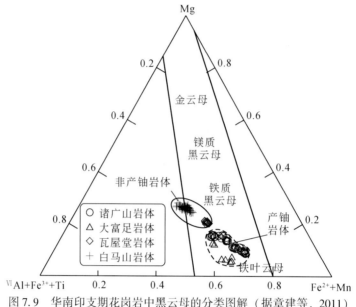

图 7.9　华南印支期花岗岩中黑云母的分类图解（据章建等，2011）

黑云母的地球化学组成可用来划分花岗岩的类型，根据 Abdel-Rahman（1994）提出的不同类型火成岩的黑云母判别图投影（图 7.10），产铀花岗岩中的黑云母全部落在了过铝质岩套区（包括碰撞型和 S 型花岗岩），而非产铀花岗岩中的黑云母则都落在了造山带钙碱性杂岩区，表明产铀花岗岩属于过铝质花岗岩，而非产铀花岗岩属于钙碱性花岗岩，过渡型花岗岩则兼有上述两种花岗岩类型，该结论与全岩地球化学分析获得的认识一致。

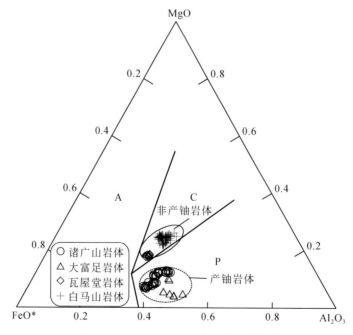

图 7.10　黑云母 $FeO^*-Al_2O_3-MgO$ 相关图（据章建等，2011）

A. 非造山带碱性杂岩（多为 A 型花岗岩）；C. 造山带钙碱性杂岩（多为 I 型花岗岩）；

P. 过铝质岩套（包括碰撞型和 S 型花岗岩）（据 Abdel-Rahman，1994）

黑云母的镁、铁组分与寄主岩浆的物质来源和成分关系密切，产铀花岗岩中黑云母的镁、铁组分与华南改造型花岗岩相一致（图7.11），推测其岩浆物质来源于地壳；非产铀花岗岩中的黑云母与华南同熔型花岗岩相同（图7.11），其源区具有壳幔混合的特征（赵连泽等，1983）。张玉学（1982）利用黑云母中 MgO 含量多寡来判断花岗岩的物质来源，以说明黑云母成分与岩浆物质来源具有相关性（图7.12），据此用 $(Fe_2O_3+FeO)/(Fe_2O_3+FeO+MgO)$ 和 MgO 图解（图7.12），同样推断出产铀花岗岩为壳源来源，非产铀花岗岩更倾向于壳幔混合来源。表明产铀花岗岩主要为壳源型花岗岩，非产铀花岗岩的源岩具有壳

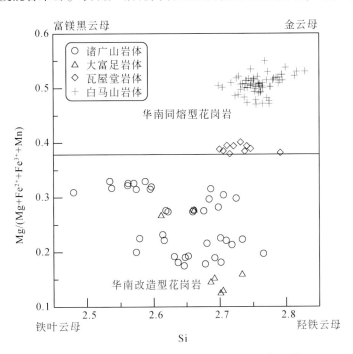

图7.11 华南印支期花岗岩中黑云母的 $Si-Mg/(Mg+Fe^{3+}+Fe^{2+}+Mn)$ 图解
（据章建等，2011；底图据赵连泽等，1983）

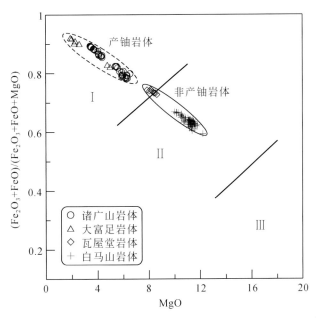

图7.12 黑云母的 $(Fe_2O_3+FeO)/(Fe_2O_3+FeO+MgO)-MgO$ 图

Ⅰ.壳源；Ⅱ.壳幔混源；Ⅲ.幔源（据章建等，2011；底图据张玉学，1982）

幔混合的特征，这同样与利用全岩地球化学特征判断获得的认识一致，即产铀花岗岩的源岩主要为以变泥质岩和变杂砂质沉积岩构成上地壳，非产铀花岗岩的源岩主要为变玄武岩-英云闪长质的中下地壳岩石。

黑云母三八面体中 Fe/(Fe+Mg) 是岩浆氧化-还原程度的重要指示参数（Speer, 1984），产铀花岗岩中黑云母 Fe/(Fe+Mg) 值在 0.67~0.87 之间，明显高于非产铀花岗岩中黑云母的 Fe/(Fe+Mg) 值（0.47~0.61）。Wones 和 Eugster（1965）通过研究与磁铁矿和钾长石共生的黑云母 Fe^{3+}、Fe^{2+} 和 Mg^{2+} 原子百分数来估计岩浆的氧逸度。从产铀花岗岩与非产铀花岗岩的黑云母 Fe^{2+}-Mg-Fe^{3+} 图解（图 7.13）可以看出，大部分产铀花岗岩的黑云母处在 NNO（Ni-NiO_2 缓冲剂）线上，非产铀花岗岩的黑云母落在 NNO 和 HM（赤铁矿-磁铁矿缓冲剂）线之间，表明产铀花岗岩相对于非产铀花岗岩具有更强的还原性。

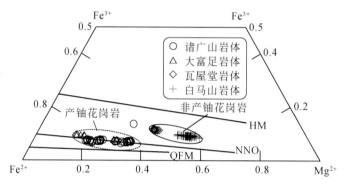

图 7.13　华南印支期产铀和非产铀花岗岩的黑云母 Fe^{2+}-Mg^{2+}-Fe^{3+} 图解（据章建等，2011）

底图据 Wones and Eugster, 1965。氧逸度按照石英-铁橄榄石-磁铁矿缓冲剂-Ni-NiO 缓冲剂-赤铁矿-磁铁矿缓冲剂从低到高变化

此外，根据 Wones 和 Eugster（1965）提供的，在 $P_{H_2O}=2070\times10^5$ Pa 条件下黑云母的 log (f_{O_2})-T 图解，结合黑云母稳定度 [100×Fe^{2+}/(Fe^{2+}+Mg^{2+})]，并假定花岗岩浆的平衡温度为 750~900℃，把这些花岗岩的黑云母数据投影到 log (f_{O_2})-T 图解中，发现它们也分布在不同的区域（图 7.14），得出了花岗

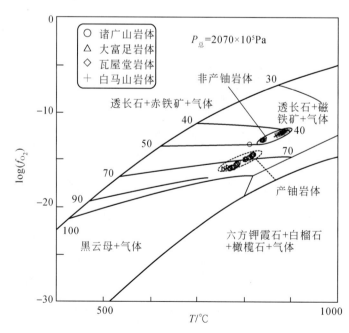

图 7.14　在总压力（H_2+H_2O）为 2070×10^5 Pa 的条件下黑云母稳定度的 log (f_{O_2})-T 图解（据章建等，2011）

假设平衡温度在 750~900℃。底图据 Wones and Eugster, 1965

岩大致的形成温度 T 和氧逸度 $\log (f_{O_2})$，产铀花岗岩的 $\log (f_{O_2})$ 值为 $-16.5 \sim -15.0$，成岩温度大致为 $770 \sim 810℃$；非产铀花岗岩的 $\log (f_{O_2})$ 值为 -12.4 至 -12.5，成岩温度大致为 $810 \sim 850℃$。据此估计的岩浆成岩温度范围与全岩锆石饱和温度计算的温度值一致，这表明产铀花岗岩相对于非产铀花岗岩具有低温和低氧逸度的特征。

二、黑云母化学成分对花岗岩铀成矿潜力的制约

华南印支期产铀花岗岩和非产铀花岗岩中黑云母组成与地球化学特征存在的明显差异很好地佐证了全岩地球化学特征所反映的岩石成因差异，不仅证实了产铀和非产铀花岗岩属于不同类型和不同成因的花岗岩，而且还给出了两类花岗岩氧逸度的差异，即产铀花岗岩的氧逸度 f_{O_2} 要低于非产铀花岗岩的氧逸度（图7.13，图7.14）。这为我们讨论铀在岩浆中的地球化学行为及华南印支期花岗岩的铀成矿潜力提供了重要的制约。

铀有四种价态，即三价（U^{III}）、四价（U^{IV}）、五价（U^V）和六价（U^{VI}）。在岩浆体系中，铀以四价（U^{IV}）和五价（U^V）出现。U^{IV} 的离子半径相对较大，据 Hazen 等（2009）的资料，六次配位和八次配位的离子半径分别为 $0.89Å$ 和 $1.00Å$（分别对应于 U–O 之间的距离约 $2.25Å$ 和 $2.36Å$）。四价钍（Th^{IV}）离子半径与 U^{IV} 很相似，六次配位和八次配位的离子半径分别为 $0.94Å$ 和 $1.05Å$（分别对应于 Th–O 之间的距离约 $2.30Å$ 和 $2.41Å$）。火成岩的一般造岩矿物缺乏合适的晶体结构位置可以稳定容纳半径大而高价的 U^{IV}、U^V 和 Th^{IV} 离子。因此铀和钍在一般造岩矿物中，都属于高度不相容的大阳离子亲石元素（LIL），在岩浆体系中的矿物–熔体分配系数远小于 1（<0.1，Henderson，1982）。U^V 与 U^{IV} 一样，也具有不相容性，两者都不会大量进入造岩矿物。在火成岩中，大部分铀主要集中在含 U^{IV} 的矿物如晶质铀矿、铀方钍矿、铀石、铀钍矿中，或在黑云母等造岩矿物中以这些矿物包裹体出现；U^{IV} 还以次要组分存在于锆石、榍石、磷酸盐矿物、钛锆钍矿、黑稀金矿、烧绿石等矿物中。Calas（1979）实验发现，在氧逸度接近 NNO 的较为氧化的条件下，硅酸盐熔体中的铀主要以 U^V 存在。但在实际的火成岩中，很少发现有含 U^V 的矿物，这也说明一般的岩浆体系很少达到出现 U^V 的氧逸度条件，即接近 Ni/NiO 缓冲对的氧逸度条件。在地质体中尚未发现 U^{III} 存在，因为出现 U^{III} 的氧逸度极低。而六价铀（U^{VI}）只有在氧化条件下稳定存在于热液、水成体系和表生铀矿物中。

华南的印支期产铀花岗岩都属于强过铝浅色花岗岩，主要由上地壳的变泥质岩和变杂砂质岩以不同的比例部分熔融形成。这类产铀花岗岩的 Nd 同位素两阶段模式年龄多为古元古代，这意味着这些花岗岩的源区沉积岩之剥蚀源区火成岩最初从亏损地幔中提取分离出来的平均时代为古元古代晚期至中元古代早期，而沉积岩沉积的时代应在此之后，具体沉积时代目前尚无方法进行确定。但有一点是可以推测的：即这类花岗岩富铀，其源区沉积岩也应该相对富铀，而富铀沉积岩沉积的环境，应该是在 2.2Ga 全球的大氧化事件之后有比较氧化的浅海存在的情况下，与氧化浅海连通的局部还原沉积环境（凌洪飞，2011）。因为只有在全球的大氧化事件之后，大气氧含量明显升高，大陆风化作用使暴露地表的花岗岩中晶质铀矿等氧化成易溶的铀酰离子（UO_2^{2+}）进入海洋，使氧化浅海中铀含量较以前明显升高。而在海洋的局部还原环境中，来自氧化区域的六价铀酰离子被还原为 U^{IV} 而沉淀，同时，有机质未被氧化而沉积保存在沉积岩中，这就是还原环境沉积的黑色页岩富铀（$3\times10^{-6} \sim 1250\times10^{-6}$，据 Curney，2009）的原因。富铀的印支期花岗岩的沉积源岩，极可能就是在这样一种特定海洋还原环境中沉积形成的。此外，由于还原环境形成的沉积岩除了富含 U^{IV} 外，还富含 Fe^{2+} 或黄铁矿等，可预测其部分熔融形成的富铀花岗岩的氧逸度也应该较其他花岗岩的氧逸度低（凌洪飞，2011）。

华南的产铀印支期花岗岩可能就是受特定海洋还原环境沉积的这类富铀页岩控制的，即这种富铀页岩分布在一定区域和一定地壳层位中，在印支期构造运动中，这一特定地壳层位的富铀页岩所处的温压条件刚好满足其部分熔融的条件，使其参与到源区当中，部分熔融从而产生富铀的印支期花岗岩，因此，

产铀花岗岩的低氧逸度是其源岩富 U 的重要指示，表明源岩的含铀性和氧化-还原条件是制约花岗岩产铀的重要因素。

第三节　华南白垩纪—古近纪铀成矿作用

大陆岩石圈伸展带是探讨大陆动力学的重要窗口。在以往的大陆动力学及其成矿作用研究中，大多侧重于造山带，对板块内部大陆岩石圈伸展带的壳幔作用方式和成矿作用等方面的研究则相对薄弱。尽管关于岩石圈伸展及其成因机制已经有了许多重要的认识（Latin and White，1990；Daley et al.，1992；Karner et al.，2000；Tadashi，2004；Giacomo et al.，2007），但这些讨论多关注于岩石圈伸展过程中的力学性质演化、物质交换及其引发的地质过程等方面，在岩石圈伸展与成矿关系的研究方面涉及较少。

已有一些研究表明，我国华北（Au、Mo、Pb、Zn、Cu、Fe 等）、华南（W、Sn、Au、Sb-Hg、Cu、Pb-Zn-Ag、REE、U 等）地区中生代多金属大规模成矿，与岩石圈伸展减薄存在密切联系（毛景文等，2003，2004；周新华等，2002；范宏瑞等，2005），尤其是华南白垩纪—古近纪大规模的热液铀成矿作用，由于其成矿时代与该区陆内岩石圈伸展期次高度一致，它们与该区白垩纪—古近纪地球动力学背景之间存在何种联系，已成为学者们关注的焦点（胡瑞忠等，1990，1993，2004；Jiang et al.，2006；陈祖伊等，1983；陈国达等，1992；陈跃辉等，1998；刘金辉和李学礼，2001；杜乐天，2001；赵军红等，2001；邓平等，2002，2003a；陈培荣，2004；李子颖，2005）。Hu 等（2008，2009）对华南白垩纪—古近纪岩石圈伸展与区域铀成矿的关系进行了系统的阐述，本节主要在此基础上进行进一步的讨论。

热液铀矿床是指不同成因的含铀热液，在断裂、裂隙或剪切带等开放空间，以充填、交代等方式，在火成岩、沉积岩和变质岩内形成的铀的富集体（Ruzicka，1993）。因其受控于断裂带，矿体通常呈脉状产出，因此又被称为脉型铀矿床。这种类型的铀矿床分布广泛，如华南分布在花岗岩、火山岩和碳硅泥岩中的中-新生代热液铀矿床，以及分布在法国中央地块 La Crouzille 地区海西期花岗岩（Leroy，1978；Ruzicka，1993；Marignac and Cuney，1999）、捷克斯洛伐克 Pribram 地区早元古代变质泥岩（Ruzicka，1993）和北美火山岩中的热液铀矿床（Cunningham et al.，1998）。

华南热液铀矿床广布。这些矿床主要赋存在花岗岩、火山岩、碳硅泥岩的断裂构造中。以往对这些铀矿床的地质特征、成矿物理化学条件、成矿流体特征、同位素地球化学特征等方面做了大量研究，取得了许多重要研究成果（北京铀矿地质研究所，1982；杜乐天，1982；杜乐天和王玉明，1984；陈肇博，1982，1985；Du，1986；Li and Huang，1986；王联魁和刘铁庚，1987；胡瑞忠和金景福，1990；徐达忠，1990；Hu et al.，1993；王驹，1994；Min.1995；Min et al.，1999；邓平等，2003b），但由于研究手段和认知程度的限制，这些研究多侧重于单个或某一类型铀矿床，较少把铀矿床与区域构造联系起来。华南铀成矿的主要矿化期为白垩纪—古近纪，此时华南处于岩石圈强烈伸展、陆相断陷盆地广泛发育，并伴有幔源基性岩浆活动的背景之下，多期铀成矿时代均与陆内岩石圈伸展期次高度耦合。实际上，法国和捷克等国的类似铀矿床也是在岩石圈伸展背景下成矿的。现在的问题是铀为什么在岩石圈伸展背景下成矿？或者是岩石圈伸展与铀成矿间存在什么样的本质联系？这一直是悬而未决的重要问题。解决这个问题不仅可以丰富铀的成矿理论，为铀矿的找矿勘查提供科学依据，同时对深入认识大陆岩石圈伸展体制下的成矿作用方式也具有重要的意义。

另外，一般认为华南地区热液铀矿床中的铀来源于富铀围岩，是由富含 CO_2 的热液从中活化出来。成矿流体中的 H_2O 主要来自于循环的大气降水（杜乐天，1992；王联魁和刘铁庚，1987；金景福和胡瑞忠，1990；卢武长和王玉生，1990）。在成矿热液中，铀主要以络离子形式存在，这决定了铀是在热液富集了大量合适的络阴离子（矿化剂）之后才转入热液的。因此，理解矿化剂 CO_2 何时自何地而来，是深入揭示铀成矿时控性的关键因素之一。以往关于矿化剂 CO_2 的成因尚存争议：包括来自深部过渡岩浆室分异的原生流体（陈肇博，1982，1985）或酸性岩浆发生带（王传文，1983）、来自地幔排气作用（胡瑞忠等，1993；邓平等，2003c；胡瑞忠等，2004）、来自周围火成岩石和碳酸盐岩（闵茂中等，1987；Ruzicka，

1993；李耀菘，1995；孙占学，2004）等。

在总结已有资料的基础上，作者以华南热液铀矿床及相关地质作用为研究对象，开展了较系统的年代学、流体包裹体地球化学、成矿元素地球化学、微量元素地球化学和同位素地球化学综合分析研究，通过较精细地刻画岩石圈伸展和铀成矿的期次以及成矿流体（CO_2等）成因的多元示踪，初步揭示了岩石圈伸展期铀成矿的关键控制因素，建立了岩石圈伸展背景下的铀成矿模式（Hu et al., 2008，2009；Luo et al., 2014）。

一、地 质 背 景

1. 前白垩纪地质特征

华南地处欧亚大陆东缘，濒临西太平洋，由扬子地块和华夏地块组成（图7.15）。北面与秦岭–大别造山带接壤，西面与青藏高原相连。

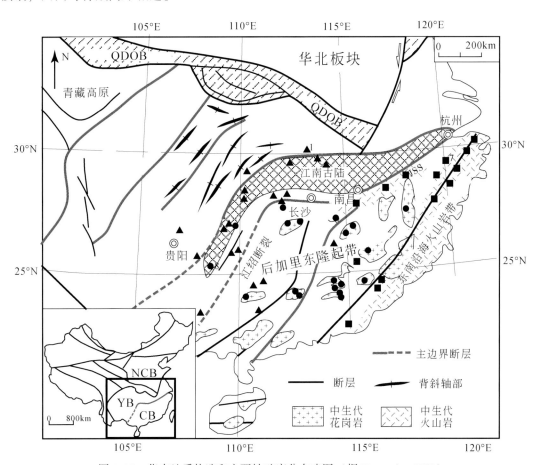

图 7.15　华南地质构造和主要铀矿床分布略图（据 Hu et al., 2008）

NCB. 华北板块；YB. 扬子地块；CB. 华夏地块；QDOB. 秦岭–大别造山带；JSS. 江山–绍兴断裂；实心三角形. 碳硅泥岩型铀矿床；实心圆. 花岗岩型铀矿床；实心方块. 火山岩型铀矿床

华南的褶皱基底是相对富含铀的前寒武纪地层（邓平等，2003a；Yan et al., 2003）。这些地层主要由杂砂岩、板岩、碳酸盐岩和硅质岩组成，已高度褶皱，但变质较弱。扬子地块西南缘，前寒武纪地层出露长达 1000 余公里，构成从杭州经长沙到贵阳一线的江南古陆，其中产出有大量碳硅泥岩型铀矿床。

华南的沉积盖层主要为海相成因的古生代和早中生代褶皱地层（Yan et al., 2003）。寒武纪地层为黑色板岩，砂岩以及石灰岩与白云岩互层组成。奥陶纪为厚层石灰岩与白云岩和泥质粉砂岩互层，上覆早-中志留世砂页岩。它们之上覆盖着中-晚泥盆世砂岩，砂泥岩和砂页岩，以及少量的石炭纪碎屑和石灰岩。二叠纪地层为碳酸盐岩，上覆的三叠纪地层包括了薄层石灰岩层，夹泥岩和页岩。侏罗纪、白垩纪和新生代发育陆相地层，主要在后加里东隆起带上形成了一系列沿北东—北北东走向断陷盆地分布的陆相红层。

华南地区岩浆活动十分频繁。火山岩集中分布于福建、江西、浙江等省，构成沿海中酸性火山岩带，这些火山岩的时代主要为晚侏罗世—早白垩世，其中产出有大量火山岩型铀矿床。在华南内陆地区各类花岗岩广泛分布，构成一宽约600km、大致与沿海中酸性火山岩带平行的花岗岩带。这些花岗岩主要是侏罗纪到早白垩世的产物，其次为印支期、加里东期和晋宁期花岗岩，花岗岩的成岩时代大致具有从内陆向沿海逐渐变年轻的趋势（Zhou et al.，2000），其中产出有大量花岗岩型铀矿床。据前人研究，华南地区145Ma前的花岗岩主要为造山成因的S型和I型花岗岩，而更年轻的早白垩世花岗岩主要为非造山成因的碱性花岗岩和A型花岗岩（李献华等，1997；Li，2000）。有人认为造山花岗岩是古太平洋板块向欧亚板块俯冲的结果（Yui et al.，1996；Campbell et al.，1997；Zhou et al.，2000）。

目前一般认为，华南不同的构造单元在三叠纪已拼合为一个统一的整体。此后，该区有了一致或相似的地质演化历史（张勤文等，1982；马杏垣，1983；Li，2000）。

2. 华南中生代以来岩石圈伸展作用

尽管华南的构造体系由挤压转为伸展的时代尚存争议，但大多认为至少从白垩纪开始已主要为伸展体系（胡瑞忠等，1993；Li，2000，Hu et al.，2008）。大陆岩石圈大规模伸展或拉张的结果导致了华南晚中生代以来一系列NE-NNE向断陷盆地（图7.16）以及幔源火成岩（如A型花岗岩）和基性脉岩的形成。这一区域被称为华夏裂谷系（Liu et al.，1985；Liu，1986）。

研究发现，侏罗纪与白垩纪的岩浆活动在组成和产地上均存在明显差异，化学组成的明显不同反映了构造环境的重大变化（Li，2000）。侏罗纪或早中生代的岩浆活动主要形成过铝质的S型花岗岩和部分I型花岗岩，它们大多分布于华南的偏西区域，通常认为与板块俯冲或碰撞有关（如Yui et al.，1996；Campbell et al.，1997；Zhou et al.，2000）。相反，白垩纪或晚中生代以来的岩浆活动主要以A型花岗岩、高钾I型花岗岩、双峰式火山岩和板内基性脉岩的广泛发育为特征，这些岩石主要分布于东南沿海和华南内部北东—北北东向深大断裂两侧，被广泛认为是岩石圈伸展作用的产物（张勤文等，1982；Gilder et al.，1991；Lin et al.，1995；李献华等，1997；Li et al.，1998；Li，2000；王强等，2002；谢桂青等，2002，2005；王德滋和周新民，2002；贾大成等，2003；范蔚茗等，2003；Zhao et al.，2004；范洪海等，2005；刘昌实等，2005；邱检生等，2005）。已有一些可靠的数据表明，这些A型花岗岩和高钾I型花岗岩具有快速的冷却史（Li，2000）。如福建省内某A型花岗岩的全岩Rb-Sr等时线年龄为93±1Ma，其封闭温度为700℃左右（Martin et al.，1994），钾长石的^{40}Ar-^{39}Ar年龄为90.5±2.4Ma，其封闭温度为150℃至200℃（戴橦谟和胡振铎，1991），这表明岩石大致以200℃/Ma快速冷却。再如台湾的某高钾I型花岗岩具有101±5Ma的锆石U-Pb年龄，其封闭温度大于800℃（Yui et al.，1996），而其中角闪石的^{40}Ar-^{39}Ar年龄为98±2Ma，其封闭温度约450℃至500℃（Li，2000），这表明花岗岩大约以100℃/Ma的速度快速冷却。如此快的冷却速度同样支持这些岩石形成于伸展机制之下。中国东部白垩纪至古近纪的岩浆活动与美国西部盆岭省古近纪的岩浆活动类似，虽然华南的玄武质岩石相对不太发育（Gilder et al.，1991；Li，2000）。在盆岭省，新生代的钙碱性岩浆活动与平俯冲有关，其后的双峰式岩浆系统则标志着俯冲带的结束以及区域性伸展运动的开始（Christiansen and Lipman，1972；Lipman et al.，1972）。

华南相似的岩浆活动通常与图7.16北东向断陷盆地内的陆相红层相伴产出。这些断陷盆地的展布和成因与美国西部盆岭省极为相似，曾被称为华南盆岭省（Gilder et al.，1991）。赣杭盆地分布于华南盆岭省的最北缘（图7.16）研究得相对较透彻。该盆地呈北东-北北东向展布，长>450km，宽仅15~20km，下陷深度达数千米，其中被巨厚的红色磨拉石型陆相沉积物充填并有双峰式火山岩夹层，盆地范围内重

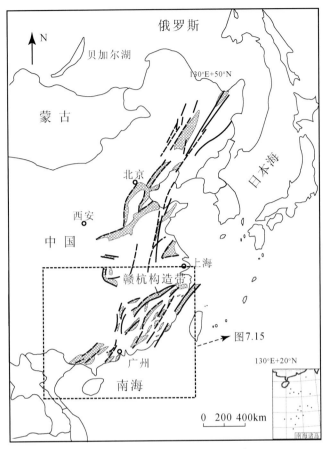

图 7.16 中国东部白垩纪—古近纪断陷盆地分布简图（据 Gilder et al. , 1991）
盆地内填充着白垩纪—古近纪红层

力值高，P 波速度揭示莫霍面位置显著高于盆地外侧，反映该盆地是白垩纪以来地幔上涌、地壳受到强烈拉张的产物（陈肇博，1985；Gilder et al. , 1991；Goodell et al. , 1991；陈跃辉等，1996，1997；余心起等，2005）。

二、华南铀矿床主要特点

1. 赋矿围岩

华南热液铀矿床的赋矿围岩主要有三种类型：花岗岩、火山岩和碳硅泥岩（北京铀矿地质研究所，1982；陈肇博等，1982；杜乐天，1982；王驹，1994）。这些围岩的成岩时代很不相同，从前寒武纪至侏罗纪均有。如本章第一节所述，其中赋矿花岗岩主要是二云母花岗岩、黑云母花岗岩和白云母花岗岩，这些花岗岩通常是高分异的 S 型花岗岩，具有富硅、富氟、偏碱、铝过饱等特征（杜乐天，1982，1986；Min et al. , 1999；陈培荣，2004），成岩时代主要是侏罗纪和三叠纪，少数为加里东期和格林维尔期。赋矿火山岩主要是侏罗纪的长英质流纹岩、流纹英安岩以及凝灰岩，具有富硅、富碱、贫钙、铝过饱和等特征，值得注意的是赋矿火山岩常常还富集钼、银，这可为铀矿床伴生钼银矿床提供物质基础（陈肇博等，1982，1986；王剑锋，1992；余达淦等，2005）。赋矿碳硅泥岩一般为未变质的海相沉积建造，主要包括泥质灰岩、白云岩、含碳硅岩和硅质板岩等（北京铀矿地质研究所，1982；王驹，1994；Zhang，1994；Min，1995；余达淦等，2005），其成岩时代多为晚前寒武纪和寒武纪，少数为泥盆纪、石炭纪和二叠纪（北京铀矿地质研究所，1982；张待时，1994；Min，1995）。

在所有铀矿分布区或其附近,均有比铀成矿时代要老的相对富铀的地质体存在,虽然这些富铀地质体的岩性可以不同,但它们的铀含量均高于同类岩石铀克拉克值的若干倍,一般为 $5×10^{-6}~30×10^{-6}$(杜乐天等,1984)。表明这些岩石具有提供铀的潜力。需要强调的是,没有富铀地质体存在的地区一般不形成具有经济价值的铀矿床。

2. 空间分布

华南热液铀矿的分布呈一定的规律性,自西向东,铀矿床的总体分布趋势是碳硅泥岩型—花岗岩型—火山岩型(图 7.15)。碳硅泥岩型铀矿床主要分布于江南古陆两侧,花岗岩型铀矿床主要分布于华南后加里东隆起带上;火山岩型铀矿床主要分布于华南后加里东隆起带东部的大陆板块边缘地区。应当指出的是,上述分布趋势仅仅是一个总体趋势,不同矿床类型之间在空间分布上往往有交错出现的情况,有时甚至在同一矿区中可以同时见到上述 3 种类型的铀矿床。这种分布趋势主要反映了各类赋矿主岩的空间分布特点,同时也与其古地理环境及地质构造演化事件紧密相关。

火山岩型铀矿床是我国重要铀矿床类型之一,主要分布在沿海以及江南古陆的东南面。其产出区域均广泛发育侏罗纪至白垩纪长英质火山岩和白垩纪至古近纪断陷盆地。该类矿床的产出受富铀的酸性火山岩或隐伏花岗岩控制。江南古陆东南面的火山岩型铀矿床主要沿赣杭断陷带分布,构成了我国的主要火山岩型铀成矿带——赣杭火山岩型铀矿成矿带。其核部是一个狭长(>450km)的北东—北北东向白垩纪—古近纪断陷盆地。该区目前发现的火山岩型铀矿床均分布在该盆地附近的侏罗纪火山岩中(陈肇博,1982;Goodell et al.,1991;陈跃辉等,1997)。

花岗岩型铀矿床也是我国最重要的矿化类型之一。主要分布于华南后加里东隆起带上,受铀含量较高的花岗岩控制,并与白垩纪—古近纪断陷盆地相伴。在粤北及其邻近地区(图 7.17),几乎所有的花岗岩型铀矿床都产在控盆断裂或断陷盆地附近,而无盆区均是无矿区。典型例子如粤北贵东花岗岩体,其岩性为三叠纪—侏罗纪 S 型花岗岩,出露面积约 1000km²。近 10 个铀矿床均产于岩体东部,岩体东部白垩纪以来形成的幔源基性脉岩成群产出(胡瑞忠等,1990a;李献华等,1997),且岩体东南侧还有白垩纪—古近纪断陷盆地分布。而岩体西部既无基性脉岩也无白垩纪—古近纪断陷盆地,与此对应的是迄今未发现有经济价值的铀矿床(邓平等,2003a)。

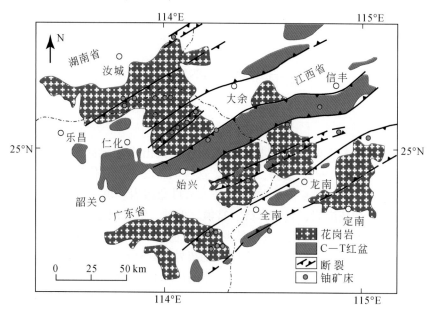

图 7.17 粤北及其邻近地区铀成矿与伸展构造关系简图

据邓平等,2003a;C. 白垩纪;T. 古近纪

　　碳硅泥岩型铀矿床主要分布于江南古陆两侧，受控于一套钙质、白云质、硅质和泥质的黑色含铀建造。区域上同样沿着白垩纪至古近纪伸展构造分布，如广西铲子坪、江西董坑和湖南许家洞等地（北京铀矿地质研究所，1982）。这些铀矿床空间上也均与断陷盆地或幔源基性脉岩有紧密联系。不仅如此，不同矿化类型（花岗岩型、火山岩型、碳硅泥岩型）的铀矿床沿同一断陷盆地发育的现象亦不少见，如江西会昌盆地和广西资源盆地等。

　　从上面的论述我们可以清晰地看出，铀矿床在空间上均与白垩纪—古近纪的伸展盆地以及幔源基性脉岩相伴产出。大多数铀矿床均产在填充陆相红层的白垩纪—古近纪断陷盆地附近。区域性的主断层通常是控盆构造，而铀矿床通常产出在主断层附近的次级断裂中（北京铀矿地质研究所，1982；Chen，1982；杜乐天，1982；王驹，1994）。如302和相山铀矿床，它们分别赋存于侏罗纪的花岗岩和长英质火山岩中，矿体呈脉状产出，受控于陡倾斜的断裂。同样在3110铀矿床中，硅质岩和石英岩中发育的层间断层控制了层状矿体的产出。

3. 地壳拉张、基性岩浆活动和铀成矿时代

　　事实证明，华南中生代以来的岩石圈伸展并非连续而是幕式进行的。首先，断陷拉伸盆地中的沉积作用并非连续，而是存在周期性的不整合，如赣杭盆地（Goodell et al.，1991）、三水盆地（Qiu et al.，1991）和其他盆地（张勤文等，1982；马杏垣，1983）。其次，在华南的很多白垩纪—古近纪断陷红盆中见有多层双峰式火山岩与盆地内的沉积红层互层（Goodell et al.，1991；Qiu et al.，1991）。最后，该时期形成的幔源基性脉岩在一些露头上见有相互穿插的现象（李献华等，1997；邓平等，2003a）。

　　华南白垩纪—古近纪的基性脉岩包括煌斑岩和辉绿岩等，主要由斜长石、单斜辉石、角闪石、黑云母及其他副矿物组成。基性脉岩常沿着北东—北北东断层侵入，是白垩纪—古近纪岩石圈伸展的产物（Liu et al.，1985；Liu，1986；Gilder et al.，1991；李献华等，1997；Li，2000；Zhao et al.，2004；Xie et al.，2006）。对该时期基性脉岩的全岩K-Ar和单矿物Ar-Ar年龄以往已有些报道（陈跃辉和陈祖伊，1997；李献华等，1997）。我们对湖南、广西、广东、江西、福建和浙江省的一些基性脉岩进行了较系统的全岩K-Ar、锆石U-Pb和云母Ar-Ar年龄测定，结果如图7.18。可以看出强烈伸展主要有七期，分别为：175 ~ 165Ma、145 ~ 130Ma、120 ~ 110Ma、约100Ma、90 ~ 85Ma、约75Ma、50 ~ 45Ma。

　　根据热液铀矿脉的穿插关系，本区的铀矿化大多不止一个成矿期（北京铀矿地质研究所，1982；杜乐天，1982）。许多学者对这些铀矿床中原生沥青铀矿的U-Pb年龄做了大量的研究（林祥铿，1990；王剑锋，1992；余达淦，1994；朱杰辰和郑懋公，1992；陈一峰，1994；张待时，1994；郭葆墀等，1995；沈丰等，1995；王玉生和李文君，1995；陈跃辉等，1997；王明太等，1999；徐达忠等，1999）。结果显示，不同类型的铀矿床在成矿时代上具有很好的一致性，铀成矿大都集中在白垩纪—古近纪约145 ~ 40Ma的范围内，铀矿床相对于赋矿围岩是后生的，矿岩时差达20Ma以上甚至700Ma（杜乐天等，1984）。我们在收集前人资料的基础上补充开展了一些铀矿床的年代学工作，综合结果见图7.18。由此可见，该区不同类型的铀矿床大致有6个主成矿期，其峰值年龄分别为距今约135Ma、120 ~ 115Ma、90 ~ 85Ma、70 ~ 65Ma、50 ~ 45Ma和约25Ma。且铀矿床的形成时间与其赋矿主岩的岩性、时代及前白垩纪构造事件无关。

　　显而易见，无论从整个年龄范围还是从其中的峰值年龄来看，华南铀矿床的成矿时代都与该区中生代以来由基性脉岩反映的岩石圈伸展事件的时代具有较好的对应关系，尽管目前暂未发现有与25Ma铀成矿期相对应的岩浆活动。以上是就整个华南铀矿产区而言的。实际上，就具体矿床范围而言，大多数铀矿床内基性脉岩的成岩与铀成矿的时代也是一致的，如相山、河草坑和贵东等地的铀矿床。赣杭构造带上的相山铀矿床是华南最大的一个火山岩型铀矿床，赋存于长英质火山岩的断裂构造之中。该火山岩的K-Ar年龄为160 ~ 140Ma（余达淦，1994；陈跃辉等，1997），其中存在K-Ar年龄约为120Ma和100Ma的两组基性脉岩。该矿床沥青铀矿的U-Pb等时线年龄分别为119±1Ma和99±2Ma（陈跃辉等，1997），此年龄与基性脉岩的年龄一致。江西省的河草坑铀矿床产于白垩纪—古近纪伸展盆地附近，其赋矿围岩为三叠纪—侏罗纪花岗岩，该花岗岩体被三期基性脉岩侵入，其K-Ar年龄分别为93.7±1.5Ma、62.9±

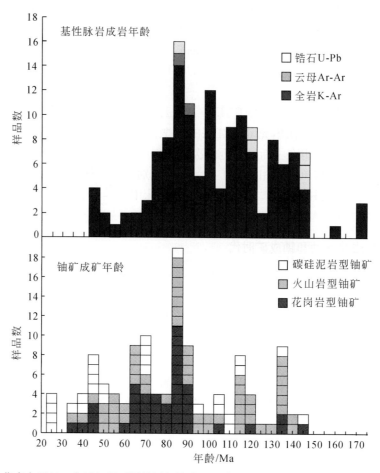

图7.18　华南白垩纪—古近纪岩石圈伸展与铀成矿时代对应关系（据 Hu et al.，2008，补充）

1.0～69.4±0.9Ma 和 51.9±0.8～53.7±0.9Ma（Hu et al.，2008）。这些年龄与矿床中沥青铀矿的 U-Pb 等时线年龄90±3Ma、约66Ma 和 47±5Ma 基本一致（王联魁和刘铁庚，1987）。粤北贵东岩体中的下庄铀矿床是中国最大的一个花岗岩型铀矿床，其主体为印支—燕山期过铝质 S 型花岗岩，成岩年龄约 240～190Ma。岩体内部和邻区发育有年龄约 140Ma、115Ma、105Ma 的基性脉岩（辉绿岩、煌斑岩、辉绿玢岩及闪长玢岩），它们分别与矿床中沥青铀矿的 SIMS 原位 U-Pb 年龄 135±4Ma、113±2Ma 和 104±2Ma 在误差范围内一致（李献华等，1997；Hu et al.，2008；Luo et al.，2014）。

4. 矿物共生组合

　　华南铀矿常见的围岩蚀变通常为硅化、绿泥石化、赤铁矿化、绢云母化、碳酸盐化和黏土化等，但碳硅泥岩型铀矿床的围岩蚀变相对较弱，且不同矿床的蚀变强度也存在较大差异（北京铀矿地质研究所，1982；陈肇博等，1982；杜乐天，1982；王驹，1994；张待时，1994，余达淦等，2005）。蚀变带宽通常数十厘米，大多具有空间分带。如 302 铀矿床中各类蚀变主要受近南北向断裂构造控制，具有显著的水平分带性：自构造带中心向两侧依次为硅化→赤铁矿化→绢云母化→高岭石化→绿泥石化→正常花岗岩，赤铁矿化经常叠加在硅化、绢云母化之上；在垂直方向上表现为"上氧化下还原"、"方解石在下、萤石在上"的垂直分带特征（金景福等，1992，1987）。下庄铀矿床中表现为下部较为发育碳酸盐化、绢云母化及硅化（由较多灰色微晶石英组成），矿床中部发育紫黑色萤石化、黄铁矿化、绿泥石化及黏土化，而矿床上部发育赤铁矿化、黄铁矿化及硅化（红色微晶石英和猪肝色微晶石英组成）。

　　不同类型铀矿床具有相似的矿物组合。矿石矿物主要为沥青铀矿及少量次生铀矿物，常见的金属矿物有辉钼矿、赤铁矿、方铅矿、黄铁矿和黄铜矿等，脉石矿物含量较高，主要有石英、长石，其次有萤石、方解石、绢云母、绿泥石等。矿石构造主要有浸染状，角砾状等。沥青铀矿常呈微粒浸染状、不规则状、球粒状、胶状、肾状、环带状分布于矿石中，常与微晶石英、赤铁矿、黄铁矿、萤石等共生。在碳硅泥岩铀矿床中，铀还能以吸附状态分散于矿石中。

根据矿石的结构、穿插关系以及矿物组合，一次完整的热液成矿活动大致可划分为三期（表7.3）（北京铀矿地质研究所，1982；王联魁和刘铁庚，1987；胡瑞忠和金景福，1990；徐达忠，1990；Min，1995，Hu et al.，2008）。共生关系表明硅化贯穿于整个热液活动的始终。但以赤铁矿、方解石、水云母、伊利石以及高岭土等矿物为特征的赤铁矿化、碳酸盐化以及黏土化主要发生在成矿作用的中、晚期。早阶段形成的石英脉多为粗–中粒，含少量浸染状黄铁矿和磁铁矿。矿化的主成矿期以微晶石英的形成为特征。该阶段形成的矿物有沥青铀矿、黄铁矿、赤铁矿、石英、萤石和方解石，其他硫化物如方铅矿和白铁矿也有产出。晚阶段形成的矿物主要包括梳状石英、方解石、萤石、黄铁矿和黏土矿物。主成矿期的方解石通常为粉红色，灰白色，结晶较细，而晚阶段的方解石通常为白色，颗粒粗大。

表7.3 华南铀矿床矿物生成顺序表

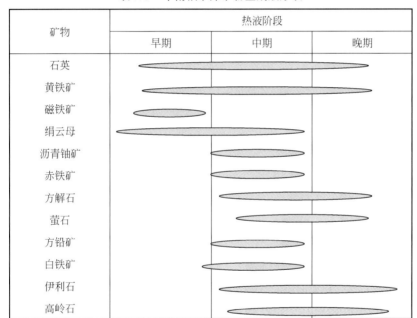

三、热液铀矿床流体包裹体特征

1. 流体包裹体测温及成分研究

针对热液铀矿床中广泛发育的石英、方解石、萤石等脉石矿物曾进行过较深入的流体包裹体研究。同时，还开展过较多的直接针对铀单矿物（主要是沥青铀矿）本身的群体包裹体爆裂法测温及群体成分提取研究。然而，受制于群体包裹体方法自身的缺陷，目前已少有应用。而且，铀的放射性衰变过程还可能对铀矿物内流体包裹体的化学成分产生显著的影响（Dubessy et al.，1983）。近年来发展迅速的红外显微研究方法在辉锑矿、闪锌矿及黄铁矿等不透明矿物包裹体研究中发挥了重要作用（Champbell et al.，1984；Lueders，1996；Kouzmanov et al.，2002；Kucha et al.，2009），沥青铀矿因受制于其禁带宽度等物理性质影响，红外显微研究前景仍不明朗。所以，透明脉石矿物流体包裹体研究仍然是目前获取热液铀矿床成矿流体参数最直接有效的手段。

本次研究开展了大量脉石矿物流体包裹体研究，结合前人（杜乐天和王玉明，1984；胡瑞忠和金景福，1990；Li and Hu，1991；戚华文和胡瑞忠，2000）的数据可见，铀矿床成矿流体以中低温、中低盐度、含 CO_2 为特征。各阶段石英、萤石和方解石中的原生流体包裹体直径多为 5～10μm，具有中低盐度（1.3～8.9wt% NaCl）。它们大多可分为富水包裹体及 H_2O–CO_2 包裹体。富水流体包裹体包括两相富流体相包裹体、两相富气相包裹体以及纯水包裹体。H_2O–CO_2 包裹体包括 CO_2 伴生的两相包裹体以及少量 CO_2 伴生的三相包裹体。CO_2 伴生的包裹体主要包裹在成矿早阶段矿物之中。其均一化温度变化较大，从早到晚具有总体降低的趋势，从早阶段 200～350℃，至主成矿阶段的 150～250℃，最后至晚阶段的 135～175℃（图 7.19）。基于现有数据，从三相 H_2O–CO_2 包裹体的相关参数，可以推算出其压力大约 $250×10^5$～$800×10^5$Pa（250～800bar）（杜乐天和王玉明，1984），对应于岩石静岩压力 1～3.2km（假定 $250×10^5$Pa/km）或者静水压力 2.5～8km（假定 $100×10^5$Pa/km）。由于矿床主要在开放的断裂条件下形成，因此其压力条件可能处于静岩压和静水压之间。

为了确定包裹体的气、液相组成，我们还对下庄、302 等铀矿床开展了激光拉曼分析和气–液相色谱分析，结果见图 7.20 和表 7.4。可以看出，成矿流体中最主要的阴离子组成是碳质（包括 CO_2、CO_3^{2-} 和 HCO_3^-）。其成分特征与其他地方的热液铀矿床相似（Rich et al.，1977；Leroy，1978；Ruzicka，1993）。矿前期阳离子以 Ca^{2+} 为主，阴离子以 HCO_3^- 为主，水化学类型为 HCO_3^-–Ca^{2+} 型；成矿期的阳离子 Ca^{2+}、Na^+、K^+ 均有优势分布，阴离子则以 F^- 为主，HCO_3^- 次之。矿前期流体包裹体中气相成分中以 H_2O、CO_2 为主（图 7.20），其他相成分含量很低，而成矿期和矿后期流体包裹体中气相成分以 H_2O 占主导地位，说明从矿前期到成矿期，成矿热液由富 CO_2 向贫 CO_2 转变，这可能代表了去气（CO_2）作用导致了铀矿物的沉淀。法国中央地块的热液铀矿中，富 CO_2 的流体包裹体也更多地出现在成矿早阶段而不是主成矿期。

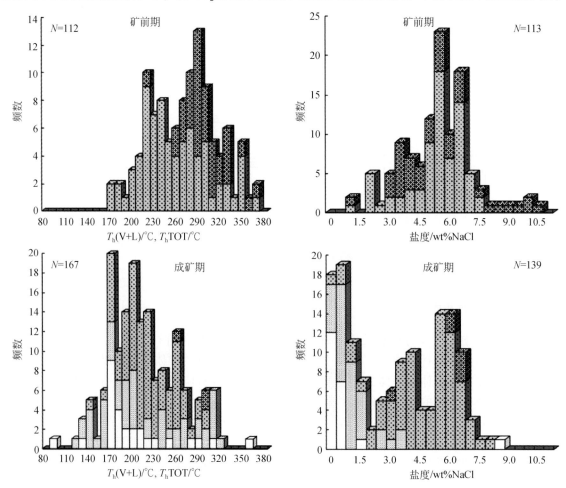

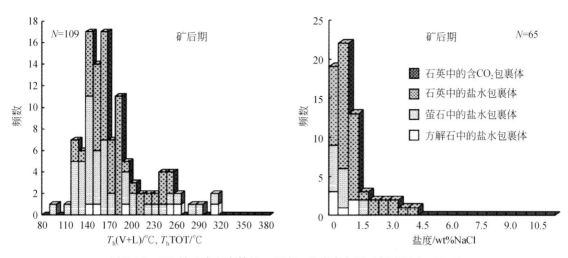

图 7.19　302 铀矿床包裹体均一温度、盐度直方图（据张国全，2008）

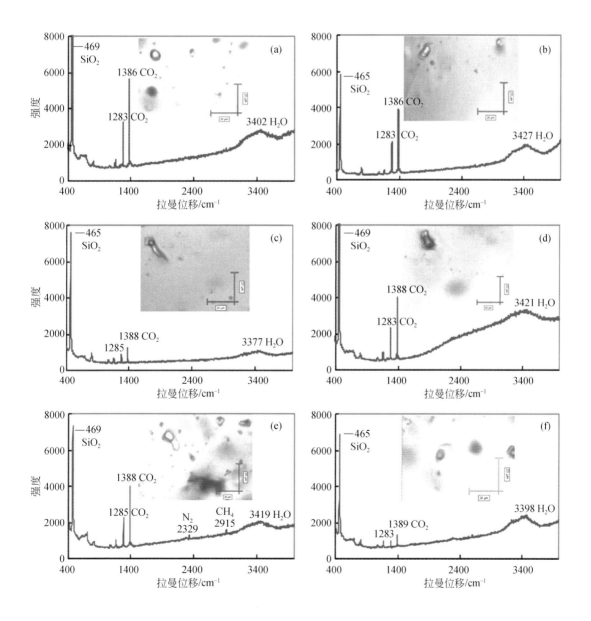

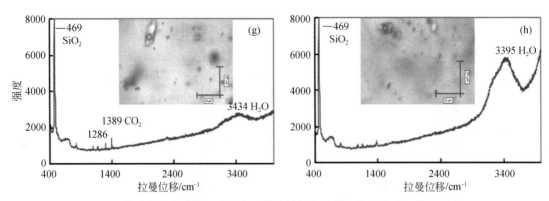

图 7.20　302 铀矿床成矿前期和成矿期石英流体包裹体激光拉曼光谱（据张国全，2008）

（a）矿前期 L + L_{CO_2} 流体包裹体；（b）矿前期 V_{CO_2} + L_{CO_2} + L 流体包裹体；（c）矿前期 L+ V 流体包裹体；

（d）矿前期气体包裹体；（e）成矿期 L + L_{CO_2} 流体包裹体；（f）成矿期 V_{CO_2} + L_{CO_2} + L 流体包裹体；

（g）、（h）成矿期 L+V 流体包裹体

表 7.4　华南热液铀矿流体包裹体液相成分

阶段	矿物	K^+	Na^+	Ca^{2+}	Mg^{2+}	HCO_3^-	Cl^-	SO_4^{2-}	F^-	来源	单位
矿前期	石英（2）	0.032	0.016	0.223	0.005	0.373	0.025	0.045	0.108	①	mol/kg 水
	石英（2）	0.018	0.035	0.024	0.001	0.213	0.007	0.005	0.062		
	石英（5）	0.11	0.44	0.16	0.03	0.898	1.159	0.041	0.097	②	
	石英	0.041	0.062	0.177	0.006	0.394	0.103	0.053	0.094	③	mol/L
成矿期	石英（3）	0.234	0.091	0.009	0.001	微	0.013	0.019	0.240	①	mol/kg 水
		0.516	0.471	0.496	0.208	0.969	0.338	1.587	0.165	②	
		0.617	0.415	0.552	0.140	1.106	0.131	1.189	0.117		
		0.503	0.552	0.358	0.328	0.846	0.457	1.421	0.065		
		0.154	0.413	0.459	0.127	1.360	0.095	0.159	0.722	④	
		0.183	0.233	0.342	0.132	0.414	0.712	0.058	0.287		
		0.226	0.686	0.780	0.158	1.440	0.119	0.036	0.980		
		0.281	0.934	0.642	0.266	1.410	0.168	0.038	0.798		
		0.199	0.542	0.591	0.175	0.546	0.242	0.064	1.073		
		0.241	0.439	0.832	0.281	0.921	0.108	0.076	0.720		
		0.187	0.398	0.657	0.170	1.003	0.222	0.060	0.416		
		0.020	0.052	1.018		1.430	0.041	0.474	0.132		
	石英	0.121	0.414	0.489	0.044	1.264	0.069	0.167	0.030	③	mol/L
	石英	1.025	0.291	0.731	0.041	0.118	0.590	0.289	3.059		
	石英	1.186	0.189	0.072	0.019	1.140	0.312	0.327	0.969		
	石英	0.191	0.210	0.966	0.037	0.117	0.205	0.115	2.555		
	石英	0.347	0.434	0.744	0.050	0.442	0.316	0.129	1.874		
	萤石	0.023	0.072	0.878	0.025	0.708	0.030	0.121	1.35	⑤	mol/g
	萤石	0.038	0.045	1.23	0.007	0.772	0.022	0.617	1.60		
	方解石	0.004	0.030	2.05	0.037	1.41	0.015	0.024	0.322		
	方解石	0.005	0.024	2.36	0.043	1.85	0.010	0.082	0.122		

注：①引自胡瑞忠，1989；②引自倪师军和金景福，1994；③引自刘金辉和李学礼，2001；④引自陈培荣等，1991；⑤引自商朋强，2007。

2. 碳同位素组成

已有研究显示，热液矿床中碳酸盐矿物的 C、O 同位素组成不仅可以用来示踪流体来源，而且还能反映成矿流体的热力学演化（Taylor，1987；Spangenberg et al.，1996；Choi et al.，2003）。一般认为，热液铀矿床成矿流体运移过程中，铀主要以碳酸铀酰络离子的形式进行迁移（Cuney，1978；Leroy，1978；Chen et al.，1992；胡瑞忠等，1993），故 CO_2 对于铀成矿具有十分重要的作用。

我们开展了热液铀矿床中方解石碳同位素的系统研究。我们从近 20 个三种类型代表性铀矿床中选择出主成矿阶段与沥青铀矿共生的粉红色、灰白色方解石。然后利用蒸馏水在超声仪中清洗。称取 20mg 试样置于反应管中，并注入 20mg 100% 磷酸，在温度 40~70℃、压力为 1.32Pa 的条件下反应 3h，待试样与磷酸充分混合后，将反应管置于恒温在 25±1℃ 的水中 5~6h，再用液氮吸收 CO_2 气体，纯化后的 CO_2 气体在质谱仪上测定 C、O 同位素组成。校测标样为 GBW04417（$\delta^{13}C_{PDB}‰ = -6.06 \pm 0.06$），测试精度优于 0.2‰。分析结果见图 7.21。

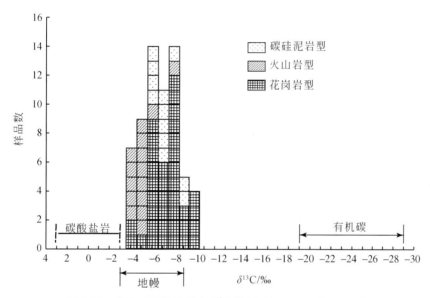

图 7.21　华南热液铀矿床中 $\delta^{13}C$ 特征（据 Hu et al.，2008）

热液铀矿床成矿阶段大量赤铁矿的出现，说明其沉淀时成矿流体处于较氧化环境，碳主要由 CO_2、CO_3^{2-} 和 HCO_3^- 组成，CH_4 等还原性组分可忽略不计。这与激光拉曼研究得到 CH_4 相对于 CO_2 含量极低的结果是一致的。由于碳的氧化物组分（CO_2，CO_3^{2-} 和 HCO_3^-）与方解石之间的碳同位素分馏很小，因此方解石的碳同位素组成大致可以代表成矿流体的总碳同位素组成（Ohmoto，1972；Ohmoto and Rye，1979）。

由图 7.21 可见，华南不同类型的铀矿床成矿流体的 $\delta^{13}C$ 值与矿床赋矿围岩的岩性和时代无关，三类矿床具有一致的 $\delta^{13}C$ 值，从 -3.3‰ ~ -10.7‰，大多数集中于 -4‰ ~ -8‰，说明铀矿床成矿流体中的碳具有地幔来源的特征。对于其他两类铀矿床，火山岩型铀矿床方解石的 $\delta^{13}C$ 值稍高，这可能与火山岩型铀矿床成矿环境相对还原有关。例如，在相山主成矿阶段出现了少量石墨，研究表明（Ohmoto，1972；Ohmoto and Rye，1979），在方解石与石墨之间 ^{13}C 更趋于集中在方解石中，因此造成其方解石 $\delta^{13}C$ 值相对偏高。

铀矿床方解石中 $\delta^{13}C_{PDB}$ 通常与 $\delta^{18}O_{SMOW}$ 呈显著的负相关关系（图 7.22）。热液中方解石的溶解度随温度降低而增加，因此封闭体系中单纯的冷却不能使方解石从热液中沉淀。从理论上讲，以下两种情况可导致方解石的碳氧同位素组成呈负相关（Zheng，1990；Zheng and Hoefs，1993）：①热液去气（CO_2）作用；②流体与围岩的水-岩反应。这两种机制都要求流体处于开放体系，且流体中溶解碳以 HCO_3^- 为主。虽然

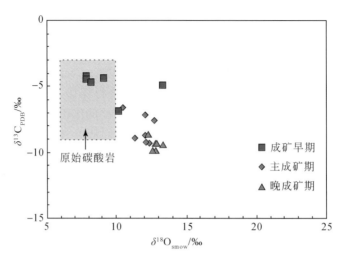

图 7.22　302 铀矿床方解石碳氧同位素图解（据张国全等，2008）

H_2CO_3 为主要溶解碳的流体，因剧烈去气（CO_2）而丢失比例很高的碳时也会产生这种负相关关系，但在实际的浅成热液体系中因去气丢失很高比例碳是不可能的（郑永飞等，2000）。流体与围岩之间水岩反应导致方解石沉淀，本质上是相对高温的热液与相对低温的围岩进行阳离子和同位素交换、氧化还原反应或三者同时作用的结果。理论上讲，不可排除铀成矿流体与花岗岩接触发生类似作用的可能性，但单纯由流体与围岩水岩作用引起方解石 $\delta^{13}C$ 的变化往往较小，在 $\delta^{13}C$-$\delta^{18}O$ 图解上的趋势线通常近于水平，这与我们的实验结果存在较大差别（图 7.22）。因此，铀矿床内方解石的沉淀应该主要是由流体去气（CO_2）作用造成的。成矿流体发生减压沸腾是去气（CO_2）作用实现的重要途径之一。这与我们利用 CO_2 从流体中批式脱气模型（batch degassing-precitition model）（Zheng，1990）计算所得出的结论相一致。以下庄铀矿床为例，根据公式：

$$\delta^{13}C_{方解石} = \delta^{13}C_{流体} + (1 - 2x_{CO_2}) \cdot 10^3 \ln a_{方解石-HCO_3^-} - x_{CO_2} \cdot 10^3 \ln a_{CO_2-HCO_3^-}$$

$$\delta^{18}O_{方解石} = \delta^{13}O^i_{流体} + (1 - 2x^i_{CO_2}) \cdot 10^3 \ln a_{方解石-H_2O} - x^i_{CO_2} \cdot 10^3 \ln a_{CO_2-H_2O}$$

设成矿流体脱气比分别为 0.1 和 0.05，两值对应流体的初始 $\delta^{13}C$、$\delta^{18}O$ 值分别为 [（−9.8‰、4.0‰），（−8.8‰、4.0‰）] 及 [（−10.3‰、4.0‰），（−9.1‰、4.0‰）]。计算采用文献（O'Neil et al.，1969；Ohmoto and Rye，1979；Zheng，1990）分馏系数，得到如图 7.23 所示的碳酸盐沉淀模式图。由图可见，所测数据与理论计算具有很好的一致性，证明铀矿床形成过程中 CO_2 脱气作用是致使矿质沉淀的一种重要机制。

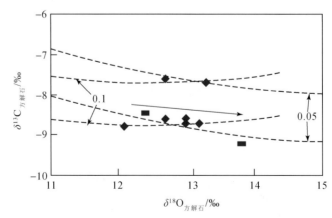

图 7.23　下庄矿田北区与成矿有关的方解石从热液中沉淀模式图（据商朋强等，2006）
图中虚线代表理论计算的流体脱气（CO_2）比分别为 0.05 和 0.1 的不同温度下的脱气线

3. He、Ar 同位素地球化学

Zartman 等（1961）最早利用稀有气体同位素示踪地壳现代流体的来源及其水–岩相互作用，开拓了稀有气体地球化学研究的新领域。80 年代末期以来，稀有气体同位素在成矿古流体等方面的研究取得了长足进展。由于 He 在大气降水、地幔和地壳中具有极不相同的同位素组成，地壳氦（$^3He/^4He = 0.01 \sim 0.05Ra$，Ra 为空气的 $^3He/^4He$ 值）和地幔氦（$^3He/^4He = 6 \sim 9Ra$）的 $^3He/^4He$ 值存在高达近 1000 倍的差异（Stuart et al.，1995），即使地壳流体中有少量幔源氦的加入也可以很容易地判别出来。因此，He 同位素地球化学是地质流体来源研究的有效示踪剂，对识别是否有地幔流体参与成矿作用具有不可替代的作用。近年来，稀有气体同位素示踪成矿流体来源方面的研究，主要针对一些贵金属和有色金属矿床，如金矿床（Burnard et al.，1999；胡瑞忠和毕献武，1999；毛景文等，2005）、铜矿床（Hu et al.，1988，2004；胡瑞忠等，1997）、钨锡矿床（Stuart et al.，1995；Li et al.，2006，2007；Hu et al.，2012；Zhai et al.，2012；赵葵东等，2002）和铅–锌多金属矿床（Simmons et al.，1987；Xue et al.，2007；胡瑞忠等，1998）等矿种。作者以相山铀矿床（Hu et al.，2009）、下庄铀矿床和 302 铀矿床为对象，首次开展了热液铀矿床成矿流体的 He、Ar 同位素地球化学研究。

研究表明，黄铁矿是测定 He、Ar 同位素理想的分析对象，黄铁矿中流体包裹体中的 He 在流体包裹体被圈闭后无明显丢失。在相山和下庄铀矿床挑选成矿阶段的黄铁矿作为测试对象，但 302 铀矿床中与铀矿物共生的黄铁矿大都呈胶状结构，难以挑出理想的样品，因此选择与铀矿物共生、晶形完好且未见后期改造痕迹的萤石、方解石作为测试对象。本次研究采用分步压碎方法分别在中国科学院地球化学研究所和美国加州理工学院作了系统的 He、Ar 同位素组成分析（表 7.5 和表 7.6）。

本次研究的样品均采自地下坑道，因此可排除流体包裹体内存在宇宙成因 ^3He 的可能性（Simmons et al.，1987；Stuart et al.，1995）。黄铁矿为非含钾矿物，原地放射成因 ^{40}Ar 的量可以忽略不计（Turner and Wang，1992）。但是由于未测得本次研究样品中流体包裹体的 U、Th 含量，因此流体包裹体形成后由其中 U、Th 衰变而产生的原地放射成因 ^4He 的量未能定量扣除。基于以上事实，如果暂不考虑流体包裹体中原地放射成因 ^4He 的影响，则可认为表 7.5 和表 7.6 中氦、氩同位素组成的测定值，基本可以代表原生流体包裹体或成矿流体的初始值。

地壳流体中的稀有气体有三个明显不同的源区，即饱和空气雨水中的稀有气体、地幔中的稀有气体和地壳中由核过程形成的放射成因稀有气体（Turner et al.，1993）。由于 He 在大气中的含量极低，不足以对地壳流体中 He 的丰度和同位素组成产生明显影响（Marty et al.，1989；Stuart，1994），因此，成矿流体中的 He 只可能有两个主要的源区，即地壳和地幔。

地壳中 ^3He 的产生主要受中子反应 ^6Li（n，α）$\rightarrow ^3He$ 控制。由于研究区缺乏含锂矿物，因此，该区地壳的 $^3He/^4He$ 值应与地壳特征值相似，即 $^3He/^4He = 0.01 \sim 0.05Ra$（Stuart et al.，1995）。由表 7.5 和表 7.6 可见，三个铀矿床成矿流体的 $^3He/^4He$ 值为 $0.02 \sim 2.02Ra$，绝大部分样品的 $^3He/^4He$ 值明显高于地壳 $^3He/^4He$，但比陆下地幔 $^3He/^4He$（约 6Ra）（Burnard，1999）偏低。这表明成矿流体中不仅存在有壳源 He，同时也有大量幔源 He。此外，从图 7.24 ~ 图 7.28 可以看出，该区成矿流体的 He、Ar 同位素组成介于壳源和幔源之间，表明成矿流体中的 He、Ar 稀有气体具有壳–幔混合来源的特征。

表 7.5 302 铀矿床和下庄铀矿床矿物流体包裹体的 He、Ar 同位素组成（据商朋强，2007；张国全，2008）

矿床	矿物	样号	压碎次数	压碎量/g	$^4\mathrm{He}$ /(cm³STP)	$^3\mathrm{He}$ /(cm³STP)	$^{40}\mathrm{Ar}$ /(cm³STP)	$^{36}\mathrm{Ar}$ /(cm³STP)	$^{40}\mathrm{Ar}/^{36}\mathrm{Ar}$	$^3\mathrm{He}/^4\mathrm{He}$ /Ra	$^{40}\mathrm{Ar}^*/^4\mathrm{He}$	$^3\mathrm{He}$ /(cm³STP/g)	$^4\mathrm{He}$ /(cm³STP/g)	$^{40}\mathrm{Ar}$ /(cm³STP/g)
302	萤石	2-43		0.3488	2.28E-08	1.60E-14	2.55E-08	9.32E-11	301.99±20.98	0.57±0.04	0.0266	4.58E-14	6.52E-08	7.32E-08
		3-28		0.3862	1.52E-07	5.06E-14	7.08E-08	2.39E-10	302.83±11.04	0.25±0.01	0.0115	1.31E-13	3.94E-07	1.83E-07
		3-02	1		1.71E-06	3.13E-13	—	—	—	0.14±0.01	—	—	—	—
			2		6.52E-07	1.26E-13	—	—	—	0.15±0.01	—	—	—	—
			总量	0.5022	2.36E-06	4.39E-13	2.24E-08	8.41E-11	294.33±32.84(?)	0.14±0.01	—	8.74E-13	4.70E-06	4.46E-08
		3-51	1		2.46E-06	1.91E-13	1.33E-07	4.43E-10	302.45±4.56	0.06±0.01	0.0013	—	—	—
			2		1.19E-07	2.25E-14	1.06E-08	5.82E-11	577.06±121.24(?)	0.11±0.01	0.1375	—	—	—
			总量	0.3907	2.58E-06	2.14E-13	1.44E-07	5.01E-10	327.02±15.34	0.07±0.01	0.0061	5.47E-13	6.60E-06	3.67E-07
		3-48		0.3975	1.27E-06	5.50E-14	5.77E-08	1.95E-10	332.62±11.28	0.03±0.01	0.0057	1.38E-13	3.18E-06	1.45E-07
		3-49		0.4291	1.51E-06	2.39E-14	1.06E-07	3.59E-10	307.38±3.92	0.12±0.01	0.0028	5.58E-13	3.52E-06	2.47E-07
		3-50		0.3699	8.81E-06	4.83E-13	9.92E-08	3.32E-10	313.16±5.55	0.04±0.01	0.0007	1.31E-12	2.38E-05	2.68E-07
	方解石	2-15		0.3623	1.96E-07	5.55E-14	1.67E-08	5.57E-10	311.27±5.30	0.18±0.01	0.0447	1.53E-13	5.42E-07	4.62E-07
		3-26′		0.6236	6.98E-07	1.18E-13	2.94E-07	9.91E-10	297.18±2.23	0.14±0.01	0.0024	1.89E-13	1.12E-06	4.71E-07
下庄	方解石	SJW-1	1		5.42E-08	3.55E-14	5.29E-08	1.70E-10	315.23±5.46	0.43±0.03	0.0621	—	—	—
			2		1.33E-07	2.41E-14	4.36E-08	1.39E-10	321.14±6.08	0.13±0.01	0.0268	—	—	—
			总量	0.2723	1.87E-07	5.96E-14	9.65E-08	3.09E-10	317.90±5.77	0.22±0.02	0.0371	2.19E-13	6.86E-07	3.54E-07
		SJW-12	1		2.91E-06	5.48E-14	8.03E-08	2.82E-10	298.94±10.50	0.14±0.01	0.0033	—	—	—
			2		9.31E-08	2.49E-14	1.23E-08	4.78E-10	342.92±22.99	0.18±0.01	0.0243	—	—	—
			总量	0.3598	3.84E-07	7.97E-14	9.27E-08	3.30E-10	304.80±17.17	0.15±0.01	0.0080	2.22E-13	1.07E-06	2.58E-07
	黄铁矿	SJW-23		0.2485	3.16E-06	5.46E-14	5.27E-08	1.73E-10	307.83±10.69	0.02±0.00	0.0007	2.20E-13	1.27E-05	2.12E-07
		XS-1	1		2.46E-06	1.91E-14	5.08E-08	1.58E-10	314.91±7.33	1.04±0.06	0.0012	—	—	—
			2		1.19E-07	2.25E-13	2.78E-08	9.21E-11	308.77±12.72	1.02±0.06	0.0103	—	—	—
			总量	0.5432	2.58E-06	2.14E-14	7.86E-08	2.50E-10	312.74±10.00	1.04±0.06	0.0017	3.94E-14	4.75E-06	1.45E-07
		XS-3	1	0.2723	4.26E-08	5.06E-14	2.08E-08	2.08E-10	547.48±29.99	0.16±0.05	0.2654	1.86E-13	1.57E-07	7.64E-08

注：①在中国科学院地球化学研究所分析；②压碎量指样品被压碎至小于75μm的部分；③$^{40}\mathrm{Ar}^*$表示扣除空气$^{40}\mathrm{Ar}$后的过剩部分；④误差为1σ；⑤（?）代表存疑数据。

表 7.6　相山铀矿床黄铁矿流体包裹体的 He、Ar 同位素分析结果（Hu et al.，2009）

样号	压碎次数	压碎量/g	^{4}He /(10^{-8}cm^{3}STP)	^{40}Ar /(10^{-8}cm^{3}STP)	^{40}Ar/^{36}Ar	^{3}He/^{4}He/Ra	^{40}Ar*/^{4}He/10^{-3}	^{3}He/^{36}Ar/10^{-3}	^{4}He/(cm^{3}STP/g)	^{40}Ar/(cm^{3}STP/g)
XXS29-1	1		7.52±0.38	12.1±0.2	520.6±21.2	1.82±0.14	695.8±47.5	0.8±0.1		
	2	0.0522	3.62±0.18	4.8±0.1	505.5±18.8	2.02±0.17	546.7±38.3	1.1±0.1	2.84E-06	3.91E-06
	3		3.69±0.19	3.6±0.1	522.4±19.1	1.87±0.16	417.9±28.8	1.4±0.1		
	Total[3]		14.8±0.5	20.4±0.3	517.0±13.6	1.88±0.09	590.0±25.8	1.0±0.1		
XXS29-2	1	—	13.2±0.5	2.31±0.05	664.3±24.3	1.96±0.15	96.7±7.2	10.4±0.6		
XXS27	1		85.6±4.3	12.3±0.3	397.1±74.3	0.34±0.02	36.7±3.6	1.3±0.3		
	2	0.0760	292.0±14.6	22.0±0.7	443.2±22.6	0.37±0.03	25.2±2.1	3.0±0.2	4.97E-05	4.51E-06
	Total[3]		377.0±15.2	34.3±0.8	425.5±23.4	0.36±0.02	27.8±2.3	2.4±0.2		
XXS21	1		97.9±4.9	2.91±0.06	423.9±15.3	0.17±0.01	9.0±0.7	3.3±0.2		
	2	0.0714	1650.0±82.6	20.3±0.4	438.9±21.3	0.10±0.01	4.0±0.4	4.6±0.2	2.45E-04	3.25E-06
	Total[3]		1750.0±82.7	23.2±0.4	437.0±18.6	0.10±0.01	4.3±0.3	4.6±0.2		
XXS24	1		114.0±5.7	43.7±0.9	346.5±18.6	0.64±0.05	56.4±8.2	0.8±0.1		
	2	0.0777	52.1±2.6	15.4±0.3	390.1±15.5	0.72±0.05	71.9±6.9	1.3±0.1	2.94E-05	9.55E-06
	3		62.4±3.1	15.1±0.3	373.0±14.7	0.60±0.04	50.4±5.5	1.3±0.1		
	Total[3]		228.0±7.0	74.2±1.0	360.1±12.4	0.64±0.03	58.3±4.6	1.0±0.1		
XS14	1		69.0±3.5	10.8±0.2	326.9±11.7	0.27±0.02	15.0±3.4	0.8±0.1		
	2	0.0200	36.4±1.8	7.0±0.1	397.9±14.3	0.42±0.03	49.5±4.8	1.2±0.1	5.27E-05	8.89E-06
	Total[3]		105.0±3.9	17.8±0.3	351.6±9.3	0.32±0.02	26.9±2.8	0.9±0.1		

注：①在美国加州理工学院分析；②压碎量指样品被压碎至小于75μm 的部分；③误差为 1σ；④^{40}Ar* 表示扣除空气 ^{40}Ar 后的过剩量；⑤—代表未确定压碎量。

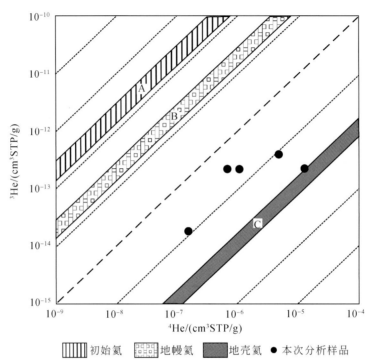

图 7.24　下庄矿田成矿流体的 He 同位素组成（据商朋强，2007）

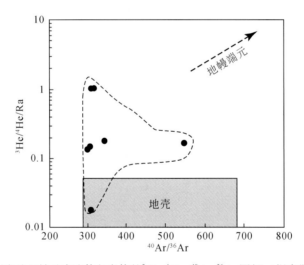

图 7.25　下庄矿田铀矿床流体包裹体的 $^3He/^4He-^{40}Ar/^{36}Ar$ 图解（据商朋强，2007）

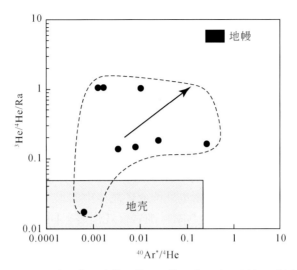

图 7.26　下庄矿田铀矿床流体包裹体的 $^{40}Ar^*/^{36}Ar$–$^{3}He/^{4}He$ 图解（据商朋强，2007）

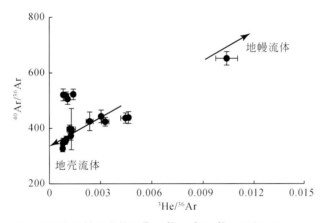

图 7.27　相山铀矿床流体包裹体的 $^{40}Ar/^{36}Ar$–$^{3}He/^{36}Ar$ 图解（Hu et al.，2009）

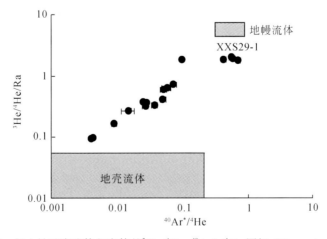

图 7.28　相山铀矿床流体包裹体的 $^{3}He/^{4}He$–$^{40}Ar^*/^{4}He$ 图解（Hu et al.，2009）

四、成矿流体中 U、H₂O、CO₂ 的来源

1. H₂O 的来源

大量研究表明铀成矿流体中的水主要为大气降水（王联魁和刘铁庚，1987；金景福和胡瑞忠，1990；卢武长和王玉生，1990；徐达忠，1990；Min et al.，1999；Hu et al.，2008），矿床围岩与矿床存在高达 20～700Ma（通常大于 50Ma）的时差（杜乐天等，1984），从而可以排除形成赋矿花岗岩和火山岩的酸性岩浆提供水的可能性。尽管矿化同期有基性脉岩的岩浆活动，但由于其体积很小，成矿流体中的水应该主要不是从其岩浆中分异而来。同时 H、O 同位素也证明成矿流体中的水主要为大气降水。以 302 铀矿床为例（图 7.29），其 H、O 同位素反映了大气降水与赋矿围岩（花岗岩）同位素交换的组成特征。

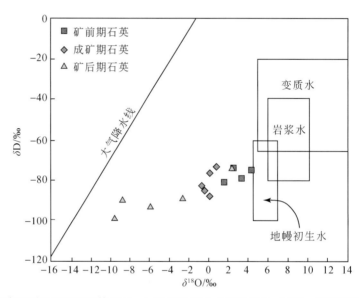

图 7.29　302 铀矿床不同阶段成矿流体的 H、O 同位素组成（据张国全，2008；地幔初生水据 Craig，1976）

2. 铀的来源

一般认为，铀矿床中的铀主要来源于铀成矿前形成的富铀地质体（杜乐天，1982；王联魁和刘铁庚，1987；林锦荣，1992；胡瑞忠等，1993；卢武长和王玉生，1990；Min，1995；胡恭任和章邦桐，1998；Min et al.，1999）。以下庄铀矿田为例，矿石与这些相对富铀的岩石具有类似的 REE（图 7.30）和微量元素分布模式，表明矿石中的这些组分主要来自这些岩石。U-Pb 同位素研究表明，矿石与这些相对富铀的岩石具有相似性，这些富铀岩石中的铀发生了不同程度的丢失，暗示它们为铀成矿提供了铀源（王联魁等，1987；林祥铿，1990；Min et al.，1999；章邦桐等，2003）。

3. CO₂ 的来源

一方面热液铀成矿与赋矿主岩时间上存在着较大时差，另一方面酸性岩浆中 CO₂ 的溶解度很小，因此可以排除酸性岩浆分异富 CO₂ 成矿流体的可能性。铀矿床中碳酸盐矿物的 $\delta^{13}C$ 值为 -4‰～-8‰，这种同位素组成的 CO₂ 既可为沉积碳酸盐碳（$\delta^{13}C \approx 0 \pm 3‰$）和有机碳（$\delta^{13}C \approx -25‰ \pm 5‰$；Hoefs，1993）的混合成因；也可由地幔（$\delta^{13}C$ 值为 -3‰～-9‰，平均为 -6‰～-7‰；Deines et al.，1983；Pineau and Javoy，1983；Marais and Moore，1984；Mattey et al.，1984；Taylor，1986；Hoefs，1993）直接或间接分异而

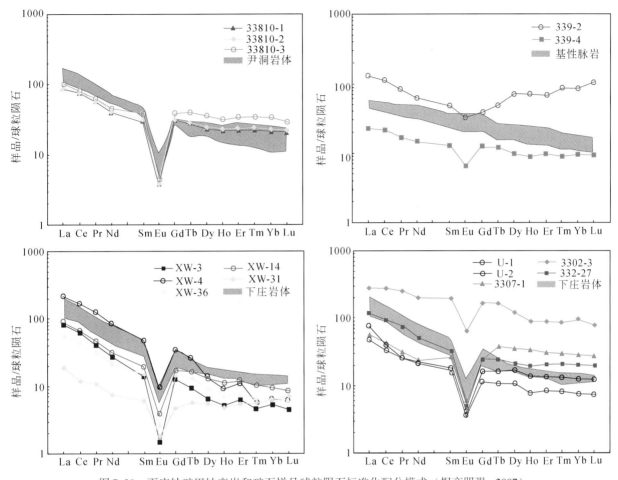

图 7.30 下庄铀矿田蚀变岩和矿石样品球粒陨石标准化配分模式（据商朋强，2007）

来；因为地壳总碳的 $\delta^{13}C$ 与地幔碳相似（Matthews et al.，1987），因此也不能完全排除 CO_2 的地壳成因。但是，第一，铀成矿发生在地壳浅部，主要在地壳浅部循环的流体不可能均匀地获得地壳的总碳成分；第二，华南花岗岩型铀矿床、火山岩型铀矿床、碳硅泥岩型铀矿床分别分区产在花岗岩、火山岩和沉积岩的断裂构造中，很难想象在不同岩石类型中循环的流体会同比例地获得沉积碳酸盐碳（$\delta^{13}C \approx 0 \pm 3‰$）和有机碳，从而使它们具有基本一致的 $\delta^{13}C$ 组成。因此，基于成矿地质背景的考虑，华南铀矿成矿流体中的 CO_2 最可能主要来自于地幔，这也得到以下证据的支持。

华南白垩纪—古近纪玄武岩和地幔捕房体的微量元素和 Sr-Nd 同位素特征表明，华南地壳之下的地幔至少经历了两个阶段的演化。地幔在其大多数时间里是亏损的，但由于地幔交代作用的结果，这里的地幔在玄武质岩浆形成前或形成时变成了富集地幔（邓晋福和赵海玲，1990）。玄武岩中地幔捕房体的流体包裹体研究表明，代表地幔交代作用的流体是富 CO_2 的 [$CO_2/$（$CO_2 + H_2O$）>0.8；邓晋福和赵海玲，1990]。由于华南铀矿产区白垩纪—古近纪岩石圈伸展期侵位的基性脉岩来源于富集地幔（Zhao et al.，2004；Xie et al.，2006），因此其镁铁质岩浆也可能是富 CO_2 的。胡瑞忠（1993）测定了下庄铀矿田沿幔源煌斑岩脉两侧分布的花岗岩的 CO_2 含量。结果表明，越接近基性脉岩的花岗岩 CO_2 含量越高。尽管这种特征也可能是晚期富 CO_2 流体沿基性脉岩渗入花岗岩的结果，但这些脉岩中含直径约 1~2mm、由碳酸盐矿物组成的眼球体。据 Ferguson（1971）的研究，这种眼球体是由分异自岩浆的不混溶结晶而成。由于这些眼球体由碳酸盐矿物组成，这表明自煌斑岩岩浆分异出来的这种不混溶相是一种极富 CO_2 的流体。这一方面证明，正好在铀成矿前侵位的幔源基性脉岩极富 CO_2，同时也证明它们可以分异出富 CO_2 的流体。因此，华南铀成矿时的地幔富集 CO_2，在白垩纪—古近纪岩石圈伸展背景下，当地壳浅部与地幔沟通后，幔

源 CO_2 直接通过地幔去气或/和通过同时期侵位的幔源基性脉岩的岩浆分异，然后进入成矿流体是可能的。

华南铀矿中的 CO_2 来自地幔不仅表现为这些铀矿与幔源基性脉岩密切相伴，而且也可以得到 He、Ar 同位素证据的支持。气体组分常具有共同迁移的特点。如前所述，华南铀矿的成矿流体中存在大量幔源稀有气体。

4. CO_2 对铀成矿的作用

铀的赋存状态是决定富铀岩石成矿潜力的重要因素。按照铀被浸取的难易程度，可将铀的赋存状态分为活性铀和惰性铀两类（余达淦，2005）。惰性铀主要指呈类质同象形式赋存在副矿物中的固定铀。活性铀主要指铀单矿物以及分散吸附状态的铀。研究表明，活性铀的多少，是铀能否转入热液形成热液铀矿的关键之一（孙志富，1981；胡瑞忠和金景福，1990；张成江，1990；张少琴等，2009）。最近，作者对下庄花岗岩型铀矿床开展了相关研究工作。结果表明，虽然鲁溪岩体和下庄岩体形成于相同构造背景、相同时代、空间上密切相伴，两岩体的铀含量相对于正常花岗岩也较高，岩体内部均有幔源基性脉岩侵入，但由于花岗岩成岩物理化学条件等因素的不同，导致鲁溪岩体中的铀主要以难活化的类质同象替换形式存在；而下庄岩体中铀主要以易活化的晶质铀矿的形式存在。因此，下庄岩体中的铀能在富 CO_2 热液作用下转入热液继而成矿，而鲁溪岩体中的铀则难以转入热液，这也是鲁溪岩体中基本没有铀矿点发现，而贵东岩体东部赋存着大量铀矿床的关键原因之一（陈佑纬等，2009；Chen et al.，2012）。

根据铀的地球化学性质，绝大多数铀成矿流体中的铀主要以 UO_2^{2+} 或 U^{6+} 的络离子形式迁移，因为络离子相对于其他简单离子来说，通常具有很高的溶解度和很大的稳定性（王剑锋，1986；胡瑞忠和金景福，1990；章邦桐，1990）。大量流体包裹体和热力学研究表明（胡瑞忠和金景福，1990；章邦桐，1990；陈培荣等，1991；胡瑞忠等，1993；李学礼等，2000；戚华文和胡瑞忠，2000；杜乐天，2001；商朋强等，2006），铀在热液中通常与 CO_3^{2-} 结合，形成碳酸铀酰络离子 $UO_2(CO_3)_2^{2-}$ 和 $UO_2(CO_3)_3^{4-}$ 进行迁移。当富含这种碳酸铀酰络离子的成矿流体运移至一定的位置，由于温度、压力等物质化学条件的变化，CO_2 自成矿流体中逸出，引起成矿流体 pH 升高，铀酰碳酸盐络合物发生分解，继而铀被还原成矿。根据成矿流体的物理化学条件，胡瑞忠和金景福（1990）通过热力学研究发现，下庄矿田希望铀矿床成矿前阶段流体中 95% 的铀以 $UO_2(CO_3)_2^{2-}$ 和 $UO_2(CO_3)_3^{4-}$ 形式进行迁移，而在成矿阶段的流体中，铀几乎全以 $UO_2F_4^{2-}$ 和 UF_4^{2-} 形式存在。从成矿前阶段至成矿阶段，由于减压去气（CO_2），流体中的 CO_2 明显减少，这正是铀酰碳酸盐转变成铀酰氟化物的关键。研究表明，以六价铀形式存在的铀酰氟化物是不稳定的，它们比铀酰碳酸盐更容易被还原成四价的 UO_2——沥青铀矿而沉淀成矿（Rich et al.，1977；胡瑞忠和金景福，1990）。

由此可见，铀源岩石中的活性铀主要以 $UO_2(CO_3)_2^{2-}$ 和 $UO_2(CO_3)_3^{4-}$ 等形式转入成矿热液，铀成矿需要大量 CO_2 的参与。如前所述，就华南铀矿而言，这些 CO_2 是在白垩纪—古近纪岩石圈伸展背景下，由地幔去气（CO_2）或同时期侵入的幔源基性脉岩提供的。

五、热液铀矿床成矿模式

Leroy（1978）通过对法国中央地块热液铀液矿的研究，提出热液铀成矿是由于基性岩浆活动加热了循环的大气降水，使其进入富铀岩石的断裂中将铀浸取出来形成成矿流体，最后富铀成矿流体与还原性的盆地流体发生反应（Marignac and Cuney，1999），铀沉淀而成矿。然而与法国中央地块不同的是，华南拉张红色盆地中的还原性沉积物较少，同时热液铀矿中碳同位素没有明显的有机碳痕迹，因此 Leroy 的模式可能并不适用于华南热液铀矿床。

总结前述研究成果可以发现：①华南三类铀矿床都形成于白垩纪—古近纪，并有相同的五个主成矿期，各主成矿期的时代与由幔源基性脉岩反映的岩石圈伸展时代相一致；②这些铀矿床成矿流体中的水主要是大气成因地下水，成矿流体中的铀主要来自铀矿产区各类富铀的岩石；③铀成矿需要 CO_2，成矿流体中的铀是在流体富含 CO_2 后从铀源岩石转入成矿流体的，成矿流体中的 CO_2 主要在白垩纪—古近纪岩石圈伸展期来自地幔。根据以上认识，作者建立了岩石圈伸展背景下的铀成矿模式（图7.31）：①白垩纪—古近纪岩石圈伸展形成大量断陷盆地和幔源基性脉岩，并导致幔源 CO_2 上升加入原在地壳浅部断裂系统中循环的大气成因贫 CO_2 热水，形成富 CO_2 热液；②这种富 CO_2 热液作用于富铀源岩，铀源岩石中的铀被活化转入热液以 $UO_2(CO_3)_2^{2-}$ 和 $UO_2(CO_3)_3^{4-}$ 等形式迁移；③富铀热液运移过程中由于压力降低而沸腾，CO_2 从热液中逸出，碳酸铀酰络合物分解导致铀沉淀成矿。同一机制形成的富 CO_2 热液浸取同一或不同铀源岩石中的铀并在不同围岩中成矿，形成了按赋矿围岩划分的各种矿床类型（花岗岩型、火山岩型和碳硅泥岩型）。白垩纪—古近纪岩石圈伸展的多期性，导致了与每次岩石圈伸展基本同时的铀成矿的多期性。因此，华南三大类型的铀矿床是一个具有密切联系的有机整体。

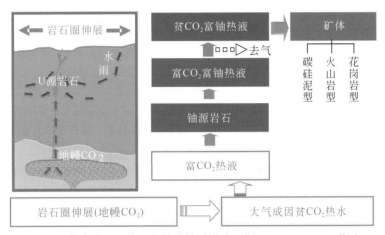

图7.31　华南岩石圈伸展与铀矿关系模式（据 Hu et al.，2008 修改）

作者认为，在缺乏富铀岩石的地区如我国东北地区，即使白垩纪—古近纪伸展构造同样发育，通常不存在具有经济价值的铀矿床。华南广泛存在的富铀元古代基底，使该区特别是华夏地块发育了许多富铀岩石（杜乐天，1982；陈肇博，1985；胡恭任和章邦桐，1998；Min et al.，1999；邓平，2003；陈培荣，2004），因此发育了大量热液铀矿床。相对而言，东北地区存在的太古代和元古代基底相对贫铀（杜乐天，1982；陈肇博，1985），因此至今基本没有发现与华南类似且具有重要意义的热液铀矿床。

参考文献

安徽地矿局 321 队 . 1990. 中国地质大学（北京），铜陵地区铜金等矿床综合预测报告，1-221.

安徽地矿局 321 队 . 1995. 安徽沿江重要成矿区铜及有关矿产勘查研究报告，1-311.

安徽省地质局庐枞地区铁矿会战指挥部 . 1980. 安徽省庐江罗河铁矿详细地质勘探报告，1-166.

柏道远，陈建超，马铁球，等 . 2005. 湘东南骑田岭岩体 A 型花岗岩的地球化学特征及其构造环境 . 岩石矿物学杂志，24（4）：255-272.

包志伟，赵振华 . 2003. 佛冈铝质 A 型花岗岩的地球化学及其形成环境初探 . 地质地球化学，31（1）：52-61.

包志伟，赵振华，熊小林 . 2000. 广东恶鸡脑碱性正长岩的地球化学及其地球动力学意义 . 地球化学，29（5）：462-468.

北京铀矿地质研究所 . 1982. 碳硅泥岩型铀矿床文集 . 北京：原子能出版社，1-208.

毕承思，沈湘元，徐庆生 . 1992. 我国与海西期 A 型花岗岩有关锡矿床的新发现 . 中国科学（B），22（6）：632-638.

毕承思，沈湘元，徐庆生，等 . 1993. 新疆贝勒库都克锡矿带含锡花岗岩地质特征 . 岩石矿物学杂志，12（3）：213-223.

毕献武 . 1999. 滇西"三江"地区富碱侵入岩及其与铜、金成矿关系的研究 . 博士学位论文，贵阳：中国科学院地球化学研究所 .

毕献武，胡瑞忠，J. E. Mungall，等 . 2006. 与铜、金矿化有关的富碱侵入岩矿物化学研究 . 矿物学报，26（4）：377-386.

毕献武，李鸿莉，双燕，等 . 2008. 骑田岭 A 型花岗岩流体包裹体地球化学特征－对芙蓉超大型锡矿成矿流体来源的指示 . 高校地质学报，14（4）：539-548.

蔡本俊 . 1980. 长江中下游地区内生铁铜矿床与膏盐的关系 . 地球化学，（2）：193-199.

蔡明海，汪雄武，何龙清，等 . 2005. 南岭中段锡矿床主要类型及找矿模式 . 华南地质与矿产，2：22-29.

蔡明海，陈开旭，屈文俊，等 . 2006. 湘南荷花坪锡多金属矿床地质及辉钼矿 Re-Os 测年 . 矿床地质，25（3）：263-268.

蔡新华，贾宝华 . 2006. 湖南锡田锡矿的发现及找矿潜力分析 . 中国地质，33（5）：1100-1108.

曹汉生，曾学华 . 1994. 曾家坑含锡矿物特征及地质意义 . 江西地质，8（3）：190-194.

常印佛，刘学圭 . 1983. 关于层控式矽卡岩型矿床-以安徽省内下扬子坳陷中一些矿床为例 . 矿床地质，1（1）：11-20.

常印佛，刘湘培，吴昌言 . 1991. 长江中下游地区铜铁成矿带 . 北京：地质出版社，1-379.

常印佛，周涛发，范裕 . 2012. 复合成矿与构造转换-以长江中下游成矿带为例 . 岩石学报，28（10）：3067-3075.

车勤建，李金冬，魏绍六，等 . 2005. 湖南千里山-骑田岭矿集区形成的构造背景初探 . 大地构造与成矿学，29（2）：204-214.

陈邦国，姜章平，卫平，等 . 2002. 安徽冬瓜山叠生式层状铜矿床热液改造型流体研究 . 江苏地质，26（2）：62-69.

陈斌，庄育勋 . 1994. 粤西云炉紫苏花岗岩及其麻粒岩包体的主要特点和成因讨论 . 岩石学报，10（002）：139-150.

陈炳辉，俞受鋆 . 1994. 广东平远仁居-黄畲地区燕山晚期花岗岩类的地质地球化学特征 . 中山大学学报（自然科学版），33（3）：130-133.

陈春，宋林康，刘力文 . 1992. 姑婆山花岗岩主岩体的稀土元素赋存状态研究 . 矿物岩石，12（1）：38-45.

陈公信，金经炜等主编 . 1996. 湖北省岩石地层 . 武汉：中国地质大学出版社，1-284.

陈国达，康自立，沈金瑞，等 . 1992. 华南区域地质构造演化与铀成矿 . 华东地质学院学报，15（1）：1-10.

陈洪新 . 1993. 鄂东南程潮铁矿区矿化与三叠系蒸发岩的关系 . 中国地质科学院地质力学研究所所刊，（15）：163-176.

陈华明，孙喜华，蔡卫东，等 . 2011. 江苏省南京市梅山铁矿接替资源勘查报告 . 江苏省地质矿产局第一地质队（内部报告），1-80.

陈江峰，江博明 . 1999a. Sr，Nd，Pb 同位素示踪和中国东南大陆地壳演化 . 见：郑永飞（主编），化学地球动力学 . 北京：科学出版社，262-287.

陈江峰，郭新生，汤加富，等 . 1999b. 中国东南地壳增长与 Nd 同位素模式年龄 . 南京大学学报，35（6）：649-658.

陈骏，陆建军，陈卫锋，等 . 2008. 南岭地区钨锡铌钽花岗岩及其成矿作用 . 高校地质学报，2008，14（4）：459-473.

陈骏，王汝成，周建平，等 . 2000. 锡的地球化学 . 南京：南京大学出版社，1-320.

陈民苏，刘星辉 . 2000. 郴州芙蓉锡矿田成矿模式及资源总量预测 . 湖南地质，19（1）：43-47.

陈培荣 . 2004. 华南东部中生代岩浆作用的动力学背景及其与铀成矿关系 . 铀矿地质，20（5）：266-270.

陈培荣，章邦桐，张祖还 . 1991. 某些花岗岩型铀矿床成矿热液中的含铀离子和沉淀机理 . 地球化学，（4）：351-358.

陈培荣，章邦桐，孔兴功，等．1998．赣南寨背 A 型花岗岩体的地球化学特征及其构造地质意义．岩石学报，14（3）：289-298.

陈培荣，华仁民，章邦桐，等．2002．南岭燕山早期后造山花岗岩类：岩石学制约和地球动力学背景．中国科学（D 辑），32（4）：279-289.

陈培荣，周新民，张文兰，等．2004．南岭东段燕山早期正长岩-花岗岩杂岩的成因和意义．中国科学：D 辑，34（6）：493-503.

陈一峰．1994．庐枞地区铀成矿规律探讨．铀矿地质，10（4）：193-202.

陈佑纬，毕献武，胡瑞忠，等．2009．贵东复式岩体印支期产铀和非产铀花岗岩地球化学特征对比研究．矿物岩石，29（3）：106-114.

陈毓川（主编）．1999．中国主要成矿区带矿产资源远景评价．北京：地质出版社，1-536.

陈毓川，盛继福，艾永德．1981．梅山铁矿一个矿浆热液矿床．中国地质科学院矿床地质研究所文集，2（1）：25-48.

陈毓川，张荣华，盛继福，等．1982．玢岩铁矿矿化蚀变作用及成矿机理．中国地质科学院矿床地质研究所所刊，（1）：1-29.

陈毓川，裴荣富，张宏良，等．1989．中国地质矿产部地质专报 四：矿床与矿产第 10 号-南岭地区与中生代花岗岩类有关的有色及稀有金属矿床地质．北京：地质出版社．

陈毓川，朱裕生．1993．中国矿床成矿模式．北京：地质出版社，1-367.

陈毓川，毛景文．1995．桂北地区矿床成矿系列和成矿历史演化轨迹．南宁：广西科学技术出版社，1-433.

陈毓川，李兆鼐，毋瑞身．2001．中国金矿床及其成矿规律．北京：地质出版社，1-465.

陈跃辉，陈祖伊，蔡煜琦，等．1996．华东南中新生代伸展构造类型及其主要特征．铀矿地质，1996，12（5）：257-261.

陈跃辉，陈祖伊，蔡煜琦，等．1997．华东南中新生代伸展构造时空演化与铀矿化时空分布．铀矿地质，13（3）：129-139.

陈跃辉，陈祖伊，蔡煜琦，等．1998．华东南中新生代伸展构造与铀成矿作用．北京：原子能出版社，186-235.

陈肇博．1985．显生宙脉型铀矿床成矿理论的几个基本问题．铀矿地质，1（1）：1-16.

陈肇博，谢佑新，万国良，等．1982．华东南中生代火山岩中的铀矿床．地质学报，56（3）：235-243.

陈子龙，彭省临．1994．钨、锡流-熔分配实验结果及其矿床成因意义．地质论评，40（3）：274-282.

陈祖伊，张邻素，陈树崑，等．1983．华南断决运动-陆相红层发育期与区域铀矿化．地质学报，（3）：294-303.

程敏清，王存昌．1989．江西黄沙钨铋石英脉型矿床的找矿矿物学研究．地质与勘探，25（6）：25-28.

程彦博，毛景文，陈懋弘，等．2008．云南个旧锡矿田碱性岩和煌斑岩 LA-ICP-MS 锆石 U-Pb 测年及其地质意义．中国地质，35（6）：1138-1149.

程裕淇，陈毓川，赵一鸣．1979．初论矿床的成矿系列问题．中国地质科学院院报，1（1）：32-58.

迟清华，鄢明才．2007．应用地球化学元素丰度数据手册．北京：地质出版社，1-148.

储国正．2003．铜陵狮子山铜金矿田成矿系统及其找矿意义．中国地质大学博士论文，1-164.

储国正，王训诚，周育才，等．2000．安徽铜陵地区铜金矿化关系及其成因初探．贵金属地质，9（2）：73-77.

川口钨矿，王秋衡．1991．中国钨矿床的成矿系列及其金属元素的带状分布．有色金属（矿山部分），（6）：29-33.

戴橦谟，李正华，许景荣，等．1991．长石类矿物 40Ar-39Ar 坪年龄谱图及地质意义研究．地球化学，（4）：313-320.

邓平，舒良树，谭正中，等．2002．南岭中段中生代构造-岩浆活动与铀成矿序列．铀矿地质，18（5）：257-263.

邓平，舒良树，谭正中．2003a．诸广-贵东大型铀矿聚集区富铀矿成矿地质条件．地质论评，49（5）：486-494.

邓平，沈渭洲，凌洪飞，等．2003b．地幔流体与铀成矿作用：以下庄矿田仙石铀矿床为例．地球化学，32（6）：520-528.

邓平，舒良树，杨明桂，等．2003c．赣江断裂带地质特征及其动力学演化．地质论评，49（2）：113-122.

邓晋福，赵海玲．1990．中国东部新生代上部软流圈性质及变迁历史．中国上地幔特征与动力学论文集．北京：地震出版社，8-13.

邓晋福，叶德隆，赵海岭．1992．下扬子地区火山作用深部过程盆地形成．武汉：中国地质大学出版社，1-184.

邓晋福，赵海玲，莫宣学，等．1996．中国大陆根-柱构造：大陆动力学的钥匙．北京：地址出版社，97.

邓晋福，莫宣学，赵海玲．1999a．中国东部燕山期岩石圈-软流圈系统大灾变与成矿环境．矿床地质，18（4）：309-315.

邓晋福，莫宣学，罗照华，等．1999b．火成岩构造组合与壳-幔成矿系统．地学前缘，6（2）：259-270.

地矿部南岭项目花岗岩专题组．1989．南岭花岗岩地质及其成因和成矿作用．北京：地质出版社，1-471.

丁鹏飞．2001．应用综合信息划分长江中下游地区的构造-岩浆岩带．见：孙文珂著．重点成矿区带的区域构造和成矿构造文集．北京：地质出版社，103-117.

董晨阳，赵葵东，蒋少涌，等．2010．赣南白面石铀矿区花岗岩的锆石年代学、地球化学及成因研究．高校地质学报，

16 (2)：149-160.

董树文，吴锡浩，吴珍汉，等.2000.论东亚大陆的构造翘变-燕山运动的全球意义.地质论评，46 (1)：8-13.

董树文，张岳桥，龙长兴，等.2007.中国侏罗纪构造变革与燕山运动新诠释.地质学报，81 (11)：1449-1461.

杜安道，屈文俊，王登红，等.2007.辉钼矿亚晶粒范围内 Re 和 187Os 的失耦现象.矿床地质，26 (5)：572-580.

杜乐天.1982.花岗岩型铀矿的主要地质规律及成矿模式.花岗岩型铀矿文集，北京：原子能出版社，404.

杜乐天.1986.碱交代作用地球化学原理.中国科学（B 辑），(1)：81-90.

杜乐天.2001.中国热液铀矿基本成矿规律和一般热液成矿学.北京：原子能出版社，1-307.

杜乐天，王玉明.1984.华南花岗岩型、火山岩型、碳硅泥岩型、砂岩型铀矿成矿机理的统一性.放射性地质，(3)：1-10.

段超，周涛发，范裕，等.2009.庐枞盆地龙桥铁矿床中菱铁矿的地质特征和成因意义.矿床地质，28 (5)：643-652.

段超，毛景文，李延河，等.2011.宁芜盆地凹山铁矿床辉长闪长玢岩和花岗闪长斑岩的锆石 U-Pb 年龄及其地质意义.地质学报，85 (7)：1159-1171.

段超，李延河，袁顺达，等.2012.宁芜矿集区凹山铁矿床磁铁矿元素地球化学特征及其对成矿作用的制约.岩石学报，(1)：243-257.

范春方，陈培荣.2000.赣南陂头 A 型花岗岩的地质地球化学特征及其形成的构造环境.地球化学，29 (4)：358-366.

范宏瑞，胡芳芳，杨进辉，等.2005.胶东中生代构造体制转折过程中流体演化和金的大规模成矿.岩石学报，21 (5)：1317-1328.

范洪海，王德滋，沈渭洲，等.2005.江西相山火山-侵入杂岩及中基性脉岩形成时代研究.地质论评，51 (1)：86-91.

范蔚茗，王岳军，郭锋，等.2003.湘赣地区中生代镁铁质岩浆作用与岩石圈伸展.地学前缘，10 (3)：159-169.

范裕，周涛发，袁峰，等.2008.安徽庐江-枞阳地区 A 型花岗岩的 LA-ICP-MS 定年及其地质意义.岩石学报，24 (8)：1715-1724.

范裕，周涛发，袁峰，等.2010.宁芜盆地闪长玢岩的形成时代及对成矿的指示意义.岩石学报，26 (9)：2715-2728.

付建明，马昌前，谢才喜，等.2005.湖南金鸡岭铝质 A 型花岗岩的厘定及构造环境分析.地球化学，34 (3)：215-226.

高凤颖.2004.广东省紫金县铁嶂锡矿床地质特征及成因机制.广东地质，19 (1)：22-29.

顾连兴，徐克勤.1986.论长江中、下游中石炭世海底块状硫化物矿床.地质学报，60 (2)：176-187.

顾晟彦，华仁民，戚华文.2006a.广西姑婆山花岗岩单颗粒锆石 LA-ICP-MS U-Pb 定年及全岩 Sr-Nd 同位素研究.地质学报，80 (4)：543-553.

顾晟彦，华仁民，戚华文.2006b.广西花山姑婆山燕山期花岗岩的地球化学特征及成因研究.岩石矿物学杂志，25 (2)：97-109.

关绍曾，杨忠，薛公为，等.1984.鄂东南灵乡组的时代和侏罗系与白垩系的界线.地质学报，33 (1)：18-26.

广东省地质矿产局.1988.广东省区域地质志.北京：地质出版社.

贵阳地球化学研究所.1979.华南花岗岩类的地球化学.北京：科学出版社，1-421.

郭葆墀，张待时.1995.保源地区碳硅泥岩型铀矿床成因.铀矿地质，11 (5)：266-272.

郭春丽，毛景文，陈毓川.2010.赣南营前岩体的年代学、地球化学、Sr-Nd-Hf 同位素组成及其地质意义.岩石学报，26 (3)：919-937.

郭锋，林源贤，林舸，等.1997.湖南道县辉长岩包体的年代学研究及成因探讨.科学通报，42 (15)：1661-1664.

贺振宇，徐夕生，陈荣，等.2007.赣南中侏罗世正长岩-辉长岩的起源及其地质意义.岩石学报，23 (6)：1457-1469.

洪大卫，谢锡林，张季生.2002.试析杭州-诸广山-花山高 εNd 值花岗岩带的地质意义.地质通报，21 (6)：348-354.

侯建强.1999.宜章界牌岭锡多金属矿床地球化学异常模式.湖南地质，18 (2)：100-106.

侯可军，袁顺达.2010.宁芜盆地火山-次火山岩的锆石 U-Pb 年龄、Hf 同位素组成及其地质意义.岩石学报，26 (3)：888-902.

侯通，张招崇，杜杨松.2010.宁芜南段钟姑矿田的深部矿浆-热液系统.地学前缘，17 (1)：186-194.

侯增谦，潘小菲，杨志明，等.2007.初论大陆环境斑岩铜矿.现代地质.21 (2)：332-351.

胡恭任，章邦桐.1998.赣中变质基底的 Nd 同位素组成和物质来源.岩石矿物学杂志，17 (1)：35-40.

胡建，邱检生，王汝成，等.2006.广东龙窝和白石冈岩体锆石 U-Pb 年代学、黑云母矿物化学及其成岩指示意义.岩石学报，22 (10)：2464-2474.

胡瑞忠.1990.花岗岩型铀矿床一种可能的成矿模式.科学通报，(7)：526-528.

胡瑞忠，金景福.上升热液浸取成矿过程中铀的迁移沉淀机制探讨-以希望铀矿床为例.地质论评，1990，36 (4)：317-325.

胡瑞忠, 李朝阳, 倪师军, 等. 1993. 华南花岗岩型铀矿床成矿热液中 ΣCO_2 来源研究. 中国科学（B辑）, 23（2）: 189-196.

胡瑞忠, 毕献武, 邵树勋, 等. 1997a. 云南马厂箐铜矿床氦同位素组成研究. 科学通报, 42（17）: 1542-1545.

胡瑞忠, 毕献武, Turner G, 等. 1997b. 马厂箐铜矿床黄铁矿流体包裹体 He-Ar 同位素体系. 中国科学（D辑）, 27（6）: 503-508.

胡瑞忠, 钟宏, 叶造军, 等. 1998. 金顶超大型铅-锌矿床氦、氩同位素地球化学. 中国科学（D辑）, 28（3）: 208-213.

胡瑞忠, 毕献武, Turner G, 等. 1999. 哀牢山金矿成矿流体 He 和 Ar 同位素地球化学. 中国科学（D辑）, 29（4）: 321-330.

胡瑞忠, 毕献武, 苏文超, 等. 2004. 华南白垩-第三纪地壳拉张与铀成矿的关系. 地学前缘, 11（1）: 153-160.

胡瑞忠, 毛景文, 范蔚茗, 等. 2010. 华南陆块陆内成矿作用的一些科学问题. 地学前缘, 17（2）: 13-26.

胡文瑄. 1990. 安徽向山南硫铁矿的沉积-喷气沉积与热液叠加改造特征. 矿床地质, 9（4）: 375-384.

胡文瑄, 徐克勤, 胡受奚, 等. 1991. 宁芜和庐枞地区陆相火山喷气沉积-叠加改造型铁硫矿床. 北京: 地质出版社, 1-142.

华仁民. 2005. 南岭中生代陆壳重熔型花岗岩类成岩-成矿的时间差及其地质意义. 地质论评, 51（6）: 633-639.

华仁民, 毛景文. 1999. 试论中国东部中生代成矿大爆发. 矿床地质, 18（4）: 300-308.

华仁民, 朱金初, 赵一英, 等. 1997. 右江褶皱带有色金属矿床成矿系列初步研究. 高校地质学报, 3（2）: 183-191.

华仁民, 陈培荣, 张文兰, 等. 2003. 华南中、新生代与花岗岩类有关的成矿系统. 中国科学（D辑: 地球科学）, 33（4）: 335-343.

华仁民, 陈培荣, 张文兰, 等. 2005a. 南岭与中生代花岗岩类有关的成矿作用及其大地构造背景. 高校地质学报, 11（3）: 291-304.

华仁民, 陈培荣, 张文兰, 等. 2005b. 论华南地区中生代 3 次大规模成矿作用. 矿床地质, 24（2）: 99-107.

华仁民, 陈培荣, 张文兰, 等. 2006. 华南中生代花岗岩类及其成矿作用的大地构造背景. 见: 陈骏主编, 地质与地球化学研究进展. 南京: 南京大学出版社, 198-206.

华仁民, 张文兰, 顾晟彦, 等. 2007. 南岭稀土花岗岩、钨锡花岗岩及其成矿作用的对比. 岩石学报, 23（10）: 2321-2328.

华仁民, 张文兰, 李光来, 等. 2008. 南岭地区钨矿床共（伴）生金属特征及其地质意义初探. 高校地质学报, 14（4）: 527-538.

华仁民, 李光来, 张文兰, 等. 2010. 华南钨和锡大规模成矿作用的差异及其原因初探. 矿床地质, 29（1）: 9-23.

华仁民, 王登红. 2012. 关于花岗岩与成矿作用若干基本问题的再认识. 矿床地质, 31（1）: 165-175.

黄典豪, 吴澄宇, 韩久竹. 1993. 江西足洞和关西花岗岩的岩石学、稀土元素地球化学及成岩机制. 中国地质科学院院报, 第 27-28 号: 69-89.

黄革非, 曾钦旺, 魏绍六, 等. 2001. 湖南骑田岭芙蓉矿田锡矿地质特征及控矿因素初步分析. 中国地质, 28（10）: 30-34.

黄革非, 龚述清, 蒋希伟, 等. 2003. 湘南骑田岭锡矿成矿规律探讨. 地质通报, 22（6）: 445-451.

黄会清, 李献华, 李武显, 等. 2008. 南岭大东山花岗岩的形成时代与成因: 锆石 SHRIMP U-Pb 年龄, 元素和 Sr-Nd-Hf 同位素地球化学. 高校地质学报, 14（3）: 317-333.

黄清涛. 1984. 论罗河铁矿地质特征及矿床成因. 矿床地质, 3（4）: 9-19.

黄顺生, 徐兆文, 倪培. 2003. 安徽铜陵冬瓜山热液叠加改造型铜矿床流体包裹体地球化学特征. 地质找矿论丛, 18（1）: 34-38.

黄萱, 孙世华, Depaolo D, 等. 1986. 福建省白垩纪岩浆岩 Nd, Sr 同位素研究. 岩石学报, 2（2）: 53-63.

黄萱, Depaolo D. 1989. 华南古生代花岗岩 Nd, Sr 同位素研究及会南基底. 岩石学报, 5（1）: 28-36.

季强, 柳永清, 姬书安, 等. 2006. 论中国陆相侏罗-白垩系界线. 地质通报, 26（3）: 24-27.

贾大成, 胡瑞忠, 赵军红, 等. 2003. 湘东北中生代望湘花岗岩体岩石地球化学特征及其构造环境. 地质学报, 77（1）: 98-103.

江苏省地质调查院. 2010. 江苏省南京市梅山铁矿核查区资源储量核查报告.

江西省地质矿产局. 1989. 江西省区域地质志. 北京: 地质出版社.

蒋其胜, 赵自宏, 黄建满. 2008. 安徽南陵姚家岭铜铅锌矿床的发现及其意义. 中国地质, 35（2）: 314-321.

蒋少涌, 赵葵东, 姜耀辉, 等. 2006. 华南与花岗岩有关的一种新类型的锡成矿作用: 矿物化学、元素和同位素地球化学证据. 岩石学报, 20（10）: 2509-2516.

蒋少涌, 李亮, 朱碧, 等. 2008a. 江西武山铜矿区花岗闪长斑岩的地球化学和 Sr-Nd-Hf 同位素组成及成因探讨. 岩石学报, 24（8）: 1679-1690.

蒋少涌, 赵葵东, 姜耀辉, 等. 2008b. 十杭带湘南-桂北段中生代 A 型花岗岩带成岩成矿特征及成因讨论. 高校地质学报, 14 (4): 496-509.

金景福, 胡瑞忠. 1987. 302 矿床成矿热液中铀的迁移和沉淀. 地球化学, (4): 320-329.

金景福, 倪师军, 胡瑞忠. 1992. 302 铀矿床热液脉体的垂直分带及其成因探讨. 矿床地质, 11 (3): 252-258.

康永孚, 李崇佑. 1991. 中国钨矿床地质特征类型及其分布. 矿床地质, 10 (1): 19-26.

赖绍聪, 伊海生, 刘池阳, O' Reilly S Y. 2002. 青藏高原北羌塘新生代火山岩黑云母地球化学及其岩石学意义. 自然科学进展, 12 (3): 311-314.

李红艳, 毛景文, 孙亚利, 等. 1996. 柿竹园钨多金属矿床的 Re-Os 同位素等时线年龄研究. 地质论评, 42 (3): 261-267.

李红阳, 杨竹森, 蒙义峰, 等. 2004. 铜陵矿集区块状硫化物矿床地质特征. 矿床地质, 23 (3): 327-333.

李鸿莉, 毕献武, 胡瑞忠, 等. 2007. 芙蓉锡矿田骑田岭花岗岩黑云母矿物化学组成及其对锡成矿的指示意义. 岩石学报, 23 (10): 2605-2614.

李杰维, 龙耀坤, 卢方全. 2005. 广东江门地区风化壳型稀土矿床成因探讨. 西部探矿工程, 113 (9): 101-104.

李锦轶. 2001. 中朝地块与扬子地块碰撞的时限与方式-长江中下游地区震旦纪-侏罗纪沉积环境的演变. 地质学报, 75 (1): 25-34.

李进文, 裴荣富, 梅燕雄, 等. 2006. 安徽铜陵狮子山铜 (金) 矿田成矿流体地球化学特征. 矿床地质, 25 (4): 427-437.

李萌清, 魏家秀, 周兴汉, 等. 1979. 某玢岩铁矿床中气液包裹体特征和成矿温度. 地质学报, (1): 50-60.

李水如, 王登红, 梁婷, 等. 2008. 广西大明山钨矿区成矿时代及其找矿前景分析. 地质学报, 82 (7): 873-879.

李桃叶, 刘家齐. 2005. 湘南骑田岭芙蓉锡矿田流体包裹体特征和成分. 华南地质与矿产, (3): 44-49.

李献华. 1990. 诸广山岩体内中基性岩脉的成因初探: Sr-Nd-O 同位素证据. 科学通报, (16): 1247-1249.

李献华, 胡瑞忠, 饶冰. 1997. 粤北白垩纪基性岩脉的年代学和地球化学. 地球化学, 26 (2): 19-21.

李献华, 周汉文, 刘颖, 等. 1999. 桂东南钾玄质侵入岩带及其岩石学和地球化学特征. 科学通报, 44 (18): 1992-1998.

李献华, 周汉文, 刘颖, 等. 2000. 粤西阳春中生代钾玄质侵入岩及其构造意义: Ⅰ. 岩石学和同位素地质年代学. 地球化学, 29 (6): 513-520.

李献华, 周汉文, 刘颖, 等. 2001. 粤西阳春中生代钾玄质侵入岩及其构造意义: Ⅱ. 微量元素和 Sr-Nd 同位素地球. 地球化学, 30 (1): 57-65.

李献华, 李武显, 李正祥. 2007. 再论南岭燕山早期花岗岩的成因类型与构造意义. 科学通报, 52 (9): 981-991.

李献华, 李武显, 王选策, 等. 2009. 幔源岩浆在南岭燕山早期花岗岩形成中的作用: 锆石 Hf-O 同位素制约. 中国科学 (D 辑: 地球科学), 39 (7): 872-887.

李晓敏. 2005. 湘南地区与 A 型花岗岩有关的锡矿床成矿作用研究-以芙蓉锡矿田为例. 博士后出站报告, 贵阳: 中国科学院地球化学研究所.

李耀菘. 1995. 中国铀矿床同位素地球化学特征. 中国核科技报告, (S2): 35-36.

李毅, 杨佑. 1991. 茅坪钨锡矿床基本地质特征. 矿产和地质, 5 (4): 284-292.

李兆丽. 2006. 锡成矿与 A 型花岗岩关系的地球化学研究-以湖南芙蓉锡矿田为例. 博士学位论文, 贵阳: 中国科学院地球化学研究所.

李兆鼐, 权恒, 李之彤, 等. 2003. 中国东部中、新生代火成岩及其深部过程. 北京: 地质出版社, 1-357.

李子颖. 2005. 华南中生代热点作用与铀成矿. 火山作用与地球层圈演化-全国第四次火山学术研讨会论文摘要集.

梁祥济. 1994. 钙铝-钙铁系列石榴石的特征及其交代机理. 岩石矿物学杂志, 13 (4): 342-352.

林文蔚, 彭丽君. 1994. 由电子探针分析数据估算角闪石、黑云母中的 Fe^{3+}、Fe^{2+}. 长春地质学院学报, 24 (2): 155-162.

林祥铿. 1990. 赣杭构造带若干铀矿床的同位素年龄研究及铀源初探. 铀矿地质, 6 (5): 257-265.

凌洪飞, 刘继顺. 1992. 江西修水地区震旦纪前后沉积岩的 Nd 同位素组成和物质来源. 岩石学报, 8 (2): 190-194.

凌洪飞. 2011. 论花岗岩型铀矿床热液来源-来自氧逸度条件的制约. 地质论评, 57 (2): 193-206.

刘昌实, 朱金初. 1989. 华南四种成因类型花岗岩类岩石化学特征对比. 岩石学报, 5 (2): 38-48.

刘昌实, 陈小明, 陈培荣, 等. 2003. A 型岩套的分类、判别标志和成因. 高校地质学报, 9 (4): 573-592.

刘昌实, 陈小明, 王汝成, 等. 2005. 下地壳部分熔融的产物: 燕山早期广东腊圃花岗岩成因. 高校地质学报, 11 (3): 343-357.

刘昌涛. 1994. 安徽庐枞盆地硫铁矿床地质特征及控矿因素. 化工矿产地质, 16 (3): 163-171.

刘洪, 邱检生, 罗清华, 等. 2002. 安徽庐枞中生代富钾火山岩成因的地球化学制约. 地球化学, 31 (2): 129-140.

刘家远，喻亨祥，吴郭泉．1997．新疆北部卡拉麦里富碱花岗岩带的碱性花岗岩与锡矿．有色金属矿产与勘查，6（3）：128-135.

刘金辉，李学礼．2001．下庄铀成矿古水热系统排泄区（减压区）铀成矿作用研究．矿床地质，20（3）：259-264.

刘善宝，王登红，陈毓川，等．2008．赣南崇-大余-上犹矿集区不同类型含矿石英中白云母 Ar/Ar 年龄及其地质意义．地质学报，82（7）：932-940.

刘树生，曾志方，赵永鑫．2007．湖南道县大坳岩体型钨锡矿床地质特征与成因探讨．中国地质，34（4）：657-667.

刘铁生．2002．大义山矿田岩体型锡矿地质特征及矿床成因．中国地质，29（4）：411-415.

刘文灿，高德臻，储国正．1996．安徽铜陵地区构造变形分析及成矿预测．北京：地质出版社，1-131.

刘湘培．1989．长江中下游地区矿床系列和成矿模式．地质论评，35（5）：398-408.

刘晓妮，孔繁河，杨培，等．2009．鄂东南小岩体分布及其基本特征．资源环境与工程，23（4）：390-395.

刘义茂，王昌烈，胥友志，等．2000．柿竹园超大型钨多金属矿床的成因特征、成矿作用与成矿模式．见：涂光炽等，中国超大型矿床（Ⅰ）．北京：科学出版社，27-48.

刘英俊，李兆麟，马东升．1982．华南含钨建造的地球化学研究．中国科学（B辑），（10）：939-950.

刘英俊，曹励明，李兆麟，等．1984．元素地球化学．北京：科学出版社，1-548.

刘玉山，陈淑卿．1986．锡石溶解度和锡迁移形式的实验研究．地质学报，60（1）：78-88.

柳少波，王联魁．1998．莲花山斑岩型钨-金矿床蚀变矿化过程中元素迁移定量研究．地质科学，33（1）：102-114.

卢冰，胡受奚，蔺雨时，等．1990．宁芜型铁矿床成因和成矿模式的探讨．矿床地质，9（1）：13-25.

卢华复．2006．关于华夏古陆．高校地质学报，12（4）：413-417.

卢焕章．1990．流体熔融包裹体．地球化学，（3）：225-229.

卢焕章，范宏瑞，倪培，等．2004．流体包裹体．北京：科学出版社，1-487.

卢武长，王玉生．1990．福建570铀矿床的同位素地质特征．成都地质学院学报，17（1）：85-93.

卢欣祥，尉向东，肖庆辉，等．1999．秦岭环斑花岗岩的年代学研究及其意义．高校地质学报，15（4）：372-377.

陆三明．2007．安徽铜陵狮子山铜金矿田岩浆作用与流体成矿．合肥工业大学博士学位论文，1-179.

罗春林，刘春根，谢明明．2003．赣南早元古代中深变质岩地层时代及构造意义．资源调查与环境，24（4）：244-250.

罗君烈．1995．滇东南锡、钨、铅锌、银矿床的成矿模式．云南地质，14（4）：319-332.

罗庆超．1993．粤东厚婆坳银锡铅锌矿床成矿地质特征及找矿方向．广东有色金属地质，2：1-7.

吕莹，李洪桂．2005．合理利用我国高钼钨精矿．中国钨业，20（5）：15-16.

马昌前，杨坤光，唐仲华，等．1994．花岗岩类岩浆动力学-理论方法及鄂东花岗岩类例析．武汉：中国地质大学出版社，1-260.

马芳，蒋少涌，姜耀辉，等．2006a．宁芜地区玢岩铁矿 Pb 同位素研究．地质学报，80（2）：279-286.

马芳，蒋少涌，姜耀辉，等．2006b．宁芜盆地凹山和东山铁矿床流体包裹体和氢氧同位素研究．岩石学报，22（10）：2581-2589.

马芳，蒋少涌，薛怀民．2010．宁芜盆地凹山和东山铁矿床中阳起石的激光 ^{40}Ar-^{39}Ar 年代学研究．矿床地质，29（2）：283-289.

马钢集团南山矿业有限责任公司．2009a．安徽省马鞍山市凹山铁矿床资源储量核实报告，1-97.

马钢集团南山矿业有限责任公司．2009b．安徽省马鞍山高村铁矿资源储量核实报告，1-74.

马鸿文．2001．结晶岩热力学概论．北京：高等教育出版社，1-297.

马杏垣，刘和甫，王维襄，王一鹏．1983．中国东部中、新生代裂陷作用和伸展构造．地质学报，57（1）：22-32.

马秀娟．1995．长埔锡矿床成矿流体性质与演化．地球学报，（4）：386-396.

马振东，陈颖军．2000．华南扬子与华夏陆块古-中元古代基底地壳微量元素地球化学示踪探讨．地球化学，29（6）：525-531.

满发胜，白玉珍，倪守斌，等．1983．莲花山钨矿床同位素地质学初步研究．矿床地质，4（4）：35-42.

毛建仁，苏郁香，陈三元，等．1990．长江中下游中酸性侵入岩与成矿．北京：地质出版社，1-191.

毛景文，李红艳，宋学信，等．1998．湖南柿竹园钨锡钼铋多金属矿床地质与地球化学．北京：地质出版社，1-215.

毛景文，华仁民，李晓波．1999．浅议大规模成矿作用与大型矿集区．矿床地质，18（4）：291-299.

毛景文，李晓峰，张作衡，等．2003a．中国东部中生代浅成热液金矿的类型、特征及其地球动力学背景．高校地质学报，9（4）：620-637.

毛景文，张作衡，余金杰，等．2003b．华北及邻区中生代大规模成矿的地球动力学-背景：从金属矿床年龄精测得到启示．中国科学（D辑），33（4）：289-299.

毛景文，Stein H，杜安道，等．2004a．长江中下游地区铜金矿 Re-Os 年龄精测及其对成矿作用的指示．地质学报，78（1）：121-131.

毛景文，谢桂青，李晓峰，等．2004b．华南地区中生代大规模成矿作用与岩石圈多阶段伸展．地学前缘，11（1）：45-55.

毛景文，谢桂青，张作衡，等．2005．中国北方中生代大规模成矿作用的期次及其地球动力学背景．岩石学报，21（1）：169-188.

毛景文，胡瑞忠，陈毓川，等．2006．大规模成矿作用与大型矿集区．北京：地质出版社，1-1030.

毛景文，谢桂青，郭春丽，等．2007．南岭地区大规模钨锡多金属成矿作用：成矿时限及地球动力学背景．岩石学报，23（10）：2329-2338.

毛景文，谢桂青，郭春丽，等．2008．华南地区中生代主要金属矿床时空分布规律和成矿环境．高校地质学报，14（4）：510-526.

毛景文，邵拥军，谢桂青，等．2009a．长江中下游成矿带铜陵矿集区铜多金属矿床模型．矿床地质，28（2）：109-119.

毛景文，谢桂青，程彦博，等．2009b．华南地区中生代主要金属矿床模型．地质论评，55（3）：347-354.

毛景文，段超，刘佳林，等．2012．陆相火山-侵入岩有关的铁多金属成矿作用及矿床模型-以长江中下游为例．岩石学报，28（1）：1-14.

毛政利，赖健清，彭省临，等．2004．安徽铜陵凤凰山铜矿床地球化学特征及其意义．地质与勘探，40（2）：28-31.

梅燕雄，毛景文，李进文，等．2005．安徽铜陵大团山铜矿床层状矽卡岩矿体中辉钼矿 Re-Os 年龄测定及其地质意义．地球学报，26（4）：327-331.

蒙义峰，杨竹森，曾普胜，等．2004．铜陵矿集区成矿流体系统时限的初步厘定．矿床地质，23（3）：271-280.

孟宪民．1963．矿床分类与找矿方向，矿床分类与成矿作用．北京：科学出版社，1-18.

闵茂中，孔令福，张祖还，等．1987．3701铀矿床地质特征及其热液叠加改造成矿作用．矿床地质，6（4）：72-80.

莫柱孙，叶伯丹，等．1980．南岭花岗岩地质学．北京：地质出版社，1-363.

莫柱孙．1985．试论南岭花岗岩的地质环境分类．大地构造与成矿学，9（1）：1-8.

南京大学地质学系．1981．华南不同时代花岗岩类及其与成矿关系．北京：科学出版社，1-395.

倪若水，吴其切，汪祥云，等．1994．安徽庐江龙桥矿层新资料及成矿作用多阶段演化模式．地质论评，40（6）：565-575.

倪若水，吴其初，岳文浙，等．1998．长江中下游中生代陆相盆演化与成矿作用．上海：上海科学技术文献出版社，1-118.

宁芜地区铁（铜）矿床项目研究报告编委会．1976．宁芜火山岩地区铁矿成矿规律、找矿标志、找矿方向及找矿方法．（1）：1-70.

宁芜研究项目编写小组．1978．宁芜玢岩铁矿．北京：地质出版社，1-196.

彭聪，赵一鸣．1998．中国东部含金矽卡岩矿床分布规律与深部地球物理背景研究．物探与化探，22（3）：175-182.

彭建堂，胡瑞忠．2001．湘中锡矿山超大型锑矿床的碳、氧同位素体系．地质论评，47（1）：34-41.

彭建堂，胡瑞忠，毕献武，等．2007．湖南芙蓉锡矿床 $^{40}Ar/^{39}Ar$ 同位素年龄及地质意义．矿床地质，26（3）：237-248.

戚华文，胡瑞忠．2000．华南花岗岩浆期后热液与铀成矿热液的初步对比．矿物学报，20（4）：401-405.

戚建中．1990．中国东南燕山期内生金属成矿地动力背景探讨．资源勘查与环境，11（4）：1-15.

戚建中，刘红樱，姜耀辉．2000．中国东部燕山期俯冲走滑体制及其对成矿定位的控制．火山地质与矿产，21（4）：244-265.

戚长谋．1991．元素地球化学分类探讨．长春地质学院学报，21（4）：361-365.

祁昌实，邓希光，李武显，等．2007．桂东南大容山-十万大山 S 型花岗岩带的成因：地球化学及 Sr-Nd-Hf 同位素制约．岩石学报，23（2）：403-412.

秦葆瑚．1991．台湾-四川黑水地学大断面所揭示的湖南深部构造．湖南地质，10（2）：89-96.

邱华宁，彭良．1997．^{40}Ar-^{39}Ar 年代学与流体包裹体定年．合肥：中国科学技术大学出版社，1-242.

邱家骧，林景仟．1991．岩石化学．北京：地质出版社，1-276.

邱检生，McInnes B I A，徐夕生，Allen C M．2004．赣南大吉山五里亭岩体的锆石 ELA-ICP-MS 定年及其与钨成矿关系的新认识．地质论评，50（2）：125-133.

邱检生，胡建，王孝磊，等．2005．广东河源白石冈岩体：一个高分异的 I 型花岗岩．地质学报，79（4）：503-514

曲晓明，侯增谦，周书贵，等．2002．川西连龙含锡花岗岩的时代与形成构造环境．地球学报，23（3）：223-228.

任纪舜．1990．论中国南部的大地构造．地质学报，64（4）：275-288.

任纪舜，肖黎薇．2001．中国大地构造与地层区划．地层学杂志，25（增刊）：361-369．

任纪舜，牛宝贵，和政军．1997．中国东部的构造格局和动力演化．地学研究，6（29-30）：43-55．

任纪舜，王作勋，陈炳蔚．1999．从全球看中国大地构造-中国及邻区大地构造图及简要说明．北京：地质出版社，33．

任启江，刘孝善，徐兆文，等．1991．安徽庐枞中生代火山构造洼地及其成矿作用．北京：地质出版社，1-206．

商朋强．2007．岩石圈伸展对粤北下庄矿田铀成矿的制约机制研究．中国科学院地球化学研究所博士学位论文．

商朋强，胡瑞忠，毕献武，等．2006．花岗岩型热液铀矿床 C，O 同位素研究-以粤北下庄铀矿田为例．矿物岩石，26（3）：71-76．

邵拥军，彭省临，刘亮明，等．2003．凤凰山矿田成矿地质条件和控矿因素分析．中南工业大学学报（自然科学版），34（5）：562-566．

沈锋，陈然志，李方．1995．华南相山铀矿田成矿条件及发展前景．铀矿地质，11（5）：259-265．

沈敢富．1992．银岩锡矿成岩、成矿机理新探．地球化学，4：346-353．

沈渭洲，朱金初，刘昌实，等．1993．华南基底变质岩的 Sm-Nd 同位素及其对花岗岩类物质来源的制约．岩石学报，（2）：115-124．

史明魁，熊成云，贾德裕．1993．湘桂粤赣地区有色金属隐伏矿床综合预测．北京：地质出版社，1-133．

舒良树．2012．华南构造演化的基本特征．地质通报，31（7）：1035-1053．

舒良树，王德滋．2006．北美西部与中国东南部盆岭构造对比研究．高校地质学报，12（001）：1-13．

舒良树，王德滋，沈渭洲．2000．江西武功山中生代变质核杂岩的花岗岩类 Nd-Sm 同位素研究．南京大学学报（自然科学），36（3）：306-311．

舒全安，陈培良，程建荣，等．1992．鄂东铁铜矿产地质．北京：冶金工业出版社，1-532．

双燕，毕献武，胡瑞忠，等．2006．芙蓉锡矿方解石稀土元素地球化学特征及其对成矿流体来源的指示．矿物岩石，26（2）：57-65．

双燕，毕献武，胡瑞忠，等．2009．湘南芙蓉锡多金属矿床成矿流体地球化学．岩石学报，25（10）：2588-2600．

宋慈安．1996．广西钨锡矿田地球化学异常特征及预测模式．桂林工学院学报，16（4）：353-361．

宋云华，沈丽璞．1986．酸性火山岩类风化壳中稀土元素的地球化学实验研究．地球化学，（3）：225-234．

苏良赫．1984．液相不共熔在岩石学及矿床学中的重要性．地球科学，（1）：1-13．

苏咏梅．2008．湖南郴县野鸡尾锡多金属矿床地质特征及成矿规律．四川地质学报，28（1）：18-23．

孙丰月，石准立，冯本智．1995．胶东金矿地质及幔源 C-H-O 流体分异成岩成矿．长春：吉林人民出版社，1-170．

孙恭安，史明魁，张宏良．1985．大吉山花岗岩体岩石学、地球化学及成矿作用的研究．南岭地质矿产报告集（2）．武汉：中国地质大学出版社，326-363．

孙景贵，胡受奚，凌洪飞．2000．胶东金矿区高钾-钾质脉岩地球化学与俯冲-壳幔作用研究．岩石学报，16（3）：401-412．

孙景贵，胡受奚，沈昆，等．2001．胶东金矿区矿田体系中基性-中酸性脉岩的碳、氧同位素地球化学研究．岩石矿物学杂志，20（1）：47-56．

孙涛．2006．新编华南花岗岩分布图及其说明．地质通报，25（3）：332-337．

孙涛，周新民，陈培荣，等．2003．南岭东段中生代强过铝花岗岩成因及其大地构造意义．中国科学（D 辑），33（12）：1209-1218．

孙文珂，黄崇轲，丁鹏飞，等．2001．应用物探资料研究：重点成矿区带的区域构造和成矿构造文集．北京，地质出版社，1-137．

孙晓猛，刘永江，孙庆春，等．2008．敦密断裂带走滑运动的 40Ar/39Ar 年代学证据．吉林大学学报（地球科学版），38（6）：965-972．

孙占学．2004．相山铀矿田铀源的地球化学证据．矿物学报，24（1）：19-24．

孙志富．1981．某花岗岩中分散晶质铀矿成因及其成矿意义．放射性地质，（2）：118-123．

覃宗光，姚锦其．2008．广西栗木锡-铌-钽矿床中氟的作用及地表找矿评价标志．矿产与地质，22（1）：1-5．

谭忠福，林玉石，汤吉方，等．1980．鄂东南地区铁（铜）矿床的构造控制规律及其隐伏矿床的预测问题．中国地质科学院院报，宜昌地质矿产研究所分刊，1（2）：1-31．

唐群力．2003．硅酸盐熔体-流体共存体系中的 Cu 分配系数的实验研究．贵阳：中国科学院地球化学研究所．

唐永成，吴言昌，储国正，等．1998．安徽沿江地区铜金多金属矿床地质．北京：地质出版社，1-351．

田世洪，丁悌平，侯增谦，等．2005．安徽铜陵小铜官山铜矿床稀土元素和稳定同位素地球化学研究．中国地质，32（4）：604-613．

童潜明, 李荣清, 张建新. 2000. 郴临深大断裂带及其两侧的岩浆岩特征. 华南地质与矿产, (3): 8-16.

涂伟, 杜杨松, 李顺庭, 等. 2010. 宁芜盆地蒋庙橄榄辉长岩的岩相学和矿物学特征及其构造意义. 矿物岩石, 30 (1): 47-52.

汪帮勤, 黄定堂, 李新芝, 等. 2004. 下桐岭钨多金属矿床地质特征及成矿作用. 中国钨业, 19 (6): 25-29.

汪雄武, 王晓地, 刘家齐, 等. 2004. 湖南骑田岭花岗岩与锡成矿的关系. 地质科技情报, 23 (2): 1-12.

王德滋, 刘昌实, 沈渭州, 等. 1993. 江西岩背斑岩锡矿区火山-侵入杂岩. 南京大学学报 (自然科学版), 29 (4): 638-650.

王德滋, 任启江, 邱检生, 等. 1996. 中国东部橄榄安粗岩省的火山岩特征及其成矿作用. 地质学报, 70 (1): 23-34.

王德滋, 周新民, 等. 2002. 中国东南部晚中生代花岗质火山-侵入杂岩成因与地壳演化. 北京: 科学出版社, 1-295.

王德滋, 沈渭洲. 2003. 中国东南部花岗岩成因与地壳演化. 地学前缘, 10 (3): 209-220.

王德滋, 周金城. 2005. 大火成岩省研究新进展. 高校地质学报, 11 (1): 1-8.

王剑锋. 1992. 浙西北火山岩型铀矿床的成矿条件及成矿规律研究. 铀矿地质, 8 (4): 200-208.

王驹. 1994. 碳硅泥岩型金 (铀) 矿床成矿富集地球化学. 北京: 原子能出版社, 1-136.

王磊, 胡明安, 张旺生, 等. 2009. 鄂东南程潮铁矿构造控矿特征及找矿方向. 金属矿山, 394 (4): 74-77.

王丽娟, 于津海, O'Reilly, S. 2008. 华夏南部可能存在 Grenville 期造山作用: 来自基底变质岩中锆石 U-Pb 定年及 Lu-Hf 同位素信息. 科学通报, 53 (14): 1680-1692.

王联魁, 刘铁庚. 1987. 华南花岗岩铀矿 H、O、S、Pb 同位素研究. 地球化学, (1): 67-78.

王联魁, 黄智龙. 2000. Li-F 花岗岩液态分离与实验. 北京: 科学出版社, 280.

王明太, 罗毅, 孙志富, 等. 1999. 诸广铀成矿区矿床成因探讨. 铀矿地质, 15 (5): 24-30.

王强, 赵振华, 熊小林, 等. 2001. 底侵玄武质下地壳的熔融: 来自安徽沙溪 adakite 质富钠石英闪长玢岩的证据. 地球化学, 30 (4): 353-362.

王强, 赵振华, 许继峰, 等. 2002. 扬子地块东部燕山期埃达克质 (adakite-like) 岩与成矿. 中国科学 (D 辑: 地球科学), 32 (S1): 127-136.

王强, 赵振华, 简平, 等. 2005. 华南腹地白垩纪 A 型花岗岩类或碱性侵入岩年代学及其对华南晚中生代构造演化的制约. 岩石学报, 21 (3): 795-808.

王团华, 毛景文, 王彦斌. 2008. 小秦岭-熊耳山地区岩墙锆石 SHRIMP 年代学研究-秦岭造山带岩石圈拆沉的证据. 岩石学报, 24 (6): 1273-1287.

王彦斌, 刘敦一, 曾普胜, 等. 2004a. 铜陵地区小铜官山石英闪长岩锆石 SHRIMP 的 U-Pb 年龄及其成因指示. 岩石矿物学杂志, 23 (4): 289-304.

王彦斌, 刘敦一, 曾普胜, 等. 2004b. 安徽铜陵新桥铜-硫-铁-金矿床中石英闪长岩和辉绿岩锆石 SHRIMP 年代学及其意义. 中国地质, 31 (2): 169-173.

王彦斌, 刘敦一, 曾普胜, 等. 2004c. 安徽铜陵地区幔源岩浆底侵作用的时代-朝山辉石闪长岩锆石 SHRIMP 定年. 地球学报, 25 (4): 423-427.

王永基. 2007. 中国铁矿勘查回顾. 江苏地质, 31 (3): 161-164.

王玉荣, Haselton T, Aruscavage P. 1986. 锡在花岗岩熔体相及水热流体相中的分配实验研究. 地球化学研究所年报. 贵阳: 贵州人民出版社.

王玉生, 李文君. 1995. 华南东部中新生代火山岩型铀成矿规律、勘查模式及找矿远景. 铀矿地质, 11 (3): 140-146.

王元龙, 张旗, 王焰. 2001. 宁芜火山岩的地球化学特征及其意义. 岩石学报, 17 (4): 565-575.

王岳军, 范蔚茗, 郭锋, 等. 2001. 湘东南中生代花岗闪长岩锆石 U-Pb 法定年及其成因指示. 中国科学 (D 辑), 31 (9): 745-751.

王岳军, Zhang Y H, 范蔚茗, 等. 2002. 湖南印支期过铝质花岗岩的形成: 岩浆底侵与地壳加厚热效应的数值模拟. 中国科学 (D 辑), 32 (6): 491-499.

王岳军, 廖超林, 范蔚茗, 等. 2004. 赣中地区早中生代 OIB 碱性玄武岩的厘定及构造意义. 地球化学, 33 (2): 109-117.

卫成治, 何定国. 2009. 安徽省枞阳县王庄地区铜矿地质特征及成因研究. 安徽地质, 19 (1): 35-38.

魏绍六, 曾钦旺, 许以明, 等. 2002. 湖南骑田岭地区锡矿床特征及找矿前景. 中国地质, 29 (1): 67-75.

魏燕平, 张冠华. 1999. 安徽庐江龙桥铁矿火山成矿特征. 安徽地质, 9 (2): 108-114.

魏震洋, 于津海, 王丽娟, 等. 2009. 南岭地区新元古代变质沉积岩的地球化学特征及构造意义. 地球化学, 38 (1): 1-19.

巫全淮, 王华田, 张纯苏, 等. 1983. 大鲍庄和罗河铁矿区硫同位素特征及其成因的探讨. 矿床地质, 2 (4): 26-34.

吴澄宇，黄典豪，郭中勋．1989．江西龙南地区花岗岩风化壳中稀土元素的地球化学研究．地质学报，（4）：349-362．

吴福元，李献华，郑永飞，等．2007．Lu-Hf同位素体系及其岩石学应用．岩石学报，23（2）：185-220．

吴淦国，张达，狄永军，等．2008．铜陵矿集区侵入岩SHRIMP锆石U-Pb年龄及其深部动力学背景．地球科学，38（5）：630-645．

吴郭泉．1994．新疆贝勒库都克锡矿带含锡花岗岩稀土元素特征及成因．桂林冶金地质学院学报，14（3）：264-274．

吴浩若，邝国敦，咸向阳．1994．桂南晚古生代放射虫硅质岩及广西古特提斯的初步探讨．科学通报，39（9）：809-812．

吴明安，张千明，汪祥云，等．1996．安徽庐江龙桥铁矿．北京：地质出版社，1-172．

吴明安，侯明金，赵文广．2007．安徽省庐枞地区成矿规律及找矿方向．资源调查与环境，28（4）：269-277．

吴明安，汪青松，郑光文，等．2011．安徽庐江泥河铁矿的发现及意义．地质学报，85（5）：802-809．

吴寿宁．2006．湖南郴州荷花坪锡多金属矿床地质特征．矿产与地质，20（1）：43-46．

吴锁平，王梅英，戚开静．2007．A型花岗岩研究现状及其评述．岩石矿物学杂志，26（1）：57-66．

吴永乐，梅勇文，刘鹏程．1987．西华山钨矿地质．北京：地质出版社，318

吴长年，任启江，阮惠础，等．1993．安徽庐枞盆地何家小岭黄铁矿床特征和成因研究．大地构造与成矿学，17（3）：229-237．

伍光英，潘忠芳，侯增谦，等．2005．湖南大义山锡多金属矿田矿体分布规律、控矿因素及找矿方向．地质与勘探，41（2）：6-11．

伍光英，侯增谦，肖庆辉，等．2008．湘南多金属矿集区燕山期成矿花岗岩的稀土地球化学特征和成岩成矿作用探讨．中国地质，35（3）：410-420．

伍式崇，洪庆辉，龙伟平，等．2009．湖南锡田钨锡多金属矿床成矿地质特征及成矿模式．华南地质与矿产，（2）：1-6．

向绩熙．1959．凹山、大东山铁矿床的地质特征．地质论评，（5）：195-200．

向磊，舒良树．2010．华南东段前泥盆纪构造演化：来自碎屑锆石的证据．中国科学（地球科学），40（10）：1377-1388．

肖剑，王勇，洪应龙，等．2009．西华山钨矿花岗岩地球化学特征及与钨成矿的关系．东华理工大学学报（自然科学版），32（1）：22-33．

肖新建，顾连兴，倪培．2002．安徽铜陵狮子山铜金矿床流体多次沸腾及其与成矿的关系．中国科学（D辑），32（3）：199-206．

谢窦克，马荣生，张禹慎．1996．华南大陆地壳生长过程与地幔柱构造．北京：地质出版社，174-182．

谢窦克，周宇章，张开华，等．2006．华南前寒武系基底变质杂岩高温高压下的波速特征及地壳结构．地球物理学进展，21（1）：107-117．

谢桂青，胡瑞忠，贾大成．2002．赣西北基性岩脉的地质地球化学特征及其意义．地球化学，31（4）：329-337．

谢桂青，毛景文，胡瑞忠，等．2005．中国东南部中-新生代地球动力学背景若干问题的探讨．地质论评，51（6）：613-620．

谢桂青，毛景文，李瑞玲，等．2008．鄂东南地区大型夕卡岩型铁矿床金云母40Ar-39Ar同位素年龄及其构造背景初探．岩石学报，24（8）：1917-1927．

谢桂青，朱乔乔，姚磊，等．2013．鄂东南地区晚中生代铜铁金多金属矿的区域成矿模型探讨．矿物岩石地球化学通报，32（4）：418-426．

邢凤鸣．1996．宁芜地区中生代岩浆岩的成因-岩石学与Nd、Sr、Pb同位素证据．岩石矿物学杂志，15（2）：126-137．

邢凤鸣，徐祥．1998．安徽沿江地区橄榄安粗系的特点和成因-陆橄榄安粗岩系一例．安徽地质，8（2）：8-20．

徐达忠．1990．董坑铀矿床成矿要素及条件的研究．矿床地质，9（1）：70-76．

徐达忠，刘林清，胡宝群．1999．下庄矿田气热高温铀成矿特征及年龄研究．铀矿地质，15（5）：11-15．

徐克勤，丁毅．1943．江西南部钨矿地质志．地质专报，甲种第十七号．

徐克勤，孙鼐，王德滋，等．1963．华南多旋迴的花岗岩类的侵入时代、岩性特征、分布规律及其成矿专属性的探讨．地质学报，43（1）：1-26+100．

徐克勤，朱金初．1978．中国东南部几个断裂拗陷带中沉积（或火山沉积）-热液叠加类铁铜矿床的探讨．福建地质，（4）：1-68．

徐克勤，涂光炽．1984．花岗岩地质和成矿关系．江苏：江苏科学技术出版社，1-656．

徐克勤，胡受奚，孙明志，等．1981．华南钨矿床的区域成矿条件分析．钨矿地质讨论会文集．北京：地质出版社，243-258．

徐克勤，胡受奚，孙明志，等．1982．华南两个成因系列花岗岩类及其成矿特征．矿床地质，1（2）：1-14．

徐克勤，孙鼐，王德滋，等．1984．华南花岗岩成因与成矿．见：徐克勤、涂光炽主编．花岗岩地质与成矿关系．南京：江苏科学技术出版社, 1-21.

徐克勤, 朱金初. 1987. 华南钨锡矿床的时空分布和成矿控制. 见: 锡矿地质讨论会论文集, 北京: 地质出版社, 50-59.

徐敏林, 冯卫东, 张凤荣, 等. 2006. 崇义淘锡坑钨矿成矿地质特征. 资源调查与环境, 27 (2): 159-163.

徐夕生, 范钦成, Reilly S Y O, 等. 2004. 安徽铜官山石英闪长岩及其包体锆石 U-Pb 定年与成因探讨. 科学通报, 49 (18): 1883-1891.

徐先兵, 张岳桥, 贾东, 等. 2009. 华南早中生代大地构造过程. 中国地质, 36 (3): 573-593.

徐祥, 邢凤鸣. 1999. 安徽沿江地区中生代基性岩稀土元素地球化学特征. 安徽地质, 9 (2): 81-89.

徐兆文, 黄顺生, 倪培, 等. 2005. 铜陵冬瓜山铜矿成矿流体特征和演化. 地质论评, 51 (1): 36-41.

徐兆文, 陆现彩, 高庚, 等. 2007. 铜陵冬瓜山层状铜矿同位素地球化学及成矿机制研究. 地质论评, 53 (1): 44-51.

徐志刚. 1985. 从构造应力场特征探讨中国东部中生代火山岩成因. 地质学报, 59 (2): 109-126.

薛迪康, 葛宗侠, 张宏泰. 1997. 鄂东南铜金矿床成矿模式与找矿模型. 武汉: 中国地质大学出版社, 1-202.

闫峻, 陈江峰, 谢智, 等. 2005. 长江中下游地区蝌蚪山晚中生代玄武岩的地球化学研究: 岩石圈地幔性质与演化的制约. 地球化学, 34 (5): 455-469.

杨峰, 李晓峰, 冯佐海, 等. 2009. 栗木锡矿云英岩化花岗岩白云母 40Ar/39Ar 年龄及其地质意义. 桂林工学院学报, 29 (1): 21-24.

杨合群. 2007. 钨锡矿与地球演化的关系. 西北地质, 40 (4): 108.

杨明桂, 廖瑞君, 刘亚光. 1998. 江西变质基底类型及变质地层的划分对比. 江西地质, 12 (3): 201-208.

杨森楠. 1989. 华南裂陷系的建造特征和构造演化. 地球科学, 14 (1): 29-36.

杨学明, 张培善. 1999. 江西大吉山花岗岩风化壳稀土矿床稀土元素地球化学. 稀土, 20 (1): 1-5.

杨宗喜, 毛景文, 陈懋弘, 等. 2008. 云南个旧卡房矽卡岩型铜 (锡) 矿 Re-Os 年龄及其地质意义. 岩石学报, 28 (4): 1937-1944.

姚磊, 谢桂青, 张承帅, 等. 2012. 鄂东南矿集区程潮大型矽卡岩铁矿的矿物学特征及其地质意义. 岩石学报, 28 (1): 133-146.

姚培慧, 王可南, 杜春林, 等. 1993. 中国铁矿志, 北京: 冶金工业出版社, 1-662.

于津海, 周新民, 赵蕾, 等. 2005. 壳幔作用导致武平花岗岩形成: Sr-Nd-Hf-U-Pb 同位素证据. 岩石学报, 3 (3): 651-664.

于津海, O' Reilly Y, 王丽娟, 等. 2007a. 华夏地块古老物质的发现和前寒武纪地壳的形成. 科学通报, 52 (1): 11-18.

于津海, 王丽娟, 魏震洋, 等. 2007b. 华夏地块显生宙的变质作用期次和特征. 高校地质学报, 13 (3): 473-483.

于津海, 王丽娟, 王孝磊, 等. 2007c. 赣东南富城杂岩体的地球化学和年代学研究. 岩石学报, 23 (6): 1441-1456.

于津海, 王丽娟, 舒良树, 等. 2009. 赣南存在古元古代基底: 来自上犹陡水煌斑岩中捕房锆石的 U-Pb-Hf 同位素证据. 科学通报, 54 (7): 898-905.

于景林, 赵云佳. 1977. 姑山式铁矿成因探讨. 地质与勘探, (1): 22-24.

余达淦. 1994. 伸展构造与铀成矿作用. 铀矿地质, 10 (3): 129-137.

余达淦, 吴仁贵, 陈培荣. 2007. 铀资源地质学教程. 哈尔滨: 哈尔滨工程大学出版社, 1-450.

余金杰, 毛景文. 2002. 宁芜玢岩铁矿磷灰石的稀土元素特征. 矿床地质, 21 (1): 65-73.

余心起, 吴淦国, 张达, 等. 2005. 中国东南部中生代构造体制转换作用研究进展. 自然科学进展, 15 (10): 17-24.

袁峰, 周涛发, 范裕, 等. 2010. 安徽繁昌盆地中生代火山岩锆石 LA-ICP-MS U-Pb 年龄及其意义. 岩石学报, 26 (9): 2805-2817.

袁顺达, 侯可军, 刘敏. 2010. 安徽宁芜地区铁氧化物-磷灰石矿床中金云母 Ar-Ar 定年及其地球动力学意义. 岩石学报, 26 (3): 797-808.

袁小明. 2002. 铜官山矿田铜金成矿模式探讨. 地球学报, 23 (6): 541-546.

袁宗信, 张忠清. 1992. 南岭花岗岩类岩石 Sm-Nd 同位素特征及岩石成因探讨. 地质论评, 38 (1): 1-15.

臧文拴, 吴淦国, 张达, 等. 2004. 铜陵新桥铁矿田地质地球化学特征及成因浅析. 大地构造与成矿学, 28 (2): 187-193.

臧文拴, 吴淦国, 张达, 等. 2007. 浅析安徽省新桥 S-Fe 矿田的成因. 矿床地质, 26 (4): 464-474.

翟裕生. 1999. 论成矿系统. 地学前缘, 6 (1): 14-28.

翟裕生, 姚书振, 林新多, 等. 1992. 长江中下游地区铁铜 (金) 成矿规律. 北京: 地质出版社, 1-235.

翟裕生, 邓军, 李晓波. 1999. 区域成矿学. 北京: 地质出版社, 1-287.

曾普胜, 杨竹森, 蒙义峰, 等. 2004. 安徽铜陵矿集区燕山期岩浆流体系统时空结构与成矿. 矿床地质, 23 (3): 298-319.

曾庆涛.2007.赣南天门山岩体的年代学和地球化学特征及其冷却史研究.吉林大学硕士学位论文.

曾载淋,张永忠,朱祥培,等.2009.赣南崇义地区茅坪钨锡矿床铼-锇同位素定年及其地质意义.岩矿测试,28（3）:209-214.

张伯友,杨树锋.1995.古特提斯造山带在华南两广交界地区的新证据.地质论评,41（1）:1-6.

张伯友,张海祥,赵振华,等.2003.两广交界处岑溪二叠纪岛弧型玄武岩及其古特提斯性质的讨论.南京大学学报:自然科学版,39（1）:46-54.

张成江.1990.贵东岩体花岗岩中晶质铀矿的特征及其找矿意义.成都地质学院学报,17（3）:10-18.

张达,吴淦国,李东旭.2001.铜陵凤凰山岩体接触带构造变形特征.地学前缘,8（3）:223-229.

张待时.1994.中国碳硅泥岩型铀矿床成矿规律探讨.铀矿地质,10（4）:207-211.

张国全.2008.华南热液铀矿床地球化学研究-以302铀矿床为例.中国科学院地球化学研究所博士论文.

张国全,胡瑞忠,商朋强,等.2008.302铀矿床方解石C-O同位素组成与成矿动力学背景研究.矿物学,28（4）:413-420.

张乐骏,周涛发,范裕,等.2010.安徽庐枞盆地井边铜矿床的成矿时代及其找矿指示意义.岩石学报,26（9）:2729-2738.

张理刚.1987.华南钨矿床黑钨矿的氧同位素研究.地球化学,（3）:233-242.

张敏,陈培荣,张文兰,等.2004.南岭中段大东山花岗岩体的地球化学特征和成因.地球化学,32（6）:529-539.

张旗,王焰,钱青,等.2001.中国东部燕山期埃达克岩的特征及其构造成矿意义.岩石学报,17（2）:236-244.

张旗,简平,刘敦一,等.2003.宁芜火山岩的锆石SHRIMP定年及其意义.中国科学（D）,33（4）:309-314.

张旗,秦克章,王元龙,等.2004.加强埃达克岩研究,开创中国Cu、Au等找矿工作的新局面.岩石学报,20（2）:195-204.

张旗,金惟俊,王元龙,等.2006.大陆下地壳拆沉模式初探.岩石学报,22（2）:265-276.

张勤文,黄怀曾.1982.中国东部中、新生代构造-岩浆活化史.地质学报,（2）:111-122.

张少斌.1992.从成矿地球化学角度论龙桥铁矿床成因.安徽地质,2（4）:42-52.

张少斌,范永香.1992.安徽省庐枞火山岩盆地北部玢岩型铁硫多金属矿床系列及矿床定位机制研究.地球科学,01:24-25.

张少琴,朱文凤,韦龙明.2009.产铀花岗岩体中的晶质铀矿的若干特征-以粤北石人嶂钨矿为例.中国矿业,18（1）:104-106.

张文兰,华仁民,王汝成,等.2004.江西大吉山五里亭花岗岩单颗粒锆石同位素年龄及其地质意义探讨.地质学报,78（3）:352-358.

张文兰,华仁民,王汝成,等.2006.赣南大吉山花岗岩成岩与钨矿成矿年龄的研究.地质学报,80（7）:956-962.

张玉学.1982.阳储岭斑岩钨钼矿床地质地球化学特征及其成因探讨.地球化学,（2）:122-132.

张展适,华仁民,刘晓东,等.2005.贵东杂岩体的稀土元素特征及与铀成矿关系.中国稀土学报,23（6）:749-756.

张宗清,张国伟,唐索寒,等.1999.秦岭沙河湾奥长环斑花岗岩的年龄及其对秦岭造山带主造山期结束时间的限制.科学通报,44（9）:981-984.

张祖海.1989.赣南-闽西火山岩风化壳离子吸附型稀土矿床地质特征.华东有色矿产地质,1:38-52.

章邦桐.1990.铀成矿溶液中离子活度系数计算的几个问题.东华理工大学学报（自然科学版）,（13）:90-91.

章邦桐,陈培荣,孔兴功.2003.赣南白面石过铝花岗岩基底为6710铀矿田提供成矿物质的地球化学佐证.地球化学,32（3）:201-207.

章建,陈卫锋,陈培荣.2011.华南印支期产铀和非产铀花岗岩黑云母矿物化学成分差异.大地构造与成矿学,35（2）:266-274.

赵斌,李统锦,李昭平,等.1982.我国一些矿区夕卡岩中石榴石的研究.矿物学报,（4）:296-304.

赵崇贺.1996.关于华南大地构造问题的再认识.现代地质,10（4）:512-517.

赵军红,胡瑞忠,蒋国豪,等.2001.初论地幔热柱与铀成矿的关系.大地构造与成矿学,25（2）:171-178.

赵葵东,蒋少涌,肖红权,等.2002.大厂锡-多金属矿床成矿流体来源的He同位素证据.科学通报,47（8）:632-635

赵蕾,于津海,王丽娟,等.2006.红山含黄玉花岗岩的形成时代及其成矿能力分析.矿床地质,25（6）:672-682.

赵连泽,刘昌实,孙鼐.1983.安徽南部太平-黄山多成因复合花岗岩基的岩石学特征.南京大学学报（自然科学版）,（2）:329-340.

赵希林,毛建仁,叶海敏,等.2009.福建上杭地区晚中生代花岗质岩体黑云母的地球化学特征及成因意义.矿物岩石地球化学通报,28（2）:162-168.

赵一鸣, 林文蔚, 毕承思, 等. 1990. 中国夕卡岩矿床. 北京: 地质出版社, 1-354.

赵一鸣, 张轶男, 林文蔚. 1997. 我国夕卡岩矿床中的辉石和似辉石特征及其与金属矿化的关系. 矿床地质, 16 (4): 318-329.

赵玉琛. 1993. 宁芜马山式黄铁矿床的地质特征和成因探讨. 化工地质, 15 (3): 169-177.

赵玉琛. 1994. 宁芜火山岩性铜金矿类型和成因探讨. 黄金, 15: 13-19.

赵振华. 1997. 微量元素地球化学原理, 北京: 科学出版社.

赵振华, 包志伟, 张伯友. 1998. 湘南中生代玄武岩类地球化学特征. 中国科学 (D 辑), 28 (增刊): 7-14.

赵振华, 包志伟, 张伯友, 等. 2000. 柿竹园超大型钨多金属矿床形成的壳幔相互作用背景. 中国科学 (D 辑), 30 (增刊): 161-168.

郑基俭, 贾宝华. 2001. 骑田岭岩体的基本特征及其与锡多金属成矿作用关系. 华南地质与矿产, (4): 50-57.

中国科学院地球化学研究所. 1987. 宁芜型铁矿床形成机理. 北京: 科学出版社. 1-152.

中国科学院华东富铁科研队华东地质科学研究所同位素地质室钾氩组. 1977. 庐枞火山岩地区同位素地质年代学的初步研究. 北京: 地质出版社. 5-89.

钟江临, 李楚平. 2006. 湖南香花岭夕卡岩型锡矿床地质特征及控矿因素分析. 矿产与地质, 20 (2): 147-151.

周圣生. 1956. 湖北东南部地质及其构造特征. 地质学报, 36 (1): 33-52.

周涛发, 岳书仓, 袁峰, 等. 2000. 长江中下游两个系列铜、金矿床及其成矿流体系统的氢、氧、硫、铅同位素研究. 中国科学 (D 辑), 30 (增刊): 122-128.

周涛发, 宋明义, 范裕, 等. 2007. 安徽庐枞盆地中巴家滩岩体的年代学研究及其意义. 岩石学报, 23 (10): 2379-2386.

周涛发, 范裕, 袁锋. 2008a. 长江中下游成矿带成岩成矿作用研究进展. 岩石学报, 24 (8): 1665-1678.

周涛发, 范裕, 袁峰, 等. 2008b. 安徽庐枞 (庐江-枞阳) 盆地火山岩的年代学及其意义. 中国科学 (D 辑), 38 (11): 1342-1353.

周涛发, 袁峰, 范裕, 等. 2009. 铜陵矿集区矿床学实践教程. 北京: 地质出版社, 1-139.

周涛发, 范裕, 袁峰, 等. 2010. 庐枞盆地侵入岩的时空格架及其对成矿的制约. 岩石学报, 26 (9): 2694-2714.

周涛发, 范裕, 袁峰, 等. 2012. 长江中下游成矿带地质与矿产研究进展. 岩石学报, 28 (10): 3051-3066.

周金城, 王孝磊, 邱检生. 2008. 江南造山带是否格林威尔期造山带? 高校地质学报, 14 (1): 64-72.

周新华, 杨进辉, 张连昌. 2002. 胶东超大型金矿的形成与中生代华北大陆岩石圈深部过程. 中国科学 (D 辑: 地球科学), 32 (S1): 11-20.

周新民. 2003. 对华南花岗岩研究的若干思考. 高校地质学报, 9 (4): 556-565.

周珣若, 任进. 1994. 长江中下游中生代花岗岩. 北京: 地质出版社, 1-119.

朱炳泉, 等. 1998. 地球科学中同位素体系理论与应用-兼论中国大陆壳幔演化. 北京: 科学出版社, 1-330.

朱杰辰, 郑懋公, 营俊龙, 等. 1992. 大龙山、昆山铀矿床稳定同位素地质特征研究. 铀矿地质, 8 (6): 338-347.

朱金初, 黄革非, 张佩华, 等. 2003. 湘南骑田岭岩体菜岭超单元花岗岩侵位年龄和物质来源研究. 地质论评, 49 (3): 245-252.

朱金初, 张辉, 谢才富, 等. 2005. 湘南骑田岭竹枧水花岗岩的锆石 SHRIMP U-Pb 年代学和岩石学. 高校地质学报, 11 (3): 335-342.

朱金初, 张佩华, 谢才富, 等. 2006a. 桂东北里松花岗岩中暗色包体的岩浆混合成因. 地球化学, 35 (5): 506-516.

朱金初, 张佩华, 谢才富, 等. 2006b. 南岭西段花山-姑婆山侵入岩带锆石 U-Pb 年龄格架及其地质意义. 岩石学报, 22 (9): 2270-2278.

朱金初, 张佩华, 谢才富, 等. 2006c. 南岭西段花山-姑婆山 A 型花岗质杂岩带: 岩石学、地球化学和岩石成因. 地质学报, 80 (4): 529-542.

朱金初, 张佩华, 谢才富, 等. 2006d. 骑田岭岩体. 周新民编, 南岭地区晚中生代花岗岩成因与岩石圈动力学演化. 北京: 科学出版社, 520-533.

朱金初, 陈骏, 王汝成, 等. 2008. 南岭中西段燕山早期北东向含锡钨 A 型花岗岩带. 高校地质学报, 14 (4): 474-484.

庄锦良, 童潜明, 刘钟伟. 1993. 湘南地区锡铅锌隐伏矿床预测研究. 北京: 地质出版社, 1-126.

庄文明, 黄友义, 陈邵前. 2000. 粤中印支期花岗岩类基本特征与成岩构造环境. 广东地质, 15 (3): 33-39.

Abdel-rahman A. 1994. Nature of Biotites From Alkaline, Calc-alkaline, and Peraluminous Magmas. Journal of Petrology, 35: 525-541.

Ague J J, Brimhall G H. 1988. Magmatic Arc Asymmetry and Distribution of Anomalous Plutonic Belts in the Batholiths of California: Effects of Assimilation, Crustal Thickness, and Depth of Crystallization. Geological Society of America Bulletin, 100: 912-927.

Ames L, Tilton G R, Zhou G Z. 1993. Timing of collision of the Sino-Korean and Yangtse cratons: U-Pb zircon dating of coesite-bearing ecologites. Geology, 21: 339-342.

Atherton M P, Petford N. 1993. Generation of sodium-rich magmas from newly underplated basaltic crust. Nature, 362: 144-146.

Audétat A, Günther D, Heinrich C A. 2000. Magmatic-hydrothermal evolution in a fractionating granite: a microchemical study of the Sn-W-F-mineralized mole granite (Australia). Geochimica et Cosmochimica Acta, 64: 3373-3393.

Audétat A. 1999. The magmatic-hydrothermal evolution of the Sn/W-mineralized Mole Granite (Eastern Australia). Ph. D Thesis, Swiss Federal Institute of Technology Zürich, 1-210.

Bai T B, Koster A F, Gross V. 1998. The distribution of Na, K, Rb, Sr, Al, Ge, Cu, W, Mo, La, and Ce between granitic melts and coexisting aqueous fluids. Geochimica et Cosmochimica Acta, 63: 1117-1131.

Barrière M, Cotten J. 1979. Biotites and Associated Minerals as Markers of Magmatic Fractionation and Deuteric Equilibration in Granites. Contributions to Mineralogy and Petrology, 70: 183-192.

Bau M. 1996. Controls on the fraction of isovalent trace elements in magmatic and aqueous systems: evidence from Y/Ho, Zr/Hf, and lanthanide tetrad effect. Contrib Mineral Petrol, 123: 323-333.

Bea F, Montero P. 1999. Behavior of accessory phases and redistribution of Zr, REE, Y, Th, and U during metamorphism and partial melting of metapelites in the lower crust: An example from the Kinzigite Formation of Ivrea-Verbano, NW Italy. Geochim Cosmochim Ac, 63: 1133-1153.

Bea F, Pereira M D, Stroh A. 1994. Mineral/leucosome trace element partitioning in a peraluminous migmatite (a laser ablation-ICP-MS study): ICP-MS study. Chemical Geology, 117: 291-312.

Berman R G, Brown T H, Greenwood H J. 1985. An internally consistent thermodynamic data base for minerals in the system $Na_2O-K_2O-CaO-MgO-FeO-SiO_2-Al_2O_3-Fe_2O_3-TiO_2-H_2O-CO_2$. Atomic Energy of Canada Technical Report TR, 337: 62.

Berzina A N, Sotnikov V I, Economou-Eliopoulos M, Eliopoulos D G. 2005. Distribution of rhenium in molybdenite from porphyry Cu-Mo and Mo-Cu deposits of Russia (Siberia) and Mongolia. Ore Geol Rev, 26: 91-113.

Bonin B. 2007. A-type granite and related rocks: evolution of a concept, problems and prospects. Lithos, 97: 1-29.

Borodina N S, Fershtater G B, Votyakov S L. 1999. The oxidation ratio of iron in coexisting biotite and hornblende from granitic and metamorphic rocks: the role of P, T, and $f(O_2)$. The Canadian Mineralogist, 37: 1423-1429.

Botelho N F, Moura M A. 1998. Granite-ore deposit relationships in Central Brazil. Journal of South American Earth Sciences, 11: 427-438.

Boynton W V. 1984a. Cosmochemistry of the rare earth elements: meteorite studies. In: Henderson P, eds. Rare Earth Element Geochemistry Amsterdam-Oxford-New York-Tokyo. Elsevier, 63-114.

Boynton W V. 1984b. Rare Earth Element Geochemistry. In: Henderson P (ed.) Developments in geochemistry. Elsevier: Amsterdam (Netherlands) 2, 63-114.

Brenan J M, Shaw H F, Phinney D L, et al., 1994. Rutile-aqueous fluid partitioning of Nb, Ta, Hf, Zr, U and Th: Implications for high field strength element depletions in island arc basalts. Earth Planet Sci Lett, 128: 327-339.

Brent A, Elliott O, Tapani Rämö, et al. 1998. Mineral chemistry constraints on the evolution of the 1.88-1.87 Ga post-kinematic granite plutons in the Central Finland Granitoid Complex. Lithos, 45: 109-129.

Burnard P G, Hu R Z, Turner G, et al. 1999. Mantle, crustal and atmospheric noble gases in Ailaoshan gold deposit, Yunnan province, China. Geochimica et Cosmochimica Acta, 63: 1595-1604.

Burton J C, Taylor L A, Chou I M. 1982. The f_{O_2}-T and f_{S_2}-T stability relations of hedenbergite and of hedenbergite-johannsenite solid solutions. Econ Geol, 77: 764-783.

Calas G. 1979. Etude Expérimentale Du Comportement De L'uranium Dans Les Magmas: États D'oxydation Et Coordination. Geochimica et Cosmochimica Acta, 43: 1521-1531

Calvin F M, McDowell S M, Mapes R W. 2003. Hot and cold granites? Implication of zircon saturation temperatures and preservation of inheritance. Geology, 31: 529-532.

Campbell S, Sewell R. 1997. Structural Control and Tectonic Setting of Mesozoic Volcanism in Hong Kong. Journal of the Geological Society, 154: 1039-1052.

Candela P A, Holland H D. 1984. The partitioning of copper and molybdenum between silicate melts and aqueous fluids. Geochimica et Cosmochimica Acta, 48: 373-380.

Candela P A. 1989. Magmatic ore-froming fluids: thermodynamic and mass transfer calculation of melt concentrations. Review Economic Geology, 4: 203-221.

Candela P A, Piccoli P M. 1995. Model ore-forming partitioning from melts into vapor and vapor/ brine mixtures. In: Thompson J F H (ed.). Magmas, fluids and ore deposits. Mineralogical Association of Canada Short Course, 23: 101-127.

Carter A, Clift P D. 2008. Was the Indosinian orogeny a Triassic mountain building or a thermotectonic reactivation event? Comptes Rendus Geoscience, 340: 83-93.

Carter A, Roques D, Bristow C, et al. 2001. Understanding Mesozoic accretion in Southeast Asia: Significance of Triassic thermotectonism (Indosinian orogeny) in Vietnam. Geology, 29: 211-214.

Cassata W S, Renne P R, Shuster D L. 2009. $^{40}Ar/^{39}Ar$ thermochronology using plagioclase. Geochim Cosmochim Ac, 73: 198.

Castillo P R, Janney P E, Solidum R U. 1999. Petrology and geochemistry of Camiguin island, Southern Philippines: insights to the source of adakites and other lavas in a complex arc setting. Contrib Mineral Petrol, 134: 33-51.

Chantal P, Chinh N, Michel C. 1996. Uranium in granitic magmas: Part 2. Experimental determination of uranium solubility and fluid-melt partition coefficients in the Uranium oxide-Hapligranite-H_2O-NaX (X = Cl, F) system at 770℃, 2kar. Geochimica et Cosmochimica Acta, 60: 1515-1929.

Chappell B W, White A J R. 1974. Two contrasting granite types. Pacific Geology, 8: 173-174.

Chen A. 1999. Mirror-image thrusting in the South China Orogenic Belt: tectonic evidence from western Fujian, southeastern China. Tectonophysics, 305: 497-519.

Chen D F, Li X H, Pang J M, et al. 1998. Metamorphic newly produced zircon, SHRIMP ion microprobe U – Pb age of amphibolite of Hexi Group, Zhejiang and its implication. Acta Mineralogica Sinica, 18: 396-400.

Chen J F, John B M. 1998. Crustal evolution of southeastern China: Nd and Sr isotopic evidence. Tectonophysics, 284: 101-133.

Chen J F, Yan J, Xie Z, et al. 2001. Nd and Sr isotopic compositions of igneous rocks from the Lower Yangtze region inEastern China: constraints on sources. Phys Chem Earth (A), 26: 719-731.

Chen P R, Zhang B T, Zhang Z H. 1992. Speciation and Precipitation of Uranium Complexes in Hydrothermal Solutions Related to Granite-type Uranium Deposits. Chinese Journal of Geochemistry, 11: 252-260.

Chen P, Zhou X, Zhang W, et al. 2005. Petrogenesis and significance of early Yanshanian syenite-granite complex in eastern Nanling Range. Science in China Series D-Earth Sciences, 4: 912-924.

Chen Y W, Bi X W, Hu R Z, et al. 2012. Element geochemistry, mineralogy, geochronology and Zircon Hf isotope of the Luxi and Xiazhuang granites in Guangdong province, China: Implicaitons for U minerlization. Lithos, 150: 119-134.

Christiansen R, Lipman P. 1972. Cenozoic Volcanism and Plate-tectonic Evolution of the Western United States. Ii. Late Cenozoic. Philosophical Transactions of the Royal Society of London. Series A, Mathematical and Physical Sciences, 271: 249-284.

Christopher D K H, Larse B, John H J, et al. 2002. Oxygen fugacity and geochemical variations in the martian basalts: Implications for martian basalt petrogenesis and the oxidation state of the upper mantle of Mars. Geochimica et Cosmochimica Acta, 66: 2025-2036.

Clemens J D. 1986. Origin of an A-type granite: Experimental constraints. American Mineralogist, 7: 317-324.

Collins W, Beams S, White A, et al. 1982. Nature and origin of A-type granites with particular reference to southeastern Australia. Contributions to Mineralogy and Petrology, 80: 189-200.

Craig H, Lupton J. 1976. Primordial Neon, Helium, and Hydrogen in Oceanic Basalts. Earth and Planetary Science Letters, 31: 369-385.

Craw D, Teagle D A H, Belocky R. 1993. Fluid immiscibility in late-Alpine gold-bearing veins, Eastern and Northwestern European Alps. Mineralium Deposita, 28: 28-36.

Cuney M. 1978. Geologic environment, mineralogy, and fluid inclusions of the Bois Noirs- Limouzat urainum vein, Forez, France. Economic Geology, 73: 1567-1610.

Cunningham C, Rasmussen J, Steven T, et al. 1998. Hydrothermal Uranium Deposits Containing Molybdenum and Fluorite in the Marysvale Volcanic Field, West-central Utah. Mineralium Deposita, 33: 477-494.

Curney M. 2009. The extreme diversity of Uranium deposits. Mineralium Deposita, 44: 3-9.

Daley E E, Depaolo D J. 1992. Isotopic Evidence for Lithospheric Thinning During Extension: Southeastern Great Basin. Geology, 20: 104-108.

Dalrymple G B, Lamphere M A. 1971. $^{40}Ar/^{39}Ar$ technique of K-Ar dating: a comparison with the conventional technique. Earth Planet Sci Lett, 12: 300-308.

Davis G A, Darby B J, Zheng Y D, et al. 2002. Geometric and temporal evolution of an extensional detachment fault, Hohhot metamorphic core complex, Inner Mongolia, China. Geology, 30: 1003-1006.

Defant M J, Drummond M S. 1990. Derivation of some modern arc magmas by melting of young subducted lithosphere. Nature, 347: 662-665.

Deines P, Gurney J J, Harris J W. 1983. Associated chemical and carbon isotopic composition variations in diamonds from Finsch and Premier kimberlite, South Africa. Geochimica et Cosmochimica Acta, 48: 325-342.

Deng J F, Mo X X, Zhao Z C, et al. 2004. A new model for the dynamic evolution of Chinese lithosphere: "continental root-plume tectonics". Earth-Sci Rev, 65: 223-275.

Dodge F, Smith V, Mays R. 1969. Biotites From Granitic Rocks of the Central Sierra Nevada Batholith, California. Journal of Petrology, 10: 250-271.

Dodson M H. 1973. Closure temperature in cooling geochronological and petrological systems. Contrib Mineral Petrol, 40: 259-274.

Dostal J, Chatterjee A K. 2000. Contrasting behaviour of Nb/Ta and Zr/Hf rations in aperaluminous granitic pluton Nova Scotia. Canada. Chemical Geology, 163: 207-218.

Du L T. 1986. Geochemical Principles of Alkaline metasomatism. Science in China, Ser. B, 24: 756-770.

Duc-Tin Q, Audéat A, Keppler H. 2007. Solubility of tin in (Cl, F) -bearing aqueous fluids at 700 °C, 140 MPa: a LA-ICP-MS study on synthetic fluid inclusions. Geochimica et Cosmochimica Acta, 71: 3323-3335.

Eby G N. 1990. The A-type Granitoids: a Review of Their Occurrence and Chemical Characteristics and Speculations on Their Petrogenesis. Lithos, 26: 115-134.

Eby G N. 1992. Chemical subdivision of the A-type granitoids: Petrogenitic and tectonic implications. Geology, 20: 641-644.

Edgar A D, Green D H, Hibberson W O. 1976. Experimental petrology of a highly potassic magma. J Petrol, 17: 339-356.

Eide E A. 1995. A model for the tectonic history of HP and UHPM regions in east-central China. In: Coleman R G, Wang X, eds. Ultrahigh Pressure Metamorphism. New York: Cambridge University Press, 391-426.

Engebretson D C, Cox A, Gordon E G. 1985. Relative motions between the oceanic and continental plates in the Pacific basin. Geol Soc Am, Special Paper, 206: 56.

Erlank A J, Smith H S, Marchant J W, et al. 1978. Zirconium. Hafnium. In: Wedepohl K H, Ed. 1978. Handbook of Geochemistry, Springer, Berlin Sect. II-5.

Evandro L K, Chris H, Christophe R, et al. 2006. Fluid inclusion and stable isotope (O, H, C, and S) constraints on the genesis of the Serrinha gold deposit, Gurupi Belt, Northern Brazil. Mineralium Deposita, 41: 160-178.

Faure G. 1972. Strontium Isotope Geology. Berlin: Springer-Verlag.

Faure G, Mensing T M. 2005. Isotopes: principles and applications. Hoboken: John Wiley & Sons Inc.

Faure M, Sun Y, Shu L, Monie P, et al. 1996. Extensional tectonics within a subduction-type orogen. The case study of the Wugongshan dome (Jiangxi Province, southeastern China). Tectonophysics, 263: 77-106.

Feiss P G. 1978. Magmatic sources of copper in porphyry copper deposits. Econ Geol, 73: 397-404.

Fenner C N. 1929. The crystallization of basalt. Am J Sci, 18: 223-253.

Ferguson J, Currie K L. 1971. Evidence of liquid immiscibility in alkaline ultrabasic dike at Callander Bay, Ontario. Journal of Petrology, 561-588.

Finch A A, Parsons I, Mingard S C. 1995. Biotites as Indicators of Fluorine Fugacities in Late-stage Magmatic Fluids: the Gardar Province of South Greenland. Journal of Petrology, 36: 1701-1728.

Foley S F, Barth M G, Jenner G A. 2000. Rutile/melt partition coefficients for trace elements and an assessment of the influence of rutile on the trace element characteristics of subduction zone magmas. Geochim Cosmochim Ac, 64: 933-938.

Foster M D. 1965. Interpretation of the composition of trioctahedral micas. U. S. Geological Survey Professional Paper, 354B: 11-49.

Frank M R, Candela P A, Piccoli P M. 2003. Alkali exchange equilibra between a silicate melt and coexisting magmatic volatile phase: An experimental study at 800℃ and 100 MPa. Geochim Cosmochim Acta, 67: 1415-1427.

Frost B R, Barnes C G, Collins W J, et al. 2001. A geochemical classification for granitic rocks. J Petrol, 42: 2033-2048.

Frost C D, Frost B R. 1997. Reduced rapakivi-type granites: The tholeiite connection. Geology, 25: 647-650.

Furman T, Graham D. 1999. Erosion of lithospheric mantle beneath the East African Rift system: geochemical evidence from the Kivu volcanic province. Lithos, 48: 237-262.

Gao S, Zhang B R, Jin Z M, et al. 1998. How mafic is the lower continental crust? Earth Planet Sci Lett, 161: 101-117.

Gao S, Rudnick R L, Yuan H L, et al. 2004. Recycling lower continental crust in the North China Craton. Nature, 432: 892-897.

Garavaglia L, Bitencourt M F, Nardi L V S. 2002. Cumulatic diorites related to postcollisional, Brasilianol Pan-African mafic magmatism in the Vila Nova Belt, Southern Brazil. Gondwana Research, 5: 519-534.

Gemmell J B, Petersen S, Monecke T, et al. 2008. Drilling of shallow marine sulfide-sulfate mineralization in the South-Eastern Tyrrhenian sea, Italy. In: The Pacific rim: The Australasian Institute of Mining and Merallurgy, 85-90.

Ghiorso M S, Sack R O. 1995. Chemical mass transfer in magmatic processes. IV. A revised and internally consistent thermodynamic model for the interpolation and extrapolation of liquid-solid equilibria in magmatic systems at elevated temperatures and pressures. Contrib to Mineral Petr, 119: 197-212.

Ghiorso M S, Hirschmann M M, Reiners P W, et al. 2002. ThePMELTS: A revision of MELTS aimed at improving calculation of phase relations and major element partitioning involved in partial melting of the mantle at pressures up to 3 GPa. Geochemi Geophys Geosyst, 33: 1029.

Gilder S A, Keller G R, Luo M, et al. 1991. Eastern Asia and the Western Pacific Timing and Spatial Distribution of Rifting in China. Tectonophysics, 197: 225-243.

Gilder S A, Gill JB, Coe RS, et al. 1996. Isotopic and paleomagmatic constraints on the Mesozoic tectonic evolution of South China. Journal of Geophysical Research, 101 (B7): 13137-16154.

Giletti B J, Tullis J. 1977. Studies in diffusion, IV. pressure dependence of Ar diffusion in phlogopite mica. Earth Planet Sci Lett, 35: 180-183.

Goldfarb R J, Hart G, Davis G, et al. 2007. East Asian gold: Deciphering the anomaly of Phenorozoic gold in Precambrian cratons. Econ Geol, 102: 341-345.

Goodell P, Gilder S, Fang X. 1991. A Preliminary Description of the Gan-hang Failed Rift, Southeastern China. Tectonophysics, 197: 245-255

Gradstein F M, Ogg J G, Smith A G, et al. 2004. A new geologic time scale, with special reference to Precambrian to Neogene. Episodes, 27: 83-100.

Green T H. 1995. Significance of Nb/Ta as an indicator of geochemical processes in the crust-mantle system. Chemical Geology, 120: 347-359.

Groves D I. 1972. The Geochemical Evolution of Tin-Bearing Granites in the Blue Tier Batholith, Tasmania. Economic Geology, 67: 445-457.

Groves D I, McCarthy T S. 1978. Fractional crystallization and the origin of tin deposits in granitoids. Mineralium Deposita, 13: 11-26.

Haapala I, Lukkari S. 2005. Petrological and geochemical evolution of the Kymi stock, a topaze granite cupola within the Wiborg rapakivi batholith, Finland. Lithos, 80: 247-362.

Halter W E, Williams-Jones A E, Kontak D J. 1998. Modeling fluid-rock interaction during greisenization at the East Kemptville tin deposit: implications for mineralization. Chemical Geology, 150: 1-17.

Halter W E, Pettke T, Heinrich C A. 2002. The origin of Cu/Au ratios in porphyry-type ore deposits. Science, 296: 1844-1846.

Hanson G N. 1978. The application of trace elements to the petrogenesis of igneous rocks of granitic composition. Earth and Planetary Science Letters, 38: 26-43.

Harris N B W, Igner S. 1992. Trace element modeling of pelite-derived granites. Contributions to Mineralogy and Petrology, 110: 46-56.

Hazen R M, Ewing R C, Sverjensky D A. 2009. Evolution of Uranium and Thorium Minerals. American Mineralogist, 94: 1293-1311.

Heinrich C A. 1990. The chemistry of hydrothermal tin (-tungsten) ore deposition. Economic Geology, 85: 457-481.

Heinrich C A. 1995. Geochemical evolution and hydrothermal mineral deposition in Sn (-W-base metal) and other granite-related ore systems: some conclusions from Australian examples. In: Magmas, Fluids, and Ore Deposits (Thompson J F H, eds.), Mineralogical Association of Cannada, Short course series, Victoria, British Columbia, 203-220.

Helmy H M, Ahmed A F, Mahallawi M M, et al. 2004. Pressure, temperature and oxygen fugacity conditions of calc-alkaline granitoids, Eastern Desert of Egypt, and tectonic implications. African Earth Science, 38: 255-268.

Hilde T W C, Uyeda S, Kroenke L. 1977. Evolution of the western Pacific and its margin. Tectonophysics, 38: 145-165.

Hoefs, J. 1993. Stable isotope geochemistry. Berlin, New York, Springer-Verlag, 201.

Holings P, Cooke D, Clark A. 2005. Regional geochemistry of Tertiary igneous rocks in Central Chile: Implications for the geodynamic environment of giant porphyry copper and epithermal gold mineralization. Econ Geol, 100: 887-904.

Holland H D. 1972. Granite, solutions, and base metal deposits. Economic Geology, 67: 281-301.

Holtz F, Behrens H, Dingwell D B, et al. 1992. Water solubility in aluminosilicate melts of haplogranite composition at 2kbar. Chemical Geology, 96: 289-302.

Holtz F, Behrens H, Dingwell D B, et al. 1995. H_2O solubility in haplogranitic melts: compositional pressure and temperature dependence. Am Mineral, 80: 94-108.

Hong D, Xie X, Zhang J. 1998. Isotope geochemistry of granitoids in South China and their metallogeny. Resource Geology, 48: 251-263.

Hoshino M. 1986. Amphiboles and coexisting ferromagnesian silicates in granitic-rocks in Mahé, Seychelles. Lithos, 19: 11-25.

Hoskin P W, Schaltegger U. 2003. The Composition of Zircon and Igneous and Metamorphic Petrogenesis. Review in Mineralogy and Geochemistry, 53: 27-62.

Hou Q, Li P, Li J. 1995. Foreland Fold-Thrust Belt in Southwestern Fujian. China (in Chinese). Beijing: Geological Bublishing House, 37-63.

Hou T, Zhang Z C, Encarnacion J, et al. 2010. Geochemistry of Late Mesozoic dioritic porphyries associated with Kiruna-style and stratabound carbonate-hosted Zhonggu iron ores, Middle-Lower Yangtze Valley, Eastern China: Constraints on petrogenesis and iron sources. Lithos, 119: 330-334.

Hou T, Zhang Z C, Kusky T. 2011. Gushan magnetite-apatite deposit in the Ningwu basin, Lower Yangtze River Valley, SE China: hydrothermal or Kiruna-type? Ore Geol Rev, 43: 333-346.

Hsu K J, Li J L, Chen H H, et al. 1990. Tectonics of South China-Key to Understanding West Pacific Geology. Tectonophysics, 183: 9-39.

Hsu K J, Sun S, Li J L, et al. 1988. Mesozoic Overthrust Tectonics in South China. Geology, 16: 418-421.

Hu R Z, Li C Y, Ni C J, et al. 1993. Research on ΣCO2 Source in Ore-forming Hydrothermal Solution of Granite-Type Uranium Deposit, South China. Science in China, Ser. B, 36: 1252-1262.

Hu R Z, Burnard P G, Turner G, et al. 1998. Helium and argon isotope systematics in fluid inclusions of Machangqing copper deposit in west Yunnan province, China. Chemical Geology, 146: 55-63.

Hu R Z, Burnard P G, Bi X W, et al. 2004. Helium and argon isotope geochemistry of alkaline intrusion-associated gold and copper deposits along the Red River-Jinshajiang fault belt, SW China. Chemical Geology, 203: 305-317.

Hu R Z, Bi X W, Zhou M F, et al. 2008. Uranium Metallogenesis in South China and Its Relationship to Crustal Extension During the Cretaceous to Tertiary. Economic Geology, 103: 583-598.

Hu R Z, Burnard P, Bi X W, et al. 2009. Mantle-derived Gaseous Components in Ore-forming Fluids of the Xiangshan Uranium Deposit, Jiangxi Province, China: Evidence From He, Ar and C Isotopes. Chemical Geology, 266: 86-95.

Hu R Z, Bi X W, Jiang G H, et al. 2012. Mantle-derived Noble Gases in Ore-forming Fluids of the Granite-related Yaogangxian Tungsten Deposit, Southeastern China. Mineralium Deposita, 47: 623-632.

Hu X Y, Bi X W, Hu R Z. 2008. Experimental study on tin partition between granitic silicate melt and coexisting aqueous fluid. Geochemical Journal, 42: 141-150.

Huang H Q, Li X H, Li W X, et al. 2011. Formation of high [18]O fayalite-bearing A-type granite by high-temperature melting of granulitic metasedimentary rocks, Southern China. Geology, 39 (10): 903-906.

Irber W. 1999. The lanthanide tetrad effect and its correlation with K/Rb, Eu/Eu*, Sr/Eu, Y/Ho, and Zr/Hf of evolving peraluminous granite suites. Geochimica et Cosmochmica Acta, 63: 489-508.

Ishihara S. 1977. The magnetite-series and ilmenite-series granitic rocks. Min Geol, 27: 293-305.

Ishihara S, Li W D, Sasaki A, et al. 1986. Characteristics of Cretaceous magmatism and related mineralization of the Ningwu basin, Lower Yangtze area, eastern China. Bulletin of the Geological Sur, 37: 207-231.

Jahn B M, Wu F Y, Lo C H, et al. 1999. Crust-mantle interaction induced by deep subduction of the continental crust: geochemical and Sr-Nd isotopic evidence from post-collisional mafic-ultramafic intrusions of the Northern Dabie complex, central China. Chem Geol, 157: 119-146.

Jiang Y H, Jiang S Y, Ling H F, et al. 2006a. Low-degree melting of a metasomatized mantle for the origin of Cenozoic Yulong monzogranite porphyry, East Tibet: geochemical and Sr-Nd-Pb-Hf isotopic constraints. Earth Planet Sci Lett, 241: 617-633.

Jiang Y H, Ling H F, Jiang S Y, et al. 2006b. Trace Element and Sr-Nd Isotope Geochemistry of Fluorite From the Xiangshan Uranium Deposit, Southeast China. Economic Geology, 101: 1613-1622.

Jorge S, Bettencourt, Washington B, et al. 2005. Sn-polymetallic grein-type deposits associated late-stage rapakivi granites, Brazil: fluid inclusion and stable isotope characteristics. Lithos, 80: 363-386.

Karner G, Byamungu B, Ebinger C, et al. 2000. Distribution of Crustal Extension and Regional Basin Architecture of the Albertine Rift System, East Africa. Marine and Petroleum Geology, 17: 1131-1150.

Keppler H, Wyllie P J. 1991. Partitioning of Cu, Sn, Mo, W, U and Th between melt and aqueous fluid in the systems haplogranite-H_2O-HCl and haplogranite-H_2O-HF. Contributions to Mineralogy and Petrology, 109: 139-150.

King P L, White A J R., Chappell B W, et al. 1997. Characterization and origin of aluminous A-type granites from the Lachlan Fold Belt, Southeastern Australia. J Petrol, 38: 371-391.

Kolker A. 1982. Mineralogy and geochemistry of Fe-Ti oxide and apatite (nelsonite) deposits and evaluation of the liquid immiscibility hypothesis. Econ Geol, 77: 1146-1158.

Konopelko D, Seltmann R, Biske G, et al. 2009. Possible source dichotomy of contemporaneous post-collisional barren I-tupe versus tin-bearing A-type granites, lying on opposite sides of the South Tien Shan suture. Ore Geology Reviews, 35: 206-216.

Kovalenko N I, Ryzhenko B N, Barsukov V L, et al. 1986. The solubility of cassiterite in HCl and HCl+NaCl (KCl) solutions at 500℃ and 1000 atm under fixed redox conditions. Geochem. Int, 23: 1-16.

Kwak T A P. 1987. W-Sn skarn deposits and related metamorphic skarns and granitoids. Amsterdam. Elsevier, 1-451.

Kwak T A P, Askins P W. 1981. Geology and genesis of the F-Sn-W-(Be-Zn) skarn (wrigglite) at Moina. Tasmania. Econ Geol, 76: 439-467.

Latin D, White N. 1990. Generating Melt During Lithospheric Extension: Pure Shear Vs. Simple Shear. Geology, 18: 327-331.

Lehmann B. 1990. Metallogeny of Tin. Berlin : Springer-Verlag.

Lepvrier C, Van Vuong N, Maluski H, et al. 2008. Indosinian tectonics in Vietnam. Comptes Rendus Geoscience, 340: 94-111.

Lepvrier C, Faure M, Van V N, et al. 2011. North-directed Triassic nappes in Northeastern Vietnam (East Bac Bo) . Journal of Asian Earth Sciences, 41: 56-68.

Leroy J. 1978. The Margnac and Fanay Uranium Deposits of the La Crouzille District (western Massif Central, France); Geologic and Fluid Inclusion Studies. Economic Geology, 73: 1611-1634.

Li J W, Zhao X F, Zhou M F, et al. 2008. Origin of the Tongshankou porphyry-skarn Cu-Mo deposit, eastern Yangtze craton, Eastern China: Geochronological, geochemical, and Sr-Nd-Hf isotopic constraints. Miner Deposita, 43: 319-336.

Li J W, Zhao X F, Zhou M F, et al. 2009. Late Mesozoic magmatism from the Daye region, eastern China: U-Pb ages, petrogenesis, and geodynamic implications. Contrib Mineral Petr, 157: 383-409.

Li J W, Deng X D, Zhou M F, et al. 2010. Laser ablation ICP-MS titanite U-Th-Pb dating of hydrothermal ore deposits: A case study of the Tonglushan Cu-Fe-Au skarn deposit, SE Hubei Province, China. Chem Geol, 270: 56-67.

Li S G, Chen Y, Cong B L, et al. 1993. Collision of the North China and Yangtze blocks and formation of coesite-bearing eclogites: Timing and processes. Chem Geol, 109: 70-89.

Li T G, Huang Z Z. 1986. Vein Uranium Deposits in Granites of Xiazhuang Ore Field. International Atomic Energy Agency, Vienna (Austria), 17: 359-376.

Li X F, Watanabe Y, Mao J W, et al. 2007. Sensitive high-resolution ion microprobe U-Pb zircon and 40Ar-39Ar muscovite ages of the Yinshan deposit in the Northeast Jiangxi Province, South China. Resour Geol, 57: 325-337.

Li X H. 2000. Cretaceous Magmatism and Lithospheric Extension in Southeast China. Journal of Asian Earth Sciences, 1: 293-305.

Li X H, Mcculloch M T. 1998. Geochemical Characteristics of Cretaceous Mafic Dikes From Northern Guangdong, SE China: Age, Origin and Tectonic Significance. Mantle Dynamics and Plate Interactions in East Asia Geodynamics (Flower M F J, et al. , eds.) , The American Geophysical Union, Washington, 27: 405-419.

Li X H. 2000. Geochemistry of the Late Paleozoic radiolarian cherts within the NE Jiangxi ophiolite melange and its tectonic significance. Sci China Ser D, 43: 617-624.

Li X H, Zhou HW, Chung S L, et al. 2002. Geochemical and Sm－Nd isotopic characteristics of metabasites from central Hainan Island, South China and their tectonic significance. Island Arc, 11: 193-205.

Li XH, Chen Z, Liu D Y, et al. 2003. Jurassic gabbro-granite-syenite suites from Southern Jiangxi province, SE China: Age, origin, and tectonic significance. Int Geol Rev, 45: 898-921.

Li X H, Chung S L, Zhou H W, et al. 2004. Jurassic intraplate magmatism in southern Hunan-eastern Guangxi: Ar-40/Ar-39 dating, geochemistry, Sr-Nd isotopes and implications for the tectonic evolution of SE China. Geol Soc Spec Publ, 226: 193-215.

Li X H, Li Z X, Li W X, et al. 2006. Initiation of the Indosinian Orogeny in South China: Evidence for a Permian magmatic arc on Hainan Island. J Geol, 114: 341-353.

Li X H, Li W X, Li Z X. 2007a. On the genetic classification and tectonic implications of the Early Yanshanian granitoids in the Nanling Range, South China. Chinese Sci Bull, 52: 1873-1885.

Li X H, Li Z X, Li W X, et al. 2007b. U-Pb zircon, geochemical and Sr-Nd-Hf isotopic constraints on age and origin of Jurassic I- and A-type granites from central Guangdong, SE China: A major igneous event in response to foundering of a subducted flat-slab? Lithos, 96: 186-204.

Li Z L, Hu R Z, Peng J T, et al. 2006. Helium isotope geochemistry of ore-forming fluids from Furong tin orefield in Hunan Province, China. Resource Geology, 56: 9-15.

Li Z L, Hu R Z, Yang J S, et al. 2007. He, Pb and S isotopic constraints on the relationship between the A-type Qitianling granite and the Furong tin deposit, Hunan Province, China. Lithos, 97: 161-173.

Li Z X, Li X H, Zhou H W, et al. 2002. Grenvillian continental collision in South China: new SHRIMP U-Pb zircon results and implications for the configuration of Rodinia. Geology, 30: 163-166.

Li Z X, Li X H. 2007. Formation of the 1300-km-wide intracontinental orogen and postorogenic magmatic province in Mesozoic South China: A flat-slab subduction model. Geology, 35: 179-182.

Li Z X, Li X H, Wartho J A, et al. 2010. Magmatic and metamorphic events during the early Paleozoic Wuyi-Yunkai orogeny, southeastern South China: New age constraints and pressure-temperature conditions. Geol Soc Am Bull, 122: 772-793.

Liew T C, Hofmann A W. 1988. Precambrian crustal components, plutonic associations, plate environment of the Hercynian Fold Belt of central Europe: Indications from a Nd and Sr isotopic study. Contributions to Mineralogy and Petrology, 98: 129-138.

Lin J L, Zhang W Y, Fuller M. 1985. Preliminary Phanerozoic polar wander paths for the North and South China blocks. Nature, 313: 444-449.

Lin W, Faure M, Sun Y, et al. 2001. Compression to extension switch durin themiddle Triassic orogeny of eastern China: the case study of the Jiulingshan massif in the southern foreland of the Dabieshan. Journal of Asian Earth Sciences, 20: 31-43.

Ling M X, Wang F Y, Ding X, et al. 2009. Cretaceous ridge subduction along the Lower Yangtze River belt, Eastern China. Econ Geol, 104: 303-321.

Linnen R L, Pichavant M, Holtz F, et al. 1995. The effect of f_{O_2} on the solubility, diffusion, and speciation of tin in haplogranitic melt at 850℃ and 2 kbar. Geochimica et Cosmochimica Acta, 59: 1579-1588.

Linnen R L, Pichavant M, Holtz F. 1996. The combined effects of f_{O_2} and melt composition on SnO_2 solubility and tin diffusivity in haplogranitic melts. Geochimica et Cosmochimica Acta, 60: 4965-4976.

Lipman P, Prostka H, Christiansen R. 1972. Cenozoic Volcanism and Plate-tectonic Evolution of the Western United States. I. Early and Middle Cenozoic. Philosophical Transactions of the Royal Society of London. Series A, Mathematical and Physical Sciences, 271: 217-248.

Liu H F, Tang L, Kao J. 1985. Evolution and structural analysis of the Mesozoic and Cenoxoic rift systems in Asia. In: Scientific Papers on Geology for Scientific Exchange, Prepared for the 27th International Geological Congress. Beijing: Publishing House of Geology, 57-67.

Liu H F. 1986. Geodynamic Scenario and Structural Styles of Mesozoic and Cenozoic Basins in China. Aapg Bulletin, 70: 377-395.

Loiselle M C, Wones D R. 1979. Characteristics and origin of anorogenic granites. Geological Society of America Abstracts with Programs, 11: 468.

Lottermoster B. 1990. Rare-earth element mineralization within the Mt Weld carbonatitelaterite, Western Australia. Lithos, 24: 151-167.

Lowenstern J B, Mahood G A, Hervig R L, et al. 1993. The occurrence and distribution of Mo and molybdenite in unaltered peralkaline rhyolites from Pantellera, Italy. Contrib Mineral Petrol, 114: 119-129.

Lowenstern J B. 1995. Applications of silicate melt inclusions to the study of magmatic volatiles. In: Thompson J F H (ed). Magmas, fluids and ore deposits. Mineralogical Association of Canada Short Course, 23: 71-79.

Lowenstern J B. 2003. Melt inclusions come of age: volatiles, volcanoes, and Sorby's legacy. Vivo B De. Bodnar R J. Melt Inclusions in volcanic System: Methods, Applications and 5 Problems, Developments in Volcanology 5. Amsterdam: Elsevier Press, 1-21.

Lu Y F, Ma L Y, Qu W J, et al. 2006. U-Pb and Re-Os isotope geochronology of Baoshan Cu-Mo polymetallic ore deposit in Hunan province. Acta Petrologica Sinica, 22: 2473-2482.

Luo J C, Hu R Z, Fayek M, et al. 2014. In-situ Sims Uraninite U - Pb Dating and Genesis of the Xianshi Granite-hosted Uranium Deposit, South China. Ore Geology Reviews, DOI: 10.1016/j. oregeorev. 2014.06.016.

Lyakhovich V. 1987. Accessory Minerals as an Indicator of the Evolution of the Lithosphere. International Geology Review, 29: 899-911.

Lv Q T, Yan J Y, Shi D N, et al. 2013. Reflection seismic imaging of the Lujiang - Zongyang volcanic basin, Yangtze Metallogenic Belt: An insight into the crustal structure and geodynamics of an ore district. Tectonophysics, 606: 60-77.

Macpherson C G, Dreher S T, Thirlwall M F. 2006. Adakites without slab melting: high pressure differentiation of island arc magma, Mindanao, the Philippines. Earth Planet Sci Lett, 243: 581-593.

Mao J W, Zhang Z C, Zhang Z H, et al. 1999. Re-Os isotopic dating of molybdenites in the Xiaoliugou W (Mo) deposit in the Northern Qilian Mountains and its geological siginificance. Geochim Coschim Ac, 63: 1815-1818.

Mao J W, Wang Y T, Zhang Z H, et al. 2003. Geodynamic settings of Mesozoic large-scale mineralization in the North China and adjacent areas: Implication from the highly precise and accurate ages of metal deposits. Sci China Ser D-Earth Sci, 46: 838-851.

Mao J W, Wang Y T, Lehmann B, et al. 2006. Molybdenite Re-Os and albite^{40}Ar/^{39}Ar dating of Cu-Au-Mo and magnetite porphyry systems in the Changjiang valley and metallogenic implications. Ore Geol Rev, 29: 307-324.

Mao J W, Xie G Q, Bierlein F, et al. 2008a. Tectonic implications from Re-Os dating of Mesozoic molybdenum deposits in the East Qinling-Dabie orogenic belt. Geochim Coschim Ac, 72: 4607-4626.

Mao J W, Wang Y T, Li H M, et al. 2008b. The relationship of mantle-derived fluids to gold metallogenesis in the Jiaodong Peninsula: Evidence from D-O-C-S isotope systematics. Ore Geol Rev, 33: 361-381.

Mao J W, Xie G Q, Duan C, et al. 2011a. A tectono-genetic model for porphyry-skarn-stratabound Cu-Au-Mo-Fe and magnetite-apatite deposits along the Middle-Lower Yangtze River Valley, Eastern China. Ore Geol Rev, 43: 294-314.

Mao J W, Pirajno F, Cook N. 2011b. Mesozoic metallogeny in East China and corresponding geodynamic settings-an introduction to the special issue. Ore Geol Rev, 43: 1-7.

Marais D J, Moore J G. 1984. Carbon and its isotopes in mid-oceanic basaltic glasses. Earth and Planetary Science Letter, 69: 43-57.

Marignac C, Cuney M. 1999. Ore Deposits of the French Massif Central: Insight Into the Metallogenesis of the Variscan Collision Belt. Mineralium Deposita, 34: 472-504.

Martin H, Li H Y, Capdevila R, et al. 1994. The Kuiqi peralkaline granitic complex (SE China), Petrology and geochemistry: Journal of Petrology, 35: 983-1015.

Martin H, Smithies R H, Rapp R, et al. 2005. An overview of adakite, tonalite-trondhjemite - granodiorite (TTG), and sanukitoid: relationships and some implications for crustal evolution. Lithos, 79: 1-24.

Marty B, Jambon A, Sano Y. 1989. Helium isotope and CO_2 in volcanic gases of Japan. Chem Geol, 76: 25-40.

Maruyama S, Isozaki Y, Kimura G, et al. 1997. Paleogeographic maps of the Japanese Isalnds: Plate tectonic synthesis from 750 Ma to the present. Isl Arc, 6: 121-142.

Mattey D P, Carr R H, Wright I P, et al. 1984. Carbon isotopes in submarine basalts. Earth and Planetary Science Letters, 70: 196-206.

Matthews A, Fouillac C, Hill R, et al. 1987. Mantle-derived volatiles in continental crust: the Massif Central of France: Earth and Planetary Science Letters, 85: 117-128.

Meinert L D. 1997. Application of skarn deposit zonation models to mineral exploration. Explor Min Geol, 6: 185-208.

Mengel K, Green D H. 1989. Stability of amphibole and phlogopite in metasomatized peridotite under water-saturated and water-undersaturated conditions. Kimberlites and related rocks. In: Ross J, eds. Geological Society of Australia, Special Publication, 14: 571-581.

Menzies M A, Fan W M, Zhang M. 1993. Palaeozoic and Cenozoic Lithoprobes and the Loss of >120 km of Archean Lithosphere. Sino-Korean Craton, China. In: Prichard H M, Alabaster T, Harris N B W, Neary C R, eds. Magmatic Processes and Plate Tectonics. Geological Society, London, Special Publication, 76: 71-81.

Metcalfe I. 1996. Gondwanaland dispersion, Asian accretion and evolution of eastern Tethys. Australian Journal of Earth Sciences, 43: 605-623.

Metcalfe I. 2002. Permian tectonic framework and palaeogeography of SE Asia. J Asian Earth Sci, 20: 551-566.

Middlemost E A K. 1994. Nanming materials in the magma/igneous rock system. Earth-Sci Rev, 37: 215-224.

Miller C, Schuster R, Klotzlli U, et al. 1999. Post-collisional potassic and ultrapotassic magmatism in SW Tibet: geochemical and Sr-Nd-Pb-O isotopic constraints for mantle source characteristics and petrogenesis. Journal of Petrology, 40: 1399-1424.

Min M Z, Luo X, Du G, et al. 1999. Mineralogical and Geochemical Constraints on the Genesis of the Granite-hosted Huangao Uranium Deposit, Se China. Ore Geology Reviews, 14: 105-127.

Min M. 1995. Carbonaceous-siliceous-pelitic Rock Type Uranium Deposits in Southern China: Geologic Setting and Metallogeny. Ore Geology Reviews, 10: 51-64.

Mitchell A H G, Carson M S. 1981. Mineral deposits and global tectonic settings. London: Academic Press.

Morteani G, Preinfalk C. 1996. REE distribution and REE carriers in laterites formed on the alkaline complexes of Araxa and Catalao, Brazil. In: Jones et al (eds). Rare Earth Minerals-Chemistry, Origin and Ore Deposits. Chapman & Hall, London, 227-255.

Mueller D, Groves D I. 2000. Potassic Igneous Rocks and Associated Gold-Copper Mineralization, 3rd edition. Springer, Berlin, 252.

Müller B, Frischknecht R, Seward T, et al. 2001. A fluid inclusion reconnaissance study of the Huanuni tin deposit (Bolivia), using LA-ICP-MS micro-analysis. Mineralium Deposita, 36: 680-688.

Murakami H, Ishihara S. 2005. REE mineralization by the weathering of high REE granitic rocks in the Ashizuri-Misaki area and the Sanyo belt of SW Japan. Journal & Geography, 115: 508-515.

Neiva A R. 1981. Geochemistry of Hybrid Granitoid Rocks and of Their Biotites From Central Northern Portugal and Their Petrogenesis. Lithos, 14: 149-163.

Neto A C B, Pereira V P, Ronchi L H, et al. 2009. The world-class Sn, Nb, Ta, F (Y, REE, Li deposit and the massive cryolite associated with the albite-enriched facies of the Madeira A-type granite, Pitinga Mining ditrict, Amazonas State, Brazil. Canadian Mineralogist, 47: 1329-1357.

Neves L J P F. 1997. Trace element content and partitioning between biotite and muscovite of granitic rocks: a study in the Viseu region (Central Portugal). European Journal of Mineralogy, 9: 849-857.

Nilson B F, Márcia M A. 1998. Granite-ore deposit relationships in Central Brazil. Journal of South American Earth Sciences, 11: 427-438.

O' Neil J R, Clayton R N, Mayeda T K. 1969. Oxygen isotope fractionation in divalentmetal carbonates. Journal of Chem ical Physics, 51: 5547-5558.

Ohmoto H. 1972. Systematics of sulfur and carbon isotopes in hydrothermal ore deposits. Economic Geology, 67: 551-578.

Ohmoto H, Rye R O. 1979. Isotopes of sulfur and carbon. In: Barnes H L. (Ed.). Geochemistry of Hydrothermal Ore Deposits. Wiley, New York, 509-567.

Oyman T. 2010. Geochemistry, mineralogy and genesis of the Ayazmant Fe-Cu skarn deposit in Ayvalik, (Balikesir), Turkey. Ore Geol Rev, 37: 175-200.

Pan Y M, Dong P. 1999. The Lower Changjiang (Yangzi/Yangtze River) metallogenic belt, east China: intrusion and wall rock-hosted Cu-Fe-Au, Mo, Zn, Pb, Ag deposits. Ore Geol Rev, 15: 177-242.

Pearce J A, Harris N B W, Tindle A G. 1984. Trace element discrimination diagrams for the tectonic interpretation of granitic rocks. J Petrol, 25: 956-983.

Pearce J S. 1996. Sources and settings of granitic rocks. Episodes, 19: 120-125.

Pei R F, Hong D W. 1995. The granites of South China and their metallogeny. Episodes, 18: 77-86.

Peng J T, Zhou M F, Hu R Z, et al. 2006. Precise molybdenite Re - Os and mica Ar - Ar dating of the Mesozoic Yaogangxian tungsten deposit, central Nanling district, South China. Mineralium Deposita, 41: 661-669.

Pe-Piper G. 2009. Dynamics of Crustal Magma Transfer, Storage and Differentiation. Geosci Can, 36: 191-191.

Perkins E H, Brown T H, Berman R G. 1986. PT-system, TX-system, PX-system: three programs for calculation of pressure-temperature-composition phase diagrams. Comput Geosci, 12: 749-755.

Philpotts A R. 1967. Origin of certain iron-titanium oxide and apatite rocks. Econ Geol, 62: 303-315.

Pineau F, Javoy M. 1983. Carbon isotopes and concentrations in midocean ridge basalts. Earth and Planetary Science Letters, 62: 239-257.

Pitcher W S. 1982. Granite type and tectonic environment. In: KF Hsu (eds.). Mountain Building Processes. London: Academic Press, 19-40.

Plimer I R. 1987. Fundamental parameters for the formation of granite-related tin deposits. International Journal of Earth Sciences, 76: 23-40.

Putirka K D, Mikaelian H, Ryerson F, et al. 2003. New clinopyroxene-liquid thermobarometers for mafic, evolved, and volatile-bearing lava compositions, with applications to lavas from Tibet and the Snake River Plain, Idaho. Am Mineral, 88: 1542-1554.

Qian Q, Chung S L, Lee T Y, et al. 2003. Mesozoic high Ba-Sr granitoids from North China: geochemical characteristics and geological implications. Terra Nova, 15: 272-278.

Qiu Y, Wu Q, Ji X, et al. 1991. Meso-cenozoic Taphrogeny and Dispersion in the Continental Margin of Southeast China and Adjacent Seas. Tectonophysics, 197: 257-269.

Ramboz C, Pichavant M, Weisbrod A. 1982. Fluid immiscibility in natural processes: Use and misuse of fluid inclusion data: II. Interpretation of fluid inclusion data in terms of immiscibility. Chemical Geology, 37: 29-48.

Rapp R P, Watson E B. 1995. Dehydration melting of metabasalt at 8-32 kbar: implications for continental growth and crust-mantle recycling. J Petrol, 36: 891-931.

Ratschbacher L, Hacker B R, Calvert A, et al. 2003. Tectonics of the Qinling (Central China): tectonostratigraphy, geochronology, and deformation history. Tectonophysics, 366: 1-53.

Reilly C O, Jenkin G R T, Feely M, et al. 1997. A fluid inclusion and stable isotope study of 200 Ma of fluid evolution in the Galway Granite, Connemara, Ireland. Contributions to Mineralogy and Petrology, 129: 120-142.

Rich R A, Holland H D, Petersen U. 1977. Hydrothermal uranium deposits. Elsevier Scientific Publishing.

Richards J P, Kerrich R. 2007. Special paper: Adakite-like rocks: Their diverse origins and questionable role in metallogenesis. Econ Geol, 102: 537-576.

Rickwood P C. 1989. Boundary lines within petrologic diagrams which use oxides of major and minor elements. Lithos, 22: 247-263.

Roedder E, Coombs V D. 1967. Immiscibility in granitic melts, indicated by fluid inclusions in ejected granitic blocks of Ascencion Islands. J Petrol, 8: 417-451.

Roedder E. 1972. Barite fluid inclusion geothermometry, Cartersville mining district, Georgia, northwest Georgia: A discussion. Econ Geol, 67: 684-690.

Roedder E. 1984. Fluid inclusions. Reviews in Mineralogy Mineral SOC Amer, 12: 644.

Rollinson H R. 1993. Using geochemical data: evaluation, presentation, interpretation. United Kingdom: Longman Publishing Group.

Ruzicka V. 1993. Vein Uranium Deposits. Ore Geology Reviews, 8: 247-276.

Saito G, Kazahaya K, Shinoha H, et al. 2001. Variation of volatile concentration in a magma system of Satsuma-Iwojima volcano deduced from melt inclusion analyses. Jour Volcanol And Geotherm, Res, 108: 11-31.

Sajona F G, Maury R C, Bellon H, et al. 1996. High field strength element enrichment of Pliocene-Pleistocene island arc basalts, Zamboanga Peninsula, western Mindanao (Philippines). J Petrol, 37: 693-726.

Sawkins F J. 1984. Metal deposits in relation to plate tectonics. Berlin: Springer-Verlag.

Schwartz M O. 1989. Determining phase volumes of mixed CO_2-H_2O inclusions using micro thermometric measurements. Mineral Deposita, 24: 43-47.

Scott S D. 2008. Massive sulfide deposits on the deep ocean floor: The dawning of a new mining history. In: The pacific rim: Mineral endowment, discovery and exploration frontiers. The Australasian Institute of Mining and Merallurgy, 19-22.

Selby D, Creaser R A, Hart C J, et al. 2002. Absolute timing of sulfide and gold mineralization: a comparison of Re-Os molybdenite and Ar-Ar mica methods from the Tintina Gold Belt, Alaska. Geology, 30: 791-794.

Selby D, Creaser R A. 2004. Macroscale NTIMS and microscale LA-MC-ICP-MS Re-Os isotopic analysis of molybdenite: testing spatial restrictions for reliable Re-Os age determinations, and implications for the decoupling of Re and Os within molybdenite. Geochim Coschim Ac, 68: 3897-3908.

Shepherd T J, Rankin A H, Alderton D H M. 1985. A practical guide to fluid inclusion studies. Glasgow, New York: Distributed in the USA by Chapman and Hall.

Shuang Y, Bi X W, Hu R Z, et al. 2010. REE, Mn, Fe, Mg and C, O Isotopic Geochemistry of Calcites from Furong Tin Deposit, South China: Evidence for the Genesis of the Hydrothermal Ore-forming Fluids. Resource Geology, 60: 18-34.

Shui T, Xu B T, Liang R H, et al. 1986. Shaoxing-Jiangshan deep-seated fault zone, Zhejing province. Chinese Science Bulletin, 31: 1250-1255.

Simmons S F, Sawkins F J, Schlutter D J. 1987. Mantle-derived helium in two Peruvian hydrothermal ore deposits. Nature, 329: 429-432.

Simon A C, Pettke T, Candela P A, et al. 2006. Copper partitioning in sulfur bearing magmatic systems. Geochimica et Cosmochimica Acta, 70: 5583-5600.

Smoliar M I, Walker R J, Morgan J W. 1996. Re-Os ages of group IIA, IIIA, IVA and VIB iron meteorites. Science, 271: 1099-1102.

Speer J A, Solberg T N, Becker S W. 1981. Petrography of the Uranium-bearing Minerals of the Liberty Hill Pluton, South Carolina: Phase Assemblages and Migration of Uranium in Granitoid Rocks. Economic Geology, 76: 2162-2175.

Speer J A. 1984. Micas in igneous rocks. In: Bailey S W (ed). Reviews in Mineralogy. Mineralogical Society of America, 13: 229-356.

Stein H J, Crock J G. 1990. Cretaceous-Tertiary magmatism in the Colorado Mineral Belt: rare earth element and samarium-neodymium isotopic studies. Geological Society of America Memoir, 174: 195-223.

Stein H J, Markey R J, Morgan J W, et al. 2001. The remarkable Re-Os chronometer in molybdenite: how and why it works. Terra Nova, 13: 479-486.

Štemprok M. 1990. Solubility of tin, tungsten and molybdenum oxides in felsic magmas. Mineralium Deposita, 25: 205-212.

Stormer J C, Nicolls J. 1978. XLFRAC: A program for the interactive testing of magmatic differentiation models. Comput Geosci, 4: 143-159.

Streck M J. 2008. Mineral textures and Zoning as evidence for Open System Processes. Rev Mineral Geochem, 69: 595-622.

Stuart F M, Turner G, Duckworth R C, et al. 1994. Helium isotopes as tracers of trapped hydrothermal fluids in ocean-floor sulfides. Geology, 22: 823-826.

Stuart F M, Burnard P G, Taylor R P, et al. 1995. Resolving mantle and crustal contribution to ancient hydrothermal fluids: He-Ar isotopes in fluid inclusions from DaeHwa W-Mo mineralisation, South Korea. Geochimica et Cosmochimica Acta, 59: 4663-4673.

Sun S S, McDonough W F. 1989. Chemical and isotope systematics of oceanic basalt: implication for mantle composition and processes. In: Saunders A D & Norry N J (eds). Magmatism in the Ocean Basins. London: Geological Society Special Publications, 42: 529-548.

Sun W D, Xie Z, Chen J F, et al. 2003. Os-Os dating of copper and molybdenum deposits along the Middle and Lower Reaches of the Yangtze River, China. Econ Geol, 98: 175-180.

Suzuki K, Shimizu H, Masuda A. 1996. Re-Os dating of molybdenites from ore deposits in Japan: implication for the closure temperature of the Re-Os system for molybdenite and the cooling history of molybdenum ore deposits. Geochim Coschim Ac, 60: 3151-3159.

Suzuki K, Kagi H, Nara M, et al. 2000. Experimental alteration of molybdenite: evaluation of the Re-Os system, infrared spectroscopic profile and polytype. Geochim Coschim Ac, 64: 223-232.

Sylvester P J. 1998. Post-collisional Strongly Peraluminous Granites. Lithos, 45: 29-44.

Taylor B E. 1986. Magmatic volatiles: Isotope variation of C, H, and S. Reviews in Mineralogy, 16: 185-226.

Taylor H P. 1974. The application of oxygen and hydrogen isotope studies to problems of hydrothermal alteration and ore deposition. Economic Geology, 69: 843-883.

Taylor R G. 1979. Geology of tin deposits. Amsterdam: Elsevier Scientific Publishing Company.

Thompson A B, Aerts M, Hack A C. 2007. Liquid immiscibility in silicate melts and related systems. Rev Mineral Geochem, 65: 99-127.

Turner G, Wang S S. 1992. Excess argon, crustal fluid and apparent isochrones from crushing K feldspar. Earth and Planetary Science Letter, 110: 193-211.

Turner G, Burnard P G, Ford J L, et al. 1993. Tracing fluid sources and interaction. Phil Trans R Soc Lond, A344: 127-140.

Urabe T. 1985. Aluminous granite as a source magma of hydrothermal ore deposits: an experimental study. Economic Geology, 80: 148-157.

Urich T, Gunther D, Heinrich C A. 1999. Gold concentrations of magmatic brines and the metal budget of porphyry copper deposits. Letters to Nature, 399: 676-679.

Veksler I V, Dorfman A M, Danyushevsky L V, et al. 2006. Immiscible silicate liquid partition coefficients: implications for crystal-melt element partitioning and basalt petrogenesis. Contrib Mineral Petr, 152: 685-702.

Wang L, Hu M G. , Yang Z, et al. 2011. U-Pb and Re-Os geochronology and geodynamic setting of the Dabaoshan Mo-polymetallic deposit, Northern Guangdong Province, South China. Ore Geol Rev, 43: 40-49.

Wang Q, Zhao Z H, Xu J F, et al. 2003. Petrogenesis and metallogenesis of the Yanshanian adakite-like rocks in the Eastern Yangtze Block. Sci China (D), 46: 164-176.

Wang Q, Zhao Z H, Bao Z W, et al. 2004a. Geochemistry and petrogenesis of the Tongshankou and Yinzu adakitic intrusive rocks and the associated porphyry copper-molybdenum mineralization in southeast Hubei, East China. Resou Geol, 54: 137-152.

Wang Q, Xu J F, Zhao Z H, et al. 2004b. Cretaceous high-potassium intrusive rocks in the Yueshan-Hongzhen area of east China: Adakites in an extensional tectonic regime within a continent. Geochem J, 38: 417-434.

Wang Q, Wyman D A, Xu J F, et al. 2006. Petrogenesis of Cretaceous adakitic and shoshonitic igneous rocks in the Luzong area, Anhui Province (Eastern China): implications for geodynamics and Cu-Au mineralization. Lithos, 89: 424-446.

Wang Q, Wyman D A, Xu J F, et al. 2007. Partial melting of thickened or delaminated lower crust in the middle of Eastern China: implications for Cu-Au mineralization. J Geol, 115: 149-161.

Wang X X, Wang T, Jahn B M, et al. 2007. Tectonic significance of Late Triassic post-collisional lamprophyre dykes from the Qinling Mountains (China) . Geol Mag, 144: 1-12.

Wang Y J, Zhang Y H, Fan W M, et al. 2002. Numerical modeling for generation of Indo-Sinian peraluminous granitoids Hunan Province: basaltic underplating vs. Tectonic thickening. Science in China (series D), 45: 1042-1056.

Wang Y J, Fan W M, Guo F, et al. 2003. Geochemistry of Mesozoic mafic rocks adjacent to the Chenzhou-Linwu fault, South China: Implications for the lithospheric boundary between the Yangtze and Cathaysia blocks. International Geology Review, 45: 263-286.

Wang Y J, Fan W M, Peng T P, et al. 2005a. Elemental and Sr－Nd isotopic systematics of the early Mesozoic volcanic sequence in southern Jiangxi Province, South China: petrogenesis and tectonic implications. International Journal of Earth Sciences, 94: 53-65.

Wang Y J, Zhang Y H, Fan W M, et al. 2005b. Structural signatures and Ar-40/Ar-39 geochronology of the Indosinian Xuefengshan tectonic belt, South China Block. Journal of Structural Geology, 27: 985-998.

Wang Y J, Fan W M, Zhao G, et al. 2007a. Zircon U-Pb Geochronology of Gneissic Rocks in the Yunkai Massif and Its Implications on the Caledonian Event in the South China Block. Gondwana Research, 12: 404-416.

Wang Y J, Fan W M, Cawood P A, et al. 2007b. Indosinian high-strain deformation for the Yunkaidashan tectonic belt, south China: Kinematics and $^{40}Ar/^{39}Ar$ geochronological constraints. Tectonics, 26: TC6008.

Wang Y J, Fan W M, Sun M, et al. 2007c. Geochronological, geochemical and geothermal constraints on petrogenesis of the Indosinian peraluminous granites in the South China Block: A case study in the Hunan Province. Lithos, 96: 475-502.

Wang Y J, Fan W M, Cawood P A, et al. 2008. Sr－Nd－Pb isotopic constraints on multiple mantle domains for Mesozoic mafic rocks beneath the South China Block hinterland. Lithos, 106: 297-308.

Wang Y J, Zhang F F, Fan W M, et al. 2010. Tectonic setting of the South China Block in the early Paleozoic: Resolving intracontinental and ocean closure models from detrital zircon U-Pb geochronology. Tectonics, 29: TC6020.

Wang Y J, Fan W M, Zhang G W, et al. 2013a. Phanerozoic tectonics of the South China Block: Key observations and controversies. Gondwana Research, 23: 1273-1305.

Wang Y J, Zhang A M, Fan W M, et al. 2013b. Origin of paleosubduction-modified mantle for Silurian gabbro in the Cathaysia Block: Geochronological and geochemical evidence. Lithos, 160: 37-54.

Watson E B, Harrison T M. 1983. zircon saturation revisited: Temperature and composition effects in a variety of crustal magmas types. Earth and Planetary Science letters, 64: 295-304.

Webster J D. 1992. Fluid-melt interactions in Cl-rich granitic systems: effects of melt composition at 2kbar and 800℃. Geochimica et Cosmochimica Acta, 56: 659-678.

Webster J D. 1997. Exsolution of Cl-bearing fluids from chlorine-enriched mineralizing granitic magmas and implications for ore metal transport. Geochimica et Cosmochimica Acta, 61: 1017-1029.

Webster J D, Tappen C M, Mandeville C W. 2009. Partitioning behavior of chlorine and fluorine in the system apatite-melt-fluid. II: Felsic silicate systems at 200MPa. Geochim Cosmochim Ac, 73: 559-581.

Whalen J B, Currie K L, Chappel B W. 1987. A-type granites geochemical characteristics, discrimination and petrogenesis. Contribut

Mineral Petr, 95: 407-419.

White A J R. 1979. Sources of granite magmas. Abstracts with programs, Geological Society of America, (11): 539.

White A J R., Chappell B W. 1983. Granitoid types and their distribution in the Lacklan foldbelt, southeast Australia. In: Roddick (ed.). Circum-pacific plutonic terranes. Mem Geol Soc Am, 159: 21-34.

Williams T J, Candela P A, Piccoli P M. 1995. The partitioning of copper between silicate melts and two-phase aqueous fluids; and experimental investigation at 1kbar, 800℃ and 0.5kbar, 850℃. Contrib. Mineral Petrol, 121: 388-399.

Williams T J, Candela P A, Piccoli P M. 1997. Hydrogen-alkali exchange between silicate melts and two-phase aqueous mixtures: An experimental investigation. Contrib. Mineral Petrol, 128: 114-126.

Wilson G A, Eugster H P. 1990. Cassiterite solubility and tin speciation in supercritical chloride solutions. In: Spencer R J, Chou-I-Ming (eds). Fluid－mineral interactions; a tribute to Eugster H P. Geochem Soc Spec Publ, 2: 179-195.

Wones D, Eugster H. 1965. Stability of Biotite-experiment Theory and Application. American Mineralogist, 50: 1228-1272.

Wones D R. 1981. Mafic minerals as indicators of intensive variables in granitic magmas. Mining Geology (Japan), 31: 191-212.

Wu F Y, Lin J Q, Wilde S A, et al. 2005. Nature and significance of the Early Cretaceous giant igneous event in eastern China. Earth Planet Sci Lett, 233: 103-119.

Wu L, Jia D, Li H, et al. 2010. Provenance of detrital zircons from the late Neoproterozoic to Ordovician sandstones of South China: implications for its continental affinity. Geological Magazine, 147: 974.

Wu Y B, Zheng Y F. 2004. Genesis of Zircon and Its Constraints on Interpretation of U-Pb Age. Chinese Science Bulletin, 49: 1554-1569.

Xiao L, Clemens J D. 2007. Origin of potassic (C-type) adakite magmas: experimental and field constraints. Lithos, 95: 399-414.

Xiao W J, He H Q. 2005. Early Mesozoic thrust tectonics of the northwest Zhejiang region. Southeast China. Geol Soc Am Bull, 117: 945-961.

Xie G Q, Hu R Z, Mao J W. 2005. Geological and geochemical characteristics of Early Cretaceous mafic dykes from North Jiangxi province and its geodynamics. Journal of the Geological Sci (English Edition), 79: 201-210.

Xie G Q, Hu R Z, Mao J W, et al. 2006. K-Ar Dating, Geochemical, and Sr-Nd-Pb Isotopic Systematics of Late Mesozoic Mafic Dikes, Southern Jiangxi Province, Southeast China: Petrogenesis and Tectonic Implications. International Geology Review, 48: 1023-1051.

Xie G Q, Mao J W, Li R L, et al. 2007. Re－Os molybdenite and Ar－Ar phlogopite dating of Cu－Fe－Au－Mo (W) deposits in southeastern Hubei, China. Miner Petrol, 90: 249-270.

Xie G Q, Mao J W, Li L R, et al. 2008. Geochemistry and Nd-Sr isotopic studies of Late Mesozoic granitoids in the southeastern Hubei province, Middle-Lower Yangtze River belt, Eastern China: Petrogenesis and tectonic setting. Lithos, 104: 216-230.

Xie G Q, Mao J W, Zhao H J. 2011a. Zircon U-Pb geochronological and Hf isotopic constraints on petrogenesis of Late Mesozoic intrusions in the Southeast Hubei Province, Middle-Lower Yangtze River belt (MLYRB), East China. Lithos, 125: 693-710.

Xie G Q, Mao J W, Li X W, et al. 2011b. Late Mesozoic bimodal volcanic rocks in the Jinniu basin, Middle-Lower Yangtze River Belt (YRB), East China: age, petrogenesis and tectonic implications. Lithos, 127: 144-164.

Xie G Q, Mao J W, Zhao H J, et al. 2011c. Timing of skarn deposits from the Tonglushan ore district, Southeast Hubei Province, Middle－Lower Yangtze River belt and its implication. Ore Geol Rev, 43: 62-77.

Xie G Q, Mao J W, Zhao H J, et al. 2012. Zircon U-Pb and phlogopite 40Ar-39Ar age of the Chengchao and Jinshandian skarn Fe deposits, southeast Hubei Province, Middle-Lower Yangtze River Valley metallogenic belt, China. Miner Deposita, 47: 633-652.

Xie G Q, Mao J W, Zhu Q Q, et al. 2015. Geochemical constraints on Cu－Fe and Fe skarn deposits in the Edong district, Middle－Lower Yangtze River metallogenic belt, China. Ore Geol Rev, 64: 425-444.

Xie X, Xu X, Zou H, et al. 2006. Early J2 basalts in SE China: Incipience of large-scale late Mesozoic magmatism. Science in China Series D: Earth Sciences, 49: 796-815.

Xiong X L. 2006. Trace element evidence for growth of early continental crust by melting of rutile-bearing hydrous eclogite. Geology, 34: 945-948.

Xu D R, Xia B, Li P C, et al. 2007. Protolith natures and U-Pb sensitive high mass-resolution ion microprobe (SHRIMP) zircon ages of the metabasites in Hainan Island, South China: Implications for geodynamic evolution since the late Precambrian. Island Arc, 16: 575-597.

Xu J F, Shinjo R, Defant M J, et al. 2002. Origin of Mesozoic adakitic intrusive rocks in the Ningzhen area of East China: partial melting of delaminated lower continental crust. Geology, 30: 1111-1114.

Xu K Q. 1984. Origin and metallogenesis of granites in South China. In: Xu K Q, Tu G Z (eds.). Geology and Its relation to Metallogenesis of Granites. Nanjing: Jiangsu Science Pulishing House, 1-20.

Xu K, Sun N, Wang D. 1982. On the origin and metallogeny of the granites in South China. In: Xu K, Tu G, eds. Geology of Granites and Their Metallogenetic Relations. Proceeding of International, Nanjing University. Beijing: Science Press, 1-3.

Xue C, Zeng R, Liu S, et al. 2007. Geologic, fluid inclusion and isotopic characteristics of the Jinding Zn-Pb deposit, western Yunnan, South China: a review. Ore Geology Reviews, 31: 337-359.

Yamashita S. 1999. Experimental study of the effect of temperature on water solubility in natural rhyolite melt to 100 MPa. J Petrol, 40: 1497-1507.

Yan D P, Zhou M F, Song H, et al. 2003. Origin and Tectonic Significance of a Mesozoic Multi-layer Over-thrust System Within the Yangtze Block (south China). Tectonophysics, 361: 239-254.

Yan J, Chen J F, Xu X S. 2008. Geochemistry of Cretaceous mafic rocks from the Lower Yangtze region, Eastern China: characteristics and evolution of the lithospheric mantle. J Asian Earth Sci, 33: 177-193.

Yan J, Liu H Q, Song C Z, et al. 2009. Zircon U-Pb geochronology of the volcanic rocks from Fanchang-Ningwu Volcanic basins in the Lower Yangtze region and its geological implications. Chinese Sci Bull, 54: 2895-2904.

Yang J H, Wu F Y, Chung S L, et al. 2005. Petrogenesis of post-orogenic syenites in the Sulu orogenic belt, East China: geochronological, geochemical and Nd-Sr isotopic evidence. Chem Geol, 214: 99-125.

Yao J M, Hua R M, Qu W J, et al. 2007. Re-Os isotope dating of molybdenites in the Huangshaping Pb-Zn-W-Mo polymetallic deposit, Hunan province, South China and its geological significance. Science in China, 37: 471-477.

Yu J J, Mao J W. 2004. 40Ar-39Ar dating of albite and phlogopite from porphyry iron deposits in the Ningwu basin in east-central China and its significance. Acta Geol Sin-Engl, 78: 435-442.

Yu J J, Zhang Q, Mao J W, et al. 2007. Geochemistry of apatite from the apatite-rich iron deposits in the Ningwu Region, East Central China. Acta Geol Sin-Engl, 81: 637-648.

Yu J J, Mao J W, Zhang C Q. 2008. The possible contribution of a mantle-derived fluid to the Ningwu porphyry iron deposits-Evidence from carbon and strontium isotopes of apatites. Prog Nat Sci, 18: 67-172.

Yu X Q, Di Y J, Wu G G, et al. 2009. The Early Jurassic magmatism in northern Guangdong Province, southeastern China: Constraints from SHRIMP zircon U-Pb dating of Xialan complex. Sci China Ser D, 52: 471-483.

Yu X Q, Wu G G, Zhao X X, et al. 2010. The Early Jurassic tectono-magmatic events in southern Jiangxi and northern Guangdong provinces, SE China: Constraints from the SHRIMP zircon U-Pb dating. J Asian Earth Sci, 39: 408-422.

Yuan S D, Peng J T, Shen N P, et al. 2007. 40Ar-39Ar isotopic dating of the Xianghualing Sn-polymetallic orefield in Southern Hunan, China and its geological implications. Acta Geologica Sinica: English Edition, 81: 278-286.

Yuan X C, Zuo Y, Cai X L, et al. 1989. The structure of the lithosphere and the geophysics in the South China Plate. Progress on Geophysics in China in the 1980s, 243-249.

Yui T, Heaman L, Lan C. 1996. U-Pb and Sr Isotopic Studies on Granitoids From Taiwan and Chinmen-lieyü and Tectonic Implications. Tectonophysics, 263: 61-76.

Zartman R E, Wasserburg G J, Reynods J H. 1961. Helium, argon and carbon in some natural gases. Journal of Geophysics Research, 66: 277-306.

Zhai W, Sun X, Wu Y, et al. 2012. He-Ar Isotope Geochemistry of the Yaoling-Meiziwo Tungsten Deposit, North Guangdong Province: Constraints on Yanshanian Crust-mantle Interaction and Metallogenesis in Se China. Chinese Science Bulletin, 57: 1150-1159.

Zhai Y S, Xiong Y Y, Yao S Z, et al. 1996. Metallogeny of copper and iron deposits in the Eastern Yangtze Craton, East-central China. Ore Geol Rev, 11: 229-248.

Zhang F F, Wang Y J, Chen X Y, et al. 2011. Triassic high-strain shear zones in Hainan Island (South China) and their implications on the amalgamation of the Indochina and South China Blocks: Kinematic and Ar-40/Ar-39 geochronological constraints. Gondwana Research, 19: 910-925.

Zhang H F, Harris N, Parrish R, et al. 2004. Causes and consequences of protracted melting of the mid-crust exposed in the North Himalayan antiform. Earth and Planetary Science Letters, 228: 195-212.

Zhang Z J, Badal J, Li Y K, et al. 2005. Crust-upper mantle seismic velocity structure across Southeastern China. Tectonophysics, 395: 137-157.

Zhang Z J, Zhang X, Badal J. 2008. Composition of the crust beneath southeastern China derived from an integrated geophysical data set. J Geophys Res-Sol Ea, 113: 1-25.

Zhao C H, He K Z, Mo X X, et al. 1996. Discovery and its significance of late Paleozoic radiolarian silicalite in ophiolitic melange of northeastern Jiangxi deep fault belt. Chinese Sci Bull, 41: 667-670.

Zhao J H, Hu R Z, Liu S. 2004. Geochemistry, Petrogenesis, and Tectonic Significance of Mesozoic Mafic Dikes, Fujian Province, Southeastern China. International Geology Review, 46: 542-557.

Zhao K D, Jiang S Y, Jiang Y H, et al. 2005. Mineral chemistry of the Qitianling granitoid and the Furong tin ore deposit in Hunan Province, South China: implication for the genesis of granite and related tin mineralization. European Journal of Mineralogy, 17: 635-648.

Zhao X, Coe R. 1987. Paleomagnetic constraints on the collision and rotation of North and South China. Nature, 327: 141-144.

Zhao Z H, Bao Z W, Zhang B Y. 1998. Geochemistry of the Mesozoic basaltic rocks in southern Hunan Province. Science in China. Series D: Earth Sciences, 41: 102-113.

Zheng Y F. 1990. Carbon-oxygen isotopic covariation in hydrothermal calcite during degassing of CO2. Mineralium Deposita, 25: 246-250.

Zheng Y F, Hoefs J. 1993. Carbon and oxygen isotopic covariations in hydrothermal calcites. Mineralium Deposita, 28: 79-89.

Zhou T F, Fan F, Yuan F, et al. 2005. A preliminary geological and geochemical study of the Xiangquan thallium deposit, eastern China: the world first thallium-only mine. Miner Petrol, 85: 243-251.

Zhou T F, Yuan F, Yue S C, et al. 2007. Geochemistry and evolution of ore-forming fluids of the Yueshan Cu-Au skarn-and vein-type deposits, Anhui province, South China. Ore Geol Rev, 31: 279-303.

Zhou T F, Fan Y, Yuan F, et al. 2011. Geochronology and significance of volcanic rocks in the Ning-Wu basin of China. Sci China Ser D-Earth Sci, 54: 185-196.

Zhou T F, Fan Y, Yuan F, et al. 2013. Geology and geochronology of magnetite – apatite deposits in the Ning-Wu volcanic basin, eastern China. J Asian Earth Sci, 66: 90-107.

Zhou X M, Li W X. 2000. Origin of Late Mesozoic igneous rocks in Southeastern China: implications for lithosphere subduction and underplating of mafic magmas. Tectonophysics, 326: 269-287.

Zhou X M, Sun T, Shen W Z, et al. 2006. Petrogenesis of Mesozoic granitoids and volcanic rocks in South China: A response to tectonic evolution. Episodes, 29: 26-33.

Zhu W G, Zhong H, Li X H, et al. 2010. The early Jurassic mafic-ultramafic intrusion and A-type granite from northeastern Guangdong, SE China: Age, origin, and tectonic significance. Lithos, 119: 313-329.

第二篇

华南大面积低温成矿系统

低温成矿作用通常指约 200～250℃ 及其以下温度区间内的成矿作用，低温成矿域是与低温成矿作用相对应的一个概念，指低温热液矿床密集成群产出的区域。虽然低温热液矿床在世界各地都有分布，但低温成矿域尤其是大面积低温成矿域在世界上的分布则十分局限。我国西南川、滇、黔、桂、湘等省区，Au、Hg、Sb、As、Pb、Zn 等低温矿床广泛分布，构成华南大面积低温成矿域。

本篇通过右江盆地 Au-Sb-As-Hg 矿集区、川滇黔相邻 Pb-Zn 矿集区和华南 Sb 矿带内典型矿床的深入剖析，探讨了大面积低温成矿的背景和过程，提出了找矿预测的一些新依据。

第八章　研究背景及主要进展

第一节　研究背景

低温成矿作用通常指 200～250℃及其以下温度区间内的热液成矿作用（Tu，1996；涂光炽，1998），低温成矿域是与低温成矿作用相对应的一个概念，指低温热液矿床密集成群产出的区域。虽然低温热液矿床在世界各地都有分布，但低温成矿域尤其是大面积低温成矿域在世界上的分布则十分局限。目前，世界上公认的大面积低温成矿域仅有 2 个（涂光炽，1998，2002；李朝阳，1999；胡瑞忠等，2006）：一个在美国中西部，成矿域内 MVT 型铅锌矿床、卡林型金矿和砂岩型铀矿等低温热液矿床不仅分布广，而且大都为大型-超大型矿床，是美国的主要矿产资源基地之一。另一个位于我国西南地区（图 8.1），在川、滇、黔、桂、湘等省份面积约 50 万 km^2 的广大范围内，Au、Hg、Sb、As、Pb、Zn 等低温热液矿床广泛发育，且不少矿床是大型-超大型矿床，是我国重要的 Au、Hg、Sb、As、Pb、Zn、Ag 以及多种分散元素生产基地。该区是我国卡林型金矿床的主要产区（Hu et al.，2002），我国约 80% 的汞矿储量集中于此地（花永丰和崔敏中，1996），世界上 50% 以上的锑矿年产量来自该低温成矿域（彭建堂，2000），同时该区还是我国 Pb、Zn、Ag 及多种分散元素（Ge、Ga、Cd 等）的主要来源之一（柳贺昌和林文达，1999；黄智龙等，2004）。

以往对该区的低温成矿作用进行了较深入的研究。20 世纪 90 年代，在涂光炽院士倡导和带领下，我国的成岩成矿低温地球化学研究成果丰硕，涂光炽（1998）对该阶段的研究成果进行了总结，主要表现在：① 通过实验研究，确定了某些成矿元素在低温条件下活化、迁移和沉淀的条件；② 首次用实验方法测量了辉铜矿、黄铜矿和斑铜矿的溶解反应速率常数及活化能，应用混沌动力学方法，建立了溶解反应的非线性动力学方程；③ 对全国 20 个省份的 85 个矿床和矿点进行了低温地球化学研究，初步揭示了这些矿床的成矿机制；④ 形成了"成岩成矿低温地球化学"的理论框架。

值得指出的是，这些研究在解决了一些科学问题的同时，关键还在于提出了一些更加重要的新问题，主要包括：① 我国西南地区发育有世界上最好的低温成矿域，其面积之大、包含的矿种之多、矿床组成和组合之复杂，全球罕见（涂光炽，2002）。为什么在我国西南地区形成了这一大面积低温成矿域？深入探讨这一成矿域的形成背景和过程，既是瞄准国际前沿的重大科学问题，也是在该地区进一步找矿预测的重要基础。② 成岩成矿低温地球化学是一相对薄弱的研究领域，要形成系统的理论体系，尚需对更多的典型低温成岩成矿实例进行系统解剖。

21 世纪初期以来，通过国家"973"项目（G1999043200）有关课题和中科院重大项目等的支持，主要围绕上述问题开展了较深入的探讨。胡瑞忠等（2006）对该阶段的研究成果进行了总结，主要表现在：① 初步确立了我国西南地区大面积低温成矿的主要控制因素。② 初步厘定了大面积低温成矿作用的时代。初步的年代学研究表明，西南大面积低温成矿作用主要发生在三个时期：晚元古代—早古生代（530～600Ma）——主要形成重晶石矿、磷矿、镍钼矿；加里东期（380～425Ma）——主要形成沿雪峰山一带分布的金（锑、钨）矿床；燕山期（80～155Ma）——形成金、砷、锑汞等矿床。其中，燕山期是主成矿期。③ 揭示了大规模流体运移与大面积低温成矿的关系。以右江盆地为例，在燕山主成矿期，盆地流体的大规模运移引起了研究区大面积的低温成矿。在盆地与台地间，成矿流体主要由盆地向台地发生大规模运移，在盆地内部则主要由台间盆地向相邻的孤立台地或其四周发生大规模运移。因此，盆地周缘及盆地内部孤立台地附近的古岩溶面、不整合面和各类断裂构造，是流体聚集和成矿的有利构造

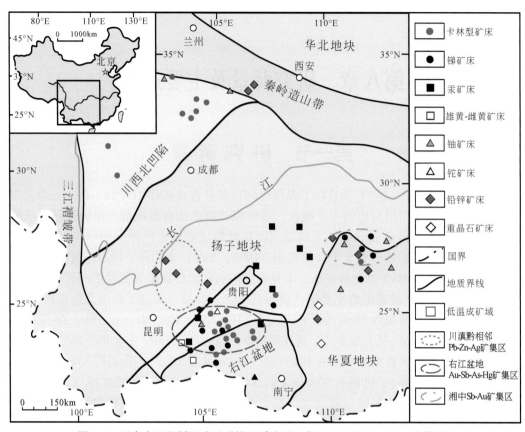

图 8.1　西南大面积低温成矿系统地质略图（据 Hu et al.，2002；略修改）

部位，因而也是找矿的有利部位。④ 初步查明了西南大面积低温成矿域的形成过程。以燕山主成矿期为例，大面积低温成矿的成矿流体为大规模运移的盆地流体；低温矿床中的成矿物质主要来自于富含成矿元素的元古宙基底和部分显生宙沉积地层；大面积低温成矿作用主要发生在 80～155Ma，与区内燕山期在岩石圈伸展背景下由地幔上涌而形成的幔源基性脉岩的时代相当；燕山期地幔上涌导致的热异常和岩石圈伸展引起的驱动力，对驱动盆地流体大规模运移形成大面积低温成矿域，起着重要的控制作用。

第二节　主要进展

　　虽然前人对我国西南大面积低温成矿域的研究已取得上述重要进展，但仍存在许多重要科学问题亟待解决，主要包括大面积低温成矿的精确年代学和动力学过程、大面积低温成矿的深度和预测、大面积低温成矿的必然性。近年来，围绕这些问题，作者对华南中生代低温成矿系统中右江盆地 Au-Sb-As-Hg 矿集区、湘中 Sb-Au 矿集区和川滇黔相邻 Pb-Zn 矿集区等三个矿集区及其邻区的近 100 个代表性矿床进行了研究，在华南中生代低温成矿系统年代学及动力学背景、矿床分布规律及主要控制因素、成矿规律及成矿必然性方面都取得了一些新的进展。同时与有关地勘单位和矿山企业合作，在右江盆地 Au-Sb-As-Hg 矿集区和川滇黔相邻 Pb-Zn 矿集区代表性矿床的深部和外围进行了找矿预测，实现了找矿重大突破。

一、低温成矿系统年代学格架及动力学背景

　　前人对扬子地块西南缘产出的重晶石矿、磷矿、镍钼矿、金矿、铅锌矿、锑矿等低温矿床的成矿时代进行了研究（胡瑞忠等，2007），初步拟定出该区存在三期大规模低温成矿作用，分别相当于晚元古代——

早古生代、晚加里东期和燕山中晚期。本次工作除获得研究区晚加里东期和燕山期成矿时代外，还获得川滇黔相邻 Pb-Zn 矿集区的成矿时代在 225~250Ma，为印支期，从而完善了我国西南大面积低温成矿系统的年代学格架（图 8.2）：①晚元古代—早古生代，同位素年龄主要为 530~600Ma，矿种主要为磷矿、重晶石矿和黑色页岩中的镍钼铂矿；②晚加里东期，同位素年龄主要为 380~425Ma，矿种主要为雪峰山地区赋存于前寒武纪浅变质碎屑岩中的 Au-Sb-W 矿床；③印支期，同位素年龄主要为 225~250Ma，矿种主要为广泛分布于川滇黔相邻区、以碳酸盐岩为容矿岩石的铅锌银多金属矿床；④燕山中晚期，同位素年龄主要为 80~155Ma，是大面积低温成矿系统的主成矿期，矿种主要为产于寒武系及其以后地层中的 Sb 矿床、卡林型 Au 矿床和 Hg 矿床。

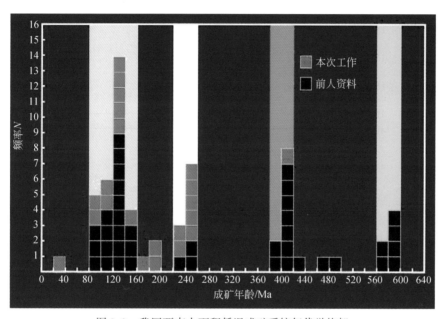

图 8.2 我国西南大面积低温成矿系统年代学格架

对于大面积低温系统印支期（225~250Ma）成矿作用，因与特提斯洋闭合时限（240Ma）相近，前人认为与特提斯构造演化有关（张长青，2008；Hu et al.，2012）。本次工作认为可能与峨眉地幔柱活动有一定的联系。广泛分布于我国西南地区的大面积峨眉山玄武岩为地幔柱活动产物，其成岩时代为 260Ma 左右（Zhou et al.，2002；Lo et al.，2002；Ali et al.，2004），与大面积低温系统印支期（225~250Ma）成矿作用的时代相近。研究表明，峨眉山玄武岩岩浆活动在本区铅锌多金属矿床成矿过程中可能具有提供部分成矿物质、成矿流体和成矿热动力的重要作用，这些矿床可能是地幔柱活动引发大规模流体运移，活化各时代地层中的成矿元素，然后迁移到有利构造部位成矿的产物。

利用多种方法，确定了分布于大面积低温区的偏碱性超基性岩体和基性岩脉的时代为 85~102Ma（Liu et al.，2010）。研究发现，这些岩石为燕山期地幔隆起、岩石圈伸展背景下的产物（Liu et al.，2010），其时代与大面积低温系统的主成矿期——燕山期（80~155Ma）一致。因此，西南地区燕山期地幔隆起、构造体制由挤压向伸展的转换，导致了盆地流体的集中释放和大规模运移而大面积成矿。

二、低温成矿系统成矿必然性

1. 分析了低温成矿系统基底与成矿的关系

华南低温矿床主要分布于右江盆地及邻区、湘中盆地和川滇黔相邻区。不同矿集区矿床的元素组合有一定的差异，右江盆地矿集区主要为 Au-Sb-As-Hg、湘中矿集区主要为 Sb-Au、川滇黔相邻区主要为 Pb-

Zn-Ag。不同矿集区盖层中的矿床和基底矿床的成矿元素组合有一定的对应关系，具有继承性。例如，湘中基底地层富含 Au-Sb，湘中盖层中矿床为 Sb-Au 组合。铅同位素证据亦表明，黔西南低温矿床的成矿物质可能也主要与基底有关（图 8.3）。因此，初步认为基底与盖层中的低温矿床有一定的内在联系。

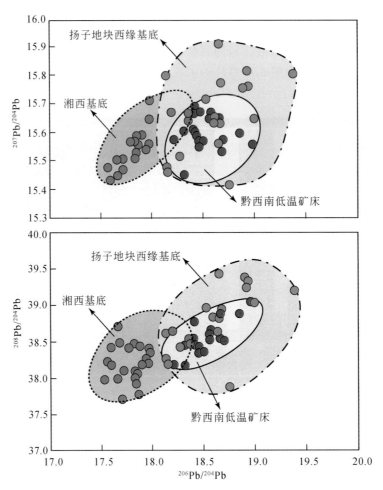

图 8.3 我国西南大面积低温成矿系统基底和矿床 Pb 同位素组成对比图

2. 初步探讨了低温成矿系统油气与成矿的关系

华南低温成矿系统主成矿期为燕山期，区内该时期发现大量油气残余痕迹。四川盆地发育天然气矿床，目前盆地内没发现低温金属矿床；有找气远景的黔中降起区低温矿床亦不多；这表明油气矿床发育于相对稳定地区的盆地盖层中。相对活动区域的盆地盖层由于油气矿床多被后期构造活动破坏或被二次迁移，仅发育低温矿床。此外，油气矿床和低温金属矿床赋矿层位也不同。低温矿床主要赋存于相对较早的下部地层中，而油气矿床主要赋存于相对较晚的上部地层中。已有的研究表明，油气形成过程中形成的有机溶剂可溶解成矿元素，油气中大量流体也可溶解搬运成矿元素。因此，成油成气过程可能是低温矿床初期成矿元素活化迁移过程。根据上述工作，初步提出了我国低温成矿与油气成矿的相互关系模式。

三、低温成矿系统成矿规律

后文将详细介绍本次工作对右江盆地 Au-Sb-As-Hg 矿集区和川滇黔相邻 Pb-Zn 矿集区研究取得的成果，以下仅介绍其他矿集区（带）的研究进展。

1. 湘中 Sb-Au 矿集区

矿集区内分布 100 多个 Sb-Au 矿床、矿点和矿化点（图 8.4），其中锡矿山锑矿床是世界上最大的锑矿床，金属储量达 2.5 Mt 以上（史明魁等，1993）。通过对该矿集区内锡矿山锑矿、龙山金锑矿、高家坳金矿、古台山金矿、大新金矿 5 个代表性 Sb-Au 矿床深入剖析，取得以下主要进展。

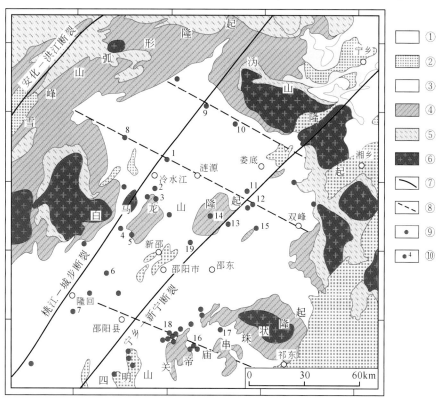

图 8.4 湘中 Sb-Au 矿集区地质略图（据陶琰等，2002；略修改）

①第四系；②古近系和新近系—侏罗系；③三叠系—泥盆系；④志留系—震旦系；⑤前震旦系；⑥不同时代花岗岩；
⑦深大断裂；⑧隐伏断裂；⑨锑（金）矿床（点）；⑩主要锑（金）矿床及编号；图中带编号锑（金）矿床名称：
1. 锡矿山；2. 罗家塘；3. 大新；4. 牛山铺；5. 高家坳；6. 芭蕉坳；7. 五峰山；8. 长田垅；9. 板溪；10. 甘溪；
11. 杨才山；12. 马颈坳；13. 左湾；14. 龙山；15. 东冲；16. 新王家；17. 三德堂；18. 石井铺；19. 三塘埔

（1）获得锡矿山锑矿床早、晚两期方解石 Sm-Nd 等时线定年结果，分别为 155.5±1.1Ma 和 124.1±3.7Ma（Peng et al.，2003），认为成矿与该区燕山期地幔隆起、地壳拉张地球动力背景有关。

（2）硫同位素组成显示，产于研究区域内震旦系江口组中的龙山、大新等金（锑）矿床硫化物的δ^{34}S 值集中在 $-2.0‰ \sim 2.0‰$，均值接近 0（图 8.5），反映这些矿床的硫可能主要来源于深部岩浆；产于泥盆系碳酸盐中的锡矿山锑矿床硫化物的 δ^{34}S 值变化范围较宽，为 $-3.3‰ \sim 16.8‰$（图 8.6），与前泥盆系的基底地层变化范围相似（蒋治渝等，1990；马东升等，2003），表明硫可能来自基底碎屑岩；产于中泥盆统半山组中的高家坳金矿硫化物的 δ^{34}S 值同样具有较宽的变化范围，为 $6.21‰ \sim 22.25‰$，暗示硫可能主要来自沉积岩层的硫化物。

（3）锡矿山矿床辉锑矿铅同位素组成具有较宽的变化范围，其 $^{206}Pb/^{204}Pb$、$^{207}Pb/^{204}Pb$ 和 $^{208}Pb/^{204}Pb$ 分别为 $17.685 \sim 20.884$、$15.516 \sim 15.966$ 和 $38.023 \sim 39.277$；在铅同位素构造模式图中（图 8.7），样品主要位于上地壳与造山带演化曲线之间；在朱炳泉（1998）的铅同位素 $\Delta\gamma$-$\Delta\beta$ 图中（图 8.8），绝大部分样品位于壳幔混合铅范围。这些特征表明，矿床成矿物质具有多源性，幔源物质参与了成矿作用。图 8.7 同时显示，锡矿山矿床的铅同位素组成位于基底地层板溪群和冷家溪群变化范围内，表明基底地层是该矿床成矿物质重要来源，彭建堂等（2001，2002）对该矿灰岩、蚀变灰岩及成矿期方解石的 Sr、Nd 同位素组成研究也支持该结论；而龙山、大新和高家坳等矿床铅同位素组成位于震旦系地层范围，指示这些矿床的成矿物质主要来源于赋矿地层。

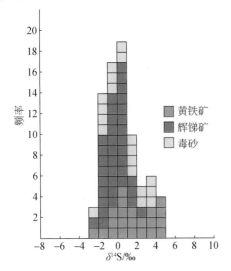

图8.5 龙山和大新矿床硫同位素直方图
原始数据由本次工作分析

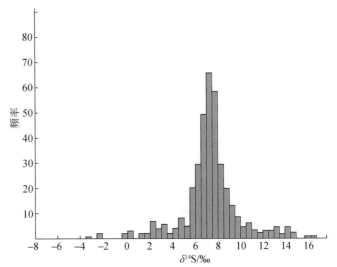

图8.6 锡矿山矿床硫同位素直方图
原始数据引自彭建堂（2000）和本次工作

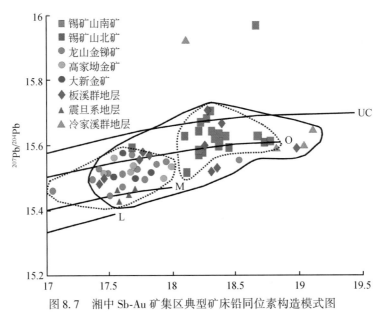

图8.7 湘中 Sb-Au 矿集区典型矿床铅同位素构造模式图

上地壳（UC）、造山带（O）、地幔（M）和下地壳（L）演化线据 Zartman 和 Doe（1981）；原始数据由本次工作分析

（4）锡矿山矿床成矿早期和晚期方解石的碳、氧同位素组成存在明显的差别，前者的 $\delta^{13}C_{PDB}$ 和 $\delta^{13}O_{SMOW}$ 分别为 $-6.11‰ \sim -7.02‰$ 和 $16.1‰ \sim 17.9‰$，后者的 $\delta^{13}C_{PDB}$ 和 $\delta^{13}O_{SMOW}$ 分别为 $-0.20‰ \sim 2.08‰$ 和 $11.0‰ \sim 17.2‰$。彭建堂和胡瑞忠（2001）模拟计算出本区早期成矿流体的 $\delta^{13}C_{PDB}$ 和 $\delta^{13}O_{SMOW}$ 分别为 $-6.0‰$ 和 $10‰$，在 Taylor 等（1967）确定的原生碳酸岩范围之内（$\delta^{13}C_{PDB}: -4‰ \sim -8‰$，$\delta^{18}O_{SMOW}: 6‰ \sim 10‰$），认为主要来源于幔源流体；晚期成矿流体的 $\delta^{13}C_{PDB}$ 和 $\delta^{18}O_{SMOW}$ 分别为 $0.0‰$ 和 $4‰$，可能为水/岩相互作用和温度降低耦合作用的结果。

（5）在破碎带蚀变岩型锑金矿床——龙山锑金矿床的含砷黄铁矿中，发现多颗自然金颗粒。黄铁矿中 As 分布均匀，Au 分布在黄铁矿溶蚀空洞边部，呈浑圆状和不规则粒状，粒径超过 $1\mu m$（图8.9）。

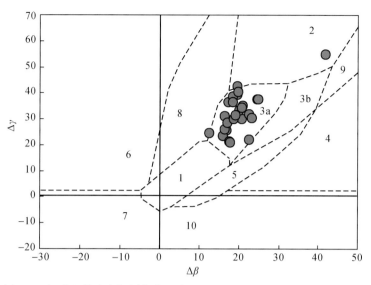

图 8.8 锡矿山锑矿床铅同位素组成 $\triangle\beta$-$\triangle\gamma$ 图（底图据朱炳泉，1998）

1. 地幔源铅；2. 上地壳源铅；3. 上地壳与地幔混合的俯冲铅（3a-岩浆作用，3b-沉积作用）；4. 化学沉积型铅；5. 海底热水作用铅；
6. 中深变质作用铅；7. 深变质下地壳铅；8. 造山带铅；9. 古老页岩上地壳铅；10. 退变质铅；原始数据由本次工作分析

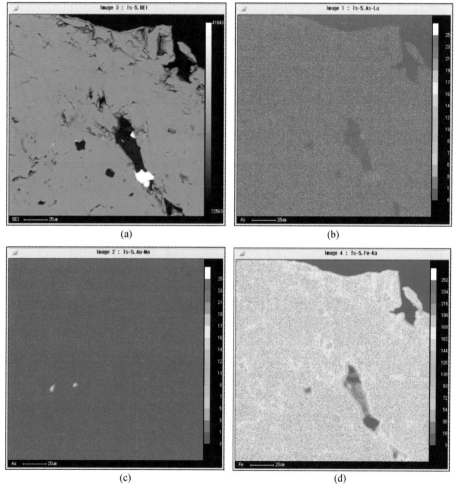

图 8.9 龙山破碎带蚀变岩型锑金矿床中的自然金

2. 湘黔 Hg 矿带

通过湘黔 Hg 矿带（图 8.10）湖南新晃酒店塘汞矿区、中寨铅锌矿，贵州万山汞矿、万山黄道乡锌矿，贵州铜仁岩屋坪汞矿、大硐喇汞矿、大硐喇锌矿，湖南茶田汞矿、茶田锌矿等矿区实地考察，对其中部分代表性矿床进行了年代学和地球化学研究，获得如下主要进展：

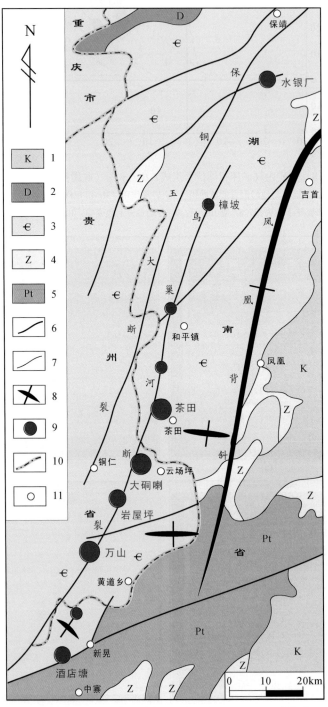

图 8.10 湘黔 Hg 矿带地质略图（据王加昇，2012；略修改）

1. 白垩系；2. 泥盆系；3. 寒武系；4. 震旦系；5. 板溪群；6. 断裂；
7. 地层界线；8. 背斜；9. 汞矿床；10. 省界；11. 政府所在地

（1）初步查明了构造控矿特征。湘黔边境的保（靖）–铜（仁）–玉（屏）大断裂与同方向延伸的鸟巢河断裂构成的断裂带，是控制汞矿带的一级构造。一系列的汞矿床均发育在鸟巢河断裂带上，唯新晃及个别汞矿床发育在一条近东西向的断裂带上。湘黔汞矿带位于江南地轴西段、北北东向凤（凰）–晃（县）大背斜北西翼，沿保（靖）–铜（仁）深断裂东侧呈北北东向的带状分布，与区域性的北北东向重力异常带相吻合。矿带南段的酒店塘、万山汞矿田等依次分布在凤凰背斜北西翼上的次级横向褶皱–半背斜中。凤凰背斜轴两翼不对称，南东翼陡而北西翼缓。背斜轴部为前震旦系地层，翼部为震旦系、寒武系地层和奥陶系地层。除前震旦系地层有浅变质岩外，其余均属沉积岩。矿带南段所在的凤凰背斜北西翼，自东而西，出露沿走向成长条分布的震旦系、寒武系和奥陶系地层。区域性的走向断裂发育，规模较大，成组出现，斜贯全区，并与次级横向断裂交接成网。各矿田中的已知矿床，大多都聚集在这种断裂网格的锐角地段内。

（2）初步揭示了地层岩性与成矿的关系。区内主要出露元古界冷家溪群、板溪群至上寒武统沉积岩系，白垩系地层仅零星分布。湘黔汞矿带内赋存于寒武系中统敖溪组碳酸盐建造的汞矿床，其成矿严格受到逐级逐次的构造控制并与一定的地层层位和岩性及岩石组合相依存。它们是在相同的构造应力场作用下的产物，显示出单向延伸、多层产出、多条平行矿带成矿的地质特征与分布规律。赋矿的敖溪组地层既是容矿层又是矿源层。整个含汞建造具有生油层的信息，矿床以富含有机质为特征。容矿地层中的变晶白云岩是一种特殊的地质体，具有水平导矿与控制赋矿褶曲构造形成的作用。因此，研究变晶白云岩的分布及变化规律，可以指导找矿勘查和成矿预测工作。汞锌的成矿关系与矿化分带问题，直接关系到汞矿床的找矿和评价，应予以重视。区内未见岩浆岩，显示岩浆岩对成矿的作用不明显。

（3）获得湘黔 Hg 矿带成矿时代，同时揭示矿带中不同矿床成矿机制存在明显差异。成矿带万山汞矿区山羊洞汞矿床与辰砂共生的方解石 Sm-Nd 等时线年龄为 98.16±0.18Ma、大硐喇汞矿床与辰砂共生的方解石 Sm-Nd 等时线年龄为 101.13±0.36Ma，均为燕山期成矿作用的产物。万山汞矿区方解石具有弱的负 Eu、负 Ce 异常（图 8.11），显示其弱还原的成矿环境；大硐喇、茶田矿区的方解石具有负 Eu、正 Ce 异常（图 8.11），暗示其较高氧逸度的环境。万山汞矿的形成与沉积有机质脱羟基作用有关，可是中段大硐喇、茶田汞矿的形成却与有机质几乎无任何关系（图 8.12），说明汞矿的形成可以有有机质的参与（如万山），但没有有机质的作用同样可以形成大型汞矿（如大硐喇、茶田）。

3. 黔东南 Au 矿区

对黔东南 Au 矿区（图 8.13）内的平秋和金井矿床进行了较为系统的矿床地质、成矿时代和矿床地球化学研究。主要研究进展如下：

（1）确定了黔东南金矿为二期成矿，即加里东期和燕山早期。利用平秋金矿床载金矿物毒砂进行 Re-Os 同位素直接定年，获得 Re-Os 等时线年龄为 400±24Ma，MSWD=0.96，属加里东期，这与该区存在的两条东西向基底断裂，包括高酿基底剪切断裂，以及启蒙基底剪切断裂形成时期一致，也说明该期金矿的形成与区域韧性剪切作用密不可分。对金井金矿产于石英大脉中的载金矿物毒砂进行 Re-Os 同位素测试，获得 Re-Os 等时线年龄为 174±15Ma，MSWD=1.07，与雪峰地区存在的中酸性岩体，以及黔东南地区存在的隐伏岩体应属同期岩浆–构造活动产物。本次研究证实，加里东期和燕山期是雪峰山地区金成矿特别重要的两个时期。

（2）揭示该区金矿成矿物质和成矿流体来源。平秋和金井矿床毒砂和黄铁矿的 $\delta^{34}S$ 变化范围较窄，分别为 −1.8‰ ~ 0.2‰ 和 −1.9‰ ~ 3.2‰；而闪锌矿和方铅矿的 $\delta^{34}S$ 则变化相对较大，分别为 −1.7‰ ~ 9.9‰ 和 −3.2‰ ~ 7.0‰，峰值为 −2‰ ~ 0‰（图 8.14），反映该区金矿 S 的来源主要为深部岩浆的特点。10 个毒砂样品流体包裹体的 $^3He/^4He$ 值为 0.001 ~ 0.025Ra，集中在壳源区（图 8.15），没有地幔物质参与的证据，这与 Os 同位素比值所指示的完全一致，暗示成矿物质来源于地壳。综合这两方面的证据可以判断，如果这些矿床的形成确与岩浆活动有关，那么这种岩浆应该是壳源岩浆。

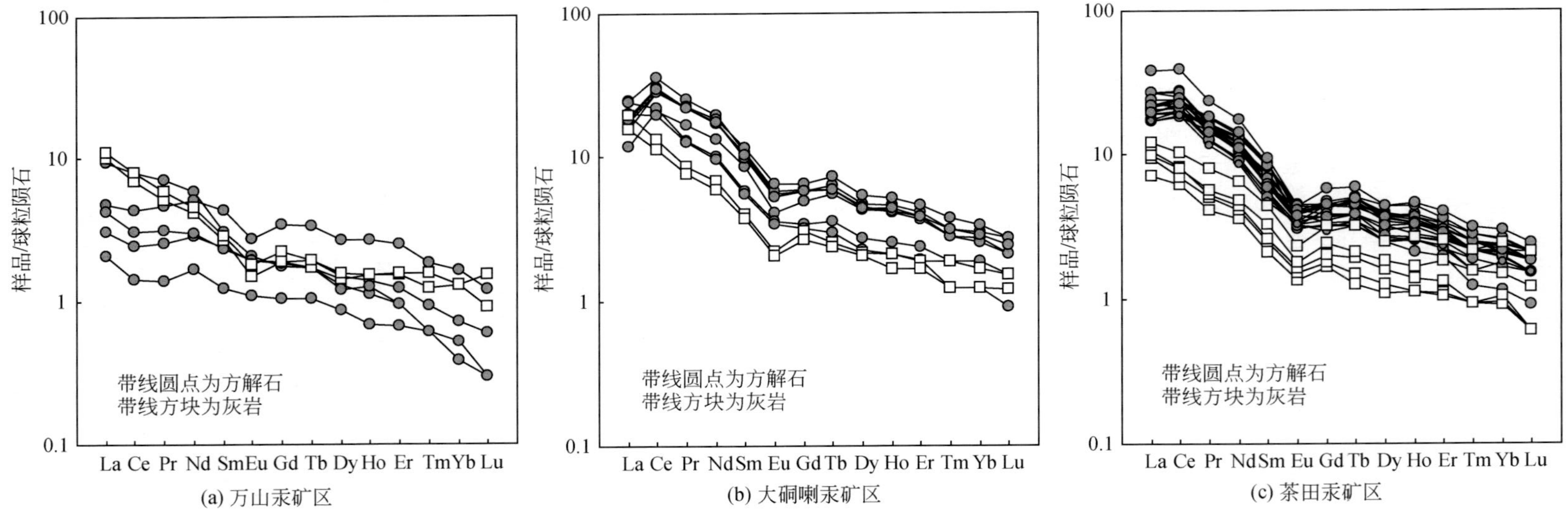

图 8.11 湘黔Hg矿带中万山、大硐喇和茶田汞矿床赋矿围岩（灰岩）和脉石矿物方解石REE配分模式图

球粒陨石REE含量据Boynton（1984），原始数据由本次工作分析

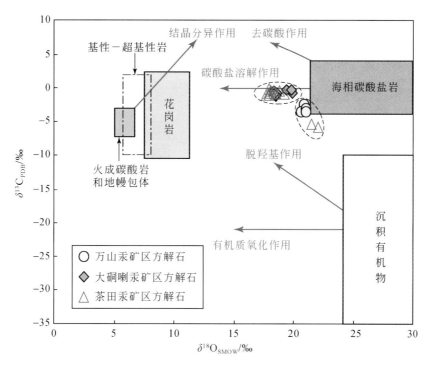

图 8.12　湘黔 Hg 矿带中典型矿床脉石矿物方解石 $\delta^{13}C_{PDB}$-$\delta^{18}O_{SMOW}$ 图

底图据刘建明 (1998)，原始数据由本次工作分析

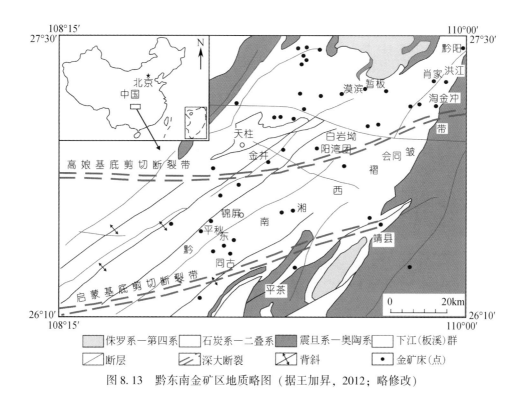

图 8.13　黔东南金矿区地质略图（据王加昇，2012；略修改）

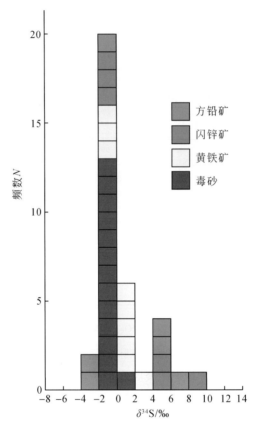

图8.14 黔东南金矿区金井、平秋金矿床 S 同位素组成直方图

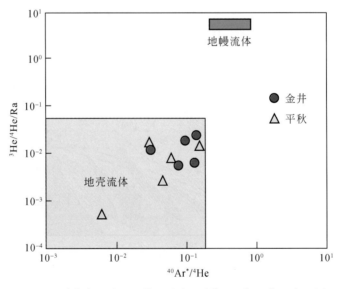

图8.15 黔东南金矿区金井、平秋金矿 $^{40}Ar^*/^4He-^3He/^4He$ 图

四、低温成矿系统成矿预测

对华南中生代低温成矿系统的理论研究成果，架起了成矿模型与找矿模型之间的桥梁，获得了关键找矿标志，在右江盆地 Au-Sb-As-Hg 矿集区水银洞金矿床和川滇黔相邻 Pb-Zn 矿集区会泽超大型铅锌矿床的深部和外围进行了找矿预测，圈定多个找矿靶区，经工程验证获得重大找矿突破。

1. 水银洞金矿床深部和外围找矿预测

水银洞金矿是卡林型金矿床。研究揭示了水银洞金矿床成矿流体的演化主要经历三个阶段：含铁碳酸盐在较深部位去碳酸盐化释放 Fe→溶解的 Fe^{2+} 硫化物化导致 Au 沉淀富集→残余碳酸盐溶液在较上部位形成 MREE 富集的方解石脉。研究表明，矿床形成后经一定的抬升，MREE 富集的方解石脉可能出露地表，这种地表的方解石脉石是寻找深部卡林型金矿的关键找矿标志。从而架起了成矿模型与找矿模型的桥梁。据此与贵州省地矿局 105 地质大队和贵州紫金矿业公司密切合作，在水银洞金矿床的深部和外围圈定多个找矿靶区，经工程验证，在水银洞金矿区东段发现了埋深 300～1000m 的金矿体，使水银洞金矿新增资源量约 50t，实现了水银洞金矿床深部找矿的重大突破。

2. 会泽铅锌矿床深部和外围找矿预测

厘定会泽超大型铅锌矿床为新类型铅锌矿床：具有规模大（单个矿体储量大于 50 万 t）、品位高（大于 25%）、伴生组分多（Ag、Ge、Ga、Cd…）等特征，具有很高的研究价值和经济价值。查明矿化明显受构造和地层岩性控制，以此获得重要找矿标志：下石炭统摆佐组中的粗晶白云岩和摆佐组中的北东向层间压扭性断裂。揭示了矿化过程：大规模流体运移→活化地层中的硫和淋滤基底岩石中的成矿元素形成成矿流体→在构造有利部位沉积成矿，以此提出找矿方向：查明成矿流体运移趋势及其聚散部位，在已知矿体深部寻找隐伏矿体；同时确定找矿方法：构造地球化学填图+地球物理测量。与昆明理工大学和云南驰宏锌锗股份公司合作，通过坑道构造地球化学填图，结合矿床地质、地球化学研究和地球物理测量结果，圈定出 9 个成矿靶区。经工程验证，实现找矿重大突破。

第九章 川滇黔相邻铅锌矿集区典型矿床成矿作用

在四川南部、云南东北部和贵州西北部，即四川会理–西昌–云南易门以东、云南昆明–陆良–贵州贵阳以北、贵州贵阳–四川成都以南，面积约17万km²的大三角区域内，星罗棋布地分布有400多个大、中、小型铅锌矿床、矿点和矿化点（图9.1），这些矿床、矿点和矿化点大都伴生银、锗、镉、镓等有用元素，其成矿背景、控矿因素、矿化特征及成矿作用相似，故称之为"川滇黔相邻铅锌矿集区"。按地域可大致分为三个成矿区，即滇东北铅锌成矿区、黔西北铅锌成矿区和川西南铅锌成矿区（图9.1）。矿集区位于扬子地块西南缘，夹持于北西向的康定–奕良–水城断裂、南北向的安宁河–渌汁江断裂和北东向的弥勒–师宗–水城断裂之间（图9.2）。该区地壳结构复杂、构造和岩浆活动强烈，具有十分有利的成矿地质背景。

第一节 区 域 地 质

一、区 域 地 层

1. 基底

区域基底地层具有"双层结构"，即早元古代—太古代结晶基底和中元古代褶皱基底。结晶基底为康定群，分布北起四川康定–泸定之间，南延经石棉、冕宁、西昌、攀枝花至云南元谋一带，两侧均为断裂带所限；主要由斜长角闪岩、角闪斜长片麻岩、黑云变粒岩和少量二辉麻粒岩等组成，岩石普遍遭受重熔混合岩化作用，局部出现奥长花岗质、英云闪长质和角闪二辉质混合片麻岩；原岩恢复结果表明，该套地层为一套火山–沉积岩组合，其下部以基性火山熔岩为主，向上变为中酸性火山岩及火山碎屑岩–火山质浊积岩，最后转为正常的沉积岩；张云湘等（1988）获得该区同德混合岩化麻粒岩Pb-Pb全岩等时线法年龄为2957Ma、沙坝混合片麻岩Rb-Sr等时线年龄为2404Ma。

川滇黔相邻铅锌矿集区只有褶皱基底地层出露，其中滇东北铅锌成矿区和川西南铅锌成矿区昆阳群和会理群分布较为广泛，而黔西北铅锌成矿区未出露褶皱基底地层（图9.3）。会理群主要分布于会理、通安和会东一带，总体以浅变质的正常沉积岩为特征，夹少量火山岩，变质程度为低绿片岩相，厚度近1500m，形成于冒地槽构造环境；从柏林（1988）报道其Rb-Sr等时线年龄为906.7～1185.6Ma。昆明群主要分布于东川、易门一带，厚度近10000m，主要为一套由碳酸盐岩和碎屑岩组成的复理石建造，著名的东川铜矿床和易门铜矿床均产于该套地层中；常向阳等（1997）获得东川地区昆阳群落雪组白云岩、黑山组碳质板岩的Pb-Pb等时线年龄为1600～1800Ma、大营盘组碳质板岩Pb-Pb等时线年龄为1200～1300Ma。

2. 盖层

区域盖层发育自震旦系至第四系各时代地层，虽然不同地区相同时代地层的名称和出露厚度有所差异，但其岩性可进行对比（图9.3；张云湘等，1988；柳贺昌和林文达，1999）。其中，震旦系下统为一套陆相红色磨粒石建造，向东逐渐过渡为陆–浅海相碎屑沉积；上统下部零星出露陆相冰川堆积物，中部由北向南由碳酸盐岩过渡为碎屑岩，上部为碳酸盐岩，其中含膏盐层。寒武系上统为碳酸盐岩，中、下统以碎屑岩为主夹碳酸盐岩，下统为含磷碎屑岩。奥陶系下部以碎屑岩为主、夹少量碳酸盐岩，中部为碳

· 400 ·

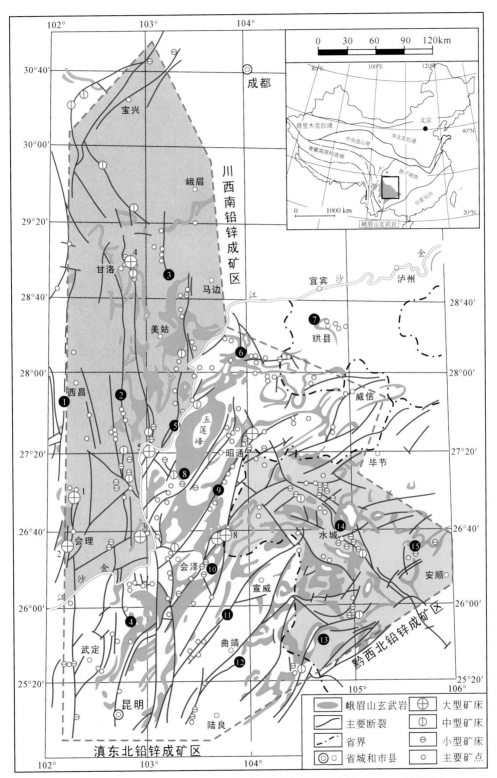

图 9.1 川滇黔相邻铅锌矿集区地质图（据柳贺昌和林文达，1999；略修改）

超大型矿床：云南会泽铅锌矿床（由 2 个大型矿床组成，7. 矿山厂和 8. 麒麟厂）；大型矿床：1. 四川天宝山；2. 四川小石房；3. 四川大梁子；4. 四川赤普；5. 云南茂租；6. 云南毛坪；矿带：①泸定-易门矿带；②汉源-巧家矿带；③峨边-金阳矿带；④梁王山（普渡河）矿带；⑤巧家-金沙厂矿带；⑥永善-盐津矿带；⑦珙县-兴文矿带；⑧巧家-大关矿带；⑨会泽-奕良矿带；⑩会泽金牛厂-矿山厂矿带；⑪寻甸-宣威矿带，⑫牛首山矿带，⑬罗平-普安矿带，⑭威宁-水城矿带，⑮六枝-织金矿带

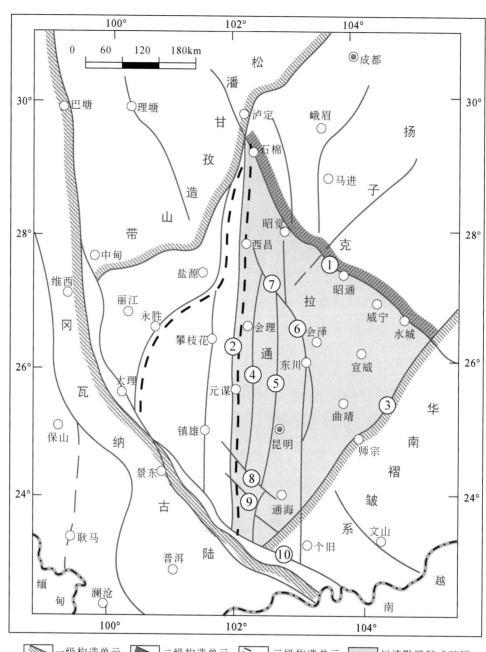

图 9.2　川滇黔相邻铅锌矿集区大地构造略图

①康定–奕良–水城断裂；②安宁河–渌汁江断裂；③弥勒–师宗–水城断裂；④罗茨–易门断裂；⑤普渡河–滇池断裂；

⑥小江断裂；⑦则木河断裂；⑧峨山–通海断裂；⑨化念–石屏断裂；⑩红河断裂

酸盐岩，上部为页岩、碎屑岩或白云岩。志留系主要为滨–浅海相砂岩、泥岩及泥质碳酸盐岩，局部为白云岩。泥盆系为滨–浅海相碎屑岩及碳酸盐岩。石炭系底部为含煤碎屑沉积，向上为碳酸盐岩。二叠系下统以海相碳酸盐岩为主，下部为砂岩、页岩；上统主要为滨–浅海相含煤碎屑岩及碳酸盐岩和陆相含煤砂泥岩。三叠系下部为长石石英砂岩、粉砂岩夹泥岩、泥灰岩，中部以碳酸盐岩为主，上部为碎屑岩夹泥灰岩、煤层。侏罗系为长石石英砂岩、粉砂岩及页岩，底部常见一砾石层，上部夹少量泥晶灰岩。白垩系为紫红色含岩屑石英砂岩及砾岩层。古近系和新近系主要为湖沼相黏土岩、砾岩，夹褐煤层。第四系为残坡积、冲积、洪积砂砾黏土层，河湖相或湖沼相沉积物中夹褐煤或泥炭层。

地层 界	系	分区 统	滇东区	滇东北区	川西南区	黔西北区	主要矿产举例
新生界	第四系	全新统	砾石及砂土	冲洪积层	河流阶地及坡积	坡残积、冲积层	铅锌、铁
		更新统	元谋组	冲积层		湖沼洞穴堆积	煤、粘土
	第三系	上第三系	茨营组	茨营组	昔各达组		煤、铁
		下第三系	路南组	路南组		砂砾岩、钙质泥岩	石膏、煤
中生界	白垩系	上统	赵家店组		嘉定群		石膏
			江底河组				石膏
			鸟头山组				铜、石膏
		下统	普昌河组				石膏
			高峰寺组				铜
	侏罗系	上统	妥店组	蓬莱镇组	飞天山组	重庆组	
		中统	蛇店组	遂宁组	官沟组	朗代组	铜、盐泉
				上沙溪庙组	牛滚凼组		铜、盐泉、粘土、石膏
			张河组	下沙溪庙组	新村组		铜
				白流井组	金门组		芒硝
		下统	冯家河组			龙头山群	铅锌、铁、黄铁矿、煤
	三叠系	上统	一平浪组	须家河组	白果湾群	火把冲组	铅锌、铁、黄铁矿、煤、粘土、油页岩
			鸟格组			把南组	
		中统	法郎组	关岭组 上段	雷口坡组	法郎组	
			个旧组	关岭组 下段		关岭组	砷、石膏、油页岩、盐泉
		下统	永宁镇组	永宁镇组	嘉陵江组	永宁镇组	铜、钼、铀、汞、石膏
			飞仙关组	飞仙关组	飞仙关组	飞仙关组	铜、锑、黄铁矿、铁
古生界	二叠系	上统	宣威组	宣威组	乐平组	宣威组	锑、钼、砷、铀、铁、锰萤石、煤、铝土矿
			峨眉山玄武岩	峨眉山玄武岩	峨眉山玄武岩	峨眉山玄武岩	铜、钴、汞、黄铁矿、铁、钒、钛
		下统	茅口组	茅口组	茅口组	茅口组	铅锌、铜、汞、锑、萤石
			栖霞组	栖霞组	栖霞组	栖霞组	铅锌、铜、铁、萤石
				梁山组	梁山组	梁山组	黄铁矿、铝土矿、粘土、煤
	石炭系	上统	马平组	马平组		马平组	铅锌、铜
		中统	威宁组	威宁组		黄龙组	铅锌
		下统	摆佐组	摆佐组		摆佐组	铅锌
			大塘组 上司段	大塘组 上司段		大塘组 上司段	煤、铁
			万寿山段	旧司段		旧司段	
				岩关组		岩关组	铅锌
	泥盆系	上统	一打得群	寨结山组	唐王寨群	代化组	铅锌、石膏
				一打得组		望城坡组	
		中统	曲靖组	曲靖组	白石铺群	火烘组	铅锌、汞、黄铁矿、铁
			盘溪组	中统 红崖坡组		剩山组	铀页岩
			海口组	缩头山组		邦寨群	铁
		下统		箐门组	平驿铺群		铁
			翠峰山群	下统 边箐沟组		龙华山群	铁
				坡脚组			铁
				翠峰山组			铁
	志留系	上统	玉龙寺群	菜地湾组	纱帽湾组		
		中统	马龙群	大路寨组	石门坎组	大关群	铅锌、磷
				嘶风崖组			
				黄葛溪组			铅锌
		下统	龙鸟溪群	龙鸟溪群	龙鸟溪群		铜、盐泉
	奥陶系	上统	五峰组	大箐组	钱塘江群		铅锌、重晶石、黄铁矿、盐泉
			盐津组				
		中统	大箐组	上巧家组	艾家山群	十字铺组	铅锌、黄铁矿、磷、铁、盐泉
			巧家组				
		下统	诺多组	下巧家组	宜昌群	同高组	铅锌、锆英石
			红石崖组	红石崖组		戈塘组	

地层			滇东区	滇东北区	川西南区	黔西北区	主要矿产举例
古生界	寒武系	上统		二道沟组	二道沟组	娄山关群	铅锌、萤石、盐泉
古生界	寒武系	中统	双龙潭组	西王庙组	西王庙组	娄山关群	石膏、盐泉
古生界	寒武系	中统	陡坡寺组	陡坡寺组	大槽河组	高台组	银、铜、铅锌、汞
古生界	寒武系	下统	龙王庙组	龙王庙组	龙王庙组	清虚洞组	铅锌、石膏
古生界	寒武系	下统	沧浪铺组	沧浪铺组	沧浪铺组	金顶山组	铅锌、钴、铁、石膏
古生界	寒武系	下统	筇竹寺组	筇竹寺组	筇竹寺组	牛蹄塘组	铅锌、钒、钼、镍、铀、磷、油页岩、萤石、汞、雄黄、盐泉
古生界	寒武系	下统	筇竹寺组	筇竹寺组	渔户村组	牛蹄塘组	铅锌、钒、钼、镍、铀、磷、油页岩、萤石、汞、雄黄、盐泉
元古界	震旦系	上统	灯影组	灯影组	灯影组	灯影组	铅锌、铜、铁、萤石、重晶石、磷、石膏
元古界	震旦系	上统	陡山沱组	陡山沱组	观音崖组	灯影组	铅锌、铜、铁、锰、黄铁矿
元古界	震旦系	上统	南沱组	南沱组	列古六组	南沱组	
元古界	震旦系	下统	澄江组	澄江组	开建桥组		铜、汞
元古界	震旦系	下统	澄江组	澄江组	苏雄组		铜、汞
元古界	前震旦系		昆阳组	麻地组	天宝山组		铅锌、铁
元古界	前震旦系		昆阳组	麻地组	凤山营组		铜、铅锌、黄铁矿
元古界	前震旦系		昆阳组	小河口组	力马河组		铜、镍
元古界	前震旦系		昆阳组	大营盘组	通安组 五段		铜、黄铁矿
元古界	前震旦系		昆阳组	青龙山组	通安组 四段		铅锌、铜
元古界	前震旦系		昆阳组	黑山组	通安组 三段		
元古界	前震旦系		昆阳组	落雪组	通安组 二段		铜、铁
元古界	前震旦系		昆阳组	因民组	通安组 一段		铜、铁
元古界	前震旦系		昆阳组	美党组	河口组		铁、钴、铅锌
元古界	前震旦系		昆阳组	大龙口组	河口组		铁、铅锌
元古界	前震旦系		昆阳组	黑山头组	河口组		铁
元古界	前震旦系		昆阳组	黄草岭组	河口组		铁

图 9.3 川滇黔相邻铅锌矿集区地层对比图（据柳贺昌和林文达，1999；修改）

二、区 域 构 造

矿集区周边均以深大断裂为界，这些深大断裂也为不同级别构造单元分界线（图 9.2），在其长期演化过程中表现不同的活动性质。长期地史发育中，共同特点是具有被动大陆边界性质，并在不同地史时期对两侧沉积作用及矿集区内成矿作用均有明显控制作用。

1. 康定–奕良–水城断裂

该断裂北起康定，经泸定–汉源–甘洛–雷波–大关–奕良–威宁–水城–关岭并继续向南东延伸（图 9.2①），东南段贵州境内称紫云–垭都断裂（黄智龙等，2004），西北段四川境内称泸定–汉源–甘洛断裂（云南省地质矿产局，1990），西北端可能与鲜水河断裂相接；中段（甘洛–雷波–永善–大关段）地表断裂表现不连续，具隐伏特征，而大关–奕良段断裂地表反映明显。紫云–垭都断裂对其两侧沉积和构造的控制作用十分明显，为贵州省内二、三级构造单元分界；北东盘以北东向褶皱和断裂为主，缺失或极少发育泥盆系—石炭系沉积；南西盘称六盘水断陷，以北西向褶皱及断裂为主，而泥盆系—石炭系沉积厚度较大；该断裂同时控制了黔西北铅锌成矿区分布，区内绝大多数铅锌矿床都分布在该断裂带上（王华云等，1996；金中国，2008）。

2. 安宁河–绿汁江断裂

该断裂规模宏大，延伸数百千米，切穿地壳，深入地幔，对两盘次级单元的沉积（地层）、构造、岩浆活动及成矿有显著控制作用。该断裂纵贯川滇两省，南段在滇中称绿汁江断裂，北段在四川攀西称安宁河断裂（图9.2②），南北延伸长逾500km，在地质、地球物理、遥感方面均有明显反映。张云湘等（1988）总结了该断裂带的基本特征：①形成时间早，继承基底断裂，发生过多期活动，始终控制两侧的地质构造发展；②不同构造阶段表现不同的力学性质，中元古代初具张性岩石圈断裂，晋宁运动转化为压性壳断裂，澄江期又转为张性岩石圈断裂，海西—印支期发展为典型裂谷型岩石圈断裂，喜马拉雅期被改造为压性冲断裂，现代又表现为左旋走滑断裂；③海西—印支期的张性岩石圈断裂属性最为明显，组成攀西裂谷轴部的主干断裂，控制着裂谷内岩浆活动和盆地形成。此外，该断裂带对川滇黔相邻铅锌矿集区内铅锌矿床的分布也具有重要的控制作用，四川境内的天宝山和小石房等大型铅锌矿床就分布在断裂带内。

3. 弥勒–师宗–水城断裂

该断裂西南端在河底河与红河交汇处附近交接、终止于红河断裂。向北东延伸大致经建水–弥勒–师宗，至水城附近交于康定–奕良–水城断裂（图9.2③），全长大于450km（云南境内约320km、贵州境内大于150km），主断面倾向北西，倾角40°~60°。断裂北西盘出露大量古生界地层，南东盘主要为三叠系，沿线可见上古生界，逆冲覆盖在三叠系层位之上。另外，在北西盘有大量晚二叠世玄武岩（$P_2\beta$）分布，东南盘则少见。沿断裂带常见一系列小型基性侵入体出露，显示对基性岩浆活动有明显控制作用。该断裂传统上被当做扬子陆块和华夏陆块的分界线。

4. 小江断裂带

为滇东台褶带内靠西部的一条断裂带，它控制了昆明台褶束的东界，是我国强烈地质活动带之一（图9.2⑥）。断裂带基本沿东经103°线呈南北向延伸，北西由四川昭觉、宁南延入云南，经巧家、蒙姑沿小江河谷延伸，到东川附近分成东西两支。小江断裂带在云南境内延伸长达530km以上，东、西两支所夹持的断裂带宽达10~20km。云南省地质矿产局（1990）总结了该断裂带的基本特征：①沿断裂带形成了一条宽大的挤压破碎带；②断裂带明显切过区内北东向构造，其西盘相对东盘发生过大规模的左行位移；③断裂带形成过程中，经历过张、压、扭不同力学性质的转化，最早可能在晚元古代末就有活动迹象，二叠纪表现为强烈的裂陷张裂，中生代经历过强烈挤压，喜马拉雅期表现为张裂和左行走滑；④断裂带具有明显的现代活动性。该断裂带同样对川滇黔相邻铅锌矿集区内铅锌矿床的分布具有重要的控制作用，四川大梁子大型铅锌矿床和云南茂祖大型铅矿床就分布在断裂带内。

三、区域岩浆岩

矿集区受扬子板块与印度板块碰撞以及板内攀西裂谷作用的影响，岩浆活动强烈（喷出岩、侵入岩均广泛分布）、跨越时间长（自太古代至新生代），形成的岩浆系列复杂（钙碱性系列和碱性系列）、岩石类型繁多（超基性岩、基性岩、中性岩、酸性岩等）。

本区喷出岩最早见于太古代。前已述及，区域结晶基底康定群以康定杂岩为主体，为一套片麻状的岩石组合，主要由斜长角闪岩、角闪斜长片麻岩、黑云变粒岩和少量二辉麻粒岩等组成，原岩恢复结果表明，该套地层为一套火山–沉积岩组合，其下部以基性火山熔岩为主，向上变为中酸性火山岩及火山碎屑岩–火山质浊积岩，最后转为正常的沉积岩。

元古代（晋宁期–澄江期）该区有大量岩浆岩出露，除会理群、昆阳群及时代相近的地层（如川西天宝山组、苏雄组、开建组）分布大量酸性、中酸性火山岩和火岩碎屑岩外，还广泛出露了规模不等的基性–超基性和中酸性岩体（柳贺昌和林文达，1999）。周朝宪等（1998）从多方面论证了该期火山岩系可能为川滇黔相邻铅锌矿集区重要的矿源层之一。

矿集区内规模最大的岩浆活动当数晚古生代的峨眉山玄武岩，分布面积达50万km²（侯增谦等，1999；宋谢炎等，2002；Ali et al.，2005），成岩时代为260Ma左右（Zhou et al.，2002；Ali et al.，

2004；Sun et al.，2010）。虽然张云湘等（1988）和从柏林（1988）均将其作为裂谷作用的产物，但近年来越来越多的研究表明，峨眉山玄武岩以及与之有成因联系的基性-超基性岩和中酸性岩为地幔柱活动产物，是我国唯一被国际学术界认可的大火山岩省（Chung and Juhn，1995；王登红，2001；Song et al.，2001；Xu et al.，2001；Ali et al.，2005），同时显示区域内包括铅锌矿床在内的众多金属矿产的形成，均与峨眉山玄武岩岩浆活动存在不同程度的联系（柳贺昌和林文达，1999；高振敏等，2004；黄智龙等，2004；胡瑞忠等，2005；Xu et al.，2014）。

四、区域矿产

川滇黔相邻铅锌矿集区基底地层广泛分布、盖层地层发育齐全、构造活动强烈、岩浆活动频繁，具有十分有利的成矿地质背景，形成了许多具有重要工业价值的矿产资源，如铜镍矿、钒钛磁铁矿、铁铜矿、铅锌矿、稀土矿、铂钯矿、金矿、银矿、铌钽锆矿，以及煤矿、膏盐等矿产组合，其中攀枝花钒钛磁铁矿在世界范围内享有盛誉，金宝山铂钯矿是我国规模最大的独立铂族矿床，冕宁稀土矿储量在我国原生稀土矿床中仅次于白云鄂博，川滇黔相邻铅锌矿集区也已成为我国重要的铅、锌、银、锗的重要生产基地之一。

该区以其矿种多、储量大、成矿系列复杂、矿床类型丰富而吸引了许多中外地质学家的关注。张云湘等（1988）从裂谷作用角度出发，将该区划分为三大成矿作用、八个成矿系列和若干种矿床类型，不同成矿作用、成矿系列发生于不同构造环境，形成不同矿床类型和矿种（表9.1）。其中铅锌银矿床对应于后生成矿作用、以碳酸盐岩为容矿层的再造层控型铅锌（银）成矿系列，矿床类型为硫化物型，成矿作用发生于裂谷作用全过程。

表9.1　攀西裂谷成矿作用简表

成矿作用	成矿系列	矿床类型	矿种或元素	构造阶段		实例
内生成矿作用	1. 子超基性岩体群有关的成矿系列	岩浆熔离型 矿浆贯入型	Cu-Ni（PGE）	裂前成穹		会理力马河 元谋朱布
	2. 层状基性超基性性杂岩体有关的成矿系列	岩浆分异型 矿浆贯入型	Fe-Ti-V （Cu，Ni，Cr，PGE）			攀枝花
	3. 玄武岩有关的成矿系列	火山沉积型 火山气液充填型	Fe，Cu，自然铜	裂谷形成	破裂期	盐源矿山梁子 滇东北地区
	4. 碱性岩脉群有关的成矿系列	碱性正长伟晶岩型 碱性花岗伟晶岩型	Nb，Ta，Zr，（Hf，U，Th），水晶			会理白草
	5. 碱性花岗岩有关的成矿系列 （1）岩浆晚期-气成型铌钽亚系列 （2）岩浆期后伟晶型-气成亚系列	岩浆晚期-自交代型 伟晶岩型	Nb，Ta，Y，Zr，（Hf）			德昌茨达 西昌长村
外生成矿作用	1. 陆相碎屑岩-蒸发岩组合的成矿系列 2. 陆相碎屑岩含煤成矿系列	含铜砂岩型 陆上干盐湖 河湖沼泽相	Cu 石膏 煤	成谷期		盐边朵格 渡口宝鼎
后生成矿作用	以碳酸盐岩为容矿层的再造层控型铅锌（银）成矿系列	硫化物型	Pb-Zn（Ag）	裂谷全过程		川滇黔相邻铅锌矿集区

注：据张云湘等（1988）。

第二节 矿 床 地 质

一、矿集区地质特征

矿集区星罗棋布的 400 多个大、中、小型铅锌矿床、矿点和矿化点分布于川、滇、黔 3 省的 52 个县、市。其中超大型矿床 1 个（云南会泽铅锌矿）、大型矿床 6 个（四川天宝山、小石房、大梁子、赤普、云南茂祖、毛坪）、中型矿床 26 个（四川 9 个、云南 8 个、贵州 9 个）。柳贺昌和林文达（1999）将该成矿域内的大、中、小型铅锌矿床、矿点和矿化点划分为 15 个成矿带（图 9.1），即①泸定–易门矿带；②汉源–巧家矿带；③峨边–金阳矿带；④梁王山（普渡河）矿带；⑤巧家–金沙厂矿带；⑥永善–盐津矿带；⑦珙县–兴文矿带；⑧巧家–大关矿带；⑨会泽–奕良矿带；⑩会泽金牛厂–矿山厂矿带；⑪寻甸–宣威矿带；⑫牛首山矿带；⑬罗平–普安矿带；⑭威宁–水城矿带；⑮六枝–织金矿带。

1. 地层特征

1）赋矿地层层位

矿集区铅锌矿床赋矿围岩从褶皱基底（昆阳群和会理群）到三叠系各时代地层，但不同时代地层中发现的铅锌矿床、矿点和矿化点数量有明显差别，黄智龙等（2001）的统计结果表明，本区铅锌矿床主要赋矿地层为震旦系和石炭系，其次为寒武系、泥盆系和奥陶系，其他时代地层中的铅锌矿床、矿点和矿化点很少（图 9.4）。产于震旦系中的铅锌矿床主要赋存于顶部的灯影组，全区目前探明的 7 个大型–超大型铅锌矿床有 4 个赋矿于该层位，如天宝山、大梁子、赤普和茂祖；产于石炭系的铅锌矿床主要赋存于下统的摆佐组和与之对应的层位，区内探明的唯一超大型铅锌矿床——会泽铅锌矿床赋矿于该层位，另外还有 1 个大型铅锌矿床——毛坪铅锌矿床赋矿于该层位；产于寒武系中的铅锌矿床主要赋存于下统的渔户村组和龙王庙组，泥盆系中的铅锌矿床主要赋存上统的宰格组和与之对应的层位，赋存于这些层位中的铅锌矿床除少量中型矿床外，大都是小型矿床、矿点和矿化点。

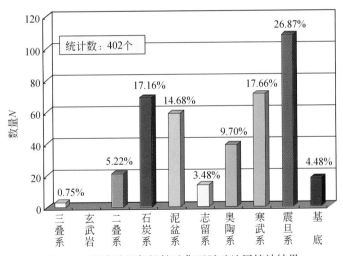

图 9.4 川滇黔相邻铅锌矿集区赋矿地层统计结果

矿集区赋矿层位有以小石房大型铅锌矿床为中心向外（向东和向北）逐渐变新的趋势（图 9.1），小石房铅锌矿床赋矿围岩为褶皱基底会理群天宝山组，向东和东北穿过小江断裂，变为以震旦系灯影组碳酸盐岩为容矿围岩的铅锌矿床（如大梁子、天宝山），继续向东和向北，穿过石棉–小江断裂，在断裂带的东侧靠近断裂带附近仍然以震旦系灯影组碳酸盐岩为容矿围岩铅锌矿床为主（如赤普、茂祖、乐红铅锌矿等），继续向东和向北容矿地层则变为寒武系、奥陶系和泥盆系碳酸盐岩为容矿围岩的铅锌矿床（如寒武系的阿尔、跑马、底舒、五星厂等，奥陶系的乌依、宝贝凼等，泥盆系的洛泽河、火德红等）；再向东延伸到紫云–垭都断裂带则变以石炭系和二叠系碳酸盐岩为容矿围岩的铅锌矿床（如会泽、毛坪、杉树林、天桥、银厂坡、富乐厂、青山、筲箕湾等）。这些矿床由中心向东、东北方向呈扇状分布的特点似乎与峨眉山玄武岩的分布特征相吻合（图9.1），柳贺昌（1995）将这一分布特征视为该区铅锌矿床峨眉山玄武岩成矿说的主要依据之一。

值得一提的是，矿集区内统计的402个矿床、矿点和矿化点除3个氧化矿化点在三叠纪地层中外（云南盐津银厂坝、武定宜格拉和四川石棉观音岭），其他集中分布于上二叠统地幔柱活动形成的峨眉山玄武岩以下各时代地层中（图9.4），峨眉山玄武岩中目前也没发现铅锌矿化。可见，地幔柱活动是本区铅锌矿床成矿的重要"界线"；黄智龙等（2001）还以此推测，该区铅锌矿床成矿时代与峨眉山玄武岩岩浆活动时代相近。

2）赋矿地层岩性

矿集区赋矿地层岩性均为碳酸盐岩，主要为粗晶白云岩和白云质灰岩。从赋矿围岩岩性上看，该区铅锌矿床大致划为三种类型：第一种铅锌产于上震旦统灯影组中段及上段的含磷硅质白云岩中，部分地区夹火山物质，规模大、中型居多，已探明铅、锌储量约分别占全区的1/2和1/2。在紫云–垭都深断裂以西，一般铅低于锌，为1:1.24~1:25，伴生元素以Ag、Cd为主，次为Ge、Ga、In等，部分含Ag、S较高。第二种铅锌产于下古生界（主要为龙王庙组、大箐组、大关组等）的藻白云岩、含细碎屑的白云质岩石或白云质细碎屑岩内，岩性较为复杂，规模以中小型为主，均铅高于锌，两者比值为1.32:1~5:1，已探明铅、锌储量分别约占全区1/5和1/10。伴生元素以Ag为主，部分含硫较高。第三种铅锌产于上古生界（峨眉山玄武岩组以下），含硅、碳泥质薄层、条带或团块的白云岩-灰岩，少数地区有基性火山活动，矿体多赋存于白云石化灰岩中，规模以中型为主，个别可达大型-超大型（如会泽、毛坪）。一般铅低于锌、两者比值为1:1.85~1:19.1，已探明铅、锌储量约分别占全区3/10和4/10。伴生元素以Ag、S为主，部分含Hg、Cu等较高。可见，矿集区矿种虽均以铅锌为主，但有从西向东，由贫铅、富锌→富铅、贫锌→贫铅、富锌的变化，相应矿床规模也由以大中型居多→以中小型为主→以中型为主。

2. 构造特征

1）构造与铅锌矿床分布

矿集区位于扬子地台西南缘，铅锌矿床（点）分布在南北向安宁河-绿汁江线性断裂带和石棉-小江断裂带以东至北西向康定-奕良-水城断裂带（紫云–垭都断裂带）以西地区（图9.1）。区内深大断裂及次级构造十分发育，将矿区切割成许多大大小小的断隆和断陷，组成了区域构造的基本轮廓。构造线方向主要为南北向，区内几条主要的南北向的断层，均严格控制了大地构造单元的发育和发展，其次为北东和北西向两组断裂，它们控制了次级构造单位的发育，同时矿区还存在有东西向、南北向的隐伏断裂，这些断裂大多具有长期的继承性活动的特点，断裂格局和主要断裂一般出现于晋宁期，强烈再次活动于印支期，而在燕山期受到叠加和改造。断裂不仅控制了本区古沉积环境，而且与岩浆活动和热液成矿作用活动有明显的联系。

区内大部分铅锌矿床在安宁河线性断裂带以东的台缘凹陷带中聚集，而在安宁河-绿汁江断裂的西侧，铅锌矿床（点）很少，迄今没有发现成型的矿床。铅锌矿床的空间分布格局明显受区域构造格局的严格控制。不同性质、方向、级别的构造，分别控制着不同级别、方向及几何形态的矿带、矿床及矿体。受控于石棉-小江断裂的南北向矿带及北东向、北西向断裂的铅锌矿带，其线性分布较明显，而在近东西向构造矿带中则以散漫状分布，这可能与铅锌矿床主要形成于不同方向褶皱、断裂的交汇部位及近南北向与近东西向构造的交汇部位有关（刘文周和徐新煌，1996）。

不同成矿区构造与铅锌矿床（点）分布特征具有明显差别。川西南成矿区除小石房和天宝山大型矿床分布在靠近安宁河断裂西侧外，其余矿床（点）大部分沿南北向的甘洛-小江断裂和峨边-雷波断裂呈

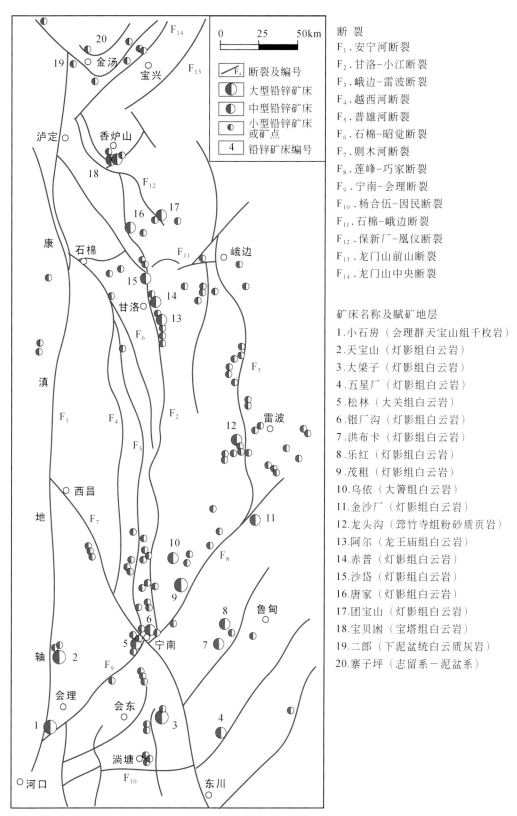

断　裂

F_1. 安宁河断裂

F_2. 甘洛-小江断裂

F_3. 峨边-雷波断裂

F_4. 越西河断裂

F_5. 普雄河断裂

F_6. 石棉-昭觉断裂

F_7. 则木河断裂

F_8. 莲峰-巧家断裂

F_9. 宁南-会理断裂

F_{10}. 杨合伍-因民断裂

F_{11}. 石棉-峨边断裂

F_{12}. 保新厂-凰仪断裂

F_{13}. 龙门山前山断裂

F_{14}. 龙门山中央断裂

矿床名称及赋矿地层

1.小石房（会理群天宝山组千枚岩）

2.天宝山（灯影组白云岩）

3.大梁子（灯影组白云岩）

4.五星厂（灯影组白云岩）

5.松林（大关组白云岩）

6.银厂沟（灯影组白云岩）

7.洪布卡（灯影组白云岩）

8.乐红（灯影组白云岩）

9.茂租（灯影组白云岩）

10.乌依（大箐组白云岩）

11.金沙厂（灯影组白云岩）

12.龙头沟（筇竹寺组粉砂质页岩）

13.阿尔（龙王庙组白云岩）

14.赤普（灯影组白云岩）

15.沙岱（灯影组白云岩）

16.唐家（灯影组白云岩）

17.团宝山（灯影组白云岩）

18.宝贝凼（宝塔组白云岩）

19.二郎（下泥盆统白云质灰岩）

20.寨子坪（志留系-泥盆系）

图9.5　川西南成矿区铅锌矿床（点）分布图（据林方成，1995；略修改）

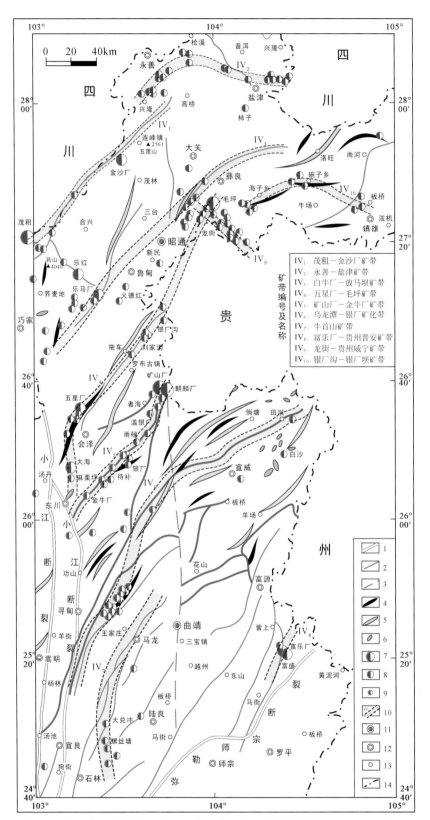

图 9.6　滇东北成矿区铅锌矿床（点）分布图（据李家盛等，2011；略修改）

1. 深大断裂；2. 断裂；3. 隐伏断裂；4. 背斜；5. 向斜；6. 辉绿岩；7. 大型–超大型矿床；8. 中型矿床；9. 小型矿床及矿点；

10. 成矿带及编号；11. 市级政府；12. 县级政府；13. 乡镇级政府；14. 省界

串珠状分布（图9.5）；在不同方向断裂交汇部位，矿床（点）相对集中，如宝贝囟、沙岱、银厂沟、松林等（图9.5）。滇东北成矿区除龙街–贵州威宁矿带呈北西向分布外，其余矿床（点）大部分沿小江断裂的北东向次级断裂分布（图9.6）；在不同方向断裂交汇部位，矿床（点）同样相对集中，会泽、茂租、毛坪和乐马厂等大型–超大型矿床均位于方向断裂交汇部位（图9.6）。黔西北成矿区除银厂坡、云炉河矿床外，其余矿床（点）大部分沿北西向威宁–水城断裂带和垭都–蟒硐断裂带分布，青山、猫猫厂–榨子厂、天桥、筲箕湾等矿床均分布在不同方向断裂交汇部位（图9.7）。

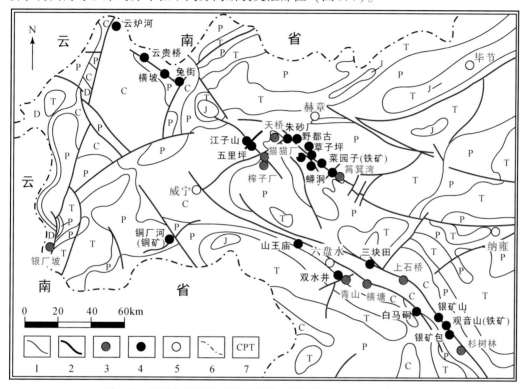

图9.7　黔西北铅锌成矿区地质图（据刘幼平，2002；略修改）

1. 地层界线；2. 断裂；3. 中型铅锌矿床；4. 小型铅锌矿床或矿点；5. 地名；6. 省界；7. 地层代号

2）构造控矿特征

矿集区明显受构造和地层岩性控制，震旦系和古生界的厚层白云岩、硅质白云岩在构造作用下容易发生脆性破裂，导致其孔渗性增强，有利于成矿流体的运移和沉淀。根据构造控矿特征，可以将本区矿床划分为三种类型：①断裂控制型。矿体受断裂控制，矿体主要富集在构造扩容部位，在断裂的膨胀部位或者多条断裂形成的地堑式构造带往往是矿体最为发育的地段，如乐红、大梁子等矿床；还有些矿床直接在断裂带成矿，如筲箕湾、羊角厂等矿床。②岩性边界控制型。矿化受发育于碳酸盐岩附近的不透水层（页岩层）或不整合面的控制，许多矿体产于碳酸盐岩和页岩界面附近，如赤普、茂租、毛坪、天宝山等矿床。本区最主要的不整合面是震旦系灯影组和上覆寒武系页岩之间的不整合面，有许多矿床形成于这一不整合面附近（如茂租、毛坪等矿床），岩性和不整合面的控制着矿床的形成。③古喀斯特控制。本区早期形成的古油气藏和古喀斯特溶洞也是控制矿体就位的另一重要因素。矿集区许多矿床发育角砾状和胶状等矿石构造，说明矿体具孔隙充填特征，根据已开采矿坑矿体形态来看，与现代喀斯特溶洞形态酷似，推测与古地下水活动形成的古喀斯特地貌有关，王则江和汪岸儒（1985）认为天宝山和大梁子矿床为古岩溶洞穴沉积成因。

总之，川滇黔相邻铅锌矿集区位于扬子地块西南缘，矿床（点）分布受区域性断裂的控制，矿田控矿构造主要为次级断裂、褶皱、不整合面，以及古喀斯特地貌等。矿体主要分布于断裂带的膨胀部位、背斜的轴部及两翼的层间滑脱带、岩性界面附近，以及古溶洞内部等。

3. 矿体特征

矿集区矿床主要受地层岩性、断层和褶皱构造，以及古溶洞的控制，具有明显的后生特征，主要容矿构造为层间破碎带和古溶洞形成的坍塌角砾岩。根据控矿构造组合形式及矿体的产状、形态特征，将矿集区矿床划分为以下四类。

1）筒状、脉状（大脉状）矿床

产于基底隆起区内或其边缘，矿体呈筒状、柱状产于震旦系和早古生界碳酸盐岩中，受基底南北向深大断裂交切的近东西向张扭性断裂破碎带和短轴褶皱的控制，以大中型富 Zn 及 Pb-Zn 共生矿床为主。如大梁子受地堑构造控制的筒状矿体、天宝山受褶皱控制的大脉状矿体、乐红受断裂控制的脉状矿体。此外，该地区还有其他一些该类型矿床，如唐家、乌依、乐马厂、宝贝凼等矿床。

2）层间脉状矿床

产于碳酸盐岩内部，矿体呈似层状、透镜状产于震旦系和早古生界碳酸盐岩中，受南北向深断裂旁侧褶皱翼部地层层间滑动（破碎）带的控制。该矿床类型又可划分为两类，第一类为受岩性控制的似层状矿床，矿体呈层状、似层状、透镜状或囊状产于碳酸盐岩和泥岩，页岩界面（或不整合面）附近，产出位置更多集中于碳酸盐岩中，在泥页岩中也可能存在工业矿体，但总体矿化较弱，铅锌品位较低。矿体主要受南北向断裂和褶皱控制，如受褶皱控制的震旦系和寒武系地层界面附近的赤普似层状矿床和茂祖似层状和脉状铅锌矿床，产于泥页岩和石炭系碳酸盐岩界面附近的毛坪矿床；另外还有一些其他矿床也属于岩性界面矿床，如底舒、乌依、白卡、东坪等矿床。另外一类是受褶皱和断层控制的层间破碎带控矿的似层状、透镜状矿床，矿体产于褶皱的轴部倾伏端或者两翼层间滑脱带内，如唐家受褶皱控制的层间破碎带型似层状和透镜状矿体，阿尔层间滑动剥离破碎带和挤压破碎带中的透镜状和脉状矿体，此外还有汉源乌斯河、松林、团宝山等也属于该类矿床。

3）古溶洞充填矿床

矿体呈似层状透镜状及不规则状，主要产于早古生界石炭系和泥盆系碳酸盐岩内部，受近矿断层和古溶洞的控制。矿区内矿石的胶状构造和溶解坍塌角砾岩的存在是矿体后期充填的主要标志，如会泽、青山、银厂坡、蟒硐等矿床均具有古溶洞充填特征。

4）层脉联合矿床

产于碳酸盐岩中断裂发育部位，矿床上部往往是受断裂控制的脉状、囊状矿体，中部为受地层控制的似层状、透镜状矿体，下部则仍为受断裂控制的脉状囊状矿体。这种矿床受断层和地层的双重控制，断裂往往是成矿流体运移的通道，不同岩性变化界面附近是层状矿体赋存的有利部位，如乐红铅锌矿床，上部为脉状、囊状矿体，中部出现层状、似层状矿体，下部仍以脉状、囊状矿体为主；茂祖铅锌矿床上部矿层与寒武系地层接触部位以层状、似层状矿体为主，下部矿层则以不规则的脉状、透镜状等矿体为主。

4. 矿石成分

矿集区内大多数矿床地表为氧化矿，向下逐渐转变为混合矿，向下延伸则逐渐转化为原生硫化矿，由于风化作用强烈，一些矿床可能缺失硫化矿体。原生矿金属矿物主要为闪锌矿、方铅矿和黄铁矿，其次为磁黄铁矿、银黝铜矿、硫锡矿、黝铜矿、砷黝铜矿、辉银矿、黄铜矿、深红银矿等；氧化矿成分相当复杂，金属矿物主要为白铅矿、铅矾、菱锌矿、异极矿、褐铁矿，其次为水锌矿、菱镁矿、车轮矿、黑锌锰矿、铅硬锰矿，以及少量含铜矿物，如孔雀石、蓝铜矿、斑铜矿等。脉石矿物主要为白云石、方解石和石英，燧石、重晶石、萤石和碳质仅在少数矿床中出现，还有一些矿床含少量的黏土矿物和沥青。

1）闪锌矿

各个矿床内矿石中的主要矿石矿物，广泛分布于矿床各种构造类型矿石，含量因不同矿区而异。区域上，闪锌矿含量有由西到东、由南向北逐渐降低的趋势；赋矿层位上，低含矿层位的闪锌矿含量高于高含矿层位的闪锌矿含量。闪锌矿主要呈不规则状产出，往往与方铅矿紧密共生形成复杂的镶嵌关系。与黄铁矿嵌布关系也较密切，常胶结交代黄铁矿，形成复杂的镶嵌关系。颜色随含铁量的变化而变化，可以从黑色、棕黑色变化到棕黄色、黄色再到浅黄色，不透明到微透明再到半透明均存在，内反射色为浅黄、橘黄、棕色和褐红色等。粒度变化较大，通常情况下，随着生成顺序的从早到晚，闪锌矿颜色由深到浅，粒度由细到粗。浅色闪锌矿的粒度较大，最大可达 $1 \sim 3mm$，深色闪锌矿的粒度较小，一般小于 $0.1mm$。一般在浸染状或者网脉状矿石中闪锌矿的颜色较浅，粒度较粗，这种浅色粗粒闪锌矿通常与方解石、石英、方解石等脉石矿物共生，并呈脉状或浸染状产于深色闪锌矿裂隙或围岩碳酸盐岩中。

2）菱锌矿

闪锌矿的氧化物，呈粉末状，产于氧化带矿体中。颜色为白色，微带浅灰、灰褐等色，玻璃光泽，呈皮壳状、钟乳状和土块状产出，分布与构造裂隙中或氧化矿石的孔洞中。反射色呈暗灰色，反射率小于水锌矿、异极矿、硅锌矿等氧化物。

3）方铅矿

是各个矿床内的又一种主要矿石矿物，在一些矿床中其含量甚至超过闪锌矿含量。方铅矿主要呈粒状，其次呈不规则状、星点状、脉状、网脉状产出，与闪锌矿紧密共生，少量方铅矿呈浸染状产于围岩或夹石中。由于氧化作用，少量方铅矿被氧化成白铅矿，此时方铅矿呈蠕虫状、星点状、骸晶状嵌布于白铅矿中。方铅矿与黄铁矿的关系也密切，常沿黄铁矿裂隙充填胶结，交代黄铁矿，形成交代残余结构。晶粒状方铅矿一般粒晶较大，最大可以超过 $5mm$，具有强烈金属光泽，反射色为亮白色，均质，节理发育，沿解理的三角形凹陷发育形成特征的"黑三角"，受应力后可发生揉皱，表面常见擦痕。方铅矿中常含有细粒的银黝铜矿、深红银矿等含银矿物。

4）白铅矿

方铅矿氧化产物，分布于氧化带矿体中，呈皮壳状、胶状、纤维状分布在矿石裂隙或空洞。颜色为白-灰白色，金刚光泽，集合体呈块状、钟乳状和土状，反射色呈浅灰色，具有反射多色性，反射率小于闪锌矿，强非均质体常包裹方铅矿残晶。伴生矿物有铅矾、菱锌矿等。

5）黄铁矿和白铁矿

矿床的矿体内部和围岩地层中均广泛发育，可形成于沉积成岩期和热液成矿期的各个阶段。沉积成因黄铁矿和白铁矿以浸染状、纹层状和结核状分布于围岩碳酸盐岩、硅质白云岩、砂泥岩，以及断层泥和破碎带中，以粒状、球粒状结构和草莓状产出；产于热液成矿期的黄铁矿和白铁矿一般呈星点状、细脉状及不规则状产出，与闪锌矿和方铅矿关系密切，常被方铅矿和闪锌矿胶结交代形成复杂的镶嵌关系，有时可见黄铁矿具自生环带结构，有时在环带之间可见方铅矿和闪锌矿充填。

6）其他金属矿物

磁黄铁矿，含量少，呈乳滴状或叶片状的固溶体形式存在于闪锌矿中，粒晶一般小于 $20\mu m$；黄铜矿仅见于少量的矿石之中，多以细脉状产于矿石的裂隙中，有的呈叶片状、文象状产于闪锌矿集合体中；银黝铜矿多与方铅矿共生，呈乳浊状固溶体分离体包裹于方铅矿中，少数分布于闪锌矿中，方铅矿和闪锌矿的接触部位是银黝铜矿的集中产出部位；辉银矿赋存于方铅矿中，形态不规则，颗粒大小可达数十微米；褐铁矿呈土块状、胶状、皮壳状，是氧化带表面常见的矿物，常与 SiO_2 一起构成网脉状、蜂窝状构造格架；孔雀石呈薄膜状、土状与白铅矿、菱锌矿和褐铁矿共生，数量较少。

5. 矿石结构构造

1）矿石结构

（1）由溶液结晶和沉淀作用形成的晶粒、自形-半自形晶、自生环带、包含、斑状、填隙结构等。这种结构在矿石中比较普遍，是重要结构类型。主要表现为闪锌矿、方铅矿、黄铁矿呈不等粒结构，方铅矿、闪锌矿、黄铁矿、异极矿、褐铁矿呈自形晶结构，黄铁矿呈自生环带结构，菱锌矿呈同心环状结构，闪锌矿在方铅矿中呈包含结构。

（2）由交代作用形成的共边、溶蚀、镶边、骸晶、残余结构等。这种结构类型在矿石中也较为普遍。主要是闪锌矿和方铅矿密切共生，由于交代作用形成共边结构和溶蚀结构；方铅矿交代黄铁矿呈现交代残余结构。

（3）由充填作用形成的胶状、草莓状、填隙、脉状、网脉状结构。这种结构类型主要是方铅矿、闪锌矿、黄铁矿、白铅矿呈脉状、网脉状充填在闪锌矿或脉石矿物集合体裂隙中。

（4）由应力作用形成的碎裂、揉皱结构。主要是黄铁矿呈压碎结构，而方铅矿常充填胶结黄铁矿碎屑，形成复杂的镶嵌关系。方铅矿有时呈明显的揉皱结构。

（5）由固溶体分离作用形成的乳浊状结构、蠕虫状结构等。这种结构类型虽不普遍，但在有些矿床的矿石中则可以普遍发育。

2）矿石构造

原生硫化矿石构造主要有致密块状、块状、浸染状、星散状、角砾状、条带状、脉状、网脉状、团块状、纹层状构造等；氧化矿石构造主要为土状、网脉状、脉状、角砾状、蜂窝状、钟乳状、晶洞状、皮壳状、团块状、不规则状构造等。

（1）块状构造：为主要矿石构造类型，矿石矿物闪锌矿、方铅矿和黄铁矿含量可达80%以上，仅含少量的方解石、白云石等脉石矿物，这些矿物紧密地连生，形成致密的块体。

（2）浸染状构造：粒状闪锌矿、方铅矿和黄铁矿呈浸染状分布于脉石矿物白云石、方解石或石英中，矿石矿物含量为5% ~ 30%，矿体边缘常发育此类构造。根据金属矿物数量的多少，又可分为稀疏浸染构造和稠密浸染状构造。

（3）脉状–网脉状构造：矿石矿物闪锌矿、方铅矿和黄铁矿呈脉状、网脉状分布于容矿围岩白云岩和灰岩地层之中。脉长通常为数十厘米，厚约数毫米至数厘米，产状不规则，矿石矿物含量一般小于30%。

（4）角砾状构造：由闪锌矿、方铅矿、黄铁矿、白铁矿等金属硫化物或者其氧化物沿着围岩角砾裂隙充填或者交代而成。角砾为各类白云岩、灰岩以及粉砂岩，棱角状或次棱角状，部分为次浑圆状，大小为数毫米到数十厘米。矿石矿物含量为10% ~ 30%，此类构造常发育于溶解坍塌白云岩或灰岩溶洞附近。

（5）条带状构造：闪锌矿、方铅矿、黄铁矿及铅锌氧化矿物与白云岩互成条带分布。层状、似层状构造铅锌矿物沿白云岩层理分布。

（6）纹层状构造：由闪锌矿、方铅矿和黄铁矿所构成的矿石纹层与白云岩或灰岩及其蚀变岩相间产出，形成沉积纹层构造。矿石纹层走向上延伸可达数米，厚约几厘米至数十厘米，产状与围岩层理一致。

6. 围岩蚀变

矿集区围岩蚀变相对较弱，常见的蚀变为碳酸盐化、黄铁矿化、硅化和褐铁矿化，其次为萤石化、重晶石化、黏土化和退色化，偶见水白云母–绢云母化和绿泥石化，其中褐铁矿化是原生硫化矿氧化产物，也是本区铅锌矿床重要的找矿标志之一。

（1）碳酸盐化：是本区铅锌矿床中最为普遍的蚀变现象，主要表现为白云石、方解石等碳酸盐矿物交代矿化角砾岩的胶结物，碳酸盐矿物在交代矿化角砾岩的胶结物时其自身呈他形粒状，粒径一般小于1mm，常成堆出现。在矿化较好、矿石矿物结晶较好的地段，或近矿围岩白云岩，或矿化角砾岩中的白云岩，白云岩一般结晶较粗；此外，镁方解石、方解石还充填在近矿围岩的网状裂隙中。

（2）黄铁矿化：黄铁矿呈自形–半自形（五角十二面体或立方体粒状）分散在近矿围岩白云岩、灰岩或粉砂岩中。一般情况下，靠近矿体部位黄铁矿化强烈，远离矿体黄铁矿化逐渐减弱。此外，暗色粉砂岩中的结核状黄铁矿在矿化比较富的地段被铅锌硫化物强烈交代。

（3）硅化：为少数矿床中最为普遍发育的蚀变类型（如赤普、金沙厂等），是近矿围岩中常见的一种蚀变类型，常见于矿体中及其边缘过渡尖灭部位，表现形式有白云岩蚀变成强硅化微晶白云岩、微石英、石英团块、条带状、脉状石英等，与铅锌矿化关系密切。硅化白云岩颜色较浅，常为灰白色，也有深灰或者黑灰色。硅化有几种不同的产出形态：①蛋青色、灰白色致密块状微石英，分布在矿体两侧的白云岩中或充填在白云岩的裂隙孔洞中，与矿体两侧的白云岩接触界线明显；②细长柱状石英，呈细长柱状，一般长宽比为 3：1 ~ 2：1，分布在矿体中或矿体近旁围岩的裂隙孔洞中，在裂隙孔洞中的石英多呈晶簇状产出；③砂糖状石英，呈他形颗粒状、砂糖状，粒径一般为 0.03 ~ 0.05mm 主要分布在矿体中，交代矿化角砾岩的胶结物或本身即为胶结物的一部分出现在各类角砾状矿石中。

7. 成矿期、成矿阶段和矿物生成顺序

矿集区铅锌矿床原生矿石为同期不同阶段成矿作用的产物，根据矿石结构构造、各种矿脉相互穿插关系和矿物共生组合，认为该区的大多数矿床成矿阶段具有相似性，总体可以将矿床成矿过程划分为成岩期、成矿期和表生期三个阶段，其中成矿期又可以划分为三个成矿阶段，即黄铁矿–闪锌矿阶段、闪锌矿–方铅矿–黄铁矿阶段和黄铁矿–方解石阶段。黄铁矿–闪锌矿阶段以黄铁矿、闪锌矿为主，同时形成黄铜矿、方解石、硅质岩等，具有环带状、似胶状等结构，内部含星散状黄铁矿；闪锌矿–方铅矿–黄铁矿阶段为矿床主要形成阶段，以闪锌矿、黄铁矿和方铅矿为主，含少量的石英、黄铜矿、银黝铜矿、深红银矿、白云石等；黄铁矿–方解石阶段主要形成黄铁矿和方解石，同时形成少量的方铅矿、白云石、石英等，矿物自形程度较高。

二、典型矿床地质特征

对矿集区内 10 个代表性铅锌矿床进行了较为系统的研究，包括川西南成矿区天宝山、大梁子，滇东北成矿区会泽、茂租、毛坪，以及黔西北成矿区天桥、银厂坡、杉树林、筒箐湾、板板桥，这些矿床许多地质特征均可对比。以下仅介绍会泽和天桥两个矿床的地质特征。

1. 会泽超大型铅锌矿床

矿床位于滇东北成矿区，由矿山厂和麒麟厂两个相对独立的铅锌矿床组成，是矿集区内目前探明的唯一的超大型铅锌矿床。矿床产在攀西裂谷（或康滇地轴）主干断裂带——小江深断裂带东侧，小江深断裂带和昭通–曲靖隐伏深断裂带间的北东构造带、南北构造带及北西垭都构造带的构造复合部位（图 9.8）。矿区范围北起龙王庙、南至车家坪、西起麒麟厂逆断层、东至银厂坡逆断层（牛栏江），面积约 10km² （图 9.8）。

1）矿区地质

矿区上古生界地层发育完整，下古生界地层缺失寒武系中上统、奥陶系、志留系及泥盆系下统，泥盆系中上统地层也只在局部地段出露。图 9.9 为矿区地层柱状图，可见除寒武系下统筇竹寺组（$\in_1 q$）、泥盆系中统海口组（$D_2 h$）和二叠系下统梁山组（$P_1 l$）不是碳酸盐岩外，其余各时代地层均为碳酸盐岩，其中石炭系下统摆佐组（$C_1 b$）为区内最主要赋矿地层。该组地层在矿区广泛出露，与下伏石炭系下统大塘组（$C_1 d$）地层和上覆石炭系中统威宁（$C_2 w$）地层均呈整合接触，厚度 40 ~ 60m；其下部为灰色厚层状砂砾屑灰岩夹细晶白云岩、中部为浅灰色–灰白色中至粗晶白云岩、上部为灰白色厚层含生物碎屑粗晶白云岩及粉晶–细晶灰岩。此外，在矿区泥盆系上统宰格组（$D_3 zg$）部分岩性段中也发现弱的铅锌矿化（如矿山厂 747 穿脉和小黑箐），但规模很小。

矿区构造以发育北东–南西向褶皱与断层组成的破背斜为特征。矿山厂、麒麟厂和银厂坡断层为矿区主干构造（图 9.8），3 条断层均出现宽 0.5 ~ 30m 的破碎带，破碎带还可细分为片理化带、糜棱岩化带和透镜体化带，由灰岩、白云岩、白云质灰岩、玄武岩等压碎物质组成，同时发育黄铁矿化、硅化、绿泥石化、方解石化等热液蚀变，反映其多期活动和成矿流体活动的特点。3 条断裂均为矿区重要的控矿构造，分别控制了矿山厂矿床、麒麟厂矿床和贵州银厂坡矿床。

矿区岩浆岩只有大面积分布的峨眉山玄武岩，分布于矿区西南部和矿山厂断层西北（图 9.8）。主要为致密块状、杏仁状和气孔状玄武岩，顶部已风化成土。

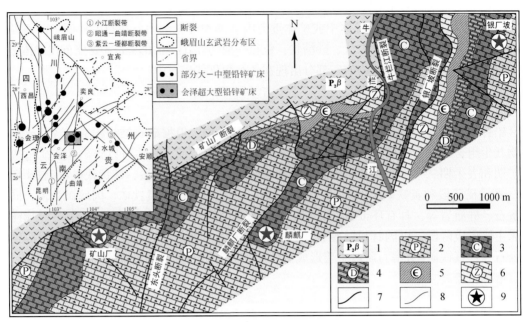

图 9.8　会泽超大型铅锌矿床地质图（据黄智龙等，2004；略修改）

1. 二叠系峨眉山玄武岩；2. 二叠系地层：包括栖霞-茅口组（P_1q+m）灰岩、白云质灰岩夹白云岩，梁山组（P_1l）碳质页岩和石英砂岩；3. 石炭系地层：包括马平组（C_3m）角砾状灰岩，威宁组（C_2w）鲕状灰岩，摆佐组（C_1b）粗晶白云岩夹灰岩及白云质灰岩，大塘组（C_1d）隐晶灰岩及鲕状灰岩；4. 泥盆系地层：包括宰格组（D_3zg）灰岩、硅质白云岩和白云岩，海口组（D_2h）粉砂岩和泥质页岩；5. 寒武系地层：包括筇竹寺组（ε_1q）泥质页岩夹砂质泥岩；6. 震旦系地层：包括灯影组（Z_2d）硅质白云岩；7. 断裂；8. 地层界线；9. 铅锌矿床

2）矿体地质

A. 矿体形态、产状和规模

目前已在会泽超大型铅锌矿床两个相对独立矿床——矿山厂矿床和麒麟厂矿床探明矿体几十个，单个矿体铅锌储量从几十吨至近百万吨不等。麒麟厂矿床主矿体在纵剖面上呈"阶梯状"向南侧伏（图9.10），单个矿体形态不规则，多为似筒状、囊状、扁柱状、透镜状、脉状、多脉状、网脉状及"似层状"。矿体在平面上形态也不规则，如6号矿体不同中段具有不同形态，均为中部厚大、沿走向端部变薄或分枝尖灭；10矿体和矿山厂矿床深部1号矿体也具有这种特征；在剖面上均为上部薄或分枝尖灭，向深部逐渐变厚，局部出现一些小的鼓胀和收缩（图9.11）。矿体在石炭系下统摆佐组（C_1b）粗晶白云岩中沿层产出，其顶、底板与围岩界线清楚，产状与地层基本一致。

麒麟厂矿床3、6、8、10号矿体和矿山厂矿床深部1号矿体是会泽超大型矿床规模最大的矿体，5个矿体铅锌金属量占整个矿床总储量约90%，单个矿体铅锌金属量在50万～100万 t。Pb+Zn 品位高（平均大于30%）是该矿床最明显、最重要的特征，其中 3 号矿体 Pb+Zn 平均品位为 36.5%，6 号矿体为 34.6%，8 号矿体为 25.8%，10 号矿体为 33.5%，1 号矿体为 32.6%。此外，矿石中伴生的 Ag、Ge、Cd 等元素均达到可综合利用的品位，其储量也非常可观。

B. 矿石特征

矿石类型：本区两个相对独立矿床——矿山厂矿床和麒麟厂矿床在 1951m 标高之上均为氧化矿，1951～1820m 标高为混合矿，1821m 标高之下均为原生矿。目前已探明麒麟厂矿床 3 号矿体以上各矿体均为氧化矿，3 号矿体上部为氧化矿、中间为混合矿、下部为原生矿，而 6 号、8 号、10 号矿体和矿山厂矿床深部 1 号矿体均为原生矿。因而矿石自然类型可分为氧化矿石、混合矿石和原生矿石（亦称硫化矿石）。原生矿石根据矿石结构可分为块状矿石和浸染状矿石，两类矿石根据主要矿石矿物共生组合均可进一步划分为闪锌矿型矿石、闪锌矿-方铅矿型矿石、方铅矿-黄铁矿型矿石和黄铁矿型矿石。

界	系	统	组	段	地层代号	柱状图	厚度/m	岩性描述
上古生界	二叠系	上统	峨眉山玄武岩组		$P_2\beta$		600~800	灰褐色、铁灰色致密块状或杏仁状、气孔状玄武岩。中上部见紫色蚀变玄武岩，呈脉状或扁豆体状，其间见有树叶状自然铜与下伏地层不整合接触
		中统	栖霞茅口组		P_1q+m		450~600	深灰、灰、浅灰色灰岩，白云质灰岩夹白云岩，白云质分布不均匀，呈不规则团块或虎斑状 含：Neos chwagcrina margaritae Deprat Kahlercna cp
		下统	梁山组		P_1l		20~60	上部：灰兰色碳质页岩与石英细砂岩互层 下部：黄白色石英细砂岩夹黄褐色泥页岩 含植物化石：TanioPteris mulinervis Weiss
	石炭系	上统	马平组		C_3m		27~85	紫色、灰紫色同生角砾状灰岩，砾石成分为钙质物，被紫色、黄绿色泥质胶结。中部夹紫红色、黄绿色页岩。顶部为豆状灰岩及灰岩 含：Triticites Paruus chen T. SP
		中统	威宁组		C_2w		10~20	浅灰色灰岩夹鲕状灰岩。底部为白云质灰岩 含：Profusulinella SP, Fusulinella pseudobocri lee chen
		下统	摆佐组		C_1b		40~60	灰白色、米黄色、肉红色粗晶白云岩夹浅灰色灰岩及白云质灰岩。为矿区主要含矿层，铅锌矿体赋存于浅色粗晶白云岩中 含：Eostaffella masquensis vissartnors, Strintifen SP
下古生界			大塘组		C_1d		5~25	上部为灰色隐晶灰岩、鲕状灰岩。顶部为0~5m的灰褐色粉砂岩及紫色泥岩 含：Lophophyllum SP, Paialleladnn SP
	泥盆系	上统	宰格组	三段	D_3zg^3		40~60	灰色隐晶灰岩、黄白色及肉红色中晶白云岩。为矿区次要含矿层之一，在小黑箐附近为浅色粗晶白云岩，并赋存铅锌矿体。含：Chactetes
				二段	D_3zg^2		60~90	浅灰色中至厚层状粉晶硅质白云岩。顶部局部有浅黄色、浅肉红色细晶白云岩
				一段	D_3zg^1		100~160	浅灰色中至厚层状灰岩至中粒结晶白云岩。中下部夹浅灰色泥质白云岩 含：Ambocoelia SP
		中统	海口组		D_2h		0~11	浅灰色、浅黄色砂岩砂岩粉砂岩与绿色、灰黑色泥质页岩互层。与下伏地层假整合接触 含：Bothriolepis Sinensis Chi: B. SP
	寒武系	下统	筇竹寺		ϵ_1q		0~70	黑色泥质页岩夹黄色砂质泥岩。与下伏地层假整合接触
元古界	震旦系	上统	灯影组		Z_2d		>70	灰白色硅质白云岩，与下伏地层断层接触。矿区次要含矿层之一。长箐老硐中见有方铅矿脉，红石岩冲沟中转石上有方铅矿化

图9.9　会泽超大型铅锌矿床地层柱状图

　　矿石矿物组合：矿床氧化矿石矿物组成极为复杂，目前已在该类矿石中鉴定出矿石矿物和脉石矿物多达几十种。原生矿石矿物组成相对简单，矿石矿物最主要为闪锌矿、方铅矿和黄铁矿，在闪锌矿和方铅矿中还含有极少量的黄铜矿、硫锑铅矿、硫砷铅矿、深红银矿、螺硫银矿和自然锑等金属矿物；脉石矿物最主要为方解石，其次是白云石，偶见重晶石、石膏、石英和黏土类矿物。主矿体从底板到顶板矿物组合出现分布现象，大致为：闪锌矿-粗晶黄铁矿-少量方解石→闪锌矿-方铅矿-黄铁矿-方解石→细晶黄铁矿-方解石。

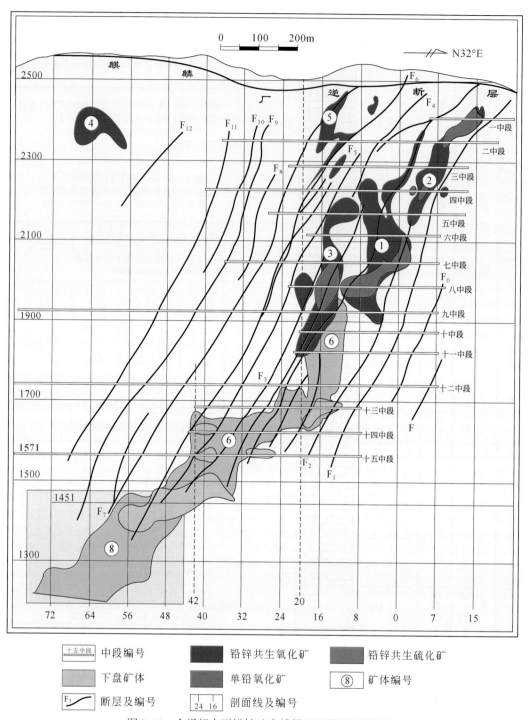

图9.10 会泽超大型铅锌矿床麟麒厂矿纵剖面投影图

矿石化学成分：以 Zn、Pb、Fe 和 S 为主，Zn+Pb+Fe+S 为 68.95% ~ 94.51%；大部分样品的 Pb+Zn 大于25%，最高近 50%，其中 Zn>Pb；除夹方解石和白云石的块状矿石含有相对较高的 CaO 和 MgO 外，样品其他主要元素含量很低。矿石微量元素中 As、Sb、Cd、Ag、Ge 和 Cu 含量相对较高，其中 Cd（233 ~ 488 g/t）、Ag（46 ~ 100g/t）和 Ge（30 ~ 81g/t）均已接近或达到工业品位，具有综合利用价值。

矿石结构构造：虽然矿床的矿石矿物和脉石矿物组成相对简单，但矿石的结构构造却相对复杂。矿山工作者在 8 号矿体鉴定出 11 种矿石结构和 5 种矿石构造（表9.2），这些结构构造基本代表了整个矿床原生矿体矿石的结构构造。在众多矿石结构中以粒状结构和交代结构最为常见，矿石构造中以块状构造最为发育。

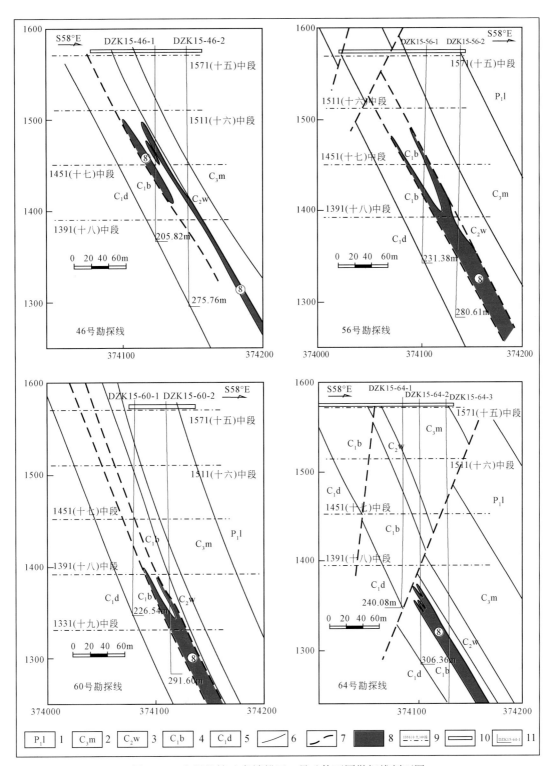

图 9.11　会泽铅锌矿床麟麒厂 8 号矿体不同勘探线剖面图

1. 二叠系下统梁山组碳质页岩和石英砂岩；2. 石炭系上统马平组角砾状灰岩；3. 石炭系中统威宁组鲕状灰岩；

4. 石炭系下统摆佐组粗晶白云岩夹灰岩及白云质灰岩；5. 石炭系下统大塘组隐晶灰岩及鲕状灰岩；

6. 地层界线；7. 断层；8. 矿体；9. 中段线及编号；10. 坑道；11. 钻孔及编号

表9.2 会泽超大型铅锌矿床8号矿体矿石结构构造特征

矿石结构、构造		基 本 特 征
矿石结构	粒状结构	黄铁矿多呈自形、半自形粒状，方铅矿和闪锌矿多呈半自形、他形粒状
	包含结构	黄铁矿呈自形晶被闪锌矿、方铅矿包含
	交代环状结构	方铅矿沿黄铁矿颗粒边缘交代溶蚀，形成方铅矿环带（反应边结构）包含黄铁矿；两者又被闪锌矿晶体包含
	固溶体分解结构	黄铁矿、方铅矿呈细小出溶物分布在闪锌矿中；根据出溶形式不同又可分为：沿节理出溶的叶片状结构、不规则出溶的似文象结构和乳滴状结构
	揉皱结构	闪锌矿、方铅矿在应力作用下，产生变形弯曲
	压碎结构	黄铁矿被压碎，被后期闪锌矿、方铅矿和泥质胶结
	细（网）脉状结构	闪锌矿、方铅矿沿方解石和黄铁矿裂隙充填、交代形成细脉或网脉状
	斑状结构	重结晶形成的粗大黄铁矿分布在沉积形成的细小黄铁矿和方解石中
	共结边结构	闪锌矿、方铅矿均呈自形粒状，其接触界线规则
	交代结构	矿体中最为发育的矿石结构。闪锌矿、方铅矿交代黄铁矿呈交代残余结构、骸晶结构和港湾结构；方解石从黄铁矿内部交代呈骸晶结构；方铅矿呈细脉状、尖角状交代闪锌矿、黄铁矿和方解石，呈充填交代结构
	填隙式结构	闪锌矿、黄铁矿等硫化物充填于方解石晶隙、空隙中起充填胶结作用
矿石构造	块状构造	矿体中最发育的矿石构造，按矿物组合可细分为4种亚结构： ① 闪锌矿–方铅矿块状矿石：主要由细–粗晶闪锌矿和方铅矿组成，含量55%~65%，粒度0.1~15mm；其次为细晶黄铁矿，含量5%~20%，粒度0.02~0.5mm； ② 闪锌矿块状矿石：由细–粗晶闪锌矿和少量方铅矿、黄铁矿和方解石组成，闪锌矿含量85%~93%，粒度0.2~20mm； ③ 方铅矿块状矿石：由细–粗晶方铅矿和少量闪锌矿、黄铁矿和方解石组成，方铅矿含量80%甚至90%以上，粒度0.2~20mm；闪锌矿和黄铁矿多为细粒，粒度0.01~0.2mm； ④ 黄铁矿块状矿石：由细粒黄铁矿和少量闪锌矿、方铅矿和方解石组成，黄铁矿含量大于60%，粒度0.01~0.5mm；闪锌矿和方铅矿呈他形粒状
	条带状构造	闪锌矿、方铅矿、黄铁矿与方解石相互呈条带状产出，带宽粒度2~10mm
	层状–似层状构造	细粒黄铁矿、闪锌矿和方铅矿沿方解石层理分布
	浸染状构造	主要分布于矿体边部。根据金属矿物含量不同，又可划分为星点状、稀疏浸染和稠密浸染3种类型
	脉状构造	方铅矿、闪锌矿和黄铁矿呈不规则状充填于灰岩、白云岩和方解石中。按脉体规模可划分为大脉、细脉、网脉和显微脉状4种；按成因可分为充填脉状和充填交代脉状2种

注：据会泽铅锌矿8号矿体勘探报告，略修改。

C. 围岩蚀变

矿体与围岩接触界线清楚、围岩蚀变相对简单是会泽超大型铅锌矿床又一明显特征，与原生矿体接触的围岩除褪色现象外，其他蚀变作用少见。矿区最为常见的围岩蚀变作用为白云岩化和黄铁矿化，偶见方解石化、硅化和黏土化等蚀变作用。

白云岩化：主要发生在摆佐组含矿层，其次为宰格组第二、三段。摆佐组白云岩按成因划分为沉积成因和热液蚀变成因，前者为灰白色、白色、灰色，他形细晶–中晶粒状，层状产出，产状稳定，孔隙不发育，不见矿化；后者叠加在前者之上，呈斑块状、云雾状、囊状、不规则状，岩石重结晶明显，矿物晶形完整，粒度大小掺杂，多为白色、浅黄色、米黄色，孔隙发育，沿层稳定性差，常见溶蚀孔和晶洞，与同一层位中灰岩和白云质灰岩残留体呈渐变过渡关系。矿区摆佐组地层中含矿白云岩均具有白云岩化，暗示该类蚀变与成矿具有密切联系。

黄铁矿化：在矿区摆佐组和威宁组地层均可见到黄铁矿化，摆佐组地层中的黄铁矿主要为五角十二面体，晶体颗粒粗大，最大近20mm；威宁组地层中的黄铁矿呈浸染状产出，主要为立方体，晶体颗粒一般小于1mm。离矿体越近，黄铁矿化越强，因而这种蚀变作用为该区重要的找矿标志之一。

D. 成矿期、成矿阶段及矿物生成顺序

矿床原生矿为同期不同阶段成矿作用的产物，根据矿石结构构造、各种矿脉相互穿插关系和矿物共生组合，将矿床成矿过程划分为成岩期、成矿期和表生期，其中成矿期可进一步划分为3个成矿阶段，即闪锌矿–黄铁矿–方解石成矿阶段、闪锌矿–方铅矿–黄铁矿–方解石成矿阶段和黄铁矿–方解石成矿阶段，主要矿物生成顺序见表9.3。

表 9.3　会泽超大型铅锌矿床成矿阶段及矿物生成顺序

成矿期次	成岩期	成矿期			表生期
		闪锌矿–黄铁矿–方解石成矿阶段	闪锌矿–方铅矿–黄铁矿–方解石成矿阶段	黄铁矿–方解石成矿阶段	
黄铁矿					
闪锌矿					
方铅矿					
黄铜矿					
银黝铜矿					
自然锑					
硫锑铅矿					
螺硫银矿					
深红银矿					
硫铋银矿					
角银矿					
褐铁矿					
菱锌矿					
白云石					
方解石					
重晶石					
石膏					

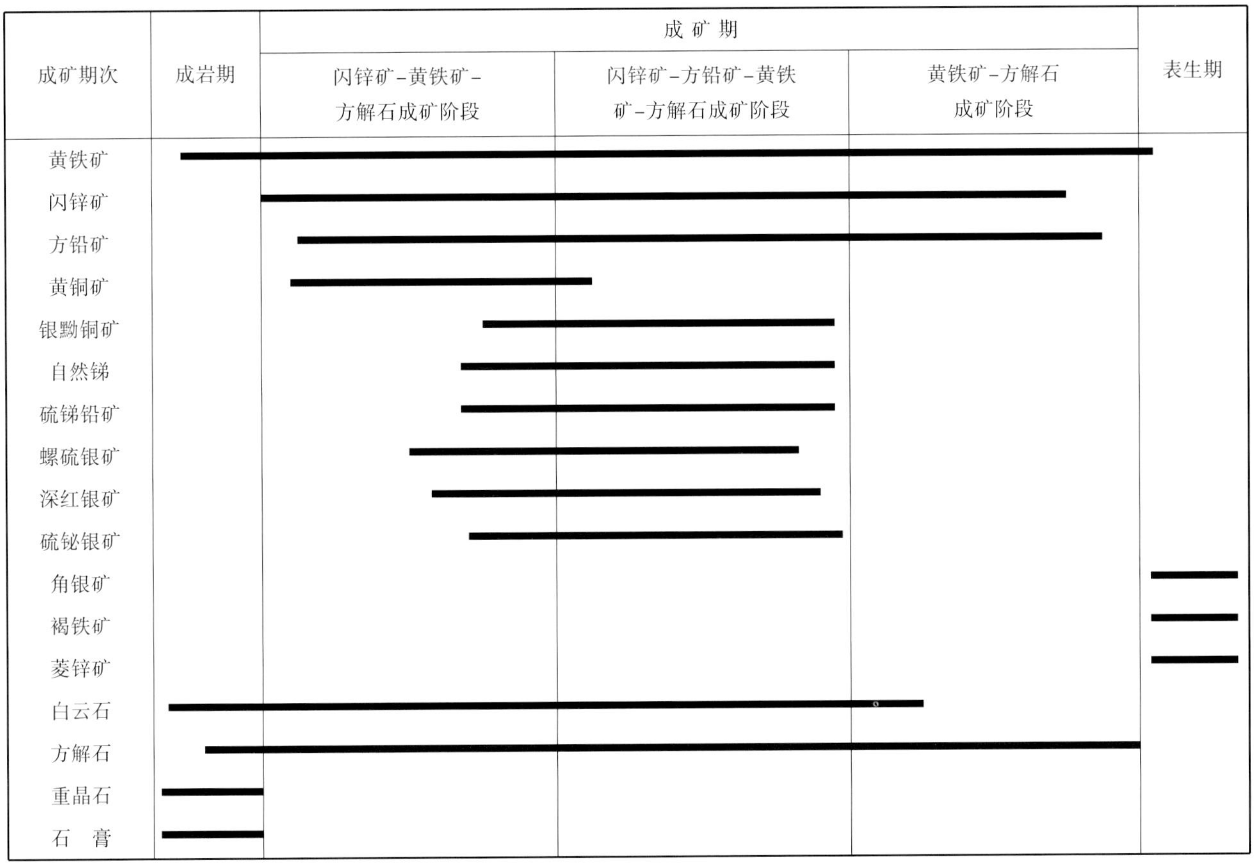

注：本区表生期矿物组合相当复杂，表中仅列出几种以示代表。

2. 天桥铅锌矿床

天桥铅锌矿床位于黔西北成矿区，是成矿区垭都–蟒硐成矿带内代表性中型矿床（图9.8）。区内主要出露泥盆、石炭和二叠系地层；天桥背斜贯穿全区，同时发育一系列近南北、北东、东西断裂构造；岩浆活动除矿区外围有峨眉山玄武岩分布外，矿区内还有零星的辉绿岩体产出（图9.12）。

1）矿区地质

A. 地层

从矿区地层柱状图看（图9.13），区内泥盆系和石灰系地层最为发育，其中泥盆系地层主要出露在天桥背斜轴部，两翼依次为石炭系、二叠系地层（图9.12）。由于地处隆起区与凹陷区的过渡带上，地层残缺、沉积相变化比较大，泥盆系缺失下统的舒家坪组（D_1s）、中统的龙洞水组（D_2l）以及独山组（D_2d）中的鸡泡段（D_2d^j）及宋家桥段（D_2d^s），石炭系也缺失下统岩关组（C_1y）。背斜北东翼地层不够完整，厚度也比较薄；南西翼厚度逐渐增大，而且发育也较完好。

在矿区出露的泥盆系和石炭系地层中，除下泥盆统丹林组（D_1dl）和中泥盆统帮寨组（D_1b）的岩性以砂岩、粉砂岩为主外，其余的岩性都为碳酸盐（白云岩和灰岩）。从图9.13中可见，矿区出露的泥盆

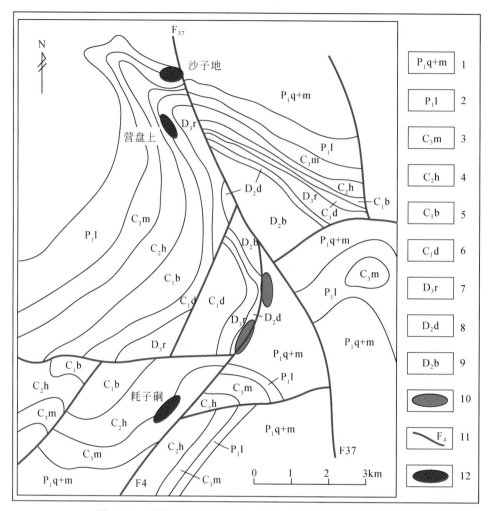

图 9.12　天桥铅锌矿床地质图（据金中国，2008；略修改）

1. 栖霞–茅口组；2. 梁山组；3. 马平组；4. 黄龙组；5. 摆佐组；6. 大埔组；7. 尧梭组；
8. 独山组；9. 帮寨组；10. 辉绿岩；11. 断层及编号；12. 矿体平面投影

系和石炭系碳酸盐（白云岩和灰岩）都含铅锌矿体或矿化体，但主要赋矿地层为下石炭统大埔组（C_1d）、摆佐组（C_1b）和中石炭统黄龙组（C_2h），其次是上泥盆统尧梭组（D_3r）和上石炭统马平组（C_3m），在中泥盆统独山组（D_2d）和上泥盆统望城坡组（D_3w）碳酸盐中仅见弱的铅锌矿化现象。

B. 构造

天桥背斜：位于垭都–蟒洞构造带的北西端的上盘，背斜轴向 300°～315°，北东翼地层倾向 30°～50°，倾角 16°～32°；南西翼地层倾向 225°～270°，倾角 20°～40°。背斜轴部地层倾角平缓，两翼逐渐变陡。轴部出露最老地层为下泥盆统的丹林群（D_1dl），两翼依次出露中、上泥盆统及石炭、二叠系。铅锌矿体赋存于背斜近轴部的两翼地层中，受层间剥离、层间滑动等构造控制，特别是地层滑动面由陡变缓部位更有利于工业矿体赋存。

F_{37} 压扭性断层：北起田坝，经沙子地，彭家岩脚，并延伸出矿区，长 4km。破碎带宽 1～6m，多见角砾。断层面倾向 250°～270°，倾角 50°～70°，垂直断距 20～60m，而水平错距达 80～240m，该断层在沙子地分叉为 F_{37-1} 和 F_{37}，斜切背斜，说明 F_{37} 晚于背斜形成。

F_{36} 压扭性断层：出露于矿区南部边缘彭家岩脚以南，全长 4.5km，断层面倾向 290°～300°，倾角 40°～50°，断层带宽 1～6m，断距 150～250m，沿断层两侧有零星辉绿岩体产出，岩体侵位于下石炭统大塘组上司段、摆佐组和中石炭统黄龙组灰岩中。在彭家岩脚附近，断层在地表显示不明显。

界	系	统	组	段	地层代号	柱状图	厚度/m	岩性描述
新生界	第四系				Q		0～21	黄褐色、杂色黏土、岩块、松散砂、砾组成的残坡积物，分布于山麓、凹地及河谷中，在营盘上－小庙山一带有氧化铅锌矿砂矿分布
古生界	二叠系	中统	峨眉山玄武岩组		$P_2\beta$		>400	灰褐色、铁灰色致密块状及杏仁状、气孔状玄武岩。中上部见紫色蚀变玄武岩，呈脉状或扁豆体状，其间见有树叶状自然铜与下伏地层不整合接触
		下统	栖霞茅口组		P_1q+m		>400	深灰色-黑色中厚层状泥晶灰岩和亮晶含䗴生物屑灰岩，上部含燧石结核；中部含白云质团块；下部夹深灰色碳质泥质石灰岩、钙质泥岩和1～2层沥青质灰岩
		下统	梁山组		P_1l		70～102	灰色-深灰色薄至厚层状石英砂岩，泥质泥岩夹1～3层碳质页岩和劣质煤；底部为黏土质粉砂岩，豆状赤铁矿及豆状绿泥石菱铁矿，矿区内铁矿层厚0.5～2m，但不稳定
	石炭系	上统	马平组		C_3m		38～56	底部为灰色薄层－中层状砾状灰岩；中部为浅灰色中厚层状亮晶藻屑、生物屑灰岩夹亮晶含䗴灰岩；上部为浅灰色中厚层状藻凝块灰岩夹泥质灰岩。产化石：*Triticites* sp.和*Pseudoschwgeria* sp.
		中统	黄龙组		C_2h		100～122	下部为灰色－深灰色厚层状泥晶灰岩夹亮晶生物屑灰岩透镜体；中部为深灰色厚层状泥晶砂屑灰岩；上部为灰色厚层状泥晶灰岩。本层中下部普遍遭受成矿后白云石化，为灰白色粗晶白云岩和黄褐色细晶白云岩。在残余灰岩中产化石：*Fusulinella* sp.，*Fusulila* sp.，*Schubertella* sp.，*Ozawainella* sp.，*Pseudostaffella* sp.，*Profusulinella* sp.，*Chaestes* sp.。沙子地矿段产似层状、透镜状铅锌矿体，为矿区主要含矿层位
		下统	摆佐组		C1b		53～81	下部为灰色－深灰色中厚层状泥晶灰岩和亮晶藻屑、藻鲕灰岩互层；中部为灰色厚层状粗晶白云岩，其中夹绿色页岩，并含星散状黄铁矿；上部为浅灰－灰白色颗粒灰岩，白云质条带灰岩和层纹状灰岩，局部见砾状灰岩。产化石：*Mostaffella* sp.，*Miuerella* sp.。其中、上部产似层状、透镜状黄铁矿型铅锌矿体，为矿区重要含矿层之一
		下统	大埔组	上司段	C_1d^i		9～66	下部为灰色厚层泥晶灰岩夹泥质白云岩及燧石条带、燧石结核；中部为深灰色厚层状泥晶灰岩；上部为紫红色灰绿色黏土岩，砾状灰岩。在沙子地矿段该层上部产透镜状黄铁矿型锌矿体，此层为沙子地矿段主要含矿层之一
			大埔组	旧司段	C_1d^s		5～25	灰黑色-黑色碳质页岩，局部夹1～2层泥质灰岩及泥质白云岩透镜体，含星点状、结核状黄铁矿，营盘上矿段该层顶部产似层状铅锌矿
	泥盆系	上统	尧梭组		D_3y		30～65	灰至深灰色厚层状泥晶灰岩、黏土质灰岩。砾状石灰岩与灰白色中厚层状中-粗晶白云岩。中下部以灰色厚层状中－粗晶白云岩为主，夹少量灰色白云质条带石灰岩；底部有一厚层0.5～1.0m的黏土岩。本层中、上部产铅锌小矿体和矿化体
		上统	望城坡组		D_3w		20～65	浅灰色至灰色中－厚层状泥晶灰岩与白云质条带石灰岩互层，其中夹细晶白云岩、砾状灰岩及1～3层灰色薄层黏土岩。在F_{37}逆断层下盘的白云岩中有微弱铅锌矿化
		中统	独山组		D_2d		35～45	灰-灰白色厚层状细至粗晶白云岩夹条带状石灰岩，细晶白云岩中含有层孔虫白化石，普遍见薄层黏土岩，顶部的黏土岩比较稳定，以此作为与望城坡组(D_3w)的分界标志。本层在沙子地矿段，沿F_{37}逆断层的下盘白云岩中有微弱铅锌矿化
		中统	帮寨组		D_2b		10～20	黑灰色粉砂岩为主，夹灰色石英砂岩和含鲕状赤铁矿透镜体及团块
界		下统	丹林组		D_1dl		>200	灰白色厚层状细－中粒石英砂岩和紫红色、灰色、绿色黏土质粉砂岩组成，下部为石英砂岩夹薄层粉砂岩

图9.13　天桥铅锌矿床矿区柱状图（据金中国，2008；略修改）

矿区内其余断层大致可分为北东和北西向两组，北东向组晚于北西向组。它们均破坏铅锌矿体，为成矿后断层。

C. 岩浆岩

天桥矿区内岩浆活动虽不甚强烈，但具多期性，主要有广泛分布的上二叠统峨眉山玄武岩和同期的辉绿岩侵入体（同位素年龄为 260Ma 左右），燕山期的辉绿岩体（同位素年龄为 130～150Ma；金中国，2008）沿断裂成群分布（图 9.12）。金中国（2008）测得本区辉绿岩成矿元素含量 Pb 100～200ppm，Zn 最高达 1600ppm，明显高于基性岩平均值（Pb 8ppm，Zn 130ppm；鄂明才和迟清华，1997）。

2）矿体地质

A. 矿体特征

天桥铅锌矿床分布在天桥背斜北西倾伏部位的近轴部两翼上，已圈定大小矿体 32 个，大体可划分为两个矿段，即背斜南西翼的营盘上矿段和北东翼的沙子地矿段，两个矿段控制的面积约 1.2km²（图 9.12）。矿体受 F$_{37}$ 断层控制，主要呈似层状、板状、透镜状产于 F$_{37}$ 层间剥离带中，与围岩界线清楚，产状与地层产状基本一致（图 9.14、图 9.15）。

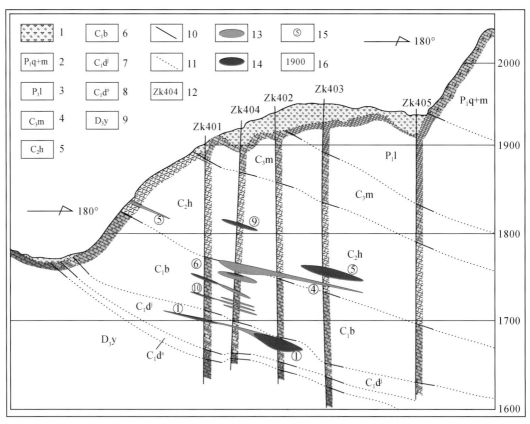

图 9.14　天桥铅锌矿床沙子地矿段 4-4' 勘探线剖面图

1. 第四系；2. 栖霞茅口组；3. 梁山组；4. 马平组；5. 黄龙组；6. 摆佐组；7. 大埔组上司段；8. 大埔组旧司段；9. 尧梭组；10. 地层界线；11. 推测地层界线；12. 钻孔编号；13. 氧化矿；14. 原生矿；15. 矿体编号；16. 标高；地层岩性同图 9.13

营盘上矿段长约 400m、宽约 300m，探明大小矿体 15 个，赋矿围岩为上泥盆统尧梭组（D$_3$y）、下石炭统大埔组旧司段（C$_1$d^j）、下石炭统大埔组上司段（C$_1$d^s）和下石炭组摆佐组（C$_1$b）白云岩及灰岩；产在旧司段（C$_1$d^j）灰岩夹泥灰岩中的 II 号矿体最大，长约 200m、宽约 100m，厚 1.3～1.8m，平均品位 Pb 1.23%、Zn 5.69%。砂子地矿段长约 800m、宽约 500m，探明大小矿体 17 个，呈雁行状、囊状产出（图 9.14、图 9.15），赋矿围岩为上泥盆统尧梭组（D$_3$y）、下石炭统大埔组上司段（C$_1$d^s）、下石炭组摆佐组（C$_1$b）和中石炭统黄龙组（C$_2$h）白云岩及灰岩；III$_6$、III$_7$ 矿体最大，III$_6$ 矿体长约 250m、宽约

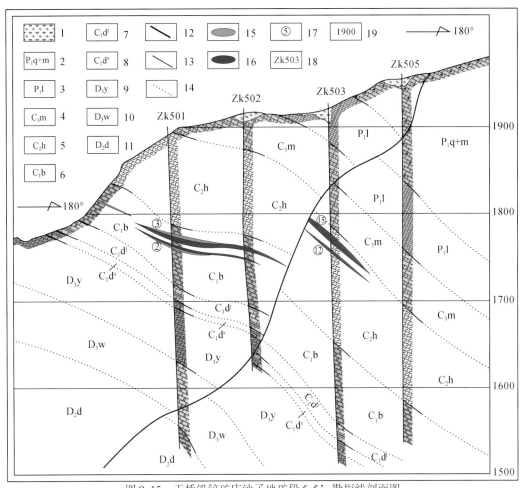

图 9.15　天桥铅锌矿床沙子地矿段 5-5' 勘探线剖面图

1. 第四系；2. 栖霞茅口组；3. 梁山组；4. 马平组；5. 黄龙组；6. 摆佐组；7. 大埔组上司段；8. 大埔组旧司段；
9. 尧梭组；10. 望城坡组；11. 独山组；12. 断层；13. 地层界线；14. 推测地层界线；15. 氧化矿；
16. 原生矿；17. 矿体编号；18. 钻孔编号；19. 标高；地层岩性同图 9.13

120m、厚 1.4 ~ 19.0m，平均品位 Pb 5.51% 、Zn 15.00% ， Ⅲ₇ 矿体长约 320m、宽大于 220m，厚 1.7 ~ 5.15m，最厚 28.6m，平均品位 Pb 3.60% ，Zn 6.52% 。营盘上矿段 Ⅱ 号矿体与砂子地矿段 Ⅲ 矿体铅锌储量之和大于 20 万 t。

B. 矿石特征

矿石类型：矿石自然类型可划分为氧化矿石、混合矿石和原生矿石（亦称硫化矿石）3 种类型。氧化程度高的矿石，其中的黄铁矿、闪锌矿和方铅矿等矿石矿物均已氧化，多呈蜂窝状、皮壳状、粉末状、土状；氧化程度相对较低的混合矿和原生矿，其中的方铅矿和闪锌矿氧化程度存在较明显的差异。

原生矿石根据矿石结构可分为块状矿石和浸染状矿石，两类矿石根据主要矿石矿物共生组合均可进一步划分为闪锌矿型矿石、闪锌矿-方铅矿型矿石、方铅矿型矿石、闪锌矿-黄铁矿型矿石、闪锌矿-方解石型矿石、方铅矿-黄铁矿型矿石和黄铁矿-方解石型矿石。矿床原生矿以块状矿石为主，其矿石矿物颗粒粗、品位高；浸染状矿石所占比例很少，零星分布，其矿石矿物颗粒较小、品位相对较低。

矿石矿物成分：矿床氧化矿石矿物组成极为复杂，目前已在该类矿石中鉴定出矿物多达几十种，常见的有白铅矿、铅钒、菱铁矿、菱锌矿、异极矿、水锌矿、黄钾铁矾、孔雀石等。原生矿石矿物组成相对简单，其矿石矿物最主要为闪锌矿、方铅矿和黄铁矿，少量黄铜矿、白铁矿；脉石矿物主要为方解石和白云石，次为石英、重晶石、萤石和黏土类矿物。

闪锌矿呈细粒-粗粒、他形-自形粒状产出，颜色多种多样，常见的有深褐色、棕色、黄褐色、浅褐色和淡黄色等（图9.16），粒度0.05~15mm，常呈团块状、斑状、条带状和浸染状集合体与方铅矿、黄铁矿和方解石等矿物共生；其解理发育，常交代黄铁矿形成骸晶、港湾、残余和包含结构。根据颜色可将本区原生矿石中的闪锌矿划分为三个世代，第一世代为深褐色和棕褐色，第二世代为浅褐色和玫瑰色，第三世代为淡黄色。

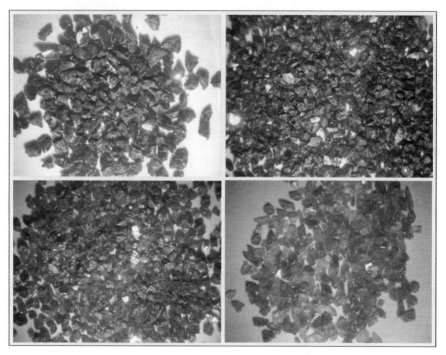

图9.16 天桥铅锌矿床原生矿石中不同颜色闪锌矿

方铅矿呈细粒-粗粒、他形-自形粒状产出，颜色为深灰色-铅灰色，粒度0.1~15mm，常呈集合体与闪锌矿、黄铁矿和方解石等矿物共生；其立方体解理发育，受应力变形明显，常见揉皱结构。从其粒度和颜色变化看，这种矿物也应为不同世代结晶的产物。

黄铁矿明显可划分为四个世代。第一世代黄铁矿多呈粗晶-巨晶自形粒状产出，立方体晶形，粒度大于5mm；第二世代黄铁矿为粗晶自形粒状，粒度2~5mm，以五角十二面体、五角十二面体与立方体的聚形为主，常呈浸染状和条带状分布于矿体附近的围岩中；第三世代黄铁矿呈半自形-自形中-粗粒产出，粒度0.5~2mm，晶形以五角十面体为主，常见草莓状，与闪锌矿、方铅矿和方解石等矿物共生；第四世代黄铁矿多呈细粒他形-半自形产出，晶形以立方体为主，次为五角十二面体，主要分布于矿体顶部。

矿石化学成分：天桥铅锌矿床不同矿段、不同矿体，以及不同赋矿地层中的矿体的Pb、Zn含量存在较大差异，矿体Pb、Zn平均含量分别为0.04%~7.32%和0.49%~26.65%，这与本区矿石工业类型多种多样有关。除沙子地矿段4^{II}和7^{I}矿体的平均Pb>Zn外，其余矿体的平均Pb<Zn，其Zn/Pb值变化范围很大，主要为5~10，沙子地矿段1^{II}矿体的Zn/Pb值高达200，可见该矿床为以Zn为主的铅锌矿床。

单矿物化学分析以及组合样分析结果表明，本区矿石除Pb、Zn外，尚含有一定量的Ba、Sn、Mn、Ge、Ga、Cr、Ni、V、Sc、Y、Cd、Cu、Zr、Ag等元素，其中的Ge、Ga、Cd和Ag等含量较高，主要富集于闪锌矿和方铅矿中，具有综合利用价值。

矿石结构构造：本区矿石结构构造均相对复杂，氧化矿石常见粒状、胶结结构，土状、皮壳状、葡萄状构造；原生矿石常见的结构有粒状结构、溶蚀结构、交代结构、共结边结构、细（网）脉状结构和斑状结构，常见的构造有块状构造、条带状构造、浸染状构造和脉状构造，其特征见表9.4。在众多的矿石结构构造中，以粒状结构、交代结构和块状构造最为常见。

表9.4 天桥铅锌矿床原生矿石结构构造特征

矿石结构、构造		基 本 特 征
矿石结构	粒状结构	黄铁矿多呈自形、半自形粒状，方铅矿和闪锌矿多呈半自形、他形粒状
	包含结构	黄铁矿呈自形晶被闪锌矿、方铅矿包含
	交代环状结构	方铅矿沿黄铁矿颗粒边缘交代溶蚀，形成方铅矿环带（反应边结构）包含黄铁矿；两者又被闪锌矿晶体包含
	固溶体分解结构	黄铁矿、方铅矿呈细小出溶物分布在闪锌矿中；根据出溶形式不同又可分为：沿节理出溶的叶片状结构、不规则出溶的似文象结构和乳滴状结构
	压碎结构	黄铁矿被压碎，被后期闪锌矿、方铅矿和泥质胶结
	细（网）脉状结构	闪锌矿、方铅矿沿方解石和黄铁矿裂隙充填、交代形成细脉或网脉状
	斑状结构	重结晶形成的粗大黄铁矿分布在沉积形成的细小黄铁矿和方解石中
	共结边结构	闪锌矿、方铅矿均呈自形粒状，其接触界线规则
	交代结构	矿体中最为发育的矿石结构。闪锌矿、方铅矿交代黄铁矿呈交代残余结构、骸晶结构和港湾结构；方解石从黄铁矿内部交代呈骸晶结构；方铅矿呈细脉状、尖角状交代闪锌矿、黄铁矿和方解石，呈充填交代结构
矿石构造	块状构造	矿体中最发育的矿石构造，按矿物组合可细分为4种亚结构： ① 闪锌矿-方铅矿块状矿石：主要由细-粗晶闪锌矿和方铅矿组成，含量60%～65%，粒度0.1～15mm；其次为细晶黄铁矿，含量10%～20%，粒度0.02～0.5mm； ② 闪锌矿块状矿石：由细-粗晶闪锌矿和少量方铅矿、黄铁矿和方解石组成，闪锌矿含量大于90%，粒度0.2～15mm； ③ 方铅矿块状矿石：由细-粗晶方铅矿和少量闪锌矿、黄铁矿和方解石组成，方铅矿含量大于70%，粒度0.2～15mm；闪锌矿和黄铁矿多为细粒，粒度0.01～0.2mm； ④ 黄铁矿块状矿石：由细粒黄铁矿和少量闪锌矿、方铅矿和方解石组成，黄铁矿含量大于60%，粒度0.01～0.5mm；闪锌矿和方铅矿呈他形粒状
	条带状构造	闪锌矿、方铅矿、黄铁矿与方解石相互呈条带状产出，带宽粒度2～20mm
	浸染状构造	主要分布于矿体边部。根据金属矿物含量不同，又可划分为星点状、稀疏浸染和稠密浸染3种类型
	脉状构造	方铅矿、闪锌矿和黄铁矿呈不规则状充填于灰岩、白云岩和方解石中。按成因可分为充填脉状和充填交代脉状2种

C. 围岩蚀变

本区含矿围岩蚀变主要见白云石化、方解石化、黄铁矿化、铁锰碳酸盐化、褐铁矿化、重晶石化及硅化等，其中白云石化、方解石化和黄铁矿化与铅锌矿化关系密切，为重要的近矿蚀变标志；铁锰碳酸盐化和褐铁矿化是地表找矿的指示标志。

白云石化、方解石化：区内最常见，为近矿围岩蚀变，分布于矿体上、下盘，且分布范围大于矿化范围。由于岩性的差异，在断裂下盘蚀变往往强于上盘，形成不对称蚀变带。白云石、方解石常呈脉状充填围岩裂隙间，多呈网脉状产出。

蚀变围岩的结晶颗粒增大，常伴随重结晶和褪色现象。铅锌矿化普遍伴随白云石化、方解石化蚀变作用而在有利空间沉淀富集。金中国（2008）的研究表明，白云石化可提高围岩空隙率约10%，晶洞孔隙发育、岩石脆性大、受力碎裂孔缝增加，为其后溶蚀、充填及交代成矿提供空间。

黄铁矿化：本区黄铁矿有四个世代，对应四期黄铁矿化，其中第一、二期分别位于白云石化前后，呈显微粒状分布于灰岩、白云岩晶间、溶蚀缝及早期缝合线中；第三期最强，呈星点、脉状、条带状产于碳酸盐岩中，与铅锌成矿关系密切，五角十二面体黄铁矿多与铅锌伴生，但总体上黄铁矿在空间上与铅锌矿体常形成兜底圈边现象，为近矿蚀变；第四期为闪锌矿成矿期后，多呈立方体产出。

铁锰碳酸盐化：铁锰碳酸盐化为浅褐色、褐红色、紫褐色之含铁白云石，本区偶见，但在区域上其他矿区，如猫猫厂矿区、横坡矿区和杉树林矿区等常见，是区内最重要的蚀变，也是较好的找矿标志。

一般与 Pb、Zn、Ag 矿化伴生，在威宁横坡上泥盆统尧梭组（D_3y）含铁白云石中含 $Ag>100\times10^{-6}$，形成独立银矿床。

硅化：本区硅化也较为常见，其范围小于铅锌矿化范围，大致可分为四期：第一期为石髓交代棘屑、共轴边等亮晶方解石，是大气降水渗流产物；第二期位于白云石化前后；第三期呈半自形柱状石英，沿晶间交代白云岩；第四期为石英脉，常呈细脉切穿铅锌矿及黄铁矿化。其中第二、三期硅化与铅锌矿化关系密切。

重晶石化：本区重晶石化相对较弱，可分两期：第一期位于白云石化之前，充填白云岩晶间孔洞；第二期在铅锌成矿之后，常呈似层状、脉状，沿断裂构造、层间挤压空间分布。

D. 成矿期、成矿阶段和矿物生成顺序

根据矿石结构构造、各种矿脉相互穿插关系和矿物共生组合，将矿床成矿过程划分为成岩期、成矿期和表生期，其中成矿期可进一步划分为 3 个成矿阶段，即闪锌矿–黄铁矿–碳酸盐（白云石、方解石）成矿阶段、闪锌矿–方铅矿–黄铁矿–碳酸盐（方解石、白云石）成矿阶段和黄铁矿–碳酸盐（方解石）成矿阶段，主要矿物生成顺序见表9.5。

表 9.5　天桥铅锌矿床成矿阶段及矿物生成顺序

成矿期次	成岩期	成矿期			表生期
		闪锌矿–黄铁矿–碳酸盐成矿阶段	闪锌矿–方铅矿–黄铁矿–碳酸盐成矿阶段	黄铁矿–碳酸盐成矿阶段	
黄铁矿		————————————————————			
闪锌矿		——————————————————			
方铅矿		——————————————————			
黄铜矿		——————————			
白铁矿		———————————			
螺硫银矿		———————————			
白铅矿					——
褐铁矿					——
菱锌矿					——
白云石		————————————————			
方解石		————————————————————————			
重晶石		———		——————	
石　英		——————————————————			

注：本区表生期矿物组合相当复杂，表中仅列出几种以示代表。

第三节　矿床地球化学

前人对该矿集区的研究已积累较多矿床地球化学分析资料。本节仍以此次进行系统研究的会泽超大型铅锌矿床和天桥铅锌矿床为重点，总结矿集区矿床地球化学特征及提供的矿床成因信息。

一、流体包裹体地球化学

流体包裹体是研究矿床成矿物理化学条件、成矿流体性质及演化的有效手段（Roedder，1984；张文淮和陈紫英，1993；卢焕章等，2010）。前人对川滇黔相邻铅锌矿集区多个矿床进行过包裹体地球化学研究工作，如毛坪（Han et al.，2007）、赤普（张长青等，2007）等。由于矿集区许多矿床的透明矿物主要为方解石，其中的包裹体小、透明度不够等原因，研究工作并不系统，有待于深入。

1. 包裹体类型

方解石是会泽铅锌矿床最主要脉石矿物，显微镜下观察其中原生包裹体很多，呈团斑状、孤岛状分布于矿物晶体中，粒径相对较大，一般≥2μm；另外，沿矿物晶体内部的裂隙分布有次生包裹体，成群出现，呈定向排列，粒径相对较小，一般≤1μm。根据室温下流体包裹体的气液比和物理相态，本区矿物包裹体可划分为以下几种类型：

（1）纯液相（L）包裹体（图9.17（a））：包裹体腔内全部为单一的水溶液相（L）所充填，未见有气相（V）和固相（S）存在，气液比为0%。包裹体在显微镜下常呈淡红色、肉红色，粒径较小，一般为1～5μm，少数6～10μm，其形态多呈负晶形、三角形、液滴状、椭圆形或圆形，少数为不规则状，常沿矿物结晶面成群分布，但也有单个产出的。由于包裹体相当细小，没有测出它们的盐度。

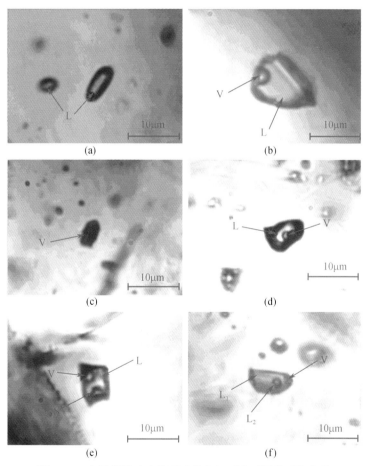

图9.17　会泽铅锌矿床脉石矿物方解石中不同类型包裹体

（a）纯液相（L）包裹体；（b）富液相的气液两相（L+V）包裹体；（c）纯气相（V）包裹体；（d）富气相的气液两相（V+L）包裹体；（e）含子晶的多相（L+V+S）包裹体；（f）不混溶的CO_2三相（L_1+L_2+V）包裹体

（2）富液相的气液两相（L+V）包裹体（图9.17（b））：相态组合为液相（L）+气相（V），以液相为主，在包裹体中经常出现有一个或多个的蒸汽泡，气液比（$V_气/(V_气+V_液)$）小于50%。这类包裹体常与纯气相包裹体共生，加热均一为液态，均一温度变化范围为110～380℃，主要集中于150～250℃。从均一温度和气液比来看，这类包裹体可以划分为两类：一类为包裹体均一温度130～165℃，总盐度为9.9 wt%～13.1wt% NaCl，气液比（$V_气/(V_气+V_液)$）<5%，在室温下可见小气泡（可能为CO_2）跳动的现象，

在加热时气泡到处游动，此类包裹体内压较小，多在成矿中晚期被捕获，其中部分为次生包裹体；另一类包裹体均一温度 110~380℃，总盐度 6.2 wt%~21.1wt% NaCl，气液比多为 5%~20%，气泡在室温下不会跳动，此类包裹体贯穿于整个成矿期，为最常见的包裹体。

（3）纯气相（V）包裹体（图 9.17（c））：黄褐色，或包裹体轮廓黑色，中间为亮白色，包裹体完全为低密度的蒸汽相（主要为 CO_2、H_2O 等的混合物）所充填，未见液相。此类包裹体大小相差悬殊，大的接近 10μm，小的不到 1μm，常单个出现或与富气相的气液两相（V+L）包裹体、富液相的气液两相（L+V）包裹体共生，应为流体沸腾作用的产物。

（4）富气相的气液两相（V+L）包裹体（图 9.17（d））：相态组合为气相（V）+液相（L），以气相为主，气液比（$V_气/(V_气+V_液)$）>50%，在包裹体出现的是一个很大的蒸汽泡。这类包裹体常与纯气相包裹体共生，粒径 1~8μm。加热均一为气态，均一温度为 305~410℃，总盐度 5wt%~10wt% NaCl 左右，代表流体的沸腾作用。这些包裹体按照气体的成分又可以分为两类：一类为气相成分以 CO_2 为主，有时还有 N_2 和 CH_4 等气体，其特征为：部分包裹体在 -56℃ 左右开始溶解，而含有 N_2 和 CH_4 等气体的包裹体则至 -100℃ 也没有完全冻住，包裹体均一温度为 305~410℃；另一类包裹体气相为 H_2O，有时含少量 CO_2，在 -23℃ 左右冰开始溶解，冰点为 -7.8~-3.1℃。

（5）含子晶的多相（L+V+S）包裹体（图 9.17（e））：这类包裹体含有气相（V）、液相（L）和固相（S）矿物子晶。子晶一般为 1 个，有时可能为 2 个。包裹体一般较大，3~8μm，气液比（$V_气/(V_气+V_液)$）10% 左右。当加热时，气泡一般早于子晶消失。根据笔者对 2 个此类包裹体的测试，气泡消失温度为 165~180℃，子晶完全熔化温度 181~200℃，含盐度变化范围 38.5wt%~45.0wt% NaCl，代表的是成矿中后期溶液的过饱和作用。

（6）不混溶的 CO_2 三相（L₁+L₂+V）包裹体（图 9.17（f））：这类包裹体很少，以含有一定数量的液相 CO_2 为特征。包裹体含有两种液态相：一种为盐水溶液，另一种为 CO_2 液相。在温度不高于 31℃ 的条件下，显微镜下常可见液相 CO_2 围绕气泡呈环状分布，在富 CO_2 液相中包有 CO_2 蒸汽泡。液相 CO_2 一般为褐色或橘红色，其体积为包裹体体积的 20%~30%。包裹体粒径 5~6μm。根据对一个此类包裹体的测试，CO_2 气-液相均一（均一成气相）温度 29℃，包裹体均一温度 189.5℃，总盐度 4.7wt% NaCl，均一瞬间压力 $340×10^5$ Pa，均一时流体总密度 0.854g/cm³。

2. 包裹体形成条件

采用均一法测定气液两相包裹体和含子晶多相包裹体的均一温度或子晶的消失温度，采用冷冻法测定其盐度。流体密度利用同一包裹体的均一温度及盐度通过计算获得（计算公式见刘斌和沈昆，1999）；气液两相包裹体的压力是利用水等容线图（张文淮和陈紫英，1993）及不同密度等容线图（Roedder，1984）通过估算而获得；含子晶多相包裹体压力则是利用盐度数据和包裹体气泡消失与子晶消失温度的差值，根据 Sourirajan 和 Kennedy（1962）的 P-T-X 图解而获得。表 9.6 为会泽超大型铅锌矿床包裹体形成条件。

表 9.6　会泽铅锌矿床流体包裹体形成条件

样号	主矿物	测点数	T_h/℃	T_m/℃	气液比/%	粒径/μm	盐度/wt% NaCl	密度/（g/cm³）	压力/10^5 Pa
QL-14	方解石	3	180.3~202.5	-7.2~-9.8	10~15	5~6	10.7~14.8	0.966~0.976	512~634
QL-0	方解石	3	184.5~389.5	-3.2~-11.4	10~70	8~9	5.3~16.0	0.592~1.002	320~527
QL-L-2	方解石	5	148.3~202.6	-5.8~-12.4	1~10	5~8	9.3~18.1	0.546~1.042	401~650
QL-12	方解石	1	209.1	-11.5	10	4	16.0	0.980	658
QL-7	方解石	1	182.8	-8.5	10	6	12.9	0.979	523

样号	主矿物	测点数	T_h/℃	T_m/℃	气液比/%	粒径/μm	盐度/wt% NaCl	密度/（g/cm³）	压力/10⁵Pa
QL-LEE-6	白云石	3	132 ~ 161	−6.2 ~ −9.0	1	5 ~ 8	9.9 ~ 13.1	0.994 ~ 1.021	385 ~ 467
QL-9	白云石	1	132	−7.8	5	8	12.5	1.021	351
QL-9	白云石	1	164.2（气泡消失）	180.7（子晶消失）	10	5	38.5	1.129	145
9918-20	方解石	1	401	−6.7	80	8	10.1	0.656	350
9918-4	方解石	3	151.8 ~ 384.5	−3.6 ~ −5.5	15 ~ 90	7 ~ 15	5.9 ~ 8.7	0.614 ~ 0.961	298 ~ 515
9918-5	方解石	3	161.1 ~ 327.9	−7.9 ~ 15.4	10 ~ 20	8 ~ 15	11.6 ~ 19.0	0.795 ~ 1.047	400 ~ 672
9918-37	方解石	3	182 ~ 256	−14.9 ~ −16.7	10 ~ 20	5 ~ 8	15.4 ~ 20.0	0.934 ~ 1.038	712 ~ 754
HZK-32	方解石	4	199.1 ~ 282.2	−4.9 ~ −5.2	15 ~ 20	6 ~ 15	7.6 ~ 8.1	0.817 ~ 0.923	400 ~ 611
HZQ-35	方解石	1	185	−11.5	15	10	15.5	0.998	597
HZ911-15	方解石	3	110.8 ~ 211	−16.7 ~ −18.2	10. ~ 15	3 ~ 8	20.0 ~ 21.1	1.022 ~ 1.095	321 ~ 743

测试单位：中国科学院地球化学研究所。

（1）流体包裹体均一温度具有较宽的变化范围，在 110 ~ 400℃，在均一温度直方图上有 2 个集中区（图 9.18），分别为 150 ~ 200℃ 和 300 ~ 350℃。

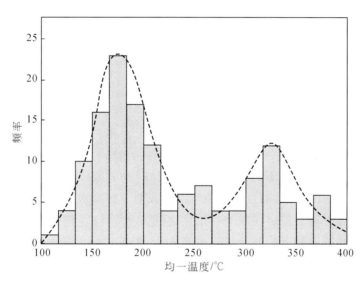

图 9.18　会泽铅锌矿床脉石矿物方解石中包裹体测温结果

（2）流体包裹体盐度变化范围也很宽，为 5wt% ~ 21wt% NaCl，图 9.19 显示，本区流体包裹体盐度也存在 2 个相对集中区，其一为 5wt% ~ 6wt% NaCl，其二为 12wt% ~ 16wt% NaCl；在 150 ~ 200℃，盐度变化较大，为 7wt% ~ 21wt% NaCl，在 300 ~ 350℃，盐度明显降低，主要为 5wt% ~ 6wt% NaCl，暗示本区成矿流体在 300 ~ 350℃ 流体可能曾发生过沸腾作用或不混溶现象，部分流体以低盐度的气相形式挥发，剩余的流体盐度大大增大。

（3）流体包裹体密度相对稳定，为 0.546 ~ 1.129g/cm³；压力变化较大，为 145×10⁵ ~ 754×10⁵Pa，按 Hass（1971）的方法，换算本区成矿深度为 2200 ~ 2450m。

3. 包裹体成分

从表 9.7 中可见，本区包裹体气相成分主要为 CO_2、CO、CH_4 和 H_2，其中 H_2 最低，CO_2 最高；液相成分主要有 H_2O、K^+、Na^+、Ca^{2+}、Mg^{2+}、F^-、Cl^- 等。其中 $F^- < Cl^-$、$K^+ < Na^+$、$Mg^{2+} < Ca^{2+}$，总体，$Ca^{2+} >$

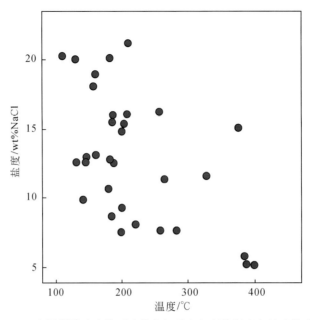

图 9.19　会泽铅锌矿床脉石矿物方解石中包裹体温度与盐度关系图

$Na^+>Mg^{2+}>K^+$。就主矿物而言，黄铁矿和方解石中包裹体的各成分都大于闪锌矿中包裹体的相应成分。图 9.20 显示，包裹体液相成分 Cl^- 与 H_2O、K^+、Na^+ 和 F^- 具有正相关关系，而与 CO_2 和 Ca^{2+} 为负相关关系，表明成矿过程中流体的成分与浓度存在不断变化。另外，柳贺昌（1996）曾报道本区包裹体中含有 Pb、Zn 等金属元素。因此，矿床的成矿流体性质为含有 Pb、Zn 等成矿元素的 Na-Ca-Cl-CO_2–H_2O 体系。

4. 讨论

流体包裹体成分，特别是流体包裹体的 K^+/Na^+（质量比）和 F^-/Cl^-（质量比）值，可能是区别成矿流体来源的重要标志之一（Roedder，1984；张德会和刘伟，1998）。Roedder（1984）认为，岩浆热液的 K^+/Na^+ 值一般大于 1，而与沉积或地下热卤水有关的矿床 K^+/Na^+ 值较低；同时也指出，某些钾质岩浆的残余液体是高 F^- 的，而 F^-/Cl^- 值很小时反映了原生沉积或地下热卤水成因。根据表 9.7 的分析结果，会泽矿流体包裹体的 K^+/Na^+ 值基本稳定在 0.15 ~ 1.0 之间，个别>1（样号 1571-9-9），F^-/Cl^- 值变化为 0.01 ~ 0.2，表明成矿流体既有别于岩浆热液、也有别于 MVT 矿床的热卤水（K^+/Na^+ 值为 0.02 ~ 0.08（张德会，1992），而可能为一种壳–幔混合流体。

表 9.7　会泽铅锌矿床矿物流体包裹体成分

样号	矿物	气相成分/10^{-6}				液相成分/10^{-3}						
		H_2O	CO_2	CO	CH_4	K^+	Na^+	Ca^{2+}	Mg^{2+}	Li^+	F^-	Cl^-
HQ99-1	方解石	320.10	220.56	1.05	0.50	0.53	3.56	108.8	4.16	0.01	0.33	6.01
HQ109-4	方解石	385.55	189.71	1.50	1.01	1.31	7.21	81.50	4.39	0.03	0.42	11.73
HQ-84	方解石	388.61	192.80	1.50	1.05	1.23	7.14	81.44	4.70	0.01	0.41	11.85
1631-38	方解石	402.15	233.65	1.65	1.50	2.45	11.4	72.65	5.56	0.04	0.48	14.90
1571-2	方解石	397.74	211.37	1.50	0.88	1.57	9.30	74.52	4.70	0.02	0.45	12.86
1631-7	闪锌矿	310.25	11.40	0.11	0.20	0.81	0.89	26.80	2.06	0.01	0.22	2.50
28-2	闪锌矿	310.00	10.50	0.02	0.05	0.28	1.50	0.60	0.01	0.01	0.10	2.60
28-3	闪锌矿	375.00	21.80	0.05	0.25	0.75	4.27	6.32	0.73	0.04	0.35	6.88
1571-9-9	黄铁矿	350.00	11.00	0.02	0.06	0.87	0.25	0.65	0.25	0.02	0.20	1.00
MQ-911	黄铁矿	440.50	78.20	0.09	0.50	1.81	3.66	51.74	8.15	0.04	0.41	5.21
MQ-915	黄铁矿	380.00	14.10	0.05	0.35	0.73	3.07	1.39	0.51	0.03	0.25	20.00

资料来源：据韩润生等（2006）。

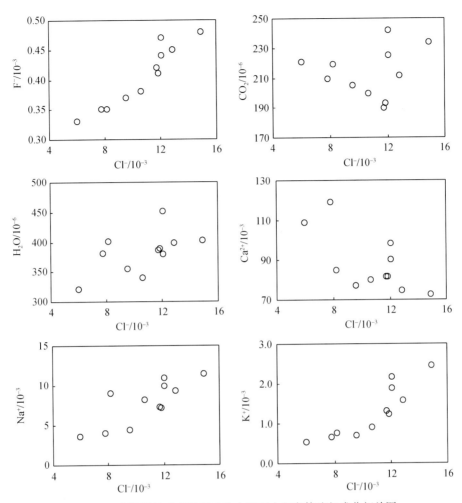

图9.20　会泽铅锌矿床脉石矿物方解石中包裹体液相成分相关图

根据本次工作获得的包裹体类型、形成条件及成分，本区成矿流体在成矿过程中大体存在中高温（300~350℃）和低温（150~200℃）2个阶段，从表9.7可见，会泽铅锌矿床成矿流体的演化具有以下特征：温压降低、盐度升高、pH升高、硫逸度（f_{S_2}）和氧逸度（f_{O_2}）降低。伴随成矿流体的演化，主要围岩蚀变和形成矿物也存在明显差异（表9.8）。

表9.8　会泽铅锌矿床成矿流体演化特征

成矿阶段	中高温成矿阶段	低温成矿阶段
成矿温度	300~350℃	150~200℃
成矿压力性/Pa	（289~754）×10⁵	（145~612）×10⁵
盐度/wt% NaCl	5.2~15.1	7.67~38.5
包裹体类型	纯气相包裹体（V）、气液两相包裹体（L+V、V+L均有）	纯液相包裹体（L）、富液相的气液两相包裹体（L+V）、含子晶的三相包裹体（S+L+V）、不混溶的三相包裹体（$V_{CO_2}+L_{CO_2}+L_{H_2O}$）
pH	4.52~6.39	5.02~7.29
硫逸度（f_{S_2}）	$10^{-14.7}$~$10^{-17.6}$	$10^{-19.8}$~$10^{-27.4}$
氧逸度（f_{O_2}）	$10^{-24.5}$~$10^{-28.3}$	$10^{-31.2}$~$10^{-41.2}$
主要蚀变类型	白云石化、方解石化+少量硅化、绢云母化和硬石膏化	方解石化、伊利石化+少量绿泥石化和石膏化
主要生成矿物	白云石、黄铜矿、黄铁矿、磁铁矿、斑铜矿、毒砂、赤铁矿和部分方铅矿、闪锌矿及少量方解石、石英	大量的方铅矿、闪锌矿、方解石及部分赤铁矿、辉硫锑铅矿和辉硫砷铅矿、黄铁矿、石膏和黏土类矿物

二、硫同位素

1. 分析样品

柳贺昌和林文达（1999）已系统分析了会泽超大型铅锌矿床上部氧化矿的硫同位素组成。本次工作主要分析了该矿床近年在深部发现的 6 号、10 号、8 号和 1 号原生矿体的硫同位素组成，其中 1 号矿体局部有弱的氧化现象。为便于对比，本书还分析了该矿床部分碳酸盐地层中黄铁矿的硫同位素组成。顾尚义（2007）分析了天桥铅锌矿床银盘上矿段 Ⅱ 号矿体 1 件黄铁矿、5 件闪锌矿和 6 件方铅矿的硫同位素组成，金中国（2008）也发表了该矿床 1 件闪锌矿和 1 件方铅矿（采样位置不详）的硫同位素组成资料。本次工作较为系统地分析了该矿床主要原生矿体矿石矿物的硫同位素组成。

2. 分析结果

（1）矿石富集重硫。会泽铅锌矿床 4 个矿体黄铁矿、闪锌矿和方铅矿的 $\delta^{34}S$ 变化范围为 10.9‰ ~ 17.42‰、平均 14.6‰（表 9.9），大部分样品集中于 13‰ ~ 17‰（图 9.21）；与之相比，天桥铅锌矿床 $\delta^{34}S$ 相对较低，为 8.4‰ ~ 14.4‰、平均 11.7‰、极差 6.1‰（表 9.10），在 11‰ ~ 14‰ 之间存在峰值（图 9.21）。

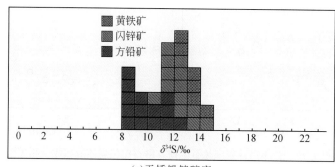

(a)天桥铅锌矿床

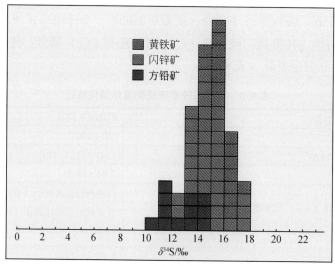

(b)会泽铅锌矿床

图 9.21　会泽和天桥铅锌矿床硫同位素组成直方图

表9.9　会泽超大型铅锌矿床硫同位素组成

样品号	位　置	测定对象	$\delta^{34}S/‰$	样品号	位　置	测定对象	$\delta^{34}S/‰$
HZ-911-9	1号矿体	方铅矿	11.1	H10-19-2	10号矿体	闪锌矿（浅色）	15.0
HZ-911-17	1号矿体	方铅矿	11.5	H10-20-1	10号矿体	闪锌矿（浅色）	13.5
H1-6-5	1号矿体	方铅矿	13.0	H10-20-2	10号矿体	闪锌矿（棕红色）	14.2
H1-11-1	1号矿体	方铅矿	10.9	H10-20-3	10号矿体	闪锌矿（红色）	14.5
H1-12-2	1号矿体	方铅矿	11.6	H10-20-4	10号矿体	闪锌矿（黄色）	14.2
H1-6-1	1号矿体	闪锌矿（浅色）	17.2	H10-22-1	10号矿体	闪锌矿	13.6
H1-6-2	1号矿体	闪锌矿（浅棕色）	15.5	H10-3-2	10号矿体	方铅矿	14.4
H1-6-3	1号矿体	闪锌矿（深棕色）	14.4	H10-22-2	10号矿体	方铅矿	13.5
H1-17-1	1号矿体	闪锌矿（红色）	14.0	HQ-480	8号矿体	黄铁矿（地层）	6.8
H1-17-2	1号矿体	闪锌矿（黄色）	12.5	HQ-481	8号矿体	黄铁矿（地层）	10.6
H1-22-1	1号矿体	闪锌矿	15.4	HQ-483	8号矿体	黄铁矿（地层）	4.2
H1-23	1号矿体	闪锌矿	16.0	HQ-484	8号矿体	黄铁矿（地层）	8.1
H1-10-1	1号矿体	闪锌矿（浅色）	13.0	HQ-485	8号矿体	黄铁矿	14.4
H1-10-2	1号矿体	闪锌矿（棕红色）	15.0	HQ-486	8号矿体	黄铁矿	14.9
H1-10-3	1号矿体	闪锌矿	17.7	HQ-487	8号矿体	黄铁矿	15.8
H1-11-2	1号矿体	闪锌矿	13.8	HQ-488	8号矿体	黄铁矿	16.2
H1-11-3	1号矿体	闪锌矿（浅色）	14.3	HQ-489	8号矿体	黄铁矿	16.4
H1-12-3	1号矿体	闪锌矿	14.1	HQ-490	8号矿体	黄铁矿	15.6
HZQ-21	6号矿体	黄铁矿	15.8	HQ-492	8号矿体	黄铁矿	16.0
HZQ-38	6号矿体	黄铁矿	15.1	HQ-493	8号矿体	黄铁矿	15.8
HZQ-81	6号矿体	黄铁矿	16.7	HQ-495	8号矿体	黄铁矿	16.2
HZQ-38	6号矿体	闪锌矿	14.1	HQ-497	8号矿体	黄铁矿	16.7
HZQ-53	6号矿体	闪锌矿	14.7	HQ-503	8号矿体	黄铁矿（地层）	5.3
HZQ-69	6号矿体	闪锌矿	15.9	HQ-487	8号矿体	闪锌矿	15.8
HZQ-81	6号矿体	闪锌矿	17.2	HQ-488	8号矿体	闪锌矿	16.0
HZQ-21	6号矿体	J方铅锌	12.6	HQ-491	8号矿体	闪锌矿	15.3
HZQ-38	6号矿体	方铅锌	11.6	HQ-493	8号矿体	闪锌矿	13.5
HZQ-69	6号矿体	方铅锌	13.0	HQ-494	8号矿体	闪锌矿	13.5
HZQ-81	6号矿体	方铅锌	14.1	HQ-495	8号矿体	闪锌矿	13.4
H10-3-3	10号矿体	黄铁矿	17.4	HQ-497	8号矿体	闪锌矿	13.6
H10-18	10号矿体	黄铁矿	15.7	8-1	8号矿体	闪锌矿	15.5
H10-20-5	10号矿体	黄铁矿	16.5	8-2	8号矿体	闪锌矿	15.8
H10-23	10号矿体	黄铁矿（地层）	5.2	15号	8号矿体	闪锌矿	14.8
H10-3-1	10号矿体	闪锌矿	15.3	8-1	8号矿体	方铅锌	14.5
H10-19-1	10号矿体	闪锌矿	15.4	15号	8号矿体	方铅锌	11.3

注：样品由中国科学院地球化学研究所分析；没有注明颜色的闪锌矿均为深色闪锌矿；8号矿体的样品取自不同标高钻孔岩心；6号矿体和8号矿体样品号相同者为同一手标本；1号矿体样品号（H1-6-1、H1-6-2、H1-6-3、H1-6-5）、（H1-10-1、H1-10-2、H1-10-3）、（H1-11-1、H1-11-2、H1-11-3）、（H1-12-2、H1-12-3）和（H1-17-1、H1-17-2）均为同一手标本；10号矿体样品号（H10-3-1、H10-3-2、H10-3-3）、（H10-19-1、H10-19-2）、（H10-20-1、H10-20-2、H10-20-3、H10-20-4、H10-20-5）和（H10-22-1、H10-22-2）均为同一手标本。

表 9.10　天桥铅锌矿床硫同位素组成

样品号	测定对象	$\delta^{34}S/‰$	误差（2σ）	资料来源	样品号	测定对象	$\delta^{34}S/‰$	误差（2σ）	资料来源
TQ-3-1	方铅矿	9.83	0.02	①	TQ-54-2	棕黄色闪锌矿	12.19	0.02	①
TQ-3-2	棕色闪锌矿	14.00	0.05	①	TQ-60-1	黄铁矿	13.18	0.03	①
TQ-10	棕色闪锌矿	13.69	0.12	①	TQ-60-2	棕黄色闪锌矿	12.42	0.03	①
TQ-13-1	方铅矿	9.26	0.03	①	TQ-65	方铅矿	8.66	0.04	①
TQ-13-2	淡黄色闪锌矿	11.66	0.06	①	HTQ-T1S1	闪锌矿	11.54	0.06	②
TQ-16	棕黄色闪锌矿	13.65	0.04	①	HTQ-T1S2	方铅矿	11.05	0.07	②
TQ-18-1	黄铁矿	13.69	0.04	①	HTQ-T2S1	方铅矿	12.55	0.05	②
TQ-18-2	棕黄色闪锌矿	13.05	0.02	①	HTQ-T2S2	闪锌矿	14.23	0.04	②
TQ-19	黄铁矿	14.44	0.05	①	HTQ-T3S1	闪锌矿	12.38	0.04	②
TQ-23	黄铁矿	12.81	0.02	①	HTQ-T3S2	方铅矿	10.74	0.03	②
TQ-24-1	黄铁矿	12.87	0.04	①	HTQ-T5S	方铅矿	10.95	0.03	②
TQ-24-2	方铅矿	8.86	0.05	①	HTQ-T6S1	闪锌矿	11.58	0.03	②
TQ-24-3	棕色闪锌矿	12.32	0.03	①	HTQ-T6S2	方铅矿	11.42	0.03	②
TQ-24-4	棕黄色闪锌矿	11.93	0.02	①	HTQ-T4S1	闪锌矿	11.51	0.02	②
TQ-24-5	淡黄色闪锌矿	10.87	0.03	①	HTQ-T4S2	闪锌矿	11.88	0.06	②
TQ-25-1	方铅矿	8.51	0.04	①	HTQ-T7S	黄铁矿	13.44	0.04	②
TQ-25-2	淡黄色闪锌矿	12.09	0.11	①	天-1	闪锌矿	12.90		③
TQ-52	方铅矿	8.35	0.03	①	天-2	方铅矿	9.40		③
TQ-54-1	方铅矿	8.40	0.03	①					

注：样品号 TQ-3-1、TQ-3-2 选自同一手标本，TQ-13-1、TQ-13-2 选自同一手标本，TQ-18-1、TQ-18-2 选自同一手标本，TQ-24-1、TQ-24-2、TQ-24-3、TQ-24-4、TQ-24-5 选自同一手标本，TQ-25-1、TQ-25-2 选自同一手标本，TQ-54-1、TQ-54-2 选自同一手标本；① 本次工作，②据顾尚义（2007），③据金中国（2008）。

（2）会泽铅锌矿床不同矿体同种矿物的 $\delta^{34}S$ 变化范围相近。相比之下，1 号矿体的闪锌矿和方铅矿的 $\delta^{34}S$ 值相对低于其他矿体的相应矿物，这可能与该矿体局部有弱的氧化现象有关。柳贺昌和林文达（1999）的分析资料也表明，会泽超大型铅锌矿床上部氧化矿的 $\delta^{34}S$ 值相对较低，13 件方铅矿的 $\delta^{34}S$ 为 4.8‰~7.9‰、平均 6.2‰（表 9.9）。图 9.22 也清楚地显示，本区闪锌矿、方铅矿和黄铁矿的硫同位素组成均有随采样标高降低而升高的变化特征。这些均说明，该区原生矿石氧化过程也是一个脱重硫过程。

（3）不同矿物硫同位素组成有明显的差别。天桥铅锌矿床方铅矿的 $\delta^{34}S$ 值相对较低，变化范围为 8.4‰~12.6‰、平均 10.0‰、极差 4.2‰；黄铁矿的 $\delta^{34}S$ 值相对较高，变化范围为 12.8‰~14.4‰、平均 13.4‰、极差 1.6‰；闪锌矿的 $\delta^{34}S$ 值介于方铅矿和黄铁矿之间，其变化范围也分别与方铅矿高值区和黄铁矿低值区相互重叠，为 10.9‰~14.2‰、平均 12.5‰、极差 3.4‰（表 9.10）。在图 9.23 中也能看出本区从方铅矿→闪锌矿→黄铁矿 $\delta^{34}S$ 值逐渐升高的变化趋势，同一手标本上这种变化趋势更明显，如样品 TQ-13-1 和 TQ-13-2 分别为选自同一手标本的方铅矿和浅色闪锌矿，其 $\delta^{34}S$ 值分别为 9.3‰ 和 11.7‰，样品号 TQ-60-1 和 TQ-60-2 分别为选自同一手标本的黄铁矿和棕黄色闪锌矿，其 $\delta^{34}S$ 值分别为 13.2‰ 和 12.4‰。可见，该矿床具有 $\delta^{34}S_{黄铁矿} > \delta^{34}S_{闪锌矿} > \delta^{34}S_{方铅矿}$ 的特征。

会泽超大型铅锌矿床硫同位素组成也具有上述特征，虽然该区不同矿体不同矿物的 $\delta^{34}S$ 值变化范围有部分重叠（表 9.9），但 4 个矿体总体存在 $\delta^{34}S_{黄铁矿} > \delta^{34}S_{闪锌矿} > \delta^{34}S_{方铅矿}$，同一块手标本上这种规律更明显，如样 H10-3-3、H10-3-1 和 H10-3-2 为采自 10 号矿体同一块手标本上黄铁矿、闪锌矿和方铅矿，其 $\delta^{34}S$ 值分别为 17.4‰、15.3‰ 和 14.4‰。

（4）不同颜色闪锌矿硫同位素组成存在较大差异。天桥铅锌矿床棕色闪锌矿 $\delta^{34}S$ 值相对较高，变化

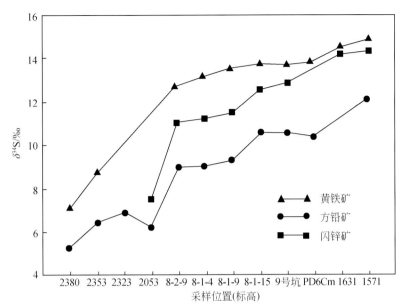

图 9.22　会泽铅锌矿床不同标高硫同位素组成对比

数据点为不同标高平均 δ^{34}S 值，原始资料据柳贺昌和林文达（1999）及本次工作分析

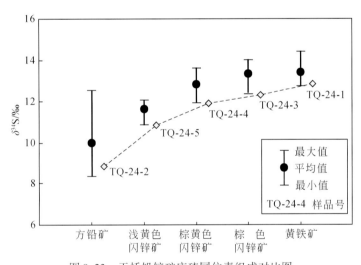

图 9.23　天桥铅锌矿床硫同位素组成对比图

范围为 12.3‰ ~ 14.0‰、平均 13.3‰、极差 1.7‰；浅黄色闪锌矿的 δ^{34}S 值相对较低，变化范围为 10.9‰ ~ 12.1‰、平均 11.6‰、极差 1.2‰；棕黄色闪锌矿的 δ^{34}S 值介于棕色闪锌矿和浅黄色闪锌矿之间，变化范围为 11.9‰ ~ 13.7‰、平均 12.8‰、极差 1.7‰。图 9.23 也显示，从浅黄色闪锌矿→棕黄色闪锌矿→棕色闪锌矿，δ^{34}S 值逐渐升高；样品 TQ-24-2、TQ-24-5、TQ-24-4、TQ-24-3 和 TQ-24-1 分别为选自同一手标本的方铅矿、浅黄色闪锌矿、棕黄色闪锌矿、棕色闪锌矿和黄铁矿，其 δ^{34}S 值具有逐渐升高的变化趋势（图 9.23），分别为 8.9‰、10.9‰、11.9‰、12.3‰ 和 12.9‰。前已述及，本区不同颜色闪锌矿为成矿流体不同演化阶段和不同成矿温度形成的产物，从棕色闪锌矿→棕黄色闪锌矿→浅黄色闪锌矿，指出成矿流体演化从早到晚、成矿温度从高到低。因此，本区成矿流体演化过程也是一个硫同位素组成逐渐降低（脱重硫）的过程。

3. 讨论

　　会泽和天桥铅锌矿床原生矿体的矿物组成相对简单，矿石矿物主要为方铅矿、闪锌矿和黄铁矿，未发现硫酸盐矿物，硫化物的$\delta^{34}S$值基本能代表成矿流体的总硫同位素组成（Ohmoto，1972），即$\delta^{34}S_{\Sigma S} \approx \delta^{34}S_{硫化物}$，因此可以利用矿石中硫化物的硫同位素组成来示踪成矿流体中硫的来源（黄智龙等，2004；Dejonghe et al.，1989；Dixon and Davidson，1996；Li et al.，2006；Seal，2006；Basuki et al.，2008）。

2个矿床矿石矿物方铅矿、闪锌矿和黄铁矿均相对富集重硫，其$\delta^{34}S$分别主要集中在13‰～17‰（会泽）和11‰～14‰（天桥），明显不同于$\delta^{34}S$值在0附近的幔源硫。区域上包括震旦纪灯影组、寒武系龙王庙组、石炭系大塘组、石炭系摆佐组、石炭系马平组和石炭系黄龙组等地层中均有石膏、重晶石等硫酸盐矿物出现，其$\delta^{34}S$值在15‰左右（柳贺昌和林文达，1999），与2个矿床硫同位素组成相近，因而该区成矿流体中的硫可能主要来自多个时代地层，为海相硫酸盐的还原产物。这与世界范围内众多硫化物富集重硫的铅锌矿床成矿流体中硫主要来自海相硫酸盐的还原一致（Dejonghe et al.，1989；Anderson et al，1989，1998；Ghazban et al.，1990；Hu et al.，1995；Dixon and Davidson，1996；Basuki et al.，2008）。

至于海相硫酸盐的还原机制，目前主要存在三种观点，即有机质热降解作用（TDO）、热化学还原作用（TSR）和细菌还原作用（BSR）。TDO通常发生在100～150℃（Basuki et al.，2008），但目前为止，本区尚未有由碳酸盐岩中TDO产生硫的报道，因此很难估计TDO贡献大小，但有研究成果表明有机质在热化学还原过程发挥了重要作用（Ottaway et al.，1994；Cheilletz and Giuliani，1996；Li et al.，2007）。TSR发生在相对高温条件（大于175℃）、能产生大量还原态硫、形成还原态硫的$\delta^{34}S$值相对稳定（Ohmoto et al.，1990），BSR发生在相对低温条件（小于120℃）、不可能产生大量还原态硫、形成还原态硫的$\delta^{34}S$值具有较大的变化范围（Machel，1989；Jorgenson et al.，1992；Dixon and Davidson，1996；Basuki et al.，2008）。

2个矿床硫同位素组成相对稳定，其中会泽铅锌矿床达超大规模、天桥铅锌矿床规模达中型，需要大量还原态硫。本次工作测得会泽铅锌矿床均一温度存在2个区间（前文），分别为150～200℃和300～350℃；周家喜（未发表数据）测得天桥铅锌矿床方解石流体包裹体的均一温度主要分布在150～240℃，矿床的$\delta^{34}S_{黄铁矿} > \delta^{34}S_{闪锌矿} > \delta^{34}S_{方铅矿}$，表明矿石沉淀时成矿流体中硫达到平衡，可利用矿物对$\delta^{34}S$的差值来计算成矿温度，利用同一手标本上黄铁矿和闪锌矿、闪锌矿和方铅矿等矿物对$\delta^{34}S$差值，计算出会泽和天桥铅锌矿床成矿温度分别为160～260℃和170～300℃（计算方法见Czamanske and Rye，1974），可见2个矿床成矿温度超过了细菌可以存活的温度范围（Jorgenson et al.，1992）。这些特征均表明，2个矿床成矿流体中的硫主要为各时代碳酸盐岩地层的硫酸盐（海相硫酸盐）TSR的产物，在还原过程中下伏页岩、碎屑岩和泥质岩地层中的有机质发挥了一定作用。

三、碳氧同位素

1. 分析样品

对会泽铅锌矿床和天桥铅锌矿床原生矿体脉石矿物方解石、晶洞方解石和赋矿围岩进行了碳氧同位素组成分析。Huang等（2010）的研究表明，会泽铅锌矿床原生矿体中脉石矿物方解石根据产状可大体分为三类，即团块状、团斑状和脉状，其相对数量团块状>>团斑状>脉状，三种产状方解石为同源不同演化阶段形成的产物，其形成顺序为团块状→团斑状→脉状；天桥铅锌矿床原生矿体脉石矿物方解石未进一步分类。碳氧同位素组成由中国地质科学院矿床地质研究所100%磷酸法分析，质谱仪型号为MAT 251 EM，分析精密度为±0.2‰。$\delta^{13}C$以PDB为标准，$\delta^{18}O$以SMOW为标准，$\delta^{18}O_{SMOW} = 1.03086 \times \delta^{18}O_{PDB} + 30.86$（Friedman and O'Neil，1977）。

2. 分析结果

（1）原生矿体中脉石矿物方解石的碳氧同位素组成相对均一。会泽铅锌矿床$\delta^{13}C_{PDB}$为-3.5‰～

−2.1‰、极差−1.4‰、均值−2.8‰，$\delta^{18}O_{SMOW}$ 为 16.7‰ ~ 18.6‰、极差 1.9‰、均值 17.7‰；不同矿体（不同标高）、不同产状以及相同矿体不同产状方解石的碳氧同位素组成不具明显差别（表9.11）；在 $\delta^{13}C_{PDB}$-$\delta^{18}O_{SMOW}$ 图上（图9.24）集中于岩浆碳酸岩（地幔流体）与海相碳酸盐岩之间的狭小范围内。天桥铅锌矿床 $\delta^{13}C_{PDB}$ 为 −5.3‰ ~ −3.4‰、均值−4.5‰、极差−2.1‰，$\delta^{18}O_{SMOW}$ 为 14.9‰ ~ 19.6‰、均值 17.9‰、极差 4.7‰（表9.12）；在 $\delta^{13}C_{PDB}$-$\delta^{18}O_{SMOW}$ 图上（图9.24）同样集中分布于岩浆碳酸岩（地幔流体）与海相碳酸盐岩之间的狭小范围内。相比之下，天桥铅锌矿床方解石相对更靠近岩浆碳酸岩（地幔流体）端元。

表9.11　会泽超大型铅锌矿床碳氧同位素组成统计结果　　　　（单位:‰）

统计类别			样数	$\delta^{13}C_{PDB}$		$\delta^{18}O_{SMOW}$	
	产　地	测定对象及产状		范　围	均值	范　围	均值
按矿体和产状统计	矿山厂1号矿体（标高1751 m）	矿石中团块状方解石	2	−3.5 ~ −3.4	−3.5	18.4 ~ 18.6	18.5
		矿石中团斑状方解石	1		−2.2		17.5
	麒麟厂6号矿体（标高1631 m）	矿石中团块状方解石	3	−3.4 ~ −2.1	−2.9	17.5 ~ 18.1	17.7
		矿石中团斑状方解石	4	−3.3 ~ −2.6	−2.8	17.2 ~ 18.1	17.4
		矿石中脉状方解石	2	−2.8 ~ −2.7	−2.8	17.7 ~ 18.1	17.8
	麒麟厂10号矿体（标高1571 m）	矿石中团块状方解石	3	−3.2 ~ −2.3	−2.8	16.8 ~ 18.5	17.4
		矿石中团斑状方解石	1		−3.0		17.9
		矿石中脉状方解石	1		−2.8		17.2
	麒麟厂8号矿体（标高1451 m）	矿石中团块状方解石	2	−2.7 ~ −2.2	−2.5	17.0 ~ 17.6	17.3
		矿石中脉状方解石	1		−3.0		17.8
按矿体统计	矿山厂1号矿体方解石（标高1751m）		3	−3.5 ~ −2.2	−2.9	17.5 ~ 18.6	18.0
	麒麟厂6号矿体方解石（标高1631m）		9	−3.4 ~ −2.1	−2.9	17.2 ~ 18.1	17.7
	麒麟厂10号矿体方解石（标高1571m）		5	−3.2 ~ −2.3	−2.9	16.8 ~ 18.5	17.6
	麒麟厂8号矿体方解石（标高1451m）		3	−3.0 ~ −2.2	−2.8	17.0 ~ 17.8	17.6
按产状统计	矿石中团块状方解石		10	−3.5 ~ −2.1	−2.9	16.8 ~ 18.6	17.9
	矿石中团斑状方解石		6	−3.3 ~ −2.2	−2.7	17.2 ~ 18.1	17.6
	矿石中脉状方解石		4	−3.0 ~ −2.7	−2.9	17.2 ~ 18.1	17.6
	北西向构造带中的方解石		2	−3.4 ~ −3.0	−3.2	16.3 ~ 16.7	16.5
	地层中的晶洞方解石		2	0.50 ~ 1.1	0.80	22.1 ~ 23.5	22.8
地层	赋矿地层（C_1b）		4	−0.8 ~ 0.74	0.01	22.6 ~ 23.2	22.9
	矿区碳酸盐地层（各时代）		8	−1.5 ~ 0.85	−0.37	19.3 ~ 23.1	21.6

表9.12　天桥铅锌矿床碳氧同位素组成　　　　（单位:‰）

样品号	测定对象	产　状	$\delta^{13}C_{PDB}$	$\delta^{18}O_{PDB}$	$\delta^{18}O_{SMOW}$	资料来源
TQ-10	方解石	脉石矿物	−4.6	−12.1	18.4	本次工作
TQ-13	方解石	脉石矿物	−4.2	−11.0	19.5	本次工作
TQ-48	方解石	脉石矿物	−4.9	−12.3	18.2	本次工作
TQ-50	方解石	脉石矿物	−4.0	−14.0	16.5	本次工作
TQ-57	方解石	脉石矿物	−5.3	−12.0	18.6	本次工作
TQ-70	方解石	脉石矿物	−5.1	−12.2	18.3	本次工作
TQ-08-01	方解石	脉石矿物	−3.4	−15.5	14.9	本次工作

续表

样品号	测定对象	产　状	$\delta^{13}C_{PDB}$	$\delta^{18}O_{PDB}$	$\delta^{18}O_{SMOW}$	资料来源
TQ-08-02	方解石	脉石矿物	−4.9	−11.9	18.6	本次工作
TQ-08-03	方解石	脉石矿物	−4.4	−13.9	16.5	本次工作
HTQ-蚀围	白云岩	近矿围岩	−3.0	−9.9	20.7	毛德明，2000
HTQ-围	白云岩	远矿围岩	−0.8	−7.6	23.1	毛德明，2000
5 件平均	白云岩、灰岩	远矿围岩	−1.8	−7.1	23.6	朱赖民，1998
天桥 1	方解石	围岩中的方解石脉	−1.2	−9.9	20.8	王华云，1996
天桥 2	方解石	脉石矿物	−4.4	−10.0	19.6	王华云，1996
天桥 3	方解石	围岩中的方解石脉	−1.9	−10.5	20.2	王华云，1996
天桥 4	白云岩	远矿围岩	−0.7	−11.0	18.6	王华云，1996
天桥 5	白云岩	近矿围岩	−2.3	−10.0	20.6	王华云，1996
天桥 6	白云岩	近矿围岩	−2.5	−10.2	20.4	王华云，1996
YCP2-A	粗晶白云岩	赋矿围岩（C_1b）	0.8	−9.6	21.0	胡耀国，1999
YCP3-1K	粗晶白云岩	赋矿围岩（C_1b）	−0.3	−9.7	17.0	胡耀国，1999
YCP3-5K	生物屑灰岩	赋矿围岩（C_1b）	−2.3	−14.4	18.5	胡耀国，1999
HE11	细晶白云岩	赋矿围岩（C_1b）	0.9	−11.2	19.3	胡耀国，1999
HE02	细晶白云岩	赋矿围岩（C_1b）	0.1	−8.0	22.6	胡耀国，1999
HE17	细晶白云岩	赋矿围岩（C_1b）	0.9	−9.6	21.0	胡耀国，1999
HE01	生物屑灰岩	赋矿围岩（C_1b）	−1.2	−8.0	22.6	胡耀国，1999
HE12	生物屑灰岩	赋矿围岩（C_1b）	−1.1	−10.5	20.1	胡耀国，1999
HE16	生物屑灰岩	赋矿围岩（C_1b）	−0.4	−8.2	22.5	胡耀国，1999
HE18	生物屑灰岩	赋矿围岩（C_1b）	−1.5	−9.2	21.3	胡耀国，1999

注：胡耀国（1999）的资料为黔西北成矿区银厂坡银铅锌矿床的赋矿围岩。

（2）原生矿体中脉石矿物方解石的碳氧同位素组成与本区赋矿围岩、区域赋矿围岩，以及围岩中方解石脉的碳氧同位素组成均存在较明显的差别。会泽铅锌矿床赋矿地层（C_1b）$\delta^{13}C_{PDB}$ 和 $\delta^{18}O_{SMOW}$ 分别为 −0.8‰ ~ 0.7‰（平均为 0.01‰）和 22.6‰ ~ 23.2‰（平均 22.9‰），与陈士杰（1986）报道的矿区碳酸盐地层碳氧同位素组成相似（$\delta^{13}C_{PDB}$ 和 $\delta^{18}O_{SMOW}$ 分别为 −1.5‰ ~ 0.85‰ 和 19.3‰ ~ 23.1‰），在图 9.24 中落于海相碳酸盐岩范围。天桥铅锌矿床远矿围岩、区域赋矿围岩及围岩中方解石脉的碳氧同位素组成相似，3 者的 $\delta^{13}C_{PDB}$（−2.3‰ ~ 0.9‰）和 $\delta^{18}O_{SMOW}$（17.0‰ ~ 23.6‰）均高于脉石矿物方解石，在图 9.24 中位于海相碳酸盐岩左下角区域；本区近矿围岩的 $\delta^{13}C_{PDB}$（−3.0‰ ~ −2.3‰）和 $\delta^{18}O_{SMOW}$（20.4‰ ~ 20.7‰）也相对高于脉石矿物方解石，但相对低于远矿围岩（图 9.24），暗示成矿流体改变了围岩的 C、O 同位素组成。

（3）会泽铅锌矿床晶洞方解石可认为是碳酸盐地层低温淋滤产物，其碳氧同位素组成（$\delta^{13}C_{PDB}$ 和 $\delta^{18}O_{SMOW}$ 分别为 0.5‰ ~ 1.1‰ 和 22.1‰ ~ 23.5‰）与 C_1b 和矿区碳酸盐地层（表 9.11；陈士杰，1986）相近，而与矿石中脉石矿物方解石的碳氧同位素组成明显不同，暗示本区矿石中脉石矿物方解石不是碳酸盐地层淋滤的产物。

3. 讨论

众所周知，碳氧同位素组成是示踪成矿流体中 CO_2 来源的有效方法，但许多分析资料显示，幔源碳酸岩（Carbonatite）的碳氧同位素组成常常超出 Taylor 等（1967）确定的原生碳酸岩（或地幔流体）碳氧同位素组成范围（$\delta^{13}C_{PDB}$：−4‰ ~ −8‰，$\delta^{18}O_{SMOW}$：6‰ ~ 10‰）（Reid and Cooper，1992；Pearce and Leng，

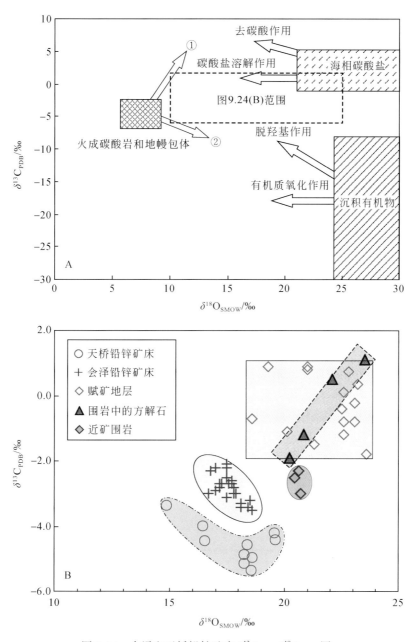

图9.24　会泽和天桥铅锌矿床 $\delta^{13}C_{PDB}$-$\delta^{18}O_{SMOW}$ 图

趋势①为原生碳酸岩沉积物混染或高温分异作用 C、O 同位素组成变化趋势（Demény et al.，1998），

趋势②为原生碳酸岩岩浆去气作用 C、O 同位素组成变化趋势（Demény and Haragi，1996）

1996；Horstmann and Verwoerd，1997；Demény et al.，1998；Andrade et al.，1999）。前人常用沉积物混染作用或高温分异作用来解释具有图9.24中趋势①碳氧同位素组成碳酸岩的成因（Reid and Cooper，1992；Demény et al.，1998；Ray and Ramesh，1999）。

　　在图9.24中，2个矿床矿石中脉石矿物方解石的碳氧同位素组成集中于岩浆碳酸岩与海相碳酸盐岩（或赋矿围岩）之间的狭小范围内，该特征与图9.24中趋势①碳酸岩相似，亦可用沉积物混染作用或高温分异作用来解释。周家喜（未发表数据）测得本区方解石流体包裹体的均一温度相对较低，主要分布在150~240℃，因而可排除高温分异作用对方解石碳氧同位素组成的影响。也就是说，天桥铅锌矿床成矿流体中的 CO_2 既有幔源、又有壳源，成矿流体是一种既有幔源组分，又有地层组分参与的混合流体。以下证据同样支持该结论：

（1）图9.25为简单二元流体混合模拟计算结果，端元组分为原生碳酸岩（其$\delta^{13}C_{PDB}$和$\delta^{18}O_{SMOW}$分别取-6.7‰和8‰；Demény et al.，1998）和矿区远矿围岩（其$\delta^{13}C_{PDB}$和$\delta^{18}O_{SMOW}$分别取平均值-1.1‰和21.8‰），混合远矿围岩的比例为30%~60%。可见，2个矿床矿石中脉石矿物方解石的碳氧同位素组成全部落入计算结果的区域，也表明为远矿围岩与原生碳酸岩的混合产物。

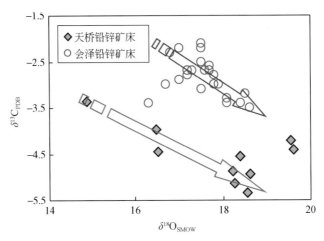

图9.25 会泽和天桥铅锌矿床壳-幔二元混合C、O同位素组成模拟计算结果

（2）硫同位素组成研究结果证实（前文），会泽和天桥铅锌矿床成矿流体中的硫主要来源于碳酸盐岩地层；会泽铅锌矿床矿生矿石脉石矿物方解石REE地球化学研究结果也表明（Huang et al.，2010），深部流体参与了矿床成矿作用，成矿流体是一种壳-幔混合流体；后文的氢氧同位素资料也指示，地幔流体参与了会泽铅锌矿床成矿流体的形成，成矿流体是变质水、岩浆水和大气水的混合流体。另外，笔者近期获得会泽铅锌矿床不同标高黄铁矿稀有气体同位素资料，在$^{40}Ar^*/^4He-^3He/^4He$图上（图9.26），本区位于地壳流体与地幔流体之间，且具有较好的线性关系，同样指示本区成矿流体中有地幔流体参与；在图9.27中同时可见，由深部（1261中段）向浅部（1931中段）地幔流体组分越来越少，暗示成矿流体演化过程中有地壳流体加入。

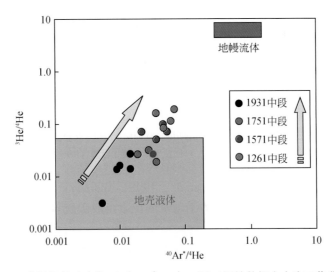

图9.26 会泽铅锌矿床$^{40}Ar^*/^4He-^3He/^4He$图（原始数据由本次工作分析）

值得注意的是，会泽和天桥铅锌矿床矿区及外围出露多个时代的碳酸盐岩地层，赋矿地层为粗晶白云岩，成矿流体中的部分CO_2来源于地层不难理解。对于成矿流体中的幔源组分，笔者认为与区域大面积峨眉山玄武岩岩浆活动及矿区辉绿岩活动有关。

（1）黄智龙等（2004）、Li 等（2007）的研究结果显示，会泽铅锌矿床成矿时代与峨眉山玄武岩成岩时代相近，峨眉山玄武岩为地幔柱活动产物（Chung and John，1995；王登红，2001；Xu et al.，2001；Song et al.，2001；He et al.，2003；黄智龙等，2004；Ali et al.，2005），伴随岩浆活动过程中去气作用（地幔去气作用和岩浆去气作用）形成的流体参与铅锌矿床成矿流体也不难理解。

（2）天桥铅锌矿床与黔西北铅锌成矿区内许多矿床具有 1 个共同特征，矿床与辉绿岩伴生（金中国，2008），如天桥、青山、横塘、板板桥、猫猫石-榨子厂等。Zhou 等（2013a）获得本区闪锌矿 Rb-Sr 等时线年龄为 191.9±6.9Ma，与黔西北铅锌成矿区青山铅锌矿床出露的辉绿岩 Rb-Sr 等时线年龄为 190Ma 左右（欧锦秀，1996）相近，因而伴随辉绿岩岩浆活动过程中去气作用形成的流体也可能参与了铅锌矿床成矿作用。

（3）Demény 和 Harangi（1996）指出，具有图 9.24 中趋势②碳氧同位素组成的碳酸岩与以 CO_2 和 H_2O 为主的岩浆去气作用有关。在图 9.25 中，本区和会泽铅锌矿床矿石中脉石矿物方解石的碳氧同位素组成均具有趋势②特征（$\delta^{13}C_{PDB}$ 和 $\delta^{18}O_{SMOW}$ 呈负相关），表明其形成与岩浆去气作用存在密切关系。

四、氢氧同位素

H_2O 是成矿流体的重要组成部分，因而揭示成矿流体中 H_2O 的来源对深入探讨成矿流体来源至关重要。脉石矿物、矿石矿物以及有关蚀变矿物的氢氧同位素组成是示踪成矿流体中 H_2O 来源最直接、最有效的方法之一。目前有关川滇黔相邻铅锌矿集区氢氧同位素地球化学研究相对较少，表 9.13 是笔者收集的该区氢氧同位素组成资料，可见除会泽铅锌矿床外，其他矿床的分析很少、分析的矿物多种多样、$\delta^{18}O_{H_2O}$ 计算的分馏方程及温度条件也不一致，这些数据在 δD-$\delta^{18}O_{H_2O}$ 图中大部分位于岩浆水（变质水）和大气降水之间的区域（图 9.27），只能笼统地得出结论：成矿流体中有大气降水参与。本次工作较系统地分析了会泽超大型铅锌矿床氢氧同位素组成，结合水/岩交换反应同位素分馏计算结果，探讨了成矿流体来源。

表 9.13　川滇黔相邻铅锌矿集区氢氧同位素组成

矿床	赋矿层位及岩性	分析对象	样数	δD_{SMOW}	$\delta^{18}O_{H_2O}$	资料来源
阿尔	寒武系龙王庙组，白云质灰岩	石英	1	−40.9	−1.16	a
赤普	震旦系灯影组，白云岩	石英	4	−86.1 ~ −55.5	−1.2 ~ +9.5	a, b
大梁子	震旦系灯影组，白云岩	石英	2	−74.6 ~ −69.7	−5.3 ~ −4.7	c, d
		闪锌矿	3	−73.2 ~ −40.3	−2.9 ~ +3.3	d, e
		方解石	1	−63.4	+1.2	d
底舒	震旦系灯影组，白云岩	石英	1	−96.3	+3.2	e
富乐厂	二叠系栖霞-茅口组，灰岩	白云石	1	−41.7	10.7	f
		闪锌矿	2	−76 ~ −61	+10.8 ~ +11.8	g
		方铅矿	2	−60 ~ −60	+11.2 ~ +13.8	g
汞山	寒武系龙王庙组，白云质灰岩	重晶石	1	−46.0	+3.7	a
会泽	石炭系摆佐组，白云岩	重晶石	1	−86.0	−2.1	f
		方解石	26	−75.0 ~ −43.5	+5.5 ~ +10.1	f, h, j
金沙厂	震旦系灯影组，白云岩	石英	2	−92.7 ~ −86.9	−0.6 ~ +2.0	f
		萤石	2	−94.3 ~ −62.5	−8.2 ~ −6.4	k
乐马厂	寒武系至二叠系，碳酸盐岩	白云石	2	−47 ~ −42	+7.3 ~ +7.4	l
毛坪	石炭系摆佐组，白云岩	白云石	1	−35	+9.1	m
		方解石	3	−62 ~ −45	+7.9 ~ +9.4	m

续表

矿床	赋矿层位及岩性	分析对象	样数	δD_{SMOW}	$\delta^{18}O_{H_2O}$	资料来源
茂租	震旦系灯影组，白云岩	石英	1	−78.1	+2.6	f
		闪锌矿	1	−54.9	−6.7	k
		萤石	1	−47.9	−5.5	k
沙岱	震旦系灯影组，白云岩	石英	3	−67.4 ~ −57.3	−1.3 ~ +2.2	n
天宝山	震旦系灯影组，白云岩	闪锌矿	1	−47.6	−1.7	a
小石房	会理群天宝山组，浅变质碎屑岩	重晶石	1	−68.4	−2.1	o

注：a. 邵世才（1995）；b. 徐新煌等（1996）；c. 余跃新（1988）；d. Wang et al.（2003）；e. 朱赖民等（1995）；f. 柳贺昌和林文达（1999）；g. 司荣军（2005）；h. 韩润生等（2006）；j. 本次工作；k. 阙梅英等（1993）；l. 邓海琳（1997）；m. 胡彬（2004）；n. 曾令刚（2006）；o. 杨应选和管士平（1994）。

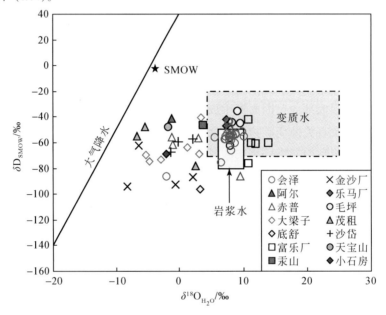

图 9.27　川滇黔相邻铅锌矿集区铅锌矿床 δD-$\delta^{18}O_{H_2O}$ 图

1. 样品及分析方法

会泽超铅锌矿床的围岩蚀变主要为白云岩化和黄铁矿化，其蚀变矿物不利用 H 同位素组成测试；矿床矿石矿物（黄铁矿、方铅矿、闪锌矿）和脉石矿物（方解石）均为不含 H_2O 或羟基（OH）矿物，也不能直接测定这些矿物的氢同位素组成，本次工作测定了脉石矿物方解石流体包裹体的氢氧同位素组成。脉石矿物方解石流体包裹体的 $\delta^{18}O_{H_2O}$ 由前文测定的方解石氧同位素组成换算，换算采用 Zheng（1993）推导的公式：

$$1000ln\alpha_{方解石-H_2O} = 4.01×10^6/T^2 - 4.66×10^3/T + 1.71 \qquad (9.1)$$

计算过程中温度（T）取本次工作测得方解石流体包裹体的均一温度峰值200℃。氢同位素组成分析方法为：首先将挑好的方解石样品通过低温（100～120℃）烘烤，去除矿物中吸附水和次生流体包裹体；根据方解石流体包裹体测温结果，在300～350℃条件下利用爆裂法打开流体包裹体，为避免发生化学反应，通入 N_2 气流保护，利用锌将流体包裹体中的 H_2O 还原成 H_2；最后在质谱仪（型号为 MAT 251 EM）上测定 H 同位素组成。

2. 分析结果

（1）与硫、碳、氧同位素组成特征相似，会泽铅锌矿床方解石的氢、氧同位素组成也相对稳定，其

δD_{SMOW} 为 $-59.8\permil \sim -50.2\permil$、极差为 $-9.6\permil$，$\delta^{18}O_{H_2O}$ 为 $7.0\permil \sim 8.8\permil$、极差为 $1.8\permil$（表9.14）；不同矿体和不同产状方解石的氢氧同位素组成不具明显差别（表9.14）；在 $\delta D-\delta^{18}O_{H_2O}$ 图上（图9.27）集中于岩浆水区域的狭小范围内，该范围同时也在变质水区域内。

表 9.14　会泽超大型铅锌矿床氢、氧同位素组成　　（单位:‰）

样品号	产　地	测定对象	产　状	$\delta^{18}O_{SMOW}$	$\delta^{18}O_{H_2O}$	δD
HZ-911-10	矿山厂1号矿体	方解石	矿石中团块状	18.4	8.6	-59.8
HZ-911-15	矿山厂1号矿体	方解石	矿石中团块状	18.6	8.8	-52.4
HZQ-25	麒麟厂6号矿体	方解石	矿石中团块状	17.5	7.7	-50.2
HZQ-40	麒麟厂6号矿体	方解石	矿石中团斑状	17.7	7.9	-55.6
HZQ-47	麒麟厂6号矿体	方解石	矿石中团块状	17.5	7.7	-57.9
HZQ-55	麒麟厂6号矿体	方解石	矿石中脉状	17.7	7.9	-54.1
HZQ-66	麒麟厂6号矿体	方解石	矿石中团块状	18.1	8.3	-53.9
HZQ-77	麒麟厂6号矿体	方解石	矿石中脉状	17.8	8.0	-58.0
HZQ-85	麒麟厂6号矿体	方解石	矿石中团斑状	17.3	7.5	-52.7
HQ-10-12	麟麒厂10号矿体	方解石	矿石中团块状	18.5	8.7	-53.2
HQ-10-18	麟麒厂10号矿体	方解石	矿石中团块状	16.8	7.0	-57.3
HQ-10-25	麟麒厂10号矿体	方解石	矿石中团斑状	17.9	8.1	-53.0
HQ-10-5	麟麒厂10号矿体	方解石	矿石中脉状	17.2	7.4	-52.8
HQ-8-115	麟麒厂8号矿体	方解石	矿石中团块状	17.0	7.2	-55.2
HQ-8-143	麟麒厂8号矿体	方解石	矿石中团块状	17.6	7.8	-54.1
HQ-8-98	麟麒厂8号矿体	方解石	矿石中脉状	17.8	8.0	-54.3

注：样品由中国地质科学院矿床研究所分析；麟麒厂8号矿体为岩心样品；

$\delta^{18}O_{H_2O}$ 计算公式为：$1000\ln\alpha_{方解石-H_2O} = 4.01\times10^6/T^2 - 4.66\times10^3/T + 1.71$（Zheng，1993）。

（2）柳贺昌和林文达（1999）测定过会泽超铅锌矿床方解石流体包裹体氢氧同位素组成，其 δD_{SMOW} 和 $\delta^{18}O_{H_2O}$ 分别为 $-75\permil \sim -56\permil$ 和 $6.4\permil \sim 8.0\permil$，与本次测定结果相近，在图9.27中也全部落入岩浆水区域；韩润生等（2006）也测定过该区6号矿体1631中段和1571中段脉石矿物方解石流体包裹体的氢氧同位素组成，其 δD_{SMOW} 为 $-55.4\permil \sim -43.5\permil$，$\delta^{18}O_{H_2O}$ 为 $7.6\permil \sim 10.1\permil$，也总体与本次测定结果相似，在图9.28中除个别样品外，大部分样品也投于岩浆水（或变质水）区域。

3. 成矿流体中 H_2O 的来源

本次工作、柳贺昌和林文达（1999）以及韩润生等（2006）的分析资料均显示，会泽超大型金矿床脉石矿物方解石的氢氧同位素组成均相对稳定，在 $\delta D-\delta^{18}O_{H_2O}$ 图上（图9.27）集中于岩浆水区域（或变质水区域）的狭小范围内，这似乎暗示该区成矿流体中的 H_2O 主要为岩浆水或变质水。众所周知，水/岩交换反应过程中将发生氢氧等稳定同位素分馏，因而成矿流体的氢氧同位素组成与其 H_2O 的类型（岩浆水、变质水、大气降水等）、水/岩交换的岩石成分及其同位素组成、水/岩交换时的温度、水/岩交换程度等诸多因素有关。在此笔者根据水/岩交换反应过程中氢氧同位素分馏原理，讨论所获本区脉石矿物方解石氢氧同位素组成，以期揭示成矿流体中 H_2O 的来源。

1）原理

水/岩交换反应过程中同位素分馏遵循物质平衡方程（Taylor，1974）：

$$W \cdot \delta^i_{H_2O} + R \cdot \delta^i_{岩石} = W \cdot \delta^f_{H_2O} + R \cdot \delta^f_{岩石} \tag{9.2}$$

令 $\Delta = \delta^f_{岩石} - \delta^f_{H_2O}$，可得

$$\delta_{H_2O}^f = \frac{\delta_{岩石}^i - \Delta + (W/R) \cdot \delta_{H_2O}^i}{1 + (W/R)} \quad (9.3)$$

式中，i、f 分别为同位素初始值和交换后的终值；为水-岩同位素分馏值，可通过相应同位素分馏方程计算，如式（9.1）为 Zheng（1993）推导的水/方解石交换反应过程中氧同位素的分馏方程；为水/岩值（原子单位），如果岩石中含有 50% 的 O 和 1% 的 H_2O，对 O 而言：

$$(W/R)_{重量} = 0.5 \times (W/R)_{原子} \quad (9.4)$$

对 H 而言：

$$(W/R)_{重量} = 0.01 \times (W/R)_{原子} \quad (9.5)$$

将式（9.4）代入式（9.3）中，可得水/岩交换反应后氧同位素组成：

$$\delta O_{H_2O}^f = \frac{\delta O_{岩石}^i - \Delta + 2 \times (W/R)_{重量} \cdot \delta O_{H_2O}^i}{1 + 2 \times (W/R)_{重量}} \quad (9.6)$$

将式（9.5）代入式（9.3）中，可得水/岩交换反应后氢同位素组成：

$$\delta D_{H_2O}^f = \frac{\delta D_{岩石}^f - \Delta + 100 \times (W/R)_{重量} \cdot \delta D_{H_2O}^i}{1 + 100 \times (W/R)_{重量}} \quad (9.7)$$

2) 计算过程

会泽铅锌矿床的赋矿围岩为 C_1b 白云岩，分别以大气降水、岩浆水和变质水为端元，计算了水/白云岩交换反应过程中氢氧同位素组成的变化规律。大气降水的 $\delta^{18}O_{H_2O}$ 和 δD 分别为 -16‰ 和 -120‰、岩浆水的 $\delta^{18}O_{H_2O}$ 和 δD 分别为 7‰ 和 -70‰（郑永飞和陈江峰，2000），变质水的氢氧同位素组成变化范围较宽（郑永飞和陈江峰，2000），其 $\delta^{18}O_{H_2O}$ 和 δD 分别为 5‰~25‰ 和 -100‰~-40‰，本次工作以 $\delta^{18}O_{H_2O}$ 和 δD 分别为 5‰ 和 -40‰ 的变质水，以及 $\delta^{18}O_{H_2O}$ 和 δD 分别为 25‰ 和 -100‰ 的变质水为端元进行了计算。白云岩的 $\delta^{18}O_{H_2O}$ 和 δD 分别为 18‰ 和 -80‰（翟建平等，1996）。氧同位素组成变化采用 Zheng（1993）推导的水/白云石交换反应过程中氧同位素的分馏方程：

$$1000 \ln \alpha_{方解石-H_2O} = 4.12 \times 10^6 / T^2 - 4.62 \times 10^3 / T + 1.71 \quad (9.8)$$

笔者没有收集到水/白云石交换反应过程中氢同位素的分馏方程，计算过程参考翟建平等（1996）提供的相关图件。计算温度分别为 150℃、200℃、250℃ 和 300℃。

3) 计算结果及讨论

图 9.28 为本次工作的计算结果，大气降水在 $T=200℃$ 左右和 $(W/R)_{重量}=0.005~0.01$、岩浆水在 $T=200℃$ 左右和 $(W/R)_{重量}=0.01~0.1$，以及 $\delta^{18}O_{H_2O}$ 和 δD 分别为 25‰ 和 -100‰ 的变质水在 $T=200℃$ 左右和 $(W/R)_{重量}=0.01$ 左右与白云岩交换反应都可能形成本次工作、柳贺昌和林文达（1999），以及韩润生等（2006）所获得的方解石氢氧同位素组成，而 $\delta^{18}O_{H_2O}$ 和 δD 分别为 4‰ 和 -40‰ 的变质水在任何温度和 $(W/R)_{重量}$ 条件下与白云岩交换反应都不能形成所获得的方解石氢氧同位素组成。

上述计算结果表明，本次工作、柳贺昌和林文达（1999）以及韩润生等（2006）所获得的会泽超大型铅锌矿床脉石矿物方解石的氢氧同位素组成具有多解性，仅依靠氢氧同位素组成不能准确示踪成矿流体中 H_2O 的来源。前文成矿元素地球化学研究结果显示，矿区各时代碳酸盐地层、基底岩石，以及峨眉山玄武岩均可能提供矿床成矿物质；脉石矿物方解石（Huang et al.，2010）、控矿构造带方解石 REE 地球化学（黄智龙等，2003），以及碳氧同位素组成（Huang et al.，2010）研究均证实，矿床成矿流体为壳-幔混合流体。因此，笔者认为，本区成矿流体中的 H_2O 为一种来源于大气降水、岩浆水和变质水的混合水。至于三种类型的水在成矿流体中所占比例还有待深入研究。

五、铅同位素

铅同位素组成主要用于矿床定年和示踪成矿物质来源，虽然目前对铅同位素确定的成矿时代有很大

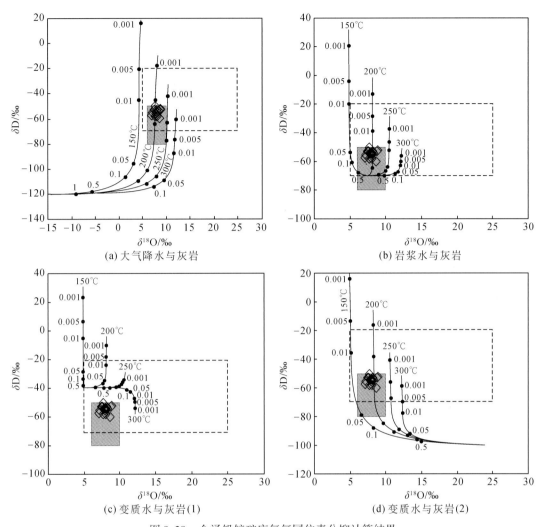

图 9.28　会泽铅锌矿床氢氧同位素分馏计算结果

计算方法及过程见正文；图中虚线框为变质水区域，阴影框为岩浆水区域，钻石形投点为本次工作分析数据，数字为水/岩值

争论，但利用铅同位素组成判别成矿物质来源具有不可替代的作用。前人及本次工作对川滇黔相邻铅锌矿集区内许多矿床做过铅同位素地球化学研究，积累了大量铅同位素组成分析资料。这部分重点总结会泽超大型铅锌矿床和天桥中型铅锌矿床铅同位素组成特征，结合矿区地层、基底岩石和峨眉山玄武岩铅同位素组成分析结果，通过与矿集区内其他铅锌矿床铅同位素组成对比，讨论了矿床成矿物质来源。

1. 分析样品

高子英（1997）、柳贺昌和林文达（1999）和 Zhou 等（2001）等曾对会泽超大型铅锌矿床氧化矿及 6 号矿体进行过铅同位素研究，本次工作主要分析了近年新发现的 8 号矿体、10 号矿体和 1 号矿体的铅同位素组成；前人在研究天桥铅锌矿床过程中也分析了部分方铅矿的铅同位素组成（王华云，1993；郑传仑，1994；张启厚等，1998；柳贺昌和林文达，1999），本次工作补充分析了该区黄铁矿、闪锌矿和方铅矿的铅同位素组成资料。为便于对比，分析了矿区峨眉山玄武岩和不同时代地层的铅同位素组成。样品在核工业北京地质研究院 ISOPROBE-T 热电离质谱仪上完成测试，标样 NBS981 的分析结果：$^{208}Pb/^{206}Pb = 2.1681 \pm 0.0008$、$^{207}Pb/^{206}Pb = 0.91464 \pm 0.00033$、$^{204}Pb/^{206}Pb = 0.059042 \pm 0.000037$。

2. 分析结果

（1）会泽铅锌矿床 95 件矿石矿物和矿石样品的铅同位素组成相对稳定，其 $^{206}Pb/^{204}Pb$：18.251 ~ 18.530、极差 0.279、均值 18.465，$^{207}Pb/^{204}Pb$：15.439 ~ 15.855、极差 0.416、均值 15.717，$^{208}Pb/^{204}Pb$：38.487 ~ 39.433、极差 0.946、均值 38.894，绝大部分样品的 $^{206}Pb/^{204}Pb$、$^{207}Pb/^{204}Pb$ 和 $^{208}Pb/^{204}Pb$ 分别集中于 18.40 ~ 18.50、15.66 ~ 15.76 和 38.70 ~ 39.00 狭小范围内（表9.15）；从表9.15 中还可看出，本区不同矿体、不同矿石矿物（方铅矿、闪锌矿、黄铁矿）之间，以及与矿石之间的铅同位素组成范围相近，不同矿体同种矿石矿物以及相同矿体不同矿石矿物的铅同位素组成范围也不具明显差别。天桥铅锌矿床铅同位素组成相对稳定，不同矿石矿物以及不同颜色闪锌矿的铅同位素组成不具明显差别，变化范围与会泽铅锌矿床相互重叠（表9.15），33 件矿石矿物的 $^{206}Pb/^{204}Pb$：18.378 ~ 18.601、极差 0.223、均值 18.506，$^{207}Pb/^{204}Pb$：15.519 ~ 15.811、极差 0.292、均值 15.716，$^{208}Pb/^{204}Pb$：38.666 ~ 39.571、极差 0.905、均值 38.975。

表 9.15　会泽和天桥铅锌矿床铅同位素组成统计结果

统计对象		样数	$^{206}Pb/^{204}Pb$			$^{207}Pb/^{204}Pb$			$^{208}Pb/^{204}Pb$		
			范围	极差	均值	范围	极差	均值	范围	极差	均值
会泽铅锌矿		95	18.251 ~ 18.530	0.279	18.465	15.439 ~ 15.855	0.416	15.717	38.487 ~ 39.433	0.946	38.894
测定对象	方铅矿	25	18.251 ~ 18.530	0.279	18.453	15.672 ~ 15.855	0.183	15.712	38.487 ~ 39.433	0.946	38.875
	闪锌矿	24	18.339 ~ 18.500	0.161	18.454	15.663 ~ 15.754	0.091	15.716	38.719 ~ 38.996	0.276	38.881
	黄铁矿	27	18.393 ~ 18.514	0.121	18.478	15.664 ~ 15.751	0.087	15.725	38.729 ~ 39.009	0.280	38.906
	矿石	19	18.437 ~ 18.494	0.057	18.474	15.437 ~ 15.744	0.305	15.713	38.868 ~ 38.975	0.107	38.919
6号矿体	全部样品	38	18.251 ~ 18.530	0.279	18.451	15.439 ~ 15.855	0.416	15.700	38.487 ~ 39.433	0.946	38.857
	方铅矿	15	18.251 ~ 18.530	0.279	18.453	15.672 ~ 15.855	0.183	15.709	38.487 ~ 39.433	0.946	38.862
	闪锌矿	9	18.339 ~ 18.487	0.148	18.426	15.663 ~ 15.720	0.057	15.692	38.719 ~ 38.874	0.155	38.810
	黄铁矿	4	18.393 ~ 18.474	0.081	18.441	15.664 ~ 15.700	0.036	15.687	38.729 ~ 38.845	0.116	38.806
	矿石	10	18.460 ~ 18.491	0.031	18.476	15.439 ~ 15.735	0.296	15.697	38.868 ~ 38.958	0.090	38.912
10号矿体	全部样品	19	18.462 ~ 18.485	0.023	18.472	15.716 ~ 15.751	0.035	15.730	38.884 ~ 38.948	0.064	38.914
	方铅矿	6	18.462 ~ 18.485	0.023	18.474	15.713 ~ 15.751	0.038	15.731	38.884 ~ 38.941	0.057	38.915
	闪锌矿	5	18.465 ~ 18.481	0.016	18.474	15.714 ~ 15.748	0.034	15.731	38.893 ~ 38.948	0.055	38.918
	黄铁矿	5	18.467 ~ 18.479	0.012	18.471	15.719 ~ 15.748	0.029	15.728	38.889 ~ 38.935	0.046	38.910
	矿石	3	18.464 ~ 18.471	0.007	18.468	15.722 ~ 15.739	0.017	15.729	38.898 ~ 39.928	1.030	38.912
8号矿体	全部样品	27	18.477 ~ 18.514	0.037	18.491	15.712 ~ 15.754	0.042	15.736	38.765 ~ 39.009	0.244	38.940
	闪锌矿	7	18.477 ~ 18.500	0.023	18.488	15.726 ~ 15.754	0.028	15.739	38.925 ~ 38.995	0.070	38.950
	黄铁矿	16	18.480 ~ 18.514	0.034	18.493	15.712 ~ 15.751	0.039	15.734	38.765 ~ 39.009	0.244	38.933
	矿石	4	18.478 ~ 18.494	0.016	18.485	15.734 ~ 15.744	0.010	15.739	38.929 ~ 38.975	0.046	38.951
1号矿体	全部样品	11	18.417 ~ 18.466	0.049	18.434	15.678 ~ 15.729	0.051	15.709	38.813 ~ 38.907	0.094	38.877
	方铅矿	4	18.417 ~ 18.439	0.022	18.425	15.678 ~ 15.721	0.043	15.697	38.813 ~ 38.887	0.074	38.864
	闪锌矿	3	18.423 ~ 18.428	0.005	18.426	15.703 ~ 15.709	0.006	15.706	38.867 ~ 38.880	0.013	38.872
	黄铁矿	2	18.431 ~ 18.457	0.026	18.444	15.716 ~ 15.728	0.012	15.722	38.876 ~ 38.899	0.023	38.888
	矿石	2	18.437 ~ 18.466	0.029	18.452	15.718 ~ 15.729	0.011	15.724	38.894 ~ 38.907	0.013	38.901

统计对象		样数	$^{206}Pb/^{204}Pb$			$^{207}Pb/^{204}Pb$			$^{208}Pb/^{204}Pb$		
			范围	极差	均值	范围	极差	均值	范围	极差	均值
天桥铅锌矿		33	18.378 ~ 18.601	0.223	18.506	15.519 ~ 15.811	0.292	15.716	38.666 ~ 39.571	0.905	38.975
矿物	方铅矿	26	18.378 ~ 18.601	0.223	18.505	15.519 ~ 15.811	0.292	15.715	38.666 ~ 39.571	0.905	38.991
	闪锌矿	5	18.506 ~ 18.526	0.020	18.516	15.713 ~ 15.731	0.018	15.722	38.901 ~ 38.983	0.082	38.942
	黄铁矿	2	18.481 ~ 18.527	0.046	18.504	15.708 ~ 15.725	0.017	15.717	38.875 ~ 38.930	0.055	38.902
栖霞-茅口组		2	18.189 ~ 18.759	0.570	18.474	15.609 ~ 16.522	0.913	16.066	38.493 ~ 38.542	0.049	38.518
摆佐组		6	18.120 ~ 18.673	0.553	18.388	15.500 ~ 16.091	0.591	15.758	38.360 ~ 39.685	1.325	38.844
宰格组		3	18.245 ~ 18.842	0.597	18.542	15.681 ~ 16.457	0.776	16.012	38.715 ~ 39.562	0.847	38.998
灯影组		10	18.198 ~ 18.517	0.319	18.360	15.699 ~ 15.987	0.288	15.818	38.547 ~ 39.271	0.724	38.909
昆阳群		27	17.781 ~ 20.993	3.212	18.789	15.582 ~ 15.985	0.403	15.686	37.178 ~ 40.483	3.305	38.427
会理群		6	18.094 ~ 18.615	0.521	18.287	15.630 ~ 15.827	0.197	15.708	38.274 ~ 38.932	0.658	38.585
峨眉山玄武岩		8	18.175 ~ 18.855	0.680	18.568	15.528 ~ 15.662	0.134	15.587	38.380 ~ 39.928	1.548	39.038

注：地层和峨眉山玄武岩资料据林方成（1995）、周朝宪（1996）、高子英（1997）、常向阳等（1997）、胡耀国（1999）、柳贺昌和林文达（1999）、张招崇等（2003）、严再飞（2007）和本次工作。

（2）相比之下，矿区和区域不同时代碳酸盐地层（二叠纪栖霞-茅口组、石炭纪摆佐组、泥盆纪宰格组和震旦纪灯影组）、区域基底岩石（昆阳群和会理群），以及二叠纪峨眉山玄武岩均具有较宽的铅同位素组成变化范围，尤其是昆阳群，其$^{206}Pb/^{204}Pb$：17.781 ~ 20.993、极差3.212，$^{207}Pb/^{204}Pb$：15.582 ~ 15.985、极差0.403，$^{208}Pb/^{204}Pb$：37.178 ~ 20.483、极差3.305，矿床的$^{206}Pb/^{204}Pb$、$^{207}Pb/^{204}Pb$和$^{208}Pb/^{204}Pb$均在上述地层、基底岩石和峨眉山玄武岩相应比值变化范围之内。

（3）在铅同位素的卡农图上（图9.29），2个矿床投影区域相互重叠，矿石矿物（方铅矿、闪锌矿、黄铁矿）和矿石均为正常铅，且全部投于Th铅区域，集中于靠近U铅的狭小范围内。图中同时可见，矿床铅同位素组成位于矿区和区域不同时代碳酸盐地层、基底岩石和峨眉山玄武岩的铅同位素组成范围之内。

（4）在$^{206}Pb/^{204}Pb$-$^{207}Pb/^{204}Pb$和$^{206}Pb/^{204}Pb$-$^{208}Pb/^{204}Pb$图上（图9.30），2个矿床投影区域同样相互重叠，绝大部分样品投入下地壳铅平均演化线与地幔铅平均演化线之间，也位于矿区和区域不同时代碳酸盐岩地层和基底岩石的铅同位素组成范围之内。同时可见，样品的$^{206}Pb/^{204}Pb$与$^{207}Pb/^{204}Pb$，以及$^{206}Pb/^{204}Pb$与$^{208}Pb/^{204}Pb$之间总体具有正相关关系。

3. 讨论

由于会泽铅锌矿床赋存于下石炭统摆佐组白云岩中，天桥铅锌矿床赋矿地层主要为下石炭统大埔组（C_1d）、摆佐组（C_1b）和中石炭统黄龙组（C_2h）粗晶白云岩，2个矿床外围均有大面积峨眉山玄武岩分布，较多学者认为成矿物质由碳酸盐岩地层和玄武岩提供（廖文，1984；陈进，1993；柳贺昌和林文达，1999；韩润生等，2001），但也有不同的认识，如李连举等（1999）提出上震旦统、下寒武统、中上泥盆统和石炭系地层是区域重要的矿源层；胡耀国（1999）则认为成矿物质主要来源于区域前寒纪基底（如昆阳群等）；Zhou等（2001）根据铅锌等成矿物质的背景含量、铅和Sr同位素组成认为成矿物质主要由早震旦纪火山岩提供。

铅同位素组成是示踪成矿物质来源最有利手段之一。前已述及，会泽和天桥铅锌矿床铅同位素组成均为正常铅（图9.29），其^{206}Pb、$^{207}Pb/^{204}Pb$和^{208}Pb均相对稳定，变化范围在矿区和区域不同时代碳酸盐地层（二叠纪栖霞-茅口组、石炭纪摆佐组、泥盆纪宰格组和震旦纪灯影组）、区域基底岩石（昆阳群和会理群），以及二叠纪峨眉山玄武岩的铅同位素组成变化范围之内（表9.15）；在$^{206}Pb/^{204}Pb$-$^{207}Pb/^{204}Pb$和$^{206}Pb/^{204}Pb$-$^{208}Pb/^{204}Pb$图上，本区全部矿石和矿石矿物投入下地壳铅平均演化线与地幔铅平均演化线之

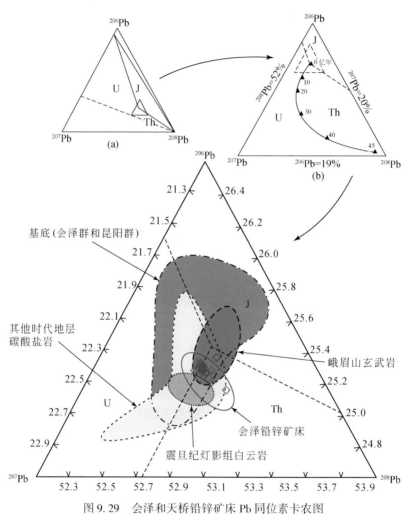

图9.29 会泽和天桥铅锌矿床Pb同位素卡农图

会泽铅锌矿床数据太多，仅给出范围；空心菱形为天桥铅锌矿床样品；其余资料据林方成（1995）、周朝宪（1996）、
高子英（1997）、常向阳等（1997）、胡耀国（1999）、柳贺昌和林文达（1999）、张招崇和王福生（2003）、严再飞（2007）和本次工作

间的克拉通化地壳区域的一个狭小范围内，且$^{206}Pb/^{204}Pb$与$^{207}Pb/^{204}Pb$，以及$^{206}Pb/^{204}Pb$与$^{208}Pb/^{204}Pb$之间
总体具有正相关关系（图9.30）。这些铅同位素组成特征表明，本区成矿物质具有"多源性"。换句话
说，矿区和区域不同时代碳酸盐地层、区域基底岩石，以及二叠纪峨眉山玄武岩均可能提供矿床成矿物
质。以下证据同样支持该结论：

（1）黄智龙等（2004）研究结果显示，矿区外围各时代碳酸盐地层Pb、Zn、Ge、Ga、Cd和In等成
矿元素的含量明显低于克拉克值，也低于中国东部碳酸盐上述元素的平值含量，结合本区各时代碳酸盐
地层普遍有重结晶特征，暗示其中成矿元素有明显被迁移现象，即各时代的碳酸盐地层均可能提供成矿
物质；虽然矿区外围及不同地区峨眉山玄武剖面的成矿元素含量相对稳定，但岩石本身成矿元素含量明
显高于各时代碳酸盐地层，也相对高于克拉克值，暗示该类岩石也具有提供部分成矿物质的潜力；柳贺
昌和林文达（1999）、胡耀国（1999）和Zhou等（2001）已从成矿元素（Pb、Zn）和同位素组成等方面
论证了区域基底岩石（如昆阳群等）是本区和区域铅锌矿床的重要矿源岩之一。

（2）2个矿床铅同位素组成相对稳定，且不同矿体铅同位素组成不具明显差别（前文）。对此主要有
两种解释：其一，成矿物质来源铅同位素组成相对稳定、且与矿床铅同位素组成相似的地质体（地层或
岩浆岩）；其二，成矿物质来源于铅同位素组成相对不稳定的地质体（地层或岩浆岩），富含成矿元素的
成矿流体在成矿之前存在均一化过程。从表9.15中可见，与矿床铅同位素组成相比，矿区和区域不同时

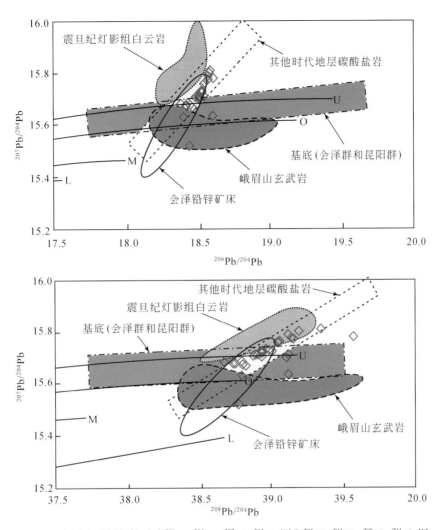

图9.30 会泽和天桥铅锌矿床$^{206}Pb/^{204}Pb$-$^{207}Pb/^{204}Pb$ 图和$^{206}Pb/^{204}Pb$-$^{208}Pb/^{204}Pb$ 图

上地壳（U）、造山带（O）、地幔（M）和下地壳（L）演化线据 Zartman 和 Doe（1981）；会泽铅锌矿床数据太多，仅给出范围；
空心菱形为天桥铅锌矿床样品；其余资料据林方成（1995）、周朝宪（1996）、高子英（1997）、常向阳等（1997）、胡耀国（1999）、
柳贺昌和林文达（1999）、张招崇等（2003）、严再飞（2007）和本次工作

代碳酸盐地层、区域基底岩石，以及峨眉山玄武岩的铅同位素组成均相对较宽，即本区不存在铅同位素组成相对稳定，且与矿床铅同位素组成相似的地质体（地层或岩浆岩），可排除第一种解释。因此，笔者认为成矿物质"多来源"、富含成矿元素的成矿流体在成矿之前存在均一化过程可能是形成2个矿床铅同位素相对集中的主要因素。

（3）会泽和天桥铅锌矿床分别是川滇黔相邻铅锌矿集区滇东北成矿区和黔西北成矿区很具代表性矿床，矿集区许多大中型矿床（如四川大梁子、天宝山，云南毛坪、茂祖，贵州银厂坡、杉树林、青山等）的成矿地质背景、赋矿地层岩性（碳酸盐）、构矿构造、矿化类型、矿物组合、围岩蚀变，以及包裹体地球化学和硫、碳、氧和锶同位素组成均可与这2个矿床进行对比（黄智龙等，2004；张长青，2008）。从表9.16和图9.31中可见，除乐马厂和金沙厂矿床外，川滇黔相邻铅锌矿集区内其他矿床的铅同位素组成范围相互重叠，说明除乐马厂和金沙厂矿床外，矿集区成矿物质具有相似的来源。李连举等（1999）通过区域地层沉积环境、成矿元素（Pb、Zn、Ag 等）丰度、赋矿地层岩性特征及成矿过程等研究，认为上震旦统、下寒武统、中上泥盆统和石炭系地层是滇东北 Pb、Zn、Ag 矿床的主要矿源层；柳贺昌和林文达（1999）也提出，区域基底岩石、自震旦纪到二叠纪各时代地层以及二迭峨玄武岩均是川滇黔相邻铅锌矿集区的矿源层。可见，包括会泽和天桥铅锌矿床在内的川滇黔相邻铅锌矿集区的成矿物质均具有多源性

（乐马厂和金沙厂矿床例外）。

表9.16　川滇黔相邻铅锌矿集区部分矿床铅同位素统计结果

产地	样品数	$^{206}Pb/^{204}Pb$		$^{207}Pb/^{204}Pb$		$^{208}Pb/^{204}Pb$	
		范围	均值	范围	均值	范围	均值
茂　祖	8	17.98~18.444	18.191	15.47~15.746	15.745	38.01~38.858	38.298
金沙厂	11	18.429~21.363	20.845	15.42~16.14	15.810	38.598~41.433	40.959
天宝山	10	18.11~18.596	18.376	15.18~15.803	15.670	38.032~39.05	38.518
大梁子	14	17.69~19.147	18.365	15.22~16.483	15.695	37.28~40.444	38.584
银厂沟	5	18.417~19.858	19.041	15.795~17.081	16.346	38.694~42.122	39.968
乌　依	13	17.79~20.149	18.432	14.944~17.278	15.788	36.703~42.557	38.870
团宝山	9	18.369~20.045	19.116	15.59~16.916	16.215	38.469~41.435	40.152
杉树林	9	18.276~19.03	18.476	15.448~15.99	15.613	38.299~39.19	38.781
赫　章	11	18.378~18.598	18.451	15.519~15.718	15.661	38.666~39.112	38.844
银厂坡	13	18.062~19.073	18.453	15.44~16.334	15.736	38.36~40.695	38.977
乐马厂	14	18.824~21.006	20.328	15.727~16.151	15.855	38.842~40.833	39.621
会　泽	95	18.251~18.530	18.465	15.439~15.855	15.717	38.487~39.433	38.894
天　桥	33	18.378~18.601	18.506	15.519~15.811	15.716	38.666~39.571	38.975

注：原始资料据林方成（1995）、高子英（1997）、邓海琳（1997）、胡耀国（1999）、柳贺昌和林文达（1999）及本次工作。

六、锶同位素

近年来，锶同位素组成在探讨成矿物质来源方面得到越来越广泛的应用（邓海琳等，1999；彭建堂等，2001；Zhou et al.，2001）。川滇黔相邻铅锌矿集区锶同位素地球化学研究相对较少，顾尚义等（1997）通过青山铅锌矿床锶同位素研究，认为矿床成矿流体为混合流体；邓海琳等（1999）对比了乐马厂银铅锌矿床地层的矿石锶同位素组成，认为该区成矿物质主要来自基底地层（昆阳群和河口群），同时利用 $\delta^{18}O$-Sr 同位素体系获得本区碳酸岩型矿石成矿温度为 150~250℃、碎屑岩型矿石成矿温度为 200~260℃；Zhou 等（2001）分析了会泽超大型铅锌矿床 6 号矿体闪锌矿、方铅矿和方解石的锶同位素组成，结合本区 Pb 同位素地球化学，提出矿床成矿物质主要由早震旦纪火山岩提供；韩润生（2002）也分析了该矿床 6 号矿体 7 件矿石样品（其中 3 件样品为方解石-方铅矿-闪锌矿-黄铁矿组合、2 件样品为方铅矿-闪锌矿-黄铁矿组合、2 件样品为方铅矿-闪锌矿组合）的锶同位素组成，其 $^{87}Sr/^{86}Sr$ 相对高于该区赋矿地层（C_1b），认为成矿流体经历过富放射成因锶的源区。本次工作对会泽和天桥铅锌矿床脉石矿物方解石和不同矿石矿物的锶同位素组成，结合区域地层、基底岩石和峨眉山玄武岩锶同位素组成资料，进一步探讨了成矿物质的来源。

1. 分析样品

本次工作分析了会泽铅锌矿床 6 号、8 号、10 号矿体和 1 号矿体脉石矿物方解石和不同矿石矿物（主要为闪锌矿、少量黄铁矿）的锶同位素组成，其中 6 号矿体采自不同采矿中段，8 号矿体的样品采自钻孔 DZK15-56-2，10 号矿体和 1 号矿体的样品分别采自 1571 坑道和 1751 坑道的穿脉；天桥铅锌矿床主要分析了原生矿体中的黄铁矿和闪锌矿。为便于对比，同时分析了会泽铅锌矿床外围的孙家沟剖面不同时代地层的锶同位素组成。矿石样品锶同位素组成测试在中国科学院地质与地球物理研究所固体同位素地球化学实验室完成，分析仪器为固体热电离质谱计 IsoProbe-T，标样 NBS987 平均 $^{87}Sr/^{86}Sr$ 值为 0.710242±5

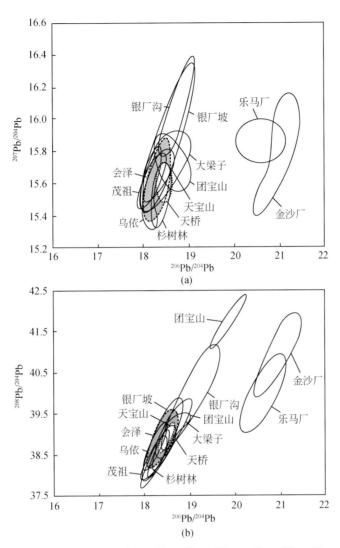

图 9.31　川滇黔相邻铅锌矿集区 $^{206}\mathrm{Pb}/^{204}\mathrm{Pb}$-$^{207}\mathrm{Pb}/^{204}\mathrm{Pb}$ 和 $^{206}\mathrm{Pb}/^{204}\mathrm{Pb}$-$^{208}\mathrm{Pb}/^{204}\mathrm{Pb}$ 图

会泽和天桥铅锌矿床原始数据本次工作测定；其余资料据林方成（1995）、周朝宪（1996）、高子英（1997）、

邓海琳（1997）、常向阳等（1997）、胡耀国（1999）、柳贺昌和林文达（1999）和本次工作

（$n=12$）；地层样品锶同位素组成测试在中国科学院地球化学研究所矿床地球化学国家重点实验室 TIMS 实验室完成，分析仪器为 Triton 型热电离质谱仪，以标样 NBS987 和岩石标样 BCR-2 监测仪器状态。

2. 分析结果

（1）会泽和天桥铅锌矿床的锶同位素组成也相对稳定，会泽铅锌矿床 35 件样品的 $(^{87}\mathrm{Sr}/^{86}\mathrm{Sr})_0$ 变化范围为 0.713676 ~ 0.717012、均值为 0.716295、极差为 0.003336（表 9.17），Zhou 等（2001）报道该区 6 号矿体闪锌矿（3 件）、方铅矿（4 件）和方解石（3 件）的 $(^{87}\mathrm{Sr}/^{86}\mathrm{Sr})_0$ 为 0.710598 ~ 0.717987，韩润生（2002）测得 6 号矿体 7 件矿石样品的 $(^{87}\mathrm{Sr}/^{86}\mathrm{Sr})_0$ 为 0.71021 ~ 0.71768，均与本次工作所获 $(^{87}\mathrm{Sr}/^{86}\mathrm{Sr})_0$ 范围重叠；天桥铅锌矿床 $(^{87}\mathrm{Sr}/^{86}\mathrm{Sr})_0$ 相对较低，7 件样品的 $(^{87}\mathrm{Sr}/^{86}\mathrm{Sr})_0$ 为 0.711796 ~ 0.712983、均值为 0.712346、极差为 0.001187；黄铁矿和闪锌矿的 $(^{87}\mathrm{Sr}/^{86}\mathrm{Sr})_0$ 基本一致，分别为 0.712382 ~ 0.712983 和 0.711796 ~ 0.712490。

（2）从图 9.32 和表 9.17 中可见，会泽和天桥铅锌矿床的 $(^{87}\mathrm{Sr}/^{86}\mathrm{Sr})_0$（分别为 0.713676 ~ 0.717012 和 0.711796 ~ 0.712983）不仅明显高于地幔（0.704±0.002；Faure，1977）和峨眉山玄武岩（0.703932 ~

0.707818，85 件样品）的 $(^{87}Sr/^{86}Sr)_0$，也相对高于除梁山组（P_1l）外其他各时代区域地层的 $(^{87}Sr/^{86}Sr)_0$，但明显低于基底岩石的 $(^{87}Sr/^{86}Sr)_0$（0.7243～0.7288；5 件样品）。

表 9.17 会泽和天桥铅锌矿床锶同位素组成统计结果

统计对象		样数	$(^{87}Sr/^{86}Sr)_0$	
			范　围	均值
天桥铅锌矿床	全部样品	7	0.711796～0.712983	0.712346
	闪锌矿	5	0.711796～0.712490	0.712211
	黄铁矿	2	0.712382～0.712983	0.712683
会泽铅锌矿床	全部样品	35	0.713676～0.717012	0.716295
	闪锌矿	18	0.714050～0.716989	0.716133
	黄铁矿	2	0.713676～0.714544	0.714110
	方解石	15	0.716353～0.717012	0.716781
栖霞–茅口组碳酸盐岩地层		3	0.707256～0.707980	0.707562
梁山组砂页岩地层		1		0.716309
马平组碳酸盐岩地层		2	0.709909～0.709951	0.709930
摆佐组碳酸盐岩地层		5	0.708680～0.710063	0.709437
宰格组碳酸盐岩地层		2	0.708221～0.708831	0.708735
海口组砂页岩地层		1		0.709229
灯影组碳酸盐岩地层		2	0.708256～0.709214	0.708735
峨眉山玄武岩		85	0.703932～0.707818	0.705769
基底地层（昆阳群或会理群）		5	0.7243～0.7288	0.7268
上地幔			0.704±0.002	

注：栖霞–茅口组 1 件样品数据据邓海琳等（1999），摆佐组 3 件样品数据据胡耀国（1999），峨眉山玄武岩原始数据据黄智龙等（2004），上地幔据 Faure（1977），基底地层见正文；其余由本次工作分析。

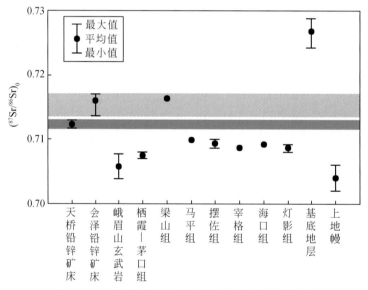

图 9.32 会泽和天桥铅锌矿床锶同位素组成对比图

3. 讨论

会泽和天桥铅锌矿床的 $(^{87}Sr/^{86}Sr)_0$ 明显高于地幔（0.704±0.002；Faure，1977）和峨眉山玄武岩的 $(^{87}Sr/^{86}Sr)_0$（表 9.17、图 9.32），众多研究结果表明（刘丛强等，2004），地幔流体（包括地幔去气形成的流体和幔源岩浆去气形成的流体）的 $^{87}Sr/^{86}Sr$ 在 0.706 左右，这似乎排除了地幔和峨眉山玄武岩提供成矿物质的可能性，暗示成矿物质来源于相对富放射性成因锶的源区或成矿流体曾流经富放射性成因锶的地质体。矿区出露地层主要为各时代的碳酸盐岩 $(^{87}Sr/^{86}Sr)_0$ 为 0.7073 ~ 0.7099，均与同时期海水的锶同位素组成相近（Burke，1982）；Burke（1982）认为，自寒武纪至现代海水的 $^{87}Sr/^{86}Sr$ 为 0.7067 ~ 0.7095，加之海相碳酸盐岩的 Rb/Sr 接近 0，其锶同位素组成与海水基本一致（朱炳泉，1996），因此，矿区各时代碳酸盐岩地层的 $(^{87}Sr/^{86}Sr)_0$ 也相对低于矿床的 $(^{87}Sr/^{86}Sr)_0$，这似乎又排除了矿区各时代碳酸盐岩地层提供成矿物质的可能性，同样暗示成矿物质来源于相对富放射性成因锶的源区或成矿流体曾流经富放射性成因锶的地质体。

区域上富放射性成因锶的地质体为梁山组（P_1l）和基底岩石（表 9.17）。本次工作测得梁山组（P_1l）的 $(^{87}Sr/^{86}Sr)_0$ 为 0.716309，与会泽铅锌矿床相当、相对高于天桥铅锌矿床的 $(^{87}Sr/^{86}Sr)_0$（图 9.32），但这套地层岩性为砂页岩、厚度仅为 20 ~ 60m（黄智龙等，2004；金中国，2008），本次工作测得其 Pb、Zn 含量（分别为 4.80ppm 和 11.2ppm）明显低于克拉克值（分别为 12ppm 和 94ppm；黎彤和倪守斌，1990），暗示这套地层在铅锌成矿过程中提供大量成矿物质的可能性很小。

区域上基底地层广泛分布，厚度巨大（最厚近 10000m）（张云湘等，1988；从柏林，1988），李复汉和覃嘉铭（1988）测得东川昆阳群因民组白云岩的 $(^{87}Sr/^{86}Sr)_0$ 为 0.7288（年龄 984Ma），河口组岔河组碳质板岩的 $(^{87}Sr/^{86}Sr)_0$ 为 0.7283（年龄 1006Ma），易门昆阳群因民组板岩的 $(^{87}Sr/^{86}Sr)_0$ 为 0.7249（年龄 1115Ma）；从柏林（1988）报道会理河口群变钠质火山岩的 $(^{87}Sr/^{86}Sr)_0$ 为 0.7243（年龄 1023Ma）；陈好寿和冉崇英（1992）获得拉拉厂铜矿床大红山群石英流体包裹体的 $(^{87}Sr/^{86}Sr)_0$ 为 0.7275（年龄 9854Ma）。可见，成矿物质可能来源于区域基底岩石或成矿流体曾流经富放射性成因锶基底岩石。

值得注意的是，会泽和天桥铅锌矿床的 $(^{87}Sr/^{86}Sr)_0$ 明显低于基底岩石的 $(^{87}Sr/^{86}Sr)_0$（表 9.17、图 9.32），很难理解其成矿物质或成矿流体仅由单一的区域基底岩石提供，成矿物质或成矿流体由相对高 $(^{87}Sr/^{86}Sr)_0$ 端元（基底岩石）和相对低 $(^{87}Sr/^{86}Sr)_0$ 端元（峨眉山玄武岩、各时代碳酸盐岩地层）共同提供可能更为合理。这与前文铅、硫、碳、氧同位素组成的研究结果"矿区或区域各时代碳酸盐岩地层、基底岩石和峨眉山玄武岩均可能提供该区成矿物质和成矿流体"相吻合。

第四节　成矿背景及过程

川滇黔相邻铅锌矿集区成矿背景和过程是国内外地质学家和矿床学家们极为关注的科学问题。早在20 世纪 50 和 60 年代，谢家荣（1963）根据矿集区与峨眉山玄武岩存在密切共生关系、在云南宣威地区的玄武岩中发现 Pb-Zn 矿脉等地质现象，认为本区是岩浆热液成因矿床；涂光炽（1984，1987，1988）利用层控矿床的观点，将矿集区视为沉积-改造型矿床，该观点在 20 世纪 80 ~ 90 年代得到许多研究成果的支持（张位及，1984；廖文，1984；陈士杰，1986；陈进，1993；王林江，1994；邵世才，1995；赵准，1995）；20 世纪 90 年代末，我国引进 MVT 矿床成矿理论，矿集区矿床（点）成群成带广泛分布、赋矿围岩为不同时代碳酸盐岩、成矿过程与大规模流体运移关系密切，不少学者认为本区铅锌矿床为 MVT 矿床（周朝宪，1998；王小春，1990；王奖臻等，2001，2002；Zhou et al.，2001；Wang et al.，2003；张长青等，2005；张长青，2008）；进入 21 世纪，随着地幔柱成矿系统研究的不断深入，许多学者从不同角度论证矿集区形成与地幔柱活动引发的大面积玄武岩喷发、大规模流体运移有关（张云湘等，1988；Zheng and Wang，1991；柳贺昌，1995，1996；管士平和李忠雄，1999；柳贺昌和林文达，1999；黄智龙等，2001，2004；Huang et al.，2003，2010；Han et al.，2007；李文博等，2006；Li et al.，2007）。本节首先介绍矿集区成矿时代及成矿动力背景，然后分析构造、地层及峨眉山玄武岩与成矿的关系，进而根据前人及本次工作所获得的研究结果总结矿床的成因信息和成矿过程，通过对比分析确定矿床成因类型，最后建立矿床的成矿模式。

一、成矿时代及成矿动力背景

1. 成矿时代

精确厘定金属矿床的成矿时代对揭示成矿动力学背景，探讨成矿物质、成矿流体来源和建立切合实际的矿床成因模式具有重要价值。到目前为止，川滇黔相邻铅锌矿集区准确可信的年代学数据很少，严重制约了成矿过程和动力学背景研究。前人根据地质和铅同位素模式年龄获得的矿集区成矿时代有很大差距，张云湘等（1988）认为矿集区主成矿期为海西晚期和燕山期；欧锦秀（1996）将黔西北青山铅锌矿床矿石铅单阶段演化模式年龄 134~192Ma 视为成矿年龄，认为矿床形成于燕山期；张立生（1998）认为该区铅锌矿床成矿作用发生于晚二叠世；柳贺昌和林文达（1999）将该区铅锌矿床作为上古生界矿床讨论，成矿时代为海西晚期和印支—燕山期；管士平和李忠雄（1999）利用铅同位素组成计算出该区铅锌矿床成矿时代为 245Ma；Zhou 等（2001）和 Wang 等（2003）认为矿集区形成于喜马拉雅期；黄智龙等（2004）根据矿集区 400 多个矿床（点）分布于峨眉山玄武岩以下各时代地层中，推测成矿时代可能与峨眉山玄武岩岩浆活动时代相近；韩润生（2006）根据不同时代岩石实测古应力值反映的构造期次，推测滇东北会泽铅锌矿床的成矿时代与峨眉山玄武岩岩浆喷发时代接近；毛景文等（2012）根据少量定年结果，认为矿集区形成于三叠纪。显然，仅仅通过间接方法很难得到一个被广泛接受的年代学数据。

近年来，有学者对川滇黔接壤铅锌矿集区典型矿床进行了 Sm-Nd、Rb-Sr 和 K-Ar 测年，但结果有较大差距，如黄智龙等（2004）测得滇东北会泽铅锌矿床 1 号、6 号和 10 号矿体闪锌矿 Rb-Sr 等时线年龄分别为 225.9±1.1Ma、224.8±1.2Ma 和 226.0±6.9Ma，张长青等（2005）报道该矿床黏土矿物 K-Ar 年龄为 176.5±2.5Ma，Li 等（2007）获得该矿床 1 号和 6 号矿体方解石 Sm-Nd 等时线年龄分别为 225±38Ma 和 226±15Ma；张长青等（2008）获得川西南大梁子铅锌矿床单颗粒闪锌矿 Rb-Sr 年龄为 366.3±7.7Ma；蔺志永等（2010）报道川西南跑马铅锌矿床闪锌矿 Rb-Sr 等时线年龄为 200.1±4.0Ma；毛景文等（2012）给出滇东北金沙厂铅锌矿床萤石 Sm-Nd 和闪锌矿 Rb-Sr 等时线年龄分别为 201.1±2.9Ma 和 199.5±4.5Ma，乐红铅锌矿床闪锌矿 Rb-Sr 等时线年龄为 200.9±2.3Ma；白俊豪（2013）获得滇东北金沙厂铅锌矿床闪锌矿 Rb-Sr 等时线年龄为 202.8±1.8Ma；吴越（2013）获得川西南大梁子铅锌矿床方解石 Sm-Nd 等时线年龄为 204.4±1.2Ma、赤普铅锌矿床沥青 Re-Os 等时线年龄为 165.7±9.9Ma；Zhou 等（2013a，b）报道滇东北茂租铅锌矿床方解石 Sm-Nd 等时线年龄为 196±13Ma、黔西北天桥铅锌矿床闪锌矿 Rb-Sr 等时线年龄为 191.9±6.9Ma。可见，矿集区的成矿时代还存在很大争论，严重影响了成矿动力学背景的探讨和成矿过程的深入研究。

2. 成矿动力背景

川滇黔相邻铅锌矿集区位于扬子地块西南缘，矿集区经历了晚太古代—早元古代基底形成、新元古代 Rodinia 大陆裂解、寒武纪—石炭纪被动大陆边缘盆地演化、二叠纪—早三叠世陆内裂谷演化、三叠纪古特提洋闭合、晚三叠世—白垩纪陆相盆地演化以及古近纪—第四纪印度板块与欧亚板块碰撞等一系列重大地质事件（图9.33；钟大赉，1998）。由于缺乏精确可靠的成矿年代学资料，很少有学者对矿集区成矿动力学背景进行深入分析。

毛景文等（2005）和张长青（2008）根据矿集区位于古老扬子克拉通西缘、铅锌矿床产于碳酸盐岩沉积盆地环境以及川西南大梁子矿床单颗粒闪锌矿 Rb-Sr 年龄 366.3±7.7Ma、滇东北会泽铅锌矿床黏土矿物 K-Ar 年龄 176.5±2.5Ma，结合区域构造演化，认为本区早古生代期间均处于被动大陆边缘环境，加里东期和印支期/燕山期的构造运动后期的伸展作用是该区铅锌矿床形成的动力学背景，为大陆边缘造山带弧后伸展成矿作用的产物。

黄智龙等（2004）根据矿集区许多矿床外围有大面积峨眉山玄武岩分布、矿床分布于峨眉山玄武岩

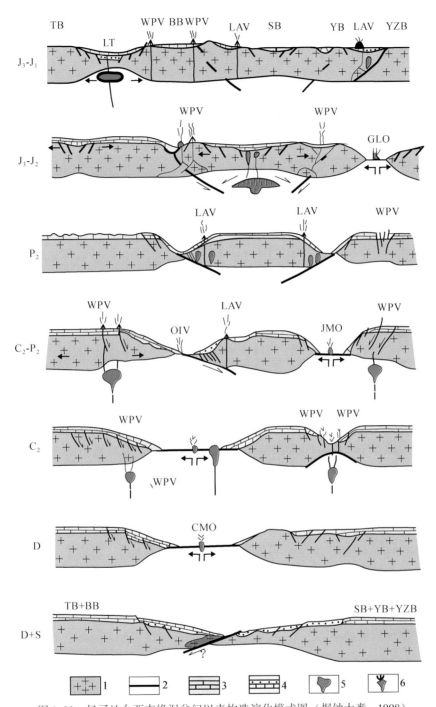

图 9.33　扬子地台西南缘泥盆纪以来构造演化模式图（据钟大赉，1998）

1. 洋壳；2. 洋壳+深海沉积；3. 台地沉积；4. 大陆边缘沉积；5. 洋脊和岩浆房；6. 洋中脊；IAV. 岛弧火山岩及侵入岩；
OIA. 洋岛火山岩；WPV. 板内火山岩；BB. 保山地块；TB. 腾冲地块；YZB. 扬子微大陆；YB. 义敦地块；
CMO. 昌宁–孟连主洋盆；JMO. 金沙江–墨江支洋盆；GLO. 甘孜–理塘支洋盆；LT. 潞西海槽

以下各时代碳酸盐岩地层中、滇东北会泽铅锌矿床方解石 Sm-Nd 和闪锌矿 Rb-Sr 等时线年龄（225Ma 左右；前文）略低于峨眉山玄武岩成岩年龄（260Ma 左右；Zhou et al.，2002；Ali et al.，2004；Sun et al.，2010），认为该区铅锌矿床形成的动力学背景可能是地幔柱，为地幔柱诱发大规模流体运移成矿作用的产物。

韩润生等（2012）根据滇东北会泽铅锌矿床成矿时代为印支期（225Ma 左右；前文），矿集区四周毗邻的龙门山造山带、南盘江–右江增生弧型冲褶带及哀牢山–墨江–绿春造山带发生于印支期（马力等，2004），认为该区铅锌矿床的形成可能与印支期造山事件有密切的关系，为海西晚期伸展背景与印支期碰撞造山挤压背景的构造体制转换诱发大规模流体运移成矿作用的产物。

二、成 矿 条 件

1. 构造条件

川滇黔相邻铅锌矿集区位于扬子地台西南缘，夹持于南北向安宁河–渌汁江断裂、北西向康定–奕良–水城断裂和北东向弥勒–师宗–水城断裂三角区内（图9.2），全球特提斯成矿域和环太平洋成矿域的交汇部位，地壳结构复杂、构造活动强烈、赋矿地层发育、成矿条件优越。以会泽超大型铅锌矿床分例，分析成矿的构造条件。

1）构造控矿特征

A. 区域构造控矿

区域上，南北向小江深断裂带和曲靖–昭通隐伏断裂带为成矿提供了十分有利的地质背景，控制了川滇黔相邻铅锌矿集区的分布，其中滇东北多字型构造控制了北东向斜列展布的铅锌矿带（图9.6）。小江深断裂带是一条长期继承发展演化的超壳断裂，由一系列近乎直立的南北向逆冲断裂组成，断裂带为强烈铁矿化、透镜体化和糜棱岩、碎斑岩、碎粒岩化破碎带，曾发生了左行、右行、逆冲及拉伸等活动，明显具有多期活动特点。该断裂带控制了其东西两侧地层和构造及火成岩的发育，西侧主要发育元古界昆阳群和中生界花岗岩体，构造以南北向和北东向及东西向为主；东侧主要为古生界，构造主要发育北东向和部分南北向。在该断裂西侧，新发现铅、锌、铜矿化，局部矿点锌品位品可达15%以上。

可见，小江断裂带既是基底构造，又是表层构造，既控制了区域岩浆活动，又对本区铅锌矿床的发育和分布起重要的控制作用。会泽超大型铅锌矿床就位于区域性东川–镇雄构造–成矿带南西段的会泽金牛厂–矿山厂控矿断裂带上（图9.1），沿断裂发育多个大、中、小型铅锌矿床和矿点（图9.6）及区域化探异常（图9.34）。

B. 矿区构造控矿

会泽矿区NE向矿山厂、麒麟厂、银厂坡断裂为多期活动的断裂带，组成叠瓦状构造，分别控制了矿山厂、麒麟厂和银厂坡铅锌矿床，构成矿区的多字型构造（图9.35）。三条断裂为矿区导矿构造，主要表现有：第一，断裂带内构造岩发育强烈的白云岩化、黄铁矿化、硅化、绿泥石化、绿帘石化及方解石化等热液蚀变较强烈，在断裂带和附近围岩中分布大量碳酸盐脉及石英细脉，反映断裂中流体活动的特点；第二，断裂构造岩中出现较强Pb、Zn、Fe、Ge、As、Ag、Tl等微量元素异常，Pb+Zn高达0.7%（黄智龙等，2004）。

C. 矿床构造控矿

会泽矿区麒麟厂铅锌矿床受麒麟厂断裂派生的北东向压扭性断裂及北西向张扭性断裂的复合控制。北东向压扭性断裂将矿体限制于摆佐组中上层位中，控制了矿体的顶底板，是主要的容矿构造，在平面上呈似层状、透镜状，与围岩产状基本一致。似层状矿体延长较大，一般在数十米至300余米，厚度达30多米，组成富厚矿体，Pb+Zn+Fe+S为68.95wt%～94.51wt%，并富含Ag与Ge、In、Cd、Tl、Ga等元素（黄智龙等，2004；韩润生等，2006）。这类构造派生的节理裂隙控制细脉状矿化。除层间构造控制矿体外，岩层挠曲、岩层产状急剧变化处，控制平行矿脉。

在麒麟厂断裂上盘分布的北西向断裂，从浅部到深部分布密度逐渐减少，规模逐渐增大，并与矿体共存，与麒麟厂导矿断裂相联系，是矿床的配矿构造。虽然构造中未发现Pb-Zn矿体，但是其热液蚀变和Zn、Pb等矿化特征比南北向断裂构造岩明显，Pb+Zn含量可达0.15%（黄智龙等，2004）。在北西向断裂和北东向断裂交叉部位，矿体局部膨大，反映这类构造对成矿的控制作用，这是配矿构造的典型特征之一。

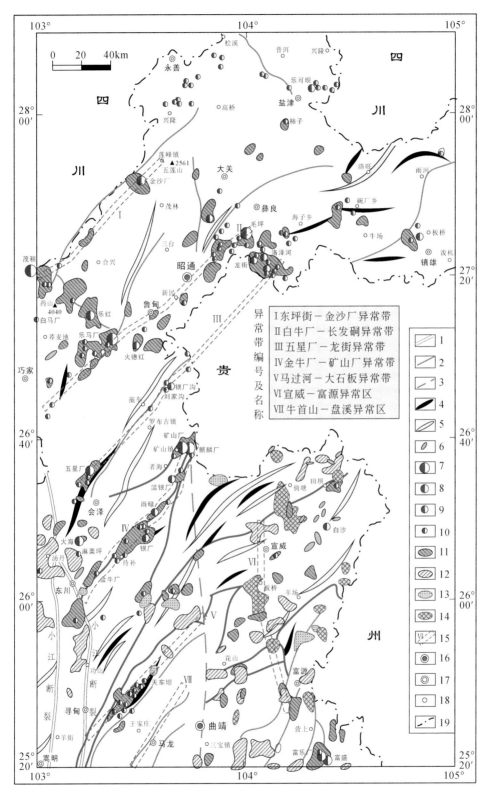

图 9.34　滇东北地区地球化学异常图（据李家盛等，2011；略修改）

1. 深大断裂；2. 一般断裂；3. 隐伏断裂；4. 背斜；5. 向斜；6. 侵入岩；7. 大型 Pb-Zn 矿床；8. 中型 Pb-Zn 矿床；

9. 小型 Pb-Zn 矿床；10. Pb-Zn 矿点和矿化点；11. Pb-Zn 异常；12. Cu 异常；13. Ni-Cu-Co 异常；

14. Hg 异常；15. 异常带（区）及编号；16. 市政府，17. 县政府，18. 乡政府；19. 省界

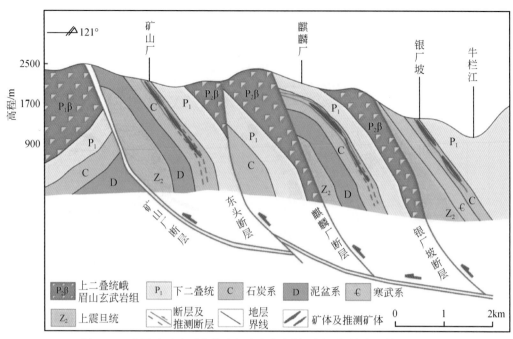

图9.35　会泽矿区迭瓦状构造与矿床分布剖面图（据韩润生等，2012）

2）构造控矿规律

综合以上特征，会泽铅锌矿床构造控矿规律主要表现为：①小江深断裂带和曲靖-昭通隐伏断裂带的左行走滑控制了滇川黔相邻铅锌矿集区左列式"多字型"构造-铅锌成矿矿带的分布；②矿体分布于摆佐组（C₁b）粗晶白云岩及其与硅化灰岩的过渡带的左列式压扭性层间断裂带中；③在平面上，矿体呈左行雁列式分布于北东向层间压扭性断裂带中；在剖面上，麒麟厂3号、6号、8号矿体受"阶梯状"构造的严格控制（图9.10），显示出主矿体向南西方向侧伏的特点；④北东构造带是会泽矿区最主要的成矿构造体系；⑤矿床、矿体大致呈现等间距分布的特点，表现强弱构造-矿化带的分带规律；⑥从区域、矿田、矿区、矿床到矿体，分别受到不同级别的构造控制，呈现构造逐级控矿规律，即区域断裂控制矿带分布、矿区断裂控制矿床分布、层间断裂控制矿体分布。麒麟厂、矿山厂断裂为深部流体上升的主要通道，是矿床主要的导矿构造；麒麟厂、矿山厂断裂派生的北东向压扭性断裂为矿床的主要容矿构造；北西向断裂主要表现为配矿构造。

3）构造控矿模式

南北向小江深断裂带和昭通-曲靖隐伏断裂带为形成深源成矿流体提供了有利的成矿地质背景；会泽矿区北东向麒麟厂、矿山厂及银厂坡压扭性断裂为含矿流体的贯入提供了通道，是主要的导矿构造；下石炭统摆佐组中北东向层间压扭性断裂为矿质提供了储存空间，并直接控制了矿体的形态和产状，为矿床的主要容矿构造，北西向断裂主要表现为配矿构造；北东构造带是矿区最主要的成矿构造体系，容矿地层、含矿断裂与矿体呈"三位一体"。这些特征充分说明矿床的形成和分布严格受构造控制。

2. 地层条件

虽然川滇黔相邻铅锌矿集区赋矿地层层位多种多样（图9.4），但赋矿岩性主要为白云岩、白云质灰岩，且特定的矿床赋矿地层也相对单一，如川西南成矿区的天宝山、大梁子、赤普及滇东北成矿区茂租等矿床，矿区均出露多个碳酸盐岩层位，赋矿层位为震旦系灯影组白云岩；滇东北成矿区会泽、富乐厂铅锌矿床，矿区同样出露多个碳酸盐岩层位，赋矿层位却分别只有石炭系下统摆佐组白云岩和二叠系栖霞-茅口组白云质灰岩。本节也以会泽超大型铅锌矿床为例，分析成矿的地层条件。

1）岩性及成因

会泽铅锌矿床出露多个时代碳酸盐岩地层（图9.9），但赋矿地层只有石炭系下统摆佐组（C_1b）。从矿山工作者将该组地层自下而上细分为9层看（黄智龙等，2004），岩性与其他各时代地层的碳酸盐岩具有一定差异，其上、下均为灰岩、白云质灰岩，只有中间为白云岩，且具有从灰岩→白云质灰岩→白云岩逐渐过渡关系；其他各时代碳酸盐岩地层或是白云岩，如震旦系灯影组（Z_2d）、泥盆系上统宰格组（D_3zg）（该组地层第三段出现少量灰岩，但与白云岩不具明显的逐渐过渡关系），或是灰岩，如石炭系下统大塘组（C_1d）、中统威宁组（C_2w）、上统马平组（C_3m）和二叠系下统栖霞–茅口组（P_1q+m）。

黄智龙等（2004）的分析结果显示，矿区 C_1b 碳酸盐岩的主要元素与其他不同时代碳酸盐岩也存在较明显的差别，如灯影组白云岩，CaO（31.10wt% ~ 37.26wt%）和 MgO（16.90wt% ~ 21.65wt%）含量均相对稳定；宰格组白云岩，CaO（30.30wt% ~ 35.00wt%）和 MgO（15.60wt% ~ 19.70wt%）含量也相对稳定；大塘组、威宁组、马平组和栖霞–茅口组全为灰岩，其 CaO 含量为 51.90wt% ~ 55.25wt%，大部分样品的 MgO 含量小于 1.00wt%。在 CaO-MgO 图中（图9.36），这些地层都分别集中于灰岩和白云岩端元的狭小区域。C_1b 碳酸盐岩灰岩、白云质灰岩和白云岩都有，其 CaO 从 33.10wt% ~ 55.05wt%、MgO 从 1.10wt% ~ 20.40wt% 连续变化；在 CaO-MgO 图上（图9.36），样品连续分布在跨越灰岩和白云岩一个狭长区域内。从这个角度看，摆佐组中的白云岩可能为沉积灰岩经白云岩化的产物，由于 Mg^{2+} 与 Ca^{2+} 之间的交换程度不同，出现 CaO 从高到低、MgO 从低到高连续变化。

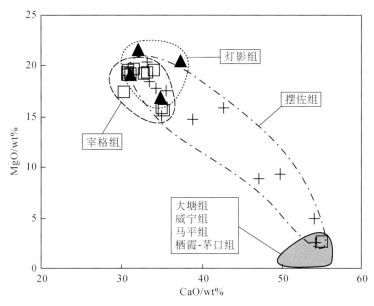

图9.36 会泽铅锌矿床碳酸盐岩地层 CaO-MgO 图（原始数据据黄智龙等，2004）

对于矿区 C_1b 中白云岩的成因，目前主要有两种观点，即成岩交代白云岩[①]和成岩后生白云岩[②]，前者认为矿区 C_1b 原为潮坪–潟湖亚相沉积的生物碎屑灰岩，岩石在固结过程中或固结之后，在相对封闭条件下蒸发形成的高镁重盐水中的 Mg^{2+} 与碳酸钙中的 Ca^{2+} 交换形成白云岩。后者认为矿区 C_1b 中的白云岩形成于成岩期和后生期，其中成岩期白云岩呈层状产出，为浅海潮间地带蒸发形成的高镁重盐水对流渗透于碳酸盐沉积物经白云岩化的产物，其上、下盘形成网脉状白云质灰岩；后生白云岩为构造–热液活动的产物，呈似层状或囊状产出，主要表现为白云岩岩性段中北西向构造发育、岩石重结晶现象明显。

值得一提的是，并不是矿区 C_1b 地层中的白云岩都含矿，其中只有矿山工作者划分的第⑤分层"肉

① 陈士杰等.1986.云南会泽铅锌矿区早石炭世晚期–中石炭纪岩相古地理与成矿关系研究.贵州省地矿局地质科学研究所科研报告.
② 张学诚等.1989.矿山厂铅锌矿一号矿体深部矿床地质特征及矿石物质成分研究.西南有色地质研究所科研报告.

红色厚层粗–中晶白云岩"含矿,其余均不含矿。该层岩石重结晶明显、矿物晶形完整、粒度大小掺杂、颜色多种多样、孔隙发育、沿层稳定性差的粗–中晶白云岩,其中北西向断层发育,黄智龙等(2004)推测为交代成因白云岩。

2)地层与成矿

黄智龙等(2004)的研究结果表明,会泽矿区各时代碳酸盐岩地层成矿元素(Pb、Zn、Ag、Ge、Ga、Cd 和 In)的含量明显低于克拉克值,也低于中国东部碳酸盐岩相应元素的含量,加之其铅同位素组成部分与矿床铅同位素组成重叠或相近,因而认为这些地层中的成矿元素存在迁移现象,即地层提供了部分成矿物质。硫同位素组成显示矿床成矿流体中的硫主要来源于地层(前文),脉石矿物方解石 REE 地球化学(Huang et al.,2010),以及碳、氢、氧同位素组成研究(前文)均表明,成矿流体具有多源性,因而矿区各时代碳酸盐岩地层在成矿过程中可能提供了部分成矿流体。此外,矿区赋矿地层(C$_1$b)在成矿过程中还可能起到"提供成矿空间"和"地球化学障"的作用。

A. 成矿空间

表现在矿区构造和摆佐组岩性共同控矿。会泽超大型铅锌矿床矿体赋存于 C$_1$b 中的粗晶白云岩岩性段,这种粗晶白云岩重结晶明显、矿物晶形完整、粒度大小掺杂、颜色多种多样、孔隙发育、沿层稳定性差,其主要元素与该层中的灰岩的白云质灰岩呈连续变化(图9.36),应为交代成因白云岩(黄智龙等,2004)。矿区北西向断裂既是导矿构造(主干断裂)——麒麟厂断裂的次级构造,又是最主要的容矿构造,该组断裂在 C$_1$b 赋矿岩性段极为发育,韩润生(2002)认为这组断裂的形成是"构造选择岩性"的结果,即粒度大小掺杂、孔隙发育的粗晶白云岩为硬脆性岩石,在构造应力作用更易产生规模较大的断裂和裂隙,为成矿流体提供了良好的运移通道和聚集空间。

B. 地球化学障

REE 地球化学研究结果显示(黄智龙等,2004),矿区赋矿地层 C$_1$b 粗晶白云岩形成相对氧化环境;而矿床最主要矿石矿物为闪锌矿、方铅矿和黄铁矿,暗示其成矿流体中的硫以 S^{2-} 为主,为相对还原环境。因而成矿流体流经 C$_1$b 粗晶白云岩过程中将发生氧化还原反应,形成闪锌矿、方铅矿和黄铁矿等矿石矿物。与矿体接触的 C$_1$b 粗晶白云岩具有"红化"现象,其 FeOt(Fe$_2$O$_3$+FeO)含量明显高于远离矿床的粗晶白云岩(韩润生等,2006)。这些均暗示,成矿流体与粗晶白云岩发生过氧化还原反应:Pb^{2+}(Zn^{2+}等)+2Fe^{2+}→Pb(Zn 等)↓+2Fe^{3+},即 C$_1$b 粗晶白云岩在成矿过程中起"地球化学障"作用。

3. 岩浆岩条件

川滇黔相邻铅锌矿集区许多矿床的外围有大面积峨眉山玄武岩出露,对峨眉山玄武岩岩浆活动与成矿的关系,不同学者有不同的认识,廖文(1984)、陈进(1993)、韩润生等(2006)、陈大和刘义(2012)认为峨眉山玄武岩在成矿过程中提供成矿物质;张云湘等(1988)、沈苏等(1988)、胡耀国(1999)认为峨眉山玄武岩在成矿过程中主要起提供热动力的作用;王林江(1994)、邓海琳(1997)、王奖臻等(2001)认为峨眉山玄武岩与铅锌矿床无直接成因联系;高振敏等(2004)和胡瑞忠等(2005)将矿集区视为与峨眉山地幔柱活动间接相关的低温热液矿床;李波等(2013)认为峨眉山玄武岩在铅锌成矿中分别起到了提供热动力活化–萃取成矿物质以及充当"遮挡层"和"保护层"的作用。笔者认为峨眉山玄武岩岩浆活动与铅锌矿床成矿存在密切成因联系。以下利用前人及本次工作所获得的各种地质、地球化学资料,从成矿时代、成矿物来源、成矿流体来源和成矿热动力等方面加以论证。

1)成矿时代

近年来许多学者对峨眉山玄武岩进行了年代学测定(Zhou et al.,2002;Ali et al.,2004;Sun et al.,2010),获得成岩年龄为 260Ma 左右。黄智龙等(2001)的统计结果表明,川滇黔相邻铅锌矿集区 400 多个矿床、矿点和矿化点集中分布于峨眉山玄武岩以下各时代地层中(只有 3 个矿化点在三叠纪地层中例外),推测铅锌矿床成矿时代可能与峨眉山玄武岩岩浆活动时代相近;管士平和李忠雄(1999)利用铅同位素组成计算出川滇黔相邻铅锌矿集区铅锌矿床成矿时代为245Ma，与峨眉山玄武岩成岩年龄相近。

黄智龙等（2004）和Li等（2007）获得会泽铅锌矿床闪锌矿Rb-Sr等时线年龄和方解石Sm-Nd等时线年龄均为225Ma左右，近年报道的川滇黔相邻铅锌矿集区多个矿床精确定年结果为200Ma左右（前文）。虽然这些成矿时代相对低于峨眉山玄武岩成岩年龄（260Ma左右），但众多研究结果表明（Halliday，1980；Snee et al.，1988；Chesley et al.，1991；柳少波和王联魁，1996），岩浆活动与成矿作用一般存在一定的时差，该时差最大值超过60Ma；Leach等（2001）对北美6个主要的MVT铅锌矿区的古地磁定年统计结果也显示，矿化过程可以持续25Ma；峨眉山玄武岩为地幔柱活动产物（Chung and John，1995；王登红，2001；Xu et al.，2001；Song et al.，2001；He et al.，2003；Ali et al.，2005），Xu等（2014）的模拟计算结果表明，该地幔柱引发的热液活动时间可持续100Ma。因此，成矿时代为峨眉山玄武岩岩浆活动与铅锌矿床成矿存在密切成因联系提供了年代学证据。

2）成矿物质来源

黄智龙等（2004）的分析结果显示，会泽铅锌矿床矿区峨眉山玄武岩成矿元素（Pb、Zn、Ag、Ge、Ga、Cd和In等）含量明显高于各时代碳酸盐岩地层，除Cd和In外，其他成矿元素也略高于克拉克值，暗示峨眉山玄武岩具有提供成矿物质的潜力；铅、锶同位素组成研究结果表明（图9.30、图9.32），峨眉山玄武岩在铅锌成矿过程中提供了部分成矿物质。值得注意的是，会泽矿区峨眉山玄武岩与峨眉山大火成岩省其他地区玄武岩成矿元素含量不具明显差异，且与中国东部以及国外玄武岩成矿元素含量相近，表明峨眉玄武岩在成矿过程中提供大量成矿物质的可能性较小，但不排除部分成矿物质来源于这类岩石。

张振亮（2006）在南京大学地科系内生金属矿床成矿机制国家重点实验室进行成矿实验。实验初始物：会泽铅锌床矿区碳酸盐地层和矿区外围峨眉山玄武岩；实验条件：温度150～400℃，压力50～100MPa，溶液的含盐度为10wt%～25wt%NaCl（溶液以NaCl水溶液为主，同时含有部分Na_2SO_4）。成矿实验结果显示，碳酸盐地层和峨眉山玄武岩与流体相互作用，其中的成矿元素（Pb、Zn等）和其他微量元素都有不同程度的迁移至流体（图9.37），迁移比例与实验温度、压力和溶液成分存在密切联系。这为矿区碳酸盐地层和峨眉山玄武岩在成矿过程中提供成矿物质提供了重要实验依据。

3）成矿流体来源

会泽铅锌矿床脉石矿物方解石REE地球化学（Huang et al.，2010），以及碳、氢、氧、氦同位素地球化学研究结果表明（前文），地幔流体（或深部流体）参与了成矿作用。矿区出露岩浆岩只有峨眉山玄武岩，黄智龙等（2004）研究表明，这类岩石为地幔柱成因、岩浆来源于交代富集地幔、结晶分异作用在岩浆演化过程中具有重要地位。这些特征均表明，峨眉山玄武岩岩浆活动过程中随伴有大量的地幔流体活动（地幔去气作用和岩浆去气作用）。刘丛强等（2004）认为，地幔流体是一种以CO_2和H_2O为主、同时含有一定的溶质成分、相对富集LREE等不相容元素的超临界流体，具有独特的溶解和输运能力。因而，伴随峨眉山玄武岩岩浆活动的地幔流体在流经矿区（或区域）基底和盖层地层过程中，活化基底和盖层地层中的S和Pb、Zn等成矿物质，形成富Pb、Zn等成矿物质的成矿流体。

4）成矿热动力

流体包裹体温压测定结果表明，会泽铅锌矿床成矿温度在200℃±，成矿深度为2.00～2.50km（前文）。如果按最大地温梯度1℃/30m，可以计算出在成矿深度范围内的温度最大不超100℃，远小于成矿温度，可见成矿过程中必然有其他热动力。由于矿床铅同位素均为正常铅（图9.29），因而可排除放射性元素衰变产生的放射性热源提供主要热动力的可能性。区域上与成矿时代相近的岩浆活动只有峨眉山玄武岩，而峨眉山玄武岩为具有巨大热能的地幔柱活动产物，所以峨眉山玄武岩岩浆活动是成矿热动力最理想的提供者。张云湘等（1988）、沈苏等（1988）、柳贺昌（1995）和胡耀国（1999）的研究结果也支持这种推论。

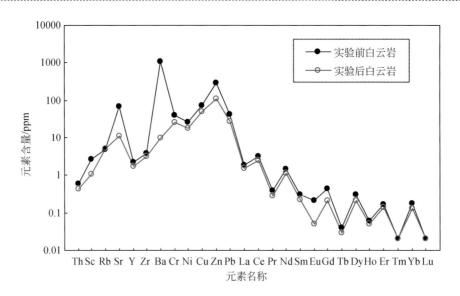

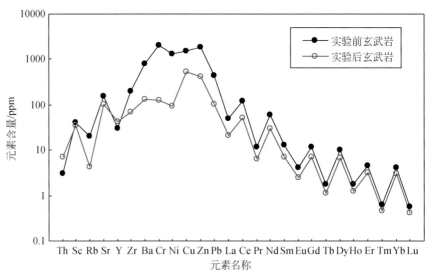

图9.37　碳酸岩地层和峨眉山玄武岩成矿实验结果（据张振亮，2006）

三、成因信息及成因类型

1. 成因信息

1）有利的成矿背景

会泽超大型铅锌矿床大地构造位置处于扬子地块西南缘、攀西裂谷（或康滇地轴）主干断裂带——小江深断裂带东侧，小江深断裂带和昭通-曲靖隐伏深断裂带间的北东构造带、南北构造带及北西构造带的构造复合部位（图9.8）。区域上褶皱基底（昆阳群和会理群）广泛出露、盖层地层出露较为完整、构造活动强烈且具多期性、岩浆活动频繁且岩石类型多样化，尤为重要的是与成矿时代相近、地幔柱成因的大面积峨眉山玄武岩广泛分布。这些均表明，矿床具有十分有利的成矿背景。

黔西北铅锌成矿区同样位于扬子地块西南缘，矿床（点）主要沿北西向威宁-水城构造带和垭都-蟒硐构造带分布（图9.7）。天桥铅锌矿床位于黔西北成矿区垭都-蟒硐铅锌矿亚带，区域地层出露较齐全、构造发育、峨眉山玄武岩广泛分布、物化探异常明显、矿床（点）星罗棋布，具有有利的成矿地质背景和形成大型-超大型矿床的地质条件。

2）独特的矿床地质特征

与国内外铅锌矿床相比，会泽超大型铅锌矿床具有独特的地质特征：①矿区出露从震旦系灯影组至二叠系栖霞–茅口组多个时代的碳酸盐地层，但矿体无不例外地赋存于下石炭统摆佐组白云岩中；②矿体形态不规则，多为似筒状、扁柱状、透镜状、囊状和脉状，剖面上总体呈"阶梯状"分布；③矿体与围岩接触界线清晰，与矿体接触的围岩有几到几十厘米的"红化"现象；④矿床的上部为氧化矿、下部为原生矿、中间为混合矿，氧化矿组成相当复杂，而原生矿组成相对简单，矿石矿物为方铅矿、闪锌矿和黄铁矿，脉石矿物为方解石；⑤围岩蚀变相对简单，常见的蚀变为白云岩化，局部地段见有黄铁矿化；⑥矿石铅锌品位极高（开采Pb+Zn出矿品位大于30%，部分矿石Pb+Zn含量超过60%）、伴生有用元素多（Ag、Ge、Ga、Cd、In等）；⑦矿体从底板到顶板矿物组合出现分异现象，大致为：铁闪锌矿–粗晶黄铁矿–少量方解石→闪锌矿–方铅矿–黄铁矿–方解石→细晶黄铁矿–方解石；⑧从浅部到深部，矿体有变厚、变富的趋势。

3）成矿物质、成矿流体多源性

成矿元素（Pb、Zn、Ge、Ag、Ga、Cd、In等）地球化学（黄智龙等，2004），以及铅、锶同位素组成研究结果表明（前文），区域褶皱基底（昆阳群和会理群）、各时代碳酸盐地层和峨眉山玄武岩均可能提供川滇黔相邻矿集区成矿物质，其中褶皱基底（昆阳群和会理群）为重要的矿源层。硫同位素组成显示（前文），会泽和天桥铅锌矿床成矿流体中的硫来源于海水硫酸盐的还原，主要由矿区（或区域）含膏盐地层提供；碳、氢、氧、氦同位素组成表明（前文），成矿流体壳–幔混合流体，其中壳源组分可能主要由矿区（或区域）碳酸盐地层提供，而幔源组分则可能与区域大面积峨眉山玄武岩岩浆活动过程中的去气作用有关；脉石矿物方解石REE地球化学（Huang et al.，2010）和控矿构造带脉状方解石REE地球化学（黄智龙等，2003）进一步证实，伴随峨眉山玄武岩岩浆活动过程中去气作用（包括地幔去气作用和岩浆去气作用）形成的流体参与了矿床的成矿作用。由此可见，矿床成矿物质、成矿流体具有多源性。

4）成矿流体均一化

虽然会泽铅锌矿床现已探明的1号、6号、8号和10号原生矿体出露于不同标高（分别为1751m、1631m、1571m、1451m），但其矿物组合相似（矿石矿物为方铅矿、闪锌矿和黄铁矿，脉石矿物最主要为方解石）；从表9.18中可见，不同矿体的闪锌矿Rb-Sr等时线年龄和方解石Sm-Nd等时线年龄基本一致，不同矿体的铅、锶、硫、碳、氢、氧同位素组成不具明显的区别，且各自具有较小的变化范围。这些特征均表明，矿床为均一化成矿流体同期成矿作用的产物。管士平和李忠雄（1999）也指出，康滇地轴东缘分布于不同层位的铅锌矿床为同一体系一次性成矿作用的产物。

会泽和天桥铅锌矿床S同位素组成存在$\delta^{34}S_{黄铁矿}>\delta^{34}S_{闪锌矿}>\delta^{34}S_{方铅矿}$（前文），表明成矿过程中硫已达到平衡；铅、锶同位素组成证实矿床成矿物质具有多源性，但其$^{206}Pb/^{204}Pb$、$^{207}Pb/^{204}Pb$、$^{208}Pb/^{204}Pb$和$(^{87}Sr/^{86}Sr)_0$具有很小的变化范围（表9.18）；碳、氢、氧、氦同位素组成显示成矿流体为壳–幔混合流体，但其$\delta^{13}C_{PDB}$、$\delta^{18}O_{SMOW}$和δD相对稳定（表9.18），均表明矿床成矿流体存在均一化过程。Zhou等（2001）也认为该矿床铅同位素组成不具明显的变化为成矿流体存在均一化的结果。据此，笔者推测矿床存在成矿流体均一化场所——成矿流体储库，至于该成矿流体储库的规模、具有位置、形成机制还有待深入研究。从2个矿床铅锌品位高、伴生元素多、矿物组合相对简单看，成矿流体在成矿流体储库中存在高浓缩过程（张振亮等，2006）。

表9.18　会泽超大型铅锌矿床两个矿床地质地球化学特征对比

矿床名称	矿山厂矿床		麒麟厂矿床	
矿体名称	1号矿体	6号矿体	8号矿体	10号矿体
出露标高	1751m	1631m	1471m	1571m
成矿时代	225±38Ma（Sm-Nd）	226±15Ma（Sm-Nd）		
	225.9±1.1Ma（Rb-Sr）	224.8±1.2Ma（Rb-Sr）		226.0±6.9Ma（Rb-Sr）

续表

矿床名称	矿山厂矿床	麒麟厂矿床		
矿体名称	1 号矿体	6 号矿体	8 号矿体	10 号矿体
赋矿地层	C_1b	C_1b	C_1b	C_1b
控矿构造	北东向断裂	北东向断裂	北东向断裂	北东向断裂
矿物组合	矿石矿物：Py, Sp, Ga 脉石矿物：方解石	矿石矿物：Py, Sp, Ga 脉石矿物：方解石	矿石矿物：Py, Sp, Ga 脉石矿物：方解石	矿石矿物：Py, Sp, Ga 脉石矿物：方解石
同位素组成 $\delta^{34}S/‰$	10.9~16.0 (16)	11.6~17.2 (10)	11.3~16.7 (23)	13.5~17.4 (13)
$\delta^{13}C/‰$	-3.5~-2.2 (3)	-3.4~-2.1 (9)	-3.0~-2.2 (3)	-3.2~-2.3 (5)
$\delta^{18}O/‰$	17.5~18.6 (3)	17.2~18.1 (9)	17.0~17.8 (3)	16.8~18.5 (5)
$\delta D‰$	-52.4~-59.8 (2)	-50.2~-58.0 (7)	-54.1~-55.2 (3)	-52.8~-57.3 (4)
$^{206}Pb/^{204}Pb$	18.452~18.491 (8)	18.432~18.487 (20)	18.477~18.514 (27)	18.452~18.488 (9)
$^{207}Pb/^{204}Pb$	15.687~15.734 (8)	15.664~15.720 (20)	15.712~15.754 (27)	15.669~15.727 (9)
$^{208}Pb/^{204}Pb$	38.876~38.905 (8)	38.729~38.874 (20)	38.765~39.009 (27)	38.835~38.899 (9)
$(^{87}Sr/^{86}Sr)_0$	0.715175~0.716847 (10)	0.713676~0.717012 (17)	0.716548~0.716688 (2)	0.715913~0.716779 (6)

注：C_1b 为摆佐组地层代号；Py 为黄铁矿，Sp 为闪锌矿，Ga 为方铅矿；括号内的数字为分析样品数。

2. 成因类型

世界上铅锌矿床主要有三种成因类型，即 SEDEX 型、MVT 型和 VMS 型，川滇黔相邻铅锌矿集区明显不同于 SEDEX 型和 VMS 型铅锌矿床已得到广大矿床学家的公认。矿集区内矿床（点）成群成带广泛、赋矿围岩为不同时代碳酸盐岩、成矿过程与大规模流体运移关系密切，不少学者认为本区铅锌矿床为 MVT 矿床（周朝宪，1998；王小春，1990；王奖臻等，2001，2002；Zhou et al.，2001；Wang et al.，2003；张长青等，2005；张长青，2008；吴越，2013）。以下首先总结 MVT 铅锌矿床基本特征，然后通过矿集区及其中典型矿床与 MVT 铅锌矿床地质、地球化学特征对比，确定矿床可能的成因类型。

1）MVT 铅锌矿床的基本特征

1939 年在美国密西西比河谷地区发现了一系列从 75~200℃ 的浓盆地热卤水中沉淀出来的后生热液硫化物矿床，它们主要产在古生代沉积岩中（Bastin，1939），这些矿床成为美国主要的铅锌矿、重晶石和萤石来源地。在该地区分布有近 400 个矿床（Sangster，1996），他们具有相似的地质、地球化学特征。由于该类矿床最先在美国密西西比河谷地区被发现，因此被命名为密西西比河谷型（Mississippi Valley-type）铅锌矿床，简称 MVT 铅锌矿床。除在美国 Viburnum Trend、Old Lead Belt、Tri-State、Upper Mississippi Valley 地区和 East Tennessee 地区分布有 MVT 铅锌矿床外，在加拿大、秘鲁中北部、波兰、爱尔兰中部平原、法国、摩洛哥、伊朗、南非、阿尔及利亚及澳大利亚等国家也发现了大量 MVT 矿床。

经过半个多世纪的研究，人们发现所有 MVT 矿床虽然存在一些相似的地质地球化学特征，但是大多数 MVT 铅锌矿床是局部或次大陆规模流体运移过程的产物，由于成矿流体组分，地质地球化学条件，流体运移通道以及沉淀机制在各 MVT 铅锌矿床中存在很大差异，因而 MVT 矿床之间也存在较大差异。因此，MVT 铅锌矿床是一个广泛的定义，不能用单一的成矿模式来描述所有的 MVT 铅锌矿（Sangster，1983）。MVT 铅锌矿床具有以下地质、地球化学特征（文献众多，略）：

（1）构造背景：MVT 铅锌矿床形成的有利大地构造环境为稳定克拉通或者大陆架内部靠近造山带前陆盆地一侧，产于克拉通边缘沉积盆地内，离造山带距离一般小于 600km；矿床的形成与泛大陆汇聚期间一系列构造事件有关，泥盆纪—二叠纪期间的发生的一系列造山运动是全球 MVT 矿床形成的构造背景，矿床形成于碰撞型、安第斯型、转换型造山运动后所形成于区域伸展环境中，矿床受张性构造控制。

（2）分布规律：MVT 铅锌矿床常集中出现在同一地区，常绵延数千平方千米，它们具有相似的矿物组合。如 Southeast Missouri 铅锌矿区面积 >2500km²，三洲地区 ≤1800km²，Pine Point 地区 >1600km²，东

Alpine 地区约为 10000km²，Upper Mississippi 河谷地区约为 7800km²。在同一地区矿化并不连续，多呈点状出现。矿床在空间上基本分布于具轻微变形、压碎构造、宽穹隆、盆地、舒缓褶皱地带，或者古老克拉通的边缘、内部及裂谷环境中。矿体多产于盆地两侧或沉积盆地边缘的抬升隆起部位，这些部位是盆地深部碳酸盐岩中的卤水向上运移有利部位。控矿因素主要有断裂构造、页岩边界和白云岩（石）分布、岛礁、成矿前溶蚀塌陷角砾层、基底地形等因素。

（3）赋矿围岩：MVT 矿床主要赋存在厚的碳酸盐岩建造中，矿体大多赋存于白云岩、交代灰岩或大体积亮晶白云石中，具有明显的岩控和层控特征。整个矿床均产于灰岩中和砂岩中的情况相对少见。多以开放空隙充填方式成矿，碳酸盐主岩有明显溶蚀的迹象，如滑塌、崩解、角砾化及主岩减薄等，具有后生成矿特征。矿体赋存深度距当前地表的距离一般小于 600m，最大不超过 1500m。

（4）成矿时代：MVT 矿床的成矿时代问题是目前该类矿床的研究难点，到目前为止，仅有少数部分矿床获得了准确的成矿年龄。在现有已知的成矿年龄中，多数矿床成矿年代集中于泥盆纪—二叠纪期间，其次集中于白垩纪到新近纪期间（Leach et al.，2001）。从赋矿围岩时代看，泥盆纪到石炭纪是 MVT 矿床形成最重要时期，其次是白垩纪至古近纪和新近纪，很少产于志留纪和二叠纪地层中，产于早元古代地层中的矿床也很少。产于三叠纪地层中的 MVT 铅锌矿床主要分布于波兰、秘鲁和欧洲中部。

（5）矿体形态：MVT 矿床的矿体特征从矿区尺度来讲，总体具有层控特征。但是在矿床尺度来看，矿体可以是穿层的，形态变化较大。矿体形态有以下几种类型：①平伏层状、似层状、透镜状矿体，沿层面呈水平状展布；②陡倾柱状、筒状、脉状、团块状矿体，沿断层面分布；③裂隙网脉状矿体，沿节理选择性溶解岩层，成不连续脉状、网脉状分布；④角砾状矿体，充填和交代沿溶解坍塌角砾岩的粒间孔隙；⑤晶洞、岩溶、洞穴系统中的晶洞及充填矿体，矿石呈不规则状充填早期形成的开放孔隙空间。

（6）矿物组合：MVT 矿床的矿物组合简单，主要为闪锌矿、方铅矿、黄铁矿、白铁矿等，脉石矿物主要为白云石、方解石、石英等，在个别矿区萤石、重晶石较为发育；少量矿物有磁黄铁矿、天青石、硬石膏、硫和沥青等。少数矿床具有独特的矿物组合，如含银、镍、钴、铜、砷等矿物组合。大部分 MVT 矿床有银异常，有的还具有铜、钴、镍异常，许多还具有经济意义。矿物共生顺序大体是白云石、黄铁矿/白铁矿、胶状闪锌矿和骸晶方铅矿、粗晶闪锌矿和方铅矿、白云石和方解石，硫化物沉淀与早期方解石重叠。

（7）矿石组构：MVT 矿床中硫化物的沉淀结构涉及沉积、溶解、围岩交代、开放空间充填、角砾岩化作用等多种因素。最主要的矿石类型为开放空间充填形成的胶状、骸晶状粗粒硫化物晶体；其次为散布于围岩碳酸盐岩或脉石矿物的浸染状硫化物颗粒。硫化物的主要结构有粒状、交代、溶蚀、固溶体分离、胶状结构等几种类型，矿石构造主要有块状、角砾状、浸染状、网脉状、条带状、韵律层等构造。

（8）围岩蚀变：MVT 型矿床的围岩蚀变通常与碳酸盐岩的溶解、重结晶、热液交代和角砾岩化作用有关，此外还伴有硅化和黏土矿化，这些共同组成了 MVT 型矿床的围岩蚀变的主要形式。围岩碳酸盐岩的溶解和热液角砾岩化为 MVT 矿床最为常见的蚀变特征之一，在大多数 MVT 矿床中硅化不发育，自生黏土矿物有伊利石、绿泥石、白云母、地开石，另外可能存在高岭石集合体充填孔洞；较少出现自生长石（冰长石）。尽管 MVT 矿床中存在不同含量和类型的有机质，但有机质与矿床成因之间的关系仍不清楚。

（9）规模品位：MVT 矿床单个矿床金属储量一般小于 10Mt，Pb+Zn 品位很少超过 10%。但是有的也很高，如加拿大 Arctic Archipelago 地区的 Polaris 矿床不仅金属储量大（22 Mt），而且品位高（Pb+Zn 品位为 18%）。85% 的矿床 Zn 的品位高于 Pb，Zn/（Zn+Pb）值主要在 0.5~1 之间，只有少数矿床不在这个范围，如整个 Southeast Missouri 地区及其他少数小的矿床其 Zn/（Zn+Pb）值大约为 0.05。

（10）成矿流体：MVT 矿床的成矿流体为地下热卤水，许多矿床都含有有机质，其成矿流体可能与油田卤水有亲缘关系，但是流体包裹体 Na/K 值通常比油田卤水低得多。流体包裹体盐度为 10wt%~30wt% NaCl，成分主要为 Cl^-、Na^+、Ca^{2+}、K^+ 和 Mg^{2+}，流体包裹体均一温度较低，一般为 50~200℃，远高于按正常的地温梯度计算出来的温度。有的包裹体均一温度较高，如法国 Les Maline 矿床为 180~380℃。除伊利诺伊–肯塔基接壤地区的 MVT 矿床外，其他 MVT 矿床在成因上与岩浆岩无关。

（11）硫同位素：世界上 MVT 矿床的硫为壳源，单个矿床或地区可能有一个或多个硫源，$\delta^{34}S$ 变化范围很大，可以为$-20‰ \sim 30‰$。生物成因（BSR）硫形成的$\delta^{34}S$变化范围大，且多具较大负值特征。有机质硫的热降解导致原始有机质中硫$\delta^{34}S$在$15‰$附近；硫酸盐热化学还原作用（TSR）通常产生的$\delta^{34}S$为$0 \sim 15‰$；另外，BSR作用和封闭系统下TSR作用均可以形成较大正值的$\delta^{34}S$。

（12）铅同位素：MVT矿床矿石铅同位素组成比较复杂，有些矿床富放射性成因铅，显示为上地壳来源；有些矿床铅同位素组成差异较大，有的铅同位素组成很均一。在整个矿区，铅同位素组成具有明显的分带性，表明铅为多来源，或者矿化时间长，或者两者兼而有之。

（13）碳氧同位素：MVT矿床赋矿岩石的碳氧同位素为正常海相碳酸盐岩值，但是近矿的主岩碳氧同位素值降低，脉石矿物的$\delta^{13}C$和$\delta^{18}O$也明显低于赋矿岩石，表明主岩曾有重结晶过程。MVT矿床中流体包裹体水的氢氧同位素组成与沉积盆地中的孔隙水相似。MVT矿床硫化物和脉石矿物的$^{87}Sr/^{86}Sr$都不低于赋矿岩石。

（14）有机质：就全球范围MVT矿床而言，有机质并非存在于所有MVT矿床中。仅有Trèves和Les Malines（法国）、Polaris，派因波因特和盖斯河（加拿大）、San Vicente（秘鲁）、维伯纳姆带和上密西西比河谷（美国）等矿区内发育沥青或者有机包裹体。

2）矿集区与MVT铅锌矿床对比

川滇黔相邻铅锌矿床区与MVT铅锌矿床有许多相似的地质特征。如大地构造位置：矿集区铅锌矿床产于扬子克拉通西南缘的碳酸盐岩沉积盆地环境，为古老扬子克拉通西部边缘。构造背景：矿集区早古生代期间均处于被动大陆边缘环境，加里东期和印支期/燕山期的构造运动后期的伸展作用是该地区铅锌矿床形成的大地构造背景。古地理环境：矿集区位于扬子准地台的盆地边缘，自震旦纪海侵以来到三叠纪期间均发育浅海碳酸盐岩相沉积地层。容矿围岩：矿集区铅锌矿床含矿层位相对集中于震旦系灯影组和早古生界，容矿围岩主要为白云岩，其次为灰岩。矿体形态：矿集区铅锌矿床矿体主要存在四种。①受地层和岩性控制的似层状、板状、似层状、透镜状矿体；②受断裂控制的陡倾脉状、透镜状、囊状以及筒状、裂隙状矿体；③受古喀斯特地貌和角砾岩控制的溶洞充填和角砾状、不规则状矿体；④受断裂和地层共同控制的层脉联合矿体。矿石矿物组合：矿集区矿物组合也比较简单，主要为闪锌矿、方铅矿、黄铁矿等，脉石矿物主要为方解石、白云石、石英、重晶石等。矿石组构：矿集区铅锌矿床主要发育粒状、交代、碎裂和揉皱等结构，块状、浸染状、层状-似层状、透镜状、角砾状等构造。但两者也存在一些不同特征，主要表现在以下四个方面。

（1）主要控矿因素：在许多经典MVT矿床中，溶解坍塌角砾岩和礁组合通常占有十分重要的控制作用，其次受到岩相变化、基底隆起，以及喀斯特溶洞的控制，受断裂影响相对较弱。矿集区铅锌矿床断裂和褶皱构造的控制作用显得尤为重要，空间上矿床更多地受构造的控制，区域上主要沿小江断裂、安宁河断裂与紫云-垭都断裂展布，矿田范围内矿床多分布于南北向断裂与北东向断裂交汇地段，矿床则往往定位于次级断裂的交汇部位或断裂与褶皱的交切处。

（2）成矿温度、盐度：经典MVT矿床形成温度比较低，为$75 \sim 150℃$，一般成矿温度不超过$200℃$，在矿区范围内各矿床的成矿温度变化不大。矿集区成矿温度相对较高，一般为$150 \sim 250℃$，个别温度超过$300℃$，不同矿床之间的成矿温度有一定的差异。

（3）围岩蚀变：经典MVT矿床常伴随有大面积的热液蚀变，主要为热液白云石化作用。矿集区蚀变范围较小，多局限于断裂带附近，主要为碳酸盐化、黄铁矿化、硅化，部分矿区发育萤石化、重晶石化和黏土矿化等。

（4）硫同位素：世界上MVT矿床的硫为壳源，单个矿床或地区可能有一个或多个硫源，$\delta^{34}S$变化范围很大为$-20‰ \sim 30‰$。许多矿床具有典型的生物成因硫的特征，具有较大的负值特征（如欧洲大多数矿区，爱尔兰、西里西亚和赛文山脉地区等）。矿集区硫化物$\delta^{34}S$以正值为特征，存在两个峰值范围，分别为$11.0‰ \sim 19.0‰$和$1‰ \sim 8‰$，指示硫主要来自围岩，热化学还原作用可能起到了一定的作用。

3）典型矿床与MVT铅锌矿床对比

从表9.19中可见，会泽和天桥铅锌矿床铅锌品位、矿物组合、单个矿体的规模、围岩蚀变、形成物理化学条件、同位素组成，以及与峨眉山玄武岩存在密切关系等特征均与 MVT 铅锌矿床存在一定差别，尤其是矿床品位（会泽铅锌矿床：Pb+Zn 平均为 35% 左右；天桥铅锌矿床：Pb+Zn 6.92% ~20.51%，平均大于 10%）明显高于 MVT 铅锌矿床（Pb+Zn 一般小于 10%）、单个矿体的规模（会泽铅锌矿床：1 号、6 号、8 号、10 号矿体 Pb+Zn 金属储量都接近 100Mt；天桥铅锌矿床：Ⅱ 号矿体+Ⅲ 矿体 Pb+Zn 金属储量大于 20Mt）明显大于 MVT 铅锌矿床（单个矿体 Pb+Zn 金属储量一般小于 10Mt）、伴生元素（会泽铅锌矿床：Ag、Ge、Cd、In、Tl 具有综合利用价值；天桥铅锌矿床：Cd、In、Se、Tl 具有综合利用价值）与 MVT 矿床（Ag、Cu、Co、Ni 异常）存在明显差别、与岩浆活动（峨眉山玄武岩和辉绿岩）存在密切联系明显不同于 MVT 铅锌矿床（一般与岩浆岩没有直接成因联系）。因此，笔者认为会泽和天桥铅锌矿床不是典型的 MVT 铅锌矿床。

表 9.19　会泽和天桥铅锌矿床与 MVT 矿床主要特征对比

条件	MVT 矿床	会泽超大型铅锌矿床	天桥铅锌矿床
品位	Pb+Zn：多小于 10%，Zn/（Zn+Pb）：多为 0.8 左右	Pb+Zn：平均 35%，Zn/（Zn+Pb）：0.9 左右	Pb+Zn：6.92% ~20.51%，Zn/（Zn+Pb）：0.75 左右
规模	单个矿体 Pb+Zn 金属储量一般小于 10Mt	1.6、8、10 号矿体 Pb+Zn 金属储量都接近 100Mt	Ⅱ 号矿体+Ⅲ 矿体 Pb+Zn 金属储量大于 20Mt
矿化范围	常集中出现在同一地区，面积数百平方千米	会泽铅锌矿床所在川-滇-黔成矿区面积约 17 万 km²	天桥铅锌矿床所在川-滇-黔成矿区面积约 17 万 km²
赋矿地层	石炭纪、泥盆纪、奥陶纪和寒武纪的碳酸盐岩，矿体多产于白云岩和交代灰岩中	下石炭统摆佐组灰白色、肉红色、米黄色粗晶白云岩	下石炭统大埔组（C₁d）、摆佐组（C₁b）和中石炭统黄龙组（C₂h）粗晶白云岩
矿体深度	多小于 600m，最大不超过 1500m	大于 2000m	大于 400m
构造背景	沉积盆地边缘的抬升部位，或者古老克拉通的边缘、内部裂谷环境中，一般与构造运动或裂谷活动有关	扬子克拉通西缘，小江断裂带和昭通-曲靖隐伏断裂带的复合部位	扬子克拉通西缘，北西向垭都-紫云构造带之蟒硐成矿带内
与岩浆活动的关系	在时间和空间上一般与岩浆岩没有直接成因联系	与峨眉山玄武岩岩浆活动存在密切联系	矿区外围分布有大面积峨眉山玄武岩，矿体常与辉绿岩共生
控矿因素	主要受构造和地层岩性控制	受构造和地层岩性控制	受构造和地层岩性控制
成矿时代	元古宙至白垩纪，主要为泥盆纪到晚二叠世，其次是白垩纪至古近纪和新近纪	晚二叠世	从矿床区域分布和与地层接触关系来看，可能为晚二叠世
矿石结构、构造	浸染状、细粒状、树枝状、胶状和块状构造，主要为胶状、骸状粗晶结构	块状构造为主、细-中-粗晶结构	块状构造为主、细-中-粗晶结构
矿物组合	矿石矿物：主要为闪锌矿、方铅矿，次要为黄铁矿、黄铜矿和白铁矿，脉石矿物：主要为重晶石、萤石、方解石和白云石等	矿石矿物：闪锌矿、方铅矿和黄铁矿，脉石矿物：最主要为方解石	矿石矿物：闪锌矿、方铅矿和黄铁矿，脉石矿物：最主要为方解石
包裹体	盐度：10wt% ~30wt% NaCl，成分：主要为 Cl、Na、Ca、K 和 Mg，均一温度：一般为 50 ~200℃	盐度：10wt% NaCl 左右，成分：主要为 Cl、Na、Ca、F 和 SO₄²⁻，均一温度：一般为 150 ~250℃	盐度：10wt% NaCl 左右，成分：主要为 Cl、Na、Ca、F 和 SO₄²⁻，均一温度：一般为 150 ~350℃
伴生元素	大部分矿床有银异常，有的具有铜、钴、镍异常	银、锗、镓、镉、铟都有工业价值	镉、铟、硒、铊都有综合利用价值
硫同位素	$\delta^{34}S$ 为 10‰ ~25‰	$\delta^{34}S$ 为 11‰ ~17‰	$\delta^{34}S$ 为 8‰ ~15‰
铅同位素	铅同位素组成比较复杂，区域上具有分带性	铅同位素组成均一，主要为正常铅	铅同位素组成均一，主要为正常铅

4）可能的成因类型

从以上矿床成因信息可见，会泽和天桥铅锌矿床具有有利的成矿背景、独特的矿床地质特征、其成矿物质和成矿流体具有多源性、成矿流体存在均一化过程、与 MVT 矿床存在较明显的差别，涂光炽院士 2001 年在实地考察该矿床后的座谈会上指出：会泽超大型铅锌矿床规模如此大、品位如此高、有用组分如此多，世界范围内与之相似的铅锌矿床极少报道。在表 9.19 中还可看出，天桥铅锌矿床除品位相对较低、单个矿体规模相对较小、矿体常与辉绿岩共生、伴生元素种类与云南会泽超大型铅锌矿床存在差异外，2 个矿床其他地质、地球化学均可对比，暗示其矿床成因类型相似。黄智龙等（2004）和韩润生等（2006）已从多方面论证，会泽超大型铅锌矿床为一种新类型铅锌矿床，称之为"会泽式"或"麒麟厂式"铅锌矿床。这种类型铅锌矿床最大的特征是 Pb+Zn 品位极高、伴生有用元素多、规模大，具有很高的经济价值和研究价值。

四、成矿过程及成矿模式

1. 成矿元素迁移和沉淀机制

有关铅锌矿床成矿元素迁移形式目前存在以下三种观点（Sverjensky，1984；Leach and Sangster，1993；Sangster，1996）：①混合模式：成矿金属以氯化物络合物或有机络合物的形式进行迁移，在适当的地点与另一富含还原态硫的流体相互混合后发生金属硫化物的沉淀，形成金属矿床；②还原模式：含成矿金属（以氯化物络合物和/或有机络合物和/或硫代硫酸盐的形式进行迁移）的流体，在富含有机质的成矿部位还原硫酸盐，引起硫化物的沉淀；硫酸盐可以随成矿流体一起迁移而来，也可以是成矿部位的硫酸盐被就地还原；其中，硫酸盐被还原是此模式的关键；③共同迁移模式：成矿金属以硫氢化物络合物的形式进行迁移，在成矿部位由于流体氧逸度和 pH 的变化，还原态硫浓度降低，使金属硫化物沉淀下来（周朝宪，1996）。

在上述金属络合物中，研究较多的为氯化物络合物和硫氢化物络合物。以氯化物络合物形式进行迁移的条件是溶液为弱酸性、低硫和高氯化物的热卤水，但在硫浓度较高的溶液中将变得不稳定；而以硫氢化物络合物形式进行迁移的条件是高含量还原硫、中性至弱碱性溶液（Barnes et al.，1967）。当溶液中 pH 升高、降温、减压、还原作用、流体稀释或还原硫浓度的增大都可造成氯化物络合物的离解，使金属硫化物得以沉淀下来；而当溶液发生氧化作用、pH 降低、降温、稀释、减压或还原硫浓度的突然降低可造成硫氢化物络合物的离解，使金属硫化物沉淀（Barnes，1972）。

1）迁移形式

前已述及，会泽和天桥铅锌矿床成矿流体由不同性质的流体混合而成，成矿流体和成矿元素均具有多重来源。流体包裹体和硫、碳、氢、氧同位素地球化学证实（前文），成矿流体主要由低温（100～250℃）的地层循环水（即地层热卤水和大气降水）、中高温（300～400℃）的基底循环水（即变质水）和岩浆水混合作用而成，成矿元素由不同的流体携带，在不同流体中可能以不同的络合物形式进行迁移。

A. 低温（100～250℃）环境下的迁移形式

低温流体主要由地层循环水（即热卤水和大气降水）组成。该流体除携带部分成矿元素（来自碳酸盐岩地层）外，还携带了绝大部分成矿所需的 S 元素（黄智龙等，2004；李文博等，2006；Li et al.，2006），因此还原硫浓度较高。据周朝宪（1996）对会泽铅锌矿的研究，流体中还原硫的含量 ≥0.3～1.0mol/L。如果还原硫全部以 H_2S 处理，存在以下离解反应：$H_2S = H^+ + HS^-$，以此可计算出矿床中温流体中 HS^- 的浓度（表 9.20）。

表 9.20　会泽铅锌矿床中低温流体中 HS^- 的浓度

温度/℃	25	100	150	200	250
lg$K$	−6.89	−6.12	−5.77	−5.48	−5.26
K	$1.3×10^{-7}$	$7.52×10^{-7}$	$1.71×10^{-6}$	$3.29×10^{-6}$	$5.56×10^{-6}$
HS^-/(mol/L)	$4×10^{-4}$	$9×10^{-4}$	$1.3×10^{-3}$	$1.8×10^{-3}$	$2.4×10^{-3}$

注：H_2S 浓度以 1 mol/L 计算。

据柳贺昌和林文达（1999）研究，会泽铅锌矿床流体包裹体中含有 Pb（1.71～2.0mg/L）、Cu（1.33～3.4mg/L）、Ba（17.20～48.27mg/L）、Sr（3.56～4.91mg/L）、Mn（8.0～12.86mg/L）等元素，盐度为 5wt%～23wt% NaCl，Cl^- 浓度为 1.6～7.5mol/L，以 Pb：Zn=1：2 计算，则 Zn 的浓度约为 4.0mg/L。利用前人发表的铅锌络合物热力学数据（文献众多，略），计算得出如下结果：① 以硫氢化物络合物形式迁移的锌浓度远大于以氯化物络合物形式迁移的锌浓度；② 以氯化物络合物形式迁移的铅浓度要大于以硫氢化物络合物形式迁移的铅浓度。

因此，会泽和天桥铅锌矿床低温（100～250℃）条件下的铅、锌迁移形式有所不同，锌主要以硫氢化物络合物、少量氯化物络合物形式迁移；而铅主要以氯化物络合物、少量硫氢化物络合物形式进行迁移。

B. 中高温（300～400℃）环境下的迁移形式

中高温流体主要为基底循环水（即变质水）和岩浆水。使伴随幔源岩浆活动（本区为峨眉山玄武岩和辉绿岩）形成的流体刺穿了变质基底并使其中的变质水得以活化，与岩浆水混合，形成了中高温流体，该流体以高温（300～400℃）、低还原硫和富含部分成矿元素为特点。在该温度范围内，HS^- 不再是占优势类型的还原硫，与铅锌缔合的还原硫将主要是 H_2S 或 S^{2-}（饶纪龙，1977）。以锌为例，可与还原硫发生如下反应：$ZnS+H_2S=Zn(HS)_2^0$、$ZnS+H_2S+HS^-=Zn(HS)_3^-$、$ZnS+H_2S+2HS^-=Zn(HS)_4^{2-}$，这些反应的平衡常数极小（为 10^{-n}），生成的这些硫氢化物络合物在 300℃ 以上并不稳定，容易产生分解（Hayashi et al.，1990）。因此，实际生成的硫氢化物络合物相当稀少。

而氯化物络合物不一样，在高温下相当稳定，以 $ZnCl_3^-$ 为例，其反应式如下：$Zn^{2+}+3Cl^-=ZnCl_3^-$，平衡常数较大（表9.21），在理想状态下反应生成的 $ZnCl_3^-$ 基本与原始 Zn^{2+} 的量相当，Pb^{2+} 的情况与 Zn^{2+} 一致。因此，流体中的成矿元素在中高温状态下基本以氯化物络合物的形式进行迁移。

表 9.21　不同温度下 $Zn^{2+}+3Cl^-=ZnCl_3^-$ 反应的平衡常数

温度/℃	100	200	300	350	400
lg$K$	2.3	5.2	8.1	9.2	10.1

注：据张振亮（2006）。

2）沉淀机制

从上述讨论可知，会泽和天桥铅锌矿床成矿流体中 Pb 在低温和中高温环境下均主要以氯化物络合物形式存在；Zn 在低温下主要以硫氢化物络合物存在，而中高温下以氯化物络合物形式存在。这些络合物分解时可发生如下类似反应：

$$ZnCl_2+H_2O+FeS_2=ZnS↓+FeCl_2+1/2O_2+H_2S$$
$$PbCl_2+H_2O+FeS_2=PbS↓+FeCl_2+1/2O_2+H_2S$$
$$Zn(HS)_2=ZnS↓+H_2S$$
$$Pb(HS)_2=PbS↓+H_2S$$
$$H_2S=H^++HS^-$$
$$HS^-=H^++S^{2-}$$

从上述反应可知，要使金属络合物分解，必须满足以下条件：温度降低、还原硫和 Cl^- 的浓度降低、pH 的升高和氧逸度的降低。其中，以温度和 pH 的影响最大。

前文研究结果显示，会泽和天桥铅锌矿床成矿流体存在混合作用。流体混合作用第一个结果便是高温流体温度的降低（300～400℃→150～250℃），由于大多数 Pb、Zn 络合物的溶解度为温度的函数，因此温度降低必然导致溶解度降低而使部分成矿元素从流体中沉淀出来，由于温度为逐渐下降，因此出现了不同温度下的矿物共生组合。

混合作用的第二个结果是流体 pH 的升高（弱酸性→中性或弱碱性），pH 的升高，主要通过两种途径来实现：一为流体混合导致高盐度流体被稀释，降低 H^+、Cl^- 等离子的浓度；二为水/岩反应，即通过矿物的蚀变作用消耗掉部分 H^+。流体包裹体研究结果表明（前文），会泽铅锌矿床随温度的降低，流体 pH 是逐渐升高的。pH 的升高，导致了金属络合物（氯化物、硫氢化物）的稳定性下降而分解，使金属矿物得以形成并沉淀下来。

混合作用的第三个结果是流体的稀释。流体稀释后，其中的 H^+、Cl^- 和还原硫浓度的降低，导致上述反应能够顺利向右进行。

混合作用的第四个结果是硫逸度和氧逸度（降低）的变化（张振亮，2006），导致氧化–还原作用的发生，如下式：

$$5CuFeS_2 + S_2 = Cu_5FeS_4 + 4FeS_2$$
$$Fe_2O_3 + 2S_2 = 2FeS_2 + 3/2O_2$$
$$2FeS + S_2 = 2FeS_2$$

因此，流体混合可以导致成矿元素从流体中沉淀出来。由于其影响范围大、作用时间长、反应速度快（张德会，1997），足以使金属矿物能够大规模地从流体中沉淀下来，形成规模巨大的矿体或矿床。

2. 成矿模式

综合各种地质、地球化学资料，初步建立了会泽和天桥铅锌矿床的成矿模式（图9.38）。晋宁运动导致富含 Pb、Zn、Ag 等成矿物质的基底进一步固结，澄江运动后扬子准地台整体隆起，富含 Pb、Zn、Ag 的前震旦纪火山碎屑岩建造地层遭受强烈的剥蚀，为晚震旦世—早古生代沉积成岩提供了丰富的物源和 Pb、Zn 矿质。加里东运动地壳拉张，沿古陆边缘的同生断层形成断陷盆地，相对宁静台地深水槽沟和凹陷半闭塞–闭塞的水下潟湖，为富含有机质、富硫、海水能量低的还原环境，有利于 Pb、Zn、Ag 等金属矿质的进一步富集。

沉积盆地的重力压实作用及海西—印支期大规模的地幔玄武岩浆的喷溢和辉绿岩体的侵位，共同产生的巨大能量，激化赋存于下伏地层的 Pb、Zn、Ag 等矿质元素迁移进入层间水和向下渗透的大气降水而形成含矿热卤水溶液因于地壳深部，区域性同生断层的复活和继承性活动，向下深切地幔，向上利于海水的下渗和含矿热卤水溶液上涌，形成对流循环系统，并不断萃取、溶解高背景老地层中的 Pb、Zn、Ag 等矿质，形成矿化浓度较高的成矿流体，在构造动力、热动力的驱动下成矿流体沿深切地幔的断裂构造系统向上迁移，向减压空间——断裂破碎带及层间裂隙快速迁移喷溢沉淀而形成富矿体。

燕山期强烈的挤压褶皱作用，进一步改造富集已形成的铅锌矿体，并在紧密褶皱区导致铅锌、铁矿床的分带，系列逆冲断层、层间挤压破碎带、层间滑面等构造和陡倾斜脉状矿的形成。特富矿床的形成是由于成矿流体的快速迁移，在受控的断裂带中过饱和流体以充填方式快速沉淀所致。

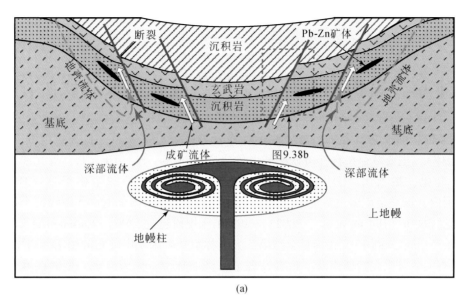

(a)

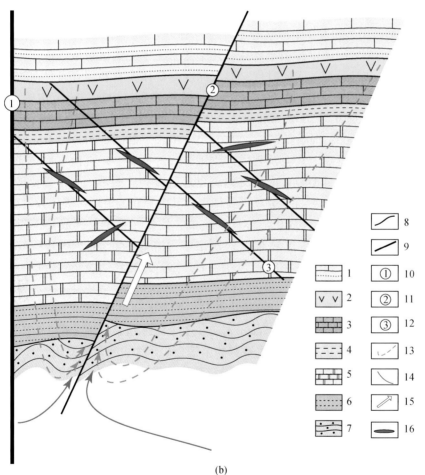

(b)

图 9.38 会泽和天桥铅锌矿床成矿模式

1. 碳泥质灰岩；2. 峨眉山玄武岩；3. 灰岩；4. 黏土质页岩；5. 白云岩；6. 砂页岩；7. 基底岩石；8. 地层界线；9. 断层；
10. 深大断裂；11. 导矿构造；12. 储矿构造；13. 地层流体；14. 深部流体；15. 成矿流体；16. 矿床

第十章　黔西南卡林型金矿热液化学及其成矿作用

卡林型金矿又称微细浸染型金矿，是一种以沉积岩为主要容矿岩石，金颗粒极细（纳米级）或金"不可见"（固溶体），主要赋存在含砷黄铁矿和毒砂之中，与 As、Sb、Hg（Tl）等元素密切共生，并具有去碳酸盐化、硅化、黏土化、硫化物化等围岩蚀变特征的一种特殊金矿类型（Hofsrta and Cline，2000）。世界范围内，该类金矿床主要集中分布在美国中西部和我国扬子地块西南缘两个地区。美国卡林型金矿储量已超过 5000t（Hofstra et al.，2002），单个矿床规模超过 1200t（Emsbo et al.，2003），已累计产金量超过 1000t（Cline，2001）。我国是全球第二大卡林型金矿床集中分布的国家，自 1978 年贵州省地质局区域地质调查大队首次在黔西南册亨板其发现第一例卡林型金矿床以来，相继在滇黔桂和川甘陕地区发现了包括烂泥沟、紫木凼、水银洞、戈塘、丫他、金牙、高龙、东北寨、老寨湾等在内的大、中型卡林型金矿床，累计探明金储量超过 500t，其中仅黔西南地区探明金储量约 300t，预测远景储量超过 1000t，成为我国重要金矿类型和黄金生产基地之一。

作为全球重要金矿类型之一的卡林型金矿床。几十年来，中美两国对该类矿床形成的地质背景、物质组成与金的赋存状态、热液蚀变、成矿时代、形成深度与矿床发育和保存条件等进行了大量研究，取得许多重要成果（Hofstra et al.，1991，2000，2002；杨科佑等，1994；韩至钧等，1999；张志坚等，1999；Hu et al.，2002；Liu et al.，2002；Gu et al.，2002；苏文超等，2002，2006；陈衍景等，2004；毛景文等，2005；刘建中等，2005；Peters et al.，2007；Su et al.，2008，2009a，b，2012）。然而，对该类型金矿床成矿流体化学组成、性质、来源及其成矿作用过程等研究，一直没有取得突破性进展，这与其巨大的规模和地位极不相称。卡林型金矿成矿流体研究之所以如此困难，一个重要的原因在于，与卡林型金矿成矿作用有关的脉石矿物（如石英等）颗粒细小，其中捕获的流体包裹体数量少，个体小（一般 < 2μm），使得人们难以对卡林型金矿床成矿流体化学组成、性质、来源及其成矿作用过程等进行系统研究，因此，一直成为国内外研究的热点和难点问题之一（Hofstra et al.，1991；Arehart，1993，1996；Hofstra et al.，2000；Cail et al.，2001；Cline，2001；Hu et al.，2002；Emsbo et al.，2003；Kesler et al.，2003；苏文超，2002；Su et al.，2009a）。

本次工作通过与瑞士联邦工学院同位素地球化学与矿产资源研究所合作，在野外地质观察的基础上，采用电子探针、流体包裹体冷热台、激光 Raman 光谱、单个流体包裹体成分的 LA-ICP-MS 等现代分析技术，选择黔西南勘探程度高，并正在施工的水银洞和丫他金矿床为主要研究对象，系统开展了该类型金矿原生矿石显微岩相学、含金硫化物矿物学与地球化学、热液化学、热液蚀变，以及成矿时代等方面的研究，进一步查明了该类型金矿床成矿流体化学组成、性质与来源，揭示了该类型金矿成矿作用的精细过程，并据此提取了深部找矿的地球化学信息，丰富和完善了卡林型金矿成矿理论，为找矿勘查提供了科学依据。

第一节　区域地质背景

黔西南地区位于贵州省西南部，处于欧亚板块、印度板块和太平洋板块的接合部位，属于华南低温成矿域右江盆地 Au-Sb-As-Hg 矿集区的一部分，是我国卡林型金矿的发现地和主要分布区。其中产有烂泥沟、水银洞、紫木凼等大型–超大型卡林型金矿床和中小型矿床、矿点 30 余处（图 10.1），探明储量超过 300t。同时，区内还广泛发育 As、Sb、Hg、萤石、冰洲石等低温热液矿床，在空间上与卡林型金矿分布区重叠。

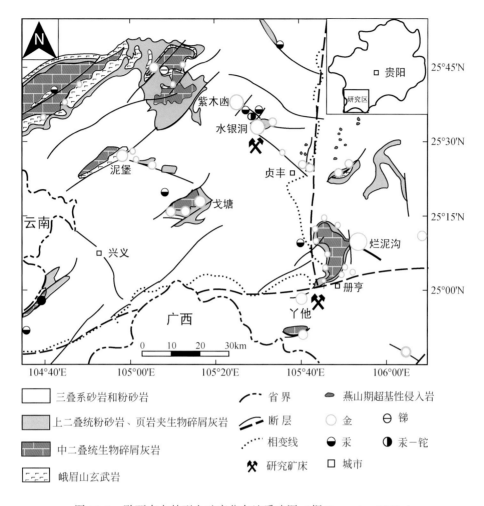

图 10.1　黔西南卡林型金矿床分布地质略图（据 Su et al.，2009a）

一、区域地层与赋矿层位

1. 区域地层

　　黔西南地区被大面积沉积岩地层所覆盖，主要出露上古生界、中-新生界地层，总厚度超过 10000m，其中三叠系地层分布最为广泛，发育最为完整，其次为二叠系、泥盆系和石炭系，出露在背斜的核部。

　　泥盆—石炭系：研究区泥盆系地层仅出露在紫云-望谟-罗甸一带，见于背斜的核部，为一套浅海相碳酸盐岩、砂页岩及半深海相硅质岩、黏土岩等（贵州省地质局，1980）。石炭系地层仅见于晴隆白沙、紫云沙子沟和贞丰赖子山等地的背斜核部，主要为一套浅海相碳酸盐岩夹有硅质岩、燧石灰岩等。

　　二叠系：多见于背斜或穹隆的核部。研究区仅出露中二叠统茅口组（P_2m）灰岩、上二叠统龙潭组（P_3l）含煤粉砂岩和黏土岩等，以及长兴组（P_3c）和大隆组（P_3d）钙质黏土岩等。在区域上茅口灰岩顶部普遍发育似层状硅质蚀变体。由西向东，在富源-盘县-晴隆一带，蚀变体主要为强硅化灰岩、硅化凝灰岩、硅化玄武质火山角砾岩等，俗称"大厂层"，并产有金、锑、萤石等矿床（如老万场和泥堡金矿床、晴隆锑-萤石矿床等）；在安龙-贞丰一带，蚀变体则为硅化生物碎屑灰岩、硅化灰岩角砾岩、硅质岩和黏土岩等。硅化灰岩晶洞发育，见有方解石、石英晶簇，岩石普遍具有硅化、黏土化、黄铁矿化、萤石矿化、辉锑矿化，以及金矿化等热液蚀变，是水银洞和戈塘等卡林型金矿床的重要赋矿层位之一。同位素地球化学研究表明，产于不同地区（如晴隆大厂、泥堡、贞丰水银洞等）蚀变体中的石英流体包裹体 Rb-Sr、萤石和方解石脉的 Sm-Nd 等时线年龄几乎一致，分别为 142±2Ma（刘平等，2006）、145±12Ma（彭建堂等，2003）、135±3Ma（Su 等，2009b），晚于上伏和下伏地层年龄（中二叠世），显然是后期热液作用的产物，而与热水沉积作用无关。

三叠系：研究区广泛分布，按其沉积特征分为台地相区、台缘斜坡相区和盆地相区（杨科佑等，1992）。

（1）台地相区。分布于云南罗平至贵州兴义、贞丰一线的西北侧。下三叠统以杂色页岩为主，夹有灰岩、白云质灰岩，厚 300～500m；中三叠统主要为薄层至厚层状白云岩、白云质灰岩夹角砾状白云岩，厚 800～1100m，底部常见厚 1～3m 的玻屑凝灰岩（称为绿豆岩）。颜色多为黄绿色，主要由黏土岩（高岭石）和石英组成，镜下可见少量透长石、锆石、磁铁矿、钛铁矿等矿物（朱立军，1995）；上三叠统由粉砂质钙质黏土岩、泥灰岩及石英砂岩组成，向上逐渐变化为海陆交互相含煤碎屑岩，最大出露厚度 1500～1700m。

（2）台缘斜坡相区。分布于台地相区边缘。底部为灰岩夹页岩，向上过渡到白云岩、角砾白云岩及砾屑灰岩，厚 800m 以上。

（3）盆地相区。分布于南盘江沿岸及其以南地区。下三叠统以罗楼组为主，为一套广海陆棚沉积的泥晶灰岩、泥灰岩及页岩，水平层理发育，厚 100～300m；中三叠统为厚层砂岩、泥岩及少量泥晶灰岩、砾屑灰岩等。粒级递变层和鲍马序列发育，岩性横向变化剧烈，重荷模、沟模及冲刷面等底部构造十分发育。在云南和广西，这套地层自下而上分别称为板纳组（2000～6000m）和兰木组（>2500m）；黔西南地区则分别称为新苑组（340m）和边阳组（1900～2700m）。

泥质岩石中伊利石结晶度研究表明，盆地相区三叠纪槽盆相浊流沉积岩系普遍遭受过区域极低级变质作用（索书田等，1998），变质温度为 150～350℃。由北向南，变质程度逐渐增加，从成岩带（T_3）、近变质带（T_2）过渡到浅变质带（T_1）。这种区域极低级变质作用，认为是印支—燕山构造旋回早期及区域变形前的地质事件，属于地壳伸展构造背景下右江边缘型盆地内部的埋藏型变质作用。

侏罗—白垩—古近系和新近系：侏罗系缺失，白垩—古近系和新近系为一套山间断陷盆地形成的红色砂、泥岩及砾岩层，仅零星见于普安、兴仁潘家庄一带。

第四系：区内零星分布。岩石类型繁多，包括冲积、洪积、坡积、湖沼沉积及洞穴堆积等各种成因的砾石、砂及黏土堆积物。

2. 主要赋矿层位

王砚耕（1990）首先提出了黔西南地区赋金层序的概念，并将其划分为龙头山和赖子山两个赋金层序（图 10.2）。出露于地表的赋金层序，表现为较强的 Au 地球化学异常，并沿着背斜或断裂带分布，产有烂泥沟、丫他、戈塘等金矿床（图 10.3）。

龙头山赋金层序：位于扬子陆块内部，主要分布在兴仁、安龙、兴义、晴隆、普安等一带。该层序是指不整合于中二叠统茅口组之上、上三叠统赖石科组之下的一套以浅海相碳酸盐岩为主的层序。其岩性自下而上为：含煤陆源碎屑岩夹生物碎屑灰岩→钙质细屑岩夹不纯灰岩→灰岩→颗粒灰岩→灰岩+白云岩→白云岩→灰岩→含锰灰岩+泥晶灰岩。具工业价值的卡林型金矿床主要赋存在该层序下部含煤陆源碎屑岩夹生物碎屑灰岩和钙质细屑岩夹不纯灰岩，以及茅口灰岩顶部的硅质蚀变体之中，以紫木凼、水银洞、泥堡和戈塘等金矿床为代表。

赖子山赋金层序：位于右江造山带，主要分布在册亨、贞丰、望谟等地。该层序是指二叠系礁灰岩间断面或假整合面之上、上三叠统黑猫湾组之下的一套以陆源碎屑岩为主的层序。其岩性自下而上为：灰岩及砾屑灰岩→黏土岩+粉砂岩→不纯灰岩→细砂岩夹黏土岩→瘤状灰岩→砂岩夹黏土岩→黏土岩。具工业价值的卡林型金矿主要赋存在细砂岩和砂岩夹黏土岩之中，代表性矿床有丫他和烂泥沟等金矿床。

二、区域地质构造

1. 大地构造与区域构造格局

黔西南及其邻区构造演化受欧亚板块、印度板块和太平洋板块联合作用的影响，其大地构造位置及其构造单元的划分，一直存在不同的意见。曾被称为扬子准地台（黄汲清，1977）、断块（张文佑，1983，1984）、地洼、印支地槽褶皱带（任纪舜，1983）、再生地槽（广西地矿局，1985）、裂谷（柳淮之等，1986）、弧后扩张裂谷型地槽（王鸿帧，1986）以及弧后扩张盆地（刘本培，1986；许靖华等，1987）等。作者倾向于王砚耕等（1995）对该区构造单元的划分方案，认为黔西南地区横跨扬子地块与右江造山带两个构造单元。其分界线从云南弥勒–师宗，往北东进入贵州兴义以南，并大致沿南盘江北侧呈东西向延伸至罗甸附近，然后转为北东向延伸，东接华南造山带，南靠云开陆源造山带（图10.4）。

地质时代			岩石地层		描　述	岩性柱	层序	代表性矿床
纪	世	期						
三叠纪	晚三叠世	卡尼期	赖石科组		上部砂岩 下部黏土岩及砂岩			
			瓦窑组		进沉积及底面 含锰灰岩			
			竹杆坡组		泥质灰岩及瘤状灰岩			
	中三叠世	拉丁期	杨柳井组	龚头组 二段	白云岩　　隐藻灰岩			
				一段				
		安尼期	关岭组		白云岩及泥质白云岩 底部"绿豆岩"		龙头山层序	
	早三叠世	奥伦期	永宁镇组		灰岩夹白云岩及黏土岩			
		印度期	夜郎组	三段	紫红色泥质灰岩、页岩			
				二段	灰岩及鲕状灰岩			
				一段	黏土岩及粉砂岩		Au	紫木函
二叠纪	晚二叠世	长兴期	龙潭组	三段	页岩夹灰岩及硅质页岩		Au	太平洞
		乐平期		二段	页岩、粉砂岩、夹煤			泥堡、水银洞
				一段	页岩夹煤、顶为灰岩		Au	戈塘
	早二叠世	茅口期	茅口组		假整合面 生物灰岩、硅质灰岩		Au	

(a)

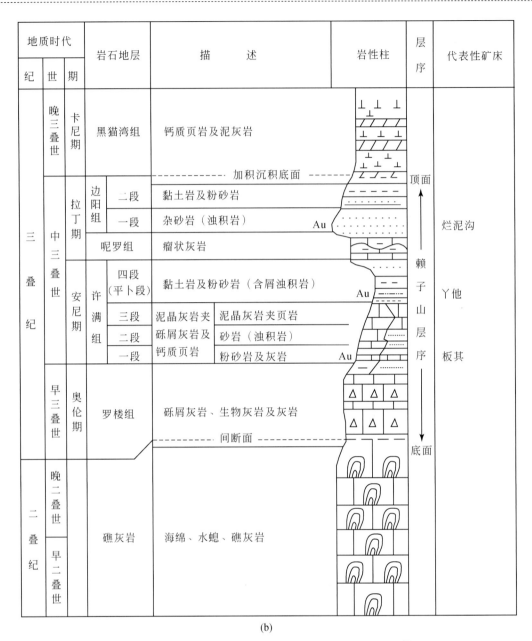

地质时代			岩石地层		描述	岩性柱	层序	代表性矿床
纪	世	期						
三叠纪	晚三叠世	卡尼期	黑猫湾组		钙质页岩及泥灰岩		顶面	烂泥沟
					--------加积沉积底面--------			
	中三叠世	拉丁期	边阳组	二段	黏土岩及粉砂岩		赖子山层序	
				一段	杂砂岩（浊积岩） Au			
			呢罗组		瘤状灰岩			
		安尼期	许满组	四段(平卜段)	黏土岩及粉砂岩（含屑浊积岩） Au			丫他
				三段	泥晶灰岩夹砾屑灰岩及钙质页岩 / 泥晶灰岩夹页岩			
				二段	砂岩（浊积岩）			
				一段	粉砂岩及灰岩 Au			板其
	早三叠世	奥伦期	罗楼组		砾屑灰岩、生物灰岩及灰岩		底面	
					--------间断面--------			
二叠纪	晚二叠世		礁灰岩		海绵、水螅、礁灰岩			
	早二叠世							

(b)

图 10.2　龙头山（a）和赖子山（b）赋金层序剖面图（据王砚耕，1990）

　　扬子地块：位于南盘江以北（图 10.4），主要由晚古生代以来的沉积地层和前寒武系浅变质岩基底组成，基底岩石没有出露。但在研究区内镇宁良田乡附近的偏碱性超基性岩筒中，见有各种类型的变质岩捕虏体，疑是扬子陆块的基底岩石。通过对镇宁良田乡陇要燕山晚期（83±2 Ma，苏文超，2002）超基性岩筒中的变质岩捕虏体碎屑锆石 SHRIMP 年代学研究（刘玉平等，2009），揭示扬子陆块基底可能具有"三层式"岩石结构：下层为新太古代—早元古代中深变质杂岩，$^{207}Pb/^{206}Pb$ 表面年龄为 2593±168 ~ 1880± 262Ma；中层为中元古代的变质火山沉积岩，$^{207}Pb/^{206}Pb$ 表面年龄 980 ~ 1200Ma；上层为新元古代浅变质岩，$^{206}Pb/^{238}U$ 表面年龄平均值为 803±13Ma。显生宙地层，以晚古生代至三叠纪被动大陆边缘海相浅水碳酸盐地层最为发育。扬子陆块内部总体上岩浆活动不强烈，主要表现为二叠纪大陆溢流拉斑玄武岩及其同源辉绿岩侵入体。但表层构造变形较为强烈，应变分带现象明显，强应变域多呈线性分布，弱应变域则呈菱形或三角形块体。区域构造线方向（包括褶皱、断裂）总体上以北东向和北西向为主，其次为近东西向和近南北向，显示从陆块到造山带的过渡特色（王砚耕等，1994）。

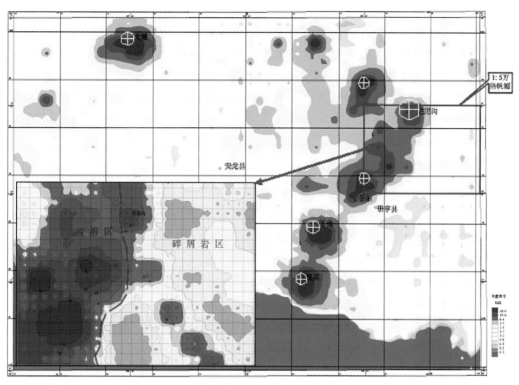

图 10.3　黔西南地区 Au 地球化学异常图（安龙幅，贵州省地质矿产勘查局，2007）

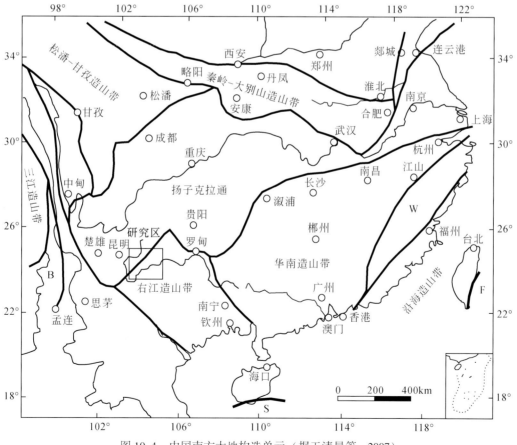

图 10.4　中国南方大地构造单元（据王清晨等，2007）

B. 保山地块；S. 南海地块；W. 武夷地块；F. 菲律宾板块

右江造山带：位于南盘江以南广大地区（图10.4），可能是由陆内裂谷盆地发展演化而来的陆内造山褶皱带。据区域地球物理资料，右江造山带中、下层基底可能分别由中元古代变质火山沉积岩系和新太古代—早元古代中深变质岩构成；而上层基底岩系则为晚古生代至早古生代沉积岩，常缺失奥陶系和志留系地层。晚古生代以后为盖层沉积，早三叠世为被动大陆边缘沉积。从中三叠世开始，因与特提斯洋连通，沦为周缘前陆盆地。印支—燕山造山作用奠定了该区构造雏形，并伴随有可能与造山期后地壳伸展有关的燕山晚期偏碱性超基性岩的侵位（85Ma，苏文超，2002）。右江造山带构造变形较为强烈，区域构造线方向主要为东西向，以紧闭线状褶皱为主，并伴有若干逆冲断层或推覆构造，岩层普遍有应变缩短，区域性板劈理比较发育（王砚耕等，1994）。

2. 区域断裂构造

研究区卡林型金矿床的分布总体上受北东向弥勒-师宗、北西向水城-紫云-巴马以及文山-广南-富宁弧形区域性深大断裂带所限（图10.5），其次是北东东向的南盘江断裂、北西向右江断裂以及南北向普定-册阳断裂。

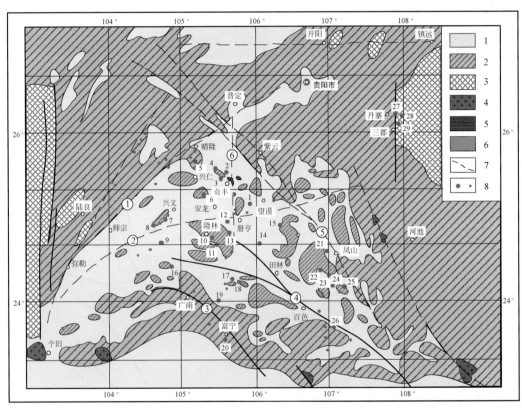

图10.5 滇黔桂地区卡林型金矿地质略图

1. 三叠系；2. 古生界；3. 元古代-震旦系；4. 花岗岩；5. 超基性岩；6. 基性岩；7. 主干断裂；8. 金矿床（点）；主干断裂：
①弥勒-师宗断裂；②南盘江断裂；③文山-广南-富宁断裂；④右江断裂；⑤水城-紫云-巴马断裂；⑥普定-册亨断裂；
金矿床名称：1. 烂泥沟；2. 三岔河；3. 水银洞；4. 紫木凼；5. 老万场；6. 戈塘；7. 雄武；8. 鲁布格；9. 陇纳；
10. 者隘；11. 马雄；12. 丫他；13. 板其；14. 百地；15. 浪全；16. 赛鸭；17. 高龙；18. 八渡；19. 木利；
20. 革档；21. 金牙；22. 逻楼；23. 明山；24. 六午；25. 林布；26. 叫曼；27. 丹寨；28. 排庭；29. 苗龙

1）弥勒-师宗断裂带

北起富源，经师宗以北，弥勒以西，向南交于红河深大断裂。走向北东，南西端收敛，北东端撒开，延伸长约310km。由一系列倾向北西、倾角40°~60°的逆冲断层与夹于其间的古生界、三叠系和元古界，以及岩浆岩构造块体，构成一个由多条断层控制的不同时代、不同性质构造岩块的构造混杂带（董云鹏等，2002）。沿该断裂带广泛分布有基性火山岩构造岩块，并以枕状熔岩的出露最为特征（董云鹏等，1999）。该断裂带明显控制了两侧重力、航磁异常差异以及其南侧南盘江沉积盆地构造样式、沉积特征等。同位素地球化学研究表明，该断裂带是沿苏南，经皖东南、赣东北、湘西、桂西、黔西区域性 Pb 同位素地球化学急变带的一部分，显示该断裂带可能是分隔具有不同地壳结构块体的边界（朱炳泉等，1995）。

2）水城–紫云–巴马断裂带

沿北盘江东侧呈北西—南东方向延伸，它控制了断裂两侧重力异常差异和沉积相变。该断裂带具有多期活动的特征，泥盆、石炭纪存在北西向隆起和拗陷，表明该断裂至少是形成于海西期；印支期仍有活动，表现为断裂带附近有煌斑岩的侵位（214Ma，苏文超，2002）；燕山运动在其北西端（水城–紫云之间）则形成断续分布的褶皱和断裂，而其南东端（紫云–巴马之间）断裂收敛，地表形迹不明显。

3）文山–广南–富宁断裂带

围绕越北古陆向北凸出的巨大弧形断裂带，可能形成于加里东期，一直延续到印支—燕山期，喜马拉雅期还可能受到红河深大断裂走滑的影响，具有多期活动的特点。海西期有玄武岩侵入和喷发，印支期则控制了两侧的沉积建造（杨科佑等，1992）。沿该断裂带分布有老寨湾、革挡、者桑等金矿床。

4）南盘江断裂带

始于开远，沿南盘江向北东东方向延伸约400km。该断裂带由众多次级断裂组成，并控制了两侧的重力异常差异和三叠纪沉积相变，具有隐伏断裂性质（杨科佑等，1992）。

5）右江断裂带

西起隆林，经田阳、百色到南宁以南，走向北西西，宽 5～10km，长约 360km。断裂带两侧片理化、糜棱岩化、眼球状透镜体等发育，并控制了三叠系沉积相和第三系断陷盆地的形成，是一条多次活动的区域性断裂带。

6）普定–册亨断裂带

杨科佑等（1992）首先拟定的一条南北走向隐伏深大断裂带。北起普定，经关岭、贞丰到册亨册阳，可能还向南延伸到富宁一带，后称关岭–富宁断裂（王砚耕等，1995；韩至钧等，1999）。该断裂带控制了东西两侧区域重力和航磁异常差异，西部重力异常走向北北东，重力梯度变化大，东部则为北东向，重力变化梯度小，反映了莫霍面由南东向北西方向倾斜。该断裂具有多期活动的特点，至少从晚二叠世开始，一直到晚三叠世，就控制了沉积相的展布。在燕山晚期仍有活动，表现为偏碱性超基性岩（82～88Ma）的侵位（苏文超，2002）。沿该断裂带分布有烂泥沟、丫他、高龙、革挡等大–中型金矿床（点）20 余个，可能对卡林型金矿成矿具有重要影响。

三、区域岩浆活动

区内岩浆活动主要表现为基性–超基性岩浆活动，包括二叠纪峨眉山玄武岩、辉绿岩及晚白垩世偏碱性超基性岩（图10.1），仅分布在研究区西北部扬子陆块内部和右江造山带边缘，可能与二叠纪陆内伸展或地幔柱活动，以及晚白垩世造山期后地壳伸展的有关（王砚耕等，1994）。

1. 二叠纪峨眉山玄武岩

主要分布在研究区西北部的兴仁龙场–关岭永宁镇一线。以玄武质熔岩为主，其次为玄武质火山碎屑岩及沉积岩夹层，不整合覆盖于茅口灰岩之上，厚几十到几百米不等，西厚东薄，呈向东凸出的舌形分布。按其岩性组合，可划分为三个部分：下部为玄武质火山碎屑角砾岩；中部以块状玄武质熔岩为主；上部则为薄层玄武质凝灰岩或玄武质熔岩。其岩石化学成分具有高 Ti、低 Mg、偏碱性等地球化学特征。侵入岩以辉绿岩为主，主要分布在普安白沙以西降阶坪–大箐山一带，呈岩床、岩枝状侵位于下石炭统大塘组至摆佐组燧石灰岩、泥晶灰岩和白云质灰岩之中，一般厚 1～70m，长约数米至数百米。岩石具有典型辉绿结构，矿物成分主要为斜长石（40%～50%）和普通辉石（40%～45%），含少量磁铁矿和钛铁矿等。岩石化学成分与峨眉山玄武岩相似，被归属为峨眉山玄武岩同源同期岩浆活动的产物（贵州省地质矿产局，1980）。

2. 辉绿岩

主要分布在研究区东部望谟县乐康、双河口一带。以辉绿岩为主，局部见有辉长-辉绿岩。一般呈岩床状产出，主要侵位于下二叠统四大寨组碳酸盐岩之中。岩体一般长1～10km，厚10～20余米。矿物成分主要为斜长石（30%～50%），含少量磁铁矿、钛铁矿、橄榄石、磷灰石、锆石、榍石等。其岩石化学成分与峨眉山玄武岩极其相似，可能是峨眉山玄武岩同期岩浆活动的产物。

3. 晚白垩世偏碱性超基性岩

仅分布在贞丰、镇宁及望谟三县交界处的白层、鲁容和杨家寨等地。主要呈岩脉和岩墙状侵位于早二叠世和中三叠世地层之中。已知岩体44个，并构成若干岩带，大致沿东西向和南北向分布。单个岩体规模长约数十米至几百米，厚约数十厘米至数米。其中陇要岩体规模较大，呈岩筒状（80m×50m），并产有各种沉积岩类、变质岩类等捕房体。变质岩类捕房体包括尖晶石黑云母片麻岩、斜长片麻岩等，可能是扬子陆块的结晶基底。变质岩捕房体碎屑锆石的SHRIMP年代学初步研究表明，扬子陆块至少存在五次地壳生长事件，同位素年龄分别为415Ma、800Ma、1000Ma、1900Ma和2800Ma（刘玉平等，2009）。

超基性侵入岩岩石类型主要有斑状云母橄榄辉石岩、云母辉石岩及辉石云母岩等。具有典型斑状结构，斑晶以单斜辉石（透辉石、次透辉石）、（钛）金云母为主，含有少量橄榄石、钙钛矿、钛铁矿、磷灰石、金红石、榍石等。橄榄石多被蛇纹石、方解石、白云石等矿物所交代。岩体与围岩接触变质作用明显，常见大理岩化、硅化等。岩体外围铁白云石化、方解石化、萤石化、重晶石化、黄铁矿化等较为发育，附近产有那郎、纳哥、新寨等卡林型金矿床。新鲜岩石化学成分分析表明，与正常超基性岩相比，这些超基性岩贫Si（SiO_2 = 31.6wt%～39.37wt%）和Mg（MgO = 7.10wt%～15.30wt%）、富碱（K_2O + Na_2O = 1.1wt%～4.8wt%，K_2O/Na_2O = 1.75～8.6），以及CO_2、H_2O、P_2O_5等挥发分，强烈富集LILE和LREE，亏损HFSE和Sr。金云母Ar-Ar年龄为85.3±0.6Ma和87.5±0.5Ma，锆石U-Pb年龄为88.1±1.1Ma，形成于燕山晚期，被解释为造山期后地壳伸展的产物（苏文超，2002；Liu等，2010）。

四、区域地球物理

黔西南区域重力场是兴安岭-太行山-武陵山与六盘山-龙门山重力异常梯度带的南延部分。区域重力异常总体上表现为东高西低的特点（图10.6（a））。东部重力异常走向为北东向，西部则变化为北北东向，反映了该区莫霍面由南东向北西倾斜，即地壳厚度由南东向北西逐渐增厚。东西部重力异常分区大致以关岭-贞丰-册亨为界，可能一直延伸到云南富宁一带。该分界线控制了二叠纪以来沉积相的展布，该线以西为台地相碳酸盐岩沉积，以东则为台盆边缘斜坡相碎屑岩沉积，并有偏碱性超基性岩的出露。

黔西南区域磁场具有典型沉积岩区弱磁场。盖层和基底岩石分别由巨厚无磁性或弱磁性的海相沉积岩和浅变质岩系组成。该区弱磁场从一个侧面反映了在一定深度（10km）内岩浆活动不甚发育。然而，在弱磁场背景上叠加了一宽大正磁异常区，主要分布望谟-关岭一带（图10.6（b））。正磁异常走向近南北，长约100km，宽约30km，其西部分界线与区域重力场分界线相重合。这一正磁异常可能是深部超基性岩磁性体的反映。

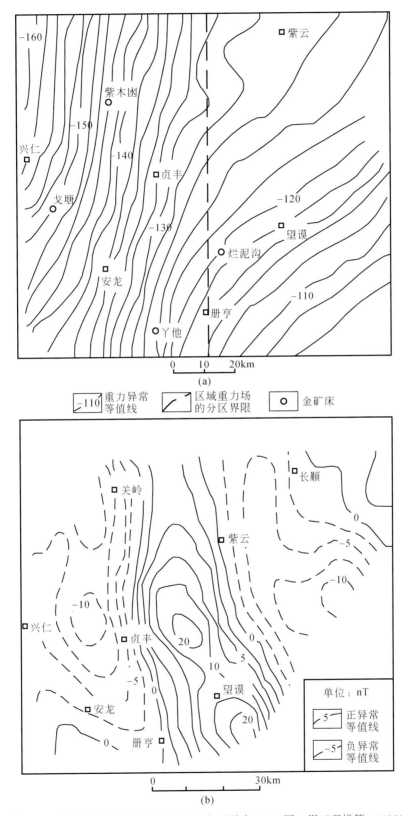

图 10.6 黔西南地区重力异常（a）和航磁异常（b）图（据王砚耕等，1995）

第二节　典型矿床地质特征

黔西南卡林型金矿床按其容矿岩石和矿体形态，可分为层控和断裂两种类型（Su et al.，2009a）。前者主要分布在扬子陆块内部或扬子陆块与右江造山带的交接部位，以二叠系不纯碳酸盐岩或火山碎屑岩（凝灰岩）为主要容矿岩石，矿体呈似层状或透镜状产于中二叠统茅口组灰岩古溶蚀面之上的硅质蚀变体（如泥堡金矿床等）和上二叠统龙潭组中下部的生物碎屑灰岩之中（如水银洞等金矿床）；后者主要分布在右江造山带内或其边缘，以细碎屑岩为主要容矿岩石，矿体严格受高角度逆冲断裂带控制（如烂泥沟和丫他金矿床等）。

一、水银洞金矿床

水银洞金矿床位于贞丰县城西北约20km，是目前黔西南地区发现的最大的隐伏卡林型金矿床，已探明储量约100t，平均品位$6 \times 10^{-6} \sim 18 \times 10^{-6}$（刘建中，2001，2003），预测储量估计超过150t。

该矿床位于扬子地块与右江造山带的交接部位，产于灰家堡背斜 Au-Hg-Tl 矿田的东段。该背斜西段产有紫木凼、太平洞等大–中型卡林型金矿床。矿体主要分布在近东西向灰家堡背斜两翼与平行于背斜轴的逆冲断层（F_{101} 和 F_{105}）之间300m范围之内（图10.7（a））。所有矿体全都位于距地表 $200 \sim 1400$m（图10.7（b）），主要矿体赋存在上二叠统龙潭组第二段（P_3l^2）中下部和龙潭组第一段（P_3l^1）顶部生物碎屑灰岩中。矿体产状与地层产状基本一致，走向上波状起伏并向东倾没，空间上多个矿体上下排列；部分矿体呈似层状或透镜体产于背斜轴部中二叠统茅口组（P_2m）灰岩古溶蚀面之上与龙潭组（P_3l）底部之间的强硅化灰岩、强硅化灰岩角砾岩、硅质岩以及黏土岩角砾岩之中，即硅质蚀变体；平行于背斜轴部近东西向的逆断层（F_{101}、F_{105}）也有金矿化，普遍见有方解石、白云石化、雄黄（雌黄）化和辉锑矿等矿物。

1. 矿区地质

1）地 层

矿区出露和钻孔揭露的地层，自下而上主要包括中二叠统茅口组（P_2m）、上二叠统龙潭组（P_3l）、长兴组（P_3c）、大隆组（P_3d）、下三叠统夜郎组（T_1y）及永宁镇组第一段（T_1yn^1）（图10.7（a））。金矿体主要赋存在上二叠统龙潭组第二段（P_3l^2）中下部和龙潭组第一段（P_3l^1）顶部生物碎屑灰岩，以及茅口灰岩顶部的硅质蚀变体（Sbt）中（图10.7（b））。

A. 中二叠统

茅口组（P_2m）：为灰色中厚层至块状生物碎屑灰岩，局部夹浅灰色中厚层白云质灰岩，具有缝合线构造，产有纺锤虫、珊瑚等化石，厚度大于400m。

B. 上二叠统

硅质蚀变体（Sbt）：产于茅口组（P_2m）灰岩古溶蚀面之上和龙潭组（P_3l）底部，为一套深灰色强硅化灰岩、强硅化灰岩角砾岩、硅质岩及黏土岩角砾岩等，厚 $5.08 \sim 41.51$m，平均16.23m，并构成矿区的 Ia 矿体，平均品位 6.87×10^{-6}（刘建中，2001；夏勇，2005）。该蚀变体在东西长10km范围内都被钻孔揭露，可能是成矿流体的通道（Su et al.，2009a）。野外和镜下观察表明，角砾呈棱角状，大小悬殊，其成分含有 P_2m 顶部灰岩和 P_3l 底部黏土岩，胶结物主要为隐晶质石英、方解石或白云石等。岩石中常见斑块状和细脉网状白色、绿色石英，偶见辉锑矿及片状石膏等。岩石普遍具有硅化、黄铁矿化、雄黄（雌黄）和辉锑矿化等热液蚀变，被解释为构造与热液交代作用的产物（刘建中，2001）。

龙潭组（P_3l）：主要为粉砂岩、粉砂质黏土岩和黏土岩，夹生物碎屑灰岩和碳质黏土岩及煤线

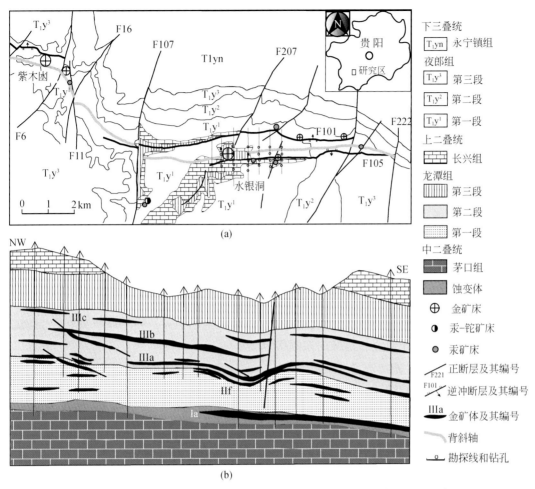

图 10.7　水银洞金矿床平面（a）与剖面（b）地质图（据刘建中，2001 修改）

（层），总厚度 217.80～360.09m。根据钻孔资料，自上而下可分为三个岩性段：

第一段（P_3l^1）：上部为灰色、灰白色中厚层条带状细砂岩夹深灰色薄层黏土质粉砂岩；下部为深灰色薄层粉砂岩与条带状黏土质粉砂岩互层，总厚度 45.22～105.19m，常见雄黄（雌黄）和星点状辰砂等矿物。

第二段（P_3l^2）：深灰至灰黑色薄至中厚层粉砂质黏土岩、黏土质粉砂岩夹灰色中厚层粉砂岩、灰黑色薄层碳质黏土岩及 2～3 层煤线，以及 3 层 1～2m 深灰色硅化生物屑灰岩。其底部煤线作为龙潭组第二段与第一段之间的分层标志。厚度 69.57～130.22m。

第三段（P_3l^3）：上部为灰黑色薄层黏土质粉砂岩夹 0.3～1.2m 无烟煤；中部为深灰色中厚层粉砂质黏土岩、粉砂岩和生物碎屑灰岩；下部为深灰色中厚层细砂岩、黏土质粉砂岩夹碳质黏土岩、1～2 层煤线及泥灰岩；底部为 2～3m 灰色中厚层生物碎屑灰岩。厚度 69.12～116.40m。

长兴组（P_3c）：中上部为灰色、灰黑色中厚层钙质黏土岩、薄层状黏土岩与深灰色中厚层生物灰岩及条带状砂屑灰岩互层；下部为深灰色厚层含燧石条带或团块细晶生物碎屑灰岩。产有腕足类、珊瑚、菊石、双壳类化石。厚度 47～52.63m，与下伏地层呈整合接触。

大隆组（P_3d）：深灰色中厚层钙质黏土岩，其底部含有 15～20cm 浅黄绿色蒙脱石黏土岩。产有菊石、腕足和双壳类生物化石。厚度 1.15～9.29m，与下伏地层呈整合接触。

C. 下三叠统

夜郎组（T_1y）：主要为灰岩、泥灰岩、黏土岩及粉砂岩等。按其岩性分为三段：

第一段（T_1y^1）：上部为粉砂质黏土岩夹条带状泥灰岩；中部为深灰色中厚层条带状泥灰岩；下部为灰绿色中厚层粉砂质黏土岩。产有双壳类、腕足类、菊石等生物化石，总厚度275.2m。

第二段（T_1y^2）：浅灰色厚层鲕粒灰岩夹泥质条纹状灰岩，厚度154.5m。

第三段（T_1y^3）：紫红色粉砂质黏土岩夹泥灰岩和鲕粒灰岩，产有双壳类、腕足类等生物化石，总厚度106.8m。

永宁镇组（T_1yn）：仅出露第一段中下部。中部为灰色中厚层状灰岩、鲕粒灰岩夹薄层粉砂岩、黏土质粉砂岩；下部为灰色中厚层蠕虫状灰岩夹薄层泥灰岩，厚度大于100m，与下伏地层整合接触。

2) 矿田构造

矿区主要发育东西向褶皱和断裂，其次为南北向和北东向（图10.7（a））。

灰家堡背斜：东起者相，西至老王箐附近，全长约20km，宽约6km，为一近东西向、向东倾没的宽缓短轴背斜。背斜两翼地层产状较缓，倾角一般为10°～20°，并分别被两条近东西向、"对冲式"的逆冲断裂F_{101}和F_{105}切割。背斜核部向两翼300m范围内控制了水银洞金矿床的产出。背斜西端产有紫木凼、太平洞等金矿床。

赵家坪背斜：西起赵家坪村，东止于者相镇，走向近东西，长约8.5km，宽仅数十米，为F_{105}逆冲断层上盘牵引褶曲，局部地层发生倒转。背斜核部虚脱空间控制水银洞金矿床断裂型矿体的产出。

河坝头背斜：为灰家堡背斜南翼叠加的次级背斜，地表长约1.1km。核部地层为P_3l^3，两翼为P_3c和P_3d，倾角15°～25°，轴面近于直立，褶皱向东倾伏。

河坝头向斜：为灰家堡背斜南翼叠加的次级褶皱，地表长约1.2km。核部最新地层为T_1y^1，两翼为P_3c、P_3d和P_3l^3，褶曲轴面向北倾斜。

F_{101}逆冲断层：产于灰家堡背斜北翼近轴部、向北倾斜的逆冲断层，长约13km，倾角50°～55°，垂直断距30～100m，破碎带宽2～6m。上盘地层牵引成单斜构造，下盘在杨家田水库、谢家桥一带发育有呈雁行排列的牵引向斜构造。断裂带内常见硅化、方解石化、黄铁矿化、雄黄（雌黄）化等热液蚀变，并控制普子坳、肥皂山、背阴坡金矿点的产出。

F_{105}逆冲断层：产于灰家堡背斜南翼近轴部、向南倾斜的逆冲断层，地表长约10.5km，倾角45°～55°，垂直断距10～50m，破碎带宽2～25m。断层下盘地层较为完整，上盘地层牵引形成赵家坪背斜。断裂带内常见硅化、方解石化、黄铁矿化、毒砂化、雄黄（雌黄）化等热液蚀变，并控制水银洞金矿床断裂型矿体的产出。

除此之外，矿区还发育一系列近南北向和北东向褶皱和高角度正断层，并控制汞（铊）矿床的产出。

2. 矿体地质

1) 矿体形态与空间分布

目前，水银洞金矿区分为三个勘探区块，即中矿段、东矿段和西矿段，其中中矿段已投入生产，年产黄金约3t；东矿段正在勘探，钻孔见矿率达95%以上，最深见矿深度约1400m（ZK45301）（刘建中等，2007）。

中矿段经钻孔工程控制，圈定矿体23余个。矿体主要呈似层状、透镜状产于龙潭组生物碎屑灰岩之中，具有厚度薄（1～2m）、品位富（平均16g/t）、空间上多个矿体上下排列的特点（图10.7（b））。主要矿体自上而下分别为（夏勇，2005）：

Ⅲc矿体：层状、似层状产于灰家堡背斜的南翼，赋存在龙潭组第二段中部层状生物碎屑灰岩之中。矿体倾向南或北，倾角5°～10°，东西长约630m，南北宽80～200m，平均厚度约1.91m，平均品位16.19×10^{-6}，金属量12.12t（夏勇，2005）。

Ⅲb矿体：似层状产于灰家堡背斜近轴部，赋存在龙潭组第二段中下部的生物碎屑灰岩之中。矿体顶板为粉砂质黏土岩，底板为碳质黏土岩及煤线。矿体倾向南或北，倾角5°～10°，东西长约1100m，南北宽50~350m，距Ⅲc矿体底板约30m，平均厚度约1.68m，平均品位13.95×10⁻⁶，金属量8.43t。

Ⅲa矿体：似层状、透镜状产于灰家堡背斜近轴部，赋存在龙潭组第二段底部含泥质生物碎屑灰岩之中。矿体顶板为粉砂质黏土岩，底板为含碳质黏土岩。矿体倾向南或北，倾角5°~10°，东西长约800m，宽50~330m。距Ⅲb矿体底板10~15m，平均厚度约1.78m，平均品位17.56×10⁻⁶，金属量12.33t。

Ⅱf矿体：层状、似层或状透镜体产于灰家堡背斜轴部，赋存在龙潭组第一段顶部含泥质生物屑砂屑灰岩之中。距Ⅲa矿体底板5~10m，矿体顶底板均为粉砂质黏土岩。矿体倾向南或北，倾角5°~10°。由几个不连续的矿体组成，东西长80~600m，宽50~220m，平均厚度约1.76m，平均品位14.65×10⁻⁶，金属量5.63t。

Ⅰa矿体：似层状产于灰家堡背斜轴部，赋存在龙潭组底部与茅口组灰岩古溶蚀面之上的蚀变体中。其岩性主要为深灰色强硅化灰岩、强硅化灰岩角砾岩、硅质岩及黏土岩角岩等，具有厚度大、品位低的特点。矿体倾向南或北，倾角10°左右，东西长约500m，宽630余米，平均厚度3.11m，平均品位6.87×10⁻⁶，金属量7.06t。

除此之外，还有部分矿体产于断裂破碎带中，如F₁₆₂、F₁₆₃等，获得储量2.83t。

2）矿石矿物组合

初步统计，原生矿石中共发现20余种矿物。金属矿物主要有黄铁矿、含砷黄铁矿、毒砂、自然金、雄黄、雌黄、辉锑矿、辰砂等，其中以黄铁矿和含砷黄铁矿为主，占金属矿物总量的95%以上，其次是毒砂，约占5%。主要载金矿物为含砷黄铁矿和毒砂；脉石矿物主要有石英、方解石、白云石、绢云母、高岭石，以及少量萤石等。

3）围岩蚀变

镜下观察和电子探针分析表明，原生矿石具有去碳酸盐化、硅化、硫化物化等典型卡林型金矿围岩蚀变特征，其中去碳酸盐化、硅化、白云石化、黄铁矿化、毒砂化与金矿化最为密切。

去碳酸盐化：是指碳酸盐矿物的溶解，即热液交代赋矿围岩中的碳酸盐矿物或钙质胶结物，如方解石和白云石等。镜下观察表明，水银洞金矿床的去碳酸盐化，主要表现为含硅质热液交代生物碎屑灰岩中的含Fe方解石和白云石（图10.8（a）），以热液石英颗粒内部普遍含有生物碎屑灰岩中的含Fe方解石和白云石或磷灰石等矿物残留体为主要特征，同时伴随含砷黄铁矿和毒砂等含金硫化物的聚集（图10.8（d））。

硅化：野外和镜下观察表明，硅化至少可分为三期。早期硅化主要表现为面型隐晶质硅化和乳白色石英粗脉。前者见于茅口灰岩古溶蚀面之上的硅质蚀变体，后者产于矿体内部或断裂带之中，呈透镜体或顺层脉状产出，并被多次破碎，很少见有黄铁矿等硫化物。单个流体包裹体成分的LA-ICP-MS分析显示，这种乳白色石英脉中的流体包裹体含有较高的Au、As和Sb等成矿元素，而不含Fe（后文），认为是成矿早期的产物；与金矿化有关的硅化，则主要表现为含硅质热液交代生物碎屑灰岩中的含Fe方解石和白云石。热液石英颗粒细小，其内部普遍含有类似于赋矿围岩（生物碎屑灰岩）中的含Fe方解石、白云石或磷灰石等矿物残留体，含砷黄铁矿和毒砂等含金硫化物常见于石英颗粒内部或粒间（图10.8（d））。这种显微结构特征类似于碧玉质石英（Jasperoid quartz）（Lovering，1972），被解释为热液交代碳酸盐岩（去碳酸盐化）的结果（苏文超等，2006；Su et al.，2009a）；晚期硅化多呈细脉网状充填在赋矿围岩去碳酸盐化之后形成的溶蚀空洞、节理或裂隙，少数呈碎裂状、透镜体或角砾状产出于断层破碎带之中，并含有雄黄（雌黄）、辉锑矿等硫化物。

黄铁矿化：指热液成因黄铁矿和含砷黄铁矿，其中含砷黄铁矿是主要载金矿物之一。Au主要赋存在细粒含砷黄铁矿（图10.8（c））和黄铁矿的含As环带中（图10.8（g））。根据含砷黄铁矿的形态和结构特征，将其分为四种类型：①细粒生物碎屑状含砷黄铁矿，以交代生物碎屑并保持生物体遗迹为特征（图10.8（c）），并伴随白云石化；②细粒含砷黄铁矿，呈浸染状或集合体分布在石英颗粒内部（图10.8（d））或粒间（图10.8（b））；③环带状黄铁矿，以含As的外环和不含As的内核为特征（图10.8（e）~（h）），呈浸染状分布在含Fe方解石的溶蚀空洞和赋矿围岩之中，尤其是黏土质粉砂岩。Au主要赋存在黄铁矿的含As环带（Su et al.，2008）；④细脉状含砷黄铁矿，见于碧玉质石英细脉与含Fe碳酸盐围岩

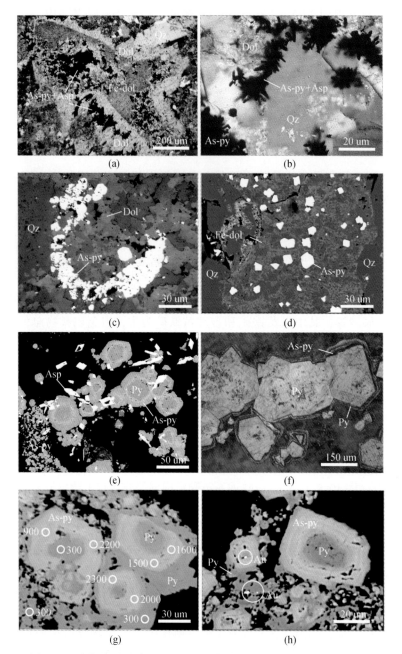

图 10.8　水银洞金矿床原生矿石显微结构特征（据 Su et al.，2012）

Fe-dol. 含铁白云石；Dol. 白云石；Qz. 石英；As-py. 含砷黄铁矿；Py. 黄铁矿；Asp. 毒砂；Au. 自然金

之间。在一条含砷黄铁矿细脉中共发现 100 余粒显微-次显微自然金颗粒（0.1~6 μm）（苏文超等，2006；Su et al.，2008；张弘弢等，2008）。这些自然金颗粒主要分布在含砷黄铁矿颗粒内部或边缘（图 10.8（h）），偶见于含 Fe 方解石的溶蚀空洞（Su et al.，2008）。

毒砂化：毒砂呈浸染状或集合体分布在碧玉质石英颗粒边缘（图 10.8（b））。针状、板状毒砂通常沿含砷黄铁矿边缘分布（图 10.8（b）、（e）），显然形成于含砷黄铁矿之后，也是主要载金矿物之一。按其晶体形态和产状，一般可分为两个世代，早世代毒砂呈自形-半自形板状，多与含砷黄铁矿形成连晶体；晚世代毒砂呈自形-半自形针状，呈晶簇状或放射状沿含砷黄铁矿边缘生长。

雄黄（雌黄）化：主要以雄黄（雌黄）-方解石-白云石脉的形式产出，常见于断裂破碎带之中，如 F_{101} 和 F_{162} 断裂等，并具有弱的金矿化。

白云石化：原生矿石中的白云石颗粒细小，常与含砷黄铁矿和毒砂密切共生（图10.8（a））。电子探针分析表明，这种白云石一般都不含Fe或其含量极低，被解释为含Fe白云石溶解（去碳酸盐化）重新沉淀的产物（Su et al.，2009）。

方解石化：方解石主要呈脉状，充填在矿体内部裂隙、背斜轴部附近的张性节理或断裂带中，与辉锑矿、雄黄（雌黄）等密切共生。

4）成矿阶段及矿物生成顺序

根据野外地质观察，结合矿石结构构造、矿物共生组合以及围岩蚀变特征，将水银洞金矿成矿作用划分为三个成矿阶段（图10.9）：

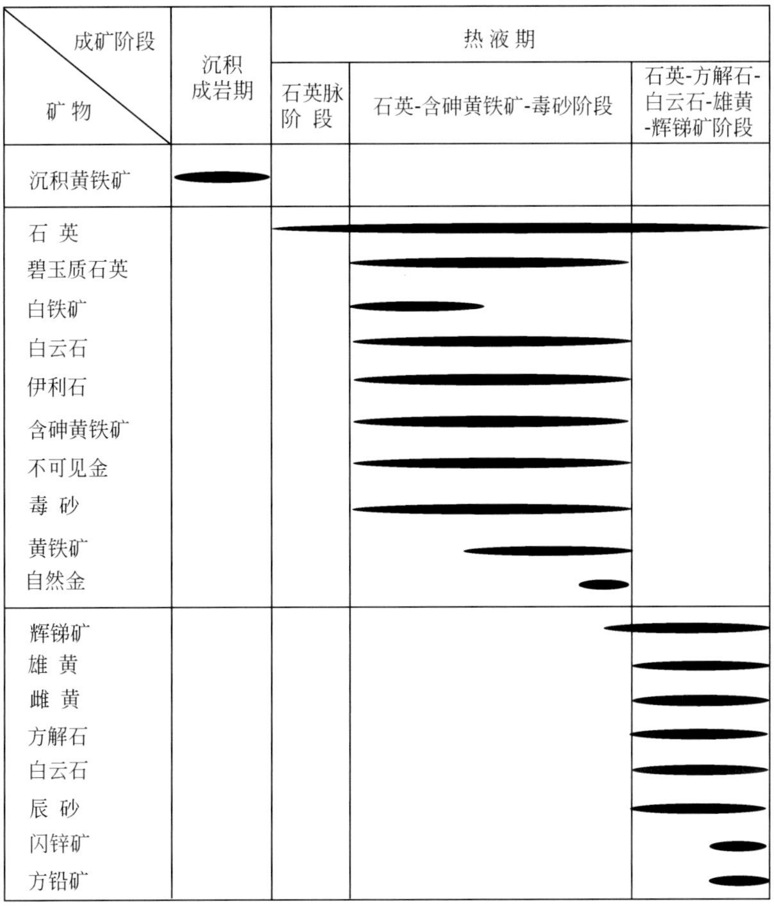

成矿阶段 / 矿物	沉积成岩期	热液期		
		石英脉阶段	石英-含砷黄铁矿-毒砂阶段	石英-方解石-白云石-雄黄-辉锑矿阶段
沉积黄铁矿	━━			
石英			━━━━━━━━	
碧玉质石英			━━━━━━	
白铁矿			━━━	
白云石			━━━	
伊利石			━━━━━	
含砷黄铁矿			━━━━━━	
不可见金			━━━━━	
毒砂			━━━━━	
黄铁矿			━━━	
自然金			━	
辉锑矿				━━━
雄黄				━━━━
雌黄				━━━━
方解石				━━━━
白云石				━━━
辰砂				━━━
闪锌矿				━━
方铅矿				━━

图10.9　水银洞金矿床矿物组成及其生成顺序（据Su et al.，2009a）

石英脉阶段：主要为乳白色石英脉，呈透镜体或顺层脉状产于矿体内部或断裂破碎带之中。有时见有石英-含砷黄铁矿-毒砂细脉被方解石-雄黄（雌黄）细脉穿插，是成矿早期的产物。

碧玉质石英-石英细脉-含砷黄铁矿-毒砂阶段：主要由碧玉质石英、石英细脉、白云石、含砷黄铁矿、毒砂，以及自然金等矿物组成，其中含砷黄铁矿和毒砂为主要载金矿物。该阶段石英颗粒内部普遍含有赋矿围岩（生物碎屑灰岩）中的含Fe方解石和白云石或磷灰石等矿物残留体，类似于碧玉质石英。这种石英颗粒内部和边缘，常见含砷黄铁矿和毒砂等含金硫化物（图10.8（b）、（d））。

石英-方解石（白云石）-辉锑矿-雄黄（雌黄）阶段：主要由石英、方解石、白云石、辉锑矿、雄黄（雌黄）、辰砂等矿物组成，呈脉状、团块状充填于溶蚀空洞、断裂破碎带或矿体顶板粉砂质黏土岩之中，并具有弱的金矿化。方解石或白云石常与辉锑矿、雄黄（雌黄）、辰砂等密切共生，认为是晚期成矿阶段的产物，与美国卡林型金矿床非常相似（Hofstra et al.，2000）。

二、丫他金矿床

　　丫他金矿床距册亨县城西南约15km。大地构造位于右江造山带内部，南盘江断裂北侧的册亨–巧马复式背斜之上。以细碎屑岩为主要容矿岩石，矿体主要受高角度逆冲断裂带控制（Su et al.，2009a），产于东西向磺厂背斜南翼高角度逆冲断裂带之中（图10.10）。目前已圈定矿体40余个，单个矿体长100～500m，垂深20～300m，水平厚度2～8m，平均品位3.13×10⁻⁶～5.69×10⁻⁶。其矿物组合、围岩蚀变特征与水银洞金矿床相似。

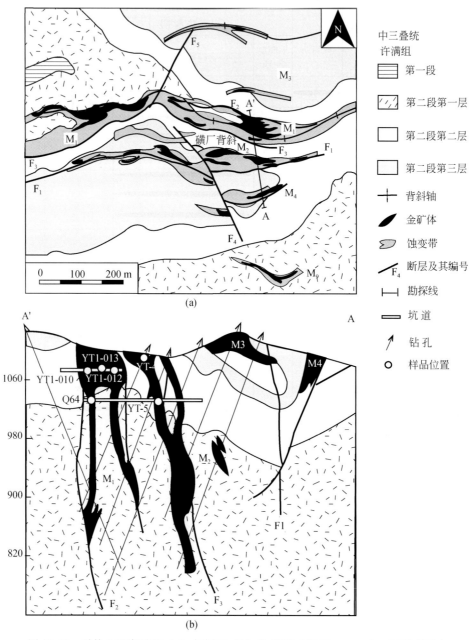

图10.10　丫他金矿床平面（a）与剖面（b）地质图（据Zhang et al.，2003修改）

1. 矿区地质

1）地 层

矿区仅出露中三叠统许满组第一段和第二段（图 10.10）。许满组第一段（T_2xm^1）以深灰色薄层状泥晶灰岩为主，顶部有 2～3m 厚薄层状泥质灰岩与钙质、粉砂质黏土岩互层，仅出露于磺厂背斜的轴部，钻孔中见有金矿化；许满组第二段（T_2xm^2）主要为粉砂岩与黏土岩互层。根据岩性韵律组合特征，从下至上可分为五个岩性层：

第一层（T_2xm^{2-1}）：薄层至中厚层状钙质黏土岩，夹粉砂岩、杂砂岩及薄层状泥晶灰岩透镜体。上部夹有 2～3 层中厚层状细砂岩，底部为中厚层钙质细砂岩，厚 25～65m，钻孔中见有金矿化。

第二层（T_2xm^{2-2}）：薄层至中厚层状黏土岩夹粉砂岩、细砂岩，厚 33～105m，是矿区的主要赋矿层位之一。

第三层（T_2xm^{2-3}）：上部为薄层至中厚层状黏土岩夹少量中厚层细砂岩；中部为中厚层细砂岩与黏土岩互层；下部为中厚层细砂岩夹薄层黏土岩，厚 65m，也是主要赋矿层位之一。

第四层（T_2xm^{2-4}）：中上部以薄层至中厚层黏土岩为主，夹薄层粉砂岩、细砂岩；下部为中厚层细砂岩夹薄层黏土岩，厚约 100m。

第五层（T_2xm^{2-5}）：上部为薄层至中厚层黏土岩夹少量砂岩；下部为中厚层钙质细砂岩夹薄层黏土岩、粉砂岩。

2）矿田构造

矿区褶皱和断裂构造十分发育。磺厂背斜控制了主要金矿带的展布（图 10.10）。背斜呈东西走向，长约 3000m，两翼倾角 35°～75°，北缓南陡，为一紧密线性褶皱。褶皱变形的强度与地层岩性有关，在厚层砂岩夹黏土岩地段，常形成舒缓状褶曲，而以黏土岩夹砂岩地段，则形成紧密挤压褶皱带，节理和裂隙发育，常见各种不同期次石英脉、方解石脉以及浸染状硫化物等。背斜两翼还发育东西向次级尖棱状褶曲和挤压逆冲断裂带，并控制了金矿带的展布。主要控矿断裂包括 F_1、F_2、F_3 和 F_6（图 10.10）。断裂带长 1000～1500m，走向近东西，倾向南，倾角 65°～90°。

2. 矿体地质

1）矿体形态与空间分布

经勘探工程，已揭九个金矿化带，大致呈东西向平行分布（图 10.10）。圈定矿体 40 余个，M_1、M_2、M_3、M_4 矿化带规模较大，其中 M_1 矿化带规模最大，主要受 F_2 和 F_3 断裂带的控制，长约 1500m，垂深 200m，水平厚度 40～60m，平均品位 $1×10^{-6}$～$3×10^{-6}$，倾向南，倾角 70°～90°（陶长贵等，1987）。矿体呈透镜状、脉状、分枝状产出，具有尖灭、复合、再现等特点。

2）矿石矿物

原生矿石主要矿物有黄铁矿、含砷黄铁矿、毒砂、辉锑矿、白铁矿、辰砂、雄黄、雌黄等，少量闪锌矿、方铅矿以及自然金等，其中以黄铁矿和含砷黄铁矿为主，约硫化物总量的 98%（陶长贵等，1987），其次为毒砂。主要载金矿物为含砷黄铁矿和毒砂；脉石矿物包括石英、白云石、方解石、伊利石等。

3）围岩蚀变

与水银洞层控型金矿床相似，丫他金矿床也具有去碳酸盐化、硅化、硫化物化等典型卡林型金矿围岩蚀变特征，其中去碳酸盐化、硅化、白云石化、黄铁矿化、毒砂化与金矿化最为密切。

去碳酸盐化：与水银洞金矿床不同，丫他金矿床去碳酸盐化主要表现为粉砂岩或砂岩中钙质胶结物的溶解。野外和镜下观察表明，去碳酸盐化主要发育在控矿断裂两侧的赋矿围岩中。越靠近断裂带或石英网脉，围岩去碳酸盐化作用越强，并常见黄铁矿和毒砂等含金硫化物（图 10.11（a）、（b）），局部可

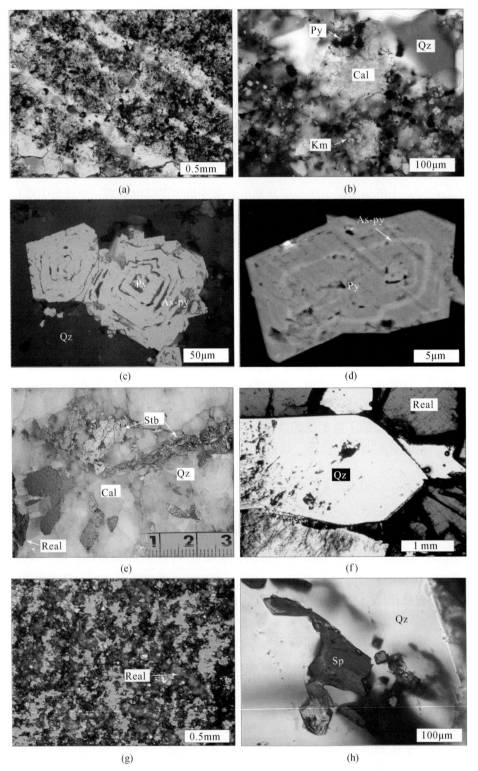

图 10.11　丫他金矿床原生矿石显微结构（据苏文超，2009）

Cal. 方解石；Km. 白云母；Qz. 石英；As-py. 含砷黄铁矿；Py. 黄铁矿；Sp. 闪锌矿；Real. 雄黄；Stb. 辉锑矿

见黄铁矿、雄黄、雌黄等充填于去碳酸盐化之后形成的溶蚀孔隙之中（图10.11（g））。与硅化有关的石英颗粒内部常见云母类、泥质或碳质物斑点，类似于碧玉质石英，是赋矿围岩去碳酸盐化的结果（Su et al.，2009a）。

硅化：可分为三期硅化。早期硅化主要表现为乳白色石英脉的发育，常见于控矿断裂带。以透镜状和粗脉状产出，类似于水银洞金矿顺层产出的乳白色石英脉，局部可见石英–黄铁矿–毒砂细脉被方解石–辉锑矿–雄黄（雌黄）细脉穿插（Su et al.，2009a）；与金矿化有关的硅化，主要为隐晶质玉髓和他形细粒状石英，呈不规则团块状或囊状。镜下观察，石英颗粒内部常含有类似于赋矿围岩中云母类、泥质或碳质物等残留体，含金黄铁矿或毒砂常见于石英颗粒的边缘，并伴随方解石化、白云石化等（图10.11（b））；晚期硅化则形成石英–方解石–辉锑矿–雄黄（雌黄）脉（图10.11（e）），偶见闪锌矿等硫化物（图10.11（h））。

黄铁矿化：主要呈浸染状产于断裂带两侧的赋矿围岩中，局部见有黄铁矿细脉沿石英细脉与围岩的接触界面分布。镜下观察和电子探针分析表明，至少有三个世代的黄铁矿。早世代黄铁矿以八面体、五角十二面体或其集合体为主，单矿物分析含有Au（83×10^{-6}）、As（1wt%～7wt%）（韩至钧等，1999；Ashley et al.，1991）；与矿化密切的黄铁矿，主要为环带状含砷黄铁矿（图10.11（c）～（d）），Au主要赋存在含砷环（Au 540×10^{-6}、As 10.73wt%）；晚世代黄铁矿呈自形立方体，与方解石、辉锑矿等矿物共生。

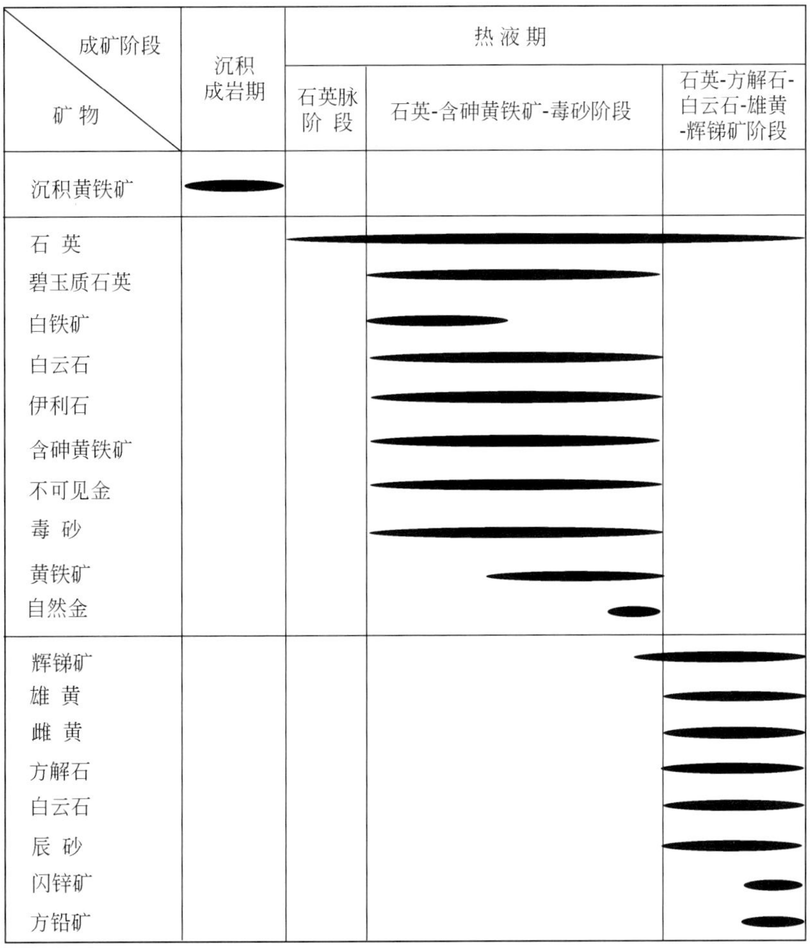

图10.12　丫他金矿矿物组成及其生成顺序（据Su et al.，2009a）

毒砂化：呈自形-半自形针状、板状，浸染状分布在赋矿围岩之中，局部见有毒砂细脉沿石英细脉与围岩的接触界面分布。与金矿化有关的毒砂，多沿含砷黄铁矿边缘放射状生长。

雄黄（雌黄）化：呈自形粒状、团块状和脉状，产于断裂破碎带和赋矿围岩去碳酸盐化之后的溶蚀空洞中（图10.11（g）），与石英、方解石、辉锑矿密切共生（图10.11(e)~(f)），并具有弱的金矿化。

辉锑矿化：主要呈自形针状或片状，与石英、方解石、雄黄（雌黄）密切共生（图10.11（e）），有时见有辉锑矿沿含砷黄铁矿边缘生长。

方解石化：主要以石英-方解石-辉锑矿-雄黄（雌黄）脉产于断裂破碎带。

4）成矿阶段及矿物生成顺序

根据野外地质观察，结合矿石结构构造、矿物共生组合以及围岩蚀变特征，将丫他金矿成矿作用划分为石英脉、碧玉质石英-石英细脉-含砷黄铁矿-毒砂、石英-方解石（白云石）-辉锑矿-雄黄（雌黄）三个成矿阶段（图10.12）。

第三节 含金硫化物矿物学与地球化学

在显微岩相学研究基础上，采用电子探针（EPMA）背散射电子图像（BSE）、波谱（WDS）和能谱（EDS）分析技术，对水银洞金矿床含金硫化物类型、显微结构特征、矿物学与地球化学，以及金的赋存状态等进行系统研究，可以为该类型金矿进一步优化矿石选冶流程、约束成矿条件及金沉淀富集机制等提供重要信息。

一、含金硫化物矿物学

1. 样品与分析方法

本次研究的原生矿石样品采自水银洞金矿床 IIIb 富矿体，主要为硅化生物碎屑灰岩，Au 含量约 $10 \times 10^{-6} \sim 48 \times 10^{-6}$，主要由石英、方解石、白云石及浸染状硫化物等矿物组成。金属硫化物主要为含砷黄铁矿和毒砂，其中含砷黄铁矿约占金属硫化物总量的95%以上。

镜下和电子探针观察表明，含砷黄铁矿呈浸染状或集合体，分布在不含 Fe 的白云石（图10.8（a））、碧玉质石英颗粒边缘（图10.8（b））或其内部（图10.8（d））。毒砂多见于含砷黄铁矿的边缘（图10.8（e）），说明毒砂形成于含砷黄铁矿之后。根据矿物的形态和结构特征，矿石中见四种类型的含砷黄铁矿：①细粒生物碎屑状含砷黄铁矿，以交代生物碎屑并保持生物体遗迹为特征（图10.8（c）），并伴随白云石化；②细粒含砷黄铁矿，呈浸染状或集合体分布在石英颗粒内部（图10.8（d））或石英颗粒粒间（图10.8（b））。这些石英颗粒内部普遍含有类似于赋矿围岩中的含 Fe 方解石、白云石或磷灰石等矿物残留体，这种显微结构特征类似于碧玉质石英（Lovering，1972），被解释为热液交代碳酸盐（去碳酸盐化）的结果（Su et al.，2009a）；③环带状黄铁矿，以含 As 的外环和不含 As 的内核为特征（图10.8（e）~（h）），呈浸染状分布在碧玉质石英颗粒之间或含 Fe 方解石的溶蚀空洞；④细脉状含砷黄铁矿，见于碧玉质石英细脉与含 Fe 碳酸盐围岩之间。这种含砷黄铁矿细脉通常见有次显微-显微（0.1~6μm）自然金颗粒（苏文超等，2006；Su et al.，2008）。自然金颗粒主要分布在含砷黄铁矿颗粒边缘或不含砷黄铁矿内部（图10.8（h）），偶见于含 Fe 方解石的溶蚀空洞。

在系统显微岩相学研究基础上，采用电子探针（EPMA）背散射电子图像（BSE）、波谱（WDS）和能谱（EDS）分析技术，选择不同类型含砷黄铁矿和毒砂进行成分分析。整个实验在中国科学院地球化学研究所矿床地球化学国家重点实验室完成。所用仪器为日本岛津 EPMA-1600 型电子探针仪，EDAX 公司的 Genesis 能谱仪和波谱仪。测试条件：①EDS，加速电压为 25kV，束流为 4nA；②WDS，25kV，10nA测定 Fe、S、As；25kV，40nA 测定 Au，束斑大小为 1μm。采用 SPI 国际标样：FeS_2、GaAs、自然金、$(Fe, Ni)_9S_8$、Sb_2S_3、HgS、Sb_2Te_3、Bi_2Se_3 分别用于测定 Fe、S、As、Au、Ni、Sb、Hg、Te 和 Se 的含量。

2. 含金硫化物类型

物相分析表明，水银洞金矿床约85%的金赋存在硫化物之中，其次是以黏土类为主的硅酸盐矿物（10%）和碳酸盐矿物（5%）等（刘建中等，未发表资料）。硫化物主要为黄铁矿、含砷黄铁矿和毒砂，少量雄黄（雌黄）和辉锑矿等。前人初步研究表明，黄铁矿含 Au $500\times10^{-6}\sim6000\times10^{-6}$、As 0.33 wt% ~ 7.26wt%，是主要载金矿物之一（刘建中等，2003；付绍洪等，2004）。

1）含砷黄铁矿（Fe（As，S）$_2$）

根据其形态、产状及其结构特征，将其划分为四种类型。

A. 生物碎屑状含砷黄铁矿

该类型含砷黄铁矿以热液交代各种生物碎屑并保留生物体遗迹为其特征（图10.13（a）~（b））。被交代的生物碎屑种类繁多，包括珊瑚、海绵、藻类、腕足类、棘皮类、有孔虫和腹足类等。镜下观察和电子探针背散射（BSE）图像显示，生物碎屑边缘或中心多被热液交代，表现为硅化或完全被细粒（5~20μm）含砷黄铁矿集合体充填，并保留生物体遗迹（图10.13（b））。

B. 环带状含砷黄铁矿

电子探针背散射电子图像（BSE）和薄片染色处理（高锰酸钾+硫酸）显示，该类型黄铁矿通常由不含 As 内核、含 As 内环和不含 As 外环组成（图10.8（g）；图10.13（c）~（d）），呈浸染状或集合体分布在碧玉质石英颗粒之间或含 Fe 方解石的溶蚀空洞。不含 As 内核黄铁矿呈不规则状、自形–半自形或草莓状，类似于沉积成因的黄铁矿；含 As 内环部分溶蚀交代内核或沿内核边缘生长，环带直径一般为5~30μm；不含 As 黄铁矿外环沿含 As 的环带生长，是热液叠加的产物。电子探针成分分析表明，这种类型黄铁矿的内核和外环都不含 Au 和 As，而含 As 环带含有较高的 Au（$900\times10^{-6}\sim3000\times10^{-6}$）和 As（3.16wt%~12.13wt%）（苏文超等，2006；张弘弢，2007）。这种黄铁矿成分环带，反映了成矿流体由富含 Au、As 向贫 Au、As 的方向演化。

C. 细粒含砷黄铁矿

该类型含砷黄铁矿多为半自形–他形粒状，浸染状或集合体分布在碧玉质石英颗粒内部（图10.8（d））或石英颗粒粒间（图10.13（e）），粒径一般小于30μm。常见细粒（<5μm）含砷黄铁矿溶蚀交代粗粒（5~30μm）含砷黄铁矿，或沿粗粒含砷黄铁矿边缘生长，表明至少有两期含 Au、As 的热液活动。粗粒含砷黄铁矿可能形成于相对稳定的物理化学环境，在相对长的时间内充分结晶生长；而细粒含砷黄铁矿的形成可能与成矿物理化学环境的快速变化有关。

D. 细脉状含砷黄铁矿

含砷黄铁矿呈细脉状，分布在碧玉质石英细脉与含 Fe 碳酸盐围岩之间（图10.13（f））。石英细脉呈弯曲状，颗粒极细，普遍含有类似于赋矿围岩中的含 Fe 方解石、白云石或磷灰石等矿物残留体，局部可见含砷黄铁矿聚集于石英颗粒之间。这种显微结构特征类似于碧玉质石英，被解释为热液交代碳酸盐（去碳酸盐化）的结果。含砷黄铁矿细脉（27mm×0.3mm），呈弯曲状沿石英细脉的边界分布，并被两条晚期不含 Fe 的方解石细脉所切穿。电子探针 BSE 图像、EDS 和 WDS 分析显示，这条黄铁矿细脉至少由两个世代、极细（0.1~30μm）的含砷黄铁矿组成。早世代的含砷黄铁矿（As-py I），呈自形–半自形，粒度较粗（5~30μm），含 As 3.16wt%~9.90wt%，平均6.18wt%；晚世代的含砷黄铁矿（As-py II），多呈他形，粒度极细（0.1~3μm），含 As 5.71wt%~12.13wt%，平均9.48 wt%，并溶蚀交代早世代的含砷黄铁矿。在这条细脉状含砷黄铁矿中，还发现100余粒次显微–显微自然金颗粒（0.1~6μm）（苏文超等，2006；Su et al.，2008）。

2）毒砂（FeAsS）

毒砂也是水银洞金矿床的载金矿物之一。一般呈浸染状或集合体分布碧玉质石英颗粒边界或不含 Fe 的白云石内部（图10.8（a）~（b）），局部沿含砷黄铁矿或白铁矿边缘生长。根据其形态、粒度以及产状，至少可分为两个世代。

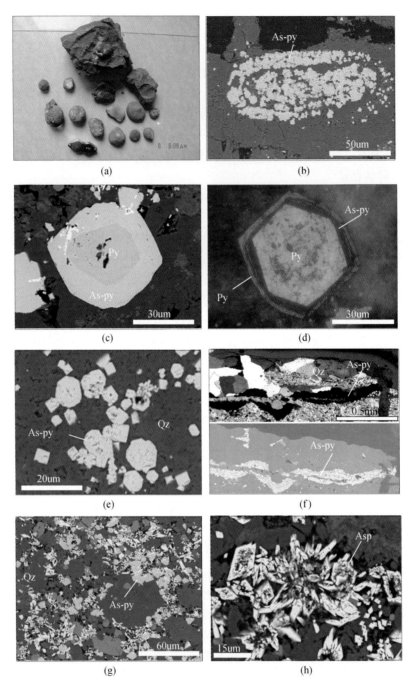

图 10.13　水银洞金矿床含金硫化物类型及其显微结构特征

（a）原生矿石中具有硅化和黄铁矿化的各种化石；（b）生物碎屑状含砷黄铁矿（BSE）；（c）和（d）环带状含砷黄铁矿（BSE；高锰酸钾+酸性溶液染色处理）；（e）细粒含砷黄铁矿（BSE）；（f）细脉状含砷黄铁矿（BSE）；（g）针状毒砂与含砷黄铁矿共生；（h）板状毒砂（BSE）。图例同图 10.8

A. 板状毒砂

主要呈长方形、菱形集合体分布在碧玉质石英颗粒之间（图 10.13（h））。单晶体内部呈多孔状，粒径大于 $20\mu m$。电子探针分析显示，板状毒砂的 Au 含量普遍较低，一般为 $400\times10^{-6}\sim800\times10^{-6}$。

B. 针状毒砂

自形-半自形针状，浸染状或集合体沿含砷黄铁矿或板状毒砂边缘呈放射状生长（图 10.13（g）），粒径小于 $20\mu m$。电子探针分析结果显示，针状毒砂的 Au 含量主要集中在 800×10^{-6} 左右，最高可达 1500×10^{-6}。

二、含金硫化物地球化学

1. 含砷黄铁矿和毒砂中 Au 含量

利用电子探针波谱（WDS）分析技术，对水银洞金矿床原生矿石中不同类型含砷黄铁矿（150 余粒）和毒砂（13 粒）进行了 Fe、S、As、Au 和其他微量元素含量分析，其分析结果列于表 10.1。

含砷黄铁矿中 Fe、S、As 的含量分别为 40.03wt% ~ 47.00wt%、44.74wt% ~ 54.57wt%、3.37wt% ~ 32.41wt%。不同类型和世代的含砷黄铁矿，Au 含量没有明显差别，一般含有 Au 0.07wt% ~ 0.38wt%（700×10^{-6} ~ 3800×10^{-6}）。同时，含有 Sb（0.03wt% ~ 0.12wt%）、Co（0.03wt% ~ 0.05wt%），其他元素含量，如 Ni、Se 和 Te 低于其仪器检测限。

毒砂中 Fe、S、As 的含量分别为 32.41wt% ~ 36.30wt%、21.88wt% ~ 36.09wt%、41.54wt% ~ 47.22wt%。As/S 原子值 0.73 ~ 0.93，低于标准毒砂的 As/S 值（1∶1）。毒砂中的 Au 含量较低，一般为 0.03wt% ~ 0.15wt%（300×10^{-6} ~ 1500×10^{-6}）。

在 As-S 的关系图上，含砷黄铁矿和毒砂中的 As 与 S 具有明显负相关关系（图 10.14（a）），毒砂位于高 As 端元，而含砷黄铁矿则处于高 S 端元，表明 As 替代 S 进入黄铁矿和毒砂的结构（Fleet et al.，1997；Reich et al.，2005）；而 Au 与 As 之间不是前人认为的线性正相关关系，而是分布在一个楔形空间（图 10.14（c））；Au 与 Fe 没有明显的线性关系（图 10.14（d））。在 S-As-Fe 三角图解中（图 10.15），所有数据点沿 30mol% Fe 线附近分布。

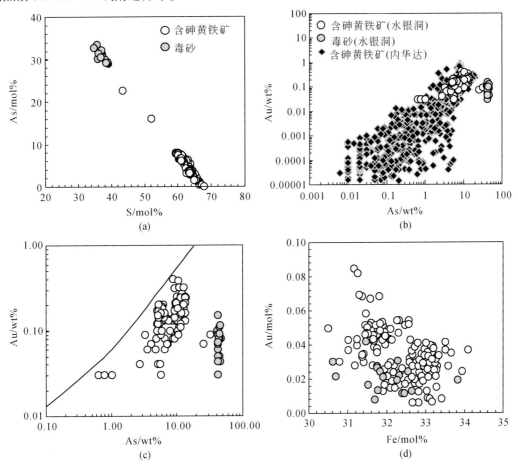

图 10.14 水银洞金矿床含砷黄铁矿和毒砂 Au、As、S、Fe 关系图解（据苏文超，2009）

图（c）中线段示含砷黄铁矿中 Au 的溶解度极限曲线（Reich et al.，2005）

Reich 等（2005）利用电子探针（EMPA）和二次离子探针（SIMS）对美国卡林型金矿床中含砷黄铁矿进行了大量成分分析，也发现含砷黄铁矿 Au 与 As 呈楔形分布（图 10.14（b）），并提出 Au 在含砷黄铁矿中的溶解度极限方程（$C_{Au}=0.02 \times C_{As}+4 \times 10^{-5}$）。结合 X 射线吸收近边结构（XANES）和扩展-X 射线吸收精细结构（EXAFS）微束分析技术进一步研究发现，纳米级自然金颗粒（Au^0）往往出现在上述方程曲线上方的区域，化学结合态金（Au^{1+}）则位于曲线下方的楔形空间。本次研究所有含砷黄铁矿样品数据，全部落在 Au^{1+} 分布的楔形区域（图 10.14（c）），推测水银洞金矿床含砷黄铁矿中的"不可见金"，可能主要以化学结合态金（Au^{1+}）的形式进入含砷黄铁矿的结构。

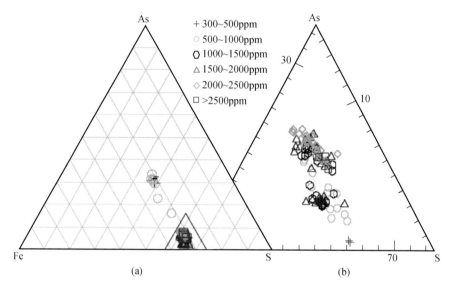

图 10.15　水银洞金矿含砷黄铁矿和毒砂 S-As-Fe 三角图解（张弘弢，2007）

（b）为（a）中三角形放大部分

2. 含砷黄铁矿中 Au 分布规律

利用电子探针扫面分析技术，对含砷黄铁矿中的 Au、As、Fe 和 S 元素分布规律进行了研究，其结果见表 10.1 和图 10.16。

表 10.1　水银洞金矿床含砷黄铁矿和毒砂电子探针分析结果　　　　　　（单位：wt%）

测点号	形态	结构	Fe (0.03)	S (0.05)	As (0.03)	Co (0.03)	Se (0.01)	Sb (0.03)	Au (0.03)	Hg (0.05)	总和
					黄铁矿						
Pd113-01	S	O	43.81	47.18	11.13	0.04	b. d.	b. d.	0.15	b. d.	102.31
Pd113-02	S	O	42.96	46.31	12.40	0.04	b. d.	b. d.	0.22	b. d.	101.93
Pd113-03	E	FGD	46.18	53.95	0.65	0.04	b. d.	b. d.	0.03	b. d.	100.85
Pd113-04	A	O	42.66	46.34	13.32	0.04	0.01	b. d.	0.23	b. d.	102.60
Pd113-05	E	O	45.96	53.99	0.79	0.04	b. d.	b. d.	0.03	b. d.	100.81
Pd113-06	S	O	42.75	47.54	10.95	0.03	0.03	b. d.	0.12	b. d.	101.42
Pd113-07	E	FGD	45.42	53.25	1.03	0.05	b. d.	b. d.	0.03	b. d.	99.78
Pd113-09	A	O	42.61	46.60	12.79	0.04	b. d.	0.05	0.22	b. d.	102.31
Pd113-10	A	O	42.46	46.12	12.53	0.04	b. d.	0.04	0.23	b. d.	101.42
Pd113-11	S	O	42.45	47.68	11.36	0.04	b. d.	0.04	0.22	b. d.	101.79

测点号	形态	结构	Fe (0.03)	S (0.05)	As (0.03)	Co (0.03)	Se (0.01)	Sb (0.03)	Au (0.03)	Hg (0.05)	总和
					黄铁矿						
Pd113-12	S	FGD	42.05	47.05	12.19	0.04	0.02	0.05	0.24	b.d.	101.64
Pd113-13	S	O	42.55	48.43	10.20	0.04	b.d.	b.d.	0.25	b.d.	101.47
Pd113-14	S	O	42.08	47.08	11.62	0.03	b.d.	b.d.	0.21	b.d.	101.02
Pd113-15	S	O	45.27	53.41	1.24	0.04	b.d.	b.d.	b.d.	b.d.	99.96
Pd113-16	S	O	42.47	46.11	12.15	0.03	b.d.	b.d.	0.13	b.d.	100.89
Pd113-17	S	O	42.19	46.48	13.56	0.04	b.d.	0.05	0.13	b.d.	102.45
Pd113-18	S	O	42.23	45.63	14.11	0.04	b.d.	b.d.	0.24	b.d.	102.25
Pd113-19	S	O	42.53	47.09	11.70	0.04	b.d.	0.03	0.25	b.d.	101.64
Pd113-20	S	O	44.90	51.71	5.02	0.03	b.d.	b.d.	0.08	0.06	101.80
Pd113-21	S	O	42.10	45.71	12.68	0.03	b.d.	b.d.	0.20	b.d.	100.72
Pd113-22	S	O	42.33	45.08	13.35	0.04	b.d.	0.03	0.25	b.d.	101.08
Pd113-23	S	O	42.45	45.31	13.45	0.04	b.d.	0.03	0.25	b.d.	101.53
Pd113-24	S	O	42.89	46.89	12.62	0.04	b.d.	b.d.	0.21	b.d.	102.65
Pd113-25	E	FGD	43.08	48.09	10.44	0.03	b.d.	0.05	0.19	b.d.	101.88
Pd113-26	E	O	46.57	54.57	1.12	0.05	b.d.	0.08	b.d.	0.06	102.45
Pd113-27	E	O	45.89	53.08	0.81	0.05	b.d.	b.d.	b.d.	b.d.	99.83
Pd113-28	E	FGD	41.86	46.17	13.04	0.03	b.d.	0.03	0.18	b.d.	101.31
Pd113-29	E	FGD	42.19	47.58	10.42	0.04	b.d.	b.d.	0.21	b.d.	100.44
Pd113-30	E	FGD	42.60	48.78	8.67	0.04	b.d.	b.d.	0.13	b.d.	100.22
Pd113-31	E	FGD	40.74	47.45	10.55	0.03	b.d.	b.d.	0.17	0.05	98.99
Pd113-32	E	FGD	42.05	48.70	9.26	0.03	b.d.	b.d.	0.14	b.d.	100.18
Pd113-33	E	FGD	42.29	47.51	9.98	0.04	b.d.	b.d.	0.20	b.d.	100.02
Pd113-34	E	FGD	41.55	46.74	10.60	0.04	b.d.	b.d.	0.22	b.d.	99.15
Pd113-35	E	O	41.87	49.19	8.90	0.04	b.d.	b.d.	0.40	b.d.	100.40
Pd113-36	E	O	42.04	46.71	10.88	0.05	b.d.	b.d.	0.22	b.d.	99.90
Pd113-37	E	O	41.06	46.77	11.04	0.04	b.d.	b.d.	0.15	b.d.	99.06
Pd113-38	E	O	40.61	45.38	11.75	0.04	b.d.	b.d.	0.22	b.d.	98.00
Pd113-39	E	O	41.88	46.31	12.61	0.04	b.d.	0.04	0.24	b.d.	101.12
Pd113-40	E	O	42.58	47.21	12.70	0.05	b.d.	b.d.	0.20	b.d.	102.74
Pd113-41	E	O	42.71	48.45	9.77	0.04	b.d.	b.d.	0.18	b.d.	101.15
Pd113-42	E	O	41.01	45.98	10.66	0.04	b.d.	b.d.	0.21	0.05	97.95
Pd113-43	E	O	41.28	45.07	13.09	0.04	b.d.	b.d.	0.22	b.d.	99.70
Pd113-44	E	FGD	41.24	47.26	10.22	0.03	b.d.	b.d.	0.16	b.d.	98.91
Pd113-45	E	FGD	42.44	47.48	10.91	0.03	b.d.	b.d.	0.32	b.d.	101.18
Pd113-46	E	FGD	41.26	46.35	12.10	0.03	b.d.	b.d.	0.27	b.d.	100.01
Pd113-47	E	FGD	41.64	46.46	13.52	0.04	b.d.	0.04	0.16	b.d.	101.86
Pd113-48	E	FGD	41.60	47.07	10.98	0.04	0.03	0.05	0.21	b.d.	99.98

测点号	形态	结构	Fe (0.03)	S (0.05)	As (0.03)	Co (0.03)	Se (0.01)	Sb (0.03)	Au (0.03)	Hg (0.05)	总和
					黄铁矿						
Pd113-49	E	O	42.49	46.58	11.37	0.04	b. d.	b. d.	0.20	b. d.	100.68
Pd113-50	E	O	41.29	46.07	11.75	0.03	b. d.	b. d.	0.21	b. d.	99.35
Pd113-51	E	O	40.03	44.34	12.74	0.05	b. d.	b. d.	0.23	b. d.	97.39
Pd113-52	E	O	41.94	46.91	11.87	0.04	b. d.	b. d.	0.20	b. d.	100.96
Pd1113py1	E	FGD	44.07	51.91	3.37	0.04	b. d.	0.07	0.09	0.05	99.60
Pd1113py2	S	O	41.71	46.68	11.51	0.04	b. d.	0.04	0.20	b. d.	100.18
Pd1113py3	S	O	41.78	47.72	10.96	0.03	b. d.	b. d.	0.32	b. d.	100.81
Pd1113py4	S	O	41.80	47.25	11.67	0.04	b. d.	0.03	0.24	b. d.	101.03
Pd1113py5	S	O	44.71	53.53	0.70	0.04	b. d.	b. d.	b. d.	b. d.	98.98
Pd1113py6	S	O	41.10	46.44	12.68	0.03	b. d.	b. d.	0.20	b. d.	100.45
Pd1113py7	S	O	41.05	45.53	13.17	0.03	b. d.	b. d.	0.23	b. d.	100.01
Pd1113py8	S	O	41.94	47.85	10.48	0.04	b. d.	0.03	0.22	b. d.	100.56
Pd1113py9	S	O	41.58	46.07	11.66	0.03	b. d.	b. d.	0.24	b. d.	99.58
Pd1113py10	S	O	41.19	46.23	13.04	0.04	b. d.	0.06	0.32	b. d.	100.88
Pd1113py11	E	FGD	44.11	51.73	4.16	0.05	b. d.	b. d.	0.07	b. d.	100.12
Pd1113py12	E	FGD	40.60	46.47	9.56	0.03	b. d.	b. d.	0.21	b. d.	96.87
Pd1113py13	E	FGD	40.76	46.66	10.03	0.03	b. d.	b. d.	0.21	b. d.	97.69
Pd1113py14	S	O	40.55	48.21	9.52	0.03	b. d.	0.04	0.14	b. d.	98.49
Pd1113py15	S	O	41.24	47.96	9.90	0.03	b. d.	b. d.	0.13	b. d.	99.26
Pd1113py16	E	FGD	41.23	47.35	10.71	0.04	b. d.	0.05	0.38	b. d.	99.76
Pd1113py17	E	FGD	41.11	47.81	10.86	0.03	b. d.	b. d.	0.20	b. d.	100.01
Pd1113py18	E	FGD	41.52	47.56	9.34	0.04	b. d.	b. d.	0.31	b. d.	98.77
Pd1113py19	E	FGD	40.51	46.71	10.31	0.04	b. d.	b. d.	0.18	b. d.	97.75
Pd1113py20	E	FGD	38.44	45.65	10.65	0.04	b. d.	0.05	0.22	b. d.	95.05
Syd0352-08	E	FGD	43.10	49.94	6.62	0.04	b. d.	b. d.	0.06	b. d.	99.76
Syd0352-04	E	FGD	42.91	50.61	5.31	0.03	b. d.	b. d.	0.17	b. d.	99.03
Syd0352-06	E	FGD	43.29	49.71	6.58	0.04	b. d.	b. d.	0.14	b. d.	99.76
Syd0352-09	S	C	43.75	53.06	2.03	0.05	b. d.	b. d.	b. d.	b. d.	98.89
Syd0352-12	S	O	42.87	48.76	8.09	0.04	b. d.	b. d.	0.10	b. d.	99.86
Syd0352-15	S	O	43.42	49.24	7.37	0.04	b. d.	b. d.	0.07	b. d.	100.14
Pd1113-1	S	O	43.30	46.07	11.95	0.04	b. d.	b. d.	0.16	b. d.	101.52
Pd1113-2	S	O	42.67	44.74	13.67	0.04	b. d.	0.12	0.25	b. d.	101.49
Pd1113-3	S	O	43.53	45.46	11.22	0.03	n. d.	b. d.	0.18	n. d.	100.42
Pd1113-4	S	O	43.01	45.23	14.06	0.03	n. d.	b. d.	0.24	n. d.	102.57
Pd1113-5	S	O	42.75	44.92	13.61	0.04	n. d.	b. d.	0.24	n. d.	101.56
Pd1113-6	S	O	42.17	45.63	13.66	0.04	n. d.	b. d.	0.21	n. d.	101.71
Pd1113-7	S	O	43.45	45.69	11.92	0.04	b. d.	b. d.	0.16	b. d.	101.31

测点号	形态	结构	Fe (0.03)	S (0.05)	As (0.03)	Co (0.03)	Se (0.01)	Sb (0.03)	Au (0.03)	Hg (0.05)	总和
						黄铁矿					
Pd1113-8	S	O	43.20	45.67	12.88	0.03	b.d.	0.06	0.20	b.d.	102.04
Pd1113-9	S	O	43.66	46.84	10.60	0.04	b.d.	0.08	0.09	b.d.	101.31
Syd03-1-1	E	FGD	43.56	47.51	8.99	0.03	b.d.	b.d.	0.08	b.d.	100.17
Syd03-1-2	E	FGD	42.34	47.10	10.34	0.04	b.d.	b.d.	0.13	b.d.	99.95
Syd03-1-3	E	FGD	43.63	47.77	9.30	0.04	b.d.	b.d.	0.14	b.d.	100.88
Syd03-1-4	E	FGD	42.51	46.18	11.18	0.04	b.d.	0.04	0.11	b.d.	100.06
Syd03-1-5	E	FGD	43.41	47.31	9.45	0.04	b.d.	b.d.	0.17	b.d.	100.38
Syd03-1-6	E	FGD	43.15	45.95	10.88	0.03	b.d.	b.d.	0.11	b.d.	100.12
Syd03-1-7	E	FGD	42.74	46.12	11.70	0.03	b.d.	b.d.	0.12	b.d.	100.71
Syd03-1-8	E	FGD	43.96	46.99	10.38	0.03	b.d.	b.d.	0.10	b.d.	101.46
Syd03-1-9	E	FGD	43.47	47.19	10.46	0.04	b.d.	b.d.	0.09	b.d.	101.25
Syd03-1-10	E	FGD	42.57	46.45	11.77	0.04	b.d.	b.d.	0.11	b.d.	100.94
Syd03-1-11	E	FGD	43.94	47.52	9.37	0.04	b.d.	b.d.	0.08	b.d.	100.95
Syd03-1-12	E	FGD	43.49	46.70	10.58	0.05	b.d.	0.03	0.18	b.d.	101.03
Syd03-1-13	E	FGD	43.04	46.15	10.71	0.03	b.d.	b.d.	0.09	b.d.	100.02
Syd03-2-6	E	O	45.96	50.01	6.45	0.03	b.d.	0.04	0.16	b.d.	102.65
Syd03-2-7	S	O	43.94	49.54	6.68	0.04	b.d.	b.d.	0.08	b.d.	100.28
Syd03-2-8	S	C	44.25	52.74	1.32	0.05	b.d.	b.d.	b.d.	b.d.	98.36
Syd03-2-10	E	FGD	44.50	50.15	3.64	0.05	b.d.	0.09	0.06	0.05	98.54
Syd03-2-11	S	O	44.59	49.58	5.84	0.04	b.d.	b.d.	0.09	b.d.	100.14
Syd03-2-12	E	FGD	44.40	49.36	5.17	0.04	b.d.	b.d.	0.04	b.d.	99.02
Syd03-2-13	E	FGD	44.07	48.82	7.07	0.04	b.d.	b.d.	0.14	b.d.	100.14
Syd03-2-14	E	FGD	43.64	48.11	6.86	0.03	b.d.	b.d.	0.14	b.d.	98.79
Syd03-2-15	E	FGD	43.99	49.33	6.24	0.03	b.d.	b.d.	0.13	b.d.	99.72
Syd03-2-16	E	FGD	44.48	49.79	5.64	0.03	b.d.	b.d.	0.13	b.g.	100.07
Syd03-2-17	E	FGD	44.74	50.68	5.29	0.04	b.d.	b.d.	0.10	b.d.	100.86
Syd03-2-18	E	FGD	44.25	47.77	7.28	0.03	b.d.	b.d.	0.07	b.d.	99.40
Syd03-3-1	S	O	45.24	48.67	7.65	0.05	b.d.	b.d.	0.13	b.d.	101.74
Syd03-3-2	S	O	46.12	50.28	5.73	0.03	b.d.	b.d.	0.04	b.d.	102.20
Syd05-1-1	E	O	45.30	50.51	6.32	0.03	b.d.	b.d.	0.20	b.d.	102.36
Syd05-1-2	E	O	45.27	50.20	5.38	0.04	b.d.	b.d.	0.14	b.d.	101.03
Syd05-1-3	E	FGD	38.53	36.09	25.69	0.03	b.d.	b.d.	0.07	b.d.	100.41
Syd05-1-4	E	FGD	43.88	47.74	5.09	0.04	b.d.	b.d.	0.17	b.d.	96.92
Syd05-1-5	E	FGD	44.66	49.80	5.40	0.03	b.d.	b.d.	0.13	b.d.	100.02
Syd05-1-6	E	FGD	45.05	48.55	5.94	0.04	b.d.	b.d.	0.13	b.d.	99.71
Syd05-1-7	E	FGD	44.74	50.46	4.79	0.04	b.d.	0.04	0.06	b.d.	100.13
Syd05-1-9	E	FGD	44.87	49.40	5.69	0.05	b.d.	b.d.	0.17	b.d.	100.18

测点号	形态	结构	Fe (0.03)	S (0.05)	As (0.03)	Co (0.03)	Se (0.01)	Sb (0.03)	Au (0.03)	Hg (0.05)	总和
黄铁矿											
Syd05-1-11	E	FGD	45.55	50.02	5.47	0.04	b. d.	0.03	0.12	b. d.	101.23
Syd05-1-12	E	FGD	45.27	49.98	5.14	0.04	b. d.	b. d.	0.12	b. d.	100.55
Syd05-1-13	E	FGD	45.68	51.77	2.75	0.05	n. d.	0.04	0.04	b. d.	100.33
Syd05-1-14	E	FGD	45.17	49.27	6.40	0.05	n. d.	0.03	0.14	b. d.	101.06
Syd05-1-15	E	FGD	45.13	50.47	5.76	0.04	n. d.	b. d.	0.15	b. d.	101.55
Syd05-1-16	E	FGD	45.35	49.85	6.16	0.04	n. d.	b. d.	0.19	b. d.	101.59
Syd05-1-17	E	FGD	44.06	48.58	5.04	b. d.	n. d.	b. d.	0.10	b. d.	97.80
Syd05-1-18	E	FGD	44.97	49.37	5.59	0.04	n. d.	b. d.	0.15	b. d.	100.12
Syd05-1-19	E	FGD	45.20	49.45	5.61	0.03	n. d.	b. d.	0.16	b. d.	100.45
Syd05-1-20	E	FGD	36.30	26.63	32.41	0.05	n. d.	b. d.	0.09	b. d.	95.48
Syd05-1-21	E	FGD	44.46	49.43	5.23	0.03	n. d.	b. d.	0.12	b. d.	99.27
Syd05-1-22	E	FGD	44.95	50.09	5.34	0.04	n. d.	b. d.	0.18	b. d.	100.60
Syd05-1-23	E	FGD	46.27	49.79	5.88	0.04	n. d.	b. d.	0.17	b. d.	102.15
Syd05-1-24	E	FGD	47.00	49.66	5.70	0.04	n. d.	b. d.	0.18	b. d.	102.58
Syd05-1-25	E	FGD	45.08	49.41	6.09	0.04	n. d.	b. d.	0.18	b. d.	100.80
Syd05-1-26	E	FGD	45.01	49.99	5.37	0.05	n. d.	b. d.	0.17	b. d.	100.59
Syd05-1-27	E	FGD	45.24	49.97	5.95	0.03	n. d.	b. d.	0.10	b. d.	101.29
Syd05-1-28	E	FGD	44.77	49.30	6.73	0.03	n. d.	b. d.	0.16	b. d.	100.99
Syd05-1-29	E	FGD	45.61	50.75	5.44	0.04	n. d.	b. d.	0.20	b. d.	102.04
Syd05-1-30	E	FGD	45.08	49.82	5.79	0.04	n. d.	b. d.	0.16	b. d.	100.89
Syd05-1-31	E	FGD	44.71	49.90	5.31	0.08	n. d.	0.03	0.14	b. d.	100.17
Syd05-1-32	E	FGD	45.26	50.01	5.30	0.05	b. d.	b. d.	0.15	b. d.	100.77
Syd05-3	E	FGD	45.00	49.52	5.80	0.04	n. d.	b. d.	0.03	b. d.	100.39
毒砂											
Syd0352-01	E	L	33.91	24.00	41.54	0.04	n. d.	b. d.	0.10	b. d.	99.59
Syd0352-02	E	L	32.41	22.01	42.97	b. d.	n. d.	b. d.	0.06	b. d.	97.46
Syd0352-03	E	Ac	33.55	22.73	43.20	0.04	n. d.	b. d.	0.09	b. d.	99.61
Syd0352-05	E	L	32.31	21.65	47.22	0.03	n. d.	b. d.	0.08	b. d.	101.29
Syd0352-10	E	Ac	32.18	21.73	43.09	0.03	n. d.	b. d.	0.15	b. d.	97.18
Syd0352-13	E	Ac	34.96	23.59	44.84	0.03	n. d.	b. d.	0.08	b. d.	103.50
Syd0352-14	E	L	34.47	24.24	42.95	0.04	n. d.	b. d.	0.03	b. d.	101.73
Syd03-2-1	E	L	36.00	23.26	45.20	b. d.	n. d.	0.03	0.05	b. d.	104.59
Syd03-2-9	E	Ac	33.75	21.88	43.54	0.04	n. d.	b. d.	0.08	b. d.	99.31
Syd03-2-20	E	L	34.17	23.62	43.20	b. d.	n. d.	b. d.	0.05	b. d.	101.05
syd03-2-01	E	L	35.57	21.73	42.50	b. d.	n. d.	b. d.	0.07	b. d.	99.87
syd03-2-03	E	L	35.35	22.68	45.84	0.04	n. d.	b. d.	0.04	b. d.	103.96
syd03-2-06	E	Ac	34.36	21.33	46.69	0.03	n. d.	0.05	0.10	b. d.	102.58

续表

测点号	形态	结构	Fe (0.03)	S (0.05)	As (0.03)	Co (0.03)	Se (0.01)	Sb (0.03)	Au (0.03)	Hg (0.05)	总和
毒砂											
syd03-2-09	E	Ac	34.92	23.87	42.43	0.03	n.d.	b.d.	0.07	b.d.	101.32
syd03-2-35	E	Ac	35.45	23.08	44.53	0.03	n.d.	b.d.	0.09	b.d.	103.18
syd03-2-36	E	L	35.49	24.12	42.69	b.d.	n.d.	b.d.	0.04	b.d.	102.34
Syd05-1-8	E	Ac	32.00	22.29	45.10	0.03	n.d.	b.d.	0.11	b.d.	99.53

注：A＝他形；E＝自形；S＝半自形；O＝环带状黄铁矿；FGD＝细粒浸染状黄铁矿；C＝内核；Ac＝针状；L＝板状；b.d＝低于检测限，n.d＝未检出；括号数值示仪器检测限。

资料来源：Su 等（2012）和张弘弢（2007）。

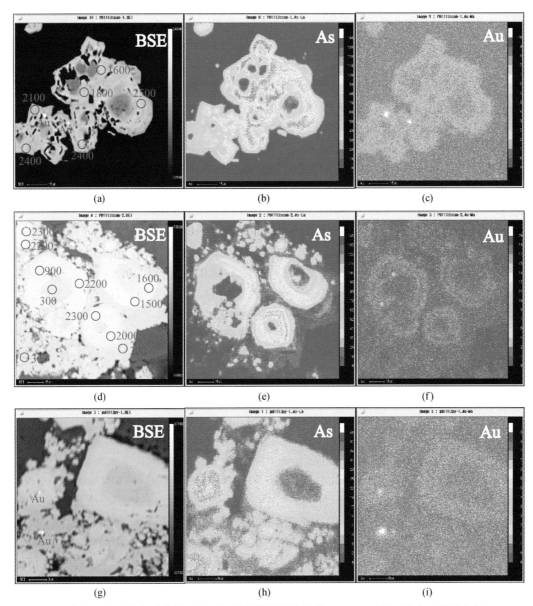

图 10.16　水银洞金矿床含砷黄铁矿电子探针背散射图像及其 Au、As 元素面分布（据苏文超，2009）

可以看出，含砷黄铁矿具有明显环带结构。含砷黄铁矿内核不含 As 和 Au（图 10.16（b）～（c）、

(e) ~ (f)、(h) ~ (i)); 而 Au 主要分布在其含 As 环带(图 10.16 (c)、(f)、(i)), Au 含量一般为 $900 \times 10^{-6} \sim 2500 \times 10^{-6}$(图 10.16 (a)、(d)), As 为 10.60wt% ~ 12.88wt%。总体上,含 As 环带中 Au 的分布相对比较均匀,没有明显的 Au 富集区,推测 Au 可能主要以化学结合态金(Au^{1+})进入含砷黄铁矿结构。含砷环带中两个 Au 的富集区(图 10.16 (c)、(f)、(i)),对应于自然金颗粒(图 10.16 (a)、(g)),大小 $0.5 \sim 2\mu m$,主要分布在含砷环带的溶蚀空洞,可能是含砷环带中的 Au 溶解过饱和沉淀的结果(苏文超等,2006)。

三、金的赋存状态

1. 概述

自 Wells 和 Mullens(1973)利用电子探针对美国 Carlin 和 Cortez 金矿床原生矿石金的赋存状态研究以来,卡林型金矿床金的赋存状态研究,一直是国内外研究的热点问题之一。由于卡林型金矿金通常不可见或其颗粒极细(纳米级),其金的赋存状态研究难度很大。采用的研究方法很多,包括电子探针(EPMA)、二次离子探针(SIMS)、同步 X 射线荧光(SXRF)、X 射线吸收近边结构(XANES)、扩展–X 射线吸收精细结构(EXAFS),以及高分辨电子显微镜(HRTEM)等。

目前,国内外大量研究已经证实,卡林型金矿床金主要赋存在含砷黄铁矿中,其次为毒砂,但金的赋存形式仍然是目前争论的焦点和研究的难点。主要有三种观点:① 以 Au^{3+} 的形式进入含砷黄铁矿和毒砂的结构,并占据 Fe 和 As 的位置(Arehart et al., 1993;Johan et al., 1989;Friedl, 1995);② 以 Au^- 占据毒砂和含砷黄铁矿晶格 $(AsS)^{3-}$ 中 S 的位置而进入毒砂和含砷黄铁矿结构(Li et al., 1995;李九玲等,2002);③ 以 Au^+ 的形式吸附在含砷黄铁矿的表面或进入黄铁矿的结构(Cardile, 1993;Friedl, 1995;Sha, 1993;Reich et al., 2005;Simon et al., 1999;Palenik et al., 2004)。

最近,Palenik(2004)和 Reich(2005)等利用电子探针(EPMA)和二次离子探针(SIMS)分析技术,发现含砷黄铁矿中的 Au 与 As 呈楔形分布,并提出了 Au 在含砷黄铁矿中的溶解度极限(Au/As = 0.02)。X 射线吸收近边结构(XANES)和扩展–X 射线吸收精细结构(EXAFS)微束分析技术以及高分辨电子显微镜(HRTEM)研究进一步发现,含砷黄铁矿中的 Au 有两种赋存形式:① 化学结合态金(Structural bound),以 Au^{1+} 进入含砷黄铁矿的结构,并有一溶解度极限(Au/As = 0.02),这种状态的金被解释为可能与热液中 Au 的不饱和有关;② 纳米级自然金(Au^0)颗粒(5 ~ 10nm),其形成过程被解释为:第一,Au 含量超过其在含砷黄铁矿中的溶解度极限;第二,Au 从亚稳相含金的含砷黄铁矿中出溶。

2. 含砷黄铁矿和毒砂中的"不可见金"

电子探针背散射电子图像和元素扫面分析表明,水银洞卡林型金矿床含砷黄铁矿中的 Au 主要分布在含 As 环带(图 10.16 (c)、(f)、(i)), Au 含量一般为 $900 \times 10^{-6} \sim 2500 \times 10^{-6}$(图 10.16 (a)、(d)), As 为 10.60wt% ~ 12.88wt%(表 10.1)。同时,还含有 Sb 0.03wt% ~ 0.12wt%、Co 0.03wt% ~ 0.05wt%,其他微量元素含量,如 Ni、Se 和 Te 含量低于其仪器测限。毒砂中的 Au 含量较低,一般为 $300 \times 10^{-6} \sim 1500 \times 10^{-6}$。板状毒砂的 Au 含量普遍较低,一般不超过 800×10^{-6},主要集中在 400×10^{-6} 左右;而针状毒砂的 Au 含量相对较高,主要集中在 800×10^{-6} 左右,最高可达 1500×10^{-6}。

含砷黄铁矿和毒砂中 As 与 S 的负相关关系(图 10.14 (a))以及含 As 环带中 Au 的分布相对比较均匀(图 10.16 (c)、(f)、(i)),从而推测水银洞金矿床含砷黄铁矿和毒砂中的 Au,可能主要以化学结合态金(Au^{1+})进入含砷黄铁矿和毒砂的结构。含砷环带中的两个 Au 富集区(图 10.16 (c)、(f)、(i)),对应于自然金颗粒(图 10.16 (a)、(g)),大小 $0.5 \sim 2\mu m$,主要分布在含砷环带的溶蚀空洞,可能是含砷环带中的 Au 溶解过饱和沉淀的结果(苏文超等,2006)。

3. 次显微–显微自然金

本次研究首次在水银洞金矿床原生富矿石中的一条含砷黄铁矿细脉（27mm×0.5mm）中发现有100余粒次显微–显微自然金颗粒（0.1~6μm）（图10.17、图10.18）。这些自然金颗粒有两种赋存状态：① 粗粒（1~6μm）自然金颗粒主要见于晚世代细粒含砷黄铁矿颗粒表面（图10.18（b）~（c））或黄铁矿（不含

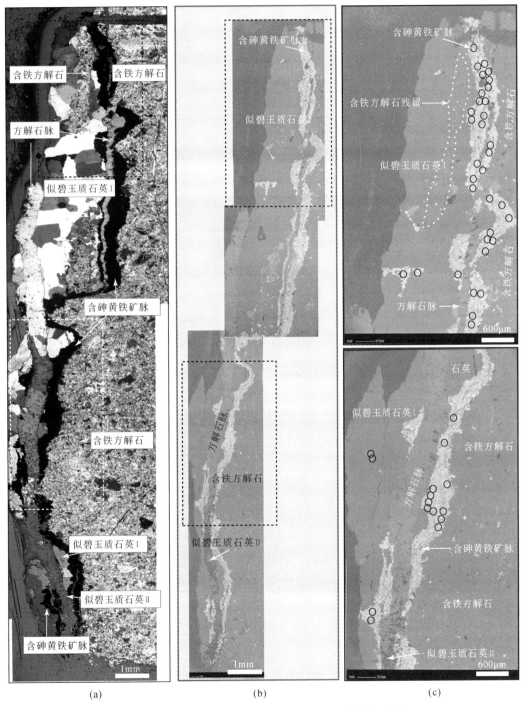

图 10.17　水银洞金矿床含砷黄铁矿细脉结构与自然金颗粒的分布（据 Su et al.，2008）

（a）和（b）为石英–黄铁矿细脉透射偏光显微照片和电子探针背散射电子图像（BSE）；

（c）为 A 和 B 中石英–黄铁矿细脉的放大部分（BSE）；空心圆圈示自然金颗粒的位置

As) 边缘 (图 10.18 (d)), 偶见于含铁碳酸盐矿物的溶蚀空洞中 (图 10.18 (e)); ② 细粒 (0.1 ~ 0.2μm) 自然金颗粒, 多见于早世代含砷黄铁矿 (图 10.18 (f)) 或含砷黄铁矿的溶蚀空洞之中 (图 10.18 (e))。

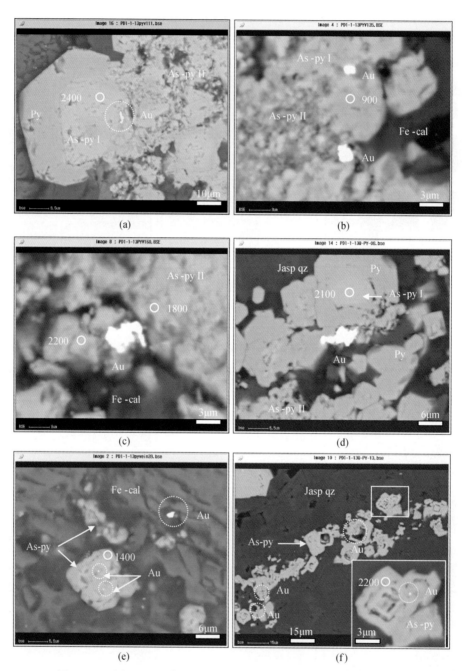

图 10.18　水银洞金矿床中所发现的自然金颗粒 (据 Su et al. , 2008)

第四节　热液化学及其演化规律

流体包裹体是矿物形成过程中捕获的流体, 是研究热液矿床成矿流体化学组成与性质的天然样品。本次工作选择黔西南水银洞和丫他卡林型金矿床为重点研究对象, 通过流体包裹体岩相学、显微测温学、单个流体包裹体成分的激光 Raman 和 LA-ICP-MS 等系统研究, 获得了该类型金矿成矿流体的化学性质与组成、形成的物理化学条件及其成矿作用过程。

一、样品与分析方法

1. 样品

本次研究的 8 件石英样品采自水银洞和丫他金矿床，其中 3 件乳白色贫矿石英脉样品分别取自水银洞金矿床 IIIa 和 IIIb 富矿体以及丫他金矿床 M_1 矿体，其余样品采自丫他金矿床。水银洞金矿床乳白色石英脉，呈透镜状顺层状产于 IIIa 和 IIIb 富矿体中，局部见有石英–含砷黄铁矿–毒砂细脉被雄黄（雌黄）细脉穿插，认为是早期成矿阶段的产物；与金矿化有关的石英，呈细脉网状产于断裂破碎带（如丫他）或碧玉质石英（如水银洞），见有含砷黄铁矿或毒砂等硫化物（图 10.11（c））；成矿晚期石英脉，常与辉锑矿、雄黄、雌黄等密切共生（图 10.11（e）~（f））。

2. 分析方法

双目镜下挑选具有不同矿物组合的石英单晶体，沿石英 C 轴切割，制备成双面抛光的流体包裹体片（厚度约 $200\mu m$）。流体包裹体观察采用标准显微镜。采用扫描电镜–X 射线激发荧光（SEM-CL）确定流体包裹体世代，并建立流体包裹体形成的相对时间顺序。在流体包裹体岩相学研究的基础上，选择有代表性的流体包裹体组合进行系统的流体包裹体显微测温学、激光 Raman 和单个流体包裹体成分的激光烧蚀–等离子质谱分析（LA-ICP-MS）。

流体包裹体显微测温学研究在中国科学院地球化学研究所矿床地球化学国家重点实验室和瑞士联邦工学院同位素地球化学与矿产资源研究所实验室完成。使用仪器为英国 Linkam 公司 THMSG 600 型冷热台和配有成像分析系统的标准显微镜。仪器标定采用标准物质（CCl_4，$-22.99℃$、KNO_3，$333℃$）和人工合成的 CO_2-H_2O 流体包裹体（Sterner et al.，1984）。在 50℃ 以下，仪器误差为 $\pm0.2℃$，100℃ 以上，仪器误差为 $\pm2℃$ 左右。测试过程中，首先将流体包裹体冷却到 $-180℃$ 左右，然后以 $0.2~0.5℃/min$ 速率缓慢升温。在接近固体 CO_2（干冰）和水合物溶化温度附近，升温速率降低为 $0.1℃/min$，以精确测定固体 CO_2 T_{m,CO_2} 和水合物溶化温度 $T_{m,cla}$。流体包裹体气–液比值估计，采用 Reodder（1984）的方法，在室温（25℃）条件下，尽量选择形态规则的流体包裹体（Diamond，2001）来估计。根据流体包裹体在低温下的相变行为和激光 Raman 光谱，鉴定并计算其气相成分的相对含量（Burke，2001）。激光 Raman 分析在南京大学地球科学系完成，使用仪器为英国 Renishaw RM2000 型激光 Raman 光谱仪。测试条件：波长为 $514.5nm$ 的 Ar^+ 激光器，激光功率 17mW，样品表面激光功率 5mW，谱线分辨率 $2cm^{-1}$，空间分辨率 $1\mu m$（$\times100$ 物镜），扫描时间 60s，扫描范围 $150~4000\ cm^{-1}$。

流体包裹体盐度、成分和摩尔体积计算采用 Bodnar（1993）、Bakker（1997）编写的用于流体包裹体研究的计算机程序。

单个流体包裹体成分分析在瑞士联邦工学院地球化学与矿产资源研究所 LA-ICP-MS 实验室完成。193nm 波长激光（德国 Lambda 公司 Compex 110 I，ArF）烧蚀流体包裹体，以 He 为载气，ICP-MS（ELAN 6100 DRC）测定流体包裹体中的主量–微量元素含量（Günther et al.，1998；Günther and Heinrich，1999；Heinrich et al.，2003）。仪器设置类似于 Pettke（2004）的实验条件。以 NIST SRM 610 国际标样为外标、流体包裹体中的 Na 为内标元素，计算单个流体包裹体的成分（Heinrich et al.，2003）。测定元素包括 B、Na、Mg、K、Mn、Fe、Cu、Pb、Zn、Au、As、Sb、Ag、Sr、Cs 和 U。

二、流体包裹体地球化学

1. 包裹体类型

根据流体包裹体在室温（25℃）下的相态，结合激光 Raman 光谱分析，将其分为三大类。图 10.19 为不同成矿阶段石英中的流体包裹体与矿物组合。

矿物与流体包裹组合	水银洞			丫他		
	成矿早期	主成矿期	成矿晚期	成矿早期	主成矿期	成矿晚期
乳白色石英脉	▬			▬▬▬▬▬		
黄铁矿	▬			▬		
碧玉质石英		▬			▬	
含砷黄铁矿		▬			▬	
毒砂		▬			▬	
白铁矿		▬			▬	
不可见金		▬			▬	
自然金		▬			▬	
白云石		▬			▬	
伊利石或高岭石		▬			▬	
辉锑矿			▬			▬
雄黄			▬			▬
雌黄			▬			▬
白云石脉			▬			▬
方解石脉			▬			▬
方铅矿						▬
黄铜矿						▬
闪锌矿						▬
气-液两相流体包裹体（Ia）	▬▬			▬▬▬▬		
CO_2-H_2O流体包裹体（Ib）		▬			▬▬▬	
富CO_2流体包裹体（II）						▬▬
单相CO_2流体包裹体（III）						▬▬

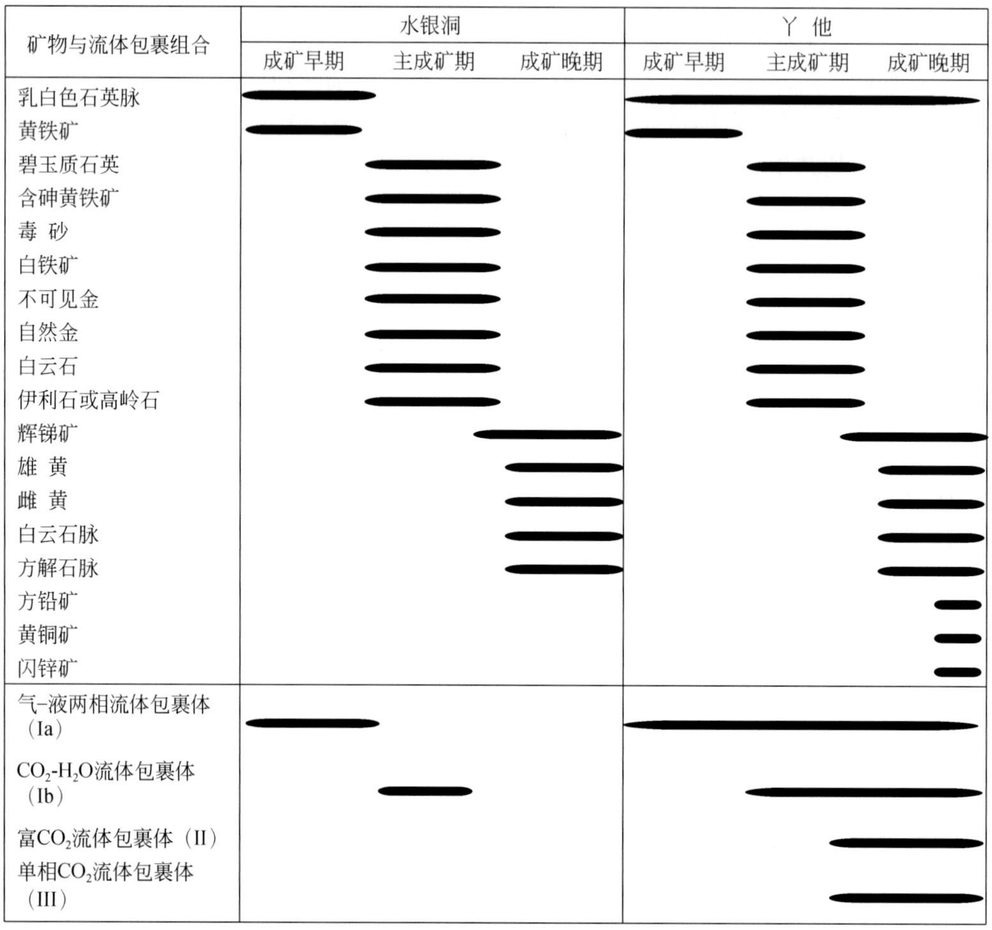

图 10.19　水银洞和丫他金矿床流体包裹体与矿物组合（据 Su et al.，2009a）

1）气-液两相流体包裹体（I）

为水银洞和丫他金矿床的主要类型，约占包裹体总数的85%以上。按其产状和成分，可分为两个亚类：

（1）盐水溶液包裹体（Ia），室温下可见低密度的气相和液相，气液比为10%～20%，直径小于25μm，常见于水银洞和丫他金矿床乳白色石英脉。原生流体包裹体呈负晶形，分布在石英生长环带（图10.20（a）、（b）、（d）、（e））。次生流体包裹体呈长方形或不规则状，沿石英次生裂隙分布（图10.20（a）、（c）、（d）、（f））。激光 Raman 分析显示，该类包裹体气相成分主要为低密度的 CO_2、N_2 和 CH_4 等。

（2）含 CO_2 包裹体（Ib），室温下可见液态 CO_2 和 H_2O 两相或气态 CO_2、液态 CO_2 和 H_2O 三相，气液比一般为15%（图10.20（h）），直径为20～30μm，常见于丫他金矿床成矿阶段石英-含砷黄铁矿-毒砂矿物细脉（图10.11（c））和水银洞金矿床碧玉质石英颗粒中。SEM-CL 图像显示，该类型原生流体包裹体呈负晶形，分布在石英生长环带（图10.20（g））；假次生和次生流体包裹体呈长方形或不规则状，沿石英次生裂隙分布。激光 Raman 分析显示，其气相成分主要为高密度的 CO_2，其次是 N_2 和 CH_4。

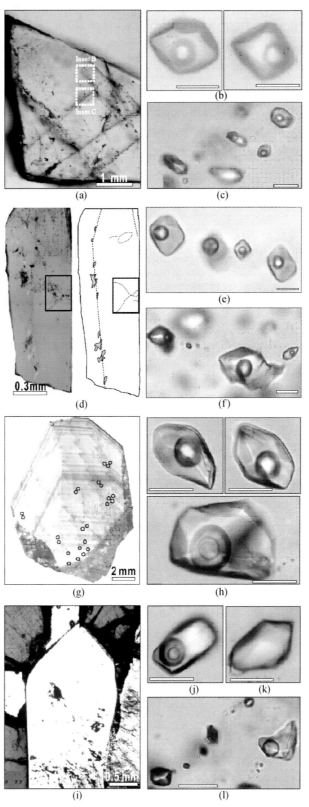

图 10.20　水银洞和丫他金矿床流体包裹体类型（据 Su et al. , 2009a）

2）富 CO_2 流体包裹体（Ⅱ）

该类流体包裹体数量少，约占包裹体总数的 5% 左右。室温下，常见液态 CO_2 和 H_2O 两相（图 10.20 （k）），降温时总是出现 CO_2 气相。气液比变化较大，一般为 45%～90%，直径小于 15μm，主要见于丫他金矿床成矿晚期与雄黄（雌黄）和辉锑矿密切共生的石英晶簇（图 10.20 （i））。

3）CO_2 单相流体包裹体（Ⅲ）

仅见于成矿晚期的石英-方解石-雄黄（雌黄）阶段。室温下为单相 CO_2，降温时总是出现 CO_2 气相，直径小于 15μm，常见与含 CO_2 包裹体（Ib）共生在同一个平面或裂隙中（图 10.20 （l））。激光 Raman 分析显示，其成分主要为高密度的 CO_2 和 N_2，其次是 CH_4。

流体包裹体岩相学关系表明，贫 CO_2 盐水溶液包裹体（Ia）常见于乳白色石英脉，为成矿早期流体；含 CO_2 流体包裹体（Ib）多见于石英-含砷黄铁矿-毒砂细脉或碧玉质石英，代表金矿化阶段的流体；富 CO_2 流体包裹体（Ⅱ和Ⅲ）仅见于石英-方解石-辉锑矿-雄黄（雌黄）细脉，为成矿晚期的流体。

2. 包裹体显微测温及激光拉曼分析

选择有明确世代关系的流体包裹体组合，利用冷热台和激光 Raman 光谱仪，对其均一温度、盐度及其成分进行精确测定，其结果见表 10.2、表 10.3 和图 10.21。

表 10.2　水银洞和丫他金矿床流体包裹体测温结果

矿床名称	成矿阶段	流体包裹体组合			显微测温学数据				
		世代	类型	数量	T_{m,CO_2}	T_{h,CO_2}	T_m	$T_{m,cla}$	T_h
水银洞	早期石英脉	原生	Ia	14			−3.5～−4.3		218～231
		次生	Ia	18			−2.3～−3.3		194～229
丫他	早期石英脉	原生	Ia	23			−3.0～−4.1		190～258
	主成矿期石英-含砷黄铁矿-毒砂脉	次生	Ia	22			−2.1～−3.3		165～230 (190)
		原生和次生	Ib	67	−58.1～−56.6 (−56.6)	10.2～26.1 (24) L		8.3～9.8 (9.5)	190～245 (220)
	成矿晚期石英-辉锑矿-雄黄-雌黄脉	次生	Ia	23			−1.2～−4.5 (−3.5)		151～261 (190)
			Ⅱ	6	−59.6～−58.1	6.3～20.9 L		9.5～10.7	205^d～232^d
			Ⅲ	25	−60.5～−59.6 (−60.1)	−24.3～−22.5 (−24.0) L			

注：括号内为平均值；T_{m,CO_2} 为 CO_2 固相溶化温度；T_{h,CO_2} 为 CO_2 部分均一温度；T_m 为冰点；$T_{m,cla}$ 为水合物溶化温度；T_h 为完全均一温度；L 为均一到液相；d 为爆裂温度，单位：℃。

资料来源：Su 等（2009a）。

表 10.3　丫他金矿床流体包裹体气相成分的激光 Raman 分析结果

成矿阶段	矿物组合	包裹体编号	显微测温结果						气相成分		
			T_{m,CO_2}	T_{h,CO_2}	mode	$T_{m,cla}$	T_h	mode	CO_2	N_2	CH_4
主成矿阶段	石英-含砷黄铁矿-毒砂	41	−56.7	20.5	L	9.4	228	L	97.5	1.5	1.0
		42	−57.7	17.6	L	9.3	227	L	95.7	3.3	1.0
		55	−56.7	21.6	L	9.4	220	L	97.0	3.0	n. d.
		60	−56.8	22.2	L	8.8	215	L	96.8	2.0	1.2
		61	−56.6	22.9	L	9.4	210	L	99.5	0.5	n. d.

成矿阶段	矿物组合	包裹体编号	显微测温结果						气相成分		
			T_{m,CO_2}	T_{h,CO_2}	mode	$T_{m,cla}$	T_h	mode	CO_2	N_2	CH_4
主成矿阶段	石英–含砷黄铁矿–毒砂	65	−56.9	21.4	L		238	L	96.0	3.5	0.5
		66	−56.8	22.3	L		217	L	97.0	3.0	n. d.
		76	−56.7	23.4	L	9.6	223	L	96.8	2.5	0.7
		93	−56.6	24.8	L	8.6	225	L	98.7	1.3	n. d.
		94	−56.7	24.5	L	9.4	210	L	97.5	1.8	0.7
		99	−56.7	17.9	L	9.0	247	L	96.5	2.7	0.8
		107	−56.7	20.8	L	9.8	216	L	97.2	1.9	0.9
晚成矿阶段	石英–方解石–白云石–辉锑矿–雄黄–雌黄	34	−58.7	6.3	L	9.5	232[1]		86.5	13.5	n. d.
		35	−58.6	7.8	L	9.3	228[1]		89.2	10.0	0.8
		11	−60.5	−24.3	L				71.0	27.2	1.8
		12	−60.3	−24.0	L				73.0	27.0	n. d.
		14	−60.2	−23.3	L				75.0	25.0	n. d.
		15	−60.2	−23.2	L				77.0	23.0	n. d.

注：n. d. 为未检测，其他缩写见表10.2；成分单位=百分摩尔；1 为爆裂温度；mode 为均一方式。

资料来源：Su 等（2009a）。

1）盐水溶液包裹体（Ia）

在冷冻–升温过程中，该类个体较大的包裹体可以明显观察到冰的开始溶化，其始溶温度（Te）为 −22.2 ~ −21.0℃，介于 $NaCl-H_2O$ 与 $KCl-H_2O$ 体系冰的始溶温度之间（Hall et al.，1988；Sterner et al.，1988），表明该类型包裹体盐类成分主要为 NaCl 和 KCl。原生流体包裹体（图10.20（b）、（e））的冰点为−4.3 ~ −3.0℃，对应盐度为 5.0wt% ~ 6.9wt% NaCl（Bodnar，1993），平均为 6.0wt% NaCl（图10.21（b）、（d））。所有包裹体都均一到液相，其均一温度为 190 ~ 258℃，平均230℃（图10.21（a）、（c））；次生流体包裹体（图10.20（c）、（f））的冰点为−4.5 ~ −1.2℃，对应盐度为 2.1wt% ~ 7.2wt% NaCl（图10.21（b）、（d）），其均一温度为 151 ~ 261℃，平均为 190℃（图10.21（a）、（c））。

激光 Raman 分析显示，其气相成分为低密度的 CO_2、N_2 和 CH_4 等。在冷冻过程中很少见有固态 CO_2（干冰）的形成，表明其 CO_2 的含量小于 2.4mol%（Bodnar 等，1985）。

2）含 CO_2 包裹体（Ib）

在降温–冷冻过程中，该类包裹体总是出现气相 CO_2 和固态 CO_2。所有包裹体 CO_2 气相都均一到 CO_2 液相，其均一温度（T_{h,CO_2}）为 10.2 ~ 26.1℃，平均 24.0℃（图10.21（h））；固态 CO_2 的溶化温度（T_{m,CO_2}）一般为−58.1 ~ −56.6℃（图10.21（g）），接近纯 CO_2 的三相点（−56.6℃），表明其成分主要为 CO_2。在升温过程中（5℃左右），这些包裹体可以明显观察到 CO_2 水合物的形成和溶化。原生和次生包裹体水合物的溶化温度（$T_{m,cla}$）分别为 8.3 ~ 9.2℃、9.4 ~ 9.8℃，对应盐度分别为 1.6wt% ~ 3.3wt% NaCl、0.4wt% ~ 1.2wt% NaCl（Diamond，1992）（图10.21（f））。在加热过程中，该类流体包裹体绝大多数在200℃以下发生爆裂，仅获得 35 个包裹体的完全均一温度（T_h），为 190 ~ 245℃，平均220℃（表10.2）。

激光 Raman 分析显示，气相成分以 CO_2（>96mol%）为主，其次为 N_2（0.5mol% ~ 3.5mol%），少量 CH_4（0.5mol% ~ 1.2mol%）（表10.3），计算的 CO_2 密度为 0.72 ~ 0.82g/cm³。流体总体成分计算，该类包裹体含有 91mol% ~ 92mol% 的 H_2O、6.3mol% ~ 8.4mol% 的 CO_2，总密度为 0.97 ~ 0.99g/cm³。

3）富 CO_2 包裹体（II）

该类包裹体在降温–冷冻过程中，总是出现气相 CO_2 和固态 CO_2。CO_2 的溶化温度（T_{m,CO_2}）一般为

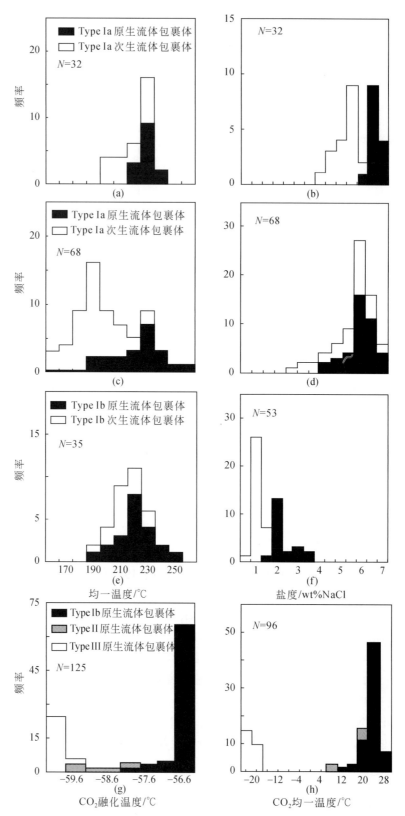

图 10.21　水银洞（（a）~（b)）和丫他金矿床（（c）~（h)）流体包裹体均一温度和
盐度直方图（据 Su et al.，2009a）

−59.6 ~ −58.1℃（图10.21（g））。CO_2部分均一温度（T_{h,CO_2}）为6.3 ~ 20.9℃（图10.21（h）），并均一到液相。水合物溶化温度（$T_{m,cla}$）为9.5 ~ 10.7℃，对应盐度为0wt% ~ 8.9wt% NaCl（Bakker et al.，2003）。绝大多数包裹体在200℃以上发生爆裂，很难获得完全均一温度数据。

激光Raman分析表明，该类包裹体以CO_2（87mol% ~ 89mol%）为主，含有较高的N_2（10mol% ~ 14mol%）和少量CH_4（<0.8mol%）（表10.3）。流体总体成分计算，该类包裹体含有12.5mol% ~ 22.8mol%的H_2O、58mol% ~ 64mol%的CO_2、19.2mol% ~ 23.7mol%的N_2，总密度为0.77 ~ 0.82 g/cm³。

4）CO_2单相流体包裹体（III）

将该类包裹体（图10.20（l））温度降至−180℃，然后缓慢升温，包裹体总是出现S+V→L+V→L的相转变。CO_2的溶化温度（T_{m,CO_2}）为−60.5 ~ −59.6℃，平均−60.1℃（图10.21（g））。CO_2部分均一温度（T_{h,CO_2}）为−24.3 ~ −22.5℃（图10.21（h）），并均一到液相，计算密度为0.75 ~ 0.80g/cm³。

激光Raman分析显示，该类包裹体以CO_2（71mol% ~ 77mol%）和N_2（23mol% ~ 27mol%）为主，含有少量CH_4（1.8mol%）（表10.3）。

在CO_2-H_2O体系P-X相图上（1.0kb），丫他金矿床含CO_2包裹体（Ib）成分落在溶离线液相区附近，而CO_2单相包裹体（III）则位于气相区（图10.22（a）），表明两类包裹体可能代表CO_2-H_2O不混溶流体的两个端元。根据含CO_2包裹体的均一温度（190 ~ 245℃），在CO_2-H_2O体系P-T图解上，获得成矿流体的最低压力为450 ~ 1150bar（图10.22（b）），与前人获得的烂泥沟金矿床成矿流体压力范围相似（600 ~ 1700bar，Zhang et al.，2003）。根据黔西南地区沉积岩平均密度（2.67g/cm³；王砚耕等，1995），计算的静岩压力深度为1.7 ~ 4.3km和静水压力深度4.5 ~ 11.5km。流体压力的较大变化（450 ~ 1150bar），可能与丫他金矿床控矿断裂的活动有关。

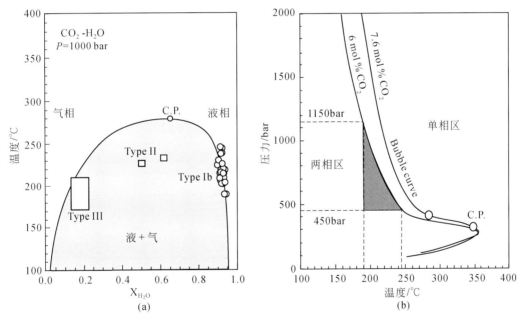

图10.22　丫他金矿床成矿压力估计（据Su et al.，2009a）

流体相界线据Todheide等（1963）和Takenouchi等（1964）的实验数据重新制

丫他金矿床成矿流体CO_2含量（6mol% ~ 8mol%）低于典型造山带石英脉型金矿床（10mol% ~ 8mol%，Ridley et al.，2000），但高于美国内华达州的卡林型金矿床（2mol% ~ 4mol%，Hofstra et al.，2000），说明黔西南地区卡林型金矿床的成矿深度应介于美国卡林型与造山带石英脉型金矿床之间。从目前勘探情况来看，黔西南水银洞金矿床最大见矿深度已超过1400m，因此，本次研究从流体包裹体研究所估计的成矿压力和深度是完全合理的。

3. 单个流体包裹体成分的 LA-ICP-MS 分析

利用单个包裹体成分的 LA-ICP-MS 分析技术，对 60 余个流体包裹体中的 B、Na、Mg、K、Mn、Fe、Cu、Pb、Zn、Au、As、Sb、Ag、Sr、Cs 和 U 等元素含量进行了分析。所有流体包裹体中都检测到 B、Na、K、Sr、Cs、Au、As 和 Sb，而 Mg、Mn、Fe、Cu、Pb、Zn、Ag 和 U 接近或低于仪器检测限（LOD）。不同成矿阶段成矿流体的化学组成列于表 10.4，单个流体包裹体成分列于表 10.5。

表 10.4　水银洞和丫他金矿床不同成矿阶段流体包裹体成分的 LA-ICP-MS 分析结果（单位：10^{-6}）

元素	水银洞金矿床		丫他金矿床				
	成矿早期（Qz±py）		成矿早期（Qz±py）	主成矿期（Qz-As-py-Asp）	成矿晚期（Qz-cal-real-stb）		
	SYD035-Q2	SYD035-Q1	Q64	YT-5	YT1-010	YT1-012	YT1-013
B	1100	800	700	300	100	200	100
	(100)[a]	(200)	(400)	(100)	(40)	(100)	(50)
Na	26400	20500	21600	7700	3200	3700	2400
	(400)	(200)	(100)	(190)	(80)	(900)	(40)
K	780	400	500	400	280	100	100[b]
	(120)	(240)	(260)	(500)	(250)	(1000)	
Sr	230	140	40	4	10	6	1[b]
	(30)	(40)	(10)	(8)	(10)	(4)	
Cs	16	10	9	5	6	6	2
	(8)	(4)	(6)	(3)	(7)	(10)	(1)
As	80	90	200	100	200	250	70
	(30)	(20)	(120)	(50)	(200)	(160)	(50)
Sb	20[b]	10	20[b]	10	10	90	10
		(4)		(6)	(6)	(60)	(4)
Au	3.8	b. d.	5.7	0.4	b. d.	b. d.	b. d.
	(0.5)	b. d.	(2.3)	(0.2)	b. d.	b. d.	b. d.
Ag	20[b]	10[c]	20[b]	b. d.	b. d.	10[c]	b. d.
Fe	b. d.	b. d.	b. d.	b. d.	b. d.	b. d.	b. d.
Cu	50[b]	80[c]	80[c]	b. d.	b. d.	200[b]	b. d.
Pb	5[b]	b. d.	30[c]	b. d.	8[b]	25[c]	b. d.
Zn	b. d.	b. d.	200[b]	b. d.	b. d.	b. d.	b. d.
Mg	60[b]	200[c]	b. d.	80[c]	b. d.	b. d.	b. d.
U	1[c]	b. d.	6[c]	b. d.	1[c]	5[c]	b. d.

注：b. d. 为低于检测限；Qz 为石英；py 为黄铁矿；As-py 为含砷黄铁矿；Asp 为毒砂；cal 为方解石；real 为雄黄；stb 为辉锑矿；a 为误差范围；b 为单个流体包裹体含量高于仪器检出限；c 为多个流体包裹体平均值（3δ）。资料来自 Su 等（2009a）。

可以看出，不同类型的流体包裹体都含有 B、Na、K、Cs、Sr、As、Sb 和 Au，但不含 Fe、Cu、Pb、Zn 等元素。尽管控矿类型和赋矿层位明显不同，水银洞和丫他金矿床成矿早期盐水溶液包裹体（Ia）都含有较高的 Au（$3.5\pm0.5\times10^{-6}\sim5.7\pm2.3\times10^{-6}$）、As（$80\pm30\times10^{-6}\sim200\times10^{-6}\pm120\times10^{-6}$）、Sb（$20\times10^{-6}$）等成矿元素和碱金属元素；这些成矿元素在成矿期含 CO_2 流体包裹体（Ib）中的含量相对较低，分别为 Au $0.4\times10^{-6}\pm0.2\times10^{-6}$、As $100\pm50\times10^{-6}$、Sb $10\times10^{-6}\pm6\times10^{-6}$；而成矿晚期含 CO_2 流体包裹体（Ib）则不含 Au，但 As 和 Sb 含量有所增加，分别为 $70\times10^{-6}\pm50\times10^{-6}\sim250\times10^{-6}\pm160\times10^{-6}$、$10\times10^{-6}\pm4\times10^{-6}\sim90\times10^{-6}\pm60\times10^{-6}$（表 10.4），这与成矿晚期雄黄（雌黄）和辉锑矿的出现相一致。

表 10.5　水银洞和丫他金矿床成矿早期流体包裹体微量元素含量

（单位:10⁻⁶）

样品号	包裹体编号	盐度/wt% NaCl	B/(μg/g)	Na/(μg/g)	Mg/(μg/g)	K/(μg/g)	Mn/(μg/g)	Fe/(μg/g)	Cu/(μg/g)	Zn/(μg/g)	As/(μg/g)	Sr/(μg/g)	Ag/(μg/g)	Sb/(μg/g)	Cs/(μg/g)	Au(3σ)/(μg/g)	Au(1σ)/(μg/g)	Pb/(μg/g)	U/(μg/g)
SYD035-Q2	mc02b03	6.9	1060	26800	<40	620	<20	<320	<20	<30	30	220	<2	<5	10	<1.7	<0.6	<2	1
	mc02b04	6.9	1040	26800	<60	620	<30	<440	<20	<50	<40	220	<3	<7	30	<2.5	<0.8	5	1
	mc02b05	6.7	1230	26200	<160	810	<110	<1330	50	<140	110	280	20	<30	10	<6.4	3.3	<10	<1
	mc02b07	6.6	1110	25700	<130	680	<100	<1170	<40	<110	<90	180	<10	20	9	<6.6	4.4	<10	<2
	mc02b09	6.9	820	26700	60	940	<70	<720	<40	<50	<80	250	<7	<10	20	<3.9	<1.3	<7	<1
	mc02b10	6.7	1110	26300	<80	690	<70	<1200	<20	<80	80	220	<5	<10	10	<3.1	<1.1	<9	<1
	mc02a08	5.4	790	21000	260	410	<40	<540	30	<50	<40	160	5	<7	10	<2.3	<0.8	<4	<1
	mc02a09	5.3	720	20300	150	930	<100	<1610	150	<180	<120	180	20	<20	20	<6.8	<2.3	<10	<2
	mc02a10	5.1	1060	20200	<90	420	<70	<1010	<50	<100	<70	170	<6	<20	20	<4.8	<1.6	<10	<2
	mc02a11	5.3	390	20500	<70	290	<40	<370	<30	<40	90	140	<3	<9	7	<1.6	<0.6	<5	<1
SYD035-Q1	mc02a12	5.3	870	20600	<40	150	<30	<240	<20	<30	110	170	<2	<6	10	<1.2	<0.4	<3	<1
	mc02a13	5.3	970	20600	<90	270	<60	<820	<30	<90	<70	120	<8	<10	7	<5.4	<1.8	<8	<1
	mc02a14	5.3	530	20700	<40	<140	<50	<630	<40	<70	<60	50	<6	<10	5	<4.2	<1.4	<6	<3
	mc02a15	5.3	640	20600	<100	210	70	<840	<30	<70	<70	170	<6	<10	20	<3.8	<1.3	<6	<1
	mc02a17	5.3	900	20600	<60	300	<40	<430	50	<60	70	140	<2	<9	8	<1.8	<0.6	<5	<1
Q64	mc02-03	5.6	360	21500	<220	410	<120	<1360	70	200	200	30	30	<30	10	6.0	6.0	<20	4
	mc02-05	5.7	500	21600	<120	820	<130	<1480	<110	<150	<150	30	<20	<40	5	<8.7	<2.9	<20	<2
	mc02-06	5.7	1260	21800	<260	<490	<200	<2530	100	<280	340	50	<20	<50	10	<14.3	7.8	40	<3
	mc02-07	5.6	540	21700	<40	340	<30	<410	<10	<40	90	20	9	20	20	3.3	3.3	20	8

注:<检测线(3δ);仪器检测线(3δ):B~80,Na~10,Mg~30,K~80,Mn~20,Fe~400,Cu~40,Zn~30,As~20,Sr~1,Ag~2,Sb~5,Cs~1,Au~1,Pb~4 和 U~1。

资料来源:Su 等(2009a)。

续表

样品号	包裹体编号	盐度/wt% NaCl	B/(μg/g)	Na/(μg/g)	Mg/(μg/g)	K/(μg/g)	Mn/(μg/g)	Fe/(μg/g)	Cu/(μg/g)	Zn/(μg/g)	As/(μg/g)	Sr/(μg/g)	Ag/(μg/g)	Sb/(μg/g)	Cs/(μg/g)	Au(3σ)/(μg/g)	Au(1σ)/(μg/g)	Pb/(μg/g)	U/(μg/g)
	mc03a06	2.0	250	7700	<20	380	<20	<260	<10	<40	170	1	<2	<5	3	<1.7	<0.6	<2	<1
	mc03a07	2.0	130	7800	<10	180	<10	<70	<10	<10	120	40	<1	<1	4	<0.5	<0.2	<1	<1
	mc03a09	2.0	150	7800	10	140	<10	<130	<10	<10	40	10	<1	<2	1	0.6	0.6	<1	<1
	mc03a10	2.0	270	7800	<10	200	<10	<40	<10	<10	80	3	<1	<1	5	<0.2	0.2	1	<1
	mc03a11	2.0	570	7800	<10	310	<10	<140	<10	<10	270	4	<1	5	4	<0.9	0.4	<1	<1
	mc03a12	2.0	250	7900	<40	<90	<30	<470	<10	<60	200	1	<6	20	2	<2.5	<0.8	<5	<1
	mc03a13	2.0	350	7900	<10	50	<10	<190	<10	<20	170	6	<1	<3	5	<0.9	<0.3	<1	<1
	mc03a14	2.0	310	7800	<20	320	<10	<150	<10	<20	150	3	<1	<3	6	0.6	0.6	<1	<1
	mc03a15	2.0	350	7700	<20	350	<10	<100	<10	<10	140	2	1	<3	5	<0.6	0.3	<1	<1
	mc03a16	2.0	290	6900	200	2460	<10	<110	<10	<10	100	3	<1	<2	10	<0.6	0.2	<1	<1
	mc03a17	2.0	450	7800	<10	100	<10	<100	<10	<10	140	2	<1	<2	9	<0.5	0.2	<1	<1
YT-5	mc03b03	2.0	330	7800	<70	140	<40	<600	<30	<50	80	3	<6	<10	5	<1.6	0.8	<5	<1
	mc03b04	2.0	210	7700	<30	340	<10	<180	<10	<20	80	5	<1	<3	4	<0.6	0.3	<2	<1
	mc03b06	2.0	330	7700	<10	490	<10	<70	<10	<10	80	3	<1	<1	7	<0.3	<0.1	<1	<1
	mc03b07	2.0	250	7700	<20	<20	<10	<120	<10	<10	70	2	<1	2	2	<0.7	<0.2	<1	<1
	mc03b08	2.0	260	7600	<10	610	<10	<100	10	<10	90	2	<1	2	3	<0.2	0.1	<1	<1
	mc03b09	2.0	350	7800	<30	80	<20	<390	<40	<30	160	1	<2	<4	4	<1.3	<0.5	<4	<1
	mc03b11	2.0	270	7800	<20	160	<10	<190	<10	<20	100	2	<1	<3	5	<0.7	<0.2	<2	<1
	mc03b12	2.0	290	7900	<10	30	<10	<120	<10	<10	110	2	<1	<2	4	<0.5	<0.2	<2	<1
	mc03b13	2.0	210	7700	<20	550	<10	<130	<10	<10	70	2	<1	2	5	<0.6	<0.2	<1	<1
	mc03b14	2.0	260	7800	10	220	<10	<40	<10	10	70	2	1	<1	5	0.3	0.3	<1	<1
	mc03b15	2.0	400	7800	<10	50	<10	<40	2	<10	160	2	<1	2	7	<0.2	<0.1	<1	<1

续表

样品号	包裹体编号	盐度/wt% NaCl	B/(μg/g)	Na/(μg/g)	Mg/(μg/g)	K/(μg/g)	Mn/(μg/g)	Fe/(μg/g)	Cu/(μg/g)	Zn/(μg/g)	As/(μg/g)	Sr/(μg/g)	Ag/(μg/g)	Sb/(μg/g)	Cs/(μg/g)	Au(3σ)/(μg/g)	Au(1σ)/(μg/g)	Pb/(μg/g)	U/(μg/g)
	mc02c14	1.2	190	4800	30	<80	<30	<320	<10	<30	50	4	<4	<10	<1	<2.4	<0.8	<4	<1
	mc02c11	1.0	420	3900	<180	<450	<190	<2380	200	<220	480	10	16	140	<3	<11.6	<3.9	27	<2
	mc02c12	0.8	<200	3200	<120	290	<130	<1820	<110	<150	<130	<4	19	<30	2	<5.6	<1.9	23	8
YT1-012	mc02c13	0.8	<330	1900	<190	3040	<200	<1860	<90	<220	<190	7	24	60	24	<7.7	4.3	<22	<5
	mc02c16	1.0	130	4000	<70	140	<30	<450	<20	<50	150	2	3	30	1	<2.4	<0.8	<3	1
	mc02c17	1.2	220	4400	<270	<300	<110	<1560	<70	<130	220	<5	<20	70	<3	<5.6	<1.9	<15	<3
	mc02c15	0.8	<200	3000	<100	<270	<110	<1150	<70	<150	420	<4	<6	160	1	<5.3	<1.8	<12	<1
	mc02c18	1.2	<210	4100	<240	990	<90	<1020	<90	<110	200	<4	<7	<20	3	<3.9	<1.3	<9	<3
	mc02e03	0.8	110	3200	<50	<90	<20	230	<20	<30	<30	20	<5	<10	17	<2.1	<0.7	8	<1
YT1-010	mc02e04	0.8	80	3300	<10	40	<10	<60	<10	<10	40	4	<1	4	1	<0.3	<0.1	<1	1
	mc02e05	0.8	80	3100	<20	540	<10	<130	<10	<10	460	8	<2	10	3	<0.6	<0.2	<2	<3
	mc02e07	0.8	160	3200	<40	280	<30	<360	<30	<30	80	4	<3	10	3	<1.0	<0.3	<3	<1
	mc02e10	0.6	130	2400	<30	140	<20	<250	<10	<20	20	<1	<2	5	<1	<0.9	<0.3	<2	<1
YT1-013	mc02e11	0.6	70	2500	<80	<60	<30	<410	<20	<30	50	<2	<2	10	1	<1.7	<0.6	<3	<1
	mc02e12	0.6	180	2400	<50	<80	<30	<360	<30	<40	120	1	<7	10	1	<1.2	<0.4	<3	<1
	mc02e13	0.6	100	2500	<60	<110	<40	<480	<20	<60	<40	<3	<7	10	3	<3.3	<1.1	<5	<3
	mc02a04*	11.1	<4870	41300	<1950	<5680	<1990	<28130	<1420	<2950	<2250	<70	<220	<400	<20	<65	<22	<240	<30
YT-4	mc02a05*	11.1	<2180	43600	<1200	<3080	<960	<16000	<570	<1390	1880	<40	<140	340	<20	<57	<19	<140	<20
	mc02a06*	11.1	<7810	43600	<6170	<11450	<3980	<55880	<2850	<5460	<3950	<130	<240	<950	<80	<600	<200	<480	<50
	mc02c08	11.1	1060	43400	<190	<550	<210	<3000	<130	<290	<240	50	<30	<40	<3	<9	<3	<20	4

注：＊为富 CO_2 包裹体。

进一步对比分析发现，从成矿早期到晚期，成矿流体、含砷黄铁矿以及矿石全岩中的 Au、As、Sb 与 Sr 具有协同变化规律（图 10.23、图 10.24），表明 Au、As 和 Sb 以硫化物（如含砷黄铁矿和辉锑矿）形式沉淀的同时，伴随有富 Sr 矿物的选择性沉淀。岩相学观察表明，含砷黄铁矿和辉锑矿常与方解石或白云石密切共生（图 10.8（a）~（c））。微量元素分析结果显示，这些方解石或白云石颗粒含有较高的 Sr，平均含量为 1102×10^{-6}，因此，与含金硫化物共沉淀的富 Sr 矿物很可能是碳酸盐类矿物，因为 Sr 可以替代 Ca 进入碳酸盐矿物的结构。

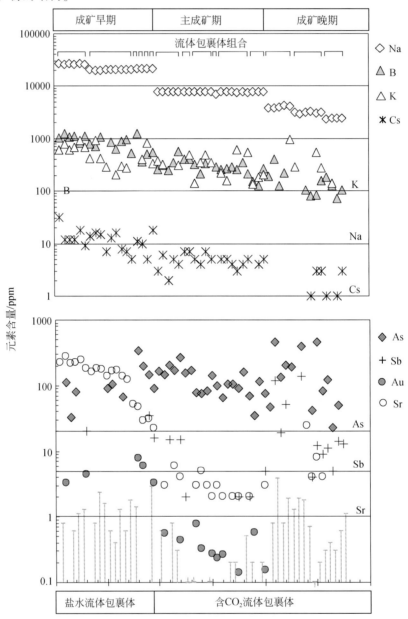

图 10.23　水银洞和丫他金矿床成矿流体演化过程（据 Su et al.，2009a）

流体包裹体组合相对时间顺序由石英生长环带的 SEM-CL 图像确定；横线和竖线分别示元素的检测线

所有流体包裹体中都不含 Fe 或其含量低于仪器的检测限（LOD < 400×10^{-6}），说明卡林型金矿成矿流体本身不含 Fe 等，从而证实了国际上一直认为该类型金矿床的成矿流体不含 Fe 的岩石化学间接推论（Hofstra et al.，2000）。然而，含金硫化物的沉淀（如含砷黄铁矿等）又需要 Fe 的参与，因此，进一步确认卡林型金矿床含金硫化物中 Fe 的来源，是认识该类型金矿成矿作用过程的关键。岩相学观察表明，含砷黄铁矿和毒砂往往与不含 Fe 的方解石或白云石密切共生（图 10.8（a）、（c）），或集中分布在含有

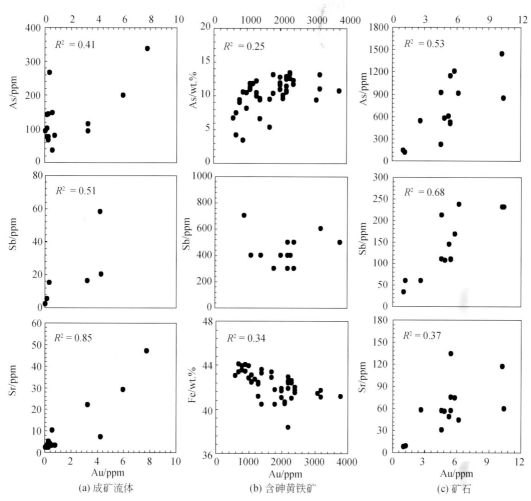

图 10.24　水银洞和丫他金矿床成矿流体（a）、含砷黄铁矿（b）以及矿石（c）中 Au、As、Sb、Sr 元素之间的相关关系（据 Su et al.，2009a）

大量含 Fe 碳酸盐矿物残留体的碧玉质石英颗粒内部和边缘（图 10.8（b）、（d）），从而认为该类型金矿含金硫化物中的 Fe，很可能来源于与赋矿围岩中含 Fe 碳酸盐矿物（如含铁方解石和白云石等）的溶解。溶解 Fe 的硫化物过程形成硫化物并导致金的沉淀富集，这与该类型金矿广泛发育的去碳酸盐化和硫化物化等围岩蚀变相一致。

综上所述，卡林型金矿床的成矿流体含 Au、As、Sb 等成矿元素而不含 Fe，是该类型金矿最重要的热液地球化学特征。赋矿围岩的去碳酸盐化和硫化物化是该类型金矿最重要的成矿作用过程。这一理论认识，对卡林型金矿矿床成因和勘探实践具有重要意义。

三、成矿流体来源

黔西南地区卡林型金矿床成矿流体来源的氢、氧同位素组成，前人已有大量数据报道。本次研究通过数据整理，并结合最新分析结果，探讨该类型金矿成矿流体的来源。

Hofsrta 等（2005）报道了水银洞和紫木凼金矿床早期成矿阶段乳白色石英脉和与金矿化关系密切的黏土矿物（<2μm）的 H、O 同位素组成。结果显示，早期成矿阶段乳白色石英脉 $\delta^{18}O$ 为 21‰~27‰。根据石英–水氧同位素平衡分馏方程（Friedman and O'Neil，1977）和本次研究获得的流体包裹体均一温度（平均值为 230℃），计算成矿流体 $\delta^{18}O_{H_2O}$ 为 10.5‰~16.5‰；与黏土矿物平衡水的 $\delta^{18}O_{H_2O}$ 和 δD 分别为

4‰ ~ 16‰、-35‰ ~ -68‰。

李文亢等（1989）和朱赖明等（1998）分析了丫他金矿床与含砷黄铁矿和毒砂共生的石英以及与辉锑矿、雄黄（雌黄）共生的方解石的 H、O 同位素组成。结果显示，金成矿阶段石英脉 $\delta^{18}O$ 为 20.9‰ ~ 26.1‰，非常类似于水银洞金矿床早期成矿阶段乳白色石英脉的 H、O 同位素组成；成矿晚期方解石 $\delta^{18}O$ 为 18.2‰ ~ 20.8‰。根据石英-水、方解石-水氧同位素平衡分馏方程（Friedman and O'Neil，1977）、本次研究获得的石英流体包裹体均一温度（平均值为 220℃），以及方解石流体包裹体均一温度（190℃；Zhang et al.，2003），计算成矿期和成矿晚期流体 $\delta^{18}O_{H_2O}$，分别为 9.9‰ ~ 15.1‰、8.1‰ ~ 10.9‰。而金成矿阶段石英流体包裹体中 H_2O 的 δD（-78.8‰ ~ -51.1‰）（李文亢等，1989）高于黔西南地区侏罗纪—白垩纪大气降水的 δD（-85‰）（韩至钧等，1999）。

水银洞和丫他金矿床成矿流体的 H、O 同位素组成落入或接近变质流体成因的 H、O 同位素组成范围之内，因此，认为黔西南卡林型金矿床成矿流体主要为变质流体，可能与埋藏变质或造山作用有关（Su et al.，2009a）。

第五节　成矿过程和预测标志

综合水银洞和丫他金矿床原生矿石显微岩相学结构、含金硫化物矿物学与地球化学、热液化学等研究结果，探讨卡林型金矿金沉淀富集机制及其制约因素，以及成矿时代等，进一步揭示该类型金矿成矿作用的精细过程，提取该类金矿床深部找矿的地球化学信息，并用于水银洞金矿区外围预测区深部矿体勘查。

一、成矿时代

卡林型金矿床成矿时代因没有合适的定年矿物，一直是国内外研究的热点和难点问题之一。本次研究在成矿作用过程分析和系统岩相学研究的基础上，结合野外地质观察，首次采用与金矿化有关的热液碳酸盐脉的 Sm-Nd 同位素组成来确定去碳酸盐化的年龄，即成矿年龄。

1. 样品与分析方法

研究样品主要采自水银洞金矿床层状矿体和逆冲断裂带中的热液碳酸盐脉（图 10.25），其中 9 件热液碳酸盐脉样品取自逆冲断裂带，其余 5 件样品取自钻孔岩心，深度 50 ~ 180m。镜下观察表明，所有样品由方解石和白云石组成，部分样品见有雄黄和雌黄等硫化物。

(a)　　　　　　　　　　　　　　(b)

图 10.25　水银洞金矿床矿体（a）和断裂带（b）中的热液碳酸盐脉（据 Su et al.，2009b）

将样品碎至 60 ~ 80 目，双目镜下人工挑选方解石和白云石颗粒，纯度 99% 以上，玛瑙钵中碾磨至 200 目以下。在分析同位素之前，首先进行样品的稀土元素含量分析，然后选择 Sm/Nd 值变化范围较大的同一份样品进行 Sm、Nd、Sr 同位素组成分析。其分析程序类似于 Peng 等（2003）报道的方法。样品稀土元素含量分析在中国科学院广州地球化学研究所同位素地球化学重点实验室 ICP-MS 上完成；Sm、Nd

和 Sr 同位素组成分析在天津地质与矿产研究所 IsoProbe T 热电离子质谱仪上完成。国际标样 BCR-1 的测定结果为 Sm = 6.57μg/g、Nd = 28.7μg/g，^{143}Nd/^{144}Nd = 0.512644±5（2δ）。JMC Nd 标样测定结果为 ^{143}Nd/^{144}Nd = 0.511132±5（2δ）。全流程 Sm、Nd 的本底空白分别为 0.03ng、0.05ng。Sm、Nd 含量的分析误差优于 0.5%，^{147}Sm/^{144}Nd 的分析误差为 0.5%（2δ）。ISOPLOT 2.9 程序计算 Sm-Nd 同位素等时线年龄，采用的 $\lambda = 6.54 \times 10^{-12}a^{-1}$。

2. 结果与讨论

水银洞金矿床层状矿体和断裂带中热液碳酸盐脉的稀土元素含量及其 Sm-Nd 同位素组成列于表 10.6 和表 10.7，其稀土配分模式及其 Sm-Nd 同位素等时线年龄见图 10.26。

表 10.6　水银洞金矿床碳酸盐脉稀土元素含量　　　　　　　　　　（单位：10^{-6}）

样　号	采样位置	矿物组合	La	Ce	Pr	Nd	Sm	Eu	Gd	Tb	Dy	Ho	Er	Tm	Yb	Lu
Cal-08	F105	Cc	0.43	1.77	0.45	3.33	2.38	1.08	3.99	0.70	3.07	0.49	1.05	0.10	0.57	0.07
Cal-11	F105	Cc+real	0.73	3.08	0.73	5.58	3.82	1.89	5.85	0.96	4.32	0.65	1.30	0.14	0.72	0.09
Cal-16	F105	Cc	0.18	0.68	0.15	1.05	0.48	0.19	0.57	0.10	0.44	0.08	0.21	0.02	0.14	0.02
Cal-03	F105	Cc	6.54	17.10	3.10	16.06	3.81	1.87	3.46	0.46	1.96	0.30	0.61	0.06	0.29	0.04
Cal-17	F101	Cc	0.63	2.10	0.40	2.40	0.95	0.41	1.51	0.26	1.00	0.14	0.22	0.02	0.12	0.02
Cal-10	F105	Cc	0.64	1.58	0.38	2.26	0.85	0.28	1.20	0.20	1.02	0.20	0.50	0.05	0.31	0.04
Cal-05	F105	Cc	1.66	3.96	0.71	3.50	0.85	0.60	0.95	0.12	0.51	0.09	0.21	0.02	0.10	0.01
Cal-20	F101	Cc+real	1.28	4.18	0.67	3.40	1.04	0.34	1.06	0.18	0.75	0.13	0.30	0.04	0.21	0.03
Cal-21	F101	Cc+real	0.99	3.46	0.59	3.16	1.00	0.37	1.16	0.18	0.89	0.15	0.35	0.04	0.23	0.03
Cal-12	钻孔 ZK5117	Cc+real	0.09	0.32	0.07	0.46	0.22	0.09	0.32	0.06	0.29	0.05	0.12	0.01	0.07	0.01
Cal-14	钻孔 ZK8301	Cc	0.67	0.25	0.20	0.99	0.21	0.07	0.24	0.03	0.16	0.03	0.07	0.01	0.05	0.01
ZK1648-14	钻孔 ZK1648	Cc	0.45	0.89	0.17	0.95	0.30	0.12	0.46	0.08	0.36	0.07	0.14	0.02	0.09	0.01
ZK3101-22	钻孔 ZK3101	Cc	0.17	0.55	0.12	0.81	0.81	0.17	0.43	0.07	0.31	0.05	0.10	0.01	0.05	0.01
ZK2002-31	钻孔 ZK2002	Cc	0.21	0.70	0.16	1.23	0.32	0.47	2.72	0.64	3.37	0.55	1.02	0.09	0.47	0.07

注：Cc 为方解石，Real 为雄黄。

资料来源：Su 等（2009b）。

表 10.7　水银洞金矿床碳酸盐脉 Sm-Nd 同位素组成

样　号	采样位置	矿物组合	Sm/ppm	Nd/ppm	^{147}Sm/^{144}Nd /atomic	^{143}Nd/^{144}Nd（2σ）/atomic	^{87}Sr/^{86}Sr（2σ）/atomic
Cal-08	F105	Cc	2.3002	3.0752	0.4522	0.512762±6	0.707083±10
Cal-11	F105	Cc+real	3.8689	5.5334	0.4227	0.512735±5	0.707203±21
Cal-16	F105	Cc	0.4683	1.0775	0.2628	0.512593±9	0.707482±13
Cal-03	F105	Cc	3.6978	14.5286	0.1539	0.512496±7	0.707251±25
Cal-17	F101	Cc	0.9178	2.2416	0.2475	0.512579±6	0.707991±11
Cal-10	F105	Cc	0.8437	2.1825	0.2337	0.512567±8	0.707217±13
Cal-05	F105	Cc	0.8203	3.2117	0.1544	0.512497±8	0.707152±16
Cal-20	F101	Cc+real	0.9776	3.2226	0.1834	0.512523±12	0.707125±13
Cal-21	F101	Cc+real	0.9602	2.8964	0.2004	0.512537±7	0.707143±10
Cal-12	钻孔 ZK5117，184m	Cc+real	0.2227	0.4570	0.2946	0.512064±6	0.707729±8
Cal-14	钻孔 ZK8301，145m	Cc	0.2044	0.9306	0.1328	0.511922±15	0.707614±10

样 号	采样位置	矿物组合	Sm/ppm	Nd/ppm	$^{147}Sm/^{144}Nd$ /atomic	$^{143}Nd/^{144}Nd$ (2σ) /atomic	$^{87}Sr/^{86}Sr$ (2σ) /atomic
ZK1648-14	钻孔 ZK1648, 104m	Cc	0.2869	0.8801	0.1971	0.511978±20	0.708003±24
ZK3101-22	钻孔 ZK3101, 50 m	Cc	0.8120	0.9904	0.4957	0.512241±18	0.707610±11
ZK2002-31	钻孔 ZK2002, 100m	Cc	0.3900	0.9459	0.2493	0.512024±7	0.706620±18

资料来源：Su 等（2009b）。

所有碳酸盐脉样品均含有较高的稀土元素（REE）含量，ΣREE 为 $2.18×10^{-6}$ ~ $55.66×10^{-6}$，并显示中稀土（MREE）富集型稀土配分模式（图10.26（a）、（c）），非常类似于晴隆大厂锑矿床中与 Sb 密切共生的热液萤石（彭建堂等，2003），这种热液萤石被解释为热液交代基性凝灰岩的产物，而水银洞金矿床中的热液碳酸盐脉则是金成矿作用过程中去碳酸盐化的结果（Su et al.，2009b）。具有 MREE 富集型稀土配分模式的热液碳酸盐脉，也见于我国一些锑矿床（如锡矿山超大型锑矿床，Peng et al.，2003）、大陆水体和酸性淋滤物（Johannesson et al.，1995，1996）。Johannnesson 等（1996）认为固-液交换反应、富含 MREE 铁-锰壳层的溶解等，是形成 MREE 富集型稀土配分模式的一种可能机制。流体包裹体研究表明，水银洞金矿床热液碳酸盐脉形成于 200 ~ 230℃。在这样的热液条件下，中稀土元素之一的 Eu 主要呈 Eu^{2+}，其离子半径与 Ca^{2+} 非常接近，很可能替代方解石或白云石中的 Ca^{2+} 而进入矿物结构，这可能是热液交代成因碳酸盐脉 MREE 富集的根本原因之一。

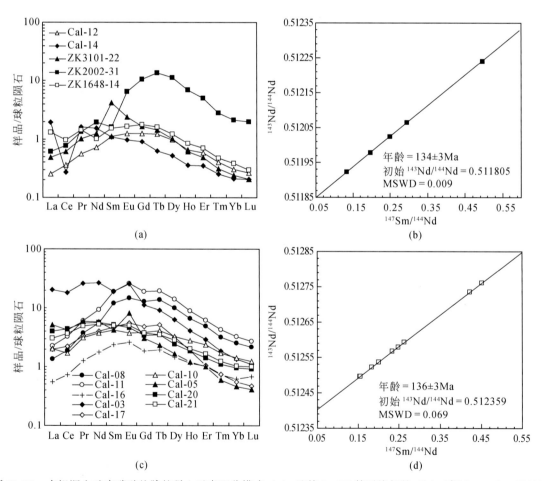

图 10.26 水银洞金矿床碳酸盐脉的稀土元素配分模式（a）及其 Sm-Nd 等时线年龄（b）（据 Su et al.，2009b）

同位素稀释法测定表明，产于断裂带中的9件热液碳酸盐脉样品含有较高的 Sm 和 Nd 含量，分别为 $0.4683 \times 10^{-6} \sim 3.8689 \times 10^{-6}$、$1.0775 \times 10^{-6} \sim 14.5286 \times 10^{-6}$。在 $^{147}Sm/^{144}Nd$-$^{143}Nd/^{144}Nd$ 图解中，所有样品构成一条相关关系非常好的等时线，计算年龄值为 $136 \pm 3Ma$（MSWD = 0.069），$^{143}Nd/^{144}Nd$ 初始值为 0.512359（图 10.26（d））；而 5 件层状矿体中热液碳酸盐脉样品的 Sm、Nd 含量相对较低，分别为 $0.2044 \times 10^{-6} \sim 0.812 \times 10^{-6}$、$0.457 \times 10^{-6} \sim 0.9904 \times 10^{-6}$，并构成另外一条 Sm-Nd 等时线，其年龄值为 $134 \pm 3Ma$（MSWD = 0.009），$^{143}Nd/^{144}Nd$ 初始值为 0.511805（图 10.26（b））。在 $^{143}Nd/^{144}Nd$-1/Nd 图解中所有样品没有明显的线性关系，表明这两条等时线并非混合线，而具有等时线意义，因此，认为热液方解石脉的 Sm-Nd 等时线年龄可以代表去碳酸盐化的年龄，即金成矿年龄，为 $134 \pm 3 \sim 136 \pm 3Ma$，平均 $135 \pm 3Ma$。这一年龄值接近产于相同层位、晴隆大厂锑矿床中热液萤石的 Sm-Nd 等时线年龄（$148 \pm 9 \sim 142 \pm 16Ma$，平均 $145 \pm 12Ma$）（彭建堂等，2003）（图 10.27）。因此，认为黔西南地区卡林型金矿床的成矿时代可能发生在 $135 \pm 3 \sim 145 \pm 12Ma$，相当于燕山晚期（65 ~ 140Ma），可能与华南区域岩石圈伸展的构造背景有关。

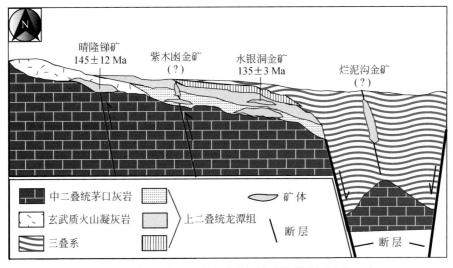

图 10.27　黔西南卡林型金矿床与锑矿床成矿年龄对比图

进一步对比发现，产于断裂带和层状矿体中热液碳酸盐脉的初始 $\varepsilon_{Nd}(135 \, Ma)$ 明显不同，分别为 -2.0 和 -12.9。前者具有相对高的 $\varepsilon_{Nd}(135 \, Ma)$ 值（-2.0），接近晴隆大厂锑矿床中萤石的 $\varepsilon_{Nd}(135 \, Ma)$ 值（$-3.7 \sim -5.8$）（彭建堂等，2003），并落在中二叠统茅口灰岩（-6.3）和玄武质火山凝灰岩（1.5）之间，这种热液碳酸盐脉可能来源龙潭组底部含有基性凝灰质生物碎屑灰岩去碳酸盐化的产物，热液碳酸盐脉中含有较高的 Cr（$2 \times 10^{-6} \sim 27 \times 10^{-6}$）和 Ni（$13 \times 10^{-6} \sim 17 \times 10^{-6}$）支持这一推论；而层状矿体中的热液碳酸盐脉具有相对低的 $\varepsilon_{Nd}(135Ma)$ 值（-12.9），非常接近华南龙潭组页岩的 $\varepsilon_{Nd}(135Ma)$ 值（-12.7）（Chen and Jahn，1998）。因此，认为不同产状的热液碳酸盐脉可能是龙潭组不同赋矿岩性单元去碳酸盐化的结果。

二、成矿过程

1. 金的沉淀富集机制

大量实验研究表明，在中低温（<250℃）、富 H_2S 的弱酸性热液条件下，Au 主要以 $Au(HS)_2^-$ 或 $Au(HS)^0$ 的形式迁移（Seward，1973，1991）。Au 的沉淀富集一般认为与流体-岩石相互作用、流体混合以及流体不混溶过程等有关（Seward，1973；Naden et al.，1989；Nesbitt，1991）。流体-岩石相互作用或不同流体混合，使成矿流体的 pH 或氧化-还原状态等物理化学条件发生改变，从而导致 Au 的沉淀富集

（华仁民，1993）；流体不混溶，如沸腾作用，使 Au$(HS)_2^-$ 或 Au$(HS)^0$ 等络合物分解，形成 H_2S 进入气相而导致 Au 主要以自然金颗粒的形式沉淀富集，如造山带石英脉型金矿床。

流体包裹体岩相学和成矿流体来源的 H、O 同位素地球化学研究表明，水银洞层控卡林型金矿床成矿期石英–含砷黄铁矿–毒砂阶段，很少见有气–液相与纯气相包裹体共生组合；丫他金矿床由于受断裂破碎带控制，气–液相与纯气相包裹体共生组合仅见于成矿晚期石英–方解石–辉锑矿–雄黄（雌黄）阶段；成矿流体的 H、O 同位素组成主要显示变质流体来源，暗示流体不混溶或流体混合可能不是黔西南卡林型金矿成矿作用的关键控制因素。

原生矿石显微岩相学结构、含金硫化物矿物学与地球化学研究表明，黔西南卡林型金矿床含金硫化物（含砷黄铁矿和毒砂）形成于热液交代含 Fe 碳酸盐或生物碎屑之后（图 10.8（a）~（d）），即去碳酸盐化。流体包裹体显微测温学和单个包裹体成分的 LA-ICP-MS 分析显示，该类型金矿床成矿流体以富含 CO_2（2mol% ~ 8mol%）、Au、As、Sb 等成矿元素而不含 Fe 为主要特征。由于含 Au 热液本身不含 Fe，含金硫化物（如含砷黄铁矿和毒砂）又形成于赋矿围岩中含 Fe 碳酸盐矿物溶解之后，因此，认为含 Fe 碳酸盐矿物溶解释放的 Fe 很可能是该类型金矿床含金硫化物中 Fe 的主要来源。溶解 Fe 的硫化物化过程是该类型金矿金沉淀富集最重要的机制之一。

根据野外地质观察，结合原生矿石显微岩相学结构、含金硫化物矿物学与地球化学以及围岩蚀变等特征，提出卡林型金矿成矿作用可能经历了以下三个主要过程。

1）含铁碳酸盐溶解（去碳酸盐化）

如前所述，黔西南卡林型金矿床成矿流体富含 CO_2（2mol% ~ 8mol%）。热力学计算表明，在225℃条件下，这种成矿流体具有弱酸性（pH = 5.07 ~ 5.21；Hofstra and Cline，2000）。这种弱酸性的含 Au 热液可以使赋矿围岩中的含 Fe 碳酸盐矿物（如含铁方解石和白云石）溶解，使 Fe^{2+}、Ca^{2+} 和 Mg^{2+} 进入含 Au 热液体系，从而为硫化物过程和金的沉淀富集提供了 Fe 的来源。其化学反应如下：

$$CO_2 + H_2O = H_2CO_3$$

$$H_2CO_3 + (Ca, Fe)CO_3 = Fe^{2+} + Ca^{2+} + 2HCO_3^-$$

$$H_2CO_3 + (Ca, Mg, Fe)CO_3 = Fe^{2+} + Ca^{2+} + Mg^{2+} + 2HCO_3^-$$

2）溶解 Fe 的硫化物化与金的沉淀富集

热力学与实验地球化学研究表明，在中低温（<250℃）、富 H_2S 的弱酸性热液条件下，Au 主要以 Au$(HS)_2^-$ 或 Au$(HS)^0$ 的形式迁移（Seward，1973，1991），而 As 则主要以 H_3AsO_3 的形式存在（Heinrich and Eadington，1986；Pokrovski et al.，2002）。在相对还原的条件下（如赋矿围岩中的有机碳或煤等），溶解 Fe^{2+} 的硫化物化形成含砷黄铁矿（Fe$(S, As)_2$）和黄铁矿（FeS_2），使 Au 可能以化学结合态（Au^{1+}）的形式进入含砷黄铁矿结构。其化学反应可能为：

$$2Fe_{(aq)}^{2+} + 2H_3AsO_{3(aq)} + H_2S_{(aq)} + 2Au(HS)_{2(aq)}^- + H_{2(g)} = Fe(S, As)_2 \cdot Au_2S^0 + FeS_2 + 6H_2O + 2H^+$$

3）碳酸盐化或碳酸盐脉的形成

如上所述，含 Fe 碳酸盐矿物溶解 Fe 被硫化物化沉淀金的同时，其余 Ca^{2+} 和 Mg^{2+}，则与 CO_3^{2-} 结合形成不含 Fe 的方解石或白云石，并与含金硫化物密切共生（图 10.8（a）~（d）），或以方解石和白云石脉的形式产于断裂带或背斜轴部的张性裂隙。其化学反应为：

$$Ca^{2+} + CO_3^{2-} = CaCO_3$$

$$Ca^{2+} + Mg^{2+} + 2CO_3^{2-} = CaMg(CO_3)_2$$

综合上述化学反应，如果仅考虑含 Fe 碳酸盐矿物中的 $FeCO_3$ 端元组分，含 Au 热液与 $FeCO_3$ 相互作用，也将导致 Au 的沉淀富集，并产生 CO_3^{2-} 和 CO_2。前者与含 Fe 碳酸盐溶解产生的 Ca^{2+} 和 Mg^{2+} 结合，则形成方解石和白云石；后者使成矿流体中 CO_2 含量增加，并保存在石英流体包裹体之中，这与黔西南卡林型金矿床成矿期石英–含砷黄铁矿–毒砂阶段富含 CO_2 流体包裹体、含金硫化物与不含 Fe 的方解石或白云石密切共生（图 10.8（a）），以及成矿流体 Au 与 Sr 的协同变化（图 10.23、图 10.24）等观察结果是完全一致的。总的化学反应可能为：

$$2FeCO_{3(aq)}+2H_3AsO_{3(aq)}+H_2S_{(aq)}+2Au（HS）^-_{2(aq)}+H_{2(g)}$$
$$=Fe（S，As）_2·Au_2S^0+FeS_2+CO^{2-}_{3(aq)}+CO_{2(g)}+7H_2O$$

2. 岩相学与岩石化学证据

原生矿石显微岩相学结构观察表明，黔西南卡林型金矿含金硫化物形成于热液交代含 Fe 碳酸盐矿物之后，主要表现为含砷黄铁矿和毒砂沿石英颗粒内部或其边缘分布（图10.8（b）、（d））。电子探针背散射电子图像和能谱分析显示，石英颗粒内部常见类似于赋矿围岩中的含 Fe 方解石或白云石矿物残留体，其 Fe 含量大于 7wt%。这种显微结构特征类似于碧玉质石英，是含硅质热液交代含 Fe 碳酸盐矿物的产物（Lovering，1972）。

电子探针元素扫面分析显示（图10.28），含砷黄铁矿和毒砂主要分布在含 Fe 碳酸盐矿物中不含 Fe 的部分，大致沿含 Fe 碳酸盐矿物的解理溶蚀面分布，可以解释为含 Au 热液沿碳酸盐矿物解理面溶蚀交代含 Fe 碳酸盐矿物，溶解 Fe 硫化物化形成含砷黄铁矿和毒砂沉淀在不含 Fe 的白云石之中。这些显微结构特征是卡林型金矿赋矿围岩去碳酸盐化和硫化物化过程最直接的岩相学证据。

为了进一步证实金矿化与去碳酸盐化、硫化物化等围岩蚀变的密切关系，本次研究采用元素地球化学对比方法，对水银洞金矿床 100 余件钻孔（ZK002 和 ZK720）和坑道中的赋矿围岩、矿石和矿化岩石样品的主量元素（包括 Fe、S 等）、成矿元素（Au、As、Sb 等），以及微量元素进行了系统分析。结果显示，赋矿围岩、矿石与矿化岩石中 Fe 的含量没有明显增加，表明含 Au 热液没有带入 Fe，这是该类型金矿成矿流体不含 Fe 的重要岩石化学证据，与单个流体包裹体成分的 LA-ICP-MS 分析结果相一致。同时，发现高品位矿石（$>10×10^{-6}$ Au）和矿化岩石（$1×10^{-6}$ ~ $10×10^{-6}$ Au）与硫化物化、白云石化、硅化等围岩蚀变具有明显的正相关关系（图10.29），从而进一步证实金矿化与去碳酸盐化、硫化物化、碳酸盐化，以及硅化等围岩蚀变具有密切关系。

3. 成矿模式

不同于其他类型金矿床，卡林型金矿的形成具有特殊的成矿动力学背景和成矿过程。对比研究表明，我国右江盆地与美国中西部的卡林型金矿，在矿床地质特征、围岩蚀变、流体性质与成矿过程，以及金的赋存状态等方面存在许多相似性：①矿集区均产于盆地范围之内，盆地的演化历史均经历了大陆裂解-被动大陆边缘沉积-挤压造山-伸展变形等过程，成矿作用主要发生在造山后的地壳伸展阶段；②矿床多呈带状分布，受大陆裂解产生的基底深大断裂带控制，矿体就位于与深大断裂带有关的次级断裂系统；③容矿岩石以含钙质碎屑岩或不纯碳酸盐地层为主；④成矿流体具有中低温，偏还原和弱酸性的特点，含有 Au、As、Sb（Hg）、Tl 等成矿元素；⑤成矿过程非常相似，表现为含金热液交代容矿岩石中的含铁碳酸盐等矿物（去碳酸盐化），硫化物化过程导致金的沉淀富集，金主要以"不可见"的形式赋存在含砷黄铁矿或毒砂之中等。

根据野外地质调查、综合地质、地球物理以及地球化学资料，结合原生矿石显微岩相学结构、含金硫化物矿物学与地球化学、成矿流体性质与围岩蚀变等特征，初步建立了黔西南地区卡林型金矿的成矿模式（图10.30）。即右江沉积盆地巨厚沉积物的重力压实或埋藏变质作用，形成富含 CO_2、H_2S 的变质流体，浸取基底地层中的 Au、As、Sb 等成矿元素而形成含矿热液聚集在深大断裂带。早侏罗世由于印支板块与华南板块的对接，右江造山带发生侧向挤压，导致盆地内部孤立碳酸盐岩台地与碎屑岩盆地，或被动大陆边缘碳酸盐岩台地与碎屑岩盆地之间（如黔西南）发生背冲式逆冲推覆，侏罗纪晚期到白垩纪造山后的伸展，激发基底断裂的复活而释放含金热液，进入逆冲断裂系统。背冲式逆冲断裂的构造圈闭使含金热液进入背斜核部的虚脱空间，交代含铁矿碳酸盐岩地层，并发生以下成矿过程：①溶解含铁矿碳酸盐等矿物（去碳酸盐化），为金矿化阶段提供了 Fe；②溶解 Fe 的硫化物化过程导致含金硫化物的沉

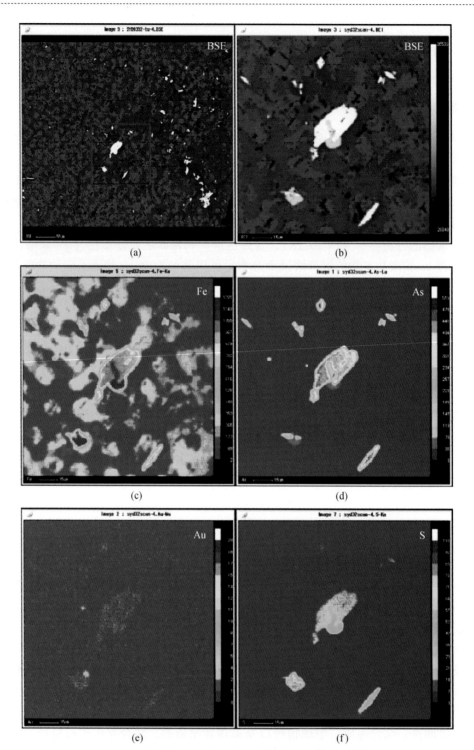

图 10.28　水银洞金矿床含金硫化物与碳酸盐矿物的关系（据苏文超，2009）

淀富集，形成含 Au 的含砷黄铁矿和毒砂；③容矿岩石中碳酸盐矿物溶解之后溶液中 Ca 或 Mg，则形成热液方解石或白云石脉。

三、找矿预测

根据黔西南地区卡林型金矿成矿模式，提出了该类型金矿的找矿预测标志：①深大断裂带是成矿流

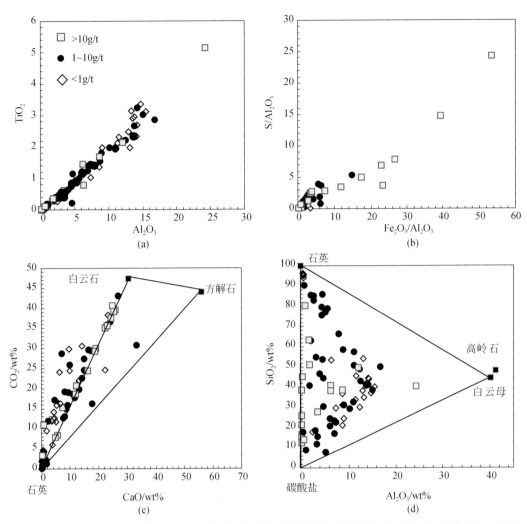

图 10.29　水银洞金矿床高品位矿石、矿化岩石及其赋矿围岩的元素地球化学对比图（据苏文超，2009）

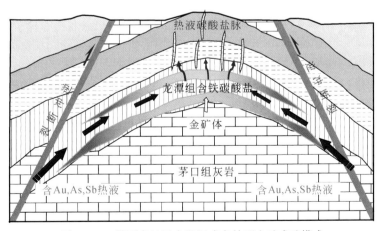

图 10.30　黔西南地区水银洞式卡林型金矿成矿模式

体的运移通道，背斜核部及其逆冲断裂系统则是矿体就位的空间；②含铁矿碳酸盐岩地层是金沉淀富集最重要的赋矿围岩；③硫化物化过程是金沉淀富集最重要的成矿机制。

野外地质观察表明，黔西南地区以不纯碳酸盐为容矿岩石的卡林型金矿床，如水银洞金矿床，已知深部矿体内部或地表断裂带中往往发育大量的热液碳酸盐脉。已知矿体与热液碳酸盐脉具有一一对应关系。从成矿理论分析，认为这些热液碳酸盐脉是深部去碳酸盐化过程的地表表达，因此可以作为指示深部矿体的地表找矿标志。

进一步研究发现，与金矿化有关的热液碳酸盐脉都具有 MREE 富集型的稀土配分模式（图 10.26 (a)、(c)），而无矿碳酸盐脉则以轻稀土（LREE）富集和 Eu 负异常为特征。两者具有明显差异，因此，认为具有中稀土富集型的热液碳酸盐脉可以作为该类型金矿深部矿体的重要指示标志之一。

根据这一思路，通过与贵州紫金矿业公司合作，对水银洞金矿区外围热液碳酸盐脉野外地质填图及其稀土元素地球化学分析，发现簸箕田背阴坡-瓦厂一带地表出露的热液碳酸盐脉也具有与金矿化有关的热液碳酸盐脉相似的中稀土富集型配分模式，从而提出在簸箕田背阴坡-瓦厂一带深部可能存在隐伏矿体。经贵州紫金矿业有限公司钻孔工程验证，发现了深部矿体，见矿深度 800m 以上。该项成果得到了贵州省地矿局 105 地质大队和贵州紫金矿业有限公司的肯定和高度评价，认为我们"对水银洞金矿床深部和外围进行了成矿预测，圈定多个靶区，经工程验证，取得找矿重大突破，新增资源量数十吨，水银洞金矿达超大型规模。实践表明，中国科学院地球化学研究所矿床地球化学国家重点实验室关于水银洞金矿床成矿理论研究成果对实现该矿床的找矿突破发挥了指导作用"。

第十一章　华南锑矿带半坡锑矿床成矿作用

我国是世界上锑矿资源最丰富的国家，探明储量以绝对优势一直稳居世界首位。近千个锑矿床（点）和矿化点主要分布于4条锑矿带内，即华南锑矿带、秦岭-昆仑山锑矿带、滇西-西藏锑矿带和长白山-阴山-天山锑矿带（肖启明等，1992）。华南锑矿带位于华南陆块内扬子地块与华夏地块过渡区（图11.1），是全球环太平洋锑矿带的重要组成部分，也是我国目前发现矿床（点）最多（507个、占全国矿床（点）总数的63.4%；张国林等，1998）、探明锑金属储量最大（约占全国锑金属探明储量的87%；张国林等，1998）的成矿带。

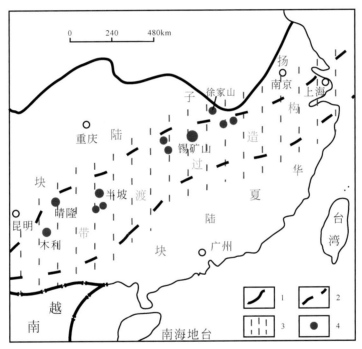

图11.1　华南锑矿带及其主要锑矿床分布图（据肖启明等，1992，略修改）
1. 一级单元界线；2. 次级单元界线；3. 锑矿主要分布区；4. 主要锑矿床

贵州半坡锑矿床是华南大面积低温成矿系统内的代表性锑矿床（胡瑞忠等，2007；黄智龙等，2011），也是华南锑矿带很具代表性的大型锑矿床之一（图11.1）具有十分有利的成矿地质背景和成矿地质条件。虽然许多学者对该矿床进行过研究（文献众多，略），在矿床类型、成矿条件、成矿物质和成矿流体来源与演化、矿床成因及成矿规律、成矿预测等方面都取得一些研究成果，但还存在诸如精确成矿年代学及成矿动力学背景、成矿作用精细过程及成矿规律、矿床深部结构与找矿预测等许多亟待解决的科学问题。本次工作从区域成矿背景、矿区地质、矿床地质、成矿年代、矿床地球化学等方面对该矿床进行了较为系的研究，探讨了该矿床的成矿动力学背景和成矿作用过程，初步建立了成矿模式。

第一节　成矿地质背景

半坡锑矿床距贵州省黔南布依族苗族自治州独山县城东南约15km。矿床位于江南古陆西侧，一级构造单元处于扬子地块东南边缘与华夏地块的接合部位（贵州省地矿局，1987），二级构造单元属于黔东南褶皱带与黔南台陷区过渡带（图11.2）。该矿床是华南锑矿带很具代表性的大型锑矿床之一（图11.1），所在区域大地构造位置特殊、构造活动强烈且具多期性、赋矿地层多种多样、锑矿床（或矿点）广泛分布，具有十分有利的成矿地质背景和成矿地质条件（杭家华，1991；金世昌和王学焜，1992；金中国，1993；刘幼平，1993；苏书灿，1993；金中国等，2004）。

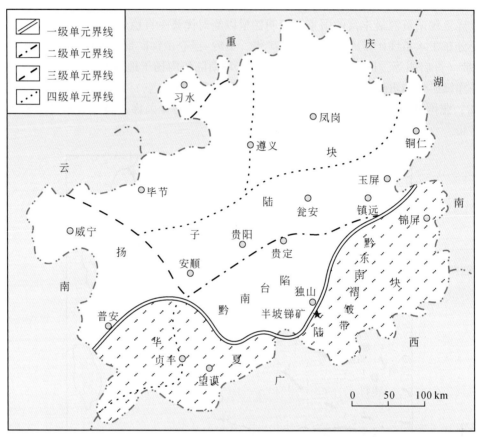

图 11.2　半坡锑矿床大地构造位置图（底图据贵州省地矿局，1987；修编）

一、区域地层

区域内基底地层未出露，根据邻区出露地层推断，基底应为元古宙，贵州省地矿局（1987）将其划分为下江群，为不整合于梵净山群和四堡群之上、覆于震旦系之下的浅变质岩系。沉积盖层以古生界为主（表11.1），最老为寒武系，泥盆系和石炭系最发育（图11.3），其他时代地层在矿区零星出露，或在矿区外围分布。

表 11.1　贵州独山锑矿田区域综合地层表

系	统	组（群）	代号	厚度/m	岩性特征
第四系			Q	0~50	残坡积浮土、碎石、砂土
三叠系	中统	新苑组	T_2x	90~1000	以灰绿、黄灰色泥质页岩及钙质页岩为主，夹薄至中厚层钙质砂岩、粉砂岩、泥质灰岩、泥灰岩等
	下统	罗楼组	T_1l	~100	灰色薄至中厚层泥晶灰岩、泥灰岩夹页岩

续表

系	统	组（群）	代号	厚度/m	岩性特征
二叠系	上统	大隆组	P_2d	5~88	暗灰绿色、钢灰色薄层硅质岩或硅质页岩，夹黄色黏土页岩和砂质页岩
		长兴组	P_2c	0~238	灰至深灰色中至厚层状燧石灰岩，可相变为砂页岩及硅质岩，局部夹煤及碳质页岩
		吴家坪组	P_2w	50~100	灰、深灰色燧石结核灰岩及泥质灰岩夹暗灰色薄层硅质页岩，底部页岩夹粉砂岩及硅质岩夹煤1~4层
	下统	茅口组	P_1m	250~700	灰、灰白色厚层状含燧石灰岩，局部夹深灰色中厚层石灰岩，中下部夹白云岩及白云质灰岩
		栖霞组	P_1q	93~239	灰、深灰色中厚层灰岩为主，下部夹燧石结核及泥质灰岩及钙质页岩，局部夹白云岩
		梁山组	P_1l	0~56	浅灰、灰白薄至中厚层石英砂岩夹页岩及泥质灰岩，局部夹燧石层或煤1~3层
石炭系	上统	马平群	C_3mp	55~230	下部深灰色灰岩夹白云质灰岩及泥质物，上部浅灰、灰白色厚层块状灰岩，常夹有"豆状"灰岩
	中统	达拉组	C_2hn^2	75~289	浅灰、灰白色厚层块状灰岩夹白云岩，白云质灰岩，灰岩含燧石结核
		滑石板组	C_2hn^1	42~197	浅灰、灰白色厚层灰岩、白云岩及白云质灰岩
	下统	摆佐组	C_1b	137~250	灰色中至厚层状石灰岩夹白云岩为主，上部为浅灰色厚层白云岩
		大塘组	C_1d	494~800	浅灰色厚层石英砂岩夹页岩、碳质页岩、时夹煤线1~5层及深灰色石灰岩、泥质页岩、燧石灰岩夹页岩或石英砂岩
		岩关组	C_1y	200~214	深灰色薄至中厚层状石灰岩及泥质灰岩为主，下部夹页岩
泥盆系	上统	尧梭组	D_3y	40~547	灰至灰黑色灰岩、泥质灰岩；顶部为"豆石"灰岩（标志层），下部为浅灰色至灰黑色白云岩，白云质灰岩
		望城坡组	D_3w	72~250	灰、深灰色中厚层状细至中晶灰岩夹灰、深灰色细晶白云质灰岩
	中统	独山组	D_2d	363~960	上部为灰色、深灰色灰岩、生物灰岩、泥质灰岩夹泥质砂岩、砂质泥岩，中下部浅铁红色中厚层中粒含铁质砂岩、深灰色薄层含泥砂岩夹泥质粉砂岩
		蒂寨组	D_2b	170	上部为灰至深灰色中厚层含泥砂岩夹浅铁红色含铁质砂岩。中下部为浅灰色中厚层状石英砂岩
			D_2l	60	上部浅灰、灰色中至厚层状泥晶灰岩、生物碎屑灰岩夹白云质灰岩，中下部浅灰色细至粗晶灰岩局部夹铁红色含铁灰岩，底部深灰色含泥质灰岩夹泥质粉砂岩
	下统	舒家坪组	D_1s	75	浅灰至灰色薄到中厚层状含泥质砂岩夹深灰色薄层泥质粉砂岩
		丹林组	D_1dn	570	上部为浅灰白色厚-巨厚层细-中粒石英砂岩夹少量深灰色薄层泥质粉砂岩及灰绿色粉砂质泥岩，中下部为灰白色中-厚层状细-中粒石英砂岩夹深灰色薄层泥质粉砂岩及灰绿色粉砂质泥岩。为区内主要含矿层
志留系	中下统	翁项群	$S_{1-2}wn$	0~725	上亚群上部为灰、灰绿色页岩、砂质页岩夹灰岩透镜体，下部为中至厚层状石英砂岩夹粉砂质泥岩及泥质细-粗砂岩；下亚群上部为灰色页岩、砂质页岩夹钙质页岩、生物灰岩，下部为灰、深灰色中厚层生物灰岩，砂质灰岩，在其底部一般有一层底砾岩
奥陶系	中统	烂木滩组	O_2l	10~60	薄层状强硅化微晶至粉晶灰岩和含骨针硅化灰岩夹含硅质、粉砂质泥岩及硅质岩，底部见砾石透镜体
	下统	同高组	O_1tg	223~369	上部为浅紫色中厚层状粗晶灰岩及浅灰色薄层状硅化灰岩；中部为灰绿色粉砂岩、砂质页岩、页岩互层，夹少量灰岩；下部为黄绿色页岩
		锅塘组	O_1gt	300~350	为黄、灰色薄层状泥质条带泥晶灰岩，夹多层晶砾屑灰岩和少量生物碎屑泥晶灰岩；中上部夹竹叶状灰岩及少量黄绿色页岩
寒武系	上统	三都组	ϵ_3s	>400	以黄绿色钙质页岩为主，夹薄层泥质灰岩，底部夹薄层瘤状灰岩和砾屑灰岩

注：原始资料据贵州省地矿局（1987）、王学焜和金世昌（1994）。

泥盆系分布于独山箱状背斜轴部（图11.3），是区域锑矿床最重要的赋矿层位。从岩性看（表11.1），该套地层为一套近岸台地相沉积。下统主要是陆源碎屑岩，为浅海三角洲前缘相和近滨沙滩相沉积；中统为陆源碎屑岩与碳酸盐岩，为浅海相沉积；上统则为碳酸盐岩，为潮上潟湖和半封闭潟湖相沉积。此外，在奥陶系、志留系的断裂带中局部见辉锑矿化，三都苗龙下奥陶统锅塘组（O_1gt）产卡林型金矿床，独山江寨蕊燃沟锑矿点产于志留系翁项群（$S_{1-2}wn$）中。

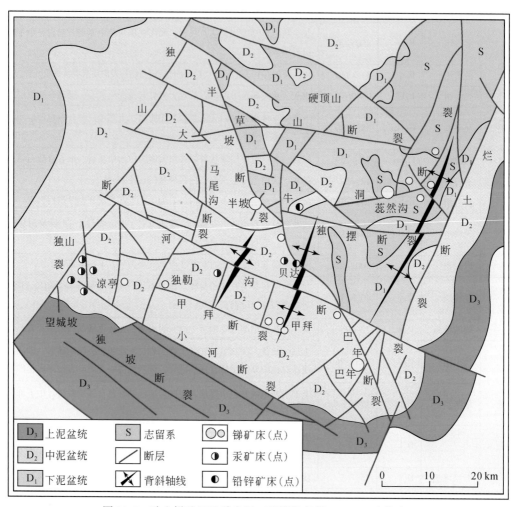

图11.3　独山锑矿田地质略图（据崔银亮等，1994；略修改）

二、区 域 构 造

本区构造形迹及其交接关系复杂。区内主要构造线呈北北东向展布，独山箱状背斜（又称王司背斜）夹持在独山和烂土断裂之间并贯穿全区，褶皱内断裂构造发育，主要构造线之间，主断裂呈"X"形或不规则棋格状展布（图11.3）。

1. 褶皱

独山箱状背斜，北起王司，南至三棒，被东西向月里断裂（广西境内）所阻隔，总体呈北北东向延展，长约70km，宽30~35km，轴向北东10°~15°，呈北北东向的"S"形展布，为独山地区与成矿密切相关的主要褶皱。背斜轴部地层平缓，倾角5°~8°；两翼地层较陡，西翼地层倾角为10°~15°，东翼20°~40°；向南倾伏，倾伏角8°~15°。在两翼及核部发育有成因联系的北北西、北北东、北西西和北东东等四组断裂，东翼的烂土断裂和西翼的独山断裂倾向相反，相背下滑形成地垒（图11.3）。王学焜和金世昌（1994）研究表明，与背斜有生成关系的配套断裂构造，初受川黔经向构造带的影响为压性，最终受新华夏系构造影响转为张扭性，如半巴断裂等。

独山箱状背斜核部和两翼产生一些次级褶皱，多为短轴形背斜及褶曲。如区域北端有大河背斜，轴向为北北东向；西部有大石板背斜，轴向以北北西向为主；南面的背斜倾没部位则有半坡–草寨背斜，大其山–甲拜背斜，苗寨–巴年背斜等，多呈宽缓褶皱形态，轴向均为北北东向，背斜彼此相距约3.5km，具有等距性构造特点。区内锑矿床（点）的产出均受到这些背斜的控制（王学焜和金世昌，1994），如半坡、巴年和甲拜矿床分别产于半坡–草寨、苗寨–巴年和大其山–甲拜背斜轴部及靠近轴部两翼的切层断裂发育地带（图11.3）。

2. 断裂

区域主要大的断裂有两条，即独山断裂和烂土断裂，为区内Ⅰ级断裂构造，走向多与褶皱轴向一致，呈北北东向，舒缓波状展布（图11.3）。其他均为与其配套的次级断裂，按规模可分为Ⅱ级、Ⅲ级断裂。这些断裂与独山锑矿田具有密切的成因联系，且具有逐级控矿特征（崔银亮等，1994；刁理品和王小高，2009），Ⅰ级区域断裂为导矿构造，为成矿流体运移提供良好通道，控制着矿田的分布；Ⅱ级断裂为配矿构造，控制矿田内矿床（点）的空间分布；Ⅲ级断裂为容矿构造，直接控制了矿体的分布、形态、规模、产状等。

（1）独山断裂：前人多认为该断裂是松桃–独山深大断裂的南延部分（崔银亮等，1994；王学焜和金世昌，1994；刘幼平，1997），位于独山箱状背斜西翼转折部位，北北东方向展布，南延至黔桂边界，被广西境内的北西向月里断层阻截。断裂长大于80km，总体呈舒缓波状展布，倾向北西西，属高角度正断层，断距在独山附近约100m左右，断层南端相伴有同向小规模舒缓波状断裂、褶皱，相互交织构成穗状褶皱束。

（2）烂土断裂：位于独山箱状背斜东侧，自三都以东，经烂土、下高寨南延至羊凤以南，长约65km。断层走向，烂土以北为5°，烂土–下高寨为20°～40°，下高寨以南为10°左右。倾向南东，倾角45°～80°，断距200～1000m。该断裂在烂土以北有Pb、Zn、Sb矿化显示，在墨哈一带有Sb、Pb、Zn、Hg异常，烂土附近Zn异常较高，范围也大，局部出现Sb异常，为区域的控矿构造。

3. 遥感影像

桂林工学院（转引自肖宪国，2014）对半坡锑矿床所在区域360km²进行了1：1万航片解译，图11.4为解结果。可见，本区线性构造和环形构造均很发育。

1）线性构造

区内的线性构造成网络状，将区域分割成许多大小不等的菱形块体（图11.4）。与地质图对比，本区航片上的线性构造为断裂的发映，按空间方位大致可分为北西—南东、北东—南西、南北和东西向4组断裂（图11.4）。其中北西—南东向线性构造最发育，由南往北包括翁桥–银坡、平寨–巴年、河沟（半坡）、大草山–盐寨（黎家）和坳上等5条断裂，影像特征：规模大、延伸长、断裂多、近平行等距展布，与东西向线性构造交汇处往往出现环形影像构造。北东—南西向线性构造以独山断裂和烂土断裂为代表，明显被北西—南东向断裂切成多段，表明其形成较早。东西向线性构造线性体短而粒、连续差，但沿走向可断续出现，小线性体往往在北西向断裂北盘呈近平行密集分布，密集区往往出现环形影像构造。南北向线性构造不明显，梅子湾到半坡有多个环形影像构造沿该组线性构造分布。

2）环形构造

本区环形影像构造发育（图11.4），单个环形体较小（直径小于10km）、呈群环展布，属低级序列的环形构造，主要特征：① 环形构造形态多为浑圆状或椭圆状，多为独立环形构造；② 环形构造往往出现

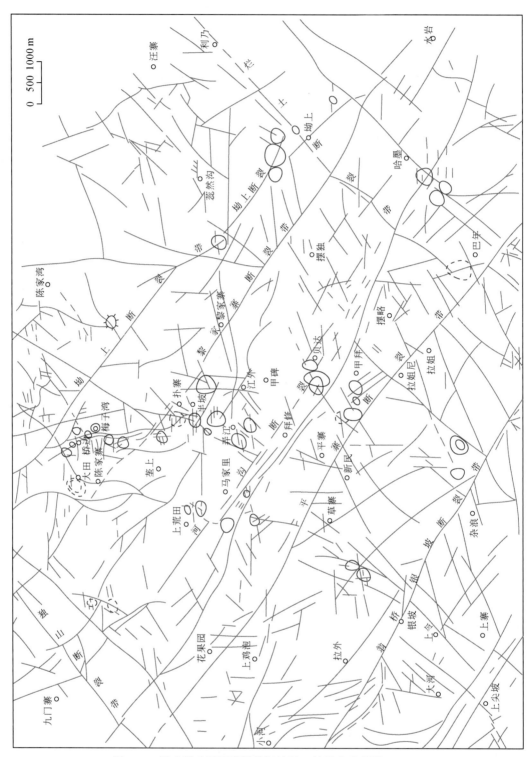

图 11.4　独山锑矿田遥感影像解结果（转引自肖宪国，2014）

在北西向线性构造（断裂）北盘，尤以北西向与东西向线性构造交汇处居多，多呈南北和东西向排列；③ 环形构造往往与已知锑矿床（点）位置重合，如半坡锑矿床环形构造特别清晰，向北至梅子湾，形成南北向环形构造密集带。可见，该区环形构造是线性构造交汇点、矿化的反映，为重要的找矿标志之一。

4. 构造演化

综合区域构造背景和遥感解译资料，本区构造形迹的形成经历了长期构造活动叠加改造的漫长历史。雪峰运动，区域基底岩层褶皱，该区处于不同大地构造单元的过渡带，受古构造线制约，呈北北西向构造带；晚奥陶世都匀运动，受东西向挤压应力作用，独山箱状背斜初步形成，两侧形成区域性断裂带（独山断裂和烂土断裂），与箱状背斜配套的北北东、北北西向断裂雏形出现；二叠纪东吴运动，各种断裂活动加剧，由于派生南北向扭应力作用，使东西两侧断裂发生右扭平移；燕山运动早期，受北西—南东向挤压应力作用，箱状背斜配套的各种形迹基本定型；燕山运动晚期，受太平洋俯冲作用影响，地壳抬升，箱状背斜两侧断裂上盘下跌，形成地垒，区域构造格架基本定型。

三、区域地球化学

1. 地球化学块体异常

贵州省地矿局完成了全省1∶200000地球化学测试，获得全省39个元素1∶200000地球化学异常（Feng，2009），Sb块体异常主要分布于黔西南和黔东南地区，独山锑矿田位于Sb块体异常区域内，也位于Hg块体异常区域内，其中半坡锑矿床位于Sb浓集区内，显示本区具有优越的成矿地球化学背景。

2. 地球化学异常

贵州省有色地质局开展过独山锑矿田1∶5万水系沉积物测量和1∶1万土壤地球化学测量（金中国等，2004），圈定了多个Sb-Hg-As-Pb-Zn-Mo多元素组合异常。异常均沿区内主要断层呈带状、串珠状分布，局部呈不规则面状展布。在构造交切部位各元素异常浓集趋势明显，组成强度高、规模大的不规则异常群。在半坡矿床上方水系沉积物及土壤Sb-Hg-As-Mo组合异常套合程度高、连续性好，有显著的浓集中心。水系沉积物Sb异常长2500m、宽400～1000m，异常值20～300ppm，具有明显的大型矿床异常特征。

3. 原生晕异常

桂林工学院（转引自肖宪国，2014）对独山箱状背斜开展了地球化学原生晕研究，发现Sb、As、Hg等成矿元素在背斜不同部位含量存在明显差异，如Sb从内核到外层，含量由28.16ppm逐渐降至3.75ppm，表明该背斜不仅控制了断裂构造展布，也控制了成矿元素的分配和组合。在平面上（图11.5），Sb的原生晕异常呈椭圆状分布于半坡–巴年为中心的背斜轴部；As异常除以半坡为中心呈椭圆状分布外，还向北东方向沿背斜两翼延伸，总体形态与箱状背斜吻合；Hg异常主要集中于背斜轴部的半坡与偏南东翼的巴年两处，形态、范围与Sb异常吻合。在剖面上（图11.6），Sb、Hg在箱状背斜的轴部–半坡最高，向两翼呈下降趋势；As虽然在半坡和蕊然沟存在峰值，总的变化趋势与Sb、Hg相近。可见，箱状背斜轴部–半坡是Sb、As、Hg等成矿元素的浓集中心，具有优越的成矿前景。

四、区域矿产

贵州省广泛分布的锑矿床可划分为三个成矿带，即江南古陆边缘锑成矿带、黔西南锑成矿区和黔北锑成矿带，其中江南古陆边缘锑成矿带可进一步分为成矿外带和成矿内带（苏书灿，1992；王学焜和金世昌，1994），包括半坡锑矿床在内的独山锑矿田位于江南古陆边缘锑成矿外带。

1. 古陆边缘锑成矿内带

成矿带呈条带状大致南北向延伸，长65km、宽30km，面积近2000km^2，带内目前发现30多个锑矿床

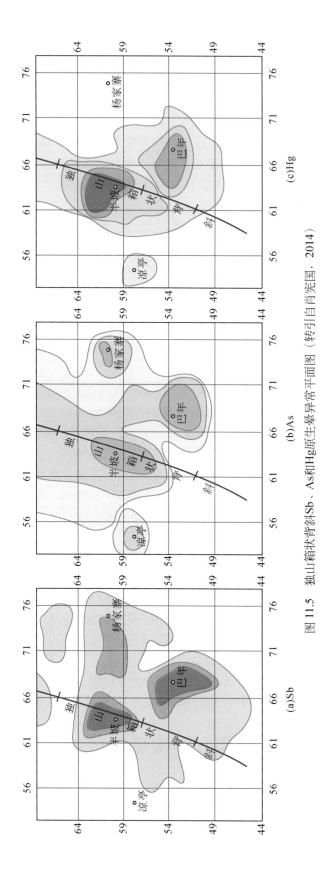

图 11.5　独山箱状背斜 Sb、As 和 Hg 原生晕异常平面图（转引自肖宪国，2014）

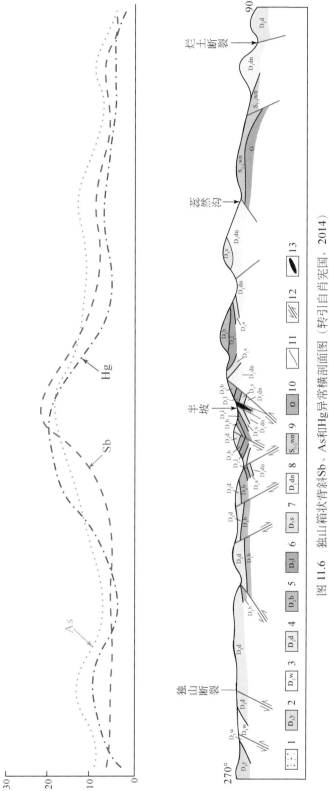

图 11.6　独山箱状背斜 Sb、As 和 Hg 异常横剖面图（转引自肖宪国，2014）

1.第四系；2.泥盆系尧梭组；3.泥盆系望城坡组；4.泥盆系独山组；5.泥盆系龙洞水组；6.泥盆系舒家坪组；7.泥盆系丹林组；8.泥盆系榜寨组；9.志留系翁项群；10.奥陶系（未分）；11.地层界线；12.断层；13.锑

（点）。矿带位于华南褶皱带江南古陆西缘，受北北东向的雷公山复式背斜控制，矿床（点）均分布于前震旦系下江群番召组和平略组的硅质绢云母板岩、粉砂质板岩、凝灰质板岩、变余砂岩、变余凝灰岩等浅变质岩中，属浅变质岩型脉状锑矿床。按控制矿床（点）更小一级的构造及其分布的密集程度，又可分为开屯-大槽成矿亚带和八蒙-火烧寨成矿亚带（苏书灿，1992；王学焜和金世昌，1994），前者以苦李冲、大槽、冷竹山三处锑矿化较好，后者八蒙和火烧寨锑矿床已达中小型规模。

2. 古陆边缘锑成矿外带

位于松桃-独山大断裂两侧，江南古陆西缘的沉降带中。矿带呈北北东向延伸长55km，北窄南宽，平均宽20km，面积约1000km²，带内目前发现近30多个锑矿床（点），可分为三（都）丹（寨）成矿亚带和独山成矿亚带（苏书灿，1992；王学焜和金世昌，1994）。前者赋矿地层为中、上寒武统及下奥陶统的碳酸盐岩或泥灰岩，成矿与南北、北北东向的压扭性断层有关，锑矿床中往往含Au、Ag、Pb、Zn等成分，如苗龙金锑矿床；后者矿床（点）分布最为密集，半坡和巴年等锑矿床位于该成矿亚带。

3. 独山锑矿田

为古陆边缘锑成矿外带独山成矿亚带的重要组成部分。矿田内除半坡大型锑矿床和巴年中型锑矿床外，还有蕊然沟、甲拜、贝达等小型锑矿床或矿点，同时还分布有Pb、Zn、Fe、As等小型矿床或矿点。表11.2为这些矿床（点）的主要特征。

表11.2 独山锑矿田主要矿产地质特征简表

矿种	名称	产出层位	赋矿岩性	矿体产状	矿化元素	规模	主要蚀变	控矿构造
锑	半坡	丹林组	碎屑岩	脉状、似层状	Sb、As、Au	大型	硅化	断裂
	巴年	宋家桥组	碳酸盐岩、碎屑岩	层状、似层状	Sb、As、Au	中型	碳酸盐化、硅化	断裂、层间构造
	蕊然沟	翁项群	碎屑岩	脉状	Sb、As	矿点	硅化	断裂
	甲拜	鸡泡段	碳酸盐岩、碎屑岩	似层状	Sb	矿点	碳酸盐化	层间构造
	贝达	龙水洞组、邦寨组	碳酸盐岩、碎屑岩	似层状	Sb、Hg、Au	矿点	硅化、碳酸盐化	层间构造
铅锌	凉亭	鸡窝寨段	碳酸盐岩	似层状	Zn、Pb、Cd	小型	碳酸盐化	层间构造
	翁桥	鸡窝寨段	碳酸盐岩	似层状	Zn、Pb、Cd	小型	碳酸盐化	层间构造
	令当	望城坡组	碳酸盐岩	似层状	Zn、Pb	矿点	碳酸盐化	层间构造
	甲砷	鸡泡段	碳酸盐岩	似层状	Zn、Pb、Ag	矿点	碳酸盐化	断裂、层间构造
铁	平黄山	邦寨组	含铁砂岩、鲕状赤铁矿	层状	Fe	小型		
	牛硐	舒家坪组	铁质砂岩	透镜状	Fe、S	小型		断裂
砷	巴年	独山组	泥灰岩、瘤状灰岩	层状	As、Sb	矿点	硅化、高岭石化	断裂
	蕊然沟	翁项群	碎屑岩	脉状	As、Sb	矿点	硅化	断裂

资料来源：王学焜和金世昌（1994）．

第二节　矿床地质

半坡锑矿床是独山锑矿田规模最大的矿床，1980～1986年由贵州有色地质三总队勘探，为一大型锑矿床。矿床位于独山箱状背斜向南倾状端，北西向河沟断层通过矿区南端（图11.3）。

一、矿区地质

矿区内出露地层单一，主要为中、下泥盆统，呈南北向分布，产状平缓，倾角5°～17°；构造以北北西向展布的半坡断裂（F_1）为主，同时发育北北东、南北和东西断裂；区内褶皱构造不发育，以单斜地层为特征（图11.7）。

1. 矿区地层

矿区出露的地层从下往上分别为中下志留统翁项群（$S_{1-2}w$）、下泥盆统丹林组（D_1dn）、舒家坪组（D_1s）、中泥盆统龙洞水组（D_2l）、邦寨组（D_2b）和独山组（D_2d）鸡泡段（D_2d^1）、宋家桥段（D_2d^2）和鸡窝寨段（D_2d^3），除$S_{1-2}w$与上覆D_1dn之间为假整合接触外，其余地层之间均为整合接触（图11.8）。虽然半坡锑矿床的赋矿围岩为D_1dn，但矿田内这些地层均含矿，如$S_{1-2}w$为蕊然沟锑矿点的赋矿围岩，D_2d^1为甲拜锑矿点的赋矿围岩，巴年锑矿床的赋矿围岩为D_2d^2，贝达锑矿点的赋矿围岩为D_2l和D_2b。

下泥盆统丹林组（D_1dn）为半坡锑矿床主要赋矿围岩，岩性主要为灰白色、深灰色中–厚层石英砂岩，间夹灰黑色薄层粉砂岩、砂质泥岩、泥岩及页岩。石英砂岩为半自形–他形粒状结构，分选及磨圆度都较高，碎屑成分以石英为主（>95%），杂基含量很少（<5%）。地层中上部夹细粒薄层石英砂岩、含粒砂岩、紫红色粉砂岩；中下部夹泥质、白云质细砂岩、粉砂岩或砂质白云岩、砂质泥岩及页岩；从剖面上看石英砂岩中石英颗粒自下而上由细变粗，泥质成分增多，地层偶见交错层理或"舟状层理"。这些特征表明，该套地层应为陆缘滨海相碎屑沉积。

根据地层岩性变化和矿物组合，还可推断本区下泥盆统舒家坪组（D_1s）为滨岸相陆源碎屑岩，中泥盆统龙洞水组（D_2l）、邦寨组（D_2b）和独山组（D_2d）鸡泡段（D_2d^1）、宋家桥段（D_2d^2）和鸡窝寨段（D_2d^3）主要为浅海相碳酸盐岩和碎屑黏土岩沉积，部分为浅海–滨海相碎屑黏土岩沉积（王学焜和金世昌，1994）。

2. 矿区构造

矿区构造以断裂为主，褶皱不发育，仅有短轴小背斜。断裂以北北西向的半坡断裂组（F_1）为主，是矿区最主要的赋矿断裂，同时有北北东和东西向断裂产出。矿区的构造发生、发展及成熟具有多期活动的特点，成矿前的断裂有两期，早期断裂主要有F_{12}、F_3、F_{33}等断裂，规模小、切割地层浅、断层面平直而窄、结构面组合形式简单，一般无矿化，形成在半坡断裂组（F_1）之前，被F_1及派生断裂错断（图11.9）。晚期断裂以半坡断裂组（F_1）为主。

1）半坡断裂组（F_1）

为半巴断裂在矿区内的延伸部分，在矿区内由12条规模不等但性质类同的一系列阶梯下滑同向断层组成，为一力学性质为张扭性的断裂组。该断裂明显经历过多次的构造活动，故形态复杂，断裂组总体呈北北西向展布，纵贯全矿区，向北延伸与独山断层相交，南延通过巴年矿区，为矿区主要控矿构造。断裂的力学性质为张扭性正断层，经历了扭性→张性→扭性的转化过程。断裂变位的力学性质为北西—南东左扭，故不同断裂段的力学性质也不同，所产生的结构面特征及断裂结构面组合形式也出现明显的差异：

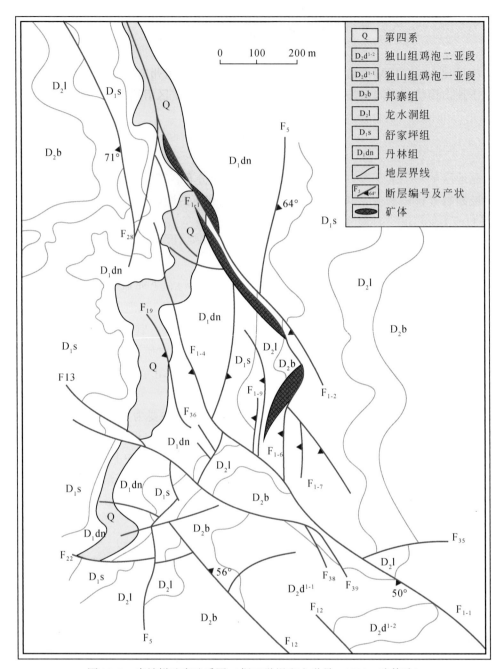

图 11.7 半坡锑矿床地质图（据王学焜和金世昌，1994；略修改）

南段：以压扭为主，结构面形式简单，仅有 F_{1-1} 主断裂向北东延出矿区。断裂面呈舒缓波状展布，断裂带较窄，不利于成矿。

中段：表现出先扭后张的活动特点，以张性活动为主，断裂结构面组合形式复杂，呈现有数条规模不同、产状相似的断裂产出。断裂带内构造岩极其发育，断裂面在走向及倾向上都呈舒缓波状，同时有平行分枝的小断裂规律出现，并可见到次一级的"入"字形分枝断裂及羽状裂隙。由于该段断裂具张性特征，加上同向分布的断裂与主断裂呈阶梯式下滑，同时主断裂两盘影响带上的小断裂及节理发育，在断裂弧形内侧出现束状分枝小断裂，形成极为有利的赋矿空间，为矿床形成提供了良好的条件，为半坡锑矿床的主要赋矿地段。

北段：断裂以张性为特征，断裂带较窄，断裂结构面组合简单，局部显示先张后压（扭）的多期活

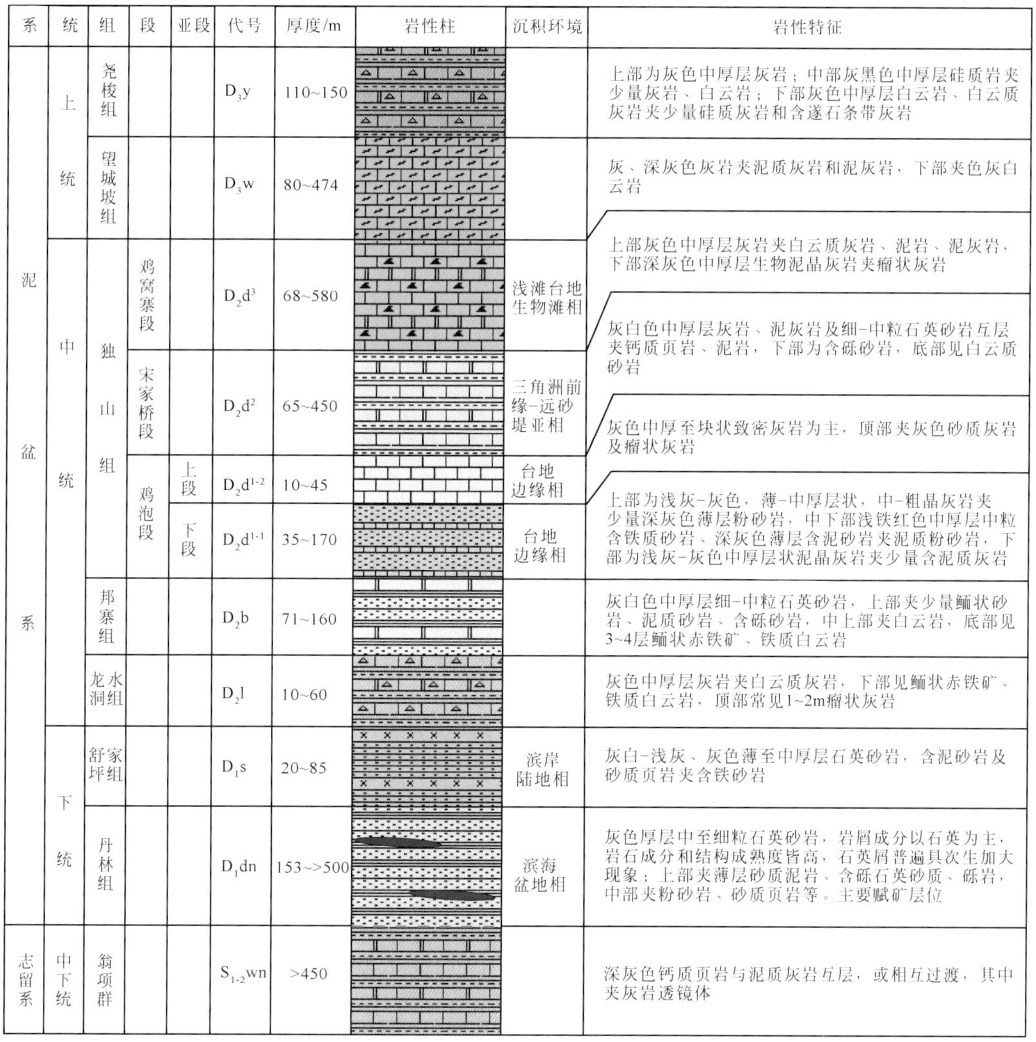

系	统	组	段	亚段	代号	厚度/m	岩性柱	沉积环境	岩性特征
泥盆系	上统	尧梭组			D_3y	110~150			上部为灰色中厚层灰岩；中部灰黑色中厚层硅质岩夹少量灰岩、白云岩；下部灰色中厚层白云岩、白云质灰岩夹少量硅质灰岩和含燧石条带灰岩
		望城坡组			D_3w	80~474			灰、深灰色灰岩夹色泥质灰岩和泥灰岩，下部夹色灰白云岩
	中统	独山组	鸡窝寨段		D_2d^3	68~580		浅滩台地生物滩相	上部灰色中厚层灰岩夹白云质灰岩、泥岩、泥灰岩，下部深灰色中厚层生物泥晶灰岩夹瘤状灰岩
			宋家桥段		D_2d^2	65~450		三角洲前缘-远砂堤亚相	灰白色中厚层灰岩、泥灰岩及细-中粒石英砂岩互层夹钙质页岩、泥岩，下部为含砾砂岩，底部见白云质砂岩 灰色中厚至块状致密灰岩为主，顶部夹灰色砂质灰岩及瘤状灰岩
			鸡泡段	上段	D_2d^{1-2}	10~45		台地边缘相	上部为浅灰-灰色、薄-中厚层状，中-粗晶灰岩夹少量深灰色薄层粉砂岩；中下部浅铁红色中厚层中粒含铁质砂岩、深灰色薄层含泥质砂岩夹少量含泥质粉砂岩，下部为浅灰-灰色中厚层状泥晶灰岩夹少量含泥质灰岩
				下段	D_2d^{1-1}	35~170		台地边缘相	
		邦寨组			D_2b	71~160			灰白色中厚层细-中粒石英砂岩，上部夹少量鲕状砂岩、泥质砂岩、含砾砂岩，中上部夹白云岩，底部见3~4层鲕状赤铁矿、铁质白云岩
		龙水洞组			D_2l	10~60			灰色中厚层灰岩夹白云质灰岩，下部见鲕状赤铁矿、铁质白云岩，顶部常见1~2m瘤状灰岩
	下统	舒家坪组			D_1s	20~85		滨岸陆地相	灰白-浅灰、灰色薄至中厚层石英砂岩，含泥砂岩及砂质页岩夹含铁砂岩
		丹林组			D_1dn	153~>500		滨海盆地相	灰色厚层中至细粒石英砂岩，岩屑成分以石英为主，岩石成分和结构成熟度皆高，石英屑普遍具次生加大现象；上部夹薄层砂质泥岩、含砾石英砂质、砾岩，中部夹粉砂岩、砂质页岩等。主要赋矿层位
志留系	中下统	翁项群			$S_{1-2}wn$	>450			深灰色钙质页岩与泥质灰岩互层，或相互过渡，其中夹灰岩透镜体

图11.8　半坡锑矿床地层柱状图（肖宪国，2014）

动特征。虽在断裂带中见有辉锑矿化，但总体看来该断裂的赋矿空间较差。

2）主要赋矿断层

F_{1-1}是半坡断裂组（F_1）的主断层，在矿区发育规模、成矿和控矿等方面处于主导地位，次级派生旁侧断层按赋矿规模有 F_{36-2}、F_{1-12}、F_{1-2}、F_{1-11}、F_{1-10}、F_{36-1}、F_{1-15}、F_{1-3}、F_{1-5}、F_{1-8}、F_{1-9}、F_{1-7}（部分断层为近期工程揭露，图11.9中未显示），其中F_{1-2}和F_{1-7}发育于F_{1-1}下盘。F_{1-2}至F_{1-12}、F_{36}断层性质与F_{1-1}基本一致，性质、产状相似，呈阶梯状下滑或"追踪"断层出现。近期工程控制的主要赋矿断层有F_{1-1}、F_{36-2}、F_{36-1}、F_{1-12}。

F_{1-1}：分布在矿区东部，呈舒缓波状向南、北延出矿区外，走向318°~350°，倾向南西，平均倾角54°。断层宽1（深部）~35m，一般2~10m，断层带具有从浅到深变缓（56°~27°）、变薄的趋势。构造岩为以浅灰白色石英砂岩为主的角砾岩，少量含泥质砂岩，角砾呈棱角、次棱角状，被次生硅质及少量泥质物充填胶结。从地表到深部，断层发育程度由强到弱，矿化也由强到弱，深部钻孔4个见矿，属尖灭再现的透镜状矿体。

F_{36-2}：分布在矿区中部，长约850m，南部起始于8号勘探线以南，为早期F_3断层阻断，向北呈舒缓波状延伸，于19号勘探线以南归并于F_{1-12}。走向338°~351°，9号勘探线以南倾向南西，以北倾向北西，平均倾角51°。断层宽度0.3（深部）~8.5m，一般1.0~5.5m，断层带总体上从浅到深有逐渐变窄的趋

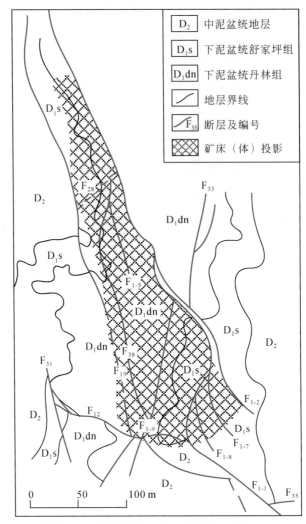

图 11.9　半坡锑矿床 F_1 断裂构造（据王学焜和金世昌，1994；略修改）

势。断层倾角由地表 58°到深部 25°，即由浅到深逐渐变缓。构造岩为以浅灰白色石英砂岩为主的角砾岩，少量为含泥质砂岩角砾。角砾呈棱角、次棱角状，被次生硅质及少量泥质物充填胶结。断裂具张扭性特征，含矿性较好，近期钻探工程有 12 个孔见矿。

F_{36-1}：分布在矿区东部，长约 430m，南部于 3 号勘探线附近由 F_{36-2} 断层派生，北部在 17 号勘探线以北归并于 F_{1-12}，为 F_{36-2} 的伴生次级断层。走向 332°～350°，7 号勘探线以南倾向南西，以北倾向北西，平均倾角 55°。断层在地表呈舒缓波状展布延伸，断层带宽度 0.1（深部）～3.9m，一般 1～3m，总体上具有从浅到深变窄的趋势。构造岩为以浅灰白色石英砂岩为主的角砾岩，少量含泥质砂岩。角砾呈棱角、次棱角状，被次生硅质及少量泥质物充填胶结。断裂具张扭性特征，近期钻探工程有 6 个孔见矿。

F_{1-12}：分布在矿区东部，长约 440m，在南部 5 号勘探线附近由 F_{1-1} 断层派生，北部 19 号勘探线附近又归并于 F_{1-1}。走向 290°～335°，倾向南西，倾角 60°。断层在地表呈舒缓波状展布，宽 1.3（深部）～9.3m，一般 2～6m，具有从南到北、从深到浅逐渐变宽的趋势。构造岩为以浅灰白色石英砂岩为主的角砾岩，少量为含泥质砂岩角砾，其中在 19 号勘探线及附近泥质成分较多。断裂具张扭性特征，近期钻探工程有 5 个孔见矿。

3）褶皱与成矿

虽然矿区内褶皱构造不发育，但半坡锑矿床产于独山箱状背斜的轴部，矿区的断裂构造与该箱状背斜具有生成联系，而且背斜轴部本身就是矿液聚集的良好场所，所以矿床的形成与该背斜有着极为密切的关系。王学焜和金世昌（1994）的统计资料表明，成矿元素从箱状背斜轴部向两翼 Sb 含量逐渐降低，由 16.9～28.2ppm 降至 2.0～3.8ppm。

二、矿体地质

半坡锑矿床位于独山箱状背斜轴部，矿体赋存于北北西向 F_1 张扭性断裂带及其旁侧影响带内，主要呈陡倾斜大脉状交切地层产出（图 11.10～图 11.12），赋矿地层为下泥盆统丹林群（D_1dn）陆缘滨海相碎屑岩，规模达大型。

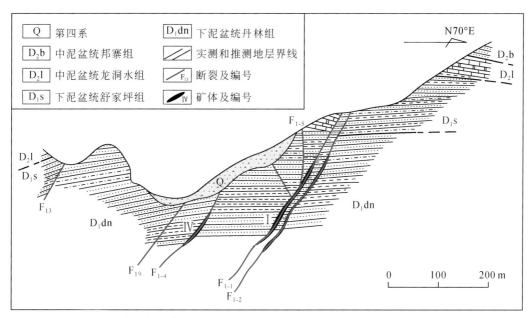

图 11.10　半坡锑矿床 0-0′勘探线剖面图（据王学焜和金世昌，1994；略修改）

1. 矿体特征

1986 年，贵州有色地质三总队提交的半坡锑矿床勘探报告探明矿体 9 个，其中 Ⅰ 号矿体规模最大，占总储量的 77%；其次为 Ⅱ、Ⅲ、Ⅳ、Ⅴ 号矿体，分别占矿床储量 2%～6%；其他矿体 Ⅵ、Ⅶ、Ⅷ、Ⅸ 规模都很小，呈透镜状隐伏产出，只占总储量的 6% 左右。2009 年，矿山在执行全国危机矿山接替资源找矿勘查项目（编号：200652095）过程中，在矿区深部发现并控制 4 个矿体，分别为 Ⅰ、Ⅱ、Ⅴ–1 和 Ⅴ–2 号矿体，对应的含矿断层为 F_{1-1}、F_{1-12}、F_{36-1} 和 F_{36-2}，为原 Ⅰ、Ⅱ、Ⅴ 号矿体深部延伸部分（图 11.11，图 11.12）。矿体沿走向连续至断续分布，走向长为 268～786m，倾向延伸为 197～334m。

1）矿体规模

矿体规模相差悬殊，近期控制的矿体中，Ⅴ–1 和 Ⅴ–2 号矿体规模相对较大。

Ⅰ 号矿体：赋存于 F_{1-1} 含矿断裂带及下盘裂隙内，矿体与断裂平行。矿体分布于 9～19 号勘探线之间，分布标高范围 354～680m；矿体走向最大延长 268m，倾向最大延伸 325m。矿体规模较小，呈交错脉状产出，由南至北沿倾斜斜向延伸，分南、北两个矿段断续分布。南段水平厚度 1.70m，平均品位 3.1%；北段水平厚度 3.7m，平均品位 3.0%。

Ⅱ 号矿体：赋存于 F_{1-12} 含矿断裂下盘裂隙内，局部产于下分支断层上盘张裂隙，矿体与断裂平行或小角度交切产出。沿倾向方向向上延伸、尖灭，向下分叉，变厚；沿走向方向从南到北变厚，分布在 3～17 号勘探线间。矿体走向最大延长 368m，倾向最大延伸 327m，分布标高范围 328～655m。矿体从南至北不

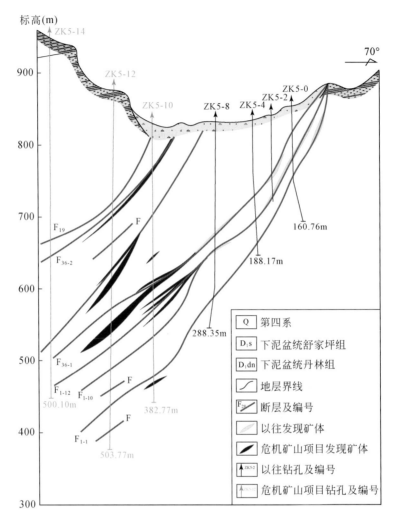

图 11.11　半坡锑矿床 5-5′勘探线剖面图（据肖宪国，2014）

连续产出，可分南、北两个矿段。南段块段水平厚度 7.5m，平均品位 2.5%；北段块段水平厚度 5.6m，平均品位 2.0%。

Ⅴ-1 号矿体：赋存于 F_{36-1} 含矿断裂上、下盘及断层带内，其中上、下盘矿体与断层呈小角度交切产出。沿倾向方向矿体呈中部膨胀，倾向方向变薄至尖灭。矿体位于 3～19 号勘探线间，分布标高范围 461～658m；走向方向延长 426m，倾斜方向延伸 197m。块段水平厚度 4.5m，平均品位 2.3%。

Ⅴ-2 号矿体：矿体赋存 F_{36-2} 断裂带及分支下盘，矿体分布于 8～19 号勘探线间，分布标高范围 461～795m；矿体走向最大延长 786m，倾向最大延伸 334m。为接替资源勘查阶段控制的相对较大的一个矿体，但矿体由南至北不连续分布，在 1～3 勘探线一带分断，亦呈南、北两个矿段断续分布。南段块段水平厚度 3m，平均品位 3.3%；北段块段水平厚度 4m，平均品位 3.8%。

2）矿体形态与产状

从实地观察发现，半坡锑矿床的矿体并非都是简单的独脉型，而是有多种形态的脉型，按其形态及产状可分为交错型和整合型，前者主要特征是矿体产状与地层呈大角度交切（图 11.10～图 11.12），按矿脉大小和数量多少可进一步细分为大单脉型矿体和密集脉型矿体；后者主要特征是矿化顺层分布，矿体呈层产出，这种类型的矿体（化）与岩性关系密切，容矿层为脆性岩石，而上覆下伏岩层为含泥质的塑性岩层，按控矿的性质可进一步细分为顺层分布的密集网脉状矿体和层间"似层状"矿体。

大单脉型矿体：本区绝大多数矿脉均属该类型。矿脉呈大的单脉产出，以陡倾斜切割产状平缓的岩

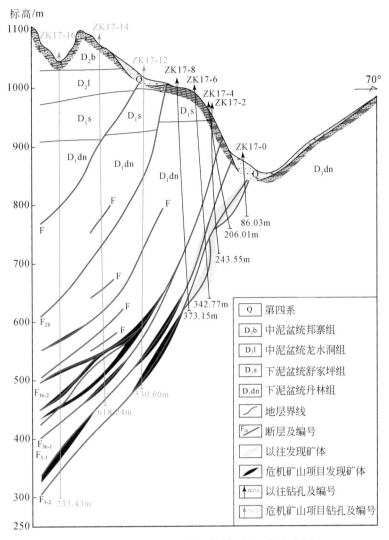

图 11.12　半坡锑矿床 17-17′勘探线剖面图（据肖宪国，2014）

层，脉壁清晰，走向长度大，倾斜延伸亦大，厚度较小且不稳定。如Ⅰ号矿体，脉长 1200m，垂直延伸大于 500m，厚度一般只有几米，最厚可达 10m，倾角为 50°～60°，以断层平滑的上下断面为壁，与围岩界线清晰。虽然该类型矿脉为沿裂隙充填形成，由于矿区内断裂是一束紧密的、首尾相叠、右行斜列的北北西向复杂断裂带，矿体无论在平面上或在剖面上都显示出分枝复合现象。

密集脉型矿体：此类型一般分布于大的含矿断裂的上下盘（图 11.13（a））、或两条较近的含矿断层之间（图 11.13（b））和较大矿脉的尖灭端。单脉一般仅数毫米至 1～2cm，走向及延深仅数厘米至十余米；多脉密集排列成带，脉与脉之间距由数厘米至 20～30cm；一般单脉的倾角较陡，可达 70°～80°，细脉带总体倾向一致；矿带的边界一般不清，靠采样分析确定。

顺层分布的密集网脉状矿体：见于主矿脉旁侧，含矿层厚度一般数十厘米，其上下被砂质泥岩、泥岩所遮挡（图 11.13（c）），在垂向上矿层可重复出现，矿层内辉锑矿沿节理充填成陡倾斜的细脉或网脉，单脉宽度往往小于 1cm，远离主矿体，细脉的密度逐渐降低至消失。

层间"似层状"矿体：主要受层间破碎带或层间滑动面及岩性所控制，辉锑矿与石英等脉石以层间破碎角砾的胶结物形势产出，形成似层状的矿体（化）（图 11.13（d））；另一种层状矿体产于石英砂岩层内，辉锑矿沿层理和层间节理裂隙充填，与岩层产状完全一致，厚 0.8～1.6m，走向延伸 50～70m。

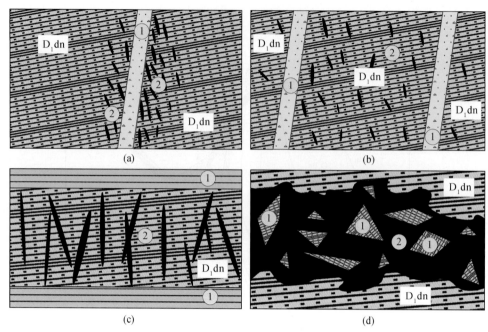

图 11.13　半坡锑矿床矿体形态示意图

（a）为密集脉型矿体，分布于含矿断裂上下盘；①含矿断裂，②密集型矿脉。（b）为密集脉型矿体，分布于含矿断裂之间；①含矿断裂，②密集型矿脉。（c）为顺层分布的密集网脉状矿体；①隔挡层，②密集网脉状矿体。（d）为层间"似层状"矿体；①断层角砾，②矿体

3）矿体围岩

矿体围岩主要为下泥盆统丹林组（D_1dn）石英砂岩及泥质粉砂岩、粉砂质泥岩、含泥质砂岩等，其次为断层带内的构造角砾岩、断层影响带的碎裂岩、压裂岩等。

石英砂岩：浅灰白色，中-厚层状，细-中粒结构。磨圆度较高，分选好，石英屑具有明显的次生加大现象；胶结物为硅质、少量钙质、黏土岩；

泥质粉砂岩：灰黑色，层理状构造，砂泥质结构。石英颗粒细小，石英占 60%～70%，黏土矿物占 30%～40%，薄-中厚层状，多呈鳞片状矿物胶结石英。作为矿体直接围岩对成矿较有利，一般形成矿脉较大、品位较富的锑矿石，但出现几率较少。

粉砂质泥岩：灰绿色，薄-中厚层状，在矿区中作为围岩较少见。

构造角砾岩：石英砂岩、含泥砂岩等被断裂破坏成构造角砾岩，角砾规模一般为碎粉-数厘米，棱角-次棱角状，胶结物为硅质物、辉锑矿及少量泥质物。

碎裂岩：多出现在断层上下盘。岩石裂隙及碎裂纹多呈平行及尖灭再现或辫状形式呈现，密度不等，每米数条至十余条，不同程度的充填有辉锑矿。

2. 矿石特征

1）矿石类型

半坡锑矿床为单硫-硫化锑矿床，工业矿物最主要为辉锑矿，其他金属矿物很少，但矿石类型相对复杂。自然类型主要为原生矿石，只有近地表有少量氧化矿石和混合矿石。

按矿石构造可分为：致密块状矿石、层状（似层状）矿石、角砾状矿石、脉状矿石和浸染状矿石，主要为致密块状矿石。不同矿石类型分布具有一定的规律性：致密块状矿石主要分布在断裂交汇处和矿体的膨大部位，层状（似层状）矿石主要分布在赋矿地层的层间破碎带或层间滑动面，角砾状矿石主要分布在含矿断裂和构造岩发育地段，脉状矿石主要分布在断裂带旁侧细小裂隙及节理发育地段，浸染状

矿石分布在矿体边部和矿体附近的矿化体中。

按矿物组合可分为：石英–辉锑矿矿石、方解石–石英–辉锑矿矿石、方解石–辉锑矿矿石和石英–方解石–黄铁矿–辉锑矿矿石，其中石英–方解石–黄铁矿–辉锑矿矿石相对较少。与矿石构造类型有一定关系：致密块状和脉状矿主要为石英–辉锑矿、方解石–石英–辉锑矿和方解石–辉锑矿矿石，少量石英–方解石–黄铁矿–辉锑矿矿石；层状（似层状）和角砾状矿主要为石英–辉锑矿矿石，少量方解石–石英–辉锑矿矿石；浸染状矿主要为石英–方解石–辉锑矿和石英–方解石–黄铁矿–辉锑矿矿石。

2）矿石成分

半坡锑矿床矿石的矿物组分单一，矿石矿物以辉锑矿为主，次生氧化矿物有少量锑华及锑赭石；伴生金属矿物有黄铁矿，偶见辰砂和雄黄。脉石矿物以石英和方解石为主，次为白云石、黏土矿物和重晶石等。

辉锑矿（Sb_2S_3）：铅灰色，金属光泽，晶形以柱状为主，可见针状、板柱状、放射状、毛发状、星点状及不规则状晶形，常以集合体形式组成锑矿石。本次工作电子探针分析 Sb：71.8% ~ 72.9%、S：27.1% ~ 28.2%，与理论值基本一致，暗示该矿物中其他元素含量甚微。

黄铁矿（FeS_2）：明显可分二期，即成岩期和成矿期。成岩期黄铁矿见于泥质粉砂岩中，沿微细节理分布，或产于石英砂岩杂基中、岩屑颗粒中及砂岩空隙中，呈星点状或立方晶体分布，与辉锑矿不共生；成矿期黄铁矿以五角十二面体、立方体多见，粒径 0.05 ~ 0.1mm，呈脉状或浸染状集合体产出，还可见到黄铁矿胶结构造岩中的角砾呈不规则网脉状。黄铁矿在矿石中含量很少，且多分布在矿体边部，肉眼偶见与辉锑矿共生，电子探针发现两者密切共生，辉锑矿常沿黄铁矿边缘生长、或包裹黄铁矿。电子探针分析黄铁矿 Fe：51.0% ~ 53.4%，S：46.6% ~ 49.0%；王学焜和金世昌（1994）分析本区黄铁矿含 Au：0.6g/t。

石英（SiO_2）：矿石中最主要的脉石矿物之一，明显有两期，即成岩期和成矿期。前者是生成石英碎屑外的次生加大边；常以微细粒它形或隐晶质集合体产出，与辉锑矿共生。

方解石（$CaCO_3$）：矿石中最主要的脉石矿物之一，为成矿期产物。常以脉状和团块状产出，与辉锑矿和成矿期石英密切共生，电子探针发现辉锑矿主要与方解石发生交代作用，同时也常见辉锑矿充填于方解石解理，以及方解石和石英接触边。

3）结构构造

虽然矿床的矿石矿物和脉石矿物组成相对简单，但矿石的结构构造却相对复杂（表11.3）。普遍发育的矿石结构有交代结构、交代残余结构、自形–他形粒状结构和充填结构，同时见细（网）脉状结构、包含结构、斑状结构、压碎结构、浸染状结构等；矿石构造以致密块状构造为主，其次为层状（似层状）构造、角砾状构造、脉状构造和浸染状构造，同时常见放射状构造、晶簇状构造和星点状构造等。不同构造矿石类型、甚至相同构造矿石类型的矿物组合、矿物含量以及结晶粒度都存在很大差别，如致密块状构造矿石，根据矿物组合，可分为辉锑矿块状矿石、石英–辉锑矿块状矿石、方解石–辉锑矿块状矿石和石英–方解石–辉锑矿块状矿石等多种亚结构类型，其中石英–辉锑矿和方解石–辉锑矿块状矿石中辉锑矿含量为 5% ~ 50%。

表 11.3　半坡锑矿床矿石结构构造特征

矿石结构、构造		基 本 特 征
矿石结构	交代结构	矿体中最为发育的矿石结构之一。辉锑矿交代石英、方解石和黄铁矿呈交代残余结构、骸晶结构和港湾结构；辉锑矿从方解石内部交代呈骸晶结构；辉锑矿呈细脉状、尖角状交代其他矿物，呈充填交代结构
	粒状结构	矿体中较为发育的矿石结构之一。辉锑矿呈针状、柱状的自形–他形晶嵌布在脉石矿物中
	充填结构	矿体中较为发育的矿石结构之一。辉锑矿呈细粒、他形充填于石英和方解石粒间空隙之中
	包含结构	黄铁矿、石英和方解石自形–他形晶被辉锑矿包含

矿石结构、构造		基 本 特 征
矿石结构	交代环状结构	辉锑矿沿黄铁矿、石英和方解石颗粒边缘交代溶蚀，形成辉锑矿床环带（反应边结构）包含黄铁矿、石英和方解石
	压碎结构	相对早期辉锑晶粒边缘被压碎，被相对晚期的辉锑矿胶结
	细（网）脉状结构	辉锑矿沿方解石解理、或沿其他矿床裂隙充填、交代形成细脉或网脉状
	斑状结构	粗大辉锑矿分布在沉积形成细小石英和黄铁矿中
	浸染状结构	辉锑矿呈浸染状分布于石英、方解石之中
矿石构造	块状构造	矿体中最发育的矿石构造，按矿物组合可细分为多种亚结构： ① 辉锑矿块状矿石：矿石矿物主要为粒度不等的柱状、放射放和针状辉锑矿，含量大于80%，粒度0.01～5mm；少量细晶黄铁矿，含量小于5%，粒度0.01～0.1mm。脉石矿物主要为石英和方解石，含量小于15%，呈他形充填于辉锑矿晶粒之间。 ② 石英-辉锑矿块状矿石：主要矿石矿物为粒度不等的柱状、放射放和针状辉锑矿，含量为5%～50%，粒度0.01～5mm；少量细晶黄铁矿，含量小于2%，粒度0.01～0.1mm。脉石主要为石英，含量大于50%；其次为方解石和白云石，含量小于10%。 ③ 方解石-辉锑矿块状矿石：主要矿石矿物为粒度不等的柱状、放射放和针状辉锑矿，含量为5%～50%，粒度0.01～5mm；少量细晶黄铁矿，含量小于2%，粒度0.01～0.1mm。脉石主要为方解石，含量大于50%；其次为石英和白云石，含量小于10%。 ④石英-方解石-辉锑矿块状矿石：矿床最主要矿石类型。主要矿石矿物为粒度不等的柱状、放射放和针状辉锑矿，含量为5%～30%，粒度0.01～5mm；少量细晶黄铁矿，含量小于2%，粒度0.01～0.1mm。脉石矿物主要为石英和方解石，含量相近，大于30%左右
	脉状结构	辉锑矿充填于裂隙和节理裂隙中，形成脉状、网脉状构造矿石
	角砾状构造	辉锑矿或石英-辉锑矿以胶结物形式胶结构造角砾，形成角砾状构造矿石
	浸染状构造	辉锑矿呈细小颗粒，星散分布于脉石中，形成浸染状构造矿石；按矿石中金属矿物的多少，可分为稀疏浸染状和稠密浸染状两种
	放射状构造	辉锑矿以长柱状、针状或毛发状集合体呈放射状分布于裂隙面或节理面上，在矿体边缘部分常见
	晶簇状构造	辉锑矿以晶簇状生长在石英脉内晶洞中，或在裂隙壁上形成晶簇状构造
	星点状构造	辉锑矿呈细小星点状分布于脉体或石英砂岩中

注：据半坡锑矿床勘探报告、本次工作实地观察、显微镜和电子探针观察整理。

3. 围岩蚀变

1）蚀变类型

矿区围岩蚀变强烈，类型多种多样且相互叠加，沿断裂广泛分布。常见的围岩蚀变有硅化、碳酸盐化、黄铁矿化、炭化、重晶石化和绢云母化等。

硅化：矿区最主要的围岩蚀变类型，明显可分为分早、晚两期。早期表现为石英脉穿插充填或溶蚀交代构造岩及围岩，石英脉晶洞中有辉锑矿充填；晚期表现为石英呈不规则的似脉体或网脉状、团块状与辉锑矿共生。

碳酸盐化：主要为方解石化，少量白云石化。方解石化表现为方解石呈不规则状或脉状穿插或包容早期形成的围岩，发生于成矿阶段时与辉锑矿伴生组成方解石-辉锑矿脉；白云石化表现为白云石呈细-中粒、脉状、网脉状、星散及不规则状，充填于节理裂隙中。

黄铁矿化：可分早、晚两期。早期黄铁矿主要为立方体晶形，粒度较粗，呈斑点状、星点状，有时聚集成脉状体，分布在围岩及断裂构造岩中，形成相对早于辉锑矿；晚期黄铁矿主要为五角十二面体和立方体晶形，呈脉状或浸染状，与辉锑矿共生。

炭化：薄层状产出的黑色、灰黑色泥炭质物，含有少量微细粒黄铁矿颗粒，与辉锑矿关系密切。

重晶石化：矿区这种类型蚀变较弱，表现为重晶石呈星点状或脉状分布于早期形成的硅化角砾岩中，偶见重晶石–辉锑矿脉。

绢云母化：见于砂质泥岩和泥质石英砂岩中，由黏土矿物重结晶形成绢云母鳞片。在整个热液成矿期均可见及，是断裂热效应的产物，也是成矿作用发生和存在的标志之一。

2）蚀变演化

矿区围岩蚀变大致可分为早、中、晚三个阶段，从老到新，蚀变种类由简单→复杂→简单，强度由弱→强→弱，类型由硅化、黄铁矿化→类型齐全→碳酸盐化，不同阶段的围岩蚀变相互重叠或毗邻存在。

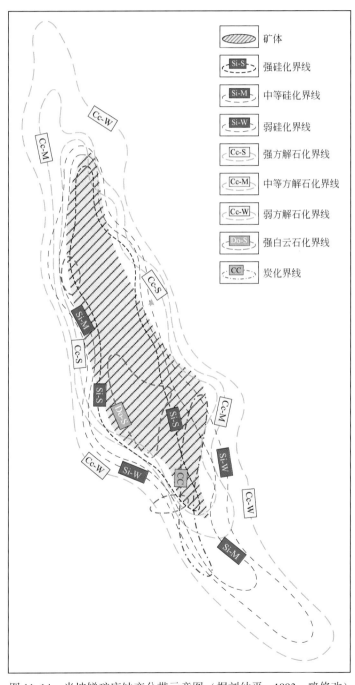

图 11.14　半坡锑矿床蚀变分带示意图（据刘幼平，1993；略修改）

　　早期形成的围岩蚀变以硅化、黄铁矿化为主，方解石化、白云石化、绢云母化少量。蚀变矿物的标型特征：石英为隐晶质，呈细脉状产出；黄铁矿多为粗粒自形-半自形立方体，呈斑点状、星点状产出；辉锑矿为他形-半自形、细-粗粒，呈致密块状、浸染状产出。

　　中期形成的围岩蚀变种类繁多，包括硅化、白云石化、方解石化、重晶石化、黄铁矿化和绢云母化等，蚀变矿物的标型特征：石英呈不规则似脉体、网脉状；重晶石呈细脉状或星点状产出；黄铁矿主要为细粒自形-半自形五角十二面体和立方体，呈弥状、浸染状产出；辉锑矿多为自形-半自形柱状、针状、放射状，呈细脉状、致密块状产出。

　　晚期形成的围岩蚀变碳酸盐化显著，次为硅化、重晶石化、黄铁矿化。蚀变矿物的标型特征：方解石和白云石呈脉状、网脉状、星散状及不规则状产出；黄铁矿多为细粒立方体，呈星散状、团块状产出；辉锑矿多为长柱状。

　　3）蚀变分带

　　该区在矿体和矿化体内及其周围一般都有强烈的围岩蚀变，并且有明显的带状分布现象，不同的蚀变类型、蚀变强度、蚀变矿物和矿化存在于某一特定的蚀变带内。在平面上蚀变强度自矿体中心向外依次减弱，蚀变类型依次减少（图11.14），蚀变矿物同样自矿体中心向外逐渐变化，大体上可将蚀变范围分为中心带、过渡带和外缘带，同时锑矿体随着蚀变带的向外推移，矿体由富、厚、高品位逐渐向贫、薄、低品位过渡，直至矿体的尖灭。在垂向上，围岩蚀变同样自矿体中心向外依次减弱，种类逐渐减少，蚀变矿物发生变化，同样可划分出与平面上一致的中心带、过渡带和外缘带。矿区弱方解石化、弱硅化和黄铁矿化蚀变范围最大，影响面最宽，最远可达200m；强硅化、强白云石化、强方解石化、炭化的蚀变范围较小，一般在100m之内，具有一定的找矿意义。

4. 成矿期次和矿物生成顺序

　　根据半坡锑矿床矿石结构构造、各种矿脉相互穿插关系和矿物共生组合，将矿床成矿过程划分为成岩期、成矿期和表生期，其中成矿期可进一步划分为3个成矿阶段，即石英-黄铁矿-辉锑矿成矿阶段、石英-方解石-辉锑矿成矿阶段和方解石-黄铁矿-辉锑矿成矿阶段，主要矿物生成顺序见表11.4。

表11.4　半坡锑矿床成矿期次和矿物生成顺序

成矿期次	成岩期	成矿期			表生期
		石英-黄铁矿-辉锑矿成矿阶段	石英-方解石-辉锑矿成矿阶段	方解石-黄铁矿-辉锑矿成矿阶段	
辉锑矿					
黄铁矿					
石英					
方解石					
白云石					
重晶石					
绢云母					
锑华					
锑赭石					

　　注：其他矿物含量甚微，未示出。

第三节　矿床地球化学

成矿物质和成矿流体的来源是矿床成因机制研究的关键，对建立合理的矿床成因模式、指导成矿预测具有重要意义。许多学者在半坡锑矿床研究过程中，或多或少开展过矿床地球化学研究（陈代演，1991，1993；刘幼平，1992；俸月星等，1993；王学焜和金世昌，1994；崔银亮，1995；王学焜，1995；李俊和宋焕斌，1999；金中国和戴塔根，2007；王雅丽和金世昌，2010），以此探讨过成矿物理化学条件、成矿流体性质及成矿物质和成矿流体来源。由于前人的工作主要是 20 世纪 80～90 年代，未涉及矿床深部近年发现的矿体，加之系统的研究工作很少、分析数据质量等原因，所获得结论有待更丰富数据支持。本次工作以半坡锑矿床近年发现的深部矿体为重点，开展了较系统的成矿元素、稀土元素，以及硫、碳、氧、氢和铅同位素地球化学研究，以些揭示了成矿物质和成矿流体的来源。

一、成　矿　元　素

成矿物质来源是研究矿床成因的关键，而地质体（地层和岩浆岩）成矿元素的含量高低是探讨矿床成矿物质来源的基础。半坡锑矿床的成矿元素主要为 Sb，少量 As、Hg 和 Au，其他元素尚未见矿化。本次工作主要利用矿床勘探过程中分析的大量分析数据，总结矿区不同时代地层、不同岩性 Sb、Hg 和 As 三个成矿元素的含量特征，为深入探讨矿床成因提供物质来源的依据。

1. 含量特征

1）地层成矿元素

表 11.5 为独山锑矿田半坡、贝达和巴年矿区不同时代地层中成矿元素（Sb、Hg、As，下同）平均含量统计结果，图 11.15 为成矿元素平均含量对比直方图和半坡矿区成矿元素富集系数（含量/克拉克值，下同）对比图。

表 11.5　独山锑矿田地层中成矿元素含量统计结果　　　　　（单位：ppm）

矿区	半坡				贝达				巴年			
地层	样数	Sb	Hg	As	样数	Sb	Hg	As	样数	Sb	Hg	As
D_3w	145	2.59	0.21	3.40								
D_2d^3	294	8.7	0.46	17.2					11	26.6	0.35	45.9
D_2d^2	766	14.6	2.14	47.8	11	50.6	0.41	9.91	28	9.58	0.07	30.3
D_2d^1	807	9.24	0.74	11.3	147	36.3	0.40	8.52	8	16.4	0.05	16.1
D_2b	495	8.75	0.54	21.6	228	6.41	0.54	24.6	7	13.8	0.07	23.4
D_2l	287	12.3	0.82	21.2	82	7.97	0.82	25.5				
D_1s-D_1dn	571	17.2	0.55	17.4	269	7.80	0.52	17.9				
$S_{1-2}w$	245	20.2	0.80	19.9	85	8.65	0.30	13.9				

注：半坡和贝达矿区原始数据据贵州省有色地质局三总队和四总队勘探资料整理，巴年矿区据王学焜和金世昌（1994）；地层代号同图 11.8。

①不同矿区、不同时代地层成矿元素含量存在明显差异。半坡矿区 Sb 在中下志留统翁项群（$S_{1-2}w$）中含量最低，平均为 20.2ppm；其次为下泥盆统丹林组（D_1dn）和舒家坪组（D_1s）、中泥盆统独山组（D_2d）宋家桥段（D_2d^2）、中泥盆统龙洞水组（D_2l），平均分别为 17.2ppm、14.6ppm 和 12.3ppm；上泥盆统望城坡组（D_1w）含量最低，平均 2.6ppm。贝达矿区 Sb 在中泥盆统独山组（D_2d）宋家桥段（D_2d^2）

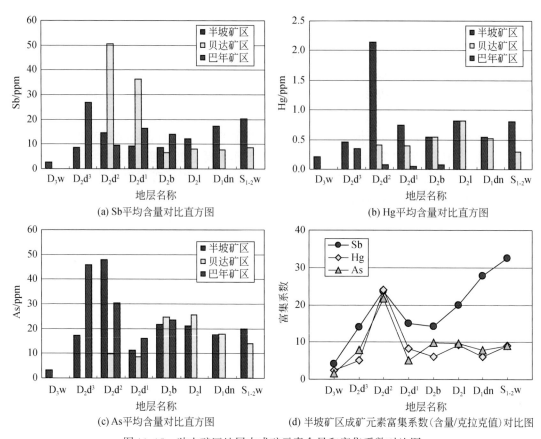

图 11.15 独山矿区地层中成矿元素含量和富集系数对比图

克拉克值据黎彤和倪守斌（1990），Sb 0.62ppm、Hg 0.089、As 2.2ppm

和鸡泡段（D_2d^1）中的含量明显高于其他时代地层，平均分别为 50.6ppm 和 36.3ppm。巴年矿区 Sb 在中泥盆统独山组（D_2d）鸡窝寨段（D_2d^3）中含量最高，平均 26.6ppm；中泥盆统独山组（D_2d）鸡泡段（D_2d^1）和中泥盆统邦寨组（D_2b）含量也相对较高，平均分别为 16.4ppm 和 13.8ppm。

Hg、As 含量特征与 Sb 存在一定差别，如半坡矿区 Hg 和 As 在 D_2d^2 中含量明显高于其他时代地层，平均分别为 2.1ppm 和 47.8ppm，在 D_1w 中含量最低，平均分别为 0.2ppm 和 3.4ppm；贝达矿区各时代地层中 Hg、As 含量范围较小，平均在 0.3~0.8ppm 和 8.5~25.5ppm 之间；巴年矿区 Hg 除在 D_2d^3 中均值为 0.4 外，其他地层中含量均小于 0.1ppm，但该区 As 含量相对较高，均值为 16.1~45.9ppm。

② 不同矿区、不同时代地层富集成矿元素。半坡矿区 Sb 的富集系数除在 D_1w 中为 4.2 外，在其他地层中均大于 14（图 11.15（d）），在 $S_{1-2}w$ 中最高，达 32.6，在 D_1dn、D_1s 和 D_2d^2 中也大于 20；贝达矿区 Sb 的富集系数在 D_2d^2 和 D_2d^1 中分别高达 81.6 和 58.6，在其他地层中均大于 10；巴年矿区 Sb 的富集系数分别在 D_2d^3 高达 43.0，在 D_2d^1 和 D_2b 中也大于 20。

半坡矿区 Hg、As 的富集系数除在 D_2d^2 中大于 20，在其他地层中小于 10，在 D_1w 中最低，分别为 2.4 和 1.6；贝达矿区 Hg、As 在各时代地层中的富集系数相对稳定，分别为 3.4~6.1 和 3.9~11.6；巴年矿区 Hg 除在 D_2d^3 中的富集系数 3.9，在其他地层中均小于 1，该区 As 的富集系数相对较高，为 10.6~20.9。

2）岩石成矿元素

半坡锑矿床地层岩性组合复杂，以统为单位，上泥盆统为碳酸盐岩（灰岩、白云质灰岩和白云岩，下同）；中泥盆统以碳酸盐岩为主，少量砂页岩；下泥盆统和中、下志留系以砂页岩为主，少量碳酸盐岩。表 11.6 为不同时代、不同岩性成岩元素含量统计结果，图 11.16 为成岩元素富集系数对比图。可见，本区各时代地层中碎屑岩 Sb 含量最高，平均含量为 19.2～34.1ppm、富集系数为 30.9～55.0；碳酸盐岩 Sb 含量最低，平均含量为 2.7～11.2ppm、富集系数为 4.4～18.1；黏土岩位于碎屑岩和碳酸盐岩之间，平均含量为 12.7～18.3ppm、富集系数为 20.5～29.5。Hg、As 含量也总体具有上述特征，但变化范围相对较小（表 11.6），各时代地层不同岩性中这 2 个元素也明显富集（图 11.16），碳酸盐岩中 Hg、As 富集系数分别为 2.4～7.6、2.9～7.2，黏土岩中分别为 3.3～11.4、4.3～10.1，碎屑岩中分别为 6.1～12.9、8.0～12.8。

表 11.6　半坡锑矿床岩石中成矿元素含量统计结果　　　　　（单位：ppm）

半坡矿区各时代地层不同岩性成矿元素						半坡矿区不同蚀变类型成矿元素				
时代	岩性	样数	Sb	Hg	As	岩性	样数	Sb	Hg	As
D₃	碳酸盐岩	145	2.71	0.21	6.34	未蚀变砂岩	556	7.51	0.72	18.7
D₂	碳酸盐岩	1283	8.60	0.60	14.9	碳酸盐化砂岩	18	11.3	0.69	29.2
	黏土岩	41	18.3	0.94	9.54	重晶石化砂岩	15	19.7	2.43	35.8
	碎屑岩	1887	19.2	1.15	28.2	硅化砂岩	26	32.9	6.72	74.2
D₁	碳酸盐岩	19	11.2	0.23	11.2	黄铁矿化砂岩	5	103	20.6	142
	黏土岩	25	15.3	1.01	22.3	未蚀变白云岩	70	8.56	0.87	28.0
	碎屑岩	551	34.1	0.54	17.6	硅化白云岩	38	22.9	1.97	31.4
S₁₋₂	碳酸盐岩	14	8.17	0.68	15.9					
	黏土岩	21	12.7	0.29	14.3					
	碎屑岩	219	21.7	0.86	20.6					

注：原始数据据贵州省有色地质局三总队和四总队勘探资料。

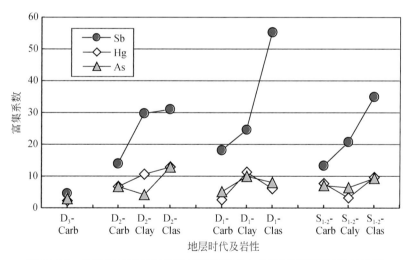

图 11.16　半坡锑矿床各时代地层不同岩石中成矿元素富集系数对比图

Carb. 碳酸盐岩；Clay. 黏土岩；Clas. 碎屑岩；克拉克值据黎彤和倪守斌（1990），Sb 0.62ppm、Hg 0.089、As 2.2ppm

　　矿区围岩蚀变强烈、且多种蚀变类型并存（金中国，1993；刘幼平，1993），围岩蚀变过程成矿元素将会发生迁移、富集。从表 11.6 和图 11.17 中可见，本区各种围岩蚀变作用均产生成矿元素富集，但富集程度存在明显的差异，如砂岩，从碳酸盐化→重晶石化→硅化→黄铁矿化，成矿元素含量递增，其中 Sb 从 7.5ppm→11.3ppm→19.7ppm→32.9ppm→103.0ppm，富集系数从 12.1→18.3→31.8→53.0→167.0；Hg、As 含量和富集系数具有相近的变化规律，其中 As 增加相对较慢（图 11.17）。白云岩在硅化过程中，成矿元素也有富集趋势，如 Sb 含量从 8.6ppm→22.9ppm，富集系数从 13.8→36.9。

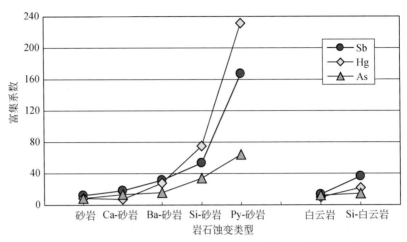

图 11.17　半坡锑矿床蚀变岩石中成矿元素富集系数对比图

Ca. 碳酸盐化；Ba. 重晶石化；Si. 硅化；Py. 黄铁矿化；克拉克值据黎彤和倪守斌（1990），Sb 0.62ppm、Hg 0.089、As 2.2ppm

2. 矿床成因意义

矿区各时代地层及不同岩性均富集 Sb、Hg、As 等成矿元素（前文），区域基底（如冷家溪群、板溪群等）、震旦系、寒武系、奥陶系及志留系等时代地层也相对富集 Sb、Hg、As 等成矿元素（图 11.18），前人多认为包括半坡锑矿床在内的独山锑矿田成矿物质主要来自矿区各时代地层及区域基底（刘幼平，1992；王学焜和金世昌，1994；崔银亮，1995；金中国和戴塔根，2007）；不过，彭建堂（2000）根据多方面的证据，认为幔源组分参与了包括半坡锑矿内的华南锑矿带的成矿作用。

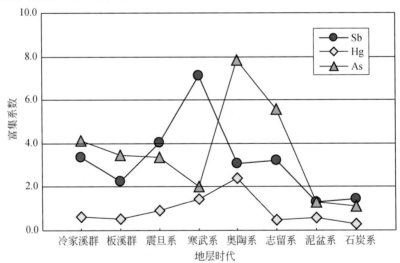

图 11.18　半坡锑矿床区域基底及各时代地层中成矿元素富集系数对比图

原始数据引自马东升等（2002）。冷家溪群为板岩，统计样品 80 件；板溪群为板岩，统计样品 137 件；震旦系为碎屑岩，统计样品 70 件；寒武系为板岩，统计样品 6 件；奥陶系为灰岩，统计样品 15 件；志留系为砂岩，统计样品 12 件；泥盆系为砂页岩，统计样品 5 件；石炭系为砂岩，统计样品 13 件

从沉积环境看（花永丰[①]；王学焜和金世昌，1994），矿区早泥盆世是台地陆缘滨海相碎屑岩沉积，中、晚泥盆世为浅海台地碳酸盐岩沉积，各时代地层富集 Sb、Hg、As 等成矿元素（前文），花永丰[①]从

---

① 花永丰，刘幼平，金中国 . 1992. 独山锑矿区大型盲矿床预测研究 . 贵州有色地质勘查局科研报告 . 1992.

多方面论证，这些地层中的矿质来源于基底岩石（冷家溪群、下江群、板溪群等）风化产物。从成矿元素含量上看，矿区各时代地质及基底均有提供成矿物质的潜力，但只有 D_2dn 和 D_2d^2 石英砂岩、碳酸盐岩层最具有矿源层的意义，主要依据：

（1）石英砂岩中成矿元素丰度值明显高于其他岩性（表 11.6、图 11.16），可以为成矿流体提供成矿物质。如 1 个长 5000m、宽 5000m、厚 500m 的石英砂岩地质体，平均 Sb 含量 20ppm、萃取率 33% 便可聚集 15 万 t Sb，接近半坡锑矿床目前探明的 Sb 储量。

（2）石英砂岩孔隙发育、孔隙度高，有利于地下水和成矿流体流通；另外，这类岩石硬脆，有利于断层、节理、裂隙等构造的形成，为地下水和成矿流体提供了通道。

（3）矿区 D_2dn 之下为 $S_{1-2}w$ 粉砂岩、泥质灰岩、泥灰岩、砂质页岩，上覆 D_1s 也以石英砂岩、泥质砂岩、砂质页岩为主（图 11.8），使 D_2dn 成为一种上下遮挡、有利于流体环流的层位，流体在该层位中可以充分萃取其中的成矿元素形成成矿流体。

二、稀 土 元 素

近年来，矿床中热液矿物（尤其是萤石、方解石等含钙热液矿物）稀土元素（REE）地球化学在示踪成矿流体来源与演化方面得到了广泛应用（Lottermoser，1992；Subías and Fernández-Nieto，1995；Whitney and Olmsted，1998；Hecht et al.，1999；Ghaderi et al.，1999；Brugger et al.，2000；Monecke et al.，2000；Huang et al.，2007，2010）。方解石是半坡锑矿床最常见脉石矿物之一，王加昇（2012）对独山锑矿田巴年锑矿床辉锑矿进行过 REE 分析，发现该矿物除 La 外，其他 REE 含量大都低于检测限；王泽鹏（2013）对黔西南金矿床及锑矿床中辉锑矿的 REE 分析资料也表明，该矿物 REE 含量很低，大部分元素低于检测限，因此，可以认为方解石为半坡锑矿床原生矿石 REE 最主要寄主矿物，其 REE 地球化学可代表成矿流体 REE 地球化学，通过其 REE 地球化学研究，可提供成矿流体来源与演化方面的重要信息。

1. 基本特征

方解石是半坡锑矿床最常见脉石矿物之一，矿区地层（尤其是碳酸盐岩地层）中也有大量方解石脉分布。按产状矿区方解石可分为：①矿石中团块状方解石，矿石中的脉石矿物，乳白色，与石英、辉锑矿共生，团块大小不等；②含矿方解石脉，呈方解石-辉锑矿脉产出，乳白色-肉红色，脉宽多小于 5cm，长小于 2m，边缘有辉锑矿，脉中偶见放射状和星点状辉锑矿，偶见晶形较好的粗粒黄铁矿晶体；③无矿方解石脉，沿地层中的节理分布，定向性较好，白色-乳白色，脉宽为 1~50cm，脉体边缘及内部均未见辉锑矿等硫化物。根据与矿石矿物的共生关系，可确定团块状方解石形成于成矿早期和主成矿期，含矿方解石脉形成于成矿晚期，无矿方解石为碳酸盐岩淋滤产物、与成矿无关。

2. 含量及配分模式

本次工作分析了矿区团块状和含矿方解石脉的 REE 含量，同时分析了矿区近矿围岩及各时代地层的 REE 含量，表 11.7 为分析结果及相关 REE 参数，图 11.19 为方解石和地层球粒陨石（Boynton，1984）标准化配分模式。

（1）矿区团块状和含矿方解石脉的 REE 含量均有一定的变化范围，两者差别不明显，均具有亏损轻稀土（LREE）、富集重稀土（HREE）特征。前者的 ΣREE（不包括 Y，下同）、LREE、HREE 分别为 5.67~13.87ppm、1.56~3.29ppm 和 4.11~10.59ppm，后者的 ΣREE、LREE、HREE 分别为 6.44~15.00ppm、1.36~3.08ppm 和 5.08~11.92ppm；后者相对更富集 HREE，其 LREE/HREE 为 0.26~0.27，明显小于前者的 LREE/HREE（0.29~0.47）。如果按前苏联学者的分类方案将 REE 划分为轻稀土（LREE，La~Nd）、中稀土（MREE，Sm~Ho）和重稀土（HREE，Er~Lu）（王中刚等，1987），本区 2 种产状方解石明显特征是富集 MREE，含矿方解石脉相对更富集 MREE，其 MREE/LREE、MREE/HREE

表 11.7　半坡锑矿床方解石和围岩稀土元素组成

（单位：ppm）

样号	BP-10-1	BP-22-1	BP2-2-1	BP2-3-2	BP2-8-2	BP2-1-1	BP2-6-1	BP2-10-1	BP-10-2	BP-11-2	BP-22-2	BP-24-2	BP2-19	BP2-21	BP2-26	BP2-30	BP2-22	BP2-31	BP2-24	BP2-28
名称	方解石	方解石	方解石	方解石	方解石	方解石	方解石	方解石	近矿围岩	近矿围岩	近矿围岩	近矿围岩	砂岩	砂岩	砂岩	砂岩	砂岩	砂岩	灰岩	灰岩
产状	团块状	团块状	团块状	团块状	团块状	脉状	脉状	脉状	砂岩	砂岩	砂岩	砂岩	D_1dn	D_1dn	D_1s	D_1s	D_2b	D_2b	D_2l	D_2l
La	0.11	0.16	0.08	0.26	0.132	0.13	0.12	0.09	19.20	18.60	14.70	16.10	11.70	21.70	8.89	12.70	4.67	3.89	0.73	2.93
Ce	0.37	0.59	0.31	0.65	0.407	0.44	0.39	0.24	37.70	37.80	30.90	32.70	25.30	43.50	19.40	26.40	9.95	7.81	1.41	4.52
Pr	0.07	0.14	0.07	0.11	0.069	0.10	0.08	0.05	4.27	4.28	3.48	3.58	2.69	4.88	2.20	2.78	1.14	0.88	0.16	0.64
Nd	0.42	1.08	0.47	0.63	0.454	0.78	0.58	0.36	15.90	15.80	13.00	13.20	9.88	17.60	8.61	9.64	4.37	3.23	0.77	2.43
Sm	0.55	0.93	0.46	0.50	0.409	1.10	0.91	0.432	2.91	2.77	2.39	2.30	1.62	2.73	1.58	1.54	0.89	0.57	0.18	0.56
Eu	0.22	0.39	0.19	0.23	0.194	0.53	0.43	0.20	0.41	0.49	0.44	0.43	0.28	0.42	0.23	0.28	0.16	0.11	0.04	0.13
Gd	1.44	2.53	1.21	1.41	1.222	3.56	2.92	1.43	2.27	2.73	2.16	2.18	1.48	2.33	1.50	1.39	0.85	0.58	0.20	0.59
Tb	0.29	0.48	0.20	0.26	0.227	0.63	0.54	0.26	0.34	0.44	0.35	0.37	0.23	0.41	0.25	0.23	0.14	0.10	0.03	0.10
Dy	1.88	3.19	1.27	1.54	1.350	3.74	3.03	1.59	1.94	2.38	1.94	2.07	1.15	2.23	1.40	1.27	0.76	0.63	0.16	0.51
Ho	0.41	0.72	0.28	0.33	0.276	0.74	0.62	0.32	0.42	0.53	0.45	0.48	0.25	0.53	0.32	0.28	0.17	0.14	0.04	0.13
Er	1.01	1.76	0.62	0.82	0.659	1.74	1.44	0.81	1.16	1.47	1.24	1.38	0.70	1.51	0.92	0.87	0.50	0.47	0.09	0.34
Tm	0.13	0.25	0.08	0.10	0.076	0.21	0.17	0.10	0.17	0.20	0.17	0.18	0.09	0.22	0.13	0.12	0.07	0.06	0.01	0.05
Yb	0.77	1.45	0.40	0.55	0.443	1.15	0.83	0.52	1.04	1.27	1.16	1.24	0.64	1.48	0.94	0.79	0.50	0.52	0.06	0.26
Lu	0.10	0.21	0.06	0.07	0.061	0.15	0.11	0.07	0.15	0.20	0.17	0.19	0.09	0.22	0.13	0.12	0.07	0.09	0.01	0.04
Y	13.30	24.00	9.94	13.00	10.900	25.70	22.80	12.50	11.90	14.90	12.60	13.90	7.33	15.00	9.08	7.83	4.78	4.07	1.57	5.39
ΣREE	7.77	13.87	5.67	7.45	5.98	15.00	12.16	6.44	87.88	88.96	72.56	76.41	56.09	99.76	46.50	58.41	24.24	19.08	3.88	13.24
LREE	1.74	3.29	1.56	2.37	1.67	3.08	2.50	1.36	80.39	79.74	64.91	68.31	51.47	90.83	40.91	53.34	21.18	16.49	3.29	11.21
HREE	6.02	10.59	4.11	5.08	4.31	11.92	9.66	5.08	7.48	9.22	7.65	8.09	4.62	8.93	5.59	5.07	3.06	2.59	0.59	2.03
LR/HR	0.29	0.31	0.38	0.47	0.39	0.26	0.26	0.27	10.74	8.65	8.49	8.44	11.15	10.17	7.32	10.52	6.92	6.37	5.55	5.54
LRE	0.98	1.97	0.91	1.65	1.06	1.45	1.16	0.73	77.07	76.48	62.08	65.58	49.57	87.68	39.10	51.52	20.13	15.81	3.07	10.52
MRE	4.79	8.23	3.61	4.26	3.68	10.31	8.45	4.22	8.29	9.35	7.73	7.83	5.00	8.65	5.27	4.98	2.96	2.13	0.65	2.03
HRE	2.00	3.67	1.15	1.54	1.24	3.25	2.55	1.49	2.51	3.13	2.74	2.99	1.51	3.43	2.12	1.90	1.15	1.14	0.16	0.69
δEu	0.75	0.77	0.78	0.82	0.84	0.82	0.80	0.77	0.49	0.55	0.59	0.59	0.55	0.51	0.45	0.58	0.56	0.56	0.71	0.70
δCe	1.00	0.94	1.04	0.92	1.03	0.95	0.96	0.88	1.00	1.02	1.04	1.04	1.09	1.02	1.06	1.07	1.04	1.01	0.99	0.79
$(La/Sm)_N$	0.13	0.11	0.10	0.32	0.20	0.07	0.08	0.12	4.15	4.22	3.87	4.40	4.54	5.00	3.54	5.19	3.29	4.28	2.61	3.29
$(Gd/Yb)_N$	1.52	1.41	2.43	2.06	2.23	2.50	2.85	2.22	1.76	1.74	1.50	1.42	1.87	1.27	1.28	1.41	1.36	0.89	2.87	1.82
$(La/Yb)_N$	0.10	0.07	0.13	0.31	0.20	0.08	0.09	0.11	12.45	9.87	8.54	8.75	12.42	9.89	6.36	10.80	6.25	5.01	8.77	7.51

注：LREE 为 La-Eu；HREE 为 Gd-Lu；LR/HR 为 LREE/HREE；LRE 为 La-Nd；MRE 为 Sm-Ho；HRE 为 Er-Lu。

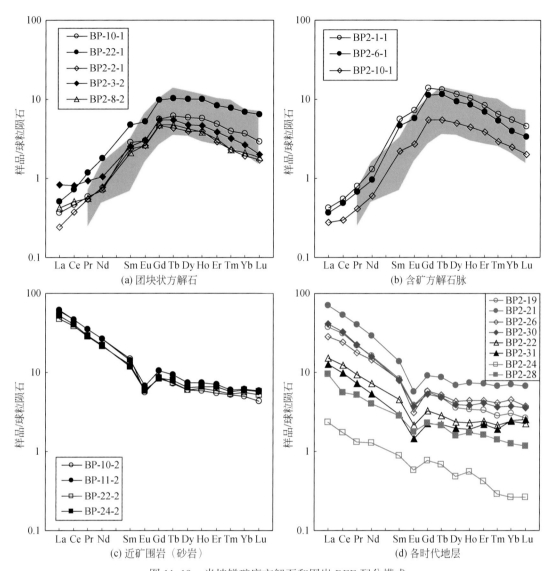

图 11.19　半坡锑矿床方解石和围岩 REE 配分模式

球粒陨石 REE 含量据 Boynton（1984）；阴影区为巴年锑矿床方解石 REE 模式，原始数据据王加昇（2012），
其中 La 和 Ce 含量低于检测限，未示出

分别为 2.59～4.90、2.24～3.15 和 5.76～7.27、2.84～3.31。

（2）矿区 2 种产状方解石的 REE 配分模式也基本一致，均为 MREE 富集型，其中团块状方解石的 $(La/Yb)_N$、$(La/Sm)_N$ 和 $(Gd/Yb)_N$ 分别为 0.07～0.31、0.10～0.32 和 1.41～2.43，含矿方解石脉的相应 REE 参数分别为 0.08～0.11、0.07～0.12 和 2.22～2.85；两者均具有弱 Eu 负异常，δEu 分别为 0.75～0.85 和 0.77～0.82，Ce 异常不明显，δCe 分别为 0.92～1.04 和 0.88～0.96。图 11.19 显示，本区 2 种产状方解石的 REE 含量和配分模式与独山矿田巴年锑矿床脉石矿物方解石的相似。

（3）矿区 2 种产状方解石的 REE 含量和配分模式与近矿围岩和各时代地层均存在明显差别（表 11.7、图 11.19）。从 REE 含量看，除 D_2l 灰岩外，近矿围岩和其他时代砂岩地层的 ΣREE 和 LREE 明显大于方解石，分别为 19.08～99.76ppm 和 16.49～90.83；D_2b 和 D_2l 的 HREE 相对低于方解石，近矿围岩和其他时代地层的 HREE 与方解石相近；近矿围岩和各时代地层的 LREE/HREE 为 5.54～11.15，明显大于方解石。从 REE 配分模式看，近矿围岩和各时代地层均为 LREE 富集型，其 $(La/Yb)_N$、$(La/Sm)_N$ 分别为 5.01～12.45、2.61～5.19，明显大于方解石，$(Gd/Yb)_N$ 为 0.89～2.87，相对低于方解石；近矿围岩和各时代地层均存在较明显的 Eu 负异常，δEu 为 $0.45 \sim 0.70$，低于方解石。

3. 讨论

1）方解石的成因联系

半坡锑矿床有 3 种产状方解石，其中广泛分布于地层节理中的无矿方解石脉为碳酸盐岩淋滤产物，与成矿作用关系不明显；团块状和含矿方解石脉与矿化密切共生，应为成矿作用的产物，在 Tb/Ca-Tb/La 图中（图 11.20），两者位于热液成因区域，表明为热液成因方解石。由于 REE 之间地球化学性质的差异，LREE、HREE 之间的比值变化常用来探讨成矿体系中脉石矿物的同源性（Lottermoser，1992）；Bau 和 Dulski（1995）在研究德国 Tannenboden 矿床和 Beihilfe 矿床中萤石和方解石的 REE 地球化学过程中指出，同源脉石矿物在 Y/Ho-La/Ho 大体呈水平分布。矿区团块状和含矿方解石脉除 MREE 存在较明显的差别外，其他 REE 含量、REE 参数以及 REE 配分模式相近（表 11.7、图 11.19），在图 11.21 中，两者总体呈水平分布，表明其同源性。

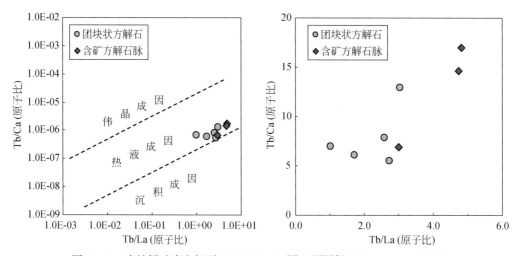

图 11.20　半坡锑矿床方解石 Tb/Ca-Tb/La 图（原图据 Möller et al.，1976）

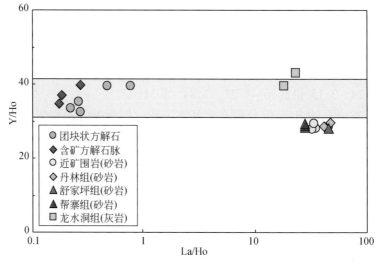

图 11.21　半坡锑矿床方解石 La/Ho-Y/Ho 图

Möller 等（1976）系统研究了含钙矿物（萤石、方解石等）形成过程中 REE 变化特征，发现早阶段形成的矿物相对富集 LREE，而晚阶段形成的矿物则相对富集 HREE，早期矿物的 Tb/La 相对低于晚期矿物；Chesley 等（1991）也发现含钙矿物形成过程中 REE 具有分馏现象，相对早期形成的矿物其 LREE 含量高、Sm/Nd 低，晚期形成的矿物 LREE 含量低、Sm/Nd 高；McLennan 和 Taylor（1979）、Bau 和 Dulski（1995）的研究结果均表明，F 与 REE 易形成络合物迁移，但不同 REE 与 F 形成络合物的稳定性有所差异，从 LREE→MREE→HREE（包括 Y）稳定程度逐渐增加，在含钙矿物形成过程中，伴随 F 含量的减少，流体中 LREE 相对减少，而 MREE 和 HREE 相对增加。因此，早期形成的矿物 LREE 相对较高，而晚期形成的矿物 MREE 和 HREE 相对较高。

从表 11.7 中可见，矿区从团块状方解石→含矿方解石脉，虽然 LREE 变化不明显，但 MREE、HREE、Sm/Nd 和 Tb/La 逐渐增加，Sm/Nd 与 MREE、HREE、Y 和 Tb/La 之间存在正相关关系（图 11.22），表明两种产状方解石为不同阶段形成的产物，即团块状方解石为相对早阶段形成产物，含矿方解石脉为相对晚阶段产物。另外，本次工作测得该区团块状方解石 Sb 含量为 20.0～40.9ppm，明显高于含矿方解石脉 Sb 含量（3.40～5.82ppm），也暗示两者为成矿流体早、晚演化阶段的产物。

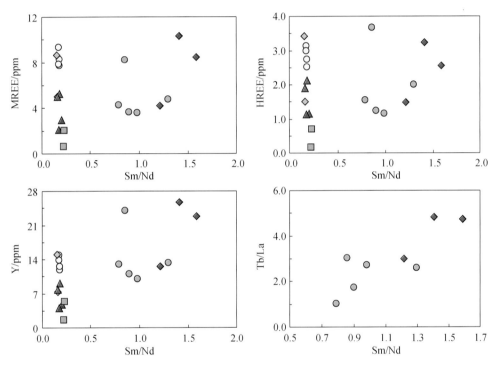

图 11.22　半坡锑矿床方解石和围岩 Sm/Nd 与 REE 含量相关图（图例同图 11.21）

2）成矿流体来源

对半坡锑矿床成矿流体的来源，前人多认为主要为大气降水，同时不排除变质水和深部流体加入（俸月星等，1993；王学焜和金世昌，1994；王学焜，1995；李俊和宋焕斌，1999）。Zhong 和 Alfonso（1995）的研究表明，REE 通过与 Ca^{2+} 发生置换而进入方解石晶体，除了晶体溶解之外，其他过程不可能破坏方解石 REE 配分模式这个地质记录密码。方解石是半坡锑矿床原生矿石中最重要的脉石矿物之一，其形成贯穿整个成矿过程，矿石中的 REE 主要集中在方解石中（前文），因而方解石 REE 地球化学特征可代表成矿流体的 REE 地球化学特征，其变化规律记录了矿床成矿流体的来源及演化等方面的重要信息。

矿区团块状方解石和含矿方解石脉除 MREE 和 HREE 含量有一定差异外，LREE、相应的 REE 参数和 REE 配分模式差别不明显，因而可认为本区成矿流体 REE 地球化学特征与团块状方解石相似，即亏损 LREE、富集 HREE，REE 配分模式为 MREE 富集型（图 11.19）。本区方解石的 REE 含量和配分模式与矿区各时代地层存在明显差异（表 11.7、图 11.19），但 Möller 等（1984）和 Ohr 等（1994）的实验结果证实，碳酸盐和沉积岩淋滤液的 $\sum REE < 5ppm$、相对富集 MREE、REE 配分模式为 MREE 富集型、

$(La/Pr)_N<1$，除 $\sum REE$ 相对较低外，其他特征与矿区方解石 REE 地球化学特征相似。可见，半坡锑矿床成矿流体主要为淋滤矿区地层的壳源流体。

值得一提的是，半坡锑矿床原生矿石主要矿石矿物为辉锑矿，脉石矿物主要为方解石和石英，虽然本次工作未分析辉锑矿和石英的 REE 含量，但从王加昇（2012）和王泽鹏（2013）的分析数据看，巴年锑矿床和晴隆大厂锑矿床中的辉锑矿均相对富集 LREE、亏损 MREE 和 HREE，如巴年 6 件辉锑矿的 La 为 15~30ppm，而 MREE 和 HREE 大都低于检测限（王加昇，2012）；晴隆大厂 8 件辉锑矿的 La 为 26.9~68.1ppm，MREE 和 HREE 也大都低于检测限（王泽鹏，2013）。据此推测，本区成矿流体中有少量相对富 LREE 流体参与，成矿流体沉淀成矿成矿过程中 LREE 主要进入辉锑矿、而 MREE 和 HREE 主要进入方解石。大量分析结果和实验证据表明，地幔流体（包括地幔去气和岩浆去气形成的流体）相对富集 REE，尤其是 LREE（Schrauder et al.，1996；Coltorti et al.，2000；刘丛强等，2004），从这一点看，半坡锑矿床成矿流体中不排除少量地幔流体参与的可能性。

3）成矿和找矿指示意义

成矿作用过程中形成的方解石亏损 LREE、富集 MREE 和 HREE、REE 配分模式为 MREE 富集型，除半坡锑矿床外，在包括华南锑矿带在内的我国西南大面积低温成矿域中广泛存在，如巴年锑矿床（图11.19；王加昇，2012）、锡矿山锑矿床（彭建堂等，2004）、晴隆大厂锑矿床（王泽鹏，2013）、黔西南水银洞金矿床（Su et al.，2009）、紫木凼金矿床（王泽鹏，2013）、太平洞金矿床（王泽鹏，2013）等，这种方解石在成矿理论和成矿预测研究中具有重要的指示意义。在成矿方面，指示成矿过程中存在大规模流体运移，这是西南大面积低温成矿域形成的主要控制因素之一（彭建堂，2000，2007；黄智龙等，2011）；在找矿方面，由于其 REE 地球化学特征与其他成因方解石存在明显差异，为重要的找矿标志之一，如通过水银洞金矿床地表和坑道方解石 REE 地球化学填图、结合其他找矿方法，在深部发现多层矿体（苏文超，私人交流）；锡矿山锑矿床深部和外围找矿过程中，方解石 REE 地球化学也发挥了重要作用（彭建堂，私人交流）。因此，半坡锑矿床成矿作用过程中形成的方解石不仅指示大规模流体运移对成矿的制约，而且是重要的找矿标志之一。

三、硫同位素

半坡锑矿床矿石矿物主要为辉锑矿，少量黄铁矿、闪锌矿、方铅矿和毒砂。因此，成矿流体中硫的来源至关重要，硫同位素组成是示踪成矿流体中硫来源最直接、最有效的方法。前人在研究半坡锑矿床过程中，或多或少分析了矿床中主要矿石矿物的硫同位素组成（俸月星等，1993；王学焜和金世昌，1994；崔银亮，1995；王学焜，1995；李俊和宋焕斌，1999；金中国和戴塔根，2007），分析矿物主要为辉锑矿、少量黄铁矿。本次工作主要分析了矿床近年发现的深部矿体的硫同位素组成，分析矿物为辉锑矿。

1. 硫同位素组成

表 11.8 为半坡锑矿床硫同位素组成，其中同时列出王学焜（1995）的分析结果及俸月星等（1993）给出的矿床辉锑矿和黄铁矿硫同位素组成范围。

表 11.8　半坡锑矿床硫同位素组成

样品编号	测定矿物	$\delta^{34}S_{CDT}/\permil$	资料来源
BP-3	辉锑矿	5.9	本次工作
BP-5	辉锑矿	6.0	本次工作
BP-9	辉锑矿	5.5	本次工作
BP-10	辉锑矿	5.9	本次工作

续表

样品编号	测定矿物	$\delta^{34}S_{CDT}/‰$	资料来源
BP-11	辉锑矿	5.7	本次工作
BP-17	辉锑矿	6.0	本次工作
BP-20	辉锑矿	5.8	本次工作
BP-22	辉锑矿	5.9	本次工作
BP-24	辉锑矿	6.0	本次工作
BP-29	辉锑矿	6.0	本次工作
BP-31	辉锑矿	6.1	本次工作
BP2-1-1	辉锑矿	6.1	本次工作
BP2-2-1	辉锑矿	6.2	本次工作
BP2-3-2	辉锑矿	5.7	本次工作
BP2-6-1	辉锑矿	6.1	本次工作
BP2-8-2	辉锑矿	6.0	本次工作
BP2-10-1	辉锑矿	5.7	本次工作
W-1	辉锑矿	6.5	王学焜，1995
W-2	辉锑矿	6.2	王学焜，1995
W-3	辉锑矿	5.8	王学焜，1995
W-4	辉锑矿	5.9	王学焜，1995
W-5	辉锑矿	6.6	王学焜，1995
W-6	辉锑矿	6.4	王学焜，1995
W-7	辉锑矿	6.4	王学焜，1995
	辉锑矿	3.4 ~ 6.9（39）	俸月星等，1993
	黄铁矿 – Ⅰ	19.5 ~ 25.1（7）	俸月星等，1993
	黄铁矿 – Ⅱ	8.8 ~ 10.7（2）	俸月星等，1993
	黄铁矿 – Ⅲ	−7.8 ~ 1.0（2）	俸月星等，1993

注：Ⅰ ~ Ⅲ指不同世代黄铁矿，括号内为样品数。

（1）矿床的硫同位素组成相对稳定、且相对富集重硫。王学焜（1995）和本次工作分析的辉锑矿 $\delta^{34}S$ 为5.4‰ ~ 6.6‰、平均6.0‰、极差1.2‰，俸月星等（1993）统计的矿区39件辉锑矿 $\delta^{34}S$ 为3.4‰ ~ 6.9‰；在硫同位素组成直方图上（图11.23），本区辉锑矿塔式效应明显，峰值为5.0‰ ~ 6.0‰。

（2）矿床辉锑矿和黄铁矿硫同位素组成具有明显差别。后者的 $\delta^{34}S$ 变化范围很宽，为−7.8‰ ~ 25.1‰；前人将本区黄铁矿大致划分为三期（俸月星等，1993；王学焜和金世昌，1994；崔银亮，1995），早期为地层中的黄铁矿，明显富集重硫，$\delta^{34}S$ 为19.5‰ ~ 25.1‰；中期为主成矿期与辉锑矿共生的黄铁矿，相对富集重硫，$\delta^{34}S$ 为8.8‰ ~ 10.7‰；晚期为成矿期后黄铁矿，相对亏损重硫，$\delta^{34}S$ 为−7.8‰ ~ 1.0‰。可见，硫同位素组成指示本区黄铁矿具有不同成因。

（3）从硫同位素组成看（表11.9），半坡锑矿床与独山矿田中的蕊然沟锑矿床相近，后者的 $\delta^{34}S$ 为3.7‰ ~ 7.9‰（俸月星等，1993；王学焜和金世昌，1994；崔银亮，1995），与巴年和甲拜锑矿床具有明显差别，后两者明显亏损重硫，其 $\delta^{34}S$ 分别为−6.3‰ ~ −2.4‰和−9.2‰ ~ 2.2‰（俸月星等，1993；王学焜和金世昌，1994；崔银亮，1995）；图11.24显示，半坡锑矿床与华南锑矿带中的马雄、板溪、柑子园、羊皮帽、渣滓溪以及革档、徐家山等矿床相似，均相对富集重硫；虽然世界最大锑矿锡矿山锑矿床辉锑矿的硫同位素组成变化范围很宽，$\delta^{34}S$ 为−2.3‰ ~ 16.8‰，但峰值集中为7.0‰ ~ 8.0‰（图11.24），也与半坡锑矿床相近。

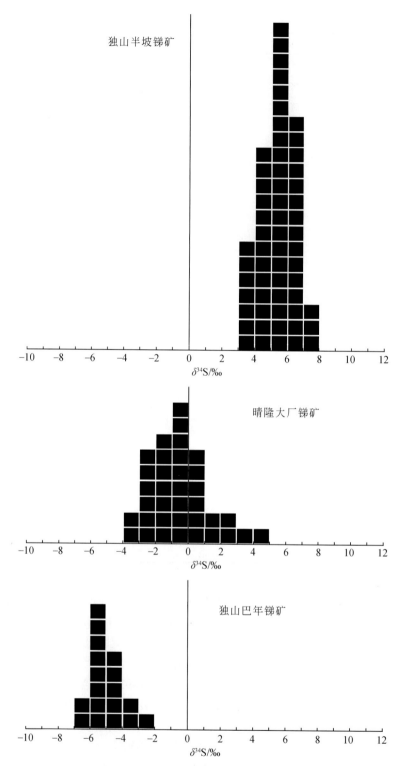

图 11.23　半坡锑矿床硫同位素组成直方图

半坡锑矿床据俸月星等（1993）、王学焜（1995）、王学焜和金世昌（1994）和本次工作；晴隆大厂锑矿床
据陈代演（1991）和王泽鹏（2013）；巴年锑矿床据俸月星等（1993）、王学焜和金世昌（1994）

表 11.9　华南锑矿带内典型锑矿床辉锑矿硫同位素组成（$\delta^{34}S$,‰）

序号	矿床名称	赋矿层位	元素组合	样品数	变化范围	平均值	资料来源
1	马雄	D_1y	Sb	15	4.2～6.9	6.1	杨春林，1993
2	板溪	Pt_3bnm	Sb-Au	18	3.2～4.9	4.3	鲍振襄，1989

序号	矿床名称	赋矿层位	元素组合	样品数	变化范围	平均值	资料来源
3	柑子园	$O_1 n$	Sb-Zn	5	3.1 ~ 5.0	3.7	鲍振襄，1989
4	西冲	$Pt_2 lj$	Au-Sb-W	7	−14.3 ~ −12.1	−13.3	鲍振襄，1989
5	渣滓溪	$Pt_3 bnw$	W-Sb	27	4.2 ~ 11.8	8.3	鲍振襄，1989
6	江溪垅	$Pt_3 bnw$	Sb	8	−12.0 ~ −7.5	−9.7	鲍振襄，1989
7	王家村	$Pt_3 bnw$	Sb	7	−4.2 ~ −2.1	−3.1	鲍振襄，1989
8	龙山	$Z_1 j$	Sb-Au	14	−2.1 ~ 0.9	−0.5	彭建堂，2000
9	合心桥	$Pt_2 lj$	Sb-Au	6	0.2 ~ 2.4	1.4	彭建堂，2000
10	羊皮帽	$Pt_3 bnm$、Z	Sb-Au	6	0.5 ~ 5.2	2.4	彭建堂，2000
11	沃溪	$Pt_3 bnm$	Au-Sb-W	18	−2.8 ~ −1.2	−2.2	顾雪祥等，2004
12	锡矿山	$D_3 s$、$D_2 q$	Sb	387	−2.3 ~ 16.8	7.3	彭建堂，2000
13	符竹溪	$Pt_3 bnm$	Au-Sb	4	−7.3 ~ −3.6	−5.7	鲍振襄等，1999
14	徐家山	$Z_1 d$	Sb	16	11.2 ~ 12.9	12.0	沈能平，2008
15	晴隆大厂	$P_1 d$	Sb	18	−3.2 ~ 3.4	−1.6	陈代演，1991
16	半坡	$D_1 s$-$D_1 dn$	Sb	39	3.4 ~ 6.9	5.0	俸月星等，1993
17	巴年	$D_2 d$	Sb	23	−6.3 ~ −2.4	−5.1	王学琨，1995
18	甲拜	$D_2 b$-$D_2 l$	Sb	8	−9.2 ~ 2.2	−3.7	王学琨，1995
19	蕊然沟	$S_{1-2} wh$	Sb	11	3.7 ~ 7.9	6.3	王学琨，1995
20	木利	$D_1 p$	Sb	13	−14.9 ~ −6.6	−11.8	陈代演，1991
21	富源老厂	$P_2 l$	Sb	7	−6.7 ~ −1.5	−3.3	陈代演，1991
22	革当等	$D_1 p$	Sb	10	9.5 ~ 13.5	11.9	陈代演，1991

注：各矿床主要利用文献资料统计结果。

2. 讨论

1）成矿流体总硫同位素组成

确定成矿流体的总硫同位素组成（$\delta^{34}S_{\Sigma S}$）是应用硫同位素方法探讨成矿流体中硫来源的主要依据（沈渭洲，1997）。Ohmoto（1972）指出，矿床中硫化物实测的$\delta^{34}S$不能代表成矿流体^{34}S，而是氧逸度（f_{O_2}）、酸碱度（pH）、成矿温度（T），以及离子强度（I）等的函数，即"大本模式"，硫化物$\delta^{34}S = F(\delta^{34}S_{\Sigma S}, f_{O_2}, pH, T, I, \cdots)$。确定成矿流体$\delta^{34}S_{\Sigma S}$常用方法有2种（Ohmoto and Rye，1979；沈渭洲，1997；郑永飞和陈江峰，2000）：其一为矿物共生组合比较法，其二为同位素对图解法，2种方法的前提均是成矿体系达到平衡状态。

实验研究结果表明（郑永飞和陈江峰，2000），热液体系在同位素交换平衡条件下，$\delta^{34}S$倾向富集在较强硫键的化合物中。因此，硫化物H_2S达到平衡时，硫化物$\delta^{34}S$富集顺序为：辉钼矿>黄铁矿>闪锌矿（磁黄铁矿）>黄铜矿>铜蓝>方铅矿>辰砂>辉铜矿（辉锑矿）>辉银矿。本区矿石矿物主要为辉锑矿，少量黄铁矿、闪锌矿、方铅矿和毒砂，前人和本次工作均未分析矿区闪锌矿、方铅矿和毒砂的硫同位素组成，从成矿期黄铁矿的$\delta^{34}S$（8.8‰ ~ 10.7‰）>辉锑矿的$\delta^{34}S$（3.4‰ ~ 6.9‰）看，矿区主成矿期成矿体系硫化物H_2S基本达到平衡状态。由于未获得矿床矿物对的硫同位素组成，只能根据矿物共生组合比较法确定成矿流体总硫同位素组成。

半坡矿床含硫矿物的共生组合主要为辉锑矿-黄铁矿，少量闪锌矿、方铅矿和毒砂，仅在个别地段发现有石膏，镜下观察这些硫化物没有相互穿插关系，应为成矿流体同期结晶沉淀产物。Ohmoto 和 Rye（1979）指出，热液体系平衡状态下，上述硫化物组合其$\delta^{34}S_{\Sigma S} \approx \delta^{34}S_{主要硫化物}$。因此，矿区主要硫化物辉锑矿的硫同位素组成可代表成矿流体总硫同位素组成，以此确定成矿流体的 $\delta^{34}S_{\Sigma S}$ 集中为 5.0‰~6.0‰。

2）成矿流体中硫的来源

众多研究成果表明，热液矿床硫的来源可能有 4 种：① $\delta^{34}S_{\Sigma S}\approx 0$‰；硫来自地幔和深部地壳，硫同位素平均组成与陨石接近，变化范围小，塔式效应明显；② $\delta^{34}S_{\Sigma S}\approx 20$‰；硫来自大洋水和海水蒸发盐；③ $\delta^{34}S_{\Sigma S}$ 为较大的负值；硫主要来自开放沉积条件下的细菌还原成因；④ $\delta^{34}S_{\Sigma S}=5$‰~15‰；硫的来源比较复杂，多为混合来源。半坡锑矿床 $\delta^{34}S_{\Sigma S}$ 集中为 5.0‰~6.0‰，表明成矿流体中的硫来源比较复杂。

前人根据硫同位素组成（陈代演，1991；王学焜和金世昌，1994；王学焜，1995），将华南锑矿带中的矿床分为三种类型，即重硫型、陨硫型和轻硫型（表 11.9、图 11.24），认为重硫型矿床成矿流体中的

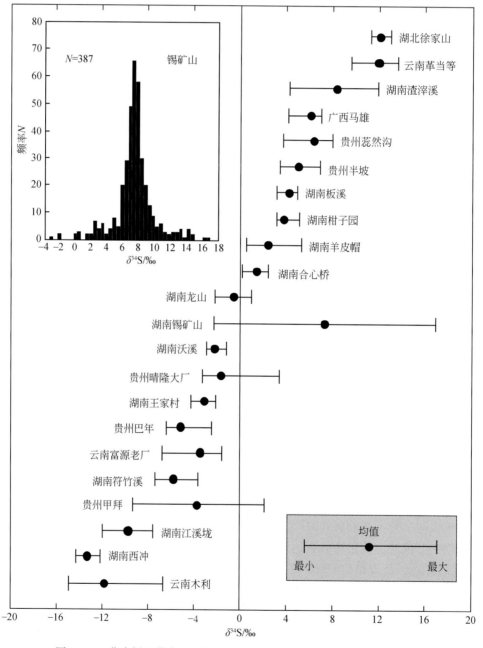

图 11.24　华南锑矿带典型矿床硫同位素组成对比（统计资料据表 11.9）

硫主要来自赋矿围岩、陨硫型矿床中的硫主要来自地幔和深部地壳、轻硫型矿床成矿流体中有细菌还原成因硫参与。半坡锑矿床为重硫型矿床，成矿流体中的硫主要来自赋矿围岩，为海相硫酸盐的还原产物。

这与世界范围内众多富重硫矿床的成矿流体中硫主要来自海相硫酸盐的还原一致（Dejonghe et al.，1989；Anderson et al.，1989，1998；Ghazban et al.，1990；Hu et al.，1995；Dixon and Davidson，1996；Basuki et al.，2008）。沈能平（2008）的研究也表明，富重硫的徐家山矿床（辉锑矿 δ^{34}S 集中为 11‰~13‰；表 11.9、图 11.24）其成矿流体中硫主要来自海相硫酸盐。

至于海相硫酸盐的还原机制，目前主要存在三种观点，即有机质热降解作用（TDO）、热化学还原作用（TSR）和细菌还原作用（BSR）。TDO 通常发生在 100~150℃（Basuki et al.，2008），但目前为止，本区尚未有由碳酸盐岩中 TDO 产生硫的报道，因此很难估计 TDO 贡献大小，但有研究成果表明有机质在热化学还原过程发挥了重要作用（Ottaway et al.，1994；Cheilletz and Giuliani，1996；Li et al.，2007）。TSR 发生在相对高温条件（大于 175℃）、能产生大量还原态硫、形成还原态硫的 δ^{34}S 值相对稳定（Ohmoto，1990）。BSR 发生在相对低温条件（小于 120℃）、不可能产生大量还原态硫、形成还原态硫的 δ^{34}S 值具有较大的变化范围（Machel，1989；Jorgenson et al.，1992；Dixon and Davidson，1996；Basuki et al.，2008）。

半坡锑矿床硫同位素组成相对稳定，其 δ^{34}S 值集中为 5‰~6‰；矿床规模较大，需要大量还原态硫；流体包裹体的均一温度主要分布为 150~250℃（王学焜和金世昌，1994；李俊和宋焕斌，1999；王雅丽和金世昌，2010）。这些特征均表明，矿床成矿流体中的硫主要为赋矿地层中的硫酸盐 TSR 的产物。值得一提的是，从本区围岩中黄铁矿的 δ^{34}S（19.5‰~25.1‰）明显高于辉锑矿的 δ^{34}S 看，不排除成矿流体中有地幔硫和细菌还原成因硫参与。

四、碳氧同位素

半坡锑矿床碳酸盐岩地层广泛分布（图 11.8），方解石和白云石为原生矿体主要的脉石矿物，因而揭示成矿流体中 CO_2 的来源具有重要意义，该部分利用碳、氧同位素组成来是探讨成矿流体中 CO_2 的来源。前人对半坡锑矿碳、氧同位素研究相对薄弱，目前只有俸月星等（1993）给出 5 件脉石矿物方解石的分析数据，王学焜和金世昌（1994）和王学焜（1995）引用了这些数据，他们根据样品的 $\delta^{13}C_{PDB}$ 与海相碳酸盐岩相近，认为成矿流体中 CO_2 来源于海相碳酸盐岩。越来越多的研究结果表明（彭建堂和胡瑞忠，2001；沈能平等，2007；王加昇，2012），华南锑矿带成矿流体中 CO_2 并不是单一来源；本区方解石 REE 配分模式为 MREE 富集型（图 11.19），与矿区碳酸盐岩存在明显差别（图 11.19），也暗示成矿流体中 CO_2 并不完全是由碳酸盐岩提供。本次工作分析了矿床成矿期方解石的碳、氧同位素组成，结合已有的分析数据和华南锑矿带碳、氧同位素研究成果，探讨成矿流体中 CO_2 的来源及成矿流体演化。

1. 碳、氧同位素组成

表 11.10 为半坡锑矿床碳、氧同位素组成分析结果，表 11.11 为华南锑矿带典型矿床碳、氧同位素组成统计结果。其中 $\delta^{18}O_{PDB}$ 和 $\delta^{18}O_{SMOW}$ 之间的换算关系：$\delta^{18}O_{SMOW} = 1.03091 \times \delta^{18}O_{PDB} + 30.91$（Coplen et al.，1983）。

表 11.10　半坡锑矿床碳、氧同位素组成

样号	采样位置	产状	对象	$\delta^{13}C_{PDB}$/‰	$\delta^{18}O_{PDB}$/‰	$\delta^{18}O_{SMOW}$/‰	资料来源
BP2-10-1	深部矿体	含矿方解石脉	方解石	−1.7	−16.8	13.6	本次工作
BP2-1-1	深部矿体	含矿方解石脉	方解石	−1.7	−16.8	13.6	本次工作
BP2-2-1	深部矿体	团块状方解石	方解石	−2.1	−16.3	14.1	本次工作
BP2-3-2	深部矿体	含矿方解石脉	方解石	−1.3	−16.8	13.6	本次工作
BP2-6-1	深部矿体	含矿方解石脉	方解石	−1.7	−17.2	13.2	本次工作

样号	采样位置	产 状	对 象	$\delta^{13}C_{PDB}/‰$	$\delta^{18}O_{PDB}/‰$	$\delta^{18}O_{SMOW}/‰$	资料来源
BP2-8-2	深部矿体	团块状方解石	方解石	-2.1	-15.8	14.6	本次工作
BP-10	深部矿体	含矿方解石脉	方解石	-1.6	-16.6	13.8	本次工作
BP-22	深部矿体	团块状方解石	方解石	-2.4	-16.4	14.0	本次工作
大12	775m 中段 15 穿	团块状方解石	方解石	-2.3	-16.7	13.7	俸月星等，1993
半-7	地表 PD-27	含矿方解石脉	方解石	-0.5	-15.7	14.7	俸月星等，1993
坑18	775m 中段 11 穿	含矿方解石脉	方解石	-1.7	-19.4	10.9	俸月星等，1993
大1	807m 中段 15 穿	含矿方解石脉	方解石	-1.2	-18.3	12.0	俸月星等，1993
大4	775m 中段 13 穿	含矿方解石脉	方解石	-1.0	-16.1	14.4	俸月星等，1993

注：俸月星等（1993）的分析数据，根据样品描述分类。

表 11.11　华南锑矿带典型矿床碳、氧同位素组成统计结果

矿床名称	方解石期次	样品数	$\delta^{13}C_{PDB}/‰$		$\delta^{18}O_{PDB}/‰$		$\delta^{18}O_{SMOW}/‰$	
			范围	均值	范围	均值	范围	均值
半坡	成矿期	13	-2.4 ~ -0.5	-1.6	-19.4 ~ 15.7	-16.8	10.9 ~ 14.7	13.6
巴年	成矿期	12	-1.8 ~ 0.1	-0.8	-18.3 ~ -15.8	-17.0	12.1 ~ 14.6	13.4
	赋矿地层	1		1.5		-13.0		17.5
徐家山	成矿期	19	-3.9 ~ -2.1	-3.1	-18.8 ~ -15.1	-17.0	11.5 ~ 15.3	13.3
	赋矿地层	6	-0.7 ~ 2.0	0.8	-11.0 ~ 11.9	-11.5	18.6 ~ 19.6	19.1
锡矿山	成矿早期	3	-7.0 ~ -6.1	-6.6	-12.6 ~ -14.4	-13.4	16.1 ~ 17.9	17.1
	成矿晚期	19	-0.2 ~ 2.1	1.1	-19.3 ~ -13.4	-15.7	11.0 ~ 17.1	14.7
	成矿期后	7	-0.3 ~ 0.2	-0.2	-16.2 ~ -12.5	-14.0	14.2 ~ 18.1	16.5

资料来源：半坡锑矿床据俸月星等（1993）和本次工作，巴年锑矿床据俸月星等（1993）、王学焜和金世昌（1994）和王加昇（2012），徐家山锑矿床据沈能平等（2007），锡矿山锑矿据刘焕品等（1985）、文国璋等（1993）、解庆林（1995）、彭建堂和胡瑞忠（2001）。

（1）半坡锑矿床碳、氧同位素组成相对稳定，13 件方解石的 $\delta^{13}C_{PDB}$ 为 -2.4‰ ~ -0.5‰、平均 -1.7‰，$\delta^{18}O_{SMOW}$ 为 10.9‰ ~ 14.7‰、平均 13.6‰；团块状方解石的 $\delta^{13}C_{PDB}$ 相对高于脉状方解石，分别为 -2.4‰ ~ -2.1‰、平均 -2.2‰ 和 -1.7‰ ~ -0.5‰、平均 -1.4‰，两者的 $\delta^{18}O_{SMOW}$ 变化范围重叠，分别为 13.7‰ ~ 14.6‰、平均 14.1‰ 和 10.9‰ ~ 14.7‰、平均 13.3‰；在 $\delta^{13}C_{PDB}-\delta^{18}O_{SMOW}$ 图上（图 11.25（a）），样品位于火成碳酸岩（和地幔包体）与海相碳酸盐岩之间的狭小区域。

（2）矿区脉石矿物方解石的碳、氧同位素组成不同于碳酸盐岩，王加昇（2012）测得独山锑矿田巴年矿床 1 件碳酸盐岩的 $\delta^{13}C_{PDB}$ 和 $\delta^{18}O_{SMOW}$ 分别为 1.5‰ 和 17.5‰，在 $\delta^{13}C_{PDB}-\delta^{18}O_{SMOW}$ 图上（图 11.25（a）），位于海相碳酸盐岩区域；沈能平等（2007）报道华南锑矿带徐家山矿床 6 件赋矿碳酸盐岩的 $\delta^{13}C_{PDB}$ 和 $\delta^{18}O_{SMOW}$ 分别为 -0.7‰ ~ 2.0‰、平均 0.8‰ 和 18.6‰ ~ 19.6‰、平均 19.1‰，在图 11.25（a）中同样位于海相碳酸盐岩区域。

（3）与华南锑矿带其他矿床相比（表 11.11），本区成矿期方解石的碳、氧同位素组成与巴年矿床相近，其 $\delta^{13}C_{PDB}$ 相对高于徐家山矿床成矿期方解石和锡矿山矿床成矿早期方解石、低于锡矿山矿床成矿晚期和成矿期后方解石，$\delta^{18}O_{SMOW}$ 总体在这 2 个矿床成矿期方解石变化之内；在 $\delta^{13}C_{PDB}-\delta^{18}O_{SMOW}$ 图上（图 11.25（a）），半坡矿床和这些矿床均位于火成碳酸岩（和地幔包体）火成碳酸岩与海相碳酸盐岩之间的狭小区域，但也存在一定差异（图 11.25（b）），主要表现在：半坡矿床成矿期方解石 $\delta^{13}C_{PDB}$ 与 $\delta^{18}O_{SMOW}$ 之间总体为负相关、少量样品为正相关，巴年矿床成矿期方解石 $\delta^{13}C_{PDB}$ 与 $\delta^{18}O_{SMOW}$ 之间为负相关，徐家山和锡矿山矿床成矿期方解石 $\delta^{13}C_{PDB}$ 与 $\delta^{18}O_{SMOW}$ 之间为正相关，锡矿山矿床成矿期后方解石 $\delta^{13}C_{PDB}$ 与 $\delta^{18}O_{SMOW}$ 之间为负相关。

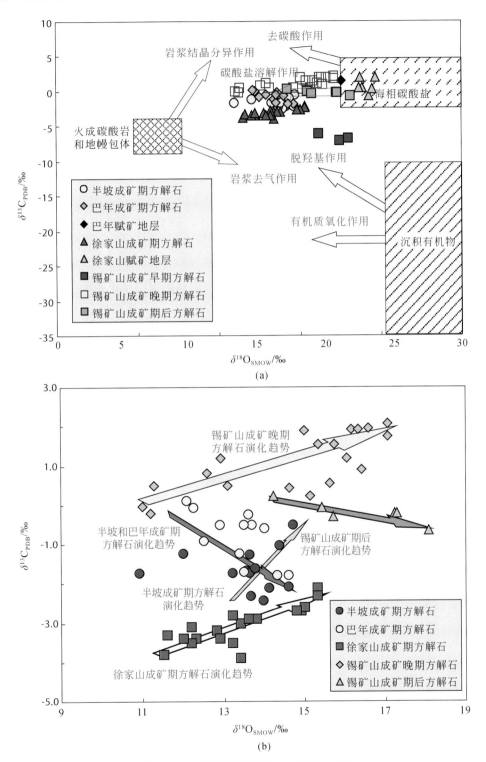

图 11.25　半坡锑矿床 $\delta^{13}C_{PDB}-\delta^{18}O_{SMOW}$ 图

底图据 Demény et al.，1998，半坡锑矿床原始数据据表 11.10，其他矿床矿始数据来源于表 11.11 脚注；
图（b）为图（a）的放大图，主要示出成矿期样品

2. 讨论

1) 成矿流体来源

成矿流体中 CO_2 主要有 3 种来源，即地幔或岩浆、海相碳酸盐岩和沉积有机物（沈渭洲等，1987），3 种来源的 CO_2 的碳、氧同位素组成具有明显差别（图 11.25（a）），因而碳、氧同位素组成是示踪成矿流体中 CO_2 来源的有效方法之一。然而，国内外许多矿床的碳、氧同位素组成在图 11.25（a）中并不位于典型的火成碳酸岩（和地幔包体）、海相碳酸盐岩和沉积有机物区域内，即使是世界典型的幔源碳酸岩的 $\delta^{13}C_{PDB}$ 和 $\delta^{18}O_{SMOW}$ 也常常超出 Taylor 等（1967）确定的原生碳酸岩范围（$\delta^{13}C_{PDB}$：$-4‰ \sim -8‰$，$\delta^{18}O_{SMOW}$：$6‰ \sim 10‰$）。前人常用岩浆去气作用、岩浆高温结晶作用、碳酸盐岩混染作用、碳酸盐岩溶解作用、有机质氧化作用和有机质脱羟基作用等来解释成矿流体碳、氧同位素组成（文献众多，略），同位素分馏为各种解释提供了有利的理论支撑（郑永飞，2001）。

半坡锑矿床脉石矿物方解石的碳、氧同位素组成明显不同于典型的火成碳酸岩（和地幔包体）、海相碳酸盐岩和沉积有机物，在 $\delta^{13}C_{PDB}$-$\delta^{18}O_{SMOW}$ 图上（图 11.25（a）），样品位于火成碳酸岩（和地幔包体）与海相碳酸盐岩之间的狭小区域，该区域为海相碳酸盐岩溶解作用形成区域。因此，矿床成矿流体中的 CO_2 主要来源于矿区碳酸盐岩地层，这与俸月星等（1993）、王学焜和金世昌（1994）和王学焜（1995）所获结论一致；崔银亮等（1993）、王加昇（2012）通过独山锑矿田巴年矿床碳、氧同位素研究也得出相似结论。从本区方解石 REE 地球化学和硫同位素组成看（前文），不排除成矿流体中有少量深源和有机物 CO_2 参与。该区成矿期方解石碳、氧同位素组成与锡矿山矿床成矿晚期方解石相近（表 11.11、图 11.25），彭建堂和胡瑞忠（2001）根据该矿床碳、氧同位素组成，认为早期成矿流体有地幔流体参与，也支持半坡锑矿床成矿流体中有少量深源 CO_2 参与的可能性。

半坡锑矿床成矿期方解石碳、氧同位素组成相对稳定（表 11.10），团块状方解石的 $\delta^{13}C_{PDB}$ 和 $\delta^{18}O_{SMOW}$ 分别为 $-2.4‰ \sim -2.1‰$、平均 $-2.2‰$ 和 $13.7‰ \sim 14.6‰$、平均 $14.1‰$；脉状方解石 $\delta^{13}C_{PDB}$ 和 $\delta^{18}O_{SMOW}$ 分别为 $-1.7‰ \sim -0.5‰$、平均 $-1.4‰$ 和 $10.9‰ \sim 14.7‰$、平均 $13.3‰$。假设流体中碳主要以 CO_2 形式存在，利用 O'Neil 等（1969）和 Chacko 等（1991）的方解石-水同位素分馏平衡计算方程：

$$1000\ln\alpha_{方解石-二氧化碳} = -0.388 \times 10^9/T^3 + 5.538 \times 10^6/T^2 - 11.346 \times 10^3/T + 2.962$$

$$1000\ln\alpha_{方解石-水} = 2.78 \times 10^6/T^2 - 3.39$$

分别取成矿相对早期（团块状方解石）和晚期（脉状方解石）流体包裹体均一温度峰值 200℃ 和 150℃（王学焜和金世昌，1994；李俊和宋焕斌，1999；王雅丽和金世昌，2010），计算出：

成矿相对早期流体 $\delta^{13}C_{PDB}$：$-2.5‰ \sim -2.2‰$、平均 $-2.3‰$

$\delta^{18}O_{SMOW}$：$4.6‰ \sim 5.6‰$、平均 $5.1‰$

成矿相对晚期流体 $\delta^{13}C_{PDB}$：$-3.7‰ \sim -2.5‰$、平均 $-3.4‰$

$\delta^{18}O_{SMOW}$：$-1.2‰ \sim 2.6‰$、平均 $1.2‰$

可见，本区成矿流体演化过程中，碳同位素组成相对稳定、氧同位素组成存在较明显的变化，暗示成矿过程中可能有 $\delta^{13}C_{PDB}$ 变化不明显、$\delta^{18}O_{SMOW}$ 相对较低的流体加入。后文的矿床氢、氧同位素组成揭示成矿流体有大气降水加入，支持上述推论。

2) 方解石沉淀

热液矿床中方解石沉淀和碳、氧同位素组成的变化，可能由以下原因所致（Zheng，1990；Zheng and Hoefs，1993）：① CO_2 去气作用；② 流体混合作用；③ 水-岩相互作用。图 11.25（b）显示，半坡锑矿床方解石碳、氧同位素组成具有 2 种变化趋势，其一为 $\delta^{13}C_{PDB}$ 与 $\delta^{18}O_{SMOW}$ 正相关，其二为 $\delta^{13}C_{PDB}$ 与 $\delta^{18}O_{SMOW}$ 负相关。第一种趋势与徐家山和锡矿山矿床相似，沈能平等（2007）、彭建堂和胡瑞忠（2001）均认为这种碳、氧同位素组成变化趋势与水/岩相互作用有关，而且得到同位素分馏理论模拟的证实。因此，笔者认为半坡锑矿床成矿流体演化过程中也存在水/岩相互作用。第二种趋势与巴年锑矿床相似，王加昇（2012）认为这种碳、氧同位素组成变化趋势可能不是流体混合作用和CO_2去气作用所致，而与水/岩相互作用有关。以下通过模拟计算，认为这种趋势可能是CO_2去气作用的结果。

A. 变质去气作用

在热液与围岩碳酸盐发生接触交代作用的过程中，可以释放出CO_2，这种由脱碳作用生成的CO_2相对于碳酸盐来说富集$\delta^{13}C_{PDB}$和$\delta^{18}O_{SMOW}$（蒋少涌等，1991），从而使残留碳酸盐不同程度地亏损$\delta^{13}C_{PDB}$和$\delta^{18}O_{SMOW}$。根据半坡锑矿床所在区域赋矿围岩碳、氧同位素组成分析结果（王加昇，2012），假定初始碳酸盐岩的$\delta^{13}C_{PDB}$和$\delta^{18}O_{SMOW}$分别为1‰和20‰，去气CO_2相对于体系的碳摩尔分数是氧摩尔分数的2/3，则去气后残留碳酸盐的碳、氧同位素组成同位素组成可用下式表示：

$$\delta^{13}C^f_{方解石}=\delta^{13}C^i_{方解石}-F\times1000\ln\alpha^{CO_2}_{方解石}$$

$$\delta^{18}O^f_{方解石}=\delta^{18}O^i_{方解石}-(2/3)\times F\times1000\ln\alpha^{H_2O}_{方解石}$$

式中，上标 i 和 f 分别为初始和最后；F 为去气CO_2相对于体系的碳摩尔分数；$1000\ln\alpha^{CO_2}_{方解石}$为方解石与$CO_2$之间的碳同位素分馏系数；$1000\ln\alpha^{H_2O}_{方解石}$为方解石与$H_2O$之间的氧同位素分馏系数。分别取不同温度下的分馏系数进行去气模拟计算，结果显示（表11.12）：在大于150℃、F从0.1到1.0条件下，$\delta^{13}C^f_{方解石}$和$\delta^{18}O^f_{方解石}$与矿区矿脉石矿物方解石相差甚远；在小于150℃、F大于0.6条件下，$\delta^{13}C^f_{方解石}$和$\delta^{18}O^f_{方解石}$与矿区成矿期方解石相近。可见，围岩变质去气作用有可能形成矿区成矿期方解石的碳、氧同位素同位素组成。

表 11.12　变质去气作用碳、氧同位素组成计算结果　　　　　　　　（单位：‰）

F	400℃		350℃		300℃		250℃		200℃		150℃		100℃	
	$\delta^{13}C$	$\delta^{18}O$	$\delta^{13}C$	$\delta^{18}O$	$\delta^{13}C$	$\delta^{18}O$	$\delta^{13}C$	$\delta^{18}O$	$\delta^{13}C$	$\delta^{18}O$	$\delta^{13}C$	$\delta^{18}O$	$\delta^{13}C$	$\delta^{18}O$
0.1	1.27	19.82	1.24	19.75	1.20	19.66	1.13	19.55	1.02	19.40	0.85	19.19	0.60	18.89
0.2	1.53	19.63	1.49	19.50	1.40	19.32	1.26	19.10	1.04	18.80	0.70	18.38	0.19	17.79
0.4	2.07	19.27	1.98	18.99	1.80	18.65	1.52	18.19	1.08	17.59	0.40	16.76	-0.62	15.58
0.6	2.60	18.90	2.46	18.49	2.21	17.97	1.79	17.29	1.12	16.39	0.10	15.14	-1.42	13.37
0.8	3.14	18.53	2.95	17.99	2.61	17.30	2.05	16.39	1.16	15.18	-0.20	13.53	-2.23	11.16
1.0	3.67	18.17	3.44	17.49	3.01	16.62	2.31	15.49	1.20	13.98	-0.50	11.91	-3.04	8.95

注：计算方法见正文，方解石-CO_2碳同位素分馏方程据 Ohmoto 等（1979），方解石-H_2O氧同位素分馏方程据 O'Neil 等（1969）。

B. 热液去气作用

热液沸腾作用能够改变含矿流体的物理化学条件，从而引起矿物沉淀。已知热液流体中方解石的溶解度随温度的降低而增大，随压力减小而减小（Barnes，1997；郑永飞和陈江峰，2000），因此在封闭体系中单纯的冷却不能使方解石从热液流体中沉淀，而CO_2去气则是方解石沉淀的有效途径。郑永飞（2001）推导了热液CO_2去气作用沉淀方解石的碳、氧同位素组成计算方程。

H_2CO_3为主要的溶解碳物种，批式模式：

$$\delta^{13}C^f_{方解石}=\delta^{13}C^i_{流体}+(1-2\chi^C_{CO_2})\times1000\ln\alpha^{CO_2}_{方解石}$$

$$\delta^{18}O^f_{方解石}=\delta^{18}O^i_{流体}+(1-2\chi^O_{CO_2})\times1000\ln\alpha^{H_2O}_{方解石}-\chi^O_{CO_2}\times1000\ln\alpha^{H_2O}_{CO_2}$$

式中，$\chi^C_{CO_2}$的$\chi^O_{CO_2}$分别为去气CO_2中碳和氧的摩尔分数；$1000\ln\alpha^{H_2O}_{CO_2}$为$H_2O$和$CO_2$之间的氧同位素分馏系数。

H_2CO_3为主要溶解碳物种，瑞利模式：

$$\delta^{13}C^f_{方解石}=\delta^{13}C^i_{流体}+[1+\ln(1-2\chi^C_{CO_2})]\times1000\ln\alpha^{CO_2}_{方解石}$$

$$\delta^{18}O^f_{方解石}=\delta^{18}O^i_{流体}+[1+\ln(1-2\chi^O_{CO_2})]\times1000\ln\alpha^{CO_2}_{方解石}+\ln(1-\chi^O_{CO_2})\times1000\ln\alpha^{H_2O}_{CO_2}$$

HCO_3^-为主要的溶解碳物种，批式模式：

$$\delta^{13}C^f_{方解石}=\delta^{13}C^i_{流体}+(1-2\chi^C_{CO_2})\times1000\ln\alpha^{HCO_3^-}_{方解石}-\chi^C_{CO_2}\times1000\ln\alpha^{HCO_3^-}_{CO_2}$$

$$\delta^{18}O^f_{方解石}=\delta^{18}O^i_{流体}+(1-2\chi^O_{CO_2})\times1000\ln\alpha^{H_2O}_{方解石}-\chi^O_{CO_2}\times1000\ln\alpha^{H_2O}_{CO_2}$$

HCO_3^- 为主要的溶解碳物种，瑞利模式：

$$\delta^{13}C^f_{方解石}=\delta^{13}C^i_{流体}+\ln(1-\chi^C_{CO_2})\times 1000\ln\alpha^{HCO_3^-}_{CO_2}+(1+\ln(1-2\chi^C_{CO_2}))\times 1000\ln\alpha^{HCO_3^-}_{方解石}$$

$$\delta^{18}O^f_{方解石}=\delta^{18}O^i_{流体}+\ln(1-\chi^O_{CO_2})\times 1000\ln\alpha^{H_2O}_{CO_2}+(1+\ln(1-2\chi^O_{CO_2}))\times 1000\ln\alpha^{H_2O}_{方解石}$$

据前文，取成矿流体的初始 $\delta^{13}C_{PDB}$: $-2.5‰$、$\delta^{18}O_{SMOW}$: $5.0‰$，假设含碳组分（$CO_2+HCO_3^-$）在流体中占 10%（质量比，下同），H_2O 占 90%。应用方解石、CO_2 与 HCO_3^- 之间的碳同位素分馏系数（Ohmoto and Rye，1979），以及方解石-H_2O 体系（O'Neil et al.，1969）和 CO_2-H_2O 体系（Truesdell，1974）的氧同位素分馏系数，取去气 CO_2 占热液全碳和全氧的不同摩尔分数，由上面列出的方程可计算热液方解石碳、氧同位素组成随温度的变化关系（图 11.26）。

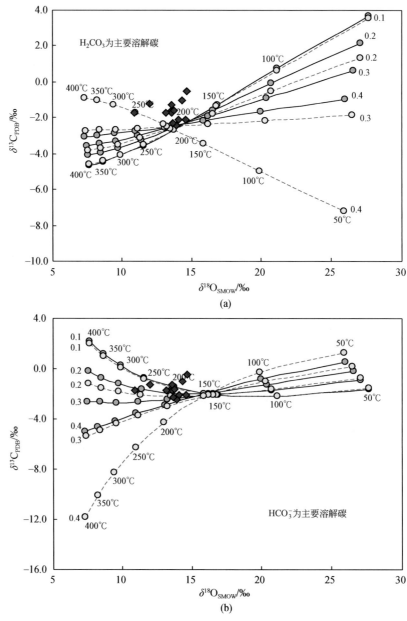

图 11.26　热液 CO_2 去气作用沉淀方解石碳氧同位素组成模拟计算结果

计算过程见正文。图中实线为批式模式、虚线为瑞利模式，旁边的数字代表去气 CO_2 所占的碳摩尔分数；初始热液为早期成矿流体，$\delta^{13}C_{PDB}$ 和 $\delta^{18}O_{SMOW}$ 分别为 $-2.5‰$ 和 $5.0‰$；红色菱形为半坡锑矿床成矿期方解石

可见，在以 H_2CO_3 为主要溶解碳物种的体系中，矿区大部分成矿期方解石位于批式和瑞利模式去气沉淀的方解石模拟线之外；在以 HCO_3^- 为主要的溶解碳物种的体系中，大部分成矿期方解石位于热液发生 $0.1 \sim 0.4$ 摩尔分数 CO_2 批式模式和 $0.1 \sim 0.3$ 摩尔分数 CO_2 瑞利模式去气沉淀的方解石模拟线之间，温度主要为 $150 \sim 200$ ℃，大体与矿床流体包裹体均一温度吻合（王学焜和金世昌，1994；李俊和宋焕斌，1999；王雅丽和金世昌，2010）。因此，模拟计算表明本区成矿流体以 HCO_3^- 为主要的溶解碳物种的体系，CO_2 去气作用可能是方解石沉淀的重要因素之一。

五、氢氧同位素

H_2O 是半坡锑矿床成矿流体的重要组成部分（王学焜和金世昌，1994；李俊和宋焕斌，1999；王雅丽和金世昌，2010），因而揭示成矿流体中 H_2O 的来源对深入探讨成矿流体来源至关重要。脉石矿物、矿石矿物以及有关蚀变的氢、氧同位素组成是示踪成矿流体中 H_2O 来源最直接、最有效的方法。

1. 数据来源及结果

华南锑矿带氢、氧同位素地球化学研究相对薄弱，俸月星等（1993）和王学焜（1995）分析了半坡和巴年锑矿床石英，以及辉锑矿和方解石流体包裹体的氢、氧同位素组成，表 11.13 为分析结果。

表 11.13　半坡锑矿床氢、氧同位素组成

矿床	样品号	矿物	$\delta^{18}O_{矿物}$/‰	$\delta^{18}O_{H_2O}$/‰	δD/‰	成矿温度/℃	资料来源
半坡	Inc-3	辉锑矿		-7.98	-48.7	150	王学焜，1995
	994	辉锑矿		-4.83	-63.4	215	俸月星等，1993
	3	辉锑矿		-4.20	-69.0	150	贵州 104 队
	4	辉锑矿		-2.60	-67.0	150	贵州 104 队
	大-6	石英	14.08	-2.17	-56.6	150	俸月星等，1993
	大-9	石英	11.79	-2.02	-82.8	180	俸月星等，1993
	大-7	石英	10.75	-3.94	-72.4	168	俸月星等，1993
	大-8	石英	11.46	-3.27	-71.6	168	俸月星等，1993
	坑-17	石英	13.14	-1.42	-72.7	170	俸月星等，1993
	大-2	石英	9.04	-5.53	-65.9	170	俸月星等，1993
	Inc-4	石英	10.10	-6.17	-62.9	150	王学焜，1995
	Inc-5	石英	10.22	-6.06	-62.0	150	王学焜，1995
	大 12	方解石	13.67	-0.32	-67.0	140	俸月星等，1993
	半-7	方解石	14.70	0.71	-41.5	140	俸月星等，1993
	坑 18	方解石	10.93	-3.06	-56.7	140	俸月星等，1993
	大 1	方解石	12.00	-1.99	-75.4	140	俸月星等，1993
	大 4	方解石	14.36	0.37	-48.9	140	俸月星等，1993
巴年	Inc-1	辉锑矿		-6.71	-57.6	140	王学焜，1995
	Bn-7	辉锑矿		-3.11	-38.9	140	俸月星等，1993
	996	辉锑矿		-8.30	-60.1	140	俸月星等，1993
	Inc-6	方解石	13.61	-0.46	-56.3	140	王学焜，1995
	Inc-7	方解石	12.26	-1.79	-50.7	140	王学焜，1995
	Inc-2	方解石	8.11	-5.88	-56.3	140	俸月星等，1993
	Bn-2	方解石	12.07	-1.92	-56.4	140	俸月星等，1993

（1）半坡锑矿床氢、氧同位素组成变化范围较宽，17 件样品的 δD 为 $-82.8‰ \sim -41.5‰$、平均 $-63.8‰$，$\delta^{18}O_{H_2O}$ 为 $-8.0‰ \sim 0.7‰$、平均 $-3.2‰$；不同矿物氢、氧同位素组成差别明显，4 件辉锑矿的 δD 和 $\delta^{18}O_{H_2O}$ 分别为 $-69.0‰ \sim -48.7‰$、平均 $-62.0‰$ 和 $-8.0‰ \sim -2.6‰$、平均 $-4.9‰$，8 件石英的 δD 和 $\delta^{18}O_{H_2O}$ 分别为 $-82.8‰ \sim -56.6‰$、平均 $-68.4‰$ 和 $-6.2‰ \sim -1.4‰$、平均 $-3.8‰$，5 件方解石的 δD 和 $\delta^{18}O_{H_2O}$ 分别为 $-75.4‰ \sim -41.5‰$、平均 $-57.9‰$ 和 $-3.1‰ \sim 0.7‰$、平均 $-0.9‰$；在 δD-$\delta^{18}O_{H_2O}$ 图上（图 11.27（a）），全部样品分布于变质水（岩浆水）与大气降水之间。

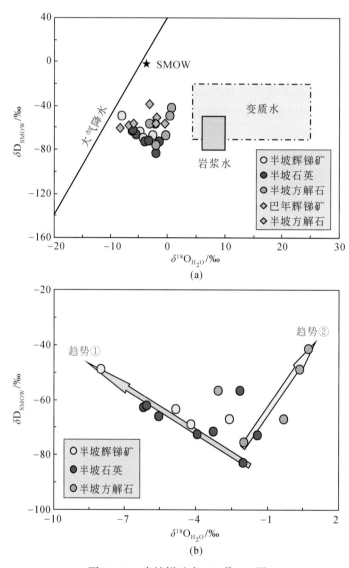

图 11.27　半坡锑矿床 δD-$\delta^{18}O_{H_2O}$ 图

原始数据表表 11.13，图（b）为图（a）的放大图

（2）半坡锑矿床氢、氧同位素组成变化范围与巴年矿床变化范围相互重叠，后者 3 件辉锑矿的 δD 和 $\delta^{18}O_{H_2O}$ 分别为 $-60.1‰ \sim -38.9‰$、平均 $-52.0‰$ 和 $-8.3‰ \sim -3.1‰$、平均 $-6.0‰$，4 件方解石的 δD 和 $\delta^{18}O_{H_2O}$ 分别为 $-56.4‰ \sim -50.7‰$、平均 $-54.9‰$ 和 $-5.9‰ \sim -0.5‰$、平均 $-2.5‰$，也总体与半坡矿床相应矿物的氢、氧同位素相近；在 δD-$\delta^{18}O_{H_2O}$ 图上（图 11.27（a）），2 个矿床均分布于变质水（岩浆水）与大气降水之间。

2. 成矿流体中水来源

俸月星等（1993）和王学焜（1995）的分析数据均显示，半坡（及巴年）锑矿床在 δD-$\delta^{18} O_{H_2O}$ 图上分布于变质水（岩浆水）与大气降水之间（图 11.27（a）），认为成矿流体中的水为大气降水。从图 11.27（b）中可见，半坡锑矿床氢、氧同位素组成明显存在 2 种趋势：其一为辉锑矿和石英具有的 δD 与 $\delta^{18} O_{H_2O}$ 负相关，其二为方解石具有的 δD 与 $\delta^{18} O_{H_2O}$ 正相关，俸月星等（1993）和王学焜（1995）对此均未深入分析。

众所周知，水/岩交换反应过程中将发生同位素分馏，因而成矿流体的氢、氧同位素组成与其 H_2O 的类型（岩浆水、变质水、大气降水等）、水/岩交换的岩石成分及其同位素组成、水/岩交换时的温度、水/岩交换程度等诸多因素有关。笔者根据水/岩交换反应过程中同位素分馏原理（前文），计算了半坡锑矿床水/岩交换反应过程中氢、氧同位素组成变化规律，以期揭示成矿流体中水的来源。

图 11.28 为计算结果，大气降水在 $T = 50 \sim 150℃$、$(W/R)_{重量} = 0.005 \sim 0.05$、岩浆水在 $T = 50 \sim 150℃$

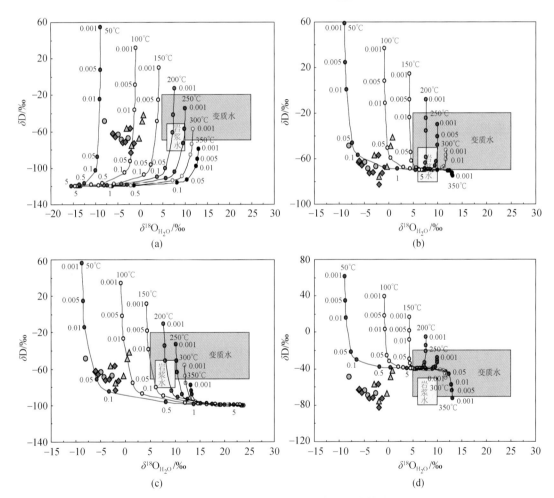

图 11.28　半坡锑矿床氢氧同位素分馏计算结果

（a）为大气降水（$\delta^{18} O_{H_2O} = 16‰$、$\delta D = -120‰$）与白云岩（$\delta^{18} O_{H_2O} = 18‰$、$\delta D = -80‰$）；（b）为岩浆水（$\delta^{18} O_{H_2O} = 7‰$、

$\delta D = -70‰$）与白云岩（$\delta^{18} O_{H_2O} = 18‰$、$\delta D = -80‰$）；（c）为变质水（$\delta^{18} O_{H_2O} = 25‰$、$\delta D = -100‰$）与白云岩（$\delta^{18} O_{H_2O} = 18‰$、

$\delta D = -80‰$）；（d）为变质水（$\delta^{18} O_{H_2O} = 4‰$、$\delta D = -40‰$）与白云岩（$\delta^{18} O_{H_2O} = 18‰$、$\delta D = -80‰$）。

图中数字为水/岩值，绿色实心圆为辉锑矿，红色实心菱形为石英，蓝色实心三角为方解石和（W/R）$_{重量}$ = 0.01 ~ 1 及 $\delta^{18}O_{H_2O}$ 和 δD 分别为 25‰ 和 −100‰ 的变质水在 T = 50 ~ 100℃、（W/R）$_{重量}$ = 0.01 ~ 0.1 与白云岩交换反应都可能形成俸月星等（1993）和王学焜（1995）获得的半坡锑矿床氢、氧同位素组成，而 $\delta^{18}O_{H_2O}$ 和 δD 分别为 4‰ 和 −40‰ 的变质水在任何温度和（W/R）$_{重量}$条件下与白云岩交换反应都不能形成矿区氢、氧同位素组成。

上述计算结果表明，俸月星等（1993）和王学焜（1995）获得的半坡锑矿床氢、氧同位素组成具有多解性。本区成矿流体中的 H_2O 主要为大气降水，但不排除流体演化过程中少量岩浆水和变质水参与，且大气降水与白云岩水/岩反应能较好解释该区方解石 $\delta^{18}O_{H_2O}$ 与 δD 正相关（图 11.28（a）），岩浆水和变质水与白云岩水/岩反应能较好解释该区辉锑矿和石英 $\delta^{18}O_{H_2O}$ 与 δD 负相关（图 11.28（b）~（c））。因此，笔者认为，本区成矿流体中的 H_2O 为一种主要来源于大气降水、少量岩浆水和变质水参与的混合水。至于三种类型的水在成矿流体中所占比例还有待深入研究。

六、铅同位素

铅同位素组成主要用于矿床定年和示踪成矿物质来源，虽然目前对铅同位素确定的成矿时代有很大争论，但利用铅同位素组成判别成矿物质来源具有不可替代的作用。本节利用本次工作和前人有关半坡锑矿床辉锑矿、地层铅同位素组成分析结果，通过与华南锑矿带典型矿床及区域基底铅同位素组成对比，揭示矿床成矿物质来源。

1. 铅同位素组成

表 11.14 为半坡锑矿床铅同位素组成分析结果，其中同时列出俸月星等（1993）和王学焜（1995）有关该矿床及巴年矿床的分析数据。值得注意的是，硫化物中 U 和 Th 含量低微，U 和 Th 衰变产生的放射成因铅的数量少，对其铅同位素组成的影响可以忽略不计（张理刚，1992；张乾等，2000），获得的铅同位素组成不需要经过校正，代表形成时的初始铅同位素比值；不同时代地层的 U 和 Th 含量相对较高，表中所列铅同位素组成经过路远发（2004）的 GeoKit 软件校正。表中模式年龄（t）、μ（$^{238}U/^{204}Pb$）、ω（$^{232}Th/^{204}Pb$），以及 V_1、V_2、$\triangle\alpha$、$\triangle\beta$、$\triangle\gamma$ 等参数根据朱炳泉（1993）计算方法由 GeoKit 软件计算（路远发，2004），其中 $\triangle\alpha$、$\triangle\beta$ 和 $\triangle\gamma$ 代表 $^{206}Pb/^{204}Pb$、$^{207}Pb/^{204}Pb$ 和 $^{208}Pb/^{204}Pb$ 相对于 Chen（1982）提出的不同时代地幔铅同位素增长曲线公式计算值的差异，V_1 和 V_2 则是 $\triangle\alpha$、$\triangle\beta$、$\triangle\gamma$ 进一步的二维映像。表 11.15 为半坡锑矿床和华南锑矿带典型矿床铅同位素组成统计结果。

（1）矿床铅同位素组成具有很宽的变化范围，本次分析的辉锑矿铅同位素组成与前人（俸月星等，1993；王学焜，1995）分析结果有较大差别。全部 22 件辉锑矿的 $^{206}Pb/^{204}Pb$：16.980 ~ 19.768、平均 18.622，$^{207}Pb/^{204}Pb$：15.375 ~ 15.804、平均 15.664，$^{208}Pb/^{204}Pb$：36.605 ~ 40.198、平均 38.794；本次工作分析的 10 件辉锑矿的 $^{206}Pb/^{204}Pb$：18.689 ~ 19.768、平均 19.194，$^{207}Pb/^{204}Pb$：15.656 ~ 15.804、平均 15.736，$^{208}Pb/^{204}Pb$：38.913 ~ 40.198、平均 39.552；俸月星等（1993）和王学焜（1995）分析的铅同位素组成相对较低，12 件样品的 $^{206}Pb/^{204}Pb$、$^{207}Pb/^{204}Pb$ 和 $^{208}Pb/^{204}Pb$ 分别为 16.980 ~ 18.905、平均 18.146，15.375 ~ 15.764、平均 15.605 和 36.605 ~ 39.110、平均 38.163。在图 11.29 上，大部分样品位于上地壳铅平均演化线附近，少量样品位于造山带铅平均演化线附近。

（2）矿区各时代地层和区域基底同样具有很宽的铅同位素组成，变化范围与辉锑矿相互重叠。14 件地层的 $^{206}Pb/^{204}Pb$、$^{207}Pb/^{204}Pb$ 和 $^{208}Pb/^{204}Pb$ 分别为 17.130 ~ 19.641、平均 18.757，15.518 ~ 15.940、平均 15.756 和 37.807 ~ 39.153、平均 38.463；刘海臣和朱炳泉（1994）报道的 19 件区域基底-板溪群和冷家溪群的 $^{206}Pb/^{204}Pb$：17.506 ~ 20.525、平均 18.472，$^{207}Pb/^{204}Pb$：15.460 ~ 15.788、平均 15.594，$^{208}Pb/^{204}Pb$：37.897 ~ 41.792、平均 39.570。在图 11.29 中，矿区辉锑矿总体在矿区地层及区域基底铅同位素组成变化范围之内。

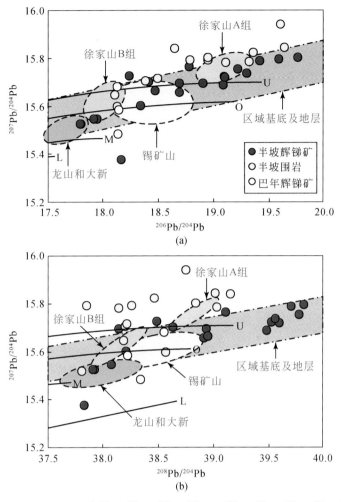

图 11.29 半坡锑矿床 ^{206}Pb/^{204}Pb–^{207}Pb/^{204}Pb 和 ^{208}Pb/^{204}Pb–^{207}Pb/^{204}Pb 图

上地壳（U）、造山带（O）、地幔（M）和下地壳（L）演化线据 Zartman and Doe（1981）；

原始数据来源同表 11.15 脚注，区域基底和地层据刘海臣和朱炳泉（1994）

（3）华南锑矿带的铅同位素组成也具有很宽的变化范围，但典型矿床的铅同位素组成相对稳定。如王学焜（1995）分析的 3 件巴年锑矿床 ^{206}Pb/^{204}Pb：18.125～18.146、平均 18.135，^{207}Pb/^{204}Pb：15.485～15.682、平均 15.583，^{208}Pb/^{204}Pb：38.221～38.553、平均 38.372；Shen 等（2010）分析的徐家山锑矿床铅同位素组成可分为 2 组，A 组各种比值均高于 B 组，^{206}Pb/^{204}Pb、^{207}Pb/^{204}Pb 和 ^{208}Pb/^{204}Pb 分别为 18.874～19.288 和 17.882～18.171、15.708～15.805 和 15.555～15.686、38.642～39.001 和 37.950～38.340。在图 11.29 中，这些矿床总体分布在半坡锑矿床铅同位素组成变化范围之内。

2. 成矿物质来源

目前对半坡锑矿床成矿物质来源存在很大争论，刘幼平（1992）、崔银亮（1995）、金中国和戴塔根（2007）根据矿区地层 Sb 含量明显高于克拉克值，认为成矿物质主要来源于围岩地层。铅同位素组成是示踪矿床成矿物质来源最有利的手段之一（Zartman and Doe，1981），俸月星等（1993）通过对矿床铅同位素研究，认为成矿物质主要来自矿区泥盆系围岩、少量来自基底和地壳深部；王学焜（1995）根据矿床铅同位素组成，认为成矿物质具有"多源性"，基底、围岩地层以及深部地幔均可能提供部分成矿物质。

表 11.14 半坡锑矿床铅同位素组成

样品号	分析对象	$^{206}Pb/^{204}Pb$	$^{207}Pb/^{204}Pb$	$^{208}Pb/^{204}Pb$	t/Ma	μ	ω	V_1	V_2	$\triangle \alpha$	$\triangle \beta$	$\triangle \gamma$	资料来源
BP-10	辉锑矿	19.415	15.788	39.705	-327	9.74	37.92	116.72	92.82	130.25	30.21	66.08	本次工作
BP-11	辉锑矿	19.593	15.797	39.828	-448	9.75	37.56	124.25	100.38	140.61	30.8	69.39	本次工作
BP-22	辉锑矿	19.093	15.722	39.522	-177	9.64	38.28	104.05	77.58	111.51	25.91	61.17	本次工作
BP-24	辉锑矿	19.768	15.804	40.198	-570	9.75	38.09	137.66	105.01	150.8	31.26	79.32	本次工作
BP2-1-1	辉锑矿	19.085	15.687	39.478	-218	9.57	37.82	102.78	76.88	111.04	23.62	59.99	本次工作
BP2-2-1	辉锑矿	18.689	15.695	38.935	83.6	9.62	37.9	79.53	63.68	87.99	24.14	45.41	本次工作
BP2-3-2	辉锑矿	18.690	15.656	38.913	33.4	9.55	37.44	79.03	63.09	88.05	21.6	44.82	本次工作
BP2-6-1	辉锑矿	19.099	15.719	39.599	-186	9.63	38.51	106.06	76.95	111.86	25.71	63.24	本次工作
BP2-8-2	辉锑矿	19.297	15.738	39.559	-307	9.65	37.51	110.17	87.53	123.38	26.95	62.16	本次工作
BP2-10-1	辉锑矿	19.216	15.755	39.778	-224	9.69	38.92	113.37	81.51	118.67	28.06	68.04	本次工作
坑-17	辉锑矿	17.948	15.547	38.080	437	9.41	37.11	39.92	33.5	44.85	14.49	22.45	俸月星等,1993
半-6	辉锑矿	18.166	15.375	37.830	58.3	9.05	33.31	39.49	43.07	57.54	3.26	15.74	俸月星等,1993
坑-24	辉锑矿	16.980	15.570	36.605	1135	9.64	36.39	-20.46	2.94	-11.5	15.99	-17.15	俸月星等,1993
坑-4	辉锑矿	17.798	15.524	37.921	518	9.39	37.08	32.24	27.39	36.12	12.99	18.18	俸月星等,1993
YX-3	辉锑矿	18.341	15.602	38.210	220	9.48	35.98	53.13	52.56	67.73	18.08	25.94	俸月星等,1993
YX-2	辉锑矿	18.415	15.701	38.630	287	9.66	38.24	65.15	53.77	72.04	24.54	37.22	俸月星等,1993
687219	辉锑矿	18.472	15.664	38.949	202	9.58	38.88	74.31	52.18	75.35	22.12	45.79	俸月星等,1993
YX-4	辉锑矿	18.905	15.696	38.145	-72.6	9.6	33.69	66.04	83.06	100.56	24.21	24.2	俸月星等,1993
坑-8	黄铁矿	18.779	15.764	39.110	105	9.75	38.77	86.06	67.71	93.23	28.65	50.11	俸月星等,1993
B004	辉锑矿	18.235	15.725	38.486	441	9.73	38.9	57.07	47.09	61.56	26.1	33.35	王学焜,1995
	辉锑矿	17.918	15.547	38.080	459	9.42	37.29	39.15	32.03	43.1	14.49	22.45	王学焜,1995
	辉锑矿	17.789	15.524	37.912	524	9.39	37.09	31.79	27.05	35.59	12.99	17.94	王学焜,1995
BP-10W	近岩围岩(砂岩)	19.106	15.782	38.142	-108	9.75	33.45	86.64	105.79	129.21	30.79	33.08	本次工作
BP-11W	近岩围岩(砂岩)	19.641	15.845	39.010	-417	9.83	34.78	121.68	124.13	160.85	34.89	56.59	本次工作
BP-22W	近岩围岩(砂岩)	18.385	15.705	38.198	313	9.67	36.63	69.24	67.55	86.62	25.77	34.61	本次工作
BP-24W	近岩围岩(砂岩)	19.320	15.786	39.027	-259	9.74	35.85	113.74	106.62	141.86	31.07	57.07	本次工作
BP2-19W	D_1dn(砂岩)	19.355	15.824	38.465	-234	9.81	33.9	104.91	118.32	148.25	33.82	44.09	本次工作
BP2-21W	D_1dn(砂岩)	18.950	15.793	37.854	18.3	9.79	33.14	79.45	104.26	124.25	31.77	27.51	本次工作
BP2-26W	D_1s(砂岩)	18.783	15.793	38.260	137	9.8	35.58	82.65	89.74	111.82	31.62	37.18	本次工作
BP2-30W	D_1s(砂岩)	18.105	15.648	38.191	444	9.6	37.64	63.27	53.44	71.67	22.18	35.3	本次工作

续表

样品号	分析对象	$^{206}Pb/^{204}Pb$	$^{207}Pb/^{204}Pb$	$^{208}Pb/^{204}Pb$	t/Ma	μ	ω	V_1	V_2	$\triangle\alpha$	$\triangle\beta$	$\triangle\gamma$	资料来源
BP2-22W	D$_2$b(砂岩)	19.607	15.940	38.747	−264	10.02	34.76	118.38	130.41	163.25	41.38	51.74	本次工作
BP2-31W	D$_2$b(砂岩)	17.130	15.518	37.807	981	9.5	40.84	28.5	6.23	13.98	13.69	24.89	本次工作
BP2-24W	D$_2$l(灰岩)	18.496	15.717	38.220	248	9.68	36.23	76.49	75.75	97.32	26.8	37.43	本次工作
BP2-28W	D$_2$l(灰岩)	18.947	15.804	38.840	34.0	9.81	37.16	101.05	91.65	121.52	32.31	52.91	本次工作
	蚀变岩	18.646	15.840	39.153	289	9.91	40.44	99.24	72.89	102.02	34.59	60.48	王学焜,1995
	蚀变岩	18.126	15.597	38.568	369	9.49	38.64	71.48	48.06	71.29	18.72	44.63	王学焜,1995
CW12-2	辉锑矿*	18.146	15.583	38.221	338	9.46	36.92	47.31	41.74	55.24	16.77	25.59	王学焜,1995
687219	辉锑矿*	18.125	15.682	38.553	469	9.66	39.42	54.77	39.27	54.02	23.23	34.50	王学焜,1995
	辉锑矿*	18.135	15.485	38.342	225	9.27	36.56	49.94	37.65	54.60	10.38	28.84	王学焜,1995

注:带"*"为巴年锑矿床,其余为半坡锑矿床。

表11.15　半坡及华南锑矿带典型矿床矿石铅同位素组成统计结果

矿床名称	半坡辉锑矿		半坡围岩		巴年辉锑矿		徐家山A组辉锑矿		徐家山B组辉锑矿		龙山和大新辉锑矿		锡矿山辉锑矿	
统计样品	22		14		3		6		10		12		27	
数值特征	范围	均值	范围	均值	范围	均值	范围	均值	范围	均值	范围	均值	范围	均值
$^{206}Pb/^{204}Pb$	16.980~19.768	18.622	17.130~19.641	18.757	18.125~18.146	18.135	18.874~19.288	19.104	17.882~18.171	17.997	17.365~17.973	17.558	17.685~20.884	18.545
$^{207}Pb/^{204}Pb$	15.375~15.804	15.664	15.518~15.940	15.756	15.485~15.682	15.583	15.708~15.805	15.745	15.555~15.686	15.626	15.220~15.559	15.458	15.516~15.966	15.633
$^{208}Pb/^{204}Pb$	36.605~40.198	38.794	37.807~39.153	38.463	38.221~38.553	38.372	38.642~39.001	38.793	37.950~38.340	38.133	37.416~38.263	37.935	38.023~39.277	38.445
μ	9.05~9.75	9.58	9.49~10.02	9.74	9.27~9.66	9.46	9.62~9.79	9.69	9.44~9.70	9.57	8.81~9.43	9.29	9.33~10.23	9.55
ω	33.31~38.92	37.39	33.14~40.84	36.36	36.56~39.42	37.63	34.80~36.59	35.66	36.95~38.89	37.82	35.29~39.30	37.96	29.02~42.12	36.44
V_1	−20.46~137.66	74.43	28.50~121.68	86.91	47.31~54.77	50.67	94.96~110.34	102.40	50.32~66.48	57.52	9.31~45.33	26.77	32.27~128.96	64.39
V_2	2.94~105.01	61.26	6.23~130.41	85.35	37.65~41.74	39.55	86.57~105.81	97.55	42.32~56.06	47.16	7.84~33.20	14.20	22.43~175.11	60.91
$\triangle\alpha$	−11.50~150.80	84.11	13.98~163.25	110.28	54.02~55.24	54.62	115.47~139.94	129.07	56.89~73.97	63.64	11.27~46.68	22.51	29.91~216.21	79.99
$\triangle\beta$	3.26~31.26	22.10	13.69~41.38	29.24	10.38~23.23	16.79	25.96~32.29	28.40	15.96~24.51	20.63	−6.83~15.29	8.69	12.49~41.85	20.13
$\triangle\gamma$	−17.15~79.32	41.63	24.89~60.48	42.68	25.59~34.50	29.64	46.64~56.35	50.71	27.89~38.45	32.84	4.84~27.58	18.78	21.14~54.81	32.46

资料来源:半坡辉锑矿据朱月星等(1993)、王学焜(1995)和本次工作;半坡围岩据王学焜(1995);巴年辉锑矿据王学焜(1995);徐家山锑矿床据王学焜(1995);龙山、龙山和大新锑矿床据Shen et al.(2012);锡矿山、龙山和大新锑矿床据中国科学院地球化学研究所所承担"973"项目二级课题最新分析资料(未发表)。

本区辉锑矿铅同位素组成变化范围很宽，与矿区各时代地层及区域基底铅同位素组成变化范围相互重叠（表11.14、表11.15），在图11.29中大部分样品位于上地壳铅平均演化线附近，少量样品位于造山带铅平均演化线附近。这些特征表明，矿床成矿物质可能主要来源于区域基底、部分来源于矿区各时代围岩及深部地幔。以下证据支持该结论：

（1）前已述及，矿区各时代地层及区域基底均相对富集成矿元素 Sb，显示基底和地层均有提供成矿物质的潜力；马东升等（2002）的实验研究结果表明，在近似成矿条件的水/岩反应实验中，区域元古界基底碎屑岩中 Sb、Au 等成矿元素的淋出率达 20%~90%，表明基底在成矿过程中可以提供了大量成矿物质。

（2）本区辉锑矿及各时代地层的铅同位素组成变化范围很宽（表11.14），其中$^{206}Pb/^{204}Pb$、$^{207}Pb/^{204}Pb$ 和$^{208}Pb/^{204}Pb$ 高值区与刘海臣和朱炳泉（1994）报道的区域板溪群和冷家溪群相应比值相近（图11.29），指示辉锑矿及地层中的放射成因铅来源于基底，同时表明成矿物质主要来源于基底；表11.15 和图11.29 显示，华南锑矿带典型矿床铅同位素组成变化较大，其中徐家山 A 组辉锑矿铅同位素组成相对较高，位于半坡辉锑矿高值区，Shen 等（2010）认为具徐家山 A 组成矿物质来源于基底；巴年、徐家山 B 组和锡矿山辉锑矿铅同位素组成相对较低，位于半坡辉锑矿低值区，许多学者认为这些矿床成矿物质主要来源于赋矿围岩、部分来源于基底（俸月星等，1993；崔银亮，1995；王学焜，1995；彭建堂等，2000；Shen et al.，2010）。

（3）在图11.29中，本区辉锑矿和地层的$^{206}Pb/^{204}Pb$ 与$^{207}Pb/^{204}Pb$ 和$^{207}Pb/^{204}Pb$ 与$^{208}Pb/^{204}Pb$ 之间均呈明显的线性正相关关系，表明矿石铅和地层铅来源的继承性，样品跨越地幔铅平均演化线、造山带铅平均演化线和上地壳铅平均演化线，表明矿床矿石铅的"多源性"，即下地壳、地幔、造山带和上地壳均可提供成矿物质。

（4）朱炳泉（1998）指出，造山带的铅包括了高 μ 值的整合铅、俯冲带的壳幔混合铅、海底热水作用铅和部分沉积与变质作用铅，在这种环境中进行沉积作用、火山作用、变质作用和迅速的侵蚀旋回的有效的均匀化作用，可以消除在地幔、上地壳和下地壳中自然增长的许多同位素的差异。在朱炳泉（1998）的$\triangle\beta-\triangle\gamma$ 图中（图11.30），本区辉锑矿跨越上地壳源铅和造山带铅区域，主体在上地壳与地幔混合成因岩浆作用铅区域，同样指示矿床矿石铅的"多源性"。

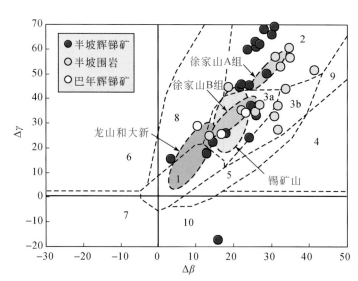

图 11.30　半坡锑矿床铅同位素组成△β-△γ 图（底图据朱炳泉，1998）

1. 地幔源铅；2. 上地壳源铅；3. 上地壳与地幔混合的俯冲铅（3a-岩浆作用，3b-沉积作用）；4. 化学沉积型铅；5. 海底热水作用铅；
6. 中深变质作用铅；7. 深变质下地壳铅；8. 造山带铅；9. 古老页岩上地壳铅；10. 退变质铅；原始数据来源同表 11.15 脚注

按朱炳泉（1993）的方法，计算的本区辉锑矿铅同位素矢量特征值 V_1 和 V_2 均有很宽变化范围，分别为 -20.46~137.66 和 2.94~105.01，在 V_1-V_2 图中（图11.31），绝大部分样品位于华南富 U-Pb、Th-Pb 铅同位素省内，矿区地层也主要位于该区域，表明成矿物质主要来源于华南地块基底；少量样品位于扬

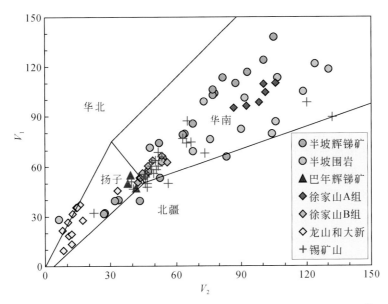

图 11.31　半坡锑矿床铅同位素组成 V_1-V_2 图（底图据朱炳泉，1993；略修改）

华北、华南、扬子和北疆铅同位素省据朱炳泉（1993）；V_1、V_2 由 GeoKit 软件计算（路远发，2004），

原始数据来源同表 11.15 脚注

子地体过渡铅同位素省内，暗示成矿过程中有少量扬子地块基底参与。图 11.31 还显示，巴年、徐家山 B 组、锡矿山和少量半坡样品位于华南富 U-Pb、Th-Pb 和扬子地体过渡铅同位素省交界区内，指示成矿物质主要由两个地块基底提供。

第四节　成矿过程及成矿模式

目前，对半坡锑矿床矿床成因有较大争论，20 世纪 70 年代以前，早期地质工作者认为矿床是岩浆期后热液矿床（引自韦天蛟，1991）；70～90 年代，随着涂光炽院士层控矿床理论的提出（涂光炽，1984，1987，1988），多数学者认为矿床是层控矿床（陈代演，1991，1992，1993）或沉积–改造型矿床（王学焜和金世昌，1994；王学焜，1995）。半坡锑矿床赋矿围岩为泥盆系丹林组石英砂岩，按乌家达等（1989）以含矿岩系为主导，兼顾矿床产出地质背景、成矿环境、物质组成、成矿物理化学条件等因素的划分方案，属碎屑岩型锑矿床。从成矿温度看，李俊和宋焕斌（1999）、王雅丽和金世昌（2010）获得该矿床流体包裹体均一温度集中为 150～250℃，属典型低温矿床，为我国西南大面积低温成矿域代表性低温锑矿床之一（胡瑞忠等，2007；黄智龙等，2011）。

一、成矿年代学

到目前为止，半坡锑矿床还没有精确可靠的成矿年龄资料，严重制约了成矿动力学背景研究和成矿模型的建立。前人根据区域地质构造演化、铅同位素模式年龄，推测成矿时代为燕山期（王学焜和金世昌，1994）；桂林地质矿产研究院（引自王学焜和金世昌，1994）曾获得矿床方解石包裹体 K-Ar 等时线年龄为 145Ma，与推测成矿时代为燕山期一致，但等时线只有 3 个测点，可信度不高。

1. 定年方法

方解石是半坡锑矿床最主要的脉石矿物之一，其形成贯穿整个成矿过程。虽然按产状可大致分为团块状方解石和含矿方解石脉，但两种产状方解石 REE 配分模式一致（图 11.19）、REE 之间具有相对一致的变化规律（图 11.22）、碳、氧同位素组成不具明显差别（表 11.10），应为同源成矿流体不同演化阶段的产物，满足 Sm-Nd 等时线定年"同时性"和"同源性"的基本条件，加之矿物中 Sm、Nd 含量有一定变化范围（表 11.7）、REE 配分模式为 MREE 富集型（图 11.19），这些特征均表明本区脉石矿物方解石具有 Sm-Nd 等时线定年的潜力。本次工作利用方解石 Sm-Nd 等时线法测定半坡锑矿床成矿年龄。

样品的化学分离、Sm-Nd 含量及其同位素比值测定均在中国科学院地质与地球物理研究所固体同位素地球化学实验室完成，详细的化学流程和同位素比值测定同 Chen 等（2000，2002）。测试仪器为德国 Finnigan 公司 MAT-262 热电离质谱计，实验室全流程 Sm、Nd 的本底空白分别为 $(3 \sim 5) \times 10^{-11}$ g 和 $(5 \sim 10) \times 10^{-11}$ g，$^{143}Nd/^{144}Nd$ 值以 $^{146}Nd/^{144}Nd = 0.7219$ 进行校正。标样 BCR-1 的测定结果为 Sm $= (6.59 \pm 0.12)$ ppm、Nd $= (28.8 \pm 0.5)$ ppm、$^{143}Nd/^{144}Nd = 0.512638 \pm 30$。

2. 定年结果

表 11.16 为半坡锑矿床方解石 Sm、Nd 同位素组成分析结果。样品的 Sm、Nd 含量分别为 $0.43 \sim 1.10$ ppm 和 $0.34 \sim 1.08$ ppm，REE 配分模式为相似的 MREE 富集型（图 11.32（a））；相应的 $^{147}Sm/^{144}Nd$ 和 $^{143}Nd/^{144}Nd$ 值也存在一定变化范围，分别为 $0.4755 \sim 0.9555$ 和 $0.512296 \sim 0.512705$。在 $^{147}Sm/^{144}Nd$-$^{143}Nd/^{144}Nd$ 图中（图 11.32（b）），6 件样品具有很好的线性关系，ISOPLOT 软件包计算出等时线 $t = (130.5 \pm 3.0)$ Ma、MSWD $= 0.43$。

表 11.16 半坡锑矿床方解石 Sm-Nd 组成分析结果

样品号	名称	Sm/ppm	Nd/ppm	$^{147}Sm/^{144}Nd$	$^{147}Nd/^{144}Nd$	2σ
BP-22-1	方解石	0.927	1.080	0.5165	0.512332	0.000007
BP2-1-1	方解石	1.100	0.781	0.8475	0.512611	0.000011
BP2-2-1	方解石	0.459	0.467	0.5914	0.512393	0.000009
BP2-3-2	方解石	0.497	0.629	0.4755	0.512296	0.000005
BP2-6-1	方解石	0.913	0.575	0.9555	0.512705	0.000012
BP2-10-1	方解石	0.432	0.356	0.7302	0.512518	0.000008

测试单位：中国科学院地质与地球物理研究所。

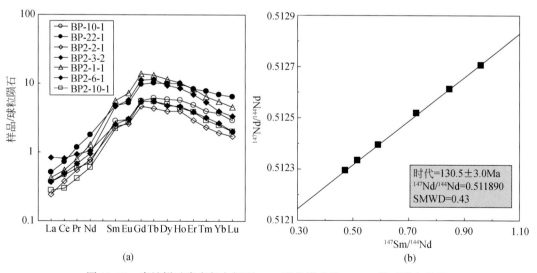

图 11.32 半坡锑矿床定年方解石 REE 配分模式及 Sm-Nd 等时线定年结果

3. 讨论

本次工作分析的 6 件方解石均为半坡锑矿床矿石中的脉石矿物，包括 3 件团块状方解石（BP-22-1、BP2-2-1、BP2-3-2）和 3 件含矿方解石脉（BP2-1-1、BP2-6-1、BP2-10-1）。虽然其 REE 含量有一定变化范围（表 11.16），但 REE 配分模式为相似的 MREE 富集型（图 11.32（a））、碳氧同位素组成不具明显差别（表 11.10），应为同源成矿流体不同演化阶段的产物。因此，所获方解石 Sm-Nd 等时线年龄代表半坡锑矿床成矿时代。

本次工作获得半坡锑矿床成矿年龄为 130.5 ± 3.0Ma（MSWD＝0.43），与桂林地质矿产研究院（引自王学焜和金世昌，1994）获得矿床方解石包裹体 K-Ar 等时线年龄为 145Ma 有较大差别，与王加昇（2012）获得独山锑矿田巴年矿床 2 组方解石 Sm-Nd 等时线年龄分别为 126.4 ± 2.7Ma 和 128.2 ± 3.2Ma 基本一致，也与 Peng 等（2003）报道的锡矿山晚阶段的成矿时代 124.1 Ma 相近。笔者认为，包括半坡锑矿床在内的独山锑矿田应为同期成矿作用的产物，成矿时代集中为 $125\sim130$Ma。

许多学者对华南锑矿带进行过精确定年研究（史明魁等，1993；韦文灼，1993；王学焜和金世昌，1994；Hu et al.，1996；叶绪孙，1999；彭建堂等，2002，2003a，2003b；Peng et al.，2003；胡瑞忠等，2007；沈能平，2008；王加昇，2012；王泽鹏，2013），获得了一批可信度较高的成矿年龄数据。从表 11.17 中可见，华南锑矿带存在两期重要的成矿作用，第一为加里东期，成矿年龄在 400Ma 左右；第二为燕山期，成矿年龄跨度较大，从 101.0 ± 2.9Ma 到 175 ± 27Ma，相对集中在 $125\sim130$Ma 和 $140\sim160$Ma，正好与 Peng 等（2003）报道的锡矿山矿床早、晚成矿阶段的成矿年龄对应。独山锑矿田半坡和巴年锑矿床成矿年龄为 $125\sim130$Ma，应为华南锑矿带燕山期晚阶段成矿作用的产物。

对于半坡锑矿床成矿动力学背景，前人很少讨论。彭建堂（2000）、彭建堂和胡瑞忠（2001）根据现有的成矿年代学数据，认为华南锑矿带成矿动力学背景为地洼区构造–岩浆活化的第二阶段。华南锑矿带内的部分矿床（如晴隆大厂等）位于黔西南卡林型金矿区，Su 等（2009）获得该区水银洞金矿方解石 Sm-Nd 等时线年龄为 $134\sim136$Ma，王泽鹏（2013）利用该方法紫木凼金矿成矿时代为 148.4 ± 4.8Ma，他们均认为成矿动力学背景与燕山期环太平洋俯冲有关。Liu 等（2010）的研究结果表明，黔西南卡林型金矿区广泛分布的基性脉成岩时代在 100Ma 左右，岩石为地壳拉张环境幔源岩浆活动产物。因此，笔者认为包括半坡锑矿床在内的华南锑矿带燕山期晚阶段的成矿动力背景可能为环太平洋俯冲背景下的拉张环境。

表 11.17 华南锑矿带成矿时代统计结果

矿床名称	赋矿围岩	定年方法	定年结果/Ma	资料来源
湖南锡矿山	泥盆系碳酸盐岩、碎屑岩	方解石 Sm-Nd 等时线	155.5 ± 1.1	Peng et al.，2003
		方解石 Sm-Nd 等时线	124.1 ± 3.7	Peng et al.，2003
		方解石 Sm-Nd 等时线	156.3 ± 12	Hu et al.，1996
湖南龙山	下震旦统江口组	石英包裹体 Rb-Sr 等时线	175 ± 27	史明魁等 1993
湖南沃溪	板溪群马底驿组	白钨矿 Sm-Nd 等时线	402 ± 6	Peng et al.，2003
		石英包裹体 Ar-Ar 坪年龄	423.2 ± 1.2	Peng et al.，2003
		石英包裹体 Ar-Ar 坪年龄	416.2 ± 0.8	Peng et al.，2003
湖南板溪	板溪群五强溪组	石英包裹体 Ar-Ar 坪年龄	397.4 ± 0.4	Peng et al.，2003
		石英包裹体 Ar-Ar 坪年龄	422.2 ± 0.2	Peng et al.，2003
湖南平茶	下震旦统江口组	石英包裹体 Rb-Sr 等时线	435 ± 9	彭建堂等 1998
湖北徐家山	震旦统灯影组碳酸盐岩	方解石 Sm-Nd 等时线	402	沈能平，2008
广西大厂	泥盆系碳酸盐岩	石英包裹体 Rb-Sr 等时线	101.0 ± 2.9	叶绪孙，1999

矿床名称	赋矿围岩	定年方法	定年结果/Ma	资料来源
广西马雄	寒武系白云岩，泥盆系碳质泥岩、砂岩	石英包裹体 K-Ar 等时线	141	韦文灼，1993
		石英包裹体 Rb-Sr 等时线	156	韦文灼，1993
云南木利	泥盆系碳酸盐岩	石英包裹体 Ar-Ar 坪年龄	165	胡瑞忠，2007
贵州晴隆	二叠系大厂层	萤石 ESR 年龄	104.0	朱赖明，1999
		石英 ESR 年龄	125.2	朱赖明，1999
		萤石 Sm-Nd 等时线	148±8	彭建堂，2003
		萤石 Sm-Nd 等时线	142±16	彭建堂，2003
		萤石 Sm-Nd 等时线	141±20	王泽鹏，2013
贵州独山	泥盆系砂页岩	石英包裹体 K-Ar 等时线	145	王学焜等，1994
		方解石 Sm-Nd 等时线	130.5±3.0	本次工作
贵州巴年	泥盆系碳酸盐岩	方解石 Sm-Nd 等时线	128.2±3.2	王加昇，2012
		方解石 Sm-Nd 等时线	126.4±2.7	王加昇，2012

二、矿床成因信息

1. 成矿背景

半坡锑矿床大地构造位于江南古陆西侧，是华南锑矿带很具代表性的大型锑矿床之一（图 11.1），一级构造单元处于扬子准地台东南边缘与华南褶皱带的接合部位（贵州省地矿局，1987），二级构造单元属于黔东南褶皱带与黔南台陷区过渡带（图 11.2）。本区处于新华夏系第三隆起带与川黔经向构造的复合部位，往南受南岭纬向构造线的影响、属典型的莫霍面隆起与拗陷的变异区域，构造形迹及其交接关系极其复杂。本次工作获得半坡锑矿床成矿年龄为 130.5±3.0Ma（MSWD=0.43），与王加昇（2012）获得独山锑矿田巴年矿床 2 组方解石 Sm-Nd 等时线年龄分别为 126.4±2.7Ma 和 128.2±3.2Ma 基本一致，推测包括半坡锑矿床在内的独山锑矿田应为同期成矿作用的产物，成矿时代集中为 125~130Ma，与华南锑矿带燕山期晚阶段成矿作用时代（125~130Ma）对应，成矿动力背景可能为环太平洋俯冲背景下的拉张环境。

半坡锑矿床所在区域大地构造位置特殊、构造活动强烈且具多期性、赋矿地层多种多样、锑矿床（或矿点）广泛分布，具有十分有利的成矿地质背景（杭家华，1991；金世昌和王学焜，1992；金中国，1993；刘幼平，1993；苏书灿，1993；金中国等，2004）。遥感解译本区线性构造和环形构造均很发育（图 11.4），其中线性构造为断裂的发映，环形构造往往与已知锑矿床（点）位置重合，是线性构造交汇点、矿化的反映，为重要的找矿标志之一。在半坡锑矿床上方，水系沉积物及土壤 Sb-Hg-As-Mo 组合异常套合程度高、连续性好，有显著的浓集中心，其中 Sb 异常长 2500m、宽 400~1000m，异常值 20~300ppm，具有明显的大型矿床异常特征。在平面上（图 11.5），Sb 的原生晕异常呈椭圆状分布于半坡-巴年为中心的独山箱状背斜轴部；As、Hg 异常形态、范围与 Sb 异常基本吻合；在剖面上（图 11.6），Sb、Hg 在箱状背斜的轴部-半坡最高。可见，独山箱状背斜轴部-半坡是 Sb、As、Hg 等成矿元素的浓集中心，具有优越的成矿前景。

2. 成矿地质条件

1）沉积环境与成矿的关系

区域层序地层学研究结果表明（曾允孚等，1993；陈代钊和陈其英，1994，1995；梅冥相等，2004；

刘智荣，2007)，黔南至桂北的泥盆系与其下伏的寒武系、奥陶系和部分志留系等为不整合接触，与部分志留系为假整合接触；而湘桂大片地区泥盆系都呈角度不整合覆盖在志留系、奥陶系及寒武系之上。从区域构造演化看（贵州省地矿局，1987），半坡锑矿床所在区域自武陵运动开始出现华夏系及纬向结构体系，伴有深部岩浆侵入发生；加里东运动使华夏系形成占有主导地位的构造体系，纬向构造也有进一步的发展，表现为一系列北北东、北东走向的深断裂及褶皱，如控制独山锑区的松桃-三都深断及半坡断裂组就属这样的古结构；海西运动的显著特点是北西西向断裂构造开始出现并大量形成，在独山矿区内也有明显反映，以河沟断层规模最大；燕山运动表现为剧烈的断裂、褶皱，最大特点是使华夏构造体系加强和定型，王司-独山箱状背斜亦定型于这一时期。这些不同时期发生和经历漫长演化而定型的构造，对沉积及热液成矿都具有重要的控制作用。

泥盆纪开始，由于矿区东部"雪峰古陆"及北部"黔中隆起"的长期隆起，原来在加里东期起主导作用的华夏系构造，围绕"雪峰古陆"西缘继续发育，形成华夏及经向构造系；由于"黔中隆起"的阻隔，出现一系列北西西向构造。泥盆系海水从桂北向北侵入，围绕古陆（隆）边缘，在独山、三都一带先顺"雪峰古陆"呈北北东走向，然后受"黔中古陆"的阻隔转向北西方向，受古断裂升降造成的沟、脊海底地貌的制约，形成海沟、海脊相间的沉积。本区泥盆纪沉积相明显受古构造格局的控制（图11.33），早泥盆世沉积了一套陆缘碎屑岩，中泥盆世海浸扩大，依次形成台地相、台地边缘相及盆地相环境，以碳酸盐岩沉积为主，晚泥盆世继承了中泥盆世的发展趋势，碳酸盐相更占主导地位。

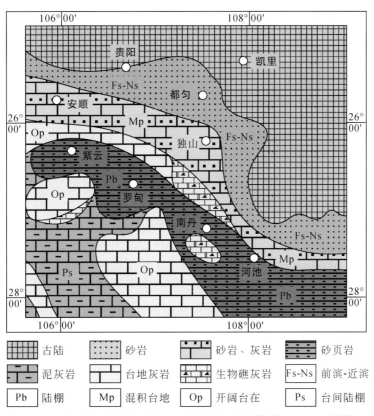

图 11.33 黔南地区泥盆纪岩相古地理略图（据刘智荣，2007；略修改）

这种大的沉积环境在独山矿区反映十分清楚，早泥盆世矿区位于北东后转北西走向的滨海相带内，丹林组厚度从东（近古陆）向西（远古陆）增厚，由矿区东部古陆边缘的0m向西至盆地中心（罗店附近）的近1000m，矿区正处于200~600m的沉积区间。在这个总的沉积规律制约下，由于古断裂升降及海底地貌的影响，在矿区内形成一系列北东，北北东，北北西走向的海底沟、脊微地形，这一现象从丹林组厚度等直线可以反映出来。丹林组的厚度最薄处在矿区东部烂土断层附近，厚100~150m，向西逐渐增厚；牛硐附近最薄处为150m左右；再到半坡增至500m以上，向西又有变薄趋势，到马尾沟又出现一个增厚海沟（盆），厚度为400~600m，所以从东向西形如一种薄—厚—薄—厚的海浪式沉积序列。

目前已知锑矿主要集中在丹林组厚度增大的海沟地带。这个地带有沉积期前的古断裂存在，沉积期间及成岩之后一直活动，具有同生断裂性质，丹林组厚度相对最大，矿质集中，因而形成一种有利成矿的特殊成矿环境。

2）地层与成矿的关系

半坡锑矿床明显受地层控制，矿（化）体均赋存于中-下泥盆统地层内。矿田内下泥盆统丹林组（D_1dn）和中泥盆统独山组（D_2d）为主要赋矿层位，下泥盆统舒家坪组（D_1s）有零星锑矿化，而上泥盆统则尚未发现锑矿化。D_1dn 和 D_2d^2 赋矿的主要原因有：

(1) 矿源层控矿：该区泥盆系地层中，Sb元素的富集程度较高，具有良好的锑成矿地球化学背景，特别是中下泥盆统Sb元素平均含量较高，是地壳元素丰度值的几十至近百倍，其中 D_1dn 和 D_2d^2 的背景值最高，可分别视为是半坡锑矿床和巴年锑矿床的矿源层。

(2) 地层厚度控矿：该区矿体的出现与赋矿层位地层的厚度有一定的关系。半坡矿区 D_1dn 是其主要赋矿层位，厚度>500m，形成工业价值的矿体；而牛硐地区，D_1dn 厚度减薄至300m左右，仅有零星矿化，没有形成具有工业价值的富矿。同样巴年矿区，赋矿地层 D_2d^2 厚度>500m，远远超出周围该地层的厚度，形成的矿体同样具有工业价值。可见，地层越厚越利于成矿，说明古环境为沉降带，水深、环境封闭、水体宁静的物化条件有利于各种沉积物聚集形成金属元素高含量物源层。

(3) 沉积环境控矿：该区区域上整体属于一种滨海沙滩相沉积环境，但并不是在这大环境下处处有矿，矿体仅出现于此地大环境中的一系列小沉积凹陷盆地中，如半坡矿床形成于早泥盆世早期的滨海沙滩沉积凹陷盆地内，巴年矿床形成于中泥盆世晚期滨海-浅海的沉积凹陷的小盆地内。

(4) 地质构造旋回控矿：该区的赋矿地质层形成于泥盆时期首次大规模海侵的初期，即泥盆时期海侵旋回的下部，岩性由粗变细，由碎屑岩构造向碳酸盐岩建造过渡的部位。这个部位表明地壳变动从动荡趋向稳定，古陆上冲刷下来的丰富的风化产物得以沉积，同时随着逐渐趋于稳定的地壳，陆源碎屑物逐渐减少，沉积速度减慢，而化学和生物化学作用则逐渐增强，不同的组分逐步分异聚集，同时又随着一系列微相环境的形成，高含量的物源层逐渐形成。

3）岩性与成矿的关系

包括半坡锑矿床在内的独山锑矿田除受地层层位控制外，还受层位中特殊岩性组合控制。这种特殊岩性组合分为两类，一类是脆性岩石类，以 D_1dn 为典型代表，主要岩性为石英砂岩；另一类是软硬相间岩石类，以 D_2d^2 为代表，岩性为碎屑岩与碳酸盐岩相互交替。两类岩性组合严格地限制了区域内的锑矿床，主要原因如下：

(1) "源、容、盖"岩性组合控矿：D_1dn 厚-中厚层状细粒石英砂岩夹薄层状砂质泥岩、页岩、泥质砂岩层是最有利的成矿岩性组合。首先，岩层中的层状细粒石英砂岩Sb元素含量高，具备矿源层的基本条件；其二，细粒石英砂岩孔隙度高、渗透性好，有利于矿液的运移和沉积赋集，形成良好的富集空间；其三，岩层中的薄层状砂质泥岩、页岩、泥质砂岩层，微粒结构、孔隙度低、透水性差，在层状细粒石英砂岩层上下形成一不透水隔挡屏蔽障壁层，将矿液局限在一定的空间内，矿质不易扩展流失。同样，D_2d^2 中-厚层状中粒石英砂岩与碳酸盐岩交互层亦是有利的成矿岩性组合，石英砂岩孔隙度高、渗透性好，利于矿液的运移和富集沉淀；而碳酸盐岩透水性相对差、孔隙度相对小，多起隔挡屏蔽作用。这两套岩性组合都具备了"源、容、盖"三大有利成矿因素，均为有利的成矿岩性组合。

(2) 矿质活化迁移控矿：厚层状细粒石英砂岩孔隙度高、渗透性好，属含水层。初始聚集Sb元素的地层，在接收后期地质作用改造时，岩石中的孔隙使水体移动，从而活化和迁移成矿元素，地层中的矿质重新聚集沉淀，最终使含矿质的地层改造形成含矿地层。

(3) 层间断裂、裂隙控矿：D_1dn 和 D_2d^2 主要含矿围岩均为具有很强刚性和脆性的石英砂岩，在应力作用后易发生切层断裂和破碎，当后期改造作用发生时，矿液往往沿断裂、裂隙活化转移，同时在断裂、裂隙的有利空间聚集沉淀。如半坡锑矿床，D_1dn 内 F_1 断层及其旁侧的次级断层控矿，矿体沿 F_1 断裂束展布，且矿体往往形成脉状、透镜状，具膨胀、收缩、分枝、复合现象。

（4）层间褶皱控矿：在褶皱的翼部，特别是在软硬相间的地层内，地层在构造变动时往往在不同岩性的接触界面易产生滑动形成虚脱的空间，这些空间益于矿液的流动和矿质的聚集沉淀。如巴年矿床，在石英砂岩与碳酸盐岩的接触界面往往形成层间剥离和滑动，矿体则多在其内聚集形成，一般呈似层状、透镜状产出，与围岩产状基本一致。

4）构造与成矿的关系

半坡锑矿床位于扬子准地台东南边缘与华南褶皱带的接合部位（贵州省地矿局，1987），二级构造单元属于黔东南褶皱带与黔南台陷区过渡带（图11.2）。区内主要构造线呈北北东东向展布，独山箱状背斜（又称王司背斜）夹持在独山和烂土断裂之间并贯穿全区，褶皱内断裂构造发育，主要构造线之间，主断裂呈"X"形或不规则棋格状展布（图11.3）。构造不仅为包括半坡锑矿床在内的独山锑矿田形成提供了有利条件，而且对成矿作用具有重要的控制作用。

（1）褶皱与成矿：独山箱状背斜核部宽缓而两翼岩层紧密倾角大（20°~40°），由内向外逐渐变陡。从受力情况看，翼部应力强度大，且封闭性好，不利于矿液聚集，但有利于断裂的发生，因此运液导液的能力强；核部应力较弱，次级构造发育，温度、压力等物理化学条件不稳定，是理想的矿液聚集场所。半坡锑矿床产于次级褶皱的半坡背斜的近轴部，巴年锑矿产于箱状背斜倾没部位的次级构造王屯背斜的西翼，均受到构造不同部位明显控制。

独山箱状背斜内核为泥盆系岩层结构主要为碎屑岩、碳酸盐岩和泥质岩，具有硬岩层与软岩层交替或互层的特点，这种结构组合有利于断裂及裂隙的产生，形成层间滑动和层间破碎，为矿液运移和聚集提供了良好的通道和沉淀场所；外层为上泥盆统和石炭、二叠纪地层，为一套含泥质、碳质较高的软性岩石，孔隙小、透水性差，对成矿流体起保护和遮挡作用，有利于矿液向核部运移在构造有利地段聚集沉淀成矿。据贵州有色地质三总队资料统计（未刊），Sb 从独山箱状背斜核部往翼部含量逐渐降低，从 16.9~28.2ppm 降至 2.0~3.8ppm，也证实成矿元素在背斜不同部位迁移聚集的规律。

（2）断裂与成矿：独山锑矿田断裂构造发育，规模不等，半坡锑矿床受断裂控制明显。第一，断裂活动能使矿液运移、富集和沉淀，特别是切割深规模大的断裂，使分散在地层中的水或含矿流体在断裂系统中聚集；同时，断裂提供的通道又有利于水的循环运移，将含矿质的流体沿断裂循环运移到各级控矿构造中，起到一种导液的控矿作用。第二，断裂构造产生的热能和地热，可使地下水和地层水增温，加速热液的流动和循环，当通过各种含矿地层或矿源层时，淋滤成矿元素进入热液形成成矿流体，同时也会吸收地层中的部分造岩元素如 Si、Mg、Ca、K、Na 等转入溶液，使热液变成弱碱或碱性热液，有利于元素的迁移和沉淀。

因此，独山锑矿田构造活动不仅能使元素活化转移重新分配，也为矿液运移、沉淀提供通道，对成矿具有双重作用。前人研究成果表明（崔银亮等，1994；王学焜和金世昌，1994；刁理品和王小高，2009），矿田构造具有逐级控矿特征，其中Ⅰ级区域断裂为导矿构造，为成矿流体运移提供良好通道，控制着矿田的分布；Ⅱ级断裂为配矿构造，控制矿田内矿床（点）的空间分布；Ⅲ级断裂为容矿构造，直接控制了矿体的分布、形态、规模、产状等。半坡锑矿床具有以下重要的断裂构造控矿规律：

第一，断裂形态控制矿体形态。矿床所有矿体均分布于断裂带内及其影响带中，形成脉状矿体，断裂间及其上、下盘节理发育地段，常形成细脉状及网脉状矿体。矿体结构内核为致密块状的富矿脉，周围为中等品位的团块状、浸染状辉锑矿及低品位的细脉、网脉状辉锑矿（化）体。主含矿断裂并不是单一断裂面的简单延伸，而是由 2 条以上近于平行的断裂组成的复杂断裂带，断裂间也常出现分枝复合、膨胀等现象，因而矿体在断裂带内也呈现出分枝复合及膨缩现象，膨大部分形成富矿囊。

第二，断裂规模控制矿体规模。断裂规模对矿体大小的控制，并不是简单互为增长的关系，而是受一定范围的控制。断裂规模过小，切割深度浅，容矿空间也小，不利于形成大矿体；断裂宽度过大，不利于矿液聚集，同样的也不能形成大规模的矿体。熊赫（1985）对矿床坑内断裂的统计资料表明：破碎带宽0~2m占全部富矿的50%左右、0~4m占68.8%、0~5m占81%、<0.5m仅有弱矿化，只有2m左右的破碎带对富矿形成有利。

第三，断裂产状控制矿体产状。矿体的产状及连续性严格受断裂产状变化和破碎带膨缩现象的控制，在矿区F_{1-1}断裂转弯的内侧，小型"入"字形分枝断裂与主断裂的复合部位，具有三个以上扭裂–张裂面复合部位锑矿往往富集，在矿体中有块状辉锑矿矿石组成的小透镜体出现。据贵州有色地质三总队的统计资料（转引自王学焜和金世昌，1994），当断层倾角为50°~60°、破碎带宽度为1~2m时，矿化强且稳定；当断层倾角大于60°、破碎带宽度小于1m时，矿化减弱，矿体小而贫；当断层倾角大于70°、破碎带宽度小于0.5m时，不见矿化。

3. 成矿物理化学条件

本次工作未对半坡锑矿床进行流体包裹体研究，但前人对该矿床开展过较为系统的研究工作（王学焜和金世昌，1994；李俊和宋焕斌，1999；王雅丽和金世昌，2010），综合这些资料，矿床成矿物理化学条件具有以下特征：

（1）脉石矿物石英和方解石中包裹体类型相对单一，主要为气–液两相包裹体和液相包裹体，其他类型包裹体少见；石英和方解石包裹体均一温度分别集中在140~150℃和140~160℃（图11.34）；盐度相对较低，为1.8wt%~7.3wt% NaCl，平均4.4wt% NaCl。可见，矿床为典型低温、低盐度矿床。

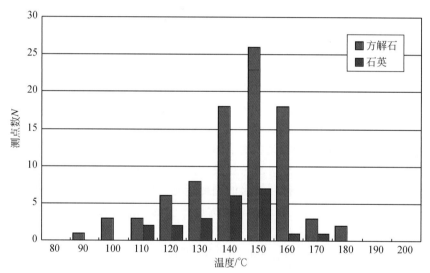

图11.34 半坡锑矿床包裹体均一温度测定结果

原始资料据王学焜和金世昌（1994）、李俊和宋焕斌（1999）、王雅丽和金世昌（2010）

（2）石英、方解石和辉锑矿包裹体液相成分中阳离子以Ca^{2+}为主，其次为Mg^{2+}，少量Na^+和K^+，阴离子以SO_4^{2-}为主，少量F^-和Cl^-，且$F^->Cl^-$；气相成分以H_2O和CO_2为主，其次为N_2和CO，少量CH_4和H_2；计算的pH为4.02~5.95，氧逸度（f_{O_2}）为$-59.7~-46.8$。可见，成矿流体为富H_2O和CO_2的$Ca^{2+}-SO_4^{2-}$型流体，成矿环境为弱酸性还原性环境。

（3）贵州有色地质三总队（转引自王学焜和金世昌，1994）根据矿床勘探钻孔中辉锑矿、石英和方解石爆裂温度测量结果，绘制矿床纵向和垂向爆裂等温图（图11.35）。可见，矿石品位、矿体厚度与爆裂温度存在密切关系，高爆裂等温线密集部位，与高矿石品位部位和矿床厚度较大部位对应。同时发现成矿流体从南西深部向北东浅部运移的规律，这对深部找矿具有重要的指示意义。

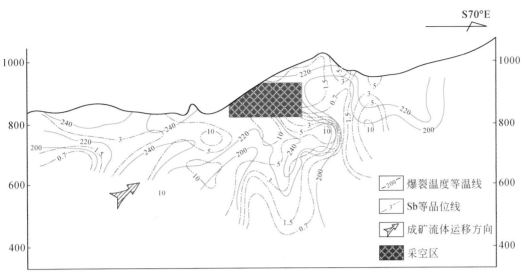

图 11.35　半坡锑矿床爆裂温度及品位等值线图（引自王学焜和金世昌，1994）

4. 成矿物质和成矿流体来源

对于半坡锑矿床成矿物质和成矿流体来源，前人的研究得出多种认识（陈代演，1991，1993；刘幼平，1992；俸月星等，1993；王学焜和金世昌，1994；崔银亮，1995；李俊和宋焕斌，1999；彭建堂，2000；金中国和戴塔根，2007）。本次工作对矿床进行了较为系统的成矿元素、稀土元素和铅、硫、碳、氢、氧同位素组成研究（前文），获得如下重要认识：

（1）矿田各时代地层、不同岩性均相对富集成矿元素，可视为锑矿床（点）的初始富集层，其中的成矿元素主要来源于区域基底岩石，不排除地幔提供少量成矿元素；矿田下泥盆统丹林组（$D_2 dn$）和中泥盆统独山组宋家桥段（$D_2 d^2$）石英砂岩、碳酸盐岩层具有矿源层意义。

（2）矿区不同产状方解石 REE 含量范围相近，明显亏损 LREE、富集 HREE，REE 配分模式为相似的 MREE（Sm-Ho）富集型，认为是同源成矿流体不同演化阶段的产物；本区方解石除 REE 含量相对较高外，REE 配分模式及相关参数与碳酸盐和沉积岩淋滤液相似，认为成矿流体主要为淋滤矿区地层的壳源流体，同时不排除少量地幔流体参与成矿流体的可能性；该区方解石的 REE 地球化学特征不仅指示区域大规模流体运移对成矿的制约作用，而且是重要的找矿标志之一。

（3）矿床 $\delta^{34}S_{\Sigma S}$ 为 5.0‰ ~ 6.0‰，为重硫型矿床，成矿流体中的硫主要来自赋矿围岩，为海相硫酸盐的还原产物；矿区围岩中黄铁矿的 $\delta^{34}S$（19.5‰ ~ 25.1‰）明显高于辉锑矿的 $\delta^{34}S$，不排除成矿流体中有地幔硫和细菌还原成因硫参与。

（4）矿床脉石矿物方解石的碳、氧同位素组成明显不同于典型的火成碳酸岩（和地幔包体）、海相碳酸盐岩和沉积有机物，在 $\delta^{13}C_{PDB}$–$\delta^{18}O_{SMOW}$ 图上（图 11.25（a）），样品位于火成碳酸岩（和地幔包体）与海相碳酸盐岩之间的狭小区域，该区域为海相碳酸盐岩溶解作用形成区域，指示成矿流体中的 CO_2 主要来源于矿区碳酸盐岩地层，不排除有少量深源和有机物 CO_2 参与；模拟计算表明本区成矿流体为以 HCO_3^- 为主要的溶解碳物种的体系，CO_2 去气作用可能是方解石沉淀的重要因素之一。

（5）矿床氢、氧同位素组成变化范围较宽，在 δD–$\delta^{18}O_{H_2O}$ 图上（图 11.27（a）），全部样品分布于变质水（岩浆水）与大气降水之间；水/岩反应计算结果表明，成矿流体中的水为一种主要来源于大气降水、少量岩浆水和变质水参与的混合水。

三、成矿流体形成与演化

1. 成矿流体形成

对于含 Sb 成矿流体的形成，前人已经注意到了许多现代地热活动区热泉喷口周围有辉锑矿及其他含 Sb 矿物产出（郭光裕和侯宗林，1993；Barnes，1997）。众多分析资料表明（Tunell，1964；Krup，1988），现代地热流体 Sb 含量变化极大，大部分仅为 0.1ppm 左右，但新西兰 Rotokava 地热田流体 Sb 含量高达 84.4~238.3ppm（Krup，1988），说明自然界存在高 Sb 含量流体。但这是否就是锑矿床之成矿溶液？尚不能认定。

业已证实，H_2O、$NaCl-H_2O$、H_2S-H_2O、Na_2S-H_2O 和 $S^{2-}/HS^-/H_2S-CO_2-NaCl-H_2O$ 等不同成分的溶液均能大量溶解辉锑矿（Norton and Knight，1977；Wood et al.，1987；Krupp，1988），饱和溶液中最高 Sb 含量可达 $10^{-2}~10^{-3}$ mol/L·H_2O，可见现代地热流体中的 Sb 含量远未达到饱和。结合辉锑矿溶解度特征（Arntson and Dickson，1966；Wood et al.，1987；Krupp，1988），可以推断含 Sb 成矿流体形成的关键在于源岩中 Sb 含量及可萃取性。半坡锑矿床各时代地层、不同岩性以及区域基底均相对富集 Sb，提供了形成含 Sb 成矿流体的物质基础。

至于源岩中 Sb 的可萃取性，包括 Sb 的赋存状态及水/岩反应程度两方面，以 Sb_2S_3、Sb_2O_3、Sb 形式及其他锑矿物存在的 Sb 易于被溶解，而以类质同象或其他形式存在的 Sb 可溶解性相对复杂，受其他条件控制。目前对半坡矿区地层中 Sb 的赋存状态还不清楚，但在下泥盆统丹林组（D_2dn）和中泥盆统独山组宋家桥段（D_2d^2）石英砂岩、碳酸盐岩层中发现辉锑矿（王学焜和金世昌，1994），暗示其中的 Sb 可能主要以易于被溶解的锑矿物形式存在；马东升等（2002）以湘中地区元古界基底碎屑岩为初始物，在近似成矿条件下进行了水/岩反应实验，发现岩石中 Sb 等成矿元素的淋出率达 20%~90%，也证实区域基底中的 Sb 可以被溶解形成含 Sb 成矿流体。

2. 成矿流体演化

1）矿质迁移

成矿作用是一个漫长的地质历史过程，热液矿床（尤其是大型、超大型矿床）的形成，除具备充足的物质条件外，同时还需要稳定的迁移条件，使成矿流体能持续稳定地将矿质搬运至有利地段沉淀成矿。影响矿质迁移稳定性的因素分为内因、外因两个方面，外因包括流体的成分、t、P、pH、Eh 等，为地质条件和环境所制约；内因则为元素本身之地球化学性质。Wood 等（1987）的多元素相对溶解度研究表明，辉锑矿可溶解性最大，Sb 的迁移能力比其他元素都大。如果原始成矿流体含有多种金属元素，当 Pb、Zn、Au、Ag、Bi、Mo 等由于溶解度降低而发生沉淀时，虽然有小部分 Sb 与其他元素同时沉淀，但因其溶解度较大，仍有大部分能被继续迁移，成矿流体演化到晚期可能只含 Sb 或简单组合。总之，Sb 要比其他金属元素更易迁移、迁移得更远，这可能是 Sb 常作为 Pb、Zn、Cu、Au、Ag 等矿床地球化学勘探指示元素的原因所在。

辉锑矿溶解度研究表明（Arntson and Dickson，1966；Wood et al.，1987；Krupp，1988），较高温度（200~300℃）及碱性、弱碱性条件是含 Sb 流体的稳定迁移条件，流体中的 Sb 以络合物形式迁移，主要有 Sb-S 络合物（SbS_2^-、$Sb_2S_4^{2-}$、$Sb_4S_7^{2-}$ 等）和水合硫化锑（$Sb(OH)_3$、$Sb_2S_2(OH)_2$ 等），其中 Sb-S 多聚物的具体种类与溶液中的总硫量、Sb/S、pH、温度等因素有关，当温度较高时，$Sb(OH)_3$ 和/或 Sb_2S_2 $(OH)_2$ 在流体中起主导作用。天然溶液中 Sb-Cl 络合物存在的可能性较小，溶液中 NaCl 对 Sb 的迁移贡献有限。半坡锑矿床流体包裹体研究结果表明（王学焜和金世昌，1994；李俊和宋焕斌，1999；王雅丽和金世昌，2010），盐度相对较低（1.8wt%~7.3wt% NaCl），液相成分中阳离子 Na^+ 含量很低、阴离子以

SO_4^{2-} 为主，表明本区成矿流体中的 Sb 主要以 Sb-S 络合物和/或水合硫化锑迁移。

值得一提的是，虽然目前的研究结果认为 CO_2 与辉锑矿溶解度关系不明显（Wood et al.，1987），但事实上包括半坡锑矿床在内的许多锑矿床均有大量方解石产出，广泛发育碳酸盐化蚀变与矿化时空密切相关；半坡锑矿床流体包裹体成分分析结果也表明（王学焜和金世昌，1994；李俊和宋焕斌，1999；王雅丽和金世昌，2010），液相成分中阳离子以 Ca^{2+} 为主，CO_2 是气相主要成分。因此，成矿流体中的 Sb 是否以 CO_3^{2-}、HCO_3^- 等络合物形式迁移、CO_2 在成矿过程中的作用有待进一步研究。

2）矿质沉淀

造成成矿流体中矿质沉淀的直接原因是溶解度降低，温度和 pH 是影响辉锑矿溶解度的主要因素。对于温度较高的成矿流体，降温过程将导致 Sb 溶解度降低，引起辉锑矿沉淀；较低温度的含矿流体，pH 降低、溶液酸化也会导致溶解度的急剧变化，导致辉锑矿沉淀。因此，降温和溶液酸化可能是辉锑矿沉淀的两个重要机制。

半坡锑矿床石英和方解石包裹体均一温度分别集中在 140～150℃和 140～160℃（图 11.34），桂林工学院（转引自肖宪国，2014）根据地热能和构造热能估算本区成矿前期流体温度超过 300℃，可见成矿流体演化过程中经历了明显降温过程。矿床流体包裹体成分计算的 pH 为 4.02～5.95（王学焜和金世昌，1994；李俊和宋焕斌，1999；王雅丽和金世昌，2010），显示成矿为弱酸性环境，这可能与成矿流体中 SiO_2 和 CO_2 加入发生酸化有关，石英和方解石是矿床主要脉石矿物、矿区广泛发育硅化和碳酸盐化（前文）支持该推论，暗示成矿流体演化过程中经历了酸化过程。因此，可以认为降温和流体酸化是半坡锑矿床成矿流体沉淀成矿的重要因素。

四、成因类型及成矿模式

1. 成因类型

1）锑矿床分类

到目前为止，国内外锑矿床还没有统一的分类方案，许多学者从矿体形态、矿化元素组合、矿石建造、成矿背景、成矿环境、成矿物质来源、成矿物理化学条件、成矿作用方式以及开发利用等方面对锑矿床进行过分类（文献众多，略），我国的锑矿床大致有 3 种分类。

第一，以矿体形态为主导，考虑成矿作用方式、控矿条件和矿石建造等因素，钟汉和姚凤良（1987）将我国锑矿床分为 3 个类型：①层状、似层状锑矿床；②热液脉状锑矿床；③红土层中的残积锑矿床；余金杰和闫升好（2000）分为 2 个类型：①层状锑矿床；②脉状锑矿床。层状锑矿床以超大型、大中型为主，矿床一般远离侵入体而产于大断裂附近，受一定地层层位和岩性控制，含矿岩性主要为碳酸盐地层，矿体呈层状、似层状，产状与围岩蚀变带基本一致；脉状锑矿床以中、小型为主，主要产于剪切带内，矿体呈脉状、透镜状、串珠状等产出，明显区域性断裂构造和次级断裂构造控制。

第二，以成矿作用方式为主导，结合成矿物质来源及主要成矿地质条件等因素，乌家达和张九龄（转引自乌家达等（1989））将我国锑矿床划分为 6 个类型：①沉积改造型；②喷流沉积改造型；③火山沉积改造型；④沉积变质再造型；⑤岩浆热液充填型；⑥表生堆积型。张国林等（1998）划分为 6 个类型、13 个亚类：①沉积改造型，包括沉积改造单锑矿床、沉积改造锑汞矿床、沉积改造锑多金属矿床；②喷流沉积改造型，包括海底喷流沉积改造单锑矿床、海底喷流沉积改造锑硫盐多金属矿床、海相火山喷流沉积改造锑金矿床；③变质再造型，包括变质构造再造型锑金钨矿床、变质-岩浆再造型锑金矿床、变质-岩浆再造型锑多金属矿床；④岩浆热液型，包括岩浆热液锑钨锡矿床、岩浆热液型单锑矿床；⑤火山热液型，包括火山热液型锑金矿床、火山热泉型锑金矿床；⑥外生堆积型。

第三，以含矿岩系为主导，兼顾矿床产出地质背景、成矿环境、物质组成、成矿物理化学条件等因素，乌家达等（1989）将我国锑矿床划分为 7 个类型：①碳酸盐岩型；②碎屑岩型；③浅变质岩型；④海相火山岩型；⑤陆相火山岩型；⑥岩浆期后型；⑦外生堆积型。这种分类的优点，简明实用，有利于找矿、勘探和开发，是目前国内外常用的锑矿床分类方案，如 Hu 等（1996）将上述第②和③类合并成碎屑岩型、第④和⑤类合并为火山岩型，划分为 5 个类型：①碳酸盐中锑矿床；②碎屑岩中锑矿床；③侵入岩中锑矿床；④火山岩中锑矿床；⑤未固结沉积物中锑矿床（相当于外生堆积型锑矿床）。乌家达等（1989）总结的 7 个类型主要地质特征如下：

（1）碳酸盐岩型锑矿床。矿床赋存于碳酸盐岩系地层，成矿物质主要来自矿源层，经热卤水改造形成。含矿岩系为一套多陆源碎屑的碳酸盐岩，大多数矿床以灰岩、白云岩、白云质灰岩、生物碎屑灰岩为主，个别以燧石岩为主。矿床明显地受沉积因素制约，矿体常限于一定层位沿层间构造充填，主要呈层状、似层状、扁豆状，与地层整合，仅局部地段有小角度斜交，具多层性。矿床规模多为大型，个别的为超大型。典型矿床为湖南锡矿山、云南木利等锑矿床。

（2）碎屑岩型锑矿床。矿床含矿岩系为海相（滨海局部洼地、陆地边缘）碎屑岩，即泥岩、粉砂岩、细砂岩，常夹不纯碳酸盐岩，常见有机质及黄铁矿。成矿物质来自矿源层，主要经成岩期后深循环热卤水改造形成。矿体多为脉状，产于细碎屑岩向碳酸盐岩过渡部位，或者不整合面上的层间破碎带中。矿床规模为大中型。典型矿床为贵州半坡锑矿床。

（3）浅变质岩型锑矿床。矿床含矿岩系为细碎屑岩夹火山沉积岩，形成 Au、Fe、Mn、Cu、Pb、Zn、W、Sb、Hg 的火山沉积物矿源层，经各种改造作用，使这些元素发生空间分离，分别形成钨锑、金锑、金锑钨石英脉型综合矿床。矿体形态以脉状和脉带为主。其次为扁豆状、透镜状等。矿床规模中小型居多，个别的为大型。典型矿床有湖南沃溪、龙山，陕西公馆，甘肃崖湾等锑矿床。

（4）海相火山岩型锑矿床。矿床含矿岩系中发育火山岩及火山沉积岩，矿层上盘常为火山熔岩，下盘为灰色巨厚层状生物灰岩。矿体赋存于变余玄武岩及黏土岩（含凝灰质、玄武岩屑、玄武砾石）的蚀变岩石中。矿床规模为大中型。典型矿床有贵州晴隆锑矿床。

（5）陆相火山岩型锑矿床。矿床产于活化地台火山断陷盆地边缘，成矿与燕山晚期—喜马拉雅期的陆相裂谷式火山活动有关，成矿物质主要来源于安山玄武岩、安山岩、闪斜煌斑岩等火山岩和次火山岩。含矿石英脉沿喷发熔岩或超浅成侵入岩脉的断裂带充填，有的产于岩脉内、外接触带部位。矿床规模为中小型。典型矿床有江西宝山锑金矿床。

（6）岩浆期后锑钨矿床。矿床的成矿母岩为岩浆岩，多与燕山中、晚期浅成或超浅成小岩体、岩脉关系更密切，含矿石英脉常产于这类岩株、岩脉的接触带上；有的锑矿床还产在加里东期花岗闪长岩体内接触带上，或者印支期花岗岩的内接触带上；还有的矿床产在与岩体有一定距离的围岩中。锑矿床与钨、锡、铜、铅、锌等矿床构成以岩体为中心的水平分带，反映了成矿温度递降的特征。矿床规模为中小型。典型矿床有湖南高挂山钨锑矿床。

（7）外生堆积型锑矿床。矿床是原生锑矿物地表氧化生成的锑赭石、黄锑华等，经风化剥蚀，与自然金或锡石一起，成为砂矿，易采易选，但多属小型矿床，个别的为中型，主要分布在广西上林、田阳、德保一带。

2）半坡锑矿床成因类型

根据前文总结的半坡锑矿床矿床地质、赋矿地层岩性组合、成矿地质环境、成矿物理化学条件、成矿物质来源、成矿作用方式及矿床规模等特征。以矿体形态为主导，矿床为层状、似层状锑矿床；以成矿作用方式为主导，矿床为沉积改造型锑矿床；以含矿岩系为主导，矿床为碎屑岩型锑矿床。

2. 成矿模式

综合半坡锑矿床成矿动力背景、矿床地质、成矿条件、主要控矿因素、矿床地球化学以及辉锑矿溶解度等方面资料，初步建立了矿床成因模式（图 11.36），简述如下：

前寒武纪，本区经历了武陵运动、加里东运动等重大地质事件，相对富集 Sb 等成矿元素的褶皱基底

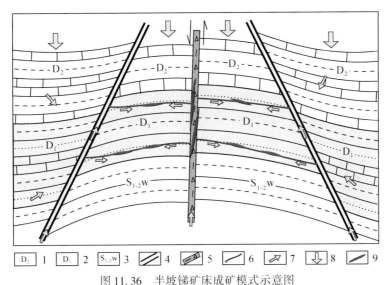

图 11.36　半坡锑矿床成矿模式示意图

1. 中泥盆统地层；2. 下泥盆统地层；3. 中—下志留统地层；4. 深大断裂；5. 主要控矿断裂；

6. 层间断裂；7. 成矿流体运移方向；8. 大气降水；9. 矿体

（下江群、板溪群等）隆起为陆，如东部的"雪峰古陆"及北部的"黔中隆起"，遭受长期物理和化学风化作用。

泥盆纪，矿区为滨海–浅海台地–浅海陆棚–浅海盆地环境，有利于长期隆起、相对富集 Sb 等成矿元素的褶皱基底风化物源搬运沉积，沉积了相对富集 Sb 等成矿元素的泥盆纪地层，可视为锑矿床（点）的初始富集层，其中下泥盆统丹林组（D_2dn）和中泥盆统独山组宋家桥段（D_2d^2）石英砂岩、碳酸盐岩层具有矿源层意义。

燕山期（125～130Ma），受环太平洋俯冲作用的影响，矿区构造活动强烈，同时引发区域大规模流体运移；在地热能和断层错动热能作用下，断裂带附近的流体迅速升温和运移，使地层中的海相硫酸盐还原为 H_2S、HS^- 等进入流体，溶解和迁移矿区地层及区域基底中的 Sb 等成矿元素形成成矿流体；在构造应力作用下，成矿流体沿断裂带及层间断裂运移，由于温度降低和 SiO_2、CO_2 等组分加入造成的流体酸化，成矿流体中迁移 Sb 等成矿元素的络合物被破坏，在断裂带和层间断裂及其附近沉淀形成矿体。

参 考 文 献

白俊豪.2013.滇东北金沙厂铅锌矿床地球化学及成因.中国科学院研究生院（地球化学研究所）博士学位论文.

鲍振襄,万容江,鲍珏敏.1999.湘西钨锑金矿床成矿系列及其稳定同位素研究.北京地质,(1)：11-17.

鲍振襄.1989.湖南西部层控锑矿床.矿床地质,8（4）：49-60.

常向阳,朱炳泉,孙大中,等.1997.东川铜矿床同位素地球化学研究：I.地层年代学与铅同位素化探应用.地球化学,26（2）：32-38.

陈大,刘义.2012.峨眉山玄武岩与铅锌成矿作用关系探讨.矿产勘查,3（4）：469-475.

陈代演.1991.滇东黔西主要层控锑汞矿床稳定同位素研究.贵州地质,8（3）：227-240.

陈代演.1992.滇东黔西大中型层控锑汞矿床的类型及其若干地质评价准则.贵州地质,9（2）：118-124.

陈代演.1993.滇东黔西若干层控锑汞矿床稀土元素地球化学特征.有色金属矿产与勘查,2（4）：202-210.

陈代钊,陈其英.1994.黔南早、中泥盆世层序地层格架与海平面变化.中国科学（B辑）,24（11）：1197-1205.

陈代钊,陈其英.1995.黔南地区早、中泥盆世沉积演化的动力机制.沉积学报,13（3）：54-65

陈好寿,冉崇英.1992.康滇地轴铜矿床同位素地球化学.北京：地质出版社.

陈进.1993.麒麟厂铅锌硫化矿矿床成因及成矿模式探讨.有色金属矿床与勘查,2（2）：85-89.

陈士杰.1986.黔西滇东北铅锌矿成因探讨.贵州地质,3（3）：211-222.

陈衍景,张静,张复新,等.2004.西秦岭地区卡林–类卡林型金矿床及其成矿时间、构造背景和模式.地质论评,50（2）：134-152.

从柏林.1988.攀西裂谷形成与演化.北京：科学出版社.

崔银亮,金世昌,王学琨.1994.独山锑矿田控矿规律和找矿方向研究.矿产与地质,8（4）：299-305.

崔银亮.1995.贵州独山锑矿床成矿物质来源研究.有色金属矿产与勘查,4（4）：193-199.

邓海琳.1997.中国滇东北乐马厂独立银矿床成矿地球化学——兼论水-岩反应.中国科学院地球化学研究所博士学位论文.

邓海琳,李朝阳,涂光炽,等.1999.滇东北乐马厂独立银矿床Sr同位素地球化学.中国科学（D）,29（6）：496-503.

刁理品,王小高.2009.贵州东南部锑矿构造控矿分析.湖南有色金属,25（4）：8-11.

董云鹏,朱炳泉,常向阳,等.2002.滇东师宗-弥勒带北段基性火山岩地球化学及其对华南大陆构造格局的制约.岩石学报,18（1）：37-46.

董云鹏,朱炳泉.1999.滇东南建水岛弧型枕状熔岩及其对华南古特提斯的制约.科学通报,44（21）：2323-2328.

俸月星,陈民扬,徐文昕.1993.独山锑矿稳定同位素地球化学研究.矿产与地质,7（2）：119-126.

付绍洪,顾雪祥,王乾,等.2004.黔西南水银洞金矿床载金黄铁矿标型特征.矿物学报,24（1）：75-80.

高振敏,张乾,陶琰,等.2004.峨眉山地幔柱成矿作用分析.矿物学报,24（2）：99-104.

高子英.1997.云南主要铅锌矿床的铅同位素特征.云南地质,16（4）：359-367.

顾尚义.2007.黔西北地区铅锌矿锶同位素特征研究.贵州工业大学学报（自然科学版）,36（1）：8-11.

顾雪祥,刘建明,Schulz O,等.2004.湖南沃溪钨锑金建造矿床同生成因的微量元素和硫同位素证据.地质科学,39（3）：429-439.

管士平,李忠雄.1999.康滇地轴东缘铅锌矿床铅硫同位素地球化学研究.地质地球化学,27（4）：45-54.

广西省地质矿产局.1985.广西壮族自治区区域地质志.北京：地质出版社.

贵州省地质矿产局.1980.中华人民共和国区域地质调查报告（兴仁、安龙幅）.北京：地质出版社.

贵州省地质矿产局.1987.贵州省区域地质志.北京：地质出版社.

贵州省矿产勘查开发局.2007.贵州省地球化学图集.北京：地质出版社.

郭光裕,侯宗林.1993.热泉型金矿床成矿模式及成矿远景评价.天津：天津科学技术出版社.

韩润生,刘丛强,黄智龙,等.2001.论云南会泽富铅锌矿床成矿模式.矿物学报,21（4）：674-680.

韩润生.2002.会泽超大型银铅锌矿床地质地球化学及隐伏矿定位预测.中国科学院地球化学研究所博士后出站报告.

韩润生,陈进,黄智龙,等.2006.构造成矿动力学及隐伏矿定位预测——以云南会泽超大型铅锌（银、锗）矿床为例.北京：科学出版社.

韩润生，胡煜昭，王学琨，等．2012.滇东北富锗银铅锌多金属矿集区矿床模型．地质学报，86（2）：280-294.

韩至钧，王砚耕，冯济舟，等．1999.黔西南金矿地质与勘查．贵阳：贵州科技出版社．

杭家华．1991.独山锑矿找矿工作中应注意的问题．西南矿产地质，5（3）：77-78.

侯增谦，卢记仁，汪云亮，等．1999.峨眉火成岩省：结构、成因与特色．地质论评，45（增刊）：885-891.

胡彬．2004.云南昭通毛坪铅锌矿床地质地球化学特征及隐伏矿预测．昆明理工大学硕士论文．

胡瑞忠，马东生，彭建堂，等．2006.扬子地块西南缘大面积低温成矿作用．见：毛景文，胡瑞忠，陈毓川，等．大规模成矿作用与大型矿集区．北京：地质出版社．597-683.

胡瑞忠，彭建堂，马东升，等．2007.扬子地块西南缘大面积低温成矿时代．矿床地质，26（6）：583-596.

胡瑞忠，陶琰，钟宏，等．2005.地幔柱成矿系统：以峨眉山地幔柱为例．地学前缘，12（1）：42-54.

胡耀国．1999.贵州银厂坡银多金属矿床银的赋存状态、成矿物质来源与成矿机制．中国科学院地球化学研究所博士学位论文．

花永丰，崔敏中．1996.贵州万山汞矿．北京：地质出版社．

华仁民．1993.流体在金属矿床形成过程中的作用和意义——水-岩反应研究进展系列评述（3）．南京大学学报（地球科学），15（3）：351-360.

黄汲清．1977.中国大地构造基本轮廓．地质学报，51（2）：117-135.

黄智龙，陈进，韩润生，等．2004.云南会泽超大型铅锌矿床地球化学及成因——兼论峨眉山玄武岩与铅锌成矿的关系．北京：地质出版社．

黄智龙，陈进，刘丛强，等．2001.峨眉山玄武岩与铅锌成矿：以云南会泽铅锌矿为例．矿物学报，31（4）：691-688.

黄智龙，胡瑞忠，苏文超，等．2011.西南大面积低温成矿域：研究意义、历史及新进展．矿物学报，31（3）：309-314.

黄智龙，李文博，陈进，等．2003.云南会泽超大型铅锋矿床构造带中方解石稀土元素地球化学．矿床地质，22（2）：199-207.

蒋少涌，丁悌平，万德芳，等．1991.八家子铅锌矿床氢、氧、碳和硅稳定同位素研究．矿床地质，10：143-151.

蒋治渝，韦龙明，陈民扬．1990.湘桂粤地区古环境与地层中硫化物 $\delta^{34}S$ 的演化关系初论．地球化学，19（2）：117-126.

金世昌，王学焜．1992.独山地区巴年锑矿床深部找矿预测．西南矿产地质，6（1）：80-84.

金中国．1993.独山锑矿区围岩蚀变地球化学特征及找矿意义．西南矿产地质，7（4）：44-48，17.

金中国．2008.黔西北地区铅锌矿控矿因素、成矿规律与找矿预测．北京：冶金工业出版社．

金中国，戴塔根．2007.贵州独山半坡锑矿田地质地球化学特征及成矿模式．物探与化探，31（2）：129-132.

金中国，戴塔根，江红，等．2004.贵州省独山半坡锑矿地球化学特征及深部找矿预测．地质与勘探，40（6）：24-27.

黎彤，倪守斌．1990.地球和地壳的化学元素丰度．北京：地质出版社．

李波，顾晓春，文书明，等．2013.滇东北地区峨眉山玄武岩在铅锌成矿中的作用．矿产与地质，26（2）：95-100.

李朝阳．1999.中国低温热液矿床集中分布区的一些地质特点．地学前缘，6（1）：163-170.

李复汉，覃嘉铭．1988.康滇地区的前震旦系．重庆：重庆出版社．

李家盛，刘洪滔，陈明伟．2011.滇东北铅锌矿床成矿条件与成矿预测．昆明：云南科技出版社．

李九玲，元锋，徐庆生．2002.矿物中呈负价态之金——毒砂和含砷黄铁矿中"结合金"化学状态的进一步研究．自然科学进展，12（9）：952-958.

李俊，宋焕斌．1999.贵州半坡锑矿床成矿流体地球化学．昆明理工大学学报，24（1）：73-79.

李连举，刘洪滔，刘继顺．1999.滇东北铅、锌、银矿床矿源层问题探讨．有色金属矿产与勘查，8（6）：333-339.

李文博，黄智龙，张冠．2006.云南会泽铅锌矿田成矿物质来源：Pb、S、C、H、O、Sr 同位素制约．岩石学报，22（2）：267-280.

李文尤，姜信顺，具然弘，等．1989.黔西南微细金矿床地质特征及成矿作用，见：中国金矿主要类型区域成矿条件文集：6.黔西南地区．北京：地质出版社．

廖文．1984.滇东、滇西 Pb-Zn 金属区 S、Pb 同位素组成特征与成矿模式探讨．地质与勘探，（1）：1-6.

林方成．1995.康滇地轴东缘铅锌矿床铅同位素组成特征及其成因意义．特提斯地质，No.19：131-139.

蔺志永，王登红，张长青．2010.四川宁南跑马铅锌矿床的成矿时代及其地质意义．中国地质，37（2）：488-196.

刘本培．1986.华南地区海西-印支阶段构造故地理格局——华南地区古大陆边缘构造史．武汉：武汉地质学院出版社．

刘斌，沈昆．1999.流体包裹体热力学．北京：地质出版社．

刘丛强，黄智龙，许成，等．2004.地幔流体及其成矿作用——以四川冕宁稀土矿床为例．北京：地质出版社．

刘海臣，朱炳泉．1994.湘西板溪群及冷家溪群的时代研究．科学通报，39（2）：148-150.

刘建明, 刘家军, 郑明华, 等. 1998. 微细浸染型金矿床的稳定同位素特征与成因探讨. 地球化学, 27 (6): 585-591.

刘建中. 2001. 贵州省贞丰县岩上金矿床地质特征. 贵州地质, 18 (3): 174-178.

刘建中. 2003. 贵州水银洞金矿床矿石特征及金的赋存状态. 贵州地质, 20 (1): 30-34.

刘建中, 陈景河, 邓一明, 等. 2007. 贵州水银洞超大型金矿勘查新进展及其启示. 第二届中国西部黄金工业创新发展高层论坛论文集, 6-9.

刘建中, 刘川勤. 2005. 贵州水银洞金矿床成因探讨及成矿模式. 贵州地质, 22 (1): 9-13.

刘平, 李沛刚, 马荣, 等. 2006. 一个与火山碎屑岩和热液喷发有关的金矿床——贵州泥堡金矿. 矿床地质, 25 (1): 101-110.

刘文周, 徐新煌. 1996. 论滇川黔铅锌成矿带矿床与构造的关系. 成都理工学院学报, 23 (1): 71-77.

刘幼平. 1992. 贵州独山锑矿区储矿层特征及其矿化性. 西南矿产地质, 6 (3): 32-37.

刘幼平. 1993. 独山锑矿区围岩蚀变基本模式及其找矿标志. 贵州地质, 10 (2): 155-162.

刘幼平. 1997. 独山锑矿区成矿控制因素及其找矿意义. 贵州地质, 14 (2): 145-152.

刘幼平. 2002. 黔西北地区铅锌矿成矿规律及找矿模式初探. 贵州地质, 19 (3): 169-174.

刘玉平, 苏文超, 皮道会, 等. 2009. 滇黔桂低温成矿域基底岩石的锆石年代学研究. 自然科学进展, 19 (12): 1319-1325.

刘智荣. 2007. 贵州南部泥盆系层序地层划分和层序地层格架的建立. 地质通报, 26 (2): 206-214.

柳贺昌. 1995. 峨眉山玄武岩与铅锌成矿. 地质与勘探, 31 (4): 1-6.

柳贺昌. 1996. 滇、川、黔铅锌成矿区的成矿模式. 云南地质, 15 (1): 41-51.

柳贺昌, 林文达. 1999. 滇东北铅锌银矿床规律研究. 昆明: 云南大学出版社.

柳淮之, 钟自云, 姚明. 1986. 右江裂谷带初探. 桂林冶金地质学院学报, 6 (1): 9-19.

柳少波, 王联魁. 1996. 金矿床成岩成矿时差述评. 地质论评, 42 (2): 154-165.

卢焕章, 范宏瑞, 倪培, 等. 2010. 流体包裹体. 北京: 科学出版社.

路远发. 2004. GeoKit: 一个用 VBA 构建的地球化学工具软件包. 地球化学, 33 (5): 459-464.

马东升, 潘家永, 解庆林, 等. 2002. 湘中锑 (金) 矿床成矿物质来源——I. 微量元素及其实验地球化学证据. 矿床地质, 21 (3): 366-376.

马东升, 潘家永, 谢庆林, 等. 2002. 湘中锑 (金) 矿床成矿物质来源. 矿床地质, 21 (3): 366-376.

马力, 陈焕疆, 甘克文, 等. 2004. 中国南方大地构造和海相油气地质. 北京: 地质出版社.

毛德明. 2000. 贵州赫章天桥铅锌矿床围岩的氧、碳同位素研究. 贵州工业大学学报 (自然科学版), 29 (2): 88-11.

毛景文, 李晓峰, 李厚民, 等. 2005. 中国造山带内生金属矿床类型、特点和成矿过程探讨. 地质学报, 79 (3): 342-372.

毛景文, 周振华, 丰成友, 等. 2012. 初论中国三叠纪大规模成矿作用及其动力学背景. 中国地质, 39 (6): 1437-1471.

欧锦秀. 1996. 贵州水城青山铅锌矿床的成矿地质特征. 桂林冶金地质学院学报, 16 (3): 277-282.

彭建堂. 2000. 锑的大规模成矿与超常富集机制——以扬子地块南缘锑矿带为例. 中国科学院地球化学研究所博士后研究工作报告.

彭建堂, 胡瑞忠. 2001. 湘中锡矿山超大型锑矿床的碳、氧同位素体系. 地质论评, 47 (1): 34-41.

彭建堂, 胡瑞忠, 邓海琳, 等. 2001. 湘中锡矿山锑矿床的 Sr 同位素地球化学. 地球化学, 30 (3): 248-256.

彭建堂, 胡瑞忠, 蒋国豪. 2003a. 萤石 Sm-Nd 同位素体系对晴隆锑矿床成矿时代和物源的制约. 岩石学报, 19 (4): 785-791.

彭建堂, 胡瑞忠, 赵军红, 等. 2003b. 湘西沃溪 Au-Sb-W 矿床中白钨矿 Sm-Nd 和石英 Ar-Ar 定年. 科学通报, 48 (18): 1976-1981.

彭建堂, 胡瑞忠, 赵军红, 等. 2002. 锡矿山锑矿床热液方解石的 Sm-Nd 同位素定年. 科学通报, 47 (10): 789-792.

彭建堂, 胡瑞忠, 漆亮, 等. 2004. 锡矿山热液方解石的 REE 分配模式及其制约因素. 地质论评, 50 (1): 25-32.

阚梅英, 罗安屏, 张立生. 1993. 滇东北上震旦-下寒武统层控铅锌矿. 成都: 成都科技大学出版社.

饶纪龙. 1977. 地球化学中的热力学. 北京: 科学出版社.

任纪舜. 1983. 中国大地构造及其演化. 北京: 科学出版社.

邵世才. 1995. 扬子地台西缘层控铅锌矿床地质地球化学研究. 中国科学院地球化学研究所博士后出站报告.

沈能平. 2008. 湖北徐家山锑矿床地球化学和成矿机理研究. 中国科学院研究生院 (地球化学研究所) 博士学位论文.

沈能平, 彭建堂, 袁顺达, 等. 2007. 湖北徐家山锑矿床方解石 C、O、Sr 同位素地球化学. 地球化学, 36 (5): 479-485.

沈苏, 金明霞, 陆元法. 1988. 西昌-滇中地区主要矿产成矿规律及找矿方向. 重庆: 重庆出版社.

沈渭洲 . 1997. 同位素地质学教程 . 北京：原子能出版社 .

史明魁，傅必勤，靳西祥 . 1993. 湘中锑矿 . 长沙：湖南科学技术出版社 .

司荣军 . 2005. 云南省富乐分散元素多金属矿床地球化学研究 . 中国科学院地球化学研究所博士学位论文 .

宋谢炎，侯增谦，汪云亮，等 . 2002. 峨眉山玄武岩的地幔热柱成因 . 矿物岩石，22（4）：27-32.

苏书灿 . 1992. 贵州锑矿地质特征及成矿规律 . 西南矿产地质，6（4）：8-17.

苏书灿 . 1993. 独山锑矿带地质特征及化探找矿模式 . 西南矿产地质，7（2）：51-56.

苏文超 . 2002. 扬子地块西南缘卡林型金矿床成矿流体地球化学研究 . 中国科学院地球化学研究所博士论文 .

苏文超 . 2009. 黔西南卡林型金矿热液化学及其成矿作用 . 中国科学院广州地球化学研究所博士后报告 .

苏文超，张弘弢，夏斌，等 . 2006. 贵州水银洞卡林型金矿床首次发现大量次显微–显微可见自然金颗粒 . 矿物学报，26（3）：257-260.

索书田，毕先梅，赵文霞，等 . 1998. 右江盆地三叠纪岩层极低级变质作用及地球动力学意义 . 地质科学，33（4）：395-405.

陶长贵，刘觉生，戴国厚 . 1987. 册亨丫他金矿床地质特征及成因初探 . 贵州地质，2：135-150.

陶琰，高振敏，金景福，等 . 2002. 湘中锡矿山式锑矿成矿地质条件分析 . 地质科学，37（2）：184-195.

涂光炽 . 1984. 层控矿床地球化学（上）. 北京：科学出版社 .

涂光炽 . 1987. 层控矿床地球化学（中）. 北京：科学出版社 .

涂光炽 . 1988. 层控矿床地球化学（下）. 北京：科学出版社 .

涂光炽 . 1998. 低温地球化学 . 北京：科学出版社 .

涂光炽 . 2002. 我国西南地区两个别具一格的成矿带（域）. 矿物岩石地球化学通报，21（1）：1-2.

王登红 . 2001. 地幔柱的概念、分类、演化与大规模成矿：对中国西南部的探讨 . 地学前缘，8（3）：67-72.

王鸿桢 . 1986. 中国华南地区地壳构造发展的轮廓——华南地区古大陆边缘构造史 . 武汉：武汉地质学院出版社 .

王华云 . 1993. 贵州铅锌矿的地球化学特征 . 贵州地质，10（4）：272-290.

王华云，梁福谅，曾鼎权 . 1996. 贵州铅锌矿地质 . 贵阳：贵州科技出版社 .

王加昇 . 2012. 西南低温成矿域成矿作用、时代与动力学研究 . 中国科学院研究生院（地球化学研究所）博士学位论文 .

王奖臻，李朝阳，李泽琴，等 . 2001. 川滇黔地区密西西比河谷型铅锌矿床成矿地质背景及成因探讨 . 地质地球化学，29（2）：41-45.

王奖臻，李朝阳，李泽琴，等 . 2002. 川滇黔交界地区密西西比河谷型铅锌矿床与美国同类矿床对比 . 矿物岩石地球化学通报，21（2）：127-137.

王林江 . 1994. 黔西北铅锌矿床的地质地球化学特征 . 桂林冶金地质学院学报，14（2）：125-130.

王清晨，蔡立国 . 2007. 中国南方显生宙大地构造演化简史 . 地质学报，81（8）：1025-1040.

王小春 . 1990. 论 MVT 铅锌矿床与沉积作用的关系——以四川天宝山和大梁子矿床为例 . 地学进展，（2）：39-42.

王学焜 . 1995. 贵州独山改造型锑矿地球化学特征 . 地质论评，41（1）：61-73.

王学焜，金世昌 . 1994. 贵州独山锑矿地质 . 昆明：云南科技出版社 .

王雅丽，金世昌 . 2010. 贵州独山半坡与巴年锑矿包裹体地球化学特征对比 . 有色金属，63（3）：123-128.

王砚耕 . 1990. 黔西南及邻区两类赋金层序与沉积环境 . 岩相古地理，6：8-13.

王砚耕，索书田，张明发 . 1994. 黔西南构造与卡林型金矿 . 北京：地质出版社 .

王砚耕，王立亭，张明发，等 . 1995. 南盘江地区浅层地壳结构与金矿分布模式 . 贵州地质，11（2）：91-183.

王则江，汪岸儒 . 1985. 四川天宝山、大梁子铅锌矿床古岩溶洞穴沉积成因研究 . 地质与勘探，（10）：8-15.

王泽鹏 . 2013. 贵州省西南部低温矿床成因及动力学机制研究——以金、锑矿床为例 . 中国科学院大学（地球化学研究所）博士学位论文 .

王中刚，于学元，赵振华 . 1987. 稀土元素地球化学 . 北京：科学出版社 .

韦天蛟 . 1991. 贵州锑矿地质勘查与研究的进展 . 贵州地质，8（1）：23-31.

韦文灼 . 1993. 马雄锑矿床地质特征 . 西南矿产地质，7（2）：8-16.

乌家达，肖启明，赵守耿 . 1989. 中国锑矿床 . 见：宋叔和主编，中国矿床（上册）. 北京：地质出版社，338-410.

吴越 . 2013. 川滇黔地区 MVT 铅锌矿床大规模成矿作用的时代与机制 . 中国地质大学（北京）博士学位论文 .

夏勇 . 2005. 贵州贞丰县水银洞金矿成矿特征和金的超常富集机制研究 . 中国科学院地球化学研究所博士论文 .

肖启明，曾笃仁，金富秋，等 . 1992. 中国锑矿床时空分布规律及找矿方向 . 地质与勘探，28（12）：9-14.

肖宪国 . 2014. 贵州半坡锑矿床年代学、地球化学及成因 . 昆明理工大学博士学位论文 .

谢家荣.1963.中国矿床学总论.北京：学术书刊出版社.

熊赫.1985.贵州独山锑矿形成机理初步探讨.贵州地质，(3)：205-213.

徐新煌，龙训荣，温春齐，等.1996.赤普铅锌矿床成矿物质来源研究.矿物岩石，16（3）：54-59.

许靖华，孙枢，李继亮.1987.是华南造山带而不是华南地台.中国科学（B），10：1107-1115.

鄢明才，迟清华.1997.中国东部地壳与岩石的化学组成.北京：科学出版社.

严再飞.2007.峨眉山大火成岩省二滩玄武岩地球化学及源区特征.中国科学院地球化学研究所博士学位论文.

杨春林.1993.广西马雄锑矿床地质特征及矿化富集规律.地质与勘探，29（10）：16-21.

杨科佑，陈丰，杨科伍，等.1992.滇黔桂地区微细浸染型金矿成矿条件和矿床预测研究.科研报告.

杨科佑，陈丰，苏文超，等.1994.滇黔桂地区卡林型金矿的地质地球化学特征及找矿前景.见：中加金矿床对比研究——CIDA项目Ⅱ—17文集.北京：地震出版社.17-30.

杨应选，管士平.1994.康滇地轴东缘铅锌矿床成因及成矿规律.成都：四川科技大学出版社.

叶绪孙，严云秀，何海洲.1999.广西大厂超大型锡矿成矿条件与历史演化.地球化学，28（3）：213-221.

余金杰，闫升好.2000.锑矿床研究若干问题初探.矿床地质，19（2）：166-172.

余跃新.1988.四川大梁子铅锌矿床地质特征及其成因探讨.成都地质学院研究生毕业论文.

云南省地质矿产局.1990.云南省区域地质志.北京：地质出版社.

曾令刚.2006.四川甘洛则板沟铅锌矿床成因及找矿方向探讨.成都理工大学硕士学位论文.

曾允孚，张锦泉，刘文均.1993.中国南方泥盆纪岩相古地理与成矿作用.北京：地质出版社.

翟建平，胡凯，陆建军.1996.应用氢氧同位素研究矿床成因的一些问题探讨.地质科学，31（3）：229-237.

张长青.2008.中国川滇黔交界地区密西西比型（MVT）铅锌矿床成矿模型.中国地质大学（北京）博士学位论文.

张长青，毛景文，刘峰，等.2005.云南会泽铅锌矿床粘土矿物K-Ar测年及其地质意义.矿床地质，24（3）：317-324

张长青，毛景文，吴锁平，等.2005.川滇黔地区MVT铅锌矿床分布、特征及成因.矿床地质，24（3）：336-348.

张长青，毛景文，余金杰，等.2007.四川甘洛赤普铅锌矿床流体包裹体特征及成矿机制初步探讨.岩石学报，23（10）：2541-2552.

张长青，李向辉，余金杰，等.2008.四川大梁子铅锌矿床单颗粒闪锌矿铷-锶测年及地质意义.地质论评，54（4）：532-538.

张德会.1992.矿物包裹体液相成分及其矿床成因意义.地球科学，11（6）：677-688.

张德会.1997.成矿流体中金属沉淀机制研究综述.地质科技情报，16（3）：53-58.

张德会，刘伟.1998.流体包裹体成分与金矿床成矿流体来源.地质科技情报，17（6）：67-71.

张国林，姚金炎，谷相平.1998.中国锑矿床类型及时空分布规律.矿产与地质，12（5）：306-312.

张弘弢.2007.贵州水银洞卡林型金矿床含金硫化物地球化学与金的赋存状态研究.中国科学院研究生院硕士学位论文.

张弘弢，苏文超，田建吉，等.2008.贵州水银洞卡林型金矿床金的赋存状态初步研究.矿物学报，28（1）：17-24.

张理刚.1992.铅同位素地质研究现状及展望.地质与勘探，28（4）：21-29.

张立生.1988.康滇地轴东缘以碳酸盐为主岩的Pb-Zn矿床的几个地质问题.矿床地质，17：182-190.

张启厚，毛健全，顾尚义.1998.水城赫章铅锌矿成矿的金属物源研究.贵州工业大学学报（自然科学版），27（6）：26-34.

张乾，潘家永，邵树勋.2000.中国某些多属矿床矿石铅来源的铅同位素诠释.地球化学，29（3）：231-238.

张位及.1984.试论滇东北Pb-Zn矿床的沉积成因和成矿规律.地质与勘探，(7)：11-16.

张文淮，陈紫英.1993.流体包裹体地质学.北京：地质出版社.

张文佑.1983.中国及邻区海陆大地构造图.北京：科学出版社.

张文佑.1984.断块构造导论.北京：石油出版社.

张云湘，骆耀南，杨崇喜.1988.攀西裂谷.北京：地质出版社.

张招崇，王福生.2003.峨眉山玄武岩Sr、Nd、Pb同位素特征及其物源探讨.地球科学——中国地质大学学报，28（4）：431-439.

张振亮.2006.云南会泽铅锌矿床成矿流体性质和来源——来自流体包裹体和水岩反应实验的证据.中国科学院地球化学研究所博士学位论文.

张志坚，张文淮.1999.黔西南卡林型金矿成矿流体性质及其与矿化的关系.地球科学，24（1）：74-78.

赵准.1995.滇东、滇东北地区铅锌矿床的成矿模式.云南地质，14（4）：364-376.

郑传仑.1994.黔西北铅锌矿的矿质来源.桂林冶金地质学院学报，14（2）：113-124.

郑永飞.2001.稳定同位素体系理论模式及其矿床地球化学应用.矿床地质,20:57-85.

郑永飞,陈江峰.2000.稳定同位素地球化学.北京:科学出版社.

钟大赍.1998.滇川西部古特提斯造山带.北京:科学出版社.

钟汉,姚凤良.1987.金属矿床.北京:地质出版社.

周朝宪.1996.滇东北麟麒厂锌铅矿床成矿金属来源、成矿流体特征和成矿机理研究.中国科学院地球化学研究所硕士研究生学位论文.

周朝宪,魏春生,杨朝阳.1998.扬子地块西南缘下震旦系火成岩系研究.矿物学报,18(4):401-410.

朱炳泉.1993.矿石Pb同位素三维空间拓扑图解用于地球化学省和矿种区划.地球化学,(3):209-216.

朱炳泉.1998.地球科学中同位素体系理论与应用—兼论中国大陆壳幔演化.北京:科学出版社.

朱炳泉,常向阳,王慧芬.1995.华南-扬子地球化学边界及其对超大型矿床形成的控制.中国科学(B),25(9):104-108.

朱赖民.1998.扬子地块西南缘(贵州)低温金属成矿域元素共生分异机制研究.中科院地球化学研究所博士后科研报告.

朱赖民,袁海华,栾世伟.1995.四川底苏、大梁子铅锌矿床同位素地球化学特征及成矿物质来源探讨.矿物岩石,15(1):72-79.

朱立军.1995.贵州绿豆岩中粘土矿物特征及其成因探讨.矿物学报,15(1):75-81.

Ali J R, Lo C H, Thompson G M, et al. 2004. Emeishan Basalt Ar-Ar overprint ages define several tectonic events that affected the western Yangtze Platform in the Meso-and Cenozoic. J Asian Earth Sci, 22:163-178.

Ali J R, Thompson G M, Zhou M F, et al. 2005. Emeishan large igneous province, SW China. Lithos, 79:475-489.

Anderson I K, Andrew C J, Ashton J H, et al. 1989. Preliminary sulfur isotope data of diagenetic and vein sulfides in the Lower Palaeozoic strata of Ireland and southern Scotland: Implications for Zn+Pb+Ba mineralization. Geol Soc London J, 146:715-720.

Anderson I K, Ashton J H, Boyce A J, et al. 1998. Ore depositional processes in the Navan Zn+Pb deposit, Ireland. Econ Geol, 93:535-563.

Andrade F R D, Möller P, Lüders V, et al. 1999. Hydrothermal rare earth elements mineralization in the Barra do Itapirapuāacarbonatite, southern Brazil: behaviour of selected trace elements and stable isotopes (C, O). Chem Geol, 155:91-113.

Arehart G B, Chryssoulis S L, Kesler S E. 1993. Gold and arsenic in iron sulfides from sediment-hosted disseminated gold deposits: Implications for depositional processes. Econ Geol, 88:171-185.

Arehart G B. 1996. Characteristics and origin of sediment-hosted disseminated gold deposits: a review. Ore Geol Rev, 11:383-403.

Arntson R H, Dickson F W. 1966. Tunell G. Stibnite (Sb$_2$S$_3$) solubility in sodium sulfide solutions. Sciences, 53:1673-1674.

Ashley R P, Cunningham C G, Bostick N H, et al. 1991. Geology and Geochemistry of three sedimentary-rock-hosted disseminated gold deposits in Guizhou Province, People's Republic of China. Ore Geol Rev, 6:133-151.

Bakker R J. 1997. Clathrates: computer programs to calculate fluid inclusion V-X propertites using clathrate melting temperatures: Computers & Geosciences, 23:1-18.

Barnes H L. 1972. Deposition of hydrothermal ores. 24th Internal Geol Cong, Sec 10, Geochemistry, 213.

Barnes H L. 1997. Geochemistry of Hydrothermal Ore Deposits (3rd eds). New York: John Wiley and Sons.

Barnes H L, Romberger S B, Stemprok M. 1967. Ore solution chemistry II. Solubility of HgS in sulfide solutions. Econ Geol, 62:957-982.

Bastin E S. 1939. Contributions to a Knowledge of the Lead and Zinc Deposits of the Mississippi Valley Region. Geological Society of America, Special Paper, 24:156.

Basuki N I, Taylor B E, Spooner E T C. 2008. Sulfur isotope evidence for thermochemical reduction of dissolved sulfate in Mississippi valley type zinc-lead mineralization, Bongara area, northern Peru. Econ Geol, 103:183-799.

Bau M, Dulski P. 1995. Comparative study of yttrium and rare-earth element behaviours in fluorine-rich hydrothermal fluids. Contrib Mineral Petrol, 119:213-223.

Bodnar R J. 1993. Revised equation and table for determining the freezing point depression of H$_2$O-NaCl solutions. Geochim Cosmochim Acta, 57:683-684.

Bodnar R J, Reynolds T J, Kuehn C A. 1985. Fluid inclusion systematics in epithermal systems: Reviews. Econ Geol, 80:73-79.

Boynton W V. 1984. Cosmochemistry of the rare earth elements: meteorite studies. DevGeochem, 2:63-114.

Brugger J, Lahaye Y, Costa S, et al. 2000. Inhomogeneous distribution of REE in scheelite and dynamics of Archaean hydrothermal systems (Mt. Charlotte and Drysdale gold deposits, Western Australia). Contrib Mineral Petrol, 139:251-264.

Burke E A J. 2001. Raman microspectrometry of fluid inclusions. Lithos, 55: 139-158.

Burke W H. 1982. Variation of seawater $^{87}Sr/^{86}Sr$ throughout phanerozoic. Geology, 10: 516-519.

CailT L, Cline J S. 2001. Alteration association with gold deposition at the Getchell Carlin-type gold deposit, north-central Nevada. Econ Geol, 96: 1343-1359.

Cardile C M, Cashion J D, McGrath A C, et al. 1993. ^{197}Au Mössbauer study of Au_2S and gold adsorbed onto As_2S_3 and Sb_2S_3 substrates. Geochim Cosmochim Acta, 57: 2481-2486.

Chacko T, Mayeda T K, Clayton R N, et al. 1991. Oxygen and carbon isotope fractionations between CO_2 and calcite. Geochimica et Cosmochimica Acta, 55: 2867-2882.

Cheilletz A, Giuliani G. 1996. The genesis of Colombian emeralds: A restatement. Mineralium Deposita, 31: 359-364.

Chen F K, Hegner E, Todt W. 2000. Zircon ages and Nd isotopic and chemical compositions of orthogneisses from the Black Forest, Germany: evidence for a Cambrian magmatic arc. International Journal of Earth Sciences, 88 (4): 791-802.

Chen F K, Siebel W, Satir M, et al. 2002. Geochronology of the Karadere basement (NW Turkey) and implications for the geological evolution of the Istanbul zone. International Journal of Earth Sciences, 91 (3): 469-481.

Chen J F, Jahn B. 1998. Crustal evolution of southeastern China: Nd and Sr isotopic evidence. Tectonophysics, 284: 101-133.

Chen Y W. 1982. Lead isotopic composition and genesis of Phan erozoic metal deposits in China. Geochemistry, 1: 137-158.

Chesley J T, Halliday A N, Scrivener R C. 1991. Samarium-neodymium direct dating of fluorite mineralization. Science, 252: 949-951.

Chung S L, John B M. 1995. Plume-lithosphere interaction in generation of the Emeishan flood basalts at the Permian-Triassic boundary. Geology, 23: 889-892.

Cline J S. 2001. Timing of gold and arsenic sulfide deposition at the Getchell Carlin-type gold deposit, North-central Nevada. Econ Geol, 96: 75-89.

Coltorti M, Beccaluva L, Bonadiman C, et al. 2000. Glasses in mantle xenoliths as geochemical indicators of metasomatic agents. Earth Planet Sci Lett, 183: 303-320.

Coplen TB, Kendall C, Hopple J. 1983. Comparison of stable isotope reference samples. Nature, 302: 236-238.

Czamanske G K, Rye R O. 1974. Experimentally determined sulfur isotope fractionations between sphalerite and galena in the temperature range 600℃ to 275℃. Econ Geol, 69: 17-25.

Dejonghe J, Boulegue J, Demaffe D, et al. 1989. Isotope geochemistry (S, C, O, Sr, Pb) of the Chaud-fontaine mineralization (Belgium). Mineralium Deposita, 24: 132-134.

Demény A, Ahijado A, Casillas R, et al. 1998. Crustal contamination and fluid/rock interaction in the carbonatites of Fuerteventura (Canary Islands, Spain): a C, O, H isotope study. Lithos, 44: 101-115.

Demény A, Harangi Sz. 1996. Stable isotope stukees on carbonate formations in alkaline basalt and lamprophyre series: evolution of magmatic fluids and magma-sediment interaction. Lithos, 37: 335-349.

Diamond L W. 1992. Stability of CO_2 clathrate + CO_2 liquid + CO_2 vapour + aqueous KCl-NaCl solutions: Experimental determination and application to salinity estimates of fluid inclusions: Geochim Cosmochim Acta, 56: 273-280.

Diamond L W. 2001. Review of the systematics of CO_2-H_2O fluid inclusions. Lithos, 55: 69-99.

Dixon G, Davidson G J. 1996. Stable isotope evidence for thermochemical sulfate reduction in the Dugald River (Australia) stratabound shale-hosted zinc-lead deposit. Chem Geol, 129: 227-246.

Emsbo P, Hofstra A H. 2003. Origin and significance of postore dissolution collapse breccias cemented with calcite and barite at the Meikle gold deposit, Northern Carlin Trend, Nevada. Econ Geol, 1243-1252.

Faure G. 1977. Principles of isotope geology. John Wiley & Sons, New York.

Feng J Z. 2009. Geochemical atlas in Guizhou Province, Chian. Beijing: Geological Publishing House.

Fleet M E, Mumin A H. 1997. Gold-bearing arsenian pyrite and marcasite and arsenopyrite from Carlin trend gold deposits and laboratory synthesis. Am Mineral, 82: 182-193.

Friedl J, Wagner F E, Wang N. 1995. On the chemical state of combined gold in sulfidic ores: Conclusions from Mössbauer source experiments. Neues Jahrbuch für Mineralogie-Abhandlungen, 169: 279-290.

Friedman I, O'Neil J R. 1977. Compilation of stable isotope fractionation factors of geochemical interest. US Geological Survey Professional Paper, 440-kk: 1-12.

Ghaderi M, Palin M J, Sylvester P J, et al. 1999. Rare earth element systematics in scheelites from hydrothermal gold deposits in the Kalgoorlie-Norseman region, Western Australia. Econ Geol, 94: 423-438.

Ghazban F, Schwarcz H P, Ford D C. 1990. Carbon and sulfur isotope evidence for in situ reduction of sulfate in Nanisivik zinc-lead deposits, Northwest Territories, Baffin Island, Canada. Econ Geol, 85: 360-375.

Gu X X, Liu J M, Schulz O, et al. 2002, Syngenetic origin for the sediment-hosted disseminated gold deposits in NW Sichuan, China: ore fabric evidence. Ore Geol Rev, 22: 91-116.

Günther D, Audétat A, Frischknecht R, et al. 1998. Quantitative analysis of major, minor, and trace elements in fluid inclusions using laser ablation-inductively coupled plasma mass spectrometry. Journal of Analytical Atomic Spectrometry, 13: 263-270.

Günther D, Heinrich C A. 1999. Enhanced sensitivity in laser ablation-ICP mass spectrometry using helium-argon mixtures as aerosol carrier. Journal of Analytical Atomic Spectrometry, 14: 1363-1368.

Hall D L, Sterner S M, Bodnar R J. 1988. Freezing point depression of NaCl-KCl-H_2O solutions: Econ Geol, 83: 197-202.

Halliday A N. 1980. The timing of early and main stage ore mineralization in Southwest Cornwall: Econ Geol, 75: 752-759.

Han R S, Liu C Q, Huang Z L, et al. 2007b. Geological features and origin of the Huize carbonate-hosted Zn−Pb− (Ag) District, Yunnan, South China. Ore Geol Rev, 31: 360-383.

Han R S, Zou H J, Hu B, et al. 2007a. Features of fluid inclusions and sources of ore-forming fluid in the Maoping carbonate-hosted Zn-Pb-(Ag-Ge) deposit, Yunnan, China. Acta Petrologica Sinica, 23 (9): 2109-2118.

Hass J L. 1971. The effect of sality on the maximum theral gradient of a hydrothermal system at hydrostatic pressure. Econ Geol, 66: 940-946.

Hayashi K, Sugaki A, Kitakaze A. 1990. Solubility of sphalerite in aqueous sulfide solutions at temperatures between 25 and 240℃. Geochim Cosmochim Acta, 54: 715-725.

He B, Xu Y G, Chung S L, et al. 2003. Sedimentary evidence for doming prior to the eruption of the Emeishan flood basalts. Earth Planet Sci Lett, 213: 391-405.

Hecht L, Freiberger R, Gilg T A, et al. 1999. Rare earth element and isotope (C, O, Sr) characteristics of hydrothermal carbonates: genetic implications for dolomite-hosted talc mineralization at Göpfersgrün (Fichtelgebirge, Germany). Chem Geol, 155: 115-130.

Heinrich C A, Eadington P J. 1986. Thermodynamic predictions of the hydrothermal chemistry of arsenic, cassiterite-arsenopyrite-base metal sulfide deposits: Econ Geol, 81: 511-529.

Heinrich C A, Pettke T, Halter W E, et al. 2003. Quantitative multi-element analysis of minerals, fluid and melt inclusions by laser-ablation inductively-coupled-plasma mass spectrometry. Geochim Cosmochim Acta, 67 (18): 3473-3497.

Hofstra A H, Christensen O D. 2002. Comparison of Carlin-type Au deposits in the United States, China, and Indonesia: implications for genetic models and exploration. In: Peters S G (eds), Geology, Geochemistry, and Geophysics of sedimentary rock-hosted Au deposits in P. R. China. US Geological Survey Open-File Report 02-131, Chapter 2, 62-94.

Hofstra A H, Cline J S. 2000. Characteristics and Models for Carlin-Type Gold Deposits. Rev Econ Geol. In: Hagemann S G, Brown P E (eds), GOLD IN 2000. 163-220.

Hofstra A H, Leventhal J S, Northrop H R, et al. 1991. Genesis of sediment-hosted disseminated gold deposits by fluid mixing and sulfidization: Chemical-reaction-path modeling of ore-depositional processes documented in the Jerritt Canyon district, Nevada. Geology, 19: 36-40.

Hofstra A H, Zhang X C, Emsbo P, et al. 2005. Source of ore fluids in Carlin-type gold deposits in the Dian-Qian-Gui area and West Qinling belt, P. R. China: Implications for genetic models. In: Mao J W, Bierlein F P (eds). Mineral Deposits Research: Meeting the Global Challenge, Springer-Verlag, Heidelberg, 1: 533-536.

Horstmann U E, Verwoerd W J. 1997. Carbon and oxygen isotope variations in southern African carbonatites. J Afr Earth Sci, 25: 115-136.

Hu M -A, Disnar J R, Surean J F. 1995. Organic geochemical indicators of biological sulphate reduction in early diagenetic Zn-Pb mineralization: the Bois-Madame deposit (Gard, France). Applied Geochem, 10 (4): 419-435.

Hu R Z, Su W C, Bi X W, et al. 2002. Geology and geochemistry of Carlin-type gold deposits in China. Mineralium Deposita, 37: 378-392.

Hu R Z, Zhou M F. 2012. Multiple Mesozoic mineralization events in South China—an introduction to the thematic issue. Mineralium Deposita, 47: 589-605.

Hu X W, Pei R F, Su Z. 1996. Sm-Nd dating for antimony mineralization in the Xikuangshan deposit, Hunan, China. Resource Geology, 46 (4): 227-231.

Huang Z L, Li W B, Chen J, et al. 2003. Carbon and oxygen isotope constraints on the mantle fluids join the mineralization of the Huize super-large Pb-Zn deposits, Yunnan Province, China. J Geochem Explor, 78/79: 637-642.

Huang Z L, Li X B, Zhou M F, et al. 2010. REE and C-O Isotopic Geochemistry of Calcites from the World-class Huize Pb-Zn Deposits, Yunnan, China: Implications for the Ore Genesis. Acta Geologica Sinica, 84: 597-613.

Huang Z L, Xu C, McCaig A, et al. 2007. REE Geochemistry of fluprite from the Maoniuping REE deposit, Sichuan Province, China: implications for the source of ore-forming fluids. Acta Geological Sinica, 81: 622-636.

Johan Z, Marcoux E, Bonnemaison M. 1989. Arsenopyrite aurifere: mode de substitution de Au dans le structure de Fe-AsS. C. R. Academy of Science, Paris, 308: 185-191.

Johannesson K H, Lyons W B. 1995. Rare-earth element geochemistry of Colour Lake, an acidic freshwater lake on Axel Heiberg Island, Northwest Territories, Canada. Chem Geol, 119: 209-223.

Johannesson K H, Lyons W B, Yelken M A, et al. 1996. Geochemistry of rare-earth elements in hypersaline and dilute acidic natural terrestrial waters: complexation behaviour and middle rare-earth element enrichment. Chem Geol, 133: 124-144.

Jorgenson B B, Isaksen M F, Jannasch H W. 1992. Bacterial sulfate reduction above 100℃ in deep sea hydrothermal vent sediments. Science, 258: 1756-1757.

Kesler S E, Fortuna J, Ye Z J, et al. 2003. Evaluation of the role sulfidation in deposition of gold, Screamer section of the Betze-Post Carlin-type deposit, Nevada. Econ Geol, 98: 1137-1157.

Krupp R E. 1988. Solubility of stibnite in hydrogensulfide solutions, speciation, and equili-brium constants, from 25 to 35℃. Geochim Cosmochim Acta, 52: 3005-3015.

Leach D L, Bradley D, Lewchuk M T, et al. 2001. Mississippi valley-type lead-zinc deposits through geological time: implications from recent age-dating research. Mineral Deposita, 36: 711-740.

Leach D L, Sangster D F. 1993. Mississippi Valley-type lead-zinc deposits. Geological Association of Canada Special Paper, 40: 289-314.

Li J L, Feng D M, Qi F, et al. 1995. The existence of the negative charge state of gold in sulfide minerals and its formation mechanism. Acta Geologica Sinica, 69: 67-77.

Li W B, Huang Z L, Yin M D. 2007. Dating of the Giant Huize Zn-Pb Ore Field of Yunnan Province, Southwest China: Constraints from the Sm-Nd System in Hydrothermal Calcite. Resource Geology, 57: 90-97.

Li W B, Huang Z L, Yin M D. 2007. Isotope geochemistry of the Huize Zn-Pb ore field, Yunnan Province, Southwestern China: Implication for the sources of ore fluid and metals. Geochemical Journal, 41: 65-81.

Li X B, Huang Z L, Li W B, et al. 2006. Sulfur isotopic compositions of the Huize super-large Pb-Zn deposit, Yunnan province, China: Implications for the source of sulfur in the ore-forming fluids. Journal of Geochemical Exploration, 89: 227-230.

Liu J M, Ye J, Ying H L, et al. 2002. Sediment-hosted micro-disseminated gold mineralization constrained by basin paleo-topograhic highs in the Youjiang basin, South China. J Asian Earth Sci, 20: 517-533.

Liu S, Su W C, Hu R Z, et al. 2010. Geochronological and geochemical constraints on the petrogenesis of alkaline ultramafic dykes from southwest Guizhou Province, SW China. Lithos, 114: 253-264.

Lo C H, Chung S L, Lee T Y, et al. 2002. Age of the Emeishan flood magmatism and relations to Permian-Triassic boundary events. Earth Planet Sci Lett, 198 (3-4): 449-458.

Lottermoser B G. 1992. Rare earth elements and hydrothermal ore formation processes. Ore Geol Rev, 7: 25-41.

Lovering T G. . 1972. Jasperoid in the United States-Its characteristics, origins, and economic significance. US Geological Survey Professional Paper, 710: 164.

Machel H G. 1989. Relationships between sulphate reduction and oxidation of organic compounds to carbonate diagenesis, hydrocarbon accumulations, salt domes, and metal sulphide deposits. Carbonates Evaporites, 4: 137-151.

McLennan S M, Taylor S R. 1979. Rare earth element mobility associated with uranium mineralization. Nature, 282: 247-250.

Möller P, Morteani G, Dulski P. 1984. The origin of the calcites from Pb-Zn veins in the Harz Mountains, Federal Republic of Germany. Chem Geol, 45: 91-112.

Möller P, Parekh P P, Schneider H J. 1976. The application of Tb/Ca-Tb/La abundance ratios to problems of fluorite genesis. Mineral

Deposita, 11: 111-116.

Monecke T, Monecke J, Mönch W, et al. 2000. Mathematical analysis of rare earth element patterns of fluorites from the Ehrenfried-ersdorf tin deposit, Germany: evidence for a hydrothermal mixing process of lanthanides from two different sources. Mineral Petrol, 70: 235-256.

Naden J, Shepherd T J. 1989. Role of methane and carbon dioxide in gold deposition: Nature, 342: 793-795.

Nash J T. 1972. Fluid-inclusion studies of some gold deposits in Nevada. US Geological Survey Professional Paper, 800-C: C15-19.

Nesbitt B E. 1991. Phanerozoic gold deposits in tectonically active continental margins. In: Foster R P (eds). Gold metallogeny and exploration. Blackie Glasgow, 104-132.

Norton D, Knight J. 1977. Transport phenomena in hydrothermal systems: cooling plutons. Am J Sci, 277: 937-981.

Ohmoto H, Kaiser C J, Geer K A. 1990. Systematics of sulphur isotopes in recent marine sediments and ancient sediment-hosted base metal deposits. In: H. K Herbert and S. E. Ho (Editors), Stable isotopes and Fluid Processes in Mineralisation. Geol. Dep. Univ. Extens., Univ. of Western Australia, 23: 70-120.

Ohmoto H, Rye R O. 1979. Isotope geochemistry of ore deposits. In: Barnes H L (ed.), Geochemistry of hydrothermal ore deposits, John Wiley and Sons, 509-567.

Ohmoto H. 1972. Systematics of sulfur and carbon isotopes in hydrothermal ore deposits. Econ Geol, 67: 551-578.

Ohr M, Halliday A N, Peacor D R. 1994. Mobility and fractionation of rare earth element in argillaceous sediments: implications for dating diagenesis and low-grade metamorphism. Geochim Cosmochim Acta, 58: 289-312.

O'Neil J R, Clayton R N, Mayeda T K. 1969. Oxygen isotope fractionation in divalent metalcarbonates. The Journal of Chemical Physics, 51: 5547-5558.

Ottaway T L, Wicks F J, Bryndzia L T, et al. 1994. Formation of the Muzo hydrothermal deposit in Colombia. Nature, 369: 552-554.

Palenik C S, Utsunomiya S, Reich M, et al. 2004. "Invisible" gold revealed: Direct imaging of gold nanoparticles in a Carlin-type deposit. Am Mineral, 89: 1359-1366.

Pearce N J G, Leng M J. 1996. The origin of carbonatites and related rocks from the Igaliko Dyke Swarm, Gardar Province, South Greenland: field, geochemical and C-O-Sr-Nd isotope evidence. Lithos, 39: 21-40.

Peng J -T, Hu R -Z, Burnard P G. 2003. Samarium-neodymium isotope systematics of hydrothermal calcites from the Xikuangshan anti-mony deposit (Hunan, China): the potential of calcite as a geochronometer. Chem Geol, 200: 129-136.

Peters S G, Huang J Z, Li Z P, et al. 2007. Sediment rock-hosted Au deposits of the Dian-Qian-Gui area, Guizhou, and Yunnan Prov-inces, and Guangxi district, China. Ore Geol Rev, 31: 170-204.

Pettke T, Halter W E, Webster J D, et al. 2004. Accurate quantification of melt inclusion chemistry by LA-ICPMS: a comparison with EMP and SIMS and advantages and possible limitations of these methods. Lithos, 78: 333-361.

Pokrovski G S, Kara S, Roux J. 2002. Stability and solubility of arsenopyrite, FeAsS, in crustal fluids. Geochim Cosmochim Acta, 66: 2361-2378.

Ray J S, Ramesh R. 1999. Evolution of carbonatite complexes of the Deccan flood basalt province: stable carbon and oxygen isotopic constraints. J Geophy Res, 104 (B12): 29471-29483.

Reich M, Kesler S E, Utsunomiya S, et al. 2005. Solubility of gold in arsenian pyrite. Geochim Cosmochim Acta, 69: 2781-2796.

Reid D L, Cooper A F. 1992. Oxygen and carbon isotope patterns in the Dicker Willem carbonatite complex, southern Namibia. Chem Geol, 94: 293-305.

Ridley J, Diamond L. 2000. Fluid chemistry of orogenic lode gold deposits and implications for genetic models. In: Hagemann S G, Brown P E. GOLD IN 2000, 141-162.

Roedder E. 1984. Fluid inclusion. Rev Mineral, 12: 337-359.

Sangster D F. 1983. Mississippi Valley-type deposits: A geological mélange. In: Kisvarsanyi G, Grant S K, Pratt W P et al. Proceedings of International Conference on Mississippi Valley-type lead-zinc deposits. Rolla, MO, University of Missouri-Rolla Press, 7-19.

Sangster D F. 1996. Mississippi Valley-type lead-zinc, In: Geology of Canadian mineral deposit type (eds. O. R. Eckstrand, W. D. Sinclair, and R. I. Thorpe). Geol Surv Can, (8): 253-261.

Schrauder M, Koeberl C, Navon O. 1996. Trace element analyses of fluid-bearing diamonds from Jwaneng, Botswana. Geochim Cosmo-chim Acta, 60: 4711-4724.

Seal R. 2006. Sulfur isotope geochemistry of sulfide minerals. Reviews in Mineralogy & Geochemistry, 61: 633-677.

Seward T M. 1973. The complexes of gold and the transport of gold in hydrothermal ore solutions. Geochim Cosmochim Acta, 37: 379-399.

Seward T M. 1991. The hydrothermal geochemistry of gold. In: Foster R P (Eds). Gold metallogeny and exploration. Blackie, 37-62.

Sha P. 1993. Geochemistry and genesis of sediment-hosted disseminated gold mineralization at the Gold Quarry mine, Nevada. Ph D thesis, Univ of Alabama, Tuscaloosa.

Shen N P, Peng J T, Hu R Z, et al. 2010. Strontium and Lead Isotopic Study of the Carbonate-hosted Xujiashan Antimony Deposit from Hubei Province, South China: Implications for its Origin. Resource Geology, 61: 52-62.

Simon G, Kesler S E, Chryssoulis S. 1999. Geochemistry and textures of gold-bearing arsenian pyrite, Twin Creeks, Nevada: Implication for deposition of gold in Carlin-type deposits. Econ Geol, 94: 405-422.

Snee L W, Sutter J F, Kelly W C. 1988. Thermochronology of economic mineral deposits: Dating the stages of mineralization at Panasqueira, Portugal, by high-precision $^{40}Ar/^{39}Ar$ age spectrum techniques on muscovite: Econ Geol, 83: 335-354.

Song X Y, Zhou M F, Hou Z Q, et al. 2001. Geochemical Constraints on the Mantle Source of the Upper Permian Emeishan Continental Flood Basalts, Southwestern China. Inter Geol Rev, 43: 213-225.

Sourirajan S, Kennedy G C. 1962. The system H_2O-NaCl at elevated temperatures. American Journal of Science, 260 (2): 115-141.

Sterner S M, Bodnar R J. 1984. Synthetic fluid inclusions in natural quartz: 1. Compositional types synthesized and applications to experimental geochemistry. Geochim Cosmochim Acta, 48: 2659-2668.

Sterner S M, Hall D L, Bodnar R J. 1988. Synthetic fluid inclusions, V. Solubility relations in the system NaCl-KCl-H_2O under vapor-saturated conditions: Geochim Cosmochim Acta, 52: 989-1005.

Su W C, Heinrich C A, Pettke T, et al. 2009a. Sediment-hosted gold deposits in Guizhou, China: Products of wall-rock sulfidstion by deep crustal fluids. Econ Geol, 104: 73-93.

Su W C, Hu R Z, Xia B, et al. 2009b. Calcite Sm-Nd isochron age of the Shuiyindong Carlin-type gold deposit, Guizhou, China. Chem Geol, 258: 269-274.

Su W C, Xia B, Zhang H T, et al. 2008. Visible gold in arsenian pyrite at the Shuiyindong Carlin-type gold deposit, Guizhou, China: Implications for the environment and processes of ore formation. Ore Geol Rev, 33: 667-679.

Su WC, Zhang H T, Hu R Z, et al. 2012. Mineralogy and geochemistry of gold-bearing arsenian pyrite from the Shuiyindong Carlin-type gold deposit, Guizhou, China: implications for gold depositional process. Mineralium Deposita, 47: 653-662.

Subías I, Fernández-N C. 1995. Hydrothermal events in the Valle de Tena (Spanish Western Pyrenees) as evidenced by fluid inclusions and trace-element distribution from fluorite deposits. Chem Geol, 124: 267-282.

Sun Y D, Lai X L, Wignall P B, et al. 2010. Dating the onset and nature of the Middle Permian Emeishan large igneous province eruptions in SW China using conodont biostratigraphy and its bearing on mantle plume uplift models. Lithos, 119: 20-33.

Sverjensky D M. 1984. Europium rodox equilibrium in aqueous solutions. Earth Planet Sci Lett, 67: 70-78.

Takenouchi S, Kennedy A C. 1964. The binary system H_2O-CO_2 at high temperatures and pressures. American Journal of Science, 262: 1055-1074.

Taylor Jr H P, Frechen J, Degens E T. 1967. Oxygen and carbon isotope studies of carbonatites from the Laacher See District, West Germany and the Alno District Sweden. Geochim Cosmochim Acta, 31: 407-430.

Taylor Jr H P. 1974. The application of oxygen and hydrogen isotope studies to ptoblems of hydrothermal alteration and ore deposition. Econ Geol, 69: 843-883.

Tödheide K, Franck E U. 1963. Das Zweiphasengebiet und die kritische Kurve im System Kohlendioxid-Wasser bis zu Drucken von 3500 bar. Zeitschrift für Physkalisoche Chemie Neue Folge, 37: 387-401.

Truesdell A H. 1974. Oxygen isotope actives and concentrations in aqueous salt solutions at elevated temperatures- Consequence for isotope geochemist ry. Earth Planet Sci Lett, 23: 387-396.

Tu G Z. 1996. Low-Temperature Geochemistry. Beijing: Science Press.

Tunell G. 1964. Chemical processes inthe formation of mecury ores and oresof mecury and antimony. Geochim Cosmochim Acta, 25: 1019-1037.

Wang J Z, Li Z Q, Ni S J. 2003. Origin of ore-Forming fluids of Mississippi Valley-Type (MVT) Pb-Zn deposits in Kangdian Area, China. Chinese Journal of Geochemistry, 22 (4): 369-376.

Wells J D, Mullens T E. 1973. Gold-bearing arsenian pyrite determined by microprobe analysis, Cortez and Carlin gold mines, Nevada. Econ Geol, 68: 187-201.

Whitney P R, Olmsted J F. 1998. Rare earth element metasomatism in hydrothermal systems: the Willsboro-Lewis wollastonite ores, New York, USA. Geochim Cosmochim Acta, 62: 2965-2977.

Wood S A, Crerar D A, Boresik M P. 1987. Solubility of the assemblage pyrite-magnetite-sphaleritegalena-gold-stibnite-bismuthinite-argentite-molybdenite in the H_2O-NaCl-CO_2 solutions from 200°C to 350°C. Econ Geol, 82: 1864-1887.

Xu Y G, Chung S L, Jahn B M, et al. 2001. Petrologic and geochemical constraints on the petrogenesis of Permian-Triassic Emeishan flood basalts in southwestern China. Lithos, 58: 145-168.

Xu Y K, Huang Z L, Zhu D, et al. 2014. Origin of hydrothermal deposits related to the Emeishan magmatism. Ore Geol Rev, 63: 1-8.

Zartman R E, Doe B R. 1981. Plumbotectonics-the model. Tectonophys, 75: 135-162.

Zhang X C, Spiro B, Halls C. 2003. Sediment-Hosted Disseminated Gold deposits in Southwest Guizhou, PRC: Their Geological Setting and Origin in Relation to Mineralogical, Fluid inclusion, and Stable-Isotope Characteristics. Inter Geol Rev, 45: 407-470.

Zheng M H, Wang X C. 1991. Ore genesis of the Daliangzi Pb-Zn deposit in Sichuan, China. Econ Geol, 86: 831-846.

Zheng Y F, Hoefs J. 1993. Carbon-oxygen isotopic covariation in hydrothermal calcite: theoretical modeling on mixing processes and application to Pb-Zn deposits in the Harz Mountain, Germany. Mineralium Deposita, 28: 49-99.

Zheng Y F. 1990. Carbon-oxygen isotopic covariation in hydrothermal calcite during degassing of CO_2: A quantitative evaluation and application to the Kushikino gold mining area in Japan. Mineralium Deposita, 25: 46-250.

ZhengY F. 1993. Calculation of oxygen isotope fractionation in hydroxyl-bearing silicate. Earth Planet Sci Lett, 120: 247-263.

Zhong S J, Alfonso M. 1995. Partitioning of rare earth elements (REEs) between calcite and seawater solutions at 25°C and 1 atm, and high dissolved REE concentrations. Geochim Cosmochim Acta, 59: 443-453.

Zhou C X, Wei C S, Guo J Y. 2001. The source of metals in the Qilinchang Zn-Pb deposit, Northeastern Yunnan, China: Pb-Sr isotope constraints. Econ Geol, 96: 583-598.

Zhou J X, Huang Z L, Yan Z F. 2013b. The origin of the Maozu carbonate-hosted Pb-Zn deposit, southwest China: Constrained by C-O-S-Pb isotopic compositions and Sm-Nd isotopic age. J Asian Earth Sci, 73: 39-47.

Zhou J X, Huang Z L, Zhou M F, et al. 2013a. Constraints of C-O-S-Pb isotope compositions and Rb-Sr isotopic age on the origin of the Tianqiao carbonate-hosted Pb-Zn deposit, SW China. Ore Geol Rev, 53: 77-92.

Zhou M F, Malpas J, Song X Y, et al. 2002. A temporal link between the Emeishan large igneous province (SW China) and the end-Guadalupian mass extinction. Earth Planet Sci Lett, 196: 113-122.

地幔柱活动在短时间内产生巨量玄武岩浆，为大规模岩浆成矿作用提供必要的地质条件。与地幔柱有关的主要岩浆矿床包括 Ni-Cu-PGE（铂族元素）硫化物矿床、铬铁矿矿床、V-Ti 磁铁矿矿床，是目前全球 Ni 和 PGE 最主要的来源，也是 Cr、Fe、Cu、V、Ti 等元素的重要来源。已有研究表明，Noril'sk-Talnakh（Lightfoot and Hawkesworth，1997；Naldrett，1999）、Bushveld（Ernst and Buchan，2003）、Duluth（Ripley，1990）、Coppermine River（Irvine，1975）、Skaergaard（Nielsen and Brooks，1995）等超大型 Cu-Ni-PGE 矿床以及我国峨眉大火成岩省中的相关矿床（Cu-Ni-PGE、V-Ti 磁铁矿、Nb-Ta-Zr-REE）均产于地幔柱背景。

峨眉大火成岩省由广泛分布于云贵川三省的晚二叠世峨眉山玄武岩及共生的镁铁-超镁铁质岩体、花岗岩和正长岩构成，面积约 50 万 km^2，是距今约 260Ma 左右的峨眉山地幔柱岩浆活动的产物（Xu et al.，2001；Song et al.，2001；Zhou et al.，2002，2005，2006；He et al.，2003；Guo et al.，2004；张招崇等，2004；Zhang et al.，2006；Zhong et al.，2006；罗震宇等，2006；He et al.，2007）。尽管与世界其他大火成岩省相比，峨眉大火成岩省面积较小，但其成矿作用的多样性、地质特征的典型性、空间分布的规律性、岩体的成矿专属性、钒钛磁铁矿床的巨大规模等，在世界其他大火成岩省中极为罕见（胡瑞忠等，2005；宋谢炎等，2005）。

第三篇

峨眉地幔柱成矿系统

第十二章　峨眉大火成岩省概况

第一节　峨眉大火成岩省空间位置及构成

　　青藏高原东部为松潘-甘孜地体，主要由一套厚达 10km 的晚三叠世海相沉积地层组成（Zhou et al.，2005）。扬子板块的基底主要由古-中元古代会理群或与其相当的盐边群、昆阳群的变质沉积岩与长英质及镁铁质变质火山岩互层、新元古代花岗岩及变质岩为主的康定杂岩构成。在扬子板块西缘出露有大量的新元古代火成岩，包括中-新元古代（830~740Ma）长英质侵入体及火山岩和少量的镁铁-超镁铁岩如玄武质熔岩、岩床、岩墙和小的侵入体（如，Li et al.，2003，2006；Zhou et al.，2006；Zhu et al.，2006）。其上部为寒武纪到志留纪的碎屑岩、碳酸盐岩等海相地层。攀西地区中生代以前的构造断裂由于已被岩浆充填，并不能很好地分辨。本区现在区域断裂构造受中生代以来的构造运动影响较大，从西向东一共有五条：金河-箐河断裂、攀枝花断裂、磨盘山-元谋断裂、龙帚山断裂、安宁河断裂。这些断裂多受到先成地体（如隐伏的层状岩体）边界的制约，在沿走向和倾向上均有所摆动，具有高角度压扭性构造特点（四川省地矿局攀西地质大队，1987）。

　　峨眉大火成岩省（图 12.1）广泛分布于中国西南部，包括峨眉山玄武岩、镁铁-超镁铁侵入岩体、花岗岩、正长岩及其他碱性侵入体（Xu et al.，2001；Zhou et al.，2002；Zhong et al.，2002）。峨眉山玄武岩泛指西南三省大面积分布的以晚二叠世玄武岩为主的暗色岩，它作为上二叠统的一个岩石单位广泛使用（四川省地质志，1991）。峨眉山玄武岩的分布范围是一长轴近南北向的菱形，西南和西北边均以大断裂同三江构造带相连，西南为红河断裂；西北为小金河-龙门山大断裂。同时在距云南边界几百公里之外的越南北部也有分布（如 Camthuy-锦水组），被认为是沿哀牢山-红河断裂的渐新-中新世左旋运动造成（Ali et al.，2005）。峨眉山玄武岩的面积为 50 万 km^2，体积为 30 万~60 万 km^3。峨眉山玄武岩的下伏岩石均为茅口组，上为上二叠统到上三叠统、侏罗系的地层所覆盖。上扬子区峨眉山玄武岩通常分成西、中、东三大岩区（张云湘等，1988）。自西到东玄武岩的厚度和岩石地球化学表现出有规律的变化，如在云南宾川上仓（西区）玄武岩层厚达 5000 多米，而往东区贵州境内玄武岩的厚度仅为几十至几百米。根据其成分，可将峨眉山玄武岩分成高钛（TiO_2>2.5wt%，Ti/Y>500）和低钛（TiO_2<2.5wt%，Ti/Y<500）两个系列（Xu et al.，2001）。东区岩性较为单一，主要为高钛玄武岩，而西区岩性较为复杂，下部为低钛玄武岩，上部为高钛玄武岩和中酸性火山岩。到目前为止，酸性火山岩仅见于几个地质剖面上，这可能是由大火成岩省中部深度剥蚀作用造成（He et al.，2003；2006；Xu et al.，2004）。详细的古地磁、地层学和野外观察表明，主要火山层序形成于约 1Ma 之内（Huang et al.，1998）。近年来，大量的锆石 SHRIMP 和 TIMS U-Pb 定年结果表明，峨眉山玄武岩、镁铁-超镁铁质岩体和基性岩脉主要形成于距今约 260Ma（Zhou et al.，2002；Guo et al.，2004；Zhong and Zhu，2006）。

第二节　峨眉地幔柱活动的证据及构造环境效应

一、峨眉地幔柱活动的地质证据

　　一方面，基性岩浆起源于上地幔部分熔融，上地幔部分熔融可以发生在包括大洋中脊和俯冲带的

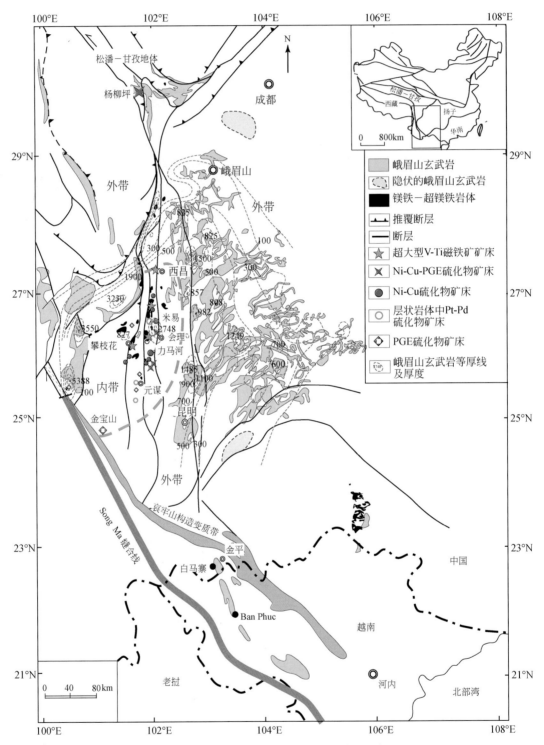

图 12.1　峨眉山玄武岩、同源侵入岩及相关岩浆矿床分布图（据 Song et al.，2008）

板块边缘，也可以发生在包括大陆裂谷和洋底高原在内的板块内部。另一方面，大量研究表明不同的地质背景和机制产生的基性岩浆活动具有不同的地质和地球化学特征。例如，大洋中脊基性岩浆活动时间长、部分熔融一般发生在较浅的尖晶石地幔，形成的玄武岩具有亏损的地球化学特征等。而与地幔柱有关的基性岩浆活动具有时间短、活动剧烈、部分熔融深度较大、岩浆较富集的地球化学特征。

如上所述，峨眉山玄武岩系覆盖着超过 50 万 km² 的区域，平均厚度约为 1km，体积为 30 万～60 万 km³。在多数区域玄武岩系中没有沉积夹层，说明玄武岩喷发具有连续性。最新的锆石 U-Pb 年代学研究（见后述）表明，峨眉大火成岩省岩浆活动主要发生在 260Ma 左右的数十万年间。岩浆活动以基性岩浆为主，从大火成岩省的内带向外逐渐减弱。这些特点都符合地幔柱地质模型（Xu et al., 2001；Song et al., 2001；Zhou et al., 2002）。

二、地幔柱岩浆喷溢前地壳穹状隆升

区域地质资料和野外实地考察均表明，上扬子西部包括滇东、黔西和川西南茅口组顶部普遍发育古喀斯特地貌，包括起伏不平的古剥蚀面、溶蚀洼地、溶斗、古峰林、洞穴以及洞穴充填物和古剥蚀面的红壤土。通过对上扬子茅口组进行系统而细致的生物地层和厚度对比后提出了峨眉大火成岩省茅口灰岩的穹状差异剥蚀，即内带的深度剥蚀带、中带的部分剥蚀带和外带的古风化壳带及连续沉积带（图 12.2）（He et al., 2003）。可见古喀斯特主要发育在中带及其与内、外带的过渡地带。这些现象表明中二叠世末期地壳抬升的高度自内带到外带分别为 >1000m、400m 和 100m。

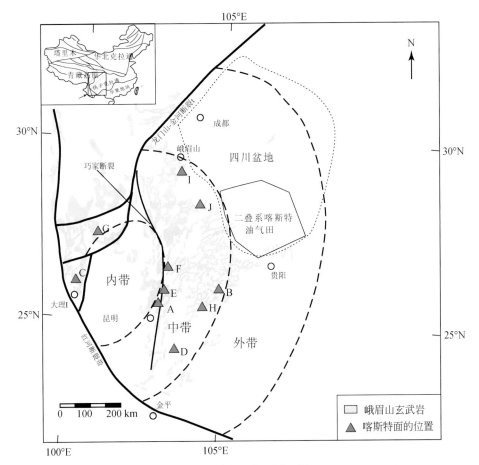

图 12.2　区域地质简图及其剖面位置图（据 He et al., 2010a）

与中带和外带茅口灰岩被峨眉山玄武岩覆盖不同，在内带局部地区峨眉山玄武岩盖在前二叠纪地层上，说明茅口灰岩在峨眉山玄武岩喷发之前已经剥蚀殆尽。例如，在四川攀枝花何家村地区，峨眉山玄武岩分别盖在茅口灰岩和震旦纪白云岩上；在四川冕宁县阜新镇，峨眉山玄武岩不整合盖在新元古代片麻岩之上（冯增昭等，1997）。

峨眉大火成岩省中带以发育起伏不平的古剥蚀面、溶蚀洼地、古喀斯特溶斗及峰林平原等多种古喀斯特地貌为特征。上扬子西缘茅口组灰岩顶面可见凹凸不平、起伏巨大的古剥蚀面，如云南昆明、大理等地可见茅口组顶部起伏不平的古剥蚀面同茅口组的层理相交、局部还可见一层厚约5m的红壤土（图12.3），红壤土表明当时扬子板块地处热带。茅口组顶部古剥蚀面的地形恢复表明，这些古喀斯特地貌类似于目前的喀斯特石林，最高的石峰可高达几百米。在峨眉山玄武岩喷发的早期，玄武岩浆喷溢和流动过程中还捕获了古剥蚀面地表残留的松散灰岩块，形成峨眉山玄武岩系底部的灰岩透镜体。这种现象在四川和云南多个地区都有发现。

峨眉大火成岩省中带的古喀斯特地貌还包括古溶蚀洼地及古喀斯特溶斗，这些现象在云南多个地区发育。例如，在云南路南县东侧一南北长20km，东西宽8km范围内零星分布60多个溶斗，溶斗规模一般为20m×40m。表现为峨眉山玄武岩填充在大小不等的古喀斯特溶斗中，玄武岩的底部可见坡积、残积成因的砾岩堆积。然而由于本区印支运动、燕山运动强烈的构造变形，茅口组大多为倾斜岩层，精确地确定茅口组的古溶蚀洼地的空间展布是极为困难的。

峨眉大火成岩省外带茅口灰岩古喀斯特以岩溶洞穴为特征。四川盆地天然气勘探发现茅口灰岩中溶蚀洞穴非常发育，四川盆地南部约有65.8%的钻井有放空现象，绝大部分见于茅口组灰岩中，放空量为0.1～2.42m，最大规模可达4.45～4.88m。放空和井漏在剖面上呈层状分布，主要发育于茅口组顶部古剥蚀面以下40～80m，可能代表着古潜水面的岩溶发育带。在云南宜良峨眉山玄武岩灌入到茅口组顶部的溶洞中，两者呈不整合接触。

喀斯特地貌顶部红壤土的出现及大量古地磁数据均表明二叠纪上扬子处于赤道附近，属于热带潮湿气候，降水充沛，为岩溶发育提供了外营力。茅口组灰岩的剥蚀及古喀斯特地貌的广泛发育还说明上扬子茅口组形成之后、峨眉山玄武岩喷发之前存在沉积间断。

古喀斯特地貌代表了一次区域性地壳抬升和沉积间断，茅口组的古剥蚀面为云南省东吴运动提供了确切的证据，为西南三省茅口组的地层对比提供构造背景的支持。长期以来人们一直认为峨眉山玄武岩是裂谷成因，并与攀西裂谷相联系。而峨眉大火成岩省内带、中带和外带茅口灰岩剥蚀程度及喀斯特地貌特征的差异表明玄武岩喷发前各带之间地壳隆升强度存在差异，为地幔柱构造的发育提供了新的重要佐证。

根据峨眉山大火成岩省茅口灰岩顶部古喀斯特地貌确定的内带、中带和外带地壳最小抬升高度分别为450m、100～300m、50～10m（图12.4）。由于古喀斯特均为峨眉山玄武岩所覆盖，因此这种穹状的地壳抬升发生在峨眉山玄武岩喷发前，这为峨眉山大火成岩省地幔柱形成机制提供了新证据（He et al.，2010a）。这一研究成果不仅为峨眉山地幔柱动力学研究提供了进一步佐证，而且深化了对晚古生代上扬子西缘构造和沉积演化的认识。

三、峨眉地幔柱岩浆喷发与 end-Guadalupian 生物灭绝

峨眉山玄武岩传统上被认为是上二叠统的一个岩性单位（四川地质志，1991）。这个认识主要是根据峨眉山玄武岩覆盖在中二叠世晚期茅口组灰岩之上。特别是在大火成岩省中部三叠纪的沉积岩盖在玄武岩之上，这使得有些学者认为峨眉山玄武岩形成于（P-Tr）边界（Chung et al.，1995，1998；Xu et al.，2001）。然而，更多的地质现象表明中部峨眉山玄武岩与上覆三叠纪沉积岩为不整合接触关系（张云湘等，1985；四川地质志，1991），峨眉山玄武岩喷发后遭受长期的隆起及剥蚀作用。因此，这一地区峨眉山玄武岩上下的地层关系并不能对玄武岩的喷发时间，特别是玄武岩喷发的截止时间进行准确的制约。

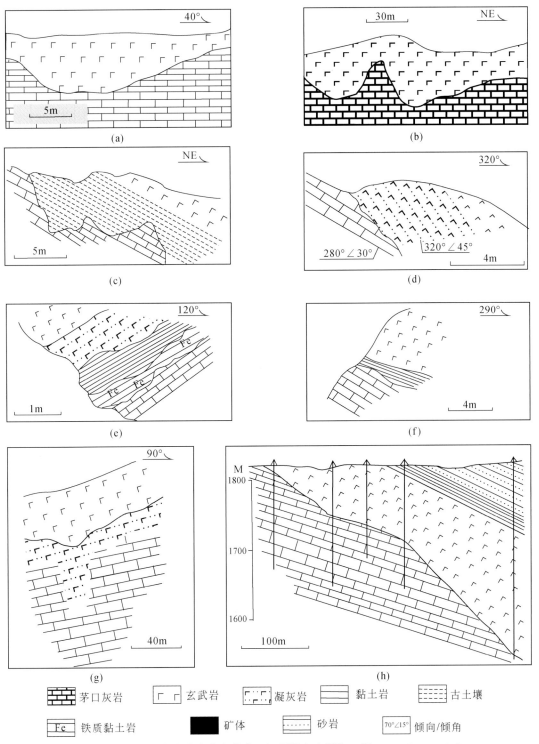

图 12.3　峨眉山大火成岩省中带茅口组顶部古喀斯特（据 He et al., 2010a）

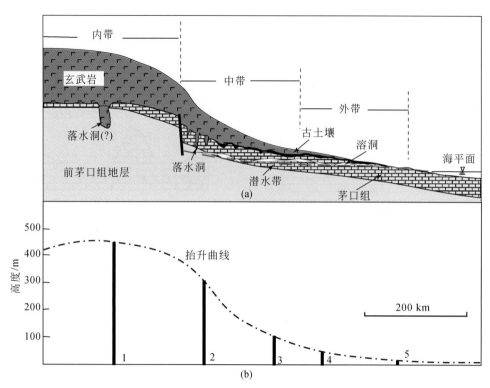

图 12.4　由茅口组顶部古喀斯特地貌确定的穹状抬升（据 He et al.，2010a）

　　Courtillot 和 Renne（2003）总结和分析了地球上主要大火成岩省的年龄后提出大多数大火成岩省的形成时间小于1Ma，并且与全球气候变化和生物灭绝事件相关。根据这种认识，Courtillot 等（1999）预言峨眉山大火成岩省形成于晚二叠世（Guadalupian）末期。东部有些地区峨眉山玄武岩之下茅口组灰岩遭受极少的剥蚀表明玄武岩的喷发始于茅口组或者 Guadalupian 末期。He 等（2003，2006）根据对灾变沉积的研究得出了类似的结论。然而，地层关系对峨眉山玄武岩的截止时间的制约是不清楚的，因为没有证据表明宣威组是否是吴家坪阶的对应物。也就是说，宣威组可能仅是上二叠统的一部分，因此在地层上，无法得出峨眉山大火成岩省形成于吴家坪阶之前的结论。

　　地球化学和岩相古地理研究表明宣威组来源于中部大火成岩省的剥蚀。特别是，宣威组底部 Group 1 主要来源于玄武岩顶部的酸性组分。因此宣威组底部沉积物可以作为峨眉山玄武岩截止的标志（He et al.，2007）。研究表明四川朝天中晚二叠世界线黏土岩是由玄武岩等火山岩风化形成的，云南洱源县江尾峨眉山玄武岩顶部酸性凝灰岩代表了峨眉山玄武岩喷发最晚期的产物（图 12.5、图 12.6）。峨眉山玄武岩顶部的酸性凝灰岩、宣威组底部的 Group 1 沉积物和朝天剖面中晚二叠世边界的黏土岩处于同一条地质上的等时线（图 12.6）。这些酸性凝灰岩中分选出的碎屑锆石 SHRIMP U-Pb 年龄为 257±4Ma 或 260±4Ma，与中晚二叠世边界年龄（260±0.4Ma）和峨眉山玄武岩顶部酸性凝灰岩的年龄（263±5Ma）、宣威组底部碎屑锆石年龄（257±4Ma；260±4Ma）十分接近（He et al.，2007）。这说明峨眉山玄武岩的喷发发生于茅口组晚期吴家坪阶之前的中、晚二叠世之间，并不能代表二叠-三叠纪界线。

　　尽管 Courtillot 等（1999）与 Hallam 和 Wignall（1999）都提出峨眉山玄武岩的喷发可能造成了 end-Guadalupian 生物灭绝事件，但这两个地质事件的相互关系并没有被充分研究。上述锆石 U-Pb 年代学及地球化学地层学对比表明峨眉山玄武岩形成于中、晚二叠世边界，印证了峨眉山玄武岩喷发和 end-Guadalupian 生物灭绝事件的时间吻合和因果关系（He et al.，2010b）。这说明地幔柱导致的大量玄武岩浆在极短的时间内剧烈喷发，可能是导致全球气候剧烈变化和生物灭绝的重要诱因。

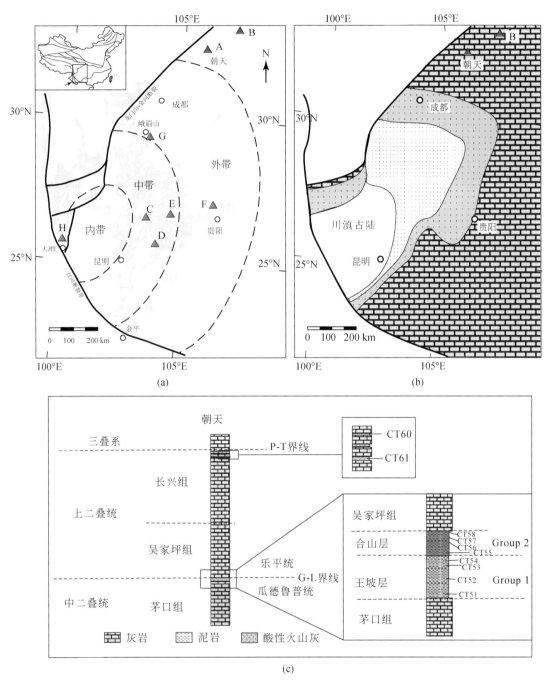

图 12.5 区域地质简图与四川广元朝天剖面采样位置（据 He et al.，2010b）

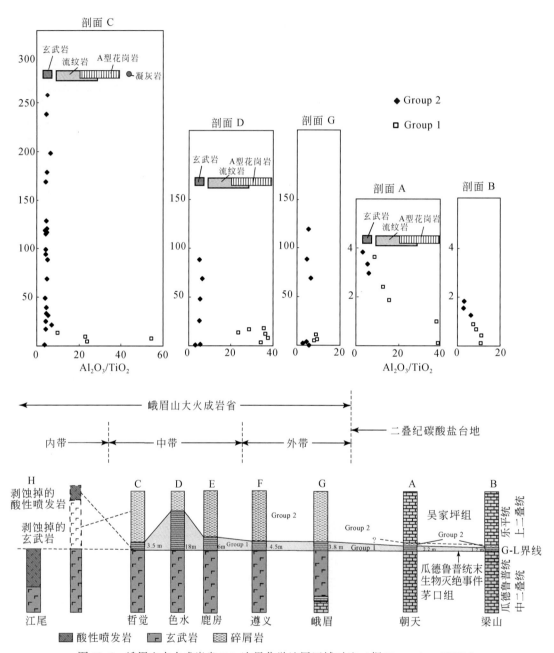

图 12.6 峨眉山大火成岩省 G-L 边界化学地层区域对比（据 He et al.，2010b）

第十三章 地幔柱时限，岩浆起源、演化及成矿系列

第一节 峨眉地幔柱岩浆活动的时限

如图 13.1 所总结的年龄，峨眉大火成岩省的侵入杂岩体中镁铁质岩浆作用发生于 255.4±3.1 ~ 259.5 ±2.7Ma，与通过宣威组长英质熔结凝灰岩、火山岩和黏土质凝灰岩研究获得的峨眉山主期岩浆作用时限为 259 ~ 262±3Ma 一致（He et al.，2007），表明其形成于主期阶段。而关于峨眉大火成岩省中长英质岩浆作用的时限则还存在较大争议。本书对于镁铁-超镁铁质层状岩体共生的长英质侵入体的新定年结果显示，其侵位时间为 256.2±3.0 ~ 259.8±1.6Ma（Zhong et al.，2011a），与原来报道的茨达花岗岩（261±4Ma；Zhong et al.，2007）、沃水正长岩（260.0±2.3Ma；Shellnutt and Zhou，2007）及太和花岗岩（261.4±2.3Ma；Xu et al.，2008）的年龄在误差范围内一致。这一组新的年龄表明攀西地区长英质和镁铁质岩浆活动近于同时发生，而不是如前人研究所述的存在 255 ~ 251Ma 的另一期长英质岩浆活动（Shellnutt et al.，2008；Xu et al.，2008）。该研究显示现有的定年方法在误差范围内并不能分辨出镁铁质和长英质岩浆活动有明显的时间差异。如上所述，准铝质到过碱性的 A 型花岗岩和正长岩与过铝质的 I 型花岗岩（Shellnutt and Zhou，2007，2008；Zhong et al.，2007，2009，2011a；Xu et al.，2008）近于同时侵位。

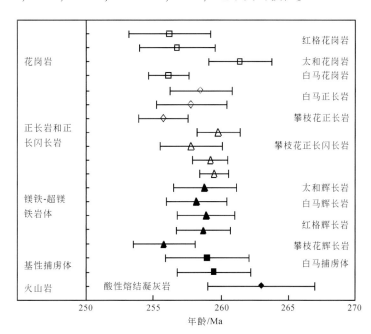

图 13.1 攀西地区镁铁–超镁铁岩体、正长岩、花岗岩与相关岩石年龄对比（据 Zhong et al.，2011a）

第二节 峨眉山玄武岩岩浆系列、起源及其地幔源区特点

一、峨眉山玄武岩的地球化学分类

峨眉山玄武岩主要包括高钛和低钛玄武岩两个玄武岩系列（Xu et al.，2001）。高钛玄武岩不仅具有

高的 TiO_2 含量，还具有较高的 Ti/Y 和 Gd/Yb 值，高钛和低钛玄武岩需要同时考虑这些地球化学指标的相互关系加以区别（图 13.2 和图 13.3，Song et al.，2009）。其中高钛玄武岩遍布峨眉大火成岩省全境，而

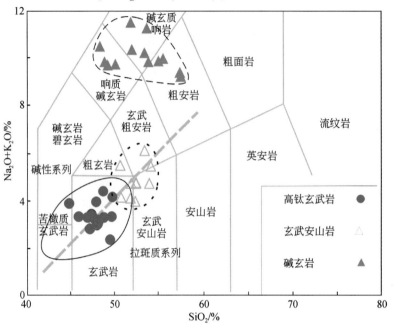

图 13.2　龙帚山峨眉山玄武岩分类图（据 Qi et al.，2008）

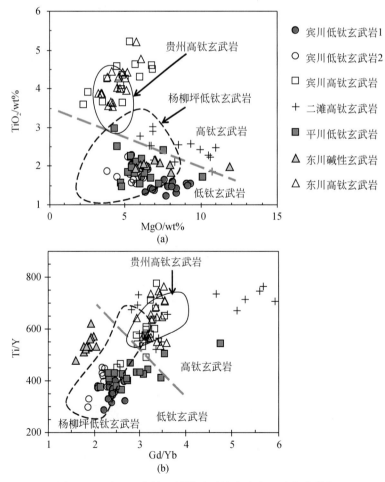

图 13.3　峨眉山高钛、低钛及碱性玄武岩地球化学特征

低钛玄武岩主要出现在大火成岩省内带。例如，低钛玄武岩主要出现在云南宾川、四川平川等峨眉山玄武岩剖面的下部，而高钛玄武岩不仅出现在这些地区，还广泛分布在四川龙帚山、二滩、云南东川及贵州等地。它们的层序位置表明低钛玄武岩喷发比高钛玄武岩早。此外，在个别地区还发现了碱性玄武岩和中酸性火山岩，在云南东川地区峨眉山玄武岩系底部还发现了碱玄岩（Song et al.，2008），在四川龙帚山地区还发现了碱玄质响岩（Qi et al.，2008）等较为特殊的火山岩。

龙帚山峨眉山玄武岩的化学成分显示有三类玄武岩：高钛玄武岩、玄武安山岩和碱玄质响岩（图13.2）。这三类玄武岩不仅具有不同的氧化物组成，而且氧化物之间的相关关系也存在差异，暗示它们具有不同的来源和演化过程（图13.4，Qi et al.，2008）。类似地，云南东川峨眉山玄武岩上段高钛玄武岩与下段碱玄岩的全岩氧化物的变化规律也存在明显差异，显示出不同的分离结晶趋势（图13.5，Song et al.，2008）。

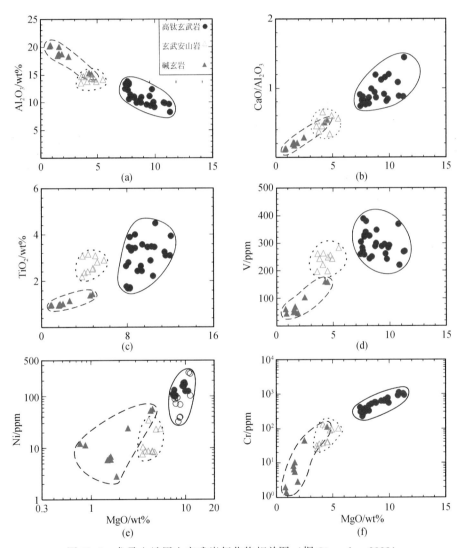

图13.4　龙帚山峨眉山玄武岩氧化物相关图（据 Qi et al.，2008）

二、峨眉山玄武岩的地幔源区地球化学特征

高钛、低钛及碱性峨眉山玄武岩的放射性同位素及微量元素特征均表明它们具有不同的地幔源区，经历了不同的部分熔融、分离结晶和同化混染过程。首先，云南东川峨眉山玄武岩剖面上段高钛玄武岩

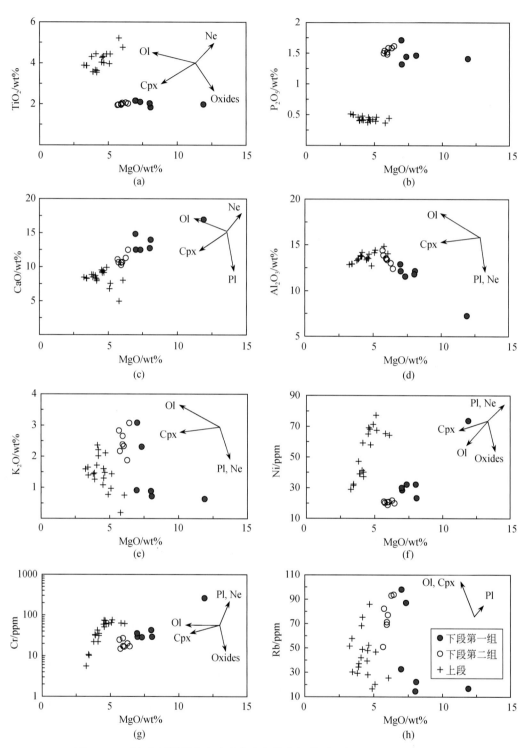

图 13.5　云南东川峨眉山玄武岩全岩氧化物相关图（据 Song et al.，2008）

Ol. 橄榄石；Cpx. 单斜辉石；Oxides. 铁钛氧化物；Pl. 斜长石；Ne. 碱性长石

具有与其他地区高钛峨眉山玄武岩一致的 Sr-Nd 同位素组成，而下段碱玄岩则具有极低的 ε_{Nd}（260Ma）（=-10）（图 13.6），暗示下段碱玄岩源自富集地幔的部分熔融。两者微量元素组成也存在明显的不同，特别是在 Th/Nb 与 La/Nb 及 Nb 与 La 比值相关图（图 13.7）上，它们投影在不同的趋势线上（Song et al.，2008）。

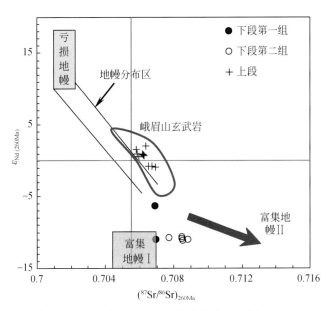

图 13.6　云南东川峨眉山玄武岩 Sr-Nd 同位素特征（据 Song et al.，2008）

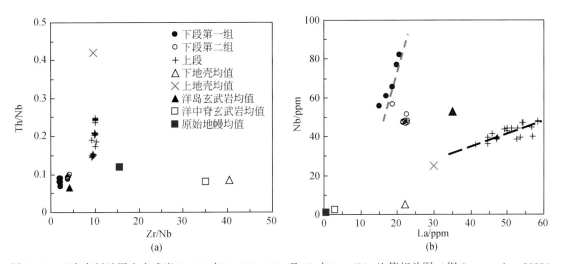

图 13.7　云南东川峨眉山玄武岩 Th/Nb 与 La/Nb（a）及 Nb 与 La（b）比值相关图（据 Song et al.，2008）

根据微量元素和放射性同位素特征的对比、分析和模拟计算，Song 等（2008）认为扬子板块西部岩石圈底部局部存在经深部流体长期交代的富集地幔，当峨眉地幔柱上升到这种富集的、含有角闪石、磷灰石、金云母等富含挥发性组分矿物的岩石圈底部时，很容易发生部分熔融形成特殊的碱性玄武岩浆。因此，东川下段碱玄岩代表了峨眉地幔柱最早形成的喷出岩。而上段高钛玄武岩则为地幔柱本身部分熔融的岩浆经分离结晶的产物。

根据不同类型峨眉山玄武岩的 La/Sm 与 Gd/Yb 值的关系，Song 等（2009）通过模拟计算，认为高钛峨眉山玄武岩是地幔柱在上地幔石榴子石稳定区（深度>70~80km）由地幔柱本身部分熔融产生的岩浆，经分离结晶形成的，因此，具有相对富集的地球化学特征。低钛玄武岩是高钛玄武岩浆上升到尖晶石稳定的岩石圈地幔，经与岩石圈地幔的物质交换或岩浆混合形成的岩浆，经历分离结晶和/或地壳混染形成的（图 13.8）。因此，地球化学特征具有一定程度的亏损。

龙帚山高钛玄武岩的微量元素配分型式和 $\varepsilon_{Nd}(t)$ 值（-3.0~2.4）显示为典型的 OIB 地幔源区（图 13.9）。其具有变化的 La/Sm 值和较高的 Sm/Yb 值，在 La/Sm-Sm/Yb 图解中其靠近石榴子石二辉橄榄

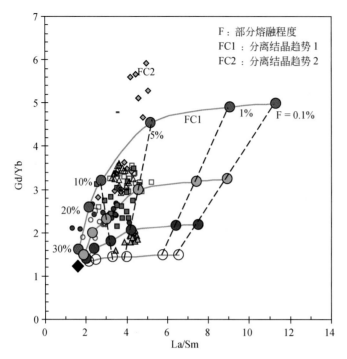

图 13.8　不同类型峨眉山玄武岩部分熔融及分离结晶模拟（据 Song et al.，2009）

岩地幔源区（图 13.10）。因此，其具有与峨眉大火成岩省中其他高钛玄武岩相同的地球化学和同位素特征。

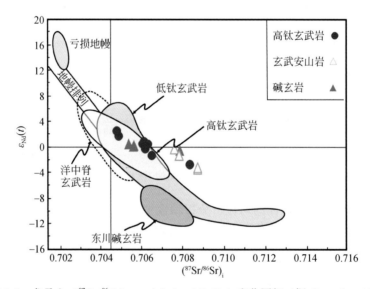

图 13.9　龙帚山（$^{87}Sr/^{86}Sr$）$_i$-$\varepsilon_{Nd}(t)$（t=260 Ma）变化图解（据 Qi et al.，2008）

高钛玄武岩数据来自 Qi and Zhou（2008），Xiao et al.（2004）和 Xu et al.（2001）；低钛玄武岩数据来自 Wang et al.（2007），Xiao et al.（2004），Xu et al.（2001）；东川碱玄岩数据来自 Song et al.（2008），OIB 数据来自 Wilson（1989）

龙帚山玄武质安山岩的 Ti/Y 值类似于高钛玄武岩值（399～836）。其原始地幔标准化配分型式同样与高钛玄武岩相当。因此，它们可能都来自于类似的母岩浆。然而，和与上地幔橄榄岩平衡的岩浆相比，玄武质安山岩具有很低的 MgO、Cr 和 Ni（Wilson，1989）。高钛玄武岩和玄武质安山岩都无明显的 MgO 和其他主量元素的相关性关系。因此，玄武质安山岩不可能是从高钛的母岩浆中直接分离结晶形成的。而其较高的初始 $^{87}Sr/^{86}Sr$ 值（0.708～0.709）和负的 $\varepsilon_{Nd}(t)$ 值（-0.39～-3.34）与受地壳混染影响的岩石

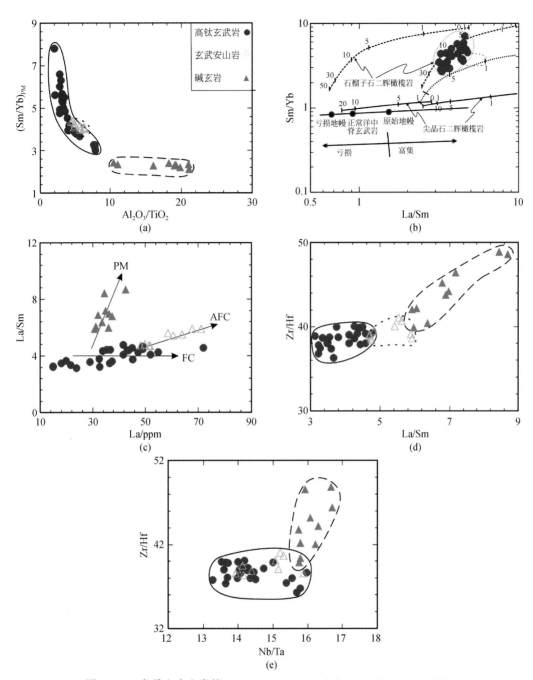

图 13.10　龙帚山火山岩的 Sm/Yb-Al$_2$O$_3$/TiO$_2$（a），Sm/Yb-La/Sm（b），
La/Sm-La（c），Zr/Hf-La/Sm（d）和 Zr/Hf-Nb/Ta（e）图解（据 Qi et al.，2008）

一致（图 3.39）。地壳物质具有较高含量的 Zr 和 Th，较低的 Ti、Nb 和 Ta（Pearce et al.，1984）。因此，与 OIB 相比，正的 Zr 和 Th 异常，负的 Nb 和 Ti 异常，以及较高的 Rb 和 Ba 表明发生了地壳混染。La 和 La/Sm 值的正相关性进一步表明这些玄武质安山岩发生了同化混染-分离结晶（AFC）作用（图 13.10）。

类似于大多数过碱性岩石，碱玄岩富集不相容元素，显示较高含量的 LILE（Rb、Ba 和 Th）、LREE、Nb 和 Ta（图 13.10）。因为地壳物质富集 LILE 但贫 Nb 和 Ta，所以相对富集的 LILE、Nb 和 Ta 不能为地壳混染所致。这一特征同样也不是部分熔融或分离结晶过程中元素彼此分异造成的（Rollinson，1993）。因此，碱玄岩中的这些元素代表其源区的特征。峨眉山大火成岩省中的苦橄岩被认为是代表了低钛玄武岩的亏损地幔源区成分，然而，碱玄岩 Th/Y 值（0.31～0.55）比峨眉山大火成岩省中的苦橄岩还高

(0.003~0.006, Wang et al., 2007), 表明地幔源区的碱玄岩质岩浆经历了流体相的改造。碱玄岩的 Nb/Ta 和 Zr/Hf 值 (图 13.10) 表明其可能来自于碳酸盐流体交代的亏损地幔源区。碱玄岩 Nb/Ta 值为 15.7~16.7, 比原始地幔值 (17.5±2.0, Sun and McDonough, 1989) 和球粒陨石值 (17.6, Jochum et al., 1986; Weyer et al., 2002) 稍低, 却远高于峨眉大火成岩省中的苦橄岩值 (11.0~11.5, Wang et al., 2007)。碱玄岩比苦橄岩更高的 Nb/Ta 值表明碳酸盐质交代作用影响了地幔, 其会导致 Nb/Ta 值增高 (Green, 1995)。碱玄岩的 Zr/Hf 值与 La/Sm 值呈正相关关系, 为板内玄武岩的典型特征 (Dupuy et al., 1992)。碱玄岩 Zr/Hf 值为 40~49 (图 13.10), 比球粒陨石的值 (34.2~36.3, Jochum et al., 1986; Weyer et al., 2002) 和低 Ti 苦橄岩值 (28.2~30.7, Wang et al., 2007) 都高。Zr/Hf 值的增加可能与地幔源区被碳酸盐流体交代有关, 产生了成分上不均一的地幔, 同时产生同源的硅高度不饱和的玄武质岩浆 (Dupuy et al., 1992; Rudnick et al., 1993)。因此, 我们认为这些碱玄岩的原始岩浆来自于被富碳酸盐流体交代后的地幔源区。

龙帚山的碱玄质响岩具有恒定的 $\varepsilon_{Nd}(t)$ 值 (-0.7~0.28), 表明没有太多的地壳组分加入了岩浆。因此, 对于峨眉大火成岩省中碱性玄武岩的成分变化的合理解释是其亏损地幔源区经历了多期交代事件。然而, 峨眉大火成岩省中碱性玄武岩的有限分布表明, 这些交代的地幔源区只是一些局部现象。

第三节　成矿序列及其与岩浆系列的关系

如前所述, 峨眉大火成岩省的矿床系列主要包括: ①与镁铁-超镁铁质层状岩体有关铁钛氧化物成矿系列, 形成一系列超大型钒钛磁铁矿矿床 (攀枝花、红格、白马、太和); ②与小型镁铁-超镁铁质岩体有关的 Cu-Ni-PGE 硫化物矿床 (力马河、金宝山、杨柳坪、白马寨等); ③与 A 型花岗岩有关的 Nb-Ta-Zr-REE 矿化 (茨达、红格); ④赋存于溢流玄武岩的自然铜矿化 (鲁甸、黑山坡)。可见除自然铜矿发生于表生过程外, 其他三类矿床或矿化都是岩浆演化的产物, 与岩浆的起源、分离结晶及同化混染有着密切的因果关系。在空间分布上, 钒钛磁铁矿矿床及 Nb-Ta-Zr-REE 矿化仅发现于峨眉大火成岩省的内带, Cu-Ni-PGE 硫化物矿床在大火成岩省的内带和外带均有分布, 而自然铜矿化出现在内带和外带的过渡带。需要指出的是, 尽管在新街层状岩体底部发现数层含铬铁矿的 PGE 矿化, 但规模较小, 至今尚未发现类似于南非 Bushveld 岩体那样的铬铁矿层和具有经济价值的 PGE 矿层。

因此, 虽然与世界其他大火成岩省相比, 峨眉大火成岩省较小 (面积约 50 万 km²), 但成矿作用的多样性、地质特征的典型性、空间分布的规律性、岩体的成矿专属性、钒钛磁铁矿床的巨大规模等方面, 在世界其他大火成岩省中则极为罕见 (胡瑞忠等, 2005; 宋谢炎等, 2005), 反映出其岩浆成矿作用独有的鲜明特色, 也暗示出岩浆成矿作用与峨眉地幔柱的结构和岩浆作用过程有着密切联系。

Xu 等 (2001) 根据 TiO₂ 含量和 Ti/Y 值将峨眉山玄武岩分为高钛和低钛两类, 前者 TiO₂>2.5wt%, Ti/Y>500, 后者则相反。高钛玄武岩遍布整个峨眉火成岩省, 而低钛玄武岩仅分布在内带的四川盐源地区、云南大理、宾川和富宁地区, 构成峨眉山玄武岩系的下段或中下段。高钛峨眉山玄武岩一般具有较稳定的微量元素成分, 并且显示类似洋岛玄武岩的地球化学特征, 反映出较弱的地壳混染 (Song et al., 2001)。而低钛玄武岩具有明显的 Nb-Ta 负异常, 变化较大的 $\varepsilon_{Nd}(t)$ (-6.7~0.43) 和 $(^{87}Sr/^{86}Sr)_i$ 值 (0.7049~0.7078), 显示出较强烈的地壳混染。根据地球化学特征计算推测低钛玄武岩浆为尖晶石二辉橄榄岩地幔经较高程度部分熔融形成, 而高钛玄武岩浆为石榴子石二辉橄榄岩地幔经较低程度部分熔融形成 (Xu et al., 2001; Song et al., 2009)。

如上所述, 低钛玄武岩浆经历了较强的地壳混染; 而高钛玄武岩则地壳混染程度均较低 (Xu et al., 2001; Xiao et al., 2004), 这是它们分别与 Ni-Cu-PGE 硫化物成矿及钒钛磁铁矿成矿有关的原因 (宋谢炎等, 2005; Zhou et al., 2008; Song et al., 2008, 2009)。大型镁铁-超镁铁质层状岩体分布于攀西地区的区域性深大断裂附近, 其多个岩相旋回的形成受多次岩浆的注入及岩浆混合、结晶分异作用或液态不混溶作用的控制 (Zhong et al., 2002, 2004; Zhou et al., 2005)。大量的研究还发现, 上述岩浆矿床都形成于复杂的岩浆通道系统，岩浆的多次补充是形成大型–超大型岩浆硫化物矿床及铁钛氧化物矿床的必要条件之一（Zhong et al.，2005，2011b；Bai et al.，2012，2014；Song et al.，2013），岩浆在岩浆通道系统中的运移和演化过程的差异导致了各矿床地质特征的不同（Song et al.，2013；She et al.，2014；Luan et al.，2014）。底侵玄武质岩浆的强烈分异以及对下地壳的部分熔融分别形成了 A 型及 I 型花岗岩体（罗震宇等，2006；Zhong et al.，2007），其中仅 A 型花岗岩发生了 Nb-Ta-Zr-REE 矿化。

过去近十年的研究发现钒钛磁铁矿矿床和 Ni-Cu-PGE 硫化物矿床的形成分别与高钛和低钛玄武岩浆的演化有关，而与 A 型花岗岩有关的 Nb-Ta-Zr-REE 矿化与高钛玄武岩浆的高度演化有重要的因果联系。这些矿床的成因模式及其成因联系可以大致用图 13.11 表示。

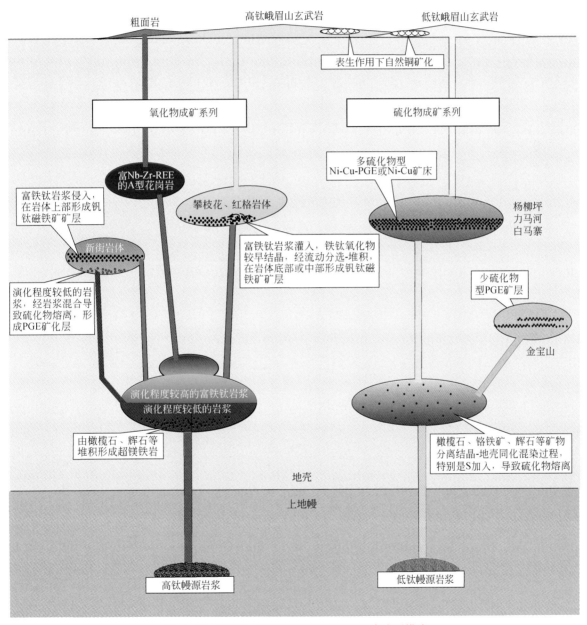

图 13.11　峨眉大火成岩省成矿系列及矿床成因模式

虽然对某些矿床的研究取得了上述重要进展，但对峨眉山地幔柱及其与成矿关系的整体性认识还存在以下需要进一步加强的薄弱环节：①未能将地幔柱活动导致的构造–岩浆活动有机地统一起来，从而未能清楚认识峨眉山大火成岩省中低钛和高钛玄武岩与各类含矿镁铁–超镁铁质岩体和碱性花岗岩体的分异演化关系；②对成矿元素在不同岩体或岩相中差异性富集的主要控制因素是什么、不同矿床类型在统一的地幔柱成矿系统中有何本质联系、全球背景中峨眉大火成岩省成矿作用类型多样性的原因这样一些重要问题更是缺乏系统研究；更重要的是③根据地幔柱活动及其岩浆分异演化规律，来客观判断各类可能的隐伏矿床空间分布的研究则几乎还是空白（世界上很多大火成岩省中都有超大型 Cu-Ni-PGE 矿床产出。峨眉大火成岩省中这类矿床星罗棋布，但主要为中小型矿床，该区超大型 Cu-Ni-PGE 矿床是否存在？）。这些问题的存在，严重地制约着对地幔柱成矿理论的深入认识和相应的找矿预测工作。因此，在已有基础上，只有将峨眉大火成岩省各类岩石的岩浆源区、演化过程等方面的研究与地幔柱动力学过程密切结合，并通过对各类矿床的成矿过程及其共性、特殊性、相关性和时空分布规律的系统研究，才有可能建立起科学的地幔柱成矿理论和相应的找矿模型，从而对其成矿潜力作出正确评估。

第十四章　岩浆硫化物矿床类型及成因

第一节　峨眉大火成岩省岩浆硫化物矿床类型及典型矿床

根据峨眉大火成岩省岩浆硫化物矿床的地质和地球化学特点，特别是矿石硫化物中 PGE 的含量可以将这些岩浆硫化物矿床划分为三种主要类型（Song et al.，2008），包括：①Ni-Cu-（PGE）硫化物矿床（如四川丹巴地区的杨柳坪超大型矿床，会理地区的青矿山小型矿床）；②少硫化物的 PGE 矿床（如：云南弥渡金宝山大型矿床）；③贫 PGE 的 Ni-Cu 硫化物矿床（如四川会理力马河，云南白马寨矿床等）。此外，含 V-Ti 磁铁矿的层状岩体底部也可能形成富 PGE 硫化物矿层（如四川米易新街矿床）。表 14.1 综合了不同类型岩浆硫化物矿床的特点（宋谢炎等，2005）。

表 14.1　峨眉火成岩省主要岩浆硫化物矿床和矿（化）点一览表

硫化物矿化类型	代表性矿床、矿（化）点	含矿岩体岩石组合	矿床主要特征	δ^{34}S/‰
多硫化物型 Ni-Cu-（PGE）矿床	峨眉大火成岩省北部边缘四川丹巴杨柳坪超大型矿床	由下至上为蛇纹石岩、滑石岩、次闪石岩、蚀变辉长岩	层状矿体产于岩体底部，向下硫化物增多并出现致密块状矿体，Ni、Cu 和 PGE 均达到工业品位	$-3.2 \sim 0.4$
多硫化物型 Ni-Cu 矿床	大火成岩省内带四川会理地区力马河小型矿床，秧田沟、清水河、黄草坪、丹桂、垭口、核桃树、拱青山等含矿岩体；南部外带云南白马寨、越南 Ban Phuc 小型矿床	橄榄岩、橄榄辉石岩、辉石岩、辉长岩、辉长闪长岩，岩相间可能为多期贯入关系	硫化物矿体呈不规则状产于岩体侧部、中部或上部。Ni 和 Cu 品位高，PGE 低（< 0.3g/t）	$3.6 \sim 5.4$
		橄榄岩、辉石岩和辉长岩		
超镁铁岩席内层状少硫化物型 PGE 矿床	大火成岩省内带的云南金宝山大型矿床，迎风等含矿岩体	单辉橄榄岩、辉橄岩和橄辉岩	多层 PGE 硫化物矿体，主要产于岩体下部，矿层硫化物含量 <3%，而铬铁矿含量可高达 20%，高 Pt + Pd，Ni 和 Cu 低	$0.69 \sim 5.78$，最高达 15
镁铁–超镁铁岩体边缘少硫化物型 PGE 矿化	大火成岩省内带的四川大槽、杨合五、黄土坡，云南朱布、猛林沟等含矿岩体	橄榄岩、橄辉岩、辉石岩和辉长岩	弱的 PGE 硫化物矿化发育在边缘岩相带	
含钒钛磁铁矿的层状岩体底部的少硫化物型 PGE 矿床	大火成岩省内带四川新街矿床	橄榄岩、单斜辉石岩和辉长岩构成三个大的旋回	三层 PGE 硫化物矿体产于岩体下部，硫化物<3%，含 PGE 1 ~ 3 g/t，Ni 和 Cu 含量低	

一、Ni-Cu-（PGE）硫化物矿床——杨柳坪超大型矿床

这类矿床以位于峨眉大火成岩省北部四川省丹巴县境内的杨柳坪矿床为代表（图 12.1），峨眉大火成

岩省内带会理地区的青矿山岩体也有同类矿化（表 14.1）。如图 14.1 所示，杨柳坪地区共有杨柳坪、正子岩窝、打枪岩窝、协作坪四个含矿岩体，分布于轴向为北西向的小的穹隆构造中。穹隆构造由泥盆系—早二叠系沉积岩构成，含矿岩体呈舒展的岩席状顺层侵入于泥盆系灰岩中（图 14.1）。其中杨柳坪和正子岩窝岩体较大、含矿性较好，近年来在北部竹子沟的勘探又取得突破，使得累计探明镍金属储量超过 55 万 t（平均品位 ~0.4%），铂族元素金属储量超过 40t（平均品位 ~0.5g/t），是峨眉大火成岩省唯一达到超大型规模的岩浆硫化物矿床。

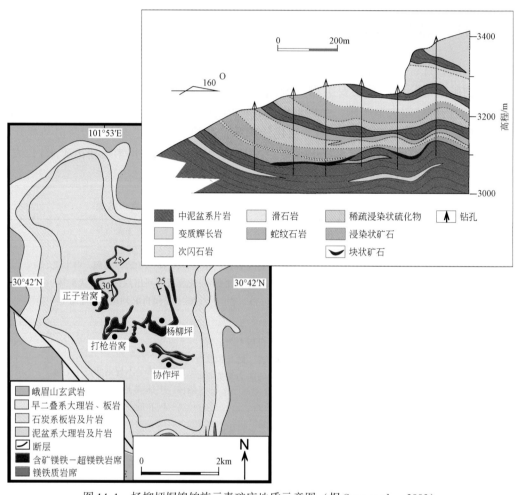

图 14.1　杨柳坪铜镍铂族元素矿床地质示意图（据 Song et al.，2003）

杨柳坪和正子岩窝岩体厚度为 300~350m，延长 2000~4000m，由下至上由蛇纹石岩、滑石岩、次闪石岩和变质辉长岩组成。矿化以不同程度的浸染状矿化为主，主要产于岩体下部蛇纹石岩相中，岩体底部局部出现致密块状矿化（图 14.1）。矿体厚度数米至数十米，局部达百米，硫化物含量从下至上逐渐降低，硫化物可以渗透到底部灰岩中形成小的透镜状块状矿体。矿石中硫化物成分简单，主要有磁黄铁矿、镍黄铁矿和黄铜矿；铂族元素矿物少见，发现有砷铂矿、碲铋钯矿、含铂的辉砷钴矿等（Song et al.，2004）。浸染状矿石含镍 0.24wt%~1.16wt%，含铜<0.44wt%，铂族元素品位为 0.22~1.54g/t；块状矿石含镍 1.2wt%~4.18wt%，局部达 11wt%，含铜 0.54wt%~0.67wt%（局部达 16wt%），铂族元素品位为 1.75~3.53g/t（Song et al.，2003）。

二、Ni-Cu 硫化物矿床——力马河小型矿床

峨眉大火成岩省贫铂族元素的铜镍硫化物矿床及含矿岩体较多，如四川会理地区力马河及云南金平地区的白马寨两个小型矿床，含矿岩体更是星罗棋布（表14.1）。其中力马河矿床是我国开发最早的铜镍矿床。如图14.2所示，该矿床赋存于漏斗状的镁铁-超镁铁岩体中，岩体露头呈南北向延伸的透镜状，长约1000m，宽约300m。岩体侵入新元古代大理岩及片岩中，由橄榄岩、辉长岩和闪长岩构成，橄榄岩相与辉长岩相之间为突变关系，说明为两次岩浆侵入的产物。矿体呈不规则状产于岩体西侧底部的橄榄岩相中，矿体长约500m，厚度<30m，由浸染状和块状硫化物矿石构成；矿石镍品位为0.4wt% ~ 4.2wt%，铜品位为0.1wt% ~ 1.5wt%，铂族元素含量0.2g/t（Tao et al.，2008；Song et al.，2008）。

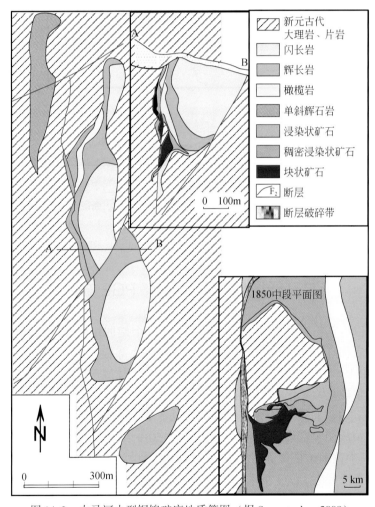

图14.2 力马河小型铜镍矿床地质简图（据Song et al.，2008）

三、PGE 矿床——金宝山大型矿床

这类矿化以硫化物含量低（<5%），矿石贫铜镍而富铂族元素为特征。具有这类矿化的含矿岩体主要分布在峨眉大火成岩省内带，如金宝山、迎风、朱布等（图14.1），以云南弥渡金宝山为典型。金宝山岩体呈岩席状顺层侵入泥盆系白云质灰岩中，岩体厚约170m，长5000m，宽600 ~ 1000m（图14.3）。岩体从下至上由橄榄岩、辉石岩和辉长岩构成。铂族元素矿化主要分布在铬铁矿辉石岩相中，矿石含1% ~

3%硫化物和9%~20%铬铁矿，硫化物包括磁黄铁矿、镍黄铁矿、黄铜矿等，铂族元素矿物主要有砷铂矿、碲铂矿、碲铋钯矿等。矿石铂族元素平均品位为0.9~1.7g/t，矿石储量约950万t（Tao et al.，2007；Song et al.，2008）。

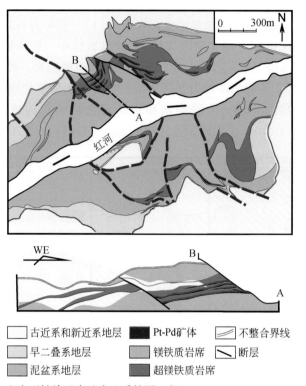

图14.3　金宝山大型铂族元素矿床地质简图（据 Tao et al.，2007；Song et al.，2008）

四、新街层状岩体底部 PGE 矿床

根据岩石学特征可以将新街岩体分成三个旋回，其中每个旋回由一系列的超镁铁质岩、镁铁质岩和长英质岩石组成，其中底部旋回含有 PGE 矿化。新街岩体的底部旋回又可以划分出三个岩相带，即边缘带（MU）、橄榄岩带（PeU）和辉石岩带（PyU）。目前在新街岩体底部的边缘带（MU）和辉石岩带（PyU）发现了三个主要的含岩浆硫化物矿化的铂族元素（PGE）富集层（图14.4）。岩石中矿物的结晶顺序是从铬铁矿（少量）、橄榄石、Fe-Ti 氧化物（磁铁矿和钛铁矿）到金属硫化物，最后是单斜辉石和斜长石。含 Cu-Ni 硫化物矿化的铂族元素富集层中主要有黄铜矿（50%~60%）、磁黄铁矿（20%~25%）和镍黄铁矿（15%~20%），其中黄铜矿是含量最多的硫化物。在浸染状矿石中黄铜矿通常呈细粒状（≤1mm），局部可见呈粗粒（最大直径可达3mm）的非自形集合体。镍黄铁矿和磁黄铁矿产出于黄铜矿的边缘，并呈非自形或者多晶形与黄铜矿密切共生。含硫化物的铂族元素富集层中 Fe-Ti 氧化物（磁铁矿和钛铁矿）的含量为 5%~10%，局部可达 20%。还发现了多种铂族矿物，如砷铂矿（sperrylite）和碲铂矿（moncheite），含钯矿物有碲钯矿（merenskyite）、碲铋钯矿（michenerite）、碲钯矿（merenskyite）和碲铂矿（moncheite）。这些铂族矿物颗粒的直径大多小于5μm，个别达到了 15~30μm。

除新街岩体而外，红格岩体的下部和中部岩相带的底部也发现了 PGE 的局部富集，PGE 总含量分别达 0.354×10^{-6} 和 0.553×10^{-6}（梁有彬，1998），并伴生有富 Cu 和 Ni 硫化物和 Ni、Cr、Co、Cu 异常（四川省地质矿产局攀西地质大队，1987）。总体上硫化物含量为 0.5%~3.5%，粒径为 0.05~0.26mm。常见的硫化物矿物结构包括：①呈集合体状分布在氧化物、硅酸盐矿物颗粒之间，形成海绵陨铁结构；②呈乳滴状包裹在 Fe-Ti 氧化物矿物之中；③呈细脉状、网脉状分布；④呈叶片状集合体由橄榄石或单斜辉石交代而成。主要硫化物为磁黄铁矿，占硫化物相的90%和全岩的0.5%～2%。其他硫化物包括黄铁矿、黄铜矿、镍黄铁矿和方黄铜矿。主要 PGE 矿物为砷铂矿、砷锑钯铂矿和硫钌锇矿。这些矿物通常包裹在 Fe-、Ni-、Cu-硫化物矿物中（梁有彬，1998）。

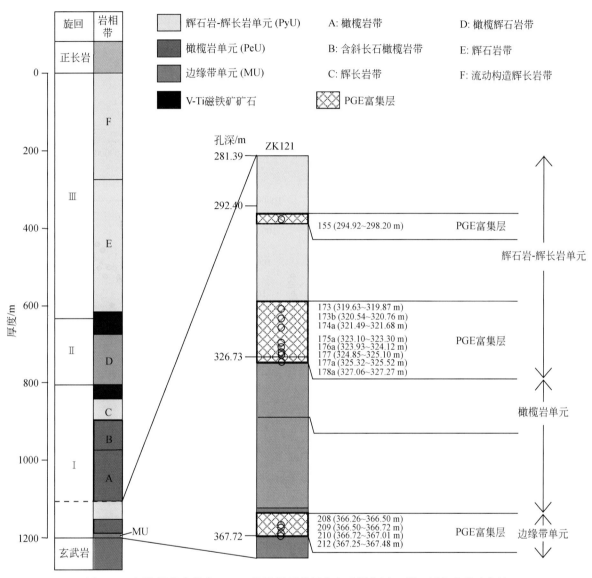

图14.4 新街层状岩体中 ZK121 钻孔揭露的层位和采样位置（据四川省地质矿产局攀西地质大队，1981；张成江等，1998；Zhong et al.，2004 等修改）

第二节 不同类型岩浆硫化物矿床特征的地球化学特征

在上述对三类岩浆硫化物矿床一般地质特征综合研究的基础上，铂族元素组成的对比表明上述三类矿床的地球化学特征具有显著的差异。尽管几类矿床所有样品的 Cu、Ni 和 PGE 含量都与 S 含量呈正相关关系，但在相同 S 含量条件下，各种元素的含量却存在显著不同。虽然少硫化物型 PGE 矿床 Cu、Ni 和 S 含量较低，但 PGE 含量却最高；而多硫化物型 Ni-Cu 矿床的 PGE 含量最低（图14.5）。

三类岩浆硫化物矿床的区别更加显著地反映在 100% 硫化物标准化的 PGE 组成相关图上，即 PGE 矿床不仅硫化物中的 PGE 含量最高，而且 PGE 之间具有正比关系，同时，Pd/Ir 值变化很小（图14.6）。而

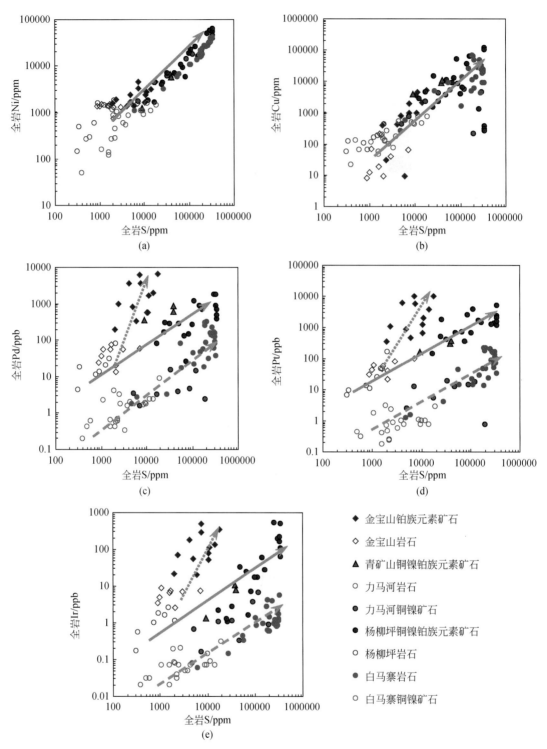

图 14.5　峨眉大火成岩省三类岩浆硫化物矿床铜镍和铂族元素含量差异（据 Song et al.，2008）

多硫化物型 Ni-Cu-PGE 矿床和 Ni-Cu 矿床中硫化物依次具有较低的 PGE 含量；尽管与少硫化物型矿床相似，多硫化物型矿床矿石的 Ru 与 Ir 也具有正相关关系，但 Pt 和 Pd 与 Ir 之间呈反相关关系，同时，Pd/Ir 值有很大的变化范围，随硫化物中 Pd 含量的升高显著增高（图 14.6）。此外，在图 14.6 中，Ni-Cu-PGE 矿床和 Ni-Cu 矿床的矿石投影在不同的、相互平行的趋势线上。从少硫化物型 PGE 矿床到多硫化物型 Ni-Cu-PGE 矿床和 Ni-Cu 矿床，矿石的 Cu/Pd 值依次增高（Song et al.，2008）。

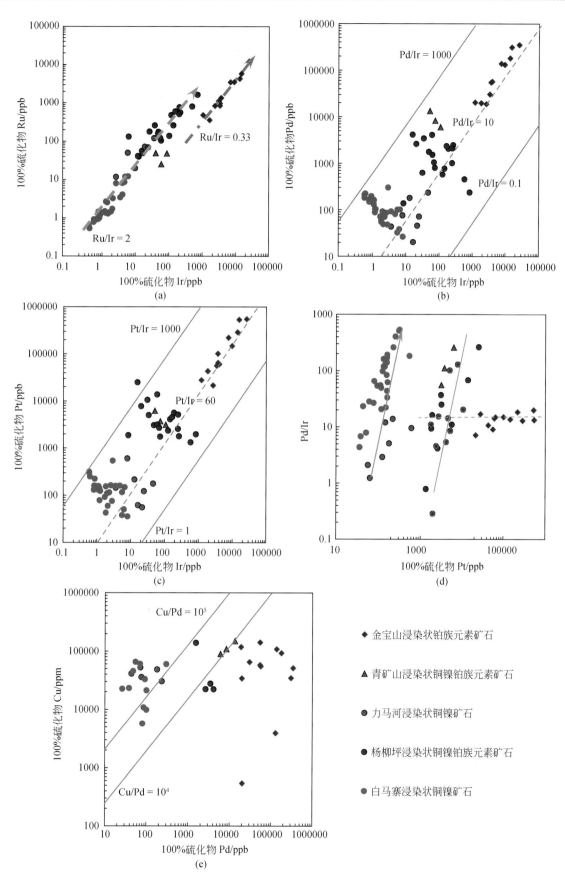

图 14.6　峨眉大火成岩省三类岩浆硫化物矿床 100% 硫化物中铜镍和铂族元素组成差异（据 Song et al. , 2008）

第三节 矿床成因模式及成矿的关键因素

上述 Cu、Ni、PGE 地球化学特征的显著差异说明三类岩浆硫化物矿床之间在成因上存在着很明显的不同（Song et al.，2008）。迄今为止，对 Ni、Cu 和 PGE 的地球化学行为已经有了大量的实验岩石学研究积累，特别是获得了大量造岩矿物/硅酸盐熔浆、硫化物熔浆/硅酸盐熔浆和单硫化物固溶体/硫化物熔浆分配系数的数据，这些实验数据对理解这些元素在不同条件下的地球化学行为具有重要的指导意义，部分具有代表性的分配系数实验数据列于表 14.2。在地幔和地壳环境下，六个 PGE 元素的地球化学性质有很多相似性，特别是 PGE 的 $D^{Sul/Sil}$（D 代表分配系数，Sul 代表硫化物熔体，Sil 代表硅酸盐熔体）高达 $10^{4\sim5}$，使得它们在 S 饱和的情况下强烈富集于硫化物熔体中，显示出强烈的亲铜元素的地球化学特征。研究表明地幔岩的 PGE 主要赋存在极少量硫化物中，在地壳环境下，PGE 的强烈富集则主要出现在岩浆硫化物矿床中。热力学原理告诉我们分配系数是温度、压力、氧逸度、硫逸度以及体系组分的函数，在不同条件下 Ni、Cu 和 PGE 在各相间的分配系数会有一定程度的波动，甚至变化，因此，不同研究者得到的 $D_{PGE}^{Sul/Sil}$ 有一定的区别（表 14.2），在此不作进一步讨论。因为 PGE 具有较高的电负性（约2.2），较高的电价（2^+、3^+、4^+），较小

表 14.2 部分具有代表性的分配系数实验数据

Os	Ir	Ru	Rh	Pt	Pd	Au	Ni	Cu	数据来源
合金/硅酸盐熔浆（$D^{Alloy/Sil}$）									
$10^{6\sim7}$	$10^{5\sim12}$	10^{12}	—	10^{15}	10^{7}	$10^{3\sim7}$	10^{7}	—	Wolf and Anders（1980）；Kloech et al.（1986）；Borisov and Palme（2000）
橄榄石/硅酸盐熔浆（$D^{Ol/Sil}$）									
—	0.77	1.7	1.8	0.08	0.03	—	1.35～13.6	—	Puchtel and Humayuan（2001）；Righter et al.（2004）
斜方辉石/硅酸盐熔浆（$D^{Opx/Sil}$）									
—	1.8	1.9	0.27	2.2	0.3	—	0.6～1.4	—	Hill et al.（2000）；Ely and Neal（2002）
单斜辉石/硅酸盐熔浆（$D^{Cpx/Sil}$）									
—	1.8	1.9	0.27	0.8	0.3	—	2.6～4	—	Capobianco et al.（1990，1994）
Cr-尖晶石/硅酸盐熔浆（$D^{Sp/Sil}$）									
—	100	151	63	3.3	0.14	0.076		—	Puchtel and Humayuan（2001）；Righter et al.（2004）
硫化物熔浆/硅酸盐熔浆（$D^{Sul/Sil}$）									
—	—	—	—	—	23000	15000～18000	575～836	1383	Peach et al.（1990）
230	310000	2500	27000	—	55000	16000			Bezmen et al.（1994）
30000	26000	6400	—	10000	17000	—	—	—	Fleet et al.（1996）
单硫化物固溶体/硫化物熔浆（$D^{Mss/Sul}$）									
4.3	3.6	4.2	3.03	0.2	0.2	0.009	0.84	0.27	Fleet et al.（1993）
—	3.4～11	—	1.17～3.0	0.05～0.13	0.09～0.2		0.36～0.8	0.2～0.25	Barnes et al.（1997）
—	0.08～1.4	—	0.4～0.8	0.01～0.05	0.01～0.07		0.18～0.36	0.17～0.2	Barnes et al.（1997）
—	5～17	—	3.9～11	0.14～0.24	0.13～0.24		0.7～1.2	0.22～0.27	Barnes et al.（1997）

的离子半径（0.6～0.86Å），它们在热液活动中一般是非常惰性的，所以，形成 PGE 的热液富集相当困难，也不易受热液蚀变的影响，这也是 PGE 成为可靠地球化学示踪元素的重要先决条件之一。相比之下，虽然 Au 和 Ag 也具有较高的电负性（1.9 和 2.4），但较低的电价（1^+）和较大的离子半径（1～1.37Å）使得它们在热液条件下往往是活动的，并可以富集在热液矿床中。

硫化物中 Ni、Cu 和 PGE 的含量强烈受硅酸盐熔浆/硫化物熔浆的值（R 值）的控制，对于相同的母岩浆而言，熔离硫化物中金属含量与 R 值的大小成正比。由于 PGE 的 $D^{Sul/Sil}$ 高达 $10^{4～5}$ 数量级远大于 Ni 和 Cu 的 $D^{Sul/Sil}$（10^2）（表 14.2），这就是为什么少硫化物型矿床中的硫化物更富 PGE 的原因。硫化物中 Ni、Cu 和 PGE 的含量可以根据公式（Campbell and Naldrett，1979）：

$$C_i^{Sul} = C_i^{Sil} \times D_i^{Sul/Sil} \times (R+1)/(R+D_i^{Sul/Sil})$$

式中，C_i^{Sul} 和 C_i^{Sil} 分别为元素 i 在硫化物熔浆和硅酸盐熔浆中的浓度；$D_i^{Sul/Sil}$ 为元素 i 在硫化物熔浆与硅酸盐熔浆之间的分配系数；R 为硅酸盐熔浆/硫化物熔浆的值。

熔离出来的硫化物还会因不断从 S 不饱和的岩浆中吸收 PGE，使其 PGE 含量不断提高，相反，大量地壳 S 的混入将形成 FeS 而使得硫化物熔浆 PGE 被稀释。由于 IPGE 的 $D^{Mss/Sul}$（D 代表分配系数，Sul 代表硫化物熔体，Mss 代表结晶的单硫化物固溶体）大于1，而 Cu 和 PPGE 的 $D^{Mss/Sul}$ 小于1，因此，单硫化物固溶体的分离结晶过程将导致 Cu 和 PPGE 在残余硫化物熔浆中的富集，并造成硫化物矿石 IPGE 与 PPGE，以及 Ni 与 Cu 的分异。这种现象主要发生在多硫化物型矿床的块状矿石和海绵陨铁状矿石中；而稀疏浸染状硫化物由于硫化物乳珠被硅酸盐熔浆所隔离，很难发生宏观上的元素分异；少硫化物型矿床更难发生这种金属元素分异，如果有 IPGE 与 PPGE 比例的变化，应考虑其他因素的作用。

高的 PGE 含量和低的 Cu/Pd 值说明金宝山矿床的硫化物是从 PGE 不亏损的玄武岩浆中熔离出来的，Ru、Pt 和 Pd 与 Ir 的正相关关系，以及变化较小的 Pd/Ir 值，表明没有发生 IPGE 与 PPGE 的分异（图14.6），因此，推测其较大的 PGE 含量变化与硫化物熔离时 R 值大小的变化有关。异常低的 PGE 含量和异常高的 Cu/Pd 值暗示力马河和白马寨矿床的硫化物是从 PGE 强烈亏损的玄武岩浆中熔离出来的，Pt 和 Pd 与 Ir 的负相关关系，以及 Pd/Ir 值的剧烈变化表明硫化物发生了明显的 IPGE 与 PPGE 的结晶分异（图14.6）。杨柳坪和青矿山矿床硫化物 PGE 特征介于上述两类矿床之间，也显示出硫化物熔浆的分离结晶（图14.6）。

根据上述投影图的定性分析，假设金宝山硫化物的母岩浆为 PGE 不亏损的峨眉山玄武岩浆，其母岩浆应含有 15×10^{-9}Pt、22×10^{-9}Pd 和 200×10^{-6}Ni（Song et al.，2008），根据上式的模拟计算表明当 R 值为 $5\times(10^3～10^5)$，熔离出来的硫化物具有金宝山矿床硫化物的成分特点（图14.7）。力马河和白马寨浸染状矿石在 Ni-Pd 图解上的投影表明（图14.7），矿石中的硫化物的确是从 PGE 亏损的玄武岩浆中熔离出来的，R 值为 500～1000，其母岩浆仅含有 0.1×10^{-9}Pt、0.15×10^{-9}Pd 和 177×10^{-6}Ni，如此低的 PGE 含量是由经历了更早的约 0.025% 的硫化物熔离造成的（Song et al.，2008）。不同地区峨眉山玄武岩 PGE 的研究表明，低 Ti 峨眉山玄武岩的 PGE 亏损与不同程度的硫化物熔离有关（Song et al.，2006，2009）；力马河等贫 PGE 的 Ni-Cu 硫化物矿床与这种 PGE 亏损的峨眉山玄武岩浆有关。

鉴于 IPGE 和 Pt 以及 Ni 对于硅酸盐矿物或氧化物矿物而言都具有一定的相容性（表14.2），在分离结晶过程中会有一定程度的降低；而 Cu 和 Pd 在岩浆分离结晶过程中是绝对的不相容元素，因此，在硫化物熔离的定量模拟中 Cu 和 Pd 是最佳选择。然而，由于在热液蚀变过程中，Cu 往往是相当活跃的，因此，我们选择 Ni 和 Pd 进行硫化物熔离的模拟计算。模拟计算表明：少硫化物型 PGE 矿床（如金宝山）的硫化物是从 PGE 不亏损的峨眉山玄武岩浆中熔离出来的，由于硫化物熔离强度较小而使得 PGE 的富集程度非常高（硅酸盐熔浆与硫化物熔浆之间的比例，即 R 值＞5000）；贫 PGE 的 Ni-Cu 硫化物矿床（如四川会理力马河，云南白马寨矿床等）的硫化物是从 PGE 强烈亏损的峨眉山玄武岩浆中熔离出来的，同时，熔离程度很高（R 值＜1000）使得硫化物 PGE 含量极低；而 Ni-Cu-（PGE）硫化物矿床（如四川丹巴地区的杨柳坪超大型矿床，会理地区的青矿山小型矿床）的硫化物熔离程度虽然也很高（R 值 = 1000～10000），但其母岩浆的 PGE 含量较高，所以，熔离出来的硫化物 PGE 含量也较高（Song et al.，2008）。

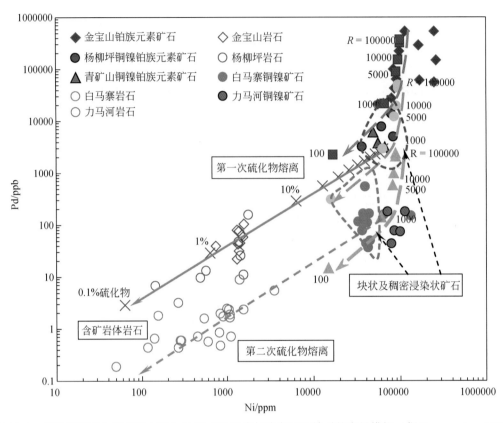

图 14.7　三类岩浆硫化物矿床中硫化物的 PGE 组成与熔离过程关系的定量模拟（据 Song et al.，2008）

根据硫化物熔离和硫化物熔浆分离结晶过程中 Cu、Ni 和 PGE 的地球化学行为（表 14.2），可以推测前期硫化物熔离可以导致后熔离硫化物的 Ni/Ir 值升高，而硫化物乳珠与玄武岩浆反应可以使硫化物乳珠的 Ni/Ir 值降低。

在硫化物熔浆分离结晶过程中，由于 IPGE 是早结晶的单硫化物固溶体的相容元素，而 PPGE 和 Cu 都是不相容元素，Ni 是弱不相容元素（表 14.2），因此，在硫化物固溶体分离结晶过程中，残余硫化物熔浆的 Pd/Ir 值会显著升高，相反单硫化物固溶体具有很低的 Pd/Ir 值。所以，用 Pd/Ir-Ni/Ir 相关图来示踪硫化物熔离和分离结晶是非常有效的（Song et al.，2008）。

图 14.8 中四个方向分别代表了不同过程：①水平向右的箭头代表由于前期硫化物熔离导致玄武岩浆 PGE 的亏损，由于 Ni 和 Ir 具有不同的 $D_i^{Sul/Sil}$，从而使得第二次熔离的硫化物具有更高的 Ni/Ir 值；②水平向左的箭头表示由于熔离的硫化物乳珠与新鲜玄武岩浆反应使得硫化物中 Ni/Ir 值降低的趋势，这说明少硫化物矿床中 R 值的较大变化很可能与硫化物乳珠和新的玄武岩浆的反应有关；③向右上方的箭头表示在硫化物固溶体分离结晶或平衡结晶过程中，残余硫化物熔浆的成分变化趋势；④向左下方的箭头代表从硫化物熔浆中结晶出来的固体部分的成分变化趋势。

图 14.8 显示了对峨眉大火成岩省三类岩浆硫化物矿床的模拟结果。金宝山少硫化物型 PGE 矿石的 Ni/Ir 值具有明显的变化，而 Pd/Ir 变化很小，说明其硫化物熔离出来以后与新鲜的玄武岩浆发生了较明显的物质交换，使得硫化物中的 PGE 浓度进一步升高，而硫化物本身没有发生宏观的成分分异。Model 1 和 Model 2 分别代表了当玄武岩浆中含 3×10^{-9}Pd、0.14×10^{-9}Ir、190×10^{-6}Ni，以 $R=1000$ 熔离出来的硫化物熔浆发生单硫化物固溶体分离和平衡结晶过程中，硫化物熔浆的成分变化，杨柳坪 Ni-Cu-PGE 矿床浸染状矿石投影在平衡结晶的趋势线上，而块状矿石代表了较早结晶的硫化物的堆积体。青矿山的矿石具有显著偏低的 Ni/Ir 值，这是硫化物熔体与新鲜玄武岩浆反应的结果。Model 3 和 Model 4 代表从 PGE 亏损的玄武岩浆中（含 0.15×10^{-9}Pd，0.007×10^{-9}Ir 和 177×10^{-6}Ni）以 $R=1000$ 熔离出来的硫化物熔浆在单硫

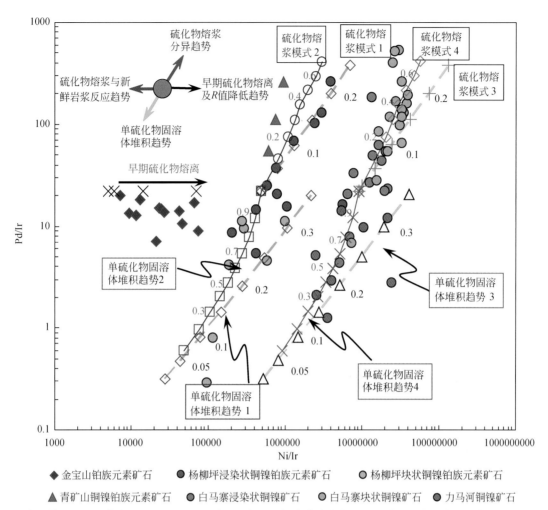

图 14.8 三类岩浆硫化物矿床中硫化物的 PGE 组成变化与硫化物熔浆分离结晶过程关系的定量模拟（据 Song et al.，2008）

化物固溶体分离和平衡结晶过程中，残余硫化物熔浆的成分变化趋势，其更高的 Ni/Ir 值及很低的 PGE 初始含量说明这种硫化物熔浆之前还发生过较弱的硫化物熔离事件。力马河和白马寨 Ni-Cu 矿床浸染状矿石及块状矿石的成分变化符合 Model 3 和 Model 4 的趋势，证明了这两个矿床的硫化物是经硫化物二次熔离形成的（Song et al.，2008）。

基于上述定性研究和定量模拟计算可以勾勒出的峨眉大火成岩省岩浆硫化物矿床的成因模型（图 14.9），该模式图也反映了它们之间内在的成因联系，即当低钛玄武岩浆进入地壳，由于地壳混染导致微弱的硫化物熔离，当这些硫化物经与新的玄武岩浆反应使得 PGE 进一步富集并在多个岩体中形成一定的聚集时就形成了金宝山那样的少硫化物型 PGE 矿床。当残余的 PGE 亏损的岩浆发生第二次强烈的硫化物熔离并聚集时，就可以形成力马河和白马寨那样的 PGE 亏损的 Ni-Cu 矿床。当第一次硫化物熔离的强度比较大时，形成大量硫化物聚集和分异就可能形成杨柳坪那样的多硫化物型 Ni-Cu-PGE 矿床（Song et al.，2008；Tao et al.，2008）。

综上所述，峨眉大火成岩省岩浆硫化物成矿的关键因素包括：①原始玄武岩浆 S 不饱和；②地壳物质同化混染和分离结晶作用，特别是地壳 S 的加入导致岩浆 S 饱和及硫化物熔离；③大量玄武岩浆参与；④硫化物熔离强度和期次决定了究竟是形成少硫化物型的 PGE 矿床还是多硫化物型的 Ni-Cu-PGE 或 Ni-Cu 矿床，而硫化物熔浆的分离结晶是导致矿床不同类型矿石成分分异的主要机制（宋谢炎等，2010；Song et al.，2011）。

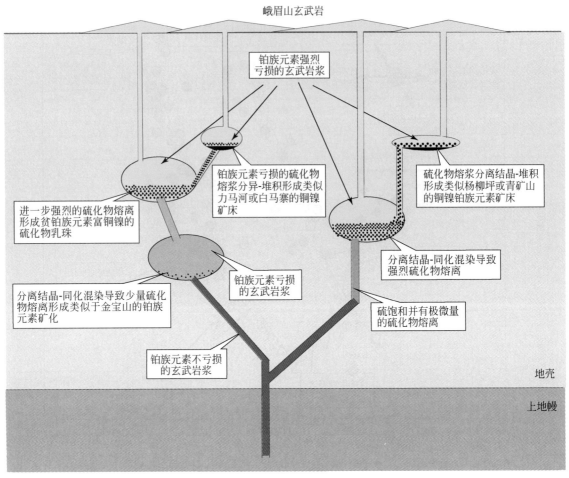

图 14.9　峨眉大火成岩省不同类型岩浆硫化物矿床的成因模式（据 Song et al.，2008）

第四节　找　矿　标　志

一、峨眉玄武岩的找矿意义

俄罗斯 Noril'sk 地区含矿岩体的体积约 3.5km³，而其中赋存的巨大矿体蕴含着 2300 万 t 的金属 Ni，由于 S 不饱和的幔源玄武岩浆一般含 Ni 为 300×10^{-6}，要形成如此大量硫化物的聚集意味着约 1000km³ 的玄武岩浆参与了成矿。俄罗斯西伯利亚 Noril'sk 地区玄武岩系中 Nd_{1-2} 岩段近 500m 的玄武岩显示极其强烈的 Ni、Cu 和 PGE 亏损，研究证明这些玄武岩就是参与成矿的 1000km² 的玄武岩浆冷凝的产物（Naldrett et al.，1992，1999；Lightfood and Keays，2005）。

类似的现象也出现在峨眉大火成岩省北部的四川丹巴杨柳坪地区，系统的研究发现该地区峨眉山玄武岩系的中段约 300m 厚的玄武岩相对于上下岩段出现了明显的 PGE 亏损，Ni、Pt 和 Pd 的亏损与该地区杨柳坪、正字岩窝等含矿岩体及硫化物矿石中这些元素的富集有着明显的互补关系，清楚地表明两者之间密切的成因联系。这些 PGE 亏损的玄武岩随着 Zr/Nb 值增高 PGE 亏损的现象证明地壳物质的同化混染是导致玄武岩浆 S 饱和的主要原因，也证明其原始岩浆是 S 不饱和、PGE 不亏损的（Song et al.，2003，2004b，2006a）。

为了对峨眉大火成岩省成矿作用最为发育的内带的岩浆硫化物矿床成矿潜力进行评价，我们选择了四川和云南几个典型剖面峨眉山玄武岩（图 14.10）进行 PGE 地球化学研究，试图探讨内带峨眉山玄武岩中是否存在类似于杨柳坪地区的 PGE 亏损及其与岩浆硫化物成矿的潜在联系。值得注意的是，宾川和平川两个剖面附近都有岩浆硫化物含矿岩体的分布（图 14.10）。这 4 个剖面中，宾川剖面下部分别由低钛 1 和低钛 2 玄武岩组成，上部则是高钛玄武岩；平川剖面由低钛玄武岩组成，而二滩剖面由高钛玄武岩组成；东川剖面底部出现罕见的碱性玄武岩，主体为高钛玄武岩（Song et al.，2008，2009）。

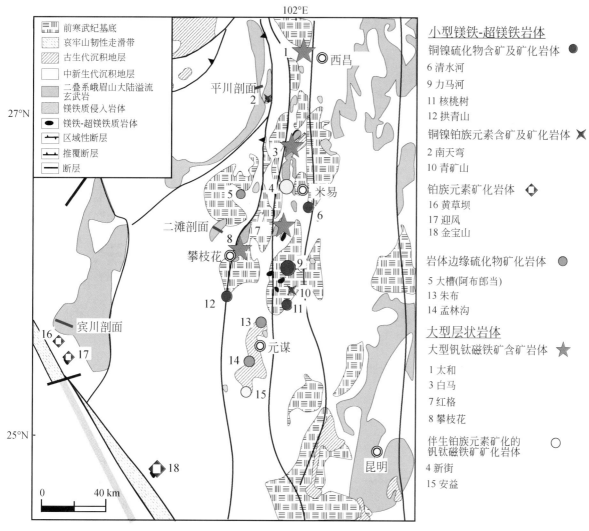

图 14.10　峨眉大火成岩省内带岩浆矿床及峨眉山玄武岩分布图
（红线为本书研究的玄武岩剖面）（据 Song et al.，2009）

　　对峨眉大火成岩省内带上述 4 个玄武岩剖面系统的 PGE 分析发现（图 14.11）：①大多数高钛玄武岩无 PGE 亏损，Pt 和 Pd 的含量为 $5\times10^{-9} \sim 15\times10^{-9}$；②低钛 1 玄武岩和碱性玄武岩具有 PGE 亏损，其 Pt 和 Pd 含量 $<2\times10^{-9}$，而低钛 2 玄武岩却不具 PGE 亏损，Pt 和 Pd 含量可高达 20×10^{-9}（Song et al.，2009）。图 14.12 显示随着 MgO 的降低，高钛峨眉山玄武岩 Pd 含量逐渐增高，而 Pt 含量有微弱的降低。而对于低钛峨眉山玄武岩而言，当 MgO 含量低于 8.0% 时，Pd 和 Pt 的含量发生剧烈的下降，与杨柳坪地区 PGE 亏损的峨眉山玄武岩一致，暗示几个剖面中低钛玄武岩的 PGE 亏损可能与硫化物熔离有关（Song et al.，2009）。

　　图 14.13 的投影显示高钛峨眉山玄武岩和低钛 2 玄武岩中随着相容元素 Ir 含量的降低，强不相容元素 Pd 的含量有微弱增高，而弱相容元素 Pt 和 Rh 的含量则有微弱降低，说明高钛峨眉山玄武岩 PGE 的变化受分离结晶的控制。而对于低钛 1 玄武岩和碱性玄武岩而言，无论是强不相容元素 Pd，还是弱相容元素 Pt 和 Rh 都

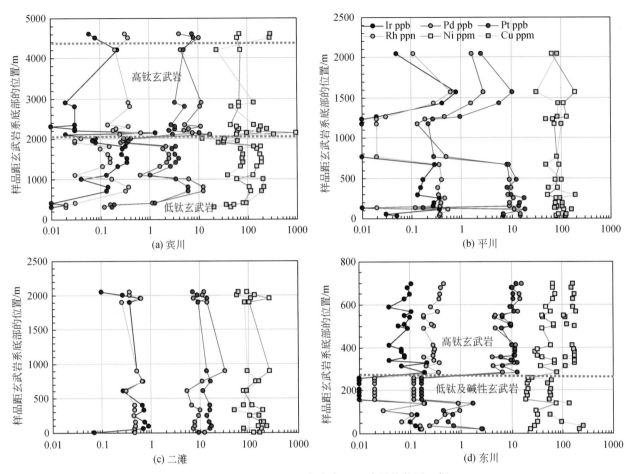

图 14.11　宾川、平川、二滩和东川峨眉山玄武岩 PGE 含量柱状图（据 Song et al.，2009）

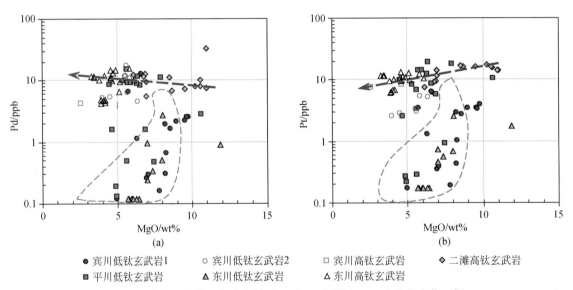

图 14.12　峨眉大火成岩省内带 4 个典型玄武岩剖面 Pd 和 Pt 含量随 MgO 含量的变化（据 Song et al.，2009）

随 Ir 含量的降低而降低，表明它们的 PGE 含量的降低的确是硫化物熔离的结果（Song et al.，2009）。

PPGE 与相容元素（Cr）和不相容元素（Y）比值的关系进一步证明了上述推测，在 S 不饱和条件下，随着分离结晶的玄武岩 Pd/Cr 和 Pd/Pt 值升高，而 Pt/Y 值降低，硫化物熔离则导致 Pd/Cr 和 Pt/Y 值

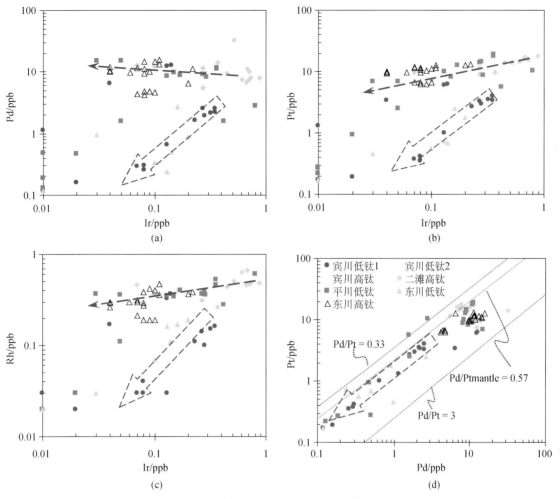

图 14.13　峨眉大火成岩省内带 4 个剖面峨眉山玄武岩 PGE 间协变关系（据 Song et al.，2009）

同时降低，而 Pd/Pt 值不变（图 14.14（a）～（b））；低钛 1 玄武岩和碱性玄武岩硫化物熔离不仅造成了 Pd 的亏损，也导致了 Cu/Pd 值迅速增高（图 14.14（c））（Song et al.，2009）。

　　进一步的 PGE 定量模拟计算表明（图 14.15），多数高 Ti 玄武岩经历了硅酸盐造岩矿物的分离结晶（趋势 1）；而云南宾川低钛 2 玄武岩还经历了微量的富 IPGE 和 Pt 合金的分离结晶（趋势 2）；四川二滩高钛玄武岩异常高的 Ir 含量表明其斑晶中可能含有富 IPGE 和 Pt 合金（趋势 3）；而低钛 1 玄武岩和碱性玄武岩的 PGE 组成受硫化物熔离（趋势 4），以及 PGE 亏损玄武岩浆与 PGE 不亏损的玄武岩浆混合（趋势 5）的控制（Song et al.，2009）。

　　大量研究已经证明地壳物质的同化混染，特别是 S 的加入是导致玄武岩浆 S 饱和及硫化物熔离的关键因素。如图 14.16 所示，峨眉山低钛 1 玄武岩的 PGE 亏损往往伴随着 Zr/Nb 和 Th/Nb 值的增高和 ε_{Nd} 值的降低，说明硫化物的熔离与地壳混染具有密不可分的内在联系。而高钛峨眉山玄武岩的 PGE 含量则不受 Zr/Nb 和 Th/Nb 值变化的控制，表明尽管高钛峨眉山玄武岩也经历了弱的同化混染，但并未导致硫化物熔离（Song et al.，2009）。

　　根据上述研究，我们率先提出如果原始玄武岩浆是 S 不饱和的，则玄武岩样品中 PGE 的亏损以及高的 Pd/Cu 值表明有不同程度的硫化物熔离，可以作为岩浆硫化物成矿的区域性找矿标志之一。

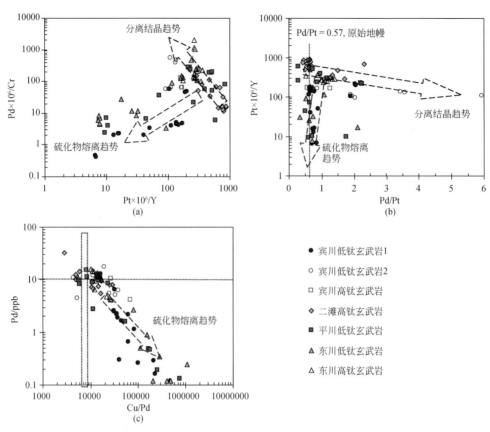

图 14.14　峨眉大火成岩省内带 4 个剖面峨眉山玄武岩 PGE 比值相关图（据 Song et al.，2009）

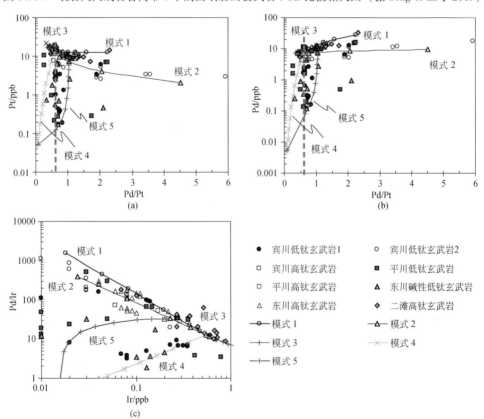

图 14.15　峨眉山玄武岩分离结晶和硫化物熔离过程中 PGE 组成变化的定量模拟（据 Song et al.，2009）

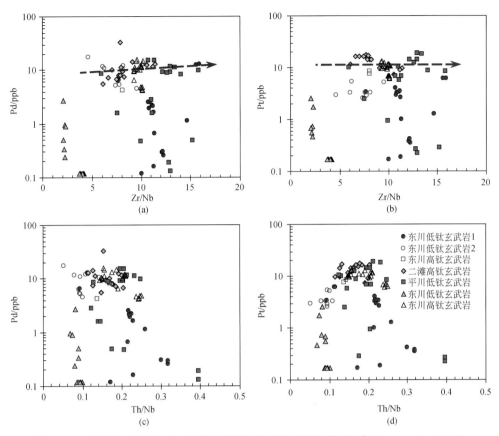

图 14.16 峨眉山玄武岩 PGE 亏损与地壳同化混染之间的关系（据 Song et al.，2009）

二、岩体的找矿标志

峨眉大火成岩省除上述大、中、小型岩浆硫化物矿床之外，还有许多含矿岩体和尚未发现地表矿化的基性–超基性岩体，如何评价这些岩体的含矿性也是我们研究的重要内容。为获得可靠的找矿标志，有必要对一些矿化岩体（如杨合伍岩体、清水河岩体、黄草坪岩体等）开展矿物学和地球化学研究，并与已知的含矿岩体进行系统对比（图 14.17）。

橄榄石是镁铁质–超镁铁质岩浆最早结晶的硅酸盐矿物之一，随着分离结晶的进行，橄榄石的镁橄榄石比例（Fo 牌号）就会逐渐降低，因此，橄榄石 Fo 牌号可作为分离结晶作用的指示剂。Ni 是橄榄石的相容元素，其化学行为遵循亨利定律。在 S 不饱和体系中，橄榄石 Ni 含量将在其分配系数的控制下随 Fo 牌号的降低而降低；在 S 饱和体系中，橄榄石 Ni 含量还明显受硫化物熔离作用控制。另外，早期结晶的橄榄石成分还会因与间隙硅酸盐熔浆或与硫化物熔体的再平衡作用而发生改变（Duke and Naldrett，1978；Barnes，1986；Cawthorn et al.，1992；Li and Naldrett，1999）。因此，橄榄石 Ni 与 Fo 牌号之间的关系不仅能反映分离结晶过程，而且是很好的硫化物熔离以及晶间熔浆效应的示踪剂。

若硅酸盐体系没有发生硫化物熔离，结晶的橄榄石 Ni 含量在 Ni-Fo 图中将投影在硫不饱和条件下橄榄石分离结晶曲线上；如果橄榄石 Ni 在分离结晶趋势线之下，则说明有硫化物熔离作用发生（Duke and Naldrett，1978；Li et al.，1999）。我们的模拟计算表明，力马河 Ni-Cu 型岩浆硫化物矿床经历了广泛的分离结晶（约 16%）和硫化物熔离作用（约 0.1%）（图 14.18（a））；清水河 Ni-Cu 型含矿岩体只有 6% 左右的橄榄石分离结晶，几乎没有出现硫化物熔离，这与实际样品观察有点出入，可能是数据太少造成的分析不全面的缘故（图 14.18（a））。黄草坪 Ni-Cu-PGE 型岩体橄榄石分离结晶和硫化物熔离程度分别约为 12% 和 0.06%（图 14.18（b））；而青矿山 Ni-Cu-PGE 型含矿岩体中橄榄石极低的 Fo 牌号和 Ni 含量一

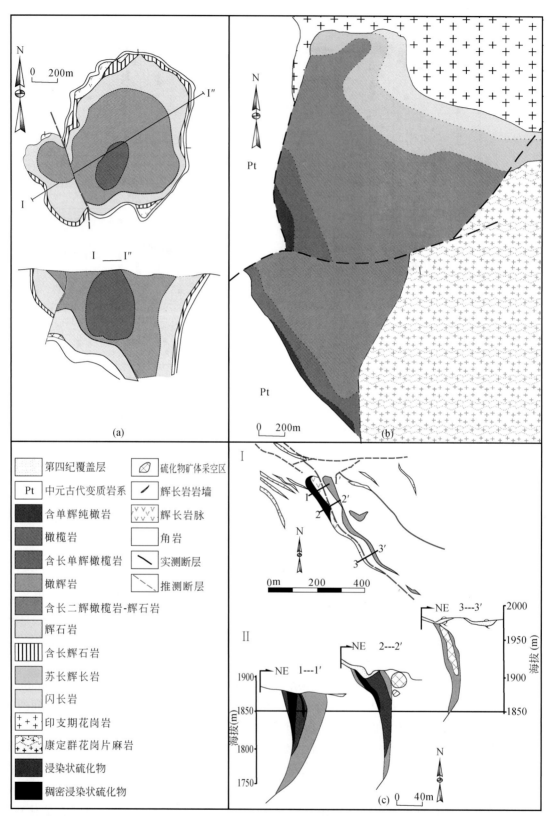

图例说明：

第四纪覆盖层

Pt 中元古代变质岩系

含单辉纯橄岩

橄榄岩

含长单辉橄榄岩

橄辉岩

含长二辉橄榄岩-辉石岩

辉石岩

含长辉石岩

苏长辉长岩

闪长岩

印支期花岗岩

康定群花岗片麻岩

浸染状硫化物

稠密浸染状硫化物

硫化物矿体采空区

辉长岩岩墙

辉长岩脉

角岩

实测断层

推测断层

图14.17 峨眉山大火成岩省内带杨合伍等镁铁质–超镁铁质含硫化物矿化岩体地质与剖面图（据姚家栋，1988）

方面暗示了硫化物熔离，另一方面更多地反映了强烈的同化混染作用，无法用现有的方法进行模拟（图 14.18（b））。金宝山 PGE 型含矿岩体经历 8% 的橄榄石分离结晶和大约 0.02% 的硫化物熔离；杨合武岩体以分离结晶为主，仅有极少量的硫化物熔离（图 14.18（c）），这与其微弱的 PGE 硫化物矿化仅出现在岩体边缘的现象基本吻合（官建祥等，2010）。上述研究表明基性–超基性岩橄榄石的 Ni 含量与 Fo 牌号之间的关系可以为判断岩体是否发生了硫化物熔离提供重要依据，是重要的找矿标志之一。

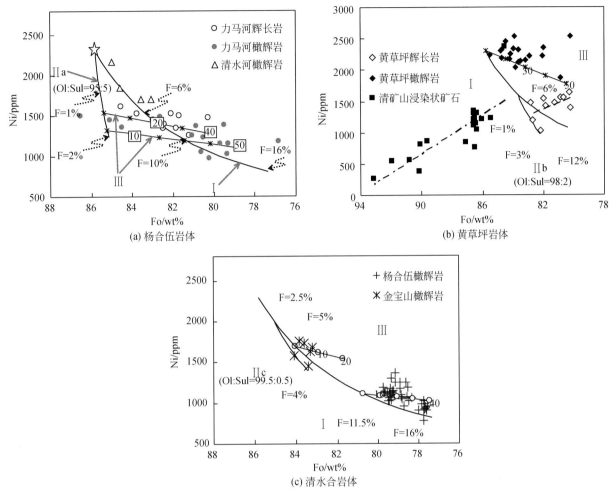

图 14.18 橄榄石分离结晶、硫化物熔离及晶间熔浆作用模拟（据官建祥等，2010）

（a）Ni-Cu 型矿化岩体；（b）Ni-Cu-PGE 矿化岩体；（c）PGE 型矿化岩体；Ⅰ. 橄榄石分离结晶模拟曲线；F. 分离结晶程度；Ⅱ. 橄榄石分离结晶和硫化物熔离同时发生；Ⅱa. 两者同时发生；Ⅱb. 橄榄石分离结晶 6% 后，出现硫化物熔离；Ⅱc. 橄榄石分离结晶 2.5% 后，出现硫化物熔离；Ⅲ. 晶间熔浆作用（TSL）模拟

　　PGE 的硫化物熔浆/硅酸盐熔浆分配系数高达 $10^4 \sim 10^5$，远高于 Ni 的分配系数（表 14.2），而且，PGE 不易被后期热液活化，所以，PGE 是硫化物熔离最敏感和最有效的示踪元素（Peach et al.，1990；Bezmen et al.，1994；Fleet et al.，1996；宋谢炎等，2009）。因此，我们还开展了基性–超基性岩体无矿岩石的 PGE 组成研究。PGE 含量数据和原始地幔标准化模式对比表明，清水河和黄草坪岩体的 PGE 含量明显低于杨合伍橄辉岩，甚至低于力马河岩体无矿岩石的 PGE 含量的平均值（图 14.19）；而黄草坪岩体岩石 PGE 含量的变化范围最宽。杨合伍岩体个别橄辉岩样品的 PGE 含量与金宝山岩体无矿岩石相当（图 14.19）（官建祥和宋谢炎，2010）。

　　图 14.20 的投影显示杨合伍、清水河和黄草坪岩体无矿岩石的 Ni、Cu、PGE 含量普遍高于低 Ti 玄武岩，而多数低于高 Ti 玄武岩，但是铂族元素之间的变化关系却与低钛玄武岩类似，随着 Ir 的降低，Rh、Pt、Pd 等含量迅速下降（图 14.20（a）～（c）），说明这些侵入体岩石和低 Ti 玄武岩都经历了硫化物熔离。高 Ti 玄武岩则主要受硅酸盐矿物分离结晶作用的控制（Song et al.，2009）。从 Pd、Pt 含量及比值变

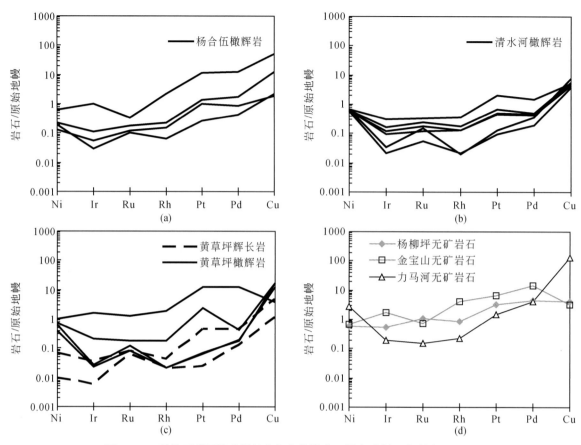

图 14.19　铂族元素原始地幔标准化配分模式（据官建祥和宋谢炎，2010）

原始地幔值据 Barnes and Maier（1999）；杨柳坪、金宝山和白马寨数据分别来自 Song 等（2008），Tao 等（2007），Wang 等（2006）

化来看，低 Ti 玄武岩具有很宽的 Pt、Pd 含量变化范围和较窄的 Pd/Pt 值范围（0.33~3）（图 14.20），这种特征指示了硫化物熔离是主要的控制因素（Song et al.，2009）。除了一个样品外，杨合伍等岩体的岩石 Pd/Pt 值也在低 Ti 玄武岩范围内，且多数高于地幔值（Pd/Pt=0.6，Taylor and McLennan，1985）（图 14.20（d））说明除了硫化物熔离外，还有其他岩浆过程导致 PGE 发生了分异。

从 Pd-Ni 图解可以看到（图 14.21），杨合伍橄辉岩 Pd 含量较高，Ni 含量变化较大，这与杨柳坪 Ni-Cu-PGE 矿化岩体的无矿岩石最为相似，较金宝山无矿岩石有更宽的 Ni 含量变化范围。除了一个样品具有异常高的 Pd 含量外，清水河和黄草坪橄辉岩样品都落在白马寨和力马河 Ni-Cu 矿化的无矿岩石范围内。模拟计算表明，上述原始岩浆经过大约 0.01wt% 的硫化物熔离后，残余岩浆二次熔离（R=1000）形成的硫化物成分与杨合伍硫化物成分相似，杨合伍无矿橄辉岩中大致含有<1wt%（仅有一个样品>1wt%）的这种硫化物（图 14.21）。原始岩浆经过大约 0.035wt% 硫化物熔离后，经二次熔离（R=2000）形成的硫化物成分大致与清水河和黄草坪橄辉岩中硫化物成分相当，图 14.21 显示这些岩石硫化物含量大致为 1wt%~2wt%。这说明杨合伍镁铁质-超镁铁质岩的母岩浆是弱 PGE 亏损的，而清水河和黄草坪岩石的母岩浆是强烈亏损 PGE 的。杨合伍岩体可能形成 Ni-Cu-PGE 型硫化物矿化，清水河和黄草坪可能与 Ni-Cu 型矿化有关（官建祥和宋谢炎，2010）。

上述研究表明无矿岩石的 PGE 亏损特征不仅可以作为判断是否有硫化物熔离成矿的标志，还可以帮助判断深部可能形成哪种岩浆硫化物矿化。

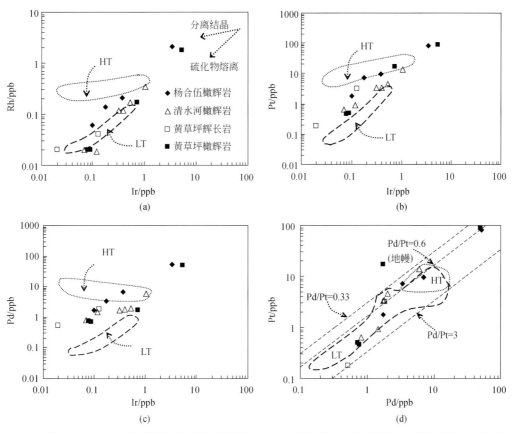

图 14.20 杨合伍、清水河和黄草坪镁铁质–超镁铁质侵入体岩石的铂族元素关系图解（据官建祥和宋谢炎，2010）

LT. 低 Ti 峨眉山玄武岩；HT. 高 Ti 峨眉山玄武岩；数据来自 Song et al.，2009。地幔 Pd/Pt 值来自 Taylor 和 Mclennan（1985）

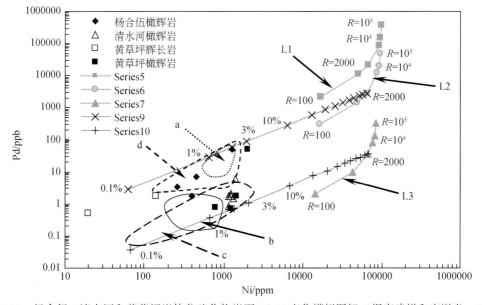

图 14.21 杨合伍、清水河和黄草坪岩体贫硫化物岩石 Pd-Ni 变化模拟图解（据官建祥和宋谢炎，2010）

浸染状硫化物中 Pd、Ni 含量计算是基于 100% 硫化物中金属含量，而贫硫化物硅酸盐中 Pd、Ni 含量计算是基于全岩含量。L1. 从富 PGE 的玄武质岩浆（假设其中 Pt=15×10⁻⁹，Pd=22×10⁻⁹，Ni=200×10⁻⁶）熔离的硫化物熔浆中金属含量变化趋势线；L2. 从硫化物熔离大约 0.01wt% 后的残余岩浆（Pt=2×10⁻⁹，Pd=3×10⁻⁹，Ni=190×10⁻⁶）中二次熔离的硫化物熔浆中金属含量变化趋势线；L3. 从硫化物熔离大约 0.035wt% 后的残余岩浆（Pt=0.01×10⁻⁹，Pd=0.02×10⁻⁹，Ni=168×10⁻⁶）中二次熔离的硫化物熔浆中金属含量变化趋势线。虚线范围：a. 金宝山贫硫化物岩石（Tao et al.，2007）；b. 白马寨贫硫化物岩石（Wang et al.，2006）；c. 力马河贫硫化物岩石；d. 杨柳坪贫硫化物岩石（Song et al.，2008）。n%. 贫硫化物岩石中硫化物百分含量

第十五章 钒钛磁铁矿矿床及相关矿床成因

前已述及，玄武岩浆活动还形成了一系列镁铁-超镁铁质岩体，包括峨眉大火成岩省内带的含钒钛磁铁矿矿化的大型层状岩体和遍布内外带的含岩浆硫化物矿化的小型岩体（见第十三章第三节）。本章着重讨论大型层状岩体的岩浆演化与 Fe、Ti、V 大规模成矿及相关 Cu-Ni-PGE 成矿的成因联系。

第一节 峨眉大火成岩省钒钛磁铁矿矿床的分布及研究现状

钒钛磁铁矿矿床主要产于大型层状岩体及斜长岩套中，是 Ti 和 V 的主要资源形式。全球与斜长岩套有关的钒钛磁铁矿矿床主要集中在北欧和北美，产于层状岩体中的钒钛磁铁矿矿床主要集中在峨眉大火成岩省内带及南非。

峨眉大火成岩省内带是世界上最重要的钒钛磁铁矿矿集区。几个超大型钒钛磁铁矿矿床，包括攀枝花、红格、白马、太和和新街，蕴藏着近 33 亿 t Fe、1580 万 t V_2O_5、8.7 亿 t TiO_2，铁储量占我国总储量的约 16%，V 和 Ti 分别占世界储量的 11.6% 和 35.17%，我国总储量的 62.6% 和 90.54%，Ga、Sc、Co 等可综合利用，使得该地区成为我国重要的钢铁基地和最大的钛生产基地，世界第三大钒生产基地（攀钢网站）。

攀西地区共出露有攀枝花、红格、白马、太和、新街等赋存超大型 Fe-Ti-V 氧化物矿床的镁铁-超镁铁质层状岩体，这些层状岩体与正长岩-花岗岩和溢流玄武岩共生，被我国老一代地质学家称为"三位一体"（张云湘等，1988）。近年来，许多学者试图从地幔柱岩浆作用等新的角度出发，进一步解释这些层状岩体及其赋存的 Fe-Ti-(V) 氧化物矿床的成因（Zhou et al.，2005；Ganino et al.，2008；Wang et al.，2008；Pang et al.，2008a，b，2009；Zhang et al.，2009；Hou et al.，2011，2012；Bai et al.，2012，2014；Zhang et al.，2012；张晓琪，2013；Wang and Zhou，2013；Howarth and Prevec，2013；Song et al.，2013；Luan et al.，2014；栾燕，2014；She et al.，2014）。从岩石组合上可以将这些层状岩体分为镁铁质层状岩体和镁铁-超镁铁质层状岩体，前者如攀枝花和白马岩体，后者如红格、太和和新街岩体。如图 15.1 所示，镁铁质岩体主要由（磁铁）辉长岩、（磁铁）橄长岩、磷灰石辉长岩构成，而镁铁-超镁铁质岩体除辉长岩外，还有（橄榄）单斜辉石岩、（磁铁）单斜辉石岩等岩石。在镁铁质岩体中钒钛磁铁矿矿层一般产于岩体的下部岩相带，而在镁铁-超镁铁质岩体中，钒钛磁铁矿矿层则主要出现在中部岩相带，这些矿层在这些岩体中的累积厚度均达数百米。钒钛磁铁矿矿层主要由块状钒钛磁铁矿、磁铁辉长岩、磁铁单斜辉石岩、磷灰石磁铁辉长岩等构成。块状钒钛磁铁矿矿层出现在攀枝花、红格和太和岩体中，而磷灰石磁铁辉长岩仅见于太和岩体。而世界其他著名的层状岩体尽管规模远远大于峨眉大火成岩省的上述层状岩体，但其中 Fe-Ti-V 氧化物层通常赋存于岩体上部，且矿层的总厚度较薄（总厚数十米）（如 Bushveld 杂岩体，Reynolds，1985；Skaergaard 侵入体，McBirney，1996；Muskox 侵入体，Irvine，1988；Kiglapait 侵入体，Morse，1981）。

一般认为，本区含矿层状岩体的母岩浆为富 Fe、Ti 的岩浆，但其成分还存在争议。Zhou 等（2005）和 Pang 等（2009）认为攀枝花岩体母岩浆是由苦橄质岩浆经过结晶分异演化而来的铁玄武质岩浆。通过 MELTS 模拟计算，Song 等（2013）认为攀枝花岩体母岩浆含有 16.5% FeO，4.9% TiO_2 和 8.2% MgO。而 Zhang 等（2009）则认为攀枝花岩体母岩浆含有 12% MgO 和 15% FeO，在成分上属于苦橄质岩浆。最近，Howarth 和 Prevec（2013）通过详细的模拟计算认为攀枝花岩体的母岩浆并非特别富 Ti，其母岩浆中

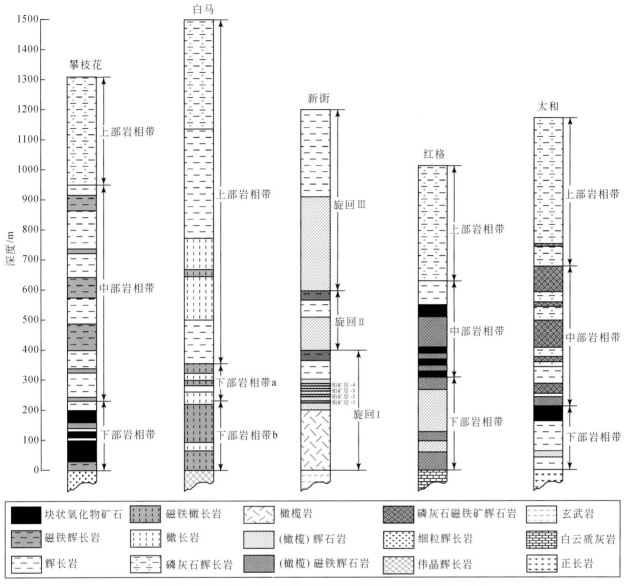

图 15.1　攀西地区层状岩体的岩相分带及钒钛磁铁矿矿层分布简图

TiO$_2$含量大约为 2.5%。攀枝花岩体的氧化物矿物组合与单斜辉石矿物成分同样表明其母岩浆与中等富 Ti 的峨眉山玄武岩相似（Bai et al.，2014）。

这些岩体中的氧化物矿床的成因也存在争议。主要的成因机制包括：①岩浆不混溶（Zhou et al.，2005，2013；Dong et al.，2013；Wang and Zhou，2013；王坤等，2013）；②从铁玄武质岩浆中直接结晶（Ganino et al.，2008；Pang et al.，2008a，b；Zhang et al.，2009；Bai et al.，2012；Song et al.，2013）。Zhou 等（2005）认为氧化物是从玄武质岩浆不混溶形成的富 Fe 熔体中结晶而来。Zhou 等（2013）进一步指出，形成氧化物矿床的富 Fe 熔体是由玄武质岩浆先后经历两个阶段的岩浆不混溶形成。最近，Dong 等（2013）和王坤等（2013）分别在新街岩体的斜长石和攀枝花岩体的磷灰石中观察到富 Fe 和富 Si 的熔体包裹体，并认为是存在岩浆不混溶的证据。除岩浆不混溶之外，Fe-Ti-（V）氧化物在玄武质岩浆中早期结晶并经重力分异形成矿床的模式被较广泛接受。然而，导致 Fe-Ti-（V）氧化物在岩浆演化的早期结晶的机制尚存争议，包括：围岩中 CO$_2$的加入使氧逸度升高（Ganino et al.，2008；Bai et al.，2012）、来源于富 Fe、Ti 地幔源区的铁玄武质岩浆（Zhang et al.，2009；Song et al.，2013）、富 Fe、Ti 母岩浆及 H$_2$O 的加入共同作用（Pang et al.，2008）。与磁铁矿原地结晶和重力分异不同，Howarth 和 Prevec（2013）认为攀枝花岩体中 Fe-Ti 氧化物是在深部岩浆房结晶，并被富 H_2O 的母岩浆携带到浅部的攀枝花岩浆房并沉淀在底部。

第二节　典型矿床成因：攀枝花、红格、新街

一、攀枝花超大型钒钛磁铁矿矿床

攀枝花岩体是峨眉大火成岩省内带四个含超大型钒钛磁铁矿矿床的层状岩体之一，主要岩相由于长达 50 余年的开采剥离而便于观察和采样，研究程度较高。因此，本节以攀枝花岩体为例，探讨峨眉大火成岩省层状岩体及钒钛磁铁矿矿床成因。

1. 岩体地质特征

如图 15.2 所示，攀枝花岩体为一长约 20km，最宽处约 2km 的单斜岩体，岩体走向北东，倾向北西，

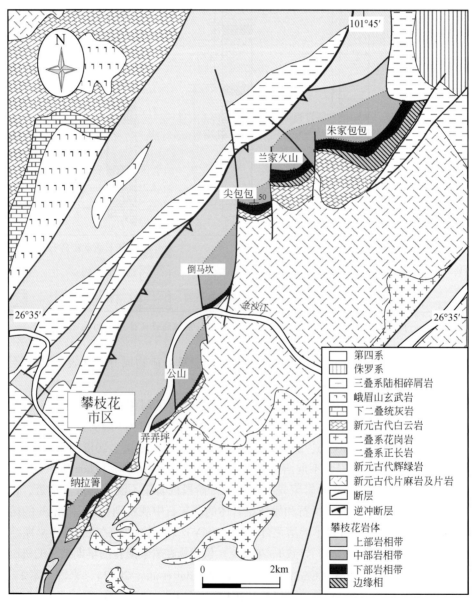

图 15.2　攀枝花大型层状岩体地质简图（据 Song et al.，2013）

侵入震旦系灯影组白云质大理岩、片岩中。近南北向后期断裂将该岩体从北向南分隔成朱家包包、兰家火山、尖山、倒马坎、公山、纳拉箐6个部分。岩体可以简单地分为下部暗色辉长岩和上部浅色辉长岩两个岩相带，钒钛磁铁矿矿层产于下部岩相带。

下部岩相带主要由块状磁铁矿岩（矿层）、磁铁辉长岩及辉长岩构成，该岩相带的厚度从北向南显著变薄。块状磁铁矿岩（块状矿层）、磁铁辉长岩（浸染状矿层）及辉长岩的周期性重复出现构成旋回，其中辉长岩中由暗色矿物和浅色矿物含量变化反映的韵律层理较为明显，同时，由斜长石双晶显示出来的矿物定向排列也非常显著。上部岩相带主要由磁铁辉长岩、辉长岩、磷灰石辉长岩构成，其中磷灰石辉长岩仅出现在该岩相带上部。与下部岩相带类似，磁铁辉长岩和辉长岩的重复出现构成若干旋回，岩石中韵律构造非常发育。

磁铁辉长岩、辉长岩和磷灰石辉长岩的矿物组成相似，主要硅酸盐矿物均为橄榄石、单斜辉石和斜长石，但比例不同；岩石中普通角闪石及黑云母含量小于5%；各种岩石中均未发现斜方辉石（图15.3）。铁钛氧化物主要为钛磁铁矿和钛铁矿，从磁铁辉长岩、辉长岩到磷灰石辉长岩铁钛氧化物的含量依次降低（15%~30%、10%~20%、<10%）。磁铁辉长岩和辉长岩中的单斜辉石往往发育"席列构造"，以及磁铁矿出溶叶片密集；而磷灰石辉长岩中单斜辉石"席列构造"已经不甚发育。钛磁铁矿中钛铁矿及尖晶石的出溶现象极为常见，而钛铁矿中磁铁矿的出溶较弱。磷灰石辉长岩中磷灰石呈自形六方柱形晶体，可以被包裹在半自形的单斜辉石或斜长石晶体中，但磷灰石在其他岩石中含量几乎为零（图15.3）。

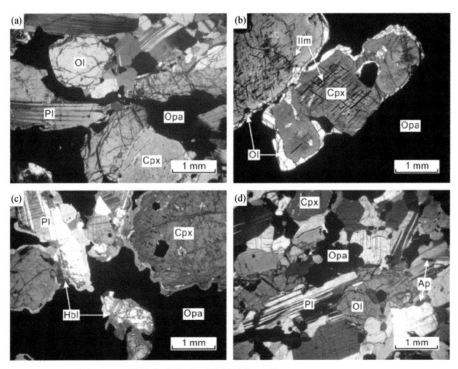

图 15.3　攀枝花岩体岩石常见结构（据 Pang et al.，2008a）

Ol. 橄榄石；Pl. 斜长石；Cpx. 单斜辉石；Hbl. 普通角闪石；Opa. 不透明矿物（金属氧化物）；Ilm. 钛铁矿

2. 矿床地质特征

攀枝花岩体钒钛磁铁矿矿床由产于下部及中部岩相带的层状矿体构成。其中下部岩相带有两个厚达40m 和60m 的矿床由块状钒钛磁铁矿矿石组成，其他矿层则由浸染状矿石构成，厚度数十米至百余米不等（图15.2）。块状矿石主要由钛磁铁矿及钛铁矿（>85%）及少量橄榄石、单斜辉石和斜长石（<15%）组成；橄榄石、单斜辉石及斜长石可以有由这些矿物与残余岩浆反应形成的角闪石反应边。浸染状矿石由35%~60%的钛磁铁矿+钛铁矿、40%~65%的硅酸盐矿物，包括斜长石、单斜辉石、橄榄石构成；斜

长石和单斜辉石比例大致为 1∶1，橄榄石含量一般<10%；浸染状矿石的岩石名称为磁铁辉长岩。在这两类矿石中钛磁铁矿的含量总是远远大于钛铁矿的含量。

两个主要的块状矿层产于下部岩相带，其中含有稳定延伸的厚度 10～20cm 的磁铁辉长岩夹层，其中的斜长石和单斜辉石均平行于火成层理分布，显示出矿物的定向构造。浸染状矿层则构成岩相旋回的下部，上部则由辉长岩构成；矿层由下至上钛铁氧化物含量有减少趋势；其中的斜长石和单斜辉石的定向排列也非常发育（Pang et al.，2008a，2009）。

3. 岩体矿物学及地球化学特征

下部岩相带岩石中橄榄石的镁橄榄石端元的百分比（Fo 牌号）较上部岩相带岩石略高，但最高仅达 82（图 15.4），远低于地幔岩中橄榄石的 Fo（约 90），表明岩浆在侵入攀枝花岩体前已经发生了一定程度的分离结晶。相应地，单斜辉石的 Mg# =（Mg/（Mg+Fe））和斜长石的 An 牌号（钙长石的百分比）也较低。但是，这些矿物成分的变化也在一定程度上与岩性旋回矿物组成的变化一致。

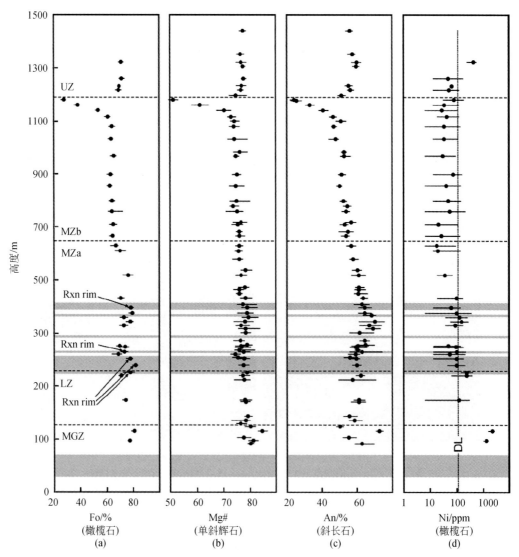

图 15.4　攀枝花岩体岩相分带及矿物组成及成分变化（据 Pang et al.，2009）

Fo. 镁橄榄石牌号；Mg#. 单斜辉石 Mg 牌号；An. 钙斜长石牌号；MGZ. 边缘带；LZ. 下部岩相带；MZ. 中部岩相带；UZ. 上部岩相带

全岩氧化物分析表明，攀枝花岩体各种岩石的 FeO、MgO、TiO_2、MnO、Al_2O_3 呈现较好的正相关关系（图 15.5），特别是 FeO 与 TiO_2 具有很强的正相关性。化学成分的这种相关性与各种岩性矿物组成及成分变化是协调一致的。

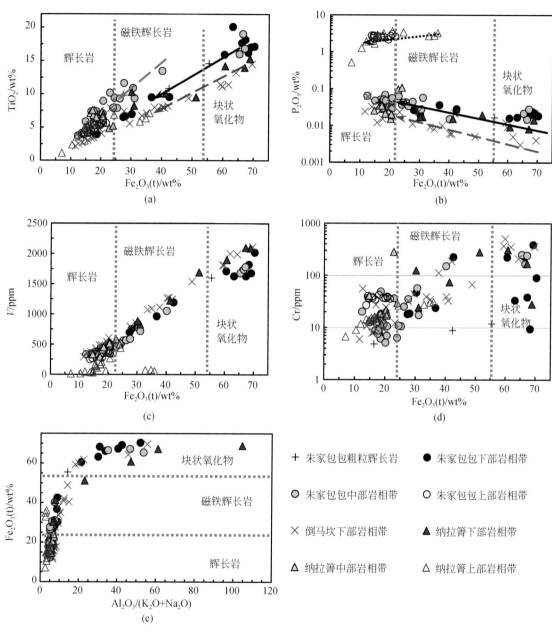

图 15.5　攀枝花岩体全岩氧化物组成相关关系（据 Song et al.，2013）

4. 母岩浆成分

原始的地幔来源的岩浆在最开始的时候通常结晶一种或两种矿物，随着岩浆分异作用的进行出现更多的矿物相（Irvine，1970），攀枝花岩体岩石中的堆晶矿物组合至少由三种矿物组成，即单斜辉石、斜长石和钛磁铁矿，表明形成该岩体的岩浆在就位之前已经经历了岩浆分异作用。矿物成分的变化范围表明母岩浆很可能是中度分异的玄武质熔体，为了更好地了解母岩浆的演化程度，我们根据橄榄石－熔体的 Fe-Mg 交换系数 K_D 来估计岩浆的 FeO/MgO 值。

$$K_D = (FeO/MgO)^{olivine} / (FeO/MgO)^{melt}$$

攀枝花岩体边缘带的异剥橄榄岩和暗色橄榄辉长岩被用来计算是因为它们具有较高的 Fo 值和 Ni 含量。使用实验获得的玄武岩系统的分配系数 $K_D = 0.3 \pm 0.03$（Roeder and Emslie, 1970），我们计算出和边缘带的橄榄石（Fo = 78 ~ 82）平衡的岩浆的 Mg#［molar 100× MgO/（MgO+FeO）］变化为 51 ~ 56。考虑到橄榄石的 Fo 值可能受其中包裹的熔体作用而减小，这个数值可能代表了母岩浆的最小值，或者如果 Fo 值由于氧化物–橄榄石再平衡而增加，这个数值就代表了母岩浆的最大值。然而，边缘带岩石的细粒结构表明快速结晶会减小熔体被包裹的效应，另外，在异剥橄榄岩和暗色橄榄辉长岩中橄榄石的摩尔分数比铁钛氧化物高得多，使氧化物和橄榄石间的亚固相再平衡作用不能发挥很大作用。

攀枝花岩体母岩浆的 Mg# 在峨眉山大火成岩省 MgO 重量百分比大于 6% 的高钛玄武岩的范围内（48 ~ 64）（Xu et al., 2001; Xiao et al., 2004），比峨眉山苦橄岩的值（70 ~ 74）低很多（Chung and Jahn, 1995），同时，攀枝花岩体中橄榄石的 Fo 和 Ni 含量也比苦橄岩的低（Zhang et al., 2006; Tao et al., 2008）。Zhang 等（2006）认为峨眉山大火成岩省的一些高钛玄武岩可能来自峨眉山苦橄岩橄榄石和单斜辉石的分异。同样，攀枝花岩体的母岩浆很可能源自深部的苦橄质岩浆的橄榄石和单斜辉石的分离结晶。

5. 多期岩浆脉动和残余熔体的丢失

我们的数据表明攀枝花岩体在形成的过程中并没有保持一个完全封闭的体系，第一个也是最重要的一个证据是中间带 a 和上部带底部斜长石成分的两次反转（图 15.4），在这两个岩层间断面，单斜辉石中的微量元素 Ti 和 V，斜长石中的 Fe 含量变高，与分异的岩浆中这些元素的突然增加一致。因为在攀枝花侵入体中铁钛氧化物是堆晶，一个合理的解释是这些间断记录了一批更原始的岩浆（如 Fe-Ti-V 不亏损的岩浆）的补给和混合。Song 等（2013）根据质量平衡原理估计，仅两层块状钒钛磁铁矿矿层的形成就需要超过 2000m 厚的岩浆。因此，必然有数倍于攀枝花岩体体积的岩浆已经离开了该岩体。从这个意义上讲，攀枝花岩体实际上是岩浆通道系统上的一个岩体。

证明攀枝花岩体不是在一个封闭的体系中分异的另一个证据是根据锆的平衡。Skaergaard 侵入体被认为是单一分异岩浆的典型代表，不相容元素如 Zr 的亏损在 Sandwich Horizon 和 Upper Border Series 富集，从而达到平衡（McBirney, 1996）。然而，攀枝花岩体几乎全是由堆晶矿物相组成的，它们的 Zr 含量都很低并且没有边缘带（Zhou et al., 2005），大多数的岩石含有不到 30×10^{-6} 的锆，相当于同时代高钛峨眉山玄武岩含量的 1/5（Xu et al., 2001; Xiao et al., 2004）。Zr 含量的不平衡表明有相当数量的残余熔体在岩体形成的过程中跑掉，而这些熔体富集不相容元素。因此，攀枝花岩体不太可能是一个完美的封闭体系。

上述特征表明攀枝花岩体为经历了深部分异演化的岩浆侵入攀枝花岩体，再经历分离结晶和矿物堆积形成的。由于母岩浆较富铁钛，因此，产生了大量铁钛氧化物的结晶和堆积（Pang et al., 2008a, b, 2009）。

6. 铁钛氧化物结晶的开始和成因机制

前人用铁钛氧化物的早期结晶和重力堆积来解释攀枝花侵入体氧化物矿石的形成，证明铁钛氧化物形成于高温岩浆的证据有：①大量的氧化物矿石出现在岩体的底部（Zhou et al., 2005; Pang et al., 2008b）；②在 Fo 值较高的堆晶的橄榄石中有很多铁钛氧化物的包裹体（Pang et al., 2008a）。我们现有的攀枝花岩体硅酸盐矿物成分的数据可以用来与其他层状侵入体对比，来判断铁钛氧化物结晶的时间。在氧化物饱和的时候，形成攀枝花岩体的岩浆可以结晶比其他层状侵入体更原始的单斜辉石和斜长石。除了铁钛氧化物，关于磷灰石饱和的数据汇总表明攀枝花岩体中的磷灰石可能比其他岩体出现的温度更高，这些和前人的实验证明铁钛氧化物和磷灰石可以互相增加彼此在镁铁质岩浆中的溶解度是一致的（Epler, 1987; Toplis et al., 1994; Tollari et al., 2006）。换句话说，铁钛氧化物和磷灰石任何一种矿物的大量结晶都会导致另一种矿物的结晶。尽管铁钛氧化物和磷灰石都在较高的温度出现，攀枝花岩体中钛铁磷灰岩的缺失说明，磷在氧化物矿石的形成过程中并没有起到直接的作用。

尽管攀枝花岩体的下部带和中间带 a 的氧化物矿石的形成可以通过铁钛氧化物晶体的重力堆积来解释，然而尖山矿段的主要矿体集中在边缘带，这需要不同的解释。我们也注意到相似规模的矿体出现在相邻的兰家火山露天矿段的底部带。考虑到铁钛氧化物矿石很大的密度（4.5g/cm³，Deer et al.，1996），很可能最初形成的层状矿石层发生重力不稳，坍塌并进入其下方部分固结的晶体中。我们认为镁铁质侵入体和元古代斜长岩体中铁钛氧化物矿石的切割关系很可能是在这个过程中形成的。

攀枝花侵入体中的铁钛氧化物在较高的温度出现，可能是岩浆中高的初始氧逸度和挥发分含量共同作用的结果。Pang 等（2008b）指出，在石墨-氧气平衡的帮助下，在 5kbar 的压力下，氧化物和硅酸盐最后达到平衡的温度大约是 950℃，氧逸度条件在 FMQ+1 到 FMQ+1.5 之间。除了氧逸度条件，Pang 等（2008a）认为很小的水压就会降低硅酸盐的液相线，但是对氧化物矿物的影响有限，与 Sisson 和 Grove（1993）提出的观点相似。在氧气的共同作用下，需要的水的量显得并不重要。和无水的情况相比，硅酸盐液相线的选择性降低造成氧化物矿物和更原始的硅酸盐同时结晶。

Pang 等（2008a）估计攀枝花侵入体的初始氧化物成分是含铝钛磁铁矿，在固溶体中含有约 5.3wt.% 的 Al_2O_3，这表明岩体是在 3~5kbar 的压力下结晶的，因为压力越高 $MgAl_2O_4$ 组分越多，进入尖晶石里的也越多。Al_2O_3 vs. SiO_2 图表明这对其他钒钛磁铁矿侵入体（除新街）也是适用的，当他们的趋势线推算到 SiO_2 为 0 的时候对应约 5wt% Al_2O_3（红格和白马），或者在 SiO_2 含量很低的时候结晶这个值（太和）。这个特点，加上铁钛氧化物的电子探针数据，表明红格、白马、太和侵入体和攀枝花侵入体相似，其原始钛磁铁矿含有可观的 Al_2O_3。假设静岩压力主要是由上覆溢流玄武岩施加的，上述 3~5kbar 的压力相当于 10~17km 的玄武岩，这个厚度比峨眉山大火成岩省中保存的最厚的火山岩序列（约 5km）还要厚。因此，更合理的解释是形成这些岩体的岩浆在深部就开始结晶钛磁铁矿，然后侵位到浅部成矿。

深成岩石中铁钛氧化物普遍发育亚固相再平衡和出溶，通常会叠加在可以用铁钛氧化物地质温压计获得的高温信息上（Buddington and Lindsley，1964；Frost et al.，1988）。因此，Pang 等（2008a）和 Wang 等（2008）运用这个方法未能获得攀枝花岩体和新街岩体的岩浆温度和氧逸度。白马和红格岩体的温压计算也代表了亚固相温度，相应的氧逸度值不能简单地外推到更高温的岩浆（图 15.6）。

Pang 等（2008a）通过电子探针数据的重建获得钛磁铁矿的成分含有约 40mol% 的钛铁尖晶石，并认为钛磁铁矿是矿石中堆积的唯一的氧化物矿物。作者们也证实了这个钛磁铁矿最后和橄榄石、单斜辉石达到平衡的温度约 950℃，氧逸度条件在 FMQ+1 到 FMQ+1.5。矿石中的许多磁铁矿-钛铁矿矿物对投点在等值线 Usp40 附近，与原始氧化物主要由 Usp40 的钛磁铁矿组成是一致的（图 15.6）。如果这些岩体中成矿的原始氧化物具有 Usp40 的成分，那么其他岩体很可能和攀枝花一样，氧化物-硅酸盐平衡在 950℃ 停止，氧逸度为 FMQ+1 到 FMQ~1.5 之间。

Song 等（2013）认为攀枝花岩体橄榄石 Fo 牌号（<82）说明岩浆在进入该岩体之前经历的一定程度的橄榄石、单斜辉石和斜长石的分离结晶，就是这种分离结晶过程导致了特殊的富铁钛岩浆的形成。而这种富铁钛的岩浆使得铁钛氧化物在这种岩浆进入较浅的攀枝花岩体后成为近液相线矿物，大量地与橄榄石、单斜辉石和斜长石同时结晶。同时，当含有这些晶体的岩浆沿岩浆房底部向低处流动时，由于重力分选的作用，形成了块状钒钛磁铁矿层或磁铁辉长岩层。因此，深部岩浆房分离结晶形成富铁钛岩浆为浅部岩浆房钒钛磁铁矿的大量结晶提供了重要的物质基础，浅部岩浆房铁钛氧化物的较早结晶以及重力作用下的流动分选是成矿的关键机制。

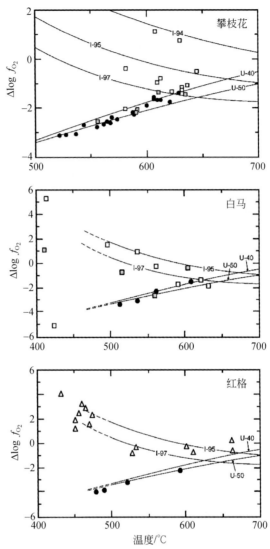

图15.6 氧逸度和温度的关系，数值通过共生的磁铁矿和钛铁矿用 QUILF 程序计算（Andersen et al.，1993），氧逸度经 FMQ 标准化，$\log f_{O_2}$（ΔFMQ）$= \log f_{O_2} - \log f_{O_2}$（FMQ）。"I"和"U"分别代表钛铁矿和尖晶石的等值线，修改自 Frost 等（1988）。实心圆代表铁钛氧化物矿石，实心正方形代表含氧化物的辉长石，空心正方形代表辉长岩，三角形代表单斜辉石

二、红格超大型钒钛磁铁矿矿床

红格层状岩体的钒钛磁铁矿矿床主要分布在中部岩相带，下部岩相带的矿化较弱；中部除出现块状磁铁矿矿层外，还有磁铁辉石岩，下部岩相带的矿化主要为磁铁辉石岩或橄辉岩；这种特征与攀枝花岩体中钒钛磁铁矿矿化的部位和矿化岩性都有较大差异。

1. 红格岩体和矿床地质特征

红格岩体是峨眉大火成岩省内带另一个典型的层状岩体，位于攀枝花西北部，为一个长约16km，宽3~6km，厚1.2km 的岩盆状超镁铁杂岩体（图15.7）。岩体呈北北西向椭圆展布，并侵入到震旦纪灯影组大理岩、变质砂岩及新元古代康定杂岩体中。侵入体的北部和西部接触带被晚二叠世碱性花岗岩及正长岩侵入。红格岩体侵入东北部约180m 厚的峨眉山玄武岩。岩体最厚大部位偏向东南侧，保存有下部的

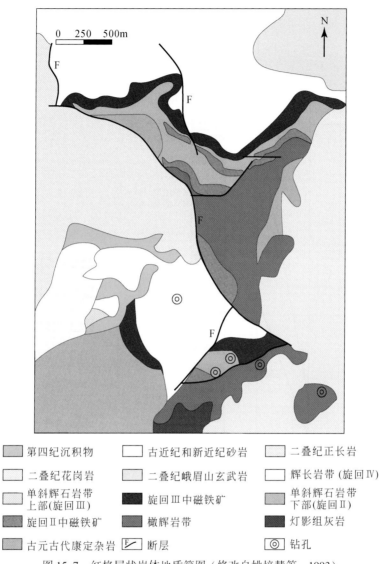

图15.7　红格层状岩体地质简图（修改自姚培慧等，1993）

超基性岩相带及较多含矿层。而西部超基性岩相带较薄，主要为上部辉长岩。由于受到后期断裂活动，岩体被一条南北向派生断裂带斜切，导致东部抬升并接受剥蚀。锆石 U-Pb 定年结果显示红格岩体的侵位时间为 259.3±1.3Ma（Zhong and Zhu，2006），与峨眉大火成岩省中其他镁铁-超镁铁岩体年龄相吻合（Zhong et al.，2011a）。

　　根据岩相学、矿物组合及含量，红格岩体被分为三个主要的岩相带：下部橄榄辉石岩带（LOZ），中部单斜辉石岩带（MCZ），上部辉长岩带（UGZ）。其中中部单斜辉石岩带又被进一步分为上下两个旋回（旋回Ⅱ与旋回Ⅲ；图15.8；Zhong et al.，2002）。旋回Ⅰ、Ⅱ、Ⅲ以堆晶橄榄石的出现为标志，而旋回Ⅳ则以自形磷灰石和斜长石的出现为标志。每一旋回都包含许多分异良好的韵律层理，各韵律层厚度不等，从几十米到不到 1cm 皆有。韵律层内垂向上不同类型的岩层互相交替叠置，总体上超镁铁质岩层在下，往上基性程度逐渐降低。

　　红格岩体岩性变化如图15.8，岩体下部带的黑色中到细粒橄榄辉石岩厚为 340m，主要由堆晶橄榄石、含钛单斜辉石、磁铁矿和钛铁矿组成。同时还有少量铬铁矿、角闪石和斜长石存在。自形到半自形橄榄石被半自形的含钛单斜辉石包围，大量的细粒磁铁矿和钛铁矿通常充填于橄榄石和单斜辉石矿物颗粒之间或者作为包体存在于橄榄石之中（图15.9（a）），部分样品中还含有极少量碳酸盐矿物（图15.9

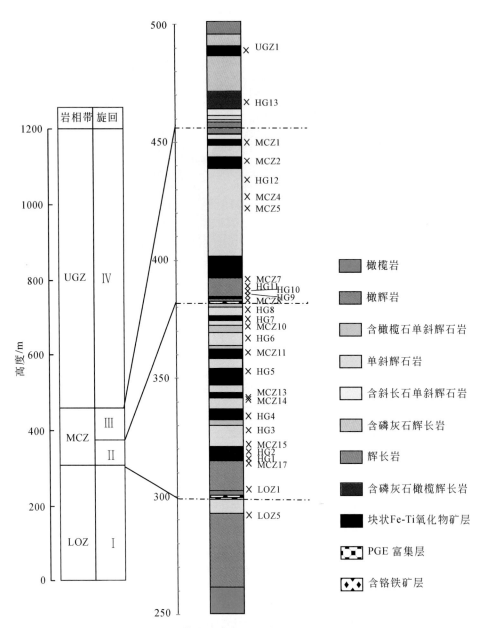

图 15.8　红格层状侵入体岩性柱状图及采样位置（据 Bai et al.，2012）

（b））。中部单斜辉石岩带厚度约 150m，主要由含钛单斜辉石、磁铁矿、钛铁矿组成。少量橄榄石及铬铁矿出现在旋回 II 和旋回 III 的底部，而斜长石则出现在旋回的顶部。

　　该单斜辉石岩带底部的单斜辉石常见圆形微细 Fe-Ti 氧化物出溶。本岩相带为红格岩体的主要含矿带，包括数层块状 Fe-Ti 氧化物矿层（图 15.8）。上部辉长岩带厚约 780m，其主要矿物组合为堆晶斜长石、单斜辉石及磁铁矿和钛铁矿。少量的橄榄石存在于本岩相带的下部。同时本带的下部还存在有大量的自形的磷灰石，在形态上通常被斜长石和橄榄石包裹。

　　红格侵入体赋存着超大型的 Fe-Ti 氧化物矿床及 PGE 富集层。中部单斜辉石岩带和上部辉长岩带中块状和浸染状钒钛磁铁矿层厚 14～84m，长达 300～1700m，其中中部岩相带为主要的含矿层位（四川地矿局攀西地质大队，1987；姚培慧等，1993；Zhong et al.，2002）。在每个岩相带中，钒钛磁铁矿的含量与全岩 FeOt 含量呈正相关，而钛铁矿与全岩 FeOt 则无明显的相关关系（卢记仁等，1988b）。Fe-Ti 氧化物矿

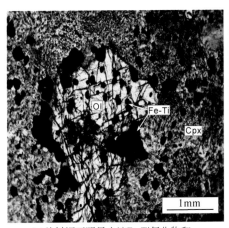 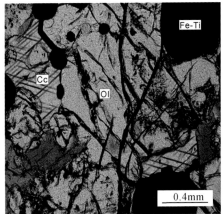

(a)单斜辉石明显出溶Fe-Ti氧化物和　　　　　　　(b)岩石中含有少量碳酸盐矿物
橄榄石中含有大量Fe-Ti氧化物包体

图15.9　红格岩体下部橄辉岩带岩石显微照片（据 Bai et al.，2012）

Ol. 橄榄石；Cpx. 单斜辉石；Fe-Ti. Fe-Ti 氧化物；Cc. 方解石

物在整个岩体各个旋回都有出现，但是块状矿层主要位于各个旋回的下部，以不同厚度层状产出，并与上覆岩体为渐变接触关系。在本书中，我们将 Fe-Ti 氧化物矿物（磁铁矿+钛铁矿）体积比>50% 称为块状矿石，而将<50% 的岩石称为矿化岩石。磁铁矿和钛铁矿在矿石和矿化岩石中以不同形状出现，包括：①自形的细粒包裹于橄榄石和单斜辉石之中；②充填在硅酸盐矿物颗粒之间；③以粗粒集合体形成块状矿石。块状矿石中磁铁矿和钛铁矿颗粒集合体一般为自形到半自形结构，相互之间呈明显的约120°角度接触。磁铁矿和钛铁矿还显示出多样的固相线下出溶结构，钛磁铁矿具有两种类型的钛铁矿出溶：①钛铁矿叶片以格架状、三明治状平行于磁铁矿主晶的（111）面；②以外出溶的形式位于磁铁矿的边缘或者三联点位置。相对于磁铁矿，钛铁矿颗粒要相对均匀，只含有少量磁铁矿出溶叶片平行于（111）面，这些出溶特征与 Bushveld 杂岩体中磁铁矿的出溶特征相类似（Reynolds，1985b）。

2. 红格岩体的矿物学及地球化学特征

红格层状岩体下部带及中部带超镁铁岩的主量元素含量变化如图15.10所示（Bai et al.，2012）。全岩主要氧化物成分位于硅酸盐及氧化物矿物（橄榄石、单斜辉石、斜长石、磁铁矿、钛铁矿）所构成区域之内，表明岩石主要由这些矿物堆晶组成。全岩成分的变化主要受到 Fe-Ti 氧化物含量的控制，Fe-Ti 氧化物矿石相对岩体明显具有低的 Mg# 和高的 FeO 和 TiO_2 含量。

红格岩体全岩稀土元素表现出明显的分馏特征，全岩 LREE 相对 MREE 亏损，明显受到单斜辉石的控制。红格岩体上部辉长岩中 δEu=0.81～2.40，总体上与 ∑REE 呈负相关。∑REE 在 Fe-Ti 氧化物中含量最低，表现出极不相容特征，在岩石中含量随着基性程度的降低而升高，同时明显受到磷灰石富集作用的影响。相容元素 V 主要受到磁铁矿的控制，Cr 含量则显示出各旋回逐渐降低的趋势，Ni 的含量同时受到橄榄石和氧化物的影响。红格岩体微量元素分布具有与峨眉山高 Ti 玄武岩及力马河岩体总体相似的特征，但是岩体显示出明显的负的 Zr-Hf 异常和正的 Nb-Ta 异常，而 Fe-Ti 氧化物矿石中则同时具有更为明显的 Nb-Ta 和 Zr-Hf 正异常（图15.11）。

橄榄石和单斜辉石的 MnO 含量与 Fo、Mg# 呈负相关，反映了矿物的结晶分异趋势。氧化物矿石样品中橄榄石 Fo 与全岩 FeOt 含量呈负相关。红格岩体旋回 Ⅲ 中橄榄石表现出虽不明显但仍可辨认的负的 Fo-Ni 相关性（图15.12）。

相对于世界上其他地区典型的层状岩体如 Skaergaard 侵入体（Naslund，1984）和 Bushveld 杂岩体（Reynolds，1985a），红格岩体的钛铁矿（图15.13（a）～（b）；Bai et al.，2012）和磁铁矿分别具有高 MgO、TiO_2 和高 MgO、低 TiO_2 的特征（图15.13（c）～（d）；Bai et al.，2012）。同时，磁铁矿中 V_2O_3 含

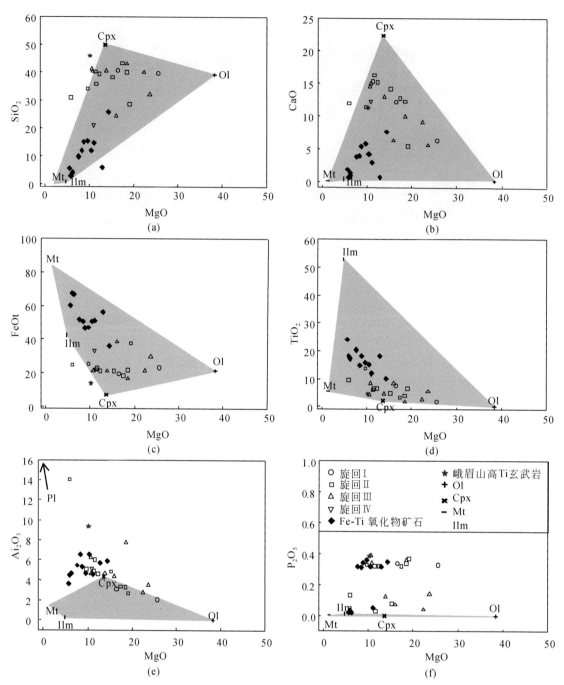

图 15.10 红格岩体中下部不同岩石类型主要氧化物 SiO$_2$（a）、CaO（b）、FeO（c）、TiO$_2$（d）、Al$_2$O$_3$（e）和 P$_2$O$_5$（f）对 MgO 图解（据 Bai et al.，2012）。峨眉山高 Ti 玄武岩数据来自 Qi 等（2008）。Mt. 磁铁矿；Ilm. 钛铁矿；Ol. 橄榄石；Cpx. 单斜辉石

量与其他典型的镁铁-超镁铁岩体如 Skaergaard 和 Bushveld 岩体（Cawthorn et al.，2005；Tegner et al.，2006，2009）中磁铁矿的含量类似，但变化范围稍小。因此，红格岩体的钛铁矿和磁铁矿相对世界上其他典型层状岩体分别具有高 MgO、TiO$_2$ 和高 MgO 低 TiO$_2$ 的特征（图 15.13；Bai et al.，2012）。

红格岩体单斜辉石和橄榄石成分随层位变化规律如图 15.14（a）～（e）所示。本研究样品在旋回 II 底部具有最高的 Mg#（图 15.14（a））和最低的 TiO$_2$ 含量。旋回 II 中 Cr$_2$O$_3$ 含量具有两个明显的峰值，一个位于最下部的氧化物矿物层而另一个位于靠近顶部的辉长岩样品中（图 15.14（c））。上覆旋回 III 中单

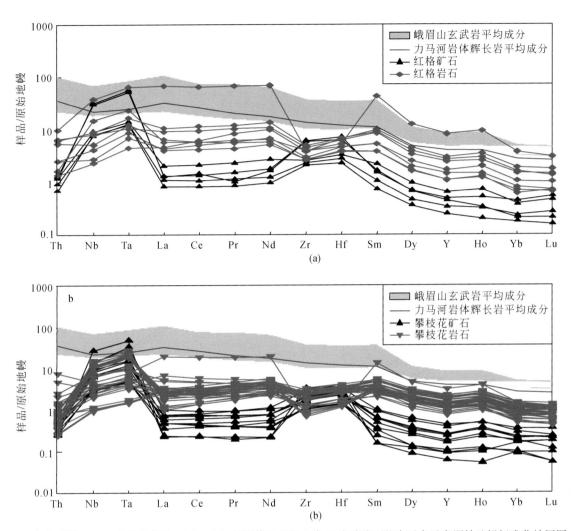

图 15.11 红格岩体（a）、攀枝花岩体（b）、力马河岩体及峨眉山高 Ti 玄武岩不相容元素元素原始地幔标准化蛛网图（据 Bai et al.，2012）。原始地幔值来自（Sun and McDonough，1989）。力马河岩体及峨眉山高 Ti 玄武岩数据分别来自 Tao 等 （2008）和 Qi 等（2008）

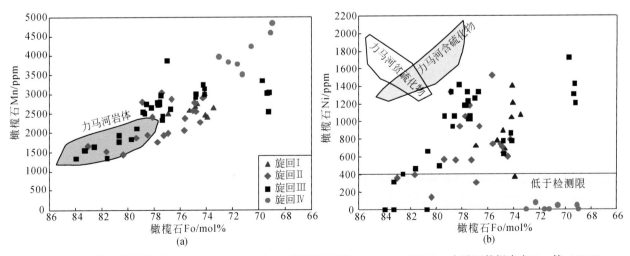

图 15.12 红格岩体橄榄石 Mn（a）、Ni（b）与 Fo 相关图（据 Bai et al.，2012）。力马河数据来自 Tao 等（2008）

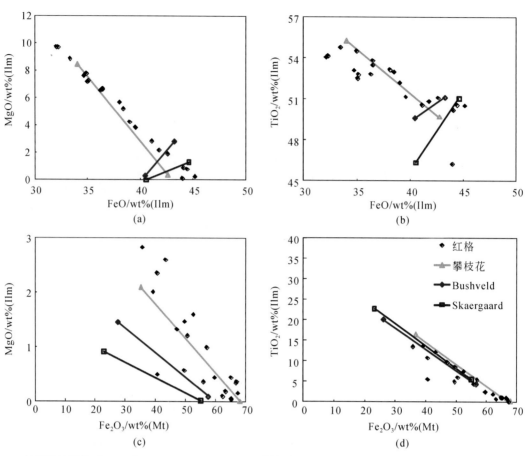

图 15.13　红格岩体钛铁矿 MgO 和 TiO$_2$ vs. FeO（a，b）；磁铁矿 MgO 和 TiO$_2$ vs. Fe$_2$O$_3$（c，d）（据 Bai et al.，2012）
攀枝花、Bushveld 和 Skaergaard 岩体数据据 Pang 等（2008b）、Reynolds（1985a）和 Naslund（1984）

斜辉石的 Mg# 和 TiO$_2$ 含量相对固定。然而，该旋回靠近底部的橄榄单斜辉石岩带中单斜辉石 Cr$_2$O$_3$ 含量相对较高（图 15.14（c））。旋回 II 下部的橄榄石较上部具有稍微低的 Fo 和高的 Ni 含量（图 15.14（d） ～（e））。旋回 II 底部橄榄石具有向下降低的 Fo 含量并伴随着向下增加的 Ni 含量（图 15.14（d） ～（e））的特征。

红格岩体中磁铁矿成分随地层的变化规律如图 15.15（a）～（c）。磁铁矿中 V$_2$O$_3$ 含量在所有研究样品中仅有一个明显峰值，位于旋回 III 的底部（图 15.15 （a））。该部位同时具有远高于上覆地层的 Cr$_2$O$_3$（图 15.15 （b））含量和 Ni 含量（图 15.15 （c））。在下面旋回（旋回 II），磁铁矿中 V$_2$O$_3$ 含量相对固定（图 15.15 （a）），然而磁铁矿中 Cr$_2$O$_3$（图 15.15 （b））和 Ni（图 15.15 （c））含量在该旋回下部明显高于该旋回的上部。

3. 红格原始岩浆及母岩浆演化

由于攀西地区含 Fe-Ti 氧化物层状侵入体的高 Fe、Ti 含量特征，这些岩体母岩浆被广泛认为与峨眉山高钛玄武岩有着相似的成分和密切的成因联系（Pang et al.，2008a，b，2009；Wang et al.，2008；Zhou et al.，2008）。而后者则被认为是由苦橄质岩浆经过橄榄石和少量单斜辉石和铬铁矿的结晶分异演化而来（Chung and Jahn，1995；Zhang et al.，2006）。侵入岩附近最基性的苦橄岩成分被认为可以代表高 Ti 玄武岩初始岩浆的成分。表 15.1 中 EM55 样品（Chung and Jahn，1995）几乎不含有堆晶橄榄石，被认为是攀西地区最基性的苦橄质岩浆（徐义刚和钟孙霖，2001）。地幔部分熔融而来的原始岩浆通常与 Fo 约 90 的橄榄石共存，EM55 苦橄质岩浆中 Fo 约 89 的橄榄石表明其仅仅经历了很低程度的分异。如表 15.1 所示，

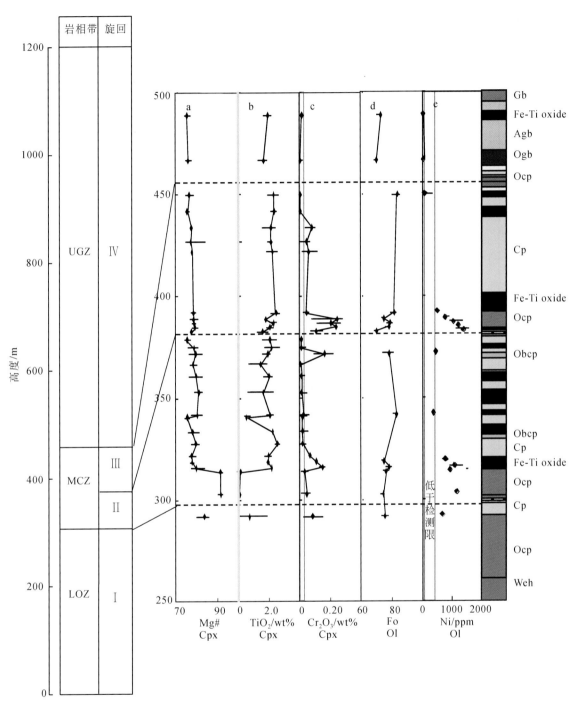

图 15.14　红格岩体硅酸盐矿物成分变化柱状图

Gb. 辉长岩；Agb. 含磷灰石辉长岩；Ogb. 含橄榄石辉长岩；Cp. 单斜辉石岩；Ocp. 橄榄单斜辉石岩；

Obcp. 含橄榄石单斜辉石岩；Weh. 异剥橄榄岩；Fe-oxide. 铁钛氧化物

ELIP 富 FeO 和 TiO_2 的苦橄质岩浆在成分上与俄罗斯 Pechenga 带的铁苦橄质岩浆非常近似（Hanski and Smolkin，1995）。而且峨眉山苦橄质岩浆的 LREE（$(La/Yb)_N = 6 \sim 12$）和 HFSE（Zhang et al.，2006）富集特征和相容元素含量（如 $Ni = 700 \times 10^{-6} \sim 900 \times 10^{-6}$；$Cr = 1300 \times 10^{-6} \sim 1600 \times 10^{-6}$），以及高的 Ti/Y（> 500）值（Chung and Jahn，1995）同样与 Pechenga 带的铁苦橄质岩浆类似。而 Pechenga 铁苦橄质岩浆的同位素组成（$\varepsilon_{Nd}(t) = +1.4 \pm 0.4$；Hanski and Smolkin，1995）与峨眉山铁苦橄质岩浆（$\varepsilon_{Nd}(t) = -0.6 \sim$

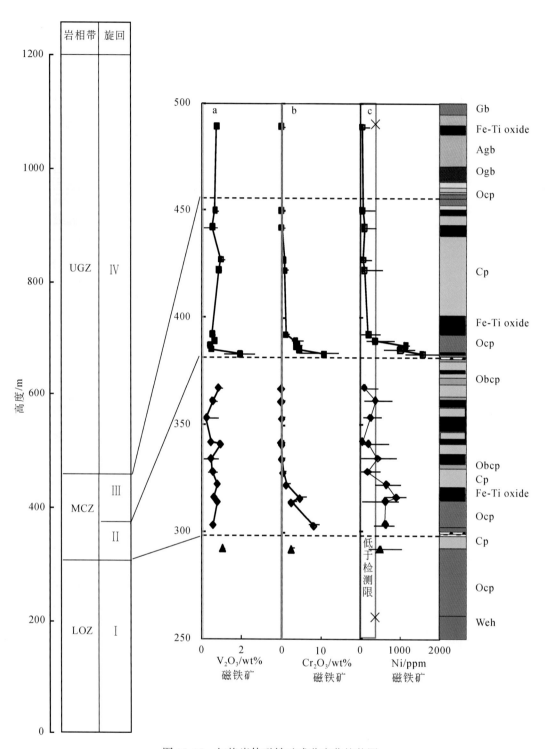

图 15.15　红格岩体磁铁矿成分变化柱状图

a. 磁铁矿 V_2O_3 含量；b. 磁铁矿 Cr_2O_3 含量；c. 磁铁矿 NiO 含量（据 Bai et al.，2012）。岩石类型缩写见图 15.14

4.0；Zhang et al.，2008）重叠，但变化范围小于后者。Pechenga 铁苦橄质岩浆被认为来源于地幔柱成因富铁地幔源区（Hanski and Smolkin，1995）。Gibson 等（2000）也认为与地幔柱相关的火成岩省中的铁苦橄质岩浆起源于富铁地幔柱头部。然而，近来对峨眉山铁苦橄质岩浆的研究认为其在上升过程中与少量（可能<10%）的俯冲/蚀变洋壳反应，导致了其高 FeO 和 TiO_2 含量（Zhong et al.，2011b）。

如图 15.16 所示，由原始苦橄质岩浆演化而来的峨眉山高 Ti 玄武岩具有两种明显不同的特征。攀西地区之外的玄武岩具有与原始岩浆相近或者稍高的 FeOt（13wt% ~ 16wt%）和非常低的 MgO（4wt% ~ 6wt%）含量（如宾川地区；Xiao et al.，2004；Xu et al.，2001；贵州地区；Qi and Zhou，2008）。这表明这类玄武岩在分异过程中并没有经历大量的 Fe-Ti 氧化物结晶。相反，在攀西地区镁铁-超镁铁岩体附近的玄武岩具有比原始岩浆更低的 FeOt（9wt% ~ 14wt%）含量和比攀西地区之外玄武岩高的 MgO（5wt% ~ 10wt%）含量。其低 FeOt 含量表明这些玄武岩在喷出地表之前的深部岩浆房就经历了 Fe-Ti 氧化物的分离。这种区别可能是由 ELIP 中两种不同的演化趋势所导致，即攀西地区的玄武岩沿着 Bowen 趋势（Bowen，1928）演化，在早期就经历了 Fe-Ti 氧化物的饱和；而攀西地区之外的玄武岩则沿着 Fenner 趋势（Fenner，1929）演化，直到非常晚期才经历 Fe-Ti 氧化物的饱和（Bai et al.，2012）。

为了了解原始岩浆及母岩浆的演化过程，我们采用 MELTS 程序（Ghiorso and Sack，1995）来模拟苦橄质岩浆的分异演化和矿物–熔体平衡。由于典型侵入岩体和拉斑玄武岩系列的 f_{O_2} 范围通常为 FMQ+1 到 FMQ-2（Frost et al.，1988；Carmichael，1991；Thy et al.，2009）而压力不能精确约束，我们在模拟中将压力分别设置为 1kbar 和 4kbar 而 f_{O_2} 设置为 FMQ（图 15.16）。此时岩浆中的 FeOt 含量随着分异演化而缓慢增加。当 MgO>5wt% 时，液相线矿物主要为橄榄石、单斜辉石和少量铬铁矿和含铬磁铁矿。但是一旦 MgO 含量降低到 5wt% 时，大量的 Fe-Ti 氧化物开始结晶。这一结果与攀西地区之外的高 Ti 玄武岩的分异演化趋势相吻合。相反，攀西地区之内（如红格和其他含氧化物矿床岩体附近）的玄武岩在更早的阶段就经历了 Fe-Ti 氧化物结晶所导致的 FeO 丢失。如图 15.16 所示，这一过程能够在 f_{O_2} 为 FMQ+1.5 时发生（Bai et al.，2012）。

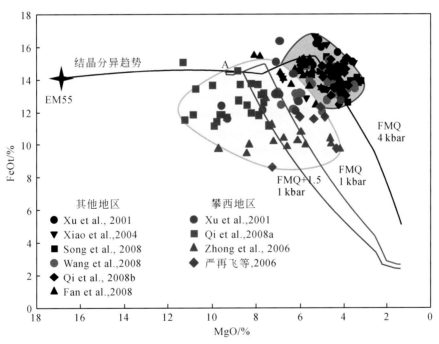

图 15.16　MELTS 软件（Ghiorso and Sack，1995）模拟计算峨眉山苦橄质原始岩浆及红格母岩浆分异趋势（据 Bai et al.，2012）。点 A 为红格岩体 MCZ 母岩浆成分

既然峨眉山高 Ti 玄武岩是由苦橄质岩浆经过橄榄石、单斜辉石和少量尖晶石分离结晶演化而来，那么我们可以通过 MELTS 程序（adiabat_ 1ph）（Ghiorso and Sack，1995；Smith and Asimow，2005）对苦橄质岩浆的分异演化过程进行模拟。我们选取 EM55 成分作为模拟计算的初始岩浆。新街岩体和红格岩体橄榄石最高 Fo 值分别为 88mol%（Zhang et al.，2009）和 82mol%，而对于攀枝花岩体，尽管 Pang 等（2009）报道橄榄石的最高 Fo 值为 82mol%，但是考虑到其为辉长岩体，母岩浆成分不可能与红格岩体类

似，高 Fo 橄榄石可能是通过岩浆从深部携带而来。模拟计算结果表明，新街岩体、红格岩体和攀枝花岩体母岩浆由峨眉山苦橄岩浆分别经过大约 10%、21% 和 28% 的结晶分异演化而来。新街岩体的 MgO 含量为 14.88 wt%，与 Zhong 等（2011b）（13.9wt% MgO 和 15.8wt% FeO）和 Zhang 等（2009）（14wt% MgO）对新街岩体母岩浆成分计算结果一致。在上述结晶分异过程中，大量的橄榄石、单斜辉石的分离使得残余岩浆最终转变为一种饱和 Fe-Ti 氧化物铁玄武质岩浆，即形成层状岩体的母岩浆（Bai et al.，2012）。

如表 15.1 所示，峨眉山高 Ti 玄武岩相对低 Ti 玄武岩和世界其他著名岩体如 Skaergaard 侵入体和 Bushveld 杂岩体的母岩浆具有明显高的 Fe、Ti 含量。尽管通过结晶分异（如 Fenner 趋势）能够产生高 Fe、Ti 的岩浆，但是其与低 Ti 玄武岩之间的差异（特别是微量元素的差异）并不能由结晶分异产生。这也意味着峨眉山高 Ti 玄武岩的初始岩浆同样相对富 Fe、Ti 等元素。这种富 Fe、Ti 的初始岩浆在深部岩浆房经过进一步的结晶分异（橄榄石及少量单斜辉石和尖晶石结晶），使得 Fe、Ti 含量进一步升高，最终形成铁玄武质岩浆侵入红格、攀枝花等岩浆房。该铁玄武质岩浆在成分上与 Pechenga 侵入体经过演化的岩浆成分具有高度相似性。母岩浆的进一步结晶分异趋势模拟表明，其矿物结晶顺序为橄榄石→单斜辉石→斜辉石→→氧化物→斜长石，与岩相学观察完全一致（Bai et al.，2012）。

表 15.1 峨眉山苦橄岩、MELTS 软件模拟计算的新街、红格、攀枝花岩体母岩浆成分及其他典型岩体母岩浆成分（据 Bai et al.，2012）

	EM55	新街	红格	攀枝花	Lava of Pechenga[①]	Spinifex of Pechenga[②]	Skaergaard[③]	Bushveld[④]
F	100%	90%	78.50%	72%				
SiO_2	46.23	46.24	47.28	47.7	49.4	46.45	48.82	51.4
TiO_2	2.84	3.08	3.51	3.79	2.26	2.3	2.24	1.0
Al_2O_3	8.03	8.69	9.93	10.7	8.05	10.14	14.42	16.6
FeOt	14.01	14.41	14.5	14.6	15.26	15.46	12.13	11.7
Cr_2O_3	0.2	0.22	0.13	0.18	0.21	0.15		
MnO	0.2	0.19	0.18	7.38	0.19	0.2	0.18	0.1
MgO	17	13.93	9.39	0.02	15.95	14.81	6.06	4.6
CaO	9.12	9.83	11.22	11.5	7.26	8.62	12.57	9.7
Na_2O	1.42	1.53	1.76	1.91	0.23	0.4	3.01	2.9
K_2O	0.92	1	1.15	1.25	0.25	1.03	0.38	0.7
P_2O_5	0.24	0.26	0.29	0.32	0.22	0.21	0.2	0.4
Mg#	72.8	67.1	58.1	52.30	67.4	65.5	49.98	44.02

注：MELTS 程序（adiabat_ 1ph）（Ghiorso and Sack，1995；Smith and Asimow，2005）模拟条件为：f_{O_2}，FMQ+0；压力，1kbar；H_2O，0.5wt%。苦橄岩 EM55 全岩和橄榄石 Fo 数据来源分别自（Chung and Jahn，1995）和徐义刚和钟孙霖（2001）。①②来自 Hanski and Smolkin（1995）；③来自 FG-1 岩脉斜长石熔体包裹体（Jakobsen et al.，2010）；④Bushveld 杂岩体 Pyroxenite Marker 母岩浆成分，根据加权平均得出（Tegner et al.，2006）。

4. 岩浆演化与多期侵入

红格岩体总体上从下部橄辉岩带到中部单斜辉石岩带再到上部辉长岩带，显示出明显的基性程度逐渐降低的结晶分异趋势。

层状岩体中矿物成分的变化通常被看做是结晶分异的标志。然而，包括结晶分异、岩浆混合、粒间熔体结晶，以及矿物之间固相线下再平衡等过程都能够导致矿物成分的变化（Barnes，1986）。正如前面所描述的复杂的固相线下再平衡，因此使用传统的矿物化学标志如橄榄石 Fo 和 Ni 含量，单斜辉石的 Mg# 和 Ti 含量来检测红格岩体中岩浆成分的突然变化是非常困难的。唯一仍然有用的指示是在单斜辉石与磁铁矿中同时存在的位于旋回 II 和旋回 III 底部的高 Cr_2O_3 含量，这表明新的富 Cr 的岩浆或者携带有富 Cr 尖晶石的岩浆的补给。MCZ8 为来自旋回 III 底部的含斜长石橄辉岩样品，在矿物成分上表现出了独特的组成。该样品中橄榄石（Fo=69.4）和斜长石（An=62.7）成分显示出高度演化的特征而同时含有高 Cr_2O_3 含量的磁铁矿和铬铁矿。这一矿物组合很难用结晶分异来解释，其最可能的成因是来自于早期岩浆结晶演化到后期形成的硅酸盐矿物与来自新补给岩浆结晶的氧化物矿物的混合。这也表明该样品刚好位于旋回 II 和旋回 III 边界上（Bai et al.，2012）。

尽管 V 的分配系数 $D^{Mt/Liq}$ 和 $D^{Bulk/Liq}$ 远低于 Cr 和 Ni，但仍然足够高到导致其含量随着磁铁矿的结晶而快速降低。然而，这在红格岩体中并不存在。这可能是由于磁铁矿在岩浆中以悬浮液的形式进入岩浆房，所以所有这些磁铁矿都具有相同的成分。但是由于磁铁矿较高的密度，大量的矿物很难被岩浆携带进入浅部岩浆房。而另一种合理的解释是多期岩浆侵入所导致。

5. Fe-Ti 氧化物矿物的早期结晶

所有的岩相学和矿物成分都表明 Fe-Ti 氧化物在攀西地区层状岩体中为早期液相线矿物。同时，钛铁矿中 MgO 含量并不会随着 f_{O_2} 的改变而呈规律性变化（Toplis and Carroll，1995；Botcharnikov et al.，2008），而是主要受到熔体的 MgO 含量的控制。红格岩体的 Fe-Ti 氧化物矿石的 MgO（3.83% ~ 9.74%）和 TiO_2（51.17% ~ 54.77%）明显高于 Bushveld 杂岩体（MgO：0.34% ~ 2.86%；TiO_2：49.63% ~ 51.13%；Reynolds，1985）和 Skaergaard 侵入体（MgO：0.01% ~ 1.32 %；TiO_2：46.38% ~ 51.09%；Naslund，1984）。此外，红格岩体中与 Fe-Ti 氧化物共存的硅酸盐矿物例如橄榄石（Fo：82）和单斜辉石（Mg#：83）同样高于其他典型含 Fe-Ti 氧化物层岩体（Skaergaard 侵入体：Fo（Ol）：56；Mg#（Cpx）：65；McBirney，1996；Bushveld 杂岩体：Fo（Ol）：44；Mg#（Cpx）：67；Tegner et al.，2006；Windimurra Complex：Fo（Ol）：58；Mg#（Cpx）：67；Mathison and Ahmat，1996）。攀枝花岩体在矿物成分上也与红格岩体显示出相似的特征（Pang et al.，2008b；Pang et al.，2009）。这些特征都反映了攀西地区层状岩体中 Fe-Ti 氧化物结晶于更早的演化阶段和更为基性的母岩浆（Bai et al.，2012）。

如前所述，岩体的母岩浆为铁玄武质岩浆，这种富 Fe、Ti 的岩浆将比普通岩浆更易于结晶 Fe-Ti 氧化物。所有 ELIP 中的 Fe-Ti 氧化物矿床都是由高 Ti 玄武质岩浆结晶而来（Zhou et al.，2008）的事实与上述结论一致。然而，Pechenga 岩体中由铁苦橄质岩浆-铁玄武质岩浆形成的是 Cu-Ni-PGE 矿床而不是 Fe-Ti 氧化物矿床。另外，如前面讨论，ELIP 中高 Ti 玄武岩存在两种不同的结晶演化趋势。以上事实表明除岩浆成分之外还有另外的因素控制了 Fe-Ti 氧化物的结晶。较高的 f_{O_2} 通常被认为是导致 Fe-Ti 氧化物矿物早期结晶的因素之一。实验证明，磁铁矿从玄武质岩浆中结晶很大程度上受到 f_{O_2} 的控制，其到达液相线的温度随着 f_{O_2} 的升高而升高（Hill and Roeder，1974；Toplis and Carroll，1995），这将在岩浆的初始 Fe_2O_3/FeO 值上得以反映（Reynolds，1985b）。因此，Fe-Ti 氧化物在较早阶段的结晶可能归因于岩浆的较高氧逸度。赋存有 Cu-Ni 矿床的 Pechenga 镁铁-超镁铁岩体侵入到富炭质和硫化物的黑色页岩之中（Brügmann et al.，2000；Barnes et al.，2001），这将使岩浆处于还原环境之中。与此相反，攀西地区与 Fe-Ti 氧化物矿床相关的镁铁-超镁铁岩体则侵入到灯影组大理岩之中，这将为岩浆提供氧化环境（Bai et al.，2012）。

野外观察发现红格镁铁-超镁铁质岩体广泛侵入到灯影组大理岩之中。同化混染该类围岩将通过碳酸盐围岩的去气作用增加岩浆的 f_{O_2}（Maier，2005；Maier and Barnes，2009）。围岩释放出的 CO_2 将与岩浆发生以下反应：$CO_2 + 2FeO = CO + Fe_2O_3$（Ganino et al. 2008）。这一过程会影响岩浆的 Fe^{3+}/Fe^{2+} 值和增加岩浆的 f_{O_2}，从而导致磁铁矿的结晶。基于 Ganino 等（2008）的计算，围岩接触变质作用释放出 CO_2 导致了攀枝花岩体的 f_{O_2} 从 FMQ 增加到 FMQ+1.5。既然红格岩体和攀西地区其他岩体都侵入到大理岩之中，类似的过程可能同样存在。因此，如果岩浆的氧化状态在进入岩浆房之前接近于 FMQ，MELTS 软件模拟结果表明岩浆的 f_{O_2} 在进入岩浆房之后增加大约 1.5 个单位（FMQ 到 FMQ+1.5）就高到足够导致 Fe-Ti 氧化物饱和（Bai et al.，2012）。

6. 成因模式

实验表明，影响磁铁矿结晶早晚的关键因素为岩浆的氧逸度。攀西地区相对低 FeOt 玄武岩以及层状岩体母岩浆的磁铁矿的早期结晶暗示了其在演化过程中处于相对其他地区玄武岩更高的氧化状态。那么岩浆氧逸度升高的时机就成了岩浆演化和矿床形成的关键因素。显然氧逸度的升高不可能发生在源区，因为其他地区的玄武岩并没有经历大量的磁铁矿结晶。同样，氧逸度的升高也不可能发生在岩浆侵位之前的深部演化过程中，因为这将导致本区磁铁矿的结晶发生在岩浆演化的相同阶段，而红格岩体与攀枝花岩体在母岩浆成分和岩石组合上的巨大差异并不支持这一结果。因此，氧化状态的改变最可能发生的部位就是岩浆房。只有如此，才能合理解释上述差异。

Pang 等（2008a）认为红格和攀枝花岩体中大量存在的硫化物表明其 $f_{O_2} <$ FMQ+2，因此不能将 Fe-Ti 氧化物的提前结晶归因于氧逸度的变化。我们采用 MELTS 程序（adiabat_ 1ph）（Ghiorso and Sack，1995；Smith and Asimow，2005）很好地模拟了岩浆房中母岩浆 f_{O_2} 的升高对 Fe-Ti 氧化物结晶和岩浆演化的趋势的影响。如图 15.16 所示，当红格岩体的母岩浆（点 A）的 f_{O_2} 从 FMQ 升高到 FMQ+1.5 时，磁铁矿的结晶明显提前，并导致了残余岩浆中 FeOt 含量的降低。因此，我们认为岩浆在进入岩浆房时 f_{O_2} 的升高导致了层状岩体中 Fe-Ti 氧化物矿床的形成。由于所有赋存超大型 Fe-Ti 氧化物矿床的层状岩体都侵位于灯影组大理岩之中，因此碳酸盐围岩在导致氧逸度升高的过程中可能扮演了至关重要的角色。

综上所述，我们认为红格岩体可能的成矿模式如下：地幔柱形成的苦橄质岩浆在深部岩浆房经历了不同程度的分异演化，形成演化程度各不相同的富 Fe、Ti 的母岩浆。母岩浆随后侵入到浅部碳酸盐岩地层中并受到岩浆房围岩释放出的 CO_2 流体的加入，从而促使岩浆的氧化状态的升高。从而导致了大规模的 Fe-Ti 氧化物矿物的提前结晶。其具体成矿过程为：新的更基性的岩浆侵入岩浆房之后，由于具有更高的密度，底侵于残余岩浆之下。结晶首先开始于岩浆房底部最基性的岩浆层，Fe-Ti 氧化物、橄榄石及单斜辉石在此阶段结晶。该岩浆层由于热量散失到上部岩浆层而快速冷却，导致了这些矿物的快速结晶（Campbell，1996）。由于密度差异引起的重力分异，在下部形成 Fe-Ti 氧化物矿石层而含矿硅酸盐层覆盖其上。同时，由于上述矿物的结晶将导致残余岩浆密度的降低。后期新岩浆不断侵入岩浆房，周而复始地重复上述过程，从而形成岩体中 Fe-Ti 氧化物矿石层与含矿岩石层的互层。在这一过程中，经历了 Fe-Ti 氧化物分离的 FeO 亏损残余岩浆不断被新岩浆替代，并顺着通道喷出地表形成攀西地区在时空上与层状岩体密切相关的相对低 FeOt 的高 Ti 玄武岩。

这一模型总体上可以通过侵入岩浆房的母岩浆成分、由岩浆房喷出地表的岩浆成分，以及 MCZ 的平均成分的质量平衡来验证。主量元素质量平衡计算表明，形成 MCZ 的 Fe-Ti 氧化物矿床的岩浆大约是 MCZ 岩石体积的 9 倍。而通过微量元素（如 V）计算出的 MCZ 岩石体积与由岩浆房喷出的岩浆体积同样接近于 1:9。如果两者面积相似，那么喷出岩浆形成的玄武岩的厚度大约为 1350m。红格岩体附近龙帚山高 Ti 玄武岩的巨大厚度（1700~2300m）与质量平衡计算结果（表 15.2）一致。

表 15.2　母岩浆、喷出岩浆、MCZ 平均成分及质量平衡计算（据 Bai et al.，2012）

	红格	MCZ[a]	龙帚山[b]	$0.1 \times a + 0.9 \times b$
SiO_2	47.28	34.14	48.91	47.43
TiO_2	3.51	7.57	3.35	3.77
Al_2O_3	9.93	5.27	10.99	10.42
FeOt	14.5	25.86	13.05	14.33
MnO	0.18	0.33	0.18	0.19
MgO	9.39	13.77	9.37	9.81
CaO	11.22	11.74	10.26	10.41
Na_2O	1.76	0.69	1.99	1.86
K_2O	1.15	0.45	1.56	1.45
P_2O_5	0.29	0.18	0.34	0.33
V（10^{-6}）	385	1094	296	376

注：红格母岩浆基于 MELTS 软件模拟计算；MCZ 平均成分引自四川省地质矿产局攀西地质大队（1987）；龙帚山玄武岩平均成分引自 Qi 等（2008）。

三、新街层状岩体底部 PGE 矿化的成因及意义

新街岩体是攀西地区一个特殊的镁铁–超镁铁质层状岩体，其底部和下部赋存着数个 PGE 硫化物富集层，中部产出大型钒钛磁铁矿矿床。这也是该区同时出现 PGE 矿化和钒钛磁铁矿矿化的唯一例证，为探讨峨眉大火成岩省高钛玄武岩浆成矿系列提供了重要对象。本书较系统地探讨了该岩体的母岩浆成因及其地幔柱源区性质，以期阐明 Fe、Ti、V 和 PGE 共同成矿的成因机制。

1. 新街岩体和 PGE 富集层的地质特征

形成于约 260Ma（Zhou et al.，2002）的新街岩体是一个岩床状、长 7.5km、宽 1~1.5km、1200m 厚的单斜镁铁–超镁铁层状岩体（图 15.17），其侵入邻近的峨眉山玄武岩。野外观察表明，正长岩体常穿切新街岩体和峨眉山玄武岩。新街岩体发育很典型的韵律层，可分为三个旋回（含六个岩相带；图 15.18）。总体而言，该岩体下部的基性程度最高，每一旋回底部以超镁铁韵律层开始。旋回 I 厚约 400m，从下至上为橄榄岩、斜长橄榄岩、橄辉岩、斜长辉石岩、辉长岩和石英辉长岩。旋回 II 厚约 190m，主要由含长橄榄岩、橄辉岩、辉长岩和石英辉长岩组成。旋回 III 的厚度超过 600m，主要由斜长辉石岩、辉长岩和石英闪长岩组成。岩体底部可见约 20m 厚的细粒辉长岩和橄榄辉长岩构成的边缘带。详细的岩石学描述见 Zhong 等（2004，2011b）。

新街岩体中的钒钛磁铁矿矿层主要分布于旋回 I 和旋回 II 的顶部，而薄层状（1~3m）的 PGE 富集层产在边缘带和岩体下部，与浸染状的 Cu-Ni 硫化物共生。PGE 富集层主要产于斜长橄榄岩和斜长辉石岩中（Zhong et al.，2011b）。这些岩石中橄榄石堆晶比例可高达 50%，钛普通辉石为 15%~60%，含钛铬铁矿或铬磁铁矿为 5%~15%，晶间的钛普通辉石为 5%~40%，斜长石为 10%~30%。PGE 富集层中硫化物的含量一般为 0.1%~1%，局部可达 2%，主要为黄铜矿（50%~60%）、磁黄铁矿（20%~25%）和镍黄铁矿（15%~20%）。

2. 铂族矿物组合

1）砷铂矿（Sperrylite，$PtAs_2$）

砷铂矿呈半自形至自形，通常被黄铜矿、镍黄铁矿和镍黄铁矿相邻的磁铁矿所包围，没有与其他类

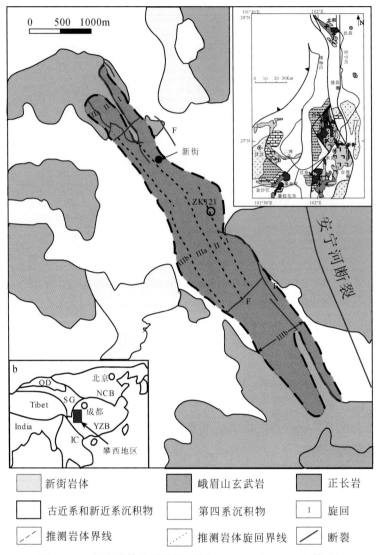

图 15.17 新街岩体地质简图（据 Zhong et al., 2011b 修改）

图例：
新街岩体　峨眉山玄武岩　正长岩
古近系和新近系沉积物　第四系沉积物　I 旋回
推测岩体界线　推测岩体旋回界线　断裂

型铂族矿物共生。矿物颗粒大小为 3 ~ 15μm，在反光镜下为带浅灰的亮白色（图 15.19（a） ~ （c））。砷铂矿颗粒的 Pt 含量为 54.85wt% ~ 59.39wt%、As 含量为 38.33wt% ~ 42.88 wt%，还含有少量的 Pb（0.28wt% ~ 0.65wt%）和 Pd（0.01wt% ~ 0.24wt%）。

2）碲钯矿–碲铂矿（Merenskyite-Moncheite,（Pd, Pt）（Te, Bi）$_2$-（Pt, Pd）（Te, Bi）$_2$）

碲钯矿–碲铂矿颗粒呈半自形并常常成群出现，颗粒相对较大（3 ~ 25μm）。这些颗粒通常包裹在黄铜矿和磁黄铁矿中，或者黄铜矿和磁黄铁矿相邻的磁铁矿之中。在发光镜下为乳脂状亮白色，与碲铋钯矿（michenerite）在镜下的颜色相似（图 15.19（c）~（g））。在该矿物系列中碲钯矿颗粒出现比较多，本研究发现约 50% Pt 和 Pd 的碲化物和铋化物为碲钯矿（图 15.20（a）~（b））。从碲钯矿和碲铂矿的成分可以看出该系列矿物中的 Te 可以完全替换 Bi 和 Pd，可以完全替换 Pt 的完全类质同象系列。Te 替换 Bi 表现在该系列矿物的 Bi 含量为 1.70wt% ~ 37.13wt%，而 Pd 替换 Pt 表现在出现不含 Pt 的碲钯矿到含 Pd 的碲铂矿。该系列矿物中还含少量的 Ni（<6.31wt%）、Cu（<1.88wt%）和 Fe（<6.68wt%）等。

3）碲铋钯矿（Michenerite,（Pd, Pt）BiTe）

碲铋钯矿呈他形至半自形状，通常包裹于磁黄铁矿中、或磁黄铁矿和黄铜矿相邻的磁铁矿中。在发光镜下矿物颗粒呈乳脂状亮白色，颗粒大小通常为 2μm，观察到最大的颗粒达 15μm（图 15.19（c）、（h））。该

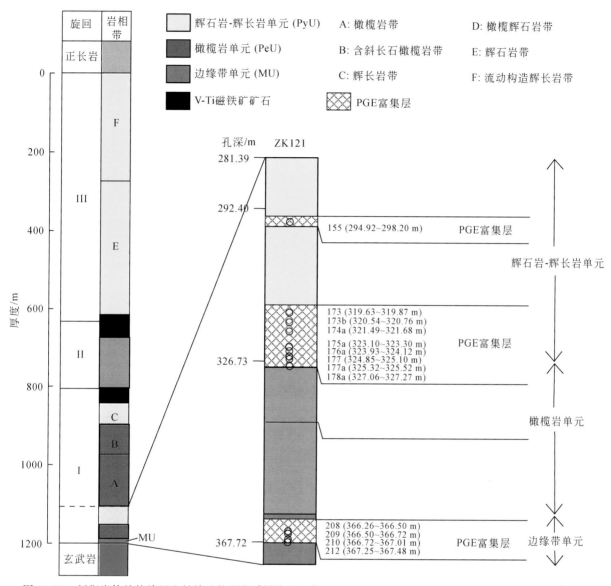

图 15.18　新街岩体韵律旋回和铂族矿物研究采样位置（据 Zhong et al.，2004，2011b 和 Zhu et al.，2010 修改）

类矿物含 21.41wt% ~24.31wt% 的 Pd、45.88wt% ~48.44wt% 的 Bi 和 27.76wt% ~30.11wt% 的 Te，其中 Pt 含量为 0.02wt% ~2.82wt%。一些碲铋钯矿颗粒也含少量的 Fe（最高可达到 1.21wt%）。

可见，新街岩体中砷铂矿、钯和铂的碲化物–铋化物均显示出与硫化物或者硫化物相邻的磁铁矿有密切的空间和成因关系，与巴西东北部的 Rio Jacaré 岩体含磁铁矿层位中的铂族元素富集层的特征十分相似（Sá et al.，2005）。

4）碲化物

除了以上介绍的铂族矿物之外，本研究在新街岩体铂族元素富集层中还找到了一些碲化物（如含 Bi、Pb 和 Ag 的碲化物等）。但本次发现的碲化物数量比较少，在所观察的薄片中只找到 4 粒碲铋矿（Tellurobismuthite）、2 粒碲铅矿（Altaite）和 1 粒碲银矿（Hessite）。

碲铋矿（Tellurobismuthite）产于黄铜矿之中，颗粒相对较大并呈非自形状（可 10μm×50μm；图 15.21（a））。这些颗粒的 Bi 含量为 50.32wt% ~52.75wt%、Te 含量为 43.32wt% ~45.21wt%。一些碲铋矿颗粒含少量的 Cu（最高可达 2.59wt%）、Fe（最高可达 1.95wt%）和 Pb（最高可达 2.56wt%）。

碲铅矿（Altaite）和碲银矿（Hessite）也产于黄铜矿之中（图 15.21（b）、（c））。碲铅矿颗粒大小达

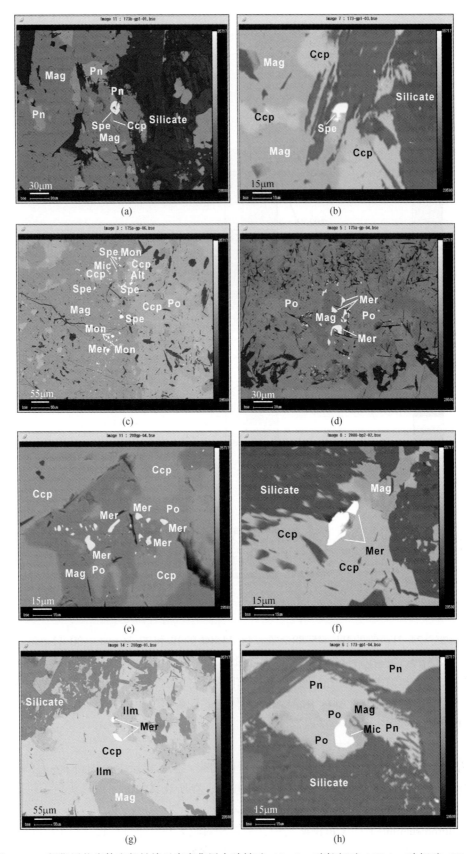

图 15.19　新街层状岩体底部铂族元素富集层中砷铂矿（Spe）、碲铋钯矿（Mic）、碲钯矿（Mer）、
碲铂矿（Mon）的背散射电子图像（据 Zhu et al.，2010）

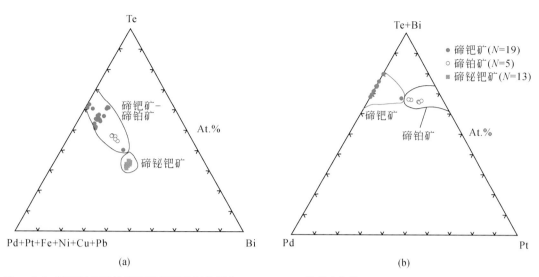

图 15.20　（a）新街层状岩体底部铂族元素富集层中 Pt-Pd-Bi-Te 系列矿物的（Pd+Pt+Fe+Ni+Cu+Pb）-Bi-Te 的成分关系图（据 Harney and Merkle，1990）；（b）新街层状岩体底部铂族元素富集层中碲钯矿（Mer）和碲铂矿（Mon）的 Pd-Pt-(Te+Bi) 的成分关系图（据 Harney and Merkle，1990）

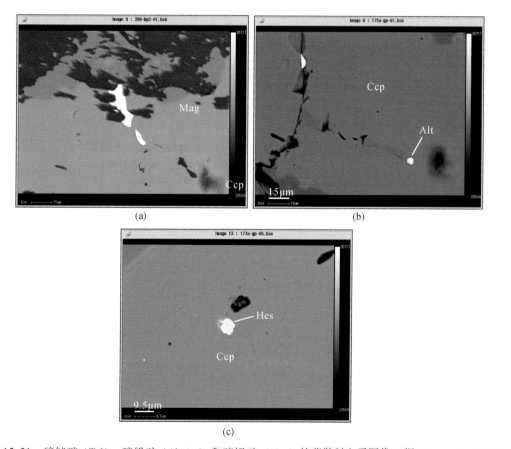

图 15.21　碲铋矿（Tel）、碲铅矿（Altaite）和碲银矿（Hes）的背散射电子图像（据 Zhu et al.，2010）

到 4μm×4μm。电子探针分析结果显示碲铅矿中含 60.41wt%～61.16wt% 的 Pb、34.74wt%～37.36wt% 的 Te，还含少量的 Fe（<2.26wt%）和 Bi（<0.68wt%）。唯一的碲银矿颗粒大小为 6μm×6μm，其含 Ag 为 62.48wt%、Te 为 36.37wt%，还含少量的 Cu（<1.00wt%）和 Fe（<0.67wt%）。

3. 铂族矿物的岩浆成因

由于铂族元素（PGE）强烈富集于硫化物熔体中（PGE 在硫化物熔体与硅酸盐熔体的分配系数远大于 10^3），导致铂族元素强烈富集于硫化物熔体中（Campbell and Barnes，1984；Naldrett and Barnes，1986）。因此，通常情况下铂族矿物（PGM）被认为是从硫化物熔体经过结晶分异过程形成的残余熔体中结晶出来的（Cabri，1981；Naldrett and Barnes，1986；Peach et al.，1990；Ebel and Naldrett，1997）。

新街岩体铂族元素富集层中出现比较多的黄铜矿和磁黄铁矿、磁铁矿和镍黄铁矿等矿物组合，这些矿物之间的结构关系表明硫化物熔体在早期阶段结晶出富 Fe 的单硫化物固溶体（Mss）和磁铁矿，稍后从残余的硫化物熔体中结晶出富 Cu 的中间固溶体（Iss）（Skinner et al.，1976；Mostert et al.，1982；Seabrook et al.，2004；Barnes and Lightfoot，2005；Mungall and Naldrett，2008）。新街岩体的铂族元素富集层中的铂族矿物（砷铂矿、碲钯矿–碲铂矿和碲铋钯矿）主要被黄铜矿和磁黄铁矿所包围，或者产于黄铜矿和磁黄铁矿附近的磁铁矿中，表明 Pt 和 Pd 富集主要与黄铜矿和磁黄铁矿有关，因此说明 Pt 和 Pd 优先进入中间固溶体（Iss）中（Fleet et al.，1993；Li et al.，1996；Barnes et al.，1997）。单硫化物固溶体（Mss）和中间固溶体（Iss）一般是在较低温阶段（200~700℃）才发生出熔过程（Mungall and Naldrett，2008），Pt 和 Pd 最终与残余液相中的 As、Te、Bi 和 Pb 等元素结合形成砷铂矿、碲钯矿–碲铂矿和碲铋钯矿等矿物，最后形成其他碲化物。因此，新街岩体中包裹在黄铜矿–磁黄铁矿组合中或者在共生的磁铁矿颗粒之中的这些铂族矿物很可能是从硫化物熔体中结晶而来的（Zhu et al.，2010）。

碲铂矿和碲钯矿的成分说明该组矿物中 Te 替换 Bi 及 Pd 替换 Pt 是属于完全类质同象系列（图 15.20）。碲铂矿和碲钯矿中 Pd 原子比与 Te 原子比呈正相关关系，而与 Bi 原子比呈负相关关系（图 15.22（a）~（b））。碲铂矿形成的温度最高可达1150℃（Elliot，1965），含 Pt 高的碲钯矿也是在较高温度下形成的（Kim et al.，1990），而含 Pd 高的碲钯矿在相对较低的温度下保持稳定（Gervilla and Kojonen，2002）。此外，Hoffman 和 MacLean（1976）研究认为碲钯矿的形成温度随 Te 替换 Bi 含量的增多而快速降低。因此，我们所观察到的高 Pt 和高 Bi 的碲铂矿应该是较早形成的，而富 Pd 和 Te 的碲钯矿可能形成于较晚阶段。此外，碲铋钯矿仅仅在500℃以下才稳定（Hoffman and MacLean，1976）。可见，Pd 是在较高温度下进入碲铂矿中，然后在较低温度下形成碲钯矿、碲铋钯矿和其他碲化物（Zhu et al.，2010）。

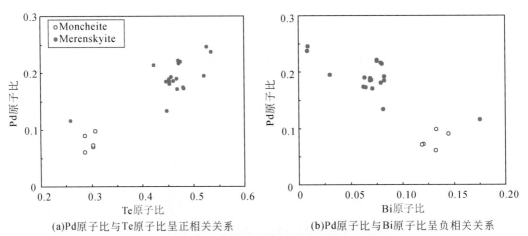

(a)Pd原子比与Te原子比呈正相关关系　　　　(b)Pd原子比与Bi原子比呈负相关关系

图 15.22　新街层状岩体底部铂族元素富集层中碲钯矿（Mer）和碲铂矿（Mon）的 Pd 与 Te、Pd 与 Bi 的成分关系图（据 Zhu et al.，2010）

根据以上讨论，本书认为新街岩体底部浸染状 Cu-Ni-PGE 矿石中的铂族矿物是由不断的结晶分异过程产生的硫化物熔体中结晶形成的，而且这些铂族矿物主要是从中间固溶体出熔而来的。从上述提到的新街岩体中铂族矿物与硫化物和磁铁矿之间的结构关系表明这些铂族矿物可能是由于不同温度条件下硫化物与岩浆熔体演化的产物（Zhu et al., 2010）。

4. 铂族元素成矿的过程

对于新街岩体中铂族元素富集层的成因，有三个可能因素可以导致在岩浆结晶分异过程中硫化物发生凝结和堆积作用：①在早期阶段铬铁矿、橄榄石和 Fe-Ti 氧化物发生堆积作用；②岩浆温度的降低；③岩浆房压力的下降。Haughton 等（1974）认为硅酸盐熔体中 S 的溶解度主要取决于熔体中 FeO 含量。所研究的新街岩体的样品中出现了铬铁矿、橄榄石和 Fe-Ti 氧化物说明这些矿物发生结晶/堆积作用会造成硅酸盐熔体的 FeO 含量快速地降低而导致硅酸盐熔体中 S 达到饱和。新街岩体中硫化物和共生磁铁矿之间的结构关系表明可能主要是由于有较多的磁铁矿发生了结晶或者堆积作用导致硫化物和硅酸盐熔体发生不混溶现象。

同时，形成新街岩体的岩浆房中所产生的硫化物液滴可以从硅酸盐熔体中收集 Ni、Cu 和铂族元素，然后由于重力的作用在岩浆房底部聚集。随着温度的下降，在早期阶段硫化物熔体结晶生成富 Fe 单硫化物固溶体（Mss）和磁铁矿，而在晚期结晶形成富 Cu 中间固溶体（Iss）。这些单硫化物固溶体随温度的降低出熔出磁黄铁矿和镍黄铁矿，而中间固溶体出黄铜矿和磁黄铁矿组合。因此，本书认为新街岩体铂族元素富集层中铂族矿物形成温度可能在 700~200℃（Zhu et al., 2010）。

可见，新街岩体中含 Cu-Ni 硫化物矿化的铂族元素富集层的形成与岩浆结晶分异过程有非常密切的关系，是在硫化物熔体结晶的晚期形成这些铂族矿物和碲化物。

5. 新街岩体 Re-Os 和 PGE 地球化学特征

1）新街母岩浆成分的估算

新街岩体的母岩浆成分可由其边缘带成分获得。已有研究显示新街岩体边缘带中一个细粒含橄辉长岩样品（CSXJ26）具高 MgO（14.6%）、FeO^T（15.5%）和 TiO_2（3.6%）含量（Zhong et al., 2004）。这一样品也以具最高的 Y 含量为特征（图 15.23（a）），表明其比边缘相其他样品含有明显更多的晶间熔体。样品 CSXJ26 可作为原始岩浆和堆晶橄榄石的混合物。新街边缘带中观察到的最基性的橄榄石含 84% Fo（茅燕石和孙似洪，1981）。图 15.23（b）展示了依据 Chai 和 Naldrett（1992）的方法估算出的新街母岩浆的成分。应用（FeO/MgO）$_{橄榄石}$/（FeO/MgO）$_{熔体}$ = 0.3 计算得到共存熔体含 13.9wt% MgO 和 15.8wt% FeO。计算出的初始熔体 MgO 含量和 17×10^{-6} Y 被用于 MELTS 软件（Ghiorso and Sack，1995）对熔体分离结晶变化的模拟。模拟趋势线与新街岩体的高钛玄武岩围岩的成分变化大致吻合（图 15.23（a）；Zhong et al., 2011b），表明新街母岩浆可能与邻近高钛玄武岩具同一地幔源区。

新街堆晶岩也富集高度不相容的亲石元素（Zhong et al., 2004）。因此，新街母岩浆的地幔源区应有异常高的 FeO 和 TiO_2 含量且富集高度不相容元素。该成分与峨眉山大火成岩省中同期的丽江苦橄岩相似，其富集 MgO（12.3% ~ 27.0%）、FeO（11.6% ~ 17.6%）和 TiO_2（1.14% ~ 2.36%；Zhang et al., 2006）。新街岩体也展示与丽江苦橄岩类似的初始地幔标准化 PGE 配分型式（Zhang et al., 2005），即以 Pt、Pd 相对 Os、Ir、Ru 富集为特征。而且，大多数新街样品具近于球粒陨石的初始 Os 同位素值，显示基本未受地壳混染，与丽江苦橄岩的特征也很相似（Zhang et al., 2008；图 15.24）。

已有研究认为注入上地壳的高温、高镁科马提质和苦橄质岩浆是唯一能形成世界上主要岩浆型 Ni-Cu-PGE 硫化物矿床的岩浆类型，因高程度的部分熔融或来源于贫硫的地幔柱源区其通常表现为 S 不饱和（Keays，1995；Arndt et al., 2005）。Naldrett（2010）的模拟显示只有高程度部分熔融（>15%）产生的岩浆富 PGE 和 Cu，暗示新街母岩浆源于峨眉山大火成岩省地幔源区的高程度部分熔融。如上所述，新街岩体中 Cu-Ni-PGE 和 Fe-Ti-V 矿床的共存需要母岩浆不仅富 Fe 和 Ti 且富 Mg、不相容元素和 PGE（Zhong et al., 2011b），这与铁苦橄质岩浆的特征具有相似性（如 Brügmann et al., 2000；Hanski et al., 2001）。

2）新街岩浆演化过程中的 PGE 行为

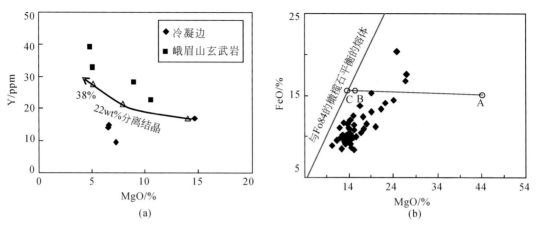

图 15.23　（a）新街冷凝边样品和峨眉山玄武岩围岩的 MgO 对 Y 图解；（b）原始橄榄石和共存熔体成分模拟结果（据 Zhong et al.，2011b）。A 点为新街冷凝边中 Fo84 的橄榄石成分（茅燕石和孙似洪，1981）；B 点为新街冷凝边中细粒含橄辉长岩的成分（Zhong et al.，2004）；C 点为新街岩体中与 Fo84 的橄榄石平衡晶间熔体的估计成分

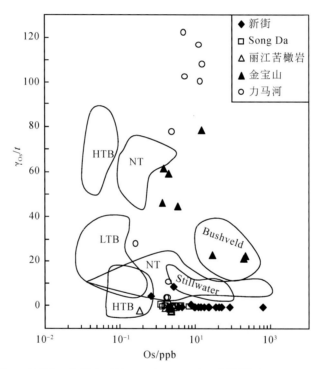

图 15.24　新街（据 Zhong et al.，2011b）、金宝山（Tao et al.，2007）、力马河（Tao et al.，2010）、Noril'sk-Talnakh（NT；Walker et al.，1994；Arndt et al.，2003）、Bushveld（McCandless et al.，1999）和 Stillwater（Horan et al.，2001）岩体中 Cu-Ni-PGE 矿床岩浆硫化物的 $\gamma_{Os}(t)$ -Os 含量图解。丽江苦橄岩、Song Da 科马提岩和峨眉山玄武岩（HTB：高钛玄武岩；LTB：低钛玄武岩）分别引自 Zhang 等（2008）、Hanski 等（2004）和 Xu 等（2007）。为使图显示清楚，$\gamma_{Os}(t)$ 大于 120 的样品未投于图中

　　新街岩体的层状系列为堆晶岩石，因此堆积矿物主要控制其主量和微量元素组成。在富 Cr、贫硫化物和富硫化物样品中，Ir、Ru、Pt 和 Pd 与 Cr 呈负相关关系，显示这些元素不应受铬铁矿结晶分异作用的控制。而 PGE 含量大致与 S 含量呈正相关关系，表明浸染状硫化物可能为主要的控制相。这得到新街铂族矿物主要赋存于贱金属硫化物的现象（Zhu et al.，2010）证实。值得注意的是，刚好在 PGE 富集层 2、3 和 4 之下出现明显高的 Cr/FeO^T 和 Cr/TiO$_2$ 值反映铬铁矿或铬尖晶石的堆积发生在硫化物沉淀之前

（Zhong et al.，2011b）。

Li 和 Naldrett（1999）研究 Voisey's Bay 岩体时指出，Cu/Zr 值是指示亲铜元素亏损的很好指标。大多数分析样品的 Cu/Zr 值大于 2.0，表明堆晶硫化物几乎存在于整个研究剖面（图 15.25）。同时，韵律单元 1 中 Cu/Zr 值随高度增加而增加，反映硫化物/捕获硅酸盐熔体的比值增加；而单元 3 和 4 中 Cu/Zr 值向上降低表明硫化物/捕获硅酸盐熔体的比值降低。单元 2 中 Cu/Zr 值从 PGE 富集层 2 开始略微降低，暗示相应比值变化不大。因 Pd 在硫化物中分配系数远大于 Cu，Cu/Pd 值对于 S 饱和特别敏感（Barnes et al.，1993）。本书中多数样品的 Cu/Pd 值近于或低于初始地幔值，进一步指示其包含不同数量的堆晶硫化物。与之相比，PGE 富集层 1、3 和 4 之上一些样品的 Cu/Pd 值显著大于地幔值，表明其是从经历过早期硫化物熔离的岩浆中结晶形成。Cu/Pd 值在这些 PGE 富集层之上突然升高，支持硫化物富集层中至少部分 PGE 来自于上部岩浆的观点（Zhong et al.，2011b）。

如上所示，新街岩体中主要 PGE 富集层的上部和下部堆晶岩未出现 PGE 明显亏损（Pt+Pd 多大于 100×10^{-9}）。Bushveld 杂岩体中 Merensky 层之上岩石的 PGE 相对 Ni 和 Cu 亏损，被解释为 PGE 从上部岩浆中提取的结果（Maier and Barnes，1999；Barnes and Maier，2002）。大多数新街岩石缺乏一致的 PGE 亏损显示其形成于开放体系（Zhong et al.，2011b）。这可能出现在动态通道系统中（Li et al.，2000；Evans-Lamswood et al.，2000），晚期新鲜的 S 不饱和、PGE 不亏损岩浆不断补给使早期形成的硫化物熔体金属含量增高（Kerr and Leitch，2005）。另一重要的现象是新街岩体不同单元一些 PGE 矿石和 PGE 富集堆晶岩贫 S（$<800 \times 10^{-6}$），用晚期岩浆作用导致这些样品中 S 丢失可以很好地解释。这可能与 Naldrett 和 Lehmann（1988）提出的 Bushveld 杂岩体的铬铁矿中硫化物丢失 S 的方式相似：$1/3\ FeS + 4/3\ Fe_2O_3 = Fe_3O_4 + 1/6\ S_2$。已有研究认为新注入的硫化物不饱和岩浆将溶解原来的硫化物而趋于饱和，但因 PGE、Ni 和 Cu 远比 Fe 更亲铜的特征，被溶解的大部分硫化物为 FeS，更亲铜元素与硫化物一起保留直到只剩下非常少硫化物（Kerr and Leitch，2005；Li et al.，2009；Naldrett et al.，2009）。一些 S 会逸出岩浆体系，残留的硫化物熔体将贫 S，此时铂族矿物从硫化物熔体中结晶出来。新街岩体中 S 丢失得到含铜硫化物远多于含铁硫化物且 Pt/S 值高的证据支持。

需要注意的是大多数分析样品显示明显的 Ru 负异常（图 15.26），为产生新街岩体的母岩浆的原有特征。Ru 负异常出现于峨眉山玄武岩（Qi et al.，2008）、格陵兰 SDRS 玄武岩（Philipp et al.，2001）、Kerguelen 高原玄武岩（Chazey and Neal，2005）和加拿大 Agnew 层状岩体（Vogel et al.，1999），常归因于母岩浆中锇铱矿或 Os-Ir-Ru 合金随铬铁矿或橄榄石分离出去所致。Capobianco 和 Drake（1990）发现 Ru 在尖晶石中强烈相容（$D = 22 \sim 25$）。而且，Puchtel 和 Humayun（2001）的研究显示 Ru、Os、Ir 微弱相容或中等不相容于橄榄石（$D = 1.7 \sim 0.8$），而相容于铬铁矿（$D = 100 \sim 150$）。加之早期更高温度的尖晶石中 Ru 相对 Ir 更富集（Righter and Downs，2001），我们因此认为，岩浆侵位之前锇铱矿或 Os-Ir-Ru 合金随铬铁矿的早期分离造成新街样品中 Ru 负异常。这可能揭示了新街铬铁矿的 D_{Ru} 高于 $D_{Ir/Os}$。鉴于新街样品的 Ni 相对 PGE 明显亏损及 Ni 含量总体较低（图 15.26），可能是橄榄石从原始岩浆中分离导致 Ni 同时亏损。这与新街岩体下部橄榄石 Fo 含量为 69.9 ~ 74.4 的事实吻合，表明其是从演化过的岩浆分异而来。

总之，先于新街岩体侵位前，岩浆上升经过地壳时少量铬铁矿和橄榄石发生早期分离。富 PGE 的堆晶岩和 PGE 矿石显示大致相似的金属含量和配分型式（图 15.26）。如果它们在封闭的岩浆体系中结晶，则通常会出现随高度增加而亲铜元素逐渐亏损的特征。然而，我们观察到的金属配分型式显示其形成于开放岩浆系统，即岩浆流动经过一个岩浆通道。

3）堆晶硫化物作用的模拟

上述讨论认为堆晶硫化物是控制 PGE 分布的主要矿物相。硫化物中 PGE 含量严格依赖于与硫化物熔体反应的岩浆体积。本书中新街样品的成分可用如下的 Campbell 和 Naldrett（1979）的质量平衡公式来模拟：$C_S = C_L D\,(R+1)\,/\,(R+D)$，其中 C_S 为硫化物熔体中金属的最终含量，C_L 为硅酸盐岩浆中金属的最终含量，D 为金属在硫化物熔体和硅酸盐岩浆之间的分配系数，R 为硅酸盐岩浆与硫化物熔体的质量比。本书提出岩浆上升过程中少量锇铱矿或 Os-Ir-Ru 合金随铬铁矿和橄榄石分离出去，这造成新街岩浆中 Os、

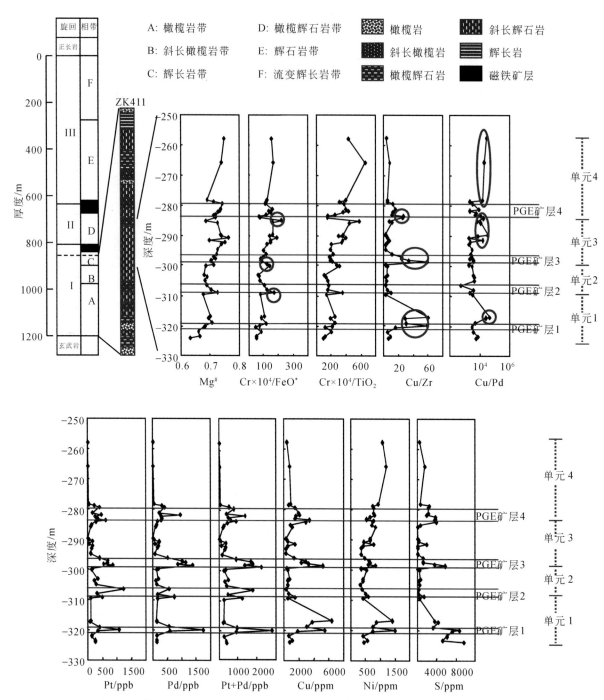

图 15.25　新街岩体主要 PGE 矿层的 Mg#、Cr/FeO_T、Cr/TiO_2、Cu/Zr、Cu/Pd、Pt、Pd、Pt+Pd、Cu、Ni、S 和 Pt/S 随深度变化图（据 Zhong et al.，2011b）。新街岩体层序据 Zhong et al.（2004）修改

Ir、Ru 含量比峨眉山大火成岩省铁苦橄质岩浆更低。Zhang 等（2006）认为丽江玄武岩是由苦橄质岩浆通过主要为橄榄石、少量为单斜辉石和铬尖晶石的分离结晶形成。我们由此取峨眉山大火成岩省中混染程度最低的辉斑玄武岩的 Ni、Cu 和 PGE 含量来代表新街硅酸盐熔体的初始组成。用于模拟的 PGE 的 $D_{硫化物熔体/硅酸盐熔体}$ 为 35000（Peach et al.，1994；Fleet et al.，1999），Cu 为 1000，Ni 为 300（Francis，1990）。

单元 1 和 3 全岩样品的成分可由分别假定其在 R = 1000 时含 0.5% 硫化物和 R = 8000 时含 2% 硫化物模拟得到（图 15.26）。硫化物熔体在 R = 5000 与硅酸盐熔体平衡且含 0.2% ~ 2% 堆晶硫化物时，可模拟

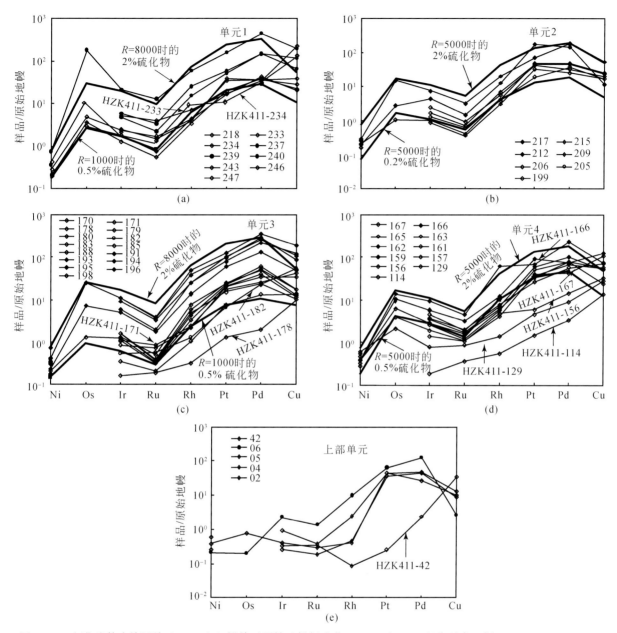

图 15.26 新街岩体中旋回单元 1~4 和上部单元原始地幔标准化 Cu、Ni 和 PGE 配分型式（据 Zhong et al., 2011b；标准化值据 Barnes and Maier, 1999）。实心符号表示 PGE 矿石样品，空心符号表示岩石样品。粗黑线为形成于不同 R 系数含不同百分比硫化物的模拟成分

获得单元 2 样品成分。单元 4 的成分与 $R=5000$ 时含 0.5% ~2% 硫化物的模拟成分相似。以上模拟的硫化物含量与对这些样品的岩石学观察结果一致。硫化物熔体的 R 系数富集过程还用 Re 含量为 $0.15×10^{-9}$ 和 Os 含量为 $0.70×10^{-9}$ 进行模拟，且假定 D_{Re} 为 1000、D_{Os} 为 35000（相似于 Lambert et al., 2000）。计算结果（图 15.26）显示新街岩体中大多数硫化物（换算为 100% 硫化物）对应的 R 系数为 1000~10000，与图 15.27 所示结果相似。新街 PGE 矿石和硅酸盐岩石中浸染状硫化物具中等到高的 R 系数（1000~8000）表明在开放体系岩浆房中硫化物液滴与大量岩浆发生反应（Zhong et al., 2011b）。

前面已提到 PGE 富集层 1、3 和 4 之上一些样品具远高于地幔值的 Cu/Pd 值且 PGE 相对于 Cu 亏损。这些样品的成分可用少量硫化物分离出去来解释，其数量用质量平衡公式（Barnes et al., 1993；Thériault et al., 2000）计算获得：$S=100$ (C_S/C_L-1) / $(D-1)$，其中 C_S，C_L 和 D 同上述，S 代表熔离硫化物

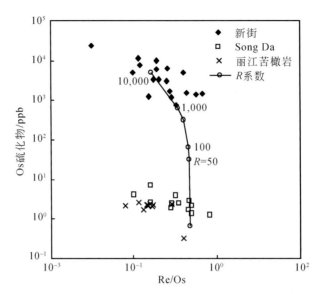

图 15.27　新街岩体岩浆硫化物的 Re/Os 值对 Os 含量图解（据 Zhong et al.，2011b；根据 Barnes and Lightfoot，2005，重新计算为 100% 硫化物）。丽江苦橄岩和 Song Da 科马提岩数据分别引自 Zhang 等（2008）和 Hanski 等（2004）。用 Re 含量为 0.15×10^{-9}、Os 含量为 0.70×10^{-9}（与峨眉大火成岩省辉斑玄武岩成分相似；Zhang et al.，2005，2008）模拟硫化物熔体的 R 系数富集过程，D_{Re} 为 1000、D_{Os} 为 35000（相似于 Lambert et al.，2000）

的数量的重量百分比。假定初始岩浆的 Cu/Pd 值为 9800，Cu 和 Pd 的 D（硫化物熔体/硅酸盐熔体）分别为 1000 和 35000，计算结果显示在这些样品形成前已有 0.0004% ~ 0.028% 的硫化物分离出去（Zhong et al.，2011b）。

4）PGE 富集硫化物的成因

恰好在 PGE 富集层 2、3 和 4 之下出现高得多的 Mg#、Cr/FeO_T 和 Cr/TiO_2 值（图 15.25）确定了突然的地球化学倒转，为新街岩体中多期岩浆补给的开放系统行为提供了明确的证据。从单元 2、3 和 4 中每一 PGE 富集层出现 Cu/Zr 值的明显降低，也显示硫化物从新注入岩浆中堆积（Zhong et al.，2011b）。而且，随高度变化缺乏一致的 PGE 亏损表明硫化物从持续注入的富集金属岩浆中熔离出来。这些韵律单元中捕集的硫化物普遍形成于中到高 R 系数条件，也指示新街 PGE 矿层形成于一个高度动态系统。新注入的岩浆明显流经新街岩浆房，其与早期堆积的硫化物反应并从岩浆中转移亲铜元素进入硫化物（Zhong et al.，2011b）。新街岩体上覆玄武岩出现 PGE 显著亏损的事实（Zhong et al.，2006）更加确证这一假设，即其来源于与新街富 PGE 硫化物平衡的母岩浆。新街岩体与南北向延伸的断裂有密切联系且侵入峨眉山玄武岩，表明这一似岩墙侵入体的位置可充当岩浆动态通道系统。

在硫化物富集模式中，残余岩浆与新注入岩浆的混合作用被用于解释层状岩体中 PGE 富集层的形成（Campbell et al.，1983；Naldrett et al.，1986；Barnes and Maier，2002）。对于新街样品而言，以上的讨论显示 PGE 富集层 1 形成于正常的硫化物堆积，而 PGE 富集层 2、3 和 4 则形成于多次岩浆补充及其导致的硫化物熔离。Irvine（1977）证实新熔体与残余熔体的混合可激发层状岩体中大量层状铬铁矿和（或）硫化物富集层的沉淀。新街岩体中多层薄的含钛铬铁矿和含 Cr 磁铁矿正好出现在 PGE 富集层 2、3 和 4 之下，与其显著高的 Cr/FeO_T 和 Cr/TiO_2 值一致。我们由此认为新街岩浆房中新注入岩浆与残余岩浆剧烈混合，导致 Cr 尖晶石结晶并略微降低熔体中 FeO 含量。随之有相对较多磁铁矿和钛铁矿颗粒从岩浆中较早结晶出来（Wang et al.，2008），显著带走熔体中 FeO。这一过程造成铁苦橄质熔体中硫化物溶解度的大幅降低（Haughton et al.，1974），因而导致硫化物熔离并从硅酸盐岩浆中捕集 Cu、Ni 和 PGE。硫化物液滴下沉-堆积在新街岩体中一定部位形成 PGE 矿层。随后这些硫化物与新岩浆反应产生如上所述的高 R 系数。因此，新街岩体中多层 PGE 富集可用岩浆多次补给和混合来解释（Zhong et al.，2011b）。从底部开始的每一次岩浆更新活动都会搅动原来堆积的硫化物液滴，捕获的硫化物与新的混合岩浆再平衡（Li et al.，2009）。一些新街样品丢失 S，是在堆晶柱被新注入岩浆重新加热之时。而后，不断注入的岩浆经过新街岩浆房且溶解 FeS，残留的硫化物逐渐更加富集 Ni、Cu 和 PGE。

总之，PGE 富集层 1 源于富 PGE 硫化物的堆积，而 PGE 富集层 2、3 和 4 由演化的和初始的铁苦橄质岩浆混合形成，均经历了多次岩浆注入的影响。新街岩体所处位置充当岩浆通道，拥有大量硅酸盐岩浆，可以为 PGE 在浸染状硫化物中聚集提供潜在机制。

5）全球背景下新街和峨眉山大火成岩省地幔源区

以上论述将富 PGE 浸染状硫化物的形成与铁苦橄质母岩浆的演化联系在一起，表明地幔柱来源的铁苦橄质岩浆不仅产生新街岩体中 Cu-Ni-PGE 矿床，且形成 Fe-Ti-V 氧化物矿层。新街岩体的 Re-Os 年龄与前人研究报道的锆石 U-Pb 年龄一致，暗示在岩浆侵位后大多数样品的 Re-Os 同位素仍然保持封闭。上部单元的 3 个样品具略微富集的 $\gamma_{Os}(t)$ 值（+0.6~8.6），表明其受到少量地壳混染（Zhong et al.，2011b）。前人获得的 Sr-Nd-O 同位素组成及一些微量元素比值（如 Rb/La、Ba/Th）显示新街岩体的底部和顶部被接触带的峨眉山玄武岩轻微混染（Zhong et al.，2004；Zhang et al.，2009）。新街镁铁-超镁铁质岩石的初始 Os 同位素值与峨眉山大火成岩省中丽江苦橄岩（Zhang et al.，2008）和 Song Da 科马提岩（Hanski et al.，2004）的初始值在误差范围内一致（Zhong et al.，2011b；图 15.28），表明新街岩体保留了地幔柱来源岩浆的原始 Os 同位素特征。新街主要层序的样品具相当稳定的初始 $^{187}Os/^{188}Os$ 及略微低于球粒陨石 $\gamma_{Os}(t)$（−0.5±0.1），指示峨眉山地幔柱源区沿长期近于球粒陨石 Re/Os 值线演化。

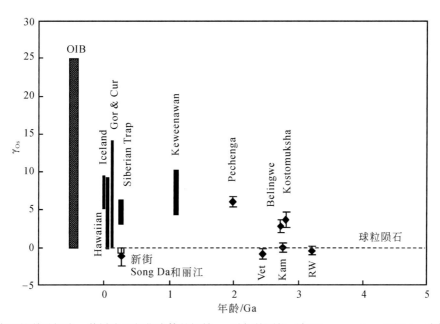

图 15.28　地幔柱来源的科马提岩、苦橄岩和新街岩体的初始 γ_{Os} 对年龄图解（据 Zhong et al.，2011b）。虚横线代表球粒陨石平均值演化线。缩写：RW：Ruth Well；Bos：Boston Creek；Kam：Kambalda；Ale：Alexo；PH：Pyke Hill；Vet：Vetreny；Gor：Gorgona；Cur：Curacao。现代 OIB 的成分范围（据 Walker et al.，1997）用于对比

为了追溯地质时期地幔 $^{187}Os/^{188}Os$ 同位素演化，本研究将古代地幔柱来源科马提岩和苦橄岩的初始 Os 同位素组成与本书结果综合于图 15.28，以此反映其当时的地幔源区。大多数太古代和古元古代科马提岩，包括 3.46Ga 的 Pilbara 科马提岩（Bennett et al.，2002）、2.88Ga 的 Ruth Well 科马提岩（Meisel et al.，2001）、2.72Ga 的 Alexo 和 Pyke Hill 科马提岩（Gangopadhyay and Walker，2003；Puchtel et al.，2004）、2.70Ga 的 Kambalda 科马提岩（Foster et al.，1996）和 2.43Ga 的 Vetreny 科马提岩（Puchtel et al.，2001a）显示近于球粒陨石 Os 同位素值，其地幔源区沿时间累积的近球粒陨石 Re/Os 值线演化。但是，2.8Ga 的 Kostomuksha 科马提岩（Puchtel et al.，2001b）、2.7Ga 的 Belingwe 科马提岩（Walker and

Nisbet，2002）、1.98Ga 的 Pechenga 铁苦橄岩（Walker et al.，1997）具正的 $\gamma_{Os}(t)$ 值，表明其源于沿长期超球粒陨石 Re/Os 值线演化的地幔源区，需要古老外核物质的加入（Walker et al.，1995）。此外，2.7Ga 的 Boston Creek 科马提岩具低于球粒陨石 Os 同位素组成，被认为源于大陆下岩石圈地幔（Walker and Stone，2001）。值得注意的是，1.1Ga 的 Keweenawan 苦橄岩的富集 Os 同位素组成被认为是源于包含回返晚太古代俯冲洋壳的地幔（Shirey，1997）。

与之相比，显生宙苦橄岩和科马提岩的数据揭示更为复杂的地幔演化历史。例如，260Ma 的峨眉山大火成岩省苦橄岩（Zhang et al.，2008）、科马提岩（Hanski et al.，2004）和新街镁铁–超镁铁质岩体（本研究；Zhong et al.，2011b）显示略微低于球粒陨石的 Os 同位素组成，其对应地幔源区将在后面讨论。250Ma 的西伯利亚苦橄岩具超球粒陨石 $\gamma_{Os}(t)$ 值，与其来源于经历了核幔物质交换的地幔柱吻合（Horan et al.，1995；Walker et al.，1995）。而且，89Ma 的 Gorgona 科马提岩显示较大的 $\gamma_{Os}(t)$ 值变化范围（Walker et al.，1999；Brandon et al.，2003），而同时代的 Curacao 苦橄岩则具非常一致的初始 γ_{Os} 值（Walker et al.，1999）。这一 Os 同位素结果显示其不均匀的地幔柱源区，由一相似于球粒陨石组成的 Os 储库与另一长期富集 Re/Os 储库组成。Gorgona 和 Curacao 科马提岩及苦橄岩的 ^{187}Os 和 ^{186}Os 富集组分需要从地球外核向下地幔转移 Os 的机制（Walker et al.，1999；Brandon et al.，2003）。与之比较，已有研究认为60Ma 的西格陵兰和 Baffin 岛苦橄岩来源于具球粒陨石或略微超球粒陨石 Os 同位素组成的原冰岛地幔柱（Schaefer et al.，2000；Dale et al.，2009），反映亏损 MORB 地幔与回返洋壳、高 ^{3}He/^{4}He 初始地幔的混合。夏威夷火山中心的苦橄岩具很大的 ^{187}Os/^{188}Os 变化范围，要求源区 Re/Os 值的长期差异。Lassiter 和 Hauri（1998）将 ^{187}Os/^{188}Os 的变化归因于回返镁铁质洋壳和（或）沉积物加入夏威夷地幔柱源区，而 Brandon 等（1999）则提出核幔反应可解释一些火山中心观察到的 ^{187}Os 富集现象。30Ma 的埃塞俄比亚苦橄岩具非放射性但近于球粒陨石 Os 同位素组成，表明其产生于 Afar 地幔柱头初始扰动上升形成的含辉石富集脉的橄榄岩（Rogers et al.，2010）。如上所述，这些数据的特征揭示不同地幔柱相关物质的 Os 同位素不均一性最早可在 2.7Ga 存在。不同地幔柱源区的长期不均一性的机制只有更好地了解地球分异、地幔动力学、部分熔融时 Re（Pt）、Os 行为、高温高压条件地幔硅酸盐和金属的分配等，才能得到进一步澄清。

已有研究显示丽江苦橄岩、Song Da 科马提岩和未混染的新街岩石具正 $\varepsilon_{Nd}(t)$ 值（1.0~7.5；Hanski et al.，2004；Zhang et al.，2008，2009），暗示其地幔源区记录了先前熔体抽提之后的长期 LREE 亏损。这对于 LREE 亏损的 Song Da 科马提岩和 LREE 富集的丽江苦橄岩和新街样品均是如此，尽管后者应经历了后来的 LREE 富集事件。这一提法与丽江苦橄岩、新街岩石和一些 Song Da 科马提岩的略微低于球粒陨石的 Os 同位素组成所显示的 Re 亏损是一致的。Hanski 等（2004）提出 Song Da 科马提岩受到1%~2%的元古代地壳物质混染，降低了 Re 亏损程度。因 Re 比 Nd 具更低的不相容行为，地幔 Re-Os 体系对于低程度部分熔融熔体的抽提比 Sm-Nd 体系更不敏感（Puchtel et al.，2004），与峨眉山地幔柱源区先前熔融对 Sm/Nd 和 Re/Os 值的影响吻合。峨眉山大火成岩省主要为略微低于球粒陨石的 Os 同位素组成，与洋中脊玄武岩的亏损地幔（DMM；Walker et al.，2002）组成相似。然而，Herzberg 和 O'Hara（1998）认为很难找到一种机制可以在 3~4GPa 压力下有足够温度熔融 DMM 而形成科马提岩和苦橄岩，特别是估计的大火成岩省的岩浆量规模。峨眉山地幔柱源区的 Os 同位素组成也可以来自经历过与 DMM 相似亏损历史的回返大洋岩石圈。Kerr 等（1995）提出下落到核幔边界的亏损大洋岩石圈可随后被上升的地幔柱携带回返。

结合以上讨论，本书提出一个简单模式来解释峨眉山大火成岩省的成因，即来源于回返的大洋橄榄岩岩石圈下部构成的地幔柱熔体（Zhong et al.，2011b）。已有研究认为在新元古代时大洋岩石圈俯冲到扬子板块之下（如 Zhou et al.，2006）。可以认为具近于球粒陨石 Os 同位素组成的科马提岩和苦橄岩来源于回返的大洋岩石圈下部。加之，产生丽江苦橄岩和新街岩石的熔体被认为是铁苦橄质，其也富集 LREEs、TiO_2、Zr 和许多不相容微量元素（Zhong et al.，2004；Zhang et al.，2006）。这一特征需要亏损的橄榄岩地幔中存在岩墙或岩脉形式的地球化学富集块体（如 Niu and O'Hara，2003；Regelous et al.，2003）。因此，不均一地幔相对小程度部分熔融的熔体可能含更大比例的易熔组分，携带铁苦橄质岩浆的富集地球化学和同位素特征。与之比较，峨眉山大火成岩省中科马提岩可能来自不相容元素亏损、难熔地幔组分的更高程度部分熔融。然而，即使样品中有相当部分交代熔体带来的再富集组分，也不能如此富集 Ti（Hellebrand et al.，2002）。大多数 OIB 的 TiO_2 含量太高而不能从任何可能的橄榄岩源区产生，可以用少量回返镁铁质地壳（通常<10%）的加入来解释（Prytulak and Elliott，2007）。我们由此提出峨眉山大火成岩省中铁苦橄质岩浆可能由主要包括回返岩石圈的地幔柱产生。地幔柱来源的岩浆随后在上升过程中与相对少量的俯冲/蚀变洋壳（可能<10%）反应，与其高 TiO_2 含量相符。尽管洋壳含有相对 Os（约 15×10^{-12}）高得多的 Re（约 490×10^{-12}）、具高 $^{187}Re/^{188}Os$ 值（151；Dale et al.，2007），太低的 Os 含量及本研究假定的新元古代镁铁质地壳的较短存留时间使其对 Os 体系的影响较小。铁苦橄质岩浆的 Os 同位素体系应主要受亏损地幔控制。与之相比，洋壳比残留地幔具高得多的 Sm 和 Nd 含量及更低的 Sm/Nd 值（Walker and Nisbet，2002），少量镁铁质组分的加入将造成混合地幔中 $^{143}Nd/^{144}Nd$ 的增长相对亏损地幔演化被抑制。但这一解释目前因缺乏扬子板块之下新元古代大洋岩石圈的准确 Re、Os、Sm 和 Nd 含量还不能被定量评估（Zhong et al.，2011b）。

第三节　钒钛磁铁矿矿床的岩浆来源和岩浆通道模型

1. 富含 Fe、Ti 的岩浆来源

如前所述，一般认为形成超大型钒钛磁铁矿矿床的母岩浆为富含铁、钛的玄武质岩浆。我们根据红格和攀枝花矿床的块状磁铁矿矿层中堆晶单斜辉石的钛含量，可估算出其母岩浆的 TiO_2 含量。形成红格和攀枝花岩体中块状矿层的母岩浆的 TiO_2 含量分别 3.9%～4.9% 和 2.8%～3.5%（Bai et al.，2014）。前者与峨眉山大火成岩省中龙帚山高钛玄武岩的成分相似（TiO_2 可高达 4.5%；Qi et al.，2008），而后者与 TiO_2 含量中等（2.37%～3.47%；Xu et al.，2001）的二滩玄武岩类似。基于单斜辉石与熔体的平均 Fe-Mg 交换系数和两个岩体中基性程度最高（Mg#最高）的单斜辉石组成，本书获得红格和攀枝花母岩浆的 MgO/FeO 值分别为 0.63 和 0.49（Bai et al.，2014）。因此，红格矿床的母岩浆的 TiO_2 含量和 MgO/FeO 值远高于攀枝花矿床。

图 15.29 对比了估算的红格、攀枝花岩体及龙帚山、二滩玄武岩的母岩浆的微量元素含量，表明红格和攀枝花母岩浆的微量元素组成分别与龙帚山高钛玄武岩和二滩中钛玄武岩相似。而且，计算的攀枝花岩浆的组成与岩体边缘带的细粒辉长岩成分非常相似。不同的主量和微量元素组成显示，红格和攀枝花矿床的母岩浆组成有较大差异（Bai et al.，2014）。这一研究表明，尽管形成超大型 Fe-Ti-V 氧化物矿床的母岩浆均较为富含 Fe 和 Ti，但源区组成的变化有可能导致不同矿床的成矿特征具有差异性。

红格和攀枝花岩体的 Sr-Nd 同位素组成的变化原来被归因于受上地壳混染程度的差异（Zhong et al.，2003；Zhou et al.，2008；Zhang et al.，2009）。这一模式认为，红格母岩浆经历了强得多的地壳混染（图 15.30（a））。其可以解释两者之间的同位素差异，但不能解释矿物组合和成分差异。攀枝花主矿层中斜长石很常见，但更基性的红格主矿层中却较少斜长石，红格岩体也缺乏斜方辉石。上述矿物组合特征不支持红格母岩浆受到更强的硅质混染，因为镁铁质岩浆中有 SiO_2 加入时更容易结晶斜方辉石和斜长石（Irvine，1970；Sparks，1986）。加之，未受明显混染的峨眉山苦橄岩出现较大的 ε_{Nd} 值和不相容元素含量变化，被认为是代表幔源源区的不均一性（Li et al.，2012）。

Prytulak 和 Elliott（2007）认为，大多数 OIB 的 TiO_2 含量太高而不能从任何可能的橄榄岩源区产生，可以用少量回返镁铁质地壳的加入来解释。然而，攀枝花岩体中大多数单斜辉石的 $\delta^{18}O$ 值（3.9‰～5.4‰；Zhang et al.，2009）明显低于相应的幔源岩浆值（5.3‰～5.9‰；Inov et al.，1994；Mattey et al.，1994；Chazot et al.，1997）。因蚀变洋壳的低 $\delta^{18}O$ 值不能在软流圈地幔中长时间保存，这一特征很可能是地幔柱来源的岩浆在上升过程中受新生的经历高温蚀变的俯冲大洋辉长岩混染所致。攀西地区位于扬子

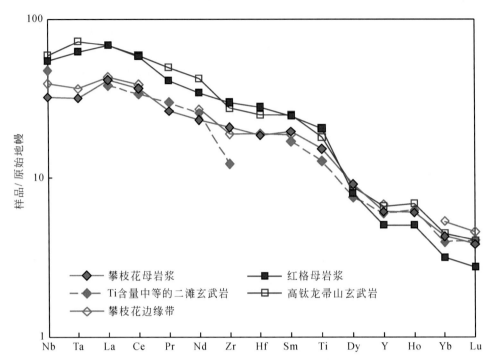

图 15.29　红格和攀枝花主矿层单斜辉石平均成分估算所得的熔体微量元素组成与峨眉山玄武岩及
攀枝花边缘带的对比图（据 Bai et al.，2014）

地块西缘，而特提斯大洋板片在晚石炭世到晚二叠世期间向东俯冲到扬子地块之一。我们由此提出一个新的模式，认为在约 260Ma 时上升的峨眉山地幔柱与新俯冲的大洋岩石圈板片发生了相互作用。地幔柱来源的苦橄质岩浆与上覆的新俯冲大洋辉长岩作用时，因苦橄质岩浆的 Fe、Ti 不饱和，辉长岩中的 Fe-Ti 氧化物会优先熔融进入岩浆。这一过程持续进行，上升的苦橄质岩浆变得更加富集 TiO_2 和 FeO。图 15.30（a）和图 15.30（b）展示了具有不同 ε_{Nd} 值的幔源岩浆（峨眉山苦橄岩范围）与新俯冲大洋辉长岩（以平均印度洋 MORB 的同位素和微量元素成分为代表）的概念性混合线（Bai et al.，2014）。估算的攀枝花母岩浆可用高 ε_{Nd} 值苦橄岩与平均 MORB 混合后，再受约 5% 的上地壳混染来解释。而估算的红格母岩浆可用低 ε_{Nd} 值苦橄岩与平均 MORB 混合后，再受约 5% 的上地壳混染来解释。

令人关注的是，在峨眉山大火成岩省中，众多世界级超大型钒钛磁铁矿矿床与比全球其他地区更基性且富含 Fe 和 Ti 的岩浆密切相关。我们认为这正是源于峨眉山地幔柱岩浆受新俯冲的滞留大洋岩石圈板片的选择性混染。

2. 钒钛磁铁矿矿床的岩浆通道成矿模型

综上所述，攀西地区超大型钒钛磁铁矿矿床的母岩浆比世界其他地区更富 Mg、Fe 和 Ti，奠定了形成全球最大钒钛磁铁矿矿集区的物质基础。而且，岩浆的多次注入具有普遍性，成矿物质可以得到有效补给，显示了岩浆通道系统的典型特征。因此，我们的研究表明，与 Cu-Ni-（PGE）硫化物矿床相似，峨眉山大火成岩省中钒钛磁铁矿矿床也形成于开放的岩浆通道系统。

本书建立了攀西地区超大型钒钛磁铁矿矿床的岩浆通道系统成矿模式（图 15.31）。这一模式揭示了地壳深部和浅部的两个岩浆房过程。地幔柱形成的苦橄质岩浆（或高钛玄武岩浆）在深部岩浆房经历不同程度的分异演化，可形成超镁铁岩并可能伴生 PGE 矿化层及铬铁矿层，残余岩浆更加富含 Fe 和 Ti。这一岩浆随后上升进入浅部岩浆房。如果其演化程度较低，可发生硫化物熔离形成岩体底部的 PGE 矿化层，经历演化后的岩浆则在岩体中部形成钒钛磁铁矿矿层，新街岩体是一个典型例证。红格岩体的母岩浆在进入浅部岩浆房时，由于同化混染较为富 H_2O，单斜辉石从含水岩浆中较早结晶形成岩体底部的单斜辉石

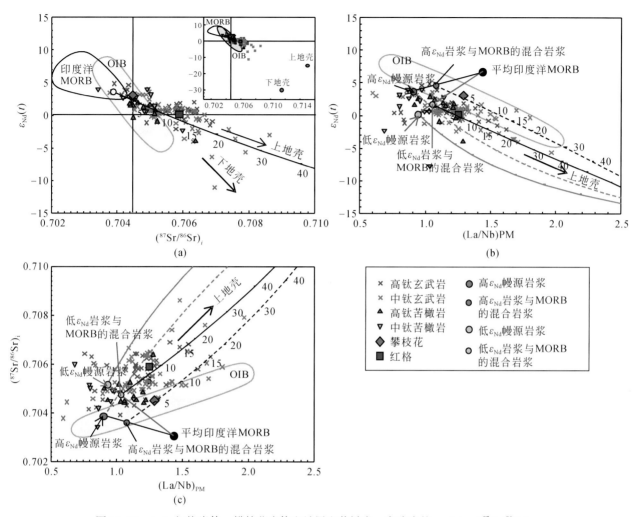

图 15.30 （a）红格岩体、攀枝花岩体和峨眉山苦橄岩、玄武岩的 $\varepsilon_{Nd}(t)$ - $(^{87}Sr/^{86}Sr)_i$；

（b）$\varepsilon_{Nd}(t)$ - $(La/Nb)_{PM}$；（c）$(^{87}Sr/^{86}Sr)_i$ - $(La/Nb)_{PM}$图解（据 Bai et al.，2014）。数据来源和详细解释见 Bai 等（2014）

岩，主要的厚层 Fe-Ti-V 矿层赋存于岩体中部的辉石岩中。攀枝花岩体的母岩浆为演化程度较高的富 Fe、Ti 玄武岩浆，铁钛氧化物从其中较早结晶，经流动分选和重力分异作用，在岩浆房低洼处形成厚的钒钛磁铁矿矿层。

由此可见，攀西地区超大型钒钛磁铁矿矿床的控制因素既具有共性，不同矿床又显示出其特殊性。随着对不同典型矿床的岩浆源区和成矿过程的进一步精细刻画，岩浆 Fe-Ti-V 氧化物矿床的成矿模式将会更加完善。

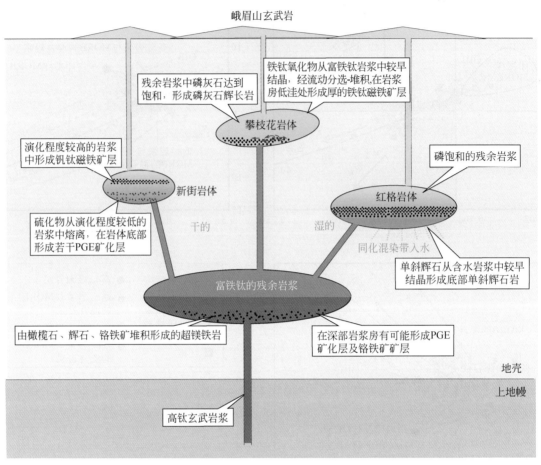

图 15.31　攀西地区钒钛磁铁矿矿床的岩浆通道成矿模式

第十六章　花岗岩及 Nb-Ta-Zr-（REE）矿床

前人研究表明攀西地区赋存 Fe-Ti-V 氧化物矿床的镁铁-超镁铁质层状岩体的母岩浆来源于地幔柱的部分熔融（Zhong et al.，2002；Zhou et al.，2005，2008），与全球其他与地幔柱相关的高钛玄武岩相似（Xu et al.，2001）。在赋存钒钛磁铁矿矿床的大型层状岩体周围往往还发育大型的碱性、中酸性岩体，形成了峨眉大火成岩省特有的玄武岩-层状岩体-正长岩/花岗岩的"三位一体"组合（张云湘等，1988）。大量最新的锆石 U-Pb 年代学研究证实这三套岩石具有一致的年龄（图 13.1），说明它们是统一地质事件的产物，存在着明确的成因联系。最近的研究证实，这些花岗岩可分为 A 型和 I 型两类（Zhong et al.，2007；Xu et al.，2008），其共存于峨眉山大火成岩省是全球大火成岩省中极为罕见的现象。Zhong 等（2007）提出该区 A 型花岗岩为玄武质岩浆高度结晶分异的产物，而 Shellnutt 和 Zhou（2007，2008）和 Shellnutt 等（2009）则认为过碱性花岗岩由镁铁质层状岩体分异而来，准铝质花岗岩由底侵的堆晶物质部分熔融形成。Xu 等（2008）提出撒莲闪长岩和米易正长岩为镁铁质岩浆的分异产物，太和花岗岩源于下地壳镁铁质堆晶岩的部分熔融。本研究依据详细的地球化学特征来进一步阐明长英质侵入体的来源及峨眉山大火成岩省镁铁质和长英质岩浆作用的成因联系。

第一节　花岗岩的成因

1. 花岗岩地质特征

峨眉山大火成岩省中正长岩、花岗岩通常与镁铁-超镁铁质层状岩体共生，代表性岩体有攀枝花正长岩体、白马正长岩-花岗岩体、矮郎河花岗岩体和太和花岗岩体等（图 16.1）。其分布严格受南北向展布的区域性断裂控制。这些花岗质岩体均侵入峨眉山玄武岩和镁铁-超镁铁岩体，主要由花岗岩和正长岩组成。

攀枝花正长岩体长约 10km，宽约 2km。该岩体主要由正长岩、石英正长岩和少量碱长花岗岩组成，具中-粗粒花岗结构。此外，少量正长闪长岩和辉长岩出现在岩体边部（Zhong et al.，2009）。中粗粒正长闪长岩包含碱性长石（50%～60%）、单斜辉石（15%～20%）、斜长石（20%～25%）、磁铁矿（5%～8%），以及少量角闪石、磷灰石和锆石。正长岩主要由碱性长石（70%～75%）和钠长石（5%～10%）组成，还含少量辉石、霓辉石（6%～8%）、富铁角闪石（3%～5%）和石英（1%～3%）。石英正长岩主要包含碱性长石（75%～80%）、石英（5%～15%）、霓辉石和富铁角闪石（4%～6%），以及少量钠长石（2%～4%）。碱长花岗岩主要由碱性长石（75%～80%）和石英（15%～20%）组成，还含少量富铁角闪石和霓辉石（5%～8%）。

白马正长岩-花岗岩体空间上与白马镁铁质层状岩体密切共生，南北向展布的酸性岩体侵入辉长岩体的边缘带和上部带。白马酸性岩体包括黄草、沃水、米易和茨达等小岩体（Zhong et al.，2007，2011a；Shellnutt and Zhou，2007）。辉石正长岩和含角闪石正长岩位于岩体的中心部位，而石英正长岩和碱性花岗岩分布在岩体边部。这些粗粒酸性岩石主要由碱性长石（60%～70%）、单斜辉石和钠闪石（10%～15%）、石英（5%～20%）组成，还含有少量磷灰石、斜长石、黑云母和铁钛氧化物。一些镁铁质捕虏体出现在茨达石英正长岩-花岗岩体的边缘。

太和花岗岩体侵入太和辉长岩体的西侧和南侧。太和长英质岩体长约 15km，宽 4～5km，呈北北西向沿安宁河断裂北段分布。该岩体由花岗岩、石英正长岩和含角闪石正长岩组成（Zhong et al.，2011a）。

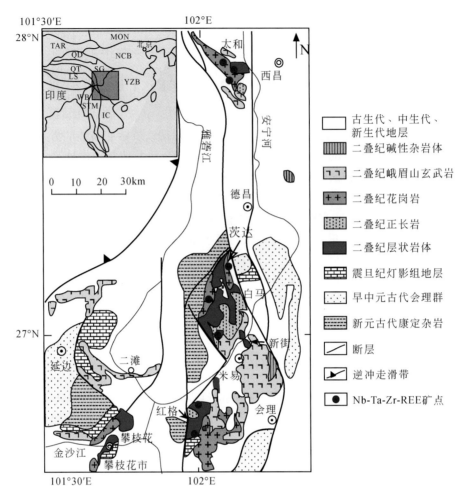

图 16.1　攀西地区正长岩/花岗岩、镁铁-超镁铁层状岩体、峨眉山玄武岩和 Nb-Ta-Zr-REE
矿点分布图（据 Zhong et al.，2002 修改）

粗粒花岗岩和石英正长岩分布于岩体核部，主要由碱性长石（60%～70%）、石英（20%～25%）和碱性角闪石（5%～10%）组成。

矮郎河花岗岩体侵入红格镁铁-超镁铁层状岩体和邻近的大黑山玄武岩。该花岗岩体的分布面积超过100km²，由粗-中粒的钾长花岗岩和中-细粒的二长花岗岩组成（Zhong et al.，2007）。矮郎河花岗岩主要包含钾长石（40%～50%）、石英（25%～30%）、斜长石（10%～20%），少量微斜长石（<5%）和黑云母（1%～3%），副矿物有磁铁矿、锆石和磷灰石等。

2. 花岗质岩石的地球化学组成

攀枝花正长闪长岩的 SiO_2 含量为 53.3%～55.0%，Na_2O 为 4.42%～5.74%，K_2O 为 1.06%～1.73%，MgO 为 1.25%～3.08%，TiO_2 为 2.02%～2.21%。正长岩、正长斑岩、石英正长岩和花岗岩样品以高碱质含量为特征（Na_2O+K_2O 为 7.9%～10.1%），MgO（0.14%～0.77%）、CaO（0.77%～3.58%）、TiO_2（0.39%～1.28%）含量较低（图 16.2）。正长闪长岩和正长岩为准铝质（Al_2O_3/Na_2O+K_2O 摩尔值为 1.04～1.42），而正长斑岩、石英正长岩和花岗岩为准铝质到过碱性（A/NK = 0.85～1.20）。所有样品均具较高的 REE 总量，正长斑岩、石英正长岩和花岗岩（$402×10^{-6}$～$735×10^{-6}$）比正长岩（$275×10^{-6}$～$309×10^{-6}$）和正长闪长岩（$182×10^{-6}$～$312×10^{-6}$）的含量更高。这些岩石显示轻稀土中等富集和重稀土平坦的配分模式（Zhong et al.，2009）。攀枝花正长岩体以含有高的 Ga（$29×10^{-6}$～$40×$

10^{-6}）、Zr（$473\times10^{-6}\sim1204\times10^{-6}$）、Nb（$63\times10^{-6}\sim121\times10^{-6}$）、Y（$53\times10^{-6}\sim112\times10^{-6}$）、LREE（$349\times$
$10^{-6}\sim549\times10^{-6}$）和较低的 Rb（$62\times10^{-6}\sim98\times10^{-6}$）、Sr（$24\times10^{-6}\sim281\times10^{-6}$）为特征。

　　茨达和矮郎河花岗岩体的 SiO_2 含量分别为 62.2%～75.8% 和 72.6%～75.4%（图 16.2）。这些岩石
含高的 K_2O（3.7%～5.7%）、中等到高的 Na_2O（3.1%～5.4%）和 Al_2O_3（11.6%～15.3%）。茨达岩
体中的基性捕虏体的 FeO（8.0%～11.5%）、MgO（4.4%～6.8%）、CaO（6.7%～10.1%）、V（$162\times$
$10^{-6}\sim251\times10^{-6}$）、Cr（$104\times10^{-6}\sim166\times10^{-6}$）含量高。茨达岩体的化学组成从过碱性到准铝质和过铝质，
而矮郎河花岗岩为过铝质。几乎所有的茨达和矮郎河样品的铝饱和指数（$Al_2O_3/CaO+Na_2O+K_2O$）小于
1.1，表明其属于 A 型和/或 I 型花岗岩。茨达花岗质岩石（$338\times10^{-6}\sim991\times10^{-6}$）比矮郎河花岗岩（$183\times$
$10^{-6}\sim406\times10^{-6}$）的 REE 总量更高，但后者具有更为强烈的轻稀土富集趋势（Zhong et al.，2007）。茨达
岩石含很高的 Ga（$23\times10^{-6}\sim30\times10^{-6}$）、Zr（$261\times10^{-6}\sim1650\times10^{-6}$）、Nb（$46\times10^{-6}\sim116\times10^{-6}$）和 Y
（$37\times10^{-6}\sim84\times10^{-6}$），远高于矮郎河花岗岩的 Ga（$12\times10^{-6}\sim17\times10^{-6}$）、Zr（$81\times10^{-6}\sim188\times10^{-6}$）、Nb
（$20\times10^{-6}\sim31\times10^{-6}$）、Y（$16\times10^{-6}\sim34\times10^{-6}$）。

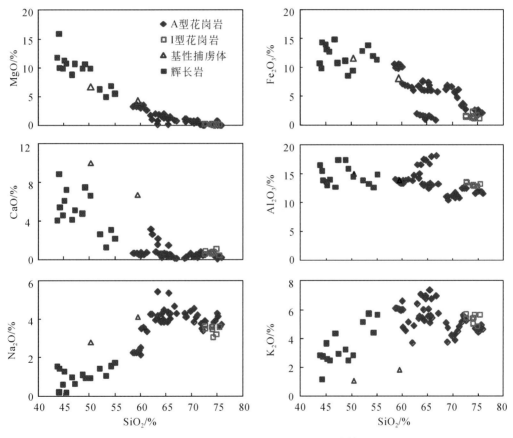

图 16.2　攀西地区花岗岩与相关辉长岩、基性捕虏体的 Harker 图解

据 Zhong et al.，2007；2009，2011a；钟宏等，2009

　　太和花岗岩的 SiO_2 含量为 70.9%～73.4%，具高 Na_2O（4.63%～7.34%）、K_2O（4.54%～4.84%）、
较低 Fe_2O_3（3.88%～5.53%）、Al_2O_3（10.3%～15.9%）和极低的 TiO_2（0.26%～0.89%）、MgO
（0.04%～0.71%）和 CaO（0.32%～0.60%）含量（图 16.2）。太和花岗岩以高全碱含量（Na_2O+K_2O
为 9.2%～11.9%）为特征，显示超碱质花岗岩的特点（Al_2O_3/Na_2O+K_2O 摩尔值为 0.81～0.87）。花岗
岩具高的稀土元素总量（$364\times10^{-6}\sim694\times10^{-6}$），以中等富集轻稀土、近于平坦的重稀土分布曲线，明显
的负 Eu 异常为特征（$\delta Eu=0.35\sim0.68$）。太和花岗岩显示高 Ga（$30\times10^{-6}\sim34\times10^{-6}$）、Rb（$89\times10^{-6}\sim$
142×10^{-6}）、Zr（$474\times10^{-6}\sim2071\times10^{-6}$）、Nb（$88\times10^{-6}\sim152\times10^{-6}$）、Y（$36\times10^{-6}\sim172\times10^{-6}$）、LREE

（335×10⁻⁶ ~ 591×10⁻⁶）和低 Sr （9.0×10⁻⁶ ~ 23×10⁻⁶）的特征（钟宏等，2009）。

上述研究显示，攀枝花正长岩体、茨达花岗岩体和太和花岗岩体具高的高场强元素含量和 10000×Ga/Al 值（3.36 ~ 6.79），显示典型的 A 型花岗岩特征。与之比较，矮郎河花岗岩具较低的高场强元素含量和 10000×Ga/Al 值（1.78 ~ 2.36），显示 I 型或 S 型花岗岩的特征（图 16.3）。结合矮郎河花岗岩的较低铝饱和指数（<1.1），其应属于 I 型花岗岩。

由图 16.4 可见，攀西地区的攀枝花正长岩体、茨达花岗岩体和太和花岗岩体的 $(^{87}Sr/^{86}Sr)_i$ 值为 0.7004 ~ 0.7058（绝大多数样品为 0.7042 ~ 0.7058）、$\varepsilon_{Nd}(t)$ 值为 -0.25 ~ 3.45（多数样品为 2.37 ~ 3.45），与辉长岩（$(^{87}Sr/^{86}Sr)_i$ = 0.7044 ~ 0.7062；$\varepsilon_{Nd}(t)$ = -1.17 ~ +2.71）和基性捕虏体（$(^{87}Sr/^{86}Sr)_i$ = 0.7050 ~ 0.7051；$\varepsilon_{Nd}(t)$ = -0.71 ~ +0.32）的 Sr、Nd 同位素组成相似。而矮郎河花岗岩体的 $(^{87}Sr/^{86}Sr)_i$ 值为 0.7102 ~ 0.7111、$\varepsilon_{Nd}(t)$ 值为 -6.34 ~ -6.26，与前几个岩体的 Sr、Nd 同位素组成差异明显。

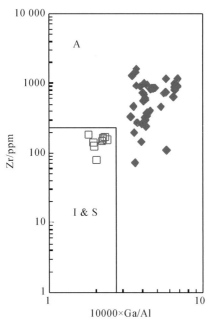

图 16.3 攀西地区花岗岩的 Zr-Ga/Al 图解

据 Zhong et al.，2007；2009，2011a；钟宏等，2009

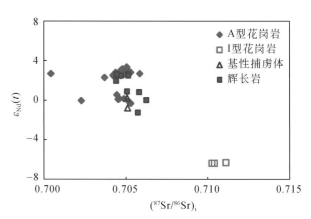

图 16.4 攀西地区花岗岩、辉长岩和基性捕虏体的 Sr-Nd 同位素组成

据 Zhong et al.，2007；2009，2011a；钟宏等，2009

3. 花岗岩的成因机制

前已述及，攀西地区正长岩/花岗岩与赋存超大型钒钛磁铁矿矿床的镁铁-超镁铁层状岩体在空间上共生，且其侵位年龄一致，表明基性和酸性岩浆的来源可能具有密切的成因联系。除与红格层状岩体共生的矮郎河花岗岩为 I 型花岗岩外，本研究中的其他花岗岩和正长岩具很高的高场强元素含量及高 Ga/Al 值，属于典型的 A 型花岗岩。由前述的 Sr-Nd 同位素特征可见，攀西地区的 A 型花岗岩、正长岩与辉长岩的 $(^{87}Sr/^{86}Sr)_i$ 值和 $\varepsilon_{Nd}(t)$ 值一致，显示二者的母岩浆很可能来自于相同的地幔源区。如图 16.2 所示，辉长岩与 A 型花岗岩和正长岩的 MgO、Fe₂O₃、CaO 含量随 SiO₂ 含量的增加而降低，而 Na₂O、K₂O 含量逐渐增加，表明其形成受到不同程度橄榄石、辉石、斜长石和铁钛氧化物的结晶分离作用的影响，碱质含量的增加或降低则可能是受钠长石和钾长石的堆晶或分离结晶作用的控制。

矮郎河 I 型花岗岩的 SiO₂ 含量变化极小，且 Sr-Nd 同位素组成与辉长岩和 A 型花岗岩具有显著差别，不同研究者均认为其是地壳物质部分熔融的产物（Zhong et al.，2007；Shellnutt and Zhou，2007；Xu et al.，2008）。如前所述，辉长岩体和 A 型正长岩-花岗岩体存在密切的成因联系，但关于花岗岩和正长岩的成因机制还存在争议。Shellnutt 和 Zhou（2007）认为太和花岗岩是由侵位至近地表的基性岩浆经历结晶分异的产物。然而这一成因模式还存在一些很难解释的问题，因为出露于地表的正长岩–花岗岩体的面积（约 40km²）远大于辉长岩体的面积（约 10km²），显然以此数量的基性岩浆很难分异出体积大得多的酸性岩浆。而且，太和杂岩体中缺乏中性成分岩石，化学组成上不连续也就是存在戴利间断（Daly gap）。鉴于此，Xu 等（2008）提出太和花岗岩、正长岩是地幔柱来源的玄武质岩浆大量底侵导致新元古代下地壳物质部分熔融的产物。从本研究的结果来看，部分熔融模式也还存在一些缺陷，因为精确的定年结果显示辉长岩体和正长岩–花岗岩体近于同时形成，在很短时间间隔内较难产生大量的酸性岩浆，并且其同位素组成还与基性岩浆非常一致。因此，我们的研究认为，太和辉长岩是最早侵位于地壳浅部岩浆房的基性岩浆经历结晶分异和重力分异（主要指密度较大的铁钛氧化物）的产物。而底侵于下地壳的大量玄武质岩浆经历高程度结晶分异作用可以产生足够的酸性岩浆，且这些酸性岩浆也可能与少量下地壳部分熔融产生的熔体发生混合，最终这些岩浆侵位于地壳浅部岩浆房并形成太和花岗岩和正长岩（钟宏等，2009）。太和杂岩体中缺少中性成分的岩石，是因为下地壳岩浆房中玄武质岩浆分异出的酸性岩浆密度较小而位于岩浆房最上部，而中性岩浆密度大于酸性岩浆但小于基性岩浆。如此，偏酸性岩浆最易上升地壳浅部形成花岗岩体，而密度较大的中性和基性岩浆停留于地壳深部形成厚度较大的新生基性下地壳。峨眉山大火成岩省中攀枝花正长岩体、白马正长岩–花岗岩体等 A 型花岗岩类的成因机制与之类似（Zhong et al.，2007，2009，2011a）。攀西地区广泛存在的下地壳高速层为本研究提出的模式提供了良好的佐证（张云湘等，1988；Liu et al.，2001）。

由此可见，A 型和 I 型花岗岩同时存在于峨眉山大火成岩省，巨量的玄武质岩浆底侵于下地壳是该大火成岩省 A 型花岗岩体形成的必要前提。在本章的第二节和第三节，本书将通过探讨镁铁质和长英质岩体的联系和热传递，更详细地阐明这两类花岗岩的成因。

第二节　镁铁质和长英质岩体的成因联系

在峨眉大火成岩省内带，层状铁镁质侵入体常与碱性花岗质侵入体共生在一起（Zhong et al.，2007；Shellnutt and Zhou，2007）。理论上，硅酸盐岩浆的分离结晶应该产生一系列的从铁镁质，中间成分到长英质的成分系列（Clague，1978）。然而，连续的岩石系列并不是常见的，却经常出现成分上或者硅含量的间断（被称为 Daly gap；Clague，1978）。中间成分的岩石极少被报道和过碱性 A 型花岗质岩体及层状铁镁质或者超铁镁质侵入体有关。分离结晶模型是否能很好地解释 Daly gap 现在还不清楚（Bonin，2007）。铁镁质、长英质侵入体和成矿的联系之前没有人尝试去解释。

本研究用全岩 Nd、锆石平均 Hf 同位素组成和微量元素蛛网图上 Nb-Ta 异常（表 16.1、图 16.5 和图 16.6；Zhong et al.，2011a）来判断地壳混染作用对镁铁质和长英质岩体形成的影响。Nb/U 值可作为进一步判别地壳混染的另一指标（Hofmann et al.，1986；Campbell，2002）。如图 16.5 所示，红格杂岩体上部辉长岩的 Nb/U 值（11~18）远低于初始地幔值（30，Hoffman et al.，1986），与之共生的 I 型花岗岩的值更低为 1.9~3.2，与蛛网图上明显的 Nb-Ta 负异常特征一致（图 16.6（c））。红格上部辉长岩的 $\varepsilon_{Nd}(t)$ 值（0.1~0.9）和锆石 Hf 同位素平均值（4.0）远低于太和辉长岩的相应值（$\varepsilon_{Nd}(t)$ = 2.6；$\varepsilon_{Hf}(t)$ = +9.0），I 型花岗岩具更显著富集的 Nd 和 Hf 同位素组成（图 16.5 和图 16.6；Zhong et al.，2011a）。上述特征表明红格上部辉长岩受到地壳物质的强烈混染，而红格花岗岩则主要源于壳源熔体。此外，白马杂岩体西北缘的镁铁质捕虏体和花岗岩显示比初始地幔低的 Nb/U 值（12~21）。这些岩石比白马镁铁质岩体主体旋回的 $\varepsilon_{Nd}(t)$ 值低得多（图 16.5），也显示其有地壳物质加入。但是，其很高的正 $\varepsilon_{Hf}(t)$ 值（7.9~9.3；图 16.7）表明在遭受地壳混染时其锆石保留了放射性 Hf 同位素特征（Zheng et al.，2006），锆石可能结晶于地壳混染之前。值得注意的是，白马和攀枝花上部辉长岩的 Nb/U 值在地幔范围内（80~93；图 16.5）且缺乏 Nb-Ta 异常（图 16.6（a）和图 16.6（b）），但其比镁铁质岩体主体和共生正长岩、花岗岩具更为富集的 Nd 和 Hf 同位素组成（图 16.5 和图 16.7）。这可能与钛铁矿和钛磁铁矿在这些辉长岩中堆积有关。Green（1995）认为在富钛矿物中 Nb 和 Ta 是具高分配系数的相容微量元素，这可能抵消地壳混染对这些样品的影响。与之相比，A 型花岗岩和正长岩（除白马花岗岩样品 CD-0401 外）具类似 OIB 的 Nb/U 值（45 ~ 241；图 16.5），相对高的 $\varepsilon_{Nd}(t)$ 值（1.6 ~ 2.9）和很高的正 $\varepsilon_{Hf}(t)$ 值（6.4 ~ 8.4；图 16.7），表明地壳物质对这些长英质岩石无明显影响。已有研究显示大多数大型镁铁质岩浆房熔蚀其顶板，最好的例子为 Bushveld 和 Muskox 岩体（Turner and Campbell，1986）。因此，本研究中不同杂岩体上部的辉长岩（除太和辉长岩外）通常都比相关的下部辉长岩具有较低的 $\varepsilon_{Nd}(t)$ 和 $\varepsilon_{Hf}(t)$ 值（图 16.5 和图 16.7），表明上部辉长岩通过熔蚀顶板而经历了不同程度的混染（Zhong et al.，2002；Zhou et al.，2008）。

表 16.1　攀西地区镁铁–超镁铁质和长英质岩体的年龄和 Nd-Hf 同位素组成汇总（据 Zhong et al.，2011a）

样品	杂岩体	年龄/Ma	2σ(CU)	$\varepsilon_{Nd}(t)$	2σ	T_{DM2}^{Nd}/Ma	$\varepsilon_{Hf}(t)$ av.	2σ	T_{DM2}^{Hf} av./Ma	2σ
CD-0701	白马	259.5	2.7	0.32	0.25		9.34	0.51		
CD-0703		259.0	3.1	-0.71	0.27		9.01	0.45		
BM-0703		258.2	2.2	-1.17	0.23		2.54	0.44		
TJ-0602		258.5	2.3	1.55	0.25		6.39	0.75		
TJ-0401		257.8	2.6	2.93	0.21		7.79	0.29		
CD-0401		256.2	1.5	-0.61	0.25		7.94	0.41		
WB-0703-1	攀枝花	257.9	2.4	0.93	0.21		4.08	0.33		
WB-0703-1		255.4	3.1							
WB-0701-1		259.5	1.1	2.01	0.23		7.65	0.20		
WB-0701-6		259.5	1.3	2.11	0.25		7.35	0.27		
WB-0702		257.8	2.3	2.58	0.23		8.44	0.42		
WB-0705		259.5	1.6	2.55	0.23		7.07	0.28		
WB-0604		255.8	1.8	2.65	0.21		7.62	0.39		
HG-0701*	红格	258.7	2.0	0.90	0.21		4.14	0.27		
HG-0703*		258.9	2.1	0.06	0.23		3.74	0.33		
ALH-0401		256.2	2.8	-6.30	0.21	1627	-4.87	0.37	1577	31
ALH-0702		256.2	3.0	-7.45	0.20	1671	-4.71	0.35	1560	22
TH-0701	太和	258.8	2.3	2.57	0.23		8.97	0.47		

注：* SIMS 定年样品，其他样品年龄由 LA-ICPMS 测定；av.-平均值；CU-综合误差。

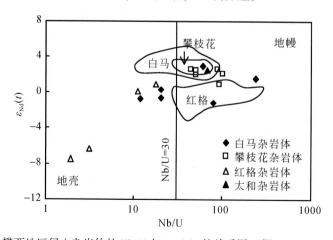

图 16.5　攀西地区侵入杂岩体的 Nb/U 与 $\varepsilon_{Nd}(t)$ 的关系图（据 Zhong et al.，2011a）

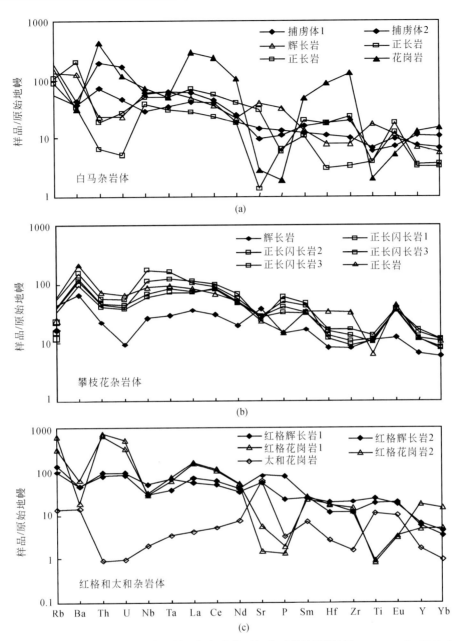

图 16.6 攀西地区侵入杂岩体原始地幔标准化不相容元素蛛网图（据 Zhong et al.，2011a）。
标准化值据 McDonough and Sun（1995）

　　如上所述，红格杂岩体中 I 型花岗岩具很大的负 $\varepsilon_{Nd}(t)$ 和 $\varepsilon_{Hf}(t)$ 值，低 Nb/U 值，与其他 A 型花岗质岩石和镁铁质侵入体有明显差别。Kemp 等（2005）报道了 I 型花岗岩的 Hf 同位素组成，认为其具有较多的地壳物质加入。红格花岗岩明显主要或完全由原来的大陆地壳部分熔融形成。其 Nd 模式年龄为 1.63～1.67Ga 和锆石平均 Hf 模式年龄为 1.56～1.58Ga（表 16.1）均表明古老地壳对于 I 型花岗岩的形成起到主要作用。古-中元古代会理群或其对应的盐边群地层遍布于攀西地区，由互层的低级变沉积岩与长英质和镁铁质变火山岩组成。镁铁质岩浆底侵于地壳底部带来的热传导作用可导致上覆的古-中元古代地壳中最易熔部分发生熔融。本研究为 I 型花岗岩主要或完全源于古-中元古代地壳的部分熔融的论点提供了进一步的支持（Zhong et al.，2007，2011a；Shellnutt and Zhou，2007；Xu et al.，2008）。

　　Turner 等（1992）认为板内 A 型长英质岩浆可源于玄武质岩浆的高度结晶分异。本书的定年结果显示准铝质和过铝质的 A 型花岗岩和正长岩与空间共生的辉长岩同时侵位。这些 A 型花岗质和正长质岩石

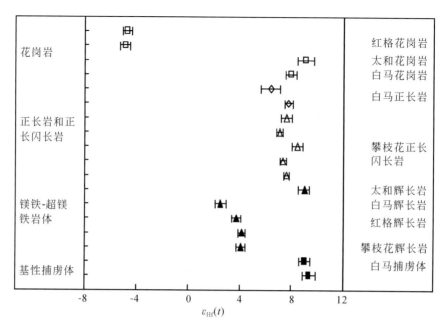

图 16.7　攀西地区镁铁–超镁铁岩体、正长岩、花岗岩的锆石平均 $\varepsilon_{Hf}(t)$ 值对比（据 Zhong et al.，2011a）

与相关的镁铁–超镁铁质岩体中主要韵律旋回具相似的 Nd 同位素组成（图 16.5），表明它们的母岩浆为同一源区。因干的玄武岩难熔，底侵的玄武质岩石发生部分熔融不易产生峨眉山大火成岩省中大量同位素组成相似的花岗质和正长质岩浆。下地壳玄武质底侵体的水含量低，因而需要大量高液相线温度的超镁铁岩浆产生所见体积的花岗质和正长质岩浆。而这不是没有可能但非常难。因此，A 型花岗岩类更可能由镁铁质岩浆分异而来。前已述及，攀枝花和白马长英质岩石与相伴生的镁铁质岩体主体部分具相似的 Nd 和 Hf 同位素组成，但比这些岩体顶部辉长岩更为亏损（图 16.5 和图 16.7）。这一点非常重要因其显示正长岩不能由同一地壳层次的辉长岩分离结晶形成。上部辉长岩具更为富集的同位素组成显示上部岩浆房被地壳物质所混染。如果正长岩由分异产生则其应处于同一连续趋势线。其更为亏损的 Nd 和 Hf 同位素组成表明它们不能由上地壳岩浆房的分异形成。而且，野外地质观察显示正长岩通常侵入镁铁质岩体。以上证据表明镁铁质和长英质岩体由同一源区沿不同演化途径形成，显示其为同成因而不是同岩浆（Zhong et al.，2011a）。

另一需要考虑的问题为花岗岩和正长岩的出露面积相似于（如攀枝花和白马花岗岩）或大于（如太和花岗岩）相伴生镁铁–超镁铁质岩体。Wager 和 Brown（1967）认为镁铁质岩石通过岩体的围岩或顶板岩石的部分熔融或高度结晶分异只能产生少量花岗质岩浆。因此，攀西地区 A 型花岗岩的结晶分异模型需要在深部存在比现在出露的辉长岩体积大得多的镁铁质母岩浆。地震广角反射研究（张云湘等，1988；Liu et al.，2001）表明攀西地区存在体积很大的高速层。高速地震反射层通常被认为是"底侵岩浆物质"。已有研究证实攀西地区具约 20km 厚的下地壳高速层（7.1～7.8km/s；Liu et al.，2001），通常在峨眉山大火成岩省内带之外则缺乏该层（Cui et al.，1987）。这一类型的下地壳被认为代表与峨眉山地幔柱上涌有关的底侵物质（Xu et al.，2004）。该区大面积的镁铁质岩浆底侵于下地壳也与热流动数据揭示的下地壳主要热异常吻合（张云湘等，1988）。Ryan（1987）认为因地壳和地幔的大密度差，莫霍面是存留重的初始岩浆的地点。主要溢流玄武岩省之下的壳幔边界代表"密度陷阱"，是苦橄质或玄武质岩浆的明显堆积处，形成其从地幔到地球表面的路径（Cox，1980；Hooper，1988；Farnetani and Richards，1994）。本书因此深化了峨眉山大火成岩省 A 型花岗岩源于地壳底部大型镁铁–超镁铁质岩浆房的分异作用的设想。

这些镁铁质岩浆因壳幔的密度差而停留在或近于壳幔边界，在地壳深部产生一个或多个大的玄武质侵入体。深部岩浆房分两个阶段喷发岩浆：首先为近于密度最低限的玄武质岩浆（Huppert and Sparks，1980），而后为分异最后阶段形成的贫铁、富硅的低密度长英质岩浆。演化的花岗岩（正长岩、正长闪长岩）主要由底侵玄武质岩浆分异产生，而同时代 I 型花岗岩主要由地壳部分熔融形成。

同位素组成与共生辉长岩相同的太和花岗岩的源区更不明确。从同位素角度而言，与白马和攀枝花岩体的情况比较，我们不能排除其由相关的上地壳辉长岩分异而来的可能性。但是，因太和花岗岩的面积远大于共生的镁铁质岩体，其深部来源更为可信。

第三节　热传递及大陆地壳增生或重建的指示

年代学研究表明，该区的 I 型花岗岩、A 型正长岩和花岗岩、镁铁–超镁铁质岩和玄武岩在误差范围内具有相同的年龄（图 13.1）。然而，野外地质关系显示长英质岩体常穿切镁铁质岩体。我们认为长英质岩体比镁铁质岩体年轻但年龄差别太小而不能被激光 ICP-MS 方法分辨。

我们已提出红格 I 型花岗岩主要或完全由大陆地壳的部分熔融形成。镁铁质和长英质侵入体侵位的时间差小意味着热源和地壳熔融带的传导距离必须小，这使我们可以排除从地幔柱为热源的传导热传递（Campbell and Hill，1988）。大多数溢流玄武岩的时限小于 1Ma（Campbell，1998）。在此时间内热可传导的距离由公式 $X=（2Dt）^{1/2}$ 得出，其中 X 为距离，t 为时间，D 为热传导率，取其为 $10^{-6}\,m^2/s$。如果我们假设长英质岩体形成于辉长质岩体之后的 1Ma 之内，地幔柱成为地壳熔融的热源时则其在地壳底部要上升 8km。但是，冷的和坚固的大陆下岩石圈地幔非常难以被替代。因此，地幔柱顶部不太可能上升所要求的 8km（Campbell，1998）。最可能的热源为来自于地幔柱且停留于下地壳的镁铁质或超镁铁质岩浆，伴随着传导热传递和岩浆房顶部的部分熔融。这一假说满足了年代学制约所要求的热传输的短距离传导，与地震学证据显示的峨眉山大火成岩省之下存在大规模的地壳镁铁–超镁铁质侵入体一致。大规模的地壳熔融更有可能发生在比更冷的上地壳热的下地壳，因需要更少的热来加热地壳达到其熔点（Huppert and Sparks，1988）。

野外关系显示正长岩也一致地略微年轻于其共生镁铁–超镁铁质岩体。如前所述的地球化学证据表明它们来自地幔柱来源岩浆的分异作用。如果长英质和镁铁质熔体共存于同一岩浆房，更轻的长英质岩浆将浮在镁铁质岩浆之上。如在长英质岩浆形成后岩浆房活动，长英质岩浆将首先被排出岩浆房，而这与观察到的相反。这意味着如果正长岩由镁铁–超镁铁质岩浆分异而来，其一定是在镁铁质岩浆侵位于上地壳岩浆房之后形成于下地壳。这也表明镁铁–超镁铁质岩浆分异形成正长岩时没有熔蚀其顶板。如有熔蚀则正长岩会显示地壳混染的地球化学证据，而这一点并未观察到。因此，我们认为产生正长岩的镁铁–超镁铁质岩浆侵入的地壳太难熔，如原来的玄武质底侵体，而 I 型花岗岩产生于围岩更易熔之处（Zhong et al.，2011a）。

如上所示，很厚的堆积物残留于下地壳导致峨眉山大火成岩省中部大规模的存留物分离结晶。尽管用岩浆锆石的 $\varepsilon_{Hf}(t)$ 值来解释壳幔混合作用时需要慎重（Zheng et al.，2006），但长英质岩石最高的 $\varepsilon_{Hf}(t)$ 值为 10.8，明确显示在攀西地区有大量的新生镁铁质物质加入地壳。基于年代学和地球化学的综合研究，我们将攀西地区花岗岩的侵入解释为代表地壳增生。

综上所述，地幔柱上升产生的底侵玄武质岩浆对于峨眉山大火成岩省中花岗岩、正长岩的形成起关键作用，巨量的基性岩浆底侵于下地壳是大量酸性岩浆产生的必要前提。A 型和 I 型花岗岩共存于峨眉山大火成岩省中是全球极为独特的现象。玄武质岩浆发生高度分异而后进入地壳浅部岩浆房即形成 A 型花岗岩，而其带来的大量热导致中下地壳的易熔部分发生部分熔融产生的酸性岩浆则最终形成 I 型花岗岩。晚古生代峨眉山地幔柱活动时大量玄武质岩浆滞留于下地壳并形成新生的基性下地壳，对于峨眉山大火成岩省中带的地壳增生起到重要作用，表明地幔柱岩浆作用也可造成较大规模的地壳垂向增生。

第四节　Nb-Ta-Zr-（REE）矿床（点）的基本特征及其成因

如前所述，攀西地区 A 型花岗岩的 Nb、Ta、Zr、REE 含量高，且其母岩浆是玄武质岩浆经历高度分离结晶形成的。因此，这一母岩浆或者岩浆期后的热液交代作用可能形成 Nb-Ta-Zr-REE 矿床（矿化点）。前人的研究表明，该类矿床（化）通常以碱性岩脉群形式产于镁铁–超镁铁层状岩体或碱性正长岩–花岗岩中（张云湘等，1988；贺金良，2004）。本书对以往的研究进行一个概略的总结。

1. Nb-Ta-Zr-（REE）矿床（点）的分布和基本特征

20 世纪 60 年代在攀西地区发现了近 30 处 Nb-Ta-Zr 矿床（矿化点），主要分布于红格、米易和西昌地区（图 16.1），多赋存在碱性伟晶岩脉和碱性花岗岩中（贺金良，2004；王汾连等，2012）。这些矿床（点）主要包括与红格镁铁–超镁铁质层状岩体有关的路枯中型矿床和白草小型矿床，与白马正长岩–花岗岩体有关的黄草、黄土坡和草场矿点，以及与太和花岗岩体有关的乱石滩、长村和莲花山矿点（王汾连等，2012）。区内铌钽矿化主要赋存于碱性伟晶岩、碱性花岗岩、碱性正长岩及酸性火山岩、角岩中，与含稀土的碱性花岗岩有成因联系（贺金良，2004）。实际上，这些矿床（点）的稀土含量也很高，应称之为 Nb-Ta-Zr-REE 矿床（点）。

红格钒钛磁铁矿矿区内的含 Nb-Ta-Zr-REE 矿岩脉（路枯和白草）成群分布于该杂岩体上部辉长岩相带中，受岩体内一北东—南西向张扭性断裂控制，呈羽状或枝杈状分布。含矿岩脉有碱性正长伟晶岩、碱性花岗岩、伟晶岩、钠长岩等，以前者为主要工业矿脉。路枯矿床的碱性正长伟晶岩脉最多，其次为碱性正长岩脉，再次为钠长岩脉，而碱性花岗伟晶岩脉最少。碱性正长岩脉离正长岩体最近，其次是碱性正长伟晶岩脉，最远的是钠长岩脉。在规模上，碱性正长岩脉厚而长（长 50~400m，厚 1~20m）；钠长岩脉细而长（长 50~500m，厚 0.5~3m）；碱性正长伟晶岩脉较厚但延伸不远（长 50~300m，厚 0.5~32m），碱性花岗伟晶岩脉规模最小（长仅数十米，厚 1~3m）。钠长岩脉的含矿性最好，碱性花岗伟晶岩脉和碱性正长伟晶岩脉次之，碱性正长岩脉则无工业矿体。白草矿床的含矿脉体一般长（$n \times 10$）~ 300m，最长达 775m，厚 1~5m。主要的碱性岩脉包括角闪正长岩脉、霓石细晶正长岩脉、霓石伟晶正长岩脉和花岗伟晶岩脉，从细晶正长岩到伟晶正长岩再到花岗岩，钽铌矿物逐渐增加。这些岩脉常发生钠长石化、绿帘石化、铁锰质浸染、棕云母化等蚀变，钠长石化与铌钽矿的形成有密切关系。钠长石化在各类岩脉中普遍发育，表现为钠长石交代钾长石、霓石、钠闪石等（王汾连等，2012）。碱性正长伟晶岩和钠长岩的矿化类型为烧绿石–锆英石型；碱性花岗伟晶岩属铌锰矿–褐钇铌矿–锆英石型。矿化与钠长石化关系密切。矿石中主要工业矿物为烧绿石和锆英石，以及可以综合利用的铌锰矿、褐钇铌矿、铌钽铁矿、独居石、硅钛铁矿、褐帘石、稀土榍石、铈磷灰石、铈硅石、磷钇矿、钍石等稀有、稀土和放射性矿物（张云湘等，1988）。路枯和白草矿床的 Nb_2O_5 和 Ta_2O_5 平均品位分别为 0.12%~0.19%、0.01%~0.17%（贺金良，2004）。

茨达钠闪石花岗岩（A 型花岗岩）中以褐钇铌矿矿化为主，与其共生的矿物为磁铁矿、锆英石、榍石、磷灰石、硅钛铈矿、烧绿石、钍石等。褐钇铌矿主要与暗色硅酸盐矿物紧密共生，产在暗色矿物内部或暗色矿物与浅色矿物的间隙中。褐钇铌矿中 REE_2O_2 为 40% 左右，TiO_2 约 1%，ThO_2 可达 4.35%~4.70%（张云湘等，1988）。

2. Nb-Ta-Zr-REE 矿床（点）的成因

前人较早的研究认为碱性岩体和含矿碱性岩脉形成的时代为印支期，即成矿时代为印支期（张云湘等，1988；贺金良，2004）。王汾连等（2013）对路枯和白草矿床的正长岩体、无矿及含矿正长岩脉进行了系统的锆石 U-Pb 定年研究，获得正长岩体年龄为 255.6 ± 2.0Ma 和 257.9 ± 2.3Ma，无矿正长岩脉年龄为 255.6 ± 1.5Ma，含矿正长岩脉形成时间为 256.7 ± 4.4Ma 和 257.8 ± 1.3Ma。含矿正长岩脉中锆石为矿石矿物，其 U-Pb 年龄即代表 Nb-Ta-Zr-REE 矿床的成矿时间。这一研究结果显示，该类矿床的形成与正长岩浆的活动密切相关。上述年龄与攀西地区其他花岗岩体和正长岩体的成岩年龄（图 13.1）在误差范围内完全一致，表明 Nb-Ta-Zr-REE 成矿作用为峨眉山地幔柱成矿系统的组成部分之一。

路枯和白草矿区含矿正长岩脉的锆石 $\varepsilon_{Hf}(t)$ 值分别为 0.1～9.5（多数集中于 2～6；路枯矿区）和 −0.2～7.7（白草矿区），与正长岩体相似（路枯矿区为 1.0～6.6，白草矿区为 2.1～6.2），说明含矿岩脉与正长岩体为同源岩浆的产物（王汾连等，2013）。这一同位素组成与红格辉长岩的锆石 Hf 同位素组成一致，而明显不同于矮郎河花岗岩的锆石 Hf 同位素组成（表 16.1），表明正长岩浆很可能是玄武质岩浆分离结晶形成，而非地壳部分熔融而来。

前人的研究（张云湘等，1988；贺金良，2004；王汾连等，2012，2013）显示，碱性岩（矿）脉在空间上与该区广泛发育的正长岩体及花岗岩类关系密切，主要分布在正长岩体的外围（上盘方向）1～1.5km。含矿碱性正长岩脉的矿物组合特征与该地区的正长岩体类似，其主要矿物组合为钾长石、钠长石、霓石、钠闪石及少量斜长石、石英等。从正长岩体到碱性岩脉再到含矿的霓石伟晶正长岩脉，钠长石含量逐渐增加，烧绿石等矿石矿物也逐渐富集，表明岩体与岩脉之间有一定的演化关系，而正长岩体及碱性岩脉中楣石、钛铁矿等副矿物含有较高含量的 Nb_2O_5（最高约 5%），表明原始岩浆富铌等成矿元素。在一些地区，含矿花岗岩脉与花岗岩体也有密切联系。这与我们对正长岩–花岗岩体的研究揭示出其母岩浆富含 Nb、Ta、Zr、REE 等高场强元素的结论非常一致（本章第一节）。因此，形成 Nb-Ta-Zr-REE 矿床（化）的母岩浆很可能是玄武质岩浆演化形成的正长质和花岗质岩浆。

关于该类矿床的成因，不同研究者的认识还有一些差别。张云湘等（1988）认为与碱性岩脉有关的矿床（如，路枯和白草）与钠长石化密切相关，Nb、Ta、Zr、REE 的富集和交代作用有关，而赋存于碱性花岗岩（如茨达花岗岩）的矿化则是晚期岩浆阶段的产物。贺金良（2004）则将攀西地区该期形成的 Nb-Ta-Zr-REE 矿床（化）统一归为碱性伟晶岩型矿床（化），提出其为伟晶岩–气成热液作用形成。王汾连等（2012）提出钠长石化可能对铌钽的富集起到重要作用。这主要表现为烧绿石等稀有金属矿物总是富集在脉体的钠长石化带部位。碱性伟晶岩脉是碱性岩浆逐步演化的产物，早期温度较高与围岩快速冷却时在上盘围岩（辉长岩体）及岩墙上部裂隙中形成了规模较大且数量较多、结晶较细的正长岩脉。碱性岩浆演化到晚期的岩浆–热液阶段，残余岩浆中的稀有金属得到最大程度的富集，碱元素（主要是 Na）和挥发分的含量也很高。此时，铌钽等主要与 Na、F 等元素组成络合物，流体沿着裂隙及早期造岩矿物的间隙进行钠质交代，络合物结构遭到破坏，铌钽等元素在钠长石化部位结晶成晶形完好的铌钽矿物。晚期岩浆的温度和冷却速度都降低，在封闭较好的围岩（如辉绿辉长岩）中，矿物充分结晶形成了颗粒粗大的正长岩脉。因此，王汾连等（2012）认为，攀西地区的碱性岩脉型铌钽矿应为与碱性正长岩有关的局部钠长石化的气成热液碱性岩脉矿床。

综上所述，攀西地区 Nb-Ta-Zr-REE 矿床（点）的形成与玄武质岩浆演化而来的正长岩浆或碱性花岗岩浆有密切的成因联系，成矿元素的富集可能发生在岩浆–热液过渡阶段。但是，由于该类矿床的研究程度还相对较低，精细的成矿过程还需要进一步的深入研究加以刻画。

第十七章　找矿潜力评价

第一节　自然铜矿化及找矿潜力

峨眉山玄武岩是峨眉山大火成岩省主要组成部分，也是峨眉地幔柱活动的衍生产物。近年来，在我国川滇黔接壤地区发现的与玄武岩有关的各种类型铜矿备受矿床学界的关注，不仅仅是因为玄武岩中有大面积的自然铜矿化以及其成因类似于全球最大的自然铜矿床——基韦诺（Keweenaw）铜矿，而且其与地幔柱活动有关的地质背景的研究亦为地学界的热点。对川滇黔接壤地区与玄武岩有关各种类型铜的研究，特别是自然铜的成因研究，可以从另一角度解释成矿物质的迁移形式和沉淀机理，同时，还可以从中提取到有关地幔柱成矿作用的重要信息。

一、高分异的大陆喷溢峨眉山玄武岩及其铜的丰度

1. 峨眉山玄武岩铜的高丰度

我们测定了川滇黔邻接地区峨眉山玄武岩的微量元素，样品采自云南省昭通、鲁甸、会泽、东川、宣威、富源、贵州省威宁、水城、盘县以及四川峨眉、荥经、峨边、昭觉、甘洛等地，根据对近 149 个玄武岩样品的中铜含量的分析统计，Cu 在玄武岩中的含量丰度多数为 $50 \times 10^{-6} \sim 200 \times 10^{-6}$。所做的含量频率分布的直方图解（图 17.1）表明，其中位数为 130×10^{-6}，平均值为 150×10^{-6}，后者比全球玄武岩的平均值高约 2 倍。玄武岩中 Cu 的高丰度值，是后期发生 Cu 的成矿作用的重要条件。Cu 与 Ni 在超基性–基性岩浆作用过程中是密切伴生的元素，而值得注意的是在本区玄武岩中 Cu 的丰度很高，而 Ni 却比平均值低

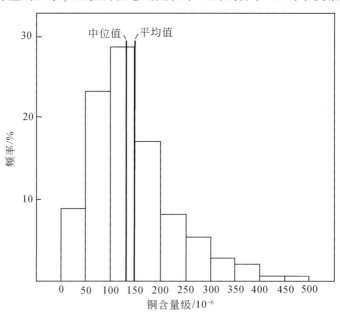

图 17.1　峨眉山玄武岩铜含量的直方图解
根据 149 个数据统计，其中部分数据引自宋谢炎

了 2～3 倍，尤其是在后期派生热液铜矿床中，Cu 可以富集成矿，Ni 含量则更低，与 Ni 类似的还有 Co。但是在峨眉山玄武岩演化与成矿过程中，唯有 Ag 与 Cu 有同步增长的关系。因此，在拉斑玄武岩系列向碱性玄武岩演化的过程中，随着碱金属含量的增加，稀土元素总量（主要铈族含量）增加，Cu 与 Ag 的含量亦增加，这是滇黔邻接地区峨眉山玄武岩形成各类铜矿床的基本条件。

2. 峨眉山玄武岩具有高度分异的地球化学特征

根据川、滇、黔三地区玄武岩岩石化学分析资料统计，在玄武岩质熔岩岩性的范围内，SiO_2 的含量为 39.55%～54.88%；（Na_2O+K_2O）含量为 2.52%～5.53%；CaO 含量为 5.60%～10.70%；在 TAS 图解上它们落在拉斑玄武岩与碱性玄武岩的过渡区域内。其稀土元素的球粒陨石标准化值 $(La/Yb)_N$ 为 4.1～11.9，并且其分布模式图上亦显示铈族稀土较为明显的分异特征（图 17.2）。以上两组数据显现出一个由大陆拉斑玄武岩系列向大陆碱性玄武岩系列的演化趋向。从 La-La/Sm 判别图解可以看出，本区与铜矿有关的玄武岩的演化是一个结晶分异的过程。

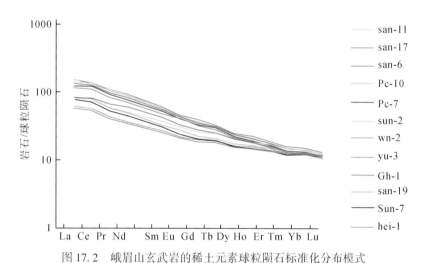

图 17.2 峨眉山玄武岩的稀土元素球粒陨石标准化分布模式

二、与峨眉山玄武岩有关铜矿的类型

1. 峨眉山玄武岩铜矿类型的多样性

由赵亚曾先生于 1929 年命名的峨眉山玄武岩（赵亚曾，1929），近年来在川滇黔接壤地区发现了大量与其有关的铜矿床（朱炳泉等，2002a，2002b；），矿化点星罗棋布，虽然大多数铜矿点未达到工业开采规模，但自古至今民采之风盛行，新老采坑、矿硐随处可见，从其成矿地质背景、矿床特征、成因类型上看，多数均隶属于考克斯提出的玄武岩铜矿，并且更有其多样性与特殊性。根据考克斯的玄武岩铜矿定义，结合本区铜矿自身具有的一系列地质特征，我们从铜矿与玄武岩的时空关系以及成因联系的角度出发，将川滇黔接壤地区与峨眉山玄武岩有关的铜矿划分为以下几种类型：

（1）玄武岩之上宣威组中的沉积型铜矿；

（2）玄武岩中的热液型铜矿；

（3）玄武岩底部与茅口灰岩接触面上的风化淋滤型铜矿。

（4）它们与玄武岩的空间分布关系如图 17.3 所示，各种类型的代表性矿床如表 17.1 所示。

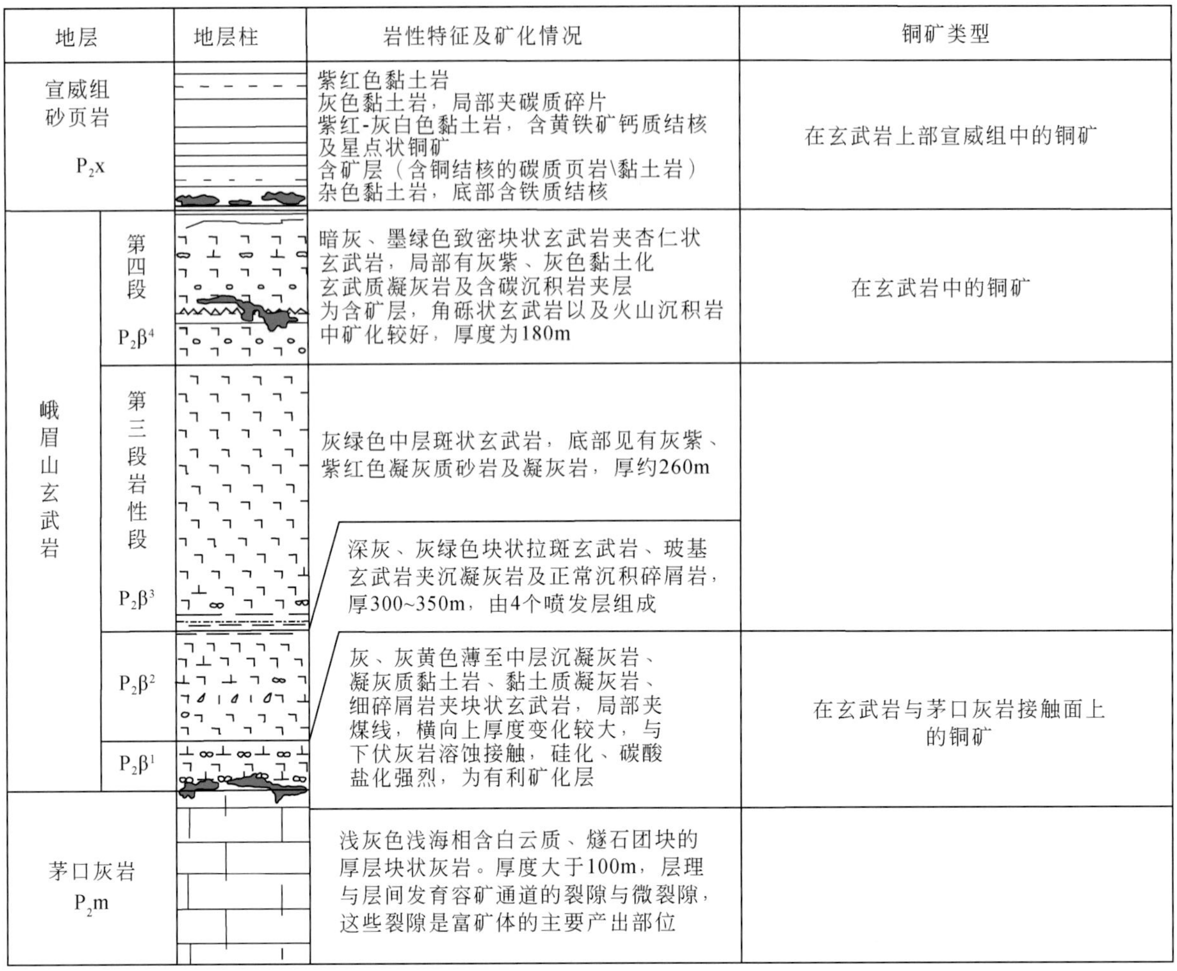

地层	地层柱	岩性特征及矿化情况	铜矿类型
宣威组 砂页岩 P₂x		紫红色黏土岩 灰色黏土岩，局部夹碳质碎片 紫红-灰白色黏土岩，含黄铁矿钙质结核 及星点状铜矿 含矿层（含铜结核的碳质页岩\黏土岩） 杂色黏土岩，底部含铁质结核	在玄武岩上部宣威组中的铜矿
峨眉山玄武岩	第四段 P₂β⁴	暗灰、墨绿色致密块状玄武岩夹杏仁状 玄武岩，局部有灰紫、灰色黏土化 玄武质凝灰岩及含碳沉积岩夹层 为含矿层，角砾状玄武岩以及火山沉积岩 中矿化较好，厚度为180m	在玄武岩中的铜矿
	第三段岩性段 P₂β³	灰绿色中层斑状玄武岩，底部见有灰紫、 紫红色凝灰质砂岩及凝灰岩，厚约260m 深灰、灰绿色块状拉斑玄武岩、玻基 玄武岩夹沉凝灰岩及正常沉积碎屑岩， 厚300~350m，由4个喷发层组成	
	P₂β² P₂β¹	灰、灰黄色薄至中层沉凝灰岩、 凝灰质黏土岩、黏土质凝灰岩、 细碎屑岩夹块状玄武岩，局部夹 煤线，横向上厚度变化较大，与 下伏灰岩溶蚀接触，硅化、碳酸 盐化强烈，为有利矿化层	在玄武岩与茅口灰岩接触面上 的铜矿
茅口灰岩 P₂m		浅灰色浅海相含白云质、燧石团块的 厚层块状灰岩。厚度大于100m，层理 与层间发育容矿通道的裂隙与微裂隙， 这些裂隙是富矿体的主要产出部位	

图 17.3　与玄武岩有关的铜矿类型空间分布关系柱状示意图

表 17.1　川滇黔接壤地区与峨眉山玄武岩有关的三种类型铜矿床

类型	典型矿床（点）实例
玄武岩之上宣威组中的沉积型铜矿	四川荥经宝峰-天凤，峨眉龙池地区；云南会泽大黑山、水槽子、 巧家大龙潭；贵州纳雍狗场、铜厂沟，普定堆场
玄武岩中的热液型铜矿	四川昭觉乌坡、拉一木，甘洛吊红崖；云南鲁甸地区；贵州威宁铜 厂坡、黑山坡、小米乡、黑石头
玄武岩（底部）与茅口灰岩接触面上的风化淋滤型铜矿	四川甘洛新茶乡 贵州盘县黄见坑、官鸪坪、关岭丙坝

2. 与峨眉山玄武岩有关铜矿的特殊性

在上述几种类型铜矿中有较好工业前景的是后两种类型：一是发生在玄武岩内部的同生热液型铜矿，这种铜矿主要产在玄武岩体上部，产于晚期喷溢旋回的、分异较充分的、岩性比较疏松（凝灰岩，气孔状、杏仁状或角砾岩化）的部位，并发育多期次的交代蚀变作用，如绿泥石化、绿帘石化、伊丁石化、沸石化、沥青化及硅化等，形成的铜矿物主要是自然铜以及很少量的辉铜矿。可以看到有两期铜的矿化发生：第一期与绿泥石化-沸石化有关；第二期与沥青化及硅（玉髓，石英）化有关。第一期主要是以交代作用为主；第二期则主要为充填作用。后期形成的石英-自然铜-沥青矿脉-细脉充填在绿泥石-沸石化铜矿石的裂隙中（图17.4）或气孔中。在火山热液矿床中有大量沥青的存在，的确是匪夷所思的事实，前人已证明这种沥青为火山喷发后异地石油贯入及挥发的结果，它对自然铜的形成有重要的制约作用。从图17.5可以看到沥青与自然铜密切的共生关系。二是发生在玄武岩体之上的沉积型铜矿，铜矿石是以结核状的形式产出，在结核体中可以看到铜交代植物碎片并保持植物体的假象，此现象类似于硅化木，而且还与沥青及黏土矿物密切共生。沥青在与玄武岩有关的铜矿床中普遍存在是本区铜矿床的一个特点，不仅玄武岩内的热液型铜矿如此，玄武岩外的沉积型铜矿也如此。

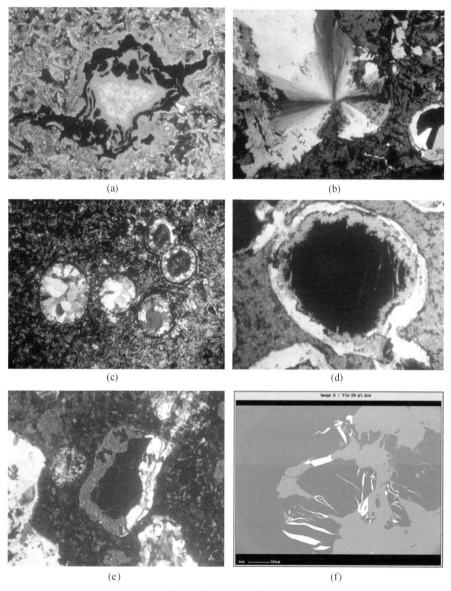

图17.4　玄武岩中各种与铜矿化有关的蚀变作用

（a）绿泥石化与沥青化；（b）绿泥石化与硅化；（c）多期蚀变：绿泥石化–沸石化–硅化–沥青化；
（d）沸石化–绿泥石化–沥青化；（e）绿泥石化–沸石化–沥青化与自然铜；（f）硅化–沥青化与自然铜

三、玄武岩之上宣威组中的沉积型铜矿——"马豆子式铜矿"的成因剖析

该类型铜矿的典型例子为四川荥经宝峰铜矿，它位于四川雅安荥经天凤背斜轴部及其西北翼，该背斜由上二叠统峨眉山玄武岩、宣威组黏土岩、下三叠统飞仙关组紫色钙质砂页岩、嘉陵江组白云质灰岩

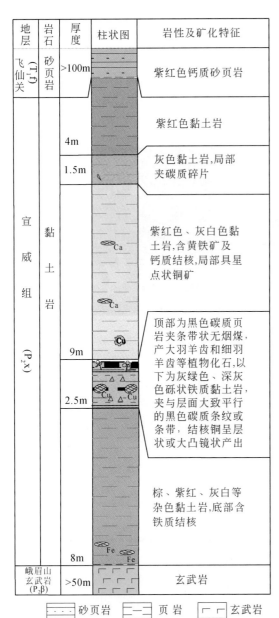

地层	岩石	厚度	柱状图	岩性及矿化特征
飞仙关 (T₁f)	砂页岩	>100m		紫红色钙质砂页岩
宣威组 (P₂x)	黏土岩	4m		紫红色黏土岩
		1.5m		灰色黏土岩,局部夹碳质碎片
		9m		紫红色、灰白色黏土岩,含黄铁矿及钙质结核,局部具星点状铜矿
				顶部为黑色碳质页岩夹条带状无烟煤,产大羽羊齿和细羽羊齿等植物化石,以下为灰绿色、深灰色砾状铁质黏土岩,夹与层面大致平行的黑色碳质条纹或条带,结核铜呈层状或大凸镜状产出
		2.5m		
		8m		棕、紫红、灰白等杂色黏土岩,底部含铁质结核
峨眉山玄武岩 (P₂β)		>50m		玄武岩

砂页岩　页岩　玄武岩

图 17.5　矿区宣威组柱状图
根据 1:20 万荣经幅矿产地质报告改编

等组成,轴向北东—南西,东南翼陡,西北翼缓,为两翼迅速倾没的不对称短轴背斜。

赋矿岩系(宣威组)呈环形出露于背斜的轴部及北东倾末端,为一套以黏土岩为主的陆相沉积岩(图 17.5),上部为黑色碳质页岩夹条带状无烟煤,产大羽羊齿和细羽羊齿等植物化石,厚 0.19~0.3m;下部为灰绿色、深灰色砾状铁质黏土岩,夹与层面平行的黑色碳质条纹或条带,厚 0.4~2.3m。含矿层居于含矿岩系的中下部,层位稳定,呈层状或大凸镜状产出。铜矿体呈凸镜状断续分布于含矿层中,产状与围岩一致,倾向北西,倾角为 5~10℃。

铜矿物(自然铜、辉铜矿、斑铜矿)与黏土矿物、植物碎片等组成结核体(或单体,或复合体)分布于含矿层中,宏观上结核体的大小如黄豆、核桃一般,故被称为"马豆子式"铜矿(图 17.6)。这种类型的铜矿分布层位稳定、规则,易采、易选,颇受民营小型企业的青睐。

1. 矿石组构特征

在含铜层位中,铜矿物聚集成结核体的形式,铜结核产于宣威组下部灰绿色、深灰色砾状铁质黏土岩中,沿层理呈单体或群体随机分布,多数结核独立存在(图 17.7),只有在碳质条带发育处可见有连在一起的呈团块状或肠状的结核铜,且碳质条带越发育,结核也越发育。碳质条带里发育大量裂隙,裂隙经常被黏土中白色网脉、斑铜矿以及黄铜矿细脉充填,同时也见有黄铜矿呈浸染状沿层理分布,但不斜穿层理。结核与围岩具有清晰的界线,且围岩层理在其边缘圆滑地绕过。结核粒径大者大于 5cm,小则只能在显微镜下观察得到,且呈不规则瘤状、肾状、豆状(即马豆子)嵌布于灰绿色砾状铁质黏土岩中,表面光滑。有些结核明显被压实后呈扁平状。结核碎裂后,断口新鲜面往往被氧化成艳色。

粉晶 X 衍射分析和电子探针能谱定性分析表明:铜结核由含铁非晶质矿物、黏土和植物碎屑胶结铜矿物而成。用电子探针能谱对铜结核中大量浅色矿物组合(图 17.7)进行分析,得出其氧化物的成分为:FeO、MgO、Al_2O_3、SiO_2,其中 FeO 的含量普遍高于 40%。而对电子探针 BSE 图像中较亮的矿物的分析表明,它们是辉铜矿、斑铜矿以及黄铜矿。结合前面的粉晶 X-衍射数据可得如下结论:充当胶结物的浅色矿物是一些含铁非晶质矿物和黏土类矿物,其中黏土类矿物有高岭石、蒙脱石、伊利石等;黏土中还经常夹有石英、赤铁矿,石英环绕着赤铁矿周围生长,并且具有完好的生长晶形;铜矿物以斑铜矿、黄铜矿为主,次为辉铜矿、铜蓝以及次生蓝铜矿等。故而,结核是以含铁非晶质矿物、黏土矿物以及植物碎屑为基质,胶结铜矿物而成。

2. 铜结核的微观特征

电子探针 BSE 图像显示,结核是由多个小结核组合而成(图 17.7),而每个小结核的核心部分是铜

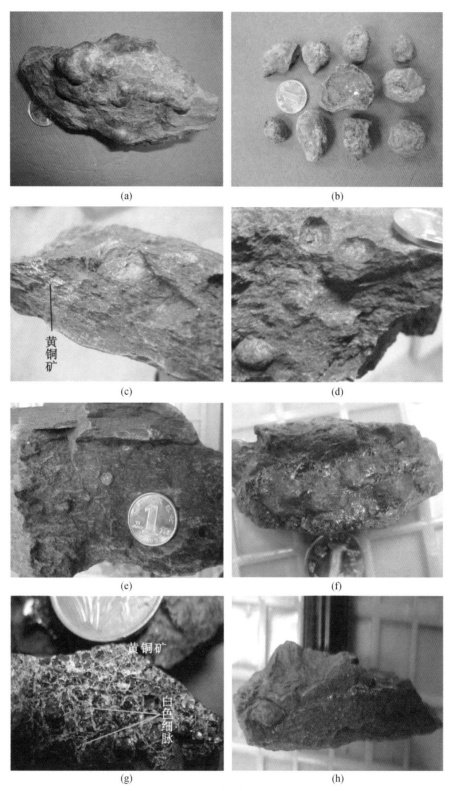

图 17.6 "马豆子式铜矿"矿石照片

矿物，外部是含铁非晶质矿物和黏土类矿物，这一点与在肉眼下看到的瘤状结核表面鼓起圆滑体是一致的，这些小结核里的铜矿物纯度都较高，在 BSE 图上显示为灰白色且明显发亮，其周围往往呈絮凝状和胶状结构。

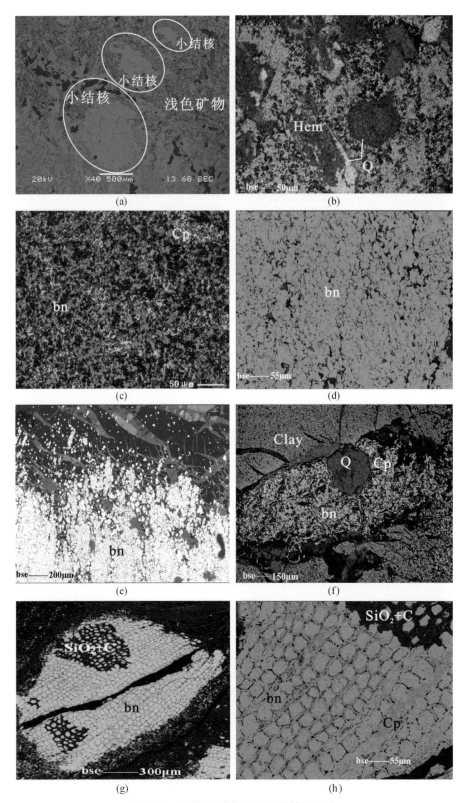

图 17.7 "马豆子式铜矿" 显微镜下照片

小结核的核心部分进一步放大后显示为似文象结构的辉铜矿–斑铜矿组合（图 17.7），即斑铜矿交代辉铜矿，而在部分薄片中还见有黄铜矿网脉交代斑铜矿的结构。而在结核边部，常常充填有碳质、石英颗粒或黄铜矿细脉，可以看出黄铜矿和石英是后期沿着斑铜矿边部生长的。石英颗粒形状规则，具有较好晶形，普遍沿着赤铁矿边部或者周围生长。尤其引人注意的是结核内部是具有木质细胞结构的斑铜矿，即斑铜矿交代原始木质细胞而呈现的假象，而细胞周围已碳化、硅化，但还残留有碳质碎屑以及木质细胞，黄铜矿则沿着木质细胞周围进一步交代，或沿着硅化带、碳质碎屑体交代。

放大后碳质条带不仅可见大量的微裂隙，还见有星点状的斑铜矿颗粒（图 17.7），从各种矿物之间的穿插顺序来看，星点状的斑铜矿和碳质条带最先形成，石英+黏土脉、斑铜矿、黄铜矿细脉再沿着碳质条带裂隙充填，且黏土细脉充填早于硫化矿物细脉。根据以上特征来看，铜的硫化物的生成顺序是：辉铜矿→斑铜矿→黄铜矿。

3. 矿床形成过程的分析

根据地质背景及矿石组分与结构特征的分析，马豆子型铜矿形成过程可以描述为：具有高铜背景值的峨眉山玄武岩在喷溢过程和成岩后的风化过程中铜质迁移到水体，水体中的含铁非晶质矿物、黏土以及植物碎屑吸附了铜并以絮凝状或凝胶团形式承载着铜质悬浮并搬运，在有利的湖泊或沼泽环境下与沉积物同生沉积，并成岩成核，在此过程铜与硫结合生成最初的辉铜矿与斑铜矿，后来又经过热液的交代和叠加进一步富集产生黄铜矿，最终形成了"马豆子式"结核铜矿。以下的地球化学实验与测试模拟和认证了这一成矿过程。

四、玄武岩的风化淋滤实验

峨眉山玄武岩喷溢的环境以海相、陆相、河湖交互相为特点，喷发多期次多旋回（陈文一等，2003），说明峨眉山玄武岩是经历了多种雨水，包括海水的淋滤与浸泡。从现代火山气体研究中可以反演峨眉山玄武岩喷发脱气作用时形成的火山气体主要组分，包括中强酸性气体 HCl、HF、Cl_2、SO_2 等和还原性气体 H_2、CO、CH_4、H_2S 等（陈福等，1987），从而可以认为峨眉山玄武岩喷发早期火山气体冷凝水显酸性和还原性质；第二，峨眉山玄武岩喷发间歇期，由于地表水的循环，大气中的酸性气体将被雨水洗涤并随地表水流入海水中，海水再被蒸发到大气中，雨水 pH 随之过渡到饱含 CO_2 和偏氧化雨水条件（陈福等，1984），即形成火山间歇期的弱酸偏氧化性雨水。由此可知，自峨眉山玄武岩喷发（260Ma）与结束（251Ma）（Xu et al.，2001；Boven et al.，2002；Lo et al.，2002；Zhou et al,，2002；Guo et al.，2004）到今天，玄武岩经历了三种雨水风化淋滤条件：①早期火山去气作用期间形成的强酸还原性雨水的风化淋滤条件；②火山间歇期饱含 CO_2 气雨水的弱酸偏氧化性的风化淋滤条件；③喷发结束后现代空气雨水风化淋滤条件。

1. 实验方法与过程

实验样品是采自贵州省威宁县田坝的玄武岩样（07-TB），岩性为灰–灰绿色杏仁状玄武岩。采样层位为峨眉山玄武岩喷发旋回的第三段。将样品碎成 2～3mm，各取 120g 分别置于三个淋滤柱中，通入上述三种类型的雨水对岩样进行循环淋滤 100～120h。

2. 实验结果

实验进行了 15h 后，观察到三种滤液颜色有明显区别，此时采集第一批淋滤液。随着淋滤时间增加，颜色加深直至稳定，大约 100h 之后采集第二批淋滤液，分别对两批淋滤液的测定结果如表 17.2 所示。

表 17.2　淋出滤液中部分金属元素的分析结果

雨水性质	Cu*		Ni		Zn		Pb		Mo		Co		U	
酸性雨水	601	1230	86	187	342	486	5	5	3	5	125	132	0.5	11
CO$_2$雨水	19	27	1	3	5	21	0.2	0.3	2.5	2.5	0.0	3	0.0	0.1
现代雨水	0.4	3.2	0.14	0.9	5	5	0.	0.2	2	2	0.1	0.3	0.	0.

注：* 每个元素中第一列数据为淋滤 15h 的测定结果；第二列数据为淋滤 100h 的测定结果。

3. 实验结果的讨论

早期玄武岩喷发期间，受火山酸性气体污染形成酸性雨水的风化淋滤作用强度最大，最利于金属元素迁移与富集。根据测定结果看，玄武岩中的金属元素，部分或大部分都能从岩样中被酸性雨水淋滤出来。其带出成矿元素强度比现代空气雨水的淋滤作用高 2～3 个数量级，比含 CO$_2$ 的雨水淋滤作用也要高 1～2 个数量级，雨水的 pH 越低元素带出强度越高。显然，酸性雨水淋滤条件对这些元素的活化迁移和形成矿床起着一定作用，这种条件对应着火山喷溢、脱气作用阶段和随后的火山间歇初期。以上现象表明，在漫长的地质成矿过程中，酸碱环境对成矿作用起着不容忽视的作用。

实验结果还表明，Cu、Zn、Pb、Mo、U、Ni、Co 等元素虽都有不同程度的淋出，但 Mo、U、Ni、Co、Pb 等元素含量较低及其他的原因，没有富集成矿。峨眉山玄武岩具有 Cu 的高背景值以及以下所做的吸附试验，论证了本区铜富集成矿的机理。

五、吸附作用的实验

吸附作用是表生条件下元素富集成矿的一种重要机制，针对马豆子式铜矿中铜与沥青、植物碎片、黏土矿物等密切共生的实际，我们开展了以下吸附作用的实验。

1. 实验方法与过程

（1）含铜离子/络阴离子溶液的配制：准确称取 161.5mg 的 CuCl$_2$·2H$_2$O 加入到 200ml 容量瓶中，加入超纯水后搅拌均匀，并定容，配制成铜浓度为 300 中，加入超的溶液。

（2）纳米铜胶体溶液的配制：在聚乙烯吡咯烷酮（PVP）保护下，用水合肼还原 CuCl$_2$·2H$_2$O，在 80℃和 pH＝7.0 合肼还原条件下，制得比较稳定的胶体铜溶液，其颜色为酒红色，实验步骤参照夏树伟等（2006）所述。用透射电镜和能谱仪对所配制的纳米粒级铜胶体溶液进行检测，可观察到粒状结构的深灰色颗粒，其粒径为 $20×10^{-9}$～$80×10^{-9}$m，成分为铜的单质。

配制好的铜胶体溶液静置 15 天后，其颜色仍为酒红色；将该溶液过滤，滤纸上无颗粒也无团块滤出，表明未发生沉淀作用。

（3）选取各种类型单矿物：所选取的单矿物与峨眉山玄武岩以及自然铜矿床中的主要矿物类型有关，分别是硅酸盐矿物、黏土矿物、硫化物、沥青等，在双目镜下仔细挑选，研磨后过 160 目。

（4）吸附实验。将含纳米铜胶体溶液和含铜离子/络阴离子的溶液各取 10mL 分别移至 15mL 离心管中，取等体积的各类矿物分别加入各离心管中，加盖，室温下放置 72h 后，分别吸取离心管中的溶液，用原子吸收光谱法测定铜的含量。

2. 结果与讨论

（1）本实验所配制的胶体溶液中，Cu 含量为 $254×10^{-6}$，与峨眉山玄武岩中 Cu 的平均含量的数量级（$150×10^{-6}$）相当。

（2）在相同条件下，矿物对纳米铜胶体的吸附率和从高到低均表现为硫化物（60%～80%）、沥青

（71.21%）、黏土类矿物（40%～60%）、硅酸盐矿物（5%～20%），矿物对铜离子/络合物的吸附率与含铜胶体溶液吸附类似，从高到低仍然表现为硫化物（40%～50%）、黏土类矿物（20%～30%）、硅酸盐矿物（5%～15%），所不同的是总体吸附率下降20%左右。

这一实验不仅有效地解释硫化物、有机质、黏土等能强烈吸附铜而与之共生的事实，而且还表明呈纳米粒级铜的单质更容易被吸附富集。乃因纳米物质有巨大的比表面积和高占有率的表面原子，因而具有很强的吸附性（章振根等，1993；朱笑青等，2002）。本实验的结果与川滇黔接壤地区自然铜在各类矿床中的矿物组合关系很吻合。

元素以纳米粒级单质迁移也可能是一种重要的迁移方式（章振根等，1993；朱笑青等，1998），其在真溶液中是以溶胶或胶团簇形式存在，在气相中则为气溶胶或纳米级颗粒存在。童纯菡在地气物质中观测到纳米颗粒的Cu、Zn、Cr、Au、Si、S等元素（童纯菡，1998）；国外地质学家还在火山喷发气中发现纳米级的金属元素（Symonds et al.，1987；Wilkinson et al.，1992），说明金属元素在气相中也有可能是以纳米级颗粒迁移。另外，块体金的熔点是1064.4℃，而纳米级的金熔点只有327℃（章振根等，1993），块体铜的熔点为1083.4℃，而纳米铜的熔点小于500℃（刘伟等，2004）。由于纳米级金属的这些奇异效应，可以推断：在岩浆分异、地幔脱气过程中，纳米粒级金属元素（如铜）的存在是有可能的，这些金属单质随着峨眉山玄武岩的喷发，或成岩后的风化过程中它们缓慢地迁入水体、沉淀于沉积物中，其被黏土和有机质等吸附，在有利的环境中形成铜矿床。在"马豆子式铜矿"矿石样电子探针BSE图形中，观察到了金属矿物成胶体絮凝状存在是一有利的证据。

六、碳同位素特征

从野外采集的样品中挑选出碳质（沥青）进行了C同位素分析。其中C同位素样选择的是碳质条带中的沥青，同时也挑选了云南地区玄武岩铜矿中的两个沥青样，以作对比。

从表17.3中清晰地看出，"马豆子式铜矿"中碳沥青的C同位素δ^{13}C值为–24.8‰～–23.9‰，均值为–24.2‰，大于云南、贵州、四川玄武岩热液型铜矿中沥青的δ^{13}C值（–36.4‰～–27.3‰）；与中国不同时代的煤δ^{13}C平均值–24.4‰，在大多数腐植煤δ^{13}C值（–25.5‰～–23.5‰）（郑永飞等，2000）；也与李厚民（2004）测定的陆相宣威组煤δ^{13}C（–23.4‰，–23.2‰）和姜海定（1996）测定的腐殖型碳沥青δ^{13}C（–25‰～–22.5‰）一致（姜海定，1996；李厚民等，2004，2009）。C同位素特征表明结核铜矿石中的碳沥青源为原地陆生植物，即在有氧条件下由河湖–沼泽环境的陆相植物变质而成，成熟度较高，属腐殖型。再结合镜下观察到的大量植物碎片及炭化木、硅化木特征来看，该类植物可能属于宣威组的代表性植物大羽羊齿或细羽羊齿类（四川省地质矿产局，1991）。

表 17.3　铜矿石中有机质 C 同位素组成

样品号	样品名称	产地及产出部位	$\delta^{13}C_{PDB}$/‰
Etb-1	碳质沥青	荥经宣威组中结核铜矿石	–24.2
Etb-2	碳质沥青	荥经宣威组中结核铜矿石	–24.8
Etb-3	碳质沥青	荥经宣威组中结核铜矿石	–23.9
Etb-4	碳质沥青	荥经宣威组中结核铜矿石	–23.9
Wzq2 *	煤	窝子箐宣威组煤层	–23.2
Wzq3 *	煤	窝子箐宣威组煤层	–23.4
Tch4 *	沥青	威宁铜厂河玄武岩中铜矿石	–27.3
YHC22#	沥青	闹鹰岩玄武岩中铜矿石	–30.9
YHC21#	沥青	闹鹰岩玄武岩中铜矿石	–31.0

续表

样品号	样品名称	产地及产出部位	$\delta^{13}C_{PDB}/‰$
Lyy15#	炭质	闹鹰岩玄武岩中铜矿石	−20.2
Gu-4	沥青	东川姑海乡玄武岩	−33.4
Yin	沥青	鲁甸银河铜矿石	−32.4
E-23	沥青	峨眉龙池幺店村含自然铜玄武岩中	−36.2
E-24	沥青	峨眉龙池幺店村含自然铜玄武岩中	−36.3
E-25	沥青	峨眉龙池幺店村含自然铜玄武岩中	−36.4

七、"马豆子式铜矿"的成因模式

1. 从风化淋滤到同生沉积

晚二叠世以康滇地轴为中心的裂谷作用导致峨眉山玄武岩"间歇性-多裂隙-多中心"式喷发（夏宗实等，1996），在四川西南的宣威组沉积区，从康滇古陆向东、向南逐渐由陆相变为水陆交互相（四川省地质矿产局）。该区以荥经喷发中心间歇性喷发峨眉山玄武岩，形成了起伏不平的地形及彼此隔离的内陆盆地，之后的风化淋滤剥蚀作用使得火山凹地形成河湖、沼泽环境，使研究区在此环境中接受了源自峨眉山玄武岩中的铜，形成上二叠统宣威组含铜沉积岩系（张云湘等，1988；胡正纲等，1995；夏宗实等，1996；王晓刚等，2010；Wang et al.，2010）（图17.8（a））。

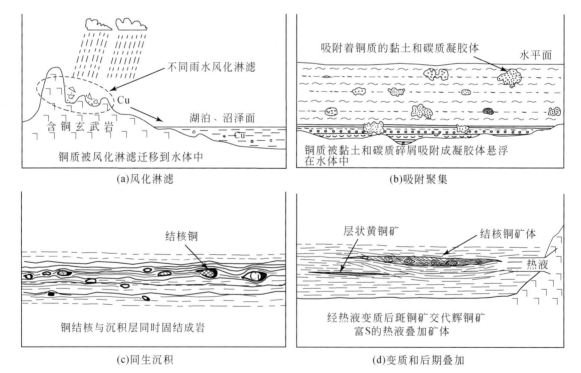

图 17.8　铜结核生成及成矿模式图

含铁非晶质矿物、黏土以及植物碎屑是宣威组沉积过程中承载铜质的最原始载体，非晶质矿物常被认为是胶体成因，而原始的黏土矿物是成絮状体或絮凝胶团的，并带有一定的电荷（刘宝珺等，1992），带电荷的凝胶体有着很强的吸附能力，它们吸附各种金属阳离子（陈正等，1985；路凤香等，2004）。从玄武岩风化剥蚀后产生的铜质在水体中以离子或胶体形式存在，并且充当了凝结剂，中和了带负电荷的非晶质黏土矿物以及碳质碎屑而产生絮凝作用，形成凝胶体（胶团）悬浮在水体中，当多个凝胶体再次聚集或者在水动力很低的条件下（如沼泽、湖泊），这些带有铜质的凝胶体（胶团）就沉积下来，成为结核最初的个体（图 17.8（b））。

"马豆子式铜矿"中结核的形成是大致与围岩沉积同时发生的，其边界清晰，并且围岩层理在其边缘圆滑地绕过（图 17.8（c）），结核里也未保留有围岩层理的残余或围岩成分，属同生结核。也就是说，铜最有可能被有机物碎屑及黏土矿物吸附而呈悬浮状态搬运，并且在搬运过程中逐渐聚集长大成为球状胶团（结核的原始态）沉入水体底部，镶嵌在淤泥中，后被压实、成岩、成矿。

2. 成岩–变质交代作用阶段

凝胶体沉入水体底部后与沉积物一起进入成岩作用以及低的变质作用阶段（图 17.8（d）），成岩阶段的主要作用是压实、胶结和石化，并以出现板状节理结束（Frey et al.，1987）。在变质作用阶段，沉积物中的植物碎屑变质成碳沥青，同时析出大量星点状的斑铜矿颗粒。此过程中硫的来源可能与变质过程中有机质降解还原作用有关，即有机质热解产生的 CH_4（$2CH_2O{\rightarrow}CH_4+CO_2$）与介质水中的硫酸盐进行还原作用（$2CH_4+SO_4^{2-}{\rightarrow}2\,CO_2+S^{2-}+2H_2O$），为变质交代作用提供了一定的硫而形成辉铜矿。部分铜矿物伴随着黏土脉生成，并且石英也相应地重结晶。变质作用阶段还发生了金属矿物的交代现象和组构的变化，即斑铜矿交代辉铜矿成似文象结构。

此外，变质过程中铁化合物的变化是明显的，赤铁矿是从原始胶体中的氢氧化铁球粒脱水而来，即 $Fe(OH)_3$（氢氧化铁球粒）$\rightarrow FeOOH$（针铁矿）$\rightarrow Fe_2O_3$（赤铁矿）（陈正等，1985；梅纳德，1986；Frey et al.，1987；路凤香等，2004）。另外，变质作用本身也是一种重要的成矿作用，它能使矿物粒度增大。

3. 后期叠加

从矿物的结构和同位素上来看，"马豆子式"结核铜矿应该还经历了一次后期矿化叠加（图 17.8（d）），在矿物特征上表现为铜硫化物再次穿插于黏土脉或碳质条带，表明这期矿化晚于前一期矿化。特别是黄铜矿呈网状穿插于沥青或黏土脉中，或网格状交代斑铜矿，黏土脉的穿插与这期黄铜矿、斑铜矿矿化以及石英的结晶在时间上是一致的；与前一期比较，矿物成分上表现为 S 含量的进一步增加，斑铜矿逐渐被黄铜矿交代，即黄铜矿的形成晚于斑铜矿，而石英在这两期成矿中均有析出。在微层理中也表现出黄铜矿明显叠加富集的特点。可以看出在这一成矿阶段还伴随着第二次硫的叠加作用。

此外，在整个川滇黔峨眉山玄武岩分布地区，如果玄武岩型铜矿存在两期成矿作用，即朱炳泉用浊沸石测定的 $^{40}Ar/^{39}Ar$ 年龄 226～228Ma，片沸石测得的 $^{40}Ar/^{39}Ar$ 和矿石 U-Th-Pb 等时线年龄 134Ma（朱炳泉等，2005），那么"马豆子式铜矿"所经历的后期叠加在时间尺度上与上述两个成矿时代是不矛盾的。

峨眉山玄武岩之上宣威组中的铜矿床（点），明显具有层控特征。矿石矿物以类似于热液矿床中次生富集的硫化物和氧化物为主，如斑铜矿、辉铜矿、蓝铜矿、赤铜矿、铜蓝、孔雀石及自然铜。矿石构造多为豆状、结核状、薄板状、浸染状、饼状等，矿床特征与世界各地的沉积矿床特征类似。

第二节　宣威组 REE、Y 和 Ga 富集

本书研究的 REY 矿体赋存在宣威组下段地层。宣威组和下伏峨眉山玄武岩和上覆飞仙关组均呈假整合接触。宣威组下段含矿地层主要岩性为灰白色高岭石质硬质黏土岩，夹黑色碳质页岩和/或煤层，局部地区夹粉砂岩。宣威组上部主要为灰绿色粉砂岩，夹灰岩和砂质灰岩。玄武岩和宣威组接触面，普遍有一层紫红色凝灰岩，其厚度变化很大。在偏光显微镜下观察，粉砂岩中可见含较多玄武质岩屑，含量可达 30%～60%。本组以植物化石为主，瓣鳃类、叶肢介次之。从以上特征可以看出，玄武岩喷发结束后，

遭受了长时间的侵蚀剥蚀，后期局部出现海侵，总体为靠近古陆边缘的海陆交互相碎屑岩煤系地层（陈文一等，2003；梅冥相，马永生等，2007）。同时，峨眉山玄武岩和宣威组接触带，无论从地球化学特征（Zhang et al.，2010），还是矿物组合，特别是自然铜矿化的大量出现（Zhu et al.，2003；李厚民等，2004），都显示出该地层遭受了明显的后期热液蚀变。

龙潭组-长兴组、宣威组均为假整合于峨眉山玄武岩之上，三者均以峨眉山玄武岩风化剥蚀产物为物源、且均为海陆交互相沉积。但龙潭组-长兴组的沉积环境较宣威组更靠近海水，而宣威组则靠近陆地。本次研究工作重心放在了富集 REY 的宣威组，龙潭-长兴组的地球化学特征暂未加入研究。

野外工作主要以宣威组露头为对象，以岩性为采样单位，分别采集了宣威组出露于三个向斜的 6 个下段地层剖面（图 17.9），包括威宁县毛家坪乡、张四沟乡、鹿房乡等所在的同一向斜南翼，赫章县辅处镇所在的向斜北翼、金钟镇掉水岩乡所在的向斜北翼，而龙洞山剖面因第四纪堆积物覆盖没见峨眉山与宣威组接触带，主要采集上段地层样品，且品位不高。因此本书主要分析讨论毛家坪、张四沟、鹿房、辅处北翼和掉水岩五个剖面。从岩性柱状图（图 17.10）看，宣威组下段高岭石质硬质黏土岩为主的地层厚度不稳定，毛家坪、张四沟、鹿房以及辅处等地厚度在 18～35m，而金钟镇掉水岩未出现典型的灰白色厚层高岭石质硬质黏土岩，主要为紫红色凝灰岩和灰色泥页岩，厚度不到 10m。同时，为了对比宣威组和峨眉山玄武岩的地球化学的元素变化，在威宁县黑石头乡采集了峨眉山玄武岩 9 个样品、喷发间断面含凝灰质泥页岩 4 个。

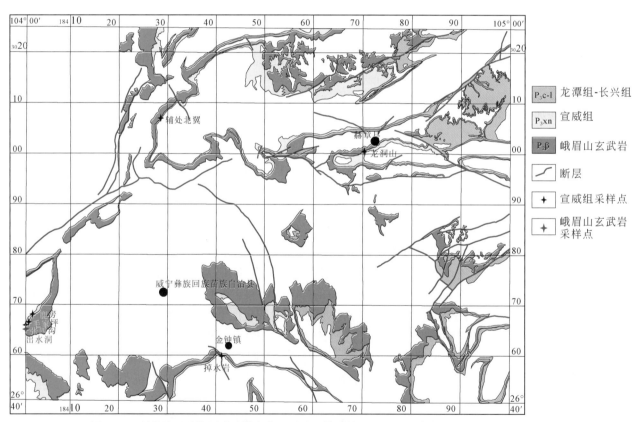

图 17.9　研究区地质简图及采样点位置展示（修编自 1∶200000 威宁幅区域地质图，1973）

分析测试工作包括：所有样品的全岩主量、微量、稀土元素地球化学分析，共计 110 个样品。选取毛家坪剖面的 23 个样品进行岩石表面的扫描电镜分析，获得了样品的岩石矿物的结构和构造特征。选取毛家坪和鹿房剖面的部分样品，共计 22 个，进行了 X 射线衍射分析，获得了宣威组下段地层的矿物组合以及矿物含量等特征。

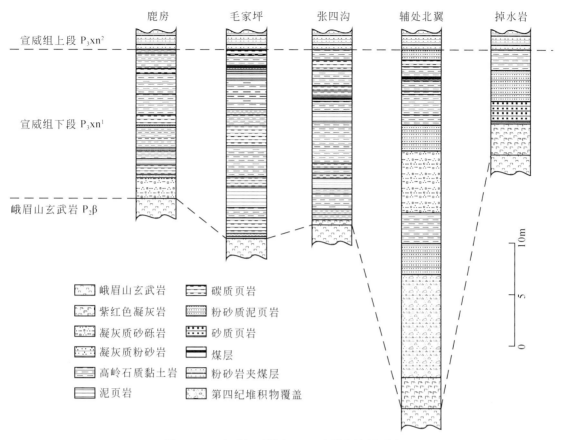

图 17.10　宣威组下段富 REY 地层岩性剖面图

一、分 析 结 果

1. 主量元素

宣威组下段地层中岩石的部分主量元素，如 CaO（均值：0.443%）、Na_2O（0.055%）、MgO（0.854%）、K_2O（0.242%）相对于峨眉山玄武岩明显亏损，在风化过程中稳定的 Al_2O_3、Fe_2O_3 则相对富集。但通常被认为稳定的 TiO_2 并未出现明显富集，说明在晚二叠世，峨眉山玄武岩可能因为极端湿热的气候条件，以及有机质的共同作用（Braun et al.，1993；Viers et al.，1997；Ma et al.，2007），TiO_2 的活动性增强，在风化侵蚀过程中被淋滤。主量元素通常可以反映母岩的风化程度。在风化过程中，富含 Ca、Na、K 的硅酸盐矿物会被富 Al 的黏土矿物所代替。LOI（平均值：14.58%）的增加也是风化蚀变过程中水增加的明显标志。这种蚀变替代过程进行得越彻底，说明风化作用程度越深。全岩的风化程度可以从 Al_2O_3–CaO+Na_2O-K_2O 三角图中（图 17.11；Nesbitt and Young，1982）看出，各个剖面的风化程度基本一致，并表现出明显的富 Al 趋势，集中在 95%～99% 的 Al_2O_3，反映出岩石中缺乏长石且含大量的黏土矿物。尤其是鹿房剖面的样品富铝程度最高，而该剖面的 REY 品位也是最好的。

Nesbitt 和 Young（1982）的风化剥蚀指数 CIA =（（Al_2O_3）／（Al_2O_3+CaO+Na_2O+ K_2O））×100，所有值均以摩尔含量带入计算。通过相同的实验条件下，如果岩石中全部都为长石，那 CIA 为 50；如果全是黑云母、普通角闪石、单斜辉石，那 CIA 分别为 50～55、10～30、0～10；特别地，次生的黏土矿物，如高岭石、三水铝石、绿泥石的 CIA 指数为 100，而伊利石和蒙脱石为 70～85（Nesbitt and Markovics 1997）。从这个结果，我们可以看出岩石中铁镁质矿物含量越高的岩石，风化程度越低，而富铝矿物的成

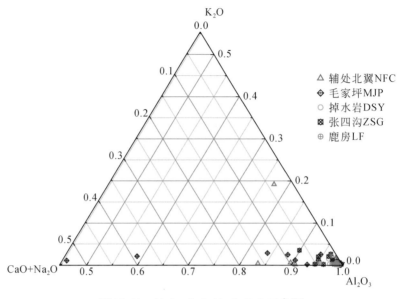

图 17.11　Al_2O_3–CaO+Na_2O-K_2O 三角图

分越多时，岩石的风化程度越高。新鲜的峨眉山玄武岩的 CIA 指数为 38～40，而风化后再沉积的宣威组下段地层岩石的 CIA 主要分布在 95～99，相比母岩升高了约 30%。

2. 微量元素

微量元素中 Ga、Cu、Nb、Ta、Zr、Hf 等元素都出现了不同程度的富集。Nb、Ta、Zr、Hf 等元素的富集与自身在水岩蚀变过程中具有较高的稳定性有关。而 Ga 的富集符合 Ga 在表生风化作用的迁移行为。Ga 在风化过程中会被氧化并转移到 Al、Fe 的氧化物中，常以类质同象置换 Al 的形式存在（罗泰义等，2007）。而 Cu 的富集，可能并不是玄武岩风化剥蚀沉积造成的，也不是同生岩浆成因的而主要是后期的热液蚀变矿化形成，Cu 的矿化主要发育在峨眉山玄武岩顶部和沉积夹层中，并多以自然铜的形式存在（Zhu et al.，2003；李厚民等，2011）。

3. REY 特征

以占统治地位的峨眉山玄武岩风化产物为物源的宣威组下段高岭石质黏土岩的 REY 含量主要分布在 700×10^{-6}～2000×10^{-6}，平均 1312×10^{-6}。即使是从同一物源演化而来的沉积岩，它的化学风化和搬运史都表明，REY 含量会存在一定的变化，但是黏土矿物中 REY 的含量基本决定于母岩中 REY 的含量（Cullers et al.，1975）。将 REY 含量的高低和风化后的沉积岩性对比，发现 REY 的含量高的层位，高岭石的含量也比较高。区域上灰白色高岭石质铝质成分高的黏土岩，这类岩石的 REY 含量往往都比较高，如鹿房乡采集的灰白色厚层高岭石质硬质黏土岩（厚约 2m），其 REY 含量高达 9965×10^{-6}（图 17.12）。表明，玄武岩风化越彻底，越富铝，黏土化程度越高，REY 的富集程度越高。

REY 在风化层中主要以独立副矿物和离子吸附形式存在、母岩中含 REY 的副矿物在风化过程中的行为不仅影响着风化残留物中离子交换型 REY 的积聚，而且对 REY 的分异产生重要影响（Bao and Zhao，2008）。如果含 REY 的副矿物抗风化能力强，那风化残留物中离子交换型 REY 的含量就少。在中国南方的离子吸附型稀土矿床中，母岩中含 REY 的副矿物主要为抗风化能力弱的氟碳铈矿、硅铍钇矿等，因此风化产物中离子交换型 REY 占很高比例（Bao and Zhao，2008）。在宣威组地层中出现的高含量 REY，可能是含 REY 的副矿物和离子吸附型 REY 共同积聚的结果。Yang 等（2008）通过（NH_4）S_2O_4 和 NaCl 的混合液实验萃取赋矿岩石，结果表明约有 10% 的 REY 为离子吸附型。

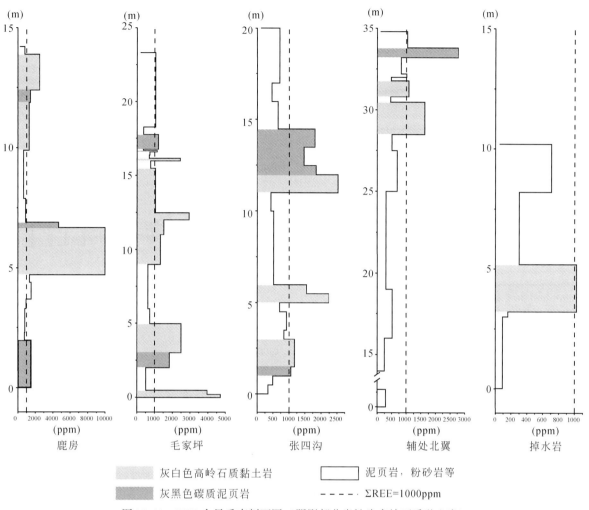

图 17.12 REY 含量垂直剖面图（阴影部分岩性为高岭石质黏土岩）

5 个富 REY 的高岭石质黏土岩系剖面的 71 个样品、峨眉山玄武岩以及凝灰质碎屑岩均进行球粒陨石标准化（图 17.13）。富 REY 岩系的 REY 基本继承了峨眉山玄武岩的 REY 配分型式，鹿房、毛家坪、张四沟和辅处北翼四个剖面的 REY 富集程度较高，而掉水岩剖面基本未出现明显富集。用 NASC 北美页岩标准化赋矿层系，REY 的分异就变得更加明朗。REY 配分型式可以分为四种：LREE 富集型、MREE 稀土富集型、HREE 富集型和平坦型（图 17.14）。不同的型式，主要受 MREE 的富集程度和 HREE 富集程度的影响。

在强烈的风化过程中，大量的研究实例和实验已经证明，HREE 比 LREE 要更容易从原始矿物中淋滤出来，$LREE^{3+}$ 优先吸附在矿物表面，而 $HREE^{3+}$ 则存留在溶液中；这就导致靠风化剖面上部的相对富集 LREE，而风化剖面的深部相对富集 HREE（Cullers et al.，1973；Nesbitt，1979；Prudencio et al.，1993；Ma et al.，2007）。当 HREE 适当富集，则表现出平坦型；当 HREE 明显富集，则表现出 HREE 富集型；当 HREE 不富集，则为 LREE 富集型。因此可以将 LREE 富集型、HREE 富集型和平坦型归纳为同一类风化淋滤成因。鹿房、毛家坪、张四沟等剖面 HREE 的富集程度明显高于 LREE，而这 3 个剖面的品位也最高。所以，风化淋滤作用是 REY 富集的主要机制。

副矿物和水岩比值主要控制了 REE 分配形式（Hopf，1993）。因此分析 MREE 富集型的岩石，可能有两种成因：一是岩石中保留了母岩残留的富集 MREE 的副矿物，如普通角闪石、单斜辉石、磷灰石等（Prudencio et al.，1993）。一些 MREE 富集型的岩石 MJP-28（45.5）、MJP-30（58.9）、FCB-12（83.4）

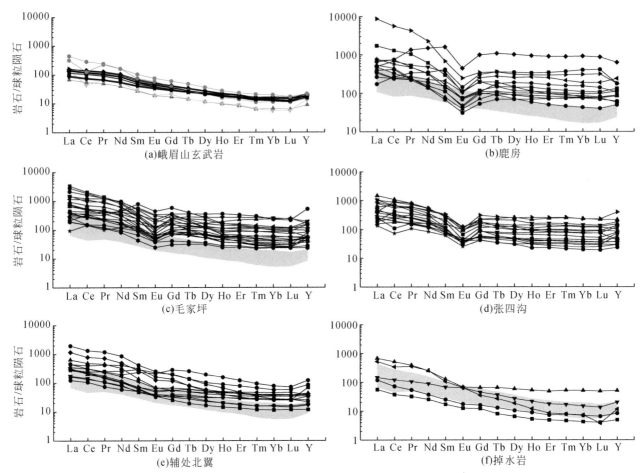

图 17.13　REY 球粒陨石标准化（阴影为峨眉山玄武岩 REY 分布范围）

的 CIA 指数也较低；因此，如果玄武岩的风化残留物中包含了原生的富集 MREE 的副矿物，如普通角闪石，即使含量少也可能对 REY 的起伏形状起至关重要的影响（Rollinson，1995）。二是风化沉积物在成岩作用后，岩石遭受了后期热液蚀变，导致了 REY 的再分配。从扫描电镜的结果中可以观察到图 17.15，岩石中残留的斑晶保留了热液蚀变形成的蚀变沟、蚀变坑等结构，并在蚀变空隙中充填有结晶程度差的细粒高岭石等黏土矿物。Karakaya（2009）在研究热液蚀变中 REE 的行为时发现，火山岩在强烈热液蚀变后形成的高岭石岩中，MREE 相对于新鲜原岩富集了 5～10 倍。由于改变沉积岩的 REE 地球化学，需要巨大的水/岩值（Cullers et al.，1987；Nesbitt et al.，1990），因此，MREE 的富集也反映出热液蚀变时高的水/岩值。

从球粒陨石标准化图 17.13 中，发现有个别样品出现了相对于玄武岩亏损的情况。实际上，这并不和宣威组是峨眉山玄武岩的风化产物相矛盾。从峨眉山玄武岩沉积夹层采集的 4 个样品中，其 REY 含量也并不是都高于玄武岩。在现代表生玄武岩风化剥蚀的研究中可以看出，REY 在风化剖面的最上部通常是亏损的。因为 REY 被溶解到了淋滤液中，因此才能造成风化剖面下部 REY 的富集（Patino et al.，2003；Ma et al.，2007）。新鲜玄武岩标准化后的 REY 计算 Ce/Ce^* 和 Eu/Eu^* 的异常值。在 5 个剖面中 Ce/Ce^* 正负异常都有出现。玄武岩在表生氧化环境中，Ce^{3+} 被氧化成 Ce^{4+}，Ce^{4+} 的稳定性要强于 Ce^{3+} 而被固定到副矿物中，如黏土矿物等，因此风化剖面中 Ce 的富集相主要为 Ce^{4+}（Braun et al.，1990）。然而，研究表明强烈的热液蚀变作用也有可能造成 Ce/Ce^* 的正异常（Karakaya，2009），因此宣威组中如此频繁地出现 Ce 的正异常可能叠加了后期热液蚀变作用的影响。Eu/Eu^* 在剖面中以强烈的负异常占主导地位，但一些样品中出现 Eu 轻微正异常。稳定的 Eu^{3+} 更倾向于待在低 pH 和高氧逸度的淋滤液中，而后期热液蚀变形

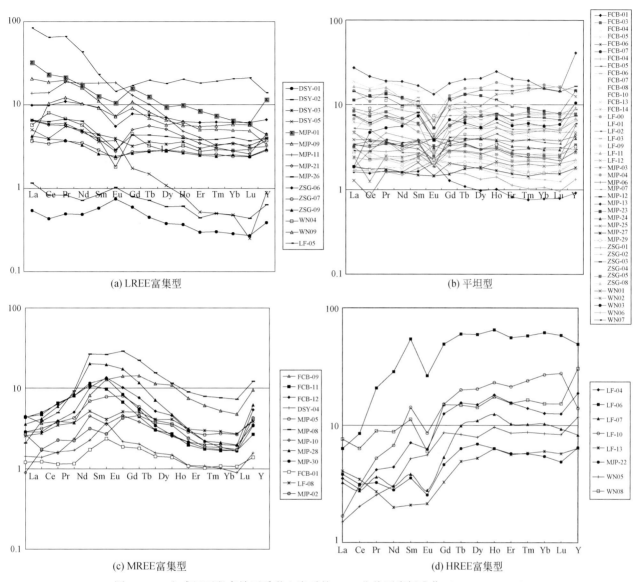

图 17.14　宣威组下段高岭石质黏土岩系的 REY 北美页岩标准化（Haskin，1966）

成的钠长石或某些如黏土矿物等蚀变岩石寄存了更多的 Eu^{2+}（Sverjensky，1984）。因此，Eu 的强烈负异常是正常风化的结果（Ma et al.，2007），而 Eu/Eu* 的轻微正异常可能是后期热液蚀变造成的。Eu 的正异常在一些热液 REY 稀土矿床（Palacios et al.，1986；Karakaya，2009）和海底热液 REY 矿床（German et al.，1990）中也有报道。

不管从 REY 的配分模式，还是 Ce/Ce* 和 Eu/Eu* 异常值的分布范围，都表现出该稀土矿床的成因比较复杂，而后期的热液蚀变在其中扮演了重要的角色。

4. 矿物学特征

通过 X 射线粉晶衍射对 22 个样品的分析，宣威组下段高岭石质硬质黏土岩系主要矿物为高岭石，次要矿物为蒙脱石、伊利石，含一定量的长石、石英晶屑和非晶质的玄武质岩屑，部分样品含少量的勃姆石、普通角闪石、叶腊石、方解石和白云石，个别样品具有含量较高的铁矿物。普通角闪石的出现，对 REY 配分模式起到重要影响，当普通角闪石的含量较高时，REY 配分模式均为 MREE 富集型，说明玄武岩风化过程中原生的富集 MREE 的普通角闪石仍为完全风化即沉积成岩。而方解石和白云石的出现，显示出海相沉积特征。蒙脱石的出现，表明成岩环境中有一定的盐度及较高的pH。刘长龄（1984）在研究我国二叠纪煤系地层中的高岭石时认为，粗晶高岭石是在15～150℃，0～1200kg/cm³，pH小于5～7的还原弱氧化环境，稍有腐殖酸的作用下形成的。而对于热液蚀变充填在溶蚀孔洞中的微晶高岭石和伊利石矿物组合则表明其热液温度较低，个别层位出现的叶腊石表明蚀变温度较高。

石英晶屑周围的次生加大边、长石和石英晶屑表面的溶蚀沟，溶蚀坑、溶蚀孔中充填的蚀变黏土矿物等现象，均表明在成岩期后遭受了强烈的热液蚀变（图17.15（d）～（f））。

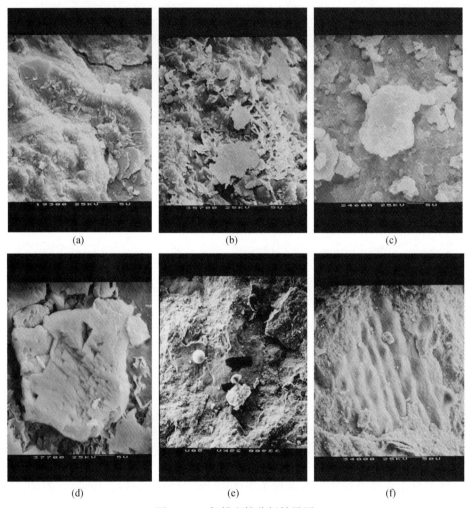

图17.15　扫描电镜分析结果图

高岭石系分为成岩作用的产物和热液蚀变作用的产物两类。前者占主要，表现为典型的假六方板状，高岭石聚片集合体常常保留了火山碎屑形态。后者，晶粒细小，为不规则薄片，自形程度低，母岩中的长石和云母斑晶边缘出现蚀变型的高岭石等黏土矿物，或者充填在热液溶蚀的孔洞中。

5. 镓元素的超常富集

稀散元素Ga在宣威组下段高岭石质黏土岩系中出现超常富集，达到工业品位，其中REY含量高的张四沟（Ga含量平均值：58.93×10⁻⁶）、鹿房（Ga含量平均值：53.92×10⁻⁶）、毛家坪（Ga含量平均值：53.11×10⁻⁶）、辅处北翼（Ga含量平均值52.02×10⁻⁶）的Ga含量较高，而掉水岩（Ga含量平均值：41.26×10⁻⁶）、龙洞山（Ga含量平均值：37.46×10⁻⁶）的Ga含量较低。从分析结果可以看出，风化程度越高，高岭石黏土化越强的三个剖面，也是REY富集程度高的三个剖面，其Ga元素含量也高。Ga在风化过程中，富集在勃姆石中，主要以类质同象置换 Al。Ga 和 Al 在本研究中也表现出明显的正相关关系（图 17.16）。

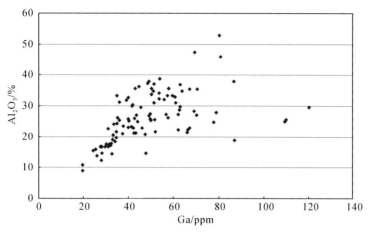

图 17.16　Ga-Al₂O₃的正相关关系

参 考 文 献

陈福，朱笑青．1984．玄武岩古风化淋滤生成条带状铁硅建造的模拟实验．地球化学，（4）：341-349.

陈福，朱笑青．1987．表生风化淋滤作用的演化和为沉积矿床提供矿质能力的研究．地球化学，（4）：341-350.

陈文一，刘家仁，王中刚，等．2003．贵州峨眉山玄武岩喷发期的岩相古地理研究．古地理学报，5（1）：17-28.

陈正，岳树勤，陈殿芳．1985．矿石学．北京：地质出版社，123.

崔作舟，卢德源，陈纪平，等．1987．攀西地区的深部地壳结构与构造．地球物理学报，30：566-579.

冯增昭，金振奎，杨玉卿，等．1994．滇黔桂地区二叠纪岩相古地理．北京：地质出版社.

官建祥，宋谢炎．2010．四川攀西地区几个小型镁铁-超镁铁岩体含矿性的铂族元素示踪．矿床地质，（2）：207-217.

官建祥，宋谢炎，Danyushevsky L V，等．2010．峨眉火成岩省内带岩浆硫化物含矿岩体橄榄石的成因意义．地球科学，（2）：224-234.

贺金良．2004．四川攀西地区铌钽矿床成矿地质条件及找矿前景．四川地质学报，24（4）：206-211.

胡瑞忠，陶琰，钟宏，等．2005．地幔柱成矿系统：以峨眉山地幔柱为例．地学前缘，12（1）：42-54.

胡正纲，贺尚荣，赵支刚．1995．康滇地轴东缘（四川部分）玄武岩铜矿远景调查报告．四川省地矿局.

姜海定．1996．论浙江省碳沥青的成因．中国煤田地质，（4）：23-26.

李厚民，毛景文，徐章宝，等．2004．滇黔交界地区峨眉山玄武岩铜矿化蚀变特征．地球学报，25（5）：495-502.

李厚民，毛景文，张长青．2009．滇东北峨眉山玄武岩铜矿研究．北京：地质出版社.

李厚民，毛景文，张长青．2011．滇黔交界地区玄武岩铜矿流体包裹体地球化学特征．地球科学与环境学报，33（1）：14-33.

梁有彬．1998．中国铂族元素矿床．北京：冶金工业出版社.

刘宝珺．1992．关于沉积学发展的思考．沉积学报，10（3）：1-9.

刘长龄．1984．山西、河南高铝粘土的矿床类型．地质与勘探，（9）：11-17.

刘伟，周美玲，王金淑，等．2004．溶胶-凝胶法制备稀土钼超细粉末．中国有色金属学报，14（5）：820-824.

卢记仁，张光弟，张承信，等．1988．攀西层状岩体及钒钛磁铁矿矿床成因模式．矿床地质，7：3-11.

路凤香，陈美华，郑建平．2004．对地球超深流体的几点认识．中国地球物理学会第二十届年会论文集.

栾燕．2014．四川红格镁铁-超镁铁质层状侵入体岩浆演化与钒钛磁铁矿矿床成因．中国科学院大学博士学位论文.

罗泰义，戴向东，朱丹，等．2007．镓的成矿作用及其在峨眉山大火成岩省中的成矿效应．矿物学报，27（3-4）：281-286.

罗震宇，徐义刚，何斌，等．2006．论攀西猫猫沟霞石正长岩与峨眉山大火成岩省的成因联系：年代学和岩石地球化学证据．科学通报，51（15）：1802-1810.

茅燕石，孙似洪．1981．米易新街基性超基性层状侵入体岩石学特征及成因．矿物岩石，（6）：29-40.

梅冥相，马永生，邓军，等．2007．滇黔桂盆地及邻区二叠系乐平统层序地层格架及其古地理背景．中国科学（D辑）：地球科学，37（5）：605-617.

四川省地质矿产局．1991．四川省区域地质志．北京：地质出版社，1-745.

四川省地质矿产局攀西地质大队．1981．四川省米易县新街钒钛磁铁矿区地质调查报告，15-35.

四川地矿局攀西地质大队．1987．四川红格钒钛磁铁矿矿床成矿条件及地质特征．北京：地质出版社.

宋谢炎，胡瑞忠，张成江，等．2005．峨眉大火成岩省岩浆矿床成矿作用与地幔柱动力学过程的耦合关系．矿物岩石，25（4）：35-44.

宋谢炎，胡瑞忠，陈列锰．2009．铜、镍、铂族元素地球化学性质及其在幔源岩浆起源、演化和岩浆硫化物矿床研究中的意义．地学前缘，16（4）：287-305.

宋谢炎，肖家飞，朱丹，等．2010．岩浆通道系统与岩浆硫化物成矿研究新进展．地学前缘，17（1）：153-163.

童纯菡，李巨初，葛良全，等．1998．地气物质纳米微粒的实验观测及其意义．中国科学（D辑），28（2）：153-156.

王汾连，赵太平，陈伟．2012．铌钽矿研究进展和攀西地区铌钽矿成因初探．矿床地质，31（2）：293-308.

王汾连，赵太平，陈伟，等．2013．峨眉山大火成岩省赋Nb-Ta-Zr矿化正长岩脉的形成时代和锆石Hf同位素组成．岩石学报，29：3519-3532.

王坤，邢长明，任钟元，等．2013．攀枝花镁铁质层状岩体磷灰石中的熔融包裹体：岩浆不混熔的证据．岩石学报，29：3503-3518．

王晓刚，黎荣，蔡俐鹏，等．2010．川滇黔峨眉山玄武岩铜矿成矿地质特征、成矿条件及找矿远景．四川地质学报，（2）：174-182．

夏宗实，薛康成．1996．四川省康滇地轴及其东缘砂岩铜矿的基本地质特征和成矿作用．四川地质科技情报，（1）：1-13．

徐义刚，钟孙霖．2001．峨眉山大火成岩省：地幔柱活动的证据及其熔融条件．地球化学，30（1）：1-9．

姚家栋．1988．西昌地区硫化铜（铂）镍矿床成因．地质矿产部成都地质矿产研究所．

姚培慧，王可南，杜春林，等．1993．中国铁矿志．北京：冶金工业出版社，633-649．

张成江，汪云亮，李晓林，等．1998．新街镁铁-超镁铁侵入体的铂族元素地球化学特征．地球化学，27（5）：458-466．

张晓琪．2013．攀西白马镁铁质层状侵入体及钒钛磁铁矿矿床成因．中国科学院大学博士学位论文．

张云湘，骆耀南，杨崇喜．1988．攀西裂谷．北京：地质出版社，1-466．

张招崇，王福生，郝艳丽，等．2004．峨眉山大火成岩省中苦橄岩与其共生岩石的地球化学特征及其对源区的约束．地质学报，78（2）：171-180．

章振根，姜泽春．1993．纳米矿床学——一门有前途的新科学．矿产与地质，7（3）：161-165．

赵亚曾．1929．Geological notes in_4 Szechuan．地质学报，（2）：137-149．

郑永飞，徐宝龙，周根陶．2000．矿物稳定同位素地球化学研究．地学前缘，7（2）：299-320．

钟宏，徐桂文，朱维光，等．2009．峨眉山大火成岩省中太和花岗岩的成因及构造意义．矿物岩石地球化学通报，28（2）：99-110．

朱炳泉，常向阳，胡耀国，等．2002a．滇—黔边境鲁甸沿河铜矿床的发现与峨眉山大火成岩省找矿新思路．地球科学进展，17（6）：912-917．

朱炳泉，张正伟，胡耀国．2002b．滇东北发现具工业价值的火山凝灰角砾岩层控型铜矿床．地质通报，21（7）：450．

朱炳泉，戴橦谟，胡耀国，等．2005．滇东北峨眉山玄武岩中两阶段自然铜矿化的 $^{40}Ar/^{39}Ar$ 与 U-Th-Pb 年龄证据．地球化学，34（3）：235-247．

朱笑青，章振根．1998．黔西南卡林型金矿成因的实验研究．科学通报，42（22）：2431-2434．

朱笑青，王中刚．2002．纳米粒子-胶体溶液-吸附作用—对某些金属矿床成因的探讨．中国地质，29（1）：82-85．

Ali J R, Thompson G M, Zhou M F, et al. 2005. Emeishan large igneous province, SW China. Lithos, 79: 475-489.

Andersen D J, Lindsley D H, Davidson P M. 1993. QUILF: A Pascal program to assess equilibria among Fe-Mg-Mn-Ti oxides, pyroxene, olivine, and quartz. Computers and Geosciences, 19: 1333-1350.

Arndt N T, Czamanske G, Walker R J, et al. 2003. Geochemistry and origin of the intrusive hosts of the Noril'sk-Talnakh Cu-Ni-PGE sulfide deposits. Economic Geology, 98: 495-515.

Arndt N T, Lesher C M, Czamanske G K. 2005. Mantle-derived magmas and magmatic Ni-Cu-(PGE) deposits. In Economic Geology 100th Anniversary Volume (eds. J. W. Hedenquist, J. F. H. Thompson, R. J. Goldfarb and J. P. Richards), 5-23.

Bai Z J, Zhong H, Naldrett A J, et al. 2012. Whole rock and mineral composition constraints on the genesis of the giant Hongge Fe-Ti-V oxide deposit in the Emeishan Large Igneous Province, SW China. Economic Geology, 107: 507-524.

Bai Z J, Zhong H, Li C, et al. 2014. Contrasting parental magma compositions for the Hongge and Panzhihua magmatic Fe-Ti-V oxide deposits, Emeishan large igneous province, SW China. Economic Geology, 109: 1763-1785.

Bao Z, Zhao Z. 2008. Geochemistry of mineralization with exchangeable REY in the weathering crusts of granitic rocks in South China. Ore Geology Reviews, 33 (3-4): 519-535.

Barnes S J. 1986. The effect of trapped liquid crystallization on cumulus mineral compositions in layered intrusions. Contributions to Mineralogy and Petrology, 93: 524-531.

Barnes S J, Couture J F, Sawyer E W, et al. 1993. Nickel-copper occurrences in the Belleterre-Angliers Belt of the Pontiac Subprovince and the use of Cu-Pd ratios in interpreting platinum-group element distributions. Economic Geology, 88: 1402-1418.

Barnes S J, Makovinky E, Makovinky M, et al. 1997a. Partition coefficients for Ni, Cu, Pd, Pt, Rh, and Ir between monosulfide solid solution and sulfide liquid and the formation of compositionally zoned Ni-Cu sulfide bodies by fractional crystallization of sulfide liquid. Canadian Journal of Earth Science, 34: 366-374.

Barnes S J, Zientek M L, Severson M J. 1997b. Ni, Cu, Au and platinum-group element contents of sulphides associated with intraplate magmatism: a synthesis. Canadian Journal of Earth Science, 34: 337-351.

Barnes S J, Maier W D. 1999. The fractionation of Ni, Cu and the noble metals in silicate and sulfide liquids, in Keays, R. R., Lesher, C. M., and Lightfoot, P. C., eds., Dynamic Processes in Magmatic Ore Deposits and their application in mineral exploration, Volume 13, Geological Association of Canada, 69-106.

Barnes S J, Melezhik V A, Sokolov S V. 2001. The composition and mode of formation of the Pechenga nickel deposits, Kola Peninsula, Northwestern Russia. Canadian Mineralogist, 39: 447-471.

Barnes S J, Lightfoot P C. 2005. Formation of magmatic nickel-sulfide ore deposits and processes affecting their copper and platinum-group element contents. In Economic Geology 100th Anniversary Volume (eds. J. W. Hedenquist, J. F. H. Thompson, R. J. Goldfarb and J. P. Richards), 179-213.

Bennett V C, Nutman A P, Esat T M. 2002. Constraints on mantle evolution from $^{187}Os/^{188}Os$ isotopic compositions of Archean ultramfic rocks from southern West Greenland (3.8 Ga) and Western Australia (3.46 Ga). Geochimica et Cosmochimica Acta, 66: 2615-2630.

Bezmen N I, Asif M, Brügmann G E, et al. 1994. Distribution of Pd, Rh, Ru, Ir, Os, and Au between sulfide and silicate metals. Geochimica et Cosmochimica Acta, 58: 1251-1260.

Bonin B. 2007. A-type granites and related rocks: evolution of a concept, problems and prospects. Lithos, 97: 1-29.

Borisov A, Palme H. 2000. Solubilities of noble metals in Fe-containing silicate melts as derived from experiments in Fe-free systems. American Mineralogist, 85: 1665-1673.

Botcharnikov R E, Almeev R R, Koepke J, et al. 2008. Phase relations and liquid lines of descent in hydrous ferrobasalt-Implications for the Skaergaard intrusion and Columbia River flood basalts. Journal of Petrology, 49: 1687-1727.

Boven A, Pasteels P, Punzalan L E, et al. 2002. $^{40}Ar/^{39}Ar$ geochronological constraints on the age and evolution of the Permo-Triassic Emeishan Volcanic Province, Southwest China. Journal of Earth Sciences, 20: 157-175.

Bowen N L. 1928. The evolution of the igneous rocks. Princeton University Press, Princeton.

Brandon A D, Norman M D, Walker R J, et al. 1999. $^{186}Os-^{187}Os$ systematics of Hawaiian picrites. Earth and Planetary Science Letters, 174: 25-42.

Brandon A D, Walker R J, Puchtel I S, et al. 2003. $^{186}Os-^{187}Os$ systematics of Gorgona Island komatiites: implications for early growth of the inner core. Earth and Planetary Science Letters, 206: 411-426.

Braun J J, Pagel M, Muller J P, et al. 1990. Cerium anomalies in lateritic profiles. Geochimica et Cosmochimica Acta, 54 (3): 781-795.

Braun J J, Pagel M, Herbilln A, et al. 1993. Mobilization and redistribution of REEs and thorium in a syenitic lateritic profile: A mass balance study. Geochimica et Cosmochimica Acta, 57 (18): 4419-4434.

Brügmann G E, Hanski E J, Naldrett A J, et al. 2000. Sulphide segregation in ferropicrites from the Pechenga Complex, Kola Peninsula, Russia. Journal of Petrology, 41: 1721-1742.

Buddington A F, Lindsley D H. 1964. Iron-titanium oxide minerals and synthetic equivalents. Journal of Petrology, 5: 310-357.

Cabri L J. 1981. Platinum-Group Elements: Mineralogy, Geology, Recovery. Can Inst Mining Metall, Spec, 23: 83-150.

Campbell I H, Naldrett A J. 1979. The influence of silicate: sulfide ratios on the geochemistry of magmatic sulfides. Economic Geology, 74: 1503-1506.

Campbell I H, Naldrett A J, Barnes S J. 1983. A model for the origin of the platinum-rich sulfide horizons in the Bushveld and Stillwater complexes. Journal of Petrology, 24: 133-165.

Campbell I H, Barnes S J. 1984. A model for the geochemistry of platinum-group elements in magmatic sulfide deposits. Canadian Mineralogist, 22: 151-160.

Campbell I H, Hill R I. 1988. A two-stage model for the formation of the granite-greenstone terrains of the Kalgoorlie-Norseman area, Western Australia. Earth and Planetary Science Letters, 90: 11-25.

Campbell I H. 1996. Fluid dynamic processes in basaltic magma chambers. In: Cawthorn R G (Editor), Layered Intrusions: Elsevier, 45-76.

Campbell I H. 1998. The mantle's chemical structure: Insights from the melting products of mantle plumes. In The Earth's Mantle: Composition, Structure and Evolution (ed I Jackson), 259-310. Cambridge University.

Campbell I H. 2002. Implications of Nb/U, Th/U and Sm/Nd in plume magmas for the relationship between continental and oceanic crust formation and the development of the depleted mantle. Geochimica et Cosmochimica Acta, 66: 1651-1661.

Capobianco C J, Drake M J. 1990. Partitioning of ruthenium, rhodium, and palladium between spinel and silicate melt and implications for platinum group element fractionation trends. Geochimica et Cosmochimica Acta, 54: 869-874.

Capobianco C J, Hervig R L, Drake M J. 1994. Experiments on crystal/liquid partitioning of Ru, Rh and Pd for magnetite and hematite solid solutions crystallized from silicate melt. Chemical Geology, 113: 23-43.

Carmichael I S E. 1991. The redox states of basic and silicic magmas: a reflection of their source regions. Contributions to Mineralogy and Petrology, 106: 129-141.

Cawthorn R G, Sander B K, Jones I M. 1992. Evidence for the trapped liquid shift effect in the Mount Ayliff intrusion, South Africa. Contributions to Mineralogy and Petrology, 111: 194-202.

Cawthorn R G, Barnes S J, Ballhaus C, et al. 2005. Platinum- group element, chromium, and vanadium deposits in mafic and ultramafic rocks. Economic Geology 100th Anniversary, 215-249.

Chai G, Naldrett A J. 1992. The Jinchuan Ultramafic Intrusion - Cumulate of a High- Mg Basaltic Magma: Journal of Petrology, 33 (2): 277-303.

Chazey W J, Neal C R. 2005. Platinum-group element constraints on source composition and magma evolution of the Kerguelen Plateau using basalts from ODP Leg 183. Geochimica et Cosmochimica Acta, 69: 4685-4701.

Chazot G, Lowry D, Menzies M, et al. 1997. Oxygen isotopic composition of hydrous and anhydrous mantle peridotites. Geochimica et Cosmochimica Acta, 61: 161-169.

Chung S L, Jahn B M. 1995. Plume- lithosphere interaction in generation of the Emeishan flood basalts at the Permian- Triassic boundary. Geology, 23: 889-892.

Chung S L, Jahn B M, Wu G, et al. 1998. The Emeishan flood basalt in SW China: a mantle plume initiation model and its connection with continental breakup and mass extinction at the Permian-Triassic boundary, In: M J F Flower, S L Chung, C H L, T Y Lee (Eds), Mantle Dynamics and Plate Interaction in East Asia, Geodynamics, 27: 47-58.

Clague D A. 1978. The oceanic basalt-trachyte association: an explanation of the Daly Gap. Journal of Geology, 86: 739-743.

Courtillot V E, Jaupart C, Manighetti I, et al. 1999. On causal links between flood basalts and continental breakup. Earth and Planetary Science Letters, 166: 177-195.

Courtillot V E, Renne P R. 2003. On the age of flood basalt events. Geoscience, 335: 113-140.

Cox K G. 1980. A model for flood basalt volcanism. Journal of Petrology, 21: 629-650.

Cullers R L, Medaris L G, Haskin L A. 1973. Experimental studies of the distribution of rare earths as trace elements among silicate minerals and liquids and water. Geochimica et Cosmochimica Acta, 37 (6): 1499-1512.

Cullers R L, Chaudhuri S, Arnold B, et al. 1975. Rare earth distributions in clay minerals and in the clay-sized fraction of the Lower Permian Havensville and Eskridge shales of Kansas and Oklahoma. Geochimica et Cosmochimica Acta, 39 (12): 1691-1703.

Cullers R L, Barrett T, Carlson R, et al. 1987. Rare-earth element and mineralogic changes in Holocene soil and stream sediment: a case study in the Wet Mountains, Colorado, USA. Chemical Geology, 63 (3-4): 275-297.

Dale C W, Gannoun A, Burton K W, et al. 2007. Rhenium- osmium isotope and elemental behaviour during subduction of oceanic crust and the implications for mantle recycling. Earth and Planetary Science Letters, 253: 211-225.

Dale C W, Pearson D G, Starkey N A, et al. 2009. Osmium isotopes in Baffin Island and West Greenland picrites: Implications for the $^{187}Os/^{188}Os$ compostition of the convecting mantle and the nature of high $^3He/^4He$ mantle. Earth and Planetary Science Letters, 278: 267-277.

Deer W A, Howie R A, Zussman J. 1996. An Introduction to the Rock-Forming Minerals, 2nd edition. Prentice Hall. 712.

Dong H, Xing C, Wang C Y. 2013. Textures and mineral compositions of the Xinjie layered intrusion, SW China: Implications for the origin of magnetite and fractionation process of Fe-Ti-rich basaltic magmas. Geoscience Frontiers, 4: 503-515.

Duke J M, Naldrett A J. 1978. A numerical model of the fractionation of olivine and molten sulfide from komatiite magma. Earth and Planetary Science Letters, 39: 255-266.

Dupuy C, Liotard J M, Dostal J. 1992. Zr/Hf fractionation in intraplate basaltic rocks: Carbonate metasomatism in the mantle source. Geochimica et Cosmochimica Acta, 56: 2417-2423.

Ebel D S, Naldrett A J. 1997. Crystalization of sulfide liquids and the interpretation of ore composition. Canadian Journal of Earth Sciences, 34: 352-365.

Elliot R P. 1965. Constitution of Binary Alloys (1st Supplement). McGraw-Hill, New York, 877.

Ely J C, Neal C R. 2002. Method of data reduction and uncertainty estimation for platinum-group element data using Inductively Coupled Plasma-Mass Spectrometry. Geostandards Newsletter, 26: 31-39.

Epler N E. 1987. Experimental study of Fe-Ti oxide ores from the Sybille pit in the Laramie anorthosite, Wyoming. Unpublished MSc. thesis, State University of New York at Stony Brook, Stony Brook, New York, 67.

Ernst R E, Buchan K L. 2003. Recognizing mantle plumes in the geological record: Annual Review of Earth and Planetary Sciences, 31 (1): 469-523.

Evans-Lamswood D M, Butt D P, Jackson R S, et al. 2000. Physical controls associated with the distribution of sulfides in the Voisey's Bay Ni-Cu-Co deposits, Labrador. Economic Geology, 95: 749-769.

Farnetani C G, Richards M A. 1994. Numerical investigations of the mantle plume initiation model for flood basalt events. Journal of Geophysical Research, 99: 13813-13833.

Fenner C N. 1929. The crystallization of basalts. American Journal of Sciences, 18: 225-253.

Fleet M E, Chryssoulis S L, Stone W E, et al. 1993. Partitioning of platinum-group elements and Au in the Fe-Ni-Cu-S system: experiments on the fractional crystallization of sulfide melt. Contributions to Mineralogy and Petrology, 115: 36-44.

Fleet M E, Crocket J H, Stone W E. 1996. Partitioning of platinum-group elements (Os, Ir, Ru, Pt, Pd) and gold between sulfide liquid and basalt melt. Geochimica et Cosmochimica Acta, 60: 2397-2412.

Fleet M E, Crocket J H, Liu M, et al. 1999. Laboratory partitioning of platinum-group elements (PGE) and gold with application to magmatic-PGE deposits. Lithos, 47: 127-142.

Foster J G, Lambert D D, Frick L R, et al. 1996. Re-Os isotopic evidence for genesis of Archean nickel ores from uncontaminated komatiites. Nature, 382: 703-706.

Francis R D. 1990. Sulfide globules in mid-ocean ridge basalts (MORB), and the effect of oxygen abundance in Fe-S-O liquids on the ability of those liquids to partition metals from MORB and komatiite magmas. Chemical Geology, 85: 199-213.

Frey M. 1987. Low Temperature Metamorphism. London: Blackie & Son Ltd, 114-160.

Frost B R, Lindsley D H, Andersen D J. 1988. Fe-Ti oxide-silicate equilibria: Assemblages with fayalitic olivine. American Mineralogist, 73: 727-740.

Gangopadhyay A, Walker R J. 2003. Re-Os systematics of the ca. 2.7-Ga komatiites from Alexo, Ontario, Canada. Chemical Geology, 196: 147-162.

Ganino C, Arndt N T, Zhou M F, et al. 2008. Interaction of magma with sedimentary wall rock and magnetite ore genesis in the Panzhihua mafic intrusion, SW China. Mineralium Deposita, 43: 677-694.

German C R, Klinkhammer G P, Edmond J M, et al. 1990. Hydrothermal scavenging of rare-earth elements in the ocean. Nature, 345 (6275): 516-518.

Gervilla F, Kojonen K. 2002. The platinum-group minerals in the upper section of the Keivitsansarvi Ni-Cu-PGE deposit, Northern Finland. Canadian Mineralogist, 40: 377-394.

Ghiorso M S, Sack R O. 1995. Chemical mass transfer in magmatic processes IV. A revised and internally consistent thermodynamic model for the interpolation and extrapolation of liquid-solid equilibria in magmatic systems at elevated temperatures and pressures. Contributions to Mineralogy and Petrology, 119: 197-212.

Gibson S A, Thompson R N, Dickin A P. 2000. Ferropicrites: geochemical evidence for Fe-rich streaks in upwelling mantle plumes. Earth and Planetary Science Letters, 174: 355-374.

Green T H. 1995. Significance of Nb/Ta as an indicator of geochemical processes in the crust-mantle system. Chemical Geology, 120: 347-359.

Guo F, Fan W, Wang Y, et al. 2004. When did the Emeishan mantle plume activity start? Geochronological and geochemical evidence from ultramafic-mafic dikes in southwestern China. International Geology Review, 46: 226-234.

Hallam A, Wignall P B. 1999. Mass extinction and sea-level changes, Earth Science Reviews, 48: 217-250.

Hanski E J, Smolkin V F. 1995. Iron- and LREE-enriched mantle source for early Proterozoic intraplate magmatism as exemplified by the Pechenga ferropicrites, Kola Peninsula, Russia. Lithos, 34: 107-125.

Hanski E J, Huhma H, Rastas P, et al. 2001. The Palaeoproterozoic komatiite-picrite association of Finnish Lapland. Journal of Petrology, 42: 855-876.

Hanski E J, Walker R J, Huhma H, et al. 2004. Origin of the Permian-Triassic komatiites, northwestern Vietnam. Contributions to

Mineralogy and Petrology, 147: 453-469.

Harney D M W, Merkle R K W. 1990. Pt-Pd minerals from the upper zone of the eastern Bushveld complex, South Africa. Canadian Mineralogist, 28: 619-628.

Haskin L A, Wildeman T R, Frey F A, et al. 1966. Rare earths in sediments. Journal of Geophysical Research, 71: 6091-6105.

Haughton D R, Roeder P L, Skinner B J. 1974. Solubility of sulfur in mafic magmas. Economic Geology, 69: 451-467.

He B, Xu Y G, Chung S L, et al. 2003. Sedimentary evidence for a rapid, kilometer scale crustal doming prior to the eruption of the Emeishan flood basalts. Earth and Planetary Science Letters, 213: 391-405.

He B, Xu Y G, Wang Y M, et al. 2006. Sedimentation and lithofacies paleogeography in SW China before and after the Emeishan flood volcanism: New insights into surface response to mantle plume activity. Journal of Geology, 114: 117-132.

He B, Xu Y G, Huang X L, et al. 2007. Age and duration of the Emeishan flood volcanism, SW China: Geochemistry and SHRIMP zircon U-Pb dating of silicic ignimbrites, post-volcanic Xuanwei Formation and clay tuff at the Chaotian section clay. Earth and Planetary Science Letters, 255: 306-323.

He B, Xu Y G, Guan, J P, et al. 2010a. Paleokarst on the top of the Maokou Formation: Further evidence for domal crustal uplift prior to the Emeishan flood volcanism. Lithos, 119: 1-9.

He B, Xu Y G, Zhong Y T, et al. 2010b. The Guadalupian - Lopingian boundary mudstones at Chaotian (SW China) are clastic rocks rather than acidic tuffs: Implication for a temporal coincidence between the end-Guadalupian mass extinction and the Emeishan volcanism. Lithos, 119: 10-19.

Hellebrand E, Snow J E, Hoppe P, et al. 2002. Garnet-field melting and late-stage refertilization in y Science Letters 255, 306-323. Srom the central Indian ridge. Journal of Petrology, 43: 2305-2338.

Herzberg C, O'Hara M J. 1998. Phase equilibrium constraints on the origin of basalts, picrites, and komatiites. Earth Science Reviews, 44: 39-79.

Hill R, Roeder P. 1974. The crystallization of spinel from basaltic liquid as a function of oxygen fugacity. Journal of Geology, 82: 709-729.

Hill I G, Worden R H, Meighan I G. 2000. Geochemical evolution of a palaeolaterite: the Interbasaltic Formation, Northern Ireland. Chemical Geology, 166 (1-2): 65-84.

Hoffman E, Maclean W H. 1976. Phase relations of michenerite and merenskyite in the Pd-Bi-Te system. Economic Geology, 71: 1461-1468.

Hofmann A W, Jochum K P, Seufert M, et al. 1986. Nb and Pb in oceanic basalts: new constraints on mantle evolution. Earth and Planetary Science Letters, 79: 33-45.

Hooper P R. 1988. Crystal fractionation and recharge (RFC) in the American Bar flows of the Imnaha basalt, Columbia River Basalt Group. Journal of Petrology, 29: 1097-1118.

Hopf S. 1993. Behaviour of rare earth elements in geothermal systems of New Zealand. Journal of Geochemical Exploration, 47 (1-3): 333-357.

Horan M F, Walker R J, Fedorenko V A, et al. 1995. Os and Nd isotopic constraints on the temporal and spatial evolution of Siberian flood basalt sources. Geochimica et Cosmochimica Acta, 59: 5159-5168.

Horan M F, Morgan J W, Walker R J, et al. 2001. Re-Os isotopic constraints on magma mixing in the peridotite zone of the Stillwater complex, Montana, USA. Contributions to Mineralogy and Petrology, 141: 446-457.

Hou T, Zhang Z C, Kusky T, et al. 2011. A reappraisal of the high-Ti and low-Ti classification of basalts and petrogenetic linkage between basalts and mafic-ultramafic intrusions in the Emeishan Large Igneous Province, SW China. Ore Geology Reviews, 41: 133-143.

Hou T, Zhang Z C, Pirajno F. 2012. A new metallogenic model of the Panzhihua giant V-Ti-iron oxide deposit (Emeishan Large Igneous Province) based on high-Mg olivine-bearing wehrlite and new field evidence. International Geology Review, 54: 1721-1745.

Howarth G H, Prevec S A. 2013. Hydration vs. oxidation: Modelling implications for Fe - Ti oxide crystallisation in mafic intrusions, with specific reference to the Panzhihua intrusion, SW China. Geoscience Frontiers, 4: 555-569.

Huang K N, Opdyke N D. 1998. Magnetostratigraphic investigations on an Emeishan basalt section in western Guizhou province, China. Earth and Planetary Science Letters, 163: 1-14.

Huppert H E, Sparks R S J. 1980. The fluid dynamics of a basaltic magma chamber replenished by influx of hot, dense ultrabasic magma. Contributions to Mineralogy and Petrology, 75: 279-289.

Huppert H E, Sparks R S J. 1988. The generation of granitic magmas by intrusion of basalt into continental crust. Journal of Petrology, 29: 599-624.

Ionov D A, Harmon R S, France-Lanord C, et al. 1994. Oxygen isotope composition of garnet and spinel peridotites in the continental mantle: Evidence from the Vitim xenolith suite, southern Siberia. Geochimica et Cosmochimica Acta, 8: 1463-1470.

Irvine T N. 1970. Crystallization sequences in the Muskox intrusion and other layered intrusions. 1. Olivine- pyroxene- plagioclase relations. The Geological Society of South Africa, Special Publications, 441-476.

Irvine T N. 1975. Crystallization sequences in the Muskox intrusion and other layered intrusions – II. Origin of chromitite layers and similar deposits of other magmatic ores. Geochimica et Cosmochimica Acta, 39: 991-1020.

Irvine T N. 1977. Origin of chromitite layers in the Muskox intrusion and other stratiform intrusions: a new interpretation. Geology, 5: 273-277.

Irvine T N. 1988. Muskox intrusion, Northwest Territories.

Jakobsen J, Tegner C, Brooks C, et al. 2010. Parental magma of the Skaergaard intrusion: constraints from melt inclusions in primitive troctolite blocks and FG-1 dykes. Contributions to Mineralogy and Petrology, 159: 61-79.

Jochum K P, Seufert H M, Spettel B, et al. 1986. The solar-system abundances of Nb, Ta, and Y, and the relative abundances of refractory lithophile elements in differentiated planetary bodies. Geochimica et Cosmochimica Acta, 50: 1173-1183.

Karakaya N. 2009. REE and HFS element behaviour in the alteration facies of the Erenler DagI Volcanics (Konya, Turkey) and kaolinite occurrence. Journal of Geochemical Exploration, 101 (2): 185-208.

Keays R R. 1995. The role of komatiitic and picritic magmatism and S-saturation in the formation of the ore deposits. Lithos, 34: 1-18.

Kemp A I S, Wormald R J, Whitehouse M J, et al. 2005. Hf isotopes in zircon reveal contrasting sources and crystallization histories for alkaline to peralkaline granites of Temora, southeastern Australia. Geology, 33: 797-800.

Kerr A, Leitch A M. 2005. Self- destructive sulfide segregation systems and the formation of high- grade magmatic ore deposits. Economic Geology, 100: 311-332.

Kerr, A C, Saunders A D, Tarney J, et al. 1995. Depleted mantle- plume geochemical signatures: No paradox for plume theories. Geology, 23: 843-846.

Kim W S, Chao G Y, Cabri L J. 1990. Phase relations in the Pd-Te system. J Less-Common Metals, 162: 61-74.

Lambert D D, Frick L R, Foster J G, et al. 2000. Re- Os isotope systematics of the Voiseyistry of Fe-Ti oxide and apafide system, Labrador, Canada: II. Implications for parental magma chemistry, ore genesis, and metal redistribution. Economic Geology, 95: 867-888.

Lassiter J C, Hauri E H. 1998. Osmium-isotope variations in Hawaiian lavas: evidence for recycled oceanic lithosphere in the Hawaiian plume. Earth and Planetary Science Letters, 164: 483-496.

Li C S, Barnes S - J, Makovicky E, et al. 1996. Partitioning of nickel, copper, iridium, rhenium, platinum, and palladium between monosulfide solid solution and sulfide liquid: effects of composition and temperature. Geochimica et Cosmochimica Acta, 61: 1231-1238.

Li C, Naldrett A J. 1999. Geology and petrology of the Voisey's Bay intrusion: reaction of olivine with sulfide and silicate liquids. Lithos, 47: 1-31.

Li C, Lightfoot P C, Amelin Y, et al. 2000. Contrasting petrological and geochemical relationships in the Voisey's Bay and Mushuau intrusions, Labrador, Canada: Implications for ore genesis. Economic Geology, 95: 771-799.

Li C, Ripley E M, Naldrett A J. 2009. A new genetic model for the giant Ni- Cu- PGE sulfide deposits associated with the Siberian flood basalts. Economic Geology, 104: 291-301.

Li C, Tao Y, Qi L, et al. 2012. Controls on PGE fractionation in the Emeishan picrites and basalts: Constraints from integrated lithophile-siderophile elements and Sr-Nd isotopes. Geochimica et Cosmochimica Acta, 90: 12-32.

Li X H, Li Z X, Sinclair J A, et al. 2006. Revisiting the "Yanbian Terrane": implications for Neoproterozoic tectonic evolution of the western Yangtze Block, South China. Precambrian Research, 151: 14-30.

Li Z X, Li X H, Kinny P D, et al. 1999. The break-up of Rodinia: did it start with a mantle plume beneath South China? Earth and Planetary Science Letters, 173: 171-181.

Li Z X, Li X H, Kinny P D, et al. 2003. Geochronology of Neoproterozoic syn-rift magmatism in the Yangtze Craton, South China and correlations with other continents: evidence for a mantle superplume that broke up Rodinia. Precambrian Research, 122: 85-109.

Lightfoot P C, Hawkesworth C J. 1997. Flood Basalts and Magmatic Ni, Cu, and PGE Sulphide Mineralization: Comparative Geochemistry of the Noril'sk (Siberian Traps) and West Greenland Sequences. In: J J Mahoney, M F Coffin, (Eds), Large Igneous Provinces: Continental, Oceanic, and Planetary Flood Volcanism, Geophysical Monograph, 100: 357-380.

Lightfoot P C, Keays R R. 2005. Siderophile and Chalcophile Metal Variations in Flood Basalts from the Siberian Trap, Noril'sk Region: Implications for the Origin of the Ni-Cu-PGE Sulfide Ores. Economic Geology, 100: 439-462.

Liu J H, Liu F T, He J K, et al. 2001. Study of seismic tomography in Panxi paleorift area of southwestern China. Science in China (Series D: Earth Science), 44: 277-288.

Lo C H, Chung S L, Lee T Y, et al. 2002. Age of the Emeishan flood magmatism and relations to Permian-Triassic boundary events. Earth and Planetary Science Letters, 198: 449-458.

Luan Y, Song X Y, Chen L M, et al. 2014. Key factors controlling the accumulation of the Fe-Ti oxides in the Hongge layered intrusion in the Emeishan Large Igneous Province, SW China. Ore Geology Reviews, 57: 518-538.

Ma C Q, Ehlers C, Xu C H. 2000. The roots of the Dabieshan ultrahigh-pressure metamorphic terrain: constraints from geochemistry and Nd-Sr isotope systematics. Precambrian Research, 102: 279-301.

Maier W D, Barnes S-J. 1999. Platinum-group elements in silicate rocks of the Lower, Critical and Main Zones at Union section, western Bushveld Complex. Journal of Petrology, 40: 1647-1671.

Maier W D. 2005. Platinum-group element (PGE) deposits and occurrences: Mineralization styles, genetic concepts, and exploration criteria. Journal of African Earth Sciences, 41: 165-191.

Maier W D, Barnes S J. 2009. Formation of PGE deposites in layered intrusions. In: Li C, Ripley E M (Eds.), New developments in magmatic Ni-Cu and PGE deposits. Beijing: Geological Publishing House, 250-276.

Mathison C I, Ahmat A L. 1996. The Windimurra Complex, Western Australia. In: R G Cawthorn (Ed.), Layered Intrusions. Elsevier, 485-510.

Mattey D, Lowry D, Macpherson C. 1994. Oxygen isotope composition of mantle peridotite. Earth and Planetary Science Letters, 128: 231-241.

McBirney A R. 1996. The Skaergaard intrusion. In: Cawthorn R G (ed) Layered Intrusions. Elsevier, Amsterdam, 147-180.

McCandless T E, Ruiz J, Adair B I, et al. 1999. Re-Os isotope and Pd/Ru variations in chromitites from the Critical Zone, Bushveld Complex, South Africa. Geochimica et Cosmochimica Acta, 63: 911-923.

McDonough W F, Sun S S. 1995. The composition of the earth. Chemical Geology, 120: 223-253.

Meisel T, Moser J, Wegscheider W. 2001. Recognizing heterogeneous distribution of platinum group elements (PGE) in geological materials by means of the Re-Os isotope system. Fresen J Anal Chem, 370: 566-572.

Morse S A. 1981. Kiglapait geochemistry IV: the major elements. Geochimica et Cosmochimica Acta, 45: 461-479.

Mostert A B, Hofmeyr P K, Potgieter G A. 1982. The platinum-group mineralogy of the Merensky Reef at the Impala Platinum Mines, Bophuthatswana. Economic Geology, 77: 1385-1394.

Mungall J E, Naldrett A J. 2008. Ore deposits of platinum-group elements. Elements, 4: 253-258.

Naldrett A J. 1999. World-class Ni-Cu-PGE deposits: key factors in their genesis. Mineralium Deposita, 34: 227-240.

Naldrett A J. 2010. Secular variation of magmatic sulfide deposits and their source magmas. Economic Geology, 105: 669-688.

Naldrett A J, Barnes S J. 1986. The behaviour of platinum group elements during fractional crystallization and partial melting with special reference to the composition of magmatic sulfide ores. Fortschr Mineralogist, 64: 113-133.

Naldrett A J, Gasparini E C, Barnes S J, et al. 1986. The Upper Critical Zone of the Bushveld Complex and the origin of Merensky-type ores. Economic Geology, 81: 1105-1117.

Naldrett A J, Lehmann J. 1988. Spinel nonstoichiometry as the explanation for Ni-, Cu-, and PGE-enriched sulphides in chromitites, In Geo-platinum 87 (eds H M Prichard, P J Potts, J F W Bowles, S J Cribb), 93-110, Elsevier.

Naldrett A J, Lightfoot P C, Fedorenko V, et al. 1992. Geology and geochemistry of intrusions and flood basalts of the Noril'sk region, USSR, with implications for the origin of the Ni-Cu ores. Economic Geology, 87: 975-1004.

Naldrett A J, Asif M, Scandl E, et al. 1999. Platinum-group elements in the Sudbury ores: significance with respect to the origin of different ore zones and to the exploration for footwall orebodies. Economic Geology, 94: 185-210.

Naldrett A J, Wilson A H, Kinnaird J, et al. 2009. PGE tenor and metal ratios within and below the Merensky Reef, Bushveld Complex: implications for its genesis. Journal of Petrology, 50: 625-659.

Naslund H R. 1984. Petrology of the Upper Border Series of the Skaergaard Intrusion. Journal of Petrology, 25: 185-212.

Nesbitt H W. 1979. Mobility and fractionation of rare earth elements during weathering of a granodiorite. Nature, 279 (17): 206-210.

Nesbitt H W, Markovics G. 1997. Weathering of granodioritic crust, long- term storage of elements in weathering profiles, and petrogenesis of siliciclastic sediments. Geochimica et Cosmochimica Acta, 61 (8): 1653-1670.

Nesbitt H, Young G. 1982. Early Proterozoic climates and plate motions inferred from major element chemistry of lutites. Nature, 299 (5885): 715-717.

Nesbitt H, MacRae N, Kronberg B I. 1990. Amazon deep- sea fan muds: light REE enriched products of extreme chemical weathering. Earth and Planetary Science Letters, 100 (1-3): 118-123.

Nielsen T F D, Brooks C K. 1995. Precious metals in magmas of East Greenland: factors important to the mineralization in the Skaergaard Intrusion. Economic Geology, 90: 1911-1917.

Niu Y, O'Hara M J. 2003. Origin of ocean island basalts: a new perspective from petrology, geochemistry, and mineral physics considerations. Journal of Geophysical Research 108, 2209, doi: 10. 1029/2002JB002048.

Palacios C M, Hein U F, Dulski P. 1986. Behaviour of rare earth elements during hydrothermal alteration at the Buena Esperanza copper-silver deposit, northern Chile. Earth and Planetary Science Letters, 80 (3-4): 208-216.

Pang K N, Li C, Zhou M F, et al. 2008a. Abundant Fe-Ti oxide inclusions in olivine from Panzhihua and Hongge layered intrusions, SW China: evidence for early saturation of Fe- Ti oxides in ferrobasaltic magma. Contributions to Mineralogy and Petrology, 156: 307-321.

Pang K N, Zhou M F, Lindsley D, et al. 2008b. Origin of Fe- Ti oxide ores in mafic intrusion: evidence from the Panzhihua intrusion, SW China. Journal of Petrology, 49: 295-313.

Pang K N, Li C, Zhou M F, et al. 2009. Mineral compositional constraints on petrogenesis and oxide ore genesis of the Panzhihua layered gabbroic intrusion, SW China. Lithos, 110: 199-214.

Patino L C, Velbel M A, Price J R, et al. 2003. Trace element mobility during spheroidal weathering of basalts and andesites in Hawaii and Guatemala. Chemical Geology, 202 (3-4): 343-364.

Peach C L, Mathez E, Keays R R. 1990. Sulfide melt- silicate melt distribution coefficients for noble metals and other chalcophile elements as deduced from MORB: implication for partial melting. Geochimica et Cosmochimica Acta, 54: 3379-3389.

Peach C L, Mathez E A, Keays R R, et al. 1994. Experimentlly determined sulfide-silicate melt partition coefficients for iridium and palladium. Chemical Geology, 117: 361-377.

Pearce J A, Harris N B, Tindle A G. 1984. Trace element discrimination diagrams for the tectonic interpretation of granitic rocks. Journal of Petrology, 25: 956-983.

Philipp H, Eckhardt J D, Puchelt H. 2001. Platinum-group elements (PGE) in basalts of the seaward-dipping reflector sequence, SE Greenland coast. Journal of Petrology, 42: 407-432.

Prudencio M I, Braga M A S, Gouveia M A. 1993. REE mobilization, fractionation and precipitation during weathering of basalts. Chemical Geology, 107 (3-4): 251-254.

Prytulak J, Elliott T. 2007. TiO$_2$ enrichment in ocean island basalts. Earth and Planetary Science Letters, 263: 388-403.

Puchtel I S, Humayun M. 2001. Platinum group element fractionation in a komatiitic basalt lava lake. Geochimica et Cosmochimica Acta, 65: 2979-2993.

Puchtel I S, Brügmann G E, Hofmann A W, et al. 2001a. Os isotopic systematics of komatiitic basalts from the Vetreny belt, Baltic Shield: evidence for a chondritic source of the 2. 45 Ga plume. Contributions to Mineralogy and Petrology, 140: 588-599.

Puchtel I S, Brügmann G E, Hofmann A W. 2001b. [187]Os- enriched domain in an Archean mantle plume: evidence from 2. 8 Ga komatiites of the Kostomuksha greenstone belt, NW Baltic Shield. Earth and Planetary Science Letters, 186: 513-526.

Puchtel I S, Brandon A D, Humayun M. 2004. Precise Pt-Re-Os isotope systematics of the mantle from 2. 7-Ga komatiites. Earth and Planetary Science Letters, 224: 157-174.

Qi L, Zhou M F. 2008. Platinum-group elemental and Sr-Nd-Os isotopic geochemistry of Permian Emeishan flood basalts in Guizhou Province, SW China. Chemical Geology, 248: 83-103.

Qi L, Wang C Y, Zhou M F. 2008. Controls on the PGE distribution of Permian Emeishan alkaline and peralkaline volcanic rocks in Longzhoushan, Sichuan Province, SW China. Lithos, 106: 222-236.

Regelous M, Hofmann A W, Abouchami W, et al. 2003. Geochemistry of lavas from the Emperor Seamounts, and the geochemical evolution of Hawaiian magmatism from 85 to 42 Ma. Journal of Petrology, 44: 113-140.

Reynolds I M. 1985a. Contrasted mineralogy and textural relationships in the uppermost titaniferous magnetite layers of the Bushveld Complex in the Bierkraal area north of Rustenburg. Economic Geology, 80: 1027-1048.

Reynolds I M. 1985b. The nature and origin of titaniferous magnetite-rich layers in the upper zone of the Bushveld complex: a review and synthesis. Economic Geology, 80: 1089-1106.

Righter K, Downs R T. 2001. The crystal structures of synthetic Re- and PGE- bearing magnesioferrite spinels: Implications for impacts, accretion and the mantle. Geophysical Research Letters, 28: 619-622.

Righter K, Campbell A J, Humayun M, et al. 2004. Partitioning of Ru, Rh, Pd, Re, Ir, and Au between Cr-bearing spinel, olivine, pyroxene and silicate melts. Geochimica et Cosmochimica Acta, 68: 867-880.

Ripley E M. 1990. Platinum-group element geochemistry of Cu- Ni mineralization in the basal zone of the Babbitt Deposit, Duluth Complex, Minnesota. Economic Geology, 85: 830-841.

Roeder P L, Emslie R F. 1970. Olivine-liquid equilibrium. Contributions to Mineralogy and Petrology, 29: 275-289.

Rogers N W, Davies M K, Parkinson I J, et al. 2010. Osmium isotopes and Fe/Mn ratios in Ti-rich picritic basalts from the Ethiopian flood basalt province: No evidence from core contribution to the Afar plume. Earth and Planetary Science Letters, 296: 413-422.

Rollinson H R. 1993. Using Geochemical Data: Evaluation, Presentation, Interpretation. Essex: Longman pp. 352.

Rollinson H. 1995. Using Geochemical Data. Longman Singapore Publishers (Pte) Ltd Singapore, 352.

Rudnick R L, McDonough W F, Chappell B W. 1993. Carbonatite metasomatism in the northern Tanzanian mantle: Petrographic and geochemical characteristics. Earth and Planetary Science Letters, 114: 463-475.

Ryan M P. 1987. Neutral buoyancy and mechanical evolution of magmatic systems. Special Publication of Geochemical Society, 1: 259-287.

Sá J H S, Barnes S J, Prichard H M, et al. 2005. The distribution of base metals and platinum-group elements in magnetite and its Rio Jacaré intrusion, northeastern Brazil. Economic Geology, 100: 333-348.

Schaefer B F, Parkinson I J, Hawkesworth C J. 2000. Deep mantle plume osmium isotope signature from West Greenland Tertiary picrites. Earth and Planetary Science Letters, 175: 105-118.

Seabrook C L, Prichard H M, Fisher P C. 2004. Platinum-group minerals in the Raglan Ni-Cu-(PGE) sulfide deposit, Cape Smith, Quebec, Canada. Canadian Mineralogist, 42: 485-497.

She Y W, Yu S Y, Song X Y, et al. 2014. The formation of P-rich Fe-Ti oxide ore layers in the Taihe layered intrusion, SW China: Implications for magma-plumbing system process. Ore Geology Reviews, 57: 539-559.

Shellnutt J G, Zhou M F. 2007. Permian peralkaline, peraluminous and metaluminous A- type granites in the Panxi district, SW China: Their relationship to the Emeishan mantle plume. Chemical Geology, 243: 286-316.

Shellnutt J G, Zhou M F. 2008. Permian, rifting related fayalite syenite in the Panxi region, SW China. Lithos, 101: 54-73.

Shellnutt J G, Zhou M F, Yan D P, et al. 2008. Longevity of the Permian Emeishan mantle plume (SW China): 1Ma, 8Ma or 18Ma? Geological Magazine, 145: 373-388.

Shirey S B. 1997. Re-Os compositions of mid-continent rift system picrites: Implications for plume-lithosphere interaction and enriched mantle sources. Canadian Journal of Earth Sciences, 34: 489-503.

Sisson T W, Grove T L. 1993. Experimental investigations of the role of H_2O in calc-alkaline differentiation and subduction zone magmatism. Contributions to Mineralogy and Petrology, 113: 143-166.

Skinner B J, Luce F D, Dill J A, et al. 1976. Phase relations in ternary portions of the system Pt-Pd-Fe-As-S. Economic Geology, 71: 1469-1475.

Smith P M, Asimow P D. 2005. Adiabat_ 1ph: A new public front-end to the MELTS, pMELTS, and pHMELTS models. Geochemistry Geophysics Geosystems 6: DOI: 10.1029/2004GC000816.

Song X Y, Zhou M F, Hou Z Q, et al. 2001. Geochemical constraints on the mantle source of the upper Permian Emeishan continental flood basalts, southwestern China. International Geology Review, 43: 213-225.

Song X Y, Zhou M F, Cao Z M, et al. 2003. Ni-Cu-(PGE) magmatic sulfide deposits in the Yangliuping area, Permian Emeishan igneous province, SW China. Mineralium Deposita, 38: 831-843.

Song X Y, Zhou M F, Cao Z M, et al. 2004a. Late Permian rifting of the South China craton caused by the Emeishan mantle plume? Journal of the Geological Society of London, 161: 773-781.

Song X Y, Zhou M F, Cao Z M. 2004b. Genetic relationships between base-metal sulfides and platinum-group minerals in the Yangliuping Ni – Cu – (PGE) sulfide deposit, southwestern China. The Canadian Mineralogist, 42: 469-483.

Song X Y, Zhou M F, Wang C Y, et al. 2006a. Role of Crustal Contamination in Formation of the Jinchuan Intrusion and Its World-Class Ni-Cu-(PGE) Sulfide Deposit, Northwest China. International Geology Review, 48: 1113-1132.

Song X Y, Zhou M F, Keays R R, et al. 2006b. Geochemistry of the Emeishan flood basalts at Yangliuping, Sichuan, SW China: implications for sulfide segregation. Contributions to Mineralogy and Petrology, 152: 53-74.

Song X Y, Zhou M F, Tao Y, et al. 2008. Controls on the metal compositions of magmatic sulfide deposits in the Emeishan large igneous province, SW China. Chemical Geology, 253: 38-49.

Song X Y, Qi H W, Robinson P T, et al. 2008. Melting of the subcontinental lithospheric mantle by the Emeishan mantle plume: evidence from the basal alkaline basalts in Dongchuan, Yunnan, Southwestern China. Lithos, 100: 93-111.

Song X Y, Keays R R, Xiao L, et al. 2009. Platinum-group element geochemistry of the continental flood basalts in the central Emeisihan Large Igneous Province, SW China. Chemical Geology, 262 (3-4): 246-261.

Song X Y, Qi H W, Hu R Z, et al. 2013. Formation of thick stratiform Fe-Ti oxide layers in layered intrusion and frequent replenishment of fractionated mafic magma: Evidence from the Panzhihua intrusion, SW China. Geochemistry Geophysics Geosystems, 14: 712-732.

Sparks R S J. 1986. The role of crustal contamination in magma evolution through geological time. Earth and Planetary Science Letters, 78: 211-223.

Sun S S, McDonough W F. 1989. Chemical and isotopic systematics of oceanic basalts: implications for mantle composition and processes. In: Saunders A D, Norry M J, eds Magmatism in the Ocean Basins. Geological Society, London, Special Publications, no. 42: 313-345.

Sverjensky D A. 1984. Europium redox equilibria in aqueous solution. Earth and Planetary Science Letters, 67 (1): 70-78.

Symonds R B, Rose W I, Reed M H. 1987. Contribution of Cl- and F-bearing gases to the atmosphere by volcanoes. Nature, 334: 415-418.

Tao Y, Li C, Hu R Z, et al. 2007. Petrogenesis of the Pt-Pd mineralized Jinbaoshan ultramafic intrusion in the Permian Emeishan large igneous province, SW China. Contributions to Mineralogy and Petrology, 153: 321-337.

Tao Y, Li C, Song X Y, et al. 2008. Mineralogical, petrological and geochemical studies of the Limahe mafic-ultramafic intrusion and associated Ni-Cu sulfide ores, SW China. Mineralium Deposita, 43: 849-872.

Tao Y, Li C S, Hu R Z, et al. 2010. Re-Os isotopic constraints on the genesis of the Limahe Ni-Cu deposit in the Emeishan large igneous province, SW China. Lithos, 119 (1-2): 137-146.

Taylor S R, Mclennan S M. 1985. The continental Crust: its composition and evolution, Blackwell, Oxford, 312.

Tegner C, Cawthorn R G, Kruger F J. 2006. Cyclicity in the Main and Upper Zones of the Bushveld Complex, South Africa: crystallization from a zoned magma sheet. Journal of Petrology, 47: 2257-2279.

Tegner C, Thy P, Holness M B, et al. 2009. Differentiation and Compaction in the Skaergaard Intrusion. Journal of Petrology, 50: 813-840.

Thériault R D, Barnes S J, Severson M J. 2000. Origin of Cu-Ni-PGE sulfide mineralization in the Partridge River intrusion, Duluth Complex, Minnesota. Economic Geology, 95: 929-943.

Thy P, Lesher C E, Tegner C. 2009. The Skaergaard liquid line of descent revisited. Contributions to Mineralogy and Petrology, 157: 735-747.

Tollari N, Toplis M J, Barnes S J. 2006. Predicting phosphate saturation in silicate magmas: An experimental study of the effects of melt composition and temperature. Geochimica et Cosmochimica Acta, 70: 1518-1536.

Toplis M J, Libourel G, Carroll M R. 1994. The role of phosphorus in crystallization processes of basalt: an experimental study. Geochimica et Cosmochimica Acta, 58: 797-810.

Toplis M J, Carroll M R. 1995. An experimental study of the influence of oxygen fugacity on Fe-Ti oxide stability, phase relations, and mineral-melt equilibria in ferro-basaltic systems. Journal of Petrology, 36: 1137-1170.

Turner J S, Campbell I H. 1986. Convection and mixing in magma chambers. Earth Science Reviews, 23: 255-352.

Turner S P, Foden J D, Morrison R S. 1992. Derivation of A-type magmas by fractionation of basaltic magma: an example from the Padthaway Ridge, South Australia. Lithos, 28: 151-179.

Viers J, Dupr B, Polve M, et al. 1997. Chemical weathering in the drainage basin of a tropical watershed (Nsimi-Zoetele site, Cameroon): comparison between organic-poor and organic-rich waters. Chemical Geology, 140 (3-4): 181-206.

Vogel D C, Keays R R, James R S, et al. 1999. The geochemistry and petrogenesis of the Agnew intrusion, Canada: a product of S-undersaturated, high-Al and low-Ti tholeiitic magmas. Journal of Petrology, 40: 423-450.

Wager L R, Brown G M. 1968. Layered Igneous Rocks. Oliver and Boyd, Edinburgh, London, 588.

Walker R J, Morgan J W, Horan M F, et al. 1994. Re-Os isotopic evidence for an enriched-mantle source for the Noril'sk-type, ore-bearing intrusions, Siberia. Geochimica et Cosmochimica Acta, 58: 4179-4197.

Walker R J, Morgan J W, Horan M F. 1995. ^{187}Os enrichment in some mantle plume sources: Evidence for core-mantle interaction? Science, 269: 819-822.

Walker R J, Morgan J W, Hanski E J, et al. 1997. Re-Os systematics of Early Proterozoic ferropicrites, Pechenga Complex, NW Russia: Evidence for ancient ^{187}Os-enriched plumes. Geochimica et Cosmochimica Acta, 61: 3145-3160.

Walker R J, Storey M, Kerr A, et al. 1999. Implications of ^{187}Os heterogeneities in mantle plumes: Evidence from Gorgona Island and Curacao. Geochimica et Cosmochimica Acta, 63: 713-728.

Walker R J, Stone W R. 2001. Os isotope constraints on the origin of the 2.7 Ga Boston Creek flow, Ontario, Canada. Chemical Geology, 175: 567-579.

Walker R J, Nisbet E. 2002. ^{187}Os isotopic constraints on Archean mantle dynamics. Geochimica et Cosmochimica Acta, 66: 3317-3325.

Walker R J, Prichard H M, Ishiwatari A, et al. 2002. The osmium isotopic compositions of the convecting upper mantle deduced from ophiolite chromitites. Geochimica et Cosmochimica Acta, 66: 329-345.

Wang C Y, Zhou M F, Keays R R. 2006. Geochemical constraints on the origin of the Permian Baimazhai mafic ultramafic sill, ion, SW China. Contributions to Mineralogy and Petrology, 152: 309-321.

Wang C Y, Zhou M F, Qi L. 2007. Permian flood basalts and mafic intrusions in the Jinping (SW China) - Song Da (northern Vietnam) district: Mantle sources, crustal contamination and sulfide segregation. Chemical Geology, 243: 317-343.

Wang C Y, Zhou M F, Zhao D. 2008. Fe-Ti-Cr oxides from the Permian Xinjie mafic-ultramafic layered intrusion in the Emeishan large igneous province, SW China: Crystallization from Fe- and Ti-rich basaltic magmas. Lithos, 102: 198-217.

Wang C Y, Zhou M F, Qi L. 2010, Origin of extremely PGE-rich mafic magma system: An example from the Jinbaoshan ultramafic sill, Emeishan large igneous province, SW China. Lithos, 119 (1-2): 147-161.

Wang C Y, Zhou M F. 2013. New textural and mineralogical constraints on the origin of the Hongge Fe-Ti-V oxide deposit, SW China. Mineralium Deposita, 48: 787-798.

Weyer S, Münker C, Rehkämper M, et al. 2002. Determination of ultra low Nb, Ta, Zr, and Hf concentrations and precise Nb/Ta and Zr/Hf ratios by isotope dilution analyses with multiple collector ICP-MS. Chemical Geology, 187: 295-313.

Wilkinson M, Crowley S E, Marshall J D. 1992. Model for the evolution of oxygen isotope ratios in the pore fluids of mudrocks during burial. Marine and Petroleum Geology, 9: 98-105.

Wilson J R, Robins B, Nielsen F M, et al. 1996. The Bjerkhreim-Sokndal layered intrusion, Southwest Norway. In: Cawthorn R G (ed.) Layered Intrusions. Elsevier, Amsterdam, 231-255.

Wolf R, Anders E. 1980. Moon and Earth: compositional differences inferred from siderophiles, volatiles, and alkalis in basalts. Geochimica et Cosmochimica Acta, 44: 2111-2124.

Xiao L, Xu Y G, Mei H J, et al. 2004. Distinct mantle sources of low-Ti and high-Ti basalts from the western Emeishan large igneous province, SW China: implications for plume-lithosphere interaction. Earth and Planetary Science Letters, 228: 525-546.

Xu J F, Suzuki K, Xu Y G, et al. 2007. Os, Pb, and Nd isotope geochemistry of the Permian Emeishan continental flood basalts: insights into the source of a large igneous province. Geochimica et Cosmochimica Acta, 71: 2104-2119.

Xu Y G, He B, Chung S L, et al. 2004. Geologic, geochemical, and geophysical consequences of plume involvement in the Emeishan flood-basalt province. Geology, 32: 917-920.

Xu Y G, Luo Z Y, Huang X L, et al. 2008. Zircon U-Pb and Hf isotope constraints on crustal melting associated with the Emeishan mantle plume. Geochimica et Cosmochimica Acta, 72: 3084-3104.

Xu Y, Chung S L, Jahn B M, et al. 2001. Petrologic and geochemical constraints on the petrogenesis of Permian-Triassic Emeishan flood basalts in southwestern China. Lithos, 58: 145-168.

Yang R, Wang W, Zhang X, et al. 2008. A new type of rare earth elements deposit in weathering crust of Permian basalt in western Guizhou, NW China. Journal of Rare Earths, 26 (5): 753-759.

Zhang X Q, Song X Y, Chen L M, et al. 2012. Fractional crystallization and the formation of thick Fe-Ti oxide stratiform in the Baima layered intrusion, SW China. Ore Geology Reviews, 49: 96-108.

Zhang Z C, Mao J W, Mahoney J J, et al. 2005. Platinum group elements in the Emeishan large province, SW China: implications for mantle source. Geochemical Journal, 39: 371-382.

Zhang Z C, Zhi X C, Chen L, et al. 2008. Re-Os isotopic compositions of picrites from the Emeishan flood basalt province, China. Earth and Planetary Science Letters, 276: 30-39.

Zhang Z X, Yang X Y, Wen H J. 2010. Geochemical characteristics of the Xuanwei Formation in West Guizhou: Significance of sedimentary environment and mineralization. Chinese Journal of Geochemistry, 29 (4): 355-364.

Zhang Z, Mahoney J J, Mao J W, et al. 2006. Geochemistry of picritic and associated basalt flows of the western Emeishan flood basalt province, China. Journal of Petrology, 47: 1997-2019.

Zhang Z, Mao J, Saunders A D, et al. 2009. Petrogenetic modeling of three mafic-ultramafic layered intrusions in the Emeishan large igneous province, SW China, based on isotopic and bulk chemical constraints. Lithos, 113: 369-292.

Zhang Z, Yang X, Li S, et al. 2010. Geochemical characteristics of the Xuanwei Formation in West Guizhou: Significance of sedimentary environment and mineralization. Chinese Journal of Geochemistry, 29 (4): 355-364.

Zheng Y F, Zhao Z F, Wu Y B, et al. 2006. Zircon U-Pb age, Hf and O isotope constraints on protolith origin of ultrahigh-pressure eclogite and gneiss in the Dabie orogen. Chemical Geology, 231: 135-158.

Zhong H, Hu R Z, Wilson A H, et al. 2005. Review of the Link between the Hongge Layered Intrusion and Emeishan Flood Basalts, Southwest China. International Geology Review, 47: 971-985.

Zhong H, Campbell I H, Zhu W G, et al. 2011a. Timing and source constraints on the relationship between mafic and felsic intrusions in the Emeishan large igneous province. Geochimica et Cosmochimica Acta, 75: 1374-1395.

Zhong H, Qi L, Hu R Z, et al. 2011b. Rhenium-osmium isotope and platinum-group elements in the Xinjie layered intrusion, SW China: Implications for source mantle composition, mantle evolution, PGE fractionation and mineralization. Geochimica et Cosmochimica Acta, 75: 1621-1641.

Zhong H, Zhou X H, Zhou M F, et al. 2002. Platinum-group element geochemistry of the Hongge Fe-V-Ti deposit in the Pan-Xi area, southwestern China. Mineralium Deposita, 37: 226-239.

Zhong H, Yao Y, Hu S F, et al. 2003. Trace-element and Sr-Nd isotopic geochemistry of the PGE-Bearing Hongge layered intrusion, Southwestern China. International Geology Review, 45: 371-382.

Zhong H, Yao Y, Prevec S A, et al. 2004. Trace-element and Sr-Nd isotope geochemistry of the PGE-bearing Xinjie layered intrusion in SW China. Chemical Geology, 203: 237-252.

Zhong H, Zhu W G. 2006. Geochronology of layered mafic intrusions from the Pan-Xi area in the Emeishan large igneous province, SW China. Mineralium Deposita, 41: 599-606.

Zhong H, Zhu W G, Qi L, et al. 2006. Platinum-group element (PGE) geochemistry of the Emeishan basalts in the Pan-Xi area, SW China. Chinese Science Bulletin, 51: 845-854.

Zhong H, Zhu W G, Song X Y, et al. 2007. SHRIMP U-Pb zircon geochronology, geochemistry, and Nd-Sr isotopic study of contrasting granites in the Emeishan large igneous province, SW China. Chemical Geology, 236: 112-133.

Zhong H, Zhu W G, Hu R Z, et al. 2009. Zircon U-Pb age and Sr-Nd-Hf isotope geochemistry of the Panzhihua A-type syenitic intrusion in the Emeishan large igneous province, southwest China and implications for growth of juvenile crust. Lithos, 110: 109-128.

Zhou M F, Malpas J, Song X Y, et al. 2002a. A temporal link between the Emeishan large igneous province (SW China) and the end-Guadalupian mass extinction. Earth and Planetary Science Letters, 196: 113-122.

Zhou M F, Yan D P, Kennedy A K, et al. 2002b. SHRIMP U-Pb zircon geochronological and geochemical evidence for Neoproterozoic arc-magmatism along the western margin of the Yangtze block, South China. Earth and Planetary Science Letters,

196: 51-67.

Zhou M F, Robinson P T, Lesher C M, et al. 2005. Geochemistry, petrogenesis and metallogenesis of the Panzhihua gabbroic layered intrusion and associated Fe-Ti-V oxide deposits, Sichuan Province, SW China. Journal of Petrology, 46: 2253-2280.

Zhou M F, Ma Y X, Yan D P, et al. 2006a. The Yanbian terrane (southern Sichuan Province, SW China): a Neoproterozoic arc assemblage in the western margin of the Yangtze Block. Precambrian Research, 144: 19-38.

Zhou M F, Zhao J H, Qi L, et al. 2006b. Zircon U-Pb geochronology and elemental and Sr-Nd isotopic geochemistry of Permian mafic rocks in the Funing area, SW China. Contributions to Mineralogy and Petrology, 151: 1-19.

Zhou M F, Arndt N T, Malpas J, et al. 2008. Two magma series and associated ore deposit types in the Permian Emeishan large igneous province, SW China. Lithos, 103: 352-368.

Zhou M F, Chen W T, Wang C Y, et al. 2013. Two stages of immiscible liquid separation in the formation of Panzhihua-type Fe-Ti-V oxide deposits, SW China. Geoscience Frontiers, 4: 481-502.

Zhu B Q, Hu Y G, Zhang Z W, et al. 2003. Discovery of the copper deposits with features of the Keweenawan type in the border area of Yunnan and Guizhou provinces. Science in China (Series D: Earth Sciences), 46: 60-72.

Zhu W G, Zhong H, Deng H L, et al. 2006. SHRIMP zircon U-Pb age, geochemistry and Nd-Sr isotopes of the Gaojiacun mafic-ultramafic intrusive complex, SW China. International Geology Review, 48: 650-668.

Zhu W G, Zhong H, Hu R Z, et al. 2010. Platinum-group minerals and tellurides from the PGE-bearing Xinjie layered intrusion in the Emeishan Large Igneous Province, SW China. Mineralogy and Petrology, 98: 167-180.

第四篇

找矿预测技术和战略靶区预测

　　随着勘查工作的不断深入，找矿工作的难度越来越大，找矿勘查已越来越依赖于成矿理论和找矿技术方法的创新。一方面，成矿理论研究的创新可为进一步找矿提出新思维和新方向；另一方面，矿产资源的评价和寻找也依赖于探测技术的创新。从某种程度上讲，探测技术是成矿理论与找矿评价之间的纽带。只有在成矿理论的指导下，通过成矿规律的正确把握和不同景观区找矿技术方法的实验研究，才能推动找矿工作的重大突破。本篇主要通过矿床构造、植被覆盖区含矿遥感信息识别、深穿透地球化学、地球化学和地球物理标志等方面的研究，探讨了它们在找矿预测中的应用。

第十八章　矿床构造与找矿预测

第一节　石英脉型钨矿——以江西省浒坑钨矿为例

浒坑钨矿位于赣西武功山地区，是一个大型石英脉黑钨矿矿床。该矿最初发现于 1950 年，当时探明的储量规模仅为小型，但经过 50 多年的矿山生产勘探，目前已成为一个大型的石英脉型钨矿床。正因为该矿不是一次勘查成型的矿床，因此近 50 年来几乎没有引起研究者的重视。在公开出版的书籍和期刊中，仅有零星的记录和研究。地质科研仅在 1966 年矿床勘探的同时开展过，提交了《浒坑钨矿床盲脉赋存规律的探讨》报告，探讨了矿床与断裂、花岗岩之间的关系，确定了控矿因素，对浅部矿床的勘探起到了指导作用。刘志萍和徐勇（2004）对矿脉赋存规律进行了总结，认为深部矿脉随内接触带的南倾并向南平移，呈现出东疏西密的特征，指出了深部找矿的方向应在矿区的西南部。

浒坑岩体的地理位置比较特殊，它位于武功山混合岩的中心部位，分布于万龙山复式岩体的南部边缘，浒坑钨矿床是武功山钨（Mo、Bi、Sn、Be、Nb-Ta）成矿带的重要组成部分。武功山是一个典型的中生代变质核杂岩构造（Faure et al.，1996；孙岩等，1997；舒良树等，1998，2000），由中心的花岗质杂岩、大型拆离断层和南北两侧盆地构造所组成（舒良树等，1998），具有明显的三层构造。武功山地区曾发生过多期岩浆活动，形成的岩体在武功山地区分布面积很广，出露的岩体有山庄岩体、张佳坊岩体、新泉岩体、青万龙山岩体、雅山岩体、浒坑岩体、明月山岩体和温汤岩体等。这些岩体代表着两期不同时代的岩浆活动，早期岩浆活动发生在早古生代晚期（加里东期，460.5～427.9Ma），晚期岩浆活动发生在晚中生代（燕山期，161.0～126.3Ma）（舒良树等，1998；楼法生等，2005）。关于浒坑岩体，前人研究认为它属于万龙山岩体的一部分（江西省地质矿产局，1984），时代为晚侏罗世，其白云母花岗岩中黑云母的 K-Ar 年龄为 158Ma，白云母的 K-Ar 年龄为 169.1Ma，含钨石英脉中白云母的 K-Ar 年龄为 150.2Ma，表明其成岩成矿时代为晚侏罗世。与西华山钨矿和漂塘钨矿等相比，浒坑钨矿的研究程度比较低。已有资料显示钨矿脉均产于花岗岩内接触带，对其矿田构造与成矿关系的认识直接影响深部隐伏矿体的预测。

一、矿床地质特征

浒坑钨矿床产于武功山复式背斜东南翼燕山期的浒坑花岗岩株南缘，属中–高温热液石英脉型黑钨矿床，断裂和花岗岩株内接触带中的原生裂隙控制含钨石英脉产出（图 18.1），总矿化面积大于 6km², 矿化深度沿岩株内接触带延伸至−400m 标高以下。

矿区内出露震旦系老虎塘组和里坑组，为一套泥砂质夹钙硅质的浅变质岩，主要岩性有云母片岩、云母石英片岩、千枚状石英片岩、斑状石英砂岩、片麻岩、变粒岩和混合岩等。岩层产状较平缓，总体倾向南—南东、倾角 25°～40°。在矿区南面大脉区段西南部浒坑花岗岩株的围岩成分中富含泥质，产状与接触面产状近于一致，构成良好的成矿地球化学障，内接触带中的原生裂隙便成了矿质沉淀富集的良好场所。

浒坑花岗岩株为晚侏罗世岩浆活动的产物，侵位于震旦系老虎塘组地层中，出露面积约 14km²。岩株形态不规则，岩枝发育。接触面不平整，呈舒缓波状，四面倾伏，南面较缓，倾角 25°～35°，控制深度已到−320m 标高。边缘相宽度几十厘米至数十米，主要岩石是细粒花岗岩，局部见似伟晶岩与变质岩捕

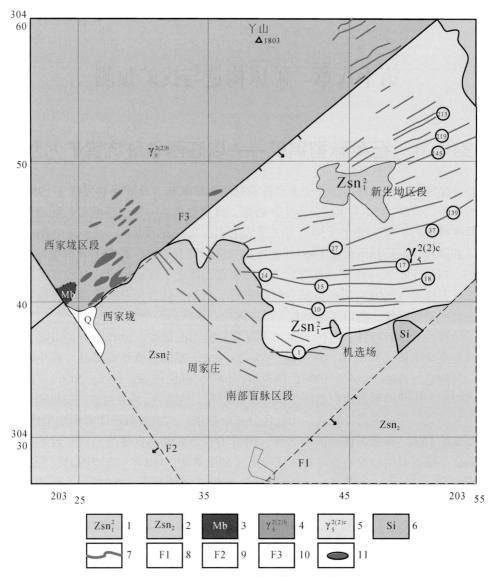

图 18.1　浒坑钨矿区地质略图（据秦建云等，2005）

1. 老虎塘组绢云母千枚岩；2. 里坑组绢云母千枚岩；3. 片麻状混合岩；4. 燕山早期第二次白云母花岗岩；5. 燕山早期第三次
白云母花岗岩；6. 硅质岩；7. 大脉状矿脉；8. 浒–章断裂；9. 浒–西断裂；10. 西–丫断裂；11. 网脉状矿体

房体。过渡相为中细粒白云母花岗岩，石榴子石含量高，普遍硅化、云英岩化，伴随钨、锌、铋、硫矿化。至岩体中深部位，则出现比较典型的中粒–中粗粒白云母花岗岩。岩体中三氧化钨含量一般为 160 ~ 1100ppm，平均为 563ppm，比燕山期花岗岩平均含量（7.5ppm）高 75 倍，为浒坑钨矿床的形成提供了丰富的矿质来源。矿脉主要发育于岩体内接触带原生裂隙中，富集于接触面畸变部位。细粒白云母花岗岩岩墙（3mγ）：位于 207 线以东，20m 标高以下，侵入浒坑花岗岩株之中，东西走向，往深部规模渐大。岩石呈灰至灰白色，细粒结构、块状构造，局部显示微弱的定向构造。组成矿物主要是石英、钾长石、斜长石、白云母，普遍可见石榴子石、萤石、黄铁矿和碳酸盐矿物。石英 30% ~ 35%，钾长石 30% ~ 40%，斜长石 25% ~ 34%，白云母 3% ~ 4%。矿物粒径一般为 0.1 ~ 2mm。岩石具硅化、云英岩化。岩墙外侧中粗粒白云母花岗岩中矿脉增多。脉岩：在变质岩和中细粒–细粒白云母花岗岩中，产出有长英质岩脉和花岗细晶岩脉。岩脉宽一般数十厘米、长数十米。脉岩与矿化无明显的直接关系。

　　矿区内老虎塘组是一套经过浅–中等变质程度的区域变质岩系。在岩浆的热力作用下，原岩的外貌、矿物成分和结构构造发生了不同程度的变化，在岩体周围形成一个比较明显的热变质晕圈。接触热变质现象围绕浒坑花岗岩株呈环带展布，带宽约 300m，其主要特征是原岩角岩化普遍。根据热变质晕圈内岩石类型、矿物成分、岩石的结构构造、角岩化的强弱程度及岩脉出现的多少，从接触面往外，可将热变质晕圈划分为两个蚀变带，即强角岩带、弱角岩带，角岩带宽度 70～100m（图 18.2）。浒坑钨矿床位于加里东褶皱系北缘的次级构造武功山复式背斜的南翼。矿床的成矿构造主要受区域北东向和东西向构造线的控制。浒坑岩株的原生构造和老虎塘组地层的褶皱构造形态对矿床的形成也起着一定的控制作用。区内老虎塘组地层呈舒缓波状，以 30°～45° 的倾角向南西或南东倾斜，构成单斜构造，直接盖在岩株之上。

区内断裂构造大体上有两组（图 18.1）。北东向主干断裂有浒-章断裂（F1）和西-丫断裂（F3）：走向北东 30°，倾向南西、倾角 65°～88°。走向延长大于 10km，宽 20～30m。前人资料认为由硅化角砾岩、糜棱岩组成，属平推正断层。北西向主干断裂有浒-西断裂（F2）：产状 210°～225°∠60°～80°，长大于 3km。由硅化角砾岩、糜棱岩组成，从矿区地质图可判断为右旋走滑。

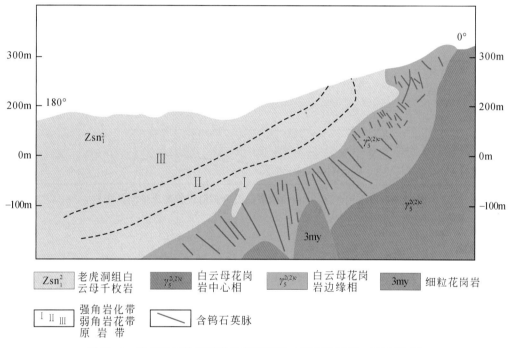

图 18.2　浒坑矿区热变质带分布示意图（据秦建云等，2005 修改）

二、脉 体 特 征

浒坑钨矿主要由三个矿段组成（图 18.1），分别为西家坞区段、新生坳区段和大脉区段。

西家坞区段：分布于矿区西部、西-丫断裂（F3）北西侧、470～270m 标高，有石英网脉型工业矿体 6 个，矿体走向北东、近乎直立，矿体平均长 30m，平均厚 3.4m，WO_3 平均品位 0.352%。

新生坳区段：分布于矿区北东部、浒-章断裂（F1）北西侧、550～350m 标高。有脉幅大于 10cm、延长 50m 以上的黑钨矿石英脉 54 条。矿脉走向北东—北东东，倾向北西，倾角由南东往北西，由 80° 向 40° 逐渐变缓。WO_3 品位一般 0.10%～1.00%。

大脉区段：分布于矿区南部和南西部，最主要的两组裂隙是北西向和近东西向，其次是北西西向和北东向，以及近水平脉组（图 18.3），现分述如下：

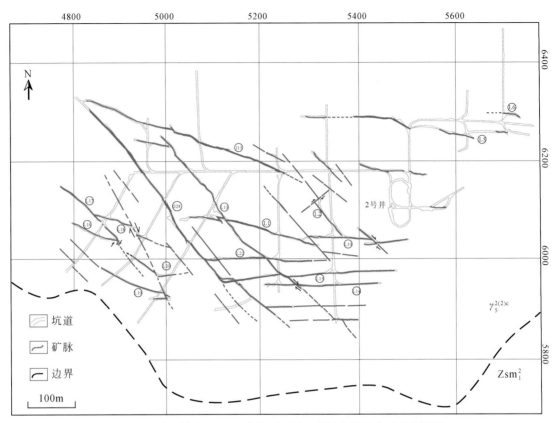

图 18.3　浒坑钨矿区-60m 中段平面图（据浒坑钨矿床地质队资料）

1. 东西向脉组

东西向矿脉主要分布在矿区的中部和东部，包括地表出露的 1、10、15 号脉组，长 1000～1500m，近地表倾向南，深部逐渐倾向北，倾角陡，剖面上呈"S"形。1 号脉组南部隐伏的脉组，长 500～1000m，倾向北，倾角 70°。矿脉多，规模大，连续性好，钨矿品位高。该组矿脉中，辉钼矿极为发育，呈薄层状和浸染状形式产出，含量高（图 18.4（a））。

近东西向脉组以条带状石英脉为主（图 18.4（a）），块状石英脉不发育，一般宽 10～50cm 不等，厚度比较稳定。局部可见复合脉，脉的下部已韧性剪切，具条带状构造，上部未变形，仍保留块状构造（图 18.4（b））。条带状石英脉中偶见花岗质透镜体，强烈透镜体化（图 18.4（c）），说明条带状石英脉形成的过程中发生了强烈的剪切。东西向脉组多被其他方向脉组切割，仅在与北西向脉组交汇且强度变小的部位，可见二者互切，证明二者可能为岩体同生裂隙的组成部分。

2. 北西向脉组

北西向脉组倾向北东，以 40°～50° 为主；倾角较陡，以 60°～75° 为主。线理发育，均倾向北西，倾角较缓，以 20°～35° 为主（图 18.5（a））。北西向脉组带较宽，特别是 G28，最宽的地方可达 2m 左右。以复合状石英脉和条带状石英脉为主，但南东也有少量块状石英脉，其中完整的块状石英和自形黄铁矿的嵌布特征说明矿脉没有受到后期的韧性变形和脆性影响（图 18.5（b））。在北西向脉组尤其是 G28 脉中，辉钼矿极为发育，以浸染状、薄层状、条带状和块状形式产出，品位含量较高（图 18.5（c）、（d））。一些脉中常可见棱角状花岗质角砾，指示矿脉形成的初期是张性的（图 18.5（e））。值得注意的是，一些花岗质角砾逐渐透镜体化，说明后期的韧性剪切对早期的角砾的改造。

图18.4　东西向脉组照片

（a）-60m中段东西向L1矿脉中与黑钨矿一起呈薄层状和浸染状发育的辉钼矿；（b）东西向脉，下部已韧性剪切，具条带状构造，上部未变形，仍保留块状构造；（c）东西向条带状含矿石英脉中的花岗质剪切透镜体，指示强烈的剪切

一般来说，石英脉的两侧蚀变带较窄，一般2~10cm，但也有宽达40cm的，特别是脉间夹石，可宽达1m左右（图18.5（f））。岩石普遍钠化和硅化，退色变白，并伴有含浸染状辉钼矿和黑钨矿化。

北西向脉往南东往往厚度变小，且与东西向脉互切，或常被东西向脉所限制，造成被切割的假象。

北西向脉组本身是一组复杂的脉，经历了多期的活动性，其运动学特征比较复杂。据陈懋弘等（2007）对该组脉的研究可知，北西向脉组初期为与岩体原生裂隙有关的张-剪性节理；随后的韧性剪切阶段（可能）发生了左旋的剪切；最后的脆性变形阶段则为右旋平移-逆冲。

3. 北西西向脉组

北西西向脉组倾向15°~28°，以20°左右为主。倾角一般50°~60°。厚度一般为20~50cm，往两侧变小。既有块状，也有条带状石英脉。例如40m中段的V1号脉，东部为条带状石英脉，厚10~20cm，剪切强烈，面理和线理发育（图18.6（a））；西部逐渐转为以块状石英脉为主（图18.6（b）），厚30~40cm，仅在边部有不明显的条带状脉。局部见脉中有花岗质透镜体，透镜体均为椭圆形，表面线理清晰，指示剪切成因（图18.6（c））。

4. 北东向脉组

该脉组在新生坳矿段比较发育，一般长100~200m，倾向南东，倾角60°~80°，属压性或压扭性成矿裂隙。

在目前的开采地段（40m，-10m，-60m中段），该脉组裂隙稀疏发育，以节理或花岗质韧性剪切带为主，厚度小，一般含矿性差，且表现为切割其他方向的脉组。北东向花岗质韧性剪切带一般倾向130°~150°，倾角60°~70°，宽20~150cm，面理和线理均发育。面理一般平直，但局部也呈波状；线理垂直，指示上下运动。带中局部有石英脉充填，其石英脉也发生了强烈的剪切。同时北东向剪切带切割东西向

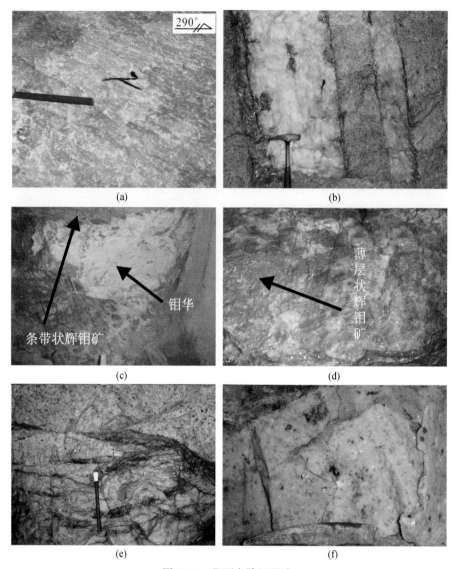

图 18.5　北西向脉组照片

（a）北西向条带状石英脉的擦痕线理；（b）块状北西向脉，黄铁矿嵌入围岩中，没有受到后期的韧性变形和脆性破坏；
（c）、（d）为 G28 矿脉中条带状、薄层状辉钼矿和大面积的钼华；（e）北西向条带状石英脉（L13）的小褶皱和花岗质角砾；
（f）北西向退色变白的钨、钼矿化、硅化蚀变花岗岩

图 18.6　北西西向脉组

（a）北西西向石英脉（V1）中的拉伸线理；（b）北西西向石英脉（V1）中的花岗质透镜体，指示强烈的剪切；
（c）北西西向石英脉（V1）西部以块状构造为主

含钨块状石英脉，上述两证据均说明石英脉形成在先。局部可见北东向小断层切割北西向韧性剪切带，且北北西向韧性剪切带发生扭曲和揉皱（图18.7（a）），说明为韧性剪切之后再发生脆性错移，也说明北东向构造的长期活动性。根据被北东向脉切割的其他方向脉组（包括北西，近东西向）的位移情况，可以判别北东向剪切带为右旋–正滑（或逆冲）运动（图18.7（b））。

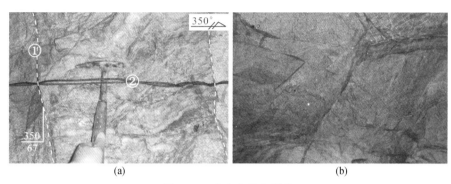

图18.7　北东向脉组照片

（a）北东向节理（小断层）切割北北西向韧性剪切带，且韧性剪切带发生扭折；（b）北东向节理右旋切割北北西向韧性剪切带，说明切割关系发生在韧性剪切之后（镜头朝上，右旋）

5. 近水平脉组

可以观测到的近水平脉组不多。脉厚1~2m，脉波状起伏，倾向多变，倾角10°~20°不等，以发育明显的云英岩化和糜棱岩为特点。石英脉发生强烈的剪切，形成石英质糜棱岩，具明显的条带状构造。

尽管矿区各脉组均经历了多期的构造改造，但上面的证据仍然表明它们是在与岩体有关的原生节理基础上发展起来的，依据如下：

（1）从南部大脉区各中段地质图（以–60m中段为例，如图18.3所示）上看，岩体边界从东往西，由北东向向东西向、北西向逐渐转变，相应的含矿石英脉也由东西向向北西向转变。这说明主要的脉带是基本平行岩体边界的。

（2）二者常常表现为互切关系，或者表现为限制与被限制的关系。

（3）北东向脉组规模很小，且大致垂直岩体边界。

因此，在未受后期构造改造之前，各方向的脉组可能与岩体的原生裂隙有关。

浒坑钨矿尽管存在以上不同方向的含矿脉带，但从结构上划分，均可分为三类。

1. 块状含矿石英脉

脉体外观呈白色，具自形–半自形结构，块状构造。石英乳白色，粗大粒状。黑钨矿常呈自形出现，结晶粗大，粒径多数大于1cm，如图18.8所示。

2. 条带状石英矿石

脉体外观灰白相间，石英呈灰白色竹叶状、条带状定向分布，微细粒绢云母–石英绕其四周或呈大小不一的条带分布，形成主要的剪切域。黑钨矿、黄铁矿、闪锌矿、黄铜矿等金属矿物被剪切并细粒化，粒径多数小于0.2cm，沿剪切面定向分布，如图18.9（a）、（b）。从手标本上可以看到，它们具条带状构造，主要分为两种类型。一种是白色石英条带呈长竹叶状、角砾状，体积含量达90%左右，灰黑色基质绕其而过，体积含量达10%左右，如图18.9（c）、（d），这类岩石代表了变形程度较低的初糜棱岩或糜棱岩化岩石，并伴有碎裂岩化，故面理和线理发育程度低。另一种是石英和基质均呈带状分布，这类岩石代表了变形程度较高的糜棱岩或超糜棱岩，面理和拉伸线理十分发育，如图18.9（e）、（f）。

(a)   (b)

图 18.8   块状含矿石英脉野外及手标本照片

(a) 含团块状黑钨矿的块状石英脉；(b) 块状石英脉及自形板柱状黑钨矿

图 18.9   条带状含矿石英脉野外及手标本照片

(c) 白色石英为长竹叶状，灰色基质绕其四周；(d) 白色石英呈角砾状，他形黄铁矿呈网脉状包绕；
(e) 条带状石英脉中的面理和拉伸线理；(f) 剪切分异条带

3. 复合状含矿石英脉

实质上是上述两种脉的复合，经常表现为中间为白色块状石英脉，两侧为条带状石英脉，并兼具上述两种脉的特点，如图 18.10 所示。

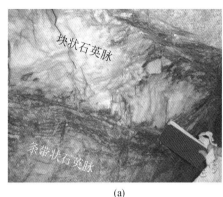 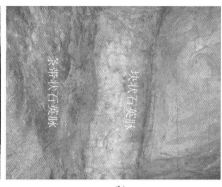

(a)   (b)

图 18.10 复合状含矿石英

三、构 造 解 析

江西浒坑钨矿所处的赣西武功山地区位于华南加里东褶皱带中段北缘（汤加富等，1991b）。武功山地区经过多次岩浆-构造活动，岩石组合独特，构造样式复杂。早期普遍认为其为典型混合岩田（江西省地质矿产局，1984）。汤家富等（1991a）认为武功山地区经历了多期构造演化，提出了印支期由水平挤压形成褶皱带，燕山至喜马拉雅期由地壳拉伸和垂直升降而引起伸展构造的观点。下部为印支期—燕山期花岗岩体，晚志留世—中奥陶世片麻状花岗岩、云母片岩及千枚岩等、韧性剪切拆离带；中间为剪切褶皱群；上部为未变质盖层。研究表明其形成机制主要是板块碰撞形成岩浆重熔、岩浆底辟强力侵位引起地壳局部隆升和伸展滑覆（刘细元和裘存堤，2003）。武功山变质核杂岩的韧性变形年龄为 230～130Ma，相当于印支—燕山期（舒良树，1998）。最近吴富江等（2001）发现武功山变质核杂岩南部剪切拆离带被浒坑超单元切割，这说明浒坑花岗岩体形成于拆离作用之后。本书获得浒坑中粗粒白云母花岗岩的锆石 SHRIMP U-Pb 年龄为 151.7Ma，由此推断武功山核杂岩的伸展拆离应早于 151.7Ma。我们通过大量野外填图和室内研究，确认矿床中广泛发育的条带状含矿石英脉实质上是韧性剪切带，条带状矿石为石英质糜棱岩。本书对韧性剪切带的运动学特征和年代学进行了研究，讨论其形成机制，以便为矿山深部和外围找矿提供地质依据。

浒坑钨矿主要由西家垅、新生坳和南部大脉三个矿段组成（图 18.1）。其中西家垅矿段以石英网脉型为主，新生坳和南部大脉矿段以石英大脉型为主。南部大脉区是目前生产的主要矿段，矿体主要赋存于浒坑花岗岩株的内接触带过渡相之中，自接触面往岩体深处 300～500m，构成一个沿内接触带展布的厚大矿化带，与赣南典型的"五层楼"模式明显不同。脉厚一般几十厘米，平均品位 WO_3 一般小于 1%。主要金属矿物为黑钨矿、白钨矿、黄铁矿，次要的有闪锌矿、黄铜矿和辉钼矿。

章伟等（2008）曾对含矿石英脉的类型、特征、以及各脉组的几何学和运动学特征进行了初步总结，认为含矿石英脉从结构上可分为块状、条带状和复合状三类。矿脉有多组，最主要的两组是北西向和东西向，其次是北西西向和北东向，此外还有近水平的脉组。本次工作对 -60m 中段北西向和东西向脉组的面理和线理进行了测量和统计（图 18.11），其中东西向脉组倾向北，倾角陡（65°～85°）；线理向西侧伏，侧伏角中等（40°～60°），指示石英脉剪切时平移和正滑（或逆冲）的分量基本相等。北西向脉组倾向北东（40°～50°），倾角较陡（60°～75°）；线理向北西侧伏，侧伏角较缓（20°～35°），指示石英脉剪切性质以平移为主，少量的正滑（或逆冲）分量。该脉组最大的一个特点是后期的脆性变形强烈，石英脉大多碎裂岩化，运动学特征是右旋走滑–逆冲运动，使一系列的北西向矿脉右旋剪切了东西向和北西向石英脉。此外，近水平石英脉呈波状起伏，倾向多变，倾角10°~20°，厚度大于30cm。

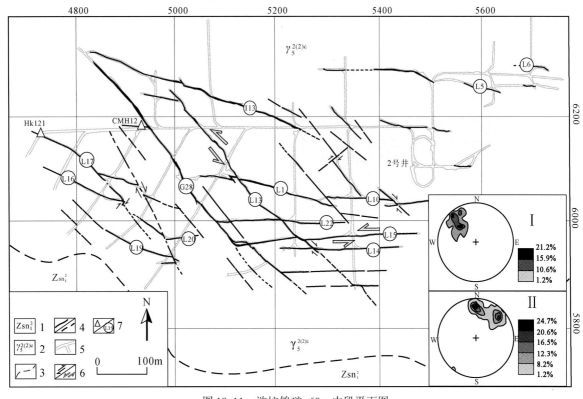

图18.11　浒坑钨矿–60m中段平面图

1. 震旦系老虎塘组片岩、片麻岩、混合岩；2. 燕山早期第三次侵入中粗粒白云母花岗岩；3. 推测岩体边界；4. 实测/推测矿脉；

5. 巷道；6. 矿脉脆性错动方向/韧性剪切方向；7. Ar-Ar测年采样位置/矿脉编号

右下图：Ⅰ.–60m中段石英脉线理优势方位极点等值线图（下半球投影，n=33）；Ⅱ.–60m中段石英脉面理法线上半球投影（n=77）

1. 含矿韧性剪切带特征

块状石英脉和条带状石英脉都是矿床的主要矿脉类型。块状石英脉的特征与华南地区大多数含钨石英脉相同，其特征详见章伟等（2008）。而条带状石英脉具有明显不同的特征。

野外和室内研究表明，条带状石英脉实质上为韧性剪切带，相应的条带状矿石则为石英质糜棱岩。剪切带内条带状矿石具有糜棱岩的一般特征，即岩石产于狭长的剪切带内，矿物粒径明显变小（由正常的1~5cm变为20~300μm），出现强化的面理和线理。包括糜棱岩化岩石、初糜棱岩、糜棱岩、超糜棱岩等。另外，接近石英脉的花岗岩也局部韧性剪切，表现为长石双晶的扭折，石英的波状消光等。矿物成分上，糜棱岩以石英为主，一般含量95%以上，无论是残斑还是基质中均有分布。次要成分是绢云母，一般含量3%~4%，细小鳞片状，主要分布在剪切面理上，部分与石英组成有一定宽度的剪切域。其次是金属矿物，含量为2%~3%，粒度细小，被明显的压扁和拉长，说明这些金属矿物是原热液成因矿物经剪切细粒化而成。韧性剪切带主要发育于石英脉中，形成条带状石英脉（图18.12）。少量也可以出现在花岗岩中，但规模不大。剪切带在各方向脉组均有发育。

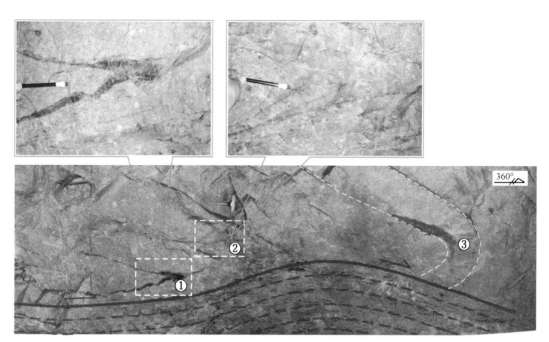

图 18.12　韧性剪切带地质特征

近水平脉组的韧性剪切带（红色断线部分），上盘围岩中早期的黑钨矿脉①、
石英脉②和早期节理③均发生明显的揉皱，指示上盘下滑

块状石英脉与韧性剪切带在各个方向上均是互相过渡的。例如，沿石英脉走向上，40m 中段的 V1 号脉在东部几乎全为条带状，且厚度小；但往西部，块状脉逐渐增多，为复合脉，最终全部变为块状，厚度大。厚度方向上，常可以看到一侧为块状脉，另一侧逐渐过渡到条带状脉。延深方向上，靠近地表多为块状石英脉，深部逐渐转变为条带状石英脉。这些特征表明越靠近岩体中部和深部，韧性剪切越强烈。

2. 构造特征

条带状石英脉中常出现一些特征的结构构造，反映其为典型的韧性剪切带。

（1）出现新生的面理：新生 C 面理主要由片状矿物如绢云母等组成。有时由单一的绢云母矿物首尾相连而成，剪切带即单晶的宽度（图 18.13（a））；有时由更细小的绢云母和石英的平行排列形成有一带宽度的剪切域，宽可达 1000μm（图 18.13（b））。S 面理宏观上由石英条带的斜列构成，微观上主要由动态重结晶的石英颗粒斜列组成。其与剪切面理的夹角不一，从 0°~30°的夹角不等。上述二者常组成"S-C"组构，可指示剪切指向。

（2）出现新生线理（拉伸线理）：在新生面理上发育清晰的拉伸线理，主要由绢云母、石英的定向生长而成。此外，金属矿物（如黄铁矿、黑钨矿）也细粒化，沿剪切面理定向分布（图 18.13（h））而组成线理。

（3）变形的先存面理：剪切变形过程中，早期形成的石英条带出现新的牵引构造，并最终演化为无根褶皱和构造透镜体，也可指示剪切指向。此外，早期石英脉和花岗岩节理亦作为面理被拖曳形成褶皱（图 18.13（e））。

（4）石英脉中花岗岩剪切透镜体：块状石英脉中常可见棱角状花岗质角砾，指示矿脉形成的初期是张性的。但在条带状石英脉中，这些花岗质角砾逐渐透镜体化，说明条带状石英脉形成的过程中发生了强烈的剪切，并使棱角状花岗岩角砾强烈透镜体化（图 18.13（c））。

（5）剪切分异条带：剪切最强烈部位，可以看到石英脉完全呈片状产出，岩石退色变白，分异成石英和绢云母条带（图 18.13（d））。条带宽窄不一，为 0.1~2cm。

糜棱岩塑性变形显微构造丰富，主要的显微构造有：

（1）粒内应变现象：包括石英的波状消光、变形纹、亚晶（亚颗粒）；长石和云母的扭折等。粒内应变现象主要保存在石英残斑中，而长石和云母的扭折主要保存在花岗质残斑或石英剪切带两侧的花岗岩围岩中。

（2）石英的核幔构造：主要由波状消光的石英残斑"核"和其周围亚晶化或重结晶的细粒石英"幔"组成。

（3）石英的动态重结晶：石英粒度明显细粒化，并具锯齿状边界和拉长的外形，定向排列。是剪切过程中新生的矿物（图 18.13（a））。

（4）石英的静态恢复：主要表现为石英动态重结晶的锯齿状边界逐渐消失，颗粒定向性消失，颗粒形态为等轴状，任意三个矿物的边界交汇处形成三个角近于相等（约120°）的三联点，形成粒状镶嵌结构。韧性变形之后发生静态重结晶是非常普遍的，此时动态重结晶颗粒的显著优选方位减弱或者消失。

（5）石英的缎带构造：主要是石英单晶的缎带状构造（图 18.13（c））。由相当于中高绿片岩相条件下石英的动态重结晶而成，长宽比常常在 10 以上，大致平行剪切面理分布。

（6）多晶条带的弯曲和揉皱：在以绢云母为主的条带中，相对能干性较强的石英条带在剪切过程中发生了揉皱（图 18.13（d））。

（7）旋转残斑系：残斑成分主要为较刚性的黄铁矿、长石和石英颗粒，常发生碎裂和波状消光；残斑两侧为拉长的拖尾，由细小的重结晶石英和绢云母颗粒组成。二者共同组成旋转残斑系（图 18.13（e））。主要的几何类型为 σ 型，少数为 δ 型，并由此可以判别剪切指向。

（8）书斜构造：少量金属矿物在剪切变形中以碎裂为主，矿物碎块沿裂隙发生滑动，形成书斜构造。

（9）云母鱼：较大颗粒的原热液成因白云母在剪切变形过程中沿解理裂开，并产生滑移，形如鱼状（图 18.13（f））。

（10）S-C-C′面理：S 面理指矿物或岩石残斑长轴定向排列形成的面理，而 C 面理为剪切面理，多由富云母的条带组成，二者一般有夹角（图 18.13（a））。一般而言，随剪切强度的增加，夹角会逐渐减小，直至趋于平行。S-C 面理既有Ⅰ型，也有Ⅱ型，但主要的为Ⅱ型（Ⅰ型指残斑为 S 面理，Ⅱ型指动态重结晶单晶为 S 面理）。C′面理（正滑折劈理）指剪切带内次一级的剪切面理，多由绢云母等片状矿物组成，其剪切指向与 S-C 面理相反（图 18.13（g））。

3. 运动学特征

为准确确定各脉组剪切带的运动学特征，根据糜棱岩显微指向构造发育的特点，重点对北西向和东西向脉组进行系统的运动学测量，其过程如下：首先是对各脉组进行系统的面理和线理测量，室内对测量结果进行统计作图（图 18.11）。野外根据拉伸线理的产状，可以判别剪切带为斜滑运动，其中东西向脉组平移和垂向分量基本相等，北西向脉组以平移为主，少量的垂向分量。随后在野外对韧性剪切比较强烈的条带状石英脉采集定向标本，重点对-60m 中段的东西向和北西向脉带各选择三条矿脉系统采集，每条脉带 4~5 块定向标本，另外在-10m 和 40m 中段也采集了少量样品进行对比。野外共采集了 44 块定向标本。然后在室内切制定向光薄片（ac 片），根据显微指向构造在显微镜下判别剪切指向。主要的显微指向构造为 S-C 面理、S-C-C′面理、σ 或 δ 旋转碎系，少量为书斜构造、云母鱼、多晶条带的弯曲和揉皱等。镜下能确定剪切指向的薄片有 31 块。最后在室内恢复标本产状，根据剪切指向和线理产状确定其运动方向，测试结果见表 18.1。

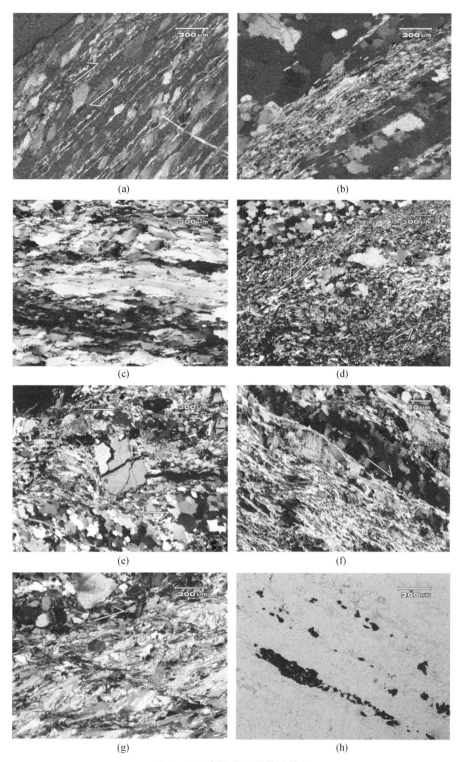

图 18.13　糜棱岩显微构造特征

（a）细小的动态重结晶石英颗粒定向排列，形成 S 面理，与绢云母组成的 C 面理共同组成 S-C 面理，指示右旋的剪切（CMH12）；（b）照片中部由更细小的石英和绢云母组成的剪切域，宽度大（HK121）；（c）缎带状石英（HK030）；（d）石英多晶条带的揉皱，指示左旋的剪切（J4–18）；（e）长石残斑与石英、绢云母拖尾组成"σ"残斑系，指示左旋的剪切（HK36-2）；（f）云母鱼指示右旋的剪切（J4-18）；（g）绢云母扭折形成 S-C-C′面理，指示右旋的剪切（HK036–2）；（h）金属矿物（黑色）沿剪切面理定向分布（HK026）。上述照片除（h）为单偏光外，其余均为正交偏光

表 18.1　韧性剪切带运动学特征判别结果表

脉组	薄片号	镜下剪切指向	恢复产状后运动方向	指向判别标志	中段
东西	HK30	左旋	左旋-正滑	σ 残斑系，S-C	−60m
	HK102	右旋	左旋-正滑	S-C	−60m
	HK104	左旋	左旋-正滑	S-C	−60m
	HK105	右旋	左旋-正滑	S-C	−60m
	HK107	右旋	左旋-正滑	S-C	−60m
	HK108	左旋	左旋-正滑	S-C	−60m
	HK109	右旋	左旋-正滑	S-C	−60m
	HK110	左旋	左旋-正滑	S-C	−60m
	HK111	左旋	左旋-正滑	S-C	−60m
	HK112	左旋	左旋-正滑	S-C，S-C-C′	−60m
	HK113	右旋	左旋-正滑	S-C	−60m
	CMH12	右旋	左旋-正滑	S-C，S-C-C′	−60m
北西	CMH25-1	右旋	右旋-正滑	σ，δ 残斑系	40m
	HK119	左旋	正滑-左旋平移	S-C	−60m
	HK120	右旋	正滑-左旋平移	S-C	−60m
	HK121	左旋	正滑-左旋平移	σ 残斑系，S-C	−60m
	HK129	右旋	正滑-左旋平移	S-C	−60m
	HK134	右旋	正滑-右旋平移	S-C	−60m
	HK135	右旋	正滑-左旋平移	S-C	−60m
	HK138	左旋	正滑-左旋平移	S-C	−60m
	HK140	右旋	正滑-左旋平移	S-C	−60m
	HK142	左旋	正滑-左旋平移	S-C	−60m
北西西	CMH26-4	右旋	左旋-正滑	S-C	40m
	CMH22	左旋	左旋-正滑	S-C	40m
	HK114	右旋	左旋-正滑	σ 残斑系，S-C	−60m
	HK115	右旋	左旋-正滑	σ 残斑系，S-C	−60m
	HK116	右旋	左旋-正滑	σ 残斑系，S-C	−60m
北东	CMH14	左旋	正滑	σ 残斑系，S-C	−10m
	CMH19	左旋	左旋-正滑	S-C	−10m
	CMH20	左旋	左旋-正滑	S-C	−10m
	CMH21	左旋	左旋-正滑	S-C	−10m

测试结果表明，东西向含矿韧性剪切带具左旋平移-正滑特征，且平移和正滑分量基本相等。北西向剪切带亦为（正滑−）左旋平移运动，但平移分量远大于正滑分量。特别的，近水平条带状石英脉也发生强烈的剪切，运动学特征是正滑运动（图 18.12）。

4. 含钾矿物^{40}Ar-^{39}Ar 定年研究

为了准确确定韧性剪切的时间，本次研究对石英质糜棱岩中同构造新生的绢云母进行了常规^{40}Ar-^{39}Ar 阶段升温测年。韧性剪切带中石英质糜棱岩的绢云母沿 C 面理定向产出，透入性分布，粒度细小，与块状石英脉中的热液成因白云母在粒度上（较粗大）和分布上（团聚状）有明显区别，是韧性剪切时同构造新生的矿物，故选择其进行常规^{40}Ar-^{39}Ar阶段升温测年，以确定韧性剪切带的形成时代。

样品的选择主要考虑以下两个问题：一是韧性剪切带方向组的代表性，由于矿床主要的脉带为北西向和东西向，因此对这两组脉带分别采样；二是绢云母的代表性，由于糜棱岩化岩石可能存在成矿期热液成因白云母的干扰，因此必须选择糜棱岩化最强烈的岩石采样，以保证采集的基本上为韧性剪切过程中新生的绢云母，而残留的成矿期白云母最少，以此来保证样品的代表性。综合考虑以上两个因素，选择了在–60m中段对北西向和东西向韧性剪切带中各采集一个代表性样品（采样位置见图18.11）。岩石样品为绢云母–石英质糜棱岩，灰白色，剪切分异条带十分发育，主要矿物为石英、绢云母，少量金属矿物。显微镜下观察石英全部动态重结晶，粒度均匀且定向分布；绢云母细小鳞片状，定向分布组成C面理（图18.13（a）～（b）），可确定为韧性剪切新生的绢云母。

野外采集的样品送河北省区域地质调查研究院实验室进行单矿物的挑选，获得纯度99%以上的绢云母单矿物，然后送中国地质科学院地质研究所同位素室进行测年分析。本次研究绢云母测年采用常规^{40}Ar-^{39}Ar阶段升温测年法。分析测试结果见表18.2，相应的坪年龄、等时线和反等时线年龄见图18.14。从分析结果看出，北西向韧性剪切带样品（HK121）表现为基本无扰动的年龄谱特征，10个温度阶段总气体年龄为139.8Ma，在700～1100℃的7个中–高温阶段组成的坪年龄为140.3±1.0 Ma（图18.14（a）），对应了98.3%的^{39}Ar释放量。相应的等时线年龄为139.6±2.4Ma，$^{40}Ar/^{36}Ar$初始值为301±15（图18.14（b））；反等时线年龄为139.5±2.5Ma，$^{40}Ar/^{36}Ar$初始值为300±36（图18.14（c））。由此可见，该样品的等时线年龄和坪年龄相近，且$^{40}Ar/^{36}Ar$初始值和现代大气氩比值在误差范围内一致，说明所测试的样品中不存在过剩的氩，也无显著的氩丢失，指示为可信的年龄，其坪年龄可用于地质解释。

表18.2 糜棱岩中绢云母$^{40}Ar/^{39}Ar$阶段升温结果表

样号	$T/℃$	$(^{40}Ar/^{39}Ar)_m$	$(^{36}Ar/^{39}Ar)_m$	$(^{37}Ar/^{39}Ar)_m$	$(^{38}Ar/^{39}Ar)_m$	$^{40}Ar/\%$	F	$^{39}Ar/10^{-14}$	^{39}Ar (Cum.)/%	年代 /Ma	±1 /Ma
HK121	500	40.5679	0.1172	0.1101	0.0346	14.65	5.9424	0.12	0.14	107.6	3.3
	600	13.9834	0.0241	0.0643	0.0172	49.09	6.8649	1.19	1.46	123.7	1.6
	700	11.5532	0.0125	0.0126	0.0149	68.04	7.8613	3.59	5.45	141	1.4
	800	9.8143	0.0069	0.0078	0.0135	79.09	7.7618	11.96	18.72	139.3	1.3
	860	8.494	0.0025	0.0051	0.0127	91.25	7.7506	16.25	36.76	139.1	1.3
	920	8.4125	0.0022	0.0034	0.0127	92.15	7.7522	18.97	57.81	139.1	1.3
	980	8.3881	0.0017	0.0034	0.0125	94.02	7.8861	15.75	75.29	141.4	1.4
	1040	8.4871	0.0018	0.0045	0.0125	93.79	7.9598	13.88	90.71	142.7	1.4
	1100	8.2774	0.0011	0.0044	0.0124	96.16	7.9598	75.49	99.74	142.7	1.4
	1200	17.6119	0.0446	0.5389	0.0183	25.43	4.4815	0.23	100	81.7	5.7
CMH12	500	36.7463	0.1132	0.1368	0.0333	8.97	3.2955	0.24	0.32	59.8	1.8
	600	13.3406	0.0311	0.1164	0.0183	31.16	4.158	0.78	1.37	75.1	1.5
	700	9.4863	0.0085	0.0286	0.0141	73.43	6.9664	3.24	5.71	124.1	1.3
	800	8.787	0.004	0.0054	0.0129	86.65	7.6137	10.39	19.59	135.2	1.3
	900	8.8137	0.0035	0.008	0.0129	88.3	7.7823	18.16	43.87	138.1	1.3
	960	9.7657	0.0053	0.0008	0.0133	83.93	8.196	17.44	67.18	145.2	1.4
	1020	9.0799	0.0031	0.0015	0.0129	90	8.1727	14.46	86.52	144.8	1.4
	1080	8.6844	0.0022	0.0032	0.0127	92.59	8.0413	9.76	99.57	142.5	1.4
	1180	31.6648	0.0799	0.084	0.0269	25.39	8.0415	0.27	99.94	142.5	3.2
	1400	74.8827	0.2416	0.3184	0.0533	4.67	3.5016	0.05	100	63.5	7.7

注：表中下标 m 代表样品中测定的同位素比值；$F=^{40}Ar^*/^{39}Ar$，其中 Ar^* 为过剩氩；CMH12 中 $W=44.90mg$，$J=0.010224$；HK121 中 $W=45.20mg$，$J=0.010341$。

东西向韧性剪切带样品（CMH12）表现为略有扰动的年龄谱特征，10个温度阶段总气体年龄为139.7Ma，在960～1180℃的4个高温阶段组成的坪年龄为144.1±1.5Ma（图18.14（d）），对应了56.1%的 ^{39}Ar 释放量。相应的等时线年龄为144.6±3.6Ma， $^{40}Ar/^{36}Ar$ 初始值为295±19（图18.14（e））；反等时线年龄为143.9±4.7Ma， $^{40}Ar/^{36}Ar$ 初始值为299±50（图18.14（f））。相比前一样品年龄，该年龄值偏大。另外，中温阶段（800～900℃）的表观年龄135.2～138.1Ma，对应了38.2%的 ^{39}Ar 释放量。从理论上讲，虽然样品为石英质糜棱岩，绝大多数绢云母为剪切过程中新生矿物，但仍不可避免带有少量未完全改造的成矿期白云母的残斑。一般来说，在Ar-Ar法多阶段加热过程中，低温阶段释放的Ar来自矿物颗粒的表面，对应的表面年龄为热事件发生的年代；而在高温阶段释放的Ar来自矿物颗粒内部，对应的坪年龄一般代表早期的结晶年龄。因此，本样品高温阶段（960～1180℃）的坪年龄144.1±1.5Ma有可能是成矿期白云母残斑年龄，反映了受到扰动的成矿事件年代学信息；而中温阶段（800～900℃）的表观年龄135.2～138.1Ma接近前一样品的坪年龄，则有可能代表了剪切热事件发生的年代。由上分析可知，北西向韧性剪切带样品（HK121）所测试的绢云母为同构造新生，坪年龄140.3±1.0Ma代表了韧性剪切变形的冷却年龄，没有残留花岗岩或成矿期热液白云母的年代学信息。而东西向韧性剪切带样品（CMH12）则比较复杂，可能受到成矿期白云母残斑的影响，但中温阶段的表观年龄和总气体年龄接近剪切热时间的年龄。因此，本书采用140Ma作为韧性剪切变形年龄，并以此进行地质解释。

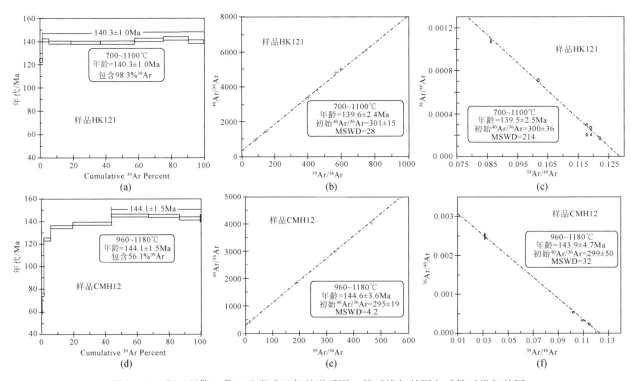

图18.14　绢云母 ^{40}Ar-^{39}Ar 阶段升温年龄谱系图、等时线年龄图和反等时线年龄图

四、成岩成矿和韧性剪切的时间顺序

大量的野外观察表明，韧性剪切带主要发育于含矿石英脉中，花岗岩中较少，暗示早期石英脉的形成提供了一个相对比较薄弱的面理，对后期的韧性剪切起到限制的作用。糜棱岩中金属矿物的细粒化和定向分布，也说明韧性剪切发生于主成矿期后。此外，厚度较大的矿脉均可以看到块状石英脉向条带状石英脉逐渐过渡的现象，表现为脉的两侧一般为强烈剪切的、具有分异条带构造的糜棱岩或超糜棱岩，新生的面理和线理十分发育；往脉的中心，逐渐过渡到具竹叶状构造的初糜棱岩或糜棱岩化岩石，面理

和线理的发育程度降低；脉中心，则是保持块状构造的石英脉，但镜下观察却发现石英晶体大多发生了波状消光和亚晶化现象，说明也受到韧性剪切的影响。剪切带旁侧的含矿石英脉和花岗岩节理的褶皱变形也说明韧性剪切发生在主成矿期之后。

本次利用同构造新生绢云母 ^{40}Ar-^{39}Ar 法测年获得的韧性剪切带变形年龄为 140Ma 左右，晚于用锆石 SHRIMP U-Pb 法获得的主期花岗岩体侵位年龄（152Ma）（刘珺等，2008a），以及用辉钼矿 Re-Os 获得的成矿年龄（150Ma）（刘珺等，2008b），与野外地质特征相吻合，反映韧性变形的时间在成岩成矿之后。该数据为讨论韧性剪切带形成机制提供了年代学方面的约束。

五、韧性剪切的形成机制

对于韧性剪切的形成机制，首先需要考虑的因素是区域上武功山中生代岩浆核杂岩伸展变形的影响。目前普遍认为伸展韧性变形时间为 230～130Ma（舒良树等，1998），不过吴富江等（2001）发现该核杂岩南部剪切拆离带被浒坑超单元和三江超单元切割，因此伸展拆离的结束时间应早于 151.7Ma。由此看来，浒坑钨矿的韧性剪切也晚于核杂岩伸展拆离的时间，可见含矿条带状石英脉的韧性剪切与区域上岩浆核杂岩的伸展变形无关。

另外，野外研究表明韧性剪切带发育于各脉组中，没有方向的选择性。特别是近水平韧性剪切带的发育，暗示存在水平方向的伸展，亦即垂直方向的隆升。特别的，东西向和北西向脉组均为左旋-正滑断层，而矿区尺度的北东向和北西向区域大断层均为脆性断层，右旋运动为主，二者在运动学特征上难以联系。相反，这些区域大断层可能与矿脉晚期的脆性变形有关，表现为北西向脉组在韧性剪切之后的脆性变形阶段为右旋-逆冲运动，与矿区北西向浒-西大断裂（F2）的运动学方向一致（图 18.11）。因此，韧性剪切与矿区尺度的区域大断层关系不大。

就目前所知，浒坑主期岩体中粗粒白云母花岗岩株侵位之后，还有一次晚期的细粒白云母花岗岩枝（墙）的侵位。不过遗憾的是，目前没有该岩枝形成时代的约束。尽管如此，考虑到韧性变形发生在主成矿期后不久，且韧性剪切之后仍有岩浆热液活动，晚期的补充侵入体可以提供足够的热能。此外，晚期补充侵入体向东或南东方向侧伏，岩浆上侵可以提供合理的运动学模式。即岩浆上侵过程中一方面产生向西和向西北的分量，使得东西向、北西向脉组均发生明显的左旋剪切；另一方面产生向上的分量，使得近水平韧性剪切带具有明显的下滑分量。因此，晚期补充岩体的上侵模式可以更好地解释各脉组复杂的运动学现象，但仍有一些现象难以解释，如东西向、北西向脉组的下滑分量等。总之，浒坑钨矿条带状含矿石英脉韧性剪切形成机制的讨论，还需要更多资料的支持。

六、成矿构造演化序列

根据韧性剪切带的地质特征、运动学模式和形成时代的研究结果，可以初步建立矿区的成矿构造演化序列为：主期中粗粒白云母花岗岩株侵入（152Ma）→原生节理形成，块状石英脉充填（主成矿期，150Ma）→晚期补充细粒花岗岩枝上侵，导致各脉组发生韧性剪切，形成条带状石英脉（主要构造改造期，140Ma）→条带状石英脉的再次张开，第二期块状石英脉充填→脆性碎裂，北西向脉发生明显的右旋平移-逆冲运动。

由此可见，浒坑钨矿具有多阶段岩浆演化和成矿的特点，含矿石英脉经历了复杂的构造演化历史。这种多期岩浆侵入和多阶段成矿的现象在华南地区十分普遍，裴荣富（1995）称之为"共（源）岩浆补余分异作用"。著名的如西华山黑钨石英脉型矿床，共有四个阶段的花岗岩浆侵入，并伴有相应的矿化，整个共（源）岩浆补余分异作用时间长达约 40Ma（裴荣富，1995）。柿竹园夕卡岩型钨锡多金属矿床共有三个阶段花岗岩的连续侵位，均伴随有多金属矿化，整个共（源）岩浆补余分异作用时间长达约 20Ma（毛景文等，1998）。浒坑钨矿也经历了两个阶段的岩浆侵位和矿化，整个共（源）岩浆补余分异作用时间至少长约12Ma（可能更长），从而形成大型矿床。不过，不同的是该矿床在两次成岩成矿之间发育有特殊的韧性剪切变形，从这个意义上讲，研究浒坑钨矿的共（源）岩浆补余分异作用具有更为独特的意义。

第二节 卡林型金矿——以广西林旺金矿为例

一、矿床地质

广西乐业林旺金矿床位于广西百色市乐业县幼平乡林旺村。该矿发现于2000年，目前查明浅部的资源/储量大于10t，是滇黔桂"金三角"近年来新发现的中型矿床之一。

滇黔桂"金三角"卡林型金矿按产状分，大致可以分为层控和断控两类。层控矿床最典型的如贵州水银洞金矿，矿体顺层分布。虽然在背斜核部也存在一些切层断层，但规模小，含矿性差，不足以形成工业矿体（刘建中等，2006）。断控矿床最典型的如贵州烂泥沟金矿，矿体赋存于高角度断层破碎带中，无顺层矿体出现（罗孝桓，1993；陈懋弘等，2007）。林旺金矿则具有层控和断控的双重特点，赋存于断层中的脉状矿体和地层中的层状矿体都占有相当的比例，而且在空间上相连。因此，对该矿床的详细构造解析和研究，将有助于加深对层控矿床成因机制的理解，揭示层状矿体与脉状矿体之间的成因联系，为正确建立滇黔桂"金三角"卡林型金矿的普适性成矿模式提供一个重要的中间型式。

滇黔桂"金三角"所处的构造位置在晚古生代属于右江盆地的范畴。右江盆地是一个较特殊的大地构造单元，最初被称为"右江再生地槽"（黄汲清等，1980；广西壮族自治区地质矿产局，1985）。现代板块构造理论认为右江盆地最初是一个在陆壳基底上裂解而成的裂谷盆地。早泥盆世晚期，随着哀牢山洋盆开裂，右江地区逐渐裂解形成台沟分割的被动大陆边缘裂谷盆地，局部地区可出现具洋壳性质的盆地。晚二叠世，随着印支板块的俯冲，裂谷盆地转换为弧后盆地，但此时的弧后盆地仍然是扩张的环境。中三叠世，随着印支板块和古太平洋板块联合对扬子板块（或华南板块）的挤压，盆地应力状态由扩张转为挤压，弧后盆地相应地转换为前陆盆地，沉积巨厚的陆源碎屑浊积岩，并向北西超覆淹没孤立碳酸盐台地（张锦泉和蒋廷操，1994；曾允孚等，1995）。盆地南东于中三叠世末期开始碰撞造山，造山过程由南向北推进；挤压造山末期，仅盆地西北部出现磨拉石堆积。侏罗纪和白垩纪造山后的伸展，出现断陷盆地和少量的酸性-超基性岩脉侵位。

右江盆地的发生发展为卡林型金矿的形成提供了重要条件，主要表现在：

（1）裂谷盆地边缘的基底断裂既控制了盆地的边界，也控制了卡林型金矿分布范围。所有的卡林型金矿均位于由边界基底断裂控制的右江盆地内。

（2）右江盆地内不同的古地理格局控制了不同的地层层序；而不同地层序列的岩性组合和物理化学差异导致了矿床的容矿岩石和赋矿构造均有差异。

（3）右江盆地的次级大地构造单元控制了浅层地壳的构造样式，进而控制了不同的矿床亚类。形成于燕山期且叠加于造山期构造之上的黔西南坡坪大型多层次席状逆冲推覆构造是右江盆地内一条划分性的构造（索书田等，1993；王砚耕等，1994），其西北部属于扬子被动大陆边缘，造山期断裂规模小，发育开阔平缓的简单大型褶皱，卡林型金矿主要发育于大型背斜的核部，矿体顺层产出（如贵州戈塘、紫木凼和水银洞金矿）；其南东部属于典型的右江裂谷区，发育造山型紧闭线状复式褶皱，卡林型金矿主要沿孤立碳酸盐岩台地边缘分布，但就位于盆地陆缘碎屑岩一侧，矿体受断层控制（如贵州烂泥沟、板其、丫他金矿，广西的金牙、高龙、明山金矿等）。林旺金矿位于右江盆地中部，乐业孤立碳酸盐台地东北部边缘的浪全-乐业断裂带上（图18.15）。

浪全-乐业弧形断裂沿乐业台地环形分布，是一条同沉积期形成的长期活动的控岩、控矿大断裂，它不仅控制着沉积相带的分布，而且控制了乐业台地周缘矿床的分布。矿区范围无岩浆岩出露。矿区地层

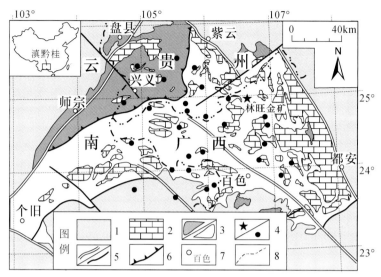

图 18.15 林旺金矿区域构造位置图

1. 前三叠系；2. 晚古生代孤立碳酸盐岩台地；3. 三叠系台地相碳酸盐岩夹砂泥岩/三叠系盆地相浊积岩；4. 林旺金矿/其他金矿床；
5. 区域大断层/一般大断层；6. 逆冲推覆构造；7. 县市；8. 省界

岩相复杂。以浪全–乐业断裂为界（矿区称为 F7），东部主要为深水盆地相中三叠统百逢组，为一套巨厚的复理石建造，主体岩性为厚层陆源碎屑浊积岩，是主要的赋矿层位。断裂西部为横向上与百逢组呈相变关系的中三叠统板纳组，为一套陆棚相的薄层状钙质泥岩、生物屑泥岩及粉砂质泥岩三者互层。上部夹薄层粉砂岩及细砂岩，下部夹薄层微晶灰岩，底部有一层 3～16m 厚的黄色凝灰岩。矿区西部更远地区为乐业背斜核部的二叠系茅口组、合山组之台地相浅水碳酸盐岩及台缘相礁灰岩，以及下三叠统逻楼组薄层灰岩（图 18.16）。林旺金矿位于浪全–乐业断裂附近，呈南北向分布，长 3000m，可划分为三个矿段：北部为八岸矿段，中部为矿山矿段，南部为杉木林矿段（图 18.16）。矿体主要受构造和地层联合控制，由十多个呈脉状、豆荚状、不对称鞍状的矿体组成，单矿体长 100～500m，厚 5～18m，平均品位 3～4g/t。赋矿岩石为中三叠统百逢组含钙细–中粒石英杂砂岩及少量含钙泥质粉砂岩及粉砂质泥岩。

矿山矿段是主要的赋矿地段，占矿床总储量的 71.5%。共划分出 8 个矿体，其中最大的为 I 号和 I_2 矿体（图 18.17）。I 号矿体赋存在 F1 断层上盘的紧闭背斜核部及两翼，顺层分布，呈不对称鞍状，具层控特点。矿体走向 350°，长 600m，宽 30～90m，控制斜深 40～160m，占矿段资源/储量的 65%。I_2 为另一重要矿体，赋存在 F1-2 断裂带中，严格受断面限制，呈不规则的豆荚状、囊状，具典型断控特征。矿体走向 350°，倾向东，倾角 45°～60°，长 430m，厚度 6.2m，斜深 45～160m，占矿段资源/储量的 25%。

蚀变类型主要为硅化、黄铁矿化、毒砂化、辉锑矿化、碳酸盐化、黏土化等，其中普遍见到的是硅化、黄铁矿化和黏土化。主要成矿阶段为去钙化+硅化阶段→石英+黄铁矿+毒砂阶段→石英+辉锑矿阶段→石英+方解石+黏土化阶段。矿石构造主要为浸染状构造，表现为矿石中含砷黄铁矿、毒砂呈星点状、浸染状分布。另外尚有少量脉状、网脉状、条带状构造。环带状含砷黄铁矿、毒砂是主要的载金矿物，金以显微–次显微包体赋存于含砷黄铁矿环带和毒砂中（陈懋弘等，2009a）。流体包裹体研究表明主成矿阶段成矿流体具有中低温（178～230℃），低盐度（5wt%～7wt% NaCl），中低密度（0.79～0.94g/cm³），成矿压力偏高的特点。包裹体气相成分除 CO_2 外，还有微量的 N_2、CH_4 成分。石英包裹体中水的 δD_{V-SMOW} 平均值为 -64.9‰，石英矿物 $\delta^{18}O_{SMOW}$ 平均值为 24.6‰，据此计算出与石英平衡的流体 $\delta^{18}O_{H_2O}$ 平均为 14.67‰，H-O 同位素表明成矿流体来源于混合的变质水。

上述特征表明林旺金矿属于典型的卡林型金矿床。

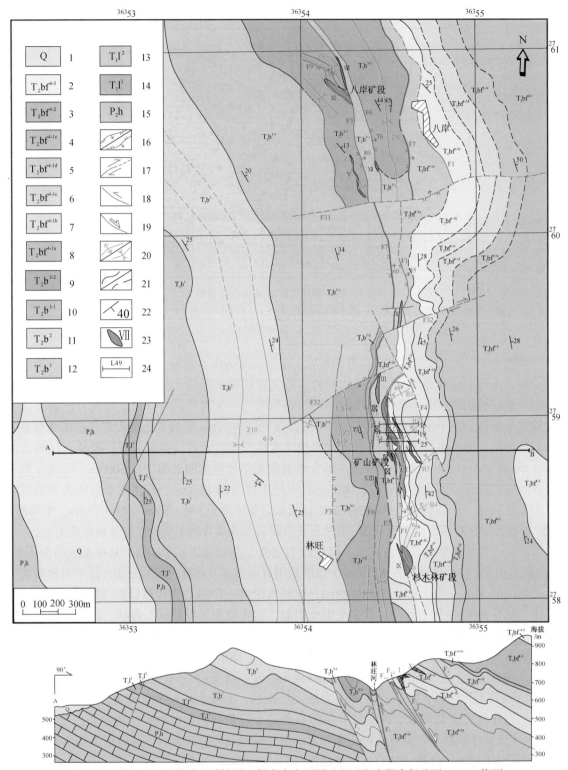

图 18.16　林旺金矿区构造地质简图（据南宁大石围矿业开发有限责任公司，2009 修测）

1. 第四系；2. 中三叠统百逢组第四段上亚段钙质粉砂质泥岩夹砂岩；3. 中三叠统百逢组第四段中亚段钙质砂岩夹粉砂质泥岩；4. 中三叠统百逢组第四段下亚段 e 层薄层泥岩、粉砂岩；5. 中三叠统百逢组第四段下亚段 d 层砂岩夹泥岩；6. 中三叠统百逢组第四段下亚段 c 层薄层泥岩、粉砂岩；7. 中三叠统百逢组第四段下亚段 b 层钙质砂岩夹泥岩；8. 中三叠统百逢组第四段下亚段 a 层厚层碳质泥岩、粉砂岩；9. 中三叠统板纳组第三段第二层钙质砂岩夹泥岩，底部瘤状灰岩；10. 中三叠统板纳组第三段第一层厚层泥岩、粉砂岩；11. 中三叠统板纳组第二段钙质砂岩夹泥岩；12. 中三叠统板纳组第一段钙质泥岩、粉砂岩、凝灰岩；13. 下三叠统罗楼组上段扁豆状灰岩；14. 下三叠统罗楼组下段泥岩夹灰岩；15. 上二叠统合山组灰岩夹煤层；16. 正断层/逆断层；17. 走滑断层；18.（剖面图）造山期逆断层；19.（剖面图）后造山期正断层；20. 背斜轴/向斜轴；21. 实测/推测地质界线；22. 岩层产状；23. 矿体及其编号；24. 勘探线及其编号

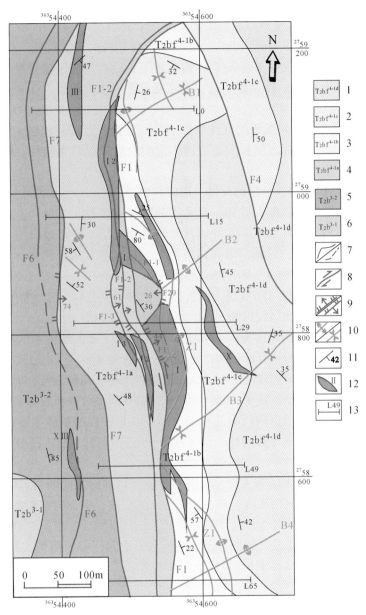

图 18.17　矿山矿段构造地质简图（据南宁大石围矿业开发有限责任公司（2009）修测）

1. 中三叠统百逢组第四段下亚段 d 层砂岩夹泥岩；2. 中三叠统百逢组第四段下亚段 c 层薄层泥岩、粉砂岩；3. 中三叠统百逢组第四段下亚段 b 层钙质砂岩夹泥岩；4. 中三叠统百逢组第四段下亚段 a 层厚层碳质泥岩、粉砂岩；5. 中三叠统板纳组第三段第二层钙质砂岩夹泥岩，底部瘤状灰岩；6. 中三叠统板纳组第三段第一层厚层泥岩、粉砂岩；7. 实测/推测地质界线；8. 走滑断层；9. 正断层/逆断层；10. 背斜轴/向斜轴；11. 岩层产状；12. 矿体及其编号；13. 勘探线及其编号

二、矿床构造解析

以南北向浪全-乐业断裂（F7）为界，林旺金矿床大体可分为台地和盆地两个不同的构造单元（图 18.16）。西部为乐业穹隆，是一个原地的孤立碳酸盐台地。核部由产状平缓的石炭系-二叠系台地相灰岩组成；周缘为三叠系罗楼组薄层灰岩夹泥岩、板纳组陆棚相砂泥岩，岩层产状平缓，褶皱不发育，但近同生断层附近，褶皱、断裂和劈理明显增多，局部矿化。东部为盆地区，由一系列褶皱和冲断的三叠系百逢组斜坡相陆源碎屑浊积岩组成。靠近台地边缘的同生断层附近，褶皱十分强烈，常形成倒转的背向

斜，逆冲断层发育；远离台地边缘，变形程度减弱。整个碎屑岩盆地区表现为褶皱和冲断的构造组合样式（见图18.16下方的剖面图），与贵州烂泥沟金矿十分相似。

根据断层走向划分，矿床主要发育有南北向、北东东向和北西向三组断层。其中南北向断层规模大，延伸稳定，与近南北向褶皱一起控制了矿床的总体构造格架；近东西向断层规模小，延伸短。南北向断层主要有4条，由西向东分别是F3、F6、F7、F1，是主要导矿或含矿断层。F1断裂群见后详述，其余断层简要特征如下：

F7是一条控相大断层，东侧为斜坡相的百逢组地层，以发育巨厚的浊积岩为特征；西侧为台棚相为主的板纳组地层，以含有瘤状灰岩标志层和大量层理不清的粉砂质泥岩为特征。明显的控相特征表明该断层在盆地裂陷期间为同生正断层。

断层倾向东，倾角陡（70°~80°），局部反倾。破碎带宽度一般0.2~0.5m。断层岩以泥质岩类碎裂岩为主。局部强硅化、黄铁矿化，偶见毒砂化；常见石英脉、方解石脉充填。上盘地层变形明显比下盘强烈，特别是劈理化十分强烈，并可见大量的方解石脉沿劈理充填。根据地层的位移关系，可判别该断层在造山期间主要为挤压逆冲性质。另外，局部露头可见上盘牵引褶皱长翼缓，岩层正常；短翼陡，岩层倒转。根据轴面倾角小于断层倾角的关系可指示上盘下滑，说明该断层在造山后期间发生过正滑运动。

断层上盘地层以泥岩为主，为相对隔水层，因此蚀变带窄，矿化弱。整个断层成矿流体活动的痕迹明显，但含矿性不好。结合断层性质可以推断F7主要是一条导矿断层。

F6和F3均位于F7的西侧，八岸和矿山矿段清楚，但F31至F32断层间不清楚。F6产状近直立，破碎带宽0.5~1m，以碎裂岩为主，断续有硅化和矿化现象，沿断层断续分布有Ⅻ、ⅩⅢ矿体。F3位于F6的西部，倾角近直立，断面不清。破碎带宽2~3m，以碎裂岩为主，角砾杂乱，无定向。断续有蚀变和弱矿化，石英脉充填。两侧岩层有蚀变，宽1~2m。八岸矿段两侧以发育膝折状褶皱为主，在其上下盘均可见岩层挠曲，轴面均向南西倾，暗示由南西向北东的挤压。八岸矿段的矿体主要产在该断层西盘的断褶带中。根据其旁侧F9断层群和Z9褶皱群的特征，可判断F3造山期具右旋走滑分量，后造山成矿期为左旋走滑（见后述）。

北东东向断层由北向南分别为F31和F32。断层产状陡，切割南北向断层，并造成地层的大面积错移，将矿床划分为3个成矿条件不同的次级区域：北部为八岸矿段，中部为成矿条件差的无矿区域，南部为矿山矿段和杉木林矿段（图18.16）。

F31位于八岸矿段Ⅴ号矿体南部尖灭部位。图面结构显示北盘下降，出现大片的T_2b_{3-2}砂岩夹泥岩，岩层褶皱强烈，矿化好；南盘大片出露T_2b_{3-1}厚层泥岩和粉砂岩，仅发育劈理，褶皱不清，矿化不好。推测断层性质为正断层，断面倾向北。

F32位于矿山矿段北部，由于北西向断层F4的横错，该断层被分割为东西两段。西段可见断层北盘大片出露T_2b_{3-1}厚层泥岩和粉砂岩，南盘则出现T_2b_2、T_2b_{3-1}和T_2b_{3-2}的完整地层序列，断层南北两侧岩性差别很大，矿化明显不同。东段作为边界断层控制了Ⅱ号矿体的南延。推测断层性质为正断层，断面倾向南。

矿床北西向断层有两条，分别是八岸矿段的F9断裂群和矿山矿段北部的F4。F9断裂群由至少5条断层组成，多发育在断褶带的向斜部位。断层倾向北东或北西，倾角60°左右，局部在南部转为近东西向，倾角更陡。断层两侧褶皱表现为明显的对冲样式，均为不对称褶皱，表明断层为挤压成因，与Z9褶皱群一起指示F3早期具有右旋走滑性质。

伴随着断层由北西部的线状向南东部变为带状，矿化带也随之增大，矿化强度增高。总体上近F3断层，断层现象清楚，蚀变和矿化强烈而形成工业矿体；随着远离F3断层，则断裂作用减弱，并逐渐转为紧闭向斜核部劈理，但沿劈理仍有石英脉充填，表现为弱蚀变和弱矿化特征。此特征又表明F9断裂群晚期转换为F3南西盘派生的张性楔状断层，指示F3晚期具有左旋走滑性质。正是由于F9断裂群晚期具有张断层的特点，才导致矿体在平面上呈现向北西分叉的支状结构（图18.16）。F4表现为走滑断层性质，切割了F31及南北向的F7、F1等断层。

根据褶皱轴面走向划分，矿床褶皱以近南北向造山型线状褶皱为主，局部为北西向，晚期叠加北东东向的横跨褶皱。近南北向褶皱与南北向断层紧密共生，二者控制了矿床的主要构造格局。由西向东包括 Z3、Z6 和 Z1 等复式背向斜，一般表现为轴面倾向盆地的大型紧闭不对称褶皱，东翼缓，西翼陡，局部进一步发展为倒转褶皱，暗示造山时由东向西的挤压。南北向褶皱枢纽起伏不平，指示后期叠加褶皱的改造。Z1 褶皱群见后详述，其余褶皱简要特征如下：

Z3：主要分布在 F32 以南的矿山矿段和杉木林矿段，为 F6 与 F3 之间的背向斜对，地表卷入的地层单元主要为 T_2b_{3-2} 砂岩夹泥岩。褶皱轴面近直立，两翼对称，岩层倾角很陡（60°~80°），指示强烈的挤压作用。局部核部劈理化现象明显，并有方解石脉充填。

Z6：位于 F6 东盘，为一个贯穿全区的向斜构造。一般表现为东翼缓，西翼陡，暗示造山时由东向西的挤压。西翼常常拉断，形成断层，如矿山矿段的 F6 断层。由于后期叠加向斜的影响，八岸一带林旺河附近的枢纽向北倾伏，倾伏角 20° 左右，因此北部大片出露 T_2b_{3-2} 砂岩夹泥岩，而南部则出露 T_2b_{3-1} 厚层泥岩和粉砂岩。相反，矿床最北边的公路边，则可以看到枢纽向南倾伏，倾伏角 12° 左右。因此，该向斜叠加了一个近东西向的后期向斜是十分清楚的。

北西向褶皱主要为八岸矿段与 F9 断层群共生的 Z9 褶皱群，以北西向为主，但靠近矿体部分为北西西向。暗示 F3 断层后期曾经发生了左旋走滑，使得褶皱发生轻微的转向。单个褶皱规模不大，以露头尺度为主，未出现复杂的多级次复式褶皱。

褶皱样式多变，并呈有规律的变化。如对称褶皱主要发育在远离断层的地方，既有紧闭的，也有开阔的。轴面劈理十分发育，局部在紧闭向斜核部岩层破碎，伴有弱蚀变和弱矿化现象。往南东近 F3 断裂多出现不对称褶皱，一般表现为近断层翼陡立甚至直立，远断层翼岩层倾角较缓，表现为对冲的形式，反映 F9 断层是在 Z9 向斜核部发展起来的。

北东东向褶皱规模小，多为宽缓状背向斜，叠加于上述南北向大型褶皱之上，使南北向褶皱枢纽（如前述 Z6）向北或向南倾伏而成舒缓波状延伸。

该组褶皱在矿山矿段比较发育，详见后述。

三、矿山矿段构造解析

1. 断裂

林旺金矿各矿段的展布主要受同生断层 F7 控制，但矿体主要赋存于 F7 旁侧的次级断层 F1 中（如矿山矿段），或者是更次一级的断层 F9 中（如八岸矿段）（图 18.16）。矿山矿段矿体厚度大，形态多样，构造复杂，在整个矿床中具有代表性，现以其为例进行详细构造解析。

矿山矿段与成矿直接相关的断层主要是近南北向的 F1 断裂群。F1 断裂群由主断层 F1，上盘次级断层 F_{1-1}，下盘次级断层 F_{1-2}、F_{1-3}，以及反冲断层 F20 组成（图 18.17）。F1 主含断层位于同生断层 F7 上盘，是主要的容矿断层。F1 断层近南北走向，倾向东，倾角中等（40°~55°），采场中下部则分叉为两条（图 18.18）。断层宽度一般 10~50cm，特别是顶部切割泥岩的地方，断层呈线状，同时蚀变和矿化强度明显减弱。断层以脆性破裂为主，断层角砾和断层泥发育，结构疏松，并常伴有沥青质，局部劈理和小揉皱也发育。由于断层破碎带窄，故分带不明显，但上盘褶皱强烈。同烂泥沟金矿主含矿断层 F3 类似，本矿段 F1 断层也经历过两次性质截然不同的运动。

首先，作为与造山期褶皱相伴生的纵断层，F1 表现为典型的逆冲性质。F1 上下盘均为紧闭的不对称或倒转褶皱，指示造山期强烈的挤压和逆冲运动（图 18.18（a），（e））。特别是其上盘的不对称向斜，核部岩层常常错断而演化为 F_{1-1} 断层（图 18.18（b）），反映强烈的褶皱作用导致断层的形成。因此，F1 形成于造山期，具逆冲断层性质。其次，F1 形成之后发生过明显的正滑-左旋运动。正断层作用主要表现在：勘探线剖面图和露头采场均显示断层上盘地层具有明显的下滑分量，如上盘地层 T_2bf^{4-1b} 下滑到采场底部（图18.18）；紧靠断层的小型牵引褶皱样式指示上盘下滑（图18.18（d）），这些小褶皱仅发育在断层上盘附近，远离几米即消失。枢纽近水平，轴面倾向与断层一致，但倾角小于断层倾角，指示上盘的下滑。这些小褶皱与造山期的大型主褶皱是不协调的，反映在主要的褶皱作用之后，又叠加了一次下滑的运动。此外，断层破碎带中砂岩透镜体和劈理倾角小于断层倾角（倾向相同）也指示上盘下滑。另外，还有证据表明 F1 发生过左旋走滑运动，如 F1 上盘南北向主褶皱倾伏端靠近断层部位形成明显的大型牵引倾竖褶皱；上盘薄层粉砂岩、泥岩中形成的大量层间小型倾竖褶皱等。这些褶皱的一个主要特点是枢纽近直立，与造山期形成的大型褶皱枢纽近水平明显不同。根据倾竖牵引褶皱与断层的关系可以判别断层发生了左旋的剪切。因此，F1 在后期的叠加变形中，既有走滑的分量，也有下滑的分量，实质上是断层的左旋-正断作用在平面和剖面的不同反映。

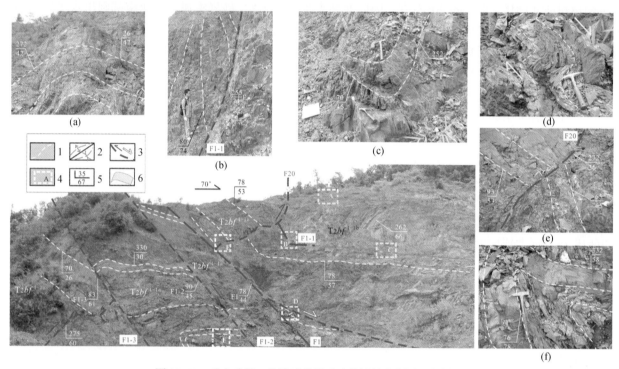

图18.18　矿山矿段1号露天采场反映的褶皱和断层几何样式

1. 岩层迹线；2. 背斜/向斜轴迹；3. 断层（造山期逆断层，后造山期正断层）；4. 局部放大范围；5. 产状；6. 矿体

（a）F_1 断层上盘紧闭倒转背斜核部；（b）F_1 断层上盘紧闭向斜核部进一步发展成为断层；（c）F_1 断层上盘紧闭向斜核部，劈理十分发育；（d）F_1 上盘小褶皱，指示上盘下滑；（e）F_{20}，注意矿化仅出现在下盘；（f）倒转背斜，指示强烈的挤压作用

综上所述，F1 断层在造山期为逆断层，但随后又经历了正滑-左旋运动。含矿断层的这种先逆冲后正断走滑的特征在滇黔桂"金三角"似乎都有反映（罗孝桓，1998；陈懋弘等，2007），暗示它们可能具有相同的成矿动力学背景。

F_{1-1}、F_{1-2} 和 F_{1-3} 断层都是 F1 断层的分支断层。F_{1-1} 位于 F1 上盘，主要位于矿山矿段的 19～35 线，由 F1 上盘的向斜轴部进一步拉断而成（图18.18（b）），因此断层破碎带不发育而基本呈线状。断层主要倾向西，倾角陡。其他地方渐变为 Z1 褶皱群向斜核部的劈理（图18.18（c））。F_{1-2} 断层位于 F1 下盘，与 F1 近于平行（90°∠45°）。断面清晰，破碎带清楚，宽 20～30cm，碎裂岩十分发育。断层两盘岩性不同，揉皱发育。该断层总体表现为一条逆断层，两盘地层的牵引褶皱样式（枢纽近水平，轴面倾角大于断层倾角）指示上盘上冲。F_{1-3} 位于 F_{1-2} 下盘，与 F1 近于平行。主要发育在 19～39 线，往两侧尖灭于 F_{1-2}。断面清晰（83°∠61°），破碎带清楚，宽约 10～20cm。断层上盘揉皱发育，局部形成倒转褶皱。该断层总体表现为一条逆断层，依据是：地层的错动关系指示上盘逆冲；上盘地层的牵引褶皱样式指示上盘上冲

（图18.18（f））。上述F_{1-2}和F_{1-3}在走向和倾向上（图18.17）都有与F1合并的趋势，反映出整个F1断裂带分支复合的特征。

F20为反冲断层，该断层走向南北，倾向西（260°～280°），与F1刚好相反。断面呈舒缓波状，缓处倾角30°～40°，陡的地方达60°～80°。断面非常清楚，但破碎带不发育，仅在断层变缓处有透镜体产出（图18.18）。上述F1、F_{1-2}、F_{1-3}均切割了F20，同时由于F_{1-2}，F_{1-3}的逆冲作用，导致F20部分抬升被剥蚀而缺失；而F1的正断作用，又使其下降而保留完整。F20具逆冲断层性质，主要依据是：地层的错动关系指示上盘逆冲，即T_2bf^{4-1a}泥岩反冲到T_2bf^{4-1b}的砂岩夹泥岩之上；上盘地层的牵引褶皱样式指示上盘上冲；断层透镜体的膨大部位位于断层产状变缓处，指示上盘逆冲。同时考虑到其规模小，倾向与主断层F1相反，由此推断F20是一条造山期形成的反冲断层。该断层的另一特点是其两盘的蚀变和矿化程度截然不同（图18.18（e））。下盘无论是砂岩还是泥岩和粉砂岩均强烈蚀变，大面积矿化；而上盘仅靠近断层10～20 cm处有弱蚀变和矿化，局部在砂岩层才有热液顺节理、劈理蚀变的现象，但规模小得多。因此，F20及其上盘渗透性差的泥岩共同起着构造圈闭的作用。

2. 褶皱

南北向褶皱Z1背向斜对，由F1上盘两个相连的背向斜组成。Z1为大型线状褶皱，轴面走向近南北，倾向东，两翼不对称。背斜东翼岩层产状缓，倾角一般为30°～40°；西翼岩层产状近直立，局部倒转（图18.20）。背斜西侧相连一个规模稍小的向斜，亦为不对称状。这种不对称的紧闭褶皱样式，反映由盆地向台地方向的逆冲，说明该期褶皱是造山期形成的。向斜核部劈理十分发育（图18.18（c）），局部地段经强烈的褶皱作用而演化为F_{1-1}断层（图18.18（b）），反映了在强烈的挤压作用下，岩层由褶皱逐渐向断层演变的过程。向斜核部劈理和断层为含矿热液的运移提供了良好的运移通道。该背向斜对在北部L0线附近褶皱强度减弱，表现为宽缓的背向斜相连。

褶皱枢纽向南北两个方向倾伏，并呈"S"形弯曲，反映受到后期构造的叠加改造。1号采场南部L45～49线为后期向斜横跨叠加的部位，仅出露背斜的东翼；至L57～65线，背向斜对又重新出现，仍为典型的不对称褶皱，反映其与1号采场的褶皱为同一褶皱对，仅是由于后期构造的干扰才导致其分离。

矿山矿段识别出4个轴面走向北东东的叠加褶皱，背向斜相接，由北至南编号为B1、B2、B3、B4。其中B3叠加褶皱可见良好的露头（图18.19），由三个更次一级的向斜-背斜-向斜组成，根据两翼产状求出叠加褶皱枢纽和轴面产状分别为45°∠17°、135°∠90°；47°∠16°、135°∠86°；88°∠27°、175°∠83°，可见叠加褶皱枢纽明显向北东倾伏，表明他们是改造近南北向褶皱的东翼而成；轴面向南东倾，暗示由南东向北西的挤压，与F1晚期左旋的应力场向吻合。其他3个北东向褶皱需要填图方能辨认。

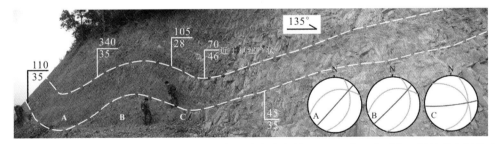

图18.19　叠加在早期南北向褶皱东翼的晚期北东东向向斜（B3），由3个更次一级的背向斜组成
右下方为3个次级褶皱A、B、C根据两翼产状求枢纽和轴面的下半球投影

北东东向褶皱总体表现为宽缓状，与早期的南北向紧闭褶皱有根本区别。其表现形式是使早期褶皱枢纽呈弧形弯曲，因此实质上是叠加褶皱。北东向背形与早期近南北向背斜叠加而形成构造高点，是成矿的有利地段；向形叠加的地方形成构造低点，往往形成矿体边界。如L49线是向形的核部，故以南地段无矿；往北到L15线以北，也是向形叠加的部位，加之造山期褶皱本身褶皱强度降低，因此控矿构造

要素发生改变,褶皱控矿的主矿体延伸到此为止,并转换为主要由 F_{1-2} 断层控矿,矿体主要赋存在断层中。

上述褶皱构造的解析,清楚地反映了矿床早期强烈的挤压,形成轴面倾向东的不对称紧闭褶皱;晚期叠加了一次近于正交的挤压,形成轴面走向北东东的宽缓小褶皱。

3. 矿体几何特征与构造的关系

矿山矿段层状矿体和脉状矿体的分布与褶皱和断层的构造组合有直接的成因联系。北部 L0 线至 L9 线,F1 断裂群上盘南北向褶皱不强烈,因此仅在 F_{1-2} 断层中有 I 2 号矿体产出,以脉状矿为主,并有明显的分支复合现象。往南至 L15,L19 线一带,南北向褶皱作用增强,在 F_{1-2} 断裂中形成 I 2 号脉状矿体,在 F1 上盘的 T_2bf^{4-1b} 砂岩以及 T_2bf^{4-1a} 砂岩夹层等有利岩性层中形成层状矿体,形成层状矿体和脉状矿体共存的现象。L25 ~ L29 线一带,则主要以 F1 上盘的层状矿为主,矿体主要赋存在强烈褶皱的 T_2bf^{4-1b} 砂岩中,F_{1-2} 中的 I 2 号矿体很小。同时,还可以看到 I 东矿体往东很快尖灭,说明矿体主要受背斜控制。I 西矿体之所以厚大,一是由于背斜的西翼近直立,二是由于向斜核部局部发展为断层(即 F_{1-1}),成为热液流动的通道。往南到 L45,L49 线,由于向斜核部没有发展为断层,因此层状矿体规模要小很多。最南部的 L57,L65 线一带,矿体尖灭,同时可以观测到 F1 上盘褶皱为宽缓状。由上可见,矿山矿段矿体的分布很有规律,由北往南,矿体由以断层控制的脉状矿为主,逐渐转为由断层控制的脉状矿与由褶皱控制的层状矿共存,最后转为以褶皱控制的层状矿为主。可见,矿体的分布规律主要受褶皱和断层联合控制。

四、构造变形和构造演化分析

上述构造解析表明,林旺金矿构造变形特征具有以下显著特点:

(1)构造样式总体表现为褶皱-断层组合,具褶断带的一般特点。断褶的强度,在同生断裂附近最为强烈,往台或盆两个方向均降低。褶皱和断层的多期作用能互相吻合和配套,并反映出两期最主要的构造变形。

(2)褶皱作用以区域尺度的、倾向盆地的南北向大型不对称褶皱为主,叠加露头尺度的轴面走向北东东的小型宽缓状褶皱,反映构造应力场有近于直交的改变。

(3)断裂作用以平行南北向不对称褶皱轴迹的大型逆冲断层为主,辅以与之直交的走滑-正断层。主含矿断层 F1 经历了复杂的构造运动,早期为与紧闭褶皱相伴形成的逆冲断层,晚期则转换为与叠加褶皱相伴的左旋-正断层。成矿与晚期的左旋-正断作用有关。

上述特点表明,林旺金矿的构造变形特征与贵州烂泥沟金矿十分相似,反映右江造山带构造变形具有普遍的规律性,也说明该区卡林型金矿具有相同的成矿动力学背景。总体上反映出印支期末挤压造山,形成强烈的褶断带。随着印支运动的结束以及燕山旋回的开始,构造变形场发生了改变,早期的南北向构造格局被北东向构造所改造,两者在几何上有明显的斜跨叠加关系。

沉积相资料表明 F7 为同生断层,同时构造解析表明矿床构造至少经历了两期明显的构造变形,因此,林旺金矿床至少经历了同生期裂陷、造山期挤压、后碰撞造山侧向挤压三个阶段(表18.3)。结合区域构造背景,反演矿床构造演化过程大致如下:右江盆地裂陷期间(D$_2$—T$_2$)形成台地四周一系列倾向盆地的同生正断层,在本矿床表现为形成走向近南北,倾向东的同生断层 F7,是含矿建造的形成阶段。造山期挤压期间(T$_3$)由于受西部乐业台地(砥柱)的影响,挤压方向由东→西,形成了矿床最为明显的近南北向构造线(不对称褶皱和逆冲断层),是成矿前导矿和容矿构造的形成和准备阶段。后碰撞造山侧向挤压期间(J$_1$)由于近南北向的挤压,一方面使造山期形成的褶皱发生重褶,形成走向北东东的叠加褶皱;另一方面导致 F1 的左旋-正滑运动,矿液沿着拉张的空间沉淀就位,是主要成矿阶段。至于是否经历了燕山期(J$_2$—K)的岩石圈伸展,目前矿区尚无明显的地质证据,但区域上存在 80 ~ 100Ma 侵位的超基性岩墙和酸性岩脉证实了燕山期曾经发生了岩石圈的伸展（陈懋弘等，2009b）。贵州烂泥沟金矿的构造解析表明（陈懋弘等，2007），成矿发生在印支造山期强烈的断层和褶皱作用之后，燕山晚期岩石圈伸展之前，属于后碰撞造山侧向挤压的产物。本矿床的成矿构造演化分析也支持这个观点，反映该区卡林型金矿具有相同的成矿动力学背景。

表 18.3 林旺金矿床成矿构造演化一览表

构造期次	地质年代	褶皱作用	断裂作用	矿床主应力方向	与金成矿的关系	构造演化阶段
D₃	J₁（？）	轴面走向垂直台-盆边界的宽缓状褶皱，以小型简单褶皱为主，叠加在 D2 期褶皱之上	D2 期断层性质的转换，F1 发生左旋-正滑运动	北北西—南南东向挤压	含矿热液沿断层上升，在背形中形成层状体，在断层中形成脉状矿体	后碰撞造山侧向挤压
D₂	T₃	倾向盆地的强烈水平斜歪-倒转褶皱，以区域尺度的大型复式褶皱为主	倾向盆地的大型低-中等角度的逆冲断层	东西向挤压	成矿前的构造准备阶段，形成逆冲断层，不对称褶皱的直立翼等有利构造	造山挤压
D₁	D₂—T₂	不发育	倾向盆地的高角度同生正断层（台地周缘断层，如 F7）	东西向拉张	含矿建造的形成阶段	盆地裂陷

五、构造控矿作用

1. 层状矿体的形成机制

林旺金矿具有层控和断控双重控制的特点，是由其特殊的构造和岩性组合特点决定的。凡是层状矿体发育的部位，均可以看到一套能干性明显不同的岩性组合。赋矿岩性为 T₂bf⁴⁻¹ᵇ 中厚层状钙质砂岩夹少量泥岩，岩石性脆，在构造变形中优先发育劈理及节理，容易形成透水层，有利于热液的运移和沉淀。其上覆岩性为 T₂bf⁴⁻¹ᶜ 薄层状泥岩夹少量粉砂岩，在构造变形中以塑性变形为主，一般形成隔水层，从而限制了成矿流体向上的运移，而在泥质层下方渗透性较好的钙质砂岩中发生侧向运移与渗透，使岩石发生去钙化和弥散状硅化等热液蚀变，随后发生浸染状黄铁矿化和毒砂化而形成矿体。同时，这两套岩性均可在矿床的尺度上区分开来，单一岩性厚度为 20 ~ 30m。

这种能干性差别很大的岩性组合样式与贵州水银洞金矿十分相似（张兴春等，2004；刘建中等，2006），尽管二者的岩性不完全相同。因此，高渗透性的岩石与上覆低渗透的泥质封闭层组合是形成层状矿体的重要基础和岩性条件。

林旺金矿提供了一个很好的层状矿体与脉状矿体空间上直接相连的实例。从图 18.18（b）~（c）可以看出，层状矿体（Ⅰ号）的西端直接与赋存了 Ⅰ2 脉状矿体的 F1 断裂群相连，东端通过背斜轴部后很快尖灭，有力地证明了断层是成矿热液的主要通道。八岸矿段赋矿断裂（F9）之间的背斜构造中部分钙质砂岩破碎，顺断层上升的热液也发生侧向渗透，形成断层间的层状蚀变和矿化（图 18.20）。贵州水银洞金矿的研究也表明，切层的断层是成矿热液穿透泥质封闭层运移到另外一个渗透层的主要通道（张兴春等，2004）。

构造解析表明，在由不对称褶皱和逆冲断层组成的褶-断构造组合中，逆冲断层发育在褶皱的直立或倒转翼，证明断层是由褶皱的倒转翼经递进变形最终拉断而成。因此，逆冲断层与倒转翼有着良好的运-储组合。当逆冲断层反转发生左旋-正滑运动时，含矿热液沿着张性断裂上升，并很容易地沿断层上盘的褶皱直立或倒转翼运移和渗透，当热液受到上覆泥质封闭层的圈闭时，则沿渗透性较好的钙质砂岩发生

图 18.20　八岸矿段的脉状矿体及其间的层状矿体

1. 岩层迹线；2. 断层；3. 产状；4. 矿体及热液流动方向

侧向运移与渗透，含矿热液与钙质砂岩经过充分的交代作用而形成工业矿体。由于热的含矿液体总是倾向于向上运动，由此向东远离背斜核部，热液的交代作用明显减弱，导致层状矿体很快尖灭。

2. 构造的控矿作用

林旺金矿矿体的形态和赋矿部位除了与岩性组合有关外，最重要的还是受构造控制。例如，矿山矿段北部（L0～L5 线），虽然存在 T_2bf^{4-1b} 钙质砂岩与 T_2bf^{4-1c} 泥岩的有利岩性组合，但只有断层中的脉状矿体而没有层状矿体出现，说明控制矿体的第一位因素是构造而不是岩性。构造圈闭作用可细分为两种不同形式的构造圈闭。

（1）背斜核部 T_2bf^{4-1c} 泥岩层所限制的构造圈闭。如前所述，这是形成层状矿体的重要控制因素。事实上，从更大的尺度上看（如矿田尺度），这种褶皱加泥质层组成的构造圈闭控制了滇黔桂地区所有矿田的分布，不论是扬子被动陆缘碳酸盐岩台地区（如灰家堡背斜），还是右江盆地区都是如此（如各个孤立碳酸盐岩台地）。

（2）由反冲断层 F20 及其上盘 T_2bf^{4-1a} 泥质岩共同组成的构造圈闭，这是本矿床有别于其他矿床最特殊的一个地方。从图 18.18 可以看出，F20 是一条造山期形成的反冲断层，将部分 T_2bf^{4-1a} 泥岩逆冲到 T_2bf^{4-1b} 砂岩夹泥岩之上。T_2bf^{4-1a} 泥岩相当于不透水层，渗透性较差，从而与 F20 断层共同形成一个不渗透的盖帽（构造圈闭），使得成矿流体沿断裂 F1 上升时受到阻隔而难以继续大规模往上运移，流体被迫转向而发生侧向运移，并与下盘渗透性和活泼性较强的钙质砂岩发生长时间的水岩反应，使之发生大面积的蚀变和矿化，从而形成本矿床中最厚大的矿体。只有当陡立的小断层或劈理切割该盖帽时，上盘岩石才形成一些局部的矿化。这种构造圈闭类似于美国卡林地区的 Roberts Mountain 逆冲断层形成的构造闭圈。该推覆构造使西部优地槽相低渗透性不活泼的细粒硅质碎屑岩向东逆冲到台地或斜坡相渗透性较强的碳酸盐岩地层之上，对上升的流体形成区域上的阻水层，因此大多数卡林型矿床位于该逆冲断层的下盘中，且巨型矿床都位于该逆冲断层下伏 100m 范围内（Hofstra and Cline，2000；Cline et al.，2005）。

造山期南北向不对称或倒转线状褶皱形成之后，叠加了后期近南北向的挤压，使得造山期褶皱发生叠加变形，表现为枢纽倾向上的起伏和走向上的弯曲。两期褶皱背斜的叠加处形成构造高点，是成矿最有利的构造部位，形成厚大矿体，如 L19～L35 线一带。往南、北两侧是向形叠加，则往往是层状矿体尖灭的地方，如北部的 L0 线，南部的 L49～L57 线附近（图 18.17）。造山期形成的近南北向不对称背斜，陡翼近直立，并往往进一步发展成为断层，使得成矿流体非常容易地顺层渗透进入岩石中；另外，向斜核部劈理发育，局部演化为断层，也使得流体易于穿层流动。因此，南北向的造山期褶皱主要提供了一个成矿前的有利构造格架，使得后期成矿流体更容易流动。相反，在褶皱强度减弱的地方，形成开阔状褶皱，轴面劈理不发育，砂岩夹泥岩组合就不利于流体的向上流动，故控矿构造主要是断层而不是褶皱。同生断层 F7 是主要的导矿构造，是含矿流体由深部上升到达浅部赋矿部位的主要通道。因此矿床与同生断层的关系是"不在其中，不离其宗"。同生断层附近的次级断层是主要容矿构造。其中 F1 在造山期主要表现为逆冲挤压性质，后碰撞造山侧向挤压期间则发生左旋-正滑运动，使断裂破碎带在局部有利地段形成负压区而产生真空泵效应和耗散结构体系，使含矿流体从高压区向低压区供给并交代、充填成矿。可见，成矿主要与 F1 断层晚期的左旋-正滑有关。先挤压后正滑是滇黔桂"金三角"卡林型矿床赋矿断裂普遍的运动学模式（罗孝桓，1998；陈懋弘等，2007）。

　　在上述几个构造控矿作用中，断层作用和主期褶皱作用在整个右江盆地区都是相似的，构造圈闭作用和构造高点的作用则是本矿床所特有的，也是形成厚大层状矿体的原因所在。何立贤（1996）曾认为在一个矿床内，矿床型式以某一类型为主（或为层状，或为脉状），其他型式不占主导地位。但林旺金矿的发现和成矿机理研究表明，在有利的成矿条件下，层状和脉状矿体可以同时出现。因此林旺金矿在烂泥沟金矿与水银洞金矿之间形成了一个从断控脉状型式→断控脉状和层控层状的复合型式→层控层状型式的完整矿床型式系列。这种复合矿床型式直观地表明了层状矿体是后生热液成因矿床。

第十九章 植被覆盖区含矿信息遥感识别技术研究

在植被覆盖区利用遥感进行遥感异常的提取，首先要解决植被的影响，以增强用蚀变遥感异常提取有用信息的遥感数据信号。这就衍生出了针对植被覆盖区含矿信息的遥感识别技术，包括三大部分：植被抑制方法、蚀变遥感异常提取技术、矿产资源遥感预测。

第一节 植被覆盖区采用的植被抑制方法

绿色植物具有独特的光谱特性，可以把植被作为一个干扰层处理，通过植被抑制方法增强植被覆盖下有用的岩石或土壤的信号。

一、植被抑制模型的建立与技术方案

绿色植物的光谱特性为：在可见光的蓝紫光波段，反射率较低；在绿光波段反射率突增，出现一个小的反射峰；绿光波段后反射率急剧下降，在 $0.67\mu m$ 或 $0.68\mu m$ 处形成很深的吸收谷（红谷）；进入红外区波段范围内（实际上一般自 $0.71\mu m$ 开始），反射率极高，在 $0.8\mu m$ 附近达到顶峰（红外肩）；达到顶峰后，反射率的变化趋于平稳，曲线形态为近似略向长波方向倾斜并略有起伏的高平台（红外平台）；$1.3\mu m$ 以后，反射率下降幅度明显增加，曲线波状起伏现象更趋突出。图 19.1 为绿色植物反射光谱特性曲线图。土壤和岩矿石的光谱反射特性基本一致，即反射率从可见光的短波段起随波长的增加而逐渐抬升（图 19.2）。

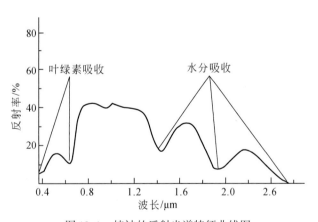

图 19.1 植被的反射光谱特征曲线图

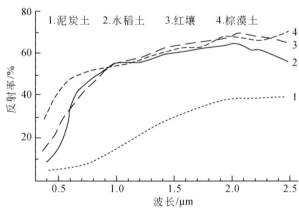

图 19.2 土壤的反射光谱特征图

植被抑制的遥感处理方法是通过植被光谱特征和植被之间的空隙，建立一个光波在植被覆盖区传播的模型，反演在植被覆盖下地物光谱的传输模式。被植被覆盖的区域遥感图像接收的信号近似为太阳辐射经植被层反射部分、太阳辐射经地物反射再穿透植被层部分、大气散射穿透植被层经过地物反射再穿透植被层部分和大气程辐射四个部分组成，由于植被光谱特征的明显性和比较标志性，通过植被端元的提取并分解在植被覆盖区地物和植被的信号，实现植被抑制。

（一）模型的建立

植被覆盖区可以把植被的覆盖看做一种遥感背景噪声来处理。在遥感数据中，背景噪声的干扰信息往往与有用信息纠缠在一起，组成混合的像元；植被区域，电磁波经植被株间空隙到达地面经过地面反射后又经植被株间空隙到达传感器，那么遥感图像植被区域包含植被信息和地面信息的混合信息。在有背景噪声区域，遥感图像接收的信号近似为太阳辐射经噪声层反射部分、太阳辐射经地物反射再穿透噪声层部分、大气散射穿透噪声层经过地物反射再穿透噪声层部分和大气程辐射等四个部分组成。公式如下：

$$L = \frac{RT_\phi}{\pi} E_0 T_\theta T_\rho S\cos\theta + \frac{RT_\phi}{\pi} T_\rho SE_D + SL_p + \frac{R_\rho T_\phi}{\pi} E_0 S\cos\theta$$

式中，第一项为入射光 E_0 穿过透过率为 T_ϕ 的大气层和透过率为 T_ρ 的噪声层，经反射率为 R 的地物反射，又穿经透过率为 T_θ 的大气和透过率为 T_ρ 的噪声层，最后进入传感器的反射部分；θ 为入射方向的天顶角；S 为系统增益系数因子；第二项为经大气散射后，以漫入射形式经地物反射，又穿经透过率为 T_θ 的大气和透过率为 T_ρ 的噪声层，最后进入传感器的部分；第三项为程辐射，又称径辐射（path radiance），是散射光向上通过大气直接进入传感器的部分；第四项为入射光 E_0 穿过透过率为 T_ϕ 的大气层，经反射率为 R_ρ 的噪声层反射，又穿经透过率为 T_θ 的大气，最后进入传感器的反射部分。

假设，经过遥感图像的预处理后，程辐射部分能够被去除，大气的影响被去除，把公式重新整理得到公式：

$$L^\rho = R_d T_\rho + R_y$$

把 R_y 经过变换成 $T_y \times R'_y$，使得 $T_y + T_\rho = 1$。其中 L^ρ 是包含了噪声层信息和地物信息的混合息，根据电磁波在频率域上有累加的信息，如果噪声层没有透射的临界完全反射率为 R'_y，地物的反射率为 R_d，则噪声层所占像元的反射率为 $T_y \times R'_y$，而此时地物所占像元的反射率为 $R_d \times T_\rho$，根据电磁波的性质，得出 $T_y \times T_\rho$。公式改写成：

$$L^\rho = R_d(1 - T_y) + T_y R'_y$$

那么去除噪声层后，地物反射率公式：

$$R_d = (L^\rho - T_y R'_y)/(1 - T_y)$$

上述公式中，L^ρ 是已知的，需要解决的参数有 T_y、R'_y。

综上所述，把植被看作为覆盖在有用信息上的一层背景噪声层，采用一定的技术方法来减弱植被背景噪声的影响，来达到植被抑制的目的。

（二）技术方案

1. 总的技术流程

所采用的方法是基于遥感图像上像元所代表地物光谱特性的基础上进行的操作。涉及三大过程（数据的选择与预处理、含噪信息检测与去除、去噪图像的生成），11 个步骤。总的技术流程见图 19.3。

2. 抑制方案

主要经过 11 个步骤来实现的，具体如下：

1）确定遥感图像是含背景噪声的图像

"背景噪声"是相对的，指掩盖有用信息的那部分信息。本方法要求背景噪声必须有大于 5% 的透射率。首先确定噪声类型，根据噪声类型的波谱曲线，确定其特征吸收位置，采用波段合成来确定是否含有噪声。例如，植被的叶绿素主要吸收谱带见图 19.4，在 ETM 多光谱遥感图像上采用 743 波段假彩色合成，绿色的初步表示有植被噪声存在。

2）研究区选取

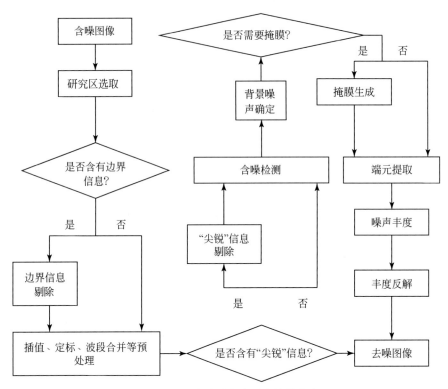

图 19.3　覆盖区背景噪声减弱总体技术流程图

利用频域直方图，综合考虑每个波段，分割图像使得每个分割区的每个波段的直方图近似为正态分布。判断分割窗口内的波段直方图是否近似为正态分布，采用目估法或者计算判断法。

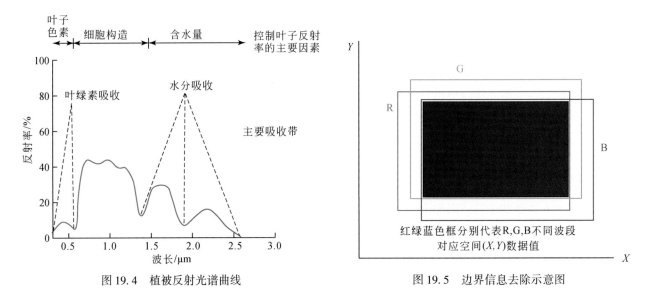

图 19.4　植被反射光谱曲线　　　　　　　　　图 19.5　边界信息去除示意图

图示目估法：设定一个 $M×N$ 的窗口，这个窗口内遥感图像某一个波段像元 $x_{j,k}$（$j=1$，$\cdots$，m；$k=1$，$\cdots$，n）区间为 $[x_0，x_n]$，统计这个窗口内的直方图，公式如下：

$$p_i = \sum_{j=1,\ k=1}^{m,\ n} (x_{j,\ k} = x_i) \times 1$$

式中，$i \in [0，n]$，$x_{j,k}=x_j$ 为逻辑操作。目估直方图是否符合正态分布。

计算判断法：设定一个 $M×N$ 的窗口，这个窗口内遥感图像某一个波段像元值为 $x_{j,k}$（$j=1$，$\cdots$，m；

$k = 1, \cdots, n$），像元均值为 $\bar{x}$，标准差为 σ，利用偏度系数和峰度系数进行判断。

偏度系数满足公式：

$$g = \frac{m \times n}{(m \times n - 1)(m \times n - 2)} \sum_{j=1, k=1}^{m, n} \left(\frac{x_{j, k} - \bar{x}}{\sigma} \right)^3 \in [-\varepsilon_1, \varepsilon_1]$$

式中，ε_1 为给定一个很小的正数。

峰度系数满足公式：

$$f = \frac{m \times n(m \times n + 1)}{(m \times n - 1)(m \times n - 2)(m \times n - 3)} \sum_{j=1, k=1}^{m, n} \left(\frac{x_{j, k} - \bar{x}}{\sigma} \right)^4 - \frac{3(m \times n - 1)^2}{(m \times n - 2)(m \times n - 3)} \in [-\varepsilon_2, \varepsilon_2]$$

式中，ε_2 为给定一个很小的正数。

3）边界信息判断与去除

如图 19.5 所示，三个波段在平面（代表地球表面）的坐标 (X, Y) 是不重合的，不重合区域就是边界信息（也叫边框）。边界信息指的是遥感数据在获取时，每个波段所获取的数据是不一样的。去除方法就是对每一个波段是否含有信息进行判断，如果含有信息，则附值为 1，没有信息，附值为 0，生成一个二值图像，最后把每一个波段二值图像相乘形成一个新的二值图像，最后把每个波段与二值图像相乘，这样就去除了边界信息。具体公式如下：

$$y_i = \bigcap_{i=0}^{n} (x_i > 0) \cdot x_i$$

式中，n 为所使用的遥感图像波段总数；$i = 1, \cdots, n$，x_i 和 y_i 为 i 波段去除波段前后的值。

4）图像的预处理

直接获取遥感图像存在几何变形，由于遥感器增益和偏移参数产生的灰度变化等，经过预处理得到带有坐标信息的地表反射率图像。具体公式如下：

$$R = \frac{\mathrm{pi} \times L \times d^2}{E_{\mathrm{sun}} \times \cos(A)}$$

式中，R 为地表反射率；$\mathrm{pi} = 3.14$；d 为影像当天的日地距离；A 为太阳高度角；E_{sun} 值为大气层外相应波长的太阳光谱辐照度；L 为辐亮度，可通过下式求出：$L = \mathrm{gain} \times \mathrm{DN} \times \mathrm{bias}$。其中：gain 为增益，bias 为偏移，DN 为遥感图像 DN 值。对于热红外数据需要温度和比发射率的分离。公式如下：

$$T = \frac{c_2}{\lambda \ln \left(1 + \frac{\varepsilon c_1}{\lambda^5 R} \right)} \qquad \qquad \varepsilon = \frac{R \lambda^5 (\mathrm{e}^{\frac{c_2}{\lambda T}} - 1)}{c_1}$$

式中，T 为温度；λ 为波长；ε 为比发射率；c_1，c_2 为常数，$c_1 = 3.74818 \times 10^{-4} \, \mathrm{W} \cdot \mathrm{\mu m}^2$，$c_2 = 1.43878 \times 10^4 \, \mathrm{K} \cdot \mathrm{\mu m}$；$R$ 为光谱辐射亮度，可以通过下面公式计算出：

$$R = \mathrm{LMIN}_\lambda + \left(\frac{\mathrm{LMAX}_\lambda - \mathrm{LMIN}_\lambda}{\mathrm{QCALMAX}} \right) \mathrm{QCAL}$$

式中，QCAL 为数据的实际辐射；LMIN_λ 为 QCAL = 0 时的光谱辐射值；LMAX_λ 为在 QCAL = QCALMAX 的光谱辐射值；QCALMAX 为数据的图像辐射值。R 的单位是 W／（$\mathrm{m}^2 \times \mathrm{sr} \times \mathrm{\mu m}$）。

5）"尖锐"信息的判断与去除

"尖锐"信息指图像上有一些数量很少而又集中产生某种特定像元的信息。判断依据主要是每一个波段的近似正态分布的直方图上两端是否存在少量偏离正态分布的值或者直方图上有突出的值，见图 19.6。

判断的主要方法为直方图图示目估法，具体公式见前文。

需要去除的"尖锐"信息，主要是一些白泥地、厚积云、冰雪等的信息。去除方法简单，对某一波段集中产生亮像元或暗像元的"尖锐"信息利用高端切割或低端切割来去除，对集中产生透射率小于 5% 的背景噪声采用波段比值法来去除，公式如下：

$$y_i = \left(x_b \begin{array}{c} > \\ < \end{array} C_b \right) \times x_i \quad \text{或} \quad y_i = \left(\frac{x_a}{x_b} \begin{array}{c} > \\ < \end{array} C_a \right) \times x_i$$

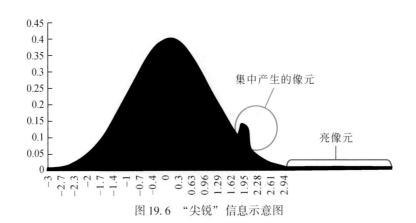

图 19.6 "尖锐"信息示意图

前一个是高端切割和低端切割公式，后一个是波段比值切割公式，其中，$i=0$，$\cdots$，n，n 指所使用的遥感图像波段总数，x_i 和 y_i 分别指 i 波段去除"尖锐"信息前和后的波段值，a，$b \in [1, n]$，C_a，C_b 是常数，x_a，x_b 是原始 a、b 波段对应的值。这个公式的目的是：给定一个约束的条件，使得这个条件大于或小于某一个数值的图像保留下来，其他的全部被赋值为零。

6）包含背景噪声信息图像检测

遥感图像中包含背景噪声的信息，是目标信息和噪声信息的混合信息，其光谱区别于其他信息的部分，检测光谱曲线的差异有多种方法，一种像元值与谱线共同制约的方法——称为"光谱束滤波"被采用，同时限定各波段某种特征物质光谱像元值。具体的公式如下：

$$y_i = \bigcap_{i=1}^{n} \left[(x_i - b_i) \in \sigma \right] \cdot x_i$$

式中，$i=0$，$\cdots$，n，n 为所使用的遥感图像波段总数；x_i 和 y_i 为指 i 波段去除波段前后的值；b_i 为数组的一个元素；$\sigma \in [-1, 1]$。

7）掩膜的判断与生成

一般需要一个掩膜，就是去除掉"尖锐"信息的那个二值图像。如果有一个波段图像灰度值过度不平滑，如水体，这样还需生成另外一个掩膜。掩膜作用是确定哪些数据需要参加计算，哪些不需要。要生成一个掩膜，其实就是生成一个二值图像，0 值表示不需要参与计算的数据，1 值表示需要参与计算的数据。生成掩膜一般采用波段的逻辑计算方法。

$$\tau = y_i \otimes c_0 \text{ 或 } \tau = \left(x_i \oplus \frac{x_j}{c_1} \right) \otimes c_2$$

式中，τ 为生成的掩膜；y_i 为去除"尖锐"信息的数据；x_i，x_j 为原始数据；$\otimes$ 为关系运算符（包括 <、≤、≯、>、≥、≮、≠、=等）；$\otimes$ 为数学运算符（包括 ±、×、÷等）；c_1，c_2，c_3 为常数。

8）端元提取分离背景噪声光谱

目前端元提取的技术很多，本方法采用 SMACC 算法（John et al.，2004）提取端元信息的，这种算法公式表达如下：

$$H(c, i) = \sum_{k}^{N} R(c, k) A(k, j)$$

式中，H 为每一端元的波谱；i 为像元指数，j 和 k 为从 1 到最大扩展值 N 的端元指数；矩阵 R 行元素为独立像元，列元素代表像元的波谱；c 为光谱通道指数；矩阵 A 包括每个端元 k 中端元 j 的贡献值。这种技术能够提取任意的端元数，不依赖单形体。

9）噪声丰度的计算

我们利用最小二乘法反演薄云丰度。根据前文，$\rho_{噪}$，$\rho_{其他} \in H$（H 为每一个端元的波谱），根据最小二乘法原理，假设求出 $\rho_{噪}$ 和 $\rho_{其他}$ 处遥感图像的反射率为 $\rho_{噪}$，临界完全不透射背景噪声的反射率为 $\rho_{噪}$，

在该点的丰度为 λ_1；其他目标反射率为 $\rho_{其他}$，在该点的丰度为 λ_2。$\rho_{噪}$ 和 $\rho_{其他}$ 已经求出，$\rho_{噪}$ 为图像已知值，这些都是定值。根据下面公式：

$$
\begin{cases}
\lambda_1\rho_{噪} + \lambda_2\rho_{其他} = \rho_{图} \\
\lambda_1 + \lambda_2 = 1 \\
\lambda_1 \geqslant 0, \ \lambda_2 \geqslant 0
\end{cases}
$$

式中，$\rho_{图}$ 为对应于 $\rho_{噪}$ 和 $\rho_{其他}$ 的值，为一个定值。可以计算出 λ_1。

10）利用最小二乘法反演其他目标反射率

一般的高光谱端元提取遥感技术，或光谱分离技术都没有做到利用丰度值来进行图像的反演，本次技术方法基于下面两个假设：

（1）电磁波在频率域上是按线性混合的。在有背景噪声区域，电磁波的传输方式见前文。

（2）经过变换可以使得背景噪声信号向图像多维空间所构成的凸集极点进行集中。

现有的技术已经可以完成端元提取和丰度计算，既然背景噪声的含量已经计算出，那么可以利用最小二乘法反演有用信息的反射率。噪声是按一定丰度混合在遥感图像上，图像上每一点可表示成如下公式：

$$
\begin{cases}
\lambda_1\rho_{噪} + \lambda_2\rho(i, j) = \rho_{图}(i, j) \\
\lambda_1 + \lambda_2 = 1 \\
\lambda_1 \geqslant 0, \ \lambda_2 \geqslant 0 \\
i \in [1, m], j \in [1, n]
\end{cases}
$$

式中，图像的大小为 $m \times n$，$\rho(i, j)$ 为去除噪声后图像每一点的反射率；$\rho_{噪}$ 第八步已经求出，根据四分模型认为图像上每一处 $\rho_{噪}$ 都为一个定值。

根据前文可以求出 λ_1，$\rho_{噪}$ 是噪声的临界反射率，已经求出而且是一个定值，$\rho_{图}(i, j)$ 是未去噪图像上每一点的反射率，是一个已知值，$\lambda_2 = 1 - \lambda_1$，未知参数为去噪后图像每一点的反射率 $\rho(i, j)$。根据上面公式能推出求解公式如下：

$$
\begin{cases}
\rho(i, j) = \dfrac{\rho_{图}(i, j) - \lambda_1\rho_{噪}}{1 - \lambda_1} \\
i \in [1, m]; j \in [1, n]
\end{cases}
$$

式中，图像的大小为 $m \times n$。

11）合成适合视觉习惯的彩色去噪遥感图像

经过以上基本处理后，能够得出的遥感图像参加计算各个波段的去噪图像，利用 RGB 合成一幅假彩色图像，使得图像适合人的视觉习惯，简单、易用。

二、植被抑制模型推导

根据概率论的中心极限定理：若一个随机变量是由大量相互独立的随机因素的影响所造成，而每一个别因素在总影响中所起的作用都不很大，则这种随机变量通常都服从或近似服从正态分布。地物的形成受相互独立而随机的诸多因素（如入侵岩浆的成分、温度、压力、酸碱度、空间分布、后期剥蚀的物理化学条件等）影响，每一因素的变化都起了一定但又不很大的作用。因此，遥感数据每个波段近似服从或服从正态分布。其密度函数为

$$
f(x) = \frac{1}{\sqrt{2\pi}\sigma}\mathrm{e}^{-\frac{(x-\mu)^2}{2\sigma^2}}
$$

式中，μ 为辐射亮度均值；σ 为辐射亮度标准差。

n 个波段的遥感组成的数据集 S 在 n 维空间上为一个凸集或近似为一个凸集。证明如下：

假设数据集任意两点 $\vec{x_1}(x_1, x_1^1, \cdots, x_1^n)'$，$\vec{x_2}(x_2, x_2^1, \cdots, x_2^n)'$，取一个数 $\lambda \in [0, 1]$，则有，每个波段上，$x_1 \sim N(\mu, \sigma^2)$，$x_2 \sim N(\mu, \sigma^2)$，现在考查 $\lambda x_1 + (1-\lambda) x_2$ 服从什么分布，首先，我们知道，$\vec{x_1}$，$\vec{x_2}$ 独立并且不相关，能够得出 $\lambda x_1 + (1-\lambda) x_2$ 也服从正态分布。其均值为

$$E[\lambda x_1 + (1-\lambda) x_2] = \lambda E(x_1) + E(x_2) - \lambda E(x_2) = \lambda\mu + \mu - \lambda\mu = \mu$$

其方差为：$D[\lambda x_1 + (1-\lambda) x_2] = \lambda^2 D(x_1) + D(x_2) - \lambda^2 D(x_2) = \lambda\sigma^2 + \sigma^2 - \lambda\sigma^2 = \sigma^2$

从上可知 $\lambda x_1 + (1-\lambda) x_2 \sim N(\mu, \sigma^2)$。其他波段情况类似。现在考虑所有波段情况。因为各波段均服从正态分布，假设经过变换后，各波段不相关，所以随机变量 $\vec{x} = (x, x^1, x^2, \cdots, x^n)$ 的 $x, x^1, \cdots, x^n$ 的线性组合服从一维正态分布。因此，$\vec{x} \sim N(\vec{\mu}, \vec{C})$，其密度函数为

$$f(x, x^1, \cdots, x^n) = \frac{1}{\sqrt{(2\pi)^n}\sqrt{|\vec{C}|}} e^{[-\frac{1}{2}(\vec{x}-\vec{\mu})'\vec{C}^{-1}(\vec{x}-\vec{\mu})]}$$

$\vec{x_1} \sim N(\vec{\mu}, \vec{C})$，$\vec{x_2} \sim N(\vec{\mu}, \vec{C})$，，其中 $\vec{\mu} = (\mu, \mu^1, \cdots, \mu^n)$ 为其的期望，$\vec{C}$ 为其的协方差。因为 $\vec{x_1}$，$\vec{x_2}$ 相互独立，所以 $\lambda\vec{x_1} + (1-\lambda)\vec{x_2}$ 也服从多维正态分布。其期望为

$$E[\lambda\vec{x_1} + (1-\lambda)\vec{x_2}] = \lambda E(\vec{x_1}) + E(\vec{x_2}) - \lambda E(\vec{x_2}) = \lambda\vec{\mu} + \vec{\mu} - \lambda\vec{\mu} = \vec{\mu}$$

其协方差为

$$C[\lambda\vec{x_1} + (1-\lambda)\vec{x_2}] = \begin{bmatrix} C_{0,0} & \cdots & C_{0,n} \\ \vdots & \ddots & \vdots \\ C_{n,0} & \cdots & C_{n,n} \end{bmatrix}$$

对于协方差矩阵内任意一点 $C_{i,j}$，$i = 0, \cdots, n$，$j = 0, \cdots, n$ 进行计算：

$C_{i,j} = \mathrm{cov}\{[\lambda x_i + (1-\lambda)x_i], [\lambda x_j + (1-\lambda)x_j]\}$

$= E\langle\{[\lambda x_i + (1-\lambda)x_i] - E[\lambda x_i + (1-\lambda)x_i]\}\{[\lambda x_j + (1-\lambda)x_j] - E[\lambda x_j + (1-\lambda)x_j]\}\rangle$

$= E\{[\lambda x_i + (1-\lambda)x_i][\lambda x_j + (1-\lambda)x_j]\} - E[\lambda x_i + (1-\lambda)x_i]E[\lambda x_j + (1-\lambda)x_j]$

$= E(x_i x_j) - E(x_i)E(x_j)$

$= E[(x_i - \mu_i)(x_j - \mu_j)]$

$= \mathrm{cov}(x_i, x_j)$

所以 $C[\lambda\vec{x_1} + (1-\lambda)\vec{x_2}] = \vec{C}$，$\lambda\vec{x_1} + (1-\lambda)\vec{x_2} \sim N(\vec{\mu}, \vec{C})$。最后综合得出：$\lambda\vec{x_1} + (1-\lambda)\vec{x_2} \in S$。根据定义，$n$ 个波段的遥感组成的数据集 S 在 n 维空间上为一个凸集或近似为一个凸集。现在用凸集的有关性质来求 R'。凸集 S 中的点 $X(0)$ 不能成为 S 中任何线段的内点，则称 $X(0)$ 为 S 的顶点或极点。由于遥感数据的散点集的闭包可以看成 n 维空间的一个广义凸多面体，可以利用端元提取的有关理论，求端元的信息，确定其噪声层光谱特征和反射率。

最后，我们利用最小二乘法反演噪声层丰度。最小二乘法原理，假设遥感图像含有噪声层的某点反射率为 $\rho_{实测}$，纯净薄云反射率为 $\rho_{噪}$，在该点的丰度为 λ_1；其他地物纯净反射率为 $\rho_{其他}$，在该点的丰度为 λ_2。$\rho_{噪}$ 可以根据端元提取有关理论求得，利用下面公式：

$$\begin{cases} \lambda_1\rho_{噪} + \lambda_2\rho_{其他} = \rho_{实测} \\ \lambda_1 + \lambda_2 = 1 \\ \lambda_1 \geqslant 0, \lambda_2 \geqslant 0 \end{cases}$$

我们可以反解 $\rho_{其他}$ 就是去掉噪声层后的地物信息。

三、模型应用与对比

遥感有用信息识别在遥感应用的各个领域都是非常重要的内容，近年来，遥感技术深入到军事、生

产、科研、生活的方方面面，而背景噪声的干扰严重影响了遥感技术的实时应用。特别是植被覆盖区，针对植被覆盖区减弱植被覆盖的信息，增强有用信息，适用于植被覆盖区蚀变遥感异常提取。

（一）植被抑制方法应用的结果

针对植被覆盖区的背景噪声减弱技术的特点是图像处理仅依赖于原始数据，无需 DEM，去除噪声层的遥感影像图能够反映出噪声层掩盖下有用信息的特征。适于工程领域常绿植被区的工程选址、道路识别；灾害领域中气候条件较差或植被覆盖区域的地震、滑坡等地质灾害实时检测；地质领域中的植被覆盖区、浅层戈壁、沙漠或毛细作用区的戈壁、沙漠等地质状况识别和矿产信息的初步提取；军事领域中伪装隐蔽目标的识别、军事选址；浅水下目标识别和海域露油检测；薄冰雪下目标识别；戈壁沙漠区域暗河识别；第四纪地貌形态分析、土地监测等领域生产应用与研究。

针对植被覆盖区植被抑制结果，以植被覆盖区水系为例，见图 19.7，图的左侧是植被覆盖的遥感图像，图的右侧是植被抑制后的遥感图像；经过对比可以看出：经过植被抑制后，水系的信息很清晰地显现。

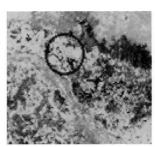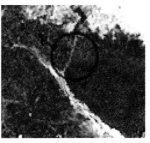

图 19.7　植被覆盖与抑制后的水系信息

我们在华南区域利用本技术共做了五大区域植被抑制方法，黔西南、黔西北、长江中下游花岗岩成矿域、卡林型金矿成矿域、郴州五大区域，并进行了相关的蚀变遥感异常提取和分析，共涉及 ETM 遥感数据 6 景，ASTER 遥感数据 29 景，按遥感工作面积计算，总的工作面积约为 $300000km^2$。

（二）与国外植被抑制方法的对比

针对植被区覆盖区的植被抑制方法，不同的技术可能得出不同的结果。应用较为广泛的是嵌入到 ENVI 软件的植被抑制方法（Crippen et al.，2001）。

对于植被区等背景噪声抑制来说，Crippen 等（2001）利用了植被抑制方法进行遥感的填图工作。Crippen 植被抑制方法已经做成了 ENVI 软件的一个程序，我们对比了利用 Crippen 植被抑制方法和我们自己的方法，在整景 ASTER 区域内（数据为 2003 年 2 月 20 日采集的 ASTER 数据，中心坐标 29.220039N，117.748024E），我们的植被抑制效果优于 ENVI 植被抑制效果（图 19.8）。

为了更加全面对比 Crippen 植被抑制与我们的植被抑制方法，我们从整景的 ASTER 遥感切出一个 2448×2804（1634～4082；1019～3823）大小的窗口。从图 19.9 中可以看出 Crippen 植被抑制方法仅仅是对原影像图植被区域作了一个图像的数据变化，同一土壤区域，对于植被抑制后的图像明显有差别，见图中的红色部分，而我们的植被抑制方法在光谱特征及其光谱的空间特征基础上经过了概率的初步估算，在同一地区的土壤区域内，其土壤的彩色进行了优化，对于同种土壤来说，土壤的色彩是一样的，从上述的试验中能够看出在实际效果上我们的植被抑制方法相对 Crippen 植被抑制方法有一定的特色和效果，能够更好地服务于地质应用。

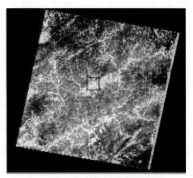 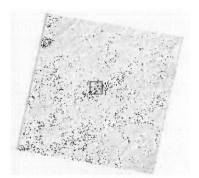

(a) 我们的植被抑制结果　　　　　　　(b) ENVI植被抑制结果

图 19.8　ENVI 植被抑制方法与我们的植被抑制方法对比

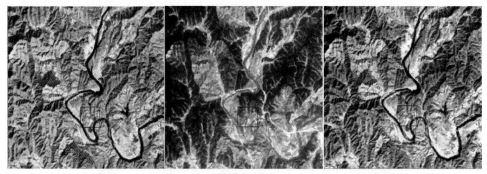

(a) 原影像图　　　　　　(b) 植被抑制图　　　　　　(c) ENVI植被抑制结果

图 19.9　原影像图、ENVI 植被抑制图与我们的植被抑制图对比

第二节　蚀变遥感异常提取方法

蚀变遥感异常提取是根据矿物的光谱特征来进行的。蚀变矿物在短波红外区域具有明显的诊断的吸收特征，利用主成分分析等方法可以提取这些蚀变矿物的信息，进而指导矿产资源遥感勘察。

一、蚀变遥感异常提取的矿物基础

高于绝对零度的物质都在辐射电磁波。电磁波的产生、发射、反射都与物质相互作用关系密切。对于可见光-短波红外和热红外遥感来说，分子的振动和电子跃迁是物质与电磁波作用的主要方式。

(一) 矿物特性

电磁波包含的范围非常广泛，从高频的伽马射线到低频的无线电波都有，电磁波与物质发生作用后，分子或原子的能级发生了跃迁，吸收或发射一定频率的电磁波。

1. 物质与电磁波相互关系

物质与电磁波时时刻刻发生着作用，物质本身也在不断地发射电磁波。物质与电磁波相互作用能够吸收和发射电磁波，这与电磁波的能量级别有关，见表 19.1。

表 19.1 物质与电磁波相互作用能量级别

物质内部状态	能量/eV	对应电磁波
原子核内相互作用	$10^7 \sim 10^5$	伽马射线
内层电子电离作用	$10^4 \sim 10^2$	X 射线
外层电子电离作用	$10^2 \sim 4$	紫外线
外层电子激发	$4 \sim 1$	可见光
分子振动、晶格振动	$1 \sim 10^{-5}$	红外线
分子旋转及反转	$10^{-3} \sim 10^{-5}$	微波
电子自旋及磁场相互作用	$10^{-3} \sim 10^{-5}$	微波
电磁场相互作用	10^{-7}	米波

注：$1eV = 1.602189 \times 10^{-19} J$；$1eV$ 光波长 $= 1.23985 \mu m$。

2. 矿物（或岩石）成分与主要吸收峰或低发射率谷的关系

矿物（或岩石）中阳离子因电子的跃迁能够在可见光或近红外区域产生特征谱带；矿物（或岩石）中阴离子因分子振动能够在短波红外区域产生特征吸收谱带。相同的阴离子在不同阳离子作用下，随着矿物（或岩石）成分从酸性向基性过渡，它们的主要的吸收谷向在短波红外区域向波长较长的区域偏移（图19.10）。从岩石形成过程来看，石英为酸性岩浆产生的主要矿物，而橄榄石为超基性岩浆产生的主要矿物。从石英到橄榄石，红外区域主要的光谱吸收特征仍然随着成分从酸性向基性过渡而向波长较长的区域偏移（图19.11）。

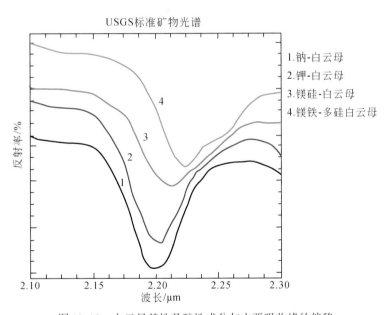

图 19.10 白云母基性及酸性成分与主要吸收峰的偏移

岩石（或矿物）发射率的低发射谷在热红外低发射率随着基性程度的增高向波长较长的方向偏移。酸性岩石（如英安岩、花岗岩）到中性岩石（如石英花岗岩、霞石花岗岩、紫苏辉石安山岩、安山质斑岩、石英闪长岩）到基性岩石（如辉绿岩、斜长玄武岩）到超基性岩石（如蛇纹岩、陨石、纯橄岩），低发射率谷在热红外区域从波长较短区域向波长较长区域偏移，见图19.12。

（二）成矿热液与物质光谱规律性总结

对于蚀变岩石，金属阳离子由于电子跃迁在可见光域产生显著的吸收光谱带，而阴离子基团因羟基碳酸根的分子振动在红外区域产生显著的吸收特征等，这些矿物的光谱吸收带特征显著，具有诊断性，易于提取（表19.2）。

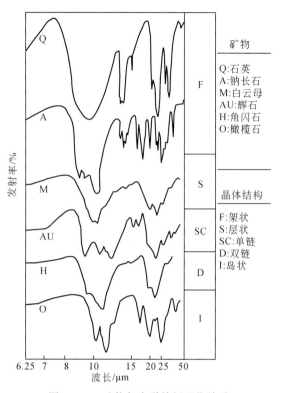

图 19.11　矿物与光谱特征吸收关系

（据 Kahle et al. ，1997 改）

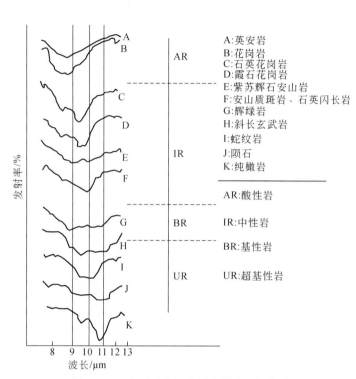

图 19.12　岩石酸基性及低发射率谷的偏移

（据 Vickers and Lyon，1967 改）

表 19.2　成矿热源 ASTER 光谱吸收特征总结（据张玉君等,2007）

含矿溶液温度	围岩蚀变类型	蚀变矿物（含羟基或碳酸根）	化学分子式	ASTER SWIR 波段 No.						利用 ASTER 已获验证实例及名称
				4	5	6	7	8	9	
气化高温热液	云英岩化	白云母	$KAl_2(Si_3Al)O_{10}(OH,F)_2$	+++	---		–			
	夕卡岩化	方解石	$CaCO_3$	+++			–	---		沙泉子 Pb-Zn 矿
		普通角闪石	$NaCa_2(Mg,Fe,Al)_5[(Si,Al)_4O11]_2(OH)_2$	+			–	---	--	
		黑云母	$K(Mg,Fe)_3(Al,Fe)Si_3O_{10}(OH,F)_2$				–		–	可用 PCA(1378) 提取
		透闪石	$Ca_2(Mg,Fe)_5Si_8O_{32}(OH)_2$	+++				---		
		斜绿泥石	$(Mg,Fe)_5Al(Si_3Al)O_{10}(OH)_8$	++		–		---		
	电气石化	镁电石气	$NaMg_3A_{16}(BO_3)_3Si_6O_{18}(OH)_4$	+++						
中低温热液	次生石英岩化	明矾石	$KAl_3(SO_4)_2(OH)_6$	+++	---	---		--	–	
		叶腊石	$Al_2Si_4O_{10}(OH)_2$	+++	---	---		--		
		高岭石	$Al_2Si_2O_5(OH)_4$	+++	---	---				
	黄铁绢英岩化	绢云母	$KAl_2(Si_3Al)O_{10}(OH,F)_2$	+++	–			–		
		黄钾铁钒	$KFe_3(SO_4)_2(OH)_6$	++		--	---	--		
	绢云母化	绢云母	$KAl_2(Si_3Al)O_{10}(OH,F)_2$	+++		–		–		
	泥化	高岭石	$Al_2Si_2O_5(OH)_4$	+++	---	---				蒙古欧玉 Cu-Au 矿
		埃洛石	$Al_2Si_2O_5(OH)_4$	+++	---	---				
		蒙脱石	$(Na,Ca)_{0.33}(Al,Mg)_2Si_4O_{10}(OH)_2·nH_2O$	+++	---	---		–		土屋斑岩 Cu 矿
		伊利石	$K_{<1}Al_2[(Al,Si)Si_3O_{10}](OH)_2·nH_2O$	+++	---	--		–		
		绢云母	$KAl_2(Si_3Al)O_{10}(OH,F)_2$	+++	---	–	–	–		

续表

含矿溶液温度	围岩蚀变类型	蚀变矿物（含羟基或碳酸根）	化学分子式	ASTER SWIR 波段 No.						利用 ASTER 已获验证实例及名称
				4	5	6	7	8	9	
中低温热液	绿泥石化	叶绿泥石 斜绿泥石	$(Mg,Fe)_5Al[AlSi_3O_{10}](OH)_8$ $(Mg,Fe)_5Al(Si_3Al)O_{10}(OH)_8$	++		−	−−	−−−	−	黄山东 Cu–Ni 矿 罗东 Ni 矿
	蛇纹石化	蛇纹石 叶蛇纹石	$Mg_6[Si_4O_{10}](OH)_8$ $(Mg,Fe)_3Si_2O_5(OH)_4$	+++ ++				− −	−− −−	
	碳酸岩化	方解石 白云石	$CaCO_3$ $CaMg(CO_3)_2$	+++ +++					−−	
	青磐岩化	阳起石 绿帘石 黝帘石 叶绿泥石	$Ca_2(Mg,Fe)_5Si_8O_{22}(OH)_2$ $Ca_2(Al,Fe)_3(SiO_4)_3(OH)$ $Ca_2Al_3(SiO_4)_3(OH)$ $(Mg,Fe)_5Al[AlSi_3O_{10}](OH)_8$	++			− −−−	− −−−	−− −−	可用 PCA(1358) 提取 可用 PCA(1358) 提取
	滑石菱镁片岩化	滑石 菱镁矿	$Mg_3Si_4O_{10}(OH)_2$ $MgCO_3$	+++					−−−	
备注	本表由张玉君根据文献编制；此外尚有属气化高温热液的钠长石和方柱石化，属中低温热液的硅化和重晶石化，因含羟基或碳酸根蚀变矿物不典型，故而未列入本表。4 波段高平程度用"+"号多少表示，5～9 波段吸收谷强弱用"−"号表示								

二、蚀变遥感异常提取技术

蚀变异常提取总的流程图见图 19.13。

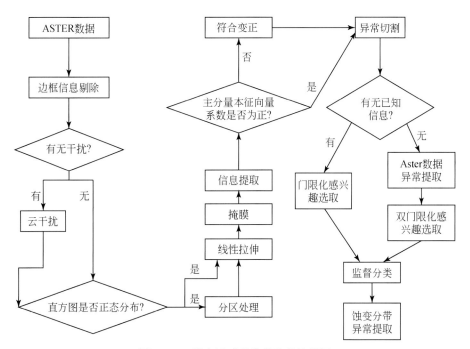

图 19.13　蚀变遥感异常提取总流程图

（一）遥感数据预处理

我们在确定了研究区之后，由于信息提取对原始数据的质量要求高，因此必须对数据进行严格的筛选。一般要求时相尽可能地选择在植被发育弱、冰雪覆盖较少的季节，同时要求区域的天空云量较少。

对获取的数据采用 ETM 数据 743 波段组合 ASTER 数据 631 波段组合来合成影像数据。这样可以明确看出冰雪、云和水等干扰。数据的预处理主要包括两大步骤：干扰去除、掩膜和基础数据的生成。

1. 干扰去除

去干扰工作是通过谱特征观察，灵活选用不同的数学方法，将可能形成干扰的非目标地物经数学处理归入干扰窗。首先去除边界信息，具体见前文，同时要避免云、水体、阴影区、白泥地、冰雪、湿地、干河道、冲积扇等常见干扰。对于干扰的检测采用目估法，一般干扰地物能够在 TM/ETM 的 743 或 ASTER 的 631 彩色合成图像明显区分出来，去除方法选用比值法、高端或低端切割法等。由于植被覆盖区，基本上所有区域都被植被所覆盖，因此植被的去除选用了植被抑制方法，尽量保持植被覆盖下信息的完全。

1）去阴影干扰

地形起伏常常遮挡阳光的照射，形成阴影区，阴影区可分为全阴影区和半阴影区，其间可有临界阴影区。根据阴影区的反射光谱特征，我们设想可以用（TM7/TM1）<N 和（AST8/AST1）<N 作为判据消除其影响。

2）去云干扰

根据试验，我们采用了 TM1 或 AST1 高端切割的方式，来产生消除云干扰的去干扰窗。实践表明，该方法不仅可以有效消除由云产生的伪异常，而且可以帮助消除部分由盐碱地产生的干扰异常。

3）去水体干扰

水体的反射光谱特征表现为，在陆地一侧，TM7>TM1，AST8>AST1；在水体一侧，TM7<TM1，AST8<AST1，且 TM7 或 AST8 的灰度值在岸线附近发生急剧变化，由陆地一侧的相对高亮度值变化为水体一侧的低亮度值。因此，可以选用 TM7 的低端切割，来产生消除水体干扰的去干扰窗；也可以用 TM7/TM1 或 AST8/AST1 作为判据。

4）去冰雪干扰

冰雪的反射波谱特征是随波段增加 DN 值降低，雪的谱线最高，随含冰、水量的增加而降低。冰雪干扰均可用 TM7 与 TM1 的关系来去除。

5）去白泥地干扰

盐碱地的反射光谱特征一般表现为 TM3 或 AST2 的灰度值相对较高；在潮湿的情况下，TM5、TM7 的灰度值降低。试验表明，可以用 TM3、TM4 或 AST2、AST3 的高端切割，生成消除盐碱地的去干扰窗。

此外，还可以利用高端切割的方法，来消除雪、冰等的干扰；用比值切割的办法，来消除湖泊、湿地等的干扰。

2. 掩膜和基础数据的生成

掩膜的生成见前文。掩膜生成后参与到每个波段的运算中，然后再利用线性拉伸对每个波段进行拉伸。线性拉伸处理步骤是首先利用直方图图示进行目估，方法见前文。

取 p_i 的最大与最小值，即 $\max(p_i)$ 和 $\min(p_i)$。然后把最小值作为 0，最大值作为 255，中间其他值按内插重新采样。公式如下：

$$y_{j,k} = \frac{255x[x_{j,k} - \min(p_j)]}{[\max(p_i) - \min(p_i)]}$$

式中，$y_{j,k}$ 为原始图像某一波段像元 $x_{j,k}$ 拉伸后的值；$j=1, \cdots, m$；$k=1, \cdots, n$。

这样就生成了一个基础数据系列，用于后面的分析。

（二）信息提取

在植被覆盖区，信息提取不同于裸露区域，主要采用的方法有比值法、主成分分析法，以及利用光谱角和监督分类进行异常的分类和优化。

1. 主成分分析

主成分分析方法在多光谱蚀变异常提取为常用的比较有效和稳健的一种方法（Loughlin et al.，1991）。由于这种方法为 CROSTA 最先有效使用，也常被称为 CROSTA 方法，Crósta 和 Moore（1989）还提出了特征导向的主成分选择法（feature-orientated principal component selection，FPCS）。一般蚀变遥感异常提取较为常用的方法就是主成分分析方法。

1）主成分分析的原理

主分量分析或主分量变换的原理为：第一步，是移动坐标原点，使平均值为零；第二步，将坐标旋转，使一个坐标轴与数据具有最大分布的方向相符合，这个旋转后的新轴即第一主分量，它占有总变异的第一大份额。垂直于它的另一个坐标轴则代表其余变异的方向，这就是第二主分量。在两维以上的多维空间里，这样的处理将继续进行，以确定一组直角坐标轴，这些轴逐渐将全部变异分配（消耗）掉，它并不能全部包含在一个次一级主分量中，而是有多少个原始参数就会有几个主分量。各主分量变异值的总和与变换前的变异值总和相等，这就是信息量守恒。

2）本征向量符合判断与处理

对于求出的本征向量，按照与参与主成分分析的各个波段进行对应，考虑符合蚀变异常特征的那个本征向量，一般为第 4 个向量。对应关系见表 19.3。

表 19.3　本征向量与波段的关系

波段＼向量	波段 a	波段 b	波段 c	波段 d
本征向量 1	V_{a1}	V_{b1}	V_{c1}	V_{d1}
本征向量 2	V_{a2}	V_{b2}	V_{c2}	V_{d2}
本征向量 3	V_{a3}	V_{b3}	V_{c3}	V_{d3}
本征向量 4	V_{a4}	V_{b4}	V_{c4}	V_{d4}

如果某一异常的特征为 $V_{a4} > V_{b4} < V_{c4} > V_{d4}$，那么 V_{a4}、V_{c4} 一定与 V_{b4}、V_{d4} 的符号相反，而 V_{a4} 与 V_{c4}、V_{b4} 与 V_{d4} 的符号相同。用于异常切割的本征向量 4 要求 V_{c4} 为正号，如果为负号，需要经过转换变成正号，公式如下：

$$V_{c4}^{T} = (-1) \times V_{c4}$$

式中，V_{c4}^{T} 为 V_{c4} 经过符合转化后的结果。

2. 比值法

比值法一般是根据蚀变矿物波谱的特征和其对比波段比值进行信息提取的，如铁染信息提取采用 TM1/TM3，羟基信息提取采用 TM5/TM7。对于 ASTER 数据来说，根据 Al-OH、Mg-OH 和 CO_3^{2-} 的各自特征，AST5 和 AST6 主要是标志 Al-OH 蚀变矿物的吸收特征，因此采用 AST4/AST5、AST4/AST6 提取 Al-OH 蚀变矿物的异常，而 AST7 和 AST8 为 Mg-OH 蚀变矿物的吸收特征，因此利用 AST4/AST7、AST4/AST8 来提取 Mg-OH 蚀变矿物的异常，而 CO_3^{2-} 主要吸收特征为 AST8，常利用 AST4/AST8 来提取 CO_3^{2-} 的蚀变矿物异常。还有一些蚀变矿物指数提取算法。

3. 光谱角与监督分类

分类技术是常用的蚀变遥感异常提取方法和异常优化方法之一。光谱角填图也是一种分类技术。采用分类的办法提取与蚀变矿物或其组合相似的异常信息。

1）光谱角法

光谱角法把每一个多维空间点以其空间向量来表征，对比空间向量角的相似性。它是一种监督分类。要求对每一类别有一个已知参考谱。此参考谱可以是地面测得存入参考谱库的，也可以从具已知条件的图面单元做感兴趣区统计，存入参考谱库。公式如下：

$$(\hat{\alpha}, \beta) = \arccos \frac{(\alpha, \beta)}{|\alpha \| \beta|}$$

式中，(α, β) 为 n 维向量 α，β 的内积；$|\alpha|$、$|\beta|$ 为向量 α、β 的长度。

2）最大似然分类

最大似然分类法，也称为贝叶斯（Bayes）分类，是基于图像统计的监督分类。

假设实验 E 的样本空间为 S。A 为 E 的事件，B_1，B_2，$\cdots$，B_n 为 S 的一个划分，且 $P(A) > 0$，$P(B_i) > 0$（$i = 1$，2，$\cdots$，n），则有：

$$P(B_i | A) = \frac{P(A | B_i) P(B_i)}{\sum_{j=1}^{n} P(A | B_j) P(B_j)}$$

贝叶斯定理表明，在给定了随机事件 B_1，B_2，$\cdots$，B_n 的各先验概率 $P(B_i)$ 和条件概率 $P(A | B_i)$ 时，可以计算出事件 B_i 出现的后验概率 $P(B_i | A)$；后验概率是一种客观概率，也是一个统计量，表明了随机实验中的机会或事件发生的相对概率。在分类中，令 $P(\omega_i)$ 表示事件属于模式类 ω_i 的预先概率，是 ω_i 的先验概率；令 $P(\vec{x} | \overline{\omega}_i)$ 表示事件属于模式类 ω_i，并且具有 $\vec{x}$ 状态的条件概率；令 $P(\overline{\omega}_i | \vec{x})$ 为 $\vec{x}$ 属于模式类 ω_i 的后验概率，用于分类计算的公式：

$$P(\overline{\omega}_i | \vec{x}) = \frac{P(\vec{x} | \overline{\omega}_i) P(\overline{\omega}_i)}{\sum_{j=1}^{n} P(\vec{x} | \overline{\omega}_i) P(\overline{\omega}_i)}$$

根据贝叶斯理论可以计算出对象属于每一类的概率，并根据此结果将对象划分到最可能的类别中。决策分类依据为（二维情况）：

$$P(\overline{\omega}_1 | \vec{x}) \geqslant P(\overline{\omega}_2 | \vec{x})$$

起到了决策函数的作用。如果对象后验概率公式成立，则归为 ω_1，反之归为 ω_2 中。在 n 维空间下，条件概率与先验概率的关系：

$$d_i(\vec{x}) = P(\vec{x} | \overline{\omega}_i) P(\overline{\omega}_i)$$

（三）异常的分级与优化

信息处理完成后，形成的蚀变信息量，为量化表示，常常使用一定的数学手段进行表示，一个为异常分级，是通过直方图切割的来量化为高低异常值；另一个为异常优化，用来优化提取的蚀变异常信息。

1. 异常的分级

切割异常时有了这一尺度可以减少主观任意性，异常分级是按以下公式计算的：

$$L = 127.5 + k\sigma \times \text{SF} \quad 或 \quad L = 127.5 + k \times 127.5/4;$$

$$H = L + 1$$

式中，H、L 分别为切割高、低门限值；k 为倍数；σ 为标准离差；SF 为比例因子。

2. 异常的优化

常用的异常优化方法为监督分类技术，也是异常提取的一种方法。先进行感兴趣区选择，然后对感兴趣区内平均光谱特征进行光谱角制图或利用最大似然监督分类制图。

三、华南陆块典型矿床蚀变遥感异常提取结果

选择江西德兴斑岩铜矿、湖北大冶铁矿、福建紫金山铜金矿、郴州柿竹园多金属矿和黔西南烂泥沟金矿作为典型矿床进行了蚀变遥感异常提取。

(一) 江西德兴斑岩铜矿的异常提取

德兴斑岩铜矿地处环太平洋金属成矿带的外带，位于中国江西省德兴县境内，区域构造上位于扬子地块与华夏地块构造缝合带的碰撞拼接部位扬子地块的一侧 (Zhou et al.，1993；Li et al.，1997；Li et al.，2002)。主要的围岩蚀变有钾长石化、硅化、绢云母–水云母–伊利石化、绿泥石化、方解石化、白云石化和含铁白云石化 (朱训等，1983)。根据蚀变矿物组合特征，选用了特征导向主成分分析方法 (feature oriented PCA) 提取了 aster 遥感数据的植被覆盖区德兴铜矿的蚀变遥感异常。从图 19.14 可看出，主要的异常为第 6 波段异常。

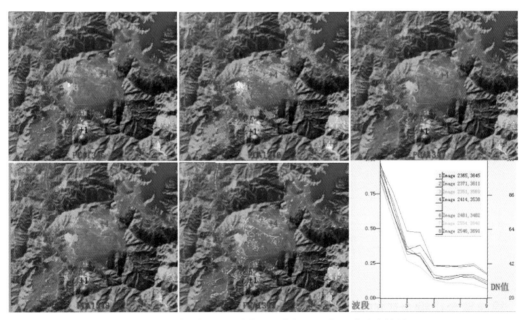

图 19.14　德兴铜矿不同波段组合提取蚀变遥感异常结果
红色的为蚀变遥感异常

德兴铜矿主要的含矿斑岩为花岗闪长斑岩、石英二长闪长玢岩、石英闪长玢岩、花岗细晶岩。占主要部分的岩浆为中性岩浆，酸性–基性岩浆仍有出露，因此德兴斑岩铜矿的蚀变遥感异常以 ASTER 的第 6 波段为主，第 5 和第 7、8 波段也有少量异常出现。说明德兴铜矿蚀变矿物组合的主要特征吸收谷位于 ASTER 的第 6 波段，第 6 波段的特征吸收说明岩浆热液更加偏中性，这与德兴斑岩实际地质情况一致：德兴斑岩铜矿含矿岩浆在演化过程中由中酸性到中性演化，广泛分布石英闪长斑岩。

(二) 湖北大冶铁矿的异常提取

湖北大冶铁矿在大地构造上位于扬子板块的大冶拗陷褶皱带内，与成矿有关的构造是一系列北西

西—南东东向挤压构造带。主要的蚀变围岩为铁金云母化、绿帘石化、阳起石化、碳酸盐化、绿泥石化和高岭土化等。根据遥感影像特征，对于大冶铁矿床我们作了 ETM 的蚀变遥感异常，由于大冶铁矿的蚀变特征，其围岩蚀变一方面是铁染蚀变，另一方面是羟基异常，对于这两种蚀变我们采用特征导向的主成分分析法，进行 PCA1457 的方式提取羟基异常，PCA1345 提取铁染异常。从图 19.15 中可以看出，我们提取的大冶铁矿床铁染异常和羟基异常效果都非常好，总体来说大冶铁矿床以羟基异常为主，铁染异常主要在矿区的外围及其东部的采区，而羟基异常在采坑的外围大量出现，且羟基异常的范围明显大于铁染异常的范围。总体来说，大冶铁矿床的蚀变遥感异常提取结果效果非常好。

根据特征导向主成分分析，为了对比异常的出现结果，对矿区所在遥感图像进行波谱采用，从图中可以看出，在矿区尺度上，光谱特征非常明显，其铁染异常的第 3 波段微高，所有提取的蚀变遥感异常较弱，而羟基异常的第 5 波段明显比较高，因此，大冶铁矿床异常以羟基异常为主，同时我们在矿区及其外围作了一个波谱剖面（图 19.15），从剖面上可以看出，蚀变异常的第 5 波段远高于其他波段而第 3 仅弱高于其他波段，第 7 和第 8 通道为提取的羟基和铁染异常，而采坑区的第 5 波段和第 3 波段强度明显不够，因此总的来说，大冶铁矿床异常强度较高，提取出的异常效果也较好。

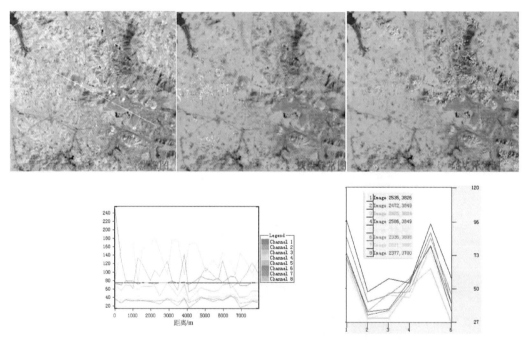

图 19.15　湖北大冶铁矿异常图

（三）福建紫金山铜金矿的异常提取

紫金山矿区隶属环太平洋成矿带，位于闽西南晚古生代拗陷之西南，云霄-上杭北西向深断裂带与宣和 NE 向复式背斜的交汇处，上杭北西向的白垩纪火山-沉积盆地的东缘。

紫金山金、铜矿化主要赋存于燕山早期中细粒花岗岩中及燕山晚期第二次的次火山岩-英安玢岩和隐爆角砾岩带内。矿区热液蚀变范围广，垂深深，岩石都遭受了强烈蚀变。蚀变分带明显：深部石英-绢云母带，中部石英-地开石带，上部为硅化帽。燕山晚期低温的硅化作用是金矿化的重要标志；明矾石化蚀变是以蓝辉铜矿-硫砷铜矿为代表的铜矿化重要标志；绢云母化是以黄铜矿-斑铜矿为代表的铜矿化标志（姚金炎等，1992；王少怀等，2009）。

对于紫金山铜金矿我们作了 ETM 的蚀变遥感异常，根据紫金山铜金矿围岩蚀变特征，主要蚀变为硅化、地开石化、明矾石化、绢云母化和黄铁矿化，采用特征导向的主成分分析法，提取了铁染异常和羟基异常。从图 19.16 中可以看出，紫金山铜金矿铁染异常和羟基异常效果都非常好，铁染异常的范围和强度要小于羟基异常，铁染异常在矿区的南部没有提取出来，而羟基异常在整个矿区及其外围都出现。总体来说，紫金山铜金矿的蚀变遥感异常提取结果效果非常好。

根据特征导向主成分分析，为了对比异常的出现结果，对矿区所在遥感图像进行波谱采用，从图19.16 中可以看出，在矿区尺度上，光谱特征非常明显，其铁染异常的第 3 波段高和羟基异常的第 5 波段高，在整个矿区的面积范围内都是一样，同时我们对矿物及其外围作了一个波谱剖面，从剖面上可以看出，矿区的第 3 和第 5 波段远高于其他波段，因此异常强度较高，提取出的异常效果也较好。

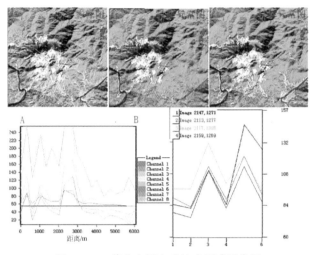

图 19.16　紫金山铜金矿蚀变遥感异常图

（四）郴州柿竹园多金属矿的异常提取

柿竹园多金属矿位于华南褶皱湘南拗陷内，为湘南千里山花岗岩体东南缘与泥盆系碳酸盐岩层的接触带。与成矿有关的岩体为燕山期千里山黑云母花岗岩。千里山花岗岩体周围块状夕卡岩存在着蚀变分带，从岩体向外有：退化蚀变岩、石榴子石夕卡岩、辉石石榴子石夕卡岩、石榴子石辉石夕卡岩、层纹状辉石石榴子石夕卡岩、含石榴子石硅灰石符山石夕卡岩、含符山石硅灰石大理岩、泥质条带大理岩和块状大理岩（毛景文等，1996）。矿区围岩蚀变以夕卡岩化和云英岩化为主，蚀变围岩的范围基本上就是矿石的分布范围（王昌烈等，1987；龚庆杰等，2004）。

根据郴州柿竹园钨多金属矿床的围岩蚀变特征，遥感影像特征，对于柿竹园钨多金属矿床我们作了ETM 的蚀变遥感异常，柿竹园钨多金属矿床围岩蚀主要蚀变为夕卡岩化和云英岩化，这两种蚀变一般提取的是羟基蚀变矿物的异常，采用特征导向的主成分分析法，向进行 PCA1457 的方式提取羟基异常，结果发现效果非常不好，后改用 PCA3457 的方式有效地抑制了植被的影响，铁染异常仍然采用 PCA1345 方式提取。从图 19.17 中可以看出，采用这种方式提取的柿竹园钨多金属矿床铁染异常和羟基异常效果都非常好，但总体来说柿竹园钨多金属矿床以羟基异常为主，铁染异常主要在矿区的外围，而羟基异常在整个矿区及其外围都出现，且羟基异常的范围明显大于铁染异常的范围。

根据特征导向主成分分析，为了对比异常的出现结果，对矿区所在遥感图像进行波谱采用，从图19.17 中可以看出，在矿区尺度上，光谱特征非常明显，其铁染异常的第 3 波段微高，所有提取的蚀变遥感异常较弱，而羟基异常的第 5 波段明显比较高，因此，柿竹园钨多金属矿床异常以羟基异常为主，同时我们对矿物及其外围作了一个波谱剖面，从剖面上可以看出，矿区的第 5 波段远高于其他波段而第 3 仅弱高于其他波段，因此异常强度较高，提取出的异常效果也较好。

（五）黔西南烂泥沟卡林型金矿的异常提取

烂泥沟金矿产于中三叠统边阳组和许满组碎屑岩中，是受断裂控制的卡林型金矿。主要的热液蚀变

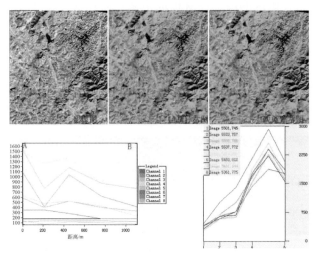

图 19.17　柿竹园蚀变遥感异常的提取

有硅化、黄铁矿化、毒砂矿化、辉锑矿化、汞矿化、碳酸盐化、黏土化等。

　　先在没有进行植被抑制情况下对烂泥沟金矿进行特征导向的主成分分析，见图 19.18，提取出来的异常效果不理想，在矿区范围内，除了铁染异常有些零星分布外，羟基异常没有提取出来。通过对矿区内在遥感图面上进行波谱采用分析，发现在矿区内羟基异常的特征非常明显，而植被的影响也非常大，从波谱特征来看，植被的反射率部分甚至高出标志蚀变矿物的第 5 波段值，因此受植被影响，异常不能提取出来。

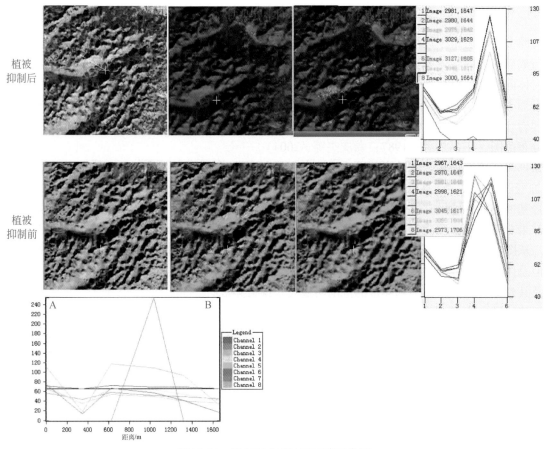

图 19.18　烂泥沟金矿蚀变遥感异常图

为了提取烂泥沟金矿的异常，利用植被抑制方法对整景数据进行植被抑制，对抑制后的遥感图像进行蚀变异常的提取，羟基异常提取结果比较好，而铁染异常提取效果不好，从矿区遥感图面波谱采用上来看，矿区内的蚀变显示了第 5 波段值高、第 7 波段值低的结果，而由于采用了植被抑制方法，第 4 波段明显比抑制前值要低，铁染异常没有提取出，对比植被抑制前后的矿区内铁染波谱特征，发现在矿区内铁染异常的特征并不明显，第 3 波段值不高，因此可以推断没有进行植被抑制前提取的铁染异常为植被所影响，为了更好地说明植被抑制后异常提取的效果，我们对植被抑制后矿区及其外围作了一个波谱剖面，从波谱剖面上可以看出，羟基异常所在的第 5 波段和第 7 波段特征非常明显，而铁染异常所在的第 3 波段特征不明显，与其他波段基本上是在一起，从结果来看（图 19.18），第 8 波段羟基异常比较明显的在矿区出现一个峰值。因此烂泥沟金矿的异常以羟基异常为主，与矿区的蚀变矿物白云石、方解石、绢云母、高岭石等有关。

第三节　植被覆盖区矿产资源遥感预测

根据地球化学、地质和蚀变遥感异常特征等，共选出 1∶20 万靶区 48 个；1∶5 万靶区 39 个。以下分类叙述之。

一、区域尺度 1∶20 万遥感预测和靶区优选

区域尺度 1∶20 万遥感预测选用 ETM 数据为主，共选出靶区 48 个，其中南岭成矿带 19 个，黔西南低温成矿域 7 个，长江中下游花岗岩成矿域 14 个，沿海成矿带 8 个。

（一）南岭成矿带靶区

C1 靶区在 20 万蚀变遥感异常上以铁染异常为主含部分羟基异常特征，铁染异常呈斑状分布，整体顺北东方向分布，羟基异常呈零星状分布，柿竹园钨多金属矿铁染异常和羟基异常都有出现；C2 靶区整体蚀变遥感异常较弱，羟基异常和铁染异常零星分布，基本上为等距分布；C3 靶区东侧以铁染异常为主，羟基异常包含在铁染异常中间呈斑状分布，西侧以羟基异常为主，羟基异常主要为小面状分布，零星见铁染异常的分布；C4 靶区以羟基异常为主，零星见铁染异常；C5 靶区仍以斑状-小面积羟基异常为主，仅南侧见到铁染异常；C6 靶区羟基异常呈北东向线性分布，斑状异常，铁染异常较少；C7 靶区异常主要以斑状-零星状羟基异常为主，主要的钨多金属矿多与羟基异常吻合，零星点缀铁染异常；C8 靶区异常以羟基异常为主，斑状-小面积状；C9 靶区钨多金属矿床都与面积性-斑状羟基异常吻合，以羟基异常为主，见零星分布的铁染异常；C10 靶区仅见主要的两个斑状的羟基异常；C11 靶区羟基异常呈斑状分布，中部见零星铁染异常；C18 靶区以面积状羟基异常为主，瑶岗仙钨多金属矿羟基异常非常好，也见铁染异常，整个靶区铁染异常分布在中部；C19 靶区仅见零星分布的斑状羟基异常（图 19.19）。C12～C17 遥感工作范围未包含到这个区。

（二）黔西南低温成矿域靶区

C1 靶区铁染异常和羟基异常都比较多，羟基异常东南部，呈斑状-小面积状，铁染异常呈北东向分布，异常从零星到斑状都有分布；C2 靶区戈塘金矿与羟基遥感异常吻合非常好，羟基异常面积集中，呈斑状-小面积分布，铁染异常均布在靶区中，异常以斑状居多；C3 靶区东部以面积性铁染异常为主，西部以斑状羟基异常为主，北部和南部零星分布线性的羟基和铁染异常；C4 靶区以斑状-面积性羟基异常为主，东部分布斑状-小面积铁染异常；C5 靶区主要以近线性的羟基和铁染异常为主，两者基本上呈现出共生分布；C6 靶区丫他金矿、板其金矿等与羟基异常对应关系非常好，西部斑状羟基异常和铁染异常呈环形分布，东部以斑状铁染异常为主，零星分布羟基异常；C7 靶区主要是在中部分布零星-斑状的羟基异常（图 19.20）。

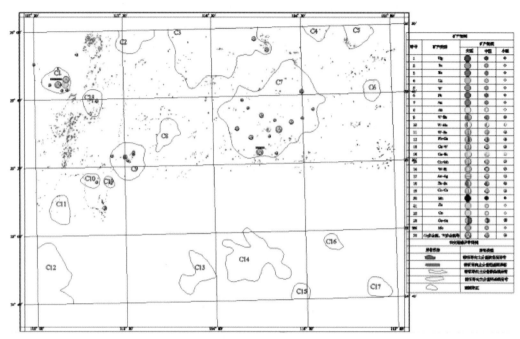

图 19.19　南岭成矿带遥感靶区优选图

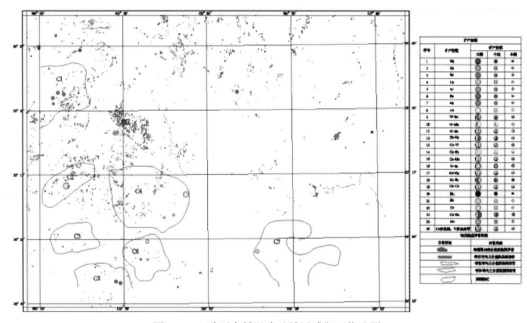

图 19.20　黔西南低温成矿域遥感靶区优选图

(三) 长江中下游花岗岩成矿域靶区

长江中下游花岗岩成矿域靶区主要分为两块，铜陵地区和武汉地区各选靶区 7 个。铜陵地区（图 19.21）：C1 靶区不在遥感工作范围；C2 靶区以面积性羟基蚀变遥感异常为主；C3 靶区以近北东向的面积性羟基异常为主，铜官山铜矿、冬瓜山铜矿、马山金（硫）矿、新桥铜硫铁矿、凤凰山铜矿等与羟基异常吻合非常好，铁染异常零星分布在靶区北部；C4 靶区以零星-斑状均布的羟基异常为主，其东部分布有斑状的铁染异常；C5 靶区中部以铁染异常为主，周围以羟基异常为主；C6 靶区以零星状的羟基异常为主；C7 靶区以面积状的铁染异常为主，零星点缀羟基异常。

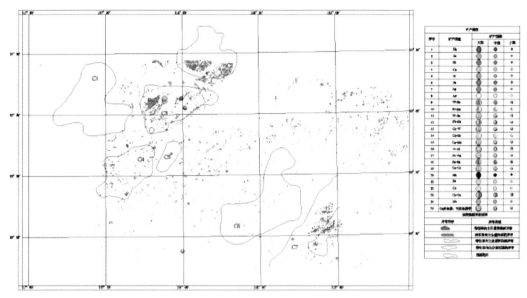

图 19.21　铜陵地区遥感靶区优选图

武汉地区（图 19.22）：C1 靶区矿床与羟基异常及铁染异常吻合关系非常好，斑状–面积性羟基异常为主，零星分布斑状的铁染异常；C2 靶区铜绿山铜铁矿、鸡冠嘴铜金矿、阮家湾铜钼钨矿、龙角山铜矿等与羟基异常及部分铁染异常吻合非常好，以斑状–面积性羟基异常为主，东部有零星的斑状铁染异常分布，西部有斑状铁染异常分布；C3 靶区鸡笼山铜金矿、武山铜硫铁矿、吴家金矿、洋鸡山金矿与羟基异常对应关系好，东部以面积性羟基异常为主，西部以斑状羟基异常夹有零星状的铁染异常；C4 靶区城门山铜多金属矿、丁家山铜矿、城门乡铁门坎金银矿等蚀变遥感异常好，整区以斑状的羟基异常为主，零星夹有斑状铁染异常；C5 靶区北部以面积性羟基异常为主，整区均布斑状羟基异常；C6 靶区东部为面积性羟基异常，西部异常密度较小；C7 靶区均匀分布了近北西向的零星–小面积性羟基异常。

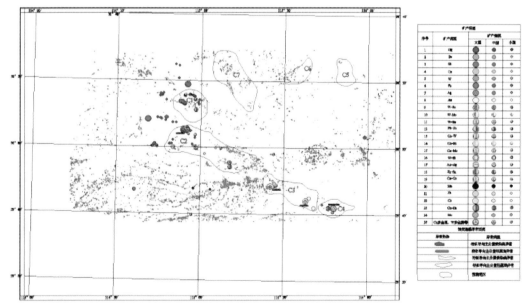

图 19.22　武汉地区遥感靶区优选图

（四）沿海成矿带靶区

C1 靶区紫金山铜金矿与羟基异常铁染异常吻合非常好，紫金山铜金矿以面积性异常为主，其他为斑状异常，羟基异常与铁染异常数量相当；C2 靶区仅东南部以斑状的羟基异常为主，分布铁染异常；C3 靶区零星分布羟基异常与铁染异常；C4 靶区北部见均匀分布的斑状羟基异常和铁染异常；南部有较集中的斑状羟基异常和铁染异常；C5 靶区以斑状的羟基和铁染异常为主，其东延伸区域间面积性羟基和铁染异常；C6 靶区北部斑状铁染异常呈环形，南部见集中性强的斑状羟基异常和铁染异常；中部异常密度低，仅见零星分布的羟基和铁染异常；C7 靶区北部为斑状的零星分布羟基和铁染异常，南部为斑状–面积性羟基和铁染异常，中部异常密度低；C8 靶区均布着斑状–小面积性的羟基和铁染异常（图 19.23）。

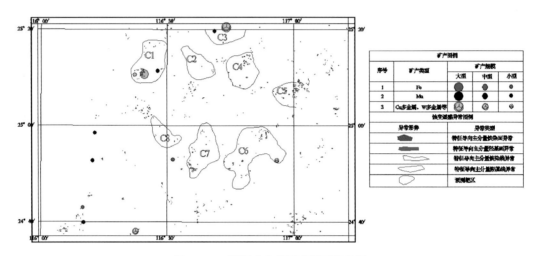

图 19.23 沿海成矿带遥感靶区优选图

二、重点区 1∶5 万遥感预测和靶区优选

1∶5 万重点工作区长江中下游花岗岩成矿域以德兴铜矿为典型矿床进行工作，优选靶区 7 个；南岭成矿带以大余县钨多金属矿为典型矿床进行工作，优选靶区 11 个；低温成矿域以烂泥沟金矿为典型矿床，优选靶区 7 个；沿海成矿带以紫金山铜金矿为典型矿床，优选靶区 14 个。

（一）长江中下游花岗岩成矿域靶区

A1 靶区德兴铜矿采坑主要以偏中性的铝羟基异常为主，见铁染异常零星分布；C1 靶区偏中性的铝羟基异常呈斑状分布，见镁羟基异常和铁染异常；C2 靶区东部有面积性偏中性的铝羟基异常，零星见镁羟基异常和铁染异常；C3 靶区以均匀分布的镁羟基异常和铁染异常为主；C4 靶区低密度分布零星状羟基异常和铁染异常；C5 靶区低密度分布零星状羟基异常和铁染异常；C6 靶区见斑状分布的偏中性的铝羟基异常，零星分布镁羟基异常和铁染异常。上述靶区内均有中酸性花岗（斑）岩、花岗闪长岩体（图 19.24）。

（二）南岭成矿带靶区

B1 靶区以偏基性镁羟基为主，零星分布铝羟基；C1 靶区斑状–小面积性铝羟基异常、镁羟基异常和铁染异常都非常多；C2 靶区以铝羟基异常为主，仅东部有斑状的镁羟基异常，零星分布有铁染异常；C3 靶区铝羟基和镁羟基异常相当，呈斑状–小面积性分布；C4 靶区东部以小面积性相当的铝羟基和镁羟基异常为主，西部低密度斑状铝羟基和镁羟基异常；C5 靶区边部以斑状镁羟基异常和铝羟基异常为主，中部

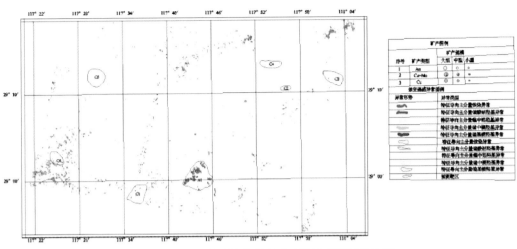

图 19.24　长江中下游花岗岩成矿域遥感靶区优选图

以斑状铝羟基异常为主；C6 靶区为面积性镁羟基异常和铝羟基异常夹零星分布的铁染异常；C7 靶区北部为面积性镁羟基异常和铝羟基异常，南部以镁羟基异常为主；C8 靶区相当的镁羟基异常和铝羟基异常；C9 靶区南部为相当的斑状镁羟基异常和铝羟基异常，北部为零星分布的斑状镁羟基异常和铝羟基异常；C10 靶区南部以面积性铁染异常为主，北部见镁羟基异常。靶区都有中酸性岩体出露，大部分在 W 地球化学异常高值处（图 19.25）。

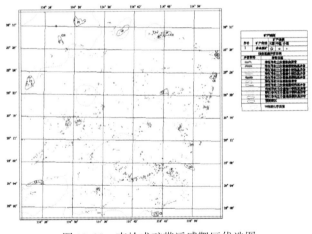

图 19.25　南岭成矿带遥感靶区优选图

（三）低温成矿域靶区

C1 靶区中部以斑状-小面积性镁羟基异常为主，东西两边以斑状铝羟基异常为主；C2 靶区斑状的镁羟基异常和铝羟基异常形成一个环形；C3 靶区中部、东部和西部均有斑状的镁羟基异常和铝羟基异常，其余部位异常密度低，仅零星分布；C4 靶区北部以斑状的镁羟基异常为主，南部为斑状的镁羟基异常和铝羟基异常；C5 靶区近东北发育斑状-面积性的镁羟基异常和铝羟基异常，零星分布铁染异常；C6 靶区均匀分布斑状的镁羟基异常和铝羟基异常，其东南部见斑状的铁染异常；C7 靶区近东北方向的面积性镁羟基异常夹有斑状的铝羟基异常。所选靶区地层都为三叠系的地层，部分有岩体接触，在金地球化学高值区附近（图 19.26）。

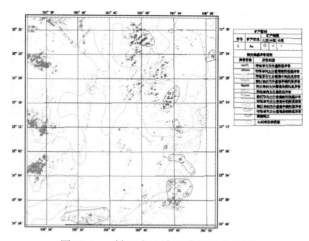

图 19.26　低温成矿域遥感靶区优选图

（四）沿海成矿带靶区

A1 靶区紫金山铜金矿以斑状的铝羟基异常和镁羟基异常及面积性铁染异常为主；B1 靶区连城铜坑铜钼矿以铝羟基异常为主，夹有铁染异常；C1 靶区南部两侧为铝羟基异常和铁染异常为主，北侧见斑状的镁羟基异常，中部为低密度的零星铝羟基异常；C2 与 C3 靶区见均匀分布斑状镁羟基异常和铝羟基异常；C4 靶区为近北东方向的小面积性镁羟基异常和铝羟基异常，零星见铁染异常；C5 靶区南北两侧见斑状的镁羟基异常和铝羟基异常，中间低密度的斑状镁羟基异常和铝羟基异常；C6 靶区以斑状铝羟基异常为主；C7 靶区以铝羟基为主，东西两侧见镁羟基异常，东侧铁染异常为斑状分布；C8 靶区中部为斑状–小面积性镁羟基异常和铝羟基异常，边部为斑状镁羟基异常和铝羟基异常夹斑状铁染异常；C9 靶区铁染异常、铝羟基异常和镁羟基异常均匀分布；C10 靶区均匀分布的相当的斑状铝羟基异常和镁羟基异常；C11 靶区均匀分布斑状铝羟基异常和铁染异常，中部见零星分布的镁羟基异常；C12 靶区以斑状–小面积性镁羟基异常和铝羟基异常为主。所选靶区绝大部分都有岩体处露，绝大部分在铜地球化学异常高值区附近（图 19.27）。

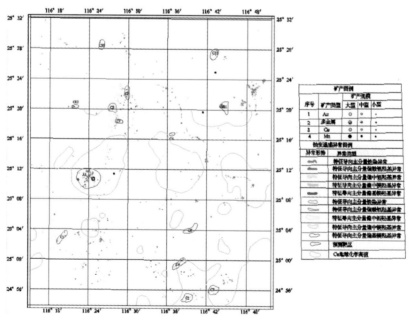

图 19.27　沿海成矿带遥感靶区优选图

第二十章 深穿透地球化学机理与技术

第一节 深穿透地球化学机理研究

自 20 世纪 80 年代两位瑞典科学家 (Malmqvist and Kristiansson, 1985) 提出地气流 (GEOGAS) 的概念以来,许多科学家进行了这方面的大量研究工作 (童纯菡等,1992,1999;王学求等,1995;Wang et al., 1997;任天祥等,1995;刘应汉等,1997;王学求,1999;Xie et al., 2000;曹建劲,2001;Wang et al., 2003;叶荣等,2004;汪明启等,2006)。但由于气体测量的不稳定性、元素含量低、使用条件苛刻和操作复杂等,一直无法投入应用。自 20 世纪 90 年代以来,发展的系列深穿透地球化学技术都是以固体土壤为采样介质的选择性提取技术,如澳大利亚的 MMI (Mann et al., 1995),加拿大和美国的酶提取 (Clarke, 1993;Cameron, 2004),中国的活动态提取 (Wang, 1998;谢学锦和王学求,2003) 等。使用土壤作为采样介质的深穿透地球化学技术,元素含量相对较高和操作简单,因此获得了广泛应用。但对深穿透地球化学异常的形成机理问题,即成矿及其伴生元素如何从深部迁移到地表,并在地表土壤中得到富集,却一直没有得到解决。王学求等提出地气流可能以微气泡形式携带超微细金属颗粒或纳米金属微粒到达地表,到达地表后一部分微粒仍然滞留在土壤气体里,另一部分卸载后被土壤地球化学障所捕获 (Wang, 1997;王学求,1999,2005)。但对固体介质 (土壤) 中是否存在纳米金属微粒,却一直没有直接观测证据。对这一问题的解答不仅关系到深穿透地球化学技术能否上升为科学,而且关系到异常形成机理、模型的构建和异常解释以及含矿信息的精确分离问题。作者选择河南南阳盆地边缘 400m 盖层的隐伏铜镍矿,同时采集地气和土壤样品,使用透射电子显微镜 (TEM),对地气、土壤微粒物质粒径、形貌、成分、结构进行了观测,结果在地气和土壤颗粒中同时观测到气、固介质中纳米级金属微粒,这是首次同时观测到纳米级金属微粒在气体和固体介质中存在。这为利用土壤作为采样介质,分离提取活动态成分用于寻找深部隐伏矿的深穿透地球化学方法提供了直接证据。

一、隐伏铜镍矿上方地气中纳米金属微粒的观测结果

选择河南南阳盆地边缘 400m 盖层的周庵隐伏铜镍矿采集地气样品。采用主动抽气法 (王学求等,1995) 捕获游离于土壤空隙气体中的纳米金属物质。用钢钎在覆盖层中打一 80cm 深的抽气孔,将螺旋取样钻拧入孔中,连接手提式气体采样筒。抽取气体,让气体通过 0.5μm 微孔滤膜后进入捕集器,捕集器内置有捕获微粒金属载体,载体材料基质不含成矿元素或预测目标元素网。微粒被阻挡和吸附在载体上,送到实验室使用带有能谱的透射电子显微镜 (TEM) 进行观测。透射电镜 (TEM) 型号为日立公司 H9000NAR。H9000NAR 点分辨率:0.18nm,晶格分辨率 0.1nm,最小束斑径 0.8nm。工作时的加速电压为 100~300kV,仪器配有 X 射线能谱仪 (EDS),探测仪具有超薄窗口,能鉴定从硼 (原子序数为 5) 到铀 (原子序数为 92) 的所有元素。微粒成分用能谱测定,仪器能谱无内标,对所测颗粒成分不能给出其质量分数。在本书观测中,仪器束斑径<0.2μm。

地气中纳米微粒在粒径、形貌、成分、结构上具有下列特点:①透射电镜 (TEM) 下单个金属微粒粒径主体在几十纳米,也有个别小到几个纳米,大到几百个纳米 (图 20.1,图 20.2);②单个金属微粒呈球形或椭球形或葡萄形,多个微粒大多聚集在一起构成团聚体 (图 20.2);③透射电镜 (TEM) 带有 X 射线能谱仪 (EDS) 进行微粒原位成分分析,微粒成分可分为以下 3 种:①单一成分纳米自然铜微粒;

②金属复合成分纳米微粒，如 Cu-Fe-Mn 微粒（图20.1），Cu-Fe-Ti 微粒（图20.2）；③含有 Si、Al、Ca、O、P 复杂成分的纳米 Cu-Fe 微粒。

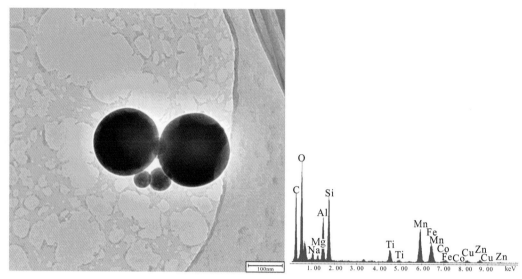

图 20.1　河南南阳隐伏铜镍矿上方地气中 Fe-Mn-Ti-Cu-Co 纳米微粒

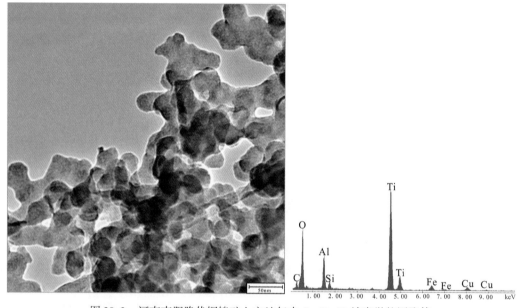

图 20.2　河南南阳隐伏铜镍矿上方地气中 Cu-Fe-Ti 纳米微粒团聚体

二、隐伏铜镍矿上方固体土壤介质中纳米金属微粒观测结果

矿体上方土壤金属微粒的采集与制备：土壤样品采于矿体上方地表 40~60cm 位置。在室温下干燥后筛取小于 400 目以下样品。将样品采用电磁振荡微米筛振荡使其分散，分散时可扬起的微粒用大气采样器抽取，微粒物质通过捕集器卸载到载体上，送到实验室进行观测。仪器指标同上。

土壤中纳米微粒在粒径、形貌、成分、结构上具有下列特点：第一，透射电镜（TEM）下单个金属微粒粒径主体在几十纳米，也有个别小到几个纳米，大到上百个纳米（图20.3、图20.4）；第二，单个金属微粒呈球形或椭球形或葡萄形，部分带有直边的多面体小球，多个微粒大多聚集在一起构成团聚体（图 20.3、图 20.4）；第三，透射电镜（TEM）带有 X 射线能谱仪（EDS）进行微粒原位成分分析，微粒成分可分为以下 3 种：①单一成分纳米自然铜微粒；②金属复合成分纳米微粒 Cu-Fe（图 20.4），Cu-Ag，Cu-Cr，Cu-Ni Cu，Cu-Ti（图 20.3）；③含有 Si、Al、Ca、O、P 复杂成分的纳米 Cu 微粒。

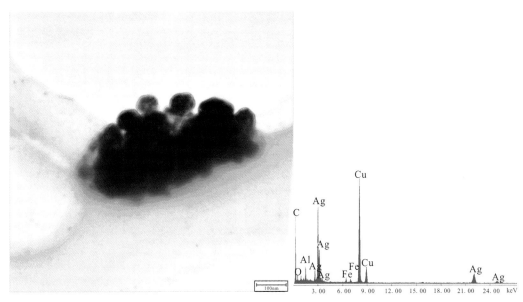

图 20.3　河南南阳隐伏铜镍矿上方土壤中 Cu-Ag 纳米微粒成团聚体

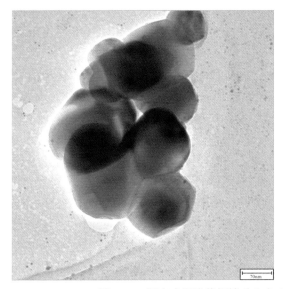
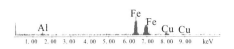

图 20.4　河南南阳隐伏铜镍矿上方土壤中 Fe-Cu 纳米微粒成团聚体

三、室内模拟迁移柱的观测再证实

为了给覆盖区穿透性地球化学勘查技术研究提供更坚实的理论基础，在实验室建立了模拟元素迁移过程的地球化学迁移柱。每个迁移柱高 2m，直径 0.5m，材质为透明无铅有机玻璃（图 20.5）。迁移柱由下往上分别铺设粗颗粒矿石（15cm）、矿石粉末（5~10cm）和沙土（170cm）。每间隔 3 个月在每个迁移柱沙土层顶部（取样面 S）、中部（取样孔 A、B）、底部（取样孔 C）各采集 1 个样品，前后共取 5 次样，共 80 个样品。为减少分析批次间的误差，最终取样后将迁移柱中所有 80 件沙土样品连同背景沙土 3 件样品和 3 种矿石样品一次性分析了 55 种元素。

图 20.5　迁移柱照片
右照片中最右侧为加水后的迁移柱，其他为无水条件下的迁移柱

实验观测得出如下结论：

（1）矿石某些元素可以在短时间内（1 个月）迁移到矿石与沙土接触层，在 1 年以后（13 个月），迁移到迁移柱顶部。如果按照这一观测结果，元素每年可以至少以米的距离迁移，在上百万年的第四纪演化历史中，元素完全有能力迁移几百米的覆盖层到达地表，这为深穿透地球化学技术的使用提供了理论基础。

（2）在水介质存在的条件下，元素迁移速率加大，并且以金属活动态形式迁移，这为南方湿润地区地球化学勘查提供了证据。实验中通过迁移柱加水与无水模拟湿润与干旱条件进行对比。由于 Zn 元素较活泼，因此迁移柱加水后底层沙土发生了明显的淋滤过程，C 层锌含量低于无水的迁移柱 C 层锌含量。Zn 向下的淋滤过程与浓度扩散过程叠加，使各层位锌元素含量趋于一致。锌迁移柱加水后，Zn 活动态（水提取态+黏土态）含量明显增高，加水的锌迁移柱中 Zn 的迁移总量明显高于无水的锌迁移柱，证明水提取态、黏土态等活动态金属参与了元素迁移过程（图 20.6）。

（3）矿石中绝对浓度越高的元素迁移速率越大。在无水（干旱）条件下，绝对浓度大的元素，如 Zn、Pb、Cu 和地球化学活动性较强的元素，如 As、Sb、Cd，在 13 个月的实验时间内，这些元素均从矿石向上覆沙土发生了明显迁移（图 20.7）。

对其进行持续的气体采样和土壤采样观测，结果在 16 个月后观测到铜等纳米金属微粒。单个金属微粒粒径在几个至几十纳米（图 20.8、图 20.9）。单个金属微粒形貌以球形和椭球形为主，带有直边的多面体小球。微粒成分包括①金属复合成分纳米微粒 Cu-Fe，Cu-Ti；②含有 O、Si、Al 复杂成分的纳米 Fe-Cu-Ni 微粒。

根据许多研究者计算，通过扩散迁移，要迁移 1m 的距离需要至少上万年的时间，而我们在 12 个月即观测到明显异常，并于 16 个月观测到纳米金属微粒，再一次证明纳米微粒具有快速迁移能力。

四、纳米金属微粒成因与迁移模型

经过野外实际采样观测和室内模拟观测都发现纳米金属微粒，而且地气和土壤中纳米微粒在粒径、

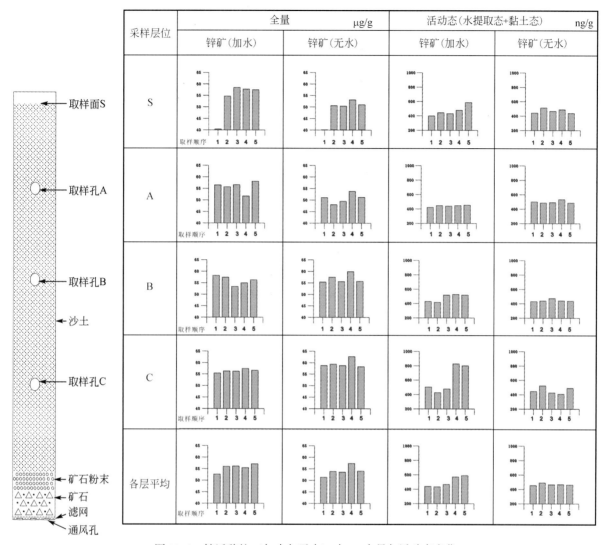

图 20.6　锌迁移柱（加水与无水）中 Zn 全量与活动态变化

形貌、成分、结构具有下列共同特点：第一，透射电镜（TEM）下单个金属微粒粒径主体在几十纳米，也有个别小到几个纳米，大到上百个纳米（图 20.1～图 20.4）；第二，单个金属微粒呈球形或椭球形或葡萄形，部分带有直边的多面体小球，多个微粒大多聚集在一起构成团聚体（图 20.2，图 20.3，图 20.4）；第三，透射电镜（TEM）带有 X 射线能谱仪（EDS）进行微粒原位成分分析，微粒成分可分为以下 3 种：①单一成分纳米自然铜微粒；②金属复合成分纳米微粒（图 20.2～图 20.4）；③含有 Si、Al、Ca、O、P 复杂成分的纳米 Cu 微粒；第四，微粒经过放大，可以观测到清晰序晶体结构（图 20.10）；第五，具有快速迁移能力。

　　从矿体上方地气中和土壤中同时观测到纳米颗粒，并被室内迁移柱观测到纳米颗粒所证实，而且颗粒大小、形貌特点、成分基本相似，表明他们之间具有成因联系，同时纳米金属微粒具有有序晶体结构，表明他们是内生条件下的产物。以上事实说明他们来自于矿体。

　　矿床中成矿元素铜及其复合成分金属纳米颗粒的存在和形成，与下列因素有关：① 成矿元素铜是该类矿床主要成矿元素，因其丰度高，可构成其单一铜元素纳米颗粒或形成以 Cu 为主的复合成分 Fe-Ni-Cr-Ti 组合微粒；②纳米级颗粒具有巨大的比表面积，在内生条件下极易随各种地质流体迁移，超临界流体在减压减温过程中，在 150bar 100℃下分离成液与气两相，在气相内含有许多金属（Zhang and Hu，2002）。

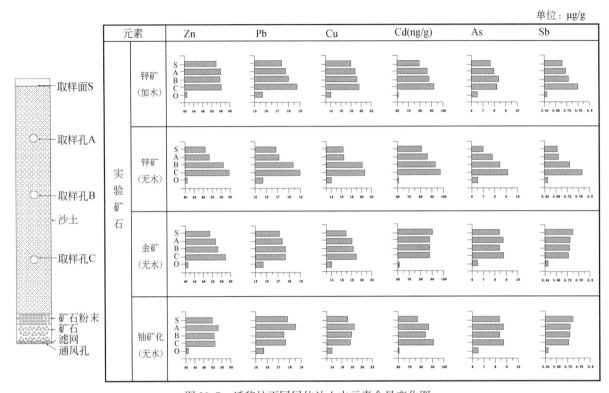

图 20.7　迁移柱不同层位沙土中元素含量变化图

S、A、B、C 分别代表各联样点层位，O 为装柱前试验沙土中的元素含量，横坐标为各取样点五次取样的全量平均值

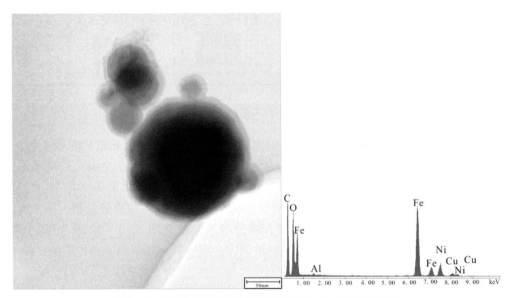

图 20.8　室内迁移柱气体中观测到的 Fe-Cu-Ni 纳米微粒

　　纳米颗粒迁移机理可以解释为：矿体中含有成矿元素纳米颗粒或矿物在风化中产生纳米金属颗粒，纳米级金属微粒具有巨大的表面能，可与气体分子（如 CO_2）表面相结合，以地气流为载体，穿透厚覆盖层迁移至地表（图 20.11）。也可以自身以"类气相"形式迁移，因为纳米级铜自然扩散系数比普通铜粒增加 10^{19} 倍，具有类气体性质。到达地表后一部分纳米颗粒仍然滞留在气体里，另一部分被土壤地球化学障（黏土、胶体、氧化物等）所捕获。土壤中纳米金属微粒可以通过物理震动方式分离出来，表明纳米微粒是以物理形式吸附在土壤颗粒表面，是纳米微粒在其迁移过程中被地球化学障所滞留。

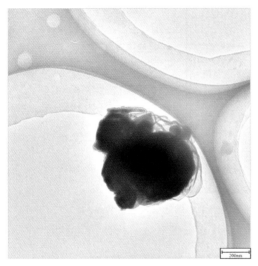
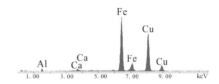

图 20.9   室内迁移柱土壤中观测到的 Cu-Fe 纳米微粒

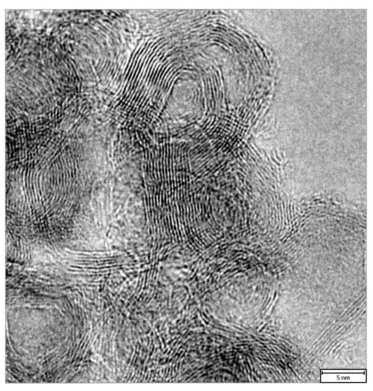

图 20.10   河南南阳隐伏铜镍矿上方观测到的 Cu-Fe 纳米金属微粒有序晶体结构

上述发现不仅具有重要理论意义，为深穿透地球化学提供了直接微观证据，而且对寻找隐伏矿具有重大应用价值，即可以利用土壤作为采样介质，分离微粒成分用于直接寻找深部隐伏矿。

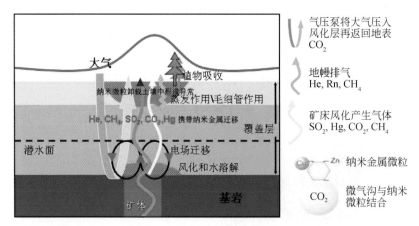

图 20.11　地气流携带纳米金属颗粒迁移并转化到地表土壤中的迁移模型（Wang et al.，2007）

第二节　深穿透地球化学方法技术研究

一、微粒分离技术

（一）微细样品物理分离技术的地球化学意义

对地球化学样品进行微细颗粒分离，主要考虑到微细粒土壤中包含了大量的黏土矿物，黏土矿物是土壤中最主要的次生矿物，由于其具有的负电性和巨大的表面积，其很容易吸附具活动性的带正电荷的金属阳离子、纳微金属微粒和金属络阳离子等。元素活动态提取对于活动性物质是一种化学分离手段，而微粒分离则是一种纯物理分离手段。分离这部分活动性物质对深穿透地球化学而言具有重要的地球化学意义。

1. 超微细金属是一种重要的元素迁移方式

呈高度分散形式存在的超微细金属不仅在化学上是活动的，能被溶解与迁移，并且在物理上这种极小颗粒金属能被长距离迁移。因此，提取土壤表面的超微细金属可用于寻找隐伏矿。用于专门分离这种超微细金属的物理分离技术方案见图 20.12（王学求，2003）。在南阳盆地 400m 隐伏铜镍矿上方土壤中及地气中发现的铜的纳米颗粒，说明了元素的纳微颗粒是可以垂向迁移的，元素的超微细颗粒，特别是纳米级微粒是其活动态金属在表生介质中的主要赋存形式之一，这为深穿透地球化学的异常形成机理研究提供了重要实验证据（王学求等，2011）。这一发现，不仅为深穿透地球化学的迁移机理研究提供了直接实验证据，而且表明，到达地表后一部分纳米颗粒仍然滞留在气体里，另一部分被土壤地球化学障（黏土、胶体、氧化物等）所捕获。

2. 土壤微细粒级组分是元素活动态的天然"捕获井"

不同元素的活动态形式和赋存介质会存在差别，如金主要的活动态主要以超微细颗粒存在，其活动态占全量的比例可达 40% 以上（王学求等，2003 年），铀易被黏土矿物、铁的氢氧化物、胶体和有机物等所吸附。活动态铜在表生介质还可以稳定氧化物或硫化物（硫酸盐）形式存在（Xie et al.，2011），以及以纳微颗粒形式存在（王学求等，2011）。土壤样品组分随着样品粒径的变化，其比表面积呈指数增加（图 20.13）。

无论何种形式的元素活动态，细粒级物质的强烈吸附与可交换性能是活动态形式元素的天然"捕获

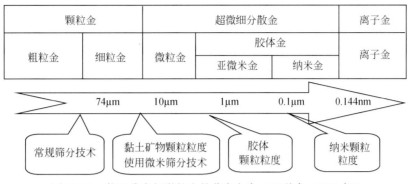

图 20.12 物理分离超微粒金的分离方案（王学求，2003 年）

井"（natural trap）。所以分离细粒物质进行全量分析或通过化学方法提取某种赋存介质都可以达到获取含矿信息的目的。

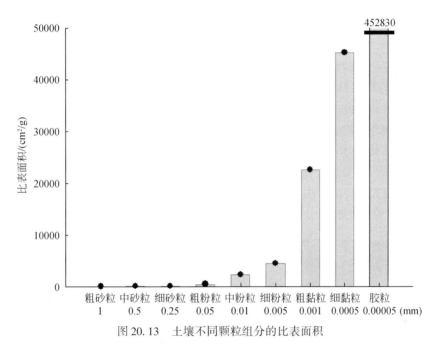

图 20.13 土壤不同颗粒组分的比表面积

3. 土壤微细粒级分离是活动态提取目标矿物的预富集过程

随着覆盖区找矿难度的增加，仅仅依靠物理分离技术有时难以获得理想的异常信息，这时需将样品的物理分离技术与元素活动态化学提取技术相结合，以有效探测深部矿体的元素微弱地球化学异常信息。一些土壤矿物的比表面积见图 20.13 及阳离子交换量见表 20.1，黏土矿物的比表面积和阳离子交换量较大，黏土矿物在土壤细粒级组分中的含量较高，以黏土吸附态为活动态提取目标时，土壤微细粒级分离就是活动态提取目标矿物的预富集过程。

土壤微细粒级组分的筛分过程，可为活动态提取的目标矿物，特别是黏土矿物进行预富集，以提高活动态提取的异常强度；目标矿物预富集的同时，可对其他矿物进行一定程度的分离，提高活动态测量背景的一致性。

表 20.1　土壤次生矿物阳离子交换量（CEC）（据 Sparks，2003）

矿物	CEC/（cmol/kg）	矿物	CEC/（cmol/kg）
高岭石	2～15	三八面体蛭石	100～200
埃洛石	10～40	白云母	10～40
滑石	<1	黑云母	10～40
蒙脱石	80～150	绿泥石	10～40
八面体蛭石	10～150	水铝英石	5～350

在大面积地球化学填图工作中，考虑采样效率和经济性，可在开展粒级实验的基础上，野外利用普通样品筛筛分−120 目或−200 目粒级土壤样品送样分析，因为这部分粒级样品中黏土矿物占有较高的比例，黏土中吸附的活动性金属已可有效反映区域或矿致异常。

（二）微粒分离技术研制

1. 精密筛分仪

野外开展大面积深穿透地球化学填图工作时可直接利用普通样品筛筛分−120 目或−200 目样品进行分析试验，然而对于−200 目样品反映效果不好或需要筛分更细粒级土壤样品进行研究工作，常规样品筛则无法取得较好的筛分效果。因此本研究引进了德国 Fritsch 公司的高精度电磁振荡筛分仪（图 20.14），以实现土壤细粒级物质的物理分离。该筛分仪利用电磁振荡的方式实现样品的垂直筛分，相对于普通样品筛的水平筛分方式，显然其筛分效果更佳。图 20.14 中左图的筛分仪为干筛，可实现粒径 38μm 微粒物质的快速分离，右图为水筛，可实现粒径 5μm 微粒物质的快速分离。

图 20.15 为微粒分离实验样品采用激光粒度仪进行验证分析，图中红线代表−200 目样品的粒度分布、绿线代表小于 10μm 粒径样品的粒径分布，实验结果表明微粒分离准确可靠。

图 20.14　电磁振荡高精度筛分仪（德国 FRITSCH 公司生产）

2. 利用精密筛分仪实现土壤中纳米物质的分离提取

利用该套精密筛分仪还可实现土壤中纳米物质的分离提取，图 20.16 为利用微米筛分离土壤中超微细颗粒实验装置，包括电磁振荡高精度筛仪，−400 目精密筛，密封盖，抽气管路，滤膜，便携式抽气泵等设备。

在实验中，通过电磁振荡高精度筛仪的高频振动作用使样品中的超微细组分产生分散及向上的扩散作用，超微细颗粒在抽气泵产生的气压差作用下向上飘散通过−400 目筛网，通过抽气管路被装置中的滤膜所捕集。

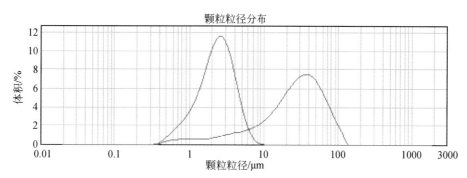

图 20.15　电磁振荡微米精度筛分仪分离效果

图 20.16　微米筛分离土壤中超微细颗粒实验装置

二、元素活动态提取技术

（一）活动态提取理论基础研究

深穿透地球化学目的是要通过从矿体迁移到地表的成矿元素及伴生元素异常来探测隐伏矿。由此，我们判断深穿透地球化学信息在表生介质中主要以元素活动态的形式存在，研究元素活动态与表生介质不同组分的结合方式，对于深穿透地球化学勘查采样介质的选择、活动态提取方法与元素测定方法研究，以及地球化学异常的合理解释具有重要意义。

1. 元素在地表疏松物中的赋存机理

迁移至地表的元素活动态与地表介质发生相互作用，并在表生介质中赋存，其作用方式及反应过程非常复杂，主要有：吸附与解吸作用、沉淀与溶解、表面作用、离子交换、矿物晶体结合的渗透、生物活化与固化等。

吸附与解吸作用是影响元素活动态在土壤固相与土壤气相、液相间分配变化的重要反应。土壤吸附类型分为两类，一类为专性吸附，另一类为非专性吸附。非专性吸附是指离子通过在电位层中以简单库仑作用与土壤结合，结合速度较快，也较易提取。专性吸附是指土壤颗粒与金属离子形成螯合物、金属离子在土壤颗粒表面沉淀或与铁锰氧化物产生共沉淀、金属离子在土壤颗粒内层与氧原子或羟基结合，专性吸附的速度较慢。元素迁移到达地表最初以非专性吸附方式在土壤中赋存，且非专性吸附有向专性吸附转变的趋势。

下文主要以文献为基础，讨论元素活动态在土壤主要组分中的赋存机理，为活动态提取技术以及微粒分离技术研究奠定理论基础。

1）非晶质铁锰氧化物

铁、锰的非晶质氧化物是具有较强吸附能力的土壤组分（Chao，1984；Hall，1998；Basta et al.，2005）。金属离子、超微细金属、络阳离子等带有正电荷，可以被土壤颗粒表面带负电荷的非晶质铁锰氧化物胶体吸附。

图 20.17 左图为三斜晶系的水钠锰矿物，晶格结构紧密完整，其中包含最多量的三价锰，约占左图中八面体数量的 1/4，结晶体中没有空穴。随着风化程度提高，生成 δ-MnO_2，表面积增大，结晶程度降低。δ-MnO_2 矿物中，Mn 主要以四价形式存在，不仅表面能够吸附阳离子，而且结晶程度降低，晶系中还出现了阳离子空位（右图）。在地质过程中，能够使金属阳离子进入晶格之中，形成结合金属（bounded metals）。

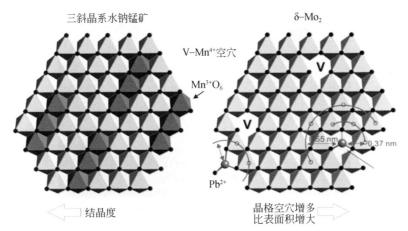

图 20.17 非晶质氧化矿物吸附、或与金属离子结合机理

一些活动态提取方法采用一些弱提取剂（如酶提取剂）溶解土壤中的非晶质铁锰氧化物，如 δ-MnO_2，以释放所吸附的或结合的元素活动态，而不溶解晶质氧化物，因此可以有效发现深部矿化信息。

2）黏土矿物

黏土矿物是土壤中最主要的次生矿物，它以次生的结晶层状硅酸盐为主，还含相当数量 Si、Fe、Al 的晶态和非晶态的氧化物和水化氧化物，以及组分不定的凝胶类硅酸盐。土壤中黏土矿物有高岭土、蒙脱石、伊利石、绿泥石、水云母、蛭石等层状硅酸盐矿物，由于黏土矿物晶格中某些离子和外界离子发生置换，如硅氧四面体 4 价的硅被 3 价的铝所置换，或者铝氧八面体中 3 价的铝被 2 价的镁、铁等所置换，就产生过剩的负电荷，这种负电荷的数量决定于晶格中离子置换的数量。正是这种负电性，使黏土矿物很容易吸附带正电荷的金属阳离子、纳微金属微粒、络阳离子等（图 20.18）。另外黏土矿物具有极大的表面积，更容易使其与土壤固、液、气相中的离子、质子、电子和分子相互作用，因此，黏土矿物可认为是从深部矿（体）迁移至地表的元素活动态的理想赋存载体。

3）有机质

广义的土壤有机质是指存在于土壤中的一切含碳有机物。土壤有机质是土壤固相部分的重要组成成分，主要特性包括可形成可溶性或不可溶盐类的能力，与金属离子及水合氧化物的络合，以及可与黏土矿物的结合。

金属活动态与有机质的结合，其结合机理主要包括吸附、络合及螯合等。有机物分子中与金属结合起主要作用的是羧基功能团（COOH），以及其他的功能团如氨基（-NH_2）、硫基（-SH）等。土壤有机质与金属离子的最大结合当量一般与羧基功能团的数目相当。痕量元素与天然有机物（NOM）可形成络合

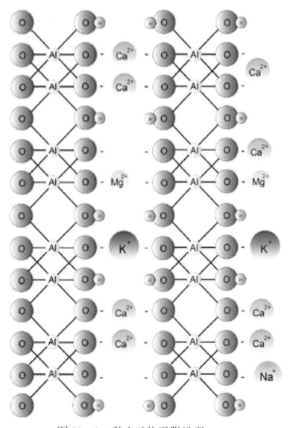

图 20.18　黏土矿物吸附机理

物，可使土壤中几种金属元素的可溶性降低。痕量元素被土壤中的有机质所吸附会引起土壤 pH 的升高。

4）碳酸盐

在干旱及半干旱覆盖区，在土壤剖面中会出现碳酸钙或碳酸镁的胶结层，其位置与当地的大气降水及土壤蒸发环境有关。土壤碳酸盐存在会使土壤 pH 升高，一些活动态金属以氢氧化物的形成产生沉淀，并在碳酸盐矿物表面被吸附或沉积。

5）土壤溶液

在环境湿润地区，地表土壤的含水率较高，土壤溶液也是影响元素活动态赋存方式的重要因素。土壤溶液由土壤水分和溶质组成。土壤溶液的性质常用浓度、活度、离子强度、导电性、酸碱性、氧化还原性及时空变异等来表示，这些特性对土壤其他组分如次生氧化物、碳酸岩、黏土矿及有机质对元素活动态的吸附、解吸以及固化作用产生影响，同时这些组分也与土壤溶液之间进行着多种形式的物质交换过程（图 20.19）。土壤溶液中的离子扩散作用也是元素活动态迁移的一种重要方式。

对于在环境湿润地区采集活动态样品，应考虑土壤溶液对活动态赋存方式的影响，选择最佳采样季节及样品处理方法。Hall 等在采用循序提取方法研究湖底沉积物中微量元素的相态分布时发现，样品在风干过程中，发现非晶质铁氧化物的含量有所增加，这会引起土壤中赋存状态最活动元素的重新分布。但硫化物在风干过程中变化不大，说明氧化过程相对缓慢，元素的重新分布还与样品的基体有关。

自然土壤的固相物质是非均质的集合体，其中的层状硅酸盐黏土矿物、黏粒氧化物、有机质等往往不是单独存在，而是相互交错、混杂、包被或结合在一起（李学恒，2001），不同土壤组分对元素活动态的结合方式存在相互作用与影响，在活动态提取方法研究中，能难实现对土壤单一组分次生矿物的分离。

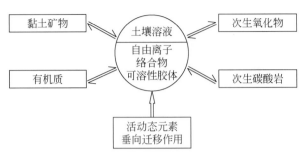

图 20.19　土壤溶液与活动态几种赋存方式的相互作用关系

2. 铀、金、铜元素活动态赋存特征

从深部矿（化）体迁移至地表的元素以活动态形式赋存在地表介质中，主要有下列几种：①作为离子状态存在；②作为各种可溶性化合物和络合物形式存在；③作为可溶性盐类；④作为胶体形式吸附在土壤颗粒表面；⑤呈离子或超微细颗粒吸附于黏土矿物表面，或呈可交换的离子态存在于黏土矿物之中；⑥作为不溶有机质结合形式；⑦作为离子或超微细颗粒吸附在矿物颗粒的氧化膜上或被氧化物包裹（王学求等，1999）。

表生环境中铀的活动态存在形式相对简单。在表生条件下，铀易氧化为 U^{6+}，它通常不呈简单阳离子，而以特殊的络阳离子-铀酰（UO_2）$^{2+}$ 形式出现。O^{2-}–U^{6+}–O^{2-} 在结构上呈哑铃状，离子半径在 0.302 ~ 0.342nm，不能与任何阳离子类质同象替代，但易嵌入链状或层状矿物面网中，为黏土矿物所吸附。因此，黏土相吸附态应是铀活动态在地表土壤中的主要赋存形式。

贵金属由于电离势高，难以氧化，决定了它们在自然界中主要呈自然金属或金属互化物状态存在。王学求（1996）在研究金矿化探时发现：①金在表生条件下不仅有其惰性的一面，而且更具有很强的活动性；②金不仅呈不均匀的颗粒存在，而且还大量做为超微细（亚微米级至纳米级和各种化合态）的分散金形式存在；③区域性大规模的金异常和隐伏矿上方的叠加含量异常是由易呈活动态的超微细分散金形成的。

相对铀而言，铜的情况就要复杂得多（表 20.2）。铜在地表疏松物中的主要赋存方式见表 20.2。其中铜离子、铜的无机络合物、有机络合物可以进入土壤溶液，胶体聚合物各表面结合态的铜不易进入土壤溶液，但可以进入土壤胶体中。另外，在河南南阳盆地周庵隐伏铜镍矿上方的地气和土壤中均发现了铜的纳米颗粒存在形式，以超微细纳米颗粒形式存在的铜，也是土壤中铜活动态的主要赋存状态之一。

表 20.2　表生环境中铜的主要赋存状态

自由金属离子或纳米铜颗粒	无机络合物	有机络合物	胶体聚合物	表面结合	晶格结合金属
Cu^{2+} Cu	$CuCO_3$ $CuOH^+$ $Cu(CO_3)_2$ $Cu(OH)_2$	CH₂—C / CH₂ O / Cu / O CH₂ / O=C—CH₂ 富里酸络合金属	包括有机、无机胶体	表面吸附、表面离子交换等。如黏土、铁锰氧化物膜、有机质吸附等	CuO $Cu_2(OH)_2CO_3$ 固液

（二）元素活动态提取技术研制

1. 元素活动态提取及测定实验流水线建立

元素活动态的提取及实验条件研究，需要首先建立元素活动态提取及测定实验流水线。流水线主要由以下装置与关键技术组成：微细粒级样品分离技术（精密筛分仪，实验筛）、活动态提取剂（MML-Cu、MML-U、MML-Au）、大容量恒温振荡器、无污染快速固液分离装置以及 ICP-MS、ICP-AES 多元素高精度分析技术等。

建立活动态提取及测定实验流水线见图 20.20。

图 20.20　元素活动态提取及元素高精度测定实验流水线

（1）目标粒级样品物理分离：采用普通实验筛与微米高精度筛分仪相结合方法，实现对样品不同粒级组分的物理分离过程，筛分效果采用激光粒度仪进行测试以检验筛分效果。

（2）提取剂：主要使用本书提出的贱金属活动态提取剂（MML-Cu）、铀活动态提取剂（MML-U）、及贵金属活动态提取剂（MML-Au），以及金属活动态提取剂（Wang，1998）。

（3）样品与提取剂的固液混匀：主要采用恒温大容量振荡器实现。

（4）固液分离：提取剂与实验样品的固液分离采用快速过滤装置实现。

（5）元素含量测定：提取液中的元素测定使用等离子体质谱（ICP-MS）、等离子体发射光谱（ICP-AES）和石墨炉原子吸收（GF-AAS）进行测定。

2. 活动态专用提取剂研究

去离子水是一种典型的初始活动态提取剂，可用于提取土壤中的金属离子、可溶性化合物、可溶性胶体和可溶性盐类中的金属元素。虽然该提取剂简单，但要实现定量提取较为困难、一些元素在提取过程中存在重吸附现象（Hall et al.，1995；Hall，1998；姚文生等，2004），数据重现性差（Cameron et al.，2004），提取过程的影响因素多，分析数据波动会造成异常的解译困难。近年来，初始活动态专用提取剂是深穿透地球化学方法技术的研究重点，国外对该类技术实行了严格技术保护。因此，该类技术的发展必须依靠自主创新，不断完善我国的深穿透地球化学方法技术，以应对深部矿产勘查的挑战。

1）研究思路

金属活动态测量的理论与方法（Wang，1998；王学求等，2003）是我国科学家发展的一种深穿透地球化学方法，为覆盖区战略性、战术性矿产勘查技术发展发挥了重要作用（谢学锦等，2003）。该理论认为，金属活动态提取不仅要打开金属的载体如铁锰氧化物、黏土矿物和有机质，释放出离子和化合物，还要将这些物质中的超微粒形式的金属提取出来,因此增加了第二步对提取液的处理过程(王学求,1999)。金属活动态提取方法在国内外深穿透地球化学勘查中取得了大量应用成果,在应用中也发现了一些问题:①没有考虑弱提取剂在提取元素活动态时存在的重吸附现象;②对载体的溶解程度较高,需要在该方法基础上,发展针对不同矿种的专用提取剂;③提取液的处理过程应适当简化,以提高分析数据的重现性。基于以上考虑,本书重点开展了铜、铀、金矿种的初始活动态专用提取剂的研究。

2)研制的活动态专用提取剂

A. 贱金属活动态提取剂(MML-Cu)

贱金属元素的提取剂(MML-Cu),含有六偏磷酸钠、柠檬酸铵、乙二胺四乙酸钠(EDTA)、二乙基三胺五乙酸(DTPA)、氨基三乙酸(NTA)、三乙醇胺(TEA)和去离子水,该提取剂的pH为7.8。该提取剂可以同时有效提取土壤中的纳米微细颗粒、胶体、金属离子,以及被土壤颗粒吸附或弱结合等形式存在的元素活动态,并可以同时测定 Cu、Ni、Co、Cr、Pb、Zn、稀土元素,以及 Al、Ca、Mg、Fe、Mn 等元素。

B. 铀活动态提取剂(MML-U)

砂岩型铀矿铀活动态提取剂(MML-U),含有柠檬酸铵、乙二胺四乙酸钠(EDTA)、1,2-二氨基环乙烷四乙酸(DCTA)、氨基三乙酸(NTA)、三乙醇胺(TEA)和去离子水,该提取剂的pH为7.8。

C. 金活动态提取剂(MML-Au)

土壤中活动态形式的金主要呈超微细颗粒,以胶体形式或被土壤矿物所吸附(王学求等,2003)。研制的金活动态提取剂以硫酸铁为氧化剂,硫脲与硫代硫酸钠为络合剂等试剂组成。

以上专用提取剂在研制过程中开展了大量的提取实验条件研究,包括固液比、过滤方式、提取时间、pH 以及提取温度等,为专用提取剂使用的稳定性和异常重现性提供了很好的实验依据。

3)活动态分析条件控制与质量监控方法

A. 活动态分析条件控制

试剂空白:活动态分析主要目标元素的含量处于痕量、超痕量水平,试剂空白控制是影响分析结果可靠性与批次间误差的主要因素。为了控制活动态提取与分析过程中试剂带入的分析误差,专门与试剂供应商合作,对试剂空白检验合格后批量购入分析用试剂。在分析方法制定中,尽量减少试剂用量。分析用水使用新交换的去离子水。在分析过程中,严格控制试剂用量一致,进行空白平行分析,监控试剂本底。

实验条件:由于分析实验室通常用酸量较大,因此活动态提取实验的环境条件要严格控制,活动态提取实验应设专用提取操作间。提取剂在使用前进行 pH 检验。活动态分析不同地区样品时,应对样品 pH 及提取后 pH 进行测定。对于温度控制,建议采用具有恒温功能的振荡器进行固液混匀及提取液的静置操作。

B. 活动态试验标准样品的研制

标准物质研制是方法技术能否走向标准化的重要一步。过去由于没有此类标准样,在样品分析时会出现批次之间的系统误差,给异常解释带来很大困难。为了填补此类空白,物化探所试制了 4 个标准样(图20.21)。编号分别为 MRS-Au1、MRS-Cu1、MRS-U1、MRS-WS1。样品主要代表了分布在中国西部干旱荒漠戈壁区的冲积土壤和风成沙。

对试验标准样品进行了全量,黏土态、铁锰氧化物态一步提取和水溶态、黏土态、铁锰氧化物态、残渣态的循序提取元素含量进行了定值。标准样的稳定性实验表明,不同时间的测量结果可比对,试验标样稳定性较好。

C. 活动态质量监控方法

对于元素活动态样品的分析质量监控,由于目前还没有标准样品进行监控,故对其提取和分析质量可考虑采用如下方法来进行质量监控。

①同时称取几份子样进行平行提取以监控样品提取和提取液处理误差;②同一样品提取后将提取液

图 20.21　研制的 4 个金属活动态地球化学标准样品

分成若干份以监控提取液处理和分析误差；③使用内部标准样插入一批样品中同时提取以监控样品提取、提取液处理和分析误差；④在实验区采集大样，充分混匀后作为监控样重复插入分析样品中，监控不同批次间的提取与分析相对误差。

　　这里我们使用方案①进行误差监控。金属活动态分析的精密度采用两次分析的重现性来表示，在提取和分析中随机加入 5% 的重复样，采用相同的提取和分析方法，其精密度采用相对偏差 RD%（RD% = $\frac{|C_1 - C_2|}{(C_1 + C_2)/2} \times 100\%$，$C_1$，$C_2$ 分别为基本分析样和重复样的分析结果，对于原子吸收和原子荧光分析方法，单次测定偏差要求：元素含量>3 倍检出限时，RD% <50%；元素含量<3 倍检出限时，RD% <100%。

　　深穿透地球化学样品，目前缺少标准样品。可采用以下方法对质量进行监控：①应用目前已有的样品或全量标准物质对不同批次的分析数据进行质量监控；②在实验地区采样过程中，采集大样，充分混匀，对同一批样品的不同分析批次样品进行质量监控；③在方法标准化后，可以对标准物质样品进行定值，以用于批次间及不同时间分析样品的质量进行监控。这些方案是否可行，需通过大量提取实验进行验证。

三、隐伏矿深穿透地球化学勘查试验

　　福建紫金山铜金矿床是 20 世纪 80 年代在我国东部陆相火山岩区查明的一个大型铜金矿床，通过几十年的勘探，在其外围又相继发现了罗卜岭斑岩型铜钼矿床、悦洋低硫型银铜多金属矿床以及矿化类型不清或介于斑岩型与浅成低温热液型之间的五子骑龙铜矿、龙江亭铜矿等，是目前国内唯一的多种类型并存的斑岩–浅成热液成矿系统。

　　火山岩区蕴含着丰富的矿产资源，但由于其独特的地质形成过程，大量的形成于火山作用前或火山作用过程中的矿体被火山岩本身所掩盖，很难或根本无法被地质工作者所发现，这同样也给化探工作出了个难题。紫金山矿田西部的悦洋银铜金多金属矿就位于火山岩覆盖区，矿体隐伏于火山岩盖层下部，无疑给我们提供了一个针对火山岩覆盖区穿透性地球化学技术研究的极佳的试验场所。

（一）研究区景观及地质背景

1. 研究区地理位置及景观特征

　　紫金山研究区位于福建省上杭县城北 15km 处，在行政区划上隶属于上杭县旧县镇、才溪镇一带，地理坐标为东经：116°19′40″ ~ 116°27′16″，北纬 25°09′0″ ~ 25°12′30″。国道 205 从矿区东侧经过，交通便利。

　　所属区域地处武夷山脉南麓和博平岭山脉之间，属于"冬无严寒，夏无酷热"的中亚热带季风气候。

四季分明，气候温和，雨量充沛。年平均气温 20.0℃，年雨量 1646mm，年日照时数 1801h，无霜期 277 天。春夏湿润多雨，雨量相对集中。区内水系密布，各溪流呈树枝状分布，绝大部分属汀江水系。

所属区域地势上由东北向西南倾斜。旧县河以东属玳瑁山脉主体，以西属武夷山脉南段东侧，大部分属中低山，少部分为丘陵。数座千米以上高峰耸峙，最高峰梅花山海拔 1778m，地形切割较强，相对高低悬殊，一般相对高差 200~800m，部分地区逾千米。山势雄伟，坡陡谷深，植被十分发育，再则浮土掩盖较多，露头不连续，对开展地质工作较为不利。

2. 区域地质背景

紫金山矿田位于华南褶皱带内闽西南海西印支拗陷带的西南部，北西向上杭早白垩世陆相火山沉积盆地的东北缘，北东向宣和复式背斜与北西向上杭云霄深大断裂的交汇部位。

地层：矿田内出露地层主要为早震旦世楼子坝群、晚泥盆世天瓦崬组和桃子坑组、早石炭世林地组、早白垩世石帽山群及第四系。其中，楼子坝群浅海相变质细碎屑岩主要由千枚岩、千枚状粉砂岩、变质细砂岩等组成。晚泥盆世天瓦崬组和桃子坑组主要由粉砂岩、粉砂质泥岩、石英砾岩、砂砾岩等组成，属浅海滨海相碎屑岩。早石炭世林地组为滨海相碎屑岩，岩性主要为石英砂砾岩、石英砾岩夹石英细砂岩、粉砂岩等。早白垩世石帽山群火山岩不整合覆盖于前述地层之上，岩性主要为英安岩、英安质晶屑凝灰熔岩、含角砾集块熔岩夹凝灰质砂岩 、砂砾岩等。

构造：区内主要构造包括宣和复式背斜和广泛发育的断裂系统。其中宣和复式背斜主要由震旦系和古生代地层构成，呈北东向展布。区内断裂具有成带性和近等距性分布特点，以北东向、北西向为主，次为近西东向和北南向。前人研究表明，北东向断裂多为压扭性质，控制了区内侏罗纪及早白垩世岩浆侵入火山喷发活动；而北西向断裂则是紫金山地区早白垩世火山侵入活动及 Cu、Au 矿化最重要的导矿和赋矿构造（薛凯和阮诗昆，2008；王少怀等，2009）。

岩浆岩：矿田内中生代岩浆活动强烈，发育多期次的中酸性侵入体，从早到晚依次为：紫金山复式岩体（锆石 SHRIMP 年龄为 168±4Ma）、才溪二长花岗岩（锆石 SHRIMP 年龄为 150±3Ma）、四坊花岗闪长岩（单颗粒锆石 U-Pb 年龄为 107.8±1.2Ma；角闪石 Ar-Ar 坪年龄为 104.8±0.8Ma）及罗卜岭花岗闪长斑岩（Rb-Sr 等时线年龄为 105±7.2Ma，张德全等，2005）。其中，紫金山复式岩体分为迳美、五龙子和金龙桥 3 个岩体，岩性分别为似斑状碎裂中粗粒花岗岩、中细粒花岗岩和细粒白云母花岗岩。此外，矿田内还发育隐爆角砾岩、英安玢岩和石英斑岩，前二者在空间上与浅成低温热液型铜金矿床关系密切，而后者切穿了矿区内大部分地质体，为成矿后岩体，对矿体有一定破坏作用。

（二）紫金山外围隐伏矿探测试验

紫金山外围悦洋和碧田被大片火山岩所覆盖，火山岩盆地中银金矿床主要位于火山岩与下覆花岗岩不整合接触面和火山岩内部，因此是典型的隐伏型矿床。为了研究火山岩地区元素穿透火山岩盖层的能力，在悦洋盆地选择了 3 条横穿已知矿体的采样剖面线（2 号勘探线，73 号勘探线，77 号勘探线），点距采样为 50m。对剖面土壤样品分别进行了 2 种深穿透地球化学信息提取（微粒分离和铁锰氧化物态提取）（Wang，1998；王学求和叶荣，2011）。图 20.22 结果显示微粒提取和铁锰氧化物态提取异常分布一致，都指示了隐伏矿体所在的位置，异常程度高。可以初步得出如下认识：成矿及指示元素可以穿透火山岩覆盖层，利用深穿透地球化学的微粒分离和铁锰氧化物提取均可以指示隐伏矿体。

（三）区域性探测试验

由于紫金山矿田矿床类型多样，为研究微粒分离技术对矿田内不同类型矿床的试验效果以及不同矿体上方元素地球化学空间分布特征，本项目在矿田布置了 3 条横穿矿体的剖面线，剖面线每条长大约 15km，线距是 800m，采样点点距是 200m，并对悦洋盆地上方剖面采样点加密，点距为 50m，土壤样品的采样深度 5~20cm，粒级< -20 目。

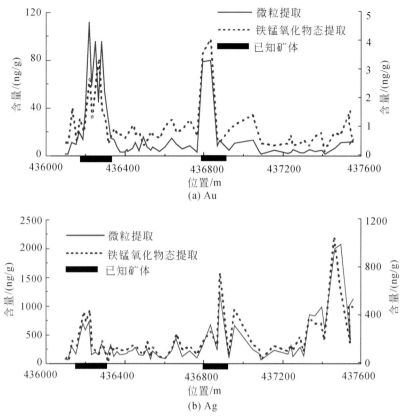

图 20.22　紫金山外围悦洋盆地隐伏银矿 Au、Ag 异常

土壤样品过 −200 目筛，送实验室，分析了 Au、Ag、As、Sb、Bi、Hg、Cu、Zn、Mo、W、Pb、U12 种元素（Au：AAN；Ag、Bi、Cu、Pb、Sb、Zn、W、Mo、U：ICP-MS；As、Hg：AFS）。

根据采样坐标点位，对采集的土壤样品的元素含量进行投图（图 20.23 ～图 20.34），图中 D_3t 为泥盆系天瓦崇组和桃子坑组碎屑岩，Z_1l 为震旦系楼子坝群浅变质碎屑岩，J_3G 为花岗岩或花岗斑岩体，$K_{12}h$ 为白垩系石帽山群火山岩。

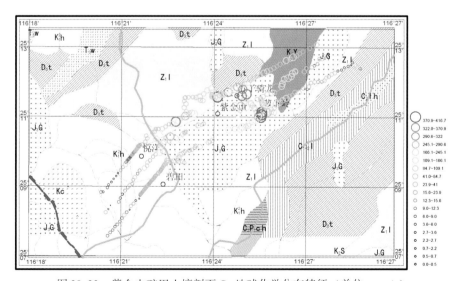

图 20.23　紫金山矿田土壤剖面 Cu 地球化学分布特征（单位：μg/g）

从结果可以看出，元素的分布与矿床类型存在密切的联系。Au 的异常主要分布于紫金山矿区周边区

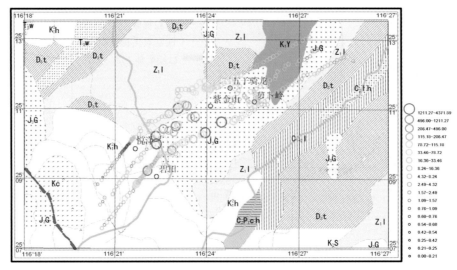

图 20.24　紫金山矿田土壤剖面 Au 地球化学分布特征（单位：ng/g）

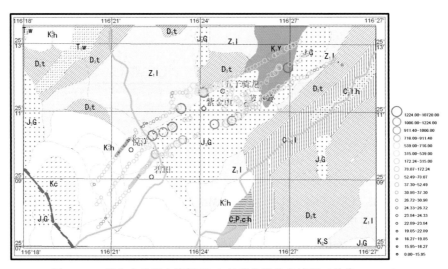

图 20.25　紫金山矿田土壤剖面 Pb 地球化学分布特征（单位：μg/g）

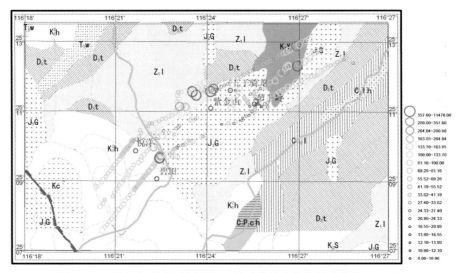

图 20.26　紫金山矿田土壤剖面 Zn 地球化学分布特征（单位：μg/g）

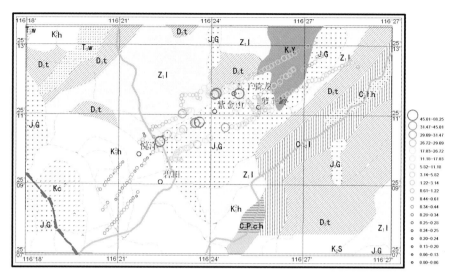

图 20.27　紫金山矿田土壤 Bi 地球化学分布特征（单位：μg/g）

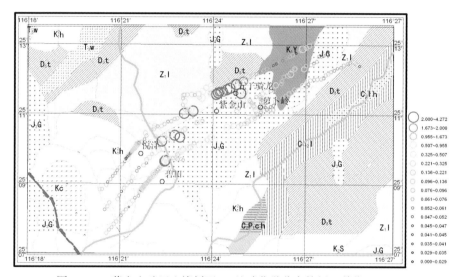

图 20.28　紫金山矿田土壤剖面 Ag 地球化学分布特征（单位：μg/g）

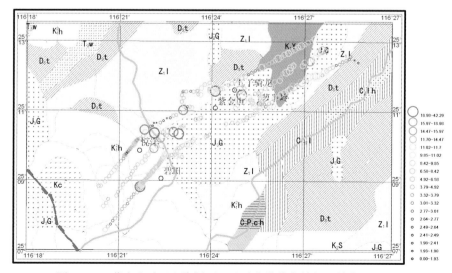

图 20.29　紫金山矿田土壤剖面 U 地球化学分布特征（单位：μg/g）

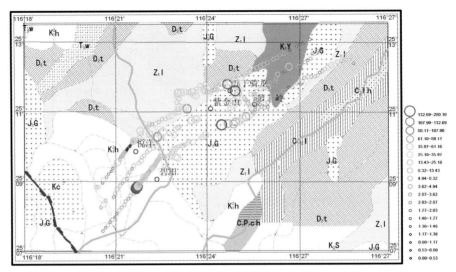

图 20.30　紫金山矿田土壤剖面 As 地球化学分布特征（单位：μg/g）

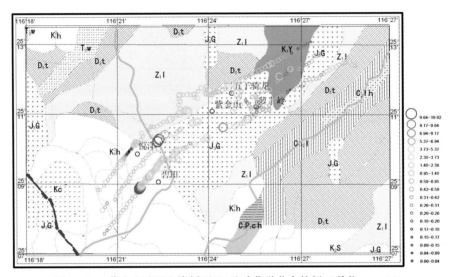

图 20.31　紫金山矿田土壤剖面 Sb 地球化学分布特征（单位：μg/g）

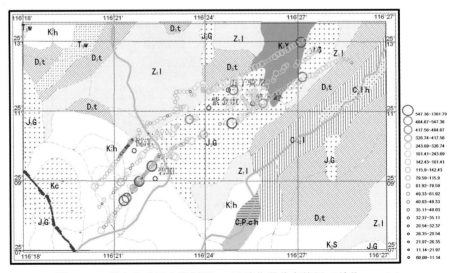

图 20.32　紫金山矿田土壤剖面 Hg 地球化学分布特征（单位：ng/g）

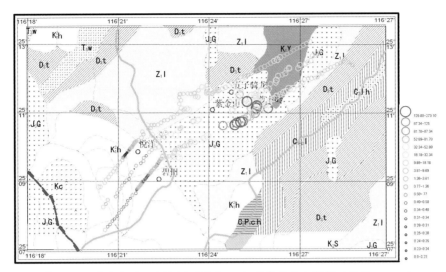

图 20.33　紫金山矿田土壤剖面元素 Mo 地球化学分布特征（单位：μg/g）

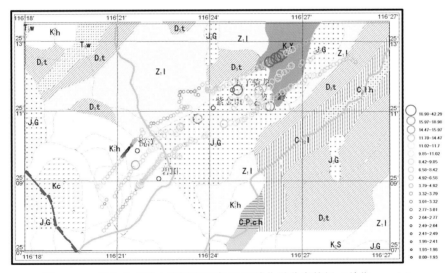

图 20.34　紫金山矿田土壤剖面元素 W 地球化学分布特征（单位：μg/g）

域，矿区西南侧异常分布更为明显，悦洋盆地碧田矿区也具有 Au 异常分布；Ag 异常与 Au 类似，分布于紫金山矿区周边，五子骑龙和碧田矿区异常分布明显；此外，与 Au 异常分布类似的还有 As 和 Sb，碧田矿区具有明显的 Sb 异常；Hg 主要异常分布于悦洋盆地，在紫金山矿区周边及别的矿区也有零星异常分布；Cu 异常则主要分布于紫金山矿区东北侧的五子骑龙和萝卜岭矿区，异常极为明显；Mo 异常主要分布于萝卜岭矿区，异常较为集中；Pb、Zn 异常主要位于紫金山矿区周边以及矿田东北区域；W 异常则主要位于紫金山矿田东北区域；Bi 异常主要位于紫金山矿区周边区域，悦洋盆地无 Bi 异常；U 异常主要分布于矿田东北区域，在悦洋盆地碧田区域也有 U 异常分布。

从元素异常分布特征可以看出，各元素异常分布均具有以紫金山矿区为中心的宏观特征，具体分布上又有所差别。矿田各元素异常呈现由西南往东北 As、Sb、Hg、Ag、Au、U→Ag、Au、Pb、Zn、Bi、Cu→Mo、Cu、Zn、U、W 的水平分带特征。矿田由西南往东北则依次分布了悦洋盆地碧田金银铀矿床、紫金山铜金矿床、五子骑龙铜矿床、萝卜岭铜钼矿床，在成矿温度上由低温→中低温→高温，可以看出土壤中成矿元素的地球化学分布特征与不同成矿类型不同成矿温度的矿床具有很好的对应关系，这主要是由于元素的分布与地球化学性质和矿床地质背景具有密切的关系，由此可总结出该区域这几种类型矿床的勘查地球化学找矿标志：

  浅层低温火山-次火山热液型金银铀矿床：As、Sb、Hg、Ag、Au、U异常组合；

  浅层中低温火山-次火山热液型金铜矿床：Ag、Au、Pb、Zn、Bi、Cu异常组合；

  斑岩型铜钼钨矿床：Mo、Cu、Zn、U、W异常组合。

  以上结果不止揭示了紫金山矿田不同矿体上方元素地球化学空间的分布特征，而且也进一步说明了土壤微粒分离技术在该景观区找矿勘查的有效性。

第二十一章 覆盖区找矿战略靶区预测

第一节 大型矿床地球化学标志

一、多尺度地球化学异常的圈定方法

（一）有关数据说明

1. 圈定地球化学块体所使用的数据说明

对整个华南地球化学块体的圈定使用了 1：20 万区域化探全国扫面数据。收集华南地区约 400 个 1：20 万图幅的 39 种元素地球化学数据，原始数据共计约 640000 条。建立了 3 个层次数据库：①整个华南陆块（包括扬子地块和华夏地块）1：20 万数据库：面积约 320 万 km^2，每 2.5 万图幅 1 个平均值数据（1 个数据/100 km^2），数据量共计 20638 条，39 个元素约有 80 万个数据；②三大成矿域 1：50 万数据库（长江中下游、西南低温成矿域、华南大花岗岩省）：长江中下游面积约 316775 km^2，1 个数据/25 km^2，数据约 12670 条；西南低温成矿域面积约 331031 km^2，1 个数据/25 km^2，数据约 13240 条；华南花岗岩省成矿域，面积约 410960 km^2，1 个数据/25 km^2，数据约 16440 条；③典型矿集区 1：20 万数据库：铜陵矿集区、大冶–九江、柿竹园–西华山、黔西南、紫金山矿集区，1 个数据/4 km^2，数据约 44280 条。

将所收集到的数据以 Access 数据格式，其他数据以 Excel 格式导入 GeoMDis 系统中，并由 GeoMDis 系统进行管理。以数据分析中的分布检验模块对数据进行统计分析，分析计算原始数据的平均值、标准差、中位数、最小值和最大值。背景值采用经 X±2S 反复迭代剔除后的平均值。其中 Cb 为经反复迭代剔除后的平均值，s 为经反复迭代剔除后的标准离差值。异常下限（T）一般采用平均值加二倍标准差。

地球化学块体地表显示图的编制也是在 GeoMDis 系统中完成的。在 GeoMDis 系统的数据转换模块中，其数据网格化模型可以将离散分布的数据进行网格化。方法是采用指数加权，搜索半径为 12.5km。在网格化的基础上，利用不同的色阶来表示元素所具有的不同含量的块体。块体内的地球化学分级则采用异常下限加标准差来表示。

2. 有关矿床数据说明

共收集了华南主要矿种金、铜、铅、锌、钨、锡、汞、锑矿床数据，包括矿床名称、矿床类型、坐标、规模（大、中、小型）或储量等。

对于金矿和铜矿绝大部分有储量数据，但有一些矿床只有矿床大小（大型、中型和小型矿床）的资料，但没有具体储量值。为了统一计算，我们把小型金矿储量设为 2.5t、中型矿床定为 10t、大型矿床定为 30t。

（二）多尺度地球化学异常的圈定方法

1. 地球化学作图原则与异常分类

如何有效圈定地球化学异常及其内部结构才能有效预测大型矿床是地球化学预测的关键问题之一，

选择长江中下游和黔西南作为典型区使用不同比例尺来圈定地球化学异常，并研究地球化学异常与大型矿的对应关系。

根据地球化学作图原则，在图上每一个平方厘米至少应有 1 个数据，相对应的是 1∶20 万比例尺，数据密度应达到 2km×2km 网格有 1 个数据；1∶50 万比例尺，数据密度应达到 5km×5km 网格有 1 个数据；1∶100 万比例尺，数据密度应达到 10km×10km 网格有 1 个数据。

根据异常面积大小，地球化学异常可以分为以下几类（表 21.1）。

表 21.1　地球化学异常的分类

地球化学异常分类	面积大小/km²	相对应的比例尺	作图数据密度
地球化学域	$n×100000$	$<1∶5000000$	$>40km×40km$
地球化学巨省	$n×10000$	1∶2500000 1∶5000000	20km×20km 40km×40km
地球化学省	$n×1000$	1∶500000 1∶1000000	5km×5km 10km×10km
区域异常	$n×100$	1∶200000 1∶250000	2km×2km
局部异常	$n×10$	1∶50000	

注：根据谢学锦院士定义将大于 1000km² 异常统称为地球化学块体。

2. 不同尺度地球化学异常圈定实例——以长江中下游地区 Cu 为例

根据上述地球化学作图原则，图 21.1 是以 2km×2km 为网格大小、以 5km 为搜索半径通过全区所收集的 1∶20 万区域地球化学数据进行网格化后得到的 1∶20 万地球化学图；图 21.2 是以 4km×4km 为网格大小（因为地球化学原始数据网格是 2km×2km，所以用 4km×4km 网格制作 1∶50 万地球化学图；图 21.3 是以 10km×10km 为网格大小、以 25km 为搜索半径，制作 1∶100 万地球化学块体图。为了进行对比，都是以 30μg/g 为块体下限来制作，图中的黑点表示存在有铜矿床。

图 21.1 中铜的地球化学异常分布散乱，异常面积也较小，大部分异常面积在几十至几百平方千米。是单个矿床（矿田）或由少数矿床组成的局部地球化学异常特征响应。

图 21.2 中铜地球化学异常已成片出现，已知矿床大多在异常之中，同时在大冶-九江、修水-武宁、铜陵、安庆、黟县、马鞍山、德兴、开化-绩西等地区已形成一定规模的区域地球化学异常区带，基本上反映了矿区异常特征。

图 21.3 中的地球化学异常与图 21.1 相比，异常范围也更大，整个长江中下游只由 2 个地球化学巨省组成。一个位于德兴-黄山-绩溪-宁国-铜陵-安庆-芜湖-南京，面积达 35500km²，属于地球化学巨省，另一个位于武汉-九江，相当于涵盖大型矿集区的异常。

根据上述讨论我们可以得出如下结论：

（1）1∶20 万图地球化学异常面积从几平方千米到几百平方千米，主要体现的是矿床异常特征。因此，可以用于圈定矿床异常靶区，用于大型矿床预测。

（2）1∶50 万图地球化学异常面积从几百平方千米到几千平方千米，主要体现的是矿区异常特征。可以圈定矿区异常靶区，用于在成矿带中预测有利成矿区。

（3）1∶100 万图地球化学异常面积从几千平方千米到几万平方千米，主要体现的是大型矿集区或成矿带的异常特征。可以圈定大型矿集区或成矿带靶区，用于矿集区预测。

不同尺度的地球化学异常图反映的细节不同，比例尺越小越反映全局问题、比例尺越大越显示细节。因此，对整个华南陆块使用 1∶100 万比例尺地球化学作图，评价大型矿集区或成矿带；对 3 个成矿域使

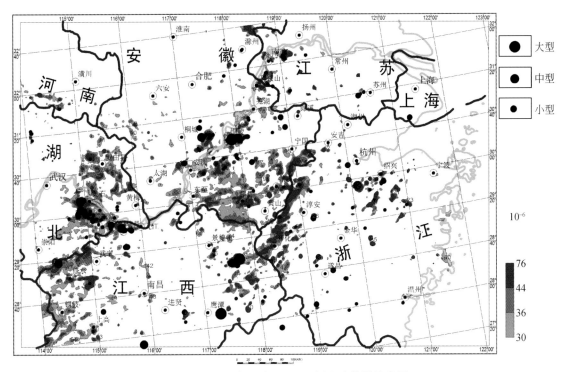

图 21.1 长江中下游 1∶20 万铜地球化学异常图

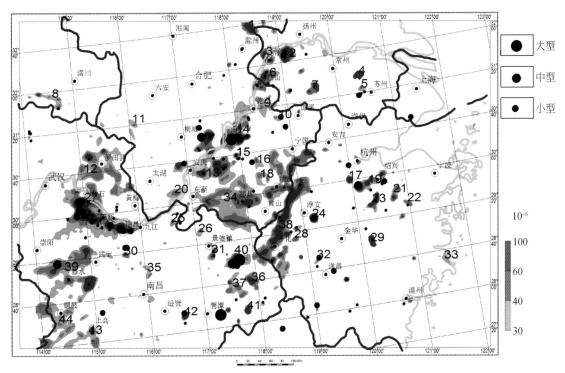

图 21.2 长江中下游 1∶50 万铜地球化学异常图

用 1∶50 万比例尺地球化学作图，评价矿区远景区；对典型矿集区使用 1∶20 万比例尺地球化学作图，评价大型矿远景区。

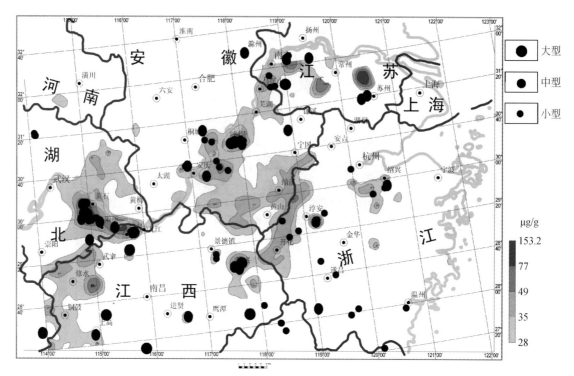

图 21.3　长江中下游 1∶100 万铜地球化学异常图

二、地球化学块体与矿床的套合关系——以金、铜为例

1. 金地球化学块体分布

华南以金含量大于 2.5×10^{-9} 为边界，将异常面积 $>1000\text{km}^2$ 的金异常划定为地球化学块体，本次研究共圈定出地球化学块体 78 处（图 21.4）。从图中可看出，所圈定块体主要分布于扬子地块周边，这和已经发现的矿床分布范围是一致的。

2. 金地球化学块体与金矿规模的关系

从表 21.2 中可以看出，华南地区中，所划分的 78 个地球化学块体中具有三层套合结构的有 65 个、双层套合结构的有 10 个、单层套合结构的有 3 个。而在已经收集的 442 个金矿床中，有 256 个矿床落在所划分的块体中；有大型矿床 24 个、中型矿床 40 个、小型矿床 181 个，共有 245 个落在具有三层套合结构的块体中；有 1 个大型、3 个中型和 5 个小型，共 9 个矿床落在具有双层套合结构的块体中；只有 2 个小型矿床产于具有单层套合结构的块体中。

已知的中型以上矿床绝大多数在具有三层或以上套合结构的地球化学块体中，说明地球化学块体的套合性是地球化学块体的一个重要属性。也就是说，如果某地球化学块体具有一定的面积，且其内部的地球化学模式表现出明显的套合与逐步浓集趋势的话，那么在该地球化学块体内就可能存在着大型乃至超大型矿床。因此，地球化学块体理论是一种在大区域内实现"迅速掌握全局，逐步缩小靶区"战略思想的有效方法。

在 49 个地球化学块体中，有矿床数 256 个（其中超大型 6 个，大型 19 个，中型 43 个，小型 188 个）。其中 13 个块体有 1 个矿床存在，有 3 个块体有 2 个矿床存在，其余 33 个块体存在有 3 个以上的矿床。如果把存在有 3 个矿床以上的区域设为矿床集中区的话，那么在本研究区有 33 个矿床集中区。

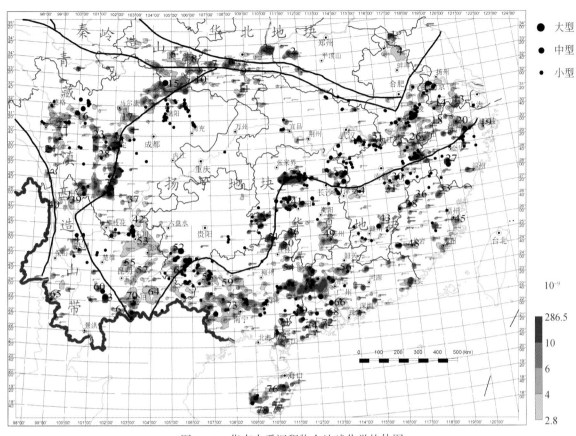

图 21.4 华南水系沉积物金地球化学块体图

在这 33 个集中区中，金矿的总储量为 1963.78t，矿床数 237 个，占总金矿储量的 76.8%，占总矿床数的 92.58%。这些统计结果表明，金地球化学块体与金矿集中区的对应关系密切。

在 33 个对应有块体的集中区中，金矿储量大的集中区其所对应的金地球化学块体的规模也大（主要指块体面积），特别是那些工作程度较高的集中区，如长江中下游、小秦岭–熊耳山、九瑞等，换言之，金地球化学块体规模越大，其资源潜力也越大。

表 21.2 华南金地球化学块体参数及块体内产出的金矿统计

块体编号	块体面积/km²	平均值/(ng/g)	面金属量	矿床总储量/t	块体内产出矿床数量				异常套合
					大型	中型	小型	总数	
1	1657.2	6.73	11158.1						三层套合
2	2875.2	8.00	22994.1						三层套合
3	4297.5	15.67	67340.5						三层套合
4	3593.6	3.49	12536.3						双层套合
5	3328.4	4.25	14159.9						三层套合
6	3894.8	6.96	27112.1						三层套合
7	2064.6	5.50	11359.4						三层套合
8	5892.8	5.03	29663.4						三层套合
9	1795.1	4.64	8332.6						三层套合

续表

块体编号	块体面积/km²	平均值/(ng/g)	面金属量	矿床总储量/t	块体内产出矿床数量				异常套合
					大型	中型	小型	总数	
10	1853.7	5.23	9689.9						三层套合
11	1734.2	5.30	9191.4						三层套合
12	5251.4	4.81	25241.4	39.36	1	1	4	6	三层套合
13	4952.2	5.25	26008.2						三层套合
14	2167.6	4.79	10381.3	1.89			1	1	三层套合
15	23982.2	5.92	142074.3	308	1			1	三层套合
16	3376.7	4.30	14524.6	58.72	1		1	2	三层套合
17	5650.4	4.42	24956.5						三层套合
18	1207.9	4.29	5176.9						三层套合
19	1193.3	3.86	4608.2						双层套合
20	6893.7	5.39	37188.7	27.775			11	11	三层套合
21	1918.1	10.71	20540.5	14.172		1	5	6	三层套合
22	10656.7	4.83	51478.5	25.861		1	4	5	三层套合
23	4088.0	7.52	30744.8						三层套合
24	1157.9	28.28	32743.8						三层套合
25	8562.0	8.54	73086.4	25.379		1	9	10	三层套合
26	23582.3	6.08	143478.7	554.872	6	5	15	26	三层套合
27	1068.1	16.66	17792.5	35.87	1	1		2	三层套合
28	3582.1	4.54	16249.5	4			1	1	三层套合
29	8036.0	17.73	142514.9	81.96	1	2	13	16	三层套合
30	3251.9	3.50	11377.2	12.18		1	3	4	双层套合
31	1116.7	5.33	5949.8						三层套合
32	4545.0	7.64	34745.7	113.93	2	3	6	11	三层套合
33	2008.3	6.57	13196.7						三层套合
34	2853.0	3.66	10444.7	2.18			1	1	双层套合
35	18834.3	10.96	206351.1	164.896	1	3	13	17	三层套合
36	1218.4	7.50	9137.6						三层套合
37	1257.4	3.75	4713.8						双层套合
38	1060.0	7.07	7492.6	7.8		1		1	三层套合
39	1702.7	3.98	6775.9						三层套合
40	1066.1	3.34	3559.6						单层套合
41	3357.0	7.26	24373.6	38.451		2	10	12	三层套合
42	1226.8	3.46	4243.1						单层套合
43	1409.8	4.44	6264.2	5.68	1			1	三层套合
44	3983.9	9.32	37145.3	19.182			10	10	三层套合
45	1912.1	5.10	9752.4						三层套合
46	1971.9	13.81	27234.7						三层套合
47	1436.7	4.42	6348.0	10.24		1	2	3	三层套合

块体编号	块体面积/km²	平均值/(ng/g)	面金属量	矿床总储量/t	块体内产出矿床数量				异常套合
					大型	中型	小型	总数	
48	1389.4	4.67	6489.4						三层套合
49	6516.5	4.92	32051.2						三层套合
50	1388.8	18.37	25506.7						三层套合
51	2992.7	7.60	22731.8	6.67			2	2	三层套合
52	1342.8	5.64	7570.9	121.67	1	1	3	5	三层套合
53	13452.1	3.61	48582.6						三层套合
54	1075.4	7.31	7858.6						三层套合
55	2537.7	3.64	9232.0						双层套合
56	3767.8	5.96	22465.4	2.03			1	1	三层套合
57	5256.2	4.23	22223.2	27.48			8	8	三层套合
58	6398.9	4.73	30289.6	35.5		3		3	三层套合
59	1708.0	3.48	5940.7						单层套合
60	1028.9	5.15	5302.9	64.6	1			1	三层套合
61	26640.8	17.28	460444.1	162.53	1	5	25	31	三层套合
62	10389.2	4.69	48706.1	352.25	4	4	9	17	三层套合
63	1290.0	18.64	24044.5	29.68	1			1	三层套合
64	5660.4	3.58	20238.5						双层套合
65	1856.7	4.51	8378.3	2.01			1	1	双层套合
66	2496.5	3.61	9011.4	30	1			1	双层套合
67	1107.4	4.12	4562.2						双层套合
68	1104.7	11.47	12676.3						三层套合
69	1776.8	11.22	19928.8	4.708			5	5	三层套合
70	8178.0	5.89	48158.3	17.269		1	5	6	三层套合
71	1077.2	8.08	8708.2	1.2					三层套合
72	1701.5	6.81	11581.2						三层套合
73	30278.8	5.23	158243.0	77.305	1	4	11	16	三层套合
74	1977.5	6.07	12004.1	0.5			1	1	三层套合
75	4516.1	5.74	25923.0	5.705			4	4	三层套合
76	7497.0	10.27	77029.8	31.11		2	3	5	三层套合
77	1284.7	6.50	8354.2						三层套合
78	1652.3	7.80	12887.8						三层套合

从表21.3中可看出，大部分矿床都产于地球化学块体之中，并且矿床规模越大产于地球化学块体中的比例越高，从小型矿的55%，中型矿的64%，大型矿的70%，到超大型矿的85%都产于地球化学块体之中。有6.4%的地球化学块体含有超大型矿床；有16.67%的地球化学块体产出大型矿床；有25.6%的地球化学块体产出中型金矿床，有39.74%的块体产出小型金矿床。这说明地球化学块体中产出的大型以上的矿床概率还是很低的。这说明大型矿床集中产于少数（20%）地球化学块体中，地球化学块体为大型矿床的形成提供了充足的物质供应。

表 21.3　金地球化学块体与金矿的关系统计表

金矿规模	金矿总数量	产于块体内金矿数量	块体内产出金矿比例/%	产出金矿的块体数/个	产出金矿的块体占全部块体的比例/%
超大型	7	6	85.71	5	6.41
大型	27	19	70.37	13	16.67
中型	67	43	64.18	20	25.64
小型	341	188	55.13	31	39.74
合计	442	256			

根据表 21.3，将这 49 个存在已知矿床的地球化学块体内产出的已知金矿床的储量进行统计分析，在置信度 0.01 的水平上已知矿床储量与块体面金属量之间的相关系数为 0.62，已知矿床储量与地球化学块体面积之间的相关系数为 0.79（图 21.5）。

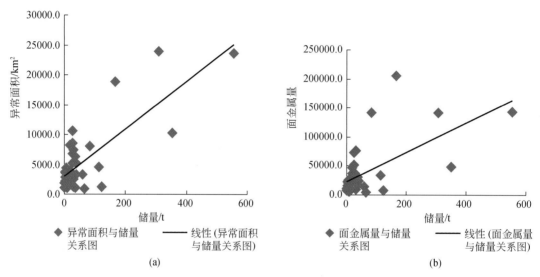

图 21.5　地球化学块体面积（a）和面金属量（b）与已发现的矿床储量之间关系

3. 铜的地球化学块体与矿床套合关系

1）铜地球化学块体分布

华南以铜含量大于 30×10^{-6} 为边界，将异常面积>1000km² 的铜异常划定为地球化学块体，本次研究共圈定出地球化学块体 50 处（图 21.6）。

2）铜地球化学块体与铜矿规模的关系

从表 21.4 中可以看出，华南地区中，所划分的 50 个地球化学块体中具有三层套合结构的有 39 个、双层套合结构的有 10 个、单层套合结构的有 1 个。而在已经收集的 706 个铜矿床中，有 450 个矿床落在所划分的块体中；有大型矿床 33 个、中型矿床 81 个、小型矿床 320 个，共有 434 个落在具有三层套合结构的块体中；有 1 个大型、2 个中型和 13 个小型，共 16 个矿床落在具有双层套合结构的块体中；没有矿床产于具有单层套合结构的块体中。

在 33 个地球化学块体中，有矿床数 450 个（其中超大型 4 个，大型 30 个，中型 83 个，小型 333 个）。其中 4 个块体有 1 个矿床存在，有 3 个块体有 2 个矿床存在，其余 29 个块体存在有 3 个以上的矿床。如果把存在有 3 个矿床以上的区域设为矿床集中区的话，那么在本研究区有 29 个矿床集中区。

在这 29 个集中区中，铜矿的总储量为 2709.8 万 t，矿床数 450 个，占总铜矿储量的 98.74%，占总矿床数的 97.73%。这些统计结果表明，铜地球化学块体与铜矿集中区的对应关系密切。

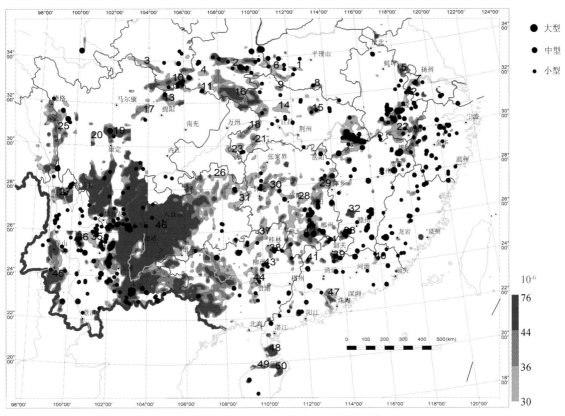

图 21.6　华南水系沉积物铜地球化学块体图

在 29 个对应有块体的集中区中，铜矿储量大的集中区其所对应的铜地球化学块体的规模也大（主要指块体面积），但西南玄武岩地区除外。特别是那些工作程度较高的集中区，如长江中下游、小秦岭–熊耳山、湘赣粤桂等，换言之，铜地球化学块体规模越大，其资源潜力也越大。

从表 21.5 中可看出，大部分矿床都产于地球化学块体之中，并且矿床规模越大产于地球化学块体中的比例越高，从小型矿的 64%，中型矿的 63%，大型矿的 58%，到超大型矿的 80% 都产于地球化学块体之中。有 4.0% 的地球化学块体含有超大型矿床；有 22.0% 的地球化学块体产出大型矿床；有 38.0% 的地球化学块体产出中型铜矿床，有 60.0% 的块体产出小型铜矿床。这说明大型矿床集中产于少数（22%）地球化学块体中，地球化学块体为大型矿床的形成提供了充足的物质供应。

表 21.4　华南铜地球化学块体参数及块体内产出的铜矿统计

块体编号	块体面积/km²	平均值/（μg/g）	面金属量	矿床总储量/t	块体内产出矿床数量				异常套合
					大型	中型	小型	总数	
1	1012.0	39.8	40298.1	7794			1	1	三层套合
2	12353.6	40.0	494207.9	265580	2		11	13	三层套合
3	3972.8	37.2	147611.7					0	双层套合
4	1177.3	35.6	41868.2					0	双层套合
5	3197.6	42.9	137319.9					0	三层套合
6	6398.1	35.0	223822.6	151927		1	5	6	三层套合
7	1786.1	47.3	84544.2	297585		1	9	10	三层套合
8	1149.6	38.4	44180.3	9764			3	3	双层套合

块体编号	块体面积/km²	平均值/（μg/g）	面金属量	矿床总储量/t	块体内产出矿床数量				异常套合
					大型	中型	小型	总数	
9	1077.6	36.3	39166.9					0	双层套合
10	15391.8	40.9	629977.4	185624		2	6	8	三层套合
11	1422.3	34.9	49673.0	3648		1		1	双层套合
12	1854.8	35.4	65745.7	234347		1	6	7	双层套合
13	4643.3	39.9	185253.4	5104		1	2	3	三层套合
14	2957.5	33.2	98241.0					0	单层套合
15	2525.9	38.6	97477.5	514			2	2	三层套合
16	32844.3	40.4	1328507.7					0	三层套合
17	3636.9	38.6	140263.4					0	三层套合
18	4228.7	35.7	150812.6					0	三层套合
19	8616.6	53.0	456313.5	125936	1	2	1	4	三层套合
20	1337.4	42.5	56894.3					0	三层套合
21	3486.6	35.2	122558.1					0	三层套合
22	24289.8	39.7	963695.3	11394416	7	5	66	78	三层套合
23	3866.6	33.0	127491.5	12534	1			1	双层套合
24	17490.2	43.1	753520.8	3442345	4	18	56	78	三层套合
25	20658.4	42.1	870493.3	255357	2		3	5	三层套合
26	1965.9	34.9	68511.7					0	三层套合
27	8106.4	46.7	378622.2	1787119	1	2	1	4	三层套合
28	1969.2	35.1	69040.0					0	双层套合
29	11874.9	38.7	459046.3	335200		3	6	9	三层套合
30	14145.6	38.7	547298.4	58974		2	3	5	三层套合
31	4381.0	35.1	153832.6					0	双层套合
32	1728.6	60.1	103885.6					0	三层套合
33	1864.1	46.6	86923.6	30907	1	5	3	9	三层套合
34	1010.9	44.4	44844.6	2631		1	1	2	三层套合
35	3714.3	37.7	139914.4	661311		4	11	15	三层套合
36	3243.9	58.7	190367.7	81440		1	6	7	三层套合
37	6925.1	35.4	244918.3	14426			3	3	三层套合
38	2444.0	39.1	95477.7	18355			3	3	三层套合
39	2116.1	65.8	139148.7	590523		2		2	三层套合
40	1016.7	40.8	41487.7	83548			4	4	双层套合
41	1339.1	46.5	62318.5	7731			1	1	三层套合
42	29314.9	40.1	1174450.1	326715	4	4	18	26	三层套合
43	1459.5	49.9	72838.7	34105			4	4	三层套合
44	7205.3	38.3	275738.3	23942			3	3	三层套合
45	19144.2	46.3	886086.7	87933	1		5	6	三层套合
46	402262.0	63.9	25700374.4	6580215	10	27	90	127	三层套合

续表

块体编号	块体面积/km²	平均值/（μg/g）	面金属量	矿床总储量/t	块体内产出矿床数量				异常套合
					大型	中型	小型	总数	
47	4650.2	42.7	198639.7						三层套合
48	3011.0	63.4	190844.5						三层套合
49	1627.3	43.8	71232.0						三层套合
50	3033.7	49.2	149129.9						三层套合

表 21.5　铜地球化学块体与铜矿的关系统计表

铜矿规模	铜矿总数量	产于块体内铜矿数量	块体内产出铜矿比例/%	产出铜矿的块体数/个	产出铜矿的块体占全部块体的比例/%
特大型	4	5	80.0	2	4.00
大型	30	51	58.8	11	22.00
中型	83	130	63.8	19	38.00
小型	334	520	64.0	31	60.00
合计	450	706			

　　根据上表，将这 32 个（除西南玄武岩所在的块体）存在已知矿床的地球化学块体内产出的已知铜矿床的储量进行统计分析，在置信度 0.01 的水平上已知矿床储量与块体面金属量之间的相关系数为 0.45，已知矿床储量与地球化学块体面积之间的相关系数为 0.47（图 21.7）。铜地球化学块体面积或面金属量与已发现的矿床储量之间的相关性要低于金的铜地球化学块体面积或面金属量与已发现的矿床储量之间的相关性。

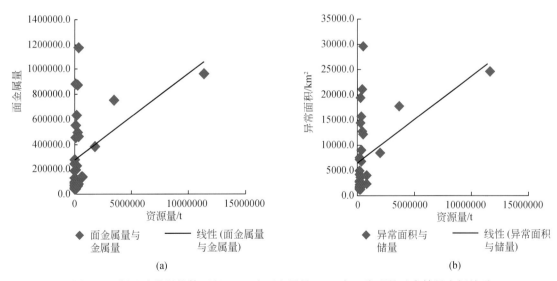

图 21.7　铜地球化学块体面积（a）和面金属量（b）与已发现的矿床储量之间关系

三、大型矿地球化学预测指标

　　根据地球化学异常与已知矿的空间对应关系以及统计数据分析可以得出如下结论：

　　（1）多尺度地球化学异常的形成由以下三个因素引起：①矿床；②矿源层；③高背景岩石。高背景岩石提供了成矿元素的高背景，异常比较平坦，不会形成明显的浓集中心；矿源层可以提供元素的初始富集；矿床的点源分散进一步形成叠加异常，异常具有明显的浓集中心。因此，最后形成了具有多层套合的地球化学异常，即地球化学省包含区域异常，区域异常又包含局部异常，才是对找矿最有意义的异常。如华南华南褶皱系 W、Sn 高背景花岗岩提供了巨量的金属物质，产生巨大地球化学省；印支期、燕山期的构造运动和岩浆活动使初始富集的成矿元素活化、迁移进入岩浆系统（岩浆重熔、交代、混染等活化、迁移又进一步富集 W、Sn 等元素）形成了钨锡矿源层，并产生区域性地球化学异常；燕山晚期为主的成矿作用形成的矿床，形成局部地球化学异常或点源分散异常。

（2）大型矿床产于多层套合的地球化学异常中，即地球化学省（面积 $n \times 1000 km^2$）套合着区域地球化学异常（$n \times 100 km^2$），又套合着局部浓集中心（面积 $n \times 10 km^2$）。如华南圈定的 41 个钨地球化学块体中具有三层套合结构的有 29 个、双层套合结构的有 5 个、单层套合结构的有 7 个。在已经收集的 104 个钨矿床中，有 88 个矿床落在块体中；16 个大型钨矿有 13 个落在具有三层套合结构的块体中；有 1 个大型矿床落在具有的双层套合结构中；没有大型钨矿床产于具有单层套合地球化学中。大型矿床存在多层套合地球化学异常，大型矿床区所形成的异常具有至少 3 层套合结构，浓集中心与大型矿床存在对应关系。这些规律的发现为在不同成矿域预测新的大型矿集区提供了重要地球化学标志。

（3）大型矿集区与地球化学省（$1000 km^2$）的空间分布范围相一致。如整个华南圈定的 39 个金的地球化学省中，含有 33 个金矿集中区，金矿的总储量为 1963.78t，占总金矿储量的 76.8%，矿床数 237 个，占总矿床数的 92.58%。地球化学省为矿集区的形成提供了丰富的物质基础。地球化学省是客观存在的，而矿集区是我们已经发现了一系列矿床并勘探到一定程度才能称作矿集区，因此，地球化学省内可能会存在潜在的矿集区，这为利用地球化学省预测新的矿集区提供了依据。

（4）区域地球化学异常（$n \times 100 km^2$）可以作为大型矿床的预测标志。如长江中下游共圈定出铜区域地球化学异常 44 处。4 个特大型矿床中有 3 个位于地球异常中，所占比例为 75.0%；9 个大型矿床全部落在地球化学异常中，所占比例为 100.0%。地球化学异常内产出的已知矿床储量与异常规模和浓度之间进行统计分析显示，已知矿床储量与异常面金属量之间的相关系数为 0.96。可以说，区域地球化学异常规模与储量之间的相关性极好。这样我们就可以根据这一相关性来预测未知异常内的潜在铜资源量。

（5）不同矿种以及其矿床规模与地球化学异常的对应关系有所不同。根据华南金矿、钨矿、铜矿、铅锌矿、锑矿和汞矿与地球化学异常的对应关系的归纳统计列入下表（表 21.6、表 21.7）。

①锑矿、汞矿、锡矿全部大型矿床（100%）分布在多层套合的地球化学块体之内（表 21.6、表 21.7），这就意味着在地球化学块体内寻找这 3 种大型矿床的概率极高。

②金矿、钨矿绝大部分大型矿床（>80%）分布在多层套合的地球化学块体之内（表 21.6、表 21.7），这就意味着在地球化学块体内寻找这 2 种大型矿床的概率很高。

③铜矿有 60% 以上大型矿床位于地球化学省内（表 21.6），但有 78% 以上大型矿床落入区域地球化学异常之内（表 21.7）。使用地球化学省预测大型铜矿床成功率相对较低，但使用区域地球化学异常预测大型铜矿依然成功率较高。

④铅、锌矿有 60% 以上大型矿床产于单一元素地球化学省或区域地球化学异常之内，但有 80% 以上大型矿床产于 Pb、Zn 两个元素标准化后累加的地球化学块体之内（表 21.6、表 21.7），因此要提高对大型铅锌矿预测的成功率需要根据铅锌累加异常进行预测。

⑤不同矿床类型具有特定的元素套合结构，如黔西南卡林型金矿矿集区与 Au、As、Sb 地球化学块体具有高度的套合关系，与 Hg、Mo 具有较好的套和关系，与 Pb、Zn 具有一般性的套合关系；南岭钨锡矿集区与 W、Sn、Bi 地球化学块体具有高度的套合关系，与 Mo、Pb、Zn 地球化学块体具有较好的套合关系；长江中下游的德兴铜矿集区与 Cu、Au、Mo、Ag 地球化学块体具有高度的套合关系，与 Pb、Zn 地球化学块体具有较好的套合关系，与 Hg、Bi 具有一般性套合关系。

表 21.6　整个华南陆块分布于地球化学省内的矿床统计

矿种	统计的矿床总数				落入地球化学块体内矿床数				落入矿床数比例/%			
	大型矿床	中型矿床	小型矿床	合计	大型矿床	中型矿床	小型矿床	合计	大型矿床	中型矿床	小型矿床	合计
金矿	34	67	341	436	25	43	188	256	71.42	64.18	55.13	58.72
钨矿	16	25	63	104	14	24	50	88	87.5	96.00	79.4	84.6
锡矿	3	34	37	75	3	31	29	63	100.00	91.18	78.38	84.0
铜矿	56	130	520	706	34	83	333	450	60.71	63.85	64.04	63.74
铅矿	21	73	167	261	14	49	110	173	66.67	67.12	65.87	66.3
锌矿	6	6	29	41	4	4	17	25	66.67	66.67	58.62	61.0
铅锌矿	27	79	196	302	23	53	134	210	85.2	67.1	68.4	69.53
锑矿	6	24	25	55	6	17	20	43	100.00	70.83	80.00	78.18
汞矿	19	20	24	63	20	17	24	62	100.00	95.00	100.00	98.4

注：地球化学省面积大于 $1000km^2$。

表 21.7　整个华南陆块分布于区域地球化学异常内的矿床统计

矿种	统计的矿床总数				落入区域地球化学异常内矿床数				落入矿床数比例/%			
	大型矿床	中型矿床	小型矿床	合计	大型矿床	中型矿床	小型矿床	合计	大型矿床	中型矿床	小型矿床	合计
金矿	34	67	341	436	26	55	228	309	76.47	82.09	66.86	70.87
钨矿	16	25	63	104	13	19	55	87	81.25	76.00	87.30	83.65
锡矿	3	35	37	75	3	31	30	64	100.00	88.57	81.08	85.33
铜矿	56	130	520	706	44	98	464	606	78.57	75.38	89.23	85.84
铅矿	21	73	167	261	18	54	115	188	85.71	73.97	68.86	72.03
锌矿	6	6	29	41	4	4	21	29	66.67	66.67	72.41	70.73
铅锌矿	27	79	196	302	23	57	145	225	85.2	72.2	74.0	74.5
锑矿	6	24	25	55	6	19	21	46	100.00	79.17	84.00	83.64
汞矿	19	20	24	63	19	20	24	63	100.00	100.00	100.00	100.00

注：区域地球化学异常面积大于 $100km^2$。

第二节　大型矿预测

一、长江中下游地球化学块体与大型铜矿预测

（一）铜地球化学省的圈定与矿集区预测

长江中下游地区是我国重要的铜矿集中区，也是伴生金的重要产区。使用 1：50 万比例尺制作长江中下游地球化学省分布图。图 21.8 是 Cu 标准化后累加地球化学省图。

大于 $1000km^2$ 主要铜的地球化学省包括大冶-九江、铜陵-安庆-庐江、祁门-东至、德兴-开化-绩西共 4 处。

大冶-九江铜地球化学省位于鄂东南地区，面积 $23679km^2$。块体内出露的地层主要为上奥陶统—上侏罗统，特别是下三叠统大冶群。据统计，鄂东南地区约 91% 的铜储量、96% 的金储量与大冶群白云质灰岩、灰质白云岩等碳酸盐岩有关。岩浆岩方面，鄂东南六大岩体都具有较高的铜丰度，而且，铜丰度越高，形成铜矿床的规模也越大。目前，块体内已经发现数十处大中型铜矿床。

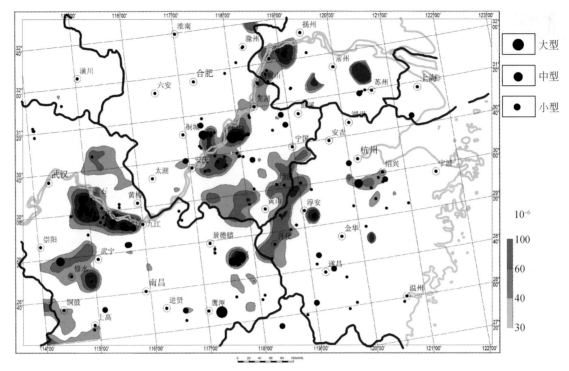

图 21.8　长江中下游 1:50 万铜地球化学省分布图

铜陵–安庆–庐江铜地球化学省主体位于安徽省南部，向南延入浙江和江西省境内，向北进入江苏省，面积 39911km²。该块体跨越两个大地构造单元，北部沿江断裂部分属长江中下游成矿带，东南部皖南、浙西和赣东北部分属江南地块成矿带，因此区内铜矿床的类型和特征不尽相同。

地球化学省北部出露的地层主要为元古界和古生界，而泥盆系—三叠系地层是成矿的有利部位。岩浆活动方面，晚印支—燕山期构造岩浆作用强烈，表现为大量规模不等的岩浆岩岩体侵入和陆相火山岩喷发，这些火山岩浆作用与成矿关系密切。受长江断裂带的控制，块体呈北东向沿江展布，其内的矿产也具有成带分布、分散集结、成群出现的特点。安徽境内的绝大多数铜、金矿床均位于该地球化学省内。

德兴–开化–绩西地球化学省东南部地球化学省，主体位于赣西北德兴地区和浙西地区。德兴地区出露中元古代及少量震旦纪、寒武纪、奥陶纪地层。岩浆作用以中晚侏罗世强烈的中酸性、酸性岩浆活动为特征，北东向断裂构造发育。块体低含量分布区主要由富 Cu 地层引起，当提高下限值时，可圈出三处醒目的区域异常，其中一处异常强度高，浓集特征明显，其内赋存德兴斑岩铜矿床。其他异常可见到基性–酸性岩体（脉）出露。浙西地区出露地层主要为下古生界，尤其震旦系、寒武系地层发育，岩性为海相含碳质硅质岩、白云质砂岩、碳质粉砂岩及含碳质灰岩等。褶皱断裂构造发育，构造线方向呈北东向。在褶皱轴部有燕山早期花岗岩类侵入，且多为岩枝、岩株，岩性以黑云母花岗岩、黑云母二长花岗岩、花岗闪长岩为主。区内已产出钨、铍、多金属矿床（点）41 处，其中中型矿床 3 处，小型矿床 5 处，矿（化）点 33 处。

（二）铜区域地球化学异常与大型矿预测

长江中下游铜元素以铜含量大于 30×10^{-6} 为边界，将异常面积 $>100km^2$ 的铜异常划定为区域地球化学异常。共圈定出铜区域地球化学异常 44 处（图 21.9）。

从表 21.8 中可以看出，华南地区中，所划分的 44 个区域地球化学异常中具有三层套合结构的有 29 个、双层套合结构的有 10 个、单层套合结构的有 5 个。而在已经收集的 231 个铜矿床中，有 190 个矿床落在所划分的区域地球化学异常中，没有矿床落在具有单层套合结构的地球化学块体中，5 个矿床落在具

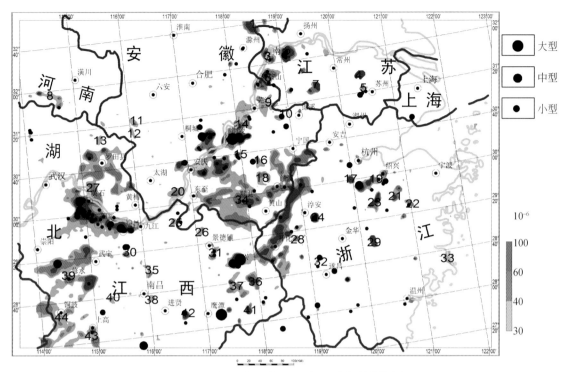

图 21.9　长江中下游 1 : 20 铜地球化学块体图

有双层套合结构的块体中，其余 185 个均落在具有三层套合结构的块体中。

表 21.8　铜地球化学异常参数统计

编号	异常面积 /km²	样品数	最大值	最小值	平均值	离差	预测潜在铜金 属量/万 t	套合关系
1	531.3	122	82	18	44.2	15.1	317.3	三层套合
2	710.4	105	898	16.2	73.4	133.0	703.9	三层套合
3	469.2	41	368.6	17.7	44.8	54.4	283.6	三层套合
4	217.0	4	587.7	17.7	164.9	281.9	483.0	三层套合
5	107.8	5	44.85	19.15	32.9	11.0	47.9	双层套合
6	1055.6	195	447.55	15.58	41.0	47.9	583.7	三层套合
7	361.9	11	356.3	16.7	59.3	100.5	289.6	三层套合
8	498.8	128	192	12	40.2	27.0	270.4	三层套合
9	594.2	63	58	23	33.9	5.4	271.7	双层套合
10	146.8	34	437	14	42.9	78.0	84.9	三层套合
11	149.1	40	105	20	36.3	17.9	73.0	三层套合
12	104.0	25	50	26	36.8	5.9	51.6	单层套合
13	124.7	32	63.4	25.3	35.6	8.9	59.9	单层套合
14	2422.3	417	771	11	50.5	69.9	1649.8	三层套合
15	138.7	35	540	13	43.5	87.9	81.5	三层套合

续表

编号	异常面积/km²	样品数	最大值	最小值	平均值	离差	预测潜在铜金属量/万t	套合关系
16	209.7	52	115.1	15.2	38.7	21.3	109.5	双层套合
17	158.2	41	1176	6.6	72.2	240.5	154.1	三层套合
18	395.7	102	71.3	19.3	37.4	10.4	199.9	双层套合
19	954.7	227	1210.6	7.4	47.2	91.7	608.5	三层套合
20	443.8	68	48.5	23.2	34.8	6.6	208.7	双层套合
21	328.2	84	143.1	6.7	47.2	28.9	209.3	三层套合
22	117.5	30	87.1	9.2	49.0	22.2	77.7	双层套合
23	423.1	109	332.4	9.1	50.1	41.2	286.2	三层套合
24	242.5	55	3534.5	10.5	134.6	508.3	440.8	三层套合
25	100.5	33	102	24.8	37.7	14.7	51.1	双层套合
26	137.9	34	107	14.3	35.6	17.6	66.4	双层套合
27	10391.8	2347	2468	2	50.4	108.4	7074.0	三层套合
28	105.6	28	144.5	20	47.4	31.1	67.5	三层套合
29	228.0	60	2427	5.8	80.8	321.1	248.6	三层套合
30	123.7	32	266	16.4	44.2	50.7	73.8	三层套合
31	264.6	68	216	21.1	39.1	31.0	139.6	三层套合
32	105.3	27	82.9	19.7	48.4	15.7	68.7	双层套合
33	236.9	47	65.3	24.9	33.3	6.3	106.5	单层套合
34	19440.9	5156	1650	0.7	42.0	50.1	11028.9	三层套合
35	194.2	15	46.5	20.5	36.9	7.5	96.7	双层套合
36	495.1	127	133	9.3	43.7	23.7	292.0	三层套合
37	751.4	188	734	5	41.5	55.5	421.5	三层套合
38	111.0	13	88.5	21.7	36.8	16.6	55.1	单层套合
39	4682.7	1426	1013	7	42.2	49.3	2665.6	三层套合
40	114.5	27	40.5	26.8	32.9	3.8	50.9	单层套合
41	193.7	50	784	7.6	68.0	143.5	177.7	三层套合
42	176.1	44	617	7.3	61.9	111.3	147.2	三层套合
43	986.2	208	173	8.7	36.3	19.5	483.0	三层套合
44	2619.4	766	219.9	11.2	35.9	10.9	1269.4	三层套合

从表21.9中可看出，4个特大型矿床中有3个位于地球异常中，所占比例为75.0%，但只产于占4.5%的地球化学异常中。9个大型矿床全部落在地球化学异常中，所占比例为100.0%，但只产于占11.4%的地球化学异常中。37个中型矿床中有29个位于地球异常中，所占比例为78.4%，产于占26.2%的异常中，181个小型矿床中有149个位于地球异常中，所占比例为82.3%，产于占34.1%的异常中。

表21.9 铜异常与铜矿的关系统计表

矿床规模	矿床总数量/个	异常内矿床数量/个	异常内产出矿床比例/%
特大型	4	3	75.0
大型	9	9	100.0
中型	37	29	78.4
小型	181	149	82.3

根据上表，将这 20 个存在已知矿床的地球化学块体内产出的已知矿床的储量进行统计分析（表21.10），已知矿床储量与异常面金属量之间的相关系数为 0.96（图 21.10），已知矿床储量与地球化学异常面积之间的相关系数为 0.96（图 21.11）。可以说，区域地球化学异常规模与储量之间的相关性极好。这样我们就可以根据这一相关性来大致预测未知异常内的潜在铜资源量。已勘探程度比较高的 14 号铜陵异常、27 号九瑞异常和 34 号德兴异常的成矿率平均值 8% 作为其他异常潜在铜资源量预测，预测深度按500m 计算，预测结果见表 21.11。

表 21.10　产出已知铜矿的铜地球化学异常参数及异常内产出的铜矿

序号	面积/km²	平均值/(μg/g)	面金属量	块体中全部铜金属量/万 t	已探明矿床资源量/万 t	成矿率（已探明/块体金属量）/%
2	710.4	73.4	52138.8	703.9	25.31	3.60
5	107.8	32.9	3546.6	47.9	2.78	5.81
6	1055.6	41.0	43234.1	583.7	5.00	0.86
8	498.8	40.2	20032.0	270.4	0.18	0.07
10	146.8	42.9	6289.3	84.9	4.42	5.21
14	2422.3	50.5	122211.1	1649.8	202.36	12.27
15	138.7	43.5	6033.6	81.5	0.44	0.54
16	209.7	38.7	8112.8	109.5	3.28	2.99
19	954.7	47.2	45070.7	608.5	18.32	3.01
22	117.5	49.0	5755.5	77.7	0.12	0.15
23	423.1	50.1	21198.3	286.2	0.72	0.25
24	242.5	134.6	32649.6	440.8	4.20	0.95
27	10391.8	50.4	524001.8	7074.0	341.95	4.83
31	264.6	39.1	10337.8	139.6	4.35	3.12
32	105.3	48.4	5091.0	68.7	1.92	2.79
34	19440.9	42.0	816956.8	11028.9	912.34	8.27
39	4682.7	42.2	197450.6	2665.6	3.69	0.14
42	176.1	61.9	10903.4	147.2	17.40	11.82
43	986.2	36.3	35776.7	483.0	2.08	0.43

注：异常面铜属量＝异常面积×异常均值。

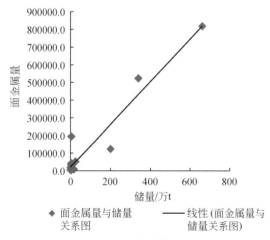

图 21.10　异常面积与已探明储量之间的相关关系

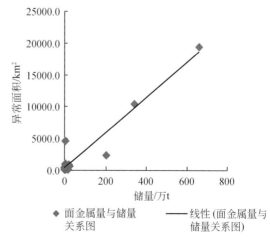

图 21.11　面金属量与已探明储量之间的相关关系

表 21.11 预测潜在资源量

异常编号	特大型矿		大型矿		中型矿		小型矿		已探明铜资源总量/万t	块体铜金属量/万t	预测资源量/万t
	铜资源量	数量	铜资源量	数量	铜资源量	数量	铜资源量	数量			
1										317.3	25
2					16.4143	1	8.9	8	25.3143	703.9	56.3
3										283.6	22.7
4										483.0	38.6
5					2.1747	1	0.61	2	2.7837	47.9	3.8
6							5.00	4	5.0027	583.7	46.6
7										289.6	23.1
8							0.18	1	0.1765	270.4	21.6
9										271.7	21.7
10					4.4203	1			4.4203	84.9	6.7
11										73.0	
12										51.6	
13										59.9	
14	131.6689	1	39.9654	1			30.73	34	202.3591	1649.8	
15							0.442	4	0.442	81.5	
16					3.2758	1	0		3.2758	109.5	
17										154.1	
18										199.9	
19			0.1883	1	17.3485	1	0.78	3	18.3172	608.5	48.6
20										208.7	
21										209.3	
22							0.12	1	0.1156	77.7	
23							0.72	1	0.7206	286.2	
24					2.1948	1	2.00	1	4.1971	440.8	35.2
25										51.1	
26										66.4	
27			112.6198	3	197.242	17	32.1	54	341.9458	7074.0	565.9
28										67.5	
29										248.6	
30										73.8	
31							4.35	2	4.3475	139.6	
32					1.9161	1			1.92	68.7	
33										106.5	
34	512.018	2	69.0947	3	295.0808	4	36.2	32	912.34	11028.9	
35										96.7	
36										292.0	
37										421.5	
38										55.1	

续表

异常编号	特大型矿		大型矿		中型矿		小型矿		已探明铜资源总量/万t	块体铜金属量/万t	预测资源量/万t
	铜资源量	数量	铜资源量	数量	铜资源量	数量	铜资源量	数量			
39			3.6483	1			0.04	1	3.69	2665.6	213.2
40										50.9	
41										177.7	
42			17.4048	1					17.4048	147.2	
43							2.08	1	2.0829	483.0	38.6
44										1269.4	101.5
合计	643.6869	3	225.5165	9	557.4721	29	124.17	149	1550.849	32130.7	

在长江中下游共圈出大于 $1000km^2$ 以上的以 Cu 为主的多元素地球化学块体 44 处，具有套合异常结构的 13 处。选择铜陵地区和九瑞地区，继续将比例尺放大至 1：20 万，图 21.12 C1、C2、C3、C4 是含有已知大型铜矿，图 21.12 C7 大型矿远景预测区。将大冶-九江地区继续放大，图 21.13 C1、C2 是含有已知大型铜矿，C3、C4 是大型矿远景预测区。

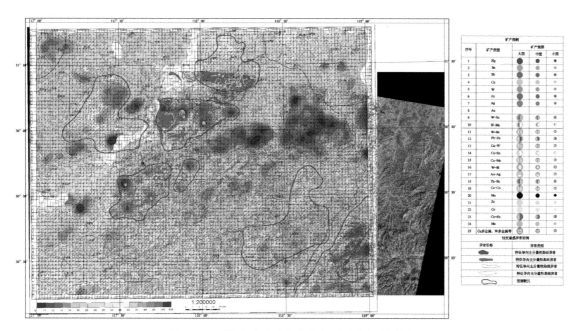

图 21.12 铜陵地区地球化学与遥感叠加预测图

二、黔西南金地球化学块体分布与预测

黔西南地区是我国重要的卡林型金矿集中区，区内产出大量卡林型（微细粒浸染型）金矿床。分别使用全国区域化探扫面数据根据 2×2（1：20 万比例尺）、4×4（1：50 万比例尺）、10×10（1：100 万比例尺）网格后取平均值制作黔西南 Au、As、Sb 地球化学异常分布图。

1. 1：100 万（10×10 网格数据）金地球化学省

使用 1：100 万比例尺制作地球化学异常图，在黔西南成矿带分布有 2 处大的地球化学省（图 21.14），跨越贵州和广西两省境内，面积分别为 $10791.19km^2$、$4656.012\ km^2$，具体参数见表 21.12。

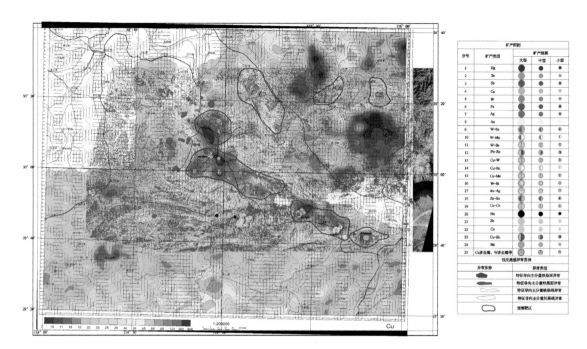

图 21.13　大冶-龙门山-九江地球化学与遥感叠加预测图

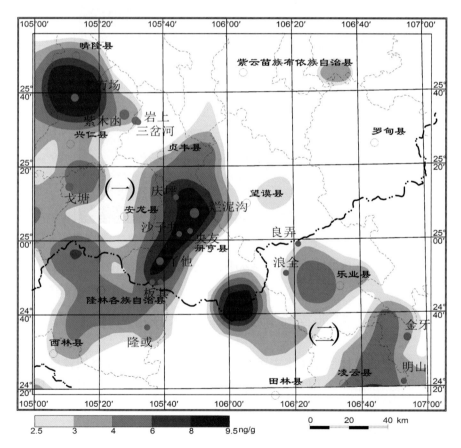

图 21.14　1∶100 万（10×10 网格数据圈定）金地球化学省图

（一）号地球化学省分布于晴隆–贞丰–册亨–隆林一带，呈不规则偏心状，明显有两个大的浓集中心，地球化学省内的大中型金矿床包括老万厂、紫木凼、岩上、三岔河、戈塘、烂泥沟、庆坪、沙子井、央友、丫他、板其、隆或。（二）号地球化学省分布于乐业–凌云，省内的大中型金矿床包括良弄、浪全、金牙、明山。

表 21.12　1:100 万（10×10 网格密度数据）圈定地球化学块体统计

异常编号	异常面积 /km²	样品数	平均值	中位数	面金属量 /（km²·ng/g）	体金属量 /t	矿床数			已探明储量 /t
							小型	中型	大型	
（一）	10791.19	2036	4.89	2.1	52800	58080	4	6	2	268.42
（二）	4656.012	1129	4.32	2.1	20099	22109	3	1	—	25.94

2.1:50 万（4×4 网格数据）金地球化学异常

使用 4km×4km 网格数据制作 1:50 万地球化学异常图，在黔西南成矿带圈定 7 处金地球化学异常，其中面积大于 1000km² 地球化学省有 4 处，大于 100km² 区域地球化学异常有 3 处（图 21.15）。分别是：Ⅰ号地球化学省——晴隆，块体呈串珠状，明显有两个大的浓集中心，省内的大中型金矿床包括老万厂、紫木凼、岩上、三岔河。Ⅱ号区域地球化学异常——兴仁，块体内的大中型金矿床包括、戈塘。Ⅲ号地球化学省——贞丰–安龙–册亨，省内的大中型金矿床包括烂泥沟、庆坪、沙子井、央友、丫他、板其、隆或。Ⅳ号地球化学省——乐业，省内的大中型金矿床包括良弄、浪全。Ⅴ号地球化学省——凌云，块体内的大中型金矿床包括金牙、明山。Ⅵ号区域地球化学异常、Ⅶ号区域地球化学异常目前没有发现金

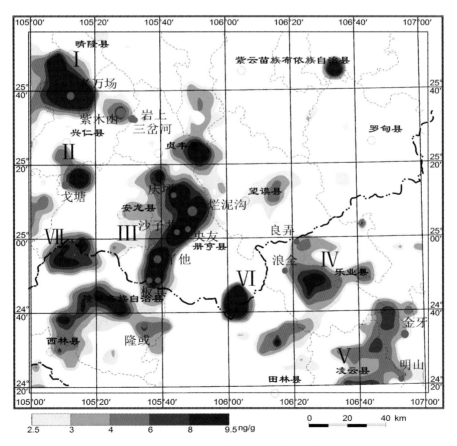

图 21.15　4×4 网格数据金地球化学块体图

矿床，Ⅰ、Ⅱ位于贵州境内，Ⅳ、Ⅴ位于广西两省境内，其余均跨越两省范围，具体参数见表21.13。

表21.13 1：50万地球化学异常统计

异常编号	异常面积 /km²	样品数	平均值	中位数	面金属量 /（km²·ng/g）	体金属量 /t	矿床数			已探明储量 /t
							小型	中型	大型	
Ⅰ	1710.2	257	7.84	2.8	13405	14745	1	1	1	98.56
Ⅱ	405.42	85	6.53	2	2646	2910	—	1	—	12.90
Ⅲ	4748.4	918	5.95	2.6	28239	31063	3	3	1	156.96
Ⅳ	1521.1	382	4.72	3	7185	7904	2	—	—	4.24
Ⅴ	1293.8	319	4.4	3.1	5688	6257	1	1	—	21.7
Ⅵ	321.8	72	16.7	1.55	5359	5895	—	—	—	—
Ⅶ	597.22	161	6.47	2.2	3864	4251	—	—	—	—

3. 1：20万（2km×2km 网格数据）区域地球化学异常与大型矿预测

黔西南以金含量大于$3×10^{-9}$为边界，分布有14处金地球化学异常（图21.16），将异常面积>100km²的金异常划定为区域地球化学异常，异常编号分别是：KL1、KL2、KL3、KL4、KL5、KL6、KL7、KL8、KL9、KL10、KL11、KL12、KL13、KL14，具体参数见表21.14。

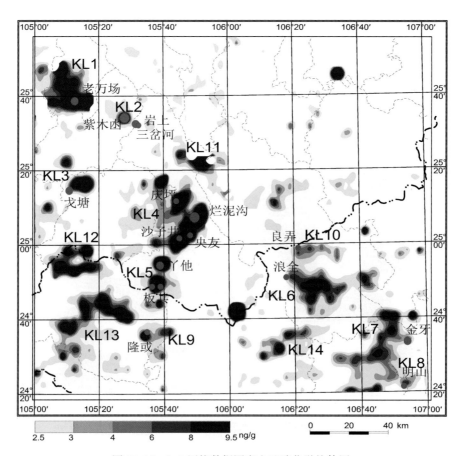

图21.16 2×2 网格数据圈定金地球化学块体图

表 21.14 2×2 网格密度数据圈定地球化学异常统计

异常编号	异常面积 /km²	样品数	平均值	中位数	面金属量 /（km²·ng/g）	体金属量 /t	矿床数			已探明储量 /t
							小型	中型	大型	
KL1	450.70	87	16.13	6.20	7270	7997	—	1	—	6.1
KL2	48.12	8	14.21	2.50	684	752	—	—	1	20.6
KL3	105.50	26	15.13	4.60	1596	1755	—	1	—	12.9
KL4	663.31	137	11.00	5.20	7296	8025	3	—	1	128.42
KL5	172.38	47	19.88	3.00	3427	3770	—	2	—	22.3
KL6	359.94	88	7.80	5.80	2807	3087	1	—	—	2.7
KL7	497.63	123	6.77	5.40	3367	3704	—	1	—	18
KL8	132.81	7	7.0429	6.4	231	254	—	—	—	3.70
KL9	103.03	25	7.5968	3.6	707	777	1	—	—	6.24
KL10	106.16	21	6.2	5.2	534	588	1	—	—	1.54

从表 21.15 中可以看出，所划分的 14 个区域地球化学异常中具有三层套合结构的有 14 个。而在已经收集的 16 个金矿床中，有 14 个矿床落在所划分的区域地球化学异常中。

表 21.15 金地球化学异常参数统计

异常编号	异常面积 /km²	平均值	面金属量 /（km²·ng/g）	体金属量 /t	矿床数			已探明储量 /t	套合关系
					小型	中型	大型		
KL1	450.70	16.13	7270	7997	—	1	—	6.1	三层
KL2	48.12	14.21	684	752	—	—	1	20.6	三层
KL3	105.50	15.13	1596	1755	—	1	—	12.9	三层
KL4	663.31	11.00	7296	8025	3	—	1	128.42	三层
KL5	172.38	19.88	3427	3770	—	2	—	22.3	三层
KL6	359.94	7.80	2807	3087	1	—	—	2.7	三层
KL7	497.63	6.77	3367	3704	—	1	—	18	三层
KL8	32.81407	7.0429	231	254	—	—	—	3.70	三层
KL9	93.03094	7.5968	707	777	1	—	—	6.24	三层
KL10	86.16567	6.2	534	588	1	—	—	1.54	三层
KL11	126.56	11	10.63	6.8	—	—	—	—	三层
KL12	292.86	85	10.84	4.3	—	—	—	—	三层
KL13	534.14	138	8.68	4.9	—	—	—	—	三层
KL14	171.84	43	7.95	5.7	—	—	—	—	三层

从表 21.16～表 21.18 中可看出，2 个大型矿床均位于地球化学省、区域异常中，所占比例为 100%，但只产于占 4.5% 的地球化学异常中。7 个中型矿床有 7 个落在地球化学省，6 个落在地球化学异常中，所占比例为 100.0%、85.71%。7 个小型矿床有 7 个落在地球化学省，6 个落在地球化学异常中，所占比例为 100.0%、85.71%。

表 21.16　10×10 密度数据金异常与金矿的关系统计表

矿床规模	矿床总数量 /个	异常内矿床数量 /个	异常内产出矿床比例 /%
大型	2	2	100.0
中型	7	7	100.0
小型	7	7	100.0

表 21.17　4×4 密度数据金异常与金矿的关系统计表

矿床规模	矿床总数量 /个	异常内矿床数量 /个	异常内产出矿床比例 /%
大型	2	2	100.0
中型	7	7	100.0
小型	7	7	100.0

表 21.18　2×2 密度数据金异常与金矿的关系统计表

矿床规模	矿床总数量 /个	异常内矿床数量 /个	异常内产出矿床比例 /%
大型	2	2	100.0
中型	7	6	85.71
小型	7	6	85.71

　　根据上表，将 10 个存在已知矿床的地球化学块体内产出的已知矿床的储量进行统计分析（表 21.19），已知矿床储量与异常面金属量之间的相关系数为 0.62，线性拟合方程为 $y=0.0079x-1.9418$（图 21.17）。可以说，区域地球化学异常规模与储量之间的线性相关性较好。这样我们就可以根据这一相关性来预测未知异常内的潜在金资源量（表 21.20）。其中 KL1、KL6、KL12、KL13 都具有大型金矿潜力。

表 21.19　已知金地球化学异常参数及异常内产出的金矿储量

异常编号	异常面积 /km²	平均值	面金属量 /（km²·ng/g）	体金属量 /t	矿床数			已探明储量/t	成矿率（已探明/体金属量）	预测潜在资源量
					小型	中型	大型			
KL1	450.70	16.13	7270	7997	—	1	—	6.1	0.08%	55.13
KL2	48.12	14.21	684	752	—		1	20.6	2.74%	—
KL3	105.50	15.13	1596	1755	—	1		12.9	0.73%	—
KL4	663.31	11.00	7296	8025	3		1	128.42	1.60%	—
KL5	172.38	19.88	3427	3770	—	2		22.3	0.59%	5.54
KL6	359.94	7.80	2807	3087	1			2.7	0.09%	19.75
KL7	497.63	6.77	3367	3704	—	1		18	0.49%	9.32
KL8	32.81407	7.0429	231	254	1	—		3.70	1.46%	—
KL9	93.03094	7.5968	707	777	1			6.24	0.80%	—
KL10	86.16567	6.2	534	588	1			1.54	0.26%	1.16

　　注：异常面金属量=异常面积×异常均值；潜在资源量=0.0079x−1.9418−已探明储量。

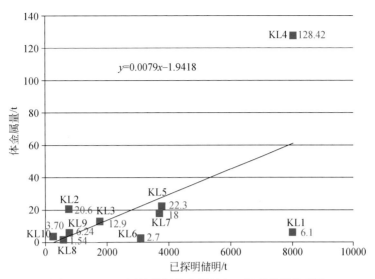

图 21.17　2×2 网格数据体金属量和已探明储量关系图

表 21.20　未知异常预测潜在金资源量

异常编号	异常面积/km²	样品数	平均值	中位数	面金属量/(km²·ng/g)	体金属量/t	预测潜在资源量
KL1	450.7	87	16.13	6.2	7270	7997	55.13
KL6	359.94	88	7.8	5.8	2807	3087	19.75
KL11	126.56	11	10.63	6.8	1345	1479	9.75
KL12	292.86	85	10.84	4.3	3175	3492	25.65
KL13	534.14	138	8.68	4.9	4638	5102	38.36
KL14	171.84	43	7.95	5.7	1367	1503	9.94

三、华南造山带钨、锡地球化学块体的分布

（一）钨矿地球化学预测

南岭地区钨元素以钨含量大于 $8×10^{-6}$ 为边界，将异常面积>100km² 的钨异常划定为区域地球化学异常。共圈定出钨区域地球化学异常 96 处（图 21.18）。

从表 21.21 中可看出，9 个大型矿床全部落在地球化学异常中，所占比例为 100.0%，但只产于占 7.3% 的地球化学异常中。21 个中型矿床中有 17 个位于地球异常中，所占比例为 81.0%，产于占 9.4% 的异常中，47 个小型矿床中有 44 个位于地球异常中，所占比例为 93.6%，产于占 20.8% 的异常中。

有 14.5% 的中酸性侵入岩与异常相对应，主要为燕山期和加里东期的花岗岩。

有 12.3% 的上古生界地层、12% 的上元古界地层与钨异常相对应。

通过统计得知，钨所划分的 96 个区域地球化学异常中具有三层套合结构的有 82 个、双层套合结构的有 13 个、单层套合结构的有 1 个。而在已经收集的 77 个铜矿床中，有 70 个矿床落在所划分的区域地球化学异常中，且全部落在具有三层套合结构的块体中。

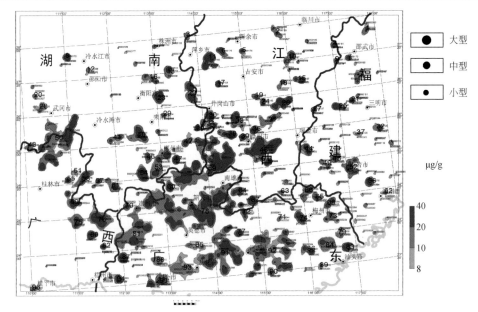

图 21.18　南岭地区钨地球化学块体图

表 21.21　钨异常与钨矿的关系统计表

矿床规模	矿床总数量	产于异常内的矿床数量	异常内产出矿床比例/%	产出矿床异常数/个	产出矿床的块异常占全部异常个数的比例/%
大型	9	9	100.0	7	7.3
中型	21	17	81.0	9	9.4
小型	47	44	93.6	20	20.8
合计	77	70	90.9	36	37.5

（二）锡矿地球化学预测

南岭地区锡元素以锡含量大于 10×10^{-6} 为边界，将异常面积 $>100 km^2$ 的锡异常划定为区域地球化学异常。共圈定出锡区域地球化学异常 74 处（图 21.19）。

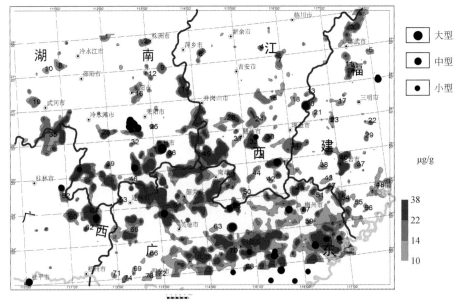

图 21.19　南岭地区锡地球化学块体图

从表 21.22 中可看出，1 个大型矿床全部落在地球化学异常中，所占比例为 100.0%，但只产于占 1.35% 的地球化学异常中。18 个中型矿床中有 16 个位于地球异常中，所占比例为 88.9%，产于占 9.46% 的异常中，21 个小型矿床中有 17 个位于地球异常中，所占比例为 81.0%，产于占 9.46% 的异常。

有 17.5% 的中酸性侵入岩与块体对应，主要为喜马拉雅期、燕山期和加里东期的侵入岩。

有 10.5% 的上古生界地层、9.5% 的下古生界地层与锡块体相对应。

据统计可知，锡所划分的 74 个区域地球化学异常中具有三层套合结构的有 49 个、双层套合结构的有 22 个、单层套合结构的有 3 个。而在已经收集的 40 个铜矿床中，有 34 个矿床落在所划分的区域地球化学异常中，且全部落在具有三层套合结构的块体中。

表 21.22　锡异常与锡矿的关系统计表

矿床规模	矿床总数量	产于异常内的矿床数量	异常内产出矿床比例/%	产出矿床异常数/个	产出矿床的块异常占全部异常个数的比例/%
大型	1	1	100.0	1	1.35
中型	18	16	88.9	7	9.46
小型	21	17	81.0	7	9.46
合计	40	34	85.0	15	20.0

（三）1∶20 万地球化学预测

将柿竹园–西华山矿集区进一步放大到 1∶20 万比例尺，在南岭成矿带，共圈定钨锡地球化学异常 14 处，其中有 4 处与已知大型钨、锡矿相对应（图 21.20）。结合喜马拉雅期、燕山期和加里东期的侵入岩，将 C8、C18、C13、C14 异常作为大型钨、锡矿远景预测区。

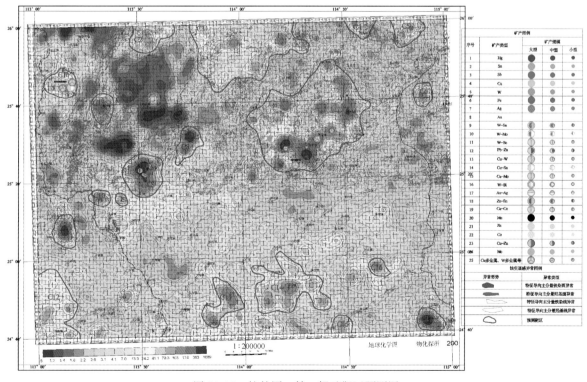

图 21.20　柿竹园—钨、锡矿靶区预测图

第二十二章　地球物理探测

第一节　深部矿体地球物理方法对比——以铜山为例

一、成矿定位机理

（一）关键控矿因素

铜山铜矿主要矿化类型为受接触带控制产出的夕卡岩型铜铁金硫，关键控矿因素可以归结为以下五点（图22.1）。中酸性岩浆岩：主要为花岗闪长斑岩；含矿围岩：主要为二叠系下统栖霞组 P_1 碳酸盐岩，其次石炭系中上统黄龙组、船山组 C_{2+3} 碳酸盐岩；隔挡层：厚层泥盆系上统五通组 D_3w 石英砂岩。控矿断裂：多期活动张性大断裂 F1 以及 F2、F14；接触带：简单接触夕卡岩带、断裂接触夕卡岩带、层间破碎夕卡岩带、层控夕卡岩带、层间滑脱夕卡岩带、多因素复合夕卡岩带以及波状起伏界面（包括超覆构造、凹部构造、不规则界面等）。

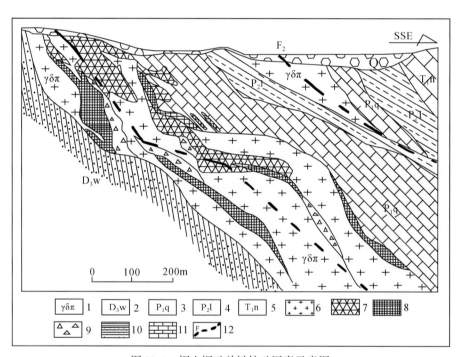

图 22.1　铜山铜矿关键控矿因素示意图

1. 岩体；2. 泥盆系上统五通组；3. 二叠系下统栖霞组；4. 二叠系上统龙潭组；5. 三叠系下统南陵湖组；6. 花岗闪长斑岩；
7. 夕卡岩；8. 铜矿体；9. 角砾岩；10. 砂岩、页岩；11. 碳酸盐岩；12. 断层

（二）矿床成因分析

从成矿物质来源来看，微量元素测试结果表明花岗闪长斑岩中相对富集铜，而地层中主成矿围岩二

叠系栖霞组碳酸盐岩铜元素含量相对较低，与铜陵–贵池–安庆矿集区其他地段夕卡岩型铜铁矿床具有相似规律，成矿物质主要来自于燕山期中酸性岩浆，花岗闪长斑岩为矿区夕卡岩型矿化的母岩。岩体、矿体与围岩的稀土元素测试结果同样显示成矿物质主要来源于岩浆。氢氧同位素测定结果表明，成矿热液$\delta^{18}O$值为4.51‰~16.97‰，平均11.09‰，其$\delta^{18}O$值基本变化在花岗质岩石$\delta^{18}O$值范围（6‰~15‰）内，成矿热液来源于岩浆。前期研究成果表明，长江中下游成矿带中与成矿有关的热事件主要为燕山期岩浆侵入活动，加之矿区内大范围发育的大理岩化可以说明燕山期岩浆侵入活动是成矿所需能量的主要提供者。综上所述可以看出，燕山期岩浆侵入活动不但是成矿所需能量的主要提供者，也是成矿物质来源以及成矿热液的主要提供者，是矿区范围内成矿的第一要素。

从形成条件来看，矿区范围出露燕山期花岗闪长斑岩以及石炭—二叠系不纯碳酸盐岩，顶板为厚层泥盆系石英砂岩，沿岩体与碳酸盐岩夕卡岩接触带叠加有张性断裂带、滑脱构造带、层间破碎带，岩体周边广泛发育大理岩化、夕卡岩化、钾化、硅化、绢云母化、青磐岩化等蚀变，地表附近发育铁帽，以及黄铁矿化、黄铜矿化、磁铁矿化、褐铁矿化等，并且处于长江中下游夕卡岩型铜铁金硫成矿带中段，成矿条件优越，具备形成大型–超大型夕卡岩型矿床的有利条件，成矿前景良好，找矿潜力巨大。从控矿因素来看，花岗闪长斑岩为其成矿母岩，主要含矿围岩为二叠系下统栖霞组碳酸盐岩，主要控矿构造为复合接触带，包括简单接触带、断裂接触带、滑脱构造带、层间破碎带。主要隔挡层为厚层泥盆系上统五通组石英砂岩。

从成矿作用来看，接触交代夕卡岩型作用为其主要成矿作用，其次为斑岩型成矿作用、热液型成矿作用以及隐爆角砾岩型成矿作用，均与燕山期中酸性岩浆活动引发的大规模成矿流体活动有关，显现了广义热液型成矿作用在不同围岩环境下有不同具体表现，整体同属广义夕卡岩成矿系列。从矿化形式来看，根据矿化产出部位、容矿构造、形态、产状、矿石矿物、组合、结构构造、围岩蚀变等特征的不同，铜山铜矿床可以划分为四种矿化类型，即层状含铜黄铁型、含铜夕卡岩型、含铜角砾岩型和含铜斑岩型。

层状含铜黄铁矿型矿体呈似层状产于花岗闪长斑岩附近泥盆系五通组与石炭—二叠系地层的构造接触面上，矿体分布整体呈近东西向，并与地层走向一致。含铜夕卡岩型矿体分布在花岗闪长斑岩附近夕卡岩带中，在五通组地层与石炭系、二叠系地层的构造接触面上与层状含铜黄铁矿型矿体合二为一。含铜角砾型矿体，主要为石炭—二叠系碳酸盐岩地层伸入花岗闪长斑岩体中半岛体的前缘部分，工业矿体在角砾岩中呈不连续的透镜状，并叠加有金、硫矿化。含铜斑岩型矿化分布在花岗闪长斑岩体内，主要位于近地表浅部，以脉状、网状呈面型分布于岩体边部，矿化不均匀，矿体不连续。

综上所述可以看出，铜山铜矿属典型的夕卡岩型铜铁金硫矿床，但局部叠加有斑岩型铜钼矿化和热液型铜铁铅锌银矿化。

（三）成矿定位规律

矿集区主要定位于长江中下游铜铁硫金多金属成矿带中部地段，北东向铜陵–贵池断褶束贵池背向斜的西端，北东向长江深大断裂带、北西向长江扭曲断裂破碎带、北北东—南北向殷汇–葛公断裂带以及北西西—东西向吴田–王塙断裂带夹持地段。

矿田定位于铜山岩体周边与石炭系中上统黄龙组、船山组和二叠系下统栖霞组灰岩接触带附近、近东西向F1张性大断裂带及其次级F2、F14张性断裂带以及泥盆系五通组石英砂岩之上的层间滑脱构造带中。矿床定位于铜山岩体与上部围岩的接触带和岩体中。其中，铜山矿段的矿体产于铜山岩体、铜山岩枝与灰岩接触带中，前山矿段和前山南矿段的矿体产于铜山岩体西段的上接触带和岩体中。前山矿段位于铜山背斜南东翼，成矿受近东西向和北北东向断裂控制，主要产于二叠纪栖霞组灰岩与铜山花岗闪长斑岩接触带上。前山南矿段位于铜山弧形构造转折端，铜山背斜南翼和北山蓬向斜北翼，受东西向和北北东向逆断层控制，主要产于二叠纪栖霞组灰岩与铜山花岗闪长斑岩接触带或泥盆纪五通组砂岩中。铜山矿段产于二叠纪栖霞组灰岩（或大理岩）与岩体的接触带中，且在栖霞组大理岩中和靠近接触带的花岗闪长斑岩之中亦有矿体。工业矿体主要定位于花岗闪长斑岩体侵入接触构造、层间滑脱构造、角砾筒构造、层间破碎带、复合接触带控矿构造中。在成矿条件分析、典型矿体解剖、关键控矿因素、矿床成因分析以及成矿定位规律总结的基础上，对铜山铜矿矿体的形成与定位机理如下。

燕山期中酸性花岗闪长斑岩为其成矿母岩，P_1q 灰岩为其良好的围岩，两者之间发育的接触带为矿体定位的主要场所。控矿构造主要为接触带构造、F1 张扭性断裂构造以及层间滑脱破碎带。矿体形态多呈似层状，小矿体多呈透镜状、扁豆状、囊状。常出现分枝复合、膨胀收缩及尖灭再现现象。矿石类型主要包括含铜夕卡岩、含铜磁铁矿、含铜黄铁矿、含铜花岗闪长斑岩、含铜赤铁矿等。D_3w 石英砂岩为岩体上侵就位、滑脱体系发育以及矿体定位的基础；断裂构造 F1 为矿液运移、矿体定位的关键因素；SK 为夕卡岩型矿化过程中的衍生物，其规模大小与矿体的大小没有直接的相关关系；发育的角砾岩为断裂与流体共同作用的产物，为成矿强度的指示剂。

富矿体的直接定位受控于接触带和断裂构造 F1 及其波状起伏界面，产状相对变陡的地段为剪切应力导致的次生张开的构造地段，常发育良好的容矿构造，加之处于断裂接触带上，成矿流体活动强烈，常形成厚大的等轴状富矿体。深部受容矿构造波状起伏周期性规律影响，沿断裂接触带在一定间距上依次出现类似富矿体。若等轴状富矿体出现较多，且规模较大，则两侧接触带矿体规模不大或尖灭；若无较大的等轴状富矿体出现，则从上到下沿接触带有规模较均匀的板状夕卡岩型矿体出现。

（四）成矿过程探讨

铜山铜矿隶属长江中下游成矿带安庆–贵池矿集区。安庆–贵池矿集区出现于俯冲板块撕裂或折断处相对应的大陆边缘弧后伸展部位，与 I 型或埃达克质花岗岩具有密切的关系，成岩成矿时代为 142～137 Ma。印支期由于太平洋板块活动逐渐增强，形成南东—北西挤压构造应力场，造成本区北东向盖层褶皱构造格局，并伴生有北东向纵张断裂和北西向横张断裂。燕山早期，叠加有东西向盖层褶皱，以及伴生近东西向纵张断裂和近南北向横张断裂。

在太平洋板块向欧亚大陆俯冲过程中，由于俯冲板片撕裂，导致软流圈沿裂开处上涌，以至于发生壳幔相互作用，形成来自深源的由俯冲板片重熔而成的富含铜和铁等成矿元素的具有埃达克岩石性质的 I 型花岗质岩浆，矿区范围内以花岗闪长斑岩——铜山岩体为代表，包括小河王石英闪长岩等，是长江中下游成矿带安庆–贵池矿集区 140Ma 左右时限成矿的代表性中酸性成矿岩体，以广义夕卡岩型 Cu-Fe-Mo-Au 矿化组合为特点。在北东向和东西向基底断裂和北西向和近东西向盖层断裂的联合控制下早期石英闪长岩岩浆上升侵位，就位于盖层的泥盆系五通组碎屑岩与石炭系、二叠系碳酸盐岩的岩性薄弱面、滑脱构造带、层间断裂面以及北西向和近东西向张性断裂带中。岩浆在上侵过程中，成矿物质不断富集于岩浆热液中，并在成矿有利部位形成含铜磁铁矿和夕卡岩型铜铁矿体。随着基底断裂活动的加强，深源岩浆进一步向酸性方向演化，造成规模较大的第二次花岗闪长岩岩浆的上侵，在岩浆由石英闪长岩质向花岗闪长岩质演化过程中，大量的铜铁钼锌等成矿物质不断向流体富集，在岩体侵入接触构造带、层间滑脱构造带、层间破碎带、简单接触带以及复合接触带等有利容矿构造中形成充填型含铜磁铁矿、层控型含铜黄铁矿、接触带型含铜夕卡岩等典型矿体。由于安庆–贵池矿集区位于大别–苏鲁造山带的东缘，在造山过程及造山后伸展期，除产生规模较大的张性断裂带（F1）外，沿厚大的泥盆系 D_3w 石英砂岩与二叠系 P_1q 灰岩地层不整合面之间出现规模宏大的构造滑脱面，而夹于泥盆系 D_3w 石英砂岩与二叠系 P_1q 灰岩地层之间的薄层石炭系 C_{2h+3c} 灰岩地层则形成广泛的层间破碎带。

当岩浆侵位时大量成矿流体迅速堆积在这些有利的层状空间中，形成大规模层状矿体，沿层间裂隙发育层状夕卡岩型矿体，常见沉积成因灰黄色胶状黄铁矿，与岩浆流体交代成因的亮黄白色且立方体晶形明显的黄铁矿形成鲜明对比。成矿不仅发育于夕卡岩阶段，而且更加广泛出现在退化蚀变阶段，常见铜多金属与阳起石–透闪石、绿泥石和绿帘石（由钙质夕卡岩蚀变而成）或透闪石–镁绿泥石–滑石–蛇纹石（由镁质夕卡岩蚀变而成）共生。

在燕山早期的后期阶段，由于基底断裂活动逐渐减弱，仅产生规模较小的二长花岗岩岩浆的上侵，岩浆在由石英闪长岩、花岗闪长斑岩向二长花岗岩的演化过程中，流体成分越来越多，在二长花岗岩岩浆上侵前缘上部形成隐爆角砾岩筒，伴随有含铜角砾岩型和斑岩型细脉浸染状铜钼矿化以及相对远离岩体的受构造裂隙控制的热液型 Pb、Zn、Ag、Cu、Au 矿化。岩浆活动过程中，由于岩体具有强大的热动力，使周围地下水受热，加入到岩浆热液中去，并使地层中的成矿物质活化（主要是铁和硫，其次铅和银），向流体中迁移最终在岩体接触带附近形成多个阶段叠加的铜铁金硫夕卡岩型富矿体，在其周边沿断裂裂隙富集形成成矿温度相对较低的热液型铅锌银矿体。由于后期的岩浆活动较弱、规模较小，叠加的矿化作用并不强烈，因而保留原有的矿化类型特征，形成夕卡岩型、斑岩型、角砾岩型以及热液型复合型工业矿体，体现了广义夕卡岩成矿系列和同源多期多位一体的成矿模式（图 22.2）。

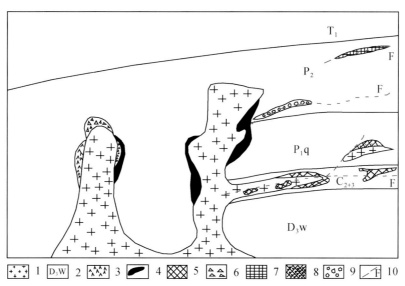

图 22.2　铜山铜矿成矿模式图

1. 花岗闪长斑岩；2. 层间滑脱构造带；3. 斑岩型铜钼金矿化；4. 夕卡岩型铜铁金硫矿化；5. 层控夕卡岩型铜铁矿化；6. 隐爆角砾岩型铜金矿化；7. 热液型铅锌银矿化；8. 热液型—夕卡岩型复合型铜铁硫矿化；9. 层间破碎带型铜铁硫矿化；10. 断裂构造

二、铜山铜矿物探测深方法有效性综合评价

（一）工作概况

1. 研究目的

在物探成熟的测深方法有效性综合研究方面，考查的对象为目前国内外应用最成熟最广泛的测深方法——CSAMT（可控源音频大地电磁测深）、EH4（高频大地电磁测深）和 TEM（瞬变电磁法）。考查的目的是检验三种具有大探测深度的物探找矿方法的有效性及其相应的优缺点。采取的技术路线主要为：已知典型剖面的选择（铜山矿区前山南地段 13 线和 19 线）—物探测深方法已知剖面有效性试验具体野外布置（包括实地路线选取、测点布置和网度的选择）—国内外目前应用最成熟的测深方法（CSAMT、EH4、TEM）的剖面实测—结合地质剖面和相关的工程资料，对比研究三种测深方法在铜山铜矿的适用性及其优缺点—综合研究铜山铜矿探查技术的有效性和有效度。

2. 测线布置

物探已知剖面测深方法有效性试验具体布置情况如下：13 线：起点 A（69093.5，26526.5），终点 B（68706，26626）；方位：346°；测线长度：400m；点距 20m。涉及的见矿钻孔 ZKT1301，ZKT1302。19 线：起点 A（68911，26267），终点 B（68427，26391）；方位：346°；测线长度：500m；点距 20m。涉及

的见矿钻孔 ZKT1904，ZKT1902。物探实测点数 141 个，共计 2700m 里程（图 22.3）。

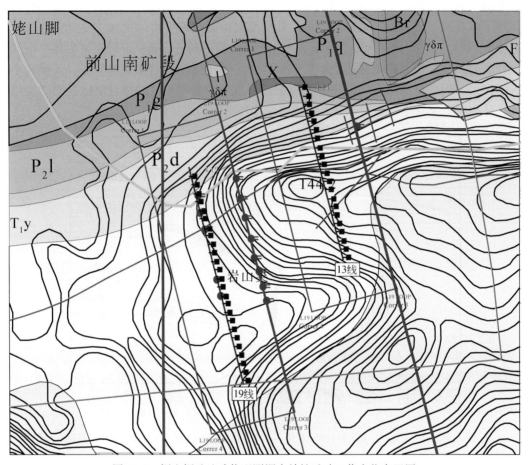

图 22.3　铜山铜矿地球物理测深有效性试验工作点位布置图

3. 完成工作量

完成工作量见表 22.1。

表 22.1　铜山矿区地球物理测深有效性试验工作量统计表

测线号	L13			L19			合计/个
探查方法	测线长度/m	点距/m	测量点/个	测线长度/m	点距/m	测量点/个	
音频大地电磁测深法（EH4）	400	20	21	500	20	26	47
可控源音频大地电磁测深法（CSAMT）	400	20	21	500	20	26	47
时间域瞬变电磁法（TEM）	400	20	21	500	20	26	47

（二）地球物理测深剖面分析

1. 高频大地电磁测深法（EH4）

使用 EMI 公司和 Geometrics 公司联合生产的 EH4 型 StrataGem 电磁系统，能观测到离地表几米至 1500m 内的地质断面的电性变化信息，他采用天然场作为场源，避免了近场效应的影响，工作效率高。该系统适用于各种不同的地质条件和比较恶劣的野外环境。其方法原理与传统的 MT 法一样，它是利用宇宙中的太阳风、雷电等入射到地球上的天然电磁场信号作为激发场源，又称一次场，该一次场是平面电磁波，垂直入射到大地介质中，由电磁场理论可知，大地介质中将会产生感应电磁场，此感应电磁场与一次场是同频率的，引入波阻抗 Z。在均匀大地和水平层状大地情况下，波阻抗是电场 E 和磁场 H 的水平分量的比值。

$$Z = \left| \frac{E}{H} \right| e^{i(\varphi_E - \varphi_H)}$$

$$\rho_{yx} = \frac{1}{5f} | Z_{yx} |^2 = \frac{1}{5f} \left| \frac{E_y}{H_x} \right|^2$$

式中，f 为频率（Hz）；ρ 为电阻率（$\Omega \cdot m$）；E 为电场强度（mV/km）；H 为磁场强度（nT）；φ_E 为电场相位；φ_H 为磁场相位（mrad）。必须提出的是，此时的 E 与 H，应理解为一次场和感应场的空间张量叠加后的综合场，简称总场。在电磁理论中，把电磁场（E、H）在大地中传播时，其振幅衰减到初始值 1/e 时的深度，定义为穿透深度或趋肤深度（δ）：

$$\delta = 503 \sqrt{\frac{\rho}{f}}$$

由上述公式可知，趋肤深度（δ）将随电阻率（ρ）和频率（f）变化，测量是在和地下研究深度相对应的频带上进行的。一般来说，频率较高的数据反映浅部的电性特征，频率较低的数据反映较深的地层特征。因此，在一个宽频带上观测电场和磁场信息，并由此计算出视电阻率和相位。可确定出大地的地电特征和地下构造，这就是 EH-4 观测系统的简单方法原理。一般情况下，大地是非均匀的，波阻抗是空间坐标的函数，此时必须用张量阻抗来描述。此外，大地电性分布的不均匀性，会引起电场的梯度变化，由此又产生磁场的垂直分量。进一步的讨论将会涉及较深的电磁场理论和张量分析等内容，其知识已超出本次研究内容。在解决一般性的工程地质调查中，作标量或张量观测即可。

StrataGem 电磁系统野外工作有两种方式：一种是单点测深；另一种是连续剖面测深，选用何种方式由研究任务确定。该系统通常采用天然场源，只有在天然场信号很弱或者根本没有信号的频点上，才使用人工场源，用以改进数据质量，提高数据信噪比。StrataGem 电磁系统可以在 10Hz 至 92kHz 的宽频范围内采集数据，为确保数据质量与工作实效，上述频带又分成三个频组：一频组：10~1000kHz；二频组：500~3000Hz；三频组：750~9200Hz。具体观测中使用哪几个频率组，可视情况灵活掌握。在野外能实时获得的 H_y、E_x、H_x、E_y 振幅，Φ_{Hy}、Φ_{Ex}、Φ_{Hx}、Φ_{Ey} 相位，一维反演和二维电阻率成像结果。在室内数据处理后，可获得二维正、反演结果等。

1）前山南测区 13 线 EH4 资料分析

从电阻率断面图（图 22.4）中可以看出，剖面电阻率从上到下大致分成三个层位，在剖面上部靠近大号点一侧电阻率较高，电阻率值为 400~2000$\Omega \cdot m$，推测为灰岩的反应；在剖面中部有一个低阻区间，呈条带状向下延展，电阻率较低，为 100~250$\Omega \cdot m$，推测为夕卡岩化大理岩的反应，该低阻异常标高在 -400~-600m，倾向南东，视倾角约为 40°；夕卡岩化大理岩边界和花岗质岩边界共同构成了有利的成矿空间，在这个成矿空间内，电阻率相对更低的部位推测为富矿体产出区；在剖面下部电阻率表现为中阻，电阻率值大约为 300~500$\Omega \cdot m$，推测为下伏岩体的反应。

该断面图电阻率分层较清晰，物探推测接触带岩体一侧的边界与工程控制的岩体边界在小号点部分较吻合，大号点部分推测边界比控制边界略高，推测与该处成矿作用较弱造成该处电阻率较高有关；物探推测接触带围岩一侧的边界与地质推测的夕卡岩化大理岩边界存在多处交错现象，推测与矿体富集程度不同有关。矿体富集的地方电阻率较低。

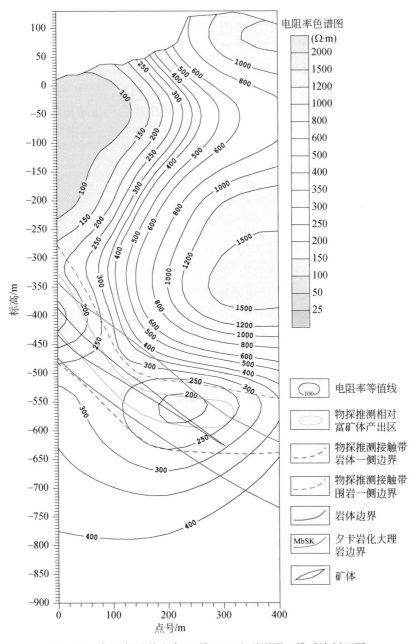

图 22.4　铜山铜矿前山南 13 线 EH4 电磁测深二维反演剖面图

2）前山南测区 19 线 EH4 资料分析

该剖面从居民区内穿过，从电阻率断面图（图 22.5）中可以看出，剖面电阻率从上到下大致分成四个层位，第一个层位于标高 50～200m，电阻率值较低，为 50～100Ω·m，推测为近地表覆盖层或断裂破碎带的反应，也不排除是人文干扰的影响；在剖面中上部靠近大号点一侧电阻率较高，电阻率值为 200～2000Ω·m，推测为灰岩的反应；在剖面中部有一个低阻区间，呈条带状向下延展，电阻率较低，为 50～100Ω·m，推测为夕卡岩化大理岩的反应，该低阻异常标高为 -400～-900m，倾向南东，视倾角约为 45°；夕卡岩化大理岩边界和花岗岩边界共同构成了有利的成矿空间，在这个成矿空间内，电阻率相对更低的部位推测为富矿体产出区；在剖面下部电阻率表现为中阻，电阻率值为 $200\sim800\Omega\cdot m$，推测为下伏岩体的反应。

该断面图分层较清晰，物探推测接触带岩体一侧的边界与工程控制的岩体边界存在交叉现象，即推测层位要比实际层位陡；物探推测接触带围岩一侧的边界与地质推测夕卡岩化大理岩边界在小号点较吻合，大号点方向推测界面比实际界面略低，推测与该处矿化较弱造成的电阻率较高有关。

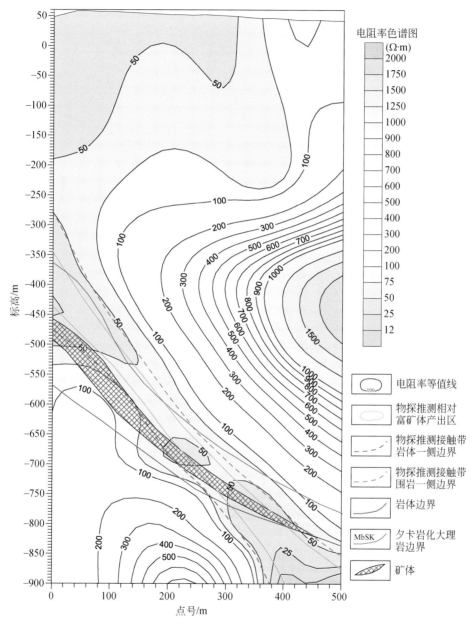

图 22.5 铜山铜矿前山南 19 线 EH4 电磁测深二维反演剖面图

2. 可控源音频大地电磁测深法（CSAMT）

使用美国 Zong 公司生产的 GDP—32Ⅱ 多功能电法仪，可以同时采集 7 个电场信号和一个磁场信号，本次工作便使用了这种标量测量的工作方式，测量频率从 $1\sim8192\mathrm{Hz}$，满足本次探测对深度的要求。

发射场源位于测区西南侧，为了防止阴影效应的影响，我们避开了当地较大规模的水系，场源位置选择在测区西北部的山坳中，如示意图 22.6 所示，供电电极 AB 的方向 359°，与测线基本平行，供电偶极子长度为 850m，AB 的坐标分别为：A（22513，68195），B（22711，67420），测区中心与发射场源的距离为 4km，整个测区均位于场源中轴线±15°范围内。完全满足 CSAMT 法对场源的要求。

为了消除静态效应的影响，本次测量采用 EMAP 标量测量，同时采集 6 个电场，一个磁场。主要工作参数如下：

（1）接地偶极距（AB）：850m；

（2）最大收发距：4160m；最小收发距：3960m；

（3）最大发射电流：12A，高频最小电流 3A；

（4）工作频率范围：1~8192Hz；

（5）接收偶极子（MN）：20m。

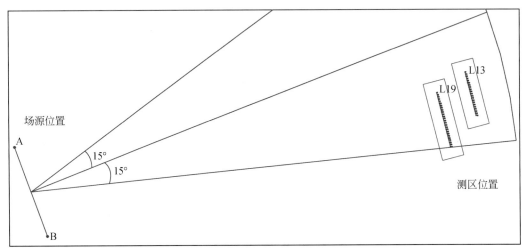

图 22.6　可控源音频大地电磁测深工作布置示意图

图 22.7 是铜山 13 线 140 号、120 号和 190 号测点场区分布图，远区数据在 5.64~8192Hz；过渡带低谷数据在 1.41~5.64Hz，近区数据仅仅是 1Hz，可见 8Hz 以上的数据都满足平面波的要求，说明场源布置科学合理。

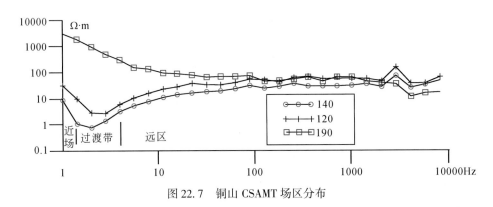

图 22.7　铜山 CSAMT 场区分布

1）前山南测区 13 线 CSAMT 资料分析

从电阻率断面图（图 22.8）中可以看出，剖面电阻率从上到下大致分成三个层位，在剖面上部靠近大号点一侧电阻率较高，电阻率值为 300~2000Ω·m，推测为灰岩的反应；在剖面中部有一个低阻区间，呈条带状向下延展，电阻率较低，为 50~200Ω·m，推测为夕卡岩化大理岩的反应，该低阻异常标高为 -400~-600m，倾向南东，视倾角约为 40°，夕卡岩化大理岩边界和花岗岩边界共同构成了有利的成矿空间，在这个成矿空间内，电阻率相对更低的部位推测为富矿体产出区；在剖面下部电阻率表现为中阻，

电阻率值为 $300 \sim 500\Omega \cdot m$，推测为下伏岩体的反应。

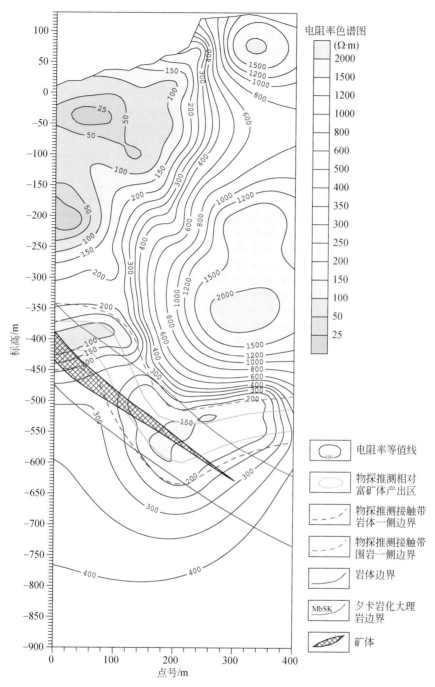

图 22.8　铜山铜矿前山南 13 线 CSAMT 可控源音频大地电磁测深二维反演剖面图

该断面图分层较清晰，物探推测接触带岩体一侧边界与工程控制的岩体边界相互交错，向下延展，在大号点附近，推测边界有向上抬升的趋势，与实际边界差别较大，推测为该处矿体逐渐尖灭，矿化作用逐渐变弱有关；物探推测接触带围岩一侧的边界与地质推测夕卡岩化大理岩的边界也存在相互交错现象，且在大号点附近推测边界较实际边界高，这也与矿化作用变弱有关。

2）前山南测区 19 线 CSAMT 资料分析

该剖面从居民区内穿过，从电阻率断面图（图 22.9）中可以看出，剖面电阻率从上到下大致分成四个层位，第一个层位于标高 $50 \sim -200m$，电阻率值较低，为 $50 \sim 100\Omega \cdot m$，推测为近地表覆盖层或断裂破碎带的反应，也不排除是人为干扰的影响；在剖面中上部靠近大号点一侧电阻率较高，电阻率值为200～2000Ω·m，推测为灰岩的反应；在剖面中部有一个低阻区间，呈条带状向下延展，电阻率较低，为50～100Ω·m，推测为夕卡岩化大理岩的反应，该低阻异常标高为−400～−900m，倾向南东，视倾角约为45°；夕卡岩化大理岩边界和花岗岩边界共同构成了有利的成矿空间，在这个成矿空间内，电阻率相对更低的部位推测为富矿体产出区；在剖面下部电阻率表现为中阻，电阻率值为200～800Ω·m，推测为下伏岩体的反应。

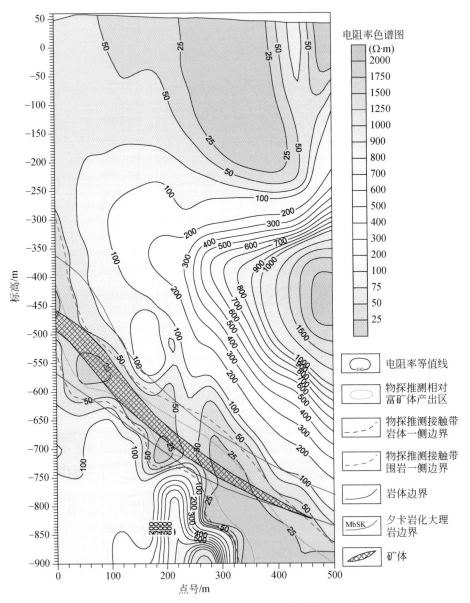

图22.9　铜山铜矿前山南19线CSAMT可控源音频大地电磁测深二维反演剖面图

　　该断面图分层较清晰，物探推测接触带岩体一侧的边界与工程控制的岩体边界在小号点附近基本重合，在大号点附近，推测边界要比实际边界低；物探推测接触带围岩一侧的边界与地质推测夕卡岩化大理岩边界在小号点较吻合，大号点方向推测界面比实际界面略低，推测与该处矿化较弱造成的电阻率较高有关。

3. 时间域瞬变电磁法（TEM）

　　使用加拿大Geonics生产的PROTEM—67大功率瞬变电磁系统，该机以其高分辨率、大动态范围、强抗干扰能力、大探测深度范围（可探测到地下1km以下）等优良性能，成为本次TEM探测的首选仪器；针对矿区人为干扰强度大，分布不均匀的特点，在干扰区和相对静寂区记录了背景噪声的强度，以便后期资料处理解释。

　　本次工作选择了巨型回线装置对两条剖面分别进行了探测，巨型回线的装置布置原则是选择尽可能大的发送磁矩来提高发送磁矩，增大勘探深度，压制噪声，提高信噪比，实际工作时接收机避开线框边缘磁力线畸变区域，在线框内磁力线较均匀的区域进行测量，针对本次工作测线长度较短，两条测线距

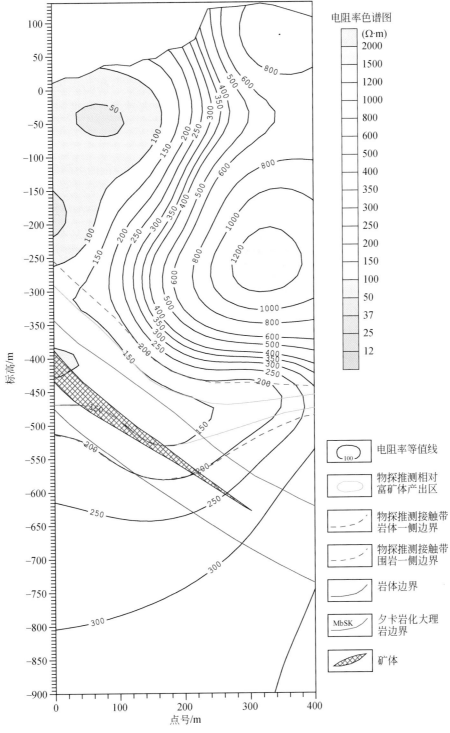

图 22.10　铜山铜矿前山南13线瞬变电磁测深TEM二维反演剖面图

离较远的情况，选择了 200m×600m 的线框对 13 线进行测量，选择 200m×700m 的线框对 19 线进行测量。测线方向与发射线框长边方向一致，整体包围在发射线框内。

1）前山南测区 13 线 TEM 资料分析

从电阻率断面图（图 22.10）中可以看出，剖面电阻率从上到下大致分成三个层位，在剖面上部靠近大号点一侧电阻率较高，电阻率值为 300~2000Ω·m，推测为灰岩的反应；在剖面中部有一个低阻区间，呈条带状向下延展，电阻率较低，为 50~200Ω·m，推测为夕卡岩化大理岩的反应，该低阻异常标高在 −400~−600m，倾向南东，视倾角约为 40°，夕卡岩化大理岩边界和花岗岩边界共同构成了有利的成矿空间，在这个成矿空间内，电阻率相对更低的部位推测为富矿体产出区；在剖面下部电阻率表现为中阻，电阻率值为 300~500Ω·m，推测为下伏岩体的反应。

该断面图分层较清晰，物探推测接触带岩体一侧的边界与工程控制的岩体边界在小号点附近基本重合，在大号点附近，推测边界要比实际边界高；物探推测接触带围岩一侧的边界与地质推测夕卡岩化大理岩边界在小号点趋势较为一致，但推测界面要比实际界面高，大号点方向推测界面比实际界面有向上抬升的趋势，推测与该处矿化较弱造成的电阻率较高有关。

2）前山南测区 19 线 TEM 资料分析

该剖面从居民区内穿过，从电阻率断面图（图 22.11）中可以看出，剖面电阻率从上到下大致分成四个层位，第一个层位位于标高 50~−200m，电阻率值较低，为 50~100Ω·m，推测为近地表覆盖层的反应，也不排除是人文干扰的影响；在剖面中上部靠近大号点一侧电阻率较高，电阻率值为 200~2000Ω·m，推测为灰岩的反应；在剖面中部有一个低阻区间，呈条带状向下延展，电阻率较低，为 50~200Ω·m，推测为夕卡岩化大理岩的反应，该低阻异常标高在 −400~−900m，倾向南东，视倾角约为 45°，在 280~400 号点电阻率较高，推测与该处人为噪声较为严重，时间域瞬变电磁法易受干扰有关，夕卡岩化大理岩边界和花岗岩边界共同构成了有利的成矿空间，在这个成矿空间内，电阻率相对更低的部位推测为富矿体产出区；在剖面下部电阻率表现为中阻，电阻率值为 200~800Ω·m，推测为下伏岩体的反应。

该断面图分层较清晰，物探推测接触带岩体一侧的边界与工程控制的岩体边界在小号点附近基本重合，在大号点附近，推测边界要比实际边界低；物探推测接触带围岩一侧的边界与地质推测夕卡岩化大理岩边界在小号点较吻合，大号点方向推测界面比实际界面略低，推测与该处矿化较弱造成的电阻率较高有关。

（三）铜山铜矿物理探测技术有效性评价

1. 前山南测区 13 线地球物理测深技术有效性分析

1）EH4 电磁测深法有效性分析

13 线 EH4 电磁测深法二维反演结果能够宏观地反映研究区岩性的变化情况，与钻孔地质资料对比基本吻合，说明 EH4 电磁测深法应用于立体填图方面是行之有效的。主要表现为：从 EH4 电磁测深法电阻率断面图中可以看出，剖面电阻率从上到下大致分成三个层次，在剖面上部靠近南段的电阻率较高，电阻率值为 400~2000Ω·m，在岩性上表现为灰岩、大理岩的电阻反应，从电阻率的总体走向结合地表岩石产状，表明沉积岩从表层到深层总体为倾向南东；在剖面中部有一个低阻区间，呈条带状向下延展，电阻率较低，约在 250Ω·m 以下，推测为夕卡岩化大理岩的反应，该低阻异常标高在 −350~−600m，倾向南东，视倾角与沉积岩产状一致约为 40°；夕卡岩化大理岩边界构成了有利的成矿空间，在这个空间内电阻率相对更低的部位推测为富矿体产出区；在剖面下部电阻率表现为中阻，电阻率值为 300~500Ω·m，推测为下伏岩体的反应。该断面图电阻率分层较清晰，在区分火成岩与沉积岩的部分，断面图主要表现为以电阻率为 300Ω·m 的等值线进行拟合，与钻孔控制的边界有效度达到近 60% 左右，剖面南段主要由于深度等因素的影响，造成电阻率显示边界比实际边界略往上扬。关于接触带的上边界的区分上，物探推测边界与夕卡岩化大理岩边界误差在 50m 左右，亦显示了极高的吻合度。物探推测接触带围岩一侧

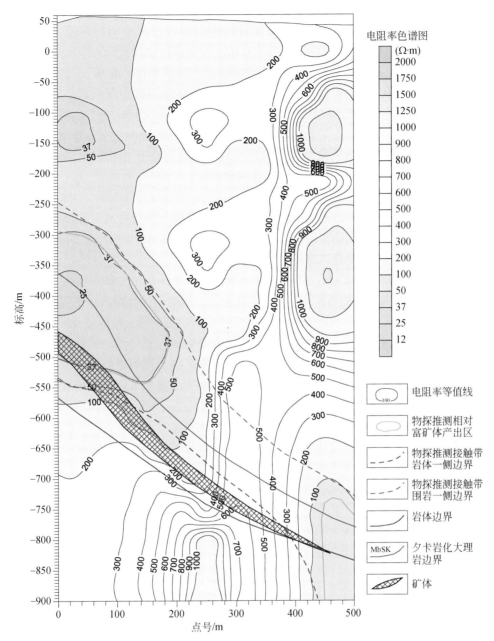

图 22.11　铜山铜矿前山南 19 线瞬变电磁测深 TEM 二维反演剖面图

的边界与地质推测的夕卡岩化大理岩边界存在多处交叉现象，推测与矿体富集程度等因素不同有关。钻孔揭露的矿体与 EH4 方法推测的富矿体产出带在大部分空间处于重叠状态，EH4 电磁测深法圈出的范围略大于实际情况，形态上比较后者呈"两端上翘、中间下陷"状，而后者与围岩产状一致，向下逐渐尖灭贫化。

2）CSAMT 可控源音频大地电磁测深法有效性分析

对 13 线的 CSAMT 可控源音频大地电磁测深二维反演结果可以看出，各界线总体上表现为推测拟合曲线比较钻探揭露界线呈"两端上翘、中间下陷"状，中间部分有效度较高，误差仅为 20m 左右；在剖面南段总体比揭露界线上扬幅度过大，最大误差近 150m。但其总体与钻孔地质资料基本吻合，说明 CSAMT 亦为一种行之有效的方法。在岩体与围岩的界线的界定上，在剖面深部-500m 以下，电阻率在 250～500Ω·m 的中阻判断为岩体，与钻孔揭露基本一致；在标高-500m 以上，电阻率在 300～2000Ω·m 的中高阻判断为沉积岩系，与地质剖面图上显示为三叠系、二叠系地层一致，其中对围岩中断裂视倾向也取得了大致的效果；CSAMT 可控源音频大地电磁测深对岩体与围岩过渡空间的判断，主要通过电阻率为 200Ω·m 的等值线拟合而成，深度大致在 −350 ~ −550 m，与夕卡岩化过渡带在空间上吻合度较高，并形成了成矿有利空间的判断。在此基础上，拟合形成了空间更小的富矿体产出带，与实际揭露的工业矿体在空间上位移不大，甚至大部分工业矿体均落入了推测的富矿体产出带，效果非常显著。该断面图分层较清晰，物探推测接触带岩体一侧边界与工程控制的岩体边界相互交错，向下延展，在剖面南段附近，推测边界有向上抬升的趋势，与实际边界差别较大，推测与该处矿体逐渐尖灭，矿化作用逐渐变弱有关；物探推测接触带围岩一侧的边界与地质推测夕卡岩化大理岩的边界也存在相互交错现象，且在剖面南段附近推测边界较实际边界高，这也与矿化作用变弱等因素有关。

3）TEM 瞬变电磁测深法有效性分析

13 线 TEM 瞬变电磁测深法二维反演结果大致圈出了岩性界线、蚀变过渡带和成矿有利空间，与钻孔剖面资料保持了基本一致。由于在剖面南段地质因素的变化，圈定的各界线均比实际地质情况深度略浅，但并未影响主富矿体的圈定，对主要地质实体的判断是有效的。

在剖面下部电阻率为 200 ~ 350Ω·m，作为岩体与围岩的边界，在北段基本保持一致，但在中南段效果并不明显，最大误差在 200m，可能与矿体在该段贫化有关；围岩与蚀变过渡带之间的区分效果一般，误差保持在 90m 左右，但总体的岩体区分较明显，对地质工作仍有参考价值。整体蚀变带即夕卡岩化大理岩边界和花岗岩边界共同构成了有利的成矿空间的圈定与钻探剖面揭露面积一致，但总体偏浅部移动了 100m，在南段基本未达到效果，整体上扬位移均超出了 100m。在工业矿体的推测中亦出现了如上情况，主要效果体现在把富矿体的主体均通过 150Ω·m 电阻率等值线圈定了出来，靠近底部的等值线。从对工业矿体的推测总体上还是有效性的，但误差略大些，基本上推测结果比实际地质界线等偏于浅部些。

4）电磁测深法有效性综合评价

为准确有效地评价 EH4、CSAMT、TEM 三种地球物理测深探测方法在 13 线应用效果，本次采用三个层面的评价分析，包括地质体、蚀变过渡带和工业矿体的确定。具体评价结果如下：①在深部地质体界线区分上，三种方法均与实际界线有一定的位置偏离，在北段推断的界线较为真实，界线从中部到南段逐渐偏离真实，其中 TEM 向上偏离距离最大，EH4 效果较好，最大偏离位移少于 100m。这一结果表明在区分地质体上是可行的。②物探方法在对蚀变过渡带的推测中，EH4 与 CSAMT 方法在圈定围岩与过渡带界线上优于 TEM，TEM 推测边界均比实际夕卡岩化大理岩边界偏上 80 ~ 150m，有效性较差。前两者推测界线则与实际界线吻合较好，两界线呈相互交叉的形态。在圈定面积近乎相等的情况下，推测接触带圈出近 70% 的钻孔揭露蚀变带，TEM 则为 50%。说明用于蚀变过渡带的推测是合理有效的。③通过对比推测的富矿体与实际工业矿体，显示三种方法均圈出了工业矿体的绝大部分。其中，EH4 法用最少的面积圈出了 80% 的工业矿体，CSAMT 法为 60% 左右，TEM 虽然圈出近 70%，但推测面积过大，实际有效率则是三种方法中最低的。前两者预测中心均为工业矿体，TEM 则集中在推测区的底部。在剖面南段矿体贫化的情况下，TEM 圈定区偏离工业矿体较远，有效性较前两者差。

综上所述，EH4、CSAMT、TEM 三种地球物理测深探测方法均能通过电阻率的差异不同程度来反映实际地质现象，包括地质体、蚀变过渡带和工业矿体的确定。EH4 和 CSAMT 同属频率域电磁测深，反演结果也较相近，相比 EH4 工作方式简单，受场源影响较小；TEM 是时间域电磁测深，时间域电磁法容易受到人为干扰的影响，在矿体深度反演计算中，误差比频率域电磁法稍大。通过有效性分析表明此次对前山南测区 13 线使用的物理探测技术是有效的，但三者还是有一定的差异。

2. 前山南测区 19 线地球物理测深技术有效性分析

1）EH4 电磁测深法有效性分析

对前山南测区 19 线的 EH4 电磁测深法二维反演结果能够宏观地反映研究区岩性的变化情况，与钻孔地质资料对比基本吻合，说明 EH4 电磁测深法应用于立体填图方面是行之有效的。主要表现为：

从 EH4 电磁测深法电阻率断面图中可以看出，剖面电阻率从浅至深大致分成三个层次。南段浅部为视电阻率较高的二叠系灰岩和大理岩，北段深部为中视电阻率的岩体，两者之间为宽 100 ~ 200m 的蚀变过渡带与工业矿体的赋存空间，总体反映效果明显。岩体与围岩的界线通过深部视电阻率为 50Ω·m 的等值线拟合，误差位移在 100m 左右，与高差相比误差率基本保持在 20%；第二层次为蚀变过渡带与围岩的界线划分，依据中部视电阻率为 50Ω·m 的等值线拟合，误差位移平均为 20m 左右，误差率很低，效果较好；工业矿体的储存空间划分主要根据中部视电阻率略小于 50Ω·m 的等值线拟合，圈出的真实矿体仅为 25%，但真实的工业矿体距离拟合区相当近为 20m 以内，可是说效果还是不错的，其结果接近于真实地质剖面资料。

2）CSAMT 可控源音频大地电磁测深法有效性分析

CSAMT 可控源音频大地电磁测深法应用前山南测区 19 线探测整体吻合度很高，主要表现在二维反演剖面图中三个层次的视电阻率域。南段浅部为视电阻率较高的二叠系灰岩和大理岩，北段深部为中视电阻率拟合的岩体，两者之间为宽 100 ~ 150m 的蚀变过渡带与工业矿体的赋存空间。岩体与围岩的界线通过深部视电阻率为 50Ω·m 的等值线拟合，误差位移在 20m 左右，与高差相比误差率基本保持在 5%；第二层次为蚀变过渡带与围岩的界线划分，依据中部视电阻率为 50Ω·m 的等值线拟合，误差位移平均为 30m 左右，误差率很低，效果明显；工业矿体的储存空间划分主要根据中部视电阻率为 50Ω·m 的等值线拟合而成，圈出了近 80% 以上的真实工业矿体，表明 CSAMT 法反映了研究区岩性的变化情况，与钻孔地质资料对比基本吻合，说明 CSAMT 可控源音频大地电磁测深法在 19 线的应用效果是显著的。

3）TEM 瞬变电磁测深法有效性分析

TEM 瞬变电磁测深法在 19 线的应用整体效果并不明显，只在富大矿体的推测中有一定准确性。从剖面图中视电阻率等值线形态看，主要由三个部分组成，北段浅部与南段深部为成矿有利空间，剩余部分为岩体与围岩的集合体。在区分岩体与围岩的能力上，TEM 瞬变电磁测深法在 19 线基本失去了作用，两者中心均显示视电阻率为 1000Ω·m。成矿有利空间的圈定范围，只在边部与工业矿体有重合现象，但工业矿体主体均落在了推测富矿体之外，说明 TEM 在 19 线的受外部条件干扰较多，并不具太多的参考价值。

4）电磁测深法有效性综合评价

为准确地评价 EH4、CSAMT、TEM 三种物理探测方法在 13 线应用效果，本次采用三个层面的评价分析，包括地质体、蚀变过渡带和工业矿体的确定。具体评价结果如下：①在深部地质体界线区分上，三种方法均与实际界线有一定的位置偏离，在北段推断的界线较为真实，界线从中部到南段逐渐偏离真实，其中 TEM 并没有划分出岩体与围岩的界线，CSAMT 效果较好，平均偏离位移在 20m。这一结果表明 EH4 与 CSAMT 在区分地质体上是可行的。②物探方法在对蚀变过渡带的推测中，EH4 法、CSAMT 法在圈定围岩与过渡带界线与钻孔揭露呈现高度的一致性，两界线呈相互交叉的形态，有效性较好，EH4 只在局部有较大偏移。TEM 则基本没形成有效的岩体与围岩接触过渡带，有效性较差。说明 TEM 易受周围环境的影响，EH4 法、CSAMT 法抗干扰能力较强，实用效果好。③通过对比推测的富矿体与实际工业矿体，显示三种方法均圈出了工业矿体。其中，CSAMT 法用最少的面积圈出了 80% 的工业矿体，EH4 法为 60% 左右，TEM 圈出面积仅为 20%，且推测面积过大，实际有效率则是三种方法中最低的。前两者预测中心均为工业矿体，TEM 则集中在推测区的底部和边部，有效性较前两者差。

综上所述，EH4、CSAMT、TEM 三种地球物理测深探测方法均能通过电阻率的差异不同程度地反映实际地质现象，包括地质体、蚀变过渡带和工业矿体的确定。EH4 和 CSAMT 同属频率域电磁测深，反演结果也较相近，相比 EH4 工作方式简单，受场源影响较小；TEM 是时间域电磁测深，时间域电磁法容易受到人为干扰的影响，在矿体深度反演计算中，误差比频率域电磁法稍大。有效性分析表明此次对前山南测区 19 线使用的 EH4 法与 CSAMT 法物理探测技术是有效的，但 TEM 法较前两者有效性并不明显。

3. 前山南测区地球物理测深技术有效性综合评价

通过上文对铜山前山南测区 13 线、19 线的地球物理探测技术有效性分析，结合地质等综合因素评价结果如下：①EH4、CSAMT、TEM 三种地球物理测深探测方法在铜山前山南测区 13 线、19 线的应用，最终目的是揭露深部有利的含矿空间，经与验证钻孔对比分析后认为，基本能反映深部不同的地质体，揭露出有利的成矿部位，对于深部立体填图而言是一项值得推荐的技术，具有较好的实用性和有效性。②探测深度大，可探测较大深度范围内的岩体、大理岩和不同岩性过渡带的大致分布框架，且 EH4、CSAMT 结果基本可以用来圈定隐伏矿体和判断其精确深度，其中 CSAMT 探测精确更高更稳定。而 TEM 在探测较大深度范围内的岩体、大理岩和不同岩性过渡带方面效果较差，特别在 19 线中通过视电阻率等值线基本上无法划出与真实的界线相似的拟合界线。③通过两个剖面的分析，表明 CSAMT 抗干扰能力相对其他电法而言较强，EH4 次之，但三者均存在人为干扰、电力干扰以及铁轨干扰等，TEM 尤为明显，且易受其他因素影响。

三、铜山铜矿物探测深方法有效度综合评价

（一）Meta 分析概述

Meta 分析是一种较新的研究手段和方法，是对具备特定条件的、同课题的诸多研究结果进行综合的一类统计方法。由 Glass 在 1976 年首次命名。其定义为对先前研究结果的综合评价和定量统计合并，它把先前研究结果作为观察单位，所以可看成是分析的分析，也有人称为"结果流行病学"。Meta 意思是 more comprehensive，即更加全面综合的意思。与一般的文献综述（literature reviews）不同，后者主要基于个人的判断。Meta 分析最早用于心理、教育等社会领域，20 世纪 70 年代开始出现在医学健康领域，80 年代盛行起来，应用于各个领域。

Meta 分析的基本步骤：①提出问题，制订研究计划；②检索资料；③选择符合纳入标准的研究；④纳入研究的质量评价；⑤提取纳入文献的数据信息；⑥资料的统计学处理，包括：异质性检验（齐性检验）、统计合并效应量（加权合并，计算效应尺度及 95% 的置信区间）并进行统计推断、图示单个试验的结果和合并后的结果、敏感性分析、通过"失安全数"的计算或采用"倒漏斗图"了解潜在的发表偏倚；⑦形成结果报告。

（二）Meta 分析采用的统计学过程

通常，Meta 分析首先需要一个定量指标，它反映的是每个实验结果的效应大小。这个指标可以是实验组数据和控制组数据间的差异；也可以是非独立变量与独立变量间的相关度，这些变量在某种程度上与取样大小和实验中使用的测量尺度无关。一种做法是，将研究数据分成两组，一组为控制组数据，另一组为受控制组数据影响的实验组数据，以这两组数据均值的差异与两组数据共有的标准离差相除。这时，效应大小也就是实验组和控制组间以标准离差为单位的差异（Koretz，2002）。

1. 合并统计量的选择

Meta 分析需要将多个独立研究的结果合并成某个单一的效应量，即用某个合并统计量反映多个独立研究的综合效应。不同类型的统计资料应采用不同的统计分析方法。

计数资料（分类变量）是指将观察单位按某种属性或类别分成若干组，再清点各组中观察单位的个数所得的资料。对于计数资料有：比值比（odds ratio，OR）、相对危险度（relative risk，RR）、风险差异（risk difference，RD）。

2. 异质性检验（tests of heterogeneity）

按统计原理，只有同质的资料才能进行多个研究的统计量的合并。目前多用卡方检验的方法进行异质性检验，根据异质性检验结果，选择不同的模型（Greenland，1987；Bailey，1987）。

（1）H0：无显著异质性，固定效应模型。

（2）H1：有显著异质性，随机效应模型或不合并结果，将检验水准定为 $\partial = 0.10$，0.05，0.01。

（3）计算统计量 Q

$$Q = \sum W_i(d_i - \bar{d})^2$$

$$Q = \sum_{i=1}^{n} w_i d_i^2 - \left(\sum_{i=1}^{n} w_i d_i\right)^2 \bigg/ \sum_{i=1}^{n} w_i$$

Q 服从自由度为 $n-1$ 的 χ^2 分布。按一定的显著性水平 ∂ 做出统计推断，若 $P > \partial$，则支持固定效应模型的假定。

一般来说，随机效应模型得出的结论偏向于保守，置信区间较大，更难以发现差异，带给我们的信息是如果各个试验的结果差异很大的时候，是否需要把各个试验合并需要慎重考虑，作出结论的时候就要更加小心。但从另一个角度来说，Meta 分析本来就是用来分析结论不一致甚至是相反的临床试验，通过 Meta 分析提供一个可靠的综合的答案，如果每个试验的结果都一模一样，根本就没有必要作 Meta 分析，因此要通过异质性检验（齐性检验）来解决这对矛盾（钟文昭等，2003）。

1）固定效应模型

此模型假定全部研究提供相同的真实作用的估计。现有相同目的的 K 个研究，设第 i 个研究（$i=1$，2，$\cdots$，k）有 N_i 个研究对象。实验组人数为 n_i，总事件发生数为 d_i，实验组事件发生数为 O_i，则实验组期望发生数为

$$E_i = (n_i/N_i) \times O_i$$

在无效假设下，$O_i - E_i$ 应随机围绕零值变化，其方差为

$$V_i = E_i \times [(N_i - n_i)/N_i] \times [(N_i - d_i)/(N_i - 1)]$$

此方差是通过条件 N_i，n_i 和 d_i 服从 O_i 的超几何分布中获得的。那么由此，统计量 $\left[\sum_{i=1}^{k}(O_i - E_i)\right]^2 \bigg/ \sum_{i=1}^{k} V_i$ 是一个关于自由度为 1 的近似卡方分布。

K 个研究合并 OR 估计为

$$\mathrm{OR} = \exp\left[\sum_{i=1}^{k}(O_i - E_i)\bigg/\sum_{i=1}^{k} V_i\right]$$

合并 OR 的自然对数的近似标准误差为

$$S.E.(\ln \mathrm{OR}) = \left(\sum_{i=1}^{k} V_i\right)^{-1/2}$$

应用此合并 OR 和其 S.E. 的假设是各研究因素作用相同，而检验假设即各研究间 OR 同质性检验，用公式：

$$\chi^2 = \sum\left[(O_i - E_i)^2/V_i\right] - \left[\sum(O_i - E_i)^2\bigg/\sum V_i\right]$$

$$\mathrm{d}f = K - 1$$

2）随机效应模型

此法由 Dersimonian 和 Lairds 于 1986 年提出。此模型假定研究估计的是不同的真实作用，考虑研究间的变异。设第 i 个研究中，试验组事件发生数为 d_{ti}，对照组的为 d_{ei}，两组的样本量分别为 n_{ti} 和 n_{ei}，那么第 i 个研究两组发生率分别为 $P_{ti} = d_{ti}/n_{ti}$ 和 $P_{ei} = d_{ei}/n_{ei}$，第 i 个研究方差 $\theta_i = P_{ti} - P_{ei}$，合并的二项正态方差

由下式估计：

$$S_i = \left[P_{ti}(1 - P_{ti})/n_{ti} \right] + \left[P_{ei}(1 - P_{ei})/n_{ei} \right]$$

那么同质性检验：$Q = \sum W_i(\theta_i - \theta_w)^2$。

其中 $W_i = S_i^{-1}$，$\theta_w = \sum w\theta_i / \sum W_i$，当 n_{ti} 和 n_{ei} 较大时，Q 近似服从 $df = K - 1$ 的卡方分布（无效假设为各研究中两组间率差同质）。

为了加入外部研究间的差异（其可能影响研究作用的差异），假定每个研究有其自己的真实作用 Q_i，让 μ、Δ^2 为 Q_i 的均数和方差，则研究间方差的矩估计（moments estimate）为

$$\Delta^2 = \max\left[0, \frac{Q - (k - 1)}{\sum W_i - (\sum W_i^2 / \sum W_i)} \right]$$

由此可描述平均作用（平均率差）的矩估计：

$$\mu = (\sum W_i \times \theta_i) / \sum W_i$$

S. E. 估计为：S. E. $(\mu) = (\sum W_i^k)^{-1/2}$，其中 $W_i = (W_i^{k-1} + \Delta^2)^{-1}$。

另外，尚有混合模型（Gurevitch and Hedges，1993）、贝叶斯模型（Stangl and Berry，2000）等。Mantel-Haensze1 分层分析（刘关键等，2000）也是常用方法。

3. 对统计量进行假设检验（hypothesis test）

无论何种方法得到的合并统计量，都需要用假设检验的方法检验多个独立研究的合并统计量是否具有统计学意义。常用 u 检验统计量的概率值 $P \leq 0.05$，则多个研究的合并统计量具有统计学意义。

置信区间（confidence interval，CI）：即按一定的概率估计总体参数所在的范围。①CI 可用来估计总体参数，CI 的范围越窄，用样本指标估计总体参数的可靠性就越好；②进行假设检验，95% 的 CI 与 $\partial = 0.05$ 的假设检验等价。当效应值是比值时，若 95% 的 CI 包含了 1，等价于 $P > 0.05$，无统计学意义。当效应值是差值时，若 95% 的 CI 包含了 0，等价于 $P > 0.05$，无统计学意义（Marcus et al.，2004）。

（三）探查技术有效度研究中引入 Meta 分析思想的目的与方法

1. 在探查技术有效度研究中引入 Meta 分析的原因

由于成矿物质的来源多、成矿演化的过程长以及成矿作用的多种多样，矿产的形成异常复杂。因此，如何对各种成矿信息进行深入研究和综合分析是一个关系到预测成败的重要技术问题，它越来越受到国内外学者的关注。在过去的成矿分析中，矿床专家首先通过对矿床成矿模式的探讨，往往能够总结出一系列区域性找矿标志组合；或者通过对物、化、探数据进行成矿信息的提取，总结出直接、间接找矿标志。然后将满足这些找矿标志的地区找出来，根据已知矿区（点）圈定相似成矿有利区。

随着 GIS 技术在地学领域的广泛应用，基于 GIS 的矿床定位定量综合预测方法成为成矿预测领域的热点。基于该方法的模型则是根据一定找矿标志圈定找矿远景区，确定各因素在靶区定位及资源量估算的权重大小，经过地质、地球物理、地球化学、遥感等成矿信息的提取和分析，产生大量的、具有预测意义的找矿标志信息。

由于用到的数学理论各有不同，因此各种模型之间有不小的差异。但建模步骤基本相同。具体步骤如下：①收集研究区域的相关信息资料，并转化成可供模型识别的数据；②划分预测单元（网格法或地质体单元法）；③根据已知矿床模型和预测区域的实际，进行地质标志因素选择和预测变量的预置；④综合分析、提取各种信息；⑤确定模型变量权重；⑥建立预测模型，对预测单元进行评价。在上述各步骤中，变量权重的确定一直是研究的难点和重点。究其原因，主要在于地质变量的复杂性、不确定性，常规的定量分析方法难以运用。

确定权重的方法很多,主要分为主观赋权法和客观赋权法。在主观赋权法中,其原始数据主要由专家根据经验主观判断得到;而在客观赋权法中,其原始数据由各指标在被评价单位中的实际数据形成。对于地质变量而言,除个别通过地球物理方法获得的信息外,大部分均无法提供精确的定量信息。因此,客观赋权法在成矿预测中使用较少,而主观赋权法使用较多。但缺乏客观性,受主观因素影响太多是主观赋权法最大的缺点。比如,主观赋权法中运用最为广泛的层次分析法(AHP),其中一个最重要的步骤,就是要求专家对变量的重要性进行两两比较,从而确定所有变量重要性的排序。也就是说,某变量重要程度,完全取决于专家的判断。

一方面,受专家自身学识、经验等的影响;另一方面,矿产的形成具有复杂性和各异性。从而使得以主观赋权法为基础的综合成矿预测模型在预测精度上难以取得更大的突破。因此,如何合理的、定量地确定各成矿信息的重要性大小是解决综合信息成矿预测问题的关键。Meta 分析思想的精髓是"对具备特定条件的、同课题的诸多研究结果进行综合后统计"。受此启发,完全可以将该方法应用于成矿信息的重要性比较。

作为一种新型的研究手段和分析方法,Meta 分析主要被用来对先前相同目的的相互独立的多个研究的结果给予综合评价和定量统计分析。经典 Meta 分析起源于临床流行病学研究,其基本思想是用统计学方法对收集的多个研究资料进行分析和概括,主要应用于心理学与医学等领域,研究数据主要来源于已有文献资料。但这并不妨碍我们利用它基本的数学思想对来自不同区域的地质数据进行再统计分析。之所以被引入综合信息成矿预测中,主要基于以下原因:①经过 50 多年,几代地质工作者的努力,各个矿山积累了大量详细而全面的资料;②各个矿区(矿山)积累的资料虽然多,但缺乏有效的统计;③网格单元法为统计学进入成矿预测领域架起了桥梁。通过网格法,每个研究对象(如线或面)被分成若干信息统计单元。此时,每个研究对象相当于经典 Meta 分析中的一篇文献,而统计单元则可看做文献中的研究样本;④在成矿预测中,如果要对探查技术进行有效度研究,往往需要对多个研究区域的研究结果进行分析对照。而不同大小、不同成因的预测区,其网格的大小和形状亦不可能相同。同时,由于矿床形成的复杂性,使得所获数据随机误差较大,所得结论亦可能与实际情况有较大差别。对同一对象进行研究,所得结果也有可能不一致。此时,传统的矿床统计分析方法很有可能导致信息的失真。而 Meta 分析在解决结果不一致问题上有较强的说服力;正好弥补了传统方法的不足;⑤新的找矿方法、技术和理论不断出现,需要科学的评价手段来对其有效性和有效度进行检验。

2. Meta 统计分析吻合度的确定

通过对 13 线和 19 线分别进行 CSAMT 法、TEM 法和 EH4 法 3 种不同方式的测量,获得 6 个不同的二维测深反演剖面。在每个剖面添加上网格。在测量过程中,由于测量点距为 20m,所以,对每个剖面分别添加 10m×10m,20m×20m,40m×40m 的网格,得到共计 18 副剖面图。图 22.12 ~ 图 22.14 分别为 13 线 EH4、CSAMT、TEM 二维反演剖面图(添加 40m×40m 网格)。

1)对地质分界预测线有效度的研究

在剖面中,虚线表示通过等值线绘制的预测地质分界线,附近两条东南向实线表示实际的地质分界线。通过网格,可将预测线分成若干小段,对于每一小段预测线而言,如果能在旁边网格找到相应实际分界线,就认为该小段预测线跟实际分界线是相对吻合的,如图 22.15 所示。否则,认定该小段预测线与实际分界线不吻合,如图 22.16 所示。显然,网格越小,精度越高,因此,在 Meta 分析中,由 10×10 网格所获取的数据权重(weight)最大。如 Meta 分析森林图所示。

此时,每条虚线相当于 Meta 分析中一篇文献,每个网格相当于研究文献中的一个实验对象。CSAMT 法、EH4 法和 TEM 法三种探查技术确定了三类预测线。通过对上述三类预测线与实际分界线吻合度进行 Meta 分析统计,可初步确定吻合度高的预测线对应的探查方法在该地区更精确有效。

2)对过渡带预测面与富矿体预测面有效度的研究

从电阻率断面图中可以看出,剖面电阻率从上到下大致分成三个层位,在剖面上部靠近大号点一侧电阻率较高,推测为灰岩的反应;在剖面中部有一个低阻区间,呈条带状向下延展(上下两条虚线之

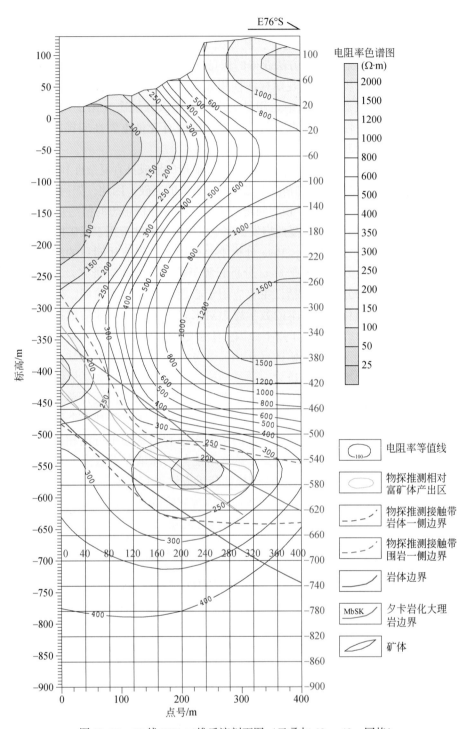

图 22.12　13 线 EH4 二维反演剖面图（已叠加 40m×40m 网格）

间），电阻率较低，推测为夕卡岩化大理岩的反应，倾向南东，视倾角约为 40°；夕卡岩化大理岩边界和花岗岩边界共同构成了有利的成矿空间，在这个成矿空间内，电阻率相对更低的部位推测为富矿体产出区；在剖面下部电阻率表现为中阻，推测为下伏岩体的反应。在剖面中，上下两东南向实线间区域表示实际接触带，上下两虚线间区域为预测接触带。在接触带中央，有一小块条状向东南方向尖灭的区域，为富矿体。在预测接触带中间，有一块呈条带状向下延展区域（图 22.12、图 22.13），为预测富矿体。

　　通过网格，可将剖面分成若干小正方形单元，对于每个单元而言，只要它的全部或局部位于研究区，我们就认为该单元位于研究区内。当某单元部分或全部既位于预测区域，又位于实际区域时，我们就认

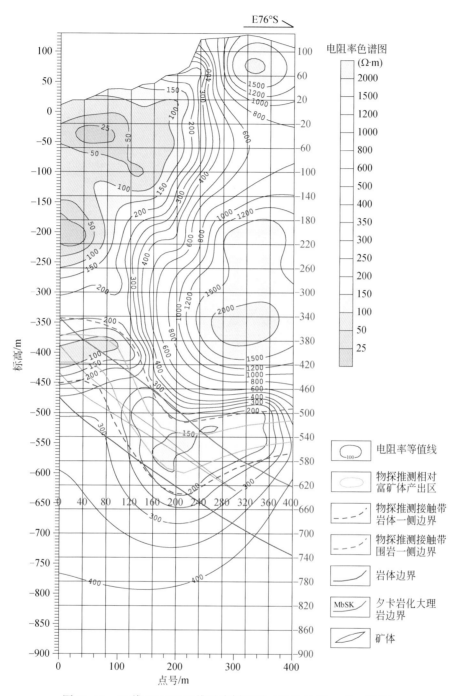

图 22.13　13 线 CSAMT 二维反演剖面图（已叠加 40m×40m 网格）

为该单元是"吻合单元"，称之为"内吻合区域单元"；反过来说，如果整个单元既不在预测区域，又不在实际区域，我们也认为该单元是"吻合单元"，称之为"外吻合区域单元"。总单元数为整个剖面的单元个数。

计算实际区域与预测区域吻合度，考虑以下三项指标（图 22.17）：内、外吻合区域与总剖面的比值：$(C+D)/E$；内吻合区域与实际区域的比值：C/A；内吻合区域与预测区域的比值：C/B。

（四）Meta 分析在探查技术有效度研究中的具体应用

本次研究选取铜山铜矿区前山南测区 13 线和 19 线两个二维反演剖面作为研究实验区。对两线分别进

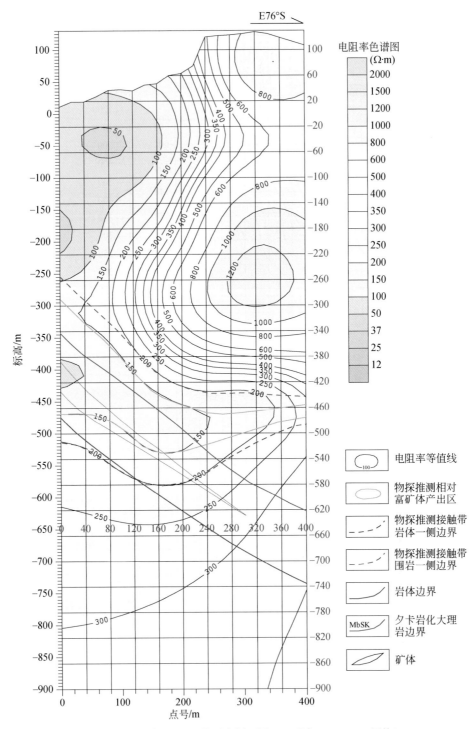

图 22.14 13 线 TEM 二维反演剖面图（已叠加 40m×40m 网格）

行 CSAMT 法，TEM 法和 EH4 法三种不同方式的测量，获得 6 个不同的二维测深反演剖面。对每个剖面分别添加 10m×10m，20m×20m，40m×40m 的网格，得到共计 18 副剖面图。

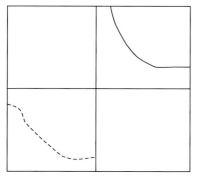 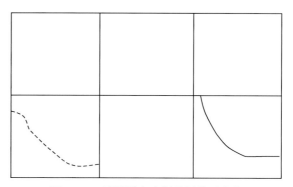

图 22.15 预测线与实际分界线现对吻合　　　图 22.16 预测线与实际分界线不吻合

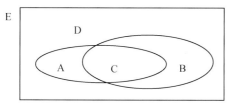

E:矩形剖面
A:实际区域
B:预测区域
C:内吻合区域
D:外吻合区域即D=E(A∪B)

图 22.17 预测区域与实际区域示意图

1. 在预测分界线有效度研究中的应用

每个剖面分上、下两条预测线，分别表示大理岩与接触带以及下伏岩体与接触带的分界线，依据前述确定吻合度的方法，不同规格的网格，将预测线分割成不同的段数，相应的吻合段数也不相同，如表22.2所示。

表 22.2 不同网格不同探查方法下预测线吻合度

预测线	CSAMT		EH4		TEM	
	吻合段数	总段数	吻合段数	总段数	吻合段数	总段数
10m×10m-13-上	23	56	16	57	6	55
10m×10m-13-下	25	63	30	51	19	30
10m×10m-19-上	43	95	52	101	0	91
10m×10m-19-下	38	65	20	73	8	73
20m×20m-13-上	18	26	23	33	16	28
20m×20m-13-下	19	32	23	27	12	25
20m×20m-19-上	38	52	40	50	0	42
20m×20m-19-下	24	31	15	37	13	38
40m×40m-13-上	10	12	15	17	11	16
40m×40m-13-下	13	17	14	14	8	14
40m×40m-19-上	26	28	26	27	10	25
40m×40m-19-下	15	17	15	20	18	19

注：在表中，"10m×10m-13-上"表示在13线剖面上叠加了10m×10m的网格后位于上部的预测线；"总段数"表示预测线被网格所分割成的线段数；"吻合段数"表示预测线中与实际分界线相对吻合的线段数。

对表21.2进行Meta分析，如图22.18～22.23所示。

图22.21～图22.23为Meta分析的结果。从图22.22可以看出，符合$\upsilon=K-1$的χ^2分布。本次研究的

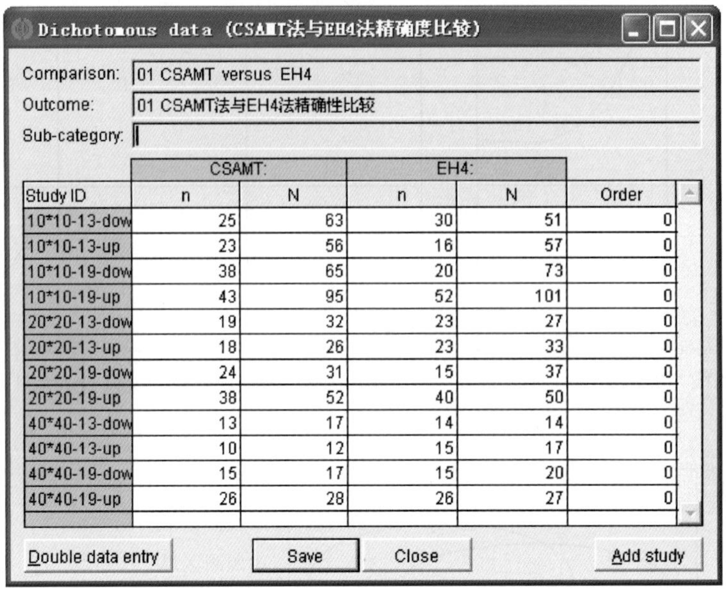

图 22.18　CSAMT 法与 EH4 法的 Meta 分析数据

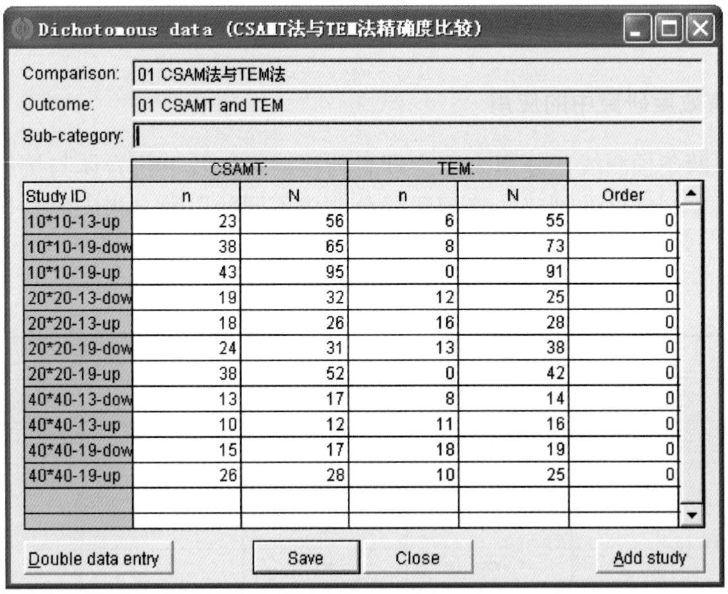

图 22.19　CSAMT 法与 TEM 法的 Meta 分析数据

分析结果显示 $P = 0.0001 < 0.05$（见图 22.21 左下角），因此认为各研究异质性明显，选用随机效应模型进行分析。$OR = 1.04$（95% CI，0.58 ~ 1.84）> 0。菱形位于垂直线中间偏右的位置。从图 22.23 可以看出，符合 $v = K-1$ 的 χ^2 分布。本次研究的分析结果显示 $P = 0.00001 < 0.05$（见图 22.23 左下角），因此认为各研究异质性明显，选用随机效应模型进行分析。$OR = 4.43$（95% CI，1.76 ~ 11.18）> 0。菱形完全位于垂直线右侧。从图 22.24 可以看出，符合 $v = K-1$ 的 χ^2 分布。本次研究的分析结果显示 $P = 0.00001 < 0.05$（见图 22.24 左下角），因此认为各研究异质性明显，选用随机效应模型进行分析。$OR = 4.37$（95% CI，1.78 ~ 10.70）> 0。菱形完全位于垂直线右侧。

2. 在预测接触带有效度研究中的应用

不同指标情况下获取如表 22.3 ~ 表 22.5 所示数据。

Dichotomous data (EH4法和TEM法精确度比较)

Comparison: 01 EH4 and TEM
Outcome: 01 EH4and TEM
Sub-category:

	EH4:		TEM:		
Study ID	n	N	n	N	Order
10*10-13-dow	30	51	19	30	0
10*10-13-up	16	57	6	55	0
10*10-19-dow	20	73	8	73	0
10*10-19-up	52	101	0	91	0
20*20-13-dow	23	27	12	25	0
20*20-13-up	23	33	16	28	0
20*20-19-dow	15	37	13	38	0
20*20-19-up	40	50	0	42	0
40*40-13-dow	14	14	8	14	0
40*40-13-up	15	17	11	16	0
40*40-19-dow	15	20	18	19	0
40*40-19-up	26	27	10	25	0

Double data entry　Save　Close　Add study

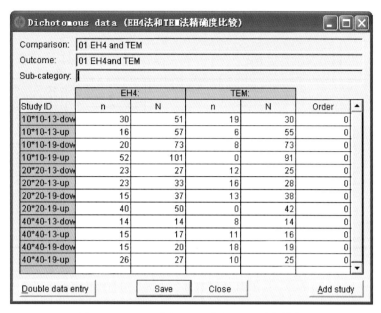

图 22.20　EH4 法与 TEM 法的 Meta 分析数据

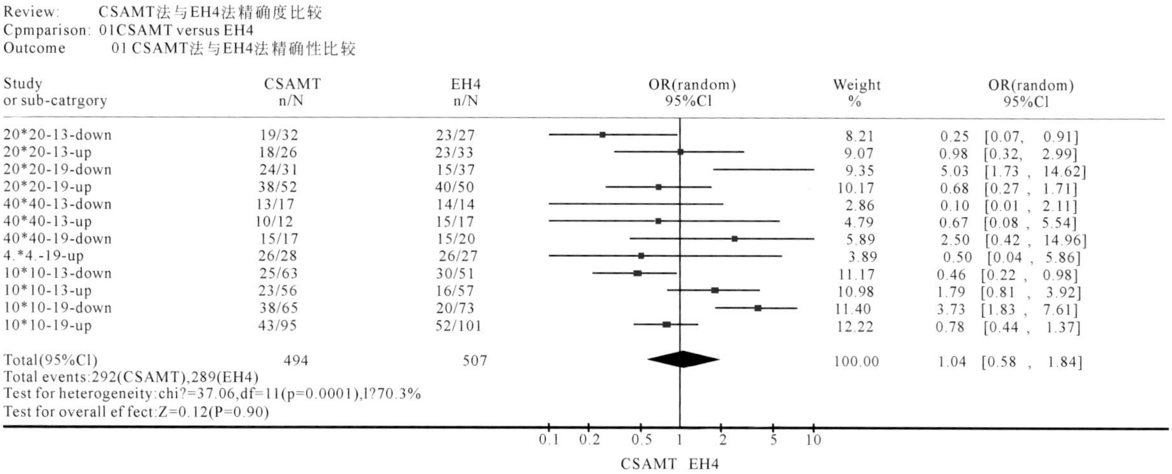

Review:　CSAMT法与EH4法精确度比较
Cpmparison: 01CSAMT versus EH4
Outcome　01 CSAMT法与EH4法精确性比较

Study or sub-catrgory	CSAMT n/N	EH4 n/N	Weight %	OR(random) 95%Cl
20*20-13-down	19/32	23/27	8.21	0.25 [0.07, 0.91]
20*20-13-up	18/26	23/33	9.07	0.98 [0.32, 2.99]
20*20-19-down	24/31	15/37	9.35	5.03 [1.73 , 14.62]
20*20-19-up	38/52	40/50	10.17	0.68 [0.27 , 1.71]
40*40-13-down	13/17	14/14	2.86	0.10 [0.01 , 2.11]
40*40-13-up	10/12	15/17	4.79	0.67 [0.08 , 5.54]
40*40-19-down	15/17	15/20	5.89	2.50 [0.42 , 14.96]
4.*4.-19-up	26/28	26/27	3.89	0.50 [0.04 , 5.86]
10*10-13-down	25/63	30/51	11.17	0.46 [0.22 , 0.98]
10*10-13-up	23/56	16/57	10.98	1.79 [0.81 , 3.92]
10*10-19-down	38/65	20/73	11.40	3.73 [1.83 , 7.61]
10*10-19-up	43/95	52/101	12.22	0.78 [0.44 , 1.37]
Total(95%Cl)	494	507	100.00	1.04 [0.58 , 1.84]

Total events:292(CSAMT),289(EH4)
Test for heterogeneity:chi?=37.06,df=11(p=0.0001),I?70.3%
Test for overall ef fect:Z=0.12(P=0.90)

OR(random) 95%Cl
0.1　0.2　0.5　1　2　5　10
CSAMT　EH4

图 22.21　CSAMT 法与 EH4 法的 Meta 分析森林图

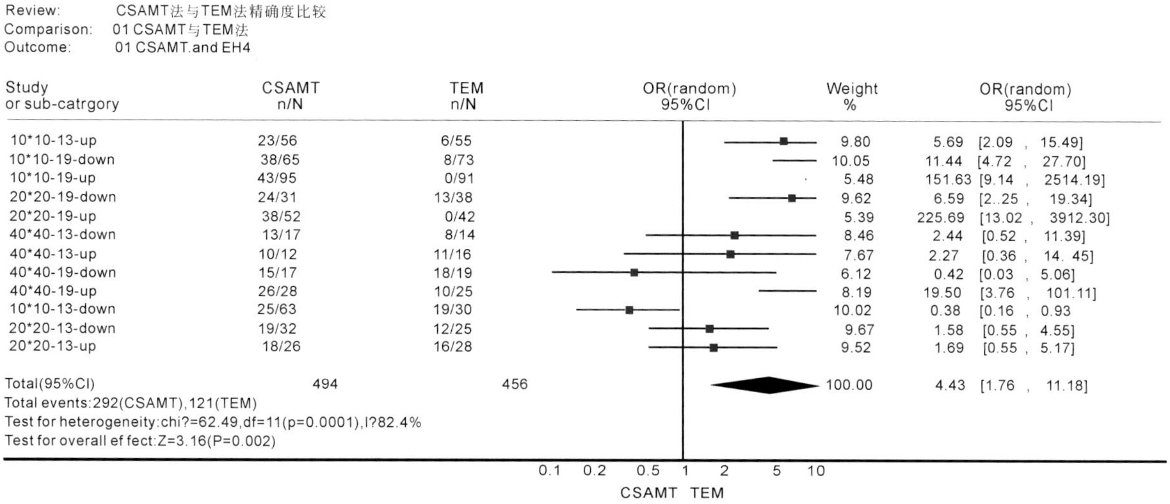

Review:　CSAMT法与TEM法精确度比较
Comparison:　01 CSAMT与TEM法
Outcome:　01 CSAMT.and EH4

Study or sub-catrgory	CSAMT n/N	TEM n/N	Weight %	OR(random) 95%Cl
10*10-13-up	23/56	6/55	9.80	5.69 [2.09 , 15.49]
10*10-19-down	38/65	8/73	10.05	11.44 [4.72 , 27.70]
10*10-19-up	43/95	0/91	5.48	151.63 [9.14 , 2514.19]
20*20-19-down	24/31	13/38	9.62	6.59 [2..25 , 19.34]
20*20-19-up	38/52	0/42	5.39	225.69 [13.02 , 3912.30]
40*40-13-down	13/17	8/14	8.46	2.44 [0.52 , 11.39]
40*40-13-up	10/12	11/16	7.67	2.27 [0.36 , 14. 45]
40*40-19-down	15/17	18/19	6.12	0.42 [0.03 , 5.06]
40*40-19-up	26/28	10/25	8.19	19.50 [3.76 , 101.11]
10*10-13-down	25/63	19/30	10.02	0.38 [0.16 , 0.93
20*20-13-down	19/32	12/25	9.67	1.58 [0.55 , 4.55]
20*20-13-up	18/26	16/28	9.52	1.69 [0.55 , 5.17]
Total(95%Cl)	494	456	100.00	4.43 [1.76 , 11.18]

Total events:292(CSAMT),121(TEM)
Test for heterogeneity:chi?=62.49,df=11(p=0.0001),I?82.4%
Test for overall ef fect:Z=3.16(P=0.002)

OR(random) 95%Cl
0.1　0.2　0.5　1　2　5　10
CSAMT　TEM

图 22.22　CSAMT 法与 TEM 法的 Meta 分析森林图

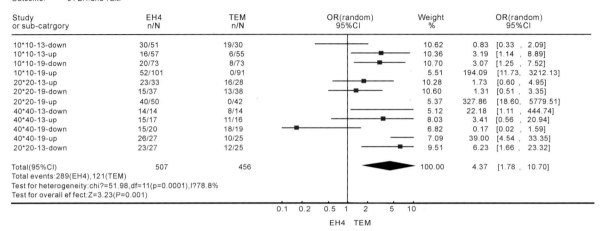

Review:　　EH4法与TEM法精确度比较
Comparison:　01 EH4与TEM法
Outcome:　　01 EH.and TEM

Study or sub-catrgory	EH4 n/N	TEM n/N	OR(random) 95%CI	Weight %	OR(random) 95%CI
10*10-13-down	30/51	19/30		10.62	0.83 [0.33 , 2.09]
10*10-13-up	16/57	6/55		10.36	3.19 [1.14 , 8.89]
10*10-19-down	20/73	8/73		10.70	3.07 [1.25 , 7.52]
10*10-19-up	52/101	0/91		5.51	194.09 [11.73 , 3212.13]
20*20-13-up	23/33	16/28		10.28	1.73 [0.60 , 4.95]
20*20-19-down	15/37	13/38		10.60	1.31 [0.51 , 3.35]
20*20-19-up	40/50	0/42		5.37	327.86 [18.60 , 5779.51]
40*40-13-down	14/14	8/14		5.12	22.18 [1.11 , 444.74]
40*40-13-up	15/17	11/16		8.03	3.41 [0.56 , 20.94]
40*40-19-down	15/20	18/19		6.82	0.17 [0.02 , 1.59]
40*40-19-up	26/27	10/25		7.09	39.00 [4.54 , 33.35]
20*20-13-down	23/27	12/25		9.51	6.23 [1.66 , 23.32]
Total(95%CI)	507	456		100.00	4.37 [1.78 , 10.70]

Total events:289(EH4),121(TEM)
Test for heterogeneity:chi?=51.98,df=11(p=0.0001),I?78.8%
Test for overall ef fect:Z=3.23(P=0.001)

0.1　0.2　0.5　1　2　5　10
EH4　TEM

图 22.23　EH4 法与 TEM 法的 Meta 分析森林图

表 22.3　按（*C+D*）/*E* 所得预测接触带吻合度

预测接触带	CSAMT		EH4		TEM	
	吻合单元数	总单元数	吻合单元数	总单元数	吻合单元数	总单元数
10m×10m-13-1	3522	3913	3653	3913	3354	3913
10m×10m-19-1	4379	4777	4324	4777	3955	4777
20m×20m-13-1	891	989	923	989	850	989
20m×20m-19-1	1107	1200	1089	1200	996	1200
40m×40m-13-1	227	250	234	250	211	250
40m×40m-19-1	287	312	284	312	261	312

注：在表中，"10m×10m-13"表示在13线剖面上叠加了10m×10m的网格后的剖面；"总单元数"表示剖面上总的单元数；"吻合单元数"表示吻合单元的个数。

表 22.4　按 *C/A* 所得预测接触带吻合度

预测接触带	CSAMT		EH4		TEM	
	内吻合区域单元数	实际区域单元数	内吻合区域单元数	实际区域单元数	内吻合区域单元数	实际区域单元数
10m×10m-13-2	319	545	399	545	305	545
10m×10m-19-2	428	603	349	603	381	603
20m×20m-13-2	89	148	111	148	83	148
20m×20m-19-2	126	173	104	173	117	173
40m×40m-13-2	29	45	36	45	26	45
40m×40m-19-2	42	56	36	56	42	56

表 22.5　按 *C/A* 所得预测接触带吻合度

预测接触带	CSAMT		EH4		TEM	
	内吻合区域单元数	预测区域单元数	内吻合区域单元数	预测区域单元数	内吻合区域单元数	预测区域单元数
10m×10m-13-3	319	471	399	536	305	633
10m×10m-19-3	428	681	349	590	381	1001
20m×20m-13-3	89	134	111	146	83	171

续表

预测接触带	CSAMT		EH4		TEM	
	内吻合区域单元数	预测区域单元数	内吻合区域单元数	预测区域单元数	内吻合区域单元数	预测区域单元数
20m×20m-19-3	126	189	104	166	117	269
40m×40m-13-3	29	41	36	46	26	49
40m×40m-19-3	42	57	36	52	42	81

对表 22.3 ~ 表 22.5 数据进行 Meta 分析，如图 22.24 ~ 图 22.26 所示。

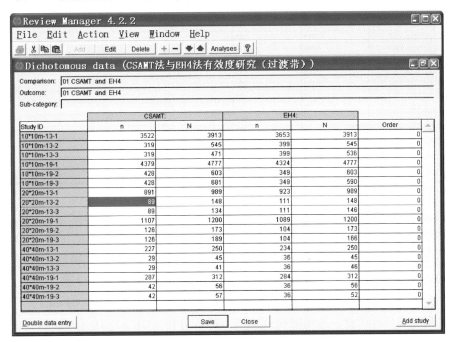

图 22.24　CSAMT 法与 TEM 法的 Meta 分析数据（接触带）

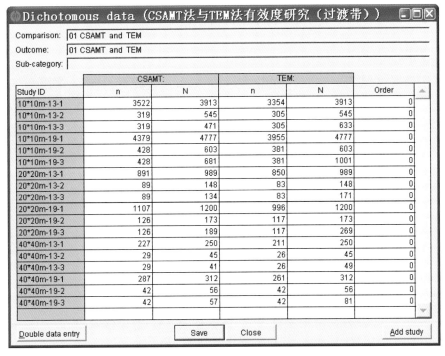

图 22.25　CSAMT 法与 TEM 法的 Meta 分析数据（接触带）

图 22.26　EH4 法与 TEM 法的 Meta 分析数据（接触带）

图 22.27～图 22.29 为 Meta 分析的结果。从图 22.27 可以看出，符合 $\upsilon=K-1$ 的 χ^2 分布。本研究的分析结果显示 $P=0.00001<0.05$（见图 22.27 左下角），因此认为各研究异质性明显，选用随机效应模型进行分析。$OR=0.91$（$95\%\,CI$，$0.74\sim1.12$）<0。菱形位于垂直线中间偏左的位置。从以上数据可以看出，图 22.28 可以看出，符合 $\upsilon=K-1$ 的 χ^2 分布。本研究的分析结果显示 $P=0.00001<0.05$（见图 22.28 左下角），因此认为各研究异质性明显，选用随机效应模型进行分析。$OR=1.81$（$95\%\,CI$，$1.54\sim2.12$）>0。菱形完全位于垂直线右侧。从图 22.29 可以看出，符合 $\upsilon=K-1$ 的 χ^2 分布。本研究的分析结果显示 $P=0.00001<0.05$（见图 22.29 左下角），因此认为各研究异质性明显，选用随机效应模型进行分析。$OR=1.97$（$95\%\,CI$，$1.63\sim2.39$）>0。菱形完全位于垂直线右侧。

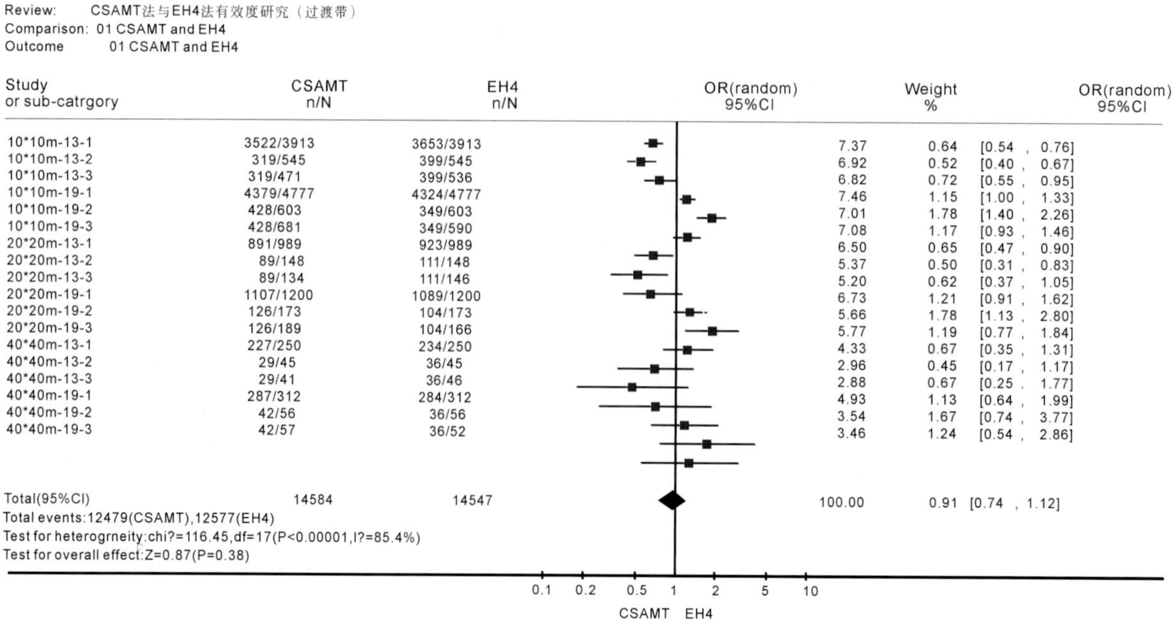

图 22.27　CSAMT 法与 EH4 法的 Meta 分析森林图（过渡带）

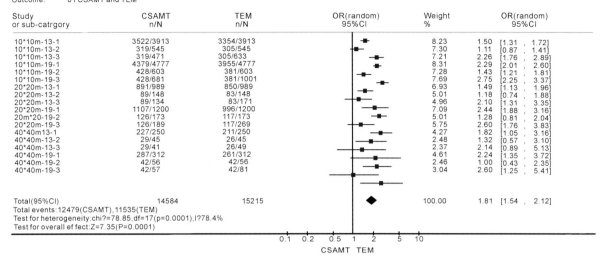

图 22.28　CSAMT 法与 TEM 法的 Meta 分析森林图（过渡带）

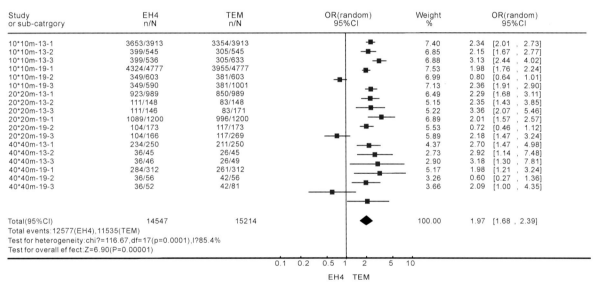

图 22.29　EH4 法与 TEM 法的 Meta 分析森林图（过渡带）

3. 在预测富矿体有效度研究中的应用

不同指标情况下，获取表 22.6 ~ 表 22.8 中的数据。

表 22.6　按（*C+D*）/*E* 所得预测富矿体吻合度

预测富矿体	CSAMT		EH4		TEM	
	吻合单元数	总单元数	吻合单元数	总单元数	吻合单元数	总单元数
10m×10m−13−1	3651	3913	3776	3913	3587	3913
10m×10m−19−1	4522	4777	4354	4777	4199	4777

续表

预测富矿体	CSAMT		EH4		TEM	
	吻合单元数	总单元数	吻合单元数	总单元数	吻合单元数	总单元数
20m×20m-13-1	914	989	950	989	909	989
20m×20m-19-1	1142	1200	1094	1200	1033	1200
40m×40m-13-1	229	250	240	250	225	250
40m×40m-19-1	294	312	286	312	271	312

表 22.7　按 C/A 所得预测接触带吻合度

预测富矿体	CSAMT		EH4		TEM	
	内吻合区域单元数	实际区域单元数	内吻合区域单元数	实际区域单元数	内吻合区域单元数	实际区域单元数
10m×10m-13-2	50	108	93	108	63	108
10m×10m-19-2	61	203	53	203	37	203
20m×20m-13-2	21	40	33	40	26	40
20m×20m-19-2	56	72	18	72	12	72
40m×40m-13-2	10	15	13	15	10	15
40m×40m-19-2	22	30	9	30	7	30

表 22.8　按 C/A 所得预测接触带吻合度

预测富矿体	CSAMT		EH4		TEM	
	内吻合区域单元数	预测区域单元数	内吻合区域单元数	预测区域单元数	内吻合区域单元数	预测区域单元数
10m×10m-13-3	50	237	93	215	63	339
10m×10m-19-3	61	294	53	360	37	442
20m×20m-13-3	21	81	33	66	26	100
20m×20m-19-3	56	116	18	91	12	120
40m×40m-13-3	10	29	13	23	10	32
40m×40m-19-3	22	40	9	40	7	37

对表 22.6 ~ 表 22.8 数据进行 Meta 分析，获得如图 22.30 ~ 图 22.32 所示森林图。

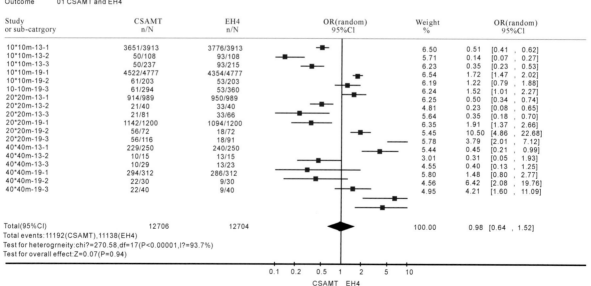

图 22.30　CSAMT 法与 EH4 法的 Meta 分析森林图（富矿带）

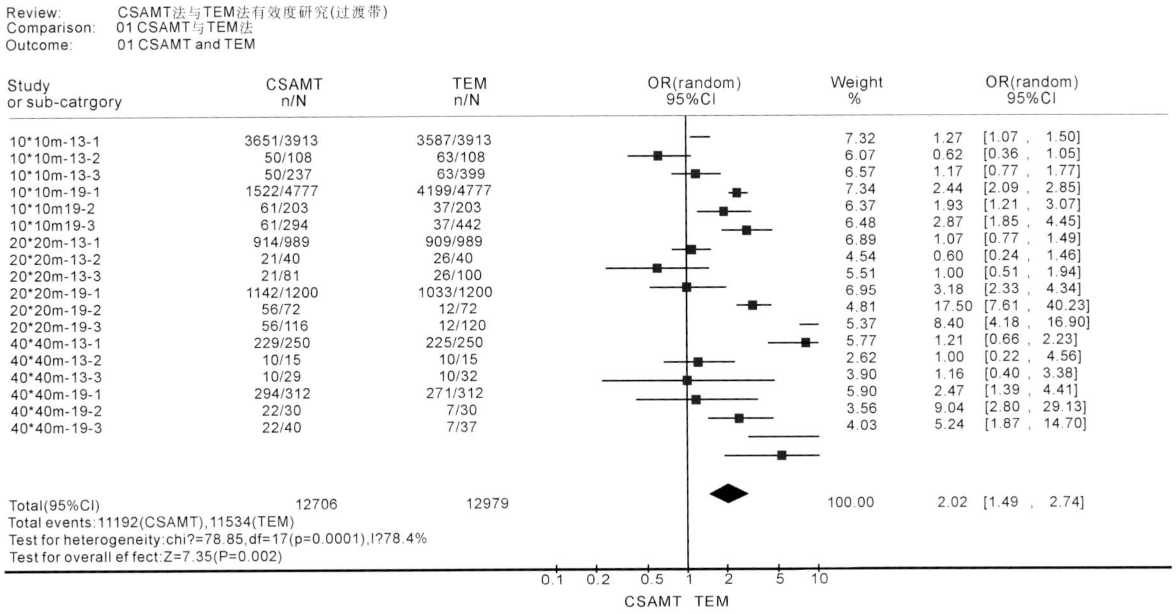

Review:　　CSAMT法与TEM法有效度研究(过渡带)
Comparison:　01 CSAMT与TEM法
Outcome:　　01 CSAMT and TEM

Study or sub-catrgory	CSAMT n/N	TEM n/N	OR(random) 95%CI	Weight %	OR(random) 95%CI
10*10m-13-1	3651/3913	3587/3913		7.32	1.27 [1.07, 1.50]
10*10m-13-2	50/108	63/108		6.07	0.62 [0.36, 1.05]
10*10m-13-3	50/237	63/399		6.57	1.17 [0.77, 1.77]
10*10m-19-1	1522/4777	4199/4777		7.34	2.44 [2.09, 2.85]
10*10m19-2	61/203	37/203		6.37	1.93 [1.21, 3.07]
10*10m19-3	61/294	37/442		6.48	2.87 [1.85, 4.45]
20*20m-13-1	914/989	909/989		6.89	1.07 [0.77, 1.49]
20*20m-13-2	21/40	26/40		4.54	0.60 [0.24, 1.46]
20*20m-13-3	21/81	26/100		5.51	1.00 [0.51, 1.94]
20*20m-19-1	1142/1200	1033/1200		6.95	3.18 [2.33, 4.34]
20*20m-19-2	56/72	12/72		4.81	17.50 [7.61, 40.23]
20*20m-19-3	56/116	12/120		5.37	8.40 [4.18, 16.90]
40*40m-13-1	229/250	225/250		5.77	1.21 [0.66, 2.23]
40*40m-13-2	10/15	10/15		2.62	1.00 [0.22, 4.56]
40*40m-13-3	10/29	10/32		3.90	1.16 [0.40, 3.38]
40*40m-19-1	294/312	271/312		5.90	2.47 [1.39, 4.41]
40*40m-19-2	22/30	7/30		3.56	9.04 [2.80, 29.13]
40*40m-19-3	22/40	7/37		4.03	5.24 [1.87, 14.70]
Total(95%CI)	12706	12979		100.00	2.02 [1.49, 2.74]

Total events:11192(CSAMT),11534(TEM)
Test for heterogeneity:chi?=78.85,df=17(p=0.0001),I?78.4%
Test for overall ef fect:Z=7.35(P=0.002)

0.1　0.2　0.5　1　2　5　10
CSAMT　TEM

图 22.31　CSAMT 法与 TEM 法的 Meta 分析森林图（富矿带）

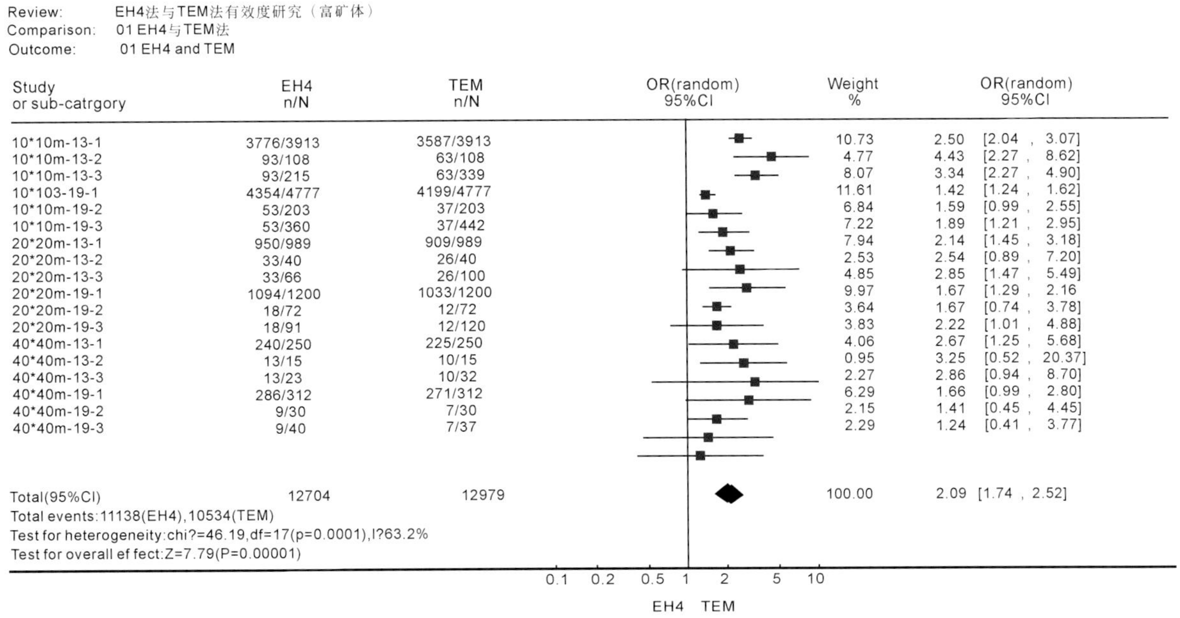

Review:　　EH4法与TEM法有效度研究（富矿体）
Comparison:　01 EH4与TEM法
Outcome:　　01 EH4 and TEM

Study or sub-catrgory	EH4 n/N	TEM n/N	OR(random) 95%CI	Weight %	OR(random) 95%CI
10*10m-13-1	3776/3913	3587/3913		10.73	2.50 [2.04, 3.07]
10*10m-13-2	93/108	63/108		4.77	4.43 [2.27, 8.62]
10*10m-13-3	93/215	63/339		8.07	3.34 [2.09, 4.90]
10*103-19-1	4354/4777	4199/4777		11.61	1.42 [1.24, 1.62]
10*10m-19-2	53/203	37/203		6.84	1.59 [0.99, 2.55]
10*10m-19-3	53/360	37/442		7.22	1.89 [1.21, 2.95]
20*20m-13-1	950/989	909/989		7.94	2.14 [1.45, 3.18]
20*20m-13-2	33/40	26/40		2.53	2.54 [0.89, 7.20]
20*20m-13-3	33/66	26/100		4.85	2.85 [1.47, 5.49]
20*20m-19-1	1094/1200	1033/1200		9.97	1.67 [1.29, 2.16]
20*20m-19-2	18/72	12/72		3.64	1.67 [0.74, 3.78]
20*20m-19-3	18/91	12/120		3.83	2.22 [1.01, 4.88]
40*40m-13-1	240/250	225/250		4.06	2.67 [1.25, 5.68]
40*40m-13-2	13/15	10/15		0.95	3.25 [0.52, 20.37]
40*40m-13-3	13/23	10/32		2.27	2.86 [0.94, 8.70]
40*40m-19-1	286/312	271/312		6.29	1.66 [0.99, 2.80]
40*40m-19-2	9/30	7/30		2.15	1.41 [0.45, 4.45]
40*40m-19-3	9/40	7/37		2.29	1.24 [0.41, 3.77]
Total(95%CI)	12704	12979		100.00	2.09 [1.74, 2.52]

Total events:11138(EH4),10534(TEM)
Test for heterogeneity:chi?=46.19,df=17(p=0.0001),I?63.2%
Test for overall ef fect:Z=7.79(P=0.00001)

0.1　0.2　0.5　1　2　5　10
EH4　TEM

图 22.32　EH4 法与 TEM 法的 Meta 分析森林图（富矿带）

图 22.30 ~ 图 22.32 为 Meta 分析的结果。从图 22.30 可以看出，符合 $\upsilon=K-1$ 的 χ^2 分布。本研究的分析结果显示 $P=0.00001<0.05$（图 22.30 左下角），因此认为各研究异质性明显，选用随机效应模型进行分析。$OR=0.98$（95% CI，$0.64 \sim 1.52$）<0。菱形位于垂直线中间偏右的位置。

从图 22.31 可以看出，符合 $\upsilon=K-1$ 的 χ^2 分布。本研究的分析结果显示 $P=0.00001<0.05$（图 22.31 左下角），因此认为各研究异质性明显，选用随机效应模型进行分析。$OR=2.02$（95% CI，$1.49 \sim 2.74$）>0。菱形完全位于垂直线右侧。

从图 22.32 可以看出，符合 $\upsilon=K-1$ 的 χ^2 分布。本书的分析结果显示 $P=0.00002<0.05$（见图 22.32 左下角），因此认为各研究异质性明显，选用随机效应模型进行分析。$OR=2.09$（95% CI，$1.74 \sim 2.52$）

>0。菱形完全位于垂直线右侧。

（五）有效度综合评价

图22.21、图22.27、图22.30分别从地质分界线、过渡带、富矿体三个层面对CSAMT法和EH4法的有效度进行了对比。三副图的OR值均在1的附近，菱形都位于垂直线上，说明从统计学意义上来讲，差别并不明显（差别无统计学意义），可以认为这两种探查方法的有效度在前山南测区没有明显的区别。图22.22、图22.28、图22.31分别从地质分界线、过渡带、富矿体三个层面对CSAMT法和TEM法的有效度进行了对比。本次发现三副图的OR值均大于1，菱形都位于垂直线右侧，说明在前山南测区，CSAMT法有效度比TEM法要高。同理，从图22.23、图22.29、图22.32可以看出，在前山南测区，EH4法有效度比TEM法要高。

在对CSAMT法与TEM法进行Meta分析中，其结果显示"差别无统计学意义"。"无统计学意义"并非"无统计意义"，这是两个不同的概念。统计学意义是指在研究组和对照组间出现差异时，要考虑这种差异是统计对象间内在的不同还是因统计误差所引起的。对照实际探查情况和统计数据，本次Meta分析之所以差别无统计学意义，主要是由于两种方法在前山南测区的预测精度基本相同所引起的。

第二节　夕卡岩铜铁矿深部地球物理方法——以湖北铜绿山为例

（一）铜绿山矿床地质特征

铜绿山矿床分南北两个矿区，由13个大小不等的矿体群组成，空间上明显呈3个矿带展布，主矿带沿北东22°延伸。矿体在剖面上沿大理岩接触带斜列分布，其中Ⅰ、Ⅲ、Ⅳ、Ⅺ号矿体规模较大，成为主要的工业矿体，Ⅱ、Ⅴ、Ⅶ、Ⅻ号矿体次之。各主要矿体的详细特征如下：

Ⅰ矿体：位于矿区西南部28线至8线之间，由上下两部矿体组成。矿体主体走向北北东向，倾向南东，倾角为70°~80°，主要赋存于岩体与大理岩的接触－破碎带部位。地表矿体为北北东向延伸的不规则长条状，剖面上则为透镜状、似层状，最大延伸为350m，厚50m左右，但矿体倾向延深和沿走向延伸均未控制。矿石类型以铜铁矿石为主，次为铜矿石和铁矿石。矿体上部为氧化矿，下部为原生矿。矿体B+C+D级表内铜金属量26.75万t，占矿床24%，平均品位2.15%，铁矿石量1395.77万t，占矿床的25%，平均品位50.59%。伴生金金属量14257.27kg，Au平均品位为1.20g/t（鄂东南地质队续作设计报告，2009）。

Ⅲ矿体：由四个平行矿体组成，以Ⅲ2号矿体规模最大。其中Ⅲ1、Ⅲ3号矿体位于地表或浅部，早在20世纪70年代就开采完，Ⅲ4号矿体位于负500m左右，斜列于Ⅲ2号矿体之下。Ⅲ2号矿体分布于2~13线，矿体走向北东—南西，长355m，控制最大延深达750m，平面宽5~130m。矿体产在岩浆岩与大理岩接触带，其形态、产状主要受接触带控制。矿体呈似层状、透镜状。矿体在11~13线与Ⅳ1号矿体首尾相接或分离，在其东部平行排列，但不相连。矿体矿石类型以铜铁矿石、铜矿石为主，铁矿石次之。该矿体规模最大，B+C+D级表内铜金属量43.65万t，占矿床的39.37%，平均品位1.71%；铁矿石量2187.79万t，占矿床的38.31%，平均品位37.11%。

Ⅳ矿体：地表出露于13线和39线之间，由5个矿体组成，以Ⅳ1号矿体最大，Ⅳ2及Ⅳ3号矿体次之，Ⅳ4、Ⅳ5号矿体较小。Ⅳ1号矿体分布于9~35线，矿体走向北东—南西，沿走向长480m，平面宽4~40m，最大延深590m。矿体产在大理岩与岩浆岩下接触带，其形态、产状、延深受接触带控制。矿体多呈似层状、透镜状。在其东部的13~17线有平行小矿体分布。矿体具分支、合并、尖灭现象。矿体矿石类型以铜铁矿石为主，铜矿石、铁矿石次之。该矿体规模仅次于Ⅲ号矿体而与Ⅰ号矿体相当。C+D级表内铜金属量31.88万t，平均品位1.55%，占矿床铜储量的24%；铁矿石量1749.88万t，平均品位36.58%，占矿床铁储量的24%。

总之，矿体具有如下特征：

（1）矿体主要为埋藏较深的隐伏盲矿体。如Ⅲ号矿体负 820m 以下仍没尖灭。主矿体埋藏深，具有南北浅、中间深的特点。

（2）矿体（群）走向由于受北北东向断裂-破碎带的控制而多呈北北东向，倾向北东，倾角一般为 55°~80°。

（3）矿体多呈透镜状，似层状，矿体成组出现，构成矿体组，每一组有一主矿体，附属若干小矿体，分布在主矿体上下，平行于主矿体，且南部矿体（Ⅰ）数目少，中部矿体数目多而密集（Ⅲ），北部（Ⅳ）矿体数目少。

（4）矿体厚度变化具中部厚、边缘薄的特点，矿体形态南部（Ⅰ）简单，呈透镜状钝角形尖灭，中部（Ⅲ）矿体形态复杂，剖面上具有分支复合和雁形排列的特点，矿体组为透镜状、似层状，有向深部呈楔形尖灭的趋势，北部（Ⅳ）比较简单，以似层状为主，具雁形排列和尖灭再现的特点（图 22.33）。此外，矿区存在隐爆角砾岩型矿体（刘继顺等，2005），分布在 4 线Ⅺ号矿体的下方，隐伏于石英闪长岩与大理岩接触部位的隐爆角砾岩带中。隐爆角砾岩型矿体总体走向东西—南西西，近直立，长约 120m，平均厚约 20m，控制延伸达 300 余米。矿体叠加于夕卡岩型铜铁矿体上。

铜绿山矿床是由多期次、多阶段和多种成矿作用叠加改造形成的复合矿体，矿石类型较为复杂，可分为四个主要的工业类型，分别为铁矿石、铜铁矿石、铜矿石和少量的钼矿石，其中铜铁矿石是本矿床最主要的矿石类型，占铜总储量的 76.66%，占铁总储量的 85.17%，绝大部分为交代金云母透辉石夕卡岩形成。其次为铜矿石，占铜矿总量的 23.34%，多分布于铜铁矿石的边缘。

矿石结构包括：

（1）自形、他形粒状结构：矿物包括磁铁矿、黄铁矿、辉钼矿及穆磁铁矿，具体可见磁铁矿呈近四面体（图 22.34（a）），穆磁铁矿呈自形针状集合体，黄铁矿呈立方体、五角十二面体等自形，为早期结晶的矿物。晚期结晶的斑铜矿、赤铁矿等多呈他形粒状结构。

（2）胶状再结晶结构：为热液成因的再结晶结构的明显标志，其特征为同心圆状、放射状、胶状黄铁矿表现得最为明显（图 22.34（b））。

（3）固溶体分解结构（图 22.34（c））：两种以上矿物，在一定温度上呈混溶体，由于温度下降而分离，形成同一世代的共结结构，如斑铜矿与黄铜矿的不混溶结构，乳滴状结构等。

（4）交代结构：早生成的矿物被晚生成的矿物交代溶蚀呈残余结构、骸晶结构。如磁铁矿被黄铁矿、黄铜矿交代，黄铁矿被后期黄铜矿、斑铜矿交代；斑铜矿沿黄铜矿边缘及裂隙交代等（图 22.34（d））。

（5）压碎结构：为早期形成的矿物受后期应力作用被压碎形成破碎裂隙状，被后期晶出的矿物沿裂隙交代，反映成矿后存在构造应力作用。如晚期斑铜矿沿黄铜矿的压碎裂隙充填（图 22.34（d））。

根据矿物交代关系和矿物共生组合的特点，可将成矿过程分为 4 个阶段：早期无矿夕卡岩阶段，主要形成透辉石、石榴子石；第Ⅱ阶段退化蚀变阶段，主要形成金云母、绿帘石、透闪石、磁铁矿，以及脉状石榴子石等；第Ⅲ阶段为石英-硫化物阶段，生成的矿物包括钾长石、石英、方解石、绿泥石及硫化物（黄铜矿、黄铁矿、斑铜矿）；第Ⅳ阶段为晚期碳酸盐阶段，形成白云石、方解石脉、菱铁矿等。

（二）成矿模型

1. 控制因素

鄂东南地区不仅存在辉长岩、石英闪长岩、花岗闪长岩和花岗闪长斑岩，而且发育石英二长岩、花岗岩和花岗斑岩等。这些岩体存在持续时间长且由基性到酸性演化的特征（毛建仁等，1990；Xie et al.，2005）。

整个鄂东南地区成矿作用与岩浆活动具有同源、同空间、同时间的亲缘关系，岩浆活动是成矿的主导作用，铜绿山矿床也不例外。铜绿山石英闪长岩侵位于早白垩世，SHRIMP 锆石 U-Pb 年龄为 140±2Ma，

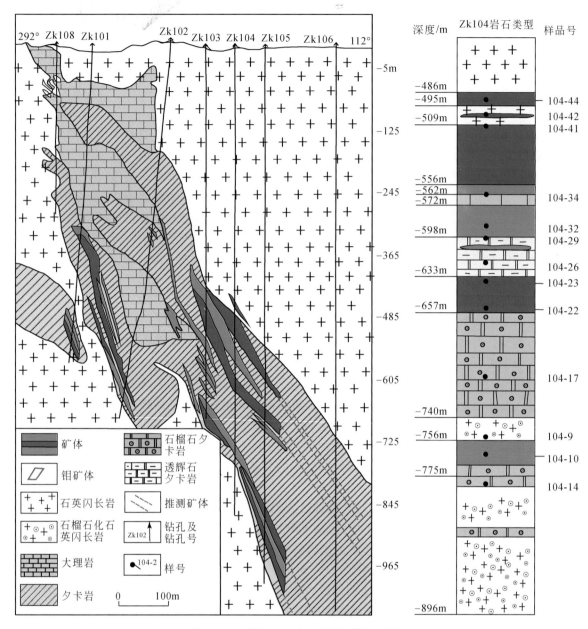

图 22.33　铜绿山矿床 1 号线矿体剖面图

辉钼矿的 Re-Os 等时线年龄为 137.3±2.4Ma，与磁铁矿共生的金云母的 $^{40}Ar-^{39}Ar$ 坪年龄为 140.3±1.1Ma，与辉钼矿晚于金云母形成的地质事件相符合。这说明岩体侵位与矿化近于同时发生。铜绿山矿床矿体产在三叠系大冶组地层与岩体的接触带。铜绿山石英闪长岩地球化学特征属于钙碱质 I 型花岗岩，具准铝质特征（赵海杰等，2010），与世界上多数夕卡岩铜矿相关岩体的地球化学特征一致（Meinert et al.，2005），可见，此类型花岗质岩具有形成斑岩-夕卡岩型矿床的有利条件。多数人倾向认为斑岩型铜矿床 Cu、Fe、Au 是岩浆来源，而在岩浆中金属元素的来源可能包括富集的地幔楔、俯冲的板片和地壳（Sillitoe，1972；Plank and Langmuir，1993；McInner et al.，1999；Maughan et al.，2002）。无论成矿物质是哪种单一或混合来源，都必须具有成矿物质进入岩浆的条件。

　　铜绿山岩体来自富集地幔的部分熔融，且岩体的含铜丰度高达 144ppm（薛迪康等，1997）。Hamlyn 和 Keays（1986）指出地幔部分熔融超过>25% 才能使硫化物完全进入熔体，也只有这样熔出的岩浆才是 S 不饱和的岩浆，在岩浆演化过程中才不会丢失 Cu、Fe、Au 元素（Wyborn and Sun，1994）。铜绿山岩体

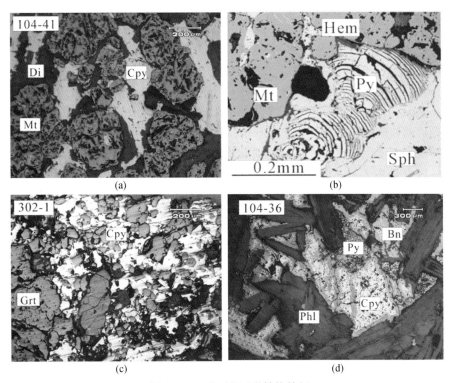

图 22.34　矿石的显微结构特征

具有明显的 Nb、Ta 负异常，而 Li 等（2009）指出这种现象在鄂东南地区岩体中非常普遍，并解释 Nb-Ta 异常是岩浆与俯冲相关的熔体或流体发生交代作用的反应（Müller and Groves，1995）。如果板片来源的流体或者熔体在交代地幔锲的过程中有 S 的带入，这样的地幔锲部分熔融的程度将很容易达到 40% 而溶解所有地幔的硫化物（Métrich et al.，1999），从而形成 S 不饱和的富含成矿元素的岩浆（李祥金等，2006），因此，俯冲作用为岩浆溶解更多的成矿元素创造条件。

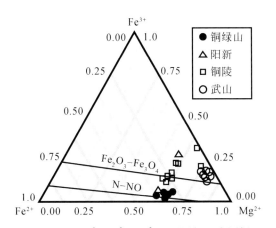

图 22.35　铜绿山石英闪长岩黑云母的 Fe^{3+}–Fe^{2+}–Mg^{2+} 三元图解，底图据（Wones and Eugster，1965）

地幔熔融形成岩浆具有高氧逸度特征可能是金属进入岩浆熔体的最主要机制之一（Silltoe，1997），氧逸度影响熔体中硫的含量和种类、流体与熔体的分异程度和相关夕卡岩的金属含量（Meinert et al.，2005；Simon et al.，2003），同时控制矿物的成分（Einaudi et al.，2003），相对于其他矿化金属元素（如 W、Sn 等），Cu 矿化相关的岩体往往具有较高的氧逸度。铜绿山石英闪长岩中副矿物出现原生楣石，磁铁矿及富镁黑云母，这些共生矿物组合需要的最小氧逸度是 $\log(f_{O_2})$ >NNO+1（Carmichael，1991），说明形成岩体的岩浆在相对氧化的条件下形成，与斑岩型铜矿一致（Dilles，1987；Wones，1989；Streck and Dilles，1998）。铜绿山石英闪长岩全岩的 $Fe_2O_3/$（$FeO+Fe_2O_3$）值为 0.47 ~ 0.85，平均为 0.55，大于 0.40（Meinert et al.，2005）。将黑云母成分投点于 $Fe^{3+}-Fe^{2+}-Mg^{2+}$ 三元图解中，样品点落于 N-NO 缓冲线之上（图 22.35），此外，黑云母的 $Fe^{3+}/$（$Fe^{3+}+Fe^{2+}$）值为 0.08 ~ 0.19，这些都显示了矿物形成于高的氧逸度环境，与长江中下游其他地区（如铜官山、繁昌—铜陵、武山）岩浆岩中黑云母的研究结果相吻合（徐夕生等，2004；楼亚儿等，2006；蒋少涌等，2008）。高氧逸度在岩浆结晶早期阻止了亲硫元素（Cu、Mo）进入到硅酸盐矿物相中，使其作为不相容元素富集在流体相中，为后续的 Cu 矿化创造条件。

地层是控岩控矿的重要因素之一，鄂东南地区绝大多数矿床分布于岩体与不同时代地层接触带上。据统计，三叠系是区内最主要的成矿地层，90%以上的大、中型矿床都与这一层位有关（舒全安等，1992）。早三叠世末期区内开始海退过程，并于三叠系中期出现蒸发沉积，形成了含膏盐碳酸盐岩建造。一方面，由于膏盐碳酸盐岩具有易溶、易分解、塑性较强的物理化学性质，在构造应力作用下容易发生层间滑动和构造虚脱，为岩体侵位和成矿提供了储聚空间；另一方面，由于该建造中含有丰富的碱（Na，K）和碱土（Ca，Mg）和挥发组分（Cl，F，S，CO_2），它们成为成矿元素析出—运移—沉积必不可少的组分，对于成矿流体的性质和演化具有重要作用。铜绿山矿床受地层控制非常明显，三叠系下统大冶组碳酸盐岩（多变质为大理岩或夕卡岩）的第五、六岩性段位主要的赋矿层位，第三、四、七岩性段也赋存矿体，但规模较小。各岩性段所占铜矿储量比例为：T_{1dy6} 占 24.30%，T_{1dy5} 占 54.63%，T_{1dy4} 占 4.82%，T_{1dy3} 占 3.16%（马光等，2005）。从地层岩性成分上看，富钙或含一定钙质的大理岩和白云质大理岩对成矿有利，而较纯大理岩或白云岩则对成矿不利。所以，不同的岩性条件与成矿的疏密关系存在很大的差异。

长江中下游成矿带为夹持于华南板块和华北板块之间的狭长地带，大体呈近东西向展布，铜绿山矿区即位于此成矿带中。矿区构造非常复杂，不仅有切割上地壳或下地幔的深大断裂，还发育有使盖层系统发生严重变形的盖层断裂、褶皱，并经历了多期次、多阶段的构造作用。

大地构造方面，铜绿山矿区深大断裂发育，包括北西向的襄樊-广济、北北东向郯庐深断裂等。据地球物理探测资料，此处深大断裂为深部地质构造的重要分界线，也是软流圈上隆地带，并存在近于直立的低阻带和岩浆房（陆启行等，1993），燕山运动早期本区的最大主压应力方向为北西西—南东东向，形成了深切下地壳或上地幔的深大断裂。深大断裂成为来自深源（上地幔或下地壳）岩浆活动的通道，并控制岩浆岩的分布，也为铜绿山铜铁矿床的形成创造了条件。

矿区构造方面：褶皱、断裂控制了矿床的空间展布，接触带构造控制了矿体的规模、形态与产状。叠加的褶皱构造易于在不同岩性界面之间形成有利矿液运移、沉淀的空间，为形成夕卡岩型矿体提供了良好的储矿场所。规模较大的矿体，大多产在岩体与地层接触-破碎带和叠加的褶皱和断裂交汇部位。

（1）褶皱与断裂构造：北北东向的铜绿山横跨背斜，叠置在北西西向基础构造上。矿体的形态产状受背斜和断裂叠加接触带控制。背斜翼部围岩由于受到岩体侵位过程中的蚕食和破坏作用，而形成呈斜列状分布的一系列半岛-岛链状不连续悬垂体或捕房体，矿体呈似层状或锲状赋存于它们的接触带上。

（2）断裂叠加构造：叠加断裂通常由 1 ~ 3 条平行的主断裂组成，其间可包含数条与主断裂平行或斜交的次级断裂。岩浆沿断裂构造特别是构造交汇部位上侵，将大理岩分割包裹，形成一系列大理岩残留——捕房体，在构造的交汇部位有利于矿液的运移和沉淀，往往形成厚大矿体。

（3）接触带构造：大理岩呈半岛状被岩浆岩包裹成残留——捕房体，构成有利于形成矿体的上下接触带。当大理岩体宽度较窄时，主要形成夕卡岩与夕卡岩型铜铁矿体；当大理岩宽度增大，明显分为上、下接触带时，在接触带附近发生交代作用，形成上下接触带的平行矿体。此外，陡倾斜的接触面，或接触面由陡变缓，由缓变陡的产状转折部位，易形成厚大的透镜状矿体。

2. 流体来源

岳书仓等（1998）认为长江中下游存在两个系列的成矿流体作用。此后，周涛发（2000）基于成矿流体系统分析，认为长江中下游地区铜（金）矿床主要有两个系列：海西期海底喷流（热水）沉积成矿系列和与燕山期中酸性侵入岩有关的成矿系列，这两个系列具有不同的地球化学特征。海西期海底喷流（热水）沉积成矿系列主要指的是铜陵地区出现的层状矿体，且目前其成因还存在不同的认识（曾普胜等，2005；毛景文等，2009）。顾连兴等（2002）对长江中下燕山期热液铜（金）矿床的主要类型做了成矿流体对比研究，认为成矿作用早期均一高温（>450℃）和高盐度（>45wt% NaCl）流体为特征，晚期流体温度和盐度均较低，这些矿床的流体来源均以岩浆热液为主，但成矿作用晚阶段有一定数量的大气降水加入。

鄂东南地区石炭系—二叠系—三叠系是最主要的容矿地层，集中了区内大多数金属矿床。通过对研究区内各地层的成矿元素丰度与全球地壳相应元素丰度对比可知（图22.36），Pb在各地层的丰度均高于地壳丰度，富集程度明显，而Cu仅在泥盆系和二叠系略显富集，Zn在志留系和泥盆系中略富集，而钼在泥盆系和二叠系富集，Au和Fe在区内这些地层中丰度低，其中Au主要富集在三叠系第一和第五段，而Fe在下侏罗统中富集（舒全安等，1992）。铜绿山铜铁矿床赋存在三叠系下统大冶组，而大冶组碳酸盐岩石的铜含量为1.4～4.5ppm，含铜丰度较低。由此可见，尽管区内与燕山期侵入岩相关的夕卡岩铜铁矿床矿体多赋存在石炭系—二叠系—三叠系这些特定的地层层位中，但这些地层中的成矿元素含量并不高，说明这些地层提供成矿元素的可能性并不大。

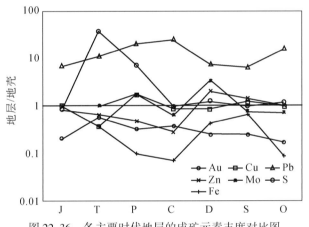

图22.36　各主要时代地层的成矿元素丰度对比图

原始数据来源于薛迪康等，1997；横坐标为各时代的简称

根据矿床中硫同位素的组成，分析矿床中硫的来源，进而可以用来探讨矿床的成因。在热液矿床中，硫的来源是多种多样的，大致可以分为三类：①地幔硫，接近于陨石的硫，其δ^{34}S值接近0，并且变化范围小；②地壳硫，在沉积、变质和岩浆作用过程中，地壳物质的硫同位素发生了很大的变化，各类地壳岩石的硫同位素组成变化很大，海水或海相硫酸盐的硫以富^{34}S为特征，生物成因硫则以贫^{34}S富^{32}S为特征；③混合硫，地幔来源的岩浆在上升的侵位过程中混染了地壳物质，各种硫源的同位素相混合。一般认为原始地幔硫同位素组成是近均一的，其δ^{34}S变化很小（0～3‰；Ohmoto，1997）。在高温的内生条件下，地幔源硫形成的硫化物在各种氧化还原、交换反应和动力学过程中产生分馏，其δ^{34}S值偏离陨石值一般不超过±10‰。如果δ^{34}S值的变化范围不超过10‰，可以说明其硫源储库是均一的。

据常印佛等（1991）对长江中下游地区40多个矿床千余个硫同位素资料统计结果，δ^{34}S为0～5‰者占有45.1%，5‰～15‰者占有38.6%，15‰以上者占有6.7%，0～-5‰者占有2.3%，-5‰以下者占有0.56‰。在长江中下游成矿带内，硫源为多种来源的夕卡岩型铜矿床的硫同位素组成范围明显较大。如月山矿田安庆铜矿中δ^{34}S变化范围为-11.25‰～19.24‰，极差达30.49‰。同种矿物的δ^{34}S值变化亦很大，如黄铁矿为-10.09‰～11.78‰，黄铜矿为-11.23‰～13.11‰；龙门山矿床金属硫化物的硫同位素组成在2.30～11.83‰以上；这些矿床中的硫被解释为岩浆硫、含膏盐地层硫和碎屑地层硫的混合（Zhou et al.，1999）。

铜绿山矿床中的硫化物的硫值 $\delta^{34}S$ 值均为正值，且变化范围较窄（0.71‰~3.8‰），平均值2.0‰。硫同位素直方图呈明显的塔式分布，峰值出现在0.6‰~1.4‰（Zhao et al.，2012）。在不同储库硫化物硫分布图上，铜绿山矿床的 $\delta^{34}S$ 值同幔源硫（0~3‰，Ohmoto，1997）相近，但与花岗质岩浆的 $\delta^{34}S$ 值（5‰~15‰，Ohmoto，1997）相比则小，较窄的硫同位素变化范围完全不同于月山矿田等多种硫源的同位素组成。因此，铜绿山矿床的硫可能来自单一的硫源，即岩浆热液。

近年来，随着同位素测试技术的提高，Re–Os同位素体系不仅被广泛应用于同位素地质年代学研究，而且可作为判断金属矿床成矿物质来源强有力的示踪剂和成矿过程中地壳物质混入程度的高灵敏度的指示剂（Walker et al.，1989，1994；Foster et al.，1996；吴福元等，1999；Stein et al.，2001；Lambert et al.，1999；Mao et al.，1999）。Mao等（1999）在对比研究了中国各类钼矿床中辉钼矿的铼含量后，总结出从地幔到壳幔混源再到地壳，矿石中铼的平均含量从几百×10^{-6}→几十×10^{-6}→几×10^{-6}，呈10倍地下降。Stein等（2001）认为，来自幔源的基性和超基性岩浆底侵、交代或熔融形成的 $Cu\pm Mo$ 矿床比壳源型矿床具有较高的Re含量。铜绿山矿床中辉钼矿的Re含量范围为（261.4~665.4）×10^{-6}，与铜绿山石英闪长岩相关的鸡冠嘴铜（金）矿床的辉钼矿的Re含量范围为（425~1152）×10^{-6}，与全球各地的斑岩-夕卡岩型铜钼矿床中辉钼矿的Re含量大致相同（Mao et al.，1999，2006，Berzina et al.，2005），高的Re含量可能暗示了部分地幔物质参与了铜绿山铜铁矿体的成矿作用。

夕卡岩型矿床发育两种不同的蚀变矿物组合：早期石榴石+辉石夕卡岩和晚期退化蚀变含水矿物组合。多数研究认为早期无水夕卡岩矿物形主要形成于岩浆水，而形成晚期含水矿物的流体主要为大气降水（Einaudi et al.，1981）。但是 Meinert 等（2003）研究了两个典型的夕卡岩Cu铜矿床后，指出两种不同的蚀变矿物组合均形成于岩浆水。同时，Pan 和 Dong（1999）研究了长江中下游铜铁矿床后认为没有明显的证据表明在夕卡岩矿床中流体从早到晚演化过程中，存在越来越多的大气降水的加入。赵一鸣等（1990）通过对中国夕卡岩型矿床的研究表明，夕卡岩型矿床的 δD 为 $-90.3‰~-48.3‰$（平均5.9‰），$\delta^{18}O_{H_2O}$ 为3.35‰~9.59‰（平均-67‰），氢氧同位素组成基本落于岩浆水或接近岩浆水范围，成矿流体中岩浆水占据主要地位。

铜绿山矿床的氢氧同位素分析表明，退化蚀变阶段的金云母和绿帘石的 $\delta^{18}O$ 值与夕卡岩阶段的石榴子石和透辉石不同，呈明显的减小的趋势。石英-硫化物阶段的 $\delta^{18}O$ 值呈同样的特征，但是仅小幅度偏离岩浆来源的 $\delta^{18}O$ 值范围。石英-硫化物阶段的石英和夕卡岩阶段的石榴子石和透辉石基本落于或接近于原生岩浆范围内，说明成矿期主要的岩浆来源，但是退化蚀变阶段绿帘石的 δD 升高，向雨水线和变质水范围漂移，可能在形成过程中岩浆热液与围岩的变质水和大气降水发生了同位素交换反应。这些说明在铜绿山矿床的演化过程中，成矿流体主要为岩浆水，自退化蚀变阶段存在大气降水的加入，但是，没有证据说明越来越多的大气降水加入。石英-硫化物阶段含子矿物包裹体是通过石盐子矿物的溶解而均一，完全不同于前两个阶段中含子矿物通过气泡的消失而均一，说明其原始溶液由夕卡岩阶段和退化蚀变阶段的不饱和溶液转变为饱和溶液，暗示了此阶段外界大气降水流体的混入比例是有限的。

3. 成矿模型

通过以上多方面对铜绿山矿床详细剖析，现总结该矿床的成矿模式（图22.37）如下：

早白垩世时，来自地幔的碱性玄武质岩浆，经历结晶分离作用和上升过程中的地壳混染作用，形成高钾闪长质岩浆，岩浆侵入到下三叠统大冶组地层，导致碳酸盐岩地层发生接触变质作用，形成大理岩及白云质大理岩，部分地层呈捕房体残留在岩体内。矿化集中出现在岩体的外接触带，少量出现在内接触带。北东向的褶皱和断裂构造的交汇部位是矿体赋存的有利部位，矿体形态受控接触构造，呈透镜状和似层状。

（三）铜绿山矿区的预测准则

铜绿山矿田位于阳新岩体的西北缘，矿田发育大量的岩体，以全国最大的铜绿山夕卡岩铜（铁）金

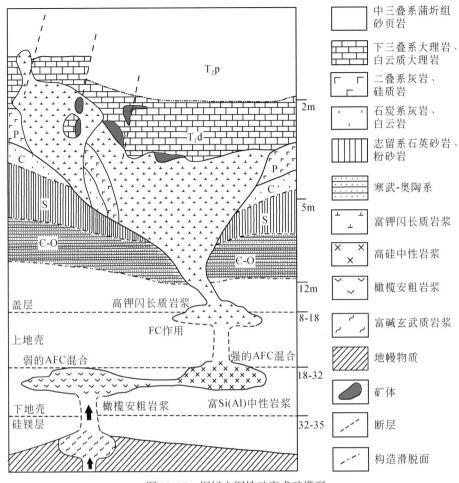

右侧图例（自上而下）：

中三叠系蒲圻组砂页岩
下三叠系大理岩、白云质大理岩
二叠系灰岩、硅质岩
石炭系灰岩、白云岩
志留系石英砂岩、粉砂岩
寒武-奥陶系
富钾闪长质岩浆
高硅中性岩浆
橄榄安粗岩浆
富碱玄武质岩浆
地幔物质
矿体
断层
构造滑脱面

图 22.37　铜绿山铜铁矿床成矿模型

矿为中心，依次西北方位发育桃花嘴夕卡岩（铜铁）金矿和鸡冠嘴（铜）金矿（图 22.38），矿体呈北东向分布。由此可见，存在以铜绿山为中心，依次存在成矿元素分带：铜（铁金）→铜金（铁）→金（铜铁）。对于桃花嘴和鸡冠嘴来说，存在水平铜→铜金矿体分带，鸡冠嘴存在由岩体向外发育铜→铜金→金矿体分带。每个矿床不同部区发育斑岩型矿化。根据成矿元素分带和研究，认为深部存在隐伏斑岩型大矿的潜力，特别该矿田南部。对典型矿床的野外调研和室内工作表明铜绿山矿田存在很短的成岩和成矿的时差，含矿岩体为富钠钙碱性 I 型花岗闪长岩。

全面整理铜绿山矿田的地物化矿资料，大量坑道剖面和钻孔岩心的观察，对比研究了铜绿山岩体与区域成矿岩体的地质地球化学异同性，认为铜绿山矿田的控矿因素和成矿预测准则：

（1）铜绿山矿田的岩体与阳新岩基在矿物组成、侵位年龄、地球化学方面具有可对比，成岩成矿为同一地质事件，花岗闪长岩提供了成矿物质来源和热源。

（2）矿田依次发育斑岩铜钼矿、夕卡岩铜（铁）金矿、夕卡岩（铜铁）金矿和夕卡岩（铜）金矿，分别以猴头山、铜绿山、桃花嘴和鸡冠嘴为代表，分析矿床地质特征和同位素测年，表明它们为同一成矿系统，为与花岗闪长岩有关的夕卡岩矿床。

（3）铜绿山矿田的夕卡岩矿床经历了石榴子和透辉石夕卡岩阶段、金云母和绿泥石退化蚀变含水夕卡岩阶段、磁铁矿阶段和硫化物阶段，以铜绿山矿床发育最为完整，与传统的夕卡岩矿床的演化不同之处在于硫化物阶段很少发育石英，多呈黄铜矿细脉和网脉及黄铜矿与方解石共生团块。

（4）矿体呈北东东走向展布，主要分布于北东东向和北西西向交汇处，具有等间距性，产于花岗闪长岩内部和大理岩捕房体与岩体的内外接触带产状变化的膨大部位，大理岩捕房体分布具有东深西浅和

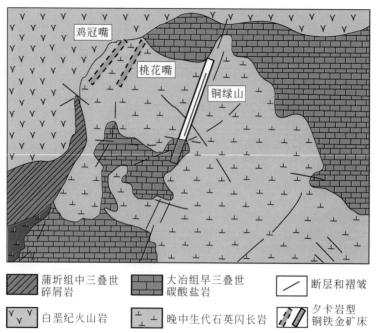

	蒲圻组中三叠世碎屑岩		大冶组早三叠世碳酸盐岩		断层和褶皱
	白垩纪火山岩		晚中生代石英闪长岩		夕卡岩型铜铁金矿床

图 22.38　鄂东南地区铜绿山矿田地质简图，显示三个重要夕卡岩铜铁金矿床的位置（据鄂东南地质大队清样改编）

北深南浅的趋势。厘定岩体中隐伏的大理岩分布规律及其与岩体的接触带产状为隐伏大矿预测的重中之重。

（5）矿体存在明显的蚀变分带特征，据钻孔资料分析，蚀变规模是矿体规模的 10 倍左右，由岩体到大理岩蚀变分带依次为：新鲜岩体、高岭土化岩体、弱石榴子石化夕卡岩（中间发育石英钾长石辉钼矿化带）、石榴子透辉石化夕卡岩、透辉石化铜矿石、金云母透辉石化铜铁矿石、透辉石化大理岩，与铜铁矿密切相关蚀变为透辉石夕卡岩化。立体的蚀变分布规律是隐伏大矿定位预测的地质理论之一。

（6）已有的化探资料表明，区域具有 Ag、Zn、Cu 和 Mo 组合异常，剖面的矿体顶部、中部和底部的成矿元素 Cu×50/Fe 值分别为大于 3.0、1.0 ～ 3.0 和小于 1.0 ～ 1.5，相应的 Ag×1000/Cu 分别为大于 1、0.1 ～ 0.5 和 0.1（图 22.39）。

（7）花岗闪长岩、矿体和大理岩具有明显不同的磁性、重力和电阻，石英闪长岩为磁铁矿系列，岩体和矿体均具有较高磁性和重力而有较低电阻，大比例重力、磁法和电法是隐伏大矿定位的方法。

（四）铜绿山矿区的 EH4 研究

1. 基本概况

根据以上提出的成矿模型和隐伏大矿预测准则，与鄂东南地质大队铜绿山危机项目合作，开展铜绿山 4 线、8 线、24 线、29 线、33 线的 EH4 物探测量，其中 4 线已有的钻孔较多，近两年实施危机矿山项目已完成了 ZK403、ZK404 直孔和 ZK402 斜孔，ZK405 深度达 800 ～ 1100m 深孔，基本上摸清了大理岩和矿体分布。根据已有的资料，8 线、24 线、29 线、33 线深部存在隐伏大矿，鄂东南地质大队正在开展深部钻孔工作。因此，开展 4 线、8 线、24 线、29 线、33 线 EH4 测量不仅可以预测靶区，而且验证是否为夕卡岩铜铁矿的深部隐伏矿定位的 EH4 有效性。本次研究在测区共布置了五条测线，总长 4100m。共计 EH4 电磁测深观测点 169 个。野外实测过程中，因受地形、干扰等因素发生丢点现象，但测深总数未变，具体工作点数如表 22.9。

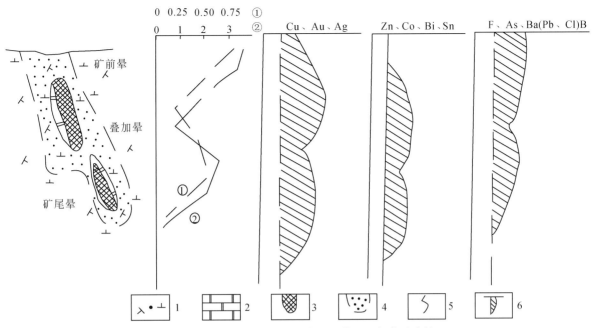

图 22.39   铜绿山式多层矿体原生异常概括模型（据薛迪康等，1997）

①Ag×1000/Cu，②Cu×50/Fe；1. 石英闪长玢岩；2. 大理岩；3. 矿体；4. 原生晕范围；
5. 元素比值曲线；6. 垂向元素组合异常曲线

表 22.9   湖北铜绿山铜铁矿高频大地电磁测深（EH4）实测点数统计表

线号	起迄测点编号	测线长度/m	点距/m	实测点数
4	100～625	525	25	22
8	125～650	525	25	22
24	125～500	375	25	16
29	50～1525	1475	25	60
33	150～1350	1200	25	49
合计		4100		169

　　一般情况下，大地是非均匀的，波阻抗是空间坐标的函数，此时必须用张量阻抗来描述。此外，大地电性分布的不均匀性，会引起电场的梯度变化，由此又产生磁场的垂直分量。进一步的讨论将会涉及较深的电磁场理论和张量分析等内容，其知识已超出本次的研究内容。在解决一般性的工程地质调查中，作标量或张量观测即可。

　　StrataGem 电磁系统野外工作有两种工作方式：一种是单点测深；另一种是连续剖面测深，选用何种方式由研究任务确定。该系统通常采用天然场源，只有在天然场信号很弱或者根本没有信号的频点上，才使用人工场源，用以改进数据质量，提高数据信噪比。StrataGem 电磁系统可以在 10Hz 至 92kHz 的宽频范围内采集数据，为确保数据质量与工作实效，上述频带又分成三个频组：

　　一频组：10Hz 至 1kHz；

　　二频组：500Hz 至 3kHz；

　　三频组：750Hz 至 92kHz。

　　具体观测中使用哪几个频率组，可视情况灵活掌握。在野外能实时获得的 H_y、E_x、H_x、E_y 振幅，Φ_{Hy}、Φ_{Ex}、Φ_{Hx}、Φ_{Ey} 相位，一维反演和二维电阻率成像结果。在室内数据处理后，可获得二维正、反演结果等。电偶极方向是用罗盘指示，用皮尺测量偶极距离，并进行地形改正，误差小于 0.5m，方位差小于 1°。在开展工作的前一天做平行试验，检测仪器是否工作正常，两个磁棒相隔 5m 远，平行放在地面，两个电偶极子也平行。观测电场、磁场通道的时间序列信号，如图 22.40 所示，分别为低频和高频段磁场、电场信号波形图，从图中可以看出，两个方向通道的波形形态和强度均基本一致，说明仪器工作正常。

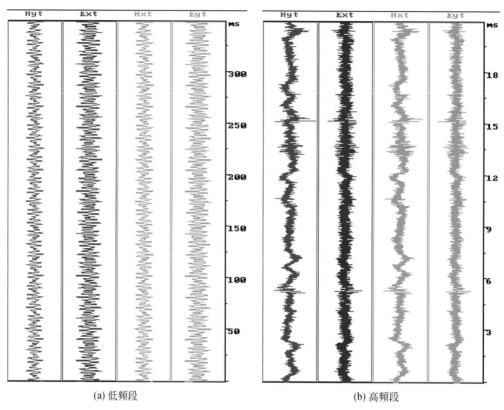

(a) 低频段   (b) 高频段

图 22.40   平行试验检查仪器通道相关性波形图

如图 22.41 所示，本次工作共用四个电极，每两个电极组成一个电偶极子，为了便于对比监视电场信号，其长度都为 20m，与测线方向一致的电偶极子叫做 X- Dipole；与测线方向垂直的电偶极子叫做 Y- Dipole。为了保证 Y- Dipole 电偶极子的方向与 X- Dipole 的相互垂直，用森林罗盘仪确定方向，误差<±0.5°；电偶极子的长度用测绳测量，误差在 5m。磁棒离前置放大器大于 5m，为了消除人文干扰两个磁棒埋在地下至少 5cm，用罗盘定方向使其相互垂直，误差控制在<±2°，且水平。所有的工作人员离开磁棒至少 10m，尽量选择远离房屋、电缆、大树的地方布置磁棒。电、磁道前置放大器放在测量点上，即两个电偶极子的中心，为了保护电、磁道前置放大器应首先接地，远离磁棒至少 5m。主机要放置在远离 AFE（前置放大器）至少 5m 的一个平台上，而且操作员最好能看到 AFE 和磁棒的布置。

野外采集的时间序列的数据进行预处理后，在现场进行 FFT 变换，获得电场和磁场虚实分量和相位数据。并且，进行现场一维 BOSTICK 反演；在一维反演的基础上，利用 EH-4 系统自带的二维成像软件进行快速自动二维电磁成像。

在测区内进行了 5 个检查点，达到了总测点数的 4.76%，符合规范要求。对于同一点位进行的两次观测的电阻率-频率曲线形态一致，如图 22.42 所示，为 24 线 200 号点两次观测数据的形态图。每个测点电场强度基本大于 $0.01\mu V/m$，磁场强度大于 $0.01mGamma$；用全信息矢量相干度评价数据质量（CP），75% 的频点的全信息矢量相干度在 0.5 以上，如图 22.42 和图 22.43 所示。

$$CP_{ij} = \frac{1 - D_{ij}}{|R_{ij}|_L}$$

式中，$\qquad R_{ij} = \frac{1}{L}\sum_{L=1}^{L}(Z_{ij})_L, \; D_{ij} = \frac{1}{L}\sum_{i=1}^{L}|(Z_{ij})_L - R_{ij}| \qquad (i, j = x, y)$

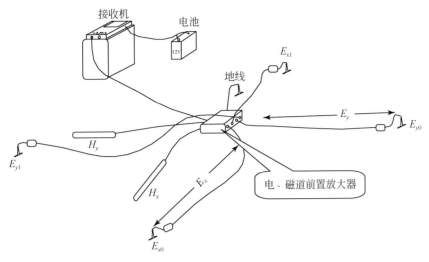

图 22.41　EH4 工作布置示意图

$$Z_{ij} = \frac{\overline{E_i A^* H_j B^*} - \overline{E_i B^* H_y A^*}}{\overline{H_i A^* H_j B^*} - \overline{H_i B^* H_y A^*}}$$

式中，Z_{ij} 为阻抗张量元素；$L=1$，2，3，4 为四种不同的计算方法。

由此可见，在大冶测区开展的 EH-4 电磁测深数据采集是可靠的，为数据处理和资料解释提供可靠保障。

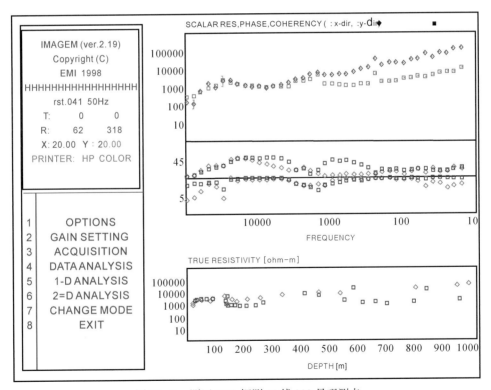

图 22.42　测区 EH4 探测 24 线 200 号观测点

通过测区五条 EH4 剖面的实地测量结果，结合现场观察的地质情况以及已知剖面揭示的岩体与大理岩的分布情况，将本次工作对各类地质体的圈定原则归纳如下：

（1）岩体界线：将电阻率值小于 $1250\Omega \cdot m$ 的地层划定为岩体。

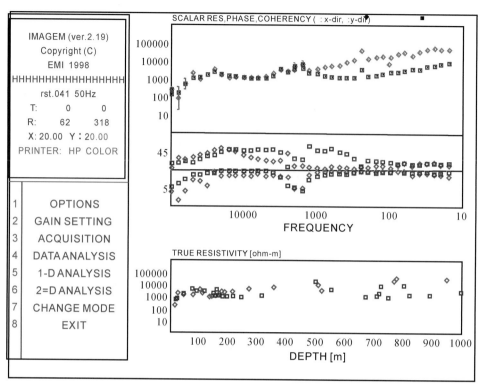

图 22.43　测区 EH4 探测 24 线 200 号检查点

（2）大理岩界线：将电阻率值大于 2000Ω·m 的地层划定为大理岩。

（3）接触带界线：接触带位于岩体与大理岩界线之间，也就是电阻率在 1250~2000Ω·m 的地层，根据测线不同，有所出入。

（4）可能的良好找矿空间：位于接触带内，规模较大，过渡带相对宽缓，岩体边界形态不规则，在各邻近剖面连续性较好等特征综合判定。

2. EH4 剖面解译

4 线基本上是在矿区的采坑内进行测深的，地表充填土以风化花岗岩为主，但由于工作前有降水，因此接地电阻比较小，满足测量要求的同时，也导致 EH4 反演浅部电阻率偏低，因此浅部低阻异常在找矿靶区的确定方面，不具备讨论的价值。采坑两侧由于是水泥公路和居民区，不能测点，因此测线两端的异常未能封闭。4 线东南端发育花岗岩体，西北端主要是大理岩。并且在东南端的岩体中，有来自西北端的大理岩插入，在其接触部位，形成夕卡岩化的矿（化）带，因此，接触带是本区地质找矿的主要目标体。由于本测线的地质和物探工作已经很详尽，验证前期工作成果，是本次 EH4 工作在本测线的主要工作目的。

钻孔资料揭露：铜绿山 4 线从西北端插入过来的大理岩在东南端主要分布在标高 -700~-900m，在标高 -600~-900m，断断续续有铜铁矿体发育，为外接触带夕卡岩型的矿体。如图 22.44 所示：EH4 剖面示意图显示：在东南端的相应位置，存在一电阻率在 1500Ω·m 以上的相对高阻，推测为大理岩，命名为 Mb1，从西北端插入东南端，与岩体形成接触带 4-Ⅱ，其产状往东倾斜。从这一点上，物探剖面图与钻探资料基本吻合。Mb2 发育在东南端的标高 -1100~-1500m。推测为深部大理岩捕虏体。与其上部岩体形成接触带 4-Ⅲ，根据 Mb1 的成矿机制，在接触带 4-Ⅲ 中，也有良好的找矿空间，但由于深度太深，分辨率不足，无法在 Mb2 中圈定成矿有利空间的具体位置。在 400 号点以东标高 -300~-600m，出现了一特高高阻中心，电阻率在 5000Ω·m 以上，但钻探资料揭露，本段发育的是相对较低电阻的岩体。实地探测时，本段有采矿工人居住，形成较大的电磁干扰，影响反映本段深度的电磁波，形成假高阻。因此，根据假高阻圈出的接触带 4-Ⅰ，也不存在。

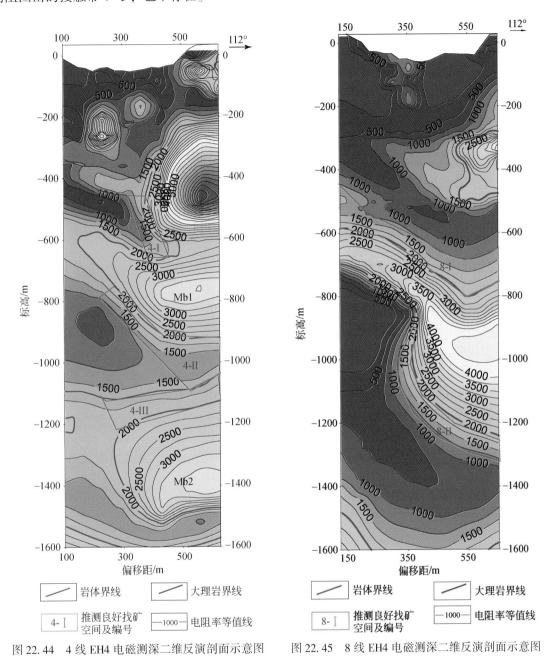

图 22.44　4 线 EH4 电磁测深二维反演剖面示意图　　图 22.45　8 线 EH4 电磁测深二维反演剖面示意图

　　铜绿山 8 线在 4 线南边 100m，基本上也是在矿区的采坑内进行测深的，地表充填土以风化花岗岩为主，但由于工作前有降水，因此接地电阻比较小，满足测量要求的同时，也导致 EH4 反演浅部电阻率偏低，因此浅部低阻异常在找矿靶区的确定方面，不具备讨论的价值。采坑两侧由于是水泥公路和居民区，不能测点。因此测线两端的异常未能封闭。如图 22.45 所示，根据 EH4 剖面图电阻率等值线形态，以 2000Ω·m 为下限，圈定了大理岩界线如图 22.46 中的红线所示。大理岩在西北端比较薄，厚度在 100m 左右。从 350 号点开始往东南，大理岩层突然增厚，从标高 −700 ～ −1300m 均有发育，达到 600 多米厚。在大理岩的上下两侧，均为相对较低电阻的岩体。这样，形成两个接触带。如图 22.45 所示，分别命名为 8-Ⅰ 和 8-Ⅱ。钻孔资料揭露，本测线的大理岩在钻孔 801 的位置，标高 −750m 左右开始发育，在 1000m

深的范围内未封闭。大理岩内部发育有零星的岩体。在-845m标高处揭露有铜铁矿体，其产状往东倾斜。而从EH4剖面图上看到：在相应位置，也就是8-Ⅰ的位置，刚好位于接触带内，电阻率有向下凹陷的趋势，体现出低阻的特征。因此，在8线处EH4探测结果是有效的。按照钻孔资料揭露的矿体发育产状，可以推测，沿着大理岩与岩体的接触带，往西北延伸，如图22.45中8-Ⅰ号接触带所示，应该是良好的找矿空间。往东由于地形限制，未能进行测点，因此情况未知。接触带8-Ⅱ与大理岩形态一致。在标高-600～-1200m标高发育，应该存在一定的成矿条件，可以利用钻孔工作验证。在本测线550号点以东的标高-300～-500m，有一相对高阻，其电阻率在1500Ω·m以上，可能是大理岩的反映，但钻孔801揭露本段发育的是岩体，实地探测时，本段有采矿工人居住，形成较大的电磁干扰，影响反映本段深度的电磁波，形成假高阻。

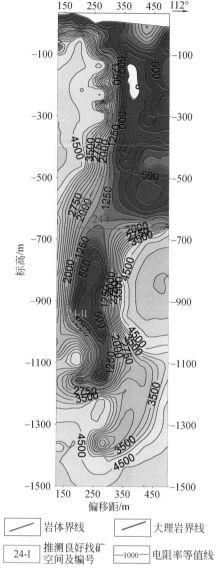

图22.46　24线EH4电磁测深二维
反演剖面示意图

铜绿山24线由于穿越矿区的采坑边缘，地形陡峭。无法通行，因此测点均有偏移，这一点在工作布置图上已有显示。而且地表由于受雨水的浸泡，以及风化岩体的低阻以及零星矿体的影响，导致表面电阻偏低，缺乏讨论的价值。本测线的推测地质情况如下：在本线中浅部，也就是标高-700m以上，西北段发育的是大理岩，东南段发育的是岩体。在标高-700m以下，从西北端开始，发育着往东倾斜的岩体，到达东南端时，深度已经在1000m左右，在此岩体上部为大理岩。如图22.46所示，在浅部，EH4剖面图很好地反映了岩体与大理岩的分布范围。东南端的电阻率一般在500Ω·m左右，个别部位电阻率更低，推测为受电磁影响的原因。但总体呈现出反映岩体的低阻，圈定为Ⅰ号岩体。在西北部的大理岩区域，电阻率呈现出高阻。而在深部，低阻层（电阻率在1000Ω·m以下）分布在200～350号点之间的-700～-1200m，产状陡立，与地质推断的产状略有出入，圈定为Ⅱ号岩体。在150～300号点的标高-1100m以下，存在一片高阻层，推测为大理岩的反映。圈定本测线两个接触带如下：在250～500号点的-650m标高处的接触带，命名为24-Ⅰ号接触带；

在175～275号点的-1000m标高处岩体与大理岩的接触带，其范围如图所示，命名为24-Ⅱ，其余岩体周边的过渡空间也属于接触带找矿空间，具备一定的找矿潜力。在24-Ⅰ号接触带位置，钻孔揭露有相当规模的铜铁矿体，其产状与接触带产状相似，因此推测沿着24-Ⅰ号接触带往西，具有良好的成矿条件和找矿前景。24-Ⅱ由于比较深，地质、钻探均未涉足，但从EH4剖面图来看，接触带的形态不规则，而且岩体超覆在大理岩之上，具备极好的成矿条件。

铜绿山29线位于的西北段位于尾沙堆积区，东南端地表则是风化土。两段都由于雨水的灌溉，在浅部呈现出低阻，因此缺乏讨论的价值。地质资料则显示本测线从东南往西北方向，依次分布花岗闪长岩体、矿体和大理岩，探测目的为岩体中大理岩的分布及接触面形态。如图22.47所示，以电阻率小于1250Ω·m为依据，划定出岩体的展布范围。在300号点以西，岩体分布在-400～-650m，在300～900号点，岩体变薄，并且随着大理岩的扩张往浅部抬升。在900号点以东，岩体产状往东倾斜，厚度逐渐增大，最厚处达到300m。以电阻率2000Ω·m为下限，圈出深部大理岩的分布情况如图22.47所示。可以看出，大理岩在-1400m的深度内未封闭，为规模较大的捕房体。可以看出，岩体与大理岩的接触带比较规整，在大理岩的上部均有分布，电阻率等值线相对较为宽缓，规模较大，局部形成超覆接触带构造，有成矿的可能性，命名为 29-Ⅰ。

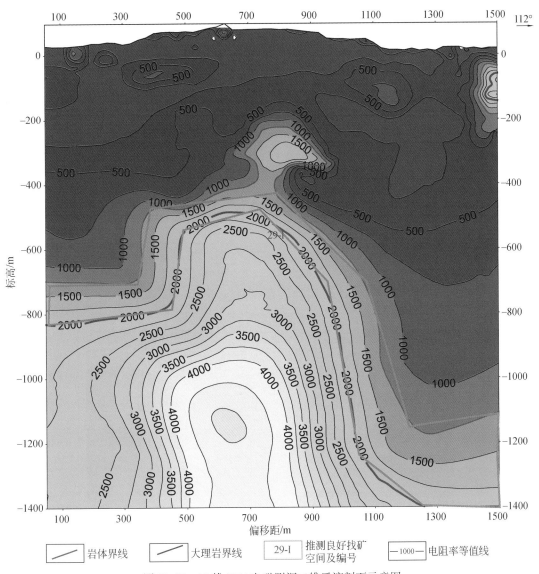

图 22.47　29 线 EH4 电磁测深二维反演剖面示意图

　　铜绿山 33 线剖面测线在 29 线西侧 50m。测线西北端通过山顶的一座庙宇。往东南方向一直沿着马路。刚好马路旁有电线通过。且由于离 29 线太近，不便偏移。因此电磁场受干扰比较严重。在资料处理时，对干扰严重的频段进行了校正。而且浅部的电阻率同样缺乏讨论价值。如图 22.48 所示，本剖面总体电性结构与 29 线基本相似。最大的区别在与大理岩捕房体在 1500m 深度内有封闭的趋势。按照上述原则划定岩体与大理岩的范围如图 22.48 所示。可以看出，在大理岩捕房体内，也就是 900～1000 号点的标高 −1000～−1300m 处，有一产状往北西倾斜相对低阻带，但考虑到电阻率仍然在 2000Ω·m 以上，因此推测其矿（化）可能性比较低，估计为某个小断层构造发育其间。750 号点以西的岩体与大理岩的接触带，考虑到实地测量时，受电磁干扰影响比较严重，因此，电阻率等值线图显示的接触带的空间位置需慎重使用。另在 750 号点以东的标高 500m 附近，电阻率等值线图显示存在一个厚约 100m 的接触带，同样是上有岩体，下为大理岩，有一定规模，电阻率等值线相对较为宽缓，属成矿有利空间，编号为 33-Ⅰ。

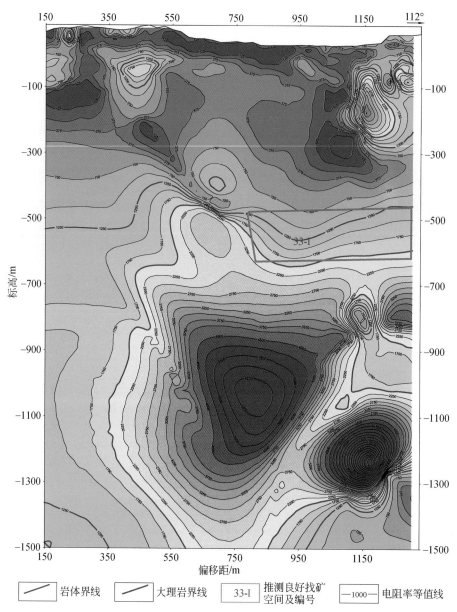

图 22.48　33 线 EH-4 电磁测深二维反演剖面示意图

3. 测区 EH4 异常综合分析

（1）在已知剖面 4 线，EH-4 探测结果很好地显示了中部（-800m 标高附近,）以及深部（-1400m 标高附近）的大理岩与岩体范围，圈定了两者之间过渡区域，优选了 4-Ⅰ、4-Ⅱ、4-Ⅲ 三个异常空间，指明了中深部良好的找矿空间，整体而言其对接触带空间的反映与已知地质剖面对应性良好。在 4 线和 8 线东南段（575 号点附近）的标高-400m 附近，电阻率值呈现出特高阻（常规应是大理岩的反映），但钻孔资料揭露的是岩体（常规应是低阻反映），此高阻明显是由电磁干扰所引起，也与岩体局部夹灰岩有一定的关系。尽管此段浅部地磁干扰严重，但对于信息采集而言，高频段信号反映浅部信息，低频段信号反映深部信息，两者之间分段采集互不影响，因而低频段所采集的深部信息仍然对深部良好找矿空间的确定具有重要的指导意义。

（2）综合分析邻近的 4 线、8 线和 24 线剖面图可知，大体上在标高-600～-1000m，发育有一向南东倾斜的大理岩。并在大理岩上部与岩体的外接触带内，存在不同规模的铜铁矿体，显示了较好的连续性。

因此，这三条线所圈定的接触带区域是比较可靠的，具有良好的成矿条件和找矿潜力。8线整体呈现为岩体中存在一条大理岩捕房体，大致从西北端600～700m标高延伸到东南段-800～-1200m标高，其上下分别对应8-Ⅰ号接触带和8-Ⅱ号接触带，成矿条件良好，建议采用钻孔验证。24线岩体主要有两个部分组成，一部分是由来自东南端的超覆岩体的Ⅰ号岩体，另一部分分布在200～350号点之间的-700～-1200m的Ⅱ号岩体。其中Ⅰ号岩体与西北端的大理岩接触带过于圆滑和陡立，推测成矿可能性比较小。与其下部大理岩的接触带则是良好的找矿空间。Ⅱ号岩体在与其周边的大理岩局部形成超覆构造，岩体呈半圆形包围大理岩，属于良好找矿空间，可以利用钻探工作验证。

（3）29线和33线总体上在测线中段的标高-500m以下存在大片大理岩。29-Ⅰ和33-Ⅰ均为电阻率等值线相对宽缓过渡空间，有一定的连续性，应该是比较可靠的找矿空间。

通过对铜绿山测区五条测线的EH-4电测深资料以及地表地质调查结果分析可知，各剖面的电性变化特征很好地反映了岩体和大理岩的界线以及两者之间的过渡空间，对后续的找矿验证工作具有重要的指导意义。各线具体的良好找矿空间统计见表22.10。

表22.10 测区EH-4电磁测深圈定的良好找矿异常统计表

序号	异常编号	中心点位	中心标高/m	空间异常特征描述
1	4-Ⅰ	500号点	-600	规模较小，位于大理岩顶部
2	4-Ⅱ	500号点	-850	位于两条大理岩之间，已证实为含矿空间
3	4-Ⅲ	450号点	-1100	位于大理岩顶部
4	8-Ⅰ	400号点	-850	已证实在接触带东南端含铜铁矿体，位于大理岩顶部
5	8-Ⅱ	400号点	-1000	位于大理岩下部
6	24-Ⅰ	200号点	-600	规模较大，位于两岩体之间
7	24-Ⅱ	200号点	-1000	规模较小，产状向西倾斜
8	29-Ⅰ	700号点	-700	位于大理岩顶部，规模大
9	33-Ⅰ	750号点	-500	位于大理岩顶部，规模较大

通过分析，考虑电阻率参数、等值线不规则形态、规模、宽缓程度、超覆、凹部、剖面之间连续性，对上述异常优选出四个相对良好的找矿空间：①4-Ⅱ号接触带：其中心位置在4线500号点的-850m标高处，在其中心位置，钻探工作揭露发育有相当规模的铜铁矿体，为很好的接触带成矿空间；②8-Ⅰ号接触带：其中心位置在8线400号点的标高-850m标高处，与4-Ⅱ号异常具有良好的连续性；③24-Ⅰ号接触带：其中心位置24线200号点-600m标高处，位于两岩体之间，考虑到岩体超覆在大理岩之上，而且与4线和8线有较好的连续性，且相对较为宽缓；④29-Ⅰ号接触带：其良好部位位于29线1300号点的-1300m标高处。过渡部位电阻率等值线相对宽缓，规模较大。

通过对铜绿山测区五条测线EH4电磁测深资料分析可知，本次物探结果基本上达到了预期目的，大致摸清了各线在标高-1500m以上岩体、大理岩的边界、两者之间的过渡区域以及过渡区域内优选的良好找矿空间。

具体而言取得的主要成果与认识有如下四点：①圈定了岩体、大理岩的边界以及两者之间的过渡区域——接触带空间；②圈定了九个异常，优选出四个相对良好的找矿空间4-Ⅱ、8-Ⅰ、24-Ⅰ、29-Ⅰ；③EH4电磁探测在测区的工作基本上是成功的，在指导找矿方面具有一定的指导意义；④各线干扰情况不一致，对测量结果存在一定的影响。

（五）夕卡岩铜铁矿床的隐伏矿体预测方法探讨

为了更好地做好鄂东南地区夕卡岩铁铜矿定位预测的方法，收集了大冶典型夕卡岩铁矿的深部隐伏矿综合找矿方法成果，该矿近年来深部找矿效果较好，成为我国接替资源找矿的典范和示范工程。大冶铁矿深部隐伏矿综合找矿方法技术最佳组合为：①通过1万高精度航磁测量，在一定的地质单元范围内（如铁山岩体内）预测找矿远景区，在此基础上划分找矿靶区，并确定重点找矿区；②用1：2000高精度磁法剖面测量对航磁异常进行地面查证，确定深部找矿的有利地段；③对已施工的钻孔进行井中磁测，发现井旁井底隐伏矿体；④通过对矿区控矿构造的研究、对接触带形态产状及其与成矿的关系的研究等综合研究成果，结合以往钻孔施工见矿情况，重新进行矿体的连接与对比，进一步分析、研究和总结矿区成矿规律，进行综合研究和矿体空间定位预测。根据大冶铁矿矿床主矿体沿接触带分布的特点，采用"接触带+综合找矿方法技术+钻探验证"的找矿模式是正确的（刘玉成等，2006）。

综上所述，对于鄂东南地区夕卡岩铜铁矿床的深部隐伏矿找矿方法需要综合多种方法，以成矿模型为先导，以物探综合方法技术为辅，钻探加以验证，总体来说，夕卡岩铜铁矿床的深部有效预测方法组合：成矿模型+化探+重力+电磁法（如EH4）。

第三节　石英型钨矿地球物理方法——以江西省浒坑钨矿为例

（一）区域地质

江西省浒坑钨矿位于武功山地区，该地区位于欧亚大陆东南端的华南板块东部，扬子地块和华夏地块结合带的南侧。华南板块与周边的地质构造分界很清晰：西以龙门山-红河构造带（攀西构造带）与藏滇-印支地块相接，后者属冈瓦纳大陆麦基里中间陆块的组成部分；东以琉球海沟-台湾东部蛇绿岩混杂带-菲律宾海沟与太平洋板块（包括菲律宾海微板块）毗连；南侧为东南亚岛弧构造区；北侧则以秦岭-大别造山带与华北板块相拼贴（舒良树等，2002，2004）。华南地区经历了从元古代到新生代的多期次构造-岩浆事件，地质构造极为复杂。华南板块分为扬子地块和华夏地块两个微板块，它们的分界为一条长期活动的深断裂带，东段称之为江绍断裂带，江西境内称之为萍乡-广丰断裂带，自北东而南西，由绍兴过陈蔡、龙游、江山、广丰、鹰潭、萍乡、藤县至北海；其两侧物质组成具有巨大的差异性。其中华夏地块又称华南加里东褶皱带（黄汲清等，1980；任纪舜等，1984，1986）、浙闽沿海造山带（张文佑等，1974）、华南碰撞造山带（许靖华，1980，1987；李继亮等，1989，1992）。武功山早期普遍被认为是一个典型混合岩田（江西省地质矿产局，1984）；汤家富等（1991a）则提出早期挤压、晚期伸展的认识。近年研究表明，江西武功山为一个典型的中生代变质核杂岩构造（Faure et al.，1996；孙岩等，1997），由花岗质变质核杂岩、大型拆离断层和南北两侧盆地构造所组成，具有明显的三层结构（舒良树等，1998），中低级变质的青白口系神山群、震旦系及古生代地层组成变质核杂岩的基底和外层。武功山及邻区岩浆活动强烈。其北部为规模巨大的九岭山晋宁期花岗岩体。武功山地区广泛发育有自加里东期至燕山期不同规模的侵入体，大小岩体近30个，规模较大的有武功山岩体（700 km²）、山庄岩体（120km²）、麦斜岩体（145km²）、城上岩体（184km²）、青万龙山岩体（135km²）和新泉岩体（96km²）。其中山庄岩体、武功山岩体和张佳坊岩体等为早古生代晚期花岗质岩；而新泉岩体、青龙山岩体、浒坑岩体、雅山岩体、温汤岩体和明月山岩体等则为晚侏罗—早白垩世花岗质岩。

武功山地区岩浆岩体侵位主要有六期：①加里东早期武功山片麻状花岗杂岩体呈似椭圆形呈北东向展布，与早寒武世地层接触，边缘发育宽度不等的、遭受强烈韧性剪切变形形成的片麻状、条带状花岗质岩石，时代在422Ma左右；②加里东晚期的山庄黑云母斜长花岗岩体和上三元黑云二长花岗岩体，呈似椭圆形岩基产出，与新元古代地层呈明显的侵入接触（侵入角40°~65°），时代为286~411Ma；③海西期麦斜和尼山富斜花岗岩体，呈岩基、岩枝产出，与新元古代及早寒武世地层呈明显的侵入接触，并形成数十米至数百米的接触变质岩带及部分同化混染现象，时代在266Ma左右；④印支期张佳坊、武元和城上岩体，岩性主要为黑云母花岗岩、黑云母斜长花岗岩和花岗闪长岩，时代为237~270Ma；⑤燕山早期的大小岩体共计有20余处，以青万龙山、新泉、江源、浒坑、下铜岭、雅山和防里为代表，岩石类型主要为黑云母二长花岗岩、花岗斑岩、白云母碱性长石花岗岩、二云母花岗岩和黑云母花岗岩，岩体多为1km²上下的小岩体，呈岩株、岩枝和岩瘤产出，侵入于新元古代—早寒武世浅变质岩层内，常与加里东岩体共同产出，并在围岩接触处出现角岩化带及部分同化混染现象，时代为130～180Ma；⑥燕山晚期以温汤岩体为代表，主要为花岗斑岩和石英斑岩，呈岩枝状产出。

从加里东期至燕山期，岩体中铁镁矿物递减而碱性长石增加，岩石酸性增强。岩石和单矿物中 W、Sn、Mo、Bi、Ni、Nb 等成矿元素由少到多，而 Co、V、Cr、Ti 等铁族元素减少。加里东期、印支期副矿物含量基本相同，燕山期明显增高，尤其是 W、Sn、Nb、Ta 等成矿元素。其中与 W、Sn 成矿关系密切的是燕山早期呈岩株、岩枝、岩瘤产出的小岩体，如浒坑岩体（钨矿床）和明月山岩体（钨矿床）。

浒坑矿床位于南岭成矿区武功山—玉华山聚集带（赵一鸣等，2004），该带内元古宙变质岩及混合岩构成结晶基底，岩浆构造运动剧烈，燕山期花岗岩分布广泛，是一条重要的 Sn、Mo、Bi、Sn、Be、Nb-Ta 带。该带以石英脉型钨矿为主，产于震旦系浅变质岩中，如武功山、明月山、浒坑和下铜岭等钨矿，品位较高，同时还伴生有锡、钼、铋、铜、铍、铌和钽等成矿元素。钨、锡、钼和铋成矿条件较好，其他小型矿床和矿点甚多，找矿潜力较大。在西部，北东向断裂是控制小岩体与钨矿床的主干构造，武功山、浒坑等5个石英脉型钨矿床沿北东向断裂呈串珠状线形分布。在东部以下铜岭为代表的一系列钨矿床则是依从沿北西向断裂分布，但是单个矿床及其有关岩体的定位却往往是受到北东与北西向两组断裂交汇点的制约。值得注意是，钨矿与燕山期岩体有关，且只与酸性、亚碱性的小花岗岩体有关，与大岩体没有明显的关系。江西省地质局（1984）在武功山成矿带东部圈出了 W、Sn、Ag、Cu 的异常区，表明该区具有发现 W、Sn、Ag、Cu 的可能。

林德松（1996）经过多年对华南与稀有金属矿产有关的花岗岩的研究，曾对该类矿床的成因机制进行归纳。他认为：①经过风化、剥蚀形成的原始地壳物质，稀有元素 W、Sn、Mo、Be 等在原始地壳组分中得到初始富集，成为最初的矿源层。矿源层在经过多次构造运动或在巨厚岩层覆盖下，下沉深埋于地壳深部。这是成矿的物质基础。根据花岗岩熔融实验和包裹体测温资料，华南含矿花岗岩形成温度下限为600～700℃，据此推断在地下20km的矿源层发生部分熔融，形成含矿花岗岩浆，也就是地热梯度为熔体的形成提供了热能。由于构造运动和熔体的密度产生的浮力，导致岩浆上侵到地壳5～10km浅处形成浅部岩浆房，在这里发生分异演化，形成 W、Sn、Mo、Be 等稀有金属矿床；②在岩浆上侵定位时，体系的封闭条件对稀有金属成矿至关重要，因为封闭体系可以起到挥发分逃逸和熔体温度降低的屏蔽作用，以使熔体得到充分演化分异，促使成矿元素到演化的最后期富集成矿。

对浒坑钨矿而言，在加里东运动以前，由于地壳下沉，在赣南（包括武功山地区）形成了巨厚的地槽沉积。这种富含稀有金属成矿元素巨厚的地槽沉积物（徐克勤等，1983）在地壳深处，由于地壳运动、放射性热和地热梯度的影响，有时还有幔源流体的输入，使其在深部发生部分重熔作用，形成富含挥发分和成矿元素的硅酸盐熔体，也就是初始的岩浆源。这种原始岩浆源沿着构造薄弱带向上运移到上地壳适宜地带，由于压力的降低和热流体的作用，引起上地壳硅铝层物质发生重熔，形成巨大的岩浆房。岩浆房中的原始熔体由于本身密度的差异，其所含的挥发性物质发挥作用，导致熔体发生充分的演化和分异，并产生液态不混溶作用，形成硅酸盐熔体和成矿流体。由于构造运动的影响，硅酸盐熔体向上运移、侵位形成浒坑花岗岩体。与此同时，在上升侵位过程中进一步分异演化成为石英-黑钨矿矿脉和石英-硫化物，当其沿着断裂破碎带上侵至浅部的时候，CO_2 加入该体系，升高的蒸气压促使富钨的低熔矿浆向上部迁移，在花岗岩顶部的构造裂隙内充填形成浒坑石英脉型黑钨矿。

（二）高精度磁法和可控源音频大地电磁测深

本次工作采用的物探设备是高精度磁测和可控源音频大地电磁测深（CSAMT），其目的是大体掌握浒坑钨矿工作区深部1000m范围内岩体、围岩及其接触带的平面位置、产状等特征，为布置钻探工程提供依据。其中，高精度磁测按100m×20m的网度，采用 G856 质子磁力仪进行数据采集，并对原始数据进行化极、滤波等处理成图。可控源音频大地电磁测深按20m的点距进行测深，采用的仪器为美国 Zonge 公司生产的 GDP32 大地电磁系统，采用标量 CSAMT 测量方式，即测量 x 方向的电场和 y 方向的磁场，根据公式计算出卡尼亚电阻率和相位，最后分测线进行二维反演。

本次研究仪器设备于 2010 年 6 月进场，至 11 月完成野外作业，实际完成可控源音频大地电磁测深剖面 2 条，剖面总长 2km，物理点 100 个，检查点 6 个，检测点占测点总数的 6%，达到了设计要求。计算表明视电阻率相对均方误差为 ±3.8%，说明其质量符合物探工作规范规定的 ±10% 精度要求。完成高精度磁测面积为 6.5km²。

可控源音频大地电磁法（controlled source audio—frequency magnetotellurics，CSAMT 法）。它是针对大地电磁测深法场源的随机性和信号微弱，以致观测十分困难这一状况，而提出的一种改变方案——采用可以控制的人工场源。自 20 世纪 70 年代中期起 CSAMT 法得到了实际应用，80 年代以来，该方法理论和仪器都得到了很大发展，应用领域也扩展到了地质普查、勘探石油、天然气、地热、金属矿床、水文、环境等方面，从而成为受人重视的一种地球物理方法。将大地看做水平介质，大地电磁场是垂直投射到地下的平面电磁波，则在地面可观测到相互正交的电磁场分量为 E_x、H_y、H_x、E_y。通过测量相互正交的电场和磁场分量，可以确定介质的卡尼亚电阻率值。其计算公式为

$$\rho = \frac{1}{5}\left|\frac{E_x}{H_y}\right|^2$$

式中，ρ 为大地的卡尼亚电阻率（$\Omega \cdot m$）；f 为频率（Hz）。

CSAMT 法的探测深度大致为

$$h = 356\sqrt{\rho/f}$$

式中，h 为探测深度，可见介质的电阻率越高，工作频率越低，探测的深越大。我们可以用图 22.49 来说明最常用的一种标量 CSAMT 法的测量方法。

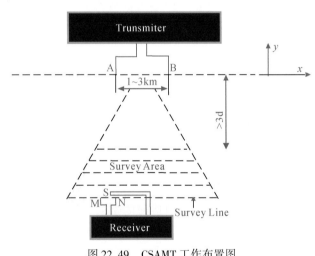

图 22.49 CSAMT 工作布置图

场源：发送机通过接地电极 A、B 向地下供交变电流，在地下形成交变电磁场。电流的频率可在一定范围内变化，通常从 23 ~ 213Hz 按 2 进制递变，在接地十分困难的地方可用不接地回线作垂直磁偶极子来发送电磁场。

测量：在距离 AB 相当远的地方进行测量。所谓"相当远"指的是在这些地方的电磁场已接近平面波，从而可使用卡尼亚电阻率计算公式并方便解释。若选用直角坐标系，x 轴平行 AB，z 轴垂直向下，那么标量测量是在测点测量每一频率的电场分量 E_x 和正交的磁场分量 H_y，当在某一测点从高到低逐个改变频率进行探测，便可得到该测点自浅而深的卡尼亚电阻率测深曲线。

CSAMT 法主要有如下特点：

（1）工作效率高。用一个发射偶极子供电，可在它周围的四个很大的扇形区域内测量。在进行测量时，只需移动接收机，便可进行面积性测深工作，从而得到地下电性的立体分布情况。

（2）勘探深度范围大。CSAMT 法有效勘探深度的影响因素包括地电构造、噪声水平、发送机功率、接收机灵敏度、精度和抗干扰能力等。

（3）垂向分辨能力好。CSAMT 法垂向分辨能力与多种因素有关。如果把可探测对象的厚度与其埋深之比定义为垂直向分辨率，那么，粗略地讲，它为 20% ~ 10%。

（4）水平方向分辨率高。一般的人工场源电法的水平分辨率除受地电条件制约外，还受收距及接收电偶极子大小的影响。CSAMT 法的水平分辨力与收距无关，约等于接收电偶极子距离。

（5）地形影响小。由于卡尼亚电阻率相当于对观测值进行了归一化，同步的地形影响大大减弱；由于是平面波场，测区内地形影响也较小。

（6）高阻电屏蔽作用小。CSAMT 法使用的是交变电磁场。因而可以穿过高阻层，特别是高阻薄层。有些用直流电法无法探测到的高阻薄层下的地质体，用 CSAMT 法能很好解决这一问题。

与直流电法相比，以上这些特色均属明显优点，因而 CSAMT 法不但可以取得良好地质效果，且应用前景也是广阔的。然而，由于使用人工场源，不可避免地带来了很多负面效应，如近场源的非波区效应、场源附加效应。另外，频域电法中的静态效应也是十分麻烦的问题，在资料处理与解释中须十分谨慎。

本次高精度磁测工作遵循"地面高精度磁测技术规程"（DZ/T 0071—93）的要求进行，使用 G856 型质子磁力仪测量总磁场强度。其观测精度为 0.1nT，这种磁力仪观测精度高，读数以数据文件形式记录在仪器（计算机）内存中。日变观测点选在矿区的磁场平静区，每 40s 读一个读数。每天日变观测早于测线观测开始，晚于测线观测结束。

（三）工作布置和质量

可控源音频大地电磁测深实际完成测深剖面 2 条，每条测线长 1000m，点距 20m，完成剖面总长度 2km，实际完成物理点数共 100 个，检查点 6 个，实际点为 102 个（表 22.11）。

表 22.11　CSAMT 物探工作量

线号	点距/m	剖面长度/m	实际完成物理点数/个
东线	20	1000	51
西线	20	1000	51

高精度磁测实际完成扫面面积 6.5km²。个别地段受地形限制有丢点现象。且由于城镇和村庄的影响，数据较为不准确。拐点坐标见表 22.12，个别地段由于地形限制，有丢点现象。

表 22.12　高精度磁测拐点坐标

拐点编号	X	Y	备注
1	3039500	531500	
2	3041000	531500	
3	3041000	530500	
4	3041725	530500	
5	3041725	528685	
6	3039500	528685	

可控源音频大地电磁测深地球物理勘察工程质量，主要是所采集数据的质量。为确保数据质量，主要采取实时监测和检查测量两大措施。实时监测是在采集数据时观察数据的标准离差 SEM，要求 SEM<10，并对异常点及 SEM>10 的点进行多次测量，其相对误差<10%，在数据处理时再取其平均值。此次勘察的标准离差 SEM 均小于 10。检查测量是布置不少于 5% 的检查点，要求均方差和相对误差均<10%。此次布置检查测量点 20 个，占基本测量点的 8.6%，均匀分布全测区，其相对误差和均方差分别为 3.4% 和 3.8%。以上措施充分保证了数据的高质量，确保了资料的可靠性。

本次高精度磁测工作使用了三台仪器，编号分别为：338#、339#、340#。工作时，采用 340# 作为日变基站使用。另外两台作为实地测量用。开工前和工作结束后对仪器性能进行了检测，包括噪声试验、一致性试验。在整个野外工作期间，探头测量高度一直保持最高高度即 3 节铝合金杆。野外工作过程中，各项试验均符合规范要求。

（四）物探成果的推断解释

高精度磁测首先对野外采集磁测数据进行初步判定，先对数据进行日变改正，在经日变改正后校正点之差小于 5nT 后，初步判定野外采集的数据为合格数据，而后再经过其余各种改正计算，最后对成果进行 100% 数据检查，消除畸变点，得到确认无误后的磁测异常数据为后期进行处理的基础数据，再采用澳大利亚 Ecom 公司研发的 ModelVision 专业重磁处理软件，对磁测数据网格化处理，$\triangle T$ 异常化极计算和高通滤波等综合处理成图。

可控源音频大地电磁测深解释工作分三步进行：第一步进行资料的预处理，识别干扰并去除干扰数据；第二步进行静态校正处理；第三步进行带地形二维反演处理。

由于本次工作地区处于生产矿山及城镇附近，干扰水平大，实际工作表明矿山电机车的瞬变干扰由于具有频带宽、能量大的特点，还是对本次数据产生了较为严重的干扰。仔细分析实测结果可以发现视电阻率数据在 50Hz 附近干扰十分严重，因此本次资料预处理工作量十分巨大，需要对每个数据进行反复比较才能识别干扰信号，并将其删去。静态校正处理是根据地形起伏情况，选择适当参数及最佳静态位移校正。反演的目的是将经过预处理后的数据通过建模，利用相关软件进行处理，在满足给定的精度条件下求出地电断面。

1. 高精度磁测推断解释

从高精度磁测异常平面图（图 22.50）上可以看出：正值异常和负值异常交互伴生，显得较为凌乱，究其原因为测区经过城镇、村庄和矿区所受干扰所致。但整体上根据正负异常的分布规律，可将测区分为两个部分，分别命名为Ⅰ号单元和Ⅱ号单元。下面分别介绍之：Ⅰ号单元：其分布范围如图 22.50 所示，大体上位于 $X = 3040700$ 以北，整体上本单元内磁化强度均为正值异常，普遍值在 30nT 左右，异常核心发育在 X：530500～531000，Y：3040000～3041200，其值在 200nT 以上。其余地段有零星负值异常发育，规模较小。同时根据地质资料揭露，在此单元范围内，岩性为中细粒白云母花岗岩。一般来说，岩体在磁化强度上表现为正的磁异常。因此，推测此单元为中细粒白云母花岗岩的反应。同时在Ⅰ号单元内，发育有不同磁性的地质体，即负磁异常的存在，考虑到野外实际工作时，存在城镇、村庄和矿区的影响，因此本单元内的异常磁性体性质不明，或者根本不存在。结合地质资料所揭露的岩体平面位置，可知Ⅰ号单元，即推测的岩体平面分布范围较出露岩体的范围大，这是因为地质资料所揭露的是岩体在地表和浅部的发育情况，而高精度磁测结果则是在磁测仪器有效探测深度内的综合反映。因此，磁测结果在一定程度上揭露了深部的相关地质信息，追索出了岩体在深部延伸的平面位置。

Ⅱ号单元总体上与Ⅰ号单元性质相反，磁化强度整体上表现为负值异常，其值约为 -15nT，个别区域达到 -200nT。同时零星发育一些正值异常。根据地质资料揭露，此弱磁化性表现为震旦系变质岩的磁性特征。同时可以发现在本单元的南端，以（3039700，529000）、（3039700，529500）和（3039700、530500）为核心，发育有三片正值异常。推测为来自测区北端的岩体在本单元内隆起，形成高值异常。根据矿区的成矿模式，在两单元的接触位置，是良好的找矿空间，但由于到目前为止，对磁测资料的深度反演还不成熟，因此，仅仅依据磁测资料还不能揭露花岗岩体与变质岩接触带的空间展布情况。因此，需要在磁测的基础上，结合地质资料，选取适当的剖面，进行电磁测深，以揭露有代表性剖面的接触带空间赋存状态。

2. CSAMT 二维反演推断解释

可控源共进行了东、西两条测线的可控源音频大地电磁测深，测网是根据高精度磁测揭露的岩体与其围岩的接触带的位置来布设的，即以接触带的位置为中心，南北两端各 500m 布设测线。判定异常时，根据电阻率剖面图的异常形态，并综合考虑磁测结果和地质资料。根据电阻率剖面图的异常形态，判定 500Ω·m 以下为岩体的反应。

东线从 0～1000 号点，长为 1000m。地势上呈北高南低。从二维反演图（图 22.51）可以看出：本剖面整体上呈现为 500Ω·m 以上的电阻。其间发育有三片电阻率在 500Ω·m 以下的相对低阻。现分别介绍之：位于 0～150 号点的 -100m 标高以上，此低阻异常产状略微往南倾斜，同时往南端未封闭。其性质不

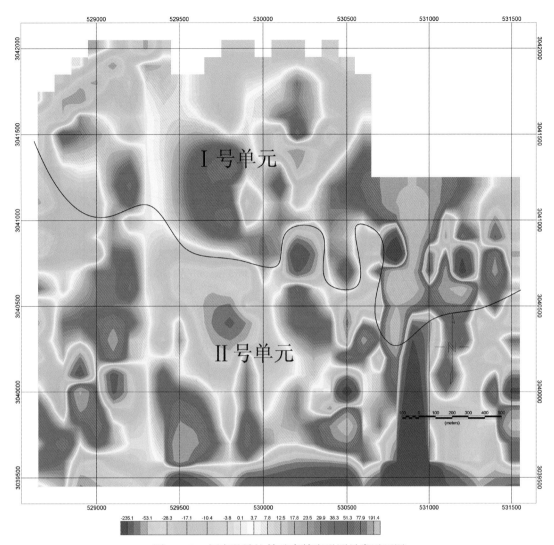

图 22.50　福安县浒坑钨矿高精度磁测异常平面图

明。位于 300～500 号点的标高－200m 以上，产状较为直立，由于考虑到此低阻带两侧为电阻率较为接近的高阻，因此推测其为构造断裂带。位于 650～1000 号点的标高 200m 以下。此低阻带产状往南倾斜，同时往深部未封闭，根据地质资料揭露，此异常为从北边延伸过来的中细粒白云母花岗岩的反应。

西线位于东线东侧 500m 处，从北往南长为 1000m。其电性特征与东线较为类似（图 22.52），但电阻率普遍在 1000Ω·m 以上。其间发育有两片电阻率在 500Ω·m 以下的低阻带。①位于 200～400 号点之间的标高－150m 以上，产状较为陡峭，略微往北倾斜。根据东线的推测依据，同样判定此低阻带为构造断裂带；②位于 700～1000 号点之间的标高 0m 以下，此低阻带产状往南倾斜，同时往深部未封闭，同样推测为从北边延伸过来的中细粒白云母花岗岩的反应。综上两条线的分析可知：在可控源的测深范围内，存在一条北东向的构造带，宽度在 200m 左右。同时在测线的北端 200m 标高以下，从北往南发育有一片电阻率在 500Ω·m 以下的低阻带，根据地质资料和磁测结果的揭露，推测为中细粒白云母花岗岩的反应。此白云母花岗岩是在测线以北出露的花岗岩往南侧的深部延伸后的反应。根据矿区的成矿规律，岩体与其围岩的接触带是良好的找矿空间。

综合高精度磁测和两条可控源音频大地电磁法反演结果，大致取得如下认识：①高精度磁测大致圈定出了岩体与围岩及其接触带的平面位置，同时在圈定的岩体和围岩的范围内，发现有不同磁性的地质体存在，推测为磁测过程中受干扰所致；②可控源音频大地电磁测深揭露了一条东西向的断裂构造带，

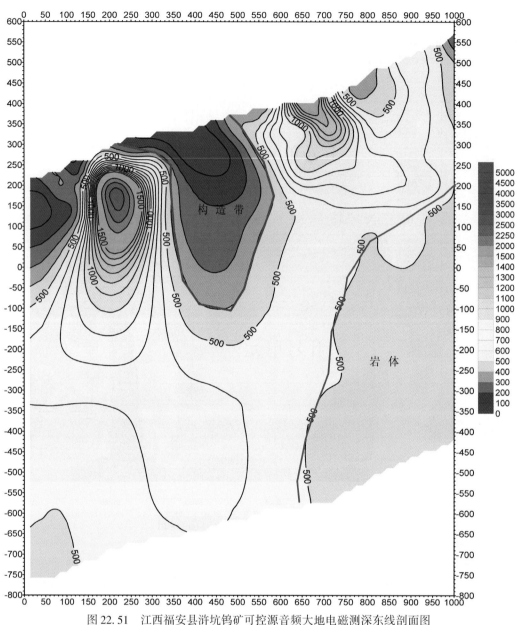

图 22.51　江西福安县浒坑钨矿可控源音频大地电磁测深东线剖面图

同时圈定了北部延伸过来的岩体在深部的展布情况，勾勒出了岩体与其围岩的接触带的形态和空间位置，根据矿区的成矿规律，此接触带是良好的找矿空间。不过，物探方法是地质找矿工作的辅助手段，不能直接圈定矿体，同时又具多解性，所以只能定性地给出矿体赋存的最可能部位，更确切地说是提供找矿信息，而不是矿体本身，其结果必须通过地质工作进行验证。

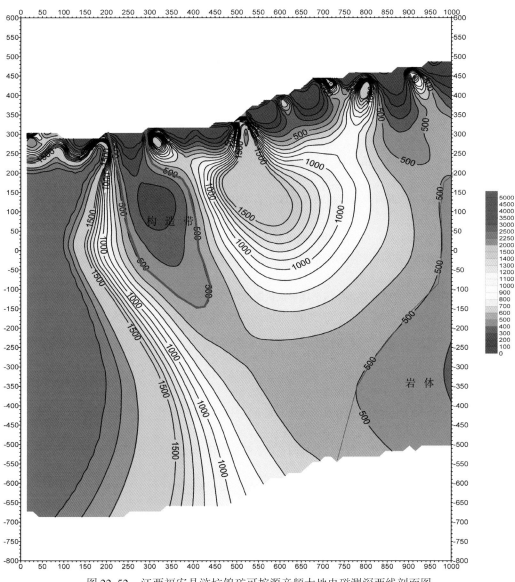

图 22.52 江西福安县浒坑钨矿可控源音频大地电磁测深西线剖面图

参 考 文 献

曹建劲 . 2001. 地气测量研究现状及其影响因素 . 湖南地质, 20 (2)：154-156.

曹新志, 孙华山, 徐伯骏, 等 . 2008. 隐伏矿床（体）找矿前景快速评价的有效方法与途径研究 . 武汉：中国地质大学出版社 .

常印佛, 刘湘培, 吴言昌 . 1991. 长江中下游铁铜成矿带 . 北京：地质出版社 .

陈懋弘, 毛景文, Uttley P J, 等 . 2007. 贵州锦丰（烂泥沟）超大型金矿床构造解析及构造成矿作用 . 矿床地质, 26 (4)：380-396.

陈懋弘, 毛景文, 陈振宇, 等 . 2009a. 滇黔桂"金三角"卡林型金矿含砷黄铁矿和毒砂的矿物学研究 . 矿床地质, 28 (5)：539-557.

陈懋弘, 章伟, 杨宗喜等 . 2009b. 黔西南白层超基性岩墙锆石 SHRIMP U-Pb 年龄和 Hf 同位素组成研究 . 矿床地质, 28 (3)：240-250.

池三川 . 1988. 隐伏矿床（体）的寻找 . 武汉：中国地质大学出版社 .

范裕, 周涛发, 袁峰, 等 . 2008. 安徽庐江-枞阳地区 A 型花岗岩的 LA-ICP-MS 定年及其地质意义 . 岩石学报, 24 (8)：1715-1724.

龚庆杰, 於崇文, 张荣华 . 2004. 柿竹园钨多金属矿床形成机制的物理化学分析 . 地学前缘, 11 (4)：617-625.

顾连兴, 陈培荣, 倪培, 等 . 2002. 长江中、下游燕山期热液铜-金矿床成矿流体 . 南京大学学报（自然科学）, 38 (3)：392-407.

广西壮族自治区地质矿产局 . 1985. 广西壮族自治区区域地质志 . 北京：地质出版社 .

何立贤 . 1996. 黔西南金矿"热、液、矿"同源成矿模式 . 贵州地质, 13 (2)：154-160.

黄崇轲 . 1987. 努力提高找隐伏矿的效果 . 中国地质, (4)：5-7.

黄汲清, 任纪舜, 姜春发 . 1980. 中国大地构造及其演化 . 北京：科学出版社 .

江西省地质矿产局 . 1984. 江西地质志 . 北京：地质出版社 .

蒋少涌, 李亮, 朱碧, 等 . 2008. 江西武山铜矿区花岗闪长斑岩的地球化学和 Sr-Nd-Hf 同位素组成及成因探讨 . 岩石学报, 24 (8)：679-690.

李继亮 . 1992. 中国东南地区大地构造基本问题 . 见：李继亮主编 . 中国东南陆岩石圈结构与演化研究 . 北京：中国科学技术出版社 .

李继亮, 许靖华, 孙枢 . 1989. 南华夏造山带构造演化的新证据 . 地质科学, (3)：217-225.

李祥金, 秦克章, 李光明 . 2006. 富金斑岩型铜矿床的基本特征、成矿物质来源与成矿高氧化岩浆-流体演化 . 岩石学报, 22 (3)：678-688.

李学垣 . 2001. 土壤化学 . 北京：高等教育出版社 .

林德松 . 1996. 华南富钽花岗岩矿床 . 北京：地质出版社 .

刘家远, 单娜琳, 钱建平, 等 . 2006. 隐伏矿床预测的理论与方法 . 北京：冶金工业出版社 .

刘建中, 邓一明, 刘川勤, 等 . 2006. 贵州省贞丰县水银洞层控特大型金矿成矿条件与成矿模式 . 中国地质, 33 (1)：169-177.

刘珺, 毛景文, 叶会寿, 等 . 2008a. 江西省武功山地区浒坑花岗岩的锆石 SHRIMP U-Pb 定年及元素地球化学特征 . 岩石学报, 24 (8)：1813-1822.

刘珺, 叶会寿, 谢桂青, 等 . 2008b. 江西省武功山地区浒坑钨矿辉钼矿 Re-Os 年龄及其地质意义 . 地质学报, 82 (11)：1572-1579.

刘细元, 袁存堤 . 2003. 关于赣西武功山地区构造问题的讨论 . 华东地质学院学报, 26 (3)：249-253.

刘应汉, 任天祥, 汪明启 . 1997. 应用于矿产勘查的地下纳米物质 . 矿物岩石地球化学通报, 16 (4)：250-253.

刘玉成 . 2006. 综合找矿方法和接触带控矿构造研究在大冶铁矿深部找矿中的应用 . 矿床地质, 25 (增刊)：431-434.

刘志萍, 徐勇 . 2004. 浒坑钨矿大脉区矿脉赋存规律及深部探矿方向 . 中国钨业, 19 (6)：30-33.

刘关键, 王家良, 康德英 . 2000. 四格表数据 Meta 分析的简明统计方法 . 华西医科大学学报, 31 (2)：265-268.

楼法生，沈渭洲，王德滋，等．2005．江西武功山穹隆复式花岗岩的锆石 U-Pb 年代学研究．地质学报，79（5）：636-644.

楼亚儿，杜杨松．2006．安徽繁昌-铜陵中生代侵入岩的黑云母特征和成因探讨．矿物学报，26（2）：175-186.

陆启行，陈永达．1993．长江中下游地区深部地球物理调查成果及对地质构造与成矿预测的新认识．物探与化探，17（5）：321-330.

罗孝桓．1993．烂泥沟金矿区 F3 控矿断裂特征及构造成矿作用机理探讨．贵州地质，10（1）：26-34.

罗孝桓．1998．浅析控矿断裂的运动学模式及动力学背景．贵州地质，15（3）：234-239.

马光．2005．鄂东铜绿山铜铁金矿床地质特征、成因模式及找矿方向．博士学位论文．长沙：中南大学．

毛建仁，苏郁香，陈三元．1990．长江中下游中酸性侵入岩与成矿．北京：地质出版社．

毛景文，李红艳，B Guy，等．1996．湖南柿竹园矽卡岩-云英岩型 W-Sn-Mo-Bi 矿床地质和成矿作用．矿床地质，15（1）：1-15.

毛景文，李红艳，宋学信，等．1998．湖南柿竹园钨锡钼铋多金属矿床地质与地球化学．北京：地质出版社．

毛景文，谢桂青，程彦博，等．2009．华南地区中生代主要金属矿床模型．地质论评，55（3）：347-354.

裴荣富．1995．共（源）岩浆补余分异作用与成矿．矿床地质，14（4）：376-379.

裴荣富，熊群尧，沈保丰，等．2001．难识别及隐伏大矿、富矿资源潜力的地质评价．北京：地质出版社．

彭省临，杨中宝，李朝艳，等．2004．基于 GIS 确定地球化学异常下限的新方法．地球科学与环境学报，26（3）：28-31.

秦建云，汪邦勤，刘志萍．2005．江西省安福县浒坑钨矿资源潜力调查报告．

任纪舜，陈廷愚，刘志刚．1984．中国东部构造单元划分的几个问题．地质论评，30（4）：382-385.

任纪舜，陈廷愚，刘志刚，等．1986．华南大地构造的几个问题．科学通报，（1）：49-51.

任天祥，刘应汉，汪明启．1995．纳米科学与隐伏矿藏——一种寻找隐伏矿的新方法、新技术．科技导报，（8）：33-36.

施俊法，唐金荣，周平，等．2007．隐伏矿勘查经验与启示．全国深部找矿工作研讨会交流材料．1-32.

舒良树，周新民．2002．中国东南部晚中生代构造作用．地质论评，48（3）：249-260.

舒良树，孙岩，王德滋，等．1998．华南武功山中生代伸展构造．中国科学（D 辑），28（5）：431-438.

舒良树，王德滋，沈渭洲．2000．江西武功山中生代变质核杂岩的花岗岩类 Nd-Sr 同位素研究．南京大学学报（自然科学版），36（3）：306-311.

舒良树，周新民，邓平，等．2004．中国东南部中、新生代盆地特征与构造演化．地质通报，23（9-10）：876-884.

舒全安，陈培良，陈建荣．1992．鄂东铁铜矿产地质．北京：冶金工业出版社．

孙殿卿，高庆华．1987．隐伏矿床预测．北京：地质出版社．

孙岩，舒良树，福赫，等．1997．赣北地区武功山变质核杂岩的构造发育．南京大学学报（自然科学），33（3）：447-449.

索书田，侯光久，张明发，等．1993．黔西南盘江大型多层次席状逆冲-推覆构造．中国区域地质，（3）：239-247.

汤加富，王希明．1991a．江西武功山地区中浅变质岩 1∶5 万区域调查方法研究．武汉：中国地质大学出版社．

汤加富，王希明，刘芳宇，等．1991b．武功山变质岩区构造变形与地质填图．武汉：中国地质大学出版社．

唐永成，吴言昌，储国正，等．1998．安徽沿江地区铜金多金属矿床地质．北京：地质出版社．

童纯菡，梁兴中，李巨初．1992．地气测量研究及在东季金矿的试验．物探与化探，16（6）：445-451.

童纯菡，李巨初，葛良全．1999．地气测量寻找深部隐伏金矿及其机理研究．地球物理学报，42（1）：135-142.

汪明启，高玉岩，张德恩．2006．地气测量在北祁连盆地区找矿突破及其意义．物探与化探，30（1）：7-12.

王昌烈，罗仕微，胥有志．1987．柿竹园钨多金属矿床地质．北京：地质出版社．

王少怀，裴荣富，曾宪辉，等．2009．再论紫金山矿田成矿系列与成矿模式．地质学报，83（2）：145-158.

王世称，陈永良．1999．大型、超大型金矿床综合信息成矿预测标志．黄金地质，5（1）：1-5.

王学求．1998．深穿透勘查地球化学．物探与化探，22（3）：166-169.

王学求．1999．地球气纳微金属测量的的概念理论与方法．见：谢学锦，邵跃，王学求主编．走向 21 世纪矿产勘查地球化学．北京：地质出版社．

王学求．2005．深穿透地球化学迁移模型．地质通报，24（10-11）：892-896.

王学求，谢学锦．1996．非传统金矿化探的理论与方法技术研究．地质学报，70（1）：84-95.

王学求，叶荣．2011．纳米金属微粒发现——深穿透地球化学的微观证据．地球学报，32（1）：7-12.

王学求，谢学锦，卢荫庥．1995．地气动态提取技术的研制及在寻找隐伏矿上的初步试验．物探与化探，19（3）：161-171.

王学求，刘占元，叶荣．2003．新疆金窝子矿区深穿透地球化学对比研究．物探与化探，27（4）：247-254.

王砚耕，索书田，张明发．1994．黔西南构造与卡林型金矿．北京：地质出版社．

王钟，邵梦林，肖树建．1996．隐伏有色金属矿床综合找矿模型．北京：地质出版社．

吴福元，孙德有．1999．Re-Os 同位素体系理论及其应用．地质科技情报，18（3）：43-46.

吴富江，钟春根，钟达洪．2001．江西武功山岩浆热穹隆伸展滑覆构造的基本特征及形成时代．江西地质，15（3）：161-165.

谢学锦．1996．非传统金矿化探的理论与方法技术研究．地质学报，70（1）：84-95.

谢学锦，王学求．2003．深穿透地球化学新进展．地学前缘，10（1）：225-238.

徐克勤，胡受奚，孙明志，等．1983．论花岗岩的成因系列——以华南中生代花岗岩为例．地质学报，（2）：107-118.

徐夕生，范钦成，O'Reilly S. Y. 等．2004．安徽铜官山石英闪长岩及其包体锆石 U-Pb 定年与成因探讨．科学通报，49（18）：1883-1891.

许靖华．1980．薄壳板块构造模式与冲撞造山运动．中国科学（B 辑），（11）：1081-1089.

许靖华．1987．中国南方大地构造的几个问题．地质科技情报，6（2）：13-27.

薛迪康，葛宗侠，张宏泰．1997．鄂东南铜金矿床成矿模式与找矿模型．武汉：中国地质大学出版社．

薛凯，阮诗昆．2008．福建紫金山矿田罗卜岭铜（钼）矿床地质特征及成因探讨．资源环境与工程，22（5）：491-496.

姚金炎，彭振安．1992．福建上杭紫金山铜金矿床地质简介．矿产与地质，2（6）：89-94.

姚文生，孙爱琴，等．2004．铂钯金活动态分析方法研究．中国地调局研究项目（20012019107-02）．

叶荣，王学求，赵伦山．2004．戈壁覆盖区金窝子矿带深穿透地球化学方法研究．地质与勘探，40（6）：65-70.

岳书仓，周涛发．1998．长江中下游铜、金成矿带形成的背景．安徽地质，8（4）：1-3.

曾普胜，裴荣富，侯增谦，等．2005．安徽铜陵矿集区冬瓜山矿床：一个叠加改造型铜矿．地质学报，79（1）：106-113.

曾允孚，刘文均，陈洪德，等．1995．华南右江复合盆地的沉积构造演化．地质学报，69（2）：113-124.

张德全，丰成友，李大新，等．2005．紫金山地区斑岩-浅成热液成矿系统的成矿流体演化．地球学报，26（2）：127-136.

张锦泉，蒋廷操．1994．右江三叠纪弧后盆地沉积特征及盆地演化．广西地质，7（2）：1-14.

张旗，赵太平，王焰，等．2001．中国东部燕山期岩浆活动的几个问题．岩石矿物学杂志，20（3）：273-292.

张文佑，张步春，李荫槐．1974．中国大地构造基本特征及其发展的初步探讨．地质科学，（1）：1-15.

张兴春，苏文超，夏勇，等．2004．卡林型金矿不可见金与超压流体（Overpressured fluid）关系探讨——以贵州贞丰水银洞金矿为例．贵州地质，21（4）：274-275.

张玉君，杨建民，姚佛军．2007．多光谱遥感技术预测矿产资源的潜能——以蒙古国欧玉陶勒盖铜金矿床为例．地学前缘，14（5）：63-70.

章伟，陈懋弘，叶会寿，等．2008．江西浒坑钨矿含矿石英脉的地质特征及成矿构造演化．地质学报，82（11）：1531-1539.

赵海杰，毛景文，向君峰，等．2010．湖北铜绿山矿床石英闪长岩的矿物学及 Sr-Nd-Pb 同位素特征．岩石学报，26（3）：768-784.

赵鹏大，陈建平，张寿庭．2003．"三联式"成矿预测新进展．地学前缘，10（2）：455-463.

赵一鸣，林蔚文，毕承思，等．1990．中国矽卡岩矿床．北京：地质出版社．

赵一鸣，吴良士，白鸽，等．2004．中国主要金属矿床成矿规律．北京：地质出版社．

周涛发，岳书仓，袁峰，等．2000．长江中下游两个系列铜、金矿床及其成矿流体系统的氢、氧、硫、铅同位素研究．中国科学（D 辑），30（增刊）：122-128.

周涛发，范裕，袁峰．2008．长江中下游成矿带成岩成矿作用研究进展．岩石学报，24（8）：1665-1678.

朱训，黄崇轲，芮宗瑶，等．1983．德兴斑岩铜矿．北京：地质出版社．

钟文昭，吴一龙，谷力加．2003．Review Manager（RevMan）——临床医生通向 Meta 分析的桥梁．循证医学，3（4）：234-246.

Basta N T, Ryan J A, and Chaney R L. 2005. Trace Element Chemistry in Residual-Treated Soil: Key Concepts and Metal Bioavailability. J Environ Qual, 34: 49-63.

Bailey K R. 1987. Inter-study differences: how should they influence the interpretation and analysis of results. Stat Med, 6: 351-358.

Berzina A N, Sotnikov V I, Economou-Eliopoulos M, et al. 2005. Distribution of rhenium in molybdenite from porphyry Cu-Mo and Mo-Cu deposits of Russia (Siberia) and Mongolia. Ore Geology Reviews, 26: 91-113.

Cameron E M, Hamilton S M H, Leybourne M I L, et al. 2004. Finding deeply-buried deposits using geochemistry. Geochem Explor Env A, 4 (1): 7-32.

Carmichael I S E. 1991. The redox states of basic and silicic magmas：a reflection of their source regions. Contributions to Mineralogy and Petrology, 106：129-141.

Chao T T. 1984. Use of partial dissolution techniques in geochemical exploration. J Geochem Expl, 20：101-135.

Clark J R. 1993. Enzyme- induced leaching of B- horizon soils for mineral exploration in areas of glacial overburden. Trans Inst Min Metall（SectB：ApplEarth Sci），102：19-29.

Cline J S, Hofstra A H, Muntean J L, et al. 2005. Carlin- type gold deposit in Nevada：critical geologic characteristics and viable model. Economic Geology, 100th Anniversary：451-484.

Crippen R E, Blom R G. 2001. Unveiling the lithology of vegetated terrains in remotely sensed imagery. Photogramm Eng Rem Sens, 67（8）：935-943.

Crosta A P, Moore M J. 1989. Enhancement of Landsat Thematic Mapper imagery for residual soil mapping in SW Minas Gerais State, Brazil- A prospecting case history in greenstone belt terrain. In：Thematic Conference on Remote Sensing for Exploration Geology- Methods, Integration, Solutions, 7 th, Calgary, Canada：1173-1187.

Dilles J H. 1987. Petrology of the Yerington batholith, Nevada：Evidence for evolution of porphyry copper ore fluid. Economic Geology, 82：1750-1789.

Dersimonian R, Laird N. 1986. Meta−analysis in clinical trials. Controlled Clinical Trials, 7：177-188.

Einaudi M T, Hedenquist J W, Inan E. 2003. Sulfidation state of hydrothermal fluids：the porphyry- epithermal transition and beyond. Society of Economic Geologists Special Publication, 10：317-391.

Einaudi M T, Meinert L D, Newberry R J. 1981. Skarn deposits. Economic Geology, 75th Anniversary：317-391.

Faure M, Sun Y, Shu L H, et al. 1996. Extensional tectonics within a subduction- type orogeny. The case study of the Wugongshan dome（Jiangxi Provinece, Southeastern China）. Tectonophysics, 263：77-106.

Foster J G, Lambert D D, Frick L R. 1996. Re- Os isotopic evidence for genesis of Archaean nickel ores from uncontaminated komatiites. Nature, 382：703-706.

Glass G V. 1976. Primary, secondary and Meta- analysis of research. Education Research, 5（6）：3-8.

Greenland S. 1987. Quantitative methods in the review of epidemiology literature. Epidemiology Rev, 9：1-5.

Gruninger J H, Ratkowski A J, Hoke M L. 2004. The sequential maximum angle convex cone（SMACC）endmember model. In：Shen S S, Lewis P E, eds. SPIE proceeding. Algorithms for multispectral, hyperspectral and ultraspectral imagery. 5425（1）. Orlando, FL：SPIE：1-14.

Gurevitch J, Hedges V. 1993. Meta- analysis：combining the results of independent experiments. Chapman and Hall New York, USA, 378-398.

Hall G E M, 1998. Analytical perspective on trace element species of interest in exploration. J Geochem Expl, 61（1）：1-19.

Hall G E M, MacLaurin A I, Vaive J E. 1995. Readsorption of gold during the selective extraction of the "soluble organic" phase of humus, soil and sediment samples. J Geochem Expl, 54：27-38.

Hamlyn P R. 1986. Sulfur saturation and second-staged melts：Application to the Bushveld platinum metal deposits. Economic Geology, 1431-1445.

Hofstra A H, Cline J S. 2000. Characteristics and models for Carlin-type gold deposits. SEG Reviews, 13：163-220.

Kahle A B, Palluconi F D, Christensen P R. 1997. Thermal Emission Spectroscopy：Application to the Earth and Mars, in Remote Geochemical Analysis：Elemental and Mineralogical Composition, Ed. C. Pieters and P. New York：Cambridge University Press.

Koretz R L. 2002. Methods of meta- analysis：An analysis. Current Opinion in Clinical Nutrition and Metabolic Care, 5：467-474.

Lambert D D, Foster J G, Frick L R, et al. 1999. Re- Os isotopic systematics of the Voisey's Bay Ni- Cu- Co magmatic ore system, Labrador, Canada. Lithos, 47：69-88.

Li J W, Zhao X F, Zhou M F, et al. 2009. Late Mesozoic magmatism from the Daye region, eastern China：U - Pb ages, petrogenesis, and geodynamic implications. Contributions to Mineralogy and Petrology, 157：383-409.

Li X H, Zhao J X, McCulloch M T, et al. 1997. Geochemical and Sm- Nd Isotopic Study of Neoproterozoic Ophiolites from Southeastern China：Petrogenesis and Tectonic Implications. Precambrian Res, 81（1/2）：129-144.

Li Z X, Li X H, Zhou H W, et al. 2002. Grenvillian Continental Collision in South China：New SHRIMP U-Pb Zircon Results and Implications for the Configuration of Rodinia. Geology, 30（2）：163-166.

Loughlin W P. 1991. Principal component analysis for alteration mapping. Photogramm Eng Rem Sens, 57：1163-1169.

Malmqvist L, Kristiansson K. 1985. Physical mechanism for the release of free gases in the lithosphere. Geoexploration, 23: 447-453.

Mann A W, Birrell R D, Gay L M, et al. 1995. Partial extractions and mobile metal ions. In: K S Camuti (Editor), Extended abstracts of the 17th IGES, 31-34.

Mao J W, Wang Y T, Lehmann B, et al. 2006. Molybdenite Re- Os and albite 40Ar/39Ar dating of Cu- Au- Mo and magnetite porphyry systems in the Yangtze River valley and metallogenic implications. Ore Geology Reviews, 29: 307-324.

Mao J W, Zhang Z C, Zhang Z H, et al. 1999. Re- Os isotopic dating of molybdenites in the Xiaoliugou W (Mo) deposit in the Northern Qilian Mountains and its geological siginificance. Geochimica et Cosmochimica Acta, 63: 1815-1818.

Maughan D T, Keith J D, Christiansen E H, et al. 2002. Mafic alkaline magmas associated with the Bingham porphyry Cu- Au deposit, Utah, USA. Mineralium Deposita, 37: 14-37.

McInner B I A, McBride J S, Evans N J, et al. 1999. Osmium isotope constraints on ore metal recycling in subduction zones. Science, 286: 512-516.

Meinert L D, Hedenquist J W, Satoh H, et al. 2003. Formation of anhydrous and hydrous skarn in Cu- Au ore deposits by magmatic fluids. Economic Geology, 98: 147-156.

Meinert L D, Dipple G M, Nicolescu S. 2005. World skarn deposits. Economic Geology, 100th Anniversary: 299-336.

Métrich N, Schiano P, Clocchiatti R, et al. 1999. Transfer of sulfur in subduction settings: an example from BatanIsland (Luzon volcanic arc, Philippines). Earth and Planetary Science Letters, 167: 1-14.

Munafò M R, Clark T G, Flint J. 2004. Assessing publication bias in genetic association studies: evidence from a recent meta-analysis. Psychiatry research, 129 (1): 39-44.

Ohmoto H, Goldhaber M B. 1997. Sulfur and carbon isotopes. In: Barnes H L, (ed.). Geochemistry of hydrothermal ore deposits (third edition). New York: Wiley.

Pan Y M, Dong P. 1999. The lower Changjiang (Yangzi/Yangtze River) metallogenic belt, east central China: Intrusion- and wall rock-hosted Cu-Fe-Au, Mu, Zn, Pb, Ag deposits. Ore Geology Reviews, 15: 177-241.

Pei R F, Hong D W. 1995. The granites of South China and their metallogeny. Episodes- Newsmagazine of the International Union of Geological Sciences, 18: 77-86.

Plank T, Langmuir C H. 1993. Tracing trace elements from sediment input to volcanic output at subduction zones. Nature, 362: 739-743.

Sillitoe B L. 1972. Relation of metal provinces in western subduction of oceanic lithosphere. Geological Society of America Bulletin, 83: 813-818.

Silltoe R H. 1997. Characteristics and controls of the largest porphyry copper-gold and epithermal gold deposits in the circum-Pacific region. Australian Journal of Earth Sciences, 44: 373-388.

Simon A C, Pettke T, Candela P A, et al. 2003. Experimental determination of Au solubility in rhyolite melt and magnetite constrains on magmatic Au budgets. American Mineralogist, 88: 1644-1651.

Sparks D L. 2003. Envirinmental soil chemistry. Academic press, Elsevier Science (USA).

Stangl D K, Berry D A. 2000. Meta- analysis in Medicine and Health Policy. New York: Marcel Dekker Inc.

Stein H J, Markey R J, Morgan J W, et al. 2001. The remarkable Re-Os chronometer in molybdenite: how and why it works. Terra Nova, 13: 479-486.

Streck M J, Dilles J H. 1998. Sulfur content of oxidized arc magmas as recorded in apatite from a porphyry copper batholith, Geology, 26: 523-526.

Vickers R S, Lyon R J P. 1967. Infrared sensing from spacecraft—A geologic interpretation. Thermophysics Special Conf, Amer Inst Astron, 67-284.

Walker R J, Carlson R W, Shirey S B, et al. 1989. Os, Sr, Nd and Pb isotope systematics of Southern African peridotite xenoliths: implications for the chemical evolution of subcontinential mantle. Geochimica et Cosmochimica Acta, I53: 1583-1595.

Walker R J, Morgan J W, Naldrett A J, et al. 1994. Re-Os isotope evidence for an enriched-mantle source for the Noril'sk-type, ore-bearing intrusion, Siberia. Geochimica et Cosmochimica Acta, 58: 4179-4197.

Wang X Q. 1998. Leaching of mobile forms of metals in overburden: development and applications. J Geochem Explor, 61: 39-55.

Wang X Q. 2003. Delineation of geochemical blocks for undiscovered large ore deposits using deep- penetrating methods in alluvial terrains of eastern China. J Geochem Expl. 77 (1): 15-24.

Wang X Q, Cheng Z Z, Liu D W, et al. 1997. Nanoscale metals in earthgas and mobile forms of metals in overburden in wide-spaced regional exploration for giant ore deposits in overburden terrains. J Geochem Expl, 58（1）：63-72.

Wang X Q, Wen X Q, Ye R, et al. 2007. Vertical variations and dispersion of elements in arid desert regolith：a case study from the Jinwozi gold deposit, northwestern China. Geochem Explor Env A, 7：163-171.

Wones D R. 1989. Significance of the assemblagestitanite+magnetite+quartz in granitic rocks. American Mineralogist, 74：744-749.

Wones D R, Eugster H P. 1965. Stablility of biotite：Experiment theory, and application. American Mineralogist, 50：1228-1272.

Wyborn D, Sun S S. 1994. Sulphur-undersaturaed magmatism：A key factor for generating magma-related copper-gold deposits. AGSO Research Newsletter, 21：7-8.

Xie G Q, Hu R Z, Mao J W. 2005. Geological and geochemical characteristics of Early Cretaceous mafic dykes from North Jiangxi province and its geodynamics, Journal of the Geological Society of China（English Edition）, 79：201-210.

Xie G Q, Mao J W, Li R L, et al. 2008. Geochemistry and Nd-Sr isotopic studies of Late Mesozoic granitoids in the southeastern Hubei Province, Middle-Lower Yangtze River belt, Eastern China：Petrogenesis and tectonic setting. Lithos, 104：216-230.

Xie X J, Wang X Q, Xu L, et al. 2000. Orientation study of strategic deep-penetration geochemical methods in central Kyzykum desert terrain, Uzbekistan. Geochem Explor, 66：135-143.

Xie X J, Lu Y X, Yao W S, et al. 2011. Further study on deep penetrating geochemistry over the Spence porphyry copper deposit, Chile. Geosci Front, 2（3）：303-311.

Zhang R H, Hu S M. 2002. A case study of the influx of the upper mantle fluids into the crust. J Volcanol Geoth Res, 118：319-338.

Zhao H J, Mao J W, Xie G Q, et al. 2012. Mineral composition and fluid evolution of the Tonglushanskarn Cu-Fe deposit, Southeastern Hubei, China. International Geology Review, 54：737-764.

Zhou T F, Yue S C. 1999. Sulfur sources of the copper-gold deposits in the middle and lower reaches of the Yangtze River area：An investigation from the Yueshan orefield. Journal of the Geological Society of China, 8（1）：31-40.

Zhou X M, Zhu Y H. 1993. Late Proterozoic Collisional Orogen and Geosuture in Southeastern China：Petrological Evidence. Chin J Geoch, 12（3）：239-251.

问题与展望

华南陆块内西部的峨眉地幔柱晚古生代多样性成矿、西南部的中生代大面积低温成矿、东部的大花岗岩省中生代钨锡多金属大爆发成矿，是全球背景中极富特色的重大成矿事件。本次研究明确了三大成矿系统的成矿年代学格架及其与主要地质事件的关系，揭示了三大成矿系统中热液铀矿床、卡林型金矿床、钒钛磁铁矿矿床、铜镍硫化物矿床等主要矿床类型的成矿过程，初步揭示了大面积低温成矿系统与大花岗岩成矿系统可能具有一定的联系并具有相似的成矿动力学背景，发展了覆盖区战略靶区预测及矿床深部找矿预测理论和方法，在成矿理论指导下金、钨、铅、锌等矿床的找矿勘查取得重要突破。应该讲，研究工作取得重要进展。但是值得指出的是，要建立华南陆块系统的成矿理论，还有较多重要科学问题需要在今后的工作中去继续探索，以下列举其中的一些方面。

1. 大花岗岩成矿系统

华南陆块东部的最大特点是中生代地壳重建，发育有别于经典线状造山带的面型造山作用，形成面型大花岗岩省和与其有关的钨锡多金属大爆发成矿，成矿特征与同属环太平洋成矿域的太平洋东岸存在巨大差异。①华南地壳再造形成面型大花岗岩省的机制如何：是太平洋板块俯冲的结果还是板内深部过程的产物？由于缺少坚实证据还是激烈争鸣的问题；②环太平洋成矿域东岸的斑岩铜矿占全球的60%以上而西岸华南的储量不到全球的2%，全球60%左右的钨和20%左右的锡集中在华南而太平洋东岸的钨锡则很少，这种差异是由于成矿物质基础的差异还是由于成矿动力学背景和成矿过程及其控制因素的不同？或者华南仍有斑岩铜矿的巨大找矿潜力？弄清这些问题可能是揭示相关矿床成矿规律的切入点，将极大推动矿床学研究和找矿勘查的发展；③一般认为，S 型花岗岩与钨等元素成矿有关，Ⅰ 型花岗岩与铜铅锌等成矿元素有关，但华南近年相继发现钨、铜等元素组合的矿床，这对传统理论形成了挑战。

2. 地幔柱成矿系统

地幔柱活动形成大火成岩省，相关成矿作用是典型的陆内成矿作用，与板块运动诱导的成矿作用相比，地幔柱成矿的研究一直比较薄弱。峨眉地幔柱以成矿作用方式和成矿类型的多样性著称于世，本次研究也取得重要进展。但是①为什么有的大火成岩省（如印度 Deccan）不成矿，有的只发育单一类型矿床（如俄罗斯 Siberian 只发育铜镍硫化物矿床），而有的则显示多样性的成矿（如我国峨眉山），目前还不能正确认识，需要开展系统的对比研究，以建立系统的地幔柱成矿理论；②项目立项时已认识到，世界上一些大火成岩省中常有超大型 Cu-Ni-PGE 矿床产出。峨眉大火成岩省中这类矿床星罗棋布，但主要为中小型矿床，该区超大型 Cu-Ni-PGE 矿床是否存在？需要继续在现有研究的基础上，根据地幔柱活动及其岩浆分异演化规律，来客观判断各类可能的隐伏矿床的空间分布。

3. 大面积低温成矿系统

要建立大规模低温成矿理论，一个很重要的方面是对其成矿时代和动力驱动机制的正确把握。但是，华南大规模低温成矿的时代，因低温矿床物质组成的固有特点而长期未决。本次研究虽取得重要进展，发现华南低温成矿域各矿集区的成矿时代可能分别与其东侧南岭地区钨锡大规模成矿的三个时期吻合并具有相似的动力学背景。然而，这种发现还主要是根据低温成矿较少量可信年龄数据的推测。要确定低温成矿的动力学背景，还需要在系统确定低温成矿精确年代的基础上，深入研究壳幔深部过程和周缘构造活动与低温成矿的关系。事实上，尽管湘中盆地 Sb-Au 矿集区和右江盆地 Au-Sb-As-Hg 矿集区的中生代岩浆活动相对微弱，但是其周缘（或某些矿区）确有少量花岗岩、花岗斑岩和基性脉岩存在；遥感和地球物理资料亦显示，这两个矿集区之下可能有隐伏岩体。深入研究这些火成岩的时代、成因及其与成矿的关系，可能是揭示上述两个矿集区成矿驱动机制的关键所在。此外，可能形成于印支期（200~225Ma）的川滇黔 Pb–Zn–Ag 矿集区，紧邻印支期松马造山带东南侧分布，深入研究该期造山运动及其与成矿的关系，可能是深入认识该矿集区成矿驱动机制的关键。

就总体而言，①华南陆块中生代的构造驱动机制和演化特征还未形成非常清晰的认识；②前中生代构造和岩石对成矿的制约关系还未得到深刻揭示；③三大成矿系统的关系还未很好的理清，例如，大面积低温成矿域的川滇黔 Pb–Zn 矿集区几乎都有峨眉大火成岩省的玄武岩分布，两者之间是否存在联系目前尚未形成客观认识。

我们相信，上述问题的解决，一定能进一步推动对华南陆块成矿作用的深入认识。